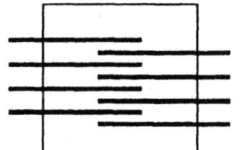

Veröffentlichungen der
Akademie für
Technikfolgenabschätzung
in Baden-Württemberg

Thomas von Schell   Hans Mohr   (Hrsg.)

Biotechnologie – Gentechnik

Eine Chance für neue Industrien

Mit 23 Abbildungen

Dr. THOMAS VON SCHELL
Professor Dr. HANS MOHR

Akademie für Technikfolgenabschätzung
in Baden Württemberg
Industriestraße 5
70565 Stuttgart

ISBN-13: 978-3-642-79388-2   e-ISBN-13: 978-3-642-79387-5
DOI: 10.1007/978-3-642-79387-5

Die Deutsche Bibliothek - CIP-Einheitsaufnahme
Biotechnologie Gentechnik: eine Chance für neue Industrien/
Thomas von Schell; Hans Mohr (Hrsg.).-Berlin; Heidelberg;
New York; Tokyo; Londdon; Paris; Hong Kong; Barcelona;
Budapest : Springer, 1994
(Veröffentlichung der Akademie für Technikfolgenabschätzung in
Baden Württemberg)

NE: Schell, Thomas von [Hrsg.]

Dieses Werk ist urheberrechtlich geschützt. Die dadurch begründeten Rechte, insbesondere die der Übersetzung, des Nachdrucks, des Vortrags, der Entnahme von Abbildungen und Tabellen, der Funksendung, der Mikroverfilmung oder der Vervielfältigung auf anderen Wegen und der Speicherung in Datenverarbeitungsanlagen, bleiben, auch bei nur auszugsweiser Verwertung, vorbehalten. Eine Vervielfältigung dieses Werkes oder von Teilen dieses Werkes ist auch im Einzelfall nur in den Grenzen der gesetzlichen Bestimmungen des Urheberrechtsgesetzes der Bundesrepublik Deutschland vom 9. September 1965 in der jeweils geltenden Fassung zulässig. Sie ist grundsätzlich vergütungspflichtig. Zuwiderhandlungen unterliegen den Strafbestimmungen des Urheberrechtsgesetzes.

© Springer-Verlag Berlin Heidelberg 1995
Softcover reprint of the hardcover 1st edition 1995

Die Wiedergabe von Gebrauchsnamen, Handelsnamen, Warenbezeichnungen usw. in diesem Werk berechtigt auch ohne besondere Kennzeichnung nicht zu der Annahme, daß solche Namen im Sinne der Warenzeichen- und Markenschutz-Gesetzgebung als frei zu betrachten wären und daher von jedermann benutzt werden dürften.

Satz: Reprofertige Vorlagen der Herausgeber
Grafiken: Edel Meißner, Fred Oppitz, Profil, Stuttgart
Einbandgestaltung: Struve & Partner, Heidelberg
SPIN 10487961   31/3130-5 4 3 2 1 0 – Gedruckt auf säurefreiem Papier

Inhaltsverzeichnis

1   **Einführung** 1
    Thomas von Schell und Hans Mohr

2   **Pilotstudie und Stellungnahmen** 7

    2.1   Pilotstudie 8
         Thomas von Schell, Michael Hohl, und Hans Mohr
    2.2   Stellungnahme des Umweltministeriums Baden Württemberg ... 42
         Bernhard Bauer
    2.3   Stellungnahme des Landesnaturschutzbundes Baden-Württemberg . 44
         Wolfgang Faigle und Hans H. Dölle
    2.4   Biotechnologie als Gegenstand von Technikfolgenabschätzung ... 49
         Thomas von Schell und Hans Mohr

3   **Gutachten** 58

    3.1   Neuartige Ansätze der Biotechnologie bei der Entwicklung
         von Arzneimitteln und Impfstoffen 59
         Rolf G. Werner
    3.2   Neue biotechnologische Ansätze in der Enzymtechnologie,
         Enzymproduktion und in der Diagnostik 84
         Herwig Brunner
    3.3   Neue biotechnologische Ansätze in der Krebstherapie 98
         Harald zur Hausen
    3.4   Zum Stand der molekularbiologischen Forschung in der
         medizinischen Virologie 110
         Otto Albrecht Haller
    3.5   Neue biotechnologische Ansätze in der Lebensmittel-
         produktion und -verarbeitung 121
         Walter P. Hammes, Christian Hertel

3.6 Wirkungen des Einsatzes der neuen Biotechnologie in der
    Lebensmittelproduktion 144
    Knut Koschatzky
3.7 Stand und Nutzungsperspektiven der molekularen
    Pflanzengenetik 163
    Ulrich Wobus
3.8 Biotechnologische Ansätze für die Züchtung gesunder Pflanzen und
    ihre Bedeutung für die Entwicklung umweltschonender
    Anbauverfahren 181
    Gerhard Fischbeck
3.9 Beiträge der Biotechnologie zur Verbesserung von Qualitäts-
    und Leistungseigenschaften landwirtschaftlicher Kulturpflanzen .. 201
    Gerhard Röbbelen
3.10 Erfahrungen mit dem Einsatz der Bio- und Gentechnologie
    in einem praktischen Pflanzenzuchtbetrieb 215
    Josef Seitzer
3.11 Das Potential von Biotechnologie und Gentechnik in der
    Forstpflanzenzüchtung 232
    Heinz Rennenberg
3.12 Biotechnologie als Grundlage neuer Verfahren in der Tierzucht ... 244
    Hermann Geldermann und Helmut Momm
3.13 Neue Verfahren der mikrobiellen Abwasserbehandlung und der
    Reststoffverwertung 288
    Walter Trösch
3.14 Perspektiven der Umweltbioverfahrenstechnik 308
    Peter M. Kunz
3.15 Stand der Technik und Perspektiven bei Biosensoren - Die
    Integration der Biosensoren in die Spurenanalytik 334
    Ulrich Krahn
3.16 Gentechnik als Grundlage neuer Industrien unter den rechtlichen
    Rahmenbedingungen der EG und Deutschlands 358
    Jürgen Simon
3.17 Die Bedeutung rechtlicher Rahmenbedingungen für die
    Anwendung der Gentechnik in der Bundesrepublik Deutschland ... 389
    H. D. Schlumberger und Dieter Brauer
3.18 Erfahrungen aus der Arbeit der Zentralen Kommission für
    Biologische Sicherheit 422
    Gerd Hobom
3.19 Zur Bedeutung der Biotechnologischen Industrie in Deutschland
    und in der EG 432
    Dieter Brauer
3.20 Nachholende Modernisierung und internationales Innovations-
    management - Strategien der deutschen Chemie- und
    Pharmakonzerne 456
    Ulrich Dolata

3.21 Arbeits- und industriepolitische Entwicklungsperspektiven
der Biotechnologie 481
Ursula Ammon
3.22 Qualifikationsentwicklung in der pharmazeutisch-chemischen
Industrie - Aktuelle Tendenzen und ihre Bedeutung für die neue
Biotechnologie 492
Irene Pawellek und Eberhard Zimmermann
3.23 Ethische Evaluierung der Biotechnologie 505
Dietmar Mieth
3.24 Probleme der Entscheidung über Sozialverträglichkeit 531
Hans-Joachim Braczyk
3.25 Die Chancen und Risiken der Gentechnologie aus der Sicht
der Bevölkerung 558
Tibor Kliment, Ortwin Renn und Jürgen Hampel

**4 Baden-württembergische Unternehmensstrukturen und
Potentiale in der Biotechnologie (Zusammenfassung)** 584
Thomas Reiß und Gerhard Jaeckel

5 Workshop und Diskussion 591
Thomas von Schell, Barbara Kochte-Clemens und Beate Beisel
5.1 Der Bereich Pharma und Medizin 592
5.2 Biotechnologische Verfahren in der Pflanzenzüchtung 601
5.3 Biotechnologie in der Tierzucht und Nutztierhaltung 613
5.4 Lebensmitteltechnologie 621
5.5 Umwelt/Bioverfahrenstechnik und Biosensoren 626
5.6 Rechtliche Rahmenbedingungen 635
5.7 Industriepolititk 642
5.8 Qualifikation und Arbeitsplätze 649
5.9 Fragen der Umsetzung und der Förderpolitik 651
5.10 Literatur 657

6 Synopse 662
Thomas von Schell und Hans Mohr
6.1 Einleitung 662
6.2 Wie wird die Situation in Baden-Württemberg und in Deutschland
eingeschätzt? 663
6.3 Biotechnologie in den einzelnen Anwendungsfeldern 667
6.4 Zur Risikodiskussion 674
6.5 Biotechnologie in der Standortdebatte 676
6.6 Zusammenfassung und Fazit 686
Literatur 693

Glossar 697

Sachregister 709

Am Projekt beteiligt waren

Dipl. Volkswirtin Ursula Ammon, Sozialforschungsstelle, Deutsche Str. 11, 44339 Dortmund

Dr. Horst Autzen, Wirtschaftsministerium, Theodor-Heuss-Str. 4, 70174 Stuttgart

Ministerialdirigent Bernhard Bauer, Umweltministerium, Kernerplatz 9, 70182 Stuttgart

Dipl. Biol. Beate Beisel, Akademie für Technikfolgenabschätzung in Baden-Württemberg, Industriestr. 5, 70565 Stuttgart

Dr. Hans Joachim Braczyk, Akademie für Technikfolgenabschätzung in Baden-Württemberg, Industriestr. 5, 70565 Stuttgart

Dr. Dieter Brauer, Hoechst AG, Postfach 800320, 65926 Frankfurt

Prof. Dr. Herwig Brunner, Fraunhofer Institut für Bioverfahrenstechnik, Nobelstr. 12, 70569 Stuttgart

Dr. Karl Döhler, Umweltministerium, Kernerplatz 9, 70182 Stuttgart

Hans H. Dölle, Landesnaturschutzverband, Olgastr. 19, 70182 Stuttgart

Dr. Ulrich Dolata, Donaustr.102/104, 28199 Bremen

Prof. Dr. Wolfgang Faigle, Landesnaturschutzverband, Olgastr. 19, 70182 Stuttgart

Prof. Dr. Gerhard Fischbeck, Technische Universität München, Institut für Pflanzenbau und Pflanzenzüchtung Weihenstephan, 85350 Freising

Dr. Detlef Garbe, Akademie für Technikfolgenabschätzung in Baden-Württemberg, Industriestr. 5, 70565 Stuttgart

Prof. Dr. Hermann Geldermann, Universität Hohenheim, Institut für Tierzüchtung, Postfach 700562, 70593 Stuttgart

Prof. Dr. Otto A. Haller, Institut für Medizinische Mikrobiologie und Hygiene, Abt. Virologie - Universität Freiburg, Herrmann Herder Str. 11, 79104 Freiburg

Prof. Dr. Walter P. Hammes, Universität Hohenheim, Institut für Lebensmitteltechnologie, Garbenstr. 25, 70593 Stuttgart

X

Dipl. Soz. Jürgen Hampel, Akademie für Technikfolgenabschätzung in Baden-Württemberg, Industriestr. 5, 70565 Stuttgart

Dr. Frank Hartmann, Institut für Regionale Innovationsforschung, Prenzlauer Promenade 149-152, 13189 Berlin

Prof. Dr. Harald zur Hausen, Deutsches Krebsforschungszentrum, Im Neuenheimer Feld 280, 69120 Heidelberg

Dr. Christian Hertel, Universität Hohenheim, Institut für Lebensmitteltechnologie, Garbenstr. 25, 70593 Stuttgart

Prof. Dr. Gerd Hobom, Institut für Mikrobiologie, Universität Gießen, Frankfurter Str. 1070, 35392 Gießen

Dr. Michael Hohl, Akademie für Technikfolgenabschätzung in Baden-Württemberg, Industriestr. 5, 70565 Stuttgart

Dipl. Phys. Gerhard Jaeckel, Fraunhofer Institut für Innovationsforschung und Systemtechnik, Breslauer Str. 48, 76139 Karlsruhe

Dr. Tibor Kliment, Akademie für Technikfolgenabschätzung in Baden-Württemberg, Industriestr. 5, 70565 Stuttgart

Dr. Barbara Kochte-Clemens, Akademie für Technikfolgenabschätzung in Baden-Württemberg, Industriestr. 5, 70565 Stuttgart

Dr. Lothar Könemann, Agrarumwelt e.V., Wilhelm Stahl Allee 2, 18196 Dummerstorf

Dr. Knut Koschatzky, Fraunhofer Institut für Systemtechnik und Innovationsforschung, Breslauer Str. 48, 76139 Karlsruhe

Dr. Ulrich Krahn, Zenit GmbH, Dohne 54, 45468 Mülheim

Prof. Dr. Peter Kunz, Institut für Biologische Verfahrenstechnik, Fachhochschule für Technik, Speyerer Str. 4, 68163 Mannheim

Prof. Dr. Dietmar Mieth, Zentrum für Ethik in den Wissenschaften, Universität Tübingen, Keplerstr. 17, 72076 Tübingen

Prof. Dr. Hans Mohr, Akademie für Technikfolgenabschätzung in Baden-Württemberg, Industriestr. 5, 70565 Stuttgart

Dr. Helmut Momm, Universität Hohenheim, Institut für Tierzüchtung, Postfach 700562, 70593 Stuttgart

Dipl. Soz. Irene Pawellek, Institut Arbeit, Innovation, Qualifikation, Deutsche Str. 11, 44339 Dortmund

Dr. Thomas Reiß, Fraunhofer Institut für Innovationsforschung und Systemtechnik, Breslauer Str. 48, 76139 Karlsruhe

Prof. Dr. Ortwin Renn, Akademie für Technikfolgenabschätzung in Baden-Württemberg, Industriestr. 5, 70565 Stuttgart

Prof. Dr. Heinz Rennenberg, Institut für Forstbotanik und Baumphysiologie, Universität Freiburg, Werderring 8, 79085 Freiburg

Prof. Dr. Gerhard Röbbelen, Universität Göttingen, Institut für Pflanzenbau und Pflanzenzüchtung, Von-Siebold-Str. 8, 37075 Göttingen

Dr. Thomas von Schell, Akademie für Technikfolgenabschätzung in Baden-Württemberg, Industriestr. 5, 70565 Stuttgart

Prof. Dr. H. D. Schlumberger, Pharmaforschungszentrum, Bayer AG, 42096 Wuppertal

Dr. Josef Seitzer, KWS - Kleinwanzlebener Saatzucht AG, Postfach 1463, 37555 Einbeck

Prof. Dr. Jürgen Simon, Forschungszentrum Biotechnologie & Recht, Universität Hannover - FB Rechtswissenschaften, Hanomagstr. 8, 30449 Hannover

Priv. Doz. Dr. Walter Trösch, Fraunhofer Institut für Grenzflächen- und Bioverfahrenstechnik, Nobelstr. 12, 70569 Stuttgart

Rita Trost, Umweltministerium, Kernerplatz 9, 70182 Stuttgart

Prof. Dr. Rolf Werner, K. Thomae GmbH, Postfach 1755, 88400 Biberach

Prof. Dr. Ulrich Wobus, Institut für Pflanzengenetik und Kulturpflanzenforschung, Corrensstr. 3, 06466 Gatersleben

Dr. Eberhard Zimmermann, Institut Arbeit, Innovation, Qualifikation, Deutsche Str. 11, 44339 Dortmund

Abkürzungen

(U)BVT	(Umwelt-)Bioverfahrenstechnik
ADA	Adenosin-Deaminase
AOX	absorbierbare organische Halogenverbindungen
BBS	Beauftragter für die Biologische Sicherheit
BImSchG	Bundesimmissionsschutzgesetz
BMFT	Bundesministerium für Forschung und Technologie
$BSB_{(5)}$	biologischer Sauerstoffbedarf
BSE	bovine Spongioforme Enzephalopatie
BST	bovines Somatotropin
C	Kohlenstoff
CBER	Center for Biologics Evaluation and Research
CH_4	Methan
CO_2	Kohlendioxid
CSB	chemischer Sauerstoffbedarf
DNA	Desoxyribonucleic acid
ELISA	Enzyme-Linked Immunoabsorbent Assay
EPO	Erythropoietin
FAO	Food and Agricultural Organisation of the United Nations
FDA	Food and Drug Administration
FhG	Fraunhofer-Gesellschaft
FuE	Forschung und Entwicklung
G-CSF	Granulocyte Colony Stimulating Factor
GenTG	Gentechnikgesetz
GenTR	Gentechnikrecht
GILSP	Good Industrial Large Scale Practice nach OECD
GM-CSF	Graulocyte-Macrophage Colony Stimulating Factor
GRAS	Generally Recognized As Safe
GVO	gentechnisch veränderte Organismen
HUGO	Human Genome Project
IBC	Institutional Biosafety Committee
ISI	Fraunhofer Institut für Systemtechnik und Innovationsforschung
IVF	In-vitro-Fertilisation
IVP	In-vitro-Produktion
kb	Kilobasen
KMUs	kleinere und mittlere Unternehmen
MABS	Monoclonal Antibodies
MAFF	Ministry of Agriculture, Forestries and Fisheries (Japan)
N_2	Stickstoff
NH_4	Ammoniak
NIH	National Institute of Health
NO_2^-	Nitrit
NO_3	Nitrat
O_2	Sauerstoff

OECD	Organization of Economic Cooperation and Development
OTA	Office of Technology Assessment
OTS	organische Trockensubstanz
PCR	Polymerase Chain Reaction
PHSA	Public Health Service Act
PO2	Sauerstoffpartialdruck
ppb/ppm	parts per billion / parts per million
QTL	Quantitative Trait Loci
RAC	Recombinant DNA Advisory Committee
RAPD	Random Amplified Polymorphic DNA-Technik
RFLP	Restriktionsfragmentlängenpolymorphismus
RNA	Ribonucleic acid
SAST	Stratetic Analysis in Science and Technology
TNF	Tumornekrosefaktor
TOC	Total Organic Carbon
TPA	Tissue Plasminogen Activator
TS	Trockensubstanz
VNTRs	Variable Number of Tandem Repeats
VOB	Verdingungsordnung für Bauleistungen
ZKBS	Zentrale Kommission für Biologische Sicherheit

1 Einführung

Dr. Thomas von Schell, Prof. Dr. Hans Mohr

1.1 Zitate

"Gentechnik ist eine Schlüsseltechnologie der Zukunft. Der Wert der Gentechnik im Kampf gegen wichtige Menschheitsprobleme wie Hunger, unheilbare Krankheiten, Epidemien oder Umweltschäden kann gar nicht hoch genug eingeschätzt werden." (Anzeige der Initiative Pro Gentechnik. Frankfurter Rundschau, 2.12.92)

"Durch Gesetze und Verordnungen wird die Gentechnik bei uns zu Tode verwaltet. Die Folgen: Unsere besten Forscher wandern in Länder wie die USA, Frankreich oder Japan ab, deutsche Unternehmen müssen im Ausland forschen und produzieren." (Anzeige der Initiative Pro Gentechnik. Frankfurter Rundschau, 1.2.93)

"In den USA gibt es derzeit über 300 Produktionsanlagen für gentechnische Produkte, in Japan 130, in Deutschland 6. Die USA haben in der Gentechnik einen Vorsprung, der kaum aufzuholen ist." (Wirtschaftswoche S. 49, 22.7.94)

"Ein großer Teil des Geldes, mit dem amerikanische High-Tech-Firmen [...] gegründet werden, kommt aus Deutschland." (Wirtschaftswoche S. 50, 22.7.94)

"Früher hat man sich über eine Erfindung gefreut, heute dagegen fragt man zuerst nach den Risiken, ohne die Chancen zu sehen. Diese Verteufelung der Forschung ist bei uns besonders ausgeprägt. [...] Hier [in Deutschland] hat der Laienterror mehr Gewicht als das Urteil qualifizierter Fachleute." (Prof. M. Eigen, in: Wirtschaftswoche S. 54 und 55, 22.7.94)

Diese Zitate machen deutlich, daß die Diskussion um die Anwendung der Gentechnik emotionalisiert und mit großen Erwartungen und Hoffnungen verbunden ist. Wissenschaft und Industrie sehen für die industrielle Umsetzung Gentechnik-gestützter Verfahren herausragende Chancen. Gleichzeitig wird befürchtet, die Biotechnologie in Deutschland könnte den internationalen Anschluß verpassen, wenn sie sich der Gentechnik verschließt.

1.2 Definitionen

Gentechnik ist die Summe aller Methoden zur Isolierung, Charakterisierung und gezielten Veränderung und Übertragung von Erbgut. Gentechnik wird vorrangig im

Rahmen biotechnologischer Verfahren praktisch wirksam. Aber Biotechnologie ist weit mehr als Gentechnik. Die Biotechnologie hat eine 5000 Jahre alte Tradition - Brot, Käse, Bier, Wein -; Gentechnik gibt es seit zwanzig Jahren. Der Begriff Biotechnologie umfaßt die technisch gesteuerte Produktion organischer Substanzen durch Lebewesen oder Enzyme. Auch die moderne Land- und Forstwirtschaft, nicht nur mikrobielle Verfahren, zählen im weiteren Sinn zur Biotechnologie.

Die *neue Biotechnologie* - in Abgrenzung zur *traditionellen Biotechnologie* - zeichnet sich dadurch aus, daß sie gentechnische oder andere molekularbiologische Verfahren einsetzt, um die technische Nutzung lebendiger Substanz zu optimieren. Die Attraktivität der neuen biotechnologischen Produktlinien und Verfahren liegt darin begründet, daß eine hohe Wertschöpfung bei einem relativ niedrigen Einsatz an Rohstoffen und Energie erzielt werden kann.

1.3 Warum dieses Projekt?

Allgemein werden der neuen Biotechnologie in vielen Bereichen hohe Marktchancen eingeräumt. Umstritten sind jedoch die realen Wachstumschancen und die Zeitpunkte, zu denen biotechnologische Produkte der neuen Generation signifikante Marktanteile erreichen werden. Pauschale Voraussagen sind hier kritisch zu hinterfragen. Zum Beispiel wurde in einer Debatte im baden-württembergischen Landtag über Fragen der Gentechnik die Prognose gewagt, bis zum Jahr 2000 seien weltweite Umsätze in Höhe von DM 166 Mrd. und die Schaffung von zwei Millionen neuer Arbeitsplätze allein in der EU zu erwarten (Protokoll der 15. Sitzung vom 3.2.1993, S. 950). Wie sehr Prognosen zur neuen Biotechnologie divergieren können, verdeutlichen jedoch folgende Angaben: Eine Studie kommt für den US-Markt auf ein Gesamtvolumen für das Jahr 2002 in Höhe von knapp 15 Mrd. $ und auf eine durchschnittliche jährliche Wachstumsrate von 15% [1]. Eine andere Studie [2] schätzt den US-Markt für das Jahr 1992 mit 51 Mrd. $ wesentlich günstiger ein. Die Gesellschaft für Biotechnologische Forschung, Braunschweig (laut VDI-Nachrichten vom 29.1.93) geht von jährlichen Wachstumsraten von 5-8% aus. Die OECD rechnet, den VDI-Nachrichten zufolge, erst in den 20er oder 30er Jahren des 21. Jahrhunderts mit größeren gesamtwirtschaftlichen Effekten durch die neue Biotechnologie.

Diese Hoffnungen, Erwartungen und divergierenden Prognosen sind ein Ausdruck für das frühe Innovationsstadium der Biotechnologie [5]. Sie bieten aber auch Raum für viele Spekulationen in der öffentlichen Diskussion. Diese Diskussion ist in Deutschland ausgeprägt polarisiert. Die neue Biotechnologie weckt nicht nur hohe Erwartungen, sondern auch Befürchtungen. Technikfolgenabschätzung (TA) hat die Aufgabe, die erwünschten und die unerwünschten Technikfolgen, die Chancen und Risiken, nach wissenschaftlichen Kriterien zu beurteilen (siehe Kapitel 2.4). Dem Wildwuchs der Techniken sollen rational begründete Ordnungsparameter einer Technikgenese entgegengesetzt werden. Als Leitsatz gilt, daß die neuen Technologien "besser" sein sollen als die alten. Als sinnvoll gilt der Versuch, neue Techniken frühzeitig so zu gestalten, daß die Vorteile genutzt und

1 Einführung

die Risiken klein gehalten werden. Bislang hat eine politisch neutrale TA die heftigen Kontroversen um die Gentechnik in Deutschland nicht wesentlich beeinflussen können. Wir machen hier einen neuen Versuch.

1.4 Die momentane Situation

Eine als unbefriedigend empfundene öffentliche Akzeptanz und Gesetzgebung sowie ihr Vollzug haben dazu geführt, daß maßgebliche Teile der an neuer Biotechnologie interessierten deutschen Wissenschaft und Industrie den Standort Deutschland in Frage stellen. Die deutsche Großindustrie, namentlich aus der Pharma- und Chemiebranche, baut in den USA und in Japan neue Forschungs- und Produktionsstätten auf. In den 80er Jahren bis zu Beginn der 90er Jahre wurde bevorzugt in den USA investiert. Nach einer Umfrage des Verbandes der Chemischen Industrie liegt allerdings der heutige Schwerpunkt der Investitionen der deutschen Unternehmen mit Gentechnikaktivitäten in Deutschland selber: im Zeitraum von 1992 bis 1996 sind Investitionen in Höhe von 340 Mio. DM geplant, in den EU-Staaten nochmals 153 Mio. DM, in Nordamerika 279 Mio. DM und in Japan 2,5 Mio. DM (VDI-Nachrichten Nr. 32, 12.8.94). Auch in den USA werden immense Summen von der dortigen Wirtschaft und von staatlichen Stellen in Forschung und Produktionsanlagen investiert, aber vergleichsweise wenig in Europa oder anderen überseeischen Gebieten. Die US-Investitionen in Deutschland sind praktisch null. Es ist somit ein Investitionsgefälle zwischen Europa und den USA zu verzeichnen. Worin liegen die Gründe? Verlagert die europäische und deutsche (Pharma)Industrie ihre Biotechnologieaktivitäten in die USA? Hat der deutsche (europäische) Gentechnik-Standort eine Zukunft? Welche Faktoren beeinflussen eine Standort- und Investitionsentscheidung?

Diese Fragen sind Teil der allgemeinen Standortdebatte in Deutschland. Ausgangspunkt ist der sich vollziehende Strukturwandel der deutschen Industrie. In unserem Projekt verbindet sich sozial-induzierte TA (Die Strukturkrise in der Wirtschaft zwingt die Gesellschaften hochindustrialisierter Länder dazu, sich gegenüber den Möglichkeiten neuer Industrien zu öffnen. Schärft diese Krise auch den Blick für entsprechende Potentiale der neuen Biotechnologie?) mit Technikinduzierter TA (Welche potentiellen Veränderungen in der biotechnologischen Produktion ergeben sich durch das Angebot gentechnischer Verfahren? Wo liegen die Chancen, wo die Risiken? Welche Potentiale sind umzusetzen, welche Versprechungen sind überhöht?).

1.5 Die Fragen im einzelnen

- Wie sind die F&E-Strukturen und Potentiale der Biotechnologie in Baden-Württem-berg?
- Welche Chancen bestehen zur Etablierung neuer Industrien im Bereich Biotechnologie?

- Wie ist der Stand der Entwicklung im internationalen Maßstab in den einzelnen Anwendungsbereichen?
- Welche Rolle spielt die Gentechnik?
- Welche Faktoren sind maßgeblich für die Standortentscheidung?

Da sich diese Fragen je nach Anwendungsgebiet spezifisch stellen, wurden die Bereiche Pharma/Medizin, Pflanzenzüchtung, Tierzucht, Lebensmitteltechnologie und Umwelt gesondert untersucht. Diese Analysen sind jeweils in das übergeordnete Thema der Akademie "Rahmenbedingungen einer nachhaltigen Wirtschaftsweise in Baden-Württemberg" eingebunden und werden von weiteren Projekten flankiert (siehe Kapitel 2.4).

1.6 Der Aufbau der Studie

Die vielfältigen potentiellen Anwendungsmöglichkeiten der neuen Biotechnologie sind in einen technischen, gesellschaftlichen und rechtlichen Gesamtrahmen eingebettet. Entsprechend umfangreich sind die Einzelaspekte, die berücksichtigt werden müssen. In der vorliegenden Studie werden diese spezifischen Aspekte von Fachleuten in Einzelbeiträgen abgehandelt (Kapitel 3 und 4). In Kapitel 5 folgt eine vertiefende Diskussion, gegliedert nach den einzelnen Anwendungen und Themen. Die Einzelaspekte werden in einer Synopse zusammengefaßt (Kapitel 6). Den Rahmen und die Limitierungen des Projektes haben wir im Kapitel 2.4 dargelegt.

Im Vordergrund unserer Studie steht die Frage, ob die moderne Biotechnologie als Grundlage neuer Industrien in Baden-Württemberg ernsthaft in Betracht gezogen werden kann. Um die vorhandenen Potentiale, den Stand der Entwicklungen und die Prognosen sowie Einschätzungen von Experten angemessen zu erfassen, war die Bearbeitung folgender Themenbereiche notwendig:

1. Stand der Entwicklung in den Bereichen:
   Pharma/Chemie
   Medizin
   Lebensmitteltechnologie
   Pflanzenzüchtung
   Tierzucht
   Umwelt
2. Rahmenbedingungen in den Bereichen:
   Recht
   Ökonomie
   Arbeitsplatz/Qualifikation
3. Ethische und sozialwissenschaftliche Implikationen

1 Einführung

1.7 Vorgehensweise

Das Projekt gliedert sich in zwei Teile: Im ersten, wissenschaftlichen Teil wurde das Potential der modernen Biotechnologie/Gentechnik für den Standort Baden-Württemberg untersucht. Im zweiten Teil werden die Ergebnisse der Potentialanalyse in den gesellschaftlichen Diskurs eingebracht. Die Entwicklung dafür geeigneter Diskursverfahren ist eine eigenständige Aufgabenstellung des zweiten Teiles (siehe Kapitel 2.4).

Eine von uns erstellte Pilotstudie (Kapitel 2.1) ist Gutachtern aus Wissenschaft, Wirtschaft und praktischer Philosophie sowie dem Kuratorium der Akademie zur Stellungnahme und Ergänzung zugeschickt worden. Die erste Phase des Projekts baute auf wissenschaftlich gestützter Erkenntnis auf. Erfahrungswissen in dieser interdisziplinären Breite bedarf spezieller Verfahren des wissenschaftlichen Diskurses. In einem mehrfach rückgekoppelten Prozeß wurde dies von uns in Form von disziplinären Gutachten und zusammenführenden Workshops organisiert. Wir haben in leicht modifizierter Weise auf das erfolgreich praktizierte Verfahren des Akademie-Projektes "Energie aus Biomasse" zurückgegriffen [3]. Uns ist bewußt, daß wir sowohl durch den Zuschnitt der Fragestellungen als auch durch die Auswahl der beteiligten Experten Schwerpunkte setzen. Die Struktur der Akademie erlaubt es aber, jederzeit Korrekturen einzuarbeiten. So wurde das Kuratorium der Akademie, das mit Vertretern gesellschaftlicher Gruppen besetzt ist, mehrfach aktiv in den Projektverlauf eingebunden. Ergebnisse, auch Zwischenergebnisse, wurden darüber hinaus in den internen Diskurs der Akademie eingebracht.

Insgesamt wurden 25 Gutachten zu den oben genannten Themenbereichen in Auftrag gegeben (Kapitel 3). Ergänzt wurden diese Arbeiten durch eine "Analyse der baden-württembergischen F&E-Strukturen und Potentiale in der Biotechnologie" durch das Fraunhofer Institut für Systemtechnik und Innovationsforschung, Karlsruhe (Kapitel 4 und [4]). Die Stellungnahmen und Gutachten (Kapitel 2 und 3) sind im Dezember 1993 auf einem Workshop mit den Gutachtern zur Ermittlung von Konsens- und Dissensbereichen diskutiert worden. Aufgrund der Auswertung dieses Expertengesprächs wurden die Gutachten überarbeitet. Die Workshopdiskussion wurde im Abgleich mit den Gutachten und weiteren Quellen zusammengefaßt und den Gutachtern zur kritischen Prüfung zugesandt (Kapitel 5).

Eine Adressenliste aller Beteiligten findet sich nach dem Inhaltsverzeichnis.

Literatur

[1] Glaser V (1992) Strong growth in biotechnology market sectors predicted for 1992-2002. Genetic Engineering News (1.3.1992), S 6-7
[2] Kathuri C, Polastro ET, Mellor N (1992) Biotechnology in an uncommon market. BioTechnology 10 (12), 1545-1547
[3] Flaig H, Mohr H (1993) Energie aus Biomasse - eine Chance für die Landwirtschaft. Springer Verlag, Heidelberg

[4] Jaeckel G, Hüsing B, Strauß E, Reiß T (1994) Analyse der baden-württembergischen FuE-Strukturen und Potentiale in der Biotechnologie. Studie im Auftrag der Akademie für Technikfolgenabschätzung in Baden-Württemberg, Endbericht. Fraunhofer Institut für Systemtechnik und Innovationsforschung, Karlsruhe

[5] Grupp H (1993) Technologie am Beginn des 21. Jahrhunderts. Schriftenreihe des Fraunhofer Instituts für Systemtechnik und Innovationsforschung, Karlsruhe. Physica Verlag, Heidelberg

2 Pilotstudie und Stellungnahmen

Dieses Kapitel dokumentiert in Ausschnitten die Verlaufsgeschichte des Projekts und dient somit der Transparenz des Verfahrens. Die Pilotstudie (hier Kapitel 2.1 als leicht gekürzte Version der Fassung vom April 1993) wurde im Frühjahr 1993 dem Kuratorium der Akademie, das mit den gesellschaftlich relevanten Gruppierungen besetzt ist, zur Kommentierung vorgelegt. Zwei Stellungnahmen - eine vom baden-württembergischen Umweltministerium (Kapitel 2.2), eine andere vom Landesnaturschutzverband Baden-Württemberg (Kapitel 2.3) - wurden uns zugesandt. Der Text wurde von den Herausgebern lediglich formal bearbeitet und dem Layout angepaßt. Für den Inhalt zeichnen die Autoren verantwortlich.

Für ein besseres Verständnis der innerhalb der Akademie gegebenen Voraussetzungen des Projekts "Biotechnologie/Gentechnik als Grundlage neuer Industrien in Baden-Württemberg?" haben wir eine einleitende Stellungnahme formuliert (hier Kapitel 2.4 als leicht gekürzte und modifizerte Version der Fassung vom November 1993). Die Stellungnahme wurde den Gutachtern (Kapitel 3) und den Teilnehmern des Workshops "Moderne Biotechnologie - eine realistische Chance für eine nachhaltige Wirtschaftsentwicklung?" (Dezember 1993) zugeleitet.

2.1 Pilotstudie: Biotechnologie/Gentechnik als Grundlage neuer Industrien in Baden-Württemberg?

Dr. Thomas von Schell, Dr. Michael Hohl, Prof. Dr. Hans Mohr

2.1.1 Einleitung

Weltweit werden für biotechnologische Produkte hohe Wachstumsraten vorausgesagt. Gentechnische Optionen spielen bei den Prognosen eine erhebliche Rolle. Die Attraktivität der biotechnologischen Produktlinien und Verfahren liegt darin begründet, daß eine hohe Wertschöpfung bei einem relativ niedrigen Einsatz an Investitionen, Rohstoffen und Energie erzielt werden kann (vgl. Brauer 1991). Relativ hoch allerdings ist der Aufwand für Forschung und Entwicklung. Die wirtschaftliche Entwicklung der Biotechnologie befindet sich aber erst in der Startphase. Extrapolationen und Trendanalysen beruhen deshalb auf einer zu geringen und damit problematischen Datenbasis. Im Rahmen des Projekts "Biotechnologie/Gentechnik als Grundlage neuer Industrien in Baden-Württemberg" sollen die entsprechenden Daten erhoben und die Rahmenbedingungen für die Etablierung "neuer" Biotechnologie spezifiziert werden.

Der ordnungspolitische Rahmen für den Einsatz Gentechnik-gestützter Biotechnologie ist durch das Gentechnikgesetz abgesteckt. Ziel des Gesetzes ist es, den Schutz von Mensch und Umwelt sowie die Förderung der wissenschaftlichen und technischen Möglichkeiten der Gentechnik zu gewährleisten. Unser Projekt geht von diesen Rahmenbedingungen aus. Sie sind nicht Untersuchungsgegenstand des Projekts.

Zeitlicher und struktureller Aufbau des Projekts: Das Projekt gliedert sich in zwei Teile. In der ersten Phase wird das Potential der modernen Biotechnologie für den Standort Baden-Württemberg unter den geltenden ordnungspolitischen Rahmenbedingungen untersucht. Auf der Grundlage der wissenschaftlichen Aufarbeitung des Sachstandes werden in einer zweiten Projektphase die Ergebnisse in einen öffentlichen Diskurs eingebracht.

Zu Phase 1: In der hier vorliegenden Pilotstudie wird die Datenbasis in einem ersten und somit vorläufigen Durchlauf erarbeitet und die Rahmenbedingungen spezifiziert. Dabei werden die Bereiche Agrartechnik, Lebensmitteltechnologie, Pharmaindustrie und Umwelttechnologie gesondert betrachtet. Diese Pilotstudie wird Gutachtern aus Wissenschaft und Wirtschaft unterschiedlicher Disziplinen und Fachrichtungen zur Stellungnahme und Ergänzung zugeschickt.

2.1 Pilotstudie

Zu Phase 2: Trotz der anerkannten Auffassung, daß die neue Biotechnologie einer der Zukunftstechnologien des 21. Jahrhunderts sein wird, besteht in der Gesellschaft kein Konsens darüber, zumindest in Teilbereichen, über Art und Ausmaß ihrer Anwendungen.

Während in der Projektphase 1 ein technikinduzierter Ansatz der Technikfolgenabschätzung zum Tragen kommt, wird in der Projektphase 2 ein problem(ziel)induzierter Ansatz notwendig sein. Das bedeutet: Die von uns initiierten Diskursverfahren müssen Argumentationsstränge, die sich an sozio-ökonomischen Kriterien orientieren, aufgreifen und integrieren. Ohne eine solche Erweiterung würden nur Teilbereiche der öffentlichen Diskussion aufgegriffen. Divergierende Argumentationslinien, wie z.B. im Lebensmittelbereich zur Definition der Qualität von Lebensmitteln, müssen in einer systematisierten Form von uns in den gesellschaftlichen Diskurs eingebracht werden. Dazu bedarf es der sachgerechten Informationen des Wissensstandes aus der Projektphase 1 und der Entwicklung geeigneter diskursiver Verfahren.

Aufbau der Pilotstudie: Ausgehend von einem internationalen Vergleich der Biotechnologie, schwerpunktmäßig zu den Punkten Forschung und Entwicklung (F&E) sowie Investitionen, werden divergierende Einschätzungen der (zukünftigen) Marktpotentiale und Arbeitsplatzentwicklungen vorgestellt und kurz diskutiert.

Dieser übergeordnete Bezug ist notwendig, um den Stellenwert des Standortes Baden-Württemberg realistisch abschätzen zu können. Im Abschnitt "Zum Stand der Biotechnologie in Baden-Württemberg" wird erst ein allgemeiner Überblick geboten, dem sich Analysen der Teilbereiche Agrartechnik, Pharma, Lebensmittel und Umwelt anschließen. Grundlage der Untersuchungen sind eigene Recherchen, Literaturauswertungen, Informationen aus Einzelgesprächen mit Experten oder aus den Besuch von Tagungen, eine Auswertung der Informationen der Datenbank AUBIT/Berlin sowie einer Patentanalyse für Baden-Württemberg (Institut für Systemtechnik und Innovationsforschung/Karlsruhe), die von uns in Auftrag gegeben wurden. Die Pilotstudie wird durch ein vorläufiges Fazit und einer stichwortartigen Auflistung zukünftiger Themenschwerpunkte für den weiteren Verlauf abgeschlossen.

Die Studie erhebt keinen Anspruch auf Vollständigkeit (z.B. fehlen die Bereiche Gentherapie, Tierzucht und Biosensoren) noch auf letzte Aktualität. Sie dient ausschließlich der Konkretisierung der Datenbasis und will somit eine realistische Grundlage für die weiteren Diskussionen bieten.

2.1.2 Biotechnologie im internationalen Vergleich

Jeder derartige Vergleich ist mit einigen Unsicherheiten behaftet, da jede Datenangabe unter nationalen Spezifika erfolgt und oftmals nicht detailliert aufgeschlüsselt und definiert wird, was unter biotechnologischer F&E verstanden wird. Die folgenden Angaben spiegeln somit nur einen relativen Vergleich, der aber Trends und bestimmte nationale Eigenheiten dokumentiert.

Folgende Zusammenstellung (entnommen aus: Kathuri et al. 1992) zeigt den großen Vorsprung der USA auf dem Gebiet der Biotechnologie gegenüber Europa:

Kriterium	Europa	USA
Anzahl der gentechnischen Produkte im Jahr 1989	10	147
Anmeldungen für biotechnologische Patente	130	626

Im Gegensatz zu diesem eindeutigen Rückstand im F&E-Bereich kommen in Europa gentechnisch hergestellte Medikamente (ohne Diagnostika) einer neuen Studie der Tufts University nach (Bienz-Tadmor 1993) wesentlich schneller auf den Markt als in den USA. Von 40 neuartigen Medikamenten (Stand: Mitte 1992) wurden 58% in den USA entwickelt (zum Vergleich: Europa 31%, Japan 11%), davon kamen aber 57% in Europa zuerst auf den Markt (zum Vergleich: USA 18%; Japan 25%). Die Zulassungsdauer der Genehmigungsbehörden beträgt dieser Studie nach in Deutschland und Europa durchschnittlich 2 Jahre, gegenüber 3 Jahren in den USA sowie in Japan.

Vergleich der Forschungsförderung bzw. der Investitionen

USA: F&E-Förderung im Bereich Biotechnologie wird zu 59% von der Bundesregierung, 3% von den Bundesstaaten und 38% von der Wirtschaft getragen. Die *staatlichen* Aufwendungen lagen im Jahr 1992 bei 3.7 Mrd. $, für 1993 sind Ausgaben von 4 Mrd. $ geplant. Zirka 70% der Mittel werden von der NIH vergeben. Universitäten und regierungseigene Forschungsinstitute sind die zentralen Mittelempfänger. Der Staat übernimmt somit eine gewichtige Rolle ibs. bei der Förderung der *Grundlagenforschung*. (Genauere Aufschlüsselung für das Jahr 1993: 42% Gesundheit, 37% allg. Grundlagen, 8% Infrastruktur, 5% Landwirtschaft, 3% Verfahrenstechnik, 3% Energie, 2% Umwelt, >0% 'social impact') (ISI 1992).

Mit welchen Unsicherheiten die Zahlenangaben behaftet sind, zeigt der Vergleich mit den Angaben von Kathuri et al. (1992): Nach den Angaben dieser Autoren belief sich alleine der Etat des NIH im Jahr 1992 für biotechnologische Forschung auf 4 Mrd. $.

Die *industrielle* F&E im biotechnologischen Bereich wird bis zu 80% aus Eigenmitteln finanziert. Schwerpunkte liegen in der Medizin/Pharma und Landwirtschaft. Staatliche Mittel fließen nur zwischen 1 bis 2% der Gesamtmittel.

Eine entscheidende Rolle bei den industriellen Mitteln spielt 'venture capital'. Nach Börseneinbrüchen 1987/1988 erholten sich die Kurswerte im Jahr 1991 wieder ordentlich, obwohl die Gesamtwirtschaft stagnierte (ISI 1992; S. 34ff.).

Nach Angaben von Kathuri et al. (1992) investierte die US-Industrie 6.2 Mrd. $ in dem Zeitraum von Januar 1991 bis September 1992, davon alleine 2 Mrd. $ zur Gründung neuer Firmen.

2.1 Pilotstudie

Japan: Exakte Zahlen über F&E-Ausgaben für biotechnologische Forschung in Japan zu bekommen, ist relativ schwierig, da keine Übersichten vorhanden sind und aus einzelnen Haushalten und verstreuten Angaben zusammengetragen werden müssen.

Die gesamten F&E-Ausgaben umfaßten im Jahr 1989 54.1 Mrd. $, davon wurden 74% von der Wirtschaft bzw. 17% von staatlichen Stellen getragen. Japan hat damit von allen OECD-Ländern die niedrigste Quote staatlicher F&E-Finanzierung. Diese Finanzierungsstruktur geht einher mit einer stark ausgeprägten *technologieorientierten und angewandten F&E* und einem entsprechend geringen Anteil an Grundlagenforschung. Auch staatliche Förderprogramme stellen oft eine mögliche Verwertbarkeit in den Vordergrund der Förderziele. Japan unternimmt z.Zt. aber einige Anstrengungen, um die Grundlagenforschung auszubauen.

Trotz der relativ geringen staatlichen Finanzierungsquote übt der Staat einen starken Einfluß auf die F&E-Politik und -Ziele aus. Durch ein vielfältiges Geflecht verschiedener Kommissionen, in denen neben staatlichen Vertretern auch Wissenschafts- und Wirtschaftsvertreter sitzen, ist eine enge Abstimmung und Einflußnahme sichergestellt.

Hauptträger der *industriellen Biotechnologie* sind die traditionellen Fermentationsunternehmen. Deren bisherige Produktpalette wird durch Pharmazeutika, Impfstoffe u.ä. erweitert. Zur Entwicklung haben diese Firmen eigene große Forschungszentren aufgebaut (vgl.: in Deutschland wird die moderne Biotechnologie i.d.R. seitens der chemischen und pharmazeutischen Industrie gefördert). Die Zahl der im biotechnologischen Sektor aktiven Firmen wird in Japan auf 300 bis 550 Unternehmen geschätzt. Die Umsätze neuer biotechnologischer Produkte betrugen 1990 DM 2.3 Mrd. Schätzungen besagen, daß die Umsätze bis zum Jahr 2000 auf DM 180 Mrd. steigen werden (alle bisherigen Angaben: ISI 1992). Die japanische Industrie investierte im Jahr 1990 1.6 Mrd. $ im Bereich Biotechnologie (Kathuri et al. 1992).

Wie schon betont, ist es schwierig exakte Angaben über F&E-Ausgaben im Bereich Biotechnologie zu bekommen. Die Ausgaben der einzelnen japanischen Ministerien zur Finanzierung von 'Lebenswissenschaften' betrugen im Jahr 1992 insgesamt 1.3 Mrd. DM. Ein großer Teil dieser Gelder fließt in biotechnologische Projekte (ISI 1992). Das MITI (Ministry of International Trade and Industry) weist für das Jahr 1993 eine Fördersumme von 813 Mio. $ aus (Kathuri et al. 1992). Der industrielle Anteil läßt sich nur indirekt aus dem oben genannten Verhältnis zwischen staatlichen und industriellen Gesamtausgaben für F&E abschätzen. Demnach müßte der Anteil der Industrie den Staatsanteil um ca. das vierfache übersteigen.

Deutschland: Das Fraunhofer Institut für Systemtechnik und Innovationsforschung (ISI 1992) betont auch hier die Schwierigkeiten, exakte Daten für den biotechnologischen Bereich festzulegen. Aufgrund von Hochrechnungen kommt das Institut zu folgenden Ergebnissen: Die gesamten Ausgaben für nicht-staatliche F&E-Aufwendungen lagen für die Biotechnologie für das Jahr 1990/1991 in den alten Bundesländern bei DM 1.1 Mrd. Bund und Länder gaben im gleichen

Zeitraum etwa 400 Mio. DM für die Biotechnologie aus. Dieses Verhältnis entspricht in etwa dem Durchschnitt aller F&E-Aufwendungen.

Im Rahmen des Förderprogrammes "Biotechnologie 2000" stehen insgesamt 100 Mio. DM (verteilt auf 5 Jahre) zur Förderung des *Mittelstandes* zur Verfügung. Von den Mitteln gehen z.Zt. ca. ein Fünftel in die neuen Bundesländer. Gentechnik wird dabei in ungefähr jedem fünften Projekt eingesetzt (BMFT-Journal Nr.1, März 1993; S. 9).

Von Interesse ist auch die relativ schwache Ausstattung der **EG** mit Fördermitteln für die Biotechnologie. Das gesamte BIOTECH-Programm der EG (Laufzeit: 1992-1996) umfaßt 324 Mio. DM. Das Finanzvolumen des BMFT-Programmes "Biotechnologie 2000" beträgt im Vergleich alleine *jährlich* um die 300 Mio. DM (insgesamt 1.7 Mrd. DM) (ISI 1992).

Die Pharmazeutische Industrie hat nach eigenen Angaben im Jahr 1990 insgesamt DM 3.8 Mrd. für F&E investiert (das entspricht einer Eigenfinanzierungsrate von nahezu 100%). Das verarbeitende Gewerbe insgesamt hat zum Vergleich im Jahr 1990 DM 50 Mrd. für F&E ausgegeben (Eigenfinanzierungsrate 87,9%) (BPI, Pharmadaten'92 1992).

Modernisierungspolitik als Teil einer globalen wirtschaftlichen Strategie

Ähnlich den Tendenzen, die sich in Deutschland abzeichnen, besteht Europa-weit der Trend bevorzugt im Ausland, namentlich in den USA, in die Biotechnologie zu investieren: Nach Schätzungen der Senior Advisory Group on Biotechnology investierten Firmen der EG im Jahr 1989 über 2.34 Milliarden $ in den USA (Kathuri et al. 1992).

Ein großer Teil dieser Investitionen wird von den großen pharmazeutischen und chemischen Firmen getätigt. Aufgrund des immensen technologischen Vorsprungs der USA (nach Kathuri et al. 1992, vgl. auch Dolata 1992) mußten europäische Firmen im starken Maße US-know-how einkaufen, sei es durch Kooperationsverträge, Lizenzen oder durch Beteiligung an entsprechenden Firmen und Forschungseinrichtungen (einen Überblick der europäischen/japanischen Investitionen in den USA bietet: Dibner et al. 1992). In den USA wurden wesentlich früher als in Europa die staatlichen und privaten Förderungen der Biotechnologie ausgebaut und koordiniert.

Alle großen deutschen Pharma/Chemie-Konzerne investieren immense Summen in den USA, seit neuerer Zeit auch in Japan. Neben dem großen technologischen Vorsprung der USA liegen nach einer Analyse der Fa. RauCon (1990) weitere Gründe für entsprechende Investitionen in der starken Exportorientierung deutscher Unternehmen als auch in der Lukrativität des US-Marktes (der US-Markt ist mit einem Drittel der größte Einzelmarkt für Arzneimittel). Aufgrund dieser Strukturen sind die deutschen Firmen multinational in allen Sektoren (Produktion, Forschung & Entwicklung) organisiert. Nach der Analyse von RauCon haben alle großen deutschen Firmen ihre Investitionsentscheidungen in der Mitte bis zum Ende der

2.1 Pilotstudie

80er Jahre größtenteils unabhängig von der damaligen rechtlichen Genehmigungspraxis in Deutschland getroffen (vgl. dort S. 37ff.).

Investitionsentscheidungen dieser Größenordnung sind Teil einer globalen Modernisierungspolitik (vgl. Dolata 1992; RauCon 1990). Zwar werden diese Entscheidungen auch von den jeweiligen rechtlichen Rahmenbedingungen und öffentlichen Meinungen beeinflußt, wesentliche Einflußfaktoren liegen aber zusätzlich in der multinationalen Ausrichtung der deutschen Firmen (RauCon 1990; S. 37).

U.-H. Felcht von der Hoechst AG (1992) verweist zum einen auf die steigende Zahl von rechtlichen Vorschriften sowie auf eine lange Genehmigungsdauer für Pilot- und Produktionsanlagen in Deutschland als Beeinträchtigung der Wettbewerbsfähigkeit, zum anderen betont er, daß die internationale Verteilung der Investitionen und F&E Ausgaben sich an globalen wirtschaftlichen Strategien orientiert (vgl. hier S. 30/31): "Diese Strategie führte zu dem heutigen triregionalen Konzept der Hoechster Forschung. Die Schwerpunkte der Forschung liegen in der Triade Europa-USA-Japan: in Europa mit seiner führenden Rolle in der synthetischen Chemie, in den USA mit einer starken Betonung auf funktionellen Materialien und Optoelektronik, in Japan mit seiner herausragenden Rolle in der Elektronik und zunehmend auch in der Biotechnologie. Insgesamt verfügt das Unternehmen mit Forschungsstätten in 16 Ländern über ein dichtes Netz an Einrichtungen auf den unterschiedlichsten Technologiefeldern. Für unsere Forschungsstandorte in der Bundesrepublik bedeutet dieser weltweite Forschungsverband Herausforderung und Chance zugleich. Grundsätzlich soll die technologische Führerschaft bei dem Standort liegen, an dem das technische Umfeld, die Marktsituation und die Zusammenarbeit mit externen Partnern optimale Möglichkeiten für Forschungsvorhaben bieten".

2.1.3 Marktpotentiale und Prognosen

Allgemein werden der neuen Biotechnologie in vielfältigen Bereichen zukünftig hohe Marktchancen eingeräumt. Umstritten sind jedoch die realen Wachstumschancen und die Zeitpunkte, an denen biotechnologische Produkte der neuen Generation signifikante Marktanteile erreichen. Pauschale Voraussagen sind kritisch zu hinterfragen. So wurden z.B. in einer aktuellen Debatte im baden-württembergischen Landtag über Fragen der Gentechnik folgende Zahlen genannt: bis zum Jahr 2000 werden weltweite Umsätze in Höhe von DM 166 Mrd. und die Schaffung 2 Millionen *neuer* Arbeitsplätze allein in der EG erwartet (Protokoll der 15. Sitzung vom 3.2.1993, S. 950).

Wesentliche Gründe für divergierende Einschätzungen liegen in der ungenügenden Definition von Biotechnologie sowie in fehlenden Angaben, welche Sektoren biotechnischer Produktionen den Prognosen tatsächlich zugrunde gelegt wurden. Umrechnungen von Umsatzraten, Struktur und Zahl von heutigen Arbeitsplätzen in zuverlässige Einschätzungen zukünftiger Entwicklungen sind mit großen Unsicherheiten behaftet (Martens/Saretzki 1992).

Umsatzerwartungen

Prognosen von Wachstumsraten können nur Produkt- bzw. Bereichs-spezifisch betrachtet werden. Nach einer US-amerikanischen Studie werden für den US-Markt biotechnologischer Produkte für die nächsten 10 Jahre folgende Wachtumsraten und Umsätze vorausgesagt (Genetic Engineering News, 1. März 1992, S. 6):

Sektoren	Basisjahr 1992 (Mrd. $)	Prognose für 1997 (Mrd. $)	Prognose für 2002 (Mrd. $)	Wachstumsraten pro Jahr (%)
Humantherapeutika	2.2	4.8	9.2	15
Humandiagnostika	1.05	1.7	2.5	9
Landwirtschaft	0.07	0.375	1.4	35
Spezialitäten	0.095	0.4	1.3	30
Nichtmedizinische Diagnostika	0.010	0.1	0.25	38
Insgesamt	3.475	7.375	14.65	15

(Quelle: Consulting Resources Corp.)

Sehr deutlich kommen hier die Bereichs-spezifischen Unterschiede zum Ausdruck. Wie sehr Prognosen divergieren können, verdeutlichen folgende Angaben: Die hier zitierte Studie kommt für den US-Markt auf ein Gesamtvolumen für das Jahr 2002 in Höhe von knapp 15 Mrd. $ und auf eine durchschnittliche Rate von 15%. Eine andere Studie (Kathuri et al. 1992) schätzt den US-Markt für das Jahr 2000 in Höhe von 51 Mrd. $ wesentlich günstiger ein. Die Gesellschaft für Biotechnologische Forschung Braunschweig (laut VDI-Nachrichten vom 29.1.93) geht von jährlichen Raten von 5-8% aus, wobei der Anteil der Gentechnik in etwa gleich bliebe. Auch die OECD rechnet, den VDI-Nachrichten zufolge, erst in den 20er oder 30er Jahren des 21. Jahrhunderts mit größeren gesamtwirtschaftlichen Effekten durch die moderne Biotechnologie.

U.Ammon und T.Rautenberg stellen in ihrer Studie "Biotechnologie als politisches Handlungsfeld für Nordrhein-Westfalen" (1990) vier mögliche Entwicklungsszenarien vor (S. 131ff.):

Szenario 1: Neue Biotechnologie als Schlüsseltechnologie: "Die neue Biotechnologie wird zur beherrschenden Produktionstechnologie in der Prozeßindustrie und bringt eine breite Palette neuer Produkte hervor, die in allen Sektoren der Wirtschaft [...] zu einem nachhaltigen Markterfolg werden" (S. 131/132). Die

2.1 Pilotstudie

Biotechnologie wird in Konkurrenz zur chemischen Synthese zur Schlüsseltechnologie.

Szenario 2: Bedeutungszuwachs für neue Biotechnologie: Im Vergleich mit der chemischen Synthese wird die Biotechnologie nicht zur beherrschenden Technologie. "Allerdings wird ein signifikanter Bedeutungszuwachs in wichtigen Branchen der Prozeßindustrie angenommen" (S. 134). Für den Bereich Pharmazie bedeutet dies z.B. Marktanteile über 25%. In einigen Sektoren (Pharmazie, Chemie, Landwirtschaft, teilweise auch in der Ernährungsindustrie) verliert die Biotechnologie den Charakter einer Nischentechnologie.

Szenario 3: Neue Biotechnologie bleibt Nischentechnologie: Im Vergleich zu den beiden vorherigen Szenarien gelingt es der Biotechnologie nicht, außerhalb der Pharmazie nennenswerte Marktanteile zu bekommen. "Allerdings wird angenommen, daß in der Pharmaindustrie eine breite Diffusion neuer biotechnischer Produktionen in den nächsten 20 Jahren stattfinden wird" (S. 135).

Szenario 4: Scheitern der neuen Biotechnologie: "Die neue Biotechnologie scheitert. Es gibt nur einzelne neue Produkte mit neuen Wirkmechanismen, die dank ihrer zweifellos vorhandenen therapeutischen Vorteile am Markt bleiben. Sie scheitert vor allem daran, daß kein gesellschaftlicher Konsens auf Dauer für die Gentechnik hergestellt werden kann" (S. 137).

Die Autoren unterlegen jedes Szenario mit bestimmten Grundannahmen für zukünftige Entwicklungen und Rahmenbedingungen. Aufgrund ihrer eigenen Studie kommen die Autoren zu dem Schluß, daß sich entweder Szenario 2 oder 3 durchsetzen wird. Auch wenn sich viele F&E-Potentiale abzeichnen würden, wäre es nicht zu erwarten, daß die Preise für biotechnische Produkte der neuen Generation in breiter Front sinken würden. Dies wäre aber einer der wesentlichsten Voraussetzungen für die Verwirklichung von Szenario 1. Die Autoren schlußfolgern (ihre Ausführungen beziehen sich auf biotechnologische Potentiale von Branchen der Prozeßindustrie): "Das Potential der neuen Biotechnologie, Wirtschaft und Gesellschaft in Breite und Tiefe zu durchdringen, ist mit dem der chemischen Synthese vergleichbar. Dieses Potential ist insgesamt wesentlich geringer zu veranschlagen, als das der neuen elektronischen Informations- und Kommunikationstechnologien. Sie bleibt auf stoffumwandelnde Prozesse beschränkt und hier wiederum auf diejenigen, die einer biologischen Ver- und Bearbeitung durch Mikroorganismen und Zellkulturen oder durch deren Wirkstoffe (Enzyme) zugänglich sind" (S. 139).

Für unser Projekt zur Abschätzung der Situation in Baden-Württemberg sind die vier Szenarien als auch die damit verbundenen Diskussionspunkte von zentraler Bedeutung. Für eine realistische Abschätzung der Chancen biotechnologischer Industrien in diesem Bundesland sowie, darauf aufbauend, die Formulierung eines Empfehlungskatalogs zur Schaffung der geeigneten Rahmenbedingungen ist es wichtig, offen zu legen, von welchem Szenarium ausgegangen werden muß. Hierauf wird ein wesentlicher Schwerpunkt unseres Projektes liegen.

Arbeitsplatzentwicklungen

Wesentliche Fragestellungen der Arbeitsplatzthematik sind:

- Schaffen die Innovationen *neue* Arbeitsplätze oder geht es hauptsächlich um die Substitution/den Erhalt bestehender Arbeitsplätze?
- Welche Qualifikationsprofile werden an *neue* Arbeitsplätze angelegt?

Die moderne Biotechnologie befindet sich noch in der Startphase. Von daher sind alle Prognosen mit Unsicherheiten behaftet. Trendanalysen und statistische Auswertungen bewegen sich mit ihren Ergebnissen in einer relativ großen Spannbreite (vgl. Martens/Saretzki 1992 und Neuner/Ulrich 1992). In Einklang mit den Ergebnissen der bereits zitierten Studie aus Nordrhein-Westfalen (Ammon/Rautenberg 1990) kommen auch Martens/Saretzki sowie Neuner/Ulrich zu dem Schluß, daß von der neuen Biotechnologie in einem absehbaren Zeitraum kaum nennenswerte Effekte für den Arbeitsmarkt zu erwarten sind. Zusätzlich erschwert werden die Prognosen durch gravierende Umstrukturierungsprozesse, in denen sich die für die Biotechnologie wichtigen Branchen Chemie/Pharmazie sowie Landwirtschaft zur Zeit befinden (vgl. hierzu: Ammon/Rautenberg 1990, S. 39-44). Neuner/Ulrich vom Institut für Arbeitsmarkt- und Berufsforschung betonen als allgemeine Trends, daß mit einem Rückgang der Beschäftigtenzahlen bei traditionellen Produkten zu rechnen ist, "aber mit mehr Beschäftigung bei Produzenten neuer biotechnologischer Produkte" (S. 4). Insbesondere bei der Produktgruppe der Pharmazeutika, Impfstoffe, Antibiotika, Enzyme und Vitamine sei mit einem Beschäftigungszuwachs zu rechnen. Neben der Produktion dieser Stoffe wären als beeinflussende Faktoren für diesen positiven Trend die damit verbundenen "Dienstleistungen wie Entwicklung, Vertrieb, Projektierung, Prüfung, Schulung und Anwendung" (S. 6) verantwortlich. In anderen Bereichen wie die Herstellung von Massengütern (Alkohole, Biomasse) und von Grundstoffen für die chemische Industrie oder Lebensmittelindustrie müssen biotechnologische Produkte "gegen die traditionell erzeugten chemischen Produkte mit hohem Reife- und Qualitätsstandard und vergleichsweise geringem Preis konkurrieren" (S. 6).

Aufgrund der auch für die Zukunft zu erwartenden hohen Anforderungen an F&E im Bereich der Biotechnologie sowie ähnlichen Anforderungen im Bereich der Bioverfahrenstechnik stellt die biotechnische Produktion hohe *Qualifikationsanforderungen* an das Personal. Der überdurchschnittliche Akademikeranteil in der industriellen Biotechnologie wird erst mit fortschreitender Anwendungspraxis zurückgehen (Ammon/Rautenberg 1990, S. 43). Die Einführung neuer biotechnischer Produktionsverfahren in die industrielle Produktion wird möglicherweise ähnliche Entwicklungen auslösen, wie sie anhand von organisatorischen und qualifikatorischen Umstrukturierungsprozessen in der chemischen Industrie beobachtet wurden (ebd. S. 43/44), wie z.B.:

- die Ersetzung von angelernten Arbeitskräften durch Facharbeiter

2.1　Pilotstudie

- die Ersetzung von branchenspezifischen Facharbeitern durch Mechaniker für Meß- und Regeltechnik und Laboranten
- Ausweitung technischer Kompetenzen unterhalb des Betriebsleiters zu Lasten der traditionell umfassenden Meisterfunktion
- Ausweitung der natur- und ingenieurswissenschaftlichen Kompetenz inder Unternehmensführung

Qualifikationsprofile und mögliche Umstrukturierungsprozesse stehen in einem unmittelbaren Verhältnis zu Fragen der Aus- bzw. Weiterbildung sowie Maßnahmen zur Umschulung von Fachpersonal. Diese Punkte sind essentielle Bestandteile geeigneter Rahmenbedingungen für eine erfolgreiche Etablierung neuer biotechnologischer Industrien in Baden-Württemberg und bedürfen der gesonderten Aufarbeitung im Rahmen unseres Projektes.

Marktstrategien

An dieser Stelle sind keine 'Patentrezepte' für erfolgreiche Vermarktungsstrategien zu erwarten. Die Notwendigkeit für fundierte Strategien zeigt sich aber anhand neuerer Entwicklungen auf dem biotechnologischen US-Pharmamarkt. Obwohl insgesamt 87 bio-pharmazeutischen Unternehmen im Jahr 1992 gegenüber 1991 eine Steigerung von 67% der Verkaufszahlen erreichten (total 3.7 Mrd. $), wiesen nur 10 Unternehmen Gewinne aus. Insgesamt wurden Verluste in Höhe von 662 Mio. $ verzeichnet (alle Angaben: Spalding 1993).

Die überwiegende Zahl der biotechnologischen Unternehmen aus den USA konzentrieren ihre Absatzstrategien auf den US-Markt (Alper 1993). Einige wenige Firmen versuchen in lukrative ausländische Märkte vorzudringen (als Beispiele werden für pharmazeutische Produkte Japan, Taiwan und die EG-Staaten genannt). Mit speziellen Verkaufs- und Einführungsstrategien (siehe ebd. S. 429) wird versucht, den jeweiligen Besonderheiten der ausländischen Einzelmärkte Rechnung zu tragen. Für spezielle Produkte hat es sich als erfolgreich erwiesen, den geeigneten Markt für diese Spezialprodukte zu suchen: Die Firma Sci-Clone, Hersteller des Hepatitis B-Medikamentes Thymosin-alpha 1, konzentriert die Einführung dieses Produkts auf diejenigen Länder mit einem hohen Infektionsgrad der Krankheit (in Taiwan z.B. sind 15 bis 20% der Bevölkerung mit dem Virus infiziert). Die hohen (klinischen) Test- und Einführungskosten werden durch strategische Kooperationen mit anderen Firmen und durch Lizenzvergaben teilweise zurückgewonnen. Erleichtert wird die Situation auch dadurch, daß eine Reihe von asiatischen Staaten (u.a. Malaysia, Indonesien und die Philippinen) die Registrierung pharmazeutischer Produkte ohne weitere klinische Teste zulassen, wenn diese bereits ein anerkanntes Verfahren z.B. in den USA, Japan oder den EG-Staaten durchlaufen haben (alle Angaben: Alper 1993).

Wie bereits im Abschnitt 2.1.2, Punkt "Modernisierungspolitik" angesprochen wurde, werden ähnliche strategische Kooperationen wie bei der Einführung und

Vermarktung zunehmend auch bei der Forschung und Entwicklung eingegangen (vgl. dort und: Potter 1993).

Derartige Kooperationen scheinen auf dem Hintergrund steigender F&E-Kosten, schnellerer Entwicklungszeiten und steigender Konkurrenz immer notwendiger zu werden.

2.1.4 Zum Stand der Biotechnologie in Baden-Württemberg

Zur Struktur der biotechnologischen Industrie in Baden-Württemberg

Nachfolgende Angaben beziehen sich auf Eintragungen der Datenbank AUBIT (Berlin), Stand: Januar 1993.

In dieser Datenbank sind nicht nur Firmen eingetragen, die biotechnologische Produktionsverfahren einsetzen bzw. biotechnische F&E betreiben, sondern auch der gesamte Ausrüster- sowie Analytikbereich. Soweit eine Zuordnung aufgrund der Eintragungen möglich war, kann in folgende Sektionen unterteilt werden:

1. Pharmazie/Chemie
2. Umweltbiotechnologie
3. Lebensmittel/Ernährung/Landwirtschaft
4. Meß-, Regeltechnik
5. Anlagenbau; Prozeß-, Verfahrenstechnik
6. Laborausstattung, -bedarf

Soweit es die Daten zulassen, können rund ein Viertel der insgesamt 142 Eintragungen biotechnologischen Produzenten/Anwendern zugewiesen werden (25 aus dem Bereich Pharmazie/Chemie plus 10 aus dem Bereich Umweltbiotechnologie). Einen ähnlich großen Anteil nehmen Firmen der Gruppe "Laborausstattung/-bedarf" ein. Etwas weniger als die Hälfte der Eintragungen entfällt auf Firmen der Meß- und Regeltechnik (30) sowie auf den Bereich Anlagenbau (36).

Diese Daten, die unvollständig sind, deuten auf die 'traditionelle' Struktur der baden-württembergischen Industrie hin. Die Struktur kann ein Standortvorteil für die hiesige Entwicklung von biotechnologischen Produktionsanlagen sein. Eine Aufschlüsselung der Daten nach Betriebsgrößen, Umsatzzahlen, F&E-Anteile u.ä. ist leider aufgrund der lückenhaften Angaben nicht möglich.

2.1 Pilotstudie

Zum Stand der biotechnologischen Industrie in Baden-Württemberg

Für eine bessere Einordnung der oben genannten Daten ist ein Vergleich mit anderen Bundesländern sinnvoll. Nach Angaben der Datenbank AUBIT sind auszugsweise in folgenden Bundesländern unter dem Stichwort "Was-Wer-Wo zu Biowissenschaften und Biotechnologie..." nachfolgende Gesamteintragungen (sie umfassen sowohl Industrie als auch Forschungseinrichtungen) zu verzeichnen. Die Daten geben aber ohne exakte Angaben nur grobe Anhaltspunkte:

Bundesland	Zahl der Eintragungen
Baden-Württemberg	293
Bayern	206
Berlin	248
Hamburg	91
Niedersachsen	208
Nordrhein-Westfalen	285
Sachsen	169
Deutschland insgesamt (incl. neue Bundesländer)	2201

Wie aus diesen Zahlen zu entnehmen ist, nimmt Baden-Württemberg im nationalen Vergleich eine Spitzenstellung ein. Dies trifft sowohl für die Zahl der Industrieunternehmen als auch für die Zahl der Forschungseinrichtungen zu. In einer Studie der Steinbeis-Stiftung aus dem Jahr 1990 wurden bundesweit sogenannte "Innovationszonen für Biotechnologie" erhoben. Zu den dabei bundesweit festgelegten insgesamt 9 Zonen entfielen immerhin 4 Zonen auf Baden-Württemberg: Rhein-Neckar-Raum, Karlsruhe-Pforzheim, Stuttgart-Mittlerer Neckar, Freiburg-Lörrach.

Im bundesweiten Vergleich zeichnet sich die baden-württembergische Industrie durch eine gute Mischung kleiner, mittlerer und großer Betriebe aus. Neben diesem industriellen Potential verfügt das Land über eine gute Forschungsinfrastruktur. Der Forschungsverbund "Bioverfahrenstechnik" in Stuttgart (Fraunhofer Gesellschaft und Universität Stuttgart) kann als beispielhaftes Modell dienen, wie F&E mit einer industriellen Anwendung gekoppelt werden kann. Forschungsverbünde sind zukünftig sehr wahrscheinlich in allen biotechnologischen F&E-Bereichen notwendig, da entsprechende Aufwendungen sehr kostenintensiv sind. Dies trifft ibs. für den Pharmabereich zu. Die Aufwendungen für Forschung und Entwicklung, klinische Erprobung etc. steigen. Die Entwicklungszeiten für neue Medikamente müssen verkürzt werden. Um diese Voraussetzungen überhaupt verwirklichen zu können, finden sich sogar größere Firmen zur gemeinsamen Entwicklung von neuen Medikamenten zusammen. Die Lizenzen werden z.T. untereinander getauscht. Das kann u.a. bedeutet, daß kleinere und mittlere Firmen allenfalls Marktnischen ausfüllen können.

Patentanalysen bieten die Chance, einen Überblick über innovative Entwicklungen zu bekommen. Patentanmeldungen dienen als Indikatoren für F&E-Aktivitäten. Von daher hat die Akademie eine "Patentanalyse zu Innovationsaktivitäten in der Biotechnologie in Baden-Württemberg" beim Fraunhofer-Institut für Systemtechnik und Innovationsforschung/Karlsruhe in Auftrag gegeben. Untersucht wurden die Sektoren: Umweltbiotechnologie, Pharma, Medizinische Analytik, Landwirtschaft, Lebensmittel, Apparate sowie als Querschnittssektion Enzymtechnik. Unter der Projektleitung von Herrn Dr. T.Reiß wurde mittlerweile ein vorläufiger Bericht vorgelegt (ISI 1993). Wegen der grundlegenden Aussagen geben wir im folgenden das Fazit der Autoren dieser Studie im Wortlaut wieder:

"1. Aus Baden-Württemberg stammen zwischen 20 und 25 % der im vergangenen Jahrzehnt in der Biotechnologie in der Bundesrepublik angemeldeten Patente. Somit nimmt Baden-Württemberg in der Biotechnologie generell eine ähnlich starke Position bei Erfindungen ein wie über den gesamten Technikbereich.
2. Detailanalysen der zeitlichen Entwicklung der Patentanmeldungen in der Biotechnologie geben jedoch erste Hinweise darauf, daß diese starke Position gefährdet ist:
- Die Entwicklungsdynamik der Erfinderaktivitäten in der Biotechnologie war in Baden-Württemberg in den 80er Jahren deutlich geringer ausgeprägt als im gesamten Bundesgebiet.
- Nur in wenigen Teilbereichen der Biotechnologie (in der medizinischen Analytik sowie mit Einschränkungen im Enzymbereich) läßt sich aufgrund der Patentanmeldungen ein überdurchschnittliches Engagement baden-württembergischer Erfinder ausmachen. Hinzu kommt, daß die beiden Bereiche medizinische Analytik und Enzyme stark von einem Unternehmen [...] , das jeweils deutlich mehr als 50 % der Patentanmeldungen tätigt, geprägt werden. Im Bereich Enzyme ist eine derartige Dominanz nicht unerwartet. Dagegen ist der Bereich medizinische Analytik von seinen Inhalten her vor allem auch für kleine und mittlere Unternehmen prädestiniert. Die Patentanalyse deutet darauf hin, daß sich diese bisher nicht entsprechend auf dem Erfindermarkt durchsetzen konnten.
3. Eine deutlichere Akzentsetzung ist in Baden-Württemberg in den letzten Jahren im Bereich der Umweltbiotechnologie zu beobachten. Hier hat die relative Patentierneigung stark zugenommen.
4. Mit Abstrichen sind auch Ansätze zur verstärkten Akzentsetzung in den Bereichen Landwirtschaft und Lebensmittel auszumachen. Hierbei ist jedoch zu berücksichtigen, daß die Erfinderaktivitäten in diesen Feldern auf relativ geringem absoluten Niveau ablaufen. Insbesondere auch im Landwirtschaftsbereich scheint diesbezüglich ein Nachholbedarf Baden-Württembergs im Vergleich zum gesamten Bundesgebiet zu bestehen."

2.1.5 Agrartechnik: Gentechnik an Pflanzen

Die Gentechnik an Pflanzen hat in Deutschland in der Anwendung bisher nur einen geringen Stellenwert. Die Ursache für diese Entwicklung ist zum einen im gesetzlichen Regelungsverfahren, zum andern in der geringen Akzeptanz der "grünen Gentechnologie" in der Öffentlichkeit zu suchen. Bisher wurden in der Bundesrepublik erst zwei Feldversuche (mit transgenen Petunien) genehmigt. Auch für 1993/94 sind beim Bundesgesundheitsamt nur 4 Anträge auf Freisetzung von transgenen Pflanzen im Bereich der nachwachsenden Rohstoffe und der Resistenzzüchtung gestellt worden. Im Vergleich dazu sind im Ausland bereits über 500 Feldversuche mit transgenen Pflanzen durchgeführt worden. Der deutsche Rückstand ist auch deshalb bedauerlich, weil nur in Freilandversuchen der biologischen Sicherheitsforschung voll Rechnung getragen werden kann. Dies gilt für die klassische Züchtung ebenso wie für die Gentechnik-gestützte Pflanzenzüchtung.

Trotz aller Bemühungen ist es den Fachwissenschaftlern bisher nicht gelungen, die Öffentlichkeit davon zu überzeugen, daß es bei der Züchtung nicht auf die Methode der genetischen Veränderung ankommt (klassische Züchtung oder Gentechnik), sondern auf die herbeigeführte genetische Konstitution und die daraus resultierenden neuen Eigenschaften. Die Änderung der genetischen Konstitution ist in der Regel minimal. Bei der ersten transgenen Tomate, die seit kurzem von der amerikanischen Firma Calgene vertrieben wird, wird zum Beispiel durch *eine* Antisense-RNA die Expression des Enzyms Polygalacturonidase so weit unterdrückt, daß sich das Weichwerden der Zellwände hinauszögert. Deshalb brauchen die Tomaten nicht mehr grün gepflückt zu werden, um noch frisch beim Verbraucher anzukommen. Im Bereich der nachwachsenden Rohstoffe könnte mit wenig Gentechnik die Entwicklung von Pflanzen mit einer spezifischen Zusammensetzung der Inhaltsstoffe beschleunigt und damit die Nutzungsmöglichkeiten erweitert werden (Vayda/Belknap 1992).

Eine besondere Herausforderung für die (Gentechnik-gestützte) Pflanzenzüchtung bildet derzeit die Steigerung der energetisch verwertbaren Biomasseerträge geeigneter landwirtschaftlicher Kulturpflanzen, z. B. Triticale (Futtergetreide) und Raps (als Ölpflanze und zur energetischen Verwertung als Gesamtpflanze). Diesem Züchtungsprogramm kommt wegen seinem Bezug zum Thema "Energie aus Biomasse - eine Chance für die Landwirtschaft?" eine hohe Aktualität zu.

Als Züchtungsziele in diesem Zusammenhang können gelten:

- Quantität: Ertragssteigerung an verwertbarer Biomasse, Ertragssicherung (Resistenz gegenüber abiotischen Streßfaktoren wie Trockenheit, Lager, Kälte, Frost, Lichtstreß).
- Qualität: Steigerung des C/N- und C/S-Verhältnisses; Abnahme des Korngewichts zugunsten der Resttrockenmasse, Reduktion des Wassergehalts bei der Ernte.
- Resistenz: gegenüber Krankheitserregern (Pilze, Bakterien, Viren), Schadinsekten und Nematoden.

- Pflanzenbau: Verbesserung der Umweltverträglichkeit der Pflanzenpro-duktion, insbesondere die Verbesserung der Stickstoff- und Wasserproduktivität. Hinausschieben der Seneszenz (= Verlängerung der nutzbaren Vegetationsperiode)

Die Anwendung gentechnologischer Methoden stellt für Raps kein Problem mehr dar; hingegen besteht bei Triticale (wie bei Getreide allgemein) ein akuter Forschungsbedarf. Diese Forschung setzt naturgemäß bereits gentechnologische Eingriffe voraus. Generell gilt, daß in der Gentechnologie Forschung, Entwicklung, und Anwendung kaum zu trennen sind. Im vorliegenden Fall dürfte die positive Ko-Aktion von Grundlagenforschung und aktueller Züchtung rasch zu greifbaren Fortschritten in Richtung "Biomasseproduktion" führen.

Aufgrund einer einschlägigen Pilotstudie (M. Hohl) schätzen wir das Potential der Gentechnologie bei der züchterischen Verbesserung von Pflanzen, die zur Erzeugung von energetisch nutzbarer Biomasse im großen Maßstab geeignet sind, mittelfristig als bedeutsam ein. Ein rascher wirtschaftlicher Erfolg ist aber nicht zu erwarten. Die relevante Forschungs- und Entwicklungsarbeit müßte deshalb in einer ersten Stufe von staatlich finanzierten Einrichtungen getragen werden. Erst mittelfristig erscheint eine Übertragung der Lasten auf Wirtschaftsunternehmen (z. B. Saatzuchtanstalten) angemessen. Eine positive Auswirkung auf die Landwirtschaft im Sinn einer ökonomisch und ökologisch nachhaltigen Landbewirtschaftung ist von einer intensivierten Züchtung mit klaren Zielvorgaben auf jeden Fall zu erwarten, unabhängig davon, mit welcher Kombination von konventioneller und Gentechnik-gestützter Züchtung die angestrebten Züchtungsziele erreicht werden. Die Tatsache, daß bei der Züchtung von Getreide oder Raps auf Ertrag bislang keine spektakulären Erfolge erzielt wurden, liegt aller Wahrscheinlichkeit nach in der traditionellen Ausrichtung der Züchtung auf eine Steigerung der Kornerträge (Wallace et al. 1993). Diese Erträge haben durch klassische Züchtung bereits ein sehr hohes Niveau erreicht und lassen nach oben keine erheblichen Steigerungen mehr erwarten. Demgegenüber war die Biomasse für die Züchter über Jahrzehnte hinweg kein Ziel. Dies ist der wichtigste Grund dafür, warum wir die Chancen für eine Gentechnik-gestützte züchterische Verbesserung des Biomasseertrags als sehr aussichtsreich beurteilen. In dieser Hinsicht ist das genetische Potential der für die Erzeugung von energetisch nutzbarer Biomasse relevanten Pflanzensippen noch keineswegs ausgereizt. Darüber hinaus wird von den Fachleuten die Steigerung der Biomasseproduktion bei Nutzpflanzen als wesentliche Voraussetzung für die Steigerung der Erträge von Nahrungspflanzen angesehen (Wallace et al. 1993).

Es spricht nichts gegen die Erwartung, daß - ähnlich wie in den U.S.A. - auch in Baden-Württemberg neue Firmen entstehen werden, die das gentechnische Knowhow mit den Methoden der klassischen Züchtung verbinden und durch diese Kombination die Züchtungsziele sehr viel schneller erreichen als mit konventionellen Verfahren. Benötigt wird allerdings eine Starthilfe (s.o.).

Von der Besetzung der ökonomischen Nische her gesehen, erscheint die Sachlage ausgesprochen günstig: Baden-Württemberg ist, was die Pflanzenzüchtung anbeangt, ausgesprochen unterbesetzt. Derzeit gibt es nur wenige Firmen im Lande, die dem Bundesverband Deutscher Pflanzenzüchter e.V. angehören. Auf dem Getreidesektor (einschließlich Mais) arbeiten lediglich drei renommierte, leistungsstarke Firmen; bei Ölpflanzen sind es allenfalls vier.

Eine zweite aktuelle Richtung von biotechnologischer Forschung und Entwicklung bei höheren Pflanzen betrifft die (Gentechnik-gestützte) Züchtung von Forstpflanzen, die an die sich ändernden atmogenen Depositionen und Klimaverhältnisse angepaßt sind (Gupta et al. 1993). Es wäre leichtsinnig, diese Präventivmaßnahmen nicht zu ergreifen. Dies gilt nicht nur im Hinblick auf den steigenden CO_2-Gehalt der Luft und erhöhte Ozonwerte, sondern auch als Gegenmaßnahme gegen die Waldschäden, die kausal auf das erhöhte Angebot an atmogenem Stickstoff und auf das erniedrigte Angebot an Kationen im Boden zurückzuführen sind. Die moderne Forstpflanzenzüchtung könnte, ausgehend von den kürzlich etablierten Einrichtungen an der Universität Freiburg, bei entsprechendem Anreiz rasch zu einer Domäne privater Firmen werden.

2.1.6 Pharmaindustrie in Deutschland und in Baden-Württemberg

Branchendaten für Deutschland

- Zahl der Betriebe: ca. 460 (stellen ca. 95% der Produktion) (Stand August 1992)
- Zahl der Mitarbeiter: 122000, der Akademikeranteil beträgt ca. 15% (Stand 1991)
- Umsatz: 29 Mrd. DM (Stand 1991)
- F&E-Ausgaben: im Durchschnitt beträgt der F&E-Aufwand 13.9% vom Umsatz (Stand 1989); Gesamtaufwendungen im Jahr 1990 betrugen 3.8 Mrd. DM;nähere Einzelheiten siehe unten

{Alle Angaben aus: Bundesverband Pharmazeutischer Industrie (BPI), Pharmadaten 1992}.

Branchenstruktur und Marktdaten

In der Pharmabranche dominieren von der Gesamtzahl her die kleinen und mittleren Firmen. Knapp die Hälfte der Firmen erzielt weniger als 20 Mio. DM Umsatz pro Jahr; siehe folgende Aufstellung (zusammengefaßt nach RauCon 1990):

Umsatz bis	20 Millionen	53 %
Umsatz bis	100 Millionen	30 %
Umsatz über	100 Millionen	17 %

Traditionell ist die Pharmaproduktion in Deutschland eng mit der Chemiebranche verbunden. Die führenden Unternehmen dieses Wirtschaftszweiges (Bayer, Hoechst, BASF, Schering, Boehringer/Ingelheim, Boehringer/Mannheim, E.Merck) gehören im Pharmabereich mit zu den umsatzstärksten Unternehmen der Welt. Diese Konzerne sind alle auch in der Bio- bzw. Gentechnik engagiert (vgl. z.B. Dolata 1992, S. 174ff.; Ammon/Kuhn 1989, S. 76ff. und S. 111ff.) und zeichnen sich durch eine starke Weltmarktorientierung, multinationaler Produktions- und Forschungsstruktur sowie durch eine umfangreiche und vielfältige Produktpalette aus. Die Chemie- und Pharmabranche gehört mit zu den wichtigsten biotechnologischen Innovationsträgern (Dolata 1992).

Die 10 führenden Unternehmen halten ca. 32% des deutschen Arzneimittelmarktes (BPI: Pharmadaten 1992). Ungefähr 41% der deutschen Arzneimittelproduktion mit einem Gesamtwert von 12 Mrd. DM werden exportiert (Stand 1991). Die wichtigsten Absatzmärkte liegen in Europa, in Japan und in den USA. Der gesamte Weltmarkt lag im Jahr 1991 Schätzungen zufolge bei 195 Mrd. $. Gemessen an den Produktionszahlen liegt Deutschland gemeinsam mit Frankreich auf dem dritten Rang in der Welt (USA 91 Mrd. DM, Japan 63 Mrd. DM, Deutschland 26 Mrd. DM; bezogen auf 1990). (Alle Angaben: BPI, Pharmadaten 1992).

Nach Berechnungen des BPI hatten folgende Produktgruppen im Jahr 1990 einen Produktionswert von (in Mrd. DM):

Vitamine und Hormone	1.30
Enzyme	0.10
Antibiotica (Primärproduktion)	0.09
Arzneiwaren mit Antibiotica	6.20
Arzneiwaren ohne Antibiotica	16.5

F&E-Kapazitäten

Mit einem durchschnittlichen F&E-Anteil von 13.9% vom Umsatz liegt die Pharmabranche an zweiter Stelle des verarbeitenden Gewerbes (hinter der Luft- und Raumfahrt mit 31%). Die Gesamtaufwendungen lagen im Jahr 1990 nach Angaben des BPI bei 3.8 Mrd. DM. Die folgende Tabelle gibt einen Überblick über die F&E-Raten im Verhältnis zum Umsatz der Firmen (nach RauCon 1990):

Jährlicher Umsatz (in Mio. DM)	F&E-Anteil (%)
1 - 7.5	2.5
7.5 - 15	4.0
15 - 45	4.5
45 - 150	10
> 150	21

Von den Mitgliedsfirmen des BPI betreiben ungefähr ein viertel eigene F&E. Reine Grundlagenforschung können sich nur rund 15 Unternehmen leisten (BPI, Pharmadaten 1992). Die Entwicklung neuartiger Medikamente ist sehr kosten- und zeitintensiv. Wie bereits im Abschnitt 2.1.2 angesprochen wurde, haben deutsche Chemie- und Pharmaunternehmen im Zuge von globalen Modernisierungsstrategien immense Summen im Ausland, namentlich in den USA aber auch zunehmend in Japan, investiert. Dies dient nicht nur dem Aufbau eigener Produktionsanlagen, sondern auch der Errichtung eigener großer Forschungseinrichtungen bzw. der Kooperation mit ausgewiesenen Spitzeninstituten in den entsprechenden Ländern. Der internationale Wettbewerb wird sich bei aussichtsreich erscheinenden Produkten verschärfen, d.h. auch, daß sich Entwicklungszeiten verkürzen müssen. Um diese Voraussetzungen überhaupt verwirklichen zu können, finden sich sogar größere Firmen zur gemeinsamen Entwicklung von neuen Medikamenten zusammen. Lizenzen werden z.T. untereinander getauscht. Das bedeutet u.a., daß kleinere und mittlere Firmen im Pharmabereich allenfalls Marktnischen ausfüllen können. Es ist damit zu rechnen, daß zukünftig nur forschungsstarke Unternehmen eine Chance haben (vgl. hierzu: Felcht 1992; Bäumler 1993).

Zur Situation in Baden-Württemberg

Wie bereits im Abschnitt 2.1.4 in einem nationalen Vergleich der Bundesländer aufgezeigt wurde, liegt Baden-Württemberg mit an der Spitze der Pharmaproduktion in Deutschland. Nach dem Stand unserer bisherigen Recherchen gibt es in Baden-Württemberg um die 36 Firmen, die im weiteren Pharmabereich engagiert sind. Insbesondere im Technologiepark Heidelberg sind eine Reihe von kleinen, sehr innovativen Biotechnologiefirmen vertreten, die vor allen Dingen F&E in den Bereichen monoklonale Antikörper, Impfstoffe und medizinischer Diagnostik betreiben (z.B. Orpegen, Progen, International Biotechnology Laboratories). Firmengründungen dieser Art stehen in einem direkten Verhältnis zu der Nähe und Dichte von international renommierten Forschungseinrichtungen in Heidelberg (Genzentrum, Krebsforschungszentrum, EMBL). Darüber hinaus verfügen aber auch andere baden-württembergische Standorte über hervorragende Forschungseinrichtungen wie diverse Universitäts-Institute und Max-Planck-Institute mit einem guten internationalen Ruf.

Patentanalysen bieten die Chance, innovative Potentiale und technologische Trends einordnen zu können. Der Patentanalyse für Baden-Württemberg (ISI 1993) zufolge nimmt Baden-Württemberg im bundesdeutschen Vergleich eine Spitzenposition ein. Gleichzeitig verlangsamt sich aber die Entwicklungsdynamik im Bereich Biotechnologie, gemessen an der Zahl der Patentanmeldungen in Baden-Württemberg im Gegensatz zu den Entwicklungen in den anderen Bundesländern.

Für den Bereich Pharma ist von besonderem Interesse, daß im bundesdeutschen Vergleich Baden-Württemberg Schwächen in den Sektoren Pharma (Therapeutika, Diagnostika, Impfstoffe), Enzyme (Enzymtechnik als Querschnittsaktivität) und Apparate (Ausrüsterbereich) aufweist. Der Sektor Medizinische Analytik (Analyseverfahren auf enzymatischer oder immunologischer Basis) liegt mit einer steigenden Tendenz im Durchschnitt der Gesamtentwicklung in Deutschland.

Auffällig ist auch, daß die Sektoren Medizinische Analytik und Enzyme von einem Unternehmen (Boehringer/Mannheim) mit über 50% der Anmeldungen dominiert werden. Zusätzlich stellt dieses Unternehmen ca. ein drittel der Anmeldungen im Sektor Pharma. Diese starke Stellung des Unternehmens resultiert nicht zuletzt in dem neuen biotechnologischen Forschungs- und Produktionszentrum in Penzberg/Bayern. Die Anlage ging 1987 in Betrieb und beschäftigt heute ca. 1500 Mitarbeiter.

Neben dieser Dominanz von Boehringer/Mannheim sind die Thomae GmbH/Biberach, die dort über ein modernes Biotechnologikum verfügt, sowie aus Heidelberg die kleineren Biotechnologiefirmen Orpegen, Progen und International Biotechnology Laboratories überdurchschnittlich an der Zahl der Patentmeldungen beteiligt.

Ausblick

Im Jahr 1991 waren weltweit ca. 1000 Projekte zur Entwicklung von Arzneimitteln bekannt, die mit Hilfe neuartiger biotechnologischer Verfahren hergestellt werden sollen. Davon befanden sich 65% in der Phase 'Präklinik'. Das sind 10% der gesamten Arzneimittel-"pipeline". Insgesamt sind es 350 verschiedene Produkte, die teilweise gleichzeitig von mehreren Firmen entwickelt werden. Zirka 30 davon befinden sich in der Phase III/klinische Prüfung; 50 stehen vor der Registrierung (alle Zahlen beziehen sich auf 1991!). Im Jahr 1990 hatten derartige Produkte ein Weltmarktvolumen von US $ 2.5 Mrd., umgerechnet ca. 1.5% des gesamten Pharmaumsatzes (Truscheit 1992). Neueren Schätzungen nach werden ca. 5 bis 8 neue (rekombinante) Proteine pro Jahr weltweit auf den Markt kommen (Drews 1993). Bis zum Jahr 2003 werden derartige Produkte diesen Schätzungen zufolge ungefähr 10% des zukünftigen Pharmamarktes ausmachen.

Indem die molekularen Abläufe von Krankheiten immer besser verstanden werden, eröffnen sich neue Chancen der Medikamenten-Entwicklung bzw. -Wirkungsweise (Stichwort: 'rationale Medikamenten-Entwicklung'): Rezeptorenklonierung, Anti-Rezeptor-Antikörper sowie Computer-gestützes rationales 'drug design' von niedermolekularen Substanzen. Die Entwicklung neuartiger Therapeutika wird durch die Entwicklung von hochspezifischen Diagnostika flankiert.

Offen ist, zu welchem Zeitpunkt neuartige biotechnologische Pharmaprodukte signifikante Marktanteile einnehmen werden. Erste Erfahrungen mit TPA (tissue plasminogen activator) zeigen, daß Produkte, die mit Hilfe gentechnischer Verfahren hergestellt werden und für deren Indikation herkömmliche Produkte erfolgreich auf dem Markt sind (hier: Streptokinase), Schwierigkeiten bestehen, entsprechende Marktanteile zu bekommen, da die neuen Produkte aufgrund der hohen Entwicklungskosten wesentlich teurer sind (vgl. entsprechende Diskussionen bei: RauCon 1990; S. 131). Bei Prognoseuntersuchungen darf auch nicht vernachlässigt werden, daß Aufwendungen für F&E sehr hoch sind und damit zu rechnen ist, daß sich Entwicklungszeiten verkürzen werden. D.h., der Wettbewerb wird sich bei besonders aussichtsreich erscheinenden Produkten verschärfen.

2.1.7 Lebensmitteltechnologie in Baden-Württemberg

Branchendaten

- Zahl der Betriebe: insgesamt: 671 darunter befinden sich 11 Unternehmen mit mehr als 500 Beschäftigte (insgesamt ca. 10000 Beschäftigte in diesen 11 Unternehmen)
- Zahl der Beschäftigten: insgesamt: ca. 62000
- Umsatz: ca. 23 Mrd. DM
- Investitionen: 815 Mio. DM (bezogen auf das Jahr 1989); zum Vergleich die Daten des Jahres 1991: Gesamtinvestitionen: 1.1 Mrd. DM, davon 869 Mio. DM Ausrüstung sowie 228 Mio. DM Grundstücke
- F&E-Ausgaben: der F&E-Anteil beträgt im Durchschnitt 0.7-0.8% vom Umsatz (zum Vergleich: der Anteil in der Pharmabranche liegt bei 13.9%)

{Alle Angaben: Statistisches Landesamt Baden-Württemberg (aktualisierte Daten: bezogen auf das Jahr 1993) und Ammon/Kuhn 1989}.

Branchenstruktur

Der Bereich der Lebensmittelherstellung ist sehr heterogen und umfaßt eine Vielzahl von Sektoren und Produkten: Mühlen, Herstellern von Teig- und Backwaren, Verarbeiter von Obst und Gemüse, Molkereien, Käsereien, Fleischwarenindustrie, Brauereien, Getränkeindustrie etc.
Die Branche gehört, gemessen an den Umsätzen, zu den größten Industriezweigen in Deutschland. Die Wachstumsprognosen sind mit 2-4% jährlich relativ günstig. Die obigen Zahlen verdeutlichen die mittelständische Struktur der Branche. Der Anteil der Großbetriebe, bezogen auf die gesamte Bundesrepublik, ist mit 0.8% niedrig (Ammon/Kuhn 1989).
In einigen Sektoren findet sich nach wie vor eine traditionelle Anbindung an die Landwirtschaft mit entsprechend hohen Anteilen regional operierender Genossenschaften. Diese Strukturen sind aber zunehmend Konzentrationsprozessen unterworfen als indirekte Folge von ähnlichen Prozessen im Handel sowie steigender Konkurrenz im Rahmen des EG-Binnenmarktes. Auf diesem Hintergrund gewinnen neue rationelle Technologien sowohl zur Kostenreduktion als auch zu Qualitäts-

verbesserungen der Produkte an Bedeutung. Die Entwicklung und der Einsatz dieser Technologien bedarf ausreichender F&E-Kapazitäten.

F&E-Kapazitäten

Über hauseigene Forschungskapazitäten verfügen nur wenige große oder aber kapitalkräftige mittelständische Unternehmen (in Baden-Württemberg z.B. die Firma Maizena/Heilbronn sowie die Firma Gewürzmüller/Stuttgart). Ansonsten überwiegen aufgrund der klein- und mittelständischen Struktur Formen der Auftrags- bzw. Gemeinschaftsforschung (zusammengeschlossen im Forschungskreis der Ernährungsindustrie). Einige Sparten wie Brauereien oder die Hefeindustrie verfügen über gemeinschaftliche Forschungseinrichtungen (vgl.: Koschatzky 1989). Von zentraler Bedeutung sind zudem die Bundesforschungsanstalten aus dem Bereich des Bundeslandwirtschaftsministeriums sowie universitäre Forschungsinstitute (in Baden-Württemberg z.B. die Bundesforschungsanstalt für Ernährung/Karlsruhe und entsprechende Institute der Universität Hohenheim).

Biotechnische Innovationen

Biotechnische Innovationen dienen folgenden Zielen:

- Optimierung von Produktionsverfahren
- Optimierung der Produktionssicherheit (mikrobielle Stabilität, Hygiene)
- Energie- und Rohstoffeinsparung
- Verwertung von Neben- und Abfallstoffen
- Produktinnovationen

Als gentechnische Optionen werden z.B. im Bereich *Brauereiwesen* diskutiert bzw. sind bereits zur Anwendungsreife gelangt:

- Stärkevergärung (zur Verwendung von Rohgerste)
- Glucanabbau (zur Verbesserung der Filtrierbarkeit)
- Dextrinabbau (Diätbier)
- verbesserte Schaumhaltbarkeit

Innovationen kommen ibs. in den Bereichen von Starterkulturen, enzymatischen Verfahren als auch bei der Herstellung von Zusatz- bzw. Hilfsstoffen zum Einsatz.
    Im Bereich von Starterkulturen bzw. Schutzkulturen sind bislang keine herausragenden Vorteile gentechnischer Ansätze für *Anwendungszwecke* zu erkennen. Gentechnik spielt aber eine wichtige Rolle in der Grundlagenforschung und bei Identifizierungs- bzw. Charakterisierungstechniken (mikrobielle Sytematik). Der Pool natürlicher Organismen reicht für die heutigen Belange aus.

2.1 Pilotstudie

Der anvisierte Einsatz gentechnisch veränderter Organismen als Bacteriocinproduzenten zur potentiellen Elimination von Pathogenen muß im Hinblick großtechnischer Anwendungen humantoxikologisch als auch allergologisch kritisch überprüft werden. Auch hier besteht kein unmittelbarer Bedarf. Die Funktion können auch von nicht-veränderten Organismen übernommen werden (z.B. durch spezielle Säurebildner). Zur Diskussion der hier angesprochenen Punkte siehe Knauf et al. (1992).

Viele Ansätze der neuen Biotechnologie zielen auf Verfahrensoptimierungen, ibs. auf die Etablierung kontinuierlicher Verfahren. Dadurch können Prozeßzeiten verkürzt werden, die Prozesse sind eventuell besser steuerbar und die Anlagenauslastung kann verbessert werden. Folgende potentielle Problembereiche gilt es zu beachten (vgl. Kuhn 1990):

- Bei kontinuierlichen Verfahren besteht eine erhöhte Gefahr des Hochwachsens von nicht-erwünschten (Mikro-)Organismen.
- Der Ausstoß der Anlage kann sich signifikant erhöhen mit der möglichen Folge von Anlagen- bzw. Firmenkonzentrationen.

Technische Enzyme werden bei steigendem Verbrauch bis zu 60% in der Nahrungsmittelindustrie eingesetzt. Hier ist mit zunehmenden branchenübergreifenden Kooperationen zwischen Enzymproduzenten und dem Nahrungsmittelgewerbe zu rechnen (Ammon/Kuhn 1989; Koschatzky 1989). Als Beispiel der Substitution eines herkömmlichen Enzymproduktes durch gentechnische Innovationen sei auf das *Labferment* zur Käseherstellung verwiesen (Jany 1992).

Im Sinne qualitativ neuartiger Produkte weisen Diätetika bzw. Nahrungsmittelzusatzstoffe die größten innovativen Potentiale aus. Grundlegende Qualitätsmerkmale von Diätetika (z.B. geringer Fett- bzw. Zuckergehalt) können u.a. durch die Verwendung neuartiger Grund- sowie Zusatzstoffe gewährleistet werden. Im Bereich der Lebensmittelzusatzstoffe, die bislang chemisch synthetisiert wurden oder aus Pflanzen extrahiert wurden, bieten sich vielfältige Anwendungspotentiale bei deren biotechnischer Herstellung. Hierzu gehören Stoffe wie Farb- und Aromastoffe, Vitamine, Aminosäuren, Süßstoffe, Dickungsmittel etc. (Ammon/Kuhn 1989; Jany 1992).

Forschung und Entwicklung

Um die sich abzeichnenden innovativen Potentiale ausschöpfen zu können, müssen die spezifischen Strukturen der Branche (hoher mittelständischer Anteil, teilweise regionale Marktorientierung) mit den dafür notwendigen F&E-Kapazitäten und Strukturen gekoppelt werden. Die Erhaltung dieser Branchenstruktur erscheint auch auf dem Hintergrund einer ökologisch verträglichen und nachhaltigen Wirtschaftsentwicklung in Baden-Württemberg als wünschenswert. Da F&E für neue biotechnische Innovationen aber sehr kosten- und zeitintensiv sind, bedarf es entsprechender Rahmenbedingungen.

In einer Umfrage bayerischer Unternehmen aus dem Jahr 1989 (Koschatzky 1989) wurden hierzu folgende Punkte für notwendig erachtet:

- Da viele kleine und mittelständische Betriebe über keinen eigenen wissenschaftlichen Mitarbeiterstab verfügen, bedarf es einer wesentlich verbesserten Transparenz über bestehende Forschungsangebote bzw. Forschungsergebnisse. In der Umfrage wurde die Notwendigkeit zur Einrichtung einer entsprechenden Forschungsinformations- und Koordinationsstelle betont, die eine praxisgerechte Aufarbeitung der Ergebnisse gewährleisten sowie Kontakte zwischen F&E-Einrichtungen und Betrieben vermitteln sollte.
- Die angesprochene Informations- und Koordinationsstelle sollte darüber hinaus einen Beitrag zur Verbraucheraufklärung leisten. In der Öffentlichkeit beständen noch zu geringe Kenntnisse über die industrielle Produktion von Lebensmitteln. Der Verbraucher erwarte ein breites Angebot zu niedrigen Preisen aber mit hohen Qualitätsanforderungen, das ohne eine industrielle Massenproduktion nicht sichergestellt werden könnte. In der Öffentlichkeit würden immer noch Vorstellungen über Verfahren der Lebensmittelproduktion aus der "guten alten Zeit" vorherrschen.
- Eigene Förderprogramme sollten auf den spezifischen F&E-Bedarf der Branche zugeschnitten sein. Verbundprojekte sollten gezielt gefördert werden, die eine Kooperation zwischen mehreren Firmen und F&E-Einrichtungen ermöglichen und somit notwendige Investitionen in ein ökonomisch vernünftiges Verhältnis setzen. Technologische Grundlagenforschungen sollten weiter intensiviert und ausgebaut werden als Basis für Produktentwicklungen.

Ein Beispiel: Die Fa. Gewürzmüller/Stuttgart (Umsatz: 80 Mio.DM; 250 Beschäftigte) hat im Jahr 1989 eine moderne biotechnologische Produktionsanlage zur Herstellung von Starterkulturen in Betrieb genommen. Die Investitionskosten waren mit 13 Mio. DM hoch. Ein Teil der Kosten wurde aus einem drittmittelfinanzierten F&E-Projekt aufgebracht. Durch die Konzeption der Anlage, die eine sehr flexible Produktion erlaubt, und sehr genauer Vorplanungen können die Betriebskosten niedrig gehalten werden (vgl.: Interview Dr. Metz, Dr. Buckenhüskes in: Lebensmitteltechnik 25, Nr. 3, S. 18-22; 1993).

Die Erfahrungen der Fa. Gewürzmüller decken sich mit den Angaben, die in der oben erwähnten Umfrage bayerischer Unternehmer erhoben wurden: Mittelständische Betriebe sind auf *spezifische* F&E-Förderung angewiesen, damit das in diesen Betrieben vorhandene innovative Potential optimal genutzt und ausgebaut werden kann. Entwicklungszeiträume von der Idee bis zur Produktion von 6-10 Jahren müssen bedacht werden. Dies wird seitens von Drittmittelgebern zu wenig beachtet. Projektlaufzeiten müßten mindestens 4 Jahre umfassen. Dies würde die Realisierungschancen von anwendungsreifen Produkten wesentlich erhöhen. Insbesondere kleine und mittelständische Firmen sind auf eine derartige Förderung des "langen Atems" angewiesen.

Diätetik

Wie bereits angesprochen wurde, kommt der *Diätetik* im Hinblick auf Innovationen neuer biotechnologischer Ansätze nach Einschätzung von Experten eine besondere Rolle zu.

Die biotechnologische Attraktivität liegt in ihrer streng wissenschaftlich ausgerichteten Basis bei der Entwicklung diätetischer Lebensmittel mit genau definierten Inhaltsstoffen. Zu den Diätetika werden folgende Produktbereiche gerechnet: Diabetikerkost, Süßstoffe, Sportlernahrung, Säuglingsnahrung, Diät-Erfrischungsgetränke. Der Gesamtumsatz (bezogen auf Deutschland) betrug im Jahr 1991 3.7 Mrd. DM, davon stellt die Säuglingsnahrung rund ein Drittel. Die letzten Jahre brachten Umsatzsteigerungen zwischen 12 und 13%. Auch für die Zukunft sind die Prognosen günstig. Deutsche Hersteller sind im Bereich diätetischer Lebensmittel in Europa Marktführer (ca. 40% des Umsatzes entfallen auf deutsche Herstellern). (Alle Angaben: Kalscheuer 1992 sowie Ernährungswirtschaft Nr. 4, S. 15-17; 1992).

Wie wichtig der Diätmarkt auch aus gesundheitsökonomischer Perspektive ist, verdeutlicht folgender Umstand: Durch Fehl- bzw. Überernährung entstehen nach Angaben des Deutschen Diätverbandes jährliche Kosten in Gesamtdeutschland in Höhe von DM 60 Mrd. Eine staatliche F&E-Förderung im Bereich der Qualitätssicherung diätetischer Lebensmittel muß aber auf diesem Hintergrund mit Ansätzen gekoppelt werden, die einer Fehl- bzw. Überernährung entgegensteuern. Es gilt Grundsätze der Verhältnismäßigkeit zu berücksichtigen.

Eng verbunden mit dem Diätmarkt sind die Hersteller von Starterkulturen, Aromastoffen, Enzymen und Süßstoffen. Für die Produktion bzw. für den Einsatz von Grundstoffen und Zusatzstoffen sowie der Verwendung von technischen Enzymen, die mit Hilfe neuer biotechnischer Verfahren hergestellt bzw. eingesetzt werden, liegen günstige Wachstumsprognosen vor. Kalorienarme Süßstoffe z.B. zeichnen sich durch stetige Umsatzsteigerungen aus. Allein die biotechnisch hergestellte Isoglucose hat ein Weltmarktvolumen von 5 Mrd. DM (bezogen auf das Jahr 1989; vgl.: Ernährungswirtschaft Nr. 1, S. 31-33, 1992). In Baden-Württemberg ist mit der Fa. Rudolf Wild GmbH (Heidelberg) einer der umsatzstärksten Firmen in Deutschland im Bereich der Produktion von Grund- und Zusatzstoffen für die Milchwirtschaft sowie die Süßwaren-, Backwaren- und Eisindustrie vertreten.

2.1.8 Umweltbiotechnologie

Überblick

Der gesamte Umwelttechnikmarkt zeichnet sich zur Zeit durch hohe Wachstumsraten aus (vgl.: RWI/DIW 1993). Da der Gesamtmarkt sehr heterogen ist und Abgrenzungen von daher schwierig sind, sollen folgende Zahlen einen Einblick in die Dynamik und Umfang von Teilmärkten bieten. Umweltbiotechnologie muß hierin als ein Teil des Gesamtmarktes angesehen werden (alle folgenden Angaben aus: RWI/DIW 1993, S. 80/81).

Abwasser: Nach Angaben des Bundesumweltministeriums sind aufgrund strengerer EG-Vorschriften zur Phosphat- bzw. Stickstoffelimination aus Abwässern in den nächsten Jahren Investitionen in Höhe von DM 100 Mrd. notwendig. Der Gesamtmarkt der Trinkwassergewinnung, Abwasser- und Schlammbehandlung wird auf DM 160 Mrd. DM pro Jahr geschätzt.

Meß-, Regel- und Analysetechnik: Deutsche Hersteller setzten auf diesem Sektor im Jahr 1991 weltweit 7.5 Mrd. DM um, wobei rund ein viertel auf den deutschen Markt entfiel. Der Sensormarkt weist mit die höchsten Wachstumsraten auf (10 bis 20% pro Jahr). Für das Jahr 2000 wird der Markt für *Sensoren* allein in Deutschland auf DM 8 Mrd. geschätzt.

Dienstleistungen: Informationsdienste, Beratungen, Wartungs- und Serviceleistungen im Umweltbereich erreichten im Jahr 1989 Umsätze in Höhe von DM 6.5 Mrd. DM. Es ist weiterhin mit einem steigenden Bedarf zu rechnen.

Der Einsatz von Biotechnologie im Umweltbereich konzentriert sich ibs. auf die Sanierung von Altlasten sowie die Reinigung von Abwässern. Während die biotechnologischen Verfahren bei der *Altlastsanierung* sich noch größtenteils in der Entwicklung befinden (einen guten Überblick bietet hier: LfU Baden-Württemberg 1991), blickt die biologische *Abwassertechnologie* auf eine relativ lange Tradition zurück. Im folgenden sollen zwei Beispiele skizziert werden, um die Bedeutung der Biotechnologie für den Umweltschutz aufzuzeigen.

Beispiele

Bei der Reinigung organisch hochbelasteter Abwässer überwiegen heute im kommunalen Bereich immer noch riesige Flachbecken. Neben starken Geruchsbelästigungen entsteht auch ein großer Flächenbedarf. Vor Jahren wurden deshalb schon Verfahren der sogenannten Turmbiologie entwickelt, wobei die Abwasserbehandlung unter Zufuhr von Sauerstoff in 20 bis 30 Meter hohen Türmen abläuft. Als Nachteil dieses Verfahren fallen große Mengen von Klärschlämmen an, die aufgrund von hohen Konzentrationen an Schadstoffen heute nicht mehr als Dünger auf landwirtschaftliche Flächen ausgebracht werden dürfen (hier ist aber anzumerken, daß teilweise durch Umstellungen im Produktionsbereich das Entstehen bzw. das Freisetzen von Schadstoffen, z.B. von Schwermetallen drastisch reduziert werden konnte. Zusätzlich können neuartige Kompostierverfahren der Klärschlämme zu einer weiteren Reduktion führen, so daß die Schlämme in der Landwirtschaft verwertet werden könnten).

Deponiekosten sowie Abwasserabgabegebühren sind mittlerweile hoch, so daß sich neue Verfahrenstechniken auch wirtschaftlich rechnen. Eine Möglichkeit besteht in einer Umsetzung der organischen Bestandteile unter Sauerstoffabschluß

2.1 Pilotstudie

(anaerobische Bedingungen). Bei diesen Verfahrensansätzen werden die organischen Stoffe bis zu 90% zu Kohlendioxid und Biogas (Methan) abgebaut. Das produzierte Biogas kann zur Energiegewinnung eingesetzt werden. Entsprechende Anlagen sind bereits im Einsatz, z.b. eine 800 m^3 große Abwasseranlage in einem kartoffelverarbeitenden Betrieb (Chmiel 1990).

In vielen Fällen könnten die organischen Abfallstoffe zur Herstellung von *Biomasse* benutzt werden. Ein Beispiel: In der Bundesrepublik fallen alleine jährlich 7 bis 8 Mio. Tonnen Molke aus der Käseherstellung an. Ein Teil dieser Molke wird wiederum als Tierfutter eingesetzt, der Rest wird mit den Abwässern entsorgt. Neue verfahrenstechnische Ansätze ermöglichen es heute, die in der Molke enthaltene Laktose in Milchsäure umzuwandeln. Milchsäure kann als hochwertiges Konservierungsmittel, als Biotensid oder aber auch als chemischer Grundstoff für Kunststoffe eine neue Verwendung finden. Durch eine intelligente Prozeßführung, bei deren Entwicklung Mikrobiologie, Biochemie und Verfahrenstechnik eng zusammenarbeiteten, konnte im halbtechnischen Maßstab eine erfolgreich arbeitende Anlage zur Gewinnung von Milchsäure aus Käsereiabwässern konstruiert werden. Eine biologische Produktionsart chemischer Grundstoffe hat auch den großen Vorteil, chemisch reine Stoffe zu produzieren, die keine Racemate (optisch unterschiedlich aktive Stoffe) enthalten (Trösch 1993).

Die biotechnische Umwandlung eines Abfallstoffes in ein hochwertiges Produkt bedarf eines hohen Aufwandes bei der Entwicklung geeigneter Bioreaktoren und Prozeßführung/-steuerung sowie der Erforschung des notwendigen Grundlagenwissens. Die entstehenden Kosten dürften aber angesichts hoher Wertschöpfungspotentiale sowie einer drastischen Verbesserung der Umweltschutzleistungen in einem vernünftigen Verhältnis bleiben.

Ausblick

Die Umweltbiotechnologie ist als zukünftiger Markt sicherlich sehr potent. Eine Analyse von Patentindikatoren als auch technometrischer Indikatoren belegt den hohen technischen Standard in Deutschland im Rahmen der Umweltbiotechnologie im internationalen Vergleich. Besondere Stärken liegen bei anaeroben Verfahren sowie der Stickstoffelimination (Reiß 1991; vgl. auch: DIW 1993)

Prognosen sind aber in diesem Bereich aus folgenden Gründen mit größeren Unsicherheiten behaftet:

- viele Entwicklungen stehen erst am Anfang;
- ibs. der Bereich neuartiger Verfahren der Reststoffverwertung bedarf gravierender Veränderungen der Abfall- bzw. Abwasserbeseitigung/aufarbeitung;
- sehr viel wird hier von den Rahmenbedingungen zukünftiger Umweltpolitik abhängen, welche Anforderungen an die Abfall-/Abwasseraufarbeitung gestellt werden, welche Fördermaßnahmen für Entwicklungen bzw. für Betreiber entsprechender Anlagen getroffen werden usw.

Für eine eingehendere Aufarbeitung dieses Themenkomplexes stehen mit dem F&E-Schwerpunkt "Bioverfahrenstechnik" in Stuttgart eine Reihe sehr kompetenter Gesprächspartner zur Verfügung.

Es wäre von großem Interesse, alle Beteiligten an einen Tisch zu bekommen: Biotechnologen, Verfahrenstechniker, Meß-/Regeltechniker, Anlagenbauer, Betreiber. Umweltbiotechnologie kann nur als Querschnittsbereich angesehen werden. Bei der Entwicklung der Verfahren müssen die einzelnen zum Einsatz kommenden Techniken aufeinander abgestimmt werden. Biotechnologie ist nur ein Teil im Gesamtsystem.

Die Entwicklung neuartiger Bioreaktoren zur Abwasseraufbereitung verdeutlicht die enge Verzahnung verschiedenartiger Techniken und Prozeßführungen: Die Entwicklung neuer Reaktoren mit trägerfixierten Mikroorganismen und die Entwicklung neuer Membranreaktoren ermöglicht eine drastische Erweiterung des Anwendungsspektrums sowie eine Erhöhung der kontrollierten Prozeßtechnik. Membranreaktoren verfügen über kleinere Reaktorvolumina, über höhere Umsatzleistungen, höhere Wirkungsgrade und größere Betriebssicherheit. Diese Reaktorentypen ermöglichen die Trennung einzelner Verfahrensschritte (Kohlenstoffelimination, Nitrifikation und Denitrifizierung) und erlauben so eine optimale Prozeßführung. Im Bedarfsfall, z.B. der Schwermetallelimination oder dem Abbau von organischen Schadstoffen, könnten die Membranen mit entsprechenden mikrobiellen Spezialisten beschickt werden. Mittlerweile werden Membranreaktoren sowohl in der kommunalen als auch industriellen Abwasseraufarbeitung mit Erfolg eingesetzt. Eine zunehmende Leistungsfähigkeit von Membranen drückt die Kosten vergleichbar auf den Stand konventioneller Anlagen (Braun/Fuchs 1991; vgl. auch: Kunz 1992).

Die hier skizzierten technologischen Entwicklungen und Potentiale stehen für einen nachsorgenden Umweltschutz, für eine nachträgliche Beseitigung oder Verminderung von umweltbelastenden Stoffen im Sinne der sogenannten "end of the pipe-Technologien". So notwendig diese Investitionen sind, müssen die biotechnologischen Potentiale bei zukünftigen Entwicklungen und Investitionen mehr im Sinne eines *integrierten Umweltschutzes* (vorsorgende Vermeidung von Umweltbelastungen) genutzt und ausgebaut werden (vgl. Kreikebaum 1993; Schmidt 1993). Ansonsten werden sich die immensen Summen zur Umweltsanierung nicht finanzieren lassen: Nach Schätzungen belief sich die ökologische Schadensbilanz für Deutschland im Jahr 1992 auf DM 203 Mrd. (Wicke 1993).

2.1.9 Vorläufiges Fazit

Neben den 'klassischen' Fördersektoren in Wissenschaft, Forschung und Entwicklung durch öffentliche Mittel treten zunehmend weitere staatliche Aufgaben in Form einer Koordination und Bündelung von F&E-Maßnahmen, der Einrichtung von Beratungs- und Tansferstellen und anderer infrastruktureller Maßnahmen. Staatliche Stellen wächst die Rolle von 'Mediatoren' zwischen den verschiedenen Beteiligten im Rahmen der Forschung- und Technologiepolitik zu (ISI 1992, S.

2.1 Pilotstudie

149). Auf einer Tagung des BMFT im Dezember 1992 zum Thema "Anforderungen an das Innovationssystem der 90er Jahre in Deutschland" wurde betont, "daß dem Staat eine aktive Rolle bei der Entwicklung eines dynamischen Innovationssystems zukommt. Im Zentrum stehen dabei die Organisation und das Management eines verteilten Wissens- und Informationssystems und die parallele Förderung von Wettbewerb und Zusammenarbeit, insbesondere in der Forschung und Entwicklung. Der Staat solle nicht nur technikorientiert handeln (z.B. direkte Technikförderung), sondern mehr 'ehrlicher Makler' zum Ausbau der komparativen Vorteile seines nationalen Systems im weltweiten Wettbewerb sein" (ISI 1992a, S. 32).

Ein derartiges Rollenverständnis staatlicher Aufgabenstellungen wurde bereits mehrfach in unserer Studie angesprochen. Kooperation, Information und Beratung sind Schlüsselelemente zur Sicherung der Wettbewerbsfähigkeit insbesondere für die mittelständisch geprägte Industrielandschaft von Baden-Württemberg. Das Land Baden-Württemberg kann auf Landesebene folgende Schwerpunkte setzen (vgl. auch Ammon/Rautenberg 1990, S. 61ff.):

- Mittelstandsförderprogramme
- regionale Wirtschafts- und Technologieförderung, z.B. durch Gründung von Technologiezentren
- Existenzgründungsförderung, eventuell in Zusammenarbeit mit Banken zur Bereitstellung von "joint-venture-Kapital"
- Konzipierung und Finanzierung geeigneter Maßnahmen in den Bereichen der Aus- und Weiterbildung sowie der Umschulung

Die vorausgegangenen Abschnitte verdeutlichen die gravierenden strukturellen Unterschiede innerhalb der Anwendungsfelder der Biotechnologie. Der Bereich F&E ist z.B. in der Pharmabranche traditionell stärker als in der Lebensmittelbranche *industriell* verankert. Eine staatliche Förderpolitik muß branchenspezifische Strukturunterschiede berücksichtigen und konzeptionell integrieren.

Im folgenden werden einige Punkte möglicher Fördermaßnahmen und Verbesserungen der Rahmenbedingungen exemplarisch behandelt, ohne Anspruch auf Vollständigkeit. Auf die Punkte, die bereits in den vorausgegangenen Abschnitten eingegangen wurde, wird hier nur nochmals verwiesen.

F&E-Förderung

Im Abschnitt 2.1.2 wurden die Unterschiede in der Förderpolitik im Vergleich verschiedener Länder deutlich. Während in den USA staatliche Förderung vornehmlich der Grundlagenforschung dient, überwiegt in Japan die Industrie- bzw. Anwendungsorientierung. Zukünftig wird eine geeignete Kombination beider Ausrichtungen notwendig sein. Grundlagenforschung wird als entscheidender Motor innovativer Entwicklungen anerkannt, so daß auch Japan seine Anstrengungen auf diesem Gebiet wesentlich verstärkt. Eine zu enge Bindung der Forschungsförderung an 'Praxisnähe' muß verhindert werden, um nicht notwendige Ressourcen für die

Grundlagenforschung zu binden. Im Rahmen staatlicher Fördermaßnahmen darf nicht eine Technik unverhältnismäßig gefördert werden. Biotechnologie kann nur als ein Komplex verschiedener Disziplinen, Techniken und Verfahren angesehen werden. Unter der Anwendungsperspektive müssen von daher Praktiker, Grundlagenforschung und Methodiker eng zusammenarbeiten. Vordringlich wird es darauf ankommen, für eine rasche und kontinuierliche Umsetzung der Ergebnisse der Grundlagenforschung zu sorgen. Hierzu bedarf es

- einer Vernetzung von Grundlagen- und Industrieforschung unter Einbeziehung komplexer industrieller Problemstellungen in die Grundlagenforschung sowie in die angewandte Forschung; die Systeme müssen untereinander rückgekoppelt sein,
- des Ausbaus interdisziplinärer Forschungsverbünde, die eines speziellen Managements und besonderer Strukturen bedürfen,
- der Einrichtung geeigneter Datenbanken und Informations- und Beratungsstellen.

Nicht nur im Pharmabereich verstärken sich auch unter den großen Konzernen neue Formen der Kooperation im F&E-Bereich sowie ein Eingehen von strategischen Allianzen als Teil von Vermarktungsstrategien, um Entwicklungszeiträume zu verkürzen und um den steigenden Kosten zu begegnen. Diese Ansätze müssen in staatliche Förderkonzepte integriert werden.

In ihrer Studie für das Land Nordrhein-Westfalen haben Ammon/Rautenberg (1990) verschiedene Szenarien möglicher staatlicher Förderkonzepte formuliert. Zwei dieser Szenarien sind hier von besonderem Interesse (vgl. dort S. 142ff.):

- eine fördernde Politik, "die hauptsächlich die generelle Förderung der Bio- und Gentechnologie verfolgt, ohne hierbei besondere Schwerpunkte zu setzen (unspezifisch)" (S. 143)
- eine fördernde Politik, "die gezielt Schwerpunkte setzt" (S. 149).

Sinnvoll erscheint nach unserem bisherigen Erkenntnisstand eine Kombination von beiden Ansätzen. Neben der Schaffung angemessener rechtlicher Rahmenbedingungen (Dauer von Genehmigungsverfahren, Umfang und Aufwand für diese Verfahren u.ä.) treten als unspezifische Maßnahmen die hier bereits vorgestellten Punkte: Mittelstandsförderung, Systeme zur Investitionsförderung etc. Dieser Förderansatz sollte durch Maßnahmen flankiert werden, die eine gezielte Förderung von Schwerpunkten vorsieht. Kriterien für die Auswahl der Schwerpunkte könnten Bereiche betreffen, in denen ein dringlicher gesellschaftlicher Handlungsbedarf gesehen wird, wie zum Beispiel Förderungen im Bereich des Umweltschutzes oder der ökologisch verträglichen Umgestaltung der Landwirtschaft (vgl. hier Ammon/Rautenberg, S. 150-152). Diese Art der Ausrichtung einer Förderpolitik nach sozio-ökonomischen Kriterien wird im Zusammenhang mit der Diskussion um das deutsche Gentechnikgesetz und seinen Vollzug entweder gefordert oder kritisiert (dazu siehe z.B. Truscheit 1992). In der Tat ist im Sinne der

2.1 Pilotstudie

Kritik zu bezweifeln, ob eine Genehmigungsbehörde auch darüber entscheiden kann, welche Vorteile das gentechnisch hergestellte Produkt gegenüber konventionellen bietet. Dies kann nicht Aufgabe einer Genehmigungsbehörde sein, sondern muß im politischen Vorfeld bzw. Umfeld entschieden werden. Dieser Themenkomplex wird einer der zentralen Diskussionspunkte in der Phase 2 (Öffentlicher Diskurs) unseres Projektes sein.

Bisherige Erfahrungen der Förderpolitik müssen konsequent ausgewertet werden. Für Baden-Württemberg wären dies z.b. die Förderung des Forschungsverbundes "Bioverfahrenstechnik" in Stuttgart (Fraunhofer-Gesellschaft/Universität Stuttgart), die Förderung des Technologieparks in Heidelberg sowie die Erfahrungen der Transferstellen der Steinbeis-Stiftung, im Hinblick auf die Biotechnologie sind ibs. die Erfahrungen der Mannheimer Einrichtung für Verfahrenstechnik, Bio- und Umwelttechnik von Interesse.

Entsprechende Auswertungen können auch auf Erfahrungen erfolgreicher Modelle im Ausland zurückgreifen, wie das folgende Beispiel aus den USA zeigt: In sogenannten "biotechnology parks" wird von einzelnen Bundesstaaten der USA versucht, biotechnologische Anwendungen gezielt zu fördern. Neben Technologietransfer und des Aufbaus von Forschungskapazitäten treten weitere Aufgaben: Öffentlichkeits- und Bildungsarbeit sowie die Koordination und Kooperation mit lokalen und Bundes-Genehmigungsbehörden. Eigene Öffentlichkeits- und Informationsabteilungen erstellen Broschüren, Videofilme u.ä.. Zusätzlich sind diese Abteilungen an der Ausbildung von Studenten beteiligt. Eigene Datenbanken stehen für Veröffentlichungen, Marktanalysen etc. zur Verfügung. Ein Beispiel in Zahlen: im Jahr 1984 wurde in North Carolina der Triangle Biotechnology Park gegründet. Dieser Technologiepark verhalf zu 29 Firmengründungen. Bis zum Jahr 1992 führten diese günstigen Investitionsbedingungen zu einer Ansiedelung von 38 biotechnologischen Firmen in North Carolina, in denen insgesamt ca. 8700 Menschen beschäftigt sind (alle Angaben: Burrill/Roberts 1992).

Diese Erfahrungen aus den USA können mit entsprechenden Einrichtungen in Deutschland (Genzentren, Heidelberger Technikpark, Kooperationen Industrie - Großforschungseinrichtungen) verglichen werden, auch um mögliche Verbesserungen für deutsche Einrichtungen herauszufiltern.

Förderung des Mittelstandes

Um die sich abzeichnenden innovativen Potentiale ausschöpfen zu können, müssen die spezifischen Strukturen derjenigen Branchen mit einem hohen mittelständischen Anteil und teilweiser regionaler Marktorientierung (z.B. die Lebensmittelbranche) mit den dafür notwendigen F&E-Kapazitäten und Strukturen gekoppelt werden. Die Erhaltung dieser Branchenstruktur erscheint auch auf dem Hintergrund einer ökologisch verträglichen und nachhaltigen Wirtschaftsentwicklung in Baden-Württemberg als wünschenswert. Es gilt durch geeignete infrastrukturelle Maßnahmen Konzentrationsprozessen, wie sie sich in vielen

Teilen der Industrie abzeichnen, entgegenzuwirken. Biotechnologische F&E ist zeit- und kostenintensiv und kann von daher in firmeneigener Regie nur von kapital- und umsatzkräftigen Unternehmen betrieben werden. Klein- und mittelständische Firmen sind größteneils auf Kooperationen und Auftragsforschung angewiesen.

Mittelständische Betriebe bedürfen spezifischer F&E-Förderung, damit das in diesen Betrieben vorhandene innovative Potential optimal genutzt und ausgebaut werden kann. Entwicklungszeiträume von der Idee bis zur Produktion von 6-10 Jahren müssen bedacht werden. Dies wird seitens von Drittmittelgebern zu wenig beachtet. Projektlaufzeiten müßten mindestens 4 Jahre umfassen, um Realisierungschancen von anwendungsreifen Produkten wesentlich zu erhöhen. Insbesondere kleine und mittelständische Firmen sind auf eine derartige Förderung des "langen Atems" angewiesen. Im Abschnitt "Lebensmittelbiotechnologie" wurden bereits einige wesentliche Punkte zur Verbesserung der notwendigen Rahmenbedingungen benannt, die in einer Umfrage unter bayerischen Unternehmen als zentrale Punkte angesprochen wurden (vgl.: Koschatzky 1989). Hier eine kurze Zusammenfassung:

- Es bedarf einer wesentlich verbesserten Transparenz über bestehende Forschungsangebote bzw. Forschungsergebnisse.
- Dafür ist die Errichtung einer entsprechenden Forschungs- und Koordinationsstelle notwendig.
- Eigene Förderprogramme sollten auf den spezifischen F&E-Bedarf der Branche zugeschnitten sein. Verbundprojekte sollten gezielt gefördert werden, die eine Kooperation zwischen mehreren Firmen und F&E- Einrichtungen ermöglichen.

Darüber hinaus bedarf es einer Kopplung dieser Maßnahmen an spezielle Beratungsdienste:

- in Fragen des Marketings und des Vertriebes,
- in rechtlichen Fragen des Patentschutzes, der Lizenznahme bzw. -vergabe,
- in Fragen gesetzlicher Bestimmungen von Genehmigungsverfahren in nationalen und interationalen Maßstäben (vgl. hierzu den Punkt "Marktstrategien" im Abschnitt "Marktpotentiale und Prognosen").

Notwendigkeit weiterführender Arbeiten

Die in dieser Pilotstudie skizzierten Sachstände, Diskussionspunkte und offenen Fragenkomplexe bedürfen einer wesentlichen Vertiefung im weiteren Verlauf des Projektes. Dazu werden wir thematisch spezialisierte Gutachten und Untersuchungen in Auftrag geben, die zusammenführend auf einem geplanten Workshop diskutiert werden und gegebenenfalls nochmals überarbeitet werden. Folgende Liste gibt einen, allerdings unvollständigen, Überblick der zu bearbeitenden Themen- und Fragenkomplexe (teilweise in Anlehnung an ISI 1993):

2.1 Pilotstudie

- Aufschlüsselung regionaler und branchenspezifischer Besonderheiten in Baden-Württemberg; hierzu gehören
- F&E-Verhalten der Akteure (Schwerpunkte, Kapazitäten, Kooperationen)
- F&E-Bedarf
- Informationsbedarf
- Struktur- und Standortaspekte,
- Erfassung und Analyse des industriellen Potentials in Baden-Württemberg, um Synergiepotentiale durch Biotechnologie aufzeigen zu können,
- Erfassung und Charakterisierung der wissenschaftlich-technischen Infrastruktur, wobei insbesondere nach F&E-Kapazitäten sowie inhaltlicher Ausrichtung und Typologie der Forschungsaktivitäten zu differenzieren ist,
- Analyse prospektiver Arbeitsmarktentwicklungen,
- Analyse der Arbeitsplatzprofile/Qualifikationsanforderungen im Zusammenhang mit Fragen der Aus- und Weiterbildung,
- Erhebung von Wertschöpfungspotentialen.

Literatur

Alper J (1993) U.S. biotech firms tackle overseas markets first. BioTechnology 11 (4), 429-432

Ammon U, Kuhn T (1989) Chancen und Probleme der industriellen Nutzung der neuen Biotechnologie (einschließlich Gentechnik). Eine Vorstudie zur Arbeitsfolgenabschätzung. Sozialforschungsstelle, Dortmund

Ammon U, Rautenberg T (1990) Biotechnologie als politisches Handlungsfeld für Nordrhein-Westfalen. Montania Verlag, Dortmund

Bäumler E (1993) Die meisten Medikamente von morgen sind heute schon in der klinischen Prüfung. Spektrum der Wissenschaft (2), 96-102

Bienz-Tadmor B (1993) Biopharmaceuticals go to market: Patterns of worldwide development. BioTechnology 11 (2), 168-172

BPI (Bundesverband der Pharmazeutischen Industrie) (1992) Pharmadaten '92

Brauer D (1991) Nutzen der Biotechnologie für die Umwelt und gesetzliche Kontrollen. BioEngineering 7 (5), 16-28

Braun R, Fuchs W (1991) Umweltbiotechnologie. In: Österreichisches Umweltbundesamt (Hrsg.): Gen- und Biotechnologie. Monographien Bd 28; S. 11; Wien

Burrill GS, Roberts WJ (1992) Biotechnology and economic development: The winning formula. BioTechnology 10 (6), 647-653

Chmiel H (1990) Biotechnologie im Dienste des Umweltschutzes. BioEngineering (1), 11-17

Dibner MD, Stock GN, Greis NP (1992) Away from home: U.S. sites of european and japanese biotech r&d. BioTechnology 10, 1535-1538

DIW (Deutsches Institut für Wirtschaftsforschung) (1993) Umweltschutz und Standortqualität in der Bundesrepublik Deutschland. Wochenbericht 16, 199-206

Dolata U (1992) Weltmarktorientierte Modernisierung. Campus Verlag (Reihe Forschung Bd 690), Frankfurt/New York

Drews J (1993) Into the 21st century: Biotechnology and the pharmaceutical industry in the next ten years. BioTechnology 11 (3), 16-20

Felcht UH (1992) Grenzen überwinden. Chemie Heute, Ausgabe 1992/1993, 29-31

Gupta PK, Pullman G, Timmis R, Kreitinger M, Carlson WC, Grob J, Welty E (1993) Forestry in the 21st century. BioTechnology 11 (4), 454-459

ISI (Fraunhofer-Institut für Systemtechnik und Innovationsforschung) (1992) Beobachtung der technisch-wissenschaftlichen Entwicklung. Im Auftrag für Büro für Technikfolgen-Abschätzung des Deutschen Bundestages, Bonn, TAB-Arbeitsbericht Nr. 12

ISI (1992a) (Fraunhofer-Institut für Systemtechnik und Innovationsforschung) Anforderungen an das Innovationssystem der 90er Jahre in Deutschland. Dokumentation der Fachtagung des BMFT in Bonn am 3. und 4. Dezember 1992

ISI (Fraunhofer-Institut für Systemtechnik und Innovationsforschung) (1993) Autoren: T. Reiß, K. Koschatzky, U. Schmoch, E. Strauß: Patentanalyse zu Innovationsaktivitäten in der Biotechnologie in Baden-Württemberg. Studie im Auftrag der Akademie für Technikfolgenabschätzung Stuttgart. Endbericht. Karlsruhe

Jany KD (1992) Einsatz der Gentechnik in der Lebensmittelproduktion und -verarbeitung. Ernährungsumschau 39 (12), 479-487

Kalscheuer HD (1992) Trendsetter gezielter Ernährung. Ernährungswirtschaft (4), 7-13

Kathuri C, Polastro ET, Mellor N (1992) Biotechnology in an uncommon market. BioTechnology 10 (12), 1545-1547

Knauf HJ, Vogel RF, Hammes WP (1992) Genetik von Laktobazillen - Grundlagen und potentielle Anwendung. BioEngineering 8, (2), 58-64

Koschatzky K (1989) Ausbau der wirtschaftsnahen angewandten Forschung für die bayerische Ernährungsindustrie, Teil 1. Studie im Auftrag des Bayerischen Staatsministeriums für Wirtschaft und Verkehr. Fraunhofer-Institut für Systemtechnik und Innovationsforschung, Karlsruhe

Kreikebaum H (1993) Personelle Voraussetzungen des integrierten Umweltschutzes. Zeitschrift für Forschung und Organisation (2), 85-90

Kuhn T (1990) Neue Bio-Technologien in der Milchindustrie, in der Brauindustrie, in der Fleischindustrie. Schriftenreihe zur Bio- und Gen-Technologie. Gewerkschaft Nahrung-Genuss-Gaststätten, Hamburg

Kunz P (1992) Umwelt-Bioverfahrenstechnik. Vieweg Verlag, Braunschweig

LfU (Landesanstalt für Umwelt Baden-Württemberg) (1991) Handbuch Mikrobiologische Bodenreinigung. Materialien zur Altlastenbearbeitung (Bd 7), Karlsruhe

Martens B, Saretzki T (1992) Trenderkennung von Arbeitsplatzentwicklungen in der Biotechnologie. Abschlußbericht einer Studie für das Institut für Arbeitsmarkt- und Berufsforschung/Nürnberg (erscheint unter dem Titel: Tendenzen in der Biotechnologie als Klagenfurter Beiträge zur Technikdiskussion Nr. 58, 1993)

Neuner R, Ulrich E (1992) Biotechnologie. Eine neue Technik vor dem Durchbruch? Institut für Arbeitsmarkt- und Berufsforschung, Nürnberg, Materialien aus der Arbeitsmarkt- und Berufsforschung Nr.6

Potter R (1993) Enzon lines up 11 new alliances in a busy year. BioTechnology 11 (4), 432-433

RauCon (1990) Health care biotechnology in the Federal Republic of Germany. RauCon Bioinformatics & Consulting GmbH, Dielheim, Report Nr. R-RC 0003

Reiß T (1991) Umweltbioverfahrenstechnik: Deutschland im internationalen Vergleich. In: P. Kunz (Hrsg.): Was leisten biologische Verfahrenstechniken in Produktion und Entsorgung? Verlag Technik und Kommunikation, Berlin (Schriftenreihe Praxis-Forum); S. 3-22

RWI/DIW (Rheinisch-Westfälisches Institut für Wirtschaftsforschung und Deutsches Institut für Wirtschaftsforschung) (1993) Autoren: J. Blazejczak, M. Kohlhaas, B. Seidel, H. Trabold-Nübler, K. Löbbe, J. Walter, M. Wenke: Umweltschutz und Industriestandort. Forschungsbericht Nr. 10103162 im Auftrag des Umweltbundesamtes, Berlin. Manuskript (Veröffentlichung: Bericht 1/93 des Umweltbundesamtes voraussichtlich Ende April 1993)

Schmidt R (1993) Integrierte Umweltschutzverfahren in der chemischen Industrie. Zeitschrift für Forschung und Organisation (2), 91-99

Spalding BJ (1993) 87 biopharmaceutical firms lose $662 million. BioTechnology 11 (4), 426-428

Trösch W (1993) Neue Verwertungsstrategien bei der Umwandlung organischer Verbindungen aus Abwasser und Reststoffen mittels mikrobieller Prozesse. Vortrag, gehalten auf der Informationsveranstaltung "Umweltbiotechnologie" des Forschungsschwerpunktes "Bioverfahrenstechnik" Stuttgart und der IHK Baden-Württemberg am 27.1.1993 in Stuttgart

Truscheit E (1992) Das Gentechnik-Gesetz und die Zukunft der Forschung in Deutschland. Manuskript aus: Informationspaket der Initiative Pro Gentechnik, Frankfurt

Vayda ME, Belknap WR (1992) The emergence of transgenic potatoes as commercial products and tools for basic science. Transgenic Research 1, 149-163

Wallace DH, Baudoin JP, Beaver J, Coyne DP, Halseth DE, Masaya PN, Munger HM, Myers JR, Silbernagel M, Yoourstone KS, Zobel RW (1993) Improving efficiency of breeding for higher crop yield. Theoretical and Applied Genetics 86, 27-40

Wicke L (1993) Die Quittung für das falsche Wirtschaften: 203 Milliarden im Jahr. Frankfurter Rundschau (20.4.), S. 6

2.2 Stellungnahme des Umweltministeriums Baden-Württemberg

Bernhard Bauer

Ich halte die Studie für eine prägnante, sehr gut gelungene Zusammenstellung von Daten und Meinungen zum nationalen und internationalen Stand der Biotechnologie und der Gentechnik. Sie stellt eine gute Ausgangsbasis dar, von der aus diese Thematik mit geschickt gewählten Gutachten und Stellungnahmen weiter sachlich vertieft werden kann.

Ich spreche hier bewußt von "geschickt gewählten Gutachten". Denn die politische und gesellschaftliche Anerkennung und Umsetzung eines Ergebnisses einer Technikfolgenabschätzung hängt nicht zuletzt auch davon ab, ob dabei von einem umfassenden und weitgehend objektivierten Datenmaterial ausgegangen wurde. Hierbei ist zu bedenken, daß, isoliert betrachtet, berechtigte Ziele in Motive im Gesamtzusammenhang nicht immer sachlich richtig sein müssen.

An einigen kritischen Aussagen zu den von Ihnen zusammengestellten Daten ist zu erkennen, daß Sie diesen Weg gehen wollen, und ich nehme an, daß auch die Auswahl der Themen für die Gutachten und die Gutachter selbst in diesem Sinne erfolgt ist. In diesem Zusammenhang möchte ich noch kurz einen Punkt ansprechen.

Sie führen in Ihrer Studie aus, daß es derzeit aus verschiedenen Gründen sehr schwierig ist, gesicherte und objektivierte Daten über die Perspektiven in den Bereichen Biotechnologie und Gentechnik zu erhalten. Umso mehr ist es deshalb notwendig, eine weitgehendst vollständige und vor allem auch ausgewogene Datensammlung zusammenzustellen.

Ich möchte dies an einem Beispiel verdeutlichen. In Ihrer Studie stellen Sie unter Hinweis auf mehrere Gutachten und Veröffentlichungen zum Thema Stand und Perspektiven in der pflanzlichen Züchtungsforschung dar, daß "nichts gegen die Erwartung spricht, daß - ähnlich wie in den U.S.A. - auch in Baden-Württemberg neue Firmen entstehen werden, die das gentechnische Know-how mit den Methoden der klassischen Züchtung verbinden und durch diese Kombination die Züchtungsziele sehr viel schneller erreichen als mit konventionellen Verfahren."

Nach Aussagen einer Vertreterin der Firma Planta, einer Tochter der mittelständischen Kleinwanzlebener Saatzucht AG, die in diesem Jahr zwei Freisetzungsversuche mit gentechnisch veränderten virusresistenten Zuckerrüben durchführt, ist die Gentechnik eine zusätzliche Methode, die in der Sortenentwicklung verstärkt eingesetzt werden wird. Ihr Anteil daran wird sich in

2.2 Stellungnahme des Umweltministeriums Baden-Württemberg

absehbarer Zukunft aus den unterschiedlichsten Gründen bei etwa 10 % einpendeln. Dieser relativ geringe Anteil sei nicht zuletzt darauf zurückzuführen, daß der Einsatz gentechnischer Methoden bei der Entwicklung neuer vermarktungsfähiger Sorten in der Regel weder einen finanziellen noch einen zeitlichen Vorteil bietet.

Eine umfassende und ausgewogene Datensammlung als Basis für das geplante Gesamtprojekt halte ich insbesondere aus folgenden beiden Gründen für erforderlich. Das Scheitern der "partizipativen Technikfolgenabschätzung zum Risiko gentechnisch veränderter, herbizidresistenter Pflanzen", die vom Wissenschaftszentrum Berlin für Sozialforschung organisiert wurde, zeigt, daß die Öffentlichkeit bei der Diskussion um eine Technikfolgenabschätzung mehr erwartet als die Legitimierung einer neuen Technik. Die Qualität der Ergebnisse aus Phase 1 des geplanten Projektes, insbesondere im Hinblick auf Vollständigkeit und Objektivität der Daten, werden einen entscheidenden Einfluß auf das Gelingen der Projektphase 2 haben.

Weiterhin heben Sie in Ihrer Pilotstudie an mehreren Stellen die Notwendigkeit zur Förderung der Biotechnologie und der Gentechnik durch die Politik hervor. Die Förderung einer neuen wissenschaftlich-technischen Entwicklung durch den Staat ist aber immer im Verhältnis zu dessen Verantwortung gegenüber der Gesellschaft und künftiger Generationen zu sehen. Die Frage der Gestaltung der technologischen Landschaft, in der wir leben wollen - und hier sind insbesondere die Fragen der Alternativen und des Bedarfs relevant -, und die Staatsaufgabe der Gefahrenvorsorge und der Gefahrenabwehr können in einer pluralistischen Gesellschaftsordnung nicht ohne ein grundsätzliches Einverständnis darüber entschieden werden, welche Bereitschaft in der Gesellschaft vorhanden ist, eine Technik zu akzeptieren und bestimmte technik-immanente Risiken einzugehen.

Nach Ihren Darstellungen wollen Sie in Phase 2 diese Problematik im öffentlichen Diskurs durch einen problem(ziel)orientierten Ansatz angehen. Es stellt sich die Frage, ob nicht schon in Phase 1, vielleicht auch durch eine begleitende Technikbewertung, die Weichen für eine sachliche und zu einem konsensfähigen Ergebnis führende öffentliche Diskussion gestellt werden sollten.

2.3 Stellungnahme des Landesnaturschutzverbandes Baden-Württemberg

Wolfgang Faigle und Hans H. Dölle

"Formeln zur Macht", wie sie Wilhelm Fucks Ende der sechziger Jahre aufstellte, und die sich mittlerweile als grandiose Fehlspekulationen erwiesen haben, haben auch heute noch etwas Verführerisches. Bei aller Betonung der Schwierigkeit von Prognosen scheint es doch, als wäre auch die Akademie für Technikfolgenabschätzung in Gefahr, der Faszination von Exponentialkurven zu erliegen.

Grundsätzlich erscheint uns die Pilotstudie weniger als ein Ansatz zur Technikfolgenabschätzung denn vielmehr als eine besondere Form der Strategieberatung für die Wirtschaft, wie die moderne Biotechnologie am ehesten gewinnbringend zu nutzen sein könnte.

Dieser Ansatz deckt sich mit dem Selbstverständnis der Akademie, wie es Professor Mohr auf dem Hearing der F.D.P.-Landtagsfraktion am 29. Juni dieses Jahres formulierte; Technikfolgenabschätzung im üblichen Sinne ist das aber nicht. Gegenstand dieses Projektes ist anscheinend nicht eine umfassende Klärung möglichst aller denkbaren Folgen eines bestimmten Vorgehens und deren Abwägung, sondern ausschließlich die Maximierung des wirtschaftlichen Erfolgs.

Dieser Eindruck verdichtet sich bei der Lektüre des Katalogs weiterführender Arbeiten auf Seite 34 der Pilotstudie, wo auch nur Voraussetzungen für die maximale Nutzung der modernen Biotechnologie genannt werden; Fragen nach Sinn, Bedarf, Risiken und möglichem Mißbrauch der modernen Biotechnologie werden nicht gestellt. Unausgesprochen wird unterstellt, die maximale Nutzung der modernen Biotechnologie sei auch die optimale.

Ebenfalls unklar erscheint uns die Abgrenzung des Projekts.

- Es fehlt (auf Seite 3 der Pilotstudie) eine Begründung, warum die Bereiche Medizin, Tierzucht und Biosensoren in der Pilotstudie gar nicht betrachtet und in den Gutachten nur ansatzweise behandelt werden; nirgendwo werden die Nutzung der Gentechnik im Versicherungswesen (wirtschaftlich hoch bedeutsam!), im polizeilichen Bereich oder gar ihr militärischer Einsatz angesprochen.
- Warum wird ein Gutachten über die rechtlichen Rahmenbedingungen der Gentechnik eingeholt, wo dieser Bereich doch ausdrücklich "nicht Untersuchungsgegenstand des Projektes" ist (S. 1 - wohl aber Gegenstand unterschwelliger Polemik auf S. 32)? Wenn das Gentechnikrecht aber doch Gegenstand des Projektes sein soll, dann ist in diesem Zusammenhang auch zu

2.3 Stellungnahme des Landesnaturschutzverbandes

untersuchen, inwiefern sich das deutsche Gentechnikrecht von dem anderer Staaten unterscheidet, und inwieweit die massive und letztlich auch erfolgreiche Kampagne von industrieller und - vor allem - wissenschaftlicher Seite wahrhaftig war.

- Zu kurz kommt nach unserer Auffassung der Gutachter-Bereich (10), "Verantwortbarkeit / Akzeptabilität". Abgesehen davon, daß ein Thema 10d, "Auswirkungen auf Natur und Umwelt", völlig fehlt, kann dieser entscheidende Bereich in solcher Kürze und so allgemein nicht abgehandelt werden.
Wäre es nicht angebracht, zunächst die Potentiale der einzelnen Zweige der modernen Biotechnologie zu ermitteln und dann für jeden einzelnen abzuwägen, ob sie sozialverträglich, umweltverträglich und der menschlichen Gesundheit zuträglich sind, kurz: ob ihre Nutzung verantwortbar ist?
Möglicherweise wären hier auf dem Wege der Suche nach Parallelen Erkenntnisse zu gewinnen. Das Aufkommen der Antibiotika etwa könnte als Beispiel für einen Fall dienen, in dem die Tücken einer Neuentwicklung über ihren offenkundigen Vorzügen erst nach und nach erkannt wurden; ähnlich mußten die schädlichen Auswirkungen der radioaktiven Strahlung laufend neu bewertet werden.
Anders ist uns kein Fall gegenwärtig, in dem die Risiken einer begeistert begrüßten technisch-wissenschaftlichen Umwälzung rechtzeitig erkannt oder gar überschätzt worden wären; es bleibt abzuwarten, ob die Gentechnik ein solcher Fall werden kann (Stichwort Asilomar und der langsame Abschied davon). Genügend Klarheit für uneingeschränkt grünes Licht besteht jedenfalls noch nicht.

- Der Bereich Umwelt kommt in der Pilotstudie wie anscheinend auch in den Gutachten nur im Zusammenhang mit beabsichtigten Auswirkungen in der Gentechnik vor (Sanierung von Umweltproblemen). Nicht betrachtet werden mögliche negative Begleiterscheinungen, hingenommen oder unerwartet, über deren Gewicht im Vergleich zum angestrebten Zweck dann zu reden wäre.
Es findet sich auch kaum ein Wort über das Ausmaß der erforderlichen Sicherheitsforschung. Die einzige Stelle, an der Sicherheitsforschung erwähnt wird (S. 16), ist nicht eben beruhigend. Sie legt nahe, sichere Erkenntnisse seien nur in nicht rückholbaren Versuchen zu gewinnen: erst einmal abspringen und dann hoffen, daß der Rucksack einen Fallschirm enthält.

- Es könnte sich lohnen zu untersuchen, warum sich die großen Erwartungen und Versprechungen bezüglich gentechnisch hergestellter Produkte im großen und ganzen bislang noch nicht erfüllt haben.
Dabei wäre die eine Frage, warum schon länger versprochene Produkte noch immer keine Marktreife erreicht haben. Es könnte lohnend sein, zu untersuchen, inwieweit sich ältere Prognosen über die Entwicklung der Gentechnik bewahrheitet haben, und worin die Gründe für eventuelle Abweichungen liegen. Als Beispiel bieten sich die auf Seite 21 aufgezählten potentiellen Medikamente an. (Eine Erwähnung des japanischen Desasters mit gentechnisch hergestelltem L-Tryptophan hätte an dieser Stelle zumindest der Vollständigkeit gedient; seine nähere Untersuchung könnte weitere wichtige Hinweise geben.)

Die andere Frage wäre, worin der bis heute mangelnde wirtschaftliche Erfolg mancher bereits angebotener gentechnischer Produkte begründet liegt (Beispiele: Thomaes TPA, die *onco-mouse*, und andere).
- Schließlich bedarf der Klärung, wie es zu verstehen ist, daß der öffentliche Diskurs über die Ereignisse des Projekts Teil des Projekts sein soll. Dient dieser Diskurs nur dazu, der Öffentlichkeit die - bereits feststehenden - Ergebnisse des Projektes zu vermitteln, oder handelt es sich bei den "Ergebnissen" lediglich um Zwischenergebnisse, die im Licht des Diskurses noch modifiziert werden können?

Zum letzten wäre noch interessant, ob tatsächlich die Gutachter ausgewählt wurden (15.03.1993), bevor die zu begutachtenden Themen feststanden (01.05.1993), oder ob hier ein Schreibfehler vorliegt. Jedenfalls hätten wir gerne schon jetzt gewußt, wer welche Themen bearbeitet.

Die Pilotstudie stellt auf Seite 9 vier denkbare Szenarien zur Zukunft der modernen Biotechnologie vor und stellt richtig fest, es müsse entschieden und offengelegt werden, von welchem Szenario im weiteren ausgegangen werden solle (allerdings fehlt eben diese Auskunft für die weiteren Darlegungen der Pilotstudie). Von besonderer Bedeutung scheint uns die in Szenario vier angedeutete Möglichkeit eines Scheiterns der modernen Biotechnologie mangels gesellschaftlichen Konsenses.

Es ist unsere Überzeugung, daß gentechnische Produkte ohne breite gesellschaftliche Zustimmung nicht erfolgreich eingeführt werden können. Es kann also nicht nur um Verantwortbarkeit und Akzeptabilität (Gutachterbereich 10) gehen; über diese Punkte kann sich der Anwender sein eigenes Urteil bilden und danach handeln. Entscheidend für das Schicksal eines Produktes ist seine Akzeptanz in der Gesellschaft. Dabei muß nach unserer Auffassung das Prinzip des "informed consent" gelten.

Brennpunktartig läßt sich dieses Thema am Beispiel gentechnisch veränderter Lebensmittel darstellen. Professor Mohr äußerte im Rahmen des oben erwähnten F.D.P.-Hearings, eine Kennzeichnung gentechnisch veränderter Lebensmittel als solche solle nicht erfolgen, weil eine grundlos, aber gezielt verängstigte Bevölkerung deren Vorteile nicht erkennen, sondern diese Produkte zum allgemeinen Schaden ablehnen würde. Im übrigen sei eine solche Kennzeichnung auch gar nicht möglich.

Eine solche Kennzeichnung, dies vorneweg, ist selbstverständlich möglich. Dem Anliegen einer Kennzeichnung wäre sicher mehr als genüge getan, würde sie überall dort angebracht, wo andere Angaben bereits vorgeschrieben oder üblich sind: die Zutatenliste bei verpackten Lebensmitteln, der *barcode*, der Grüne Punkt oder auch nur - wichtig besonders bei unverpackten Lebensmitteln - der Preis.

Es ist im Rahmen des Projektes zu klären, welche Rolle den Marktmechanismen bei der Einführung gentechnisch veränderter Produkte zugebilligt werden soll. Es ist ja nicht zu bestreiten, daß hierzulande auch überflüssige, sogar schädliche Produkte verkauft werden, als deren einzige Rechtfertigung angeführt wird, der Markt verlange sie eben, warum auch immer. Es kann hier offen bleiben, ob der

2.3 Stellungnahme des Landesnaturschutzverbandes

Markt sie tatsächlich verlangt, oder ob sie ihm erst aufgedrängt werden müssen; es ist jedenfalls erstaunlich, daß - zumindet nach der Auffassung von Professor Mohr - die Marktmechanismen da, wo sie gentechnisch veränderte Produkte warum auch immer ablehnen, durch Täuschung der Verbraucher außer Kraft gesetzt werden sollen.

Dieses Vorgehen ist nicht nur aus ethischen Gründen abzulehnen, es ist auch inkonsequent und kann nicht nachhaltig erfolgreich sein. Eine vollständige Geheimhaltung wird nicht möglich sein, und sei es nur, weil die Konkurrenz entsprechende Gerüchte ausstreut, seien sie wahr oder nicht. Der Ruf "Vorsicht - Gentechnik" kann so in der Hand von Verleumdern zu einer üblen und kaum abzuwehrenden Waffe werden.

Geradezu komische Züge hat es, wenn die Ernährungsindustrie das romantische Bild ihrer Kundschaft von der modernen Lebensmittelproduktion beklagt (S. 26). Solange eine bezaubernde Südmilch-Fee im Werbefernsehen jede einzelne Erdbeere für ihren Joghurt sorgfältig mit dem Messer halbiert...

Auf die Ausführungen der Pilotstudie zur Agrartechnik soll an dieser Stelle nicht näher eingegangen werden; die meisten Argumente wurden im Rahmen des Projektes "Energie aus Biomasse" hinreichend ausgetauscht. Die Bedenken des Landesnaturschutzverbandes bezüglich einer Intensivierung der Landwirtschaft und eines Wandels ihrer Struktur in eine unerwünschte Richtung bestehen fort.

Drei zusätzliche Bemerkungen drängen sich jedoch auf:

- Während auf den anderen Gebieten der modernen Biotechnologie die (zumindest bislang) führende Stellung Baden-Württembergs als Vorteil gewertet wird, gilt im Bereich Pflanzenzucht gerade die schwache Position des Landes als besonders günstige Voraussetzung (S. 17 unten). Dies bedarf der Erläuterung.
- Dem Landesnaturschutzverband erscheint es geradezu als Perversion des Umweltschutzgedankens, die Natur durch gentechnische Züchtung an die vom Menschen verursachten Belastungen der Umwelt anzupassen (S. 18), anstatt eben diese durch technische und gesellschaftliche Veränderungen zu reduzieren.
- Erläuterungsbedürftig ist auch der Hinweis (S. 16), die Eingriffe in das genetische Material einer Pflanze, zum Beispiel der Tomate, seien regelmäßig gering. Wenn dies belegen soll, wie einfach die angestrebten Änderungen zu erreichen sein könnten, so mag es hingehen; soll damit aber die Harmlosigkeit solcher Eingriffe bewiesen werden, so ist das Argument hanebüchen. Es ist doch zum Beispiel bekannt, welch entsetzliche Krankheiten beim Menschen durch zahlenmäßig kaum wahrnehmbare Änderungen im Erbgut hervorgerufen werden können (mit diesem Hinweis soll nicht der Angriff menschenfressender Monstertomaten an die Wand gemalt werden, aber dieses Argument ist der Akademie einfach nicht würdig).

Die vorliegende Pilotstudie erinnert über weite Strecken an den fast schon üblichen Dreischnitt technisch-wissenschaftlicher Werbeschriften:

1.) Dieses Thema entscheidet die Zukunft.

2.) Wir drohen hinter der Konkurrenz zurückzubleiben.
3.) Es ist aber noch nicht zu spät, wenn wir schnellstens genügend Unterstützung bekommen, finanzielle und andere.

Dieses Schema ist hinlänglich bekannt; der Schnelle Brüter, SDI und andere lassen grüßen. Es ist auch nicht zu übersehen, daß Schlüsselreize für baden-württembergische Landespolitiker (Mittelstand, Technologiezentren und -transfer, nachwachsende Rohstoffe, Altlastensanierung,...) sorgfältig in das Papier eingearbeitet wurden.

Es hat sich also der anfängliche Verdacht bestätigt, die vorliegende Pilotstudie sei einseitig ausgerichtet und bedürfe dringend der Ergänzung. Der Landesnaturschutzverband lehnt gentechnische Verfahren nicht in allen Bereichen rundweg ab. Er vertritt jedoch entschieden die Ansicht, ihrer Anwendungen müsse stets eine sorgfältige Technologiefolgeabschätzung im eigentlichen Sinne vorausgehen, deren Ziel nicht nur in der Maximierung ökonomischen Gewinns liegen darf. Insbesondere ist eine breite Anwendung der Gentechnik ohne oder gar gegen einen breiten gesellschaftlichen Konsens nicht möglich. Desweiteren muß eine lückenlose und strenge Kontrolle der Versuche bzw. Anwendungen stattfinden. Im übrigen sind Erleichterungen bei Kontrolle und Versuchsführung, wie sie derzeit auf Bundesebene diskutiert werden, für den LNV nicht akzeptierbar.

2.4 Biotechnologie als Gegenstand von Technikfolgenabschätzung

Dr. Thomas von Schell, Prof. Dr. Hans Mohr

2.4.1 Zum Begriff Technikfolgenabschätzung

Konzepte der Technikfolgenabschätzung: Die Komplexität heutiger Gesellschaften erfordert zur politischen Ausgestaltung einen hohen Bedarf an Informationen und deren Verarbeitung im Verbund mit geeigneten Steuerungsinstrumenten. Politische Entscheidungsgremien, die technische Entwicklungen ordnungspolitisch zu gestalten haben, bedürfen neuartiger Vorgehensweisen, um den Komplexitätsgraden der modernen Welt gerecht zu werden. In den letzten Jahren wurden in verschiedenen Ländern hierzu Beratungskapazitäten in Form institutionalisierter Technikfolgenabschätzung (TA) aufgebaut (Petermann 1991). Die Konzeptionen dieser TA-Institutionen variieren. Sie fungieren entweder als Beratungsstellen für Regierungen und Parlamente oder sind als unabhängige Einrichtungen organisiert (Petermann 1993; Martens 1990). Folgende Ansprüche lassen sich an ein ideales TA-Konzept stellen (Martens 1990):

- alle relevanten Effekte einer Technologie sind zu erfassen,
- es sollen auch die ungewollten und indirekten Folgewirkungen berücksichtigt werden,
- dies soll frühzeitig geschehen (vor einer breiten Einführung von Technologien),
- das TA-Spektrum soll sich auf bestehende aber ebenso auf noch zu entwickelnde Technologien beziehen,
- die Studien sollen interdisziplinär sowie unter aktiver Beteiligung der Öffentlichkeit durchgeführt werden,
- Ziel soll die Nachvollziehbarkeit der Schlüsse und Ergebnisse sein, durch eine Offenlegung des Vorgehens.

In der Praxis dürfte dieses Idealkonzept aber schwer zu realisieren sein. Die formulierten Ansprüche an TA dienen eher als Bewertungsmaßstab für konkrete TA-Projekte.

Der Begriff 'Technikfolgenabschätzung' wird in unterschiedlicher Weise verstanden. Im Rahmen eines *idealen TA-Konzeptes* wird, wie in der Definition des amerikanischen Verständnisses von 'technology assessment', von der Abfolge: Folgenforschung, Folgenabschätzung und Folgenbewertung ausgegangen.

Gegenüber diesem umfassenden Verständnis von TA werden gelegentlich Folgenforschung und Folgenabschätzung in einer *eingeengten Begriffsführung* als 'Technikfolgenabschätzung' definiert (Schade 1992).

TA in diesem engeren Sinne zeichnet sich durch wissenschaftliche Methodik aus und stellt das Verfügungswissen für die politische Bewertung von Optionen bereit. Folgenforschung und -abschätzung dienen der wissenschaftlichen Vorbereitung der politischen Entscheidungsfindung (Schade 1992; Mohr 1992).

Nach dem Selbstverständnis anderer TA-Institutionen sind in die jeweiligen TA-Prozesse Folgenbewertungen eingelagert, die in Form von Verträglichkeitsprüfungen vorgenommen werden können (z.B. als Umwelt- und Sozialverträglichkeitsprüfung). Im Rahmen einer Ziel-, Folgen- und Alternativenbewertung tritt neben die Abschätzung direkter und längerfristiger Chancen und Risiken die Aufgabe, "vorhandene Alternativen zu untersuchen, Gestaltungsspielräume aufzuzeigen und die Entwicklungs- und Entscheidungsvarianten zu verdeutlichen" (BMFT 1987, S. 10). Technikfolgenabschätzung wird also in diesem Verständnis nicht nur als Folgenabschätzung aufgefaßt, die eine Bewertung den politischen Institutionen und gesellschaftlichen Gruppen überläßt.

Eine institutionalisierte Verträglichkeitsprüfung beinhaltet immer auch eine Orientierung an Normen und Werten (Hastedt 1991). TA in diesem *weiten Sinne*, unter Einbeziehung von Technikbewertung, ist somit nicht 'wertfrei'. Verfügungswissen als wissenschaftlich gestützte Erkenntnis wird hier mit Formen des Orientierungswissen verbunden (Mohr 1992) und bedarf der Flankierung durch eine methodisch ausgerichtete, anwendungsorientierte Ethik der Technik (siehe hierzu: Hastedt 1991, dort vor allem S. 123 ff.; Hemleben et al. 1990). In diesem Sinn wird TA als eine "Abschätzung von Handlungsoptionen bzw. ihrer Folgen [...] als 'normative Prognose' der Implikationen erwünschter oder unerwünschter Zukünfte verstanden" (Gloede/Paschen 1992, S. 22). Diese 'normative Prognose' kann erfahrungsgemäß nur im Zusammenspiel von wissenschaftlicher Analyse und gesellschaftlichem Diskurs erarbeitet werden.

Das TA-Konzept der Akademie für Technikfolgenabschätzung in Baden-Württemberg: TA im engeren Sinne (siehe oben) bewegt sich im Rahmen herkömmlicher Unsicherheit von Prognoseforschung. Der Versuch einer objektivierten Prognose über zukünftige Folgen, negativer wie positiver, ist notwendigerweise eingebettet in die Unsicherheiten von "Einflußrichtung und [...] Kausalbeziehungen zwischen technischen, wirtschaftlichen und sozialen Systemen" (Martens 1990, S. 257). Methodische Ansätze von TA-Projekten müssen diese Unsicherheiten im Blick haben, sie müssen berücksichtigen, daß technologische Entwicklungen mit gesellschaftlichen Prozessen rückgekoppelt sind (vgl. hier: van Boxsel 1991). Aus diesem Grund hat die Akademie für Technikfolgenabschätzung in Baden-Württemberg satzungsgemäß neben den Aufgaben, Technikfolgen zu erforschen und diese Folgen zu bewerten, als dritte Aufgabenstellung, eine gleichwertige Berücksichtigung wissenschaftlicher und gesellschaftlicher Aspekte in konkreten Projekten zu gewährleisten (Schade 1992). Eine der herausragenden

2.4 Biotechnologie und Technikfolgenabschätzung

Aufgaben der Akademie ist daher, geeignete Diskursverfahren und -formen zu entwickeln und anzuwenden.

Zur Lösung gesellschaftlicher Problemstellungen bedarf es neuer Technologieentwicklungen. Zur Zielsetzung der Akademie gehört daher nicht nur die Aufdeckung negativer Folgen des Einsatzes alter und neuer Techniken, sondern auch das Identifizieren von Technikchancen. Wohlfahrtssicherung ist aus unserer Sicht ein legitimes Anliegen der Technikgestaltung: Wie kann das Lebenswohl der Menschen durch neue Technologien gewährleistet werden, ohne die Umwelt zu ruinieren? Wie können Technologieentwicklungen sozial- und umweltverträglich gestaltet werden?

Dies schließt die Sorge um den sozialen Frieden ein. Ohne gesellschaftlichen Frieden wird es keine Schonung der Umwelt geben. Bei den Projekten der Akademie wird demgemäß eine gesellschaftliche Rückkopplung gesucht, da die Festlegung der Kriterien, unter denen beurteilt wird, was als verträglich anzusehen ist, auch Teil eines gesellschaftlichen Aushandlungs- und Bewertungsprozesses ist.

Unter ethischer Perspektive stellt sich freilich die Frage nach dem 'richtigen' Handeln unabhängig davon, ob die Folgen dieses Handelns gesellschaftlich akzeptabel sind oder nicht. Aber: "In der Regel wird der richtig/falsch-Code nicht im Sinne eines streng einzuhaltenden Verhaltenskodex verstanden, sondern als eine Entscheidung, die ihre normative Geltung erst durch eine Konsensfindung im gesellschaftlichen Diskurs erhält" (Lesch 1992, S. 79).

Nachhaltige Entwicklung und Qualitatives Wachstum: Das Projekt "Biotechnologie/Gentechnik als Grundlage neuer Industrien in Baden-Württemberg?" ist eingebettet in ein Oberthema der Akademie "Rahmenbedingungen nachhaltiger Entwicklung in Baden-Württemberg".

"Nachhaltigkeit" (*sustainable development*) bedeutet, daß die gewählte Wirtschaftsform auf Dauer angelegt ist. Dies schließt technologischen Wandel und Strukturwandel nicht aus. Nachhaltige Technikentwicklung impliziert vielmehr die technische und soziotechnische Innovation. Nachhaltige Nutzung bedeutet aber eine der Umwelt gemäße, auf Dauer angelegte Nutzung. Ein Forst zum Beispiel wird dann nachhaltig bewirtschaftet, wenn nicht mehr Biomasse entnommen wird, als mit Sicherheit nachwächst, und die Fruchtbarkeit des Bodens und die ökologischen Wohlfahrtswirkungen des Waldes ungeschmälert erhalten bleiben. Der Baumbestand kann sich durchaus qualitativ ändern. Das Konzept der Nachhaltigkeit wurde vor mehr als 150 Jahren von der deutschen Forstwirtschaft begründet und von der damaligen Legislative per Gesetz bestätigt. "Nachhaltigkeit" war die Voraussetzung für die Aufforstung der abgeholzten Waldflächen im 19. Jahrhundert und für die Annäherung an das Ideal eines "naturnahen Wirtschaftswaldes" im 20. Jahrhundert.

Aufs Ganze gesehen ist unser derzeitiges Wirtschaften nicht auf Nachhaltigkeit gegründet, weder global noch regional, sondern auf Ressourcenverzehr. Sowohl die nicht-erneuerbaren als auch die erneuerbaren Ressourcen nehmen im starken Maße ab. Bei unserer Arbeit in der Akademie für Technikfolgenabschätzung gehen wir davon aus, daß eine nachhaltige, auf Dauer angelegte Entwicklung den Kapitalstock an natürlichen Ressourcen so weit erhalten muß, daß die Lebensqualität zukünftiger

Generationen gewährleistet bleibt. Quantitativ-expansives Wachstum ist auf die Dauer nicht nachhaltig zu gestalten. Deshalb ist Nachhaltigkeit nur mit dem Prinzip eines qualitativen Wachstums kompatibel. Das Wirtschaftswachstum hat sich zwar zu keiner Zeit als Multiplikation des Hergebrachten vollzogen, sondern war stets auch "qualitatives" Wachstum; was wir aber jetzt anvisieren, betrifft eine neue Dimension dieses qualitativen Wachstums.

Qualitatives Wachstum als Alternative zum quantitativ-expansiven Wachstum bedeutet, daß sich die Ressourcenproduktivität im Prozeß der Wertschöpfung ständig steigert, d.h. die durch Wachstum erzielte Erhöhung der Leistungen einer Volkswirtschaft müssen mit immer geringeren Vorleistungen an nicht-erneuerbaren Ressourcen und an Umweltbelastung erzielt werden. Gleichzeitig muß sichergestellt werden, daß die erneuerbaren Ressourcen nur insoweit genutzt werden, wie sie sich unter den Bedingungen der Kultur- und Nutzlandschaft ständig regenerieren können.

Qualitatives Wachstum ist also dadurch gekennzeichnet, daß das reale Bruttosozialprodukt weiter ansteigt, obgleich der Verbrauch an Ressourcen und die Belastung der Umwelt abnehmen. Dies ist möglich, weil materielle Ressourcen und physikalische Arbeit verstärkt durch geistige Arbeit ersetzt werden können: Strukturiertes Wissen, Software, ersetzt Rohstoffe, Exergie und Zeit.

Natürlich gewährleisten auch die 'Zukunftstechnologien' keine "Wertschöpfung zum Nulltarif". Wirtschaftliches Wachstum, das sich zunehmend vom Ressourcenbedarf abkoppelt, ist weder nebenwirkungsfrei, noch kann es beliebig den Rohstoff- und Energieeinsatz reduzieren. Es gibt keine hundertprozentige Kreislaufwirtschaft. Aber die Chancen, die sich im Gefolge neuartiger technologischer Entwicklungen abzeichnen, gilt es zu nutzen (vgl. auch ISI 1993). Die Attraktivität biotechnologischer Produktlinien und Verfahren liegt darin begründet, daß eine hohe Wertschöpfung bei einem relativ niedrigen Einsatz an Rohstoffen und Energie erzielt werden kann. Die moderne Biotechnologie steht somit unter geeigneten Rahmenbedingungen im Einklang mit dem Konzept eines "Qualitativen Wachstums".

2.4.2 Zum Projekt "Biotechnologie/Gentechnik als Grundlage neuer Industrien in Baden-Württemberg?"

Der Kern des Projekts: Jedes konkrete TA-Projekt sieht sich mit den Ansprüchen idealer TA-Konzeptionen konfrontiert. Um diesem Idealtypus zumindest nahe zu kommen, haben wir ein zweiphasiges Vorgehen gewählt. In der *ersten Phase* wurden im Stil technik-induzierter TA die Potentiale der Biotechnologie in Forschung und Entwicklung (F&E) sowie die Potentiale möglicher Anwendungsfelder erfaßt. Zusätzlich wurde versucht, die Realisierbarkeit einer Umsetzung zu präzisieren sowie die notwendigen Bedingungen zu skizzieren, unter denen biotechnologische Entwicklungen in eine umwelt- und sozialverträgliche Wirtschaftsweise eingebunden werden könnten.

2.4 Biotechnologie und Technikfolgenabschätzung

Wertschöpfungspotentiale werden für die Biotechnologie allgemein als hoch eingeschätzt. Dabei ist allerdings zu beachten, daß im Vorfeld biotechnologischer Innovationen und entsprechender Wertschöpfungen ein hoher Einsatz finanzieller Mittel und anderer Ressourcen seitens der Industrie und der öffentlichen Hand notwendig ist. Auf diesem Hintergrund muß überprüft werden, in welchen Bereichen Prioritäten gesetzt werden sollen.

Diese Punkte verdeutlichen, daß es bei unserem Projekt um mehr geht als um eine rein naturwissenschaftlich-technologische Wirkungsanalyse. Bei der Untersuchung muß vielmehr der ökonomische, rechtliche und sozialwissenschaftliche Flankenschutz gewährleistet sein. Die erste Phase des Projekts baute auf wissenschaftlich gestützter Erkenntnis auf. Erfahrungswissen in dieser interdisziplinären Breite bedarf spezieller Verfahren des wissenschaftlichen Diskurses. In einem mehrfach rückgekoppelten Prozeß wurde dies von uns in Form von disziplinären Gutachten und zusammenführenden Workshops organisiert (siehe Kapitel 1).

Wie jedes TA-Projekt ist auch unser Biotechnologieprojekt mit der sogenannten Prognoseunsicherheit konfrontiert (Martens 1990). Technikgenese- und Innovationsforschung verfügen aber über Methoden und Erfahrungen, Prognosen mit einem hohen Grad an Plausibilität auszustatten. Es lassen sich für spezifische Technologien verschiedene zyklische Funktionen im Innovationsprozeß beschreiben (Grupp 1993). Jede technologische Entwicklung ist eingebunden in spezifische gesellschaftliche und ökonomische Rahmenbedingungen, die zunehmend von internationalen Orientierungen (Stichwort: weltmarktorientierte Modernisierung) aber auch von regionalen Spezifika (Stichworte: regionale Fördermaßnahmen, regionale Infrastruktur) mit bestimmt werden. Darüber hinaus ist jede spezifische Technologieentwicklung abhängig von Innovationen anderer Technologielinien. Der Vernetzungsgrad ist heute schon hoch und wird in Zukunft noch zunehmen (Grupp 1993; Malsch 1993). Diese Einbindungen erschweren die Qualität von Prognosen. Eine Potentialanalyse, wie sie von uns in der ersten Phase des Projekts angestrebt wurde, muß sich dieser Einschränkungen bewußt sein und sie methodisch in entsprechenden Auswertungen offenlegen.

Indem sich die Akademie zur Mitgestaltung einer umwelt- und sozialverträglichen Technikentwicklung und -anwendung verpflichtet hat, müssen auch in dieser Untersuchung zur modernen Biotechnologie Überprüfungen anhand entsprechender Kriterien stattfinden. Aufgrund der Orientierung einer Verträglichkeitsprüfung an Normen und Werten bedarf es dazu u.a. der Verknüpfung wissenschaftlicher Analyseergebnisse mit dem gesellschaftlichen Diskurs. In der Gesellschaft besteht derzeit kein hinreichender Konsens über Art und Ausmaß der Anwendungen gentechnisch gestützter Biotechnologie. Divergierende Argumentationslinien, wie z.B. zur Definition des Qualitätsbegriffs bei Lebensmitteln, müssen in einer systematisierten Form in unser Projekt integriert werden.

In einer eigenständigen *zweiten Phase* werden daher die Ergebnisse der ersten Phase in den öffentlichen Diskurs eingebracht (zu thematischen Eingrenzungen und Limitierungen des Aussagebereichs des Projekts siehe unten). Im Vordergrund des nach außen gerichteten Diskurses stehen beispielsweise folgende Fragestellungen:

- Wie kann die Risikodebatte differenziert, das heißt produktspezifisch und auf den Einzelfall bezogen, geführt werden?
- Welchen Beitrag kann die moderne Biotechnologie zur Lösung konkreter gesellschaftlicher Probleme leisten, z.B. für eine umweltverträgliche Umgestaltung der Landwirtschaft?
- Welche Auswirkungen haben molekularbiologische Fortschritte in der medizinischen Diagnostik für das Verständnis der *Ursachen* von Krankheiten?

Um diese und ähnliche Fragestellungen sachgerecht behandeln zu können, bedarf es geeigneter Diskursverfahren. Die Entwicklung der Verfahren ist eine eigenständige Aufgabenstellung der Projektphase 2.

Das Umfeld des Projekts: Biotechnologie als Thema von TA ist aufgrund der ihr innewohnenden Komplexität nicht im Rahmen eines einzigen Projekts zu bearbeiten. Auch wenn wir bereits in der ersten Stufe unseres Projekts versuchten, möglichst viele Teilaspekte und disziplinäre Sichtweisen zu integrieren, bedürfen einzelne Fragestellungen einer wesentlich ausführlicheren und systematisierten Form der Aufarbeitung und Diskussion. Der Gesamtkomplex "Biotechnologie" wird deshalb innerhalb der Akademie in mehreren Untersuchungen thematisiert:

1. Potentialanalyse im Rahmen des Projekts "Biotechnologie/Gentechnik als Grundlage neuer Industrien in Baden-Württemberg?" (Leitung: Prof. Mohr)
2. Öffentlicher Diskurs zur Biotechnologie (Leitung: Dr. Garbe)
3. Biotechnologie aus der Sicht der Öffentlichkeit (Leitung: Prof. Renn)
4. Voraussetzungen einer nachhaltigen Land- und Forstwirtschaft (Leitung: Prof. Mohr)
5. Qualitatives Wachstum/Nachhaltige Entwicklung (Leitung: Prof. Renn, Prof. Mohr)

Eine zentrale Aufgabenstellung wird es sein, die Ergebnisse der einzelnen Untersuchungen so aufzubereiten, daß sie einer Gesamtbewertung zugeführt werden können.

Diskussion möglicher Einwände: Unser Projekt war in seiner ersten Stufe ("Potentialanalyse") auf Sachrationalität, Lernbereitschaft, Offenheit, Verständigungswillen und Konsens ausgerichtet. Um Brüche zu vermeiden, wurde in der ersten Stufe auf eine partizipative TA verzichtet. Die wenig ermutigenden Ergebnisse einer entsprechenden Studie am Wissenschaftszentrum Berlin (TA-Verfahren herbizidresistenter Kulturpflanzen) lagen uns vor: "Ernsthafte Lernbereitschaft, Offenheit, Differenzierung etc. sind nun einmal nicht mit den Erfordernissen durchsetzungsorientierter Verhandlungen zu vereinbaren." [...] "Dissensbildung ist ein wichtiges Element politischer Mobilisierung, kann aber differenzierten Verständigungsprozessen durchaus im Wege stehen" (Gill 1993; S.

2.4 Biotechnologie und Technikfolgenabschätzung

44). Uns kam es in der ersten Stufe darauf an, den Vertretern der angesprochenen wissenschaftlichen Disziplinen ein angemessenes Forum zu bieten.

Die Themenstellung des Projekts "Biotechnologie/Gentechnik als Grundlage neuer Industrien in Baden-Württemberg?" ist von uns notwendigerweise eingegrenzt worden. In einzelnen, regional orientierten TA-Projekten können die "möglichen Folgen, Voraussetzungen und deren Zusammenhänge weder methodisch noch empirisch handhabbar und entscheidungsrelevant überschaubar analysiert werden" (Voß et al. 1992; S. 11). Deshalb erwies sich eine Konzentration unserer Analysen auf die in der Pilotstudie ausgewählten Anwendungsfelder und Fragestellungen als notwendig.

Das Projekt geht von den z.Zt. geltenden ordnungspolitischen Rahmenbedingungen aus, die nicht Gegenstand unserer Untersuchungen sind. Sehr wohl aber wurden Auswirkungen der Umsetzung bestehender Regelungen auch im internationalen Vergleich berücksichtigt. Des weiteren umfaßte das Projekt in seiner ersten Phase keine umfassende Alternativenprüfung im Sinne einer vergleichenden Untersuchung unterschiedlicher Technologielinien und ihrer Anwendungen. Die Prüfung von Alternativverfahren, z.B. der Vergleich unterschiedlicher Landbaumethoden, soll exemplarisch in einem eigenständigen Projekt bearbeitet werden.

In der ersten Phase des Projekts handelte es sich schwerpunktmäßig um technikinduzierte TA. Darüber hinaus wurden aber auch die Gesichtspunkte der Bedarfsprüfung, der öffentlichen Risikobewertung und der Akzeptabilität behandelt. Auch die ethische Evaluierung der modernen Biotechnologie und die Sozialverträglichkeit wurden thematisiert. Die Umweltverträglichkeit der biotechnologischen Produktlinien wurde ansatzweise in den Einzelgutachten geprüft.

Gegen das von uns gewählte Procedere wurde eingewendet, daß die Rationalität der herkömmlichen Wissenschaft, auf die wir in der vorliegenden Studie setzen, nicht als neutral, sondern als Steuerungsmedium zur Perpetuierung des *Status quo* anzusehen sei. Zwar wird die "Mikrorationalität" der herkömmlichen Wissenschaft, d.h. ihr instrumentelles Know-how im Detail durchaus anerkannt, aber eine Diskussion der übergeordneten Rationalität der Ziele und Zwecke gefordert.

Wir bemühen uns, bei der Durchführung des Projekts diese Diskussion transparent zu machen. In der Tat stellt sich über die technik-induzierte TA hinaus die Frage, ob überhaupt ein Bedarf an Gentechnik besteht. Oder ist die industrielle Umsetzung molekularbiologischer Erkenntnis weitgehend überflüssig? In einer freien Wirtschaft, die lediglich an den ordnungspolitischen Rahmen gebunden ist, muß diese Frage letztlich von den Unternehmen beantwortet werden. Sie tragen das Risiko eines wirtschaftlichen Fehlschlags. Die Frage nach dem Bedarf an Gentechnik berührt das öffentliche Interesse allerdings dann, wenn entschieden werden muß, ob und in welchem Umfang öffentliche Mittel für F&E-Förderungen der modernen Biotechnologie bereitgestellt werden sollen. Auch in diesem Fall kann die vorliegende TA-Studie lediglich Entscheidungshilfe leisten, d.h. das vorhandene Sachwissen so verläßlich wie möglich aufbereiten und Bewertungen vorschlagen. Darüber hinausgehende Fragen:

- Wie läßt sich die auch von uns gewollte Partizipation von Nicht-Fachleuten in der Praxis gestalten?
- Wie kann verstärkt sicheres Wissen der Biotechnologie in den öffentlichen Diskurs eingebracht werden?

werden im Rahmen der weiterführenden Projekte "Öffentlicher Diskurs zur Biotechnologie" (Dr. Garbe) und "Biotechnologie aus der Sicht der Öffentlichkeit (Prof. Renn) bearbeitet.

Literatur

BMFT (Bundesministerium für Forschung und Technologie) (1987) Technikfolgenabschätzung. Bonn

Gill B (1993) Partizipative TA aus der Sicht von Umweltgruppen - Probleme, Ressourcen, Perspektiven. Eine Erhebung der Einschätzungen der beteiligten Umweltgruppen über das vom Wissenschaftszentrum Berlin organisierte TA-Verfahren zur Herbizidresistenz. Manuskript, Berlin

Gloede F, Paschen H (1992) Technikfolgenabschätzung und Technikfolgenforschung. In: VDI-Technologiezentrum/Projektträger Technikfolgenabschätzung (Hrsg) Aspekte und Perspektiven der Technikfolgenforschung. S 12-30, Düsseldorf

Grupp H (1993) Technologie am Beginn des 21. Jahrhunderts. Schriftenreihe des Fraunhofer Instituts für Systemtechnik und Innovationsforschung, Karlsruhe. Physica Verlag, Heidelberg

Hastedt H (1991) Aufklärung und Technik. Suhrkamp Verlag, Frankfurt a. M.

Hemleben V, Mieth D, Steigleder K, v. Schell T (1990) Die Diskussion um die Freisetzung gentechnisch veränderter Mikroorganismen als Paradigma interdisziplinärer Urteilsbildung einer "Ethik in den Naturwissenschaften". In: Projektträger BEO Forschungszentrum Jülich (Hrsg) Biologische Sicherheit, Band 2. S 351-362, Bonn/Jülich

ISI (Fraunhofer-Institut für Systemtechnik und Innovationsforschung) (1992) Beobachtung der technisch-wissenschaftlichen Entwicklung. Im Auftrag für Büro für Technikfolgen-Abschätzung des Deutschen Bundestages, TAB-Arbeitsbericht Nr. 12, Bonn

Lesch W (1992) Ethik und Moral/Gut und Böse/Richtig und Falsch. In: J.-P. Wils und D. Mieth (Hrsg) Grundbegriffe der christlichen Ethik. S 64-83, UTB für Wissenschaft, Verlag F.Schöningh, Paderborn u.a

Malsch T (1993) Auf dem Weg zu Biochip und Mechatronik: Reißt die Gartenzäune nieder! Frankfurter Rundschau Nr. 157, S 6

Martens B (1990) Biotechnologien aus sozialwissenschaftlicher Sicht: Beispiele und Aspekte von Technikfolgen-Abschätzung und -Bewertung. In: AK BUSIB (Hrsg) Gentechnologie. S 255-267, Freiburg

Mohr H (1992) Integration von Politik, Wirtschaft und Wissenschaft. In: Verbraucher-Zentrale NRW e.V. (Hrsg) Technik-Folgen. S 103-116.Verbraucherpolitische Hefte. Zeitschrift für Verbraucherpolitik und Verbraucherarbeit (15)

2.4 Biotechnologie und Technikfolgenabschätzung

Petermann T (1993) Historie und Institutionalisierung der TA. Vortrag, gehalten innerhalb der Ringvorlesung "Technikfolgenabschätzung (TA)", Universität Stuttgart und Institut für Arbeitswissenschaft und Technologiemanagement (Fraunhofer Gesellschaft), Manuskript

Petermann T (1991) Technikfolgen-Abschätzung als Technikfolgenforschung und Politikberatung. Campus Verlag, Frankfurt

Schade D (1992) Die Akademie für Technikfolgenabschätzung in Baden-Württemberg. Vortrag, gehalten innerhalb der Ringvorlesung "Technikfolgenabschätzung (TA)", Universität Stuttgart und Institut für Arbeitswissenschaft und Technologiemanagement (Fraunhofer Gesellschaft), Manuskript

van Boxsel JAM (1991) Konstruktive Technikfolgenabschätzung in den Niederlanden: Brückenschlag zwischen Forschungs- und Entwicklungspolitik und Technikfolgenabschätzung. In: K. Kornwachs (Hrsg) Reichweite und Potential der Technikfolgenabschätzung. S 137-154, C.E. Poeschel Verlag, Stuttgart

3 Gutachten

Die wissenschaftliche Verantwortung für die im folgenden abgedruckten Gutachten liegt bei den jeweiligen Autoren. Die Herausgeber haben den Autoren lediglich einige Vorschläge unterbreitet und das Layout der Beiträge dem gewünschten Druckbild angepaßt. Die Gutachten wurden im Anschluß and den Workshop aktualisiert und spiegeln den Stand des Wissens von Frühjahr 1994 wieder.

Die Themenbereiche der Gutachten

3.1	-	3.2	Pharmazeutische und chemische Industrie
3.2	-	3.4	Medizin
3.5	-	3.6	Lebensmitteltechnologie
3.7	-	3.11	Pflanzenzüchtung
3.12			Tierzucht
3.13	-	3.15	Umwelt
3.16	-	3.18	Rechtliche Rahmenbedingungen
3.19	-	3.20	Ökonomie
3.21	-	3.22	Arbeitsplatz/Qualifikation
3.23	-	3.25	Verantwortbarkeit/Akzeptabilität

3.1 Neuartige Ansätze der Biotechnologie bei der Entwicklung von Arzneimitteln und Impfstoffen

Prof. Dr. Rolf G. Werner
Dr. Karl Thomae GmbH, Abteilung Biotechnische Produktion
88397 Biberach an der Riss

Vorwort

In zahlreichen Fällen können Krankheitssymptome auf den Mangel oder das Fehlverhalten von normalerweise physiologisch aktiven Proteine zurückgeführt werden. Damit können pathologische Reaktionen auf der molekularen Ebene der Proteine erklärt werden. Die bekanntesten Beispiele hierfür sind Mangelzustände von Insulin in Diabetis mellitus, von menschlichem Wachstumshormon bei Zwergwuchs, von Gewebeplasminogen-Aktivator bei Herzinfarkt und Lungenembolie, von Erythropoietin bei renaler Anämie oder von Faktor VIII bei Hämophilie.

Basierend auf der Kolinearität der Nucleotid-Sequenz in der DNA der Chromosomen mit der Aminosäuresequenz im Protein bietet die Gentechnologie Ansätze für Diagnostik und Therapie:

- Hybridisierungstechnologie für die Diagnostik genetischer Defekte;
- Gentherapie durch DNA-Substitutionstherapie;
- Antisense Blocker zur Hemmung der Expression von Onkogenen und viraler Proteine;
- Isolierung menschlicher Gene zur Expression funktioneller Proteine in geeigneten Produktionszellen zur Protein-Substitutionstherapie;
- Monoklonale Antikörper für Tumor Imaging oder Tumor Targeting;
- Monoklonale Antikörper zur Hemmung funktioneller Proteine oder Detoxifikation;
- Expression viraler Proteine als Impfstoffe bei Vermeidung des pathogenen Potentials von Lebend-Vakzinen oder attenuierter Viren.

In jedem Fall beruhen diese diagnostischen oder therapeutischen Konzepte auf einem rationalen Ansatz, bei dem die Kenntnis zwischen genetischem Defekt und pathophysiologischer Reaktion Voraussetzung ist.

3.1.1 Hybridisierungstechnologie für pränatale Diagnostik

Für zahlreiche Krankheitssymptome, die auf einem einzelnen genetischen Defekt beruhen, sind bereits entsprechende Gensonden verfügbar, mit denen sich durch die Hybridisierungstechnologie der genetische Defekt diagnostizieren läßt.

Tabelle 1	Diagnose genetisch bedingter Erkrankungen durch Hybridisierungstechnologie
Sichelzell-Leukämie	Zystische Fibrose
β-Thalassämie	Retinoblastom
Galactosämie	Leukämie
Citrullinämie	Burkitt-Lymphom
Phenylketonurie	Nasopharynx Carcinoma
Gaucher Syndrom	Huntington Krankheit
Tay-Sachs Krankheit	Alzheimer Krankheit
Hunter Syndrom	Dominante autosomale polycystische renale Erkrankung
Hurler Syndrom	X-chromosomal bedingte Retinitis pigmentosa
α-Antitrypsin Mangel	Adrenolenkodestrophie
Lesch-Nyhan Syndrom	Neurofibromatose Recklinghausen
Xeroderma pigmentosum	Friedrich-Ataxie
Duchenne Muskel-Dystrophie	Hämophilie A, B.

Obgleich für eine Reihe der diagnostizierbaren Erbkrankheiten keine therapeutischen Maßnahmen zur Verfügung stehen, muß die Diagnose für den Einstieg in eine zukünftige Therapie gewertet werden.

Generell soll zwischen Genomanalyse und genetischer Diagnostik unterschieden werden. Bei der Genomanalyse handelt es sich um ein wissenschaftliches Projekt im Rahmen der Grundlagenforschung zur Aufklärung der DNA-Sequenz und der Struktur des Genoms einer Spezies, beispielsweise des Menschen. Hier wird also "statistisches" Wissen über die Informationsstruktur einer Spezies erarbeitet, wobei aus den Ergebnissen gesamtheitliche Aussagen über ein Individuum nicht möglich sind, jedoch Aufschlüsse über neue Therapiekonzepte zu erwarten sind.

3.1 Die Entwicklung von Arzneimitteln und Impfstoffen

Genetische Diagnostik wird seit langem im Rahmen der genetischen Beratung von Patienten und prädisponierten Personen mit klassischen Methoden betrieben. Die Gentechnik liefert hierfür neue und gezieltere Diagnostikmethoden. Zur Ermittlung von Gendefekten oder Anlagen für Krankheiten, wie die Phenylketonurie, wurden bereits vor der Verfügbarkeit der Gendiagnostik Untersuchungen von Neugeborenen auf angeborene Stoffwechseldefekte im Rahmen der Gesundheitsvorsorge durchgeführt. Dabei kommen ausschließlich biochemische Methoden zum Nachweis der Stoffwechselstörung zum Einsatz. Die genetische Beratung von Eltern mit genetischen Risiken ist ebenfalls als eine Maßnahme der Gesundheitsvorsorge zu betrachten, für die in einigen Fällen per se keine Gentechnik erforderlich ist.

Bei der Identifizierung von heterozygoten Trägern eines autosomal oder X-chromosomal rezessiven Gendefektes oder von Chromosomenanomalien durch pränatale Diagnostik ist eine intensive ärztliche Beratung notwendig. Bei positiven Befunden müssen dabei sicherlich ethische Erwägungen angestellt werden, da es sich hier nicht immer um Krankheitsprävention im strengen medizinischen Sinne handelt und hier oft ein vorgeburtlicher Eingriff zur Diskussion steht. Wenn diese diagnostischen Verfahren und Untersuchungen im Rahmen der ärztlichen Beratung im internen Verhältnis von Arzt und Patient verbleiben, entspricht ihre Anwendung der ärztlichen Ethik und kann einem Hilfesuchenden nicht verweigert werden.

Das Wissen über genetische Defekte, wie - oder -Thalassämie oder Muskeldystrophie, die zum frühzeitigen Tode der Kinder führen und die durch die Gentechnik diagnostizierbar sind, stellt nicht die Untersuchungsmethode in Frage, sondern erfordert verantwortungsbewußtes Handeln der Eltern.

Auf keinen Fall kann hier die Gentechnik unter dem Aspekt Ethik beurteilt werden, sondern allenfalls das Handeln nach Kenntnis des Ergebnisses der pränatalen Diagnostik. Anwendung der Gentechnik durch den Staat im Rahmen eugenischer Zielsetzungen ist dagegen strikt abzulehnen.

Genetische Diagnostik zur Ermittlung von Krankheitsdispositionen oder von beruflichen Gefährdungen auf der Ebene der DNA, beispielsweise bei Einstellungsuntersuchungen ist als eine allgemein anzuwendende Untersuchung abzulehnen. Sie hat bisher keinen Eingang in die routinemäßige Untersuchung von Arbeitnehmern gefunden, da hierfür normale medizinische Untersuchungen und gegebenenfalls psychologische Tests völlig ausreichen.

In Einzelfällen und bei definierter wissenschaftlicher Fragestellung sollten Analysen auf DNA-Ebene allerdings auf freiwilliger Basis zum Wohle der Untersuchten möglich sein. Solche gendiagnostischen Untersuchungsverfahren sollten in bestehende rechtliche Regelungen, wie dem Arbeitssicherheitsgesetz, Chemikaliengesetz, Gefahrstoff-Verordnung oder Regelwerke der Berufsgenossenschaften eingebunden und deshalb auf weitere Rechtsvorschriften verzichtet werden.

3.1.2 Gentherapie von Erbkrankheiten

Voraussetzung für den Einsatz der Gentherapie sind lebensbedrohende Indikationen, die Kenntnis über das defekte Gen, das für den Krankheitszustand verantwortlich ist, minimale Anforderungen an Genregulation, geeignete Applikationssysteme und eine Kosten-Nutzenabschätzung der Therapie. Für die Gentherapie wurden bereits eine Reihe von Krankheiten identifiziert, die auf einem einzigen defekten Gen beruhen.

Tabelle 2 Krankheiten, die auf einem einzigen genetischen Defekt beruhen

Krankheit	Defektes Gen
Immunschwäche	Adenosin Deaminase Purin Nucleosid-Phosphorylase
Hypercholesterolämie	LDL Rezeptor
Hämophilie	Faktor IX, Faktor VIII
Gaucher's Krankheit	Glucocerebrosidase
Mucopolysaccharidose	ρ-Glucuronidase
Emphysem	α 1-Antitrypsin Mangel
Zystische Fibrose	Zystische Fibrose Transmembran-Regulator
Phenylketonurie	Phenylalanin Hydroxylase
Hyperammonämie	Ornithin Transcarbamylase
Citrullinämie	Argininosuccinat-Synthetase
Muskel-Dystrophie	Dystrophin
Thalassämie	β-Globin
Sichelzell-Leukämie	β-Globin
Leukozyten-Adhesionsdefizienz	CD-18

Seit 1989 werden in USA, den Niederlanden und Frankreich klinische Prüfungen für eine Reihe von genetischen Defekten durchgeführt.

3.1 Die Entwicklung von Arzneimitteln und Impfstoffen

Tabelle 3

Institution	Gene therapy	Indication	Patients	Start
National Institute of Health, Bethesda	Neomycin resistance Tumor infiltrating lymphocytes	Malignant melanoma	10	1989
National Institute of Health, Bethesda	Adenosine deaminase Peripherial blood lymphcytes	Severe combined immune deficiency disease	2	1990
National Institute of Health, Bethesda	Tumor necrosis factor Tumor infiltrating lymphocytes	Malignant melanoma	10	1991
St. Jude Chrildren's Research Hospital, Memphis	Neomycin resistance Bone marrow cells	Acute myeloid leukemia	12	1991
National Institute of Health, Bethesda	Tumor necrosis factor Autologous tumor cells	Cancer	3	1991
Fudan Unsiversity & Changhai Hospital, Shanghai	Factor IX Autologous skin fibroblast	Haemophilia B	2	1991
Centre Leon Berard, Lyon	Neomycin resistance Tumor infiltrating lymphocytes	cancer	4	1991
St. Jude Chrildren's Research Hospital, Memphis	Neomycin resistance Bone marrow cells	Neoblastoma	9	1992
University Hospital, Leiden	Interleukin 2 gene / Autologous tumor cells	Malignant melanoma	10	1992
University of Pittsburgh, Pittsburgh	Neomycin resistance Tumor infiltrating lymphocytes	Malignant melanoma	2	1992
San Raffaele Scientific Institute, Milan	Adenosine deaminase Lymphocytes and bone marrow cells	Severe combined immuno-deficiency disease	2	1992
National Institute of Health, Bethesda	Interleukin 2 gene Autologous tumor cells	Cancer	2	1992
Indaian Unsiversity, Indianapolis	Neomycin resistance Bone marrow cells	Acute leukemia	4	1992

Tabelle 3 Fortsetzung

Institution	Gene therapy	Indication	Patients	Start
University of Michigan, Ann Arbor	HLA-B7 gene Direct injection into tumor	Malignant melanoma	6	1992
University of Michigan, Ann Arbor	Low density lipoprotein receptor Autologous hepatocytes	Familial hyper-cholosterolemia	3	1992
The University of Texas, Anderson Cancer Center, Houston	Neomycin resistance Bone marrow cells	Chronic myelogenous, leukemia	3	1992
National Institute of Health, Bethesda	Herpers simplex thymidine kinase (suicide) gene, Intercranial injections of producer cells	Brain tumor	8	1992
National Institute of Health, Bethesda	Neomycin resistance Bone marrow cells	Brain cancer	4	1992
St. Jude Children's Research Hospital, Memphis	Interleukin 2 gene, Autologous tumor cells	Neuroblastoma	2	1992
University of California at Los Angeles, Los Angeles	Neomycin resistance Tumor infiltrating lymphocytes	Cancer	1	1992
Memorial Sloan Kettering Cancer Center, New York	Interleukin 2 gene Allogenic tumor cells	Malignant melanoma	5	1993
University of Washington, Seattle	Herpes simplex thymidine kinase (suicide) gene Bone morrow cells	Acquired immune deficiency, syndrome (AIDS)	1	1993
TNO, Leiden	Adenosine deaminase Bone marrow cells	Severe combined immuno-deficiency disease	3	1993
Memorial Sloan Kettering Cancer Center, New York	Interleukin 2 gene Allogenic tumor cells	Renal cell carcinoma	2	1993
National Institute of Health, Bethesda	Cystic fibrosis trans-membrane regulator Lung epithelium	Cystic fibrosis	2	1993

3.1 Die Entwicklung von Arzneimitteln und Impfstoffen

Ein erfolgversprechender gentherapeutischer Ansatz für die Tumortherapie ist die genetische Immunmodulation. Dabei werden dem Patienten Tumorzellen entnommen und mittels der Gentechnik alternativ Interleukin 2, Interleukin 4, Interferon gamma oder Tumornekrosefaktor in diesen Tumorzellen, die wieder dem Patienten implantiert werden, exprimiert. Dadurch wird die Expression der Major Histocompatibilitäts-Moleküle (MHC) gesteigert und die Antitumor Antwort durch zytotoxische Lymphozyten, Makrophagen oder Antikörper gesteigert. Im Falle der Expression des Tumornekrosefaktorgens in tumorinfiltrierenden Lymphozyten (TIL) konnte in Patienten mit malignem Melanom eine 30%ige Responsrate beobachtet werden.

Probleme der Gentherapie, die noch gelöst werden müssen, sind vor allem der Abbau der transfizierten DNA durch Nukleasen, die Absorption an zelluläre Membrane, geringer Transport der DNA in die Zellen und den Zellkern, geringe Frequenz der Integration in die Chromosomen und Mangel an ausreichender Transkriptionskontrolle. Dies führt zur Integration nur weniger Kilobasen an DNA und kurzer Halbwertszeit von nur wenigen Monaten nach erfolgreicher Transduktion der DNA.

Die wissenschaftliche Herausforderung in der Gentherapie liegt daher in der Entwicklung von Vektoren, die in spezifische Zielorgane und Zellen integrieren, der Insertion der DNA in eine sichere Integrationsstelle im Genom und der Regulation der Genexpression unter normalen physiologischen Signalen. Dies sind Voraussetzungen für eine erfolgreiche Therapie genetischer Defekte oder erworbener chronischer Krankheiten.

Bei gentherapeutischen Eingriffen ist zwischen der Korrektur von Körperzellen im Sinne einer Heilung im Einzelfall und der Veränderung der Keimbahn und damit ihrer Vererbbarkeit zu unterscheiden, weil sich aus der unterschiedlichen Zielsetzung auch völlig unterschiedliche medizinische, soziale und ethische Aspekte ergeben.

Die somatische Gentherapie, die Korrektur eines defekten Genes durch Einführung eines 'gesunden' Gens in Körperzellen eines Kranken, stellt kein prinzipiell neues ethisches Problem dar und ist als Eingriff mit einer Organtransplantation vergleichbar. Der so behandelte erkrankte Patient kann möglicherweise geheilt, zumindest aber seine Lebensqualität erheblich verbessert werden. Da dieser gentherapeutische Eingriff seine Keimzellen nicht verändert, sind Nachkommen des Patienten aber immer noch von dem Gendefekt bedroht. Das Ziel der somatischen Gentherapie, die Lebensqualität eines kranken Menschen zu verbessern, deckt sich völlig mit den Absichten und Zielen der modernen Medizin und wird sicher von niemand ernsthaft in Frage gestellt werden. Solche Anwendungen der Gentechnik werden in den Vereinigten Staaten, den Niederlanden und in Frankreich bereits verfolgt.

Der Schutz des menschlichen Lebens und der Respekt vor dem Mitmenschen und seinem Recht auf individuelle Entwicklung und Lebenserfahrung sind nicht nur die tragenden Säulen des modernen Rechtsstaates, sie bilden auch die Basis für das ärztliche Handeln.

Wenn medizinische Interventionsmöglichkeiten für den Ausgleich oder die Heilung von Gendefekten eines Patienten verfügbar sind, müssen sie aus ethischen Gründen eingesetzt werden, ohne Rücksichtnahme auf unbestimmte, potentielle und begrenzte Risiken für die Gesellschaft oder wirtschaftliche Überlegungen. Jede andere Handlungsweise müßte als unethisch abgelehnt werden.

Eingriffe in die menschliche Keimbahn können nicht als therapeutisches Konzept gesehen werden, da der genetische Defekt nicht vorhersehbar ist. Aus ethischen und rechtlichen Gründen ist daher eine Gentherapie an der Keimbahn abzulehnen und in der Bundesrepublik Deutschland verboten.

3.1.3 Antisense Blocker

Zur Hemmung der Transkription oder Translation genetischer Information können komplementäre DNA-Oligonukleotide, zur Hemmung der Transkription oder komplementäre RNA-Oligonukleotide, zur Hemmung der Translation spezifischer Gene eingesetzt werden.

Antisense-DNA-Oligonukleotide bieten gegenüber RNA Oligonukleotide den Vorteil, daß sie nur wenige Zielgene blockieren müssen. Dem gegenüber stehen jedoch die Nachteile, daß Antisense-DNA-Oligonukleotide in den Zellkern penetrieren müssen, dort auf eine komplexe Chromatinstruktur treffen müssen und daß eine Genotoxizität nicht auszuschließen ist.

Therapeutische Anwendungsgebiete werden derzeit in der Tumortherapie und bei viralen Infektionen gesehen. Im Bereich der Tumortherapie liegen einige präklinische Ansätze in der Blockierung der Synthese von Onkogenen wie C-myc bei B-Zell-Lymphom, N-myc bei neuroectodermalen Zellen, C-myb beim Adenokarcinom und K-ras beim kleinzelligen Lungenkarzinom vor. Erste klinische Prüfungen für virale Infektionen liegen für HIV, Herpes simplex, Influenza, Leukämie, Papilloma und Hepatitis B und C vor.

Vergleichbar zur Gentherapie müssen für die Anwendung der Antisense Therapie noch wesentliche Voraussetzungen erfüllt werden. Dazu zählen die Applikationsform, Stabilität der Antisense-Oligonukleotide unter in vivo Bedingungen, Erhaltung der Spezifität modifizierter Antisense-Oligonukleotide, Selektivität für spezifische Zellen, erleichterter Transport in die Zellen und eine wirtschaftliche Synthese der Oligonukleotide im großtechnischen Maßstab.

Sollten die Voraussetzungen für eine verläßliche Antisense-Therapie gegeben sein, ist diese Therapieform aus ethischer Sicht zu befürworten. Sie bietet die Chance spezifisch die Synthese von Proteinen zu hemmen, die die Ursache pathologischer Vorgänge sind und dient damit den ethischen Grundsätzen der Medizin.

- Aufgrund der Selektivität der Antisense-Oligonukleotide für die Nukleotidsequenz für die Expression spezifischer Proteine sollten keine unerwünschten Reaktionen zu erwarten sein.

3.1 Die Entwicklung von Arzneimitteln und Impfstoffen

- Die Entwicklungschancen sind als positiv zu bewerten, obgleich noch einige Hürden bezüglich der Stabilität der Antisense-Oligonukleotide zu überwinden sind.

3.1.4 Substitutionstherapie mit Proteinen

Im Gegensatz zur Gentherapie und Antisense-Therapie, die sich noch in früher präklinischer und klinischer Entwicklung befinden, sind für die Substitutionstherapie mit Proteinen schon eine ganze Reihe von Produkten in therapeutischem Einsatz.

Generell lassen sich diese gentechnisch entwickelten Biopharmazeutika in zwei Kategorien einteilen: Biopharmazeutika, die bislang aus menschlichen Geweben oder Körperflüssigkeiten wie Blut oder Urin isoliert werden, und solche, die nicht in ausreichenden Mengen aus natürlichen Quellen isoliert werden können. In all den Fällen, in denen menschliche Proteine mittels der rekombinanten DNA-Technologie produziert werden, können Nebenwirkungen durch Verunreinigungen von Proteinen, die aus ihrer natürlichen Quelle isoliert werden, ausgeschlossen werden. Dazu zählen das Jakob Creutzfeld-Syndrom, das mit dem natürlichen menschlichen Wachstumshormon assoziiert sein kann, welches aus der Hypophyse menschlicher Leichen gewonnen wurde und virale Infektionen wie Hepatitis B oder HIV bei Applikation von Faktor VIII aus Blutkonserven. Damit haben gentechnisch synthetisierte Biopharmazeutika einen höheren Standard in der Arzneimittelsicherheit, als Produkte aus Blutkonserven, Urin und menschlichen Organen.

In den meisten Fällen ist die rekombinante DNA-Technologie die einzige Möglichkeit, therapeutisch interessante Proteinwirkstoffe in ausreichender Menge und Reinheit zu gewinnen, da die Konzentration physiologisch aktiver Proteine in Körperflüssigkeit oder Organen zu gering und eine chemische Synthese nicht wirtschaftlich ist.

Biopharmazeutika, deren Wirkprinzip auf nativen humanen Proteinen beruht, substituieren, verstärken oder hemmen physiologische Reaktionen im menschlichen Stoffwechsel. Als Ergebnis der Evolution können sie im Hinblick auf Spezifität und Aktivität als weitgehend selektioniert und optimiert betrachtet werden.

Im Falle des Geweb eplasminogen-Aktivators konnte dies in einer umfangreichen klinischen Studie belegt werden. 41 021 Patienten wurden in einer randomisierten Studie für die Indikation Herzinfarkt mit Streptokinase, einem bakteriellen fibrinolytisch wirksamen Enzym und menschlichem Gewebeplasminogen-Aktivator, der mittels Gentechnik entwickelt wurde, therapiert. In dieser klinischen Prüfung zeigte der Gewebeplasminogen-Aktivator eine 14 Prozent niedrigere Mortalität bei den Herzinfarktpatienten und 12 Prozent weniger schwere cerebrale Blutungskomplikationen als Streptokinase.

Trotz der evolutionären Selektion humaner Proteine bietet die Gentechnik die Möglichkeit, durch Austausch der Aminosäuren im Protein die pharmakologische und pharmakokinetische Wirkung dieser körpereigenen Wirkstoffe zu verbessern und den therapeutischen Anforderungen anzupassen. Da es sich dann allerdings nicht mehr um körpereigene Proteine handelt, gilt das Hauptaugenmerk der Arzneimittelsicherheit, bei der die Bildung neutralisierender humaner Antikörper und eine damit verbundene Autoimmunkrankheit ausgeschlossen werden sollte.

Basierend auf dem rationalen Ansatz für die Substitutionstherapie, bei dem das Wirkprinzip vor der Aufnahme der Entwicklung des Biopharmazeutikums bekannt ist, sind die Entwicklungszeiten vergleichsweise zu chemisch synthetisierten Arzneimitteln mit 5 - 10 Jahren kurz. Dies bedeutet einen frühen "Return on Investment" und lange Nutzung der Patentlaufzeit. Beide Faktoren tragen zur Wirtschaftlichkeit von Biopharmazeutika bei.

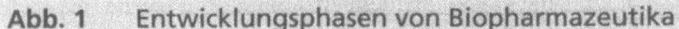

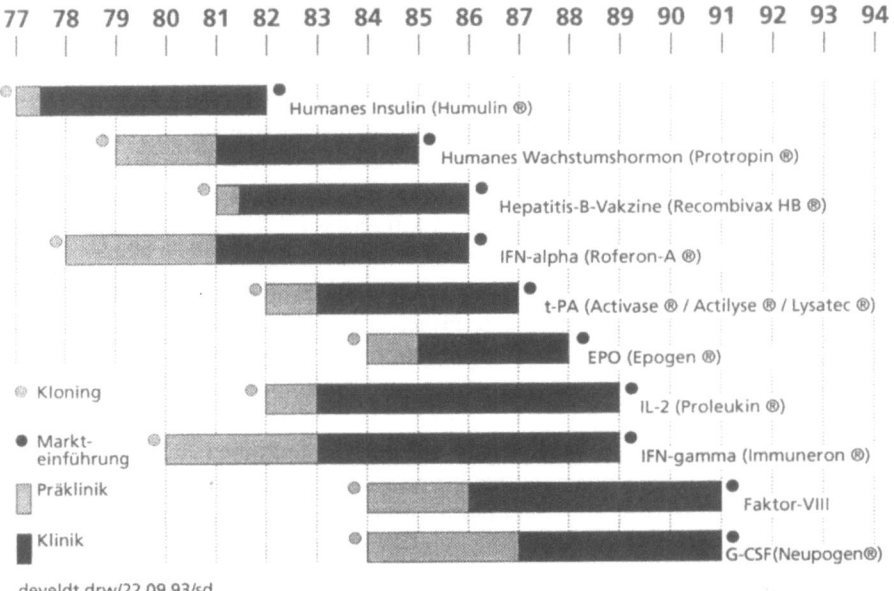

Obgleich die monoklonalen Antikörper für Tumor-Imaging und Therapie eine hohe Selektivität und Effektivität erwarten ließen, bleibt der Erfolg doch bislang noch aus. Aufgrund der Kreuzreaktivität mit anderen Rezeptoren wird sich ein erfolgreiches Imaging und eine effiziente Therapie auf nur wenige Targets und korrespondierende Antikörper beschränken. Aufgrund des antigenen Potentials muriner Antikörper sind humanisierte Antikörper eine Voraussetzung für die Langzeit-Therapie.

3.1 Die Entwicklung von Arzneimitteln und Impfstoffen

Entsprechend dem innovativen therapeutischen Erfolg sind die weltweiten Umsätze für Biopharmazeutika ermutigend.

Tabelle 4 Weltweiter Verkauf von Biopharmazeutischen Produkten

Produkt	Millionen $			
	1987	1988	1990	1995
Humanes Insulin	145	240	400	845
Interferon alpha	55	125	235	750
Interferon beta	5	10	15	35
Interferon gamma	-	-	10	50
Humanes Wachstumshormon	130	190	285	635
Hepatitis B Vakzin	100	115	160	300
Gewege-Plasminogenaktivator	60	170	210	300
Erythropoietin	-	45	290	1000
Interleukin 2	-	-	15	50
GM-CSF	-	-	25	250
Produkte auf der Basis monoklonaler Antikörper	-	25	35	200
Gesamt	495	920	1680	4415

Zum Teil bedingt durch die erschwerte Genehmigung gentechnischer Anlagen in Deutschland im Geltungsbereich des Bundesimmissionsschutzgesetzes (BImSchG § 4.11) im Zeitraum von 1988 bis 1990, sind in der Liste der pharmazeutischen Unternehmen, die Biopharmazeutika produzieren, Hoechst (Insulin), Behringwerke (Erythropoietin), Grünenthal (Prourokinase), Bayer (Faktor VIII) und BASF (Tumornekrosefaktor) nicht vertreten. Zu diesem Zeitpunkt wurden in den pharmazeutischen Unternehmen in Deutschland die Weichen gestellt, im Ausland zu investieren.

Tabelle 5 Zugelassene, gentechnisch hergestellte Arzneimittel

Handelsname	Wirkstoff	Firma	Marketing	Indikation
Humulin	Insulin	Eli Lilly	1982	Diabetes mellitus
Intron A	IFN-α 2b	Schering Plough	1985	Haarzelleukämie
Protropin	Wachstumshormon	Genentech	1985	Hypophysärer Kleinwuchs
Berofor	α-Interferon 2c	Basotherm	1985	Herpes keratitis
Roferon	IFN-α 2a	Hoffmann La Roche	1986	Haarzelleukämie
Recombivax HB	Hepatitis B-Antigen	Merck/SK Beecham	1986	Hepatitis B-Prophylaxe
Actilyse	Plasminogenaktivator	Boehringer Ingelheim	1986	Thromboembolische Verschlüsse
Humatrope	Wachstumshormon	Eli Lilly	1987	Hypophysärer Kleinwuchs
Activase	Plasminogenaktivator	Genentech	1987	Thromboembolische Verschlüsse
Eprex	Erythropoietin	Amgen/Johnson & Johnson	1988	Anämie
Proleukin	Interleukin-2	Chiron/Cetus	1989	Hypernephrom
Polyferon	τ-IFN	Biogen/Bioferon	1989	Rheumatoide Arthritis
Egopin	Erythropoietin-β	Chugay	1990	Anämie
Alferon N	IFN-α n 3	Interferon Science	1990	Warzen im Genitalbereich
Insulin	Insulin	Novo Nordisk	1990	Diabetes mellitus
Actimmune	IFN-τ 1	Genentech	1990	Chronische Granulomatose
Faktor IX	Faktor IX	Alpha Therapeutics	1990	Hämophilie B
Neupogen	G-CSF	Amgen	1991	Neutropenie (Krebstherapie)

3.1 Die Entwicklung von Arzneimitteln und Impfstoffen

Tabelle 5   **Fortsetzung**

Handelsname	Wirkstoff	Firma	Marketing	Indikation
Prokine	GM-CSF	Immunex / Behring	1991	autologe Knochenmarkstransplantation
Recormon	Erythropoietin	Boehringer Mannheim	1992	Anämie
Recombinate	Faktor VIII	Baxter/Genetics Inst.	1992	Hämophilie A
Kogenate	Faktor VIII	Cutter/Bayer	1993	Hämophilie A
Imukin®	Interferon gamma-1b	Boehringer Ingelheim	1993	chronische Granulomatose
Imufor Gamma	Interferon gamma-1b	Thomae	1993	chronische Granulomatose

Von den 210 Biopharmazeutika, die sich derzeit noch in der Entwicklung befinden, sind 65 für Tumortherapie oder Tumor Imaging. Davon sind 18 Interleukine und 12 Interferone. 30 neue Biopharmazeutika sind für die Behandlung verschiedener Störungen des zentralen Nervensystems wie Alzheimer, Parkinson, Hirnschlag, Rückenmarkentzündung und Angstzustände in Entwicklung.

Mehr als 15 Biopharmazeutika sind gegenwärtig in Entwicklung für die Behandlung von AIDS oder AIDS bezogener Krankheiten. Dazu gehören verschiedene immunmodulierende Substanzen, monoklonale Antikörper und Vakzine. Aufgrund der extrem komplexen Physiologie von HIV kann davon ausgegangen werden, daß monoklonale Antikörper und Vakzine nur von beschränktem Erfolg für den Patienten sein werden. Dagegen haben immunmodulierende Substanzen wie Erythropoietin, Interferon alpha, G-CSF und GM-CSF an Bedeutung für die AIDS-Therapie gewonnen.Obgleich bereits über 20 Biopharmazeutika erfolgreich in den Markt eingeführt wurden und sich eine große Anzahl von pharmakologisch wirksamen Proteinen in klinischer Prüfung befinden, besteht dringender Handlungsbedarf, in der molekularen medizinischen Grundlagenforschung weitere Krankheitssymptome auf der molekularen Ebene der Proteine aufzuklären. Nur so könnte sich der Benefit der gentechnisch gestützten Biotechnik für die Herstellung therapeutisch wirksamer Proteine nachhaltig auswirken.

Voraussetzung für die kurzen Entwicklungszeiten für Biopharmazeutika ist ein klares Verständnis der molekularbiologischen Zusammenhänge unter pathophysiologischen Bedingungen. Dies sind Vorleistungen, die für die derzeit auf dem Markt und in Entwicklung befindlichen Biopharmazeutika bereits erbracht wurden. Derartige Vorleistungen liegen in einem Zeithorizont von 10 - 20 Jahren.

Aufgrund der betrachteten Zeiträume und der interdisziplinären Anforderungen sollte eine derartige Forschung in engem Verbund mit der Industrie im Universitätenbereich angesiedelt sein. Da nur wenige Krankheiten rational erfaßbar sind, sollte hierfür ein breiter Raum der Förderung eingeplant werden.

Erfolgreiche Biopharmazeutika, die nicht in Konkurrenz zu chemisch synthetisierten Pharmazeutika stehen, werden Umsätze von 200 TDM und mehr erzielen. Dies ist insbesondere auf die Einzigartigkeit der Therapie und weniger auf die Menge der verkauften Dosen zurückzuführen. Ein weiterer therapeutischer und wirtschaftlicher Effekt der Biopharmazeutika besteht darin, daß physiologisch aktive Proteine, die für eine Indikation entwickelt wurden, auch für weitere Anwendungen von Interesse sein können. Dadurch erweitert sich das therapeutische Spektrum eines Biopharmazeutikums und damit auch sein wirtschaftlicher Beitrag.

Tabelle 6

Biopharmazeutika	Indikation	
	Ursprünglich	Weitere
Interferon alpha	Herpesinfektion	Haarzell-Leukämie, Hepatitis B+C
Interferon beta	Herpesinfektion	Rheumatoide Arthritis, Hepatitis B+C
Interferon gamma	Tumor	Chronische Granulomatose, rheumatoide Arthritis
Humanes Wachstumshormon	Zwergwuchs	Knochenbrüche, Muskelschwund
Erythropoietin	Renale Anämie	Chirurgie
Gewebe-Plasminogenaktivator	Herzinfarkt	Lungenembolie, peripherer Arterienverschluß

Die Anwendung gentechnischer Methoden zur Herstellung von therapeutisch einsetzbaren Proteinwirkstoffen als Regulationsfaktoren unter Verwendung isolierter Gensequenzen, enthält keine problematischen ethischen Dimensionen.

Im Gegenteil, gentechnische Methoden ermöglichen die Herstellung von neuen Medikamenten, die medizinische Anwendung finden, und die oft bei bislang nicht oder nur unzureichend therapierbaren Krankheiten eingesetzt werden. Darüber hinaus entfallen bei gentechnisch hergestellten Substanzen eine Reihe von Produktrisiken, mit denen manche bislang verwendeten und mit konventionellen Methoden hergestellten biologische Arzneimittel belastet sind. Dazu gehören potentielle

3.1 Die Entwicklung von Arzneimitteln und Impfstoffen

Infektionen mit Hepatitis-B-Virus, Non-A/non-B-Hepatitis-Viren, HIV durch Übertragung von Blut, Blutplasma und Blutpräparaten oder Übertragung des Jakob-Creutzfeld-Agents durch Verabreichung von Wachstumshormon aus menschlichen Hypophysen.

Die Verträglichkeit körpereigener Proteine ist generell als gut einzustufen, obgleich es bei chronischer Anwendung auch bei diesen körpereigenen Proteinen, wie bei Insulin oder Interferonen, zur Antikörperbildung kommt.

Mit wenigen Ausnahmen, wie den Cytokinen, ist die Wirkung der körpereigenen Proteine als sehr selektiv zu betrachten, so daß Nebenwirkungen nicht zu erwarten sind. Der Wirksamkeitsnachweis ist präklinisch und klinisch zu belegen. Eine multi-funktionale Wirkung derartiger Proteine ist Gegenstand präklinischer und klinischer Untersuchungen und führt im Zweifelsfall zur Einstellung der Produktentwicklung oder einer nur begrenzten Anwendung. Ein Beispiel hierfür ist Tumornekrosefaktor.

Potentielle Risiken im Hinblick auf Arbeitssicherheit und Umweltschutz sind bei der Herstellung von Produkten mit gentechnischen Methoden durch bewährte organisatorische, technische und biologische Maßnahmen sicher zu beherrschen. Sicherheitsprobleme werfen generell keine grundsätzlichen ethischen Fragen auf. Während die Herstellung körpereigener Proteine durch die gentechnisch gestützte Biotechnik im Hinblick auf die Produktqualität und die damit verbundene Arzneimittelsicherheit gelöst ist, sind noch entsprechende Forderungen für die Wirtschaftlichkeit der Herstellverfahren offen. Ansatzpunkte zur Lösung dieser Probleme und in neuartigen Expressionssystemen mit Ausbeuten von 1 - 2 g Protein pro Liter Fermentationsmedium und in Feeding Strategien zu sehen, bei denen die verbrauchten Nährstoffe während der Fermentation gezielt zugegeben werden.

Bislang sind die Applikationen körpereigener Proteine auf die parenterale Anwendung begrenzt. Orale Applikationsformen wären insbesondere für die chronische Anwendung wünschenswert, wie für Insulin, Wachstumshormon und Faktor VIII. Diesbezügliche Entwicklungsansätze waren bislang erfolglos.

In Konkurrenz zur Entwicklung von Biopharmazeutika, deren Wirkstoff körpereigene Proteine sind, werden niedermolekulare Wirkstoffe stehen, die mittels Screening-Systemen entwickelt werden, die auf der rekombinanten DNA-Technologie beruhen.

In den nächsten 10 - 15 Jahren werden neuartige, gentechnikgestützte Screening-Verfahren entwickelt und eingesetzt. Die daraus entwickelten Substanzen werden wohl größtenteils chemisch synthetisiert. In dem genannten Zeitraum werden aus diesem Screening-Verfahren nur sehr wenige Produkte die Marktreife erlangen. In den nächsten 10 Jahren werden biologische Systeme bei der Produktion für die 20 Substanzen, die auf dem Markt sind, eine zentrale Rolle spielen. Hinzukommen werden weitere 50 - 100 Substanzen. In 10 - 15 Jahren werden aber mengenmäßig weiterhin herkömmlich entwickelte und produzierte Substanzen mit ca. 80 % an der Spitze der Produktion stehen. Rekombinante Produkte, produziert mit Hilfe biologischer Systeme, werden etwa 20 % ausmachen. Nach 10 - 15 Jahren wird sich das aber in Richtung der oben genannten Substanzen verschieben (gentechnikgestütztes Screening, chemische Synthese der Produktion).

3.1.5 Monoklonale Antikörper für Imaging und Therapie

Für eine Reihe von Tumorzellen sind spezifische Rezeptoren auf der Zelloberfläche identifiziert worden. Diese Rezeptoren können zur Immunisierung und anschließender Gewinnung von monoklonalen Antikörpern durch die Hybridomatechnik (Fusion von Milzzellen mit Myelom-Zellen) verwendet werden. Diese monoklonalen Antikörper, die durch ihre Interaktion mit den Tumorrezeptoren spezifische Tumorzellen erkennen können, werden für Tumor-Imaging oder Tumortherapie eingesetzt.

Aufgrund der kurzen Halbwertszeit empfiehlt sich für das in vivo Imaging von Tumorgeweben ^{99m}Technetium. Dies wird entweder über direkte Markierung des Antikörpers oder über spezifische Liganden an den Antikörper gebunden. Um eine höhere Clearancerate zu erzielen, können statt ganzer Antikörper auch Fab-Fragmente eingesetzt werden. Generell reicht eine Radioaktivität von 30 mCi Tc-99m für das Imaging aus. 14 bis 17 Stunden nach Applikation des radioaktiv markierten Antikörpers sind frei zirkulierende Antikörper aus dem Organismus ausgeschieden, und die Szintigraphie des Patienten kann durchgeführt werden. Dort, wo sich Tumorgewebe mit dem spezifischen Rezeptor befindet, bindet der Antikörper. Durch das Tc-99m wird an dieser Stelle der Röntgenfilm geschwärzt.

Für die Tumortherapie wird ebenfalls die Selektivität des Antikörpers genutzt, jedoch Rhenium oder Yttrium als radioaktiver Strahler verwendet, der das Tumorgewebe zerstört.

Alternativ zu dieser Radioimmuntherapie können die Antikörper als Carrier für Zytotoxine verwendet werden, die entweder durch internalisierende Rezeptoren in die Zelle eingeschleust werden, oder in dem die Prodrug-Form des Toxins an der Tumorzelle durch ein an den Antikörper gebundenes Enzym aktiviert wird. Beide Therapieformen befinden sich in klinischer Prüfung.

Neben der Tumortherapie werden monoklonale Antikörper aufgrund ihrer Selektivität zur Neutralisation von Toxinen oder hoch reaktiver körpereigener Proteine eingesetzt, so zum Beispiel in der Therapie des septischen Schocks zur Neutralisation von Endotoxinen oder Tumornekrosefaktor.

Für die chronische Anwendung sind monoklonale Antikörper murinen Ursprungs nicht geeignet. Die Gentechnik bietet hier die Möglichkeit, nur die variable Region des Antikörpers, die für das Erkennen des Antigen verantwortlich ist, murinen Ursprungs zu belassen und die konstante Region von humanen Antikörpern zu nehmen.

Derartige humanisierte Antikörper haben eine wesentlich höhere Toleranz gegenüberr dem körpereigenen Immunsystem und eignen sich daher für eine Langzeitbehandlung.

3.1.6 Impfstoffe aus der rekombinanten DNA-Technologie

In der klassischen Impfstoffherstellung werden Lebendvakzine oder attenuierte Viren produziert und damit die körpereigene Abwehr gegen den Infektionserreger mobilisiert. Dieses Vorgehen birgt sowohl in der Herstellung als auch in der Anwendung ein gewisses Restrisiko für eine Infektion mit dem Impfstoff.

Die Gentechnik bietet hier die Möglichkeit, die antigene Determinante des Virus als Proteinimpfstoff zu produzieren. Damit wird jegliches Restrisiko einer mit der Impfung einhergehenden Infektion ausgeschlossen. Mit Recombivax ist ein derartiger Impfstoff bereits für die Indikation Hepatitis auf dem Markt.

3.1.7 Wirtschaftliche und ökologische Aspekte der Biotechnik

Biotechnische Herstellverfahren für die Produktion von Biopharmazeutika sind umweltfreundlich. Für die Herstellung werden nachwachsende Rohstoffe wie Kohlenhydrate, Proteinlysate, Aminosäuren und Vitamine eingesetzt. Rohstoffe, Zwischenstufen und das Endprodukt sind biologisch abbaubar. Das Herstellverfahren läuft bei niedrigen Temperaturen, geringem Druck und vergleichbar geringem Energieverbrauch.

Für die Expression des gewünschten Proteins können in fast allen Fällen Wirtszellen verwendet werden, die nach dem Gentechnikgesetz in die Sicherheitskategorie 1 einzustufen sind und von denen keine Gefahr für Betreiber, die Öffentlichkeit und die Umwelt erwartet wird.

Die Produktionszellen wachsen in wäßrigen Nährlösungen, deren Bestandteile biologisch abbaubar sind. Der Fermentationsprozeß läuft bei niedrigen Temperaturen von 25 °C bei Mikroorganismen oder 37 °C bei Zellkulturen ab. Nur über kurze Phasen von 20 bis 30 Minuten für die Sterilisation der Fermenter und des Rohrleitungssystems werden Temperaturen von 121 °C benötigt.

Die Zellmasse wird im Falle der Sicherheitsstufe 1 direkt und im Falle der Sicherheitsstufe 2 nach vorheriger Inaktivierung in die Kläranlage eingeleitet. In beiden Fällen ist keine Gefahr für die Umwelt zu erwarten.

Für die Reinigung der Proteine werden ebenfalls vorwiegend wäßrige Puffersysteme für chromatographische Prozesse und Ultrafiltrationsschritte eingesetzt. Organische Lösungsmittel werden nur in begrenztem Umfang verwendet.

Biotechnische Herstellverfahren ermöglichen eine hohe Maschinen-Nutzungszeit aufgrund des kontinuierlichen Wachstums der Mikroorganismen oder Zellkulturen und sind prädestiniert für eine computergestützte Produktion im 24-Stunden-Rhythmus ohne Schichtarbeit. Die Zuverlässigkeit der Herstellverfahren, die Reinigung und Sterilisation der Fermentationsanlage und der Transfer von Fermentationsmedien wird durch Prozeßleitsysteme übernommen. Aufgrund der dadurch erzielten hohen Erfolgsraten in der Produktion ist dies ein wesentlicher wirtschaftlicher Faktor.

Tabelle 7 Sicherheitsstufen für die in Deutschland produzierten Biopharmika

Firma	Produkt	Organismus	Sicherheitsstufe			
			1	2	3	4
BASF/Knoll	Tumornekrosefaktor	E. coli	x			
Behringwerke	Gewebeplasminogenaktivator	CHO Zellen	x			
	Erythropoietin	Mauszellen C127	x			
Bioferon	Interferon beta	CHO Zellen	x			
	Interferon gamma	E. coli	x			
Boehringer Mannheim	Gewebeplasminogenaktivator	E. coli	x			
	Erythropoietin	Mauszellen C 127	x			
Genbiotec	Hirudin	E. coli	x			
Grünenthal	Prourokinase	E. coli K12	x			
Hoechst	Humaninsulin	E. coli K12	x			
Thomae	Gewebeplasminogenaktivator	CHO Zellen	x			
	Interferon omega	CHO Zellen	x			

Der rationale Ansatz für die Entwicklung von Biopharmazeutika, bei dem oft bereits bei Beginn der Entwicklung der Wirkungsmechanismus des humanen Proteins bekannt ist, gibt eine hohe Wahrscheinlichkeit, daß das gentechnisch synthetisierte humane Protein ein therapeutischer Erfolg sein wird. Diese Erwartungshaltung bedingt gewisse Restriktionen für die verfügbaren Entwicklungszeiten, die durch die therapeutischen Zwänge, die Konkurrenzsituation, oft ungewisse Patentlage, vertragliche Verpflichtungen gegenüber dem Lizenzgeber und dem Wunsch eines frühen Return an Investment begründet sind.

Deshalb ist die Optimierung biotechnischer Herstellverfahren eher auf die Reinheit und Arzneimittelsicherheit und die damit verbundene reibungslose Registrierung des Produktes fokussiert als auf die Wirtschaftlichkeit des Verfahrens.

Bedingt durch den Kostendruck im Gesundheitswesen und die ständige Weiterentwicklung proteinanalytischer Methoden und biotechnischer Verfahren sind die Hersteller von Biopharmazeutika gefordert, die Effizienz der Herstellverfahren zu

3.1 Die Entwicklung von Arzneimitteln und Impfstoffen

steigern und in einigen Fällen die Reinheit der Produkte zu verbessern. Dies kann auf verschiedenen Stufen des Herstellverfahrens erfolgen:

Dem Expressionssystem einschließlich der Produktionszelle und dem Vektorkonstrukt, der Zusammensetzung der Nährmedien, der Zugabe wichtiger Nährstoffe während der Fermentation, der Fermentationstechnologie, der Effizienz des Aufarbeitungsprozesses, der Erhöhung von Standzeiten für Chromatographie-Säulen und der Optimierung der Formulierung der Biopharmazeutika in proteinfreien Zubereitungen. Derartige Verbesserungen können die Herstellkosten signifikant senken.

Es ist bekannt, daß Verfahrensänderungen biotechnischer Prozesse die Produktqualität beeinflussen können, insbesondere dann, wenn es sich bei dem Biopharmazeutikum um ein Glykoprotein handelt, bei dem die Mikroheterogenität der Oligosaccharide durch die Produktionszelle und die Zusammensetzung des Nährmediums bestimmt wird. Eine Herausforderung für die Verfahrensentwicklung ist daher Verfahrensoptimierungen durchzuführen, die keinen Einfluß auf die Produktqualität haben.

Die Fortschritte der Proteinanalytik, durch die es jetzt möglich ist, auch komplexe Glykoproteine auf Identität zu prüfen, sollten in der Beurteilung des Einflusses von Verfahrensänderungen auf die Produktqualität genutzt werden.

Prozeßänderungen, bei denen das Produkt in der Proteinanalytik und der Bioäquivalenz vergleichbar ist, oder bei denen das Produkt in einigen Aspekten, wie der Mikroheterogenität der Oligosaccharide unterschiedlich ist, jedoch in der pharmakologischen Aktivität und in der Pharmakokinetik vergleichbar ist, sollten keine klinischen Prüfungen erfordern.

Bei Änderungen des Herstellverfahrens, die nachweislich die Identität und Wirksamkeit des Proteins beeinflussen, sind klinische Prüfungen erforderlich, um die therapeutische Wirksamkeit und Sicherheit des Produktes zu belegen.

Eine derartige Vorgehensweise erlaubt die Weiterentwicklung innovativer Herstellverfahren mit dem Ziel der wirtschaftlichen Produktion, ohne bereits bei jeder Änderung kostenintensive klinische Prüfungen einkalkulieren zu müssen.

3.1.8 Förderung der Gentechnik in Baden-Württemberg

Im Zuge der zunehmenden Internationalisierung von Forschung, Entwicklung und Technologien verschärft sich der Innovationswettbewerb von Hochschulen und industriellen Unternehmen. Die Rahmenbedingungen für Innovationen und Investitionen werden dabei immer wichtigere Wettbewerbsfaktoren. Zentrale Aufgabe einer wirksamen Forschungs-, Technologie- und Industriepolitik ist es, Rahmenbedingungen zu schaffen, die ein Bestehen im internationalen Wettbewerb ermöglichen. Dabei sind es vor allem die rechtlichen Rahmenbedingungen, die letzten Endes Forschungstätigkeit und Investitionen beeinflussen.

Forschung und Entwicklung sind wegen ihrer langen Produktentwicklungs- und -Zulassungszeiten Investitionen in die Zukunft. Deshalb sind langfristig gültige und verläßliche Rahmenbedingungen und ein hohes Maß an Rechtssicherheit notwendig, um eine langfristige Planung und ein Bekenntnis zum Industriestandort Deutschland sicherzustellen. Hierzu gehören auch effiziente Zulassungs- und Genehmigungsverfahren, die die Umsetzung von Innovationen in möglichst kurzen und kalkulierbaren Zeiträumen ermöglichen.

Vor allem müssen die behördlichen Genehmigungsverfahren für gentechnische Anlagen und Arbeiten im Rahmen der gesetzlichen Vorschriften, ohne über die Forderungen des Gesetz- und Verordnungsgebers hinausgehende Auflagen und Nebenbestimmungen, vereinfacht werden.

Die Anwendung der Bio- und Gentechnik muß in der Bundesrepublik auf allen Gebieten, innerhalb der ethisch-rechtlichen Grenzen, möglich sein und muß aus Wettbewerbsgründen rasch und ohne bürokratische Behinderungen realisiert werden können.

Die Bedingungen dafür sind im Zusammenwirken von Politik, Gesetzgebung, Behörden, Hochschulen und Industrie zu schaffen, wobei klare Signale der Förderung der Gentechnik von seiten der Regierungen in der Bundesrepublik und der Politiker in Europa notwendig sind und erwartet werden. Sie werden daher auch zur wirtschaftlichen Förderung Baden-Württembergs von der Landesregierung erwartet.

Das vorrangige Ziel zur Nutzung der Biotechnik ist die Erhaltung der Innovationsfähigkeit in Forschung und Entwicklung und die internationale Wettbewerbsfähigkeit von Hochschulen und Industrie der Bundesrepublik zur Sicherung und Schaffung von Arbeitsplätzen und der Erhaltung eines hohen Lebensstandards, ohne Abstriche bei objektivierbaren Sicherheitsfragen.

Zur Realisierung von industriepolitischen Grundsätzen in Anlehnung an die amerikanische Politik, zur Gewährleistung von Wettbewerbsfähigkeit und zur Förderung und zum Ausbau der Biotechnik als Zukunftstechnologie ist ein grundsätzlicher Wandel der Einstellung zur Gentechnik notwendig. Die notwendige Förderungspolitik muß durch politische und gesetzliche Maßnahmen flankiert werden, um die Möglichkeiten für die Nutzung der Biotechnik in der Bundesrepublik zu verbessern und neue wirtschaftliche Ressourcen für die Zukunft zu erschließen. Im Interesse der freien Entfaltung von Wissenschaft und Wirtschaft erscheinen langfristig allgemeine Regelungen erforderlich, die zu einer weltweiten Angleichung der Rahmenbedingungen führen.

Öffentlichkeitsarbeit durch Politik und Medien

Für die Integration von Biologie und Chemie hat die Gentechnik eine Schlüsselfunktion. Sie macht biologische Zusammenhänge als molekulare, also chemische Mechanismen verständlich. Sie ist ein zentrales Element der "neuen" Biotechnik.

Nutzen aus der Gentechnik werden vor allem die biologisch orientierten Bereiche ziehen: die Medizin, der Agrarsektor, die Abfallwirtschaft und andere Arbeitsgebiete mit ökologischer Ausrichtung. Um das Potential der Gentechnik für die Lösung anstehender Probleme sinnvoll auszuschöpfen, muß gentechnisches Arbeiten verstärkt fortgesetzt und ausgeweitet werden.

3.1 Die Entwicklung von Arzneimitteln und Impfstoffen

Sicherheit ist und bleibt ein unverzichtbarer Teil einer jeden Forschung und Technologieentwicklung. Dieser Vorrang von Sicherheit ist Conditio sine qua non für die soziale Akzeptanz einer neuen Technologie.

Für die ursprünglich angenommene und immer wieder behauptete biologische Gefährdung von Mensch und Umwelt durch die Gentechnik gibt es nach nunmehr fast 20 Jahren experimenteller und praktischer Erfahrung keine Anhaltspunkte - im Gegenteil: die gentechnische Methodik kann helfen, das Risiko beim Umgang mit gefährlichen biologischen Agenzien, insbesondere auch das Unfallrisiko, beträchtlich zu verringern.

Deshalb ist es umso wichtiger, eine breite Öffentlichkeit mit den Chancen der Gentechnologie vertraut zu machen, auch mit ihren wirtschaftlichen und sozialpolitischen Aspekten. Es geht darum, neugierig zu machen und zu informieren, Sympathien zu wecken und Vorurteile abzubauen.

Das Thema "Sicherheit" ist dabei besonders zentral: Je weniger eine Gesellschaft entbehren muß, desto mehr wächst ihr Bedürfnis nach Sicherheit. "Keine Experimente!" wird zum obersten Gebot. Das Ziel ist ein absolutes "Nullrisiko", selbst um den Preis eines "Nullwachstums". Fortschrittsmüdigkeit breitet sich aus.

Für Politik, Wissenschaft und Industrie ist diese ängstliche Innovationsscheu fatal, fatal auch für Kranke, die durch gentechnisch hergestellte Medikamente Heilung oder Linderung erfahren könnten. Wenn solche gentechnisch hergestellten Produkte aus dem Ausland bezogen werden müssen, wirkt sich das für das Bruttosozialprodukt nachteilig aus.

Dabei ist gerade Baden-Württemberg mit seiner wissenschaftlich-wirtschaftlichen Infrastruktur ein idealer High-Tech-Standort. Dieser Bonus darf nicht verloren gehen, vielmehr muß daraus ein Vorteil gezogen werden.

Politik und Wissenschaft haben die Aufgabe, die Bevölkerung für die neuen Technologien zu gewinnen. Verglichen mit den reißerisch aufgemachten Hiobsbotschaften und Panikberichten der Massenmedien sind besonnen aufklärende Beiträge sehr selten, dazu sind sie meist spröde und schon von der Wortwahl her schwer verständlich.

Die Strategie einer positiven Öffentlichkeitsarbeit muß auf lange Sicht angelegt sein: nicht eine kurzfristige Krisen-PR oder "aktionistische" Einzelprojekte sind gefragt, sondern ein tragfähiges Konzept, das aus mehreren langlebigen Bausteinen zusammengesetzt ist.

Die ganze Palette der "Print-Medien" - Broschüren, Poster Anzeigen, Zeitungsartikel - ist hierfür einzusetzen.

Auch der Gedanke einer Wanderausstellung ist zu erwägen, die landesweit den Bürgern "Gentechnik zum Anfassen" nahebringt.

Ein besonders geeignetes Mittel der Öffentlichkeitsarbeit ist nach wie vor der Film. Dieses Medium kommt dem Erleben der Wirklichkeit am nächsten, spricht unsere Sinne und Emotionen auf direkte Weise an. Film kann Argumente vermitteln, Ängste entkräften und Vorurteile überwinden.

Nicht zuletzt kann Film via Fernsehen in die Breite wirken: Er ist das adäquate Mittel der Information und Aufklärung in unserer bildschirmgewohnten Zeit.

Die Lebens- bzw. Nutzungszeit eines solchen Films sollte - bei durchdachter Konzeption und Stoffauswahl - mindestens 5 Jahre erreichen. In dieser Zeit erlaubt der Film eine Vielfalt gezielter Anwendungen:

- Kinoeinsatz, z.B. im Rahmen von Matinee-Veranstaltungen;
- Videokassetten für die Fernsehausstrahlung;
- Verleihkassetten für den Einsatz in Interessenverbänden: Volkshochschulverband Baden Württemberg, Journalistenverband, Wissenschaftsjournalisten, Presseclub, IHK's, Gewerkschaften, Verbraucherorganisationen, Medizinische Verbände (Landesärztekammer) und Selbsthilfegruppen, kirchliche Filmdienste, Lions Club, Rotarier;
- Videos als Unterrichtsmaterial in Schulen (Aufnahme gentechnischer Grundlagen in den Lehrplan);
- Vorführungen im Rahmen der genannten Wanderausstellung oder im Info-Pavillon am Stuttgarter Schloßplatz (für diese Standorte wäre auch die "Umarbeitung" des Films zu einem "Interaktiven Computerprogramm" sinnvoll);
- Informationsmaterial für politische Veranstaltungen und Pressemitteilungen;
- alle diese Zielgruppen sind selbstverständlich parallel zum Film- oder Videoeinsatz mit konventionellen Print-Medien zu bedienen. Exzellente Bilder für solche Print-Medien könnten ohne weiteres dem Filmmaterial entnommen werden;
- mit der Herstellung eines solchen öffentlichkeitswirksamen Film sollte eine dem Land Baden Württemberg verbundene und qualifizierte Produktionsgesellschaft beauftragt werden, die große Erfahrung mit der Gestaltung von "Image-Filmen", gerade im Nahtbereich von Industrie und Wissenschaft, mitbringt.

Rahmenbedingungen der Universitäten und Hochschulen

Baden-Württemberg verfügt über eine überaus hohe Konzentration an Universitäten wie Freiburg, Heidelberg, Hohenheim, Karlsruhe, Konstanz, Stuttgart, Tübingen, Ulm sowie Großforschungseinrichtungen: Frauenhofer-Institut für Grenzflächen- und Bioverfahrenstechnik, Stuttgart, Zentrum für molekulare Biologie, Heidelberg, Deutsches Krebsforschungszentrum, Heidelberg, Kernforschungszentrum, Karlsruhe und Max Planck Institute für Biologie, Tübingen, für Entwicklungsbiologie, Tübingen, für Immunologie, Freiburg, für medizinische Forschung, Heidelberg, für Zellbiologie, Heidelberg, bei denen die Gentechnik eine Schlüsseltechnologie darstellt. Hier werden relevante biotechnische Forschungsthemen bearbeitet und exzellente Wissenschaftler ausgebildet.

Da aufgrund der Problematik vor Inkrafttreten des GenTG bei der Registrierung gentechnischer Anlagen nach dem BImschG mit öffentlicher Anhörung eine Reihe deutscher Firmen ihren Entwicklungs- und Produktionsstandort ins Ausland verlagert haben und derartige Entscheidungen auch mittelfristig Bestand haben,

3.1 Die Entwicklung von Arzneimitteln und Impfstoffen

besteht in Deutschland und auch insbesondere in Baden-Württemberg ein Überangebot an hochqualifizierten Hochschulabgängern, die in der BRD keinen adäquaten Arbeitsplatz finden. Durch diese Wissenschaftler wird das Ausland subventioniert und die dortige Wirtschaftskraft gestärkt.

Rahmenbedingungen der gentechnisch orientierten Industrie in Baden-Württemberg

Für die Umsetzung gentechnischer Fortschritte in der Pharmazie verfügt Baden-Württemberg über einschlägige Pharmaunternehmen und Innovationsfirmen, die bereits über gentechnische Anlagen verfügen und prädestiniert sind, weitere gentechnische Produkte oder Erkenntnisse zu kommerzialisieren.

Tabelle 8

Firma	Ort	Schwerpunkt
Boehringer Mannheim	Mannheim	Erythropoietin; t-PA
Bio-Industrie-Heidelberg GmbH, Biotechnische Industrieprodukte & Co. KG	Heidelberg	Xanthan
Biopharm Gesellschaft zur biotechnischen Entwicklung und zum Vertrieb von Pharmaka mbH	Heidelberg	F&E und Analytik von r-Proteinen und Antikörpern (Therapeutika Diagnostika)
Progen Biotechnik GmbH	Heidelberg	Monoklonale Antikörper Zytokeratine
RCC Gen bio tec Gesellschaft für biotechnologische Auftragsforschung GmbH & Co	Heidelberg	Hirudin
Biosyn Arzneimittel GmbH	Stuttgart	Key Hole Limpet
Merckle	Blaubeuren	Erythropoietin, bFGH
Rentschler/Bioferon	Laupheim	Fiblaferon, Interferon gamma, Interferon beta
Dr. Karl Thomae GmbH	Biberach	Actilyse ®, Specifid®, Oncotrac®, Immunsuppressiva, Berofor®, Immukin ®, Immufor®, Interferon omega
Goedecke AG Park & Davis	Freiburg	---
Byk Gulden	Konstanz	Surfactant

Förderung durch die Landesregierung

Zur Minimierung der Arbeitslosigkeit oder der Abwanderung hochqualifizierter Wissenschaftler aus baden-württembergischen Hochschulen und zur Steigerung des finanziellen Anreizes für baden-württembergische Unternehmen im Bereich der Gentechnik wird empfohlen, an Absolventen baden-württembergischer Universitäten und Großforschungseinrichtungen über einen Zeitraum von 10 Jahren 3jährige Stipendien für Postdoc's an baden-württembergischen Universitäten, Großforschungseinrichtungen und Unternehmen zu vergeben.

Voraussetzung für den Erhalt der Stipendien:

3.1 Die Entwicklung von Arzneimitteln und Impfstoffen

- Promovierter Hochschulabschluß an baden-württembergischen Universitäten und Großforschungseinrichtungen;
- Postdoc an baden-württembergischen Universitäten, Großforschungseinrichtungen oder Industrieunternehmen;
- Thema des finanziell unterstützten F & E Projektes muß hohe Wahrscheinlichkeit auf kommerzielle Realisierung haben;
- Stipendium wird einmalig über den Zeitraum von maximal 3 Jahren erteilt;
- die Höhe des Stipendiums umfaßt Personalkosten je 150 000 DM/ Jahr und 50 % der Betriebsmittel;
- das Gesamtvolumen der Stipendien sollte über einen Zeitraum von 10 Jahren 30 Mio. DM betragen;
- die Anträge für Stipendien sollten von einem Kuratorium aus Universität, Großforschungseinrichtungen, Industrie und einem Referenten der DFG bewertet und gewährt werden.

Förderung durch Venture Capital und Banken

Innovativen und leistungsstarken Wissenschaftlern soll die Möglichkeit geboten werden, ihre Innovation in wirtschaftlich vermarktbare Produkte umzusetzen. Zu diesem Zweck sollten sie durch Drittmittel finanziert werden, wobei ihnen genügend Spielraum für die Umsetzung ihrer Ideen gegeben werden und zugleich eine Erfolgskontrolle erfolgen sollte.

Venture Capital Firmen und Banken steht das Kuratorium beratend zur Seite. Ebenfalls sollten bereits etablierte Innovationsfirmen durch Venture Capital gefördert werden.

3.1.9 Schlußfolgerung

Die Biotechnik auf der Basis der Gentechnik ist eine Schlüsseltechnologie für die medizinische Anwendung, die häufig mit der der Mikroelektronik verglichen wird. Das Ausland wird sich bekanntermaßen in der Gentechnik stark engagieren und Rahmenbedingungen schaffen, die sowohl auf gesetzlicher Ebene als auch der öffentlichen Akzeptanz eine Basis für den wirtschaftlichen Erfolg bieten.

Deutschland und insbesondere Baden-Württemberg, das von der Infrastruktur her über alle Voraussetzungen für Forschung, Entwicklung und Produktion von Biopharmazeutika verfügt, sollte daher die politischen und finanziellen Voraussetzungen schaffen, um diese Schlüsseltechnologie wirtschaftlich zu nutzen.

Die dazu vorgeschlagenen Maßnahmen dienen der Nutzung der integrierten Infrastruktur und der Befreiung aus dem Investitionsrisiko in Baden-Württemberg.

Gleichzeitig sollte aber auch die Industrie und Wissenschaft die Chance dieser Technologie erkennen und in eigener Initiative Kooperationen zur Umsetzung von Ideen im Produkt konsequent angehen.

3.2 Neue biotechnologische Ansätze in der Enzymtechnologie, Enzymproduktion und in der Diagnostik

Prof. Dr. techn. Herwig Brunner
Fraunhofer-Institut für Grenzflächen- und Bioverfahrenstechnik, Nobelstraße 12, 70569 Stuttgart

Die Biotechnologie hat durch die Möglichkeiten der Gentechnik einen dramatischen Aufschwung bzw. eine Wiederbelebung erfahren. Täglich werden neue Daten über Enzyme oder Proteine, nicht zuletzt ihre Aminosäure- und die Basensequenz auf Genebene in die heute international zur Verfügung stehenden Datenbanken eingefüttert.

Obwohl die Biotechnologie neben der mechanischen Bearbeitung zur Herstellung von Gebrauchsgegenständen als der älteste Bereich von planendem Handeln durch den Menschen gewertet werden muß, hat sie durch die Gentechnik einen ungeahnten Innovationsschub verursacht.

Immer gingen die Fortschritte in der Biotechnologie mit entsprechenden Erkenntnissen und der Anwendung von analytischen Methoden einher. Ursprünglich organoleptisch und visuell, entwickelte sich die Diagnostik über chemische zu biochemischen und neuerdings zu molekularbiologischen/genetischen Detektionssystemen, welche durch die Verfeinerung der physikalischen Meßmethodik und Apparatetechnik in den Bereich des Einzelnachweises von wenigen Molekülen vorstoßen.

3.2.1 Enzymtechnologie und Enzymproduktion

Überblick

Enzyme können bislang nicht losgelöst von ihrer biologischen Quelle, d. h. ihrer Synthese durch lebende Zellen aus den Reichen der belebten Natur - also Mikroorganismen, Pflanzen oder tierischen Ursprungs - gewonnen werden. Durch das entscheidende Experiment von E. Buchner 1897 ist die Ursache für die enzymatische Umsetzung von Substraten unabhängig von der Anwesenheit lebender Zellen demonstriert worden. Damit war ein wichtiger Wendepunkt in der Geschichte der Enzymforschung erreicht.

Die Anwendung der in der Natur vorgefundenen und aus lebenden Zellen isolierten Enzyme konventioneller Art hat in industriellen Bereichen ein weites

3.2 Neue biotechnologische Ansätze in der Enzymtechnologie

Anwendungsspektrum erfahren. So werden in der Lederindustrie Proteasegemische genauso routinemäßig eingesetzt wie im Bereich der Lebensmitteltechnologie, in der Stärkeindustrie und der Herstellung von Backwaren, Fruchtsaftklärung und Entbitterung, der Herstellung von Milchprodukten, aber auch im Bereich der Medizin in Therapie und Diagnostik. Darüber hinaus finden Enzyme zunehmend in der chemischen Synthese als sogenannte Biokatalysatoren als Ersatz ganzer Ketten von Syntheseschritten im Bereich des Aufbaues oder der Modifizierung asymmetrischer Molekülstrukturen ihre Anwendung.

Die Gentechnologie hat einen neuen Phasensprung in der Biochemie der Enzyme und deren Anwendung möglich gemacht. Mit der Entdeckung einer neuen Enzymklasse, den sogenannten Restriktionsendonukleasen durch W. Arber gelang es, die Desoxyribonukleinsäuren als Träger der Erbinformation selektiv zu schneiden. Mit Hilfe von Ligasen, welche eine Verknüpfung gewonnener zueinander passender DNA-Fragmente gestatten, konnte dann neu kombiniert werden.

Die zunehmende Einsicht in Verschlüsselung und Entschlüsselung von Informationen auf Genebene und die Übersetzung und Ausprägung in Proteinmoleküle durch die Synthesemaschinerie der Zelle ergab die Möglichkeit, diese Vorgänge in das planende Handeln des Menschen einzubeziehen und über Forschung und Entwicklung hinaus in Produktionsverfahren zur Herstellung von Proteinen routinemäßig nutzbar zu machen.

Sehr rasch wurden Techniken entwickelt, um die Expression von Proteinen in den gentechnisch veränderten Zellen so zu steigern, daß damit eine neue Dimension der Verfügbarkeit und der Reinheit für Proteine geschaffen wurde.

Die Zugänglichkeit der Erbinformation auf der Ebene der DNA erweckte schon früh den Wunsch nach gezielter Veränderung des gewünschten Proteins. Durch die Fortschritte der Strukturchemie über die Methoden der Röntgenkristallographie und Anwendung anderer physikalischer Meßmethoden wie der NMR-Spektroskopie wurde viel Wissen über Struktur und Funktion der Proteinarchitektur gewonnen. Dadurch wurde es möglich, Veränderungen in der Struktur geänderter Funktionen bzw. Anforderungen an diese nutzbar zu machen. So stehen heute die Methoden zur Verfügung, auch maßgeschneiderte Proteine und damit auch Enzyme zu gewinnen.

Erkenntnisse über die notwendigen und hinreichenden Bedingungen für eine katalytische Funktion von Proteinen führten zu einer Ergänzung enzymatisch aktiver Proteine in Form von katalytisch wirkenden Antikörpern, den sogenannten Abzymen. Verschiedene Motive von Struktur und Funktion von Proteinen unterschiedlicher Herkunft können durch Fusion auf Genebene neu kombiniert werden und als völlig neue Funktions- und Wirk-Einheiten eingesetzt werden. Noch Zukunftsmusik ist der Zusammenbau von neuen Funktionseinheiten aus theoretisch abgeleiteten Proteinstrukturen, um z. B. neue enzymatische Aktivitäten zu konstruieren.

Enzymatische Aktivität ist jedoch nicht an Proteinstrukturen allein geknüpft. Das Beispiel der enzymatisch aktiven Nukleinsäuren, der sogenannen Ribozyme, eröffnete eine völlig neue Sichtweise und ungeahnte Möglichkeiten für die Konstruktion und Anwendung von Katalysatoren auf Basis natürlich vorkommender oder neuartiger synthetischer Makromoleküle.

Methodische Ansätze

Für die Gewinnung von Enzymen ist die richtige Wahl des natürlichen Ausgangsmaterials, i. e. die Biomasse, entscheidend. Wenn auch theoretisch eine chemische Totalsynthese von Proteinen denkbar, aber angesichts der Größe von enzymatisch aktiven Molekülen absolut unwirtschaftlich ist, bleibt der Rückgriff auf natürliche Ressourcen unvermeidlich.

Traditionell ist die Verwendung von pflanzlichem und tierischem Material als Enzymquelle. Noch heute ist die Verwendung pflanzlicher Enzyme auch für den technischen Einsatz gegeben, wie die Beispiele Papain aus *Carica papaya*, Peroxidase aus Meerrettich, Bromelain aus Ananas-Abfällen und Ascorbatoxidase aus Zucchini beweisen. Im Bereich der Enzyme tierischen Ursprungs ist das seit Jahrtausenden angewendete Labferment aus Kälbermagen das bekannteste Beispiel. Mikroorganismen bieten eine ungeheure Vielfalt von verschiedenen Enzymen, welche in der Lebensmitteltechnologie durch die leichte Zugänglichkeit von Milchsäurebakterien, Hefen und verschiedenen Schimmelpilzen auf eine lange Tradition verweisen können. Die Vervollkommnung der Züchtungstechniken im Rahmen der Submersfermentation haben Mikroorganismen zugänglich gemacht, welche durch hohe Nährstoffansprüche und die Notwendigkeit des aseptischen Hantierens auch in großer technischer Dimension vorher obsolet waren. Die Krönung der Fermentationstechnik liegt in der Züchtung von tierischen Zellen, welche damit auch Ausgangsmaterial für die Gewinnung menschlicher Proteine (Enzyme, Antikörper, Hormone) wirtschaftlich verfügbar machen.

Unter technischen und wirtschaftlichen Gesichtspunkten sind an das biologische Ausgangsmaterial folgende Kriterien zu richten:

- Verfügbarkeit der Biomasse in konstanter Qualität und Menge;
- Reproduzierbarkeit des Prozesses und der Qualität des Endprodukts sowie
- die Kosten des Gesamtprozesses inklusive der eingehenden und aus dem Prozeß resultierenden Wert- und Abfallstoffe im Sinne einer Gesamtintegration des Herstellungsprozesses.

Die Methoden der Gentechnik haben zu einer dramatischen Steigerung der Raum-/Zeit-Ausbeute dadurch geführt, daß die biologische Synthese des gewünschten Produkts (Proteins) aus dem natürlichen Konzert der aufeinander abgestimmten Stoffwechselvorgänge herausgehoben werden kann. War bisher die Enzymkonzentration in der Biomasse Ergebnis der Evolution bzw. der Adaptation an den natürlichen Standort bzw. der Randbedingungen für das Überleben, macht es nun die Gentechnik mit der Kenntnis über die intrazellulären Vorgänge der Proteinbiosynthese und deren Beeinflussung gezielt möglich, Steigerungen der Expressionsleistung um mehr als das 10- bis 100fache zu erreichen.

War bisher als Faustregel für die Gewinnung von 1 g gereinigtem Enzym gültig, daß dafür etwa 100 kg pflanzliches Material oder ca. 10 kg tierisches Ausgangsmaterial oder 1 kg gezüchtete mikrobielle Biomasse eingesetzt werden mußte, mag nun durch die gentechnische Veränderung von Mikroorganismen eine

Enzymkonzentration in der Biomasse bis zu 30 - 50 % des Gesamtproteins des Mikroorganismus erreichbar sein. Die Anwendung ausgefeilter Prozeßsteuerung und Reaktortechnik kann gemeinsam mit der neuen gentechnischen Basis zu einer weiteren Steigerung der Raum- / Zeit-Ausbeute um Faktoren beitragen.

Viele technische Enzyme aus Mikroorganismen sind extrazelluläre Enzyme. D. h., sie werden vom Mikroorganismus im Verlaufe der Fermentation, also während des Wachstums- und Vermehrungsprozesses in das Kulturmedium abgegeben. Dies hat den Vorteil, daß diese Enzyme quasi durch natürliche Selektion auf den Wirkungszweck außerhalb der Zelle adaptiert wurden und somit dort auch meist stabiler sind. Andererseits sind die enzymatischen Aktivitäten in der Zelle zum Aufbau, Umbau und Abbau der zellulären Matrix wie auch der lebensnotwendigen Metabolite wegen der vielfältigen Reaktionsketten auch für die Technik hochinteressant. Das führte dazu, daß Methoden der Enzymreinigung entwickelt wurden, welche es gestatten, aus dem Gemisch von ca. 2000 verschiedenen Proteinen der Zelle das gewünschte Protein/Enzym rein zu isolieren.

Da durch die Gentechnik diese hohe Expressionsleistung erzielt werden kann und dadurch die Ausgangskonzentration auf das oben beschriebene hohe Niveau gesteigert werden kann, ist es möglich geworden, in wenigen Reinigungsschritten zu einer unvergleichlich höheren Reinheit und damit Qualität des Endproduktes zu kommen. Dies wirkt sich insbesondere im Bereich der analytischen Anwendungen von Enzymen wie auch im Bereich der zellfreien Synthese von Naturstoffen aus. Die medizinische Diagnostik wie auch der rasche Fortschritt auf dem Gebiet der Molekularbiologie wären ohne solche hochreine Enzyme nicht vorstellbar.

Die Kenntnis der in der Proteinsequenz verborgenen Signale für einen Transport an den eigentlichen Wirkort innerhalb der Zelle hat eine weitere Unabhängigkeit von den natürlichen Voraussetzungen geschaffen. So kann durch geeignete Neukombination auf Genebene ein sogenanntes "Protein-Targeting" durchgeführt werden. Damit gelingt es, auch intrazellulär anfallende Enzyme in den periplasmatischen Raum oder sogar in das die Zellen umgebende Kulturmedium auszuschleusen, i. e. ein vormals intrazelluläres zu einem extrazellulären Enzym umzuschneidern. Dies bedeutet einen großen Vorteil für den Reinigungsprozeß, indem das gewünschte Enzym erstens durch den Konzentrierungseffekt, z. B. bei der Fällung aus den großen Volumina der Kulturlösung, und nachfolgend sehr wirtschaftlich, wegen der günstigen Mengenbilanz zwischen Produkt und Fremdprotein in wenigen Reinigungsschritten und ohne die Zellen erst aufbrechen zu müssen, gewonnen werden kann.

Bisher beschränkte sich die gentechnische Perfektionierung von solchen Hochleistungsmikroorganismen weitgehend auf *E. coli* oder Hefen. Für die Zukunft wird es notwendig sein, Hochleistungswirtstämme im Bereich der für die Lebensmittel-, Waschmittel-Produktion und andere technische Enzyme zu entwickeln. Dies gilt auch für die Entwicklung von Hochleistungsstämmen im Bereich der für die Technik interessanten anaeroben Mikroorganismen.

Wenn auch durch die starke Anhebung der Expressionsleistung des Mikroorganismus und damit der Erhöhung der Konzentration des gewünschten Enzyms in der Zelle schon wesentliche Erleichterungen für den Reinigungsprozeß bewirkt werden, bietet ein weiterer Eingriff auf Genebene zusätzliche vielversprechende Möglichkeiten. Im Rahmen der Proteinreinigungsprozesse werden die biochemischen und physikochemischen Eigenschaften der Proteine ausgenutzt, um sie voneinander zu trennen. Dabei spielen insbesondere die hydrophilen bzw. hydrophoben Strukturbereiche des Proteins eine entscheidende Rolle. Nun kann auf Genebene durch Einführung zusätzlicher Aminosäuren mit besonderen Ladungsmustern das Protein so verändert werden, daß eine Reinigung aufgrund dieser hervorgehobenen Eigenschaften leichter möglich wird. Auf diese Weise kann ggf. eine aufwendige Molekülsiebchromatographie durch den Einsatz einfacher Ionenaustauscher ersetzt werden. Auch eine eventuell affinitätschromatographisch nutzbare Struktur kann so eingeführt werden.

Bei der Expression von eukaryotischen Proteinen (d. h. aus pflanzlichen oder tierischen Zellen stammende Proteine) in Bakterien tritt häufig das Phänomen der inaktiven Ablagerung der hochexprimierten gewünschten Proteine/Enzyme auf. Diese in sich vernetzten Proteinablagerungen, die sogenannten "Inclusion bodies", waren häufig Endstation und Sackgasse in der Modellierung eines biotechnologischen Prozesses. Die Kenntnis über die Faltungsprozesse, welche sich in der Synthesemaschinerie für Proteine innerhalb der Zelle abspielen und das Wissen über die physiko-chemischen Grundlagen dazu, führte zu einem neuen, vielversprechenden Weg. Durch die Anwendung von sogenannten chaotropen Reagenzien kann ein Protein, ja selbst ein so vernetztes proteinöses Einschlußkörperchen in Lösung gebracht werden. Dort liegt das Protein in zwar inaktiver, aber völlig entfalteter Form vor. Diese Proteinlösung kann dann in einem weiteren Schritt einem erneuten Faltungsprozeß unterworfen werden, der zu einem löslichen und aktiven Produkt führt. Als erfolgreiches Beispiel kann dafür die Gewinnung von Gewebsplasminogenaktivator (tPA), exprimiert in *E. coli*-Zellen, erwähnt werden, bei dem ein komplexes Molekül mit 16 intramolekularen Schwefelbrücken in hoher Ausbeute entfaltet und zum aktiven Enzym gefaltet werden konnte (Rudolf 1990).

Die zunehmende Kenntnis der molekularen Vorgänge in der lebenden Zelle bedingt nützliche Anwendungen und Innovationen auf methodischer und/oder Produktebene. In diesem Zusammenhang ist auch die erst vor wenigen Jahren aufgefundene Funktion der sogenannten Chaperonine zu nennen. Chaperonine sind Proteine, welche intrazellulär die Faltung komplexer Proteine/Enzyme helfend begleiten. Unter Energieverbrauch wird der Aufbau, i. e. die richtig gefaltete aktive Struktur des Enzyms bewerkstelligt. Diese Funktion der Chaperonine könnte auch außerhalb der Zelle, also in vitro, in einer technischen Anwendung ausgenützt werden. Das kann dann besonders interessant werden, wenn das Enzym oder dessen Reaktionspartner besonders teuer und instabil sind. Hier ist nicht nur an den Einsatz von Chaperoninen in der analytischen Biochemie bzw. medizinischen Diagnostik, sondern auch an den Einsatz von Enzymen als technische Biokatalysatoren für zellfreie Synthesereaktionen zu denken.

Die gezielte Veränderung von Proteinen auf Genebene wird heute allgemein als sogenanntes "Protein-Engineering" bezeichnet. Darunter versteht man den gezielten Austausch von einzelnen Aminosäuren in der Proteinsequenz oder größerer

3.2 Neue biotechnologische Ansätze in der Enzymtechnologie

Strukturelemente, um so zu einem, je nach Anforderung verbesserten Produkt im Sinne optimierter Funktion oder Stabilität zu gelangen. Die Methoden dazu sind entweder Veränderung auf Genebene durch in vitro-Mutagenese des isolierten Gens und nachfolgende Selektion des Proteins/Enzyms mit den gewünschten Eigenschaften in geeigneten analytischen Systemen oder das gezielte Entfernen oder Hinzufügen von Sequenzen, mit denen der Proteiningenieur die gewünschten Funktionen bereits auf der Ebene der genetischen Information einführt.

Wenn sich heute diese Veränderungen im wesentlichen auf die Verbesserung der Stabilität (insbesondere Temperaturstabilität) erstrecken, sind für die Zukunft neue Kombinationen von katalytischen Eigenschaften bis hin zu multifunktionalen Enzymsystemen zu erwarten. Hier ist jedoch ein großer Forschungsbedarf gegeben. Fernziel könnte dabei die zellfreie Synthese der Proteine selbst sein.

Die Entdeckung, daß Ribonukleinsäuren enzymatische Aktivität aufweisen können und - ähnlich wie die Restriktionsnukleasen - Ribonukleinsäure an spezifischen Stellen schneiden können, hat ein Dogma der Biochemie, nämlich daß enzymatische Aktivität auf Proteine beschränkt ist, umgestoßen. Gleichzeitig wurde damit ein neues Feld eröffnet, Moleküle mit biochemischer bzw. enzymatischer Aktivität zu suchen bzw. zu synthetisieren. Für solche modifizierten Makromoleküle können sich neue breite Anwendungshorizonte, sowohl in der Medizin als auch in der Technik ergeben. Im Sinne eines retrograden Impulses kann sich daraus wiederum eine Befruchtung der synthetischen organischen Chemie ergeben.

Anwendungen

Die Durchbrüche der neuen Biotechnologie, d. h. unter Einschluß der Methoden der Gentechnik, haben meistens zuerst im Bereich der Medizin Anwendung gefunden. Dies liegt sicher einerseits daran, daß Fortschritte in der *Therapie* einem primären Bedürfnis des Menschen nach Gesundheit bzw. Bekämpfung von Krankheiten entsprechen. Andererseits sind die Verfahren meist noch so teuer, daß zunächst nur der Gesundheitsmarkt für solche hochpreisige Produkte aufnahmefähig ist. Wurden bisher natürlich vorkommende Enzyme im Bereich von Entzündungshemmung (Bromelain und Lysozym) meist in Kombination mit Antibiotikatherapie eingesetzt, bot sich mit der durch die Gentechnik gegebenen Verfügbarkeit von körpereigenen Proteinen ein vielversprechendes Anwendungsgebiet für therapeutische Enzyme. Als Beispiel sei hier die Familie der Gewebsplasminogen-Aktivatoren zur Auflösung von Blutgerinnseln im Rahmen des Infarktgeschehens genannt. Dabei konkurrieren heute das konventionell gewonnene Enzym Streptokinase als Fremdprotein aus dem pathogenen Bakterium *Streptococcus pyogenes* mit dem humanidentischen Gewebsplasminogen-Aktivator tPA. Der über die Wirkungsverbesserung hinausgehende große Vorteil des humanen tPA stellt sich klar bei dem statistisch häufig vorkommenden Zweitinfarktgeschehen heraus. Bei einer zweiten Verabreichung von tPA sind wegen der Humanidentität keine immu-nologischen Schockreaktionen zu erwarten. Gerade auf diesem Sektor der

Gerinnungsproteasen hat sich ein kompetitives Feld aufgetan. Die nächste Generation solcher therapeutischen Enzyme ist kurz vor der Markteinführung. Dabei handelt es sich bereits um maßgeschneiderte Enzyme, die, wie oben erwähnt, nur die Strukturdomänen beinhalten, welche für den therapeutischen Ansatz zur Auflösung des Blutgerinnsels erforderlich sind. Dies sind Fibrinbindung und Proteaseaktivität zur Aktivierung von Plasminogen. Wie die verfügbaren klinischen Daten zeigen, sind mit einem solcherart aus den natürlich vorkommenden Motiven neu konstruierten Molekül tatsächlich auch klinisch eine bessere Wirkung und günstigere kinetische Eigenschaften erzielbar.

Ein neuartiger Ansatz zur Verwendung von enzymatisch aktiven Antikörpern (Abzyme) soll gute Verweilzeit im physiologischen System mit Zielorientierung am gewünschten Wirkort, z. B. Tumor, und katalytische Umsetzung einer Pro-Droge in das eigentliche aktive Wirkstoffmolekül vor Ort miteinander verbinden. Diese drei Prinzipien können auch vielversprechende Planungsgrundlage für die Konstruktion anderer, neuartiger Proteintherapeutika sein.

Die hohe Effizienz gentechnisch modifizierter Expressionssysteme im Bereich mikrobieller oder auch von tierischen Zellen bietet gerade für die hohen Reinheitskriterien, welche an Proteintherapeutika gestellt werden, die ideale Plattform für den zukünftigen Erfolg. Die Substitutionstherapie mit körpereigenen Enzymen kann auch im Bereich der genetisch bedingten Erkrankungen Hilfestellung leisten, wie das Beispiel der kürzlich in den USA zugelassenen humanen DNAse zur Verflüssigung von DNA-haltigen Schleimabsonderungen in der Lunge bei Mukoviszidose-Erkrankten beweist.

Im Bereich der *Lebensmitteltechnologie* werden Mikroorganismen in spontaner oder gezielter Fermentation eingesetzt. Die großen Anwendungsgebiete liegen in der Milch- und Käseindustrie, der Backwaren- und der Fruchtsaftherstellung. Hier öffnet sich ein weites Feld für die moderne Biotechnologie und Gentechnik, wenn auch emotional bedingte Hürden und damit verbundene Zulassungsbeschränkungen auf eine objektivierbare Basis geführt werden müssen. Die besonderen Schwierigkeiten bei der Anwendung der Gentechnik im Bereich der Milchsäurebakterien liegt vor allem darin begründet, daß bisher praktisch in allen Milchsäurebakterien natürlicherweise vorkommende Plasmide nachgewiesen werden konnten. Auch ist der horizontale Genaustausch durch Plasmidaustausch zwischen den Milchsäurebakterien, aber auch verwandten Mikroorganismen, ein häufiges Ereignis. Damit ist die Gewährleistung der Stabilität von Hochleistungsstämmen ein schwierig zu überwindendes Problem. Die interessanten Stoffwechselleistungen dieser Organismengruppen werden ein intensives Arbeitsfeld zukünftiger Forschungsrichtungen darstellen. Angesichts der riesigen Märkte für Lebensmittelerzeugnisse ist eine breite Anwendung der neuen Methoden der Biotechnologie mit den Chancen für eine erhöhte Produktivität und aber auch Produktinnovation nicht zuletzt durch ökonomische Antriebskräfte zu erwarten.

Heute stehen bereits α-Amylase, α-Galaktosidase, Glucose-Isomerase, pectolytische Enzyme und Invertasen aus gentechnisch modifizierten Mikroorganismen zur Verfügung.

Spektakulärstes Beispiel ist die Expression von Chymosin (Labferment) aus der Magenschleimhaut von Kälbern in Mikroorganismen (*E. coli, Cluyveromycis lactis, Aspergillus niger* ssp. *awamori* etc.). Nach Teuber (1993) beträgt die Weltproduktion von Käse ca. 14 Mio. t, für welche rund 140 Mio. t Milch erforderlich sind. Für die Coagulierung des Milchproteins liegt der Bedarf bei etwa 56 t reinen Chymosin-Proteins. Die Weltproduktion an Kalbs-Labmägen nimmt ab und Lab-Ersatz durch Enzyme von z. B. *Mucor*-species erwiesen sich insbesondere bei der Herstellung langgereifter Käse-Sorten als unbefriedigend. Mit Hilfe der Expression in gentechnisch veränderten Mikroorganismen konnten bereits Konzentrationen von 200 mg Chymosin pro Liter Kulturbrühe erreicht werden. Diese Enzympräparationen können generell leicht von eventuell kontaminierenden gentechnisch veränderten Organismen freigehalten werden, so daß gegen den Einsatz von Enzymen aus gentechnisch veränderten Mikroorganismen nichts sprechen sollte. Dies ist allerdings keine Frage der Naturwissenschaft, sondern vor allem der öffentlichen Meinungsbildung und Akzeptanz.

In der *medizinischen Diagnostik* ist die Anwendung der modernen Biotechnologie bereits in einem sehr frühen Stadium der Gentechnik zur Anwendung gekommen. Dabei war nicht so sehr der ökonomische Druck zur Erhöhung der Raum-/Zeit-Ausbeute ausschlaggebend, sondern die Möglichkeit, durch die Hochexpression zu wesentlich reineren Enzympräparaten zu kommen. Dies ist insbesondere deshalb notwendig, da Reste von unerwünschten Enzymaktivitäten das analytische Ergebnis verfälschen und somit zu einer falschen Diagnose führen können.

Aufgrund der extrem hohen Ansprüche an diese Enzyme hinsichtlich ihrer Spezifität, kinetischen Eigenschaften, aber auch der hohen Stabilitätsanforderungen wurde das Protein-Engineering hier ebenfalls schon früh eingesetzt (Kresse 1990, Schumacher et al. 1989). Dabei konnten durch sinnvolle Kombination von in vitro-Mutagenese, Analyse der Raumstruktur der Enzyme und Aufstellung strikter Selektionsbedingungen bei der Klonauswahl mit einer ausgefeilten Expressionsstrategie sowie Fermentations- und Aufreinigungstechnik sowohl Eigenschaften wie Temperaturstabilität, Detergenzstabilität, Stabilisierung des Coenzyms, Eintrübungsverhalten bei höchster Reinheit auch vorteilhafte ökonomische Herstellbedingungen erfolgreich realisiert werden.

Diese Erfolge weisen in eine vielversprechende Richtung, die auch für andere Anwendungszwecke von Enzymen gelten sollten.

Enzyme als technische Biokatalysatoren im Sinne der Katalyse von Reaktionen, welche sonst durch die Methoden der organischen Chemie nur unter schwierigen Reaktionsbedingungen und Einsatz aggressiver Chemikalien oder komplexer Abfolge von einzelnen Syntheseschritten zu erreichen sind, finden zunehmend industriellen Einsatz.

Im Vordergrund stehen dabei zwei Hauptanwendungsgebiete:

- Racematentrennung bei pharmazeutischen Wirkstoffen;
- Spaltung von natürlichen Antibiotika als Basis für halbsynthetische neue Pharmaka.

Viele in der Natur vorkommende Grundgerüste für pharmakologisch aktive Wirkstoffe sind zu komplex, um wirtschaftlich über chemische Totalsynthese hergestellt werden zu können. Darüber hinaus entstehen bei der chemischen Synthese oft Isomere als Nebenprodukt, welche entweder unwirksam sind oder besondere Nebenwirkungen aufweisen. Das zunehmende Wissen über das potentiell unterschiedliche Wirkungsgefüge solcher Substanzen brachte es mit sich, daß für die Einführung neuer Arzneimittel das Wirkungsspektrum solcher isomeren Moleküle berücksichtigt werden muß. So ist es in Japan bereits Praxis, daß nur optisch reine Wirkstoffe von der Behörde zugelassen werden. Für die Razematen-Trennung haben neben physikalischen Trennverfahren die enzymatischen Verfahren zur Synthese optisch reiner Wirkstoffe zunehmend an Boden gewonnen. Dabei werden vor allem Esterasen, Lipasen, Hydantoinasen, Acylasen eingesetzt. Aufgrund des hohen Preisdrucks kann heute davon ausgegangen werden, daß solche Enzyme nur nach Hochexpression über einen gentechnisch veränderten Hochleistungsstamm wirtschaftlich hergestellt werden können. Somit ist die weitere Verbreitung dieser umweltschonenden Technologie an die Anwendung der Gentechnik gebunden.

Der Einsatz von technischen Biokatalysatoren beginnt zunehmend auch über die Anwendung im Bereich der Synthese von Arzneimitteln hinauszugehen. Ein breites Feld winkt bei der Synthese von Wirkstoffen im Bereich der Landwirtschaft und Schädlingsbekämpfung. Hier kann mit dem gleichen Konzept die sogenannte "Chemical Load", also die Belastung der Böden und Umwelt mit möglicherweise unwirksamen Isomeren des eigentlichen Wirkstoffes drastisch reduziert werden.

Für die Zukunft werden über spezifische Hydrolyse Reaktionen hinaus auch insbesondere Oxido-Reduktasen zunehmend für die Modifikation von Wirkstoffen eingesetzt werden. Im Prinzip zeigt uns die Natur, welch komplexe Reaktionen in der lebenden Zelle zur Synthese von Wirkstoffen möglich sind. Mit der wirtschaftlichen Herstellung der entsprechenden Enzyme und der Entwicklung zellfreier Reaktorsysteme werden in der Zukunft viele komplexe chemische Syntheseschritte vorteilhafterweise enzymatisch durchführbar werden.

Ein riesiges Anwendungsfeld für technische Enzyme ist für die Entsorgungswirtschaft der industriellen Gesellschaft zu erwarten. Schon heute werden Gemische von z. B. Proteasen, Pektinasen und Zellulasen in der Kompostierung und Klärschlammverwertung eingesetzt. Noch ist der Preis der verwendeten Enzyme limitierend. Mit der Anwendung der Gentechnik ist auch hier eine Wirtschaftlichkeitsgrenze in Sicht. Attraktiver können solche Prozesse dadurch gestaltet werden, daß die hochorganisierte Biomasse aus dem Klärschlamm nicht einfach der Umwandlung in CO_2 und Wasser unter Einsatz fossiler Energien im Rahmen der Klärschlammverbrennung unterworfen wird, sondern daß daraus Wertstoffe gewonnen werden. Insgesamt ist der gesamte industrielle Herstellungsprozeß als integrierte Prozeßkette zu betrachten, wobei die Anwendung der modernen biotechnologischen Methoden einen wesentlichen Beitrag zu einer wirtschaftlich optimierten und umweltorientierten Gesamtlösung beitragen kann.

3.2.2 Neue biotechnologische Ansätze in der Diagnostik

Mit dem Begriff Diagnostik werden nicht nur die Methoden der medizinischen Diagnostik umfaßt, sondern heute auch analytische Methoden im Bereich der *Umwelt- und Lebensmittelanalytik* eingeschlossen. Kennzeichnend ist die niedrige Konzentration des zu bestimmenden Analyten sowie die Selektivität, d. h. das Unterscheidungsvermögen zwischen ähnlichen Substanzen durch das analytische System. Mit Hilfe biochemischer Analytik werden nicht nur niedermolekulare Metabolite oder chemisch synthetisierte Verbindungen zugänglich, sondern auch komplexe Struktur- oder Funktionseinheiten, wie Mikroorganismen, Proteine und Nukleinsäuren bzw. Kohlehydrate.

Waren für die Identifizierung von Mikroorganismen vor allem Kulturmethoden auf der Basis selektiver Nährböden erfolgreich, sind durch die größer werdenden Anforderungen bezüglich der Reduzierung von Analysenzeiten andere Methoden zu bevorzugen. Diese Ziele können durch Detektion über spezifische Antikörper oder heute besser noch durch die spezifische Hybridisierung mit Nukleinsäuresonden und der quantitativen Erfassung dieses Vorganges erreicht werden. Die Erfindung der Anwendung der polymerase chain reaction (PCR) als Amplifikationswerkzeug für den Nachweis von Nukleinsäuren und die Detektion der amplifizierten Nukleinsäuren mit Hilfe nicht radioaktiver Nachweismethoden haben einen Durchbruch in der Analyse von Mikroorganismen, Viren, aber auch genetischen Defekten gebracht. Probleme bereitet die Aufbereitung der Proben für den Einsatz in der Amplifikationsreaktion, d. h. die Präparation der zu detektierenden Nukleinsäuren, je nach Art und Herkunft des Probenmaterials. Außerdem ist wegen der enormen Amplifikation durch die PCR-Reaktion eine Freiheit von eventuell kontaminierenden und störenden Nukleinsäuren einzuhalten.

Über die erwähnten Anwendungsbeispiele hinaus wird es notwendig sein, nicht nur den Mikroorganismus als solchen im Sinne seiner taxonomischen Zuordnung zu identifizieren, sondern wegen der zunehmenden Resistenz von pathogenen Mikroorganismen gegen die therapeutisch eingesetzten Antibiotika auch möglichst simultan das Resistenzspektrum zu bestimmen. Nur so kann optimal die richtige Therapie eingeschlagen werden. Schon heute wird Tuberkulose von der WHO und der amerikanischen Behörde "Center of Desease Control" wegen der Polyresistenz der Tuberkelbakterien als die gefährlichste Krankheit weltweit eingestuft.

Die Kombination von diagnostischen Methoden auf Basis monoklonaler Antikörper mit der Adaptation der Nukleinsäurehybridisierungsmethodik wird zusätzliche Einsatzgebiete in der Früherkennung und Differenzierung von Krebserkrankungen und Hilfestellung bei der Auswahl der richtigen Strategie bewirken. Auch hier ist die Analyse der ausgeprägten Resistenzmechanismen von Tumorzellen gegen Chemotherapeutika als zusätzlicher entscheidender diagnostischer Parameter zu erwarten.

Die Spezifität von Antikörpern wie auch Nukleinsäuren (z. B. Antisense-Nukleinsäure), sind nicht nur für die Diagnose von Tumorerkrankungen, sondern auch für deren Therapie hilfreich. Mit dem "Drug Targeting" über die

Spezifitätsmechanismen von Antikörpern und Nukleinsäurehybridisierung eröffnet sich ein neues Feld der Therapie.

Die Herstellungsmöglichkeit von monoklonalen Antikörpern über die Hybridoma-Technik nach Köhler und Millstein hat die Immundiagnostik breiten Stils erst ermöglicht. Doch die enger werdenden Freiräume in der Nutzung der Expression von Antikörpern im Tier setzte dem rasch Grenzen. Glücklicherweise konnte in den letzten 10 Jahren die Zellkulturtechnik so vorangetrieben werden, daß heute weltweit gesehen nur noch ein verschwindend kleiner Teil der benötigten monoklonalen Antikörper über das Tier, z. B. in der Aszitis-Maus produziert werden müssen. Der Großteil erfolgt über direkte Zellzüchtung im Bioreaktor. Dabei sind erreichte Konzentrationen von 500 g/m3 Kulturlösung keine Seltenheit.

Die Methoden der Gentechnik haben auch im Bereich der Antikörper ihren Niederschlag gefunden. Durch Maßschneidern der entsprechenden Genabschnitte ist es möglich geworden, monoklonale Antikörper, z. B. aus der Maus, auf Genebene zu humanisieren oder sogar auch die spezifisch bindende Region in rechnergestützten Modellsystemen zu rekonstituieren und einem humanen Antikörper durch Fusion der entsprechenden Gensequenzen einzuverleiben.

Der Erkenntnisprozeß durch den Fortschritt der Naturwissenschaft wird auf diesem Sektor neue Anwendungsgebiete erschließen, welche Bindungsfähigkeit und andere Funktionen, wie enzymatische Aktivität und/oder Erkennungsstrukturen für Selbstsuche des Ziels kombinieren. Hier bahnt sich eine neue, interdisziplinäre Zusammenarbeit zwischen dem Mathematiker, dem Biochemiker und dem Biologen an.

Über die Anwendung der Nukleinsäurehybridisierungstechnologie in der Form der DNA-Diagnostik zur Genomanalyse bzw. der Detektion von Erbkrankheiten wird im Beitrag Werner referiert. Hier sei noch auf den möglichen Erkenntnisgewinn durch die *Genomanalyse* hingewiesen:

War bisher die Detektion des Moleküls auf Proteinebene und nun auf Genebene das Ziel, so wird für die Zukunft auch diagnostische Relevanz der genetischen Signalstrukturen und der Analyse des Zusammenspiels verschiedener Gene - also der Orchestrierung des Genoms - Relevanz zukommen. Erst die Kenntnis dieser Wechselwirkungen wird Auskunft über den Unterschied zwischen Genotyp und individuellem Phänotyp erreichen lassen. Allerdings bedarf es hier noch erheblicher Forschungsinvestitionen.

Mit Hilfe der Gendiagnostik ist über eine Anwendung in der forensischen Medizin (Klärung von Verwandtschaftsverhältnissen) ein enormer Erkenntnisgewinn über die Herkunft des Menschen im Rahmen seiner Evolution und der Entstehung der Völker und ihrer Wanderungen zu erwarten. Die Frage des Woher und Wohin kann damit auf eine rationale naturwissenschaftliche Basis gestellt werden. Auch im Bereich der Durchleuchtung von Wechselwirkungen in der Fauna und Flora der belebten Natur inklusive der Welt der Kleinlebewesen (Mikroorganismen, Protozoen, und mehrzelligen tierischen Organismen) bietet die Gendiagnostik das probate Werkzeug für den Erkenntnisgewinn. Dies sollte uns angesichts der zunehmenden Beeinflussung und Wechselwirkung der Natur mit und durch den Menschen besonders interessieren.

3.2 Neue biotechnologische Ansätze in der Enzymtechnologie

Wie erwähnt, schafft die konsequente Ausschöpfung der analytischen Möglichkeiten der Gentechnik im Bereich der Biochemie bzw. Physiologie des menschlichen Organismus Voraussetzungen zur Entdeckung neuer aussagekräftiger diagnostischer Parameter zur Früherkennung menschlicher Erkrankungen bzw. als Hilfsmittel für die Auswahl der richtigen Therapie.

Als ein typisches Beispiel dafür mag der kürzlich eingeführte Parameter Troponin T dienen, welcher erstmalig eine Ja/Nein-Aussage bei Myokardinfarkten gestattet. Die Differenzierung zwischen dem akuten Myokardinfarkt, Angina pectoris, oder anderen, nicht herzbedingten Syndromen mit verwandter Symptomatologie hat einen gravierenden Einfluß auf die Behandlungsstrategie für jeden Patienten. Neben Schmerzanalyse, Elektrokardiogramm-Veränderungen und dem Enzymmuster von Kreatininkinase und seiner Isomere sowie von Lactatdehydrogenase - wenn diese überhaupt verfügbar waren - fehlte ein eindeutiger Parameter zum Ausschluß der Alternativen. Auch stumme Infarktgeschehen, welche in 20 bis 30 % der Fälle vorkommen, sind über die konventionelle Diagnostik nicht eindeutig erfaßbar. Beim Myokardinfarkt kommt es zu einem Verlust der Integrität der Zellmembran, wodurch lösliche Bestandteile des Gewebes in die Blutbahn freigesetzt werden. Um diagnostisch verwertbar zu sein, muß ein solcherart in die Zirkulation freigesetztes Molekül für das Herzmuskelgewebe typisch sein, d. h. es muß von der Freisetzung anderer Proteine aus unterschiedlichen Gebieten oder Organen, Muskeln eindeutig unterschieden werden können. Mit Troponin T konnte ein Molekül gefunden werden, das in dieser Form eindeutig nur dem Herzmuskel zugeordnet werden kann. Damit konnte ein diagnostischer Test auf immunologischer Basis entwickelt werden. Der große Vorteil gegenüber den anderen biochemischen Parametern ist auch noch darin zu sehen, daß Troponin T noch 14 Tage nach dem Infarkt eine erhöhte Serumkonzentration aufweist. Die moderne Biotechnologie gestattete es nicht nur, diesen neuen Parameter rasch zu identifizieren, sondern auch die für den Test notwendigen Reagenzien, Detektionsenzyme, Antikörper in ausreichender Menge und vorhersehbarer Zeit zu produzieren. Mit der Entwicklung eines schnelldiagnostischen Verfahrens unter Zuhilfenahme der enzymatischen Trockenchemie, i. e. der Adaptation des Testes auf einen Teststreifen, gelang es, dem Arzt auch in der Notfallaufnahme das richtige Werkzeug für das Einschlagen der notwendigen und richtigen Therapie in die Hand zu geben.

Als effektives Werkzeug zur Auffindung von gewebs- bzw. zellspezifischen Parametern hat sich neben der immunologischen Differenzierung der Zellproteine auch die differentielle Analyse der mRNA erwiesen. Auf diese Weise können sogar Proteine aufgespürt werden, die nicht nur zellspezifisch, sondern typisch für einen Wachstumszustand oder eine Phase des Zellzyklus sind; Voraussetzung dafür ist die Beherrschung des Klonierungs- und Hybridisierungspotentials.

3.2.3 Neue biotechnologische Ansätze in der Umwelt

Die Anwendung von Enzymen und Antikörpern im Bereich der Analytik umweltrelevanter Parameter wie auch der Einsatz gentechnisch produzierter und modifizierter Enzyme für umweltrelevante Prozesse ist bereits angeklungen.

Zum Abschluß sei hier das Potential einer Anwendung gentechnischer Methoden für die biotechnologische Stoffgewinnung als Werkzeug zur Ressourcen- und damit Umweltschonung referiert.

Die nunmehr über fünfzehnjährige Erfahrung in der Expression von Proteinen/Enzymen in gentechnisch veränderten Mikroorganismen kann durch die Verwendung von Hochleistungsstämmen eindeutig einen Erfolgsnachweis zur Einsparung von Primärenergien und Chemikalien und der Reduzierung der Abfallmengen im Rahmen des biotechnologischen Gesamtherstellungsprozesses erbringen. Ein Vergleich am Beispiel des Herstellungsverfahrens für ein diagnostisch eingesetztes Enzym, der Glucose-6-phosphatdehydrogenase, aus dem natürlichen Organismus *Leuconostoc mesenteroides* einerseits, mit dem Herstellungsprozeß unter Verwendung eines gentechnisch veränderten *E. coli*-Stammes als Wirt andererseits zeigte eine Reduzierung des Einsatzes von Strom, Dampf, Wasser, Chemikalien und zu entsorgenden Abfallstoffen und Abwasser um mehr als 95 %.

Inwieweit neue Ansätze der Biotechnologie zur Umweltsanierung über die Anwendung von Mikroorganismen hinaus durch Einsatz von Enzymen gegeben sein werden, bleibt abzuwarten. Hier sprechen die Kostensituation, aber auch das Ein- oder Aufbringen von Enzymen dagegen, wenn nicht in einem vorangehenden Extraktions- und Konzentrierungsprozeß der Schadstoff wirtschaftlich vertretbar angereichert werden kann. Die Lösung ist in der Gesamtintegration des Herstellungsprozesses unter Einschluß biotechnologischer Möglichkeiten, wie oben erwähnt, zu sehen.

3.2.4 Fazit

Die Biotechnologie hat im Bereich der Anwendung von Enzymen und im Bereich der Diagnostik durch die zusätzlichen Möglichkeiten der Gentechnik und der Immunologie schon beachtliche Fortschritte aufzuweisen. Diese reichen von der Analyse im Bereich einzelner Moleküle bis hin zu großtechnischen Anwendungen, wobei die Medizin und die Gewinnung von hochwertigen Wirkstoffen bisher die größten Erfolge vorweisen können.

Der Erkenntnisgewinn durch Basisforschung erweitert ständig unseren Horizont über das Zusammenspiel von Vorgängen in der belebten Natur von der genetischen Ebene über die Proteinebene bis zur Ausprägung im multifaktoriell bedingten Phänotyp der Lebewesen. Somit ist heute weder in der Basisforschung noch in der Umsetzung in wirtschaftlich relevante Anwendungen eine Grenze sichtbar. Die Biotechnologie wird *die* Schlüsseltechnologie in den nächsten Jahrzehnten bleiben und sein.

Das Gemeinwesen als Wirkungsgefüge gesellschaftlicher Gruppen, aber letztlich auch der Einzelindividuen muß jedoch die Chancen erkennen und rational, d. h. wissenschaftlich objektivierbar bewerten, um dann die richtigen Rahmenbedingungen für eine positiv gerichtete Weiterentwicklung von Forschung und industrieller Anwendung zu schaffen. Es gilt also nicht so sehr die Folgen der Technologie abzuschätzen, als die aus der Unterlassung der Anwendung der Technologie entstehenden negativen Folgen für die Gesellschaft zu minimieren.

3.3 Neue biotechnologische Ansätze in der Krebstherapie

Prof. Dr. Harald zur Hausen
Deutsches Krebsforschungszentrum, Im Neuenheimer Feld 280, 69120 Heidelberg

3.3.1 Einleitung

Seit der Aufklärung der DNA-Struktur 1955 durch Watson und Crick hat die Molekularbiologie und mit ihr die Biotechnik einen stürmischen Aufschwung genommen und unser Verständnis von Krankheiten und Pathogenese nachhaltig beeinflußt. Kaum ein Sektor der Medizin läßt sich heute aufzeigen, der nicht von dieser Entwicklung profitierte.

In besonderer Weise wurde die Krebsforschung hierdurch stimuliert. In den vergangenen zwanzig Jahren entwickelte sich auf dieser Basis ein völlig neues Verständnis der Mechanismen der Krebsentstehung: es gelang in dieser -Zeitspanne, modifizierte Gene zu identifizieren, die Zellproliferation und in einer Reihe von Tierspezies malignes Wachstum auslösen können.

Die schon in den dreißiger Jahren von dem Amerikaner Peyton Rous postulierte Mehrstufenentstehung des Krebses fand in der jüngeren Vergangenheit in eleganter Weise Aufklärung: die Ursache des Krebses liegt im Wesentlichen in Veränderungen spezifischer wachstumsstimulierender und wachstumshemmender Gene, deren kontrolliertes Zusammenspiel auf diese Weise unterbrochen wird. Offensichtlich sind in den meisten Fällen tumorsupprimierender Gene sowohl das mütterliche wie auch das väterliche Allel betroffen, wobei die Ausfallmuster für unterschiedliche Krebsarten verschieden sind.

Obwohl genetische Modifikationen besonders häufig sind, sind sie nicht der einzige Grund für Genausfall oder Gen-Funktionsveränderungen. Methylierungen bestimmter Genbereiche können Inaktivierungen bedingen und sogar "vererbt`' werden ("genomic imprinting").

Nicht selten werden fremde Gene bestimmter Infektionserreger in Zellen eingeführt, die - in der Regel nach Veränderung intrazellulärer Kontrollgene - Wachstumsstimulierung und Krebs auslösen können.

Die Kenntnis einer gerade jetzt rasch ansteigenden Zahl von proliferationsfördernden und -hemmenden Genen ist das Ergebnis biotechnologischer und molekularbiologischer Ansätze. Sie erlauben zunehmend eine molekulare Definition der Genveränderungen der Krebsentstehung und haben sicherlich sog. "Ganzheitskonzepte" der Krebsentstehung und die Interpretation der Krebsentstehung auf der Basis eines postulierten Zusammenbruchs von körpereigenen

3.3 Neue biotechnologische Ansätze in der Krebstherapie 99

Abwehrvorgängen in den Hintergrund gedrängt. Wir erkennen zunehmend, daß die letzteren Vorstellungen nur auf einem sehr begrenzten Bereich der Krebserkrankungen, die ausgeprägt immunogene Komponenten tragen, anwendbar ist.

Neben der rasch wachsenden Erkenntnis der zum Krebs führenden Veränderungen innerhalb der Zelle, hat sich zunehmend auch die Wechselwirkung zellulärer Komponente mit Krebsrisikofaktoren analysieren lassen. Die Hauptrolle spielen hier die Verursachung von Mutationen (Strahlen, chemische Cancerogene) und das Einbringen "neuer" Gene über Infektionen (Tumorviren). Weniger gut sind zur Zeit exogen verursachte epigenetische Veränderungen (Methylierungen der DNA) untersucht. Auch hier waren molekularbiologische Verfahren und Biotechnologie Voraussetzung für den Fortschritt.

Selbst für die Erfassung von Krebsrisikofaktoren - insbesondere bei krebsverursachenden Infektionen - waren die Molekularbiologie und die daraus entwickelten Techniken entscheidend für deren Identifizierung. Bei etwa 15% der weltweit auftretenden Krebserkrankungen lassen sich heute Infektionserreger als letzlich auslösende Ursache identifizieren. Etwa 60% dieses Anteils wird durch humanpathogene Papillomvirustypen verursacht, deren Erstisolierung und Identifizierung bisher ausschließlich über gentechnologische Verfahren erfolgt.

Mechanismen der Krebsentstehung und Analyse der Krebsrisikofaktoren haben durch die Entwicklung der Molekularbiologie eine neue Dimension in ihrer Erkenntnis erfahren. Sie hätte sich gewiß nicht auf anderen verfügbaren Wegen erreichen lassen.

3.3.2 Die gegenwärtige Situation der Krebstherapie

Nach Untersuchungen amerikanischer und europäischer Autoren hat im vergangenen Jahrzehnt die Sterberate beim Krebs (Mortalität) keine wesentliche Veränderung erfahren, bedingt durch zunehmende Gesamtlebenserwartung und hohen Tabakkonsum sogar eher noch eine gewisse Steigerung. Obwohl einige Krebsarten einen deutlichen Rückgang aufweisen (z.B. Magenkrebs, Gebärmutterhalskrebs), gibt es zum Teil deutliche Anstiege bei anderen Krebsformen (z.B. Lungenkrebs, Prostatakrebs, Melanome) während wiederum andere auf hohem Niveau konstant bleiben oder sogar geringfügig zunehmen (etwa Brustkrebs und Dickdarmkrebs).

Schon diese Analyse zeigt, daß wir auf dem Gebiet der Therapie und Krebsvorbeugung keine entscheidenden Durchbrüche in der jüngeren Vergangenheit aufzuweisen haben - dies unbeschadet belegbarer wichtiger Fortschritte in Therapie und Vorbeugung einzelner spezifischer Krebserkrankungen.

Chirurgische Eingriffe und Strahlentherapie sind heute wie früher von gleichbleibender Bedeutung für die Krebsbehandlung und tragen dazu bei, daß bei uns etwas weniger als 50% der auftretenden Krebserkrankungen auch geheilt werden können. Die Chemotherapie hat bemerkenswerte Erfolge etwa bei spezifischen Blutkrebserkrankungen (Leukämien), der Lymphogranulomatose, dem Hodenkrebs und bewirkt Lebensverlängerung bei anderen. Ihr Anteil an der Rate geheilter

Krebserkrankungen ist dennoch gering, die Nebenwirkungen bei ihrer Anwendung ott erheblich.

Ausgedehnte Therapiestudien versuchen derzeit neue Therapieschemata zu entwerfen, wobei die dazu notwendigen Doppelblindstudien in der Regel etwa die Hälffe der behandelten Patienten (wegen geringer Erfolge bei der Kontrolltherapie-Verabreichung oder zusätzlich schädigender Effekte der neueren Medikation) fast zwangsläufig benachteiligen. Nur relativ wenig neue Chemotherapeutika haben in den vergangenen Jahren den Weg in die Praxis gefunden und sich dabei auch als wirksam erwiesen, obwohl gerade jetzt mit dem Taxol ein neuer Hoffnungsträger gerade im Ovarialkrebs entwickelt wurde.

Auf der Basis vorhandener Behandlungsverfahren steht nach gegenwärtigem Kenntnisstand nicht zu erwarten, daß wesentliche Veränderungen in den Krebsheilungsraten erreicht werdend können, wenngleich deutliche Verbesserungen bei spezifischen Krebserkrankungen durchaus möglich sind.

3.3.3 Die Biotechnologie in der Diagnostik

Immunologische Ansätze

Wir stehen heute an der Schwelle der Anwendung neuer Konzepte und Strategien für die Krebsdiagnostik und Krebstherapie, die sich aus Ergebnissen der Krebsgrundlagenforschung und aus der zunehmenden Erkenntnis über Mechanismen der Krebsentstehung ergeben und die zunehmend ihren Eingang in die Praxis halten. Primär wird hiervon die Diagnostik betroffen.

Die Entwicklung monoklonaler Antikörper erwies sich hier als besonderer Fortschritt. Die Gewinnung dieser hochspezifischen Proben durch Zellfusion von Antikörper-produzierenden Lymphozyten mit Myelomzellen aus den Zellüberständen oder - mit deutlich höherer Effizienz - aus der Bauchhöhlenflüssigkeit von Mäusen, denen diese Tumorzellen eingeimpft waren, steht vor einem grunsätzlichen Wandel: Die gentechnologische Gewinnung dieser Reagenzien rückt zunehmend in den Bereich der Anwendung, begleitet von dem Vorteil hoher Reinheit der Produkte und dem Erhalten großer Quantitäten.

Monoklonale Antikörper in der Krebsdiagnostik haben in der Vergangenheit besondere Bedeutung bei der Identifizierung von Krebserkrankungen des blutbildenden Systems und in der Identifizierung von Krebsmetastasen gewonnen. Durch die Analyse von Zelloberflächenmolekülen über monoklonale Antikörper läßt sich die Art einer vorliegenden Blutkrebserkrankung sicher bestimmen, was erhebliche Konsequenzen für die einsetzende Therapie hat.

Die Charakterisierung sogenannter Zellskelettproteine erlaubt vor allem bei der Untersuchung von Krebsmetastasen bei Erkrankten, bei denen sich der Primärtumor nicht identifizieren läßt, eine sichere Zuordnung zum Ausgangsgewebe. Auch hat dies erhebliche Konsequenzen für den Einsatz vor allem von Chemotherapie- und Strahlenbehandlungen.

3.3 Neue biotechnologische Ansätze in der Krebstherapie

Bei bekannten Primärtumoren - etwa beim Melanom - mit definierten Oberflächeneigenschaften können dagegen gerichtete Antikörper zum Identifizieren sonst nicht erkennbarer Tochtergeschwülste beitragen. Mit zunehmender Kenntnis zellspezifischer Strukturen und Proteine wird sich das Anwendungsspektrum der Diagnostik mit monoklonalen Antikörpern in Zukunft noch wesentlich erweitern lassen.

Gentechnologische Ansätze

Die Identifizierung von Genveränderungen als Ursache von Krebserkrankungen gewinnt gegenwärtig insbesondere für die vererbte Disposition bestimmter Krebsarten an Bedeutung. Zunehmend werden allerdings auch auf diesem Sektor in Körperzellen im späteren Verlauf des Lebens auftretende Veränderungen erfaßt, die sich dann für die Behandlung, aber auch für die Prognose und weitere Patientenüberwachung als bedeutsam erweisen.

Die Identifizierung von Tumorsuppressorgenen bei einem Augentumor (Retinoblastom), bei einem Nierentumor (Wilms-Tumor), in jüngster Zeit auch bei häufig auftretenden Krebsleiden (etwa dem Dickdarmkrebs und dem Brustkrebs) hat entscheidend zur Analyse der genetischen Disposition für bestimmte Krebserkrankungen beigetragen. Es ist nicht nur möglich, entsprechende Veränderungen im Erbgang einzelner Familien nachzuweisen, sondern - als wichtige Konsequenz - Träger dieser Veränderungen einer engmaschigen ärztlichen Überwachung zu unterziehen, um bereits in der Frühphase entstehender Veränderungen eingreifen zu können.

Zunehmend an Bedeutung gewinnt die gentechnische Analyse für die Diagnostik virusbedingter Krebserkrankungen, insbesondere beim Gebärmutterhalskrebs und weiteren Krebserkrankungen des Genitalbereichs. Der Nachweis hierfür verantwortlicher Papillomvirustypen gelingt zur Zeit nur mit Hilfe gentechnologischer Verfahren. Derzeit werden über 70 unterschiedliche humanpathogene Typen differenziert, von denen jedoch nur einige wenige die Auslösung von Krebserkrankungen verursachen. Diese sog. Hochrisiko-Typen (vor allem HPV 16 und 18) sind weit verbreitet. Ihr Nachweis sollte bei vorliegenden Gewebsveränderungen zum operativen Eingriff führen, bei asymptomatischen Trägern eine engmaschige Überwachung bedingen. Hier entwickelt sich zur Zeit ein völlig neuer Sektor der Diagnostik auf gentechnologischem Wege, der schon gegenwärtig eine bedeutsame Rolle spielt.

Auch die Diagnostik des Leberkrebses und von B-Zell-Lymphomen, Erkrankungen, die vor allem unter Immunsuppression - etwa bei Transplantatpatienten - gehäuft auftreten, wird zunehmend von gentechnologischen Virusnachweisverfahren beeinflußt.

Sicherlich noch bedeutsamer ist die Analyse von Chromosomen-Translokationen wie sie vor allem bei einer Reihe von Krebserkrankungen des blutbildenden Systems beobachtet werden können. Ihre Identifizierung sichert die Diagnose und führt wiederum zu gezielten Behandlungsansätzen und hat entscheidenden Einfluß auf die Prognose. In zunehmender Zahl werden solche Umlagerungen auch an soliden Tumoren beobachtet. Sie werden vermutlich auch hier zur Diagnostik künftig einen wichtigen Beitrag leisten.

Schon die vorliegende Situation zeigt auf, daß gentechnologische Ansätze der Krebsdiagnostik eine neue Qualität verleihen, die zusätzlich Hinweise auf Kausalität und möglicher therapeutischer Interferenz gibt. Die rasche Entwicklung auf diesem Sektor wird sich in den kommenden Jahren wohl noch eher beschleunigen.

3.3.4 Die Biotechnologie in der Krebstherapie

Im Folgenden sollen einige der gegenwärtig anlaufenden experimentellen Ansätze zur immunologischen und gentherapeutischen Beeinflussung des Krebswachstums skizzenhaft vorgestellt und ihre Bedeutung gemeinsam mit weiteren Strategien zur Gentherapie des Krebses analysiert werden.

Monoklonale Antikörper und zellvermittelte Abwehrmechanismen

Die Verfügbarkeit monoklonaler Antikörper hat schon frühzeitig zu Versuchen geführt, durch Blockade spezifischer Oberflächenmoleküle der Krebszellen ihr Wachstum negativ zu beeinflussen. Auch der Weg zur Entwicklung zytotoxischer Antikörper wurde begangen. Im Endergebnis sind diese Ansätze insgesamt enttäuschend verlaufen: teils bedingt durch Konzentrationsprobleme - die Treffzellen wurden nur von vergleichsweise wenigen Antikörpermolekülen erreicht - teils durch zelluläre Anpassungs- und Selektionsvorgänge. Darüber hinaus sind die verwendeten Antikörper selber potente Immunogene, was vor allem bei Mehrfachverwendung zu Problemen führt.

Auch die Kopplung von Toxinen oder Cytostatika an spezifische Antikörper, die besondere Affinität zu bestimmten Tumorzellen haben, hat insgesamt nicht das gewünschte Ergebnis erbracht - im Wesentlichen aus den zuvor genannten Gründen.

Dennoch besteht auf diesem Sektor wenig Grund zu einer vorzeitigen Resignation: die Möglichkeit der "Humanisierung" der Antikörper durch gentechnische Verfahrensweisen wird mindesten zwei der zuvor genannten Probleme der Lösung näher bringen: das quantitative Problem, da gentechnisch produzierte Antikörper praktisch unbegrenzt zur Verfügung stehen sollten und die "Immunogenität" Antikörper. Sie sollte in diesen Präparationen deutlich reduziert sein und Mehrfachanwendungen erheblich erleichtern.

Dennoch glaube ich, daß der diagnostische Wert dieser Proben auch langfristig höher anzusetzen sein wird als ihre therapeutische Wirksamkeit. Die kürzlich aufgezeigte Möglichkeit, mit spezifischen monoklonalen Antikörpern auch den spontanen Zelltod (Apoptose) auszulösen, zeigt allerdings, daß wir auf diesem Sektor noch eine Reihe von Überraschungen erleben können.

Im Wesentlichen beruhen die Hoffnungen einer immunologisch bestimmten Krebsabwehr aber auf zellvermittelten Abwehrvorgängen. Die Gründe hierfür beruhen auf zwei bedeutsamen Beobachtungen: Patienten mit angeborenen Defekten der zellvermittelten Immunabwehr oder mit erworbener Immunschwäche (AIDS, z.B. Herz- und Nierentransplantatempfänger) weisen in hoher Frequenz sonst seltene Tumorformen auf (Kaposi-Sarkome, B-Zell-Lymphome). Spezifisch bei diesen Krebsformen lassen solche Beobachtungen darauf schließen, daß sie von einem funktionierenden Immunsystem in Schach gehalten werden.

Der zweite Ansatz beruht auf Beobachtungen des seltenen spontanen Rückgangs bösartiger Tumore oder häufigerer Regression prämaligner Veränderungen. In diesen Fällen ist praktisch immer eine lokale Immunreaktion zu verzeichnen.

In den vergangenen Jahren wurden zellvermittelte Immunreaktionen mit dem überraschenden Ergebnis analysiert, daß auch intrazelluläre Antigene immunogen wirken können, wenn sie in geeigneter Form durch bestimmte Oberflächenmoleküle "präsentiert" werden und dann durch das Immunsystem "erkannt" werden können. Diese Präsentation geschieht nach partiellem Abbau der Proteine zu Nonapeptiden. Auf dieser Basis werden nicht nur Fremdproteine (etwa von persistierenden Virusgenomen) sondern auch mutierte zelleigene Proteine als "fremd" erkannt und können zur Immunelimination der präsentierenden Zelle führen.

Die biotechnologische Identifizierung, Charakterisierung und auch Synthese antigener Nonapeptide hat sich als ein wichtiger Durchbruch erwiesen, ihre Bedeutung reicht weit über den Krebs hinaus. Zunehmend wird es möglich, erkannte Nonapeptide zu Immunisierungszwecken einzusetzen oder Überreaktionen durch ihren Einsatz zu blockieren. Es läßt sich zur Zeit nur schwer abschätzen, in welchem Umfang hierdurch die Krebstherapie beeinflußt wird. Da selbst zelleigene aberrante Genprodukte auf diesem Wege erkannt werden können, sollte theoretisch das Potential solcher Ansätze besonders groß sein, selektive zytotoxische Reaktionen auszulösen.

Biotechnologisch hergestellte Biomodulatoren

Interferone wurden als Hemmsubstanzen für die Virusvermehrung identifiziert und in der Frühphase unter großem Aufwand aus infizierten, bebrüteten Hühnereiern oder Zellkulturüberständen isoliert. Sie fanden später zunehmendes Interesse in der Krebsforschung, nachdem sich ihre wachstumshemmenden Eigenschaften abzeichneten, die besonders einige schnellwachsende Krebsarten in experimentellen Systemen beeinflußten. Ihre Herstellung auf gentechnologischem Wege hat ihre breite Anwendung ermöglicht - auch wenn das Resultat für die Krebstherapie nach anfänglicher Euphorie, und von bemerkenswerten Einzelausnahmen abgesehen, eher ernüchternd ist.

Analoges scheint für die Interleukine zu gelten, Wachstumsfaktoren des Abwehrsystems. Auch hier waren und sind die Erwartungen hochgespannt, wenngleich auch hier überzeugende Ergebnisse bisher auf sich warten lassen.

Praktisch alle charakterisierten Interleukine lassen sich biotechnologisch herstellen. Ihr Einsatz in der Krebstherapie war bis jetzt wenig überzeugend. Allerdings muß man sich hierbei vor Augen führen, daß Fragen der Dosierung und vor allem Kooperationseffekte von Zytokinen miteinander und mit anderen Faktoren bisher bestenfalls erst in Ansätzen untersucht sind.

Große Hoffnungen, die sich ursprünglich auf den Tumornekrosefaktor (TNF) richteten, wurden ebenso bisher enttäuscht. Dieser Faktor, der eine hohe Toxizität für eine Reihe von Tumorzellen besitzt, ist durch eine hohe Rate von Nebenwirkungen belastet, die seinen längerfristigen Einsatz in Frage stellen. Auch hier sollte die bessere Kenntnis seiner physiologischen Funktion und vor allem seiner Wechselwirkung mit anderen Zytokinen einem späteren wirkungsvollen Einsatz zugute kommen können.

Von erkennbarer klinischer Bedeutung sind derzeit sogenannte Koloniestimulierende Faktoren, die Granulozyten-stimulierenden Faktoren und das Erythropoietin. Ihre therapeutische Verabreichung nach Behandlung von Blutkrebserkrankungen und bei Blutmangel (Anämie) erweist sich in vielen Fällen als wirkungsvoll und zeigt die grundsätzliche Bedeutung der Identifizierung und Produktion von Biomodulatoren auf.

Obwohl gegenwärtig die meisten der von Ethikkommissionen genehmigten und auch derzeit schon praktizierten Gentherapieansätze beim Krebs spezifische Cytokine meist durch Tumor-infiltrierende Lymphozyten (TIL) überproduzieren lassen, darf dem Gesamterfolg dieser Ansätze mit Skepsis begegnet werden. Solche Therapieversuche sind zumeist wohl weder kausal, noch spezifisch und können im strikten Sinne wohl bestenfalls als Vorläufer einer kausal orientierten Gentherapie betrachtet werden. Es besteht in der Tat zur Zeit die Befürchtung, daß fast zu erwartende zunehmende Mißerfolge solche Therapieschemata die Gentherapie insgesamt in Mißkredit bringen und ihre Akzeptanz dann auch bei verfügbaren kausalen Behandlungsverfahren eher hinauszögern.

Probleme der Gentherapie

Die Probleme einer zielgerichteten - kausalen - auf das auslösende Gen - ausgerichteten Krebstherapie sind vielfältig.

Sie beginnen mit der Identifizierung von Genen, deren Veränderung ursächlich mit der entsprechenden Krebsform in Verbindung steht. Bis heute kennen wir nur sehr wenige Gene, deren Ausschaltung das Krebswachstum einzelner Tumorformen beendet. Es sind dies durch infektiöse Ereignisse (Viren) in die Zellen eingebrachte Onkogene, wie etwa die E6/E7 Gene der Hochrisiko Papillomvirusrypen 16 und 18 und vielleicht noch einige wenige rekombinierte zelluläre Gene, wie etwa das Fusionsgen bei der chronischen myeloischen Leukämie, während es schon beim Paradebeispiel für solche Fusionsgene, der Translokation bei Burkitt-Lymphoma die verfügbaren Ergebnisse es sehr zweifelhaft erscheinen lassen, daß diese Transloka-tion die Tumorigenität der Zellen wirklich bestimmt - obwohl sie wohl eine Zwischenstufe auf dem Weg dorthin darstellt.

3.3 Neue biotechnologische Ansätze in der Krebstherapie

Auch bei den sogenannten Tumorsuppressorgenen stellt sich die Situation nicht einfacher dar. Eine Reihe solcher Gene wurden in den vergangenen Jahren identifiziert, besonders viel diskutiert das p53 und das Retinoblastoma-Suszeptibilitätsgen Rb. Für das erste mehren sich die Anhaltspunkte, daß seine mutativen Veränderungen und der Funktionsausfall einen Progressionsfaktor darstellen, da dann die Stabilität des Zellgenoms nicht mehr gewährleistet ist und die dadurch bedingten mutativen Veränderungen im übrigen Zellgenom sozusagen als Sekundäreffekt zur Krebsentwicklung beitragen. Auch das Rb-Gen scheint hier eine Rolle zu spielen, auch wenn - mindestens bei spezifischen Tumorerkrankungen - sein Bezug zum Tumorgeschehen direkter ist.

Diese Ausführungen sollen nur aufzeigen, daß wir jetzt noch relativ weit von einer profunden Kenntnis der Genveränderungen entfernt sind, die unmittelbar gentherapeutische Ansätze jedenfalls von der großen Mehrzahl der beim Menschen auftretenden Krebserkrankungen erlauben würde. Hier muß auf die Bedeutung der molekularbiologischen Grundlagenforschung zurückverwiesen werden, die den entscheidenden Fortschritt vorbereitet.

Neben der Identifizierung geeigneter Treffsequenzen für die Gentherapie spielt die Entwicklung von Trägermolekülen eine weitere wesentliche Rolle. Idealerweise sollten solche Träger in der Lage sein, die einzuschleusenden Gene möglichst gezielt in die Tumorzellen und hier nach Möglichkeit in *alle* Tumorzellen hineinzubringen. Dies scheint nur in Ausnahmefällen möglich zu sein, kann aber vermutlich als Problem umgangen werden, z.B. wenn es gelingt, die betreffenden Gene durch gewebsspezifische Schaltelemente (Promotoren) nur in den Krebszellen zu aktivieren.

Gegenwärtig wird mit besonderem Nachdruck an der Vektorproblematik gearbeitet. Als Trägersysteme stehen virale Partikel, gekoppelte Systeme von Proteinen und Nukleinsäuren, etwa der Transferin-Rezeptor beladen mit spezifischen Genen, Liposomen und seit kurzem auch trägerfreie Nukleinsäuren zur Diskussion. Viruspartikel weisen den Vorteil auf, meist nur an spezifische Zellen zu binden. Sollte es möglich werden, deren Hüllen im Reagenzglas zusammenzusetzen unter gleichzeitigem Einbau gewünschter Gene - und vieles spricht zur Zeit dafür, daß dies mindestens für eine Reihe von Virustypen in der Zukunft möglich sein wird - dann sollten fast optimale Trägersysteme in nahezu unbegrenzter Menge zur Verfügung stehen.

Auch die Entwicklung weiterer Trägersysteme kommt zur Zeit gut voran, auch wenn z.B. Liposomen sich vermutlich nicht für eine *in vivo* Therapie eignen werden.

Ein weiteres Problem stellen Verbleib und Aktivität der eingebrachten Gene in den Treffzellen dar. Auch auf diesem Sektor sind noch eine Reihe von grundsätzlichen Schwierigkeiten zu lösen.

Trotz der hier aufgezeigten Hindernisse muß heute davon ausgegangen werden, daß sie aus dem Weg geräumt werden können und damit konzeptionell neuen Ansätzen der Krebstherapie das Tor geöffnet ist.

Nicht-immunologische Konzepte der Gentherapie

Neben dem zuvor diskutierten gentechnischen Einsatz der Biomodulatoren lassen sich die gegenwärtig am intensivsten diskutierten Konzepte der Gentherapie des Krebses in vier Themenbereiche gliedern:

1. Sensibilisierung der Krebszellen gegenüber Chemotherapeutika und Strahlen.
2. Entwicklung von Stammzellresistenzen gegen krebswirksame Behandlungsverfahren.
3. Ausfall von Krebseffektorgenen über anti-sense Techniken durch Ribozyme oder durch homologe Rekombination.
4. Ersatz von Tumorsuppressorgenen

Zu 1.: Die Sensibilisierung von Krebszellen gegenüber chemotherapeutischen und Strahlenbehandlungen läßt sich insbesondere dort erreichen, wo Krebsgewebe sich in einem Umfeld entwickelt, in dem die normalen Zellen entweder gar nicht oder kaum Teilungsvorgängen unterworfen sind, d.h. in besonderer Weise im Hirn. Hirntumoren sind vielfach besonders bösartig und behandlungsresistent. Durch das Einbringen eines Virusgens, der Herpesvirusthymidinkinase über ein retrovirales Trägersystem in menschliche Krebszellen läßt sich in experimentellen Systemen zeigen, daß nur wachsende Zellen infiziert werden, also in diesem Fall nur die Tumorzellen und daß diese Zellen dann gegenüber einem Chemotherapeutikum, dem Gancyclovir, empfindlich werden, da es nur durch das Virusenzym verstoflwechselt werden kann. In Tierversuchen führt dies zur völligen Zerstörung des Tumors während normale Zellen kaum beeinflußt werden. Bereits heute läuft der erste klinische Test zur Wirksamkeitsprüfung bei Hirntumoren des Menschen.

Interessanterweise gibt es natürlicherweise bereits eine Virusgruppe, die das Wachstum einer breiten Palette von Tumorep im Tierversuch hemmt ohne selbst erkennbar krankheitserzeugend zu sein, die sogenannten helferabhängigen Parvoviren. Sie vermögen auf der einen Seite Differenzierungsvorgänge einzuleiten, die zur Teilungsunfähigkeit der Krebszellen führen, auf der anderen Seite besitzen sie Gene, die a priori eine zellwachstumsunterdrückende Funktion besitzen. Neben diesen schon an sich günstigen Eigenschaften sind sie darüber hinaus in der Lage, Tumorzellen bevorzugt zu infizieren und durch Verbleib ihres Erbmaterials in diesen Zellen, diese gegen Strahlen und Chemotherapeutika zu sensibilisieren. Es laufen zur Zeit eine Reihe von Untersuchungen, unter Erhalt der tumorhemmenden Genfunktionen solche Viruspräparationen für gentherapeutische Ansätze zu verwenden.

Zu 2.: Tumorerkrankungen des blutbildenden Systems eignen sich in besonderer Weise für Überlegungen, sog. Stammzellen, das sind Zellen aus denen sich während unseres Lebens kontinuierlich die weißen und roten Blutzellen bilden, aus dem Knochenmark zu isolieren, ihnen im Reagenzglas Gene einzupflanzen, die sie gegenüber einer sonst toxischen Dosis von Chemotherapeutika resistent machen, sie dann dem Patienten zu reimplantieren, um nach einer anschließenden Behandlung mit hohen Dosierungen des betreffenden Chemotherapeutikums gerade diese Stammzellen überleben zu lassen, aus denen sich eine gesunde Zellnachkommenschaft wieder bilden kann. Ein im Prinzip elegantes Konzept, bei dem zur Zeit das Hauptproblem im "Purging", der Reinigung der Stammzellpräparationen von Tumorzellen besteht, deren Ausschaltung über immunologische Verfahren versucht wird.

zu 3.: Ein entscheidender Ansatz bei Überlegungen zur Gentherapie des Krebses sollte die Ausschaltung von eigentlichen Krebsgenen sein, deren Zerstörung oder Funktionsverlust das Normalwachstum wiederherstellen sollte. Die Identifizierung solcher Krebsgene ist zwar in tierischen Tumoren in großem Umfang gelungen, die Bemühungen bei Krebserkrankungen des Menschen waren bisher weniger erfolgreich. Nur bei etwa 10% der weltweit auftretenden Krebserkrankungen lassen sich solche Gene mit einiger Sicherheit derzeit identifizieren, wobei es sich spezifisch um Papillomvirus-verursachte Krebsformen, insbesondere den Gebärmutterhalskrebs handelt. Hier läßt sich zeigen, daß die Ausschaltung bestimmter viraler Krebsgene, der sog. E6 und E7 Gene, Gebärmutterhalskrebszellen am weitern Wachstum hindert und sie in eine Art "Normalzustand" zurückführt.

Die Ausschaltung kann im Prinzip auf drei Wegen durchgeführt werden: einmal durch das Einführen von DNA, die für E6/E7 Antisense-Transkripte kodiert. Unter geeigneten Voraussetzungen blockieren solche Systeme die Übersetzung der viralen Tumorgene in Proteine weitgehend.

Alternativ oder in Kombination können Ribozyme in die Krebszellen eingeführt werden, die die virale RNA an zuvor definierten Stellen zerschneiden und damit funktionsunfähig machen.

Schließlich läßt sich die Inaktivierung der viralen Genfunktionen durch die gezielte Unterbrechung ihrer Struktur über die sog. homologe Rekombination erreichen, wobei in die Krebszellen Sequenzen eingeführt werden, die partiell den viralen Tumorgenen entsprechen und sich bevorzugt in sie einpflanzen und diese dabei inaktivieren. Leider ist die Wirksamkeit dieses Verfahrens zur Zeit noch viel zu gering, um dies als Behandlungsprinzip zu verwerten.

Antisense-Konstrukte und Ribozyme sind dagegen prinzipiell einsetzbar, wenn auch hier eine Reihe von logistischen Problemen (Trägersysteme, Persistenz im Tumorgewebe, Aktivitätserhalt) einer Lösung bedürfen.

Die Frage, inwieweit Fusionsgene, wie sie bei einer zunehmenden Zahl von Krebserkrankungen identifiziert werden, insbesondere bei der chronisch-myeloischen Leukämie sich für ähnliche Behandlungsansätze eignen, ist zur Zeit noch ungeklärt.

zu 4.: Vielversprechend sehen derzeit Ansätze aus, die auf den Ersatz ausgefallener Funktionen abzielen: die Rekonstitution von Tumorsuppressorgenen. Funktionsausfall ist inzwischen bei einer größeren Zahl von Tumorzellsystemen beobachtet und analysiert worden und gibt Anlaß zu der Hoffnung, daß ihr Ersatz das Tumorwachstum bremst.

In der Tat gibt es experimentelle Hinweise, daß auf diesem Wege mindestens eine deutliche Verminderung des invasiven Wachstums zu erreichen ist. Eine grundsätzliche Schwierigkeit besteht jedoch darin, daß der Ausfall von Tumorsuppressorgenen an unterschiedlichen Stellen einer Kaskade von extra- und intrazellulären Signalübermittlungsschaltstellen stattfinden kann und im Verlauf der Tumorentstehung Gene aktiviert oder verändert werden, die ihrerseits Erbveränderungen innerhalb der betroffenen Zelle auslösen. Die Reparatur des Ausfalls einer Zwischenschaltstelle wird die Zelle auf einem hohen Risiko belassen, einen analogen Ausfall an einer anderen Stelle zu entwickeln.

Ohne Frage ist es gegenwärtig noch zu früh, die Erfolgsaussichten einer Gentherapie über Tumorsuppressorgene ausgewogen zu beurteilen. Hier dürften sich jedoch in der Zukunft interessante Entwicklungen abspielen.

3.3.5 Perspektive

Insgesamt betrachtet gibt es beim gegenwärtigen Stand der Gentherapie des Krebses keinen Anlaß zu Euphorie aber reichlich Anlaß zu gedämpftem Optimismus. Seit der Einführung der Chemotherapie vor mehreren Jahrzehnten hat sich noch nicht ein neues Behandlungskonzept so sehr in seinen Konturen abgezeichnet, wie es derzeit durch gentherapeutische Strategien geschieht. In erfolgreichem Einsatz in Gewebekultursystemen und Tierversuchen begründet sich die Erwartung, daß mittelfristig auch der tumortragende Patient davon profitieren wird.

Ohne eine jahrzehntelange intensive Krebsgrundlagenforschung wäre diese Perspektive undenkbar.

Für die Gesundheitspolitik wichtiger als die Therapie sollte die wirksame Krebsvorbeugung sein. Obwohl wir durch Einstellen des Tabakrauchens in Deutschland jährlich etwa 70 000 Krebstodesfälle vermeiden könnten, zeigt dieses Beispiel, daß Aufklärung allein zu wenig bewirkt. Die Kenntnis und Entfernung von krebserzeugenden Schadstoffen aus unserer industriellen Umwelt dürfte ebenfalls nur wenig zur Verminderung unseres Krebsrisikos beitragen. Wirksamer dagegen sollten sich gerade bei virus-bedingten Krebsformen - etwa beim Gebärmutterhalskrebs und Leberkrebs vorbeugende Maßnahmen über Impfungen entwickeln lassen. Beim Leberkrebs laufen bereits umfangreiche klinische Tests zur Wirksamkeit einer Hepatitis B-Vakzine[1]. Bei den Papillomvirustypen sind ebenfalls Vakzine in Vorbereitung bzw. bereits in erster klinischer Testung. Hier sind über gentechnologische Ansätze die entsprechenden Antigenpräparationen gewonnen worden - möglicherweise läßt sich auf diesem Sektor eine vielversprechende Krebsprävention betreiben.

Man könnte eigentlich mit einer gewissen Zufriedenheit gerade auf dem Krebssektor auf das bisher Erreichte zurückschauen - selbst wenn es derzeit in der Therapie noch nicht den sichtbaren Niederschlag gefunden hat - gäbe es nicht gerade in unserem Land die bedrückende Entwicklung, daß gerade auf diesem Gebiet engagierte und besonders talentierte junge Leute nach Abschluß ihrer Promotionen wenig Chancen einer Weiterentwicklung haben und in der Industrie praktisch seit etwa 2 - 3 Jahren keine Einstellung mehr finden. Mit Schuldzuweisungen an die

---

[1] Anmerkung der Herausgeber: Ein gentechnisch hergestelltes Hepatitis B-Vakzin befindet sich bereits auf dem Markt (Haller, pers. Mitteilung, Juli 1994)

Industrie, die auf molekularbiologischem Sektor praktisch komplett ins Ausland abgewandert ist, oder an die Politik, die ungünstige Rahmenbedingungen schaffte, oder an die Wissenschaftler, die nach Meinung vor allem einiger Pressevertreter nicht genügend aufklärten, oder an die Presse, die nach Meinung vieler Wissenschaftler nicht richtig informierte, ist es heute nicht mehr getan. Ein zunehmend aufblühender Wirtschaftszweig von vermutlich enormer künftiger Bedeutung existiert bei uns praktisch nicht. Die Auswirkungen davon werden wir in zunehmendem Umfang in den kommenden Jahren an unseren Universitäten und außeruniversitären Forschungseinrichtungen zu spüren bekommen, später wird es vermutlich die gesamte Volkswirtschaft treffen.

3.4 Zum Stand der molekularbiologischen Forschung in der medizinischen Virologie

Prof. Dr. med. Otto Albrecht Haller
Abteilung Virologie, Institut für Medizinische Mikrobiologie & Hygiene,
Hermann-Herder-Straße 11, 79104 Freiburg

Zusammenfassung

Die Gentechnologie ist von großem Nutzen für die Erkennung und Bekämpfung von Infektionskrankheiten. Sie eröffnet ganz neue Möglichkeiten für Diagnose, Prophylaxe und Therapie dieser Erkrankungen. Virale Infektionen sind dazu ein gutes Beispiel. Die Fortschritte in der HIV-Diagnostik sind bekannt. Sie beruhen auf der Möglichkeit, Antikörper gegen einzelne Eiweißstrukturen des Virus nachzuweisen oder direkt die Erbsubstanz in kleinsten Blutproben zu entdecken. Nur so kann die Sicherheit von lebensrettenden Blutprodukten gewährleistet werden. Weniger bekannt, aber ebenfalls eindrücklich, ist die Geschichte des Hepatitis-C-Virus, des Erregers einer besonderen Form der Gelbsucht, der sogenannten NonA-NonB-Hepatitis. Dieses Virus konnte bisher nicht gezüchtet werden, und niemand hat es je gesehen. Dennoch wurde sein Erbgut identifiziert, wurden die Virusgene in Bakterien oder Hefen eingebracht, die Eiweißprodukte gereinigt und diagnostische Tests entwickelt, die heute unzählige Patienten vor ungewollter Infektion bewahren. Wir alle - ob krank oder gesund - profitieren heute von gentechnischen Verfahren. Ohne sie wüßte die Medizin wenig oder nichts über so weitverbreitete Krankheitserreger wie die Hepatitisviren, die krebsauslösenden Papillomviren oder den Erreger von AIDS.

3.4.1 Einleitung

Die Wissenschaft der Virologie ist jetzt gerade 100 Jahre alt. Ivanovski entdeckte 1892, daß die Tabak-Mosaik-Krankheit durch ein filtrierbares Agens verursacht wird. 1898 prägte Beijerinck den Begriff "*contagium vivum fluidum*" und postulierte damit eine lebensfähige, d.h. sich selbst reproduzierende, chemische Substanz. Bald wurde klar, daß das infektiöse Agens in eine lebende Zelle eindringen muß, um sich zu vermehren. Heute wissen wir, daß Viren generell außerhalb der Zelle nicht vermehrungsfähig sind. Das Studium der Viren als eigenständige infektiöse Einheiten ist deshalb verbunden mit dem Studium der Wirtszelle und deren besonderen Eigenschaften. Die moderne Zell- und Molekularbiologie hat die Erforschung der Viren erst möglich gemacht. Umgekehrt hat das Studium der Viren

3.4 Molekularbiologische Forschung in der Medizinischen Virologie

und der virusinfizierten Zellen ganz entscheidende Beiträge zur Zell- und Molekularbiologie geliefert und unser heutiges Verständnis von Lebensprozessen in großem Maße geprägt.

Viele grundlegende Erkenntnisse wurden an viralen Systemen erstmals erhoben oder bestätigt. So wurde zum Beispiel mit Bakteriophagen gezeigt, daß Nukleinsäuren Träger der genetischen Information sind. Die Tatsache, daß Boten-RNA an ihrem 3'-Ende polyadenyliert ist, wurde erstmals 1970 an Boten-RNAs von Vacciniavirus entdeckt. Untersuchungen am Genom von Adenoviren zeigten erstmals, daß die Erbinformation oft in Form von Introns und Exons vorliegt und daß die Boten-RNA in diesen Fällen durch einen Splice-Vorgang entsteht. Für diese Entdeckung erhalten Phillip Sharp und Richard Robert den diesjährigen Nobelpreis. Die reverse Transkriptase ist ein Enzym, das RNA in DNA umschreibt und für molekularbiologische Arbeiten unentbehrlich ist. Sie wurde bei Retroviren entdeckt. Auch das erste Zytokin, Interferon, wurde bei Experimenten mit Viren gefunden. Interferone werden heute gentechnisch hergestellt und bei verschiedenen Viruserkrankungen sowie in der Krebstherapie eingesetzt.

Die Beziehungen zwischen Virologie und Gentechnologie sind vielfältig. Viren eignen sich als Transportmittel für fremde Gene, die willkürlich in gewisse Zellen des Körpers eingebracht werden sollen. Überspitzt könnte man behaupten: ohne Virologie keine Gentherapie. Umgekehrt eröffnen gentechnische Verfahren ganz neue Möglichkeiten für die Diagnostik, Vorbeugung und Therapie viraler Erkrankungen. Im Vordergrund des klinischen Interesses stehen heute Virusin-fektionen, die zu chronischen und rezidivierenden Erkrankungen führen. Dazu gehören Virusinfektionen aufgrund von Immunsuppression bei Organtrans-plantationen und bei Chemotherapie von Krebserkrankungen oder die durch Blut oder Blutprodukte übertragenen Infektionen. Ein besseres Verständnis dieser Infektionskrankheiten erfordert neue Erkenntnisse über die wechselseitige Beziehung zwischen Erreger und Zelle und über wirtseigene Abwehrmechanismen. Die Bearbeitung dieser Fragenkomplexe geschieht heute weitgehend auf molekularer Ebene und benötigt das gesamte Instrumentarium der sogenannten Gentechnik. In diesem Sinne profitieren wir alle - ob krank oder gesund - von gentechnischen Verfahren. Bessere diagnostische Möglichkeiten, bessere Impfstoffe und bessere Therapien tragen so zur Verbesserung unserer Lebensqualität bei.

3.4.2 Molekulare Virologie heute

Virusgenetik:: **Schlüssel zum Verständnis des Lebens**

Das Studium der Virusgenome hat zu der Entdeckung von neuen Prinzipien in der molekularen Genetik geführt. Die Umsetzung von genomischer RNA zu RNA-Transkripten wurde bei RNA-Viren aufgedeckt. Neu wurde der Informationsfluß von RNA zurück zu DNA erkannt (bei Retroviren und bei Hepatitis-B-Virus). Die Bildung eines DNA-Provirus, das in das Wirtszellgenom integriert, gibt Retroviren die Möglichkeit, ohne eigene Virusreproduktion bei der Zellteilung auf die Tochterzellen übertragen zu werden. Hingegen ist die Bildung eines RNA-Progenoms beim Hepatitis-B-Virus, einem DNA-Virus, in seiner Bedeutung völlig unverstanden. So stößt die Virologie immer wieder auf Überraschungen, die die Grenzen unseres gegenwärtigen Wissensstandes sichtbar machen. Neben der Aufklärung des Genomaufbaus ist die Beschreibung der geregelten Gensteuerung und letztlich der Nachvollzug der Genexpression im Reagenzglas für die Medizin von besonderer Bedeutung. Im Verstehen der Signalketten und Regelkreise, die zur differenzierten Genexpression führen, liegt der Schlüssel zum Verständnis der meisten biologischen Vorgänge wie Zellwachstum, Zelldifferen-zierung und Zelltod. Die von Viren benutzten Steuerelemente haben sich über Jahrmillionen in Abstimmung mit den Bedürfnissen des Virus und seiner Wirtszelle herausgebildet und sind nicht nur von theoretischem, sondern auch von praktischem Nutzen für die Gentechnologie.

Die Virusgenetik führt aber noch zu einer weiteren wichtigen Einsicht: Genome sind nicht ein für alle mal starr, sondern zeichnen sich aus durch eine enorme Flexibilität. Vorgänge wie Mutationen, die zu kumulativen Änderungen führen, oder Rekombinationen, die auf einen Schlag zu drastischen Veränderungen führen können, lassen sich gerade bei Viruspopulationen bestens studieren. Als Modelle dienen hier die Influenzaviren mit ihrem segmentierten Genom und natürlich HIV, das Virus der erworbenen Immunschwächekrankheit AIDS. Gerade Untersuchungen an AIDS-Patienten haben klar gezeigt, daß ein einziger infizierter Patient nicht etwa nur eine einzige Art von Viruspartikeln beherbergt, sondern eine ganze Population von Viruspartikeln, die genetisch nicht einheitlich ist Die in einem Individuum vorkommenden Viruspartikel sind also uneinheitlich, und ihre Zusammensetzung ändert sich auch noch im Laufe der Zeit. Man nennt heute solche Viruspopulationen "Quasispecies". Sie entstehen durch Mutationen aufgrund von Fehlleistungen der entsprechenden Virusenzyme, die nicht immer genau arbeiten. Die Variantenhäufigkeit der so entstehenden Viruspopulation wird einge-grenzt einmal durch die Anfordernisse der Wirtszelle und zum anderen durch immunologische Abwehrvorgänge. Gelegentlich werden Mutanten selektioniert, die durchsetzungsfähiger sind als ihre Vorgänger und das Krankheitsbild entsprechend verändern. Diese unwahrscheinliche Populationsdynamik kann nur mit molekulargenetischen Techniken sichtbar gemacht werden. Sie ist auch ein wesentlicher Faktor bei der Entstehung resistenter Virusmutanten unter antiviraler Therapie (s. unten).

Was sich, wie oben geschildert, bei HIV in einem einzigen Individuum abspielt, spiegelt sich entsprechend in der Gesamtbevölkerung wieder. Bei respiratorisch übertragenen Viren, die rasch zu Epidemien oder Pandemien führen können, spielt sich die "Quasispecies"-Bildung weniger im Einzelindividuum, als innerhalb ganzer Bevölkerungskreise ab. Die Molekularbiologie erlaubt heute, Einzelisolate zu charakterisieren, zu vergleichen und die zeitlich aufeinanderfolgenden Veränderungen festzuhalten. So entstehen präzise Stammbäume, die teilweise Voraussagen über das Wiederauftreten der Erreger erlauben und die Bereitstellung von wirkungsvollen Impfstoffen ermöglichen.

Struktur-Funktions-Beziehungen von viralen Proteinen

Nicht so sehr die Nukleinsäuren, sondern hauptsächlich die Proteine sind Träger biologischer Funktionen. Deshalb sucht die molekulare Virologie, Protein/Protein- und Protein/Nukleinsäure-Wechselwirkungen zu verstehen und zu beeinflussen. Die Möglichkeit, RNS in cDNA-Form umzuschreiben, und dadurch gezielt Änderungen zugänglich zu machen, eröffnet hier ganz neue Wege. Nicht nur können Proteine, die natürlicherweise in verschwindend kleinen Mengen vorliegen, im großen Stil produziert und analysiert werden, es gelingt ebenfalls, experimentell Mutationen einzuführen und Proteine gezielt in ihrer Struktur und Funktion zu verändern. Auf diese Weise können sowohl Strukturproteine als auch Enzyme, die Träger biochemischer Aktivitäten sind, in funktionelle Bereiche, sogenannten Domänen, zerlegt werden. Transfektions- und Expressionsexperimente erlauben heute die funktionelle Charakterisierung durch Mutation veränderter Proteine, deren Analyse wiederum Aufschlüsse auf die Funktion des Wildtyp-Proteins erlauben. Dabei geht es nicht nur um die Interaktion viraler Komponenten, sondern insbesondere auch um die Wechselwirkung zwischen viralen und zelleigenen Bestandteilen. Auf diese Weise kann der Einfluß einer Virusinfektion auf die Wirtszelle charakterisiert werden. Dies gilt zum Beispiel für die intrazelluläre Signalübertragung, für Differenzierungsvorgänge und Transformationsereignisse. Röntgenstruktur-analysen von hochgereinigten Proteinen in Kristallform erlauben eine präzise Aussage über die räumliche Struktur und die aktiven Bereiche wichtiger Proteine. Com-puterprogramme sind heute in der Lage, die gesammelte Information auch in dreidimensionaler Form zu speichern. Der Forscher kann heute am Computer neue chemische Verbindungen testen und mögliche Interaktionspartner neu erfinden (Drug Design).

Virologie ohne Viren

Die Errungenschaften der Molekularbiologie erlauben ebenfalls, Viren zu identifizieren und zu charakterisieren, die sich auf andere Weise mit den herkömmlichen virologischen Methoden gar nicht isolieren lassen. Beispiele dafür sind die Papillomviren, das Hepatitis-B-Virus, das Hepatitis-C-Virus und neuerdings ein Hantavirus. Es wird durch Feldmäuse übertragen und hat bei Indianerstämmen im Südwesten der Vereinigten Staaten in diesem Jahr zu unerklärlichen Todesfällen geführt. Es gelang, neue Virusgene aus Patienten-material von Verstorbenen zu isolieren und molekular zu charakterisieren. Diese Virusgene wurden dann in Bakterien eingeschleust, die ihrerseits die neuen viralen Proteine produzierten. Mit solchen viralen Proteinen wurden Versuchstiere immunisiert und Antikörper hergestellt. Mit deren Hilfe konnte anschließend der Virusbefall sowohl von Feldmäusen, die als Überträger dienen, als auch von weiteren Patienten nachgewiesen werden. Noch ist das neue Virus nicht in seiner Gesamtheit bekannt. Das Beispiel des Hepatitis-C-Virus zeigt aber, daß auf diese Weise das Gesamtgenom eines bisher unbekannten Virus rekonstruiert werden kann, ohne daß sich der Erreger je in Zellkultur hätte zur Vermehrung bringen lassen. So stehen heute auch zuverlässige diagnostische Testverfahren zur Verfügung, die die Weiterverbreitung von Hepatitis-C-Virusinfektionen durch Blut und Blutprodukte weitgehend ausschließen.

Unkonventionelle "Viren": neue Rätsel

Eine echte Herausforderung der heutigen Zeit sind die rätselhaften infektiösen Erreger, die zu schweren Schädigungen des zentralen Nervensystems, den sog. spongiformen Enzephalopathien, führen. Dazu gehört die Scrapie-Erkrankung bei Schafen und Ziegen, die Bovine Spongiforme Enzephalopathie bei Rindern (Rinderwahnsinn) sowie die Creutzfeldt-Jakob-Erkrankung beim Menschen. Die infektiösen Agentien findet man im Gehirn, im Rückenmark, in den Speicheldrüsen, in Lymphknoten und in der Milz der Erkrankten. Es handelt sich um neuartige Infektionserreger, die nicht der herkömmlichen Viruswelt zugerechnet werden können und als Prione bezeichnet werden. Neue Erkenntnisse mit transgenen Tieren und prionlosen sogenannte "Knock-out"Mäusen lassen die Vorstellung, daß es sich dabei um Erreger ohne infektiöse Nukleinsäure handelt, als wahrscheinlich erscheinen. Hier könnte der Einsatz von gentechnischen Verfahren zu ganz neuen pathogenetischen Einsichten verhelfen. Von praktischer Bedeutung ist die Erkenntnis, daß die Prionerkrankung durch Gabe von natürlichem menschlichem Wachstumshormon, das aus Hirnteilen von Verstorbenen gewonnen wird, übertragen werden kann. Gerade in letzter Zeit haben sich solche Fälle in den USA, England und Frankreich gehäuft. Dies ist besonders tragisch, da junge Leute betroffen sind und die Krankheit unweigerlich zum Tode führt. Auch Transplantationen von harten Hirnhäuten in der Neurochirurgie haben wiederholt zu Erkrankungen und Tod geführt. Da es bis heute keine Möglichkeit gibt, die Verunreinigung solcher Präparate mit dem Krankheitserreger festzustellen und der Krankheitserreger gegenüber den üblichen Sterilisationsmaßnahmen weitgehend resistent ist, gibt es nur einen Ausweg: die Verwendung von gentechnisch hergestelltem Wachstumshormon, das frei von Prionen ist, sowie der Einsatz von künstlichem Hirnhautmaterial. Die genannten Länder haben mittlerweile ganz auf das rekombinante Wachstumshormon umgestellt. Dennoch ist mit weiteren Erkrankungen zu rechnen, da zwischen Ansteckung und Erkrankung eine lange Inkubationszeit von vielen Jahren verstreichen kann. Eine Tragödie ergäbe sich, falls die Prion-Erreger der Tiere mit verseuchten Nahrungsmitteln leicht auf den Menschen übertragbar wären. Dafür gibt es bislang keine Anhaltspunkte.

3.4.3 Virus - Wirtsbeziehungen

Man muß sich immer vor Augen halten, daß die infizierte Wirtszelle eine ganz neue Entität darstellt. Sie ist mehr als die Wirtszelle vor Infektion und auch mehr als das infizierende Viruspartikel. Die infizierte Wirtszelle enthält nämlich Virusproteine, meistens Enzyme, die im Viruspartikel so nicht vorkommen, sondern erst nach Infektion in der Wirtszelle neu gebildet werden. Auch werden durch die

3.4 Molekularbiologische Forschung in der Medizinischen Virologie

Virusinfektion gelegentlich wirtszelleigene Genprogramme abgerufen, die in der nichtinfizierten Zelle stumm sind. Das Ganze ist ein dynamisches Geschehen, so daß sich die intrazellulären Verhältnisse von Zeitpunkt zu Zeitpunkt verändern. Selbstverständlich kann hier nicht auf die Grundlage der Virus/Wirtszell-Interaktion eingegangen werden. Hingegen seien die für Medizin und Biotechnologie gegenwärtig vorrangigen Fragestellungen kurz erwähnt:

Viruspersistenz und -latenz

Gewisse Viren können in infizierten Zellen und im Gesamtorganismus unbeschadet für lange Zeit verbleiben. Sie führen entweder zu chronisch persistierenden Erkrankungen oder zu Virusträgertum mit gelegentlichen unkontrollierten Reaktivierungen. Die biologischen Grundlagen für Latenz, Reaktivierung oder chronisch persistierende Virusvermehrung sind noch weitgehend ungeklärt. Es handelt sich dabei um so wichtige Infektionen wie AIDS, Hepatitis B, Hepatitis C, subakut sklerosierende Panenzephalitis bei Masern und sämtliche Infektionen mit Viren der Herpesvirusfamilie wie z.B. Epstein-Barr-Virusinfektion oder Zytomegalievirusinfektion. Die Aufklärung dieser Problematik ist sicher weitgehend Sache der Grundlagenforschung. Hingegen geht es dabei nicht ohne Bezug zur Klinik und ohne Einbezug moderner molekularbiolo-gischer und gentechnischer Verfahren.

Tumorviren, Onkogene und Krebs

Hier sind die Verhältnisse ganz ähnlich. Die Beziehungen zwischen Viren und Krebsentstehung sind noch weitgehend ungeklärt und Domäne der Grund-lagenforschung. Immerhin hat sich mit der Entdeckung von Onkogenen und Tumorsuppressorgenen ein weites Feld aufgetan, das gerade auch Hoffnungen auf gentherapeutische Eingriffe weckt.

Virusabwehr: Interferone und andere Zytokine

Interferon wurde 1957 von Lindenmann und Isaacs bei Untersuchungen über Interferenzphänomene bei Influenzaviren entdeckt. Interferone werden vom Körper in kleinsten Mengen produziert, sind aber außerordentlich aktive Moleküle. Die Biochemie konnte ihrer in 20 Jahren nicht habhaft werden. Erst die Klonierung der Interferongene und die industrielle Großproduktion von genügend großen Mengen führte zur Strukturaufklärung und zum klinischen Einsatz. Heute hat die Interferontherapie ihren festen Platz in der Behandlung gewisser Tumorformen und einer Anzahl von Virusinfektionen. So ist sie die ultima ratio bei chronischen Verlaufsformen von Leberentzündungen durch das Hepatitis-B- und das Hepatitis-C- Virus. Studien in Japan belegen, daß etwa ein Drittel der chronischen Hepatitis-C-Fälle geheilt werden. Dies ist bedeutungsvoll für die Betroffenen, da die Hepatitis-C-

Virusinfektion in einem großen Prozentsatz zu Leberzirrhose und Leberkrebs führt. Japanische Infektiologen empfehlen neuerdings auch die sofortige Behandlung der akuten Hepatitis C mit hohen Dosen von Interferon über einen langen Zeitraum, weil dadurch die genannten Spätfolgen verhindert werden können.

Die Interferonforschung der letzten Jahre hat ergeben, daß Interferone eigentliche Genregulatoren sind, die bestimmte Gene in Wirtszellen ein- und ausschalten. Die entsprechenden Interferon-Rezeptoren auf den Zellen wurden in jüngster Zeit kloniert und die Signalvermittlung von der Zelloberfläche zu den antwortenden Genen im Zellkern weitgehend aufgeklärt. Die aktivierten Gene und induzierten Genprodukte sind erst teilweise erforscht. Einige dieser Genprodukte sind direkt für die antivirale Wirkung von Interferon verantwortlich. So hemmt das sogenannte Mx-Protein, eine zelluläre GTPase, die intrazelluläre Vermehrung von Influenzaviren und schützt dadurch den Körper vor weiterer Virusausbreitung und Zellschädigung. Wird das Mx-Protein auf gentechnischem Wege in Körperzellen eingebracht, so entfaltet es unabhängig von Interferon seine antivirale Wirkung und vermittelt eine hochgradige intrazelluläre Resistenz gegenüber Virusbefall. Mx- transgene Mäuse sind vor Influenzaviren lebenslänglich geschützt und überleben im Tierversuch das Mehrfache einer sonst tödlichen Infektionsdosis. Solche Versuche bilden die Basis für die Erprobung neuartiger antiviraler Substanzen, die der Natur nachgebildet werden. Neben Interferonen spielt eine ganze Palette anderer Zytokine eine ausschlaggebende Rolle. Sie alle greifen in den Stoffwechsel von Körperzellen ein und modulieren das Verhalten der Zellen in unterschiedlicher Weise. Die Aufklärung der Wirkungsweise und des Zusammenspiels der verschiedenen Zytokine kann nur über die Reindarstellung jedes einzelnen Zytokins auf gentechnischem Wege erfolgen. Interessanterweise zeichnet sich jetzt schon ab, daß die Signalübertragung unterschiedlicher Zytokine trotz unterschiedlicher Wirkung teilweise über gemeinsame zelluläre Komponenten erfolgt. Die Aufklärung dieser Signalwege verspricht sehr spannend zu werden. Im Gegenzug haben einige Viren eine eigene Abwehrstrategie entwickelt: sie vefügen über raffinierte Moleküle, die in das Regelwerk der Zytokinwirkungen eingreifen und dieselben unwirksam machen. Auf diesem Wege können sich Viren der körpereigenen Abwehr elegant entziehen. Diese neueren Befunde sind bei der Entwicklung von Therapieansätzen in der Medizin in Zukunft gebührend zu berücksichtigen.

Neue Impfstoffe und Impfstrategien

Die vorbeugende Impfung ist die beste Maßnahme im Kampf gegen Virusinfektionen. Glücklicherweise ist die Gentechnologie hier besonders erfolgreich. Früher mußte der Impfstoff gegen das Hepatitis-B-Virus aus dem Blut von Virusträgern gewonnen werden. Heute wird meist der gentechnische Impfstoff gebraucht, der mit Hilfe von Bäckerhefe hergestellt wird. Seiner Produktion sind technisch keine Grenzen gesetzt; er ist sicher und wirksam und wird in den USA neuerdings zur Impfung aller Säuglinge empfohlen. Ein Nachteil ist, daß der Impfstoff außerhalb des menschlichen Körpers hergestellt werden muß und trotz

3.4 Molekularbiologische Forschung in der Medizinischen Virologie

Reinigung noch Spuren von Bestandteilen der Bäckerhefe enthalten kann. Die Herstellung ist zudem aufwendig. Ein billigeres Verfahren wäre, nur das isolierte Gen, das die Information für den Impfstoff enthält, in den Körper zu bringen. Die Körperzellen würden dann den Impfstoff in reiner Form selbst produzieren. Wie kann man fremde Gene in den Körper einschleusen? Als Transportmittel eignen sich wieder Viren. Ihre Aufgabe besteht ja gerade darin, in lebende Zellen einzudringen, in denen das eingebrachte Genmaterial dann in Eiweiße umgesetzt wird. Geeignet wäre im Prinzip das Vacciniavirus, das früher zur Impfung gegen die Pocken eingesetzt wurde. Das Vacciniavirus läßt sich ohne weiteres mit zusätzlichen Genen ausrüsten und führt beim Geimpften zu einer Impfreaktion auch gegen die Produkte dieser Fremdgene. Leider können natürlicherweise unerwünschte Impfkomplikationen auftreten, so daß die Verwendung von Vacciniavirus ohne Not nicht empfohlen wird. Als Alternativen werden zur Zeit Adenoviren und andere Viren im Tierversuch getestet. In jedem Fall resultiert immer auch eine Immunreaktion gegen das Trägervirus, so daß ein und dasselbe Virus nicht unbeschränkt oft verwendet werden kann. Ein einfacher Ausweg aus diesem Dilemma ist möglicherweise schon gefunden. Die Zeitschrift Science berichtet nämlich in ihrer Ausgabe vom 19. März 1993 über eine absolut verblüffende Beobachtung. Für eine erfolgreiche Impfung braucht man kein Virus, kein rekombinantes Protein, kein synthetisches Peptid. Die nackte DNA genügt. Amerikanische Forscher isolierten ein Gen von Influenzaviren und inokulierten das Gen ohne alle Beigaben in den Oberschenkelmuskel von Mäusen. Diese "Impfung" wurde wie üblich dreimal durchgeführt. Danach wurden die Mäuse experimentell mit einer tödlichen Dosis von Influenzaviren infiziert. Ein Großteil der "immunisierten" Mäuse überlebte, während die Kontrolltiere an der Infektion starben. Was war geschehen? Die Forscher konnten zeigen, daß das Virusgen von den Muskelzellen aufgenommen wurde. Dort dirigierte das fremde Gen offenbar die Herstellung seines eigenen Eiweißproduktes, das nun als Impfstoff wirkte. Die Mäuse entwickelten Abwehrstoffe gegen diesen Virusbestandteil. Die Abwehrkraft reichte aus, um später das ganze Virus erfolgreich zu bekämpfen. Noch gibt es viele Fragezeichen zu diesem Versuch. Falls sich die Sache nicht nur bestätigen, sondern auch noch optimieren ließe, wäre allerdings ein einfaches, billiges und universell anwendbares Impfprinzip gefunden.

Es muß hier betont werden, daß die Herstellung mehrerer wichtiger Impfstoffe mit herkömmlichen Verfahren der Virusanzucht gar nicht möglich ist. Das Impfwesen ist zwingend auf die Anwendung gentechnischer Verfahren angewiesen. Auch in Fällen, in denen es klassische Herstellungsmethoden gibt, sind die neuen Verfahren meist sicherer und verfahrenstechnisch und ökonomisch sinnvoller.

3.4.4 Antivirale Therapie

Früher war die Diagnose einer viralen Erkrankung gleichbedeutend mit therapeutischem Nihilismus. Es gab keine wirklich wirksamen Medikamente. Heute ist die Situation anders. Es gibt erprobte antivirale Substanzen gegen verschiedene Herpesviren, Influenza-A-Viren und HIV. Trotzdem ist noch viel zu tun. Viren haben keinen eigenen Stoffwechsel; sie benützen den Stoffwechsel der befallenen Zelle für ihre Zwecke. Deshalb birgt jeder antivirale Eingriff die Gefahr, für die meisten Körperzellen schädigend zu sein. Die molekulare Virologie sucht nun nach Angriffspunkten, die virusspezifisch sind. Gute Kandidaten sind viruseigene Enzyme, die in der Wirtszelle normalerweise nicht vorkommen, wie zum Beispiel die Retrotranskriptase der Retroviren oder gewisse virale Proteasen. Mit molekularbiologischen Techniken werden solche Virusbestandteile in großen Mengen hergestellt. Anschließend wird ihre Struktur röntgenographisch bestimmt. Dann werden gezielt Antagonisten hergestellt und auf Hemmwirkung geprüft. Es gibt bereits entsprechende Inhibitoren, die die Vermehrung von HIV im Laborversuch spezifisch hemmen. Der Weg zur Anwendung am Patienten ist aber noch weit. Auch bleibt das Problem der Resistenzentwicklung der Viren gegenüber dem Inhibitor ein Problem, das Angesichts der Mutationsfreudigkeit und der Variabilität von Viren nicht leicht zu lösen sein wird (siehe oben). Dennoch zeigt die bisherige Erfahrung, daß der Einsatz auch von beschränkt wirksamen antiviralen Substanzen, wie zum Beispiel AZT, die Situation der Behandelten zumindest vorübergehend stark verbessern kann. Die Marktchancen für den Hersteller sind ungebrochen gut.

3.4.5 Virusdiagnostik

Auf dem Gebiet der Diagnostik sind die schönsten Erfolge zu verzeichnen. Dies hängt sicher damit zusammen, daß hier am schnellsten und durch wenig Bürokratie gehindert marktgerechte Produkte entwickelt werden können, die dank weltweitem Einsatz auch finanziell lohnend erscheinen. Zudem hat die erregerspezifische Diagnostik durchaus therapeutische Konsequenzen und mithin klinische Relevanz. Dies ganz besonders bei der zunehmenden Zahl von Transplantationspatienten und Patienten mit anderen Formen von Immunsuppression, die gegenüber einer Reihe von Virusinfekten besonders anfällig sind. Hier kann die Biotechnologie einen gewichtigen Beitrag an die Alltagsprobleme der klinischen Medizin leisten.

Patientenmaterial

Die größte Neuerung betrifft hier den direkten Erregernachweis im Patientenmaterial mit Hilfe von spezifischen monoklonalen Antikörpern oder mittels der Polymerasekettenreaktion (PCR). Die PCR, für deren Entwicklung in diesem Jahr der Nobelpreis vergeben wurde, hat die Virusdiagnostik von Grund auf revolutioniert. Ihr Vorteil liegt in der großen Empfindlichkeit, der hohen Spezifität und der Schnelligkeit der Befunderhebung. Damit sind die wichtigsten Anforderungen an eine Virusdiagnostik erfüllt, die zu medizinisch relevanten Konsequenzen führen soll: sie muß früh und schnell erfolgen und soll den Erreger spezifisch nachweisen. Für eine breitere Anwendung muß das Nachweisverfahren noch besser standardisiert und nach Möglichkeit automatisiert werden.

Dank dem Einsatz gentechnisch hergestellter Virusproteine wird auch die serologische Diagnostik, d.h. der Nachweis spezifischer Antikörper, immer aussagekräftiger.

Die neuen Verfahren werden vermutlich zunehmend auch in der Pränataldiagnostik bei Verdacht auf intrauterine Virusinfekte zur Anwendung kommen und ethische Fragestellungen neu aufwerfen.

Blut und Blutprodukte

Dieselben stammen von vermeintlich gesunden Spendern. Die aktuelle Diskussion über HIV-Übertragungen zeigt, wie wichtig die Sicherheit der Blutprodukte in der Transfusionsmedizin ist. Es geht um den Ausschluß von virushaltigen Blutspenden und um die Überprüfung von Virusinaktivierungsverfahren für Plasmapräparate. Die konsequente Anwendung bereits bestehender Verfahren sollte eigentlich weitgehend genügen. Die jetzt zutage getretenen Unzulänglichkeiten sind neben den vermutlich kriminellen Manipulationen einzelner Hersteller eher Ausdruck von Inkompetenz und Ignoranz verantwortlicher Stellen als von echten technischen Mängeln. Die gentechnische Herstellung von sicheren Gerinnungsfaktoren, Hormonen und Antikörpern sowie von anderen Ersatzstoffen sollte in großem Stil gefördert werden, um von Blutspenden langfristig unabhängig zu werden.

3.4.6 Viren als Vektoren für die Gentherapie

Der Gen-Transport mittels Viren darf bereits als klassisches Verfahren gelten. Das Einbringen von erwünschten Fremdgenen mit Hilfe viraler Vektoren in Zellkulturen gelingt problemlos. Neben den gebräuchlichen retroviralen Vektoren werden verschiedenste andere Viruskonstrukte erprobt, nicht zuletzt auch veränderte Influenzaviren, die je ihre eigenen Vor- und Nachteile haben. Vor der Anwendung am Menschen sind jedoch noch beträchtliche Probleme zu lösen, unter anderem solche der Treffsicherheit, mit der die anvisierten Zielzellen erreicht werden, sowie Probleme der Stabilität der eingebrachten Gene, der Erhaltung der Genaktivität und der generellen Sicherheit für den Patienten und seine Umwelt. Universell anwendbare virale Träger sind ein Fernziel auf einem vermutlich noch langen Weg in die Zukunft.

3.4.7 Tiermodelle für Viruskrankheiten: transgene und Knock-out Mäuse

Das Studium von gezielt genetisch veränderten Versuchstieren wird voraussichtlich den größten Erkenntnisgewinn der nächsten Jahre auf dem Gebiet der

Infektionskrankheiten und der Immunabwehr bringen. Geeignete Tiermodelle sind von unschätzbarem Wert für die Infektionsforschung. Bisher haben zufällig gefundene natürliche Mutanten die Bedeutung gewisser Gene oder Genkonstellationen für den Infektionsverlauf aufgezeigt. Jetzt können gezielt neue Gene als Transgen in das Erbgut eingebracht werden um deren Funktion im transgenen Gesamttier zu evaluieren. Auch können bewußt körpereigene Gene ausgeschaltet werden (knock-out). So können die Folgen des Verlustes einer einzigen Genfunktion für das Infektionsgeschehen im knock-out Tier überprüft werden. In einfachen Kreuzungsversuchen können ferner verschiedene Transgene in einem Tier vereinigt werden oder unterschiedliche Genverluste willkürlich akkumuliert werden. Auch kann der Funktionsverlust in einem Knock-out-Tier durch das entsprechende Transgen kompensiert werden. Damit eröffnen sich viele Möglichkeiten. Als Beispiele seien bloß erwähnt: Die funktionelle Inaktivierung des Gens für den Typ-I-Interferonrezeptor generiert Mäuse, die auf Typ-I-Interferon nicht mehr ansprechen. Diese Tiere sind unglaublich empfänglich für Infektionen mit sonst harmlosen Viren und belegen die wichtige Rolle des Interferonsystems für die Virusabwehr. Oder das Einführen des Gens für einen Virusrezeptor könnte ein sonst unempfindliches Versuchstier plötzlich virusempfindlich machen. Damit stünde vielleicht erstmals ein Tiermodell für eine wichtige Virusinfektion zur Verfügung. Bei solchen Vorhaben muß natürlich gewährleistet sein, daß der erhoffte Erkenntnisgewinn den Tierversuch rechtfertigt.

3.4.8 Neue Herausforderungen und Ausblick

Es ist unbestritten, daß mit der Zunahme der Erdbevölkerung sowohl soziokulturelle Umwälzungen als auch regionale Störungen des ökologischen Gleichgewichtes einhergehen. Beides hat mit Sicherheit Auswirkungen auf das Auftreten und Ausmaß von Infektionskrankheiten. Es ist davon auszugehen, daß sowohl alte Infektionskrankheiten unter geändertem Vorzeichen auftreten als auch Ausbrüche von neuen Viruserkrankungen registriert werden, wie jetzt gerade die Hantavirusinfektion in Teilen der USA. Für diese Eventualitäten sollten hochgerüstete Laboratorien mit entsprechendem Fachwissen in Virologie und Erfahrung in den neuesten molekular- und zellbiologischen Techniken zur Verfügung stehen. Eine gezielte Förderung der virologischen Grundlagenforschung in den kommenden Jahren bietet dafür die beste Gewähr.

Die Gentechnologie hat im Bereich der Infektionskrankheiten eine Entwicklung ermöglicht, die spannend und nützlich ist. Ohne sie gäbe es vieles nicht: nicht die empfindlichen Nachweisverfahren für Krankheitserreger, nicht die sicheren Organspenden und Blutprodukte, nicht die rekombinanten Impfstoffe. Dies alles wird in Zukunft noch viel wichtiger werden, in dem Maße, wie die Weltbevölkerung anwächst und durch ihre schiere Zahl den Nährboden für alte wie neue Epidemien bildet.

3.5 Neue biotechnologische Ansätze in der Lebensmittelproduktion und -verarbeitung

Prof. Dr. Walter P. Hammes, Dr. Christian Hertel
Institut für Lebensmitteltechnologie, Fachgebiet Allgemeine Lebensmitteltechnologie und -mikrobiologie, Garbenstraße 25, 70599 Stuttgart

Einleitung: Gentechnik und Lebensmittel

Eine Bewertung der Beziehung der Gentechnik zu Lebensmitteln erfordert, daß nicht nur die Lebensmittelverarbeitung selbst, sondern auch der agrarische Bereich betrachtet wird. Es wird nämlich einerseits ein geringer Teil der agrarischen Rohwaren (20%) in unverarbeiteter Weise genossen und andererseits bestimmen diese Rohwaren auch nach Verarbeitung maßgeblich die Qualität der verarbeiteten Lebensmittel. In allen Fällen werden letztlich ursprünglich agrarische Produkte verzehrt, und dabei ist der Kontakt zwischen den Menschen und dem gentechnisch veränderten Lebensmittel unmittelbar. Vor diesem Hintergrund ist wie bei allen Lebensmitteln größte Sorge zu tragen, daß sie nicht geeignet sind, die Gesundheit des Verbrauchers zu schädigen oder den Verbraucher zu täuschen. Wegen der erheblichen Dimension der Landwirtschaft und Lebensmittelverarbeitung kann die Auswirkung der modernen Biotechnologie gerade bei Lebensmitteln besonders augenfällig werden.

In Tabelle 1 ist die Beziehung der Gentechnik zu den Lebensmitteln dargestellt. Daraus ist ersichtlich, daß im eigentlichen Bereich der Lebensmittelverarbeitung ein mittelbarer Einfluß der Gentechnik aus der Anwendung von Enzymen und Zusatzstoffen aus der modernen Biotechnologie erfolgt, die Gentechnik unmittelbar aber nur beim Umgang mit Mikroorganismen Bedeutung haben kann. Biotechnische Prozesse sind zu einem Anteil von 25% an der Verarbeitung der Lebensmittelrohwaren beteiligt und sie sind auch als der Ursprung der Biotechnik anzusehen. Die vielfältigen bei uns verzehrten Produkte sind nach Produktgruppen, unter Nennung der Rohwaren und Fermentationsorganismen in Tabelle 2. zusammengestellt.

3.5.1 Die Bedeutung der Lebensmittelindustrie in Baden-Württemberg

Die Struktur der Lebensmittelindustrie in Baden-Württemberg spiegelt weitgehend jene der Bundesrepublik Deutschland wieder, d.h. sie deckt gleichsam das gesamte Produktspektrum ab, ist vorzugsweise klein- und mittelständisch orientiert (nur 13

Unternehmen beschäftigen mehr als 500 Mitarbeiter) und für die Wirtschaft des Landes hinsichtlich Umsatzvolumen und Zahl der Beschäftigten von beachtlicher Bedeutung. In der Tabelle 3 sind die baden-württembergischen Betriebe nach Branchen aufgegliedert, unter Nennung der Umsätze und der Zahl der Beschäftigten. Die westdeutsche Ernährungsindustrie konnte ihren nominalen Umsatz von 197,6 Mrd. DM im Jahr 1991 um 2,3% auf 202,2 Mrd. DM im Jahr 1992 steigern (BVE, 1992) und trug 1991 mit ihrem Umsatz zu 10,3% des Gesamtumsatzes des Verarbeitenden Gewerbes (einschließlich Bergbau) bei. Für die neuen Bundesländer wurde eine Umsatzsteigerung von 16,7 Mrd. DM für 1991 auf 16,9 Mrd. DM für 1992 ermittelt. Im Jahr 1991 stand die deutsche Ernährungsindustrie mit einem gesamten Umsatz von 214,3 Mrd. DM an vierter Stelle unter den Branchen des Verarbeitenden Gerwerbes (Statist. Bundesamt 1992). In den verschiedenen Branchen hat die Biotechnik ein unterschiedliches Gewicht und erstreckt sich auf die Ausführung von Fermentationen und die Anwendung von Enzymen und Zusatzstoffen biotechnischen Ursprungs. Die Bedeutung dieser biotechnischen Maßnahmen für die Branchen ist in der Tabelle 3 mitangegeben.

Zur weiteren Charakterisierung soll auf Besonderheiten der Branche verwiesen werden. Die Industrie ist durch ihre relativ geringe Konjunkturabhängigkeit ein stabilisierender Faktor. Sie ist auch in Regionen vertreten, die fern von den bekannten Industriezentren liegen, und sie trägt einen beachtlichen Anteil von 7,71% im Jahr 1992 zum Export des Landes bei. Die Wachstumsprognosen sind mit 2-4% jährlich relativ günstig, und in Übereinstimmung damit befinden sich auch die Investitionen. In Baden-Württemberg hatten sie im Jahr 1991 einen Umfang von 1,1 Mrd. DM, davon entfielen 869 Mio. DM auf Ausrüstungen und 228 Mio. DM auf Immobilien.

Es ist bemerkenswert, daß auf dem Lebensmittelsektor eine dramatische Konzentration zugunsten multinational tätiger Konzerne festzustellen ist. Die 10 größten Unternehmen in Deutschland und weltweit sind in Tabelle 4 zusammengestellt. Der Anteil der gesamten Umsätze der 10 größten Unternehmen Deutschlands am Gesamtumsatz der Ernährungsindustrie (202,2 Mrd. DM im Jahr 1992) beträgt 20,5%, wobei Deutsche Unilever mit 4,6% an der Spitze liegt. Hierzu ist jedoch anzumerken, daß diese Unternehmen häufig auch auf lebensmittelfernen Gebieten tätig sind und diese Umsätze in den gezeigten Daten (Tabelle 4) eingeschlossen sind.

Entsprechend ihrer Bedeutung für die Ökonomie ist der Aufwand für Forschung und Entwicklung (F&E) äußerst gering, und dieser Zusammenhang ist insbe-sondere für die Entwicklung der modernen Biotechnologie ein wesentlicher Faktor.Der Umfang der Aufwendungen kann u. a. an dem F&E-Personal der Unternehmen abgeschätzt werden. So wurden für das Jahr 1989 nur 424 F&E-Beschäftigte für das Ernährungsgewerbe in Baden-Württemberg, im Vergleich zu 69.662 im gesamten Verarbeitenden Gewerbe, registriert und somit läßt sich eine F&E-Intensität (Anteil der F&E-Beschäftigten an den Beschäftigten insgesamt) von 0,37% ermitteln. Demgegenüber sind die entsprechenden Werte im Verarbeitenden Gewerbe 4,04% und in der Elektrotechnik 9,86% (Statist. Landesamt Baden-Württemberg, Stuttgart).

3.5.2 Forschung auf dem Gebiet der Lebensmittelverarbeitung

Es darf festgestellt werden, daß auf dem Gebiet der Lebensmittelherstellung Entwicklungen der modernen Biotechnologie kaum von klein- und mittelständischen Unternehmen ausgeführt werden können. Dies ist insbesondere in dem kaum zu erbringenden finanziellen und personellen Aufwand begründet, der für diese Art der Forschung und Entwicklung erforderlich ist. Es sollte auch herausgestellt werden, daß die Förderung der Forschung durch die öffentliche Hand auf dem Gebiet der Lebensmittel in keiner entsprechenden Relation zur Bedeutung der Branche steht. Die Ausgaben des Bundes für Forschung und Entwicklung im Bereich Ernährung (Bundesbericht Forschung 1993, Bundesministerium für Forschung und Technologie, Bonn) betrugen im Jahr 1991 100,5 Mio. DM für Deutschland, das enspricht 0,6% der gesamten Ausgaben (16.852,6 Mio. DM).

Bei Innovationen in der Lebensmitteltechnologie sollte streng unterschieden werden zwischen der Produktentwicklung, die in kurzer Zeit, aufbauend auf dem verfügbaren Wissensstand durch Rezeptur- und Verfahrensänderungen, neue Lebensmittel hervorbringt und der Forschung, die auf die Lösung von Grundlagenprobleme abzielt und erst langfristig eine entsprechende Produktentwicklung erlaubt. Auf letzterem Gebiet besteht in Deutschland ein tiefgreifendes Defizit. Es gab und gibt z.B. keine durch das Bundesministerium für Forschung und Technologie geförderten Forschungsprogramme, die sich dieser Problematik annehmen und es scheint auch wenig Einfluß der baden-württembergischen Ernährungsindustrie auf die Gestaltung der Rahmenprogramme der europäischen Union zu geben.

Die Forschung wird häufig im Rahmen von Verbundforschung sowohl in gemeinschaftlichen Einrichtungen (z.B. die Verbände der Brauerein, Hefe- und Spiritusindustrie in Berlin sowie der Zuckerindustrie in Braunschweig) als auch im Forschungskreis der Ernährungsindustrie durchgeführt. Als Forschungsstellen sind in Deutschland zu nennen: die Universitäten, die Bundesforschungsanstalten, die Fraunhofer-Gesellschaft und das Deutsche Institut für Lebensmitteltechnik in Quakenbrück. Für Baden-Württemberg sind das konkret die Universitäten in Hohenheim (Lebensmitteltechnologie und Ernährungswissenschaft) und in Karlsruhe (Lebensmittelverfahrenstechnik) sowie die Bundesforschungsanstalt für Ernährung in Karlsruhe und das Fraunhofer-Institut für Grenzflächen- und Bioverfahrenstechnik in Stuttgart.

Die Zwänge zur Optimierung der Produktion unter dem Gesichtspunkt höchster Effizienz, der Notwendigkeit, den Umweltschutz sowie toxikologische und hygienische Unbedenklichkeit in die Strategie der Produktionsgestaltung und Produktentwicklung einzubeziehen und den Erkenntnissen der Ernährungswissenschaft Rechnung zu tragen, führen zu einer Verwissenschaftlichung der Lebensmittelerzeugung.

Diesem Trend können die großen Lebensmittelverarbeiter hinreichend folgen. Allerdings hat die starke Konzentration in der Lebensmittelindustrie dazu geführt, daß die zentralen Forschungseinrichtungen grundsätzlich nicht in der

Bundesrepublik Deutschland, sondern in der Schweiz, England, den Niederlanden und den USA zu finden sind. In ihnen findet die wesentliche hauseigene Forschung statt. Daraus ergeben sich nachteilige Konsequenzen für Deutschland und somit auch für Baden-Württemberg. Die aufwendige industrielle Forschung und Entwicklung bedarf auf biotechnischem Gebiet der Konzentration an kompetenten Wissenschaftlern und der Kooperation mit entsprechenden Forschungseinrichtungen z.B. mit Universitäten. Diese notwendige Zusammenarbeit zwischen Industrie und F&E-Einrichtungen könnte in der Tat durch die Einrichtung einer Forschungsinformations- und Koordinationsstelle, wie in der Pilotstudie vorgeschlagen wurde (Kap. 2.1), verbessert werden. Diese Stelle könnte zur Optimierung der Transparenz über bestehende Forschungsangebote bzw. Forschungsergebnisse beitragen und als vermittelndes Bindeglied zwischen Industrie und F&E-Einrichtungen den Rahmen für den Forschungsbedarf maßgeblich gestalten. Auf Grund einer solchen Zusammenarbeit mit Wissenschaftlern außerhalb der industriellen Forschungsstätten könnte ein Forschungspotential geschaffen werden, das sich eindrucksvoll an den Leistungen der modernen Biotechnologie in den Niederlanden zu erkennen gibt. Hier üben die Forschungsinteressen der Firmen Unilever und Ghist-Brocades einen beispielhaften und hilfreichen Einfluß auch auf die außerindustrielle Forschung aus. Dank der entsprechenden staatlichen Förderung ist das Forschungspotential auch in Frankreich und Großbritannien beeindruckend.

Es ist darauf hinzuweisen, daß als unmittelbare gentechnische Objekte außerhalb des landwirtschaftlichen Bereichs nur Mikroorganismen für die Lebensmittelverarbeitung von Bedeutung sind. Unter dem Gesichtspunkt der biologischen Sicherheit sind die traditionellen Fermentationsorganismen im Lebensmittelbereich die geeigneten Objekte der gentechnischen Modifikation. Neben den Hefen sind die Milchsäurebakterien auf diesem Gebiet die wichtigsten Organismen, die nicht nur zur Fermentation selbst sondern auch für die Erzeugung von Stoffwechselprodukten bzw. Enzymen in Frage kommen. Beide Organismengruppen werden weltweit intensiv bearbeitet, und insbesondere die Milchsäurebakterien haben in der Forschung eine dramatische Verstärkung erfahren.

Diese Forschung wird international mit höchster Intensität ausgeführt und wird eindrucksvoll durch den exponentiell verlaufenden Anstieg der für *Lactococcus lactis* aufgeklärten Gensequenzen belegt. Im Jahr 1988 waren nur 2 Gene veröffentlicht gegenüber 101 Gensequenzen, die gegenwärtig bekannt sind. Auch in Ländern wie Irland, Portugal, Griechenland, die gegenüber England, Frankreich und den Niederlanden sonst im Forschungsbereich weniger hervortreten, werden wesentliche Beiträge erbracht. Gemessen daran sind die Beiträge der Bundesrepublik Deutschland sowie auf Teilgebieten auch jene von Baden-Württemberg unterrepräsentiert. In unserer Arbeitsgruppe in Hohenheim sind wir auf diesem Gebiet tätig und kennen daher dieses Umfeld international besonders gut. Wegen der Schlüsselstellung der Milchwirtschaft in agrarisch orientierten Ländern ist gerade bei Milchsäurebakterien die Forschung besonders intensiv. Sie findet jedoch in Baden-Württemberg nicht statt. Es ist zu fürchten, daß im Fall

3.5 Neue biotechnologische Ansätze in der Lebensmittelproduktion 125

einer Akzeptanz der Gentechnik, das für die Anwendung erforderliche Wissen und die Patente ausschließlich außerhalb von Baden-Württemberg zu finden sein werden.

Eine ähnliche Entwicklung ist auch auf dem Gebiet der Gentechnik bei Hefen zu erkennen. Gentechnische Produkte wie Chymosin sowie die Backhefen selbst (s.u.) sind praxisreif entwickelt worden und zeigen das Potential der Organismen auf. Auf dem Gebiet der Anwendung der Gentechnik bei Hefen mit Bedeutung für Lebensmittel gibt es Forschergruppen in Berlin, Hessen und Nordrhein-Westfalen, andererseits findet diese Forschung in Baden-Württemberg nicht statt.

Der Status der internationalen Patentvergabe in den Jahren 1980 bis 1989 wurde in einer Studie des Fraunhofer-Instituts für Systemtechnik und Innovationsförderung in Karlsruhe (1993) untersucht. Aus dieser Arbeit ergeben sich keine Hinweise auf entsprechende Patente aus Baden-Württemberg.

3.5.3 Die Wechselbeziehungen zwischen der Lebensmittelindustrie und anderen Wirtschaftsfeldern

Wenn die Bedeutung der modernen Biotechnolgie im Lebensmittelbereich bewertet werden soll, genügt es nicht, nur die Lebensmittelverarbeitung für sich allein zu betrachten. Es gibt starke Abhängigkeiten anderer Felder von der Lebensmittelverarbeitung. Sie sind gerade für ein Land mit der Struktur Baden-Württembergs von besonderer Bedeutung. Im hervorragenden Maß bestehen Wechselbeziehungen zur Landwirtschaft, zur chemisch-pharmazeutischen Industrie und zum Maschinen- und Anlagenbau. Sie sollen nachfolgend dargestellt werden.

Die Beziehung zur Landwirtschaft

Die enge Beziehung zwischen der Lebensmittelverarbeitung und der Landwirtschaft ist bereits einleitend hervorgehoben worden. Es sollte auch beachtet werden, daß diese Beziehung durch eine konsequente Anwendung der Gentechnik auf ein neues Niveau gehoben werden kann. Klassischerweise sind die Züchtungsziele der Landwirtschaft darauf ausgerichtet, daß die Produkte in ihrer landwirtschaftlichen Handhabbarkeit, bei ökonomisch und ökologisch vertretbarem Aufwand, den Erfordernissen der Ernährung und der sensorischen Attraktivität entsprechen. Die Verarbeiter der Lebensmittel mußten demnach die angebotenen Rohwaren in dieser Form akzeptieren und ihre Prozesse so gestalten, daß unter optimalem Erhalt der wertgebenden Inhaltsstoffe ein lagerbares und hygienisch einwandfreies Produkt erzeugt werden konnte. Es wird diskutiert, daß die neue Beziehung die Erfordernisse des Verarbeitungsprozesses berücksichtigt und die Produktion neuer Sorten nach Maßgabe lebensmitteltechnischer und verstärkt auch ernährungsphysiologischer Gesichtspunkte erfolgt. Beispiele hierfür sind Veränderungen der Enzymausstattung, die die Textur beeinflußt, rheologische Veränderungen der Produkte bewirkt, zu weniger Reststoffanfall führt oder im Produkt auch ohne Zusatzstoffanwendung geringere Verderbsanfälligkeit bewirkt, bzw. bei Backwaren zu einer geringeren Neigung zum Altbacken führt (Moshy, 1986). Eine Änderung der Fettsäurezusammensetzung von Ölsorten entsprechend den ernährungsphysiologischen Anforderungen im Verhältnis von gesättigten : einfach : mehrfach ungesättigten Fettsäuren = 1:1:1 darf als ein Ziel von gentechnischen Veränderungen gewertet werden. Dieses Verhältnis ist gegenwärtig in unserer Nahrung 4:3:1. Ähnliche, den Ansprüchen entsprechende Zielvorgaben sind auch die Erhöhung des Anteils an essentiellen Aminosäuren in Cerealien sowie die Erhöhung der Gehalte an verfügbaren Mineralien und Vitaminen in vielfältigen Rohwaren.

Die Erzeugung von pilzresistenten Lebensmittelrohwaren dient nicht nur der Ertragserhöhung der Landwirtschaft, sondern mindert auch das Auftreten von Mykotoxikosen sowie den Verderb von Rohwaren und Endprodukten. Bemerkenswerterweise werden diese Argumente in der öffentlichen Diskussion kaum aufgegriffen, und so besteht noch eine geringe Akzeptanz der Resistenzzüchtung mit Hilfe gentechnischer Methoden.

Auch in hochverarbeiteter Form hängen die gentechnisch modifizierten landwirtschaftlichen Produkte von der Verbraucherakzeptanz ab. Beispielhaft wird dies aus der Diskussion über Modifikation von Zuckerrüben zur Erzielung der Rhizomanieresistenz erkennbar. Obwohl sich das Verarbeitungsprodukt Zucker nicht von jenem der nicht-modifizierten Rüben unterscheiden wird und biologisch aktive DNA nicht enthalten kann, ist eine Diskriminierung zu befürchten, wenn eine Kennzeichnung unter diesem Aspekt erfolgt. Nach Auskunft des Verbandes der baden-württembergischen Zuckerrübenanbauer e.V. sind ca. 9.000 ha (d.h. ca. 37,5%) der ca. 24.000 ha umfassenden Rübenanbaufläche in Baden-Württemberg von dem Befall durch den Rhizomanie-Virus betroffen. Die sich daraus ergebenden Einbußen für die baden-württembergische Landwirtschaft werden vom Verband auf eine Höhe von ca. 14 Mio. DM geschätzt. Rhizomanie-betroffene Standorte des Rübenbaus in Baden-Württemberg - vorwiegend im Rheingraben - bleiben damit im Wettbewerb benachteiligt, Rohstoffressourcen werden nutzlos verbraucht und der verarbeitenden Industrie wird die Chance genommen unter ökonomischen Gesichtspunkten eine vorsorgende Rohstoffsicherung vorzunehmen.

Die Beziehungen zur chemisch-pharmazeutischen Industrie

Zusatzstoffe und Enzyme werden traditionell in Europa von der chemisch-pharmazeutischen Industrie erzeugt. In Tabelle 5 sind die Produkte zusammengestellt. Für ihre Erzeugung bietet sich, soweit es Proteine sind wie z.B. Enzyme, die Anwendung gentechnisch modifizierter Organismen an, da sie es ermöglichen, sowohl die Produkte in höchster Ausbeute und Reinheit zu produzieren als auch neuartige Produkte zu erzeugen, die mit klassischen Mitteln nicht mit ökonomisch vertretbarem Aufwand zugänglich sind. In Tabelle 6 ist die Bedeutung der Lebensmittelverarbeitung für die Enzymerzeugung dargestellt.

Es sei wiederum darauf verwiesen, daß die Klonierung in Fermentationsorganismen ein höchstes Maß an gentechnischer Sicherheit zu bringen vermag.

3.5 Neue biotechnologische Ansätze in der Lebensmittelproduktion

Dies ist auch der Hintergrund der Nutzung von *Kluyveromyces lactis* zur Erzeugung von Chymosin, und an diesem Beispiel kann wiederum die Bedeutung des Studiums der Fermentationsorganismen, ihrer Genetik und gentechnischen Modifikation erkannt werden.

Die Produktion der Enzyme erfolgt durch wenige hochspezialisierte Unternehmen, unter denen die dänische Firma "Novo Nordisk" eine führende Rolle einnimmt und auch gentechnische Produkte erzeugt. Eine wesentliche Bedeutung in der Bundesrepublik Deutschland haben auch die Firmen Röhm in Darmstadt sowie Solvay Enzymes GmbH in Hannover, die allerdings die Anwendung der Gentechnik zur Enzymproduktion nicht zuletzt wegen des kritischen Umfeldes in Deutschland nicht ausführen. Es ist erkennbar, daß durch die Verlagerung der Produktion ins Ausland keine Arbeitsplätze mehr geschaffen werden und daß zusätzliche Kosten durch parallele Entwicklungen von nicht-rekombinanten Stämmen entstehen. Auch wenn in Baden-Württemberg kein namhafter Enzymhersteller tätig ist, sind hier doch potentielle Arbeitsplätze für Akademiker aus Baden-Württemberg betroffen.

Stoffwechselprodukte aus Mikroorganismen können bei Anwendung moderner biotechnischer Methoden mit Hilfe eines sogenannten "metabolic engineering" gewonnen werden (siehe Tabelle 5). Wiederum lassen sich Ausbeute, Reinheit und Zugänglichkeit zu neuen Verbindungen verbessern, so daß auch für diese Produkte eine erhebliche Bedeutungserweiterung durch die Gentechnik zu erwarten ist. Wegen der verbesserten Ertragslage der ökonomisch effizienter produzierenden Zusatzstofferzeuger werden auch Unternehmen in Deutschland im Falle einer Nichtanwendung in der Gentechnik in ihrer Existenz betroffen sein, bzw. neue Perspektiven gewinnen, wenn die Gentechnik akzeptiert wird.

Die Beziehung zu Erzeugern von Starterkulturen

Das Feld der Erzeugung von Starterkulturen beschränkt sich klassischerweise auf die Zulieferung für die Milchverarbeitung. Zunehmend werden auch Kulturen für andere Bereiche, wie zum Beispiel Fleischverarbeitung, Kellereien und Broterzeugung eingesetzt. Letztlich werden von den entsprechenden Erzeugern auch Felder außerhalb der Lebensmittelbranche bedient wie z. B. Erzeugung von Silage oder Probiotika für die Tierhaltung. Als ein Beispiel für eine Zusammenarbeit zwischen Universität und einem mittelständischen Unternehmen kann die Firma BITEC in Stuttgart gewertet werden, deren Kulturen für den Fleisch- und Weinbereich in Zusammenarbeit mit der Universität Hohenheim entwickelt wurden. Sollte die Gentechnologie Akzeptanz gewinnen, lassen sich neue Generationen von Starterkulturen entwickeln, denen die in Tabelle 7 aufgeführten Eigenschaften zugeordnet werden können. Hier darf ein potentielles Kernfeld für biotechnische Innovationen vermutet werden; denn die in der Tabelle 7 genannten Ziele entsprechen weitgehend den grundsätzlichen Zielen der Lebensmittelverarbeitung insgesamt. Es ist erkennbar, daß jene Firmen, denen der Zugang zu den neuen Generationen aus mangelndem Forschungspotential nicht möglich ist, starke Wettbewerbsnachteile haben können.

Die Beziehungen zum Maschinenbau

Baden-Württemberg hat als Produzent von Anlagen und Maschinen zur Lebensmittelverarbeitung eine besondere Bedeutung. Der Umsatz aus Produktionstätigkeit für 1992 auf dem Gebiet "Maschinen für Nahrungs- und Genußmittel" (einschließlich chem. und verwandter Industrie) betrug 7,52 Mrd. DM (Gesamtumsatz: 315,10 Mrd. DM), und die Anzahl der Beschäftigten lag bei 37.000 (Gesamt: 289.000). Die Aufgliederung in Einzelbereiche läßt erkennen, daß die Lebensmittelverarbeitung bereits direkt hinter der Metallverarbeitung an zweiter Stelle steht. Die Konstruktion und Modernisierung dieser Maschinen und Anlagen erfordert gute Kenntnis und Zusammen-arbeit auf den Gebieten der Maschinen- und Anlagenherstellung und der Lebensmittelverarbeitung. Im Falle fehlender Akzeptanz der Gentechnik in Lebensmitteln wird dieser Kontakt und das erforderliche Wissen im Bundesland nicht verfügbar sein, bzw. die häufig auftretenden befruchtenden Wechselwirkungen zwischen der Anwendung biologischer Prozesse und der apparatemäßigen Ausstattung wird nicht entsprechend in Baden-Württemberg erfolgen. Dies kann auf Teilsektoren zur Minderung der Bedeutung dieses Gewerbes führen.

Beziehungen zu sonstigen Wirtschaftszweigen

Mit Hilfe der Gentechnik haben Entwicklungen statt gefunden, die nicht in jedem Fall eindeutig einem Wirtschaftzweig zugeordnet werden können. Beispiele hierfür sind Produkte der Biotechnik, die der Analytik oder Prozeßkontrolle dienen. Auf dem Gebiet der Analytik stellen die Prozesse in der Lebensmittelindustrie hohe Anforderungen an Zuverlässigkeit, Detektionsgrenzen und Geschwindigkeit. Sie können insbesondere durch Produkte der Gentechnik erfüllt werden. Beispielhaft sollen hier genannt werden:

1. Gensonden, die zur Identifizierung von toxigenen, pathogenen oder verderbserregenden Keimen benutzt werden;
2. Antikörper, die ähnliche Aufgaben wie Gensonden erfüllen oder zusätzlich den Nachweis von Inhaltsstoffen und Kontaminanten ermöglichen;
3. Enzyme, die in der komplexen Matrix Lebensmittel auch ohne sonst übliche zeitaufwendige Probenvorbereitungen die Analytik erleichtern.

Für die Prozeßkontrolle gewinnen im zunehmenden Maß "on-line" zu benutzende Biosonden an Bedeutung. Sie erhöhen die Prozeßsicherheit und ermöglichen bei geringem analytischen Aufwand die angestrebte umfassende Kontrolle und Steuerung des Prozesses.

3.5.4 Biotechnische Innovationen

Die Verarbeitung von Lebensmitteln erfolgt in einem Rahmen, der zahlreiche Möglichkeiten zur Verbesserung der Produkte sowie der dazu erforderlichen Verfahren als wünschenswert erscheinen läßt. Als Beispiel hierzu ist zu nennen, daß trotz erheblicher Anstrengungen hygienische Risiken noch nicht gebannt sind, sondern, wie in gewissen Bereichen zu erkennen ist, zunehmen. Von Bedeutung sind Salmonellosen, Campylobacteriosen, Listeriosen, Staphylokokken-Enterotoxikosen, Erkrankungen durch enteropathogene *Escherichia coli* sowie Yersiniosen. Auch wenn die industriell verarbeiteten Lebensmittel sich durch hohe Sicherheit auszeichnen, bleibt das Risiko erhalten, denn die Ursache der Ausbrüche von Lebensmittelvergiftungen liegen in den Bereichen des Haushalts, der Restaurationen, Kantinen und des Caterings.

Eine Verbesserung dieses Zustandes läßt sich in Teilbereichen mit Hilfe der Gentechnik erreichen, z.B. durch Einsatz von Schutzkulturen, deren Wirkung mit Hilfe der Gentechnologie erweitert und verstärkt werden kann. Eine Verbesserung des nutritiven Wertes der Lebensmittel erscheint durch gentechnische Veränderungen der Pflanzen erreichbar (s.o.). Die Anwendung von Starterkulturen zur Anreicherung essentieller Aminosäuren und bestimmter Vitamine sowie für den Abbau gesundheitsschädlicher Stoffe oder Stoffe, die den nutritiven Wert herabsetzen (Trypsininhibitoren, Phytin, Glucosinulate, Cyanogene usw.) ist im fermentierenden Substrat ebenfalls grundsätzlich wünschenswert und ausführbar. Auch die Verwendung von Kulturen mit probiotischen Eigenschaften sind Forschungsziele der Gentechnik, da ihnen gesundheitsfördernde Einflüsse durch Hemmung von darmschädlichen Mikroorganismen oder gar Erniedrigung des Krebsrisikos nachgesagt werden.

Mit Hilfe der Gentechnik lassen sich auch die Energiekosten senken, so z.B. durch Verwendung der schonenden enzymatischen Prozesse anstelle energieaufwendiger Aufschlußverfahren. Die Anwendung dieses Verfahren führt zudem auch zu Rohstoffeinsparungen, da weniger Denaturierungen auftreten und höhere Substratausnutzungen möglich sind. Weitere Vorteile sind in Tabelle 8 aufgeführt. Rohstoffeinsparungen ergeben sich z. B. auch wenn die Prozeßsicherheit soweit erhöht wird, daß Fehlprodukte ausgeschlossen werden. Als Beispiel ist hier die Anwendung gentechnisch veränderter Starterkulturen zu nennen, die das Risiko durch Spätblähung bei Hartkäse als Folge des Wachstums von *Clostridium tyrobutyricum* ausschließen (van de Guchte et al. 1992).

Von Bedeutung sind auch die Verwertung der Reststoffe der Lebensmittelverarbeitung sowie die Optimierung von Produktionsverfahren. Hierzu lassen sich Enzyme und Mikroorganismen verwenden. Ein in großen Mengen anfallender Reststoff der lebensmittelverabeitenden Industrie ist die Molke. Durch die Entwicklung neuer Verfahren ist es möglich geworden, Lactat mit Hilfe von Milchsäurebakterien aus dem Reststoff Molke kostengünstig zu erzeugen (Trösch, Fraunhofer-Gesellschaft Stuttgart, pers. Mitteilung). Ein Beispiel für die Optimierung von Produktionsverfahren sind glucanabbauende Hefen, die die Filtrierbarkeit des Bieres verbessern.

In Anbetracht des bestehenden Wettbewerbs sind auch solche Produktinnovationen ein Mittel zur Verbesserung der Wirtschaftlichkeit, die primär auf die sensorische Qualität oder besondere diätetische Ansprüche abzielen. Hierzu wurden gentechnisch veränderte Hefen entwickelt, mit denen es möglich ist, bessere Schaumstabilität im Bier zu erzielen oder Diätbier zu erzeugen (Hinrichs & Stahl 1992). Der volle Umfang dieser Innovationen ist konkret wegen der fehlenden Produkte nicht zu beschreiben. Es darf aber angenommen werden, daß auf dem stark umkämpften Lebensmittelmarkt akzeptable und attraktive Produkte den klassischen Produkten den Markt nehmen, da der Verzehr insgesamt nicht gesteigert wird.

Die Bedeutung des Potentials der modernen Biotechnologie ist in den Zweigen der Lebensmittelverarbeitung von unterschiedlichem Gewicht. Naturgemäß kann das Potential in jenen Feldern besonders hoch sein, auf denen traditionelle Fermentationen ausgeführt werden. Eine Zulassung für Lebensmittel wurde nur in einem Fall für einen Gärungsorganismus in England gewährt. Dieser war eine durch Selbstklonierung zur raschen Triebentwicklung modifizierte Backhefe. Für die Bereiche Milchwirtschaft, Brauwirtschaft und Fleischtechnologie gibt es Übersichtsarbeiten, die das Potential der Gentechnik bei Lebensmitteln darstellen (Hinrichs & Stahl 1992; Vogel & Hammes 1993).

Ein Feld der Lebensmittelverarbeitung, das besonders hohe Ansprüche an die Lebens-mitteltechnologie stellt, Erkenntnisse der Ernährungswissenschaft schnell umsetzt und daher für neue Produkte besonders offen ist, stellt die Erzeugung von diätetischen Lebensmitteln dar. Die hier tätige Industrie erreichte im Jahr 1991 einen Umsatz von 3,7 Mrd. DM und in den letzten Jahren Umsatzsteigerungen zwischen 12 und 13%. Gemessen am Gesamtumsatz der Ernährungsindustrie im Jahre 1991 (197,6 Mrd. DM) entspricht dies einem Anteil von 1,9%. Deutsche Hersteller sind im Bereich diätetischer Lebensmittel in Europa Marktführer (ca. 40% des Umsatzes entfallen auf deutsche Hersteller) (Kalscheuer 1992; Ernährungswirtschaft 4, 15-17, 1992).

Das menschliche Ernährungsverhalten ist sehr stark an Traditionen ausgerichtet, so daß klassische Produkte auf lange Zeit einen sicheren Markt haben. Der sehr innovative Bereich der Erzeugung von diätetischen Lebensmitteln weicht hiervon ab. Es sind nicht nur die spezielle Rohwarenauswahl bzw. Zielvorgaben für die Pflanzen- und Tierzüchtung (siehe oben), die eine Erzeugung von an ernährungswissenschaftlichen Erkenntnissen ausgerichteten diätetischen Lebensmitteln ermöglichen, sondern es sind auch prozeßtechnische Umstellungen unter Einschluß gentechnischer Maßnahmen erkennbar, die den speziellen Erfordernissen von Säuglingen, Kleinkindern und Alten, Sportlern und Diabetikern und anderen Menschen mit besonderen Ernährungsanforderungen entsprechen. Die klassische Anwendung von Lebensmittelbestandteilen mit spezifischer Funktionalität (z.B. Eier zum Emulgieren oder Aufschäumen, bestimmter Fette oder Kohlenhydrate zur Beeinflussung rheologischer Eigenschaften usw.) verbietet sich häufig bei der Herstellung bestimmter diätetischer Lebensmittel und muß daher durch andere Stoffe oder Lebensmittel ersetzt werden. Dieses könnten Stoffe und Verfahren sein, die über gentechnische Methoden zugänglich sind. Wegen der besonders hohen Ansprüche, die an die diätetischen Produkte gestellt werden, und des guten Images,

3.5 Neue biotechnologische Ansätze in der Lebensmittelproduktion

das sie genießen, darf spekuliert werden, daß in diesem Produktbereich die Anwendung der Gentechnik erst dann in Erwägung gezogen wird, wenn andere Zweige gezeigt haben, daß Risiken bei gentechnischen Lebensmitteln kein Diskussionsthema sind.

3.5.5 Folgenabschätzung

Die Diskussion der Anwendung der Gentechnik bei Lebensmitteln wird in Deutschland und in Baden-Württemberg engagiert und sehr emotional geführt. In den Veröffentlichungen und Darstellungen der Medien wird der Kritik, den potentiellen Risiken und sonstigen Folgen große Aufmerksamkeit zuteil.

Die potentiellen Risiken sind in Tabelle 9 zusammengestellt. Eine Bewertung des Risikos für die Gesundheit des Menschen ist im selben Maß möglich, wie sie auch für Lebensmittel nicht-gentechnischen Ursprungs ausgeführt wird. Insbesondere wird dem hypothetischen Restrisiko im ökologischen Bereich aber eine große Bedeutung in der öffentlichen Diskussion eingeräumt. Gemessen an der Risikodarstellung findet kaum Aufklärung und sachliche Information statt. Die Feststellung, daß die Mehrzahl der Verbraucher über das Wesen der Gentechnik, ihren biologischen Hintergrund und ihre Nähe bzw. Ferne zu natürlichen Rekombinationen keine oder nur unvollständige Kenntnisse haben, ist eine täglich nachprüfbare Erfahrung. Ein Dialog zwischen den kritischen Verbraucherverbänden und der Lebensmittelindustrie bzw. den Erzeugern der gentechnischen Produkte für die Lebensmittelbranche findet kaum statt. Als Ausnahmen können hier genannt werden: Veranstaltung der Katalyse und Buntstift e.V. am 5. Juni 1993; Expertengespräch Gentechnik "Gentechnik und Lebensmittel" der Friedrich-Ebert-Stiftung am 20. Januar 1992 in Bonn. Eine mögliche Ursache für den fehlenden Dialog kann darin liegen, daß jene Unternehmen, die der Gentechnik in Lebensmitteln Chancen einräumen, mit ihrem Forschungspotential in Deutschland nicht vertreten sind (s.o.) und damit argumentativ den Verbraucherverbänden nicht gegenüberstehen.

Eine Anwendung der Gentechnik bei Lebensmitteln kann für die Lebensmittelindustrie von unterschiedlichem Gewicht sein. Hierbei sind klein- und mittelständische Betriebe getrennt von größeren Unternehmen zu betrachten. Eine klein- und mittelständische Industrie kann die gentechnisch veränderten Rohwaren, Zusatzstoffe und Produkte beziehen und so die damit verbundenen Chancen nutzen. Für größere Unternehmen mit eigener Forschung besteht aber die Möglichkeit, daß sie, durch eigene Entwicklungen und Patente geschützt, zusätzliche Wettbewerbsvorteile gewinnen. Letzteres ist sicherlich die Triebfeder für erhebliche Investitionen, die sich andererseits die kleinen Betriebe ersparen konnten. Bemerkenswert ist auch, daß die Forschungsförderung z.B. durch die EG insbesondere die Forschungsansätze und Zielrichtung jener Unternehmen berücksichtigt, die sich wissenschaftlich artikulieren und dies ist bei den klein- und mittelständischen Unternehmen noch zu selten der Fall.

Es ist nicht anzunehmen, daß die Gentechnik auch im Fall ihrer Akzeptanz sehr schnell die Strukturen der Lebensmittelindustrie verändern wird. Das konservative Ernährungsverhalten der Menschen sowie die hohen zu erbringenden Auflagen beim Nachweis der Unbedenklichkeit der Lebensmittel hinsichtlich toxikologischen und ernährungsphysiologischen Gesichtspunkten stehen einer Revolution in der Lebensmittelverarbeitung grundsätzlich entgegen. Es darf deshalb vorausgesagt werden, daß der Einfluß der Gentechnik in der Lebensmittelverarbeitung keine sprunghaften Veränderungen in kurzer Zeit bewirken wird, daß aber der Schlüssel zu dieser neuen Technologie entscheidend für die Existenz und Nicht-Existenz eines lebensmittelverarbeitenden Betriebes sein wird. Es läßt sich absehen, daß bei erzielter Akzeptanz der Gentechnik durchaus die realistische Möglichkeit besteht, daß Schritt für Schritt über nicht vorhersehbare längere, Jahrzehnte währende Perioden die Gentechnik allumfassend das Wesen der Lebensmittelverarbeitung bestimmen wird und ein erhebliches Potential besitzt, sowohl neue Produkte und Industriezweige zu schaffen, als auch die Wettbewerbskraft bestehender Betriebe zu stärken. Vor diesem Hintergrund darf die Gentechnik in der Lebensmittelverarbeitung als Schlüssel für eine kleine Tür angesehen werden, durch die langsam und stetig ein Fluß erfolgt, der einen Raum praktisch vollständig ausfüllt. In welchem Maße sich dies in Baden-Württemberg erfüllen kann, wird maßgeblich davon bestimmt, ob diese Produkte in Deutschland und darüberhinaus insbesondere in Europa akzeptiert werden. Eine Nichtakzeptanz, die auf Deutschland beschränkt ist, dürfte sicherlich der Industrie in ihrer Bedeutung schaden. Wegen der langen Entwicklungszeiten bei neuartigen Lebensmitteln ist die bestehende Phase der Untätigkeit bedenklich, denn es drohen Forschungsrückstände, die zur Schwächung der Zukunftschancen der Lebensmittelindustrie führen können.

3.5 Neue biotechnologische Ansätze in der Lebensmittelproduktion

Tabelle 1 Gentechnik und Lebensmittel (Hammes et al. 1991)

	Agrarischer Bereich		Lebensmittelproduktion	
	Erzeugung von Lebensmittelrohware		Erzeugung von	
tierischen Ursprungs	pflanzlichen Ursprungs	Produkten im sicheren „Containment"	Organismen zum Einsatz in Fermentationsprozessen
1. Verwendung von Produkten gentechnischen Ursprungs bei Tierhaltung und -produktion (Hormone, Probiotika, Futtermittel, Pharmaka etc.)	1. Verwendung von Produkten gentechnischen Ursprungs bei der Pflanzenproduktion (Pestizide, Schadstoffabbau im Boden, Frostschutz, Stickstoffeintrag etc.)	1. Enzyme, Vitamine, Aminosäuren und andere Zusatzstoffe	1. Ohne Freisetzung der Fermantationsorganismen (Abtötung der Organismen im Prozeßverlauf, Konservenware, wie Sauerkraut, Obst- und Gemüsesäfte, Sojasauce, fermentierte Milchgetränke, Bier, Wein etc.)
2. Transgene Tiere (erhöhte Leistungen, verbesserter Gesundheitszustand, verringertes hygienisches Risiko, bessere ökologische Anpassung etc.)	2. Genetisch modifizierte Pflanzen (Verbesserung der Pflanzeninhaltsstoffe; Beeinflussung von Photosynthese, Stickstoffixierung und Verarbeitungseignung; Resistenzbildung gegen Viren, Bakterien oder Herbizide)		2. Mit Freisetzung der Fermentationsorganismen (fermentierte Milchgetränke, Käse, Sauerkraut, Rohwurst etc.)

Tabelle 2 Fermentierte Lebensmittel des westeuropäischen Marktes
(Holzapfel & Hammes, 1989)

Fermentierte Produkte	Rohmaterialien	Fermentationsorganismen
pflanzlichen Ursprungs		
alkoholisch		
aus Früchten		
Wein	Traubenmost	Saccharomyces cerevisiae, Leuconostoc oenos
Fruchtwein*	Apfel-, Johannesbeermost etc.	Saccharomyces cerevisiae
Sherry	Wein	Saccharomyces cerevisiae
Schaumwein	Wein	Saccharomyces cerevisiae
aus Cerealien		
untergäriges Bier	Malz	Saccharomyces cerevisiae
obergäriges Bier (Berliner Weiße, Alt, Porter etc.)	Malz	Saccharomyces cerevisiae, Brettanomyces bruxellensis, Lactobacillus brevis
Kwass*	Malz, Brot	Hefen, Milchsäurebakterien
Spirituosen		
Weinbrand	Wein	Saccharomyces cerevisiae
Obstbrände*	Kirschen, Birnen etc.	Saccharomyces cerevisiae
Korn, Whisky	Getreide	Saccharomyces cerevisiae
Wodka	Kartoffel, Getreide	Saccharomyces cerevisiae
Topinamburbranntwein*	Süßkartoffel	Saccharomyces cerevisiae, Kluyveromyces marxianus
nichtalkoholisch		
Essig*	Wein, Malz, Ethanol	Acetobacter aceti, A. pasteurianus, A. hansenii, Gluconobacter oxydans
Sauerkraut*	Weißkohl	Leuconostoc mesenteroides, Lactobacillus plantarum, L. brevis
Schneidebohnen*	Grüne Bohnen	Milchsäurebakterien
milchsäurevergorene Oliven*	Olivenfrüchte	Lactobacillus ssp., Leuconostoc ssp., Pediococcus ssp.
Gemüsesäfte*	Rote Beete, Möhren, Weißkraut etc.	Streptococcus lactis, Lactobacillus casei, Lactobacillus bavaricus,
Sauerteig*	Roggen-, Weizenmehl	Lactobacillus sanfrancisco, L. brevis, L. plantarum, L. fructivorans, L. fermentum, Torulopsis holmii, Saccharomyces cerevisiae, Pichia saitoi, Candida krusei
Backwaren	Weizenmehl	Saccharomyces cerevisiae
Kakao*	Kakaobohne	Hefen, Milchsäure-, Essigsäurebakterien, Bazillen
Kaffee*	Kaffeebohne	Enterobakterien, Milchsäurebakterien, Hefen
Tee*	Blätter des Teestrauches	(Pflanzeneigene Enzyme)
Tabak*	Blätter der Tabakpflanze	(Pflanzeneigene Enzyme)
Soja-Sauce*	Reis, Weizen, Sojabohnen	Aspergillus oryzae, Lactobacillus spp., Pediococcus spp., Zygosaccharomyces rouxii, Torulopsis spp.

Die mit * gekenntzeichneten Produkte werden z.T. noch mit Hilfe „spontaner" Fermentationen bereitet.

3.5 Neue biotechnologische Ansätze in der Lebensmittelproduktion

Tabelle 2 Fortsetzung

Fermentierte Produkte	Rohmaterialien	Fermentationsorganismen
tierischen Ursprungs		
Milchprodukte		
Dickmilch	Milch	Streptococcus lactis ssp. cremoris, Streptococcus lactis ssp. diacetylactis, Leuconostoc mesenteroides ssp. cremoris
Jogurt	Milch	Streptococcus salivarius ssp. thermophilus, Lactobacillus delbrückii ssp. bulgaricus
Sauerrahmbutter	Rahm	Säurewecker, er enthält i.a. Streptococcus lactis ssp. lactis, S. lactis ssp. cremoris, S. lactis ssp. diacetylactis, Leuconostoc mesenteroides ssp. cremoris
Kefir	Milch	Candida kefir, Lactobacillus kefir, L. acidophilus, Streptococcus lactis
Frischkäse	Milch	Säurewecker oder Streptococcus salivarius ssp. thermophilus, Lactobacillus delbrückii ssp. bulgaricus
Rotschmierkäse (z.B. Limburger)	Milch	Säurewecker, Brevibacterium linens
Schimmelkäse (z.B. Camembert, Roquefort)	Milch	Säurewecker, Penicillium caseicolum bzw. camemberti, Penicillium roqueforti
Schnittkäse (z.B. Emmentaler)		Streptococcus salivarius ssp. thermophilus, Lactobacillus helveticus, Propionibacterium freudenreichii
Rohpökelwaren		
Rohwurst*	Rindfleisch, Schweinefleisch Hammelfleisch	Lactobacillus ssp., Staphylococcus ssp., Micrococcus varians
Rohschinken*	Schweinefleisch	Vibrio costicola, Staphyloc. ssp.
Anchosen* auf nordische Art	Hering, Sardinen	Vibrio costicola

Die mit * gekenntzeichneten Produkte werden z.T. noch mit Hilfe „spontaner" Fermentationen bereitet.

Tabelle 3 Strukturdaten der Ernährungsindustrie in Baden-Württemberg für 1992
Zum Vergleich sind auch die nicht nach Branchen aufgegliederten Gesamtdaten für die Bundesrepublik Deutschland aufgeführt.

Wirtschaftszweig	Anwendungsform der Biotechnik			Anzahl der Betriebe	Beschäftigte	Gesamtumsatz in Mrd. DM	Anteil %	Exportquote in %
	F	E	Z^1					
Brauereien, Mälzereien	+	(+)	(+)	80	7048	2,29	9,6	1,7
Brot-, Backwaren	+	+	+	192	14214	1,55	6,5	1,7
Fleisch	+	(+)	+	148	9859	3,92	16,5	7,8
Futtermittel	+	−	+	18	782	0,48	2,0	1,8
Mineralbrunnen, -wasser Limonaden	−	−	+	44	4832	1,47	6,2	---
Molkerei, Milch, Käse	+	+	+	27	4405	3,38	14,2	18,5
Mühlen	−	+	+	10	519	0,46	1,9	6,0
Nährmittel, Teigwaren	−	−	−	7	4744	1,98	8,3	4,7
Obst- und Gemüseverarbeitung	+	+	+	44	3334	1,43	6,0	11,0
Spitituosen, Wein (Verarbeitung)	+	(+)	(+)	23	964	0,7	2,9	7,8
Sonstige (inkl. Tabak)				35	4108	1,35	5,7	---
Süßwaren, Zucker	−	+	+	37	8108	4,1	17,2	23,5
Teigwaren	+	+	+	14	1746	0,63	2,6	2,8
Baden-Württemberg gesamt				679	64663	23,74	100,0	8,5
Deutschland gesamt [2]				4483	492000	202,2	---	13,6

Quellen: Verbände der Ernährungsindustrie Baden-Württemberg, Stuttgart;
[1]: F: Ausführung von Fermentationen mit Mikroorganismen; E: Einsatz van Enzymen; Z: Verwendung von Zusatzstoffen biotechnischen Ursprungs; (+): nicht in Deutschland angewandt
[2]: Aufgliederung siehe Jahresbericht 1992 der Bundesvereinigung der deutschen Ernährungsindustrie e.V.

3.5 Neue biotechnologische Ansätze in der Lebensmittelproduktion 137

Tabelle 4 Die größten Unternehmen in der Branche Nahrungs- und Genußmittel

Die 10 Größten Deutschlands

Rang 1992	Rang 1992	Unternehmen	Land	Umsatz in Mio. DM 1992	Zuwachs in %	Mitarbeiter 1992	Zuwachs in %	Gewinn in Mio. DM 1992	Gewinn in Mio. DM 1991
1	1	Deutsche Unilever	D	9402	-4,1	25700	-11,5	395	348
2	2	Nestlé Deutschland	D	5354	1,6	15200	-2,8	123	134
3	4	Südzucker	D	5251	15,7	11000	-7,8	168	170
4	3	Oetker Gruppe	D	4844	3,5	12300	10,6	KA	KA
5	5	Tchibo	D	4742	14,1	11300	25,5	249	183
6	6	Jacobs Suchard Deutschland	D	3305	1,7	3700	-8,0	KA	KA
7	7	Philip Morris Deutschland	D	2500	4,2	3800	-4,0	272	266
8	8	Gebrüder März	D	2136	9,7	7200	11,7	18	21
9	10	Effem	D	1982	8,7	1400	-0,7	88	78
10	9	VK Mühlen	D	1953	4,1	2500	-5,7	-28	12

Die 10 Größten der Welt

1	1	Philip Morris	USA	78123	4,1	161000	-3,0	7702	4994
2	2	Unilever	NL/GB	68005	0,2	283000	-5,0	3554	3378
3	3	Nestlé	CH	60603	8,0	218000	8,4	3000	2859
4	4	PepsiCo	USA	34262	12,0	372000	10,1	584	1794
5	5	ConAgra	USA	33559	1,4	84000	3,9	422	619
6	8	Feruzzi Finanziaria	I	25313	11,9	45000	0,2	-1932	154
7	7	RJR Nabisco	USA	24537	5,0	64000	14,3	466	611
8	9	American Brands	USA	22806	4,0	47000	-2,1	1378	1339
9	6	Grand Metropolitan	GB	21784	-9,5	102400	-16,2	1718	1264
10	-	BSN	F	20898	7,2	58100	-1,9	1073	1149

Quelle: WirtschaftsWoche 52 / 24.12.1993, S. 134
Abk.: KA: keine Angabe

Tabelle 5 Bei der Erzeugung von Lebensmitteln eingesetzte Produkte der Biotechnologie
(Holzapfel & Hammes, 1989)

Produkte	Anwendung	Produzent
Fruchtsäuren		
Citronensäure	Erfrischungsgetränke, Milchprodukte, Fette, Öle	Aspergillus niger, Candida lipolytica
Itaconsäure	Speisefette	Aspergillus itaconicus, Aspergillus terreus
Gluconsäure	Backpulver, Desserts, Brotmischungen, Wurst	Aspergillus niger, Penicillium chrysogenum
Fumarsäure	Desserts, Fette, Milchprodukte, Fleischprodukte	Rhizopus sp., Mucor sp.
Äpfelsäure	Erfrischungsgetränke, Konfitüren Gelees, Bonbons, Sirup, Öle, Brot	Aspergillus sp., Penicillium brevicompactum, Hefen
Weinsäure	Erfrischungsgetränke, Desserts, Gelees	Penicillium notatum, Aspergillus niger, Aspergillus griseus
Bernsteinsäure	Geschmacksstoff; K-, Ca- und Mg-Salze als Kochsalzersatz	Rhizopus sp., Mucor sp., Fusarium sp.
Oxalsäure	Hydrolyse von Stärke zu Glucose	Aspergillus niger
Milchsäure	Fruchtsäure, Mayonnaise, Desserts Backwaren, Milch- und Fleischprodukte	Rhizopus sp., Mucor sp.
Aminosäuren		
L-Glutaminsäure	Geschmacksverstärker	Arthrobacter paraffineus, Brevibacterium flavum, Corynebacterium glutamicum
L-Lysin	Aufwertung von Proteinen	Corynebacterium glutamicum, Brevibactericum flavum
L-Cystein	Backwaren, Antioxidans	Aerobacter aerogenes (Biotransformation)
L-Tryptophan	Antioxidans	Corynebacterium glutamicum
L-Histidin	Antioxidans	Brevibacterium flavum
L-Methionin	Aufwertung von Proteinen	Corynebacterium glutamicum
Vitamine		
Cobalamin	Aufwertung von Lebensmitteln	Propionibacterium freudenreichii, Propionibacterium shermanii
Riboflavin	Aufwertung von Lebensmitteln	Ashbya gossipii, Eremothecium ashbii
β-Carotin	Aufwertung von Lebensmitteln	Blaskeslea trispora
Ascorbinsäure	Aufwertung von Lebensmitteln	Gluconobacter oxydans (Biotransformation)
Ergosterin	Aufwertung von Lebensmittel	Hefen
Geschmacksstoffe		
Inosinsäure	Fertiggerichte	Brevibacterium ammoniagenes, Corynebacterium glutamicum
Guanylsäure	Fertiggerichte	Bacillus subtilis, Corynebacterium glutamicum

Tabelle 5 Fortsetzung

Produkte	Anwendung	Produzent
Aromastoffe		
Diacetyl	Milchprodukte	Streptococcus lactis ssp. diacetylactis, Streptococcus salivarius ssp. thermophilus
Käsearoma	Milchprodukte	Penecillium roqueforti
Essigsäure	Sauergemüse	Acetobacter aceti, Acetobacter pasteurianus, Acetobacter hansenii, Gluconobacter oxydans
Antibiotika		
Nisin	Gegen Blähung von Schmelzkäse, zur schonenderen Erzeugung von Konserven	Streptococcus lactis ssp. lactis
Pimaricin	Zur antimykotischen Oberflächenbehandlung von Schnittkäse und Wurstdärmen	Streptomyces natalensis
Geliermittel		
Alginac	Speiseeis, Instantpudding, Creme	Azotobacter vinelandii, Pseudomonas aeruginosa
Xanthan	Getränke, Schmelzkäse, Schlagcreme, Instantpudding, Frenchdressing, Emulsionsstabilisator	Xanthomonas campestris
Pullulan	Überzüge für Lebensmittel	Aureobasidium pullulans
Curdlan	Geliermittel für Puddings	Alcaligenes faecalis ssp. myxogenes
Pectin	Konfitüren, Backwaren, Speiseeis, Mayonnaisen, Käse	Apfel, Citrusfrüchte
Enzyme		
Glucose-Isomerase	Gewinnung von Fructosesirup mit weitem Anwendungsfeld, für diätetische Lebensmittel zur Reduktion des Glucosegehalts	Actinoplanes missouriensis, Arthrobacter spec., Bacillus coagulans, Streptomyces albus, Streptomyces olivaceus, Streptomyces olivochromogenes, Streptomyces rubiginosus
β-Glucanase	Erleichterung der Filtration von Säften	Bacillus circulans, Bacillus subtilis, Aspergillus niger, Aspergillus oryzae, Penicillium emersonii, Rhizopus delemar, Rhizopus oryzae
α-Glucosidase Maltase	Zur Verzuckerung von Stärke	Aspergillus niger, Aspergillus oryzae, Saccharomyces cerevisiae
β-Glucosidase	Erleichterung der Filtration v. Säften	Trichoderma harzianum
Invertase	Zur Fructosegewinnung, Kunsthonigherstellung	Aspergillus niger, Kluyveromyces fragilis, Saccharomyces cerevisiae
Cellobiase	Gemüse, Früchte	Aspergillus niger, Trichoderma reesei
β-Galactosidase	Entfernung von Lactose aus Milch- und Molkereiprodukten	Aspergillus oryzae, Aspergillus niger, Kluyveromyces fragilis
α-Galactosidase	Bei der Zuckerherstellung, Entfernung der Raffinose aus Melasse	Aspergillus niger, Saccharomyces cerevisiae, Mortierella vinacea sp.
Xylanase	Cerealien, Stärke	Aspergillus niger, Streptomyces sp., Sporotrichum dimorphosporum

Tabelle 5 Fortsetzung

Produkte	Anwendung	Produzent
Inulinase	Zucker, Honig	Kluyveromyces fragilis
β-Amylase	Maltosegewinnung aus Polysacchariden	Bacillus cereus, Bacillus megaterium, Bacillus subtilis
α-Amylase	Glucosesirup, Spritherstellung, Getreideverarbeitung, Pectingewinnung, Fruchtsaftherstellung	Bacillus licheniformis, Aspergillus niger, Rhizopus delemar
Iso-Amylase	Cerealien, Stärke	Bacillus cereus
Arabinofuranosidase	Früchte, Gemüse, Getränke Gewürze und Aromastoffe	Aspergillus niger
Glucoamylase oder Amyloglucosidase	Früchte, Gemüse, Zucker, Honig Konfekt, diätetische Lebensmittel	Aspergillus niger, Rhizopus oryzae, Trichoderma reesei
Cellulase	Beseitigung von Trübungen, Verbesserung der Verdaulichkeit, Gewinnung von Pflanzenextrakten	Aspergillus niger, Aspergillus oryzae, Rhizopus delemar
Hemicellulase	Abbau von Galactomannan und Glucomannan zur Reduktion der der Viskosität	Bacillus subtilis, Aspergillus niger, Aspergillus oryzae
Dextranase	Abbau von Dextran in Rohzuckersäften in der Zuckerindustrie	Klebsiella aerogenes, Penicillium finicolosum, Penicillium lilacinum
Tannase	Getränke	Aspergillus niger, Aspergillus oryzae
Pullulanase	Abbau von Stärke bei der Glucosesirup- und Maltosesirupherstellung	Bacillus acidopullulyticus, Klebsiella aerogenes
Pectinase	Zur Herstellung von Säften, zur Gewinnung von pflanzlichen Inhaltsstoffen	Aspergillus niger, Aspergillus oryzae, Penicillium simplicissimum
Pectinesterase	Früchte, Gemüse, Gewürze, Aromastoffe	Aspergillus niger
Pectinlyase	Früchte, Gemüse, Gewürze, Aromastoffe	Aspergillus niger
Polygalacturonase	Früchte, Gemüse, Gewürze, Aromastoffe	Aspergillus niger
Esterase	Käse, Öle, Fette	Mucor miehei
Katalase	Entfernung von überschüssigem H_2O aus Milch und anderen Lebensmitteln	Micrococcus lysodeikticus
Glucose-Oxidase	Entfernung von O_2 aus Konserven und Getränken und von Glucose aus Ei	Aspergillus niger
Protease	Getränkeindustrie, Getreide- und Fleischverarbeitung, Proteinhydrolysate aus Soja, Fisch und Fleisch, Plasteinreaktion Zur Käseherstellung	Bacillus cereus, Bacillus licheniformis, Bacillus subtilis Aspergillus oryzae, Aspergillus niger Endothia parasitica, Mucor miehei, Aspergillus niger
Rennin	Käse	Kälbermagen
Bromelain	Weites Anwendungsgebiet, siehe Protease	Ananas
Papain	Fleischzartmacher, Getränke	Papaya
Lipase	Aromatisierung von Käse, Entfettung von Proteinen, Veresterung von Fettsäuren, Umesterung von Fetten und Ölen	Aspergillus niger, Candida lipolytica, Mucor javanicus
Naringinase	Entbittern von Grapefruit	Aspergillus niger
Lysozym	Verhinderung von Spätblähungen in Hartkäse	Hühnereier
Hesperidinase	Klärung von Fruchtsäften	Citrusfrüchte
Anthocyanase	Entfärbung von Wein	Pflanzen

3.5 Neue biotechnologische Ansätze in der Lebensmittelproduktion

Tabelle 6 Daten des Weltmarktes für die Enzymproduktion 1992

Enzyme für	Umsatz in Mio. DM
Lebensmittel	620
Waschmittel	460
Leder	100
Sonstiges*	210
Weltmarkt gesamt	1.400

*: Pulpe & Papier, Abwasser, Textil, Tierfutter

Tabelle 7 Erkennbare Ziele einer gentechnischen Modifikation von Starterkulturen für die Lebensmittelerzeugung
(Vogel & Hammes, 1993; modifiziert)

1. **Reduktion des hygienischen Risikos**
   z.B. Antagonismus zu Lebensmittelvergiftern, Entfernung von Toxinen aus Rohwaren oder mikrobiellen Ursprungs
2. **Erhöhung des ernährungsphysiologischen Wertes**
   z.B. Vitamin- und Aminosäureanreicherung
3. **Nutzung des probiotischen Effekts von Mikroorganismen**
   z.B. durch Überwindung der Lactose-Intoleranz, Stabilisierung der Darmflora oder Nutzung von anticancerogenen Effekten
4. **Produktion unter verbesserten ökologischen Gesichtspunkten**
   z.B. Einsparung von Energie, Nutzung neuer Ressourcen unter Einschluß bisher ungenutzter Reststoffe
5. **Erhöhung der Prozeßsicherheit**
   z.B. durch Phagenresistenz, Verringerung des Risikos eines Verlustes von metabolischen Leistungen durch Inkorporation plasmidcodierter Gene in das Bakterienchromosom, Erhöhung der Wettbewerbsfähigkeit
6. **Vereinfachung des mikrobiologischen Geschehens**
   z.B. Kombination von Eigenschaften in einem einzigen Organismus, wie Malatabbau in Hefen, Nitratreduktion in Milchsäurebakterien
7. **Verbesserung der ökologischen Anpassung**
   z.B. Killerfaktoren, Bakteriozine
8. **Ökonomische Produktion**
   z.B. Verkürzung der Prozeßzeit
9. **Effizienzverbesserung**
   z.B. Erhöhung oder Neuerwerb wünschenswerter Leistungen wie: erweitertes Vergärungsspektrum, Prototrophie, stärkere oder neue Aromen, bessere Farbe
10. **Zugang zu neuen Produkten**
    z.B. lite beer, Obst- und Gemüsesaftpräparation, Metabolite und Enzyme mit niedrigem Risikopotential

Tabelle 8 Vorteile des Enzymeinsatzes bei der Lebensmittelverarbeitung (Hammes, 1991)

1. **Schonende Prozeßführung**
   Sie ist häufig mit einer Qualitätsverbesserung verbunden. Die hohe Spezifität der Enzyme ermöglicht die Ausführung einer gezielten Reaktion, ohne daß dabei andere unerwünschte Reaktionen ablaufen.
2. **Energiesparende Prozeßführung**
   Es ist das Wesen enzymkatalysierter Reaktionen, daß sie die Aktivierungsenergie für den Reaktionsablauf herabsetzen.
3. **Ökonomische Prozeßführung**
   Insbesondere bei kontinuierlichen Prozessen mit trägergebundenen Enzymen sind die Präparatekosten im Verhältnis zum Produktumsatz gering. Zusätzlich können die Produktausbeuten erhöht und z.B. Filtrationskosten reduziert werden.
4. **Zugang zu neuartigen Produkten**
   z.B. laktosefreie Milch für laktoseempfindliche Menschen oder „high fructose syrup" aus Stärke. In der Vergangenheit war es die „Erfindung" des Käses.

Tabelle 9 Potentielle Risiken aus der Gentechnologie bei Anwendung im Lebensmittelbereich (Hammes et al., 1991)

I. **Auswirkung auf die Ökologie**
   a) Beeinflussung eines bestehenden Ökosystems
   b) Beeinflussung der menschlichen Gesundheit aus der Veränderung des Ökosystems

II. **Auswirkungen auf die Gesundheit des Menschen**
   a) Schädliche Effekte genmodifizierter Mikroorganismen
      (Pathogenität, Toxigenität, erhöhte Resistenz gegenüber Chemotherapeutika)
   b) Schädliche Effekte aus transgenen höheren Organismen (Toxizität)
   c) Schädliche Effekte aus Xenozymen (engineered enzymes), (Toxizität)
   d) Schädliche Effekte aus unerwünschten Präparatverunreinigungen (Toxizität)
   e) Auswirkungen der rekombinaten DNA auf den Menschen

Literatur

BVE Jahresbericht (1992) Bundesvereinigung der Deutschen Ernährungsindustrie e.V., Bonn

Guchte van de M, Wal van der F, Kok J, Venema G (1992). Lysozyme expression in *Lactococcus lactis*. Appl. Microbiol. Biotech. 37:216-224

Hammes WP (1991) Grundlagen der Lebensmitteltechnologie. In: Jorde W u. Schata M (Hrsg). Nahrungsmittelallergie. Band 4, 13. Mönchengladbacher Allergie-Seminar, Nov. 1990, Dustri-Verlag Dr. Karl Feistle, München-Deisenhofen, S 23-41

Hammes WP, Vogel RF, Gaier W, Knauf HJ (1991) Genetic Engineering - Möglichkeiten und Grenzen bei Lebensmitteln (I). Lebensmitteltechnik 1-2, 34-42

3.5 Neue biotechnologische Ansätze in der Lebensmittelproduktion

Hinrichs J, Stahl U (1992) Gentechnik und Lebensmittel. In: Präve P, Schlingmann M, Esser K, Thauer R, Wagner F (Hrsg) Jahrbuch Biotechnologie, Bd.4, Carl Hanser Verlag, München Wien, S 257-280

Holzapfel WH, Hammes WP (1989) Die Bedeutung moderner biotechnischer Methoden für die Lebensmittelherstellung. In: Biotechnologie in der Agrar- und Ernährungswirtschaft. Berichte über Landwirtschaft, 201. Sonderheft, Verlag Paul Parey, Hamburg Berlin, S 47-65

Kalscheuer KH (1992) Trendsetter gezielter Ernährung. Ernährungswirtschaft 4, 7-13

Moshy R (1986). Biotechnology: its potential impact on traditional food processing. In: S.K. Harlander SK, Labuza TP (eds). Biotechnology in food processing. Noyes Publications, Park Ridge, New Jersey, USA, pp 1-14.

Schell von T, Hohl M, Mohr H (1993) Pilotstudie zum Projekt: Biotechnologie/Gentechnik als Grundlage neuer Industrien in Baden-Württemberg. Akademie für Technikfolgenabschätzung in Baden-Württemberg, Stuttgart

Vogel RF, Hammes WP (1993) Gentechnisch modifizierte Mikroorganismen. Deutsches Ärzteblatt 90, Heft 28/29, S 1997-2006

3.6 Wirkungen des Einsatzes der neuen Biotechnologie in der Lebensmittelproduktion

Dr. Knut Koschatzky
Fraunhofer-Institut für Systemtechnik und Innovationsforschung, Breslauer Str. 48
76139 Karlsruhe

3.6.1 Problemstellung

Die neue Biotechnologie, d.h. die Anwendung gentechnischer Methoden in der Biotechnologie, wird künftig in der Produktion von Lebensmitteln an Bedeutung gewinnen. Dies betrifft nicht nur die Herstellung des Endproduktes, sondern auch die vorgelagerten Bereiche der Pflanzenzucht und Nutztierproduktion sowie die hier auftretenden Einflüsse auf Pflanze und Tier (z.B. Herbizideinsatz, Tierimpfstoffe). Da neben industriell be- und verarbeiteten Lebensmitteln auch Nutzpflanzen und Fleisch wichtige Ernährungsbestandteile des Menschen sind, wird unter Lebensmittelproduktion nicht nur die industrielle Verarbeitungsstufe verstanden, sondern auch der Bereich der lebensmittelrelevanten Agrarproduktion.

Nachfolgend werden exemplarisch einzelne Auswirkungsbereiche der neuen Biotechnologie im Lebensmittelbereich thematisiert, wobei das mögliche Spektrum nicht vollständig behandelt werden kann. Angesprochen werden Aspekte der biologischen Sicherheit, die rechtlichen Rahmenbedingungen, die Innovationsaktivitäten in der Lebensmittelindustrie und die Verbraucherakzeptanz. Diesen Betrachtungen vorangestellt ist eine Übersicht über die relevanten Technikgebiete, den jeweils erwarteten Nutzen und mögliche Risiken. Das Gutachten basiert auf Arbeiten, die im Rahmen eines gleichlautenden Projektes für das Bundesministerium für Forschung und Technologie durchgeführt wurden.

3.6.2 Technikübersicht

Neue Biotechnologie in der Pflanzenzucht

Bei der gentechnischen Veränderung von Nutzpflanzen werden folgende wesentliche Ziele verfolgt:

- Resistenz von Kulturpflanzen gegen Herbizide;
- Resistenz gegen Viruserkrankungen, z.B. gegen Mosaik-Erkrankungen;
- Resistenz gegenüber Schadinsekten und Pilzen;
- Streßresistenz bei hohen Temperaturen;

3.6 Einsatz der neuen Biotechnologie in der Lebensmittelproduktion

- Veränderung der Fruchtzusammensetzung, z.B. der Fettsäurenkettenlänge und des Sättigungsgrades bei Ölsaaten;
- Veränderung von Fruchteigenschaften, z.B. hinsichtlich Fruchtreifung und -geschmack.

Die Verkürzung der Zuchtzeiten in der Neuzüchtung von Nutzpflanzen (von 15 bis 20 Jahre auf 8 bis 10 Jahre) ist von großer Bedeutung für die Pflanzenzucht, da traditionelle Methoden sehr arbeitsintensiv und zeitaufwendig hinsichtlich der Erstellung von genetischer Variabilität und der Selektion der Individuen sind (Albrecht 1990). Eine wirtschaftliche Pflanzenproduktion ist ohne den Schutz von Pflanzenbeständen vor Krankheiten, Schädlingen, Unkräutern und abiotischen Belastungen nicht möglich. Durch biologische Pflanzenschutzverfahren könnten die negativen Folgen des chemischen Pflanzenschutzes (z.B. Eintrag der Herbizide in die Ackerböden, Anreicherung in der Nahrungskette) vermindert werden. Die neue Biotechnologie ermöglicht die Einschleusung von Resistenzgenen und damit die Übertragung von Krankheits- und Schädlingsresistenzen auf die Nutzpflanze. Darüber hinaus ermöglicht die Züchtung von umweltresistenten Pflanzen (z.B. hinsichtlich Trockenheit, Salzgehalt des Bodens) die Ausweitung der Anbaugebiete von Nutzpflanzen in andere Klimazonen.

Durch gentechnische Veränderungen der Fruchteigenschaften und der Fruchtzusammensetzung können gezielt die Anforderungen der lebensmittelverarbeitenden Industrie oder des Handels hinsichtlich der Verarbeitungs- oder Lagermöglichkeiten erfüllt werden. Prominentes Beispiel ist die Flavr Savr Tomate von Calgene, die erst im vollen aromareichen Reifestadium geerntet wird, aber dennoch 2-3 Wochen haltbar und lagerfähig bleibt.

Bei allen Züchtungstechniken - auch bei den traditionellen Methoden - besteht immer die Möglichkeit, daß unerwartete pleiotrope Effekte, d.h. durch einen einzigen Gentransfer verursachte mehrfache Merkmalsveränderungen, auftreten. Störungen hinsichtlich der ursprünglichen Expression von Wirtsgenen können durch Gentransfer an einer falschen Stelle im Wirtsgenom auftreten und unter Umständen die Expression vollständig verhindern. Dies kann besonders dann schwerwiegende Folgen haben, wenn die Expression von Enzymen gestört ist, die pflanzeneigene Toxine inaktivieren. Pflanzen produzieren von Natur aus Toxine, die sie gegen Schädlinge schützen. Eine durch Gentransfer verursachte Überexpression kann zu ernsthaften Erkrankungen führen.

Auch die Herbizidresistenzzüchtungen sind nicht frei von Risiken. Neben den genetischen Aspekten sind vor allem die Folgen des praktischen Herbizideinsatzes in der Landwirtschaft zu bedenken. Mit herbizidresistenten Pflanzen steht dem Einsatz von Herbiziden in großen Mengen und auch unabhängig von der Wachstumsphase nichts im Wege. Dadurch kann es zu Rückstandsbildungen in Nahrungspflanzen, dem Auftauchen unkontrollierbarer Unkrautresistenzen, der Übertragung der Resistenzen auf Bodenmikroorganismen, der Bodenkontamination sowie zur Ausrottung von Wildpflanzen kommen.

Neue Biotechnologie in der Nutztierzucht

Durch die Herstellung transgener Nutztiere wird langfristig die gezielte Veränderung von Wachstum, Produktivität, Produktqualität und die Heilung von Gendefekten im weitesten Sinne angestrebt. Die gegenwärtigen Methoden sind jedoch keineswegs ausgereift und die bislang verfügbare Auswahl geeigneter Genkonstrukte für den Transfer ist noch sehr begrenzt (Glodek 1991). Folgende Ziele werden bei der Anwendung der Gentechnik in der Nutztierzucht verfolgt (Kräusslich 1991; Roschlau 1991):

- Einsatz von Wachstumshormonen für eine effizientere Nutztieraufzucht und zur Steigerung der Milchleistung;
- Widerstandsfähigkeit gegen Krankheiten;
- Verbesserung der Futtermittelverwertung,
- Steigerung der Fruchtbarkeit;
- Resistenz bzw. Toleranz gegenüber Umweltfaktoren;
- Veränderung der qualitativen und quantitativen Zusammensetzung der Milch, z.B. Lactosefreiheit.

Künstliche Besamung, Embryonentransfer und Kryokonservierung von Embryonen sind integrale Bestandteile von Zuchtprogrammen beim Nutztier. Die Chancen der neuen Biotechnologie liegen in der gezielteren und kostengünstigeren Erreichung der angestrebten Ziele sowie auch im Tierschutz (Embryonentransport statt Tiertransport), der Vermeidung der Einschleppungsgefahr von Tierseuchen und in der Erhaltung genetischer Ressourcen durch Anlage von Genom- und Genreserven.

Der Einsatz des rekombinant hergestellten Rinderwachstumshormons Bovines Somatotropin (BST) in der Rindermast bewirkt eine Erhöhung der Wachstumsgeschwindigkeit, eine Verbesserung der Futtermittelverwertung und eine Erhöhung des Magerfleischanteils im Schlachtkörper. Eine exemplarische Wirtschaftlichkeitsberechnung für einen Bullenmastbetrieb zeigt, daß der rBST-Einsatz unter günstigen Annahmen, d.h. die Erhöhung der täglichen Zunahmen um 25% und der Futterverwertung um 12%, einen Gewinnzuwachs von 14% ermöglichen kann (Deutscher Bundestag 1991).

Wegen des langen Generationenintervalls von Nutztieren ist die Zeitperiode bis zur erfolgreichen Integration eines Genkonstruktes in eine Population relativ lang. Beim Rind dauert sie etwa 11 Jahre. Der Einsatz des Gentransfers kann den zeitlichen Aufwand deutlich verringern. Auch sind Merkmale, die mit konventionellen Zuchtmethoden nicht oder nur unzureichend verändert werden können, wie z.B. Krankheitsresistenzen, durch Gentransfer direkt beeinflußbar (Kräusslich 1991).

Künstliche Besamung und Kryokonservierung sowie die einseitige Selektion auf Hochleistung haben zu einer Einengung der genetischen Variabilität geführt. Ca. 5 Mio. Zuchtkühen in Deutschland stehen heute nur 5.000 Zuchtbullen gegenüber. Dies bedeutet einen hohen Grad an Inzucht und damit auch eine hohe

3.6 Einsatz der neuen Biotechnologie in der Lebensmittelproduktion 147

Wahrscheinlichkeit für das Auftreten von Erbkrankheiten, unerwünschten Merkmalen und deren schnelle Verbreitung.

Viele der modernen Methoden der Tierzucht und -haltung haben negative Auswirkungen auf die Gesundheit der Tiere. Tiere mit erhöhter Konzentration an Wachstumshormonen (einschließlich BST) können erhöhte Anfälligkeiten für Knochenbrüchigkeit, Gelenkschwäche und Herzschwäche aufweisen. Rekombinante Hormone und Proteine (durch Impfstoffe) können zu Rückständen im Fleisch oder in der Milch führen und bei deren Verzehr durch den Menschen aufgenommen werden. Bei der Verwendung von rBST kommt noch die Gefahr der Bildung bakterieller Toxine oder anderer unverträglicher Substanzen durch den Produktionsorganismus hinzu, mit denen das rBST verunreinigt sein kann. Diese Wirkungen sind allerdings umstritten (Karg 1991). Die ökonomischen Implikationen auf die deutsche Milcherzeugung und die Struktur der bäuerlichen Landwirtschaft sind bereits an anderer Stelle detailliert beschrieben worden (Bundesminister für Ernährung, Landwirtschaft und Forsten 1989).

Der Gentransfer beim Nutztier befindet sich derzeit noch im experimentellen Stadium und wird künftig als methodische Grundlagenforschung parallel zu Genomanalysen weitergeführt werden. Besonderes Interesse gilt Merkmalen von geringer Heritabilität (Erblichkeit), wie beispielsweise der Krankheitsresistenz. Jedoch sind die Aussichten, mit Hilfe des Gentransfers in naher Zukunft deutliche Erfolge zu erzielen, relativ gering. Nicht zuletzt das geringe öffentliche Akzeptanzniveau hinsichtlich gentechnischer Veränderungen bei Nutztieren führt nur zu einer geringen Nachfrage nach agroindustriell umsetzbaren Forschungsergebnissen.

Neue Biotechnologie in der Lebensmittelverarbeitung

In der Lebensmittelverarbeitung sind die bedeutendsten Einsatzgebiete für neue biotechnische Verfahren in den Bereichen zu finden, die traditionell mit Mikroorganismen (Starterkulturen) arbeiten oder in Produktionsprozessen, in welchen enzymatisch katalysierte Abläufe eine Schlüsselrolle spielen. Die Hauptfelder für neue biotechnologische Verfahren in der Lebensmittelverarbeitung liegen daher in der

- Milchindustrie;
- Rohwurstherstellung;
- Produktion alkoholischer Getränke;
- Backwarenindustrie sowie in der
- Herstellung von Enzympräparaten (z.B. Hydrolasen) und Lebensmittelzusatzstoffen (organische Säuren, Vitamine, Aminosäuren, Farbstoffe, Süßstoffe, Geschmacksverstärker).

Für die Produktion von fermentierten Produkten bietet die neue Biotechnik eine Reihe von Vorteilen. Sie kann zur Erhöhung der Prozeßsicherheit (z.B. Phagenresistenz), zu Effizienzverbesserungen (z.B. verbesserter Nährwert), zur

Vereinfachung des mikrobiologischen Geschehens (z.B. Nitratreduktion in Milchsäurebakterien), zur Reduktion des hygienischen Risikos und zur Herstellung neuer Produkte beitragen. Für wichtige Fermentationsorganismen der Lebensmitttelproduktion, wie z.B. Lactobacillus und Staphylococcus, liegen Vektoren, Transformations- und Expressionssysteme für homologe und heterologe Gene vor. Einige der Mikroorganismen und deren Produkte sind bis zur Industriereife entwickelt worden. Durch die Erhöhung ihrer Leistungsfähigkeit lassen sich höhere Produktausbeuten bei fermentierten Produkten und durch die Optimierung ihrer Eigenschaften gezielter Lebensmittelzusatzstoffe herstellen (Hinrichs u. Stahl 1992).

Einsatzmöglichkeiten modifizierter Mikroorganismen ergeben sich vor allem in der Milchwirtschaft, der Brauerei und Brennerei sowie in kleinerem Umfang in der Fleisch- und Backwarenindustrie. Für Brauerei- und Brennerei-Hefen mit amylolytischen Aktivitäten, die in der Lage sind, Stärke direkt und ohne vorherige Verzuckerung zu vergären, wird in Zukunft eine erhebliche wirtschaftliche Bedeutung gesehen (Teuber 1992). In der Milchindustrie besteht das Hauptinteresse in der Bereitstellung von Milchsäurebakterien mit optimierten Eigenschaften, in der Konstruktion bakteriophagen-resistenter Starterkulturen, der Bereitstellung von Starterkulturen mit hoher proteolytischer Aktivität (Käseherstellung), der Konstruktion von Starterkulturen, die Bacteriocine und Antibiotika zur Hemmung von Listeria und Clostridien produzieren und der Konstruktion von amylasehaltigen Milchsäurebakterien zur Silage-Fermentation. Des weiteren wird für den Einsatz mikrobiellen Chymosins zur Käseherstellung ein stark steigender Bedarf erwartet. Bei der Rohwurstherstellung kann von Schutzkulturen durch die Produktion von bakteriostatischen oder bakterioziden Substanzen eine Reduzierung der Nitratzugabe erreicht werden. Für die Backindustrie wird bereits eine gentechnologisch modifizierte Backhefe hergestellt (derzeit in Großbritannien zugelassen), die eine Beschleunigung des Gärvorganges ermöglicht.

Im Bereich der Lebensmittelzusatzstoffe ist ein Einsatz der neuen Biotechnik vor allem in der industriellen Enzymproduktion sinnvoll. Hier ist die Technik durch den stark gestiegenen Einsatz von Enzymen in der Waschmittel-, Textil- und Lederindustrie am weitesten vorangeschritten. Viele Enzyme können mit nur geringem Kostenaufwand in geschlossenen Fermentationsprozessen gewonnen werden. Für den Lebensmittelsektor sind bislang nur wenige gentechnisch hergestellte Enzyme im Handel (Stärkevergärung, Käseherstellung). Die Entwicklung weiterer Präparate wird aber von der Industrie stark forciert, so daß eine progessive Zunahme von Produkten zu erwarten ist (Hinrichs u. Stahl 1992). Bei der Herstellung anderer Lebensmittelzusatzstoffe, wie Aminosäuren, Farbstoffe, Vitamine u.a. werden Methoden wie die Mutation und die in vivo-Rekombination als geeigneter angesehen, da der methodische Aufwand zur gentechnischen Herstellung dieser Produkte ungleich höher ist als bei der Enzymproduktion.

Trotz der geschilderten Vorteile ist die Nachfrage nach gentechnisch hergestellten Enzymen oder modifizierten Mikroorganismen aus der Lebensmittelindustrie bislang gering. So sind, im Gegensatz zum Pharmabereich, die Gewinnspannen bei der Lebensmittelproduktion klein, wodurch sich gentechnische Arbeiten nur bei

3.6 Einsatz der neuen Biotechnologie in der Lebensmittelproduktion   149

erheblichen Optimierungseffekten lohnen (Hinrichs u. Stahl 1992). In der Lebensmittelindustrie sind traditionelle Verfahren enzymatischen Prozessen oft preislich überlegen, so daß der Markt für Enzympräparate generell auf wenige Bereiche begrenzt ist (z.b. Milchgerinnung, Ethanolherstellung, Obst- und Gemüseverarbeitung). Dies betrifft konventionell gewonnene und gentechnisch hergestellte Enzyme in gleicher Weise. Ein weiterer Grund für die derzeitige Zurückhaltung, gentechnische Verfahren oder Produkte einzusetzen, liegt in der geringen Verbraucherakzeptanz (vgl. Kapitel Verbraucherakzeptanz). Viele Firmen wollen daher nicht mit gentechnischen Arbeiten in Verbindung gebracht werden. Auch hemmt die z.T. noch unklare Regulierungssituation in Deutschland und der Europäischen Union (EU) die Verwendung gentechnisch veränderter Mikroorganismen. Der zukünftige Einsatz der neuen Biotechnologie in der Lebensmittelproduktion wird nicht zuletzt von der Gesetzgebung, stärker aber noch von der Verbraucherakzeptanz und -ablehnung abhängen.

Die Risiken bei der Anwendung gentechnisch veränderter Mikroorganismen, wie z.B. die Pathogenität des Organismus, Toxizität und Allergenität der Expressionsprodukte, sind stets fallweise in Abhängigkeit vom verwendeten Mikroorganismus und der Art seiner Veränderung zu untersuchen. Trotz GRAS-Status (Generally Recognized as Safe) des natürlichen Ausgangsorganismus sollte auch die Unbedenklichkeit des modifizierten Mikroorganismus sichergestellt sein.

Im Vergleich zum Pharmamarkt stellt die Gentechnik in der Lebensmittelproduktion, vor allem aus Sicht vieler mittelständischer Unternehmen, bislang eher eine Nischentechnologie dar, da man, nicht zuletzt aus Gründen fehlender Verbraucherakzeptanz, der Ansicht ist, die künftige technische Entwicklung mit Hilfe konventioneller Verfahren und Techniken bewältigen zu können. Dem steht aber die Einschätzung einiger Lebensmittelkonzerne gegenüber, die bewußt auf die Gentechnik setzen und ihre Erfahrungen aus anderen Bereichen, z.B. Detergenzien, auch auf die Lebensmittelherstellung übertragen wollen. Vor allem bei der gezielten Veränderung von Pflanzeneigenschaften (z.B. Inhaltsstoffe, Verarbeitbarkeit), bei der Herstellung neuer Produkte und beim Einsatz von Prozeßhilfsmitteln wird der Gentechnik von der Wissenschaft und den Forschungsabteilungen großer Unternehmen ein Schlüsselcharakter in der Herstellung von Lebensmitteln zugesprochen.

3.6.3 Biologische Sicherheit im Lebensmittelbereich

Fragen der biologischen Sicherheit spielen eine zentrale Rolle beim Einsatz neuer biotechnologischer Methoden und Prozesse in der Nahrungsmittelproduktion. Hervorzuheben sind insbesondere mögliche direkte oder indirekte Gefährdungen, die sich aufgrund der Verwendung gentechnisch veränderter Organismen (GVO) ergeben können. Einzelne Aspekte wurden bereits in Kapitel 2 angesprochen. Zwei grundsätzliche Bereiche müssen unterschieden werden: Biologische Sicherheitsaspekte bei der Produktion von Lebensmitteln und Sicherheitsaspekte von Produkten, die veränderte Organismen enthalten können (z.B. Joghurt) oder aus solchen bestehen. Da der Gesamtbereich der biologischen Sicherheit im Lebensmittelbereich so komplex ist, daß er im Rahmen dieses Gutachtens nicht umfassend behandelt werden kann, werden nachfolgend exemplarisch einzelne Gefährdungen skizziert, die bei der Freisetzung von Organismen eintreten können.

Freisetzungen lassen sich bei der Lebensmittelherstellung grundsätzlich nicht unterbinden und werden als Hauptquelle für mögliche Sicherheitsprobleme eingeschätzt (Hammes et al. 1991). Unter den möglichen Produktgruppen sind Mikroorganismen (z.B. Starterkulturen) aufgrund ihrer spezifischen Eigenschaften - kurze Reproduktionszeiten, häufiges Vorkommen von Genaustausch, großes Verbreitungspotential, fehlende Rückholbarkeit, möglicherweise pathogene Verwandtschaft - am ehesten sicherheitsrelevant. Demgegenüber besteht bei transgenen Tieren für Nahrungsmittelzwecke ein eher geringes Risikopotential (mit Ausnahme transgener Fische). Tierzucht wird gezielt, d.h. mit ausgewählten Zuchttieren in speziellen Zuchtprogrammen betrieben. Männliche Zuchttiere werden in der Regel separat gehalten, zufällige Vermehrung unterbunden. Die Tiere sind identifizierbar und registrierbar und die Rückholbarkeit im Falle von nicht beabsichtigten Freisetzungen ist prinzipiell gegeben. Aufgrund dieser Gegebenheiten kann unkontrollierter Genaustausch praktisch ausgeschlossen werden (Wittmann 1991).

In der aktuellen Debatte über die Freisetzung von GVOs zeichnet sich ab, daß bei der Bewertung des Risikos von Freisetzungen in erster Linie die biologischen Eigenschaften (Phänotyp) des betreffenden Organismus in Hinblick auf die Umwelt zu berücksichtigen sind, in die er freigesetzt wird. Von weitaus geringerer Relevanz ist, ob die Eigenschaften mit Hilfe molekulargenetischer Methoden geschaffen wurden (Tiedje et al. 1989). Je nach den relevanten Eigenschaften kann auch ein natürlich vorkommender Organismus problematisch einzustufen sein (Fontali 1991).

Gefährdungen können unmittelbar von dem betreffenden Organismus ausgehen (z.B. Milchsäurebakterien), aber auch von seinen Bestandteilen (wie z.B. DNA, Plasmide, Proteine, Antigene, Viren) oder Produkten (wie z.B. Toxine, Antibiotika, Stoffwechselprodukte). Der Organismus, seine Bestandteile oder Produkte können aber auch Sekundäreffekte verursachen, von denen dann die eigentliche Gefährdung ausgeht. Auswirkungen sind denkbar auf den Menschen, und zwar sowohl auf die Beschäftigten, die Umgang mit dem betreffenden Organismus haben, als auch auf die nicht direkt betroffene Bevölkerung. Auswirkungen auf Tiere, Pflanzen und Mikroorganismen sowie Einflüsse auf Wasser, Boden, Luft, Stoffkreisläufe und Klima (z.B. durch veränderte Produktionsraten klimarelevanter Gase biogenen Ursprungs) sind denkbar.

Akute oder chronische Erkrankungen von Menschen, Tieren oder Pflanzen können nach Infektion mit einem pathogenen Organismus auftreten. Allergien, Vergiftungen oder Erbgutveränderungen sind möglich. Diese Effekte können direkt von den freigesetzten Individuen ausgelöst werden und damit auf die unmittelbar von der Freisetzung betroffenen Auswirkungsbereiche beschränkt sein. Weitaus größere Implikationen sind denkbar, wenn die Organismen nach der Freisetzung überleben, sich vermehren und verbreiten. Selbst wenn Organismen freigesetzt werden, die zunächst eine im Vergleich zu freilebenden Organismen reduzierte

3.6 Einsatz der neuen Biotechnologie in der Lebensmittelproduktion

Fitness aufweisen, so daß ihre Etablierung in der Umwelt nicht wahrscheinlich ist, können bis zum vollständigen Verschwinden der Population dennoch lange Zeiträume vergehen (Tiedje et al. 1989). Der freigesetzte Organismus kann durch lateralen Gentransfer über die Mechanismen der Transformation, Transfektion und Konjugation im genetischen Austausch mit Organismenpopulationen am Standort stehen. Dadurch kann er genetische Informationen für Eigenschaften erwerben, die seine Fitness erhöhen. Auch können standortspezifische Organismen durch Aufnahme von DNA des freigesetzten Organismus - selbst wenn dieser nicht vermehrungsfähig ist - in ihrem Phänotyp verändert werden, so daß von ihnen eine Gefährdung ausgehen könnte (Lorenz, Wackernagel 1990).

Die Darstellung prinzipiell möglicher Gefahren infolge der Freisetzung von GVOs erlaubt keine Aussage über die Eintrittswahrscheinlichkeit dieser Ereignisse in Abhängigkeit von den jeweiligen Umweltbedingungen. Risiko ist definiert als das Produkt aus Schadensausmaß und Eintrittswahrscheinlichkeit. Daher sind objektivierte Kriterien für eine Abschätzung der Eintrittswahrscheinlichkeit erforderlich (zur Darstellung vgl. Tiedje et al. 1989; Hasskarl 1990; EG-Richtlinie 1990; OECD 1992). Mit Hilfe der Kriterien können Risikopotentiale ermittelt und effektive Maßnahmen zu deren Verringerung ergriffen werden. Dabei muß beachtet werden, daß Risikoabschätzung immer nur im Einzelfall möglich ist und pauschalen Bewertungen keine Aussagekraft beizumessen ist.

3.6.4 Rechtliche Rahmenbedingungen im Lebensmittelbereich

In der Bundesrepublik Deutschland unterliegen konventionelle Lebensmittel den Bestimmungen des deutschen Lebensmittelrechts samt Dachgesetz (Lebensmittel- und Bedarfsgegenstände-Gesetz, LMBG). Gemäß §8 LMBG ist es verboten, "Lebensmittel für andere derart herzustellen oder zu behandeln, daß ihr Verzehr geeignet ist, die Gesundheit zu gefährden". Daher ist davon auszugehen, daß alle auf dem Markt vorhandenen Produkte nach den Sicherheitskriterien und Auflagen der nationalen Rechtsprechung produziert werden. Werden die Lebensmittel gentechnisch produziert oder sind sie gar selbst als gentechnisches Produkt zu bezeichnen, fällt deren Herstellung und Genehmigung unter das Gentechnikgesetz (GenTG). Im derzeit diskutierten Entwurf zur Novellierung des GentG werden alle Aspekte der EU-Richtlinien 90/219/EWG (Verwendung genetisch veränderter Mikroorganismen in geschlossenen Systemen) und 90/220/EWG (Absichtliche Freisetzung genetisch veränderter Organismen in die Umwelt) in nationales Recht umgesetzt.

Das LMBG ist ein Dachgesetz. Es enthält die allgemeinen Grundsätze des Lebensmittelrechts und die wichtigsten Begriffsbestimmungen. Detailtatbestände werden in Verordnungen (z.B. Käseverordnung, Fleischverordnung) geregelt, die auf zahlreichen Ermächtigungsgrundlagen des LMBG beruhen. Eine Ausnahme hiervon bilden das Milchrecht und das Weinrecht, die in eigenen Dachgesetzen geregelt sind (Lips, Marr 1990; Lebensmittelrecht 1992). Neuartige Lebensmittel fallen unter §8

LMBG, spezielle Regelungen enthält das Gesetz aber nicht. Die Verwendung, Reinheitsanforderungen und Kennzeichnung von Lebensmittelzusatzstoffen werden durch die Zusatzstoffzulassungs- und Zusatzstoffverkehrs-Verordnung geregelt. Danach sind Zusatzstoffe grundsätzlich zulassungspflichtig. Werden Zusatzstoffe mit genetisch veränderten Organismen produziert, erfolgt neben der Zulassung der gentechnischen Produktionsanlage nach dem GentG auch eine produktspezifische Zulassung.

Zur Harmonisierung des europäischen Wirtschaftsmarktes im Lebensmittelsektor wird derzeit ein Verordnungsentwurf der EU-Kommission diskutiert, der neuartige Lebensmittel bzw. neuartige Lebensmittelinhaltsstoffe zukünftig in der EU einheitlich regeln soll. Diese "Novel-Food"-Verordnung soll den Einsatz der Gentechnik in der Lebensmittelherstellung und zusätzlich eine Reihe neuer exotischer Gemüsearten und Früchte sowie neuartige lebensmitteltechnische Produktionsverfahren, die nicht auf gentechnologischen Prinzipien beruhen, regeln. Ziel der Verordnung ist es, Regelungen für das Inverkehrbringen von Lebensmitteln oder Lebensmittelzutaten EU-weit zu vereinheitlichen. Danach hat die EU-Kommission das Recht, Vorgaben für die Zusammensetzung oder Kennzeichnung neuer Lebensmittel zu machen und somit die Marktzulassung von Bedingungen abhängig zu machen, die der Hersteller erfüllen muß. Bei positivem Bescheid der Kommission werden die Mitgliedsstaaten von der Marktzulassung unterrichtet. Produkte, die in einem EU-Land zugelassen werden, sollen auch in den anderen Mitgliedsstaaten zugelassen sein, es sei denn, daß stichhaltige Gründe für die Gefährdung der Verbrauchergesundheit bestehen. Tritt die Novel-Food-Verordnung in Kraft, ist sie geltendes Recht in allen EU-Mitgliedsstaaten und betrifft auch Produkte aus den EFTA-Ländern, die auf dem europäischen Markt vertrieben werden sollen.

Da sich die Novel-Food-Verordnung schon seit einigen Jahren in einer kontroversen Diskussion befindet und die Kommission immer wieder überarbeitete und ergänzte Entwurfstexte vorlegt, existieren derzeit gesetzlich verankerte Regelungen für neuartige Lebensmittel weder in Deutschland noch auf EU-Ebene. Sowohl in den Niederlanden als auch in Großbritannien sind im Gegensatz zur Bundesrepublik schon Regulierungsmodelle für neuartige Lebensmittel erarbeitet und werden in der Praxis erprobt. In Großbritannien ist diese Entwicklung am weitesten vorangeschritten und die Möglichkeit der Implementierung des bisher freien Zulassungsverfahrens in nationales Recht besteht. In den Niederlanden soll für einen Zeitraum von drei Jahren das derzeit praktizierte Bewertungsverfahren erprobt und gegebenenfalls überarbeitet werden.

Als Folge der noch offenen Regulierungssituation besteht bei der Beurteilung neuartiger Lebensmittel eine große Rechtsunsicherheit. Dies trifft im EU-Vergleich vor allem auf die Bundesrepublik zu, wo fehlende Rechtssprechung, Bewertungskriterien und Akzeptanz der Öffentlichkeit die Zulassung neuartiger Lebensmittel nahezu unmöglich machen. Dies wird an einem Antrag auf Zulassung des rekombinanten Chymosins deutlich. Während die Unbedenklichkeit vom Bundesgesundheitsamt bestätigt wurde, hat das zuständige Ministerium in

Nordrhein-Westfalen, wo der Antrag gestellt wurde, diesen aufgrund rechtlicher Unsicherheiten bei der Kennzeichnung abgelehnt.

Solange ein einheitlicher rechtlicher Rahmen für das Inverkehrbringen neuartiger Lebensmittel nicht gegeben ist, werden die jetzigen Probleme durch individuelle Zulassungen neuartiger Lebensmittel in den einzelnen Mitgliedsstaaten nur verschärft. Dies leistet einer weiteren Verunsicherung auf Verbraucherseite Vorschub und behindert die Bemühungen um die Schaffung einer Akzeptanzbasis, da das derzeitige länderspezifische Regulierungsniveau und die daraus resultierenden Konsequenzen für die Vermarktung neuartiger Lebensmittel in der Öffentlichkeit nicht transparent gemacht werden können. Eine gesetzliche Regelung bezüglich der Produktion und Vermarktung neuartiger Lebensmittel würde somit auch der öffentlichen Diskussion um den Einsatz der neuen Biotechnologie in der Lebensmittelproduktion einen neuen Impuls verleihen, da dann zumindest die rechtlichen Grundlagen und Konsequenzen bekannt und diskutabel sind.

Aus Verbrauchersicht stellt die Kennzeichnung neuartiger Lebensmittel eine wichtige Voraussetzung zur Schaffung einer Akzeptanzbasis dar. Von Verbraucherverbänden, aber auch von Verbrauchern selbst (z.B. in Umfragen) wird ein umfassender Deklarationsansatz gefordert, der es ermöglicht, eine bewußte Kaufentscheidung für oder gegen ein Produkt zu treffen. Diese an sich einfache Forderung verläßt spätestens dann die Ebene der allgemeinen Verständlichkeit, wenn eine Kennzeichnung auch für solche Produkte gefordert wird, die kein GVO sind, die aber mit Stoffen hergestellt wurden, die aus rekombinanten Organismen stammen. Hier besteht noch erheblicher Diskussionsbedarf, bei dem auch zu berücksichtigen ist, daß die Kennzeichnung von Inhaltsstoffen eine lebensmittelanalytische Überwachung einschließen muß. Wenn sich aber rekombinante DNA in einem Produkt nicht nachweisen läßt, sei es, daß es keine solche enthält (Beispiel "Chymosin-Käse") oder durch unterschiedliche Verfahrensschritte (z.B. Erhitzung) die DNA zerstört wurde, ist zu fragen, welche Sinnhaftigkeit in diesen Fällen eine Kennzeichnung tatsächlich hat. Dennoch sollte der Produktdeklaration von seiten der EU-Kommission größeres Gewicht beigemessen werden, da sie ein vertrauensschaffendes Element darstellt und den Konsumenten signalisieren könnte, daß ihre Befürchtungen hinsichtlich gentechnisch erzeugter Lebensmittel ernst genommen werden und die Industrie nichts zu verbergen hat.

3.6.5 Innovationsaktivitäten in der Lebensmittelindustrie

Grundsätzlich sind bei der industriellen Produktion von Lebensmittelzutaten, Prozeßhilfsmitteln und Lebensmitteln (mit Ausnahme der agro-industriellen Vorleister sowie des verfahrenstechnischen Apparatebaus) zwei Industrietypen zu unterscheiden:

1. Die endverbraucherferne chemische Industrie als Produzent und Lieferant von Enzymen, Starterkulturen und Zusatzstoffen;

2. die Ernährungsindustrie als Hersteller von Endprodukten.

Zwischen beiden Branchen bestehen erhebliche Unterschiede. Die chemische Industrie ist überdurchschnittlich innovativ, viele der großen Chemieunternehmen sind in der Bio- und Gentechnik engagiert. Von den Forschungserfolgen im Pharmabereich und der gentechnischen Kompetenz profitieren auch andere Produktfelder, z.B. der Enzymbereich. Die Branche hat ein Interesse daran, auch bei der Herstellung von Lebensmitteln neue, auf der Gentechnik basierende Produkte auf den Markt zu bringen. An dieser Schnittstelle zwischen Vorleister und Endproduzent sind lebensmittelrechtliche Fragen von großer Relevanz. Die Verbraucherakzeptanz ist im Segment der Prozeßhilfsmittel und Zusatzstoffe nahezu kein Thema.

Anders sieht es in der Ernährungsindustrie aus. Sie ist mit einem Umsatz von 214,3 Mrd. DM der viertgrößte Wirtschaftszweig in der Bundesrepublik Deutschland (1991). In den alten Bundesländern liegt sie mit 197,6 Mrd. DM auf Rang 5 (hinter der chemischen Industrie), in den neuen Ländern ist sie mit 16,7 Mrd. DM die umsatzstärkste Branche noch vor dem Maschinenbau und der chemischen Industrie. Demgegenüber sind für die Ernährungsindustrie (einschließlich Tabakverarbeitung) die drittniedrigsten absoluten FuE-Aufwendungen aller Wirtschaftszweige zu verzeichnen. Sie lagen 1989 bei 336 Mio. DM (Stifterverband 1991). Die FuE-Quote, d.h. der Mitteleinsatz für Forschung und Entwicklung bezogen auf den Umsatz von Unternehmen mit FuE-Aufwendungen, liegt bei knapp 0,7%, während im Durchschnitt des Verarbeitenden Gewerbes 4,6% des Umsatzes für FuE aufgewendet werden. Seit Mitte der 80er Jahre haben sich FuE-Aufwendungen der Branche absolut verringert; während 1985 noch 363 Mio. DM aufgewendet wurden, waren es 1989 nur 336 Mio. DM.

Geringe FuE-Quoten sind nicht nur für das deutsche Ernährungsgewerbe, sondern auch für die Branche in anderen Staaten charakteristisch. Industrielle Forschung spielte in der ursprünglich handwerklichen Herstellung von Lebensmitteln nie eine große Rolle. Zumindest in der Vergangenheit war es ausreichend, Rezepturen zu verändern, Herstellungsverfahren zu modifizieren oder das erforderliche Know-how bei Zulieferern einzukaufen. Zur Kompensation dieser geringen FuE-Orientierung dient das Forschungsangebot der diversen agrar- und lebensmittelbezogenen Bundesforschungsanstalten und die über den Forschungskreis der Ernährungsindustrie koordinierte industrielle Gemeinschaftsforschung. Beide Angebote haben aber nur vorwettbewerblichen Charakter, so daß es weiterhin die Aufgabe der Unternehmen bleibt, die Forschungsergebnisse für betriebliche Belange zu adaptieren. An dieser Schnittstelle zwischen externem Forschungsangebot und betrieblicher Forschungsnachfrage entstehen Probleme, da die meisten Unternehmen aufgrund personeller und apparativer Engpässe nicht in der Lage sind, die Forschungsergebnisse umzusetzen. Staatliche Fördermaßnahmen, z.B. durch Forschungskoordinationsstellen oder durch eine spezifische Ausrichtung lebensmitteltechnischer FuE-Förderung, können kurzfristig keinen Beitrag zur Verringerung dieses Defizits leisten, da sie nur die forschungsaktiven Unternehmen erreichen und nicht zu Verhaltensänderungen in den traditionellen Unternehmen

3.6 Einsatz der neuen Biotechnologie in der Lebensmittelproduktion 155

führen. Diese stellen sich erst dann ein, wenn die Marktsituation dies erfordert, beispielsweise durch Wettbewerbsvorteile FuE-treibender Unternehmen.

Die Branche ist hoch sensitiv bezüglich des Verbraucherverhaltens und der Annahme bzw. Ablehnung neuer Produkte. Jeder "Lebensmittelskandal" wird von den Medien aufgegriffen und macht sich am Markt bemerkbar. "Gesunde Ernährung" ist für jeden Verbraucher ein wichtiger Aspekt beim Lebensmittelkauf (der allerdings durch falsches Ernährungsverhalten kontakariert wird). Wegen der lebenswichtigen Akzeptanzfrage ist für viele Unternehmen die Rolle des Pioniers in einem nicht abschätzbaren Marktsegment, wie es gentechnisch hergestellte Lebensmittel darstellen, mit einem hohen Risiko behaftet. Die Bereitschaft, sich mit neuartigen Lebensmitteln auf den Markt zu wagen, ist daher gering.

Die Innovationsaktivitäten in der Ernährungsindustrie sind bei unterdurchschnittlichen FuE-Aufwendungen durch eine überdurchschnittliche Wissenschaftsbindung, in der die Bedeutung der Forschungsarbeiten von Hochschulen und Bundesforschungsanstalten sichtbar wird, gekennzeichnet. Unter Wissenschaftsbindung wird die Basierung technischer Entwicklungen auf Erkenntnissen der wissenschaftsbezogenen Grundlagenforschung verstanden (Grupp u. Schmoch 1992; Grupp 1992). Je stärker eine Technik auf eine enge Vernetzung mit der Grundlagenforschung angewiesen ist, desto wissenschaftsabhängiger (oder wissenschaftsbasierter) ist sie. Die Lebensmitteltechnologie gehört zu den wenigen Bereichen, in denen sich in den 80er Jahren eine Intensivierung der Kopplung an die Wissenschaft signifikant nachweisen läßt.

Diese "Verwissenschaftlichung" hat zumindest zwei Aspekte. Durch die fortschreitende Optimierung biotechnologischer Prozesse und den langsamen Einzug der Gentechnik in die Lebensmitteltechnik muß verstärkt auf die Forschungsergebnisse von Hochschulen und anderen Forschungseinrichtungen Bezug genommen werden. Der Wandel und die zunehmende Komplexität innerhalb der Lebensmitteltechnik bedingen, daß Unternehmen nicht mehr alle Technikaspekte beherrschen, sondern spezifische Kompetenzen im Rahmen einer engeren Kooperation mit der Grundlagenforschung "einkaufen" müssen. Es ist deshalb um so mehr erstaunlich, daß in einer Branche, in der zumindest in Deutschland FuE-Aufwendungen wie auch das FuE-Personal rückläufig sind, der Anteil kostenintensiver Grundlagenforschung und die dafür notwendigen Maßnahmen zur Ankopplung an die wissenschaftliche Entwicklung weltweit zunehmen. In Deutschland sind, mit Ausnahme von wenigen mittleren und großen privatwirtschaftlichen Unternehmen, teilweise in ausländischem Besitz, auf der Unternehmensseite keine nennenswerten FuE-Kapazitäten in der Ernährungsindustrie vorhanden. Die Schwäche, die zunehmend komplexer werdende Technik einschließlich entsprechender Verfahren und Produkte nicht selbst entwickeln zu können, setzt die Branche einem erheblichen wirtschaftlichen und technologischen Wettbewerbsdruck mit der Folge eines weiter zunehmenden Konzentrationsprozesses aus. Die deutsche Ernährungswirtschaft scheint auf die Umstrukturierung der Lebensmitteltechnik nicht genügend vorbereitet zu sein. Dies trifft vor allem auf die Produktsegmente mit überregionalen Absatzmärkten zu. Auf regionaler Ebene wird es auch künftig Nischenmärkte geben, auf denen Produkte mit lokalem

Bezug angeboten werden bzw. wo Frische und kurze Wege eine Rolle spielen (Wochenmärkte, Direktverkauf vom Bauernhof, "Bio-Produkte", Mostereien). Bei der industriellen Herstellung werden nur solche regionalen Produzenten auch überregionale Absatzchancen haben, denen es gelingt, ihr Sortiment in die ebenfalls vom Konzentrationsprozeß betroffenen Handelsketten einzubringen. Hier haben lokale Produzenten meist große Schwierigkeiten und sind auf einen Selbstvertrieb angewiesen. Diese Handelsstrukturen sind für den Strukturwandel im Ernährungsgewerbe in Richtung auf größere Betriebseinheiten mitverantwortlich und lassen regionalen Produktions- und Absatzkonzepten zunehmend weniger Raum.

Das Schwergewicht der Nutzung neuer biotechnologischer Verfahren liegt in Deutschland eindeutig im Bereich Chemie und Pharmazie. Während beispielsweise in japanischen Großunternehmen oftmals biotechnologische Entwicklungen aus dem Ernährungsbereich stammen und dann erst weitere Anwendungsfelder im selben Unternehmen erschlossen werden (z.B. im Pharmabereich, in der Pflanzenzüchtung), gehen in der Bundesrepublik die bedeutendsten Entwicklungen von der Chemie und Pharmazie aus. Damit ergeben sich zwangsläufig Konsequenzen für die möglichst schnelle Umsetzung neuer biotechnologischer Forschungserkenntnisse in die lebensmitteltechnische Anwendung. Für die mittelständisch strukturierte Nahrungsmittelindustrie stellt sich zudem die Frage, ob sie an diesen großindustriellen Forschungsergebnissen überhaupt ausreichend partizipieren kann. Ihre FuE-Kapazitäten sind gering und die Branche ist aus Gründen der Verbraucherakzeptanz eher zurückhaltend hinsichtlich des Einsatzes der Gentechnik im Lebensmittelbereich.

Neben den genannten Einflußfaktoren hat die gentechnische Zurückhaltung der deutschen Ernährungsindustrie noch weitere Ursachen:

- die geringe öffentliche Akzeptanz der Gentechnik im allgemeinen und ihr Einzug in den sensitiven Bereich der Ernährung im besonderen;
- der geringe Kenntnisstand in der Öffentlichkeit über Potentiale und Risiken der Technik sowie fehlende, breit zugängliche Informationsmöglichkeiten über Chancen und Risiken;
- die zumindest durch die Medien verbreitete pauschalierte Ablehnung gentechnisch hergestellter Lebensmittel durch den Verbraucher;
- die noch nicht vorhandenen rechtlichen Grundlagen (z.B. Novel-Food-Verordnung) für entsprechende Produkte einschließlich möglicher Besonderheiten in der Produkthaftung;
- Unklarheiten hinsichtlich der Kennzeichnung gentechnischer Lebensmittel und der damit verbunden möglichen Diskriminierung entsprechender Produkte;

Inwieweit die Gentechnik überhaupt Einzug in die deutsche Lebensmittelproduktion hält und ob mit der Herstellung neuartiger Lebensmittel ein Strukturwandel in der Branche verbunden sein wird, kann zur Zeit noch nicht beantwortet werden. Sicherlich werden Unternehmen, die die Gentechnik einsetzen, ihre Rationalisierungspotentiale ausschöpfen (z.B. durch Verkürzungen in den Herstellungszeiten). Struktureffekte lassen sich heute aber noch nicht quantifizieren, da eine solche Analyse auch einen Vergleich mit den Rationalisierungseffekten der konventionellen Lebensmitteltechnik erfordert. Viele deutsche Unternehmen stehen der neuen Biotechnologie eher skeptisch gegenüber und betonen auch öffentlich, sie nicht einsetzen zu wollen. Industrielle Forschungsarbeiten in gentechnischen Teilgebieten (Enzyme, Hefen, Starterkulturen) werden nur von wenigen Unternehmen durchgeführt. Von deutschen Experten werden der neuen Biotechnik eher Durchsetzungschancen in den Bereichen Pharmazie, Tier- und Pflanzenzucht sowie nachwachsende Rohstoffe eingeräumt. Diese Einschätzung läuft parallel zu der bereits bestehenden Technologieabhängigkeit der Ernährungsindustrie von den Vorleistern aus der Chemie, der Agroindustrie und des Maschinenbaus. Möglicherweise werden die Zurückhaltung der Ernährungsindustrie und die daraus resultierenden geringen eigenen Forschungsaktivitäten diese Abhängigkeit noch verstärken. Es ist aber absehbar, daß zumindest einige der internationalen Lebensmittelkonzerne ihre in der gentechnischen Forschung erworbenen Handhabungskompetenzen auch im Lebensmittelbereich gewinnbringend einsetzen wollen. Welche Marktverschiebungen, Wettbewerbsbedingungen und Nachahmungseffekte daraus entstehen und welche (auch zeitlichen) Auswirkungen dies auf einen breiten Einsatz der Gentechnik im Lebensmittelbereich hat, läßt sich zum jetzigen Zeitpunkt verbindlich nicht feststellen.

Verbraucherbefragungen signalisieren, daß der Kauf konventioneller Produkte, bei deren Herstellung die Gentechnik eingesetzt wurde, nur schwer vermittelbar ist (z.B. Käse, Wurst). In diesen Fällen kann die Skepsis gegenüber der Technik einen möglichen Vorteil (Geschmack, Hygiene etc.) nur schwer kompensieren. Erfüllen Lebensmittel aber bestimmte Anforderungen, z.B. hinsichtlich gesundheitlicher Kriterien, dürfte auch aus Verbrauchersicht ein Kaufanreiz gegeben sein. Hier bieten diätetische Produkte (Sportlerkost, Erfrischungsgetränke, Lebensmittel für Bevölkerungsgruppen mit Lebensmittelunverträglichkeiten) große Potentiale. Mit diätetischen Lebensmitteln wurden 1991 3,7 Mrd. DM in Deutschland umgesetzt, wobei auf Erwachsenen-Diätetik etwa 2,5 Mrd. DM entfallen (1992). Deutschland ist in Europa der Marktführer mit einem Umsatzanteil von 40%. Vor dem Hintergrund der jährlichen Kosten in Höhe von mindestens 80 Mrd. DM, die durch ernährungsbedingte Krankheiten entstehen und der damit verbundenen Krankheitsbilder dürfte auch kritischen Verbrauchern deutlich werden, daß hier akzeptable Einsatzfelder der Gentechnik liegen. In diesem Bereich bestehen auch noch Spielräume, die staatliche Förderung der Gesundheitsforschung (z.B. Herz-Kreislauf-Erkrankungen, Krebs, Diabetis, Störungen im Immunsystem) mit ernährungsphysiologischen, lebensmitteltechnischen und gentechnischen Forschungs-arbeiten zu verbinden und auszubauen.

3.6.6 Verbraucherakzeptanz

Im Verbraucherbereich wird Akzeptanz oftmals mit der Entscheidung gleichgesetzt, ein Produkt zu kaufen, oder im negativen Fall nicht zu kaufen. Allerdings ist zu beachten, daß sich die Akzeptanz der Verbraucher in eine "soziale Akzeptanz" und eine "Bereitschaft zum Kauf" unterscheidet. Viele Verbraucher äußern ihre Besorgnis hinsichtlich der Verwendung von Zusatzstoffen in Lebensmitteln, kaufen entsprechende Produkte aber doch. Gesunde Ernährung wird von vielen Verbrauchern als wichtig eingestuft, der Verbrauch an Fleisch und Fetten und der Umfang an ernährungsbedingten Krankheiten weisen aber immer noch in eine andere Richtung.

Im Gegensatz zu bereits auf dem Markt befindlichen Produkten wird die Diskussion um gentechnisch veränderte Lebensmittel derzeit auf einem hypothetischen Niveau geführt. Es ist beispielsweise im Rahmen der Marktforschung nicht möglich, Verbraucher nach den Ursachen ihrer Kauf-entscheidung, nach Geschmack, Preisniveau und Präferenzen zu befragen und so zu ermitteln, ob entsprechende Produkte grundsätzlich abgelehnt oder nur bestimmte Produkte nicht akzeptiert werden und wie Akzeptanz und Ablehnung über die Bevölkerungsgruppen verteilt sind. Jetzige Vorabeinschätzungen können wegen des Unterschiedes zwischen "sozialer Akzeptanz" und "Bereitschaft zum Kauf" vom tatsächlichen Kaufverhalten vollkommen abweichen. Ob Produkte gekauft würden, hängt vom Preis ab, vom bisherigen Kaufverhalten und von der möglichen Einsicht, daß ein neues Produkt entscheidende Vorteile hinsichtlich Eignung, Nutzen und Bequemlichkeit bietet (Lemkow 1992; Scholten et al. 1992).

Zumindest in den Industriestaaten hat der Verbraucher durch die Überschußproduktion von Lebensmitteln und die unterschiedlichen Geschmacksrichtungen rechnungtragende Produktvielfalt ein breites Spektrum an Wahlmöglichkeiten. Durch das Überangebot an Lebensmitteln hoher Qualität und unterschiedlicher Preisstufen besteht aus Verbrauchersicht nicht die unbedingte Notwendigkeit, gentechnisch erzeugte Produkte zu kaufen. Vorteile im Produktionsprozeß, die zu Kosteneinsparungen beim Hersteller oder zu erhöhter Produktsicherheit führen, lassen sich dem Verbraucher nicht ohne weiteres als Kaufanreiz vermitteln. Auch ein niedriger Endverbraucherpreis spielt heutzutage nicht mehr unbedingt eine kaufentscheidende Rolle, zumal die neuen Produkte eher hochpreisig angeboten werden sollen. Es müßten also andere Faktoren sein, die einen Kaufanreiz bieten können. Zu denken ist - wie bereits ausgeführt - an diätetische Lebensmittel oder an Produkte, die bestimmte gesundheitliche Erwartungen widerspiegeln und funktional auf einzelne Bevölkerungsgruppen zugeschnitten sind (z.B. Kleinkinder, Sportler, Senioren). Mit einem eher medizinischen Image könnte die höhere Akzeptanz der Gentechnik in der Medizin und Pharmazie auch für den Lebensmittelbereich genutzt werden (Hennen u. Stöckle 1992).

Wie aus internationalen Verbraucherstudien deutlich wird (Hamstra 1991; Hoban, Kendall 1992; Hamstra 1993), fällt die Ablehnung bzw. Akzeptanz bezogen auf einzelne Technikfelder durchaus unterschiedlich aus. Die Verbraucherablehnung bezüglich gentechnischer Methoden ist in der Nutztierzucht am höchsten. Durch die genetisch und emotional bedingte nähere Verwandtschaft des Menschen zum Tier wird die Bedrohung empfunden, daß Veränderungen im Erbgut von Tieren die Tür für Genmanipulationen beim Menschen öffnen können. Zusätzlich spielen (trotz der im Ernährungsverhalten offensichtlich werdenden Verdrängung der tatsächlichen

3.6 Einsatz der neuen Biotechnologie in der Lebensmittelproduktion

Zucht- und Haltungsbedingungen bei Tieren) die "Vorstellbarkeit" von Tieren sowie Aspekte des Tierschutzes eine wichtige Rolle. Aus diesen Gründen werden beispielsweise auch von internationalen Lebensmittelkonzernen die ökonomischen Perspektiven im Bereich transgener Nutztiere für Nahrungsmittelzwecke zumindest innerhalb der kommenden zehn Jahre durch die fehlende Verbraucherakzeptanz als gering eingeschätzt.

Im Pflanzenbereich ist die öffentliche Meinung ambivalent. Die Industrie sieht deutliche Potentiale für die gentechnische Veränderung von Pflanzeneigenschaften. Unternehmen und Forschungseinrichtungen in den USA, in Japan, aber auch in Europa und Deutschland arbeiten an der Herbizidtoleranz, der Krankheits- und Schädlingsresistenz sowie an der Veränderung anderer Eigenschaften von Nutzpflanzen. Erste Produkte, wie z.B. die Flavr Savr Tomate stehen kurz vor der Markteinführung in den USA, mit anderen, z.B. Melonen, ist auch in Europa zu rechnen. Wegen der durchaus bestehenden, im Vergleich zu den Nutztieren aber deutlich geringeren Verbraucherablehnung, ist in diesem Bereich am ehesten mit einem Einzug der Gentechnik und der Markteinführung entsprechender Obst- und Gemüsepflanzen zu rechnen.

Die mikrobielle Transformation, d.h. der Einsatz gentechnisch veränderter Enzyme, Hefen und Starterkulturen sowie die Verwendung von mit Hilfe der Gentechnik hergestellten Zusatzstoffen wird in der öffentlichen Diskussion nur wenig thematisiert. Zwar stehen rekombinant erzeugtes Chymosin und entsprechend sogenannter "Kunstkäse" im Mittelpunkt von Aktionen gegen den Einsatz der Gentechnik. Die Kenntnisse der Verbraucher über Mikroorganismen und mikrobielle Prozesse sind aber, nicht zuletzt wegen der Nichtfaßbarkeit dieser Kleinstlebewesen, gering. Wie Verbraucherbefragungen aus den Niederlanden belegen, ist oftmals nicht bekannt, daß sich im Joghurt Bakterien befinden und Rohwurst durch Bakterien, Schimmelpilze und Hefen zur Reifung gebracht werden. Deshalb stellt der Einsatz der Gentechnik bei Mikroorganismen ein eher geringes Akzeptanzproblem dar. Auch die Industrie geht von einem geringen Sensitivitätsniveau aus.

Somit ergibt sich eine Wichtung in der Verbrauchersensitivität bezüglich des Einsatzes der Gentechnik im Lebensmittelbereich von Mikroorganismen (gering), über Pflanzen bis hin zu Nutztieren (hoch). Dieser Skala entsprechen in etwa auch die Zustimmung bzw. Ablehnung des Techikeinsatzes sowie die erwarteten Markteintrittstermine. Daraus wird deutlich, daß gerade für kleine und mittlere Unternehmen mit hoher Abhängigkeit vom deutschen Markt die Determinante "Verbraucherakzeptanz" eine große Rolle bei der strategischen Entscheidung für bzw. gegen den Einsatz der Gentechnik spielt. Während bei der Entwicklung konventioneller Produkte ein Wechselspiel zwischen Industrieinteressen und der Reaktion auf sich ändernde Konsumgewohnheiten vorhanden ist, nehmen neuartige Lebensmittel eine Sonderrolle ein. Hier ist es derzeit zumindest in Deutschland eindeutig der Verbraucher, der die Entwicklung und Markteinführung entsprechender Produkte beeinflußt. Selbst wenn einzelne Unternehmen gentechnische Entwicklungsarbeiten bereits aufgenommen oder sich im Rahmen von gemeinschaftlichen Forschungsvorhaben daran beteiligt haben, werden sie dies in der

Öffentlichkeit nicht verbreiten. Für die anderen Unternehmen ist die fehlende Akzeptanz der Hauptgrund, die Gentechnik derzeit nicht einzusetzen. Wie lange diese Strategie aufrecht erhalten werden kann ist fraglich, denn zumindest die Großunternehmen haben erste mit Hilfe der Gentechnik hergestellte Produkte in der Planung und werden diese, spätestens nach rechtskräftiger Verabschiedung der EU-Novel-Food-Verordnung, auf den Markt bringen. Zwar qualifiziert sich der deutsche Markt nicht als Testmarkt für neuartige Lebensmittel, aber auch hierzulande wird es Pioniere geben, denen Nachahmer folgen werden. Wenn erst einmal neuartige Produkte auf dem Markt sind, hat der Verbraucher die Möglichkeit, durch Kaufzurückhaltung den Einzug der Gentechnik in die Lebensmittelproduktion zu verlangsamen. Aufhaltbar ist er vor dem Hintergrund der ökonomischen und politischen Verflechtungen innerhalb der EU aber nicht.

3.6.7 Schlußfolgerungen

In den kommenden Jahren werden nicht alle möglichen Einsatzfelder der Gentechnik im Lebensmittelbereich von gleicher Relevanz sein. Vor allem bei Enzymen und Starterkulturen sowie transgenen Nutzpflanzen ist die Forschung soweit vorangeschritten, daß marktreife Produkte bereits vorhanden sind. Bei der Erzeugung transgener Tiere zu Nahrungsmittelzwecken ist nur mit einer geringen Verbraucherakzeptanz zu rechnen, so daß hier die bereits vorhandenen gentechnischen Möglichkeiten mittelfristig nicht ausgeschöpft werden dürften. Der Einzug gentechnischer Methoden in die Lebensmitteltechnik schreitet langsamer voran als noch vor wenigen Jahren angenommen wurde. Die Erkenntnis setzt sich durch, daß die Aufnahme rekombinant hergestellter Produkte beim Verbraucher eine entscheidende, nicht per se voraussetzbare Determinante der Technikentwicklung und industriellen Umsetzung ist. Die derzeitige Diskussion um einheitliche gesetzliche Regelungen für neuartige Lebensmittel und Lebensmittelzutaten auf EU-Ebene signalisiert aber, daß die neue Biotechnik künftig an Bedeutung zunehmen wird und für die dann auf den Markt kommenden Produkte gesetzliche Regelungen vorhanden sein müssen.

Trotz der durchaus vorhandenen Potentiale der neuen Biotechnik, beispielsweise Lebensmittel mit speziellen funktionalen Eigenschaften gezielt für einzelne Bevölkerungs- oder Risikogruppen herzustellen, ist es neben der Verbraucherakzeptanz auch die Industrie selbst, die noch nicht genügend auf die Technik vorbereitet ist. Die Lebensmittelindustrie stellt keinesfalls den Motor der ernährungsbezogenen Gentechnik dar. Mittelständische, z.T. traditionelle Strukturen, geringe Renditen, geringes Innovationsbewußtsein und die direkte Nähe zum Verbraucher führen zu einer Zurückhaltung bzw. zu einer Ablehnung neuer biotechnischer Verfahren in der Lebensmittelherstellung. Die wissenschaftlich-technischen Ankopplungspotentiale sind im Ernährungsgewerbe nur schwach ausgeprägt. Wegen der zunehmenden Wissenschaftsbindung der Lebensmitteltechnik besteht hier die Notwendigkeit, die Forschungskooperation zwischen Unternehmen und Forschungseinrichtungen weiter zu intensivieren. Zur Zeit stellt sich die Situation so dar, daß große Teile der Lebensmittelindustrie eine verbraucherorientierte abwartende Position beziehen, während der Chemie- und Pharmabereich einschließlich einiger Hersteller von Prozeßhilfsmitteln (z.B. Enzymen) an einer möglichst kurzfristigen Nachfragesteigerung nach gentechnisch hergestellten Produkten interessiert ist.

Eine genaue Abschätzung, welche Bereiche der Lebensmittelproduktion in welchem Umfang in den kommenden Jahren von der neuen Biotechnologie betroffen sein werden, ist derzeit nicht möglich. Das Ausmaß der Techniknutzung wird in entscheidendem Maße davon abhängen, wie Produkte, die mit solchen Prozeßhilfsmitteln hergestellt wurden, gekennzeichnet werden müssen und wie der Verbraucher diese Produkte akzeptiert. Anders als in anderen Staaten stellt in Deutschland die Verbraucherakzeptanz und der künftige Verlauf der überaus kontrovers geführten öffentlichen Diskussion um den Einzug der Gentechnik im Lebensmittelbereich die entscheidende Unbekannte dar. Solange keine EU-weiten gesetzlichen Regelungen zur Herstellung und Kennzeichnung neuartiger Lebensmittel existieren und solange Konfrontation und nicht Argumentation die öffentliche Gentechnikdiskussion bestimmt, lassen sich valide Aussagen über den Zeitpunkt der Markteinführung und die künftigen Marktpotentiale gentechnischer Lebensmittel in Deutschland nicht treffen. Sicher ist aber, daß die derzeit in Deutschland geführte Diskussion den Technikeinzug nur verlangsamen kann. Aufhalten wird sie ihn nicht.

Literatur

Albrecht S (Hrsg) (1990) Die Zukunft der Nutzpflanzen: Biotechnologie in Landwirtschaft und Pflanzenzüchtung. Campus Verlag, Frankfurt New York

Bundesminister für Ernährung, Landwirtschaft und Forsten (1989) Folgen des Einsatzes von BST in der deutschen Milcherzeugung (Projektleitung: E. Neander). Schriftenreihe des BMELF, Angewandte Wissenschaft, Heft 376. Landwirtschaftsverlag GmbH, Münster-Hiltrup

Deutscher Bundestag (Hrsg) (1991) Gentechnologisch hergestelltes Rinderwachstumshormon, Deutscher Bundestag, Referat für Öffentlichkeitsarbeit, Bonn

EG-Richtlinie (1990) Absichtliche Freisetzung genetisch veränderter Organismen in die Umwelt. ABl L 117/15

Fontali C (1991) Unspoken fears. Nature 353:496

Glodek P (1991) Einflüsse der Biotechnik auf die Tierproduktion - Einflüsse der Biotechnik auf die Tierzüchtung und -produktion. Züchtungskunde 63:201-210

Grupp H (Hrsg) (1992) Dynamics of Science-Based Innovation. Springer Verlag, Berlin Heidelberg

Grupp H, Schmoch U (1992) Wissenschaftsbindung der Technik. Physica-Verlag, Heidelberg (Wirtschaftswissenschaftliche Beiträge 69)

Hamstra AM (1991) Biotechnology in Foodstuffs: towards a model of consumer acceptance. SWOKA, Instituut voor Consumentenonderzoek, Research Report No. 105, Den Haag

Hamstra AM (1993) Consumer Acceptance of Food Biotechnology: the relation between product evaluation and acceptance. SWOKA, Instituut voor Consumentenonderzoek, Research Report No. 137, Den Haag

Hasskarl H (Hrsg) (1990) Gentechnikrecht. Editio Canter Verlag, Aulendorf

Hennen L, Stöckle T (1992) Gentechnologie und Genomanalyse aus der Sicht der Bevölkerung - Ergebnisse einer Bevölkerungsumfrage -. TAB-Diskussionspapier Nr. 3, Büro für Technikfolgen-Abschätzung beim Deutschen Bundestag, Bonn

Hinrichs J, Stahl U (1992) Gentechnik und Lebensmittel. Biotechnologie-Jahrbuch, Carl Hanser Verlag, München, Wien

Hoban TJ, Kendall PA(1992) Consumer attitudes about the use of biotechnology in agriculture and food production. North Carolina State University, Raleigh

Karg H (1991) Stand der Biotechnik in der Tierproduktion - Stand der Biotechnik in der Tierproduktion bei gentechnisch hergestellten Leistungsförderern. Züchtungskunde 63 (3), 167-173, Eugen Ulmer Verlag, Stuttgart

Kräusslich H (1991) Nutzung der Biotechnik in der Tierproduktion. Züchtungskunde 63:160-166

Lebensmittelrecht (1992) Textsammlung. Verlag C.H.Beck, München

Lemkow L (1992) Public attitudes to genetic engineering, Entwurf. Universitat Autònoma de Barcelona, Barcelona

Lips P, Marr F (1990) Wegweiser durch das Lebensmittelrecht. 3.Auflage. Beck-Rechtsberater. dtv

Lorenz MG, Wackernagel W (1990) Natural genetic transformation of *Pseudomonas stutzeri* by sand-absorbed DNA. Arch. Miorobiol. 154(h):380-385

OECD (1992) Safety considerations for Biotechnology, Paris

Roschlau K (1991) Gene transfer studies in cattle. Journal of Reproduction & Fertility 43:293-295

Scholten AH, Feenstra M H, Hamstra AM (1991) Public acceptance of foods from Biotechnology. Food Biotechnology 5(3):331-345

Stifterverband SV - Gemeinnützige Gesellschaft für Wissenschaftsstatistik mbH (1991) Forschung und Entwicklung in der Wirtschaft 1989 - mit ersten Daten für 1991, Essen

Teuber M (1992) Exploitation of genetically modified microorganisms in the food industry. Proceeding: 2nd international conference on the release of genetically engineered microorganisms. Plenum Press, New York

Tiedje JM et al. (1989) The planned introduction of genetically engineered organisms: ecological considerations and recommendations. Ecology 70(2):298-315

Wittmann G (1991) Besteht bei der Freisetzung von transgenen Tieren ein Risiko für die Umwelt? Züchtungskunde 6:241-246

3.7 Stand und Nutzungsperspektiven der molekularen Pflanzengenetik[1]

Prof. Dr. Ulrich Wobus
Institut für Pflanzengenetik und Kulturpflanzenforschung, Corrensstraße 3
06466 Gatersleben

Zusammenfassung

Die Entwicklung neuer, unter dem Begriff Gentechnik zusammengefaßter methodischer Verfahren hat zu einem enormen Erkenntniszuwachs bezüglich der molekularen Grundlagen genetischer, zellbiologischer und physiologischer Prozesse geführt. Diese Erkenntnisse eröffnen der Pflanzenzüchtung die Möglichkeit, langfristig die genetische Vielfalt *aller* Organismen zu nutzen. Analytische Verfahren wie die DNA-Marker-Technologie unterstützen und beschleunigen insbesondere den Selektionsprozess als zentralem Element jeder Züchtungsstrategie. Sie erlauben die Lokalisierung von Merkmalsdeterminanten im Genom, eine gerichtete Überführung dieser Gene in neue Sorten und die Isolation der merkmalsbestimmenden Gene. Gentransfertechniken und eine genaue Kenntnis der regulatorischen Determinanten der Genexpression gestatten prinzipiell die Übertragung und Expression beliebiger Gene in beliebige/n Organismen. Dieser prinzipiellen Verfügbarkeit und Veränderbarkeit der organismischen Genressourcen stehen viele Erkenntnislücken und methodische Probleme bei der praktischen Nutzung im Einzelfall gegenüber.

Neben den Bemühungen um die technische Umsetzung der sich ständig erweiternden Erkenntnisse bedarf der gesellschaftliche Rahmen für Forschung und Entwicklung besonderer Beachtung. Die Ziele einer modernen Pflanzenzüchtung müssen neben der Berücksichtigung spezifischer Bedürfnisse den gesamtgesellschaftlichen Vorstellungen über die Strukturen von Landwirtschaft, Nahrungsgüterproduktion und Volkswirtschaft insgesamt Rechnung tragen.

3.7.1 Einführung

Die Nutzung von Erkenntnissen der klassischen Genetik in der Pflanzenzüchtung hat zusammen mit landbaulichen Maßnahmen zu ständig steigenden Erträgen der wichtigsten Kulturpflanzen geführt und damit die gesellschaftliche Entwicklung insbesondere der industrialisierten Länder entscheidend beeinflußt. Etwa die Hälfte

---

[1]Herrn Prof. Dr. Helmut Böhme anläßlich seines 65. Geburtstages gewidmet.

der erzielten Ertragssteigerungen bei Getreiden wird auf die fortlaufend verbesserte Ausnutzung des genetischen Potentials zurückgeführt, die bislang vornehmlich durch sexuelle Rekombination und nachfolgende Selektion erfolgte.

Die Entwicklung von klassischer und theoretischer Genetik nach der Wiederentdeckung der Mendelschen Regeln um 1900 hatte die Pflanzenzüchtung auf eine wissenschaftliche Grundlage und dadurch auf eine qualitativ höhere Ebene gestellt. Gegenwärtig steht die Pflanzenzüchtung erneut am Beginn einer neuen Ära. Mit der Erkennung der DNA als Erbträger und der Aufklärung ihrer Struktur begann die schnelle Entwicklung der Gentechnik als zentraler Komponente der modernen Biotechnologie. Das gegenwärtige und künftige Methodenarsenal der Biotechnologie stellt dem Züchter prinzipiell die genetische Vielfalt *aller* Organismen zur Verfügung und erlaubt darüber hinaus gezielte Veränderungen des Erbgutes. In diesem Zusammenhang gewinnen Fragen der Erfassung, Charakterisierung und Erhaltung des immensen Genreservoirs dieser Erde zunehmend an Bedeutung. Der breiten Nutzung von Genressourcen in der Pflanzenzüchtung, z.B. durch die Übertragbarkeit beliebiger Gene in beliebige Organismen, stehen fehlende Detailkenntnisse in vielfacher Weise entgegen, die jedoch zunehmend verfügbar werden. Im folgenden Beitrag wird der Versuch gemacht darzulegen, auf welchem Kenntnisstand sich die molekulare Pflanzengenetik befindet, welche Probleme bearbeitet werden müssen, um theoretisch erkannte Anwendungsmöglichkeiten praktisch umzusetzen und wo neue Anwendungsfelder erkennbar sind. DNA-Markertechnologien und Gentransfer als Eckpunkte des neuentwickelten Methodenspektrums sind im Begriff, zur Entwicklung neuer Sorten entscheidend beizutragen. Doch nicht die neuen Technologien allein, sondern die gleichzeitige Anwendung neuer und bewährter Methoden - unterschiedlich kombiniert je nach Zuchtziel und Nutzart - werden das zukünftige Bild der Pflanzenzüchtung prägen.

3.7.2 Die Nutzung und Erweiterung der genetischen Variabilität durch Zellkulturtechniken

Ausgangspunkt jeder Züchtung ist eine genetisch bedingte Merkmalsvariabilität. Die gewünschte Merkmalsausprägung muß zunächst im biologischen Material gefunden werden. Anschließend kann die genetische Merkmalsdeterminante in das ausgewählte Genom durch Kreuzung bzw. Gentransfer eingeführt werden. Eine andere Möglichkeit besteht darin, im ausgewählten Genom selbst Änderungen (Mutationen) zu induzieren und den gewünschten Merkmalsträger unter den Nachkommen zu selektieren. Schließlich erlaubt die Gentechnik zunehmend, Gene und damit Merkmale gezielt zu verändern. Die im folgenden kurz skizzierte Nutzung von Zellkulturtechniken kann einerseits die allein auf sexueller Kreuzung basierende Züchtung auf verschiedene Weise ergänzen, andererseits sind Zell- und Gewebekulturtechniken integraler Bestandteil gentechnischer Verfahren.

Somatische Hybridisierungen

Die Fusion von Zellen bzw. Protoplasten besitzt gegenüber der sexuellen Kreuzung eine Reihe von Vorteilen. Sexuelle Barrieren können überwunden, verschiedene Cytoplasmen gemischt und Teile von Genomen durch asymmetrische Fusion übertragen werden. Allerdings sind die Fusionsprodukte nicht immer regenerierbar, und die regenerierten Pflanzen zeigen häufig Entwicklungsstörungen; oft sind sie steril. Die Methode besitzt besondere Bedeutung in der Kartoffelzüchtung, die zunehmend im Züchtungsprozess dihaploide Linien einsetzt und die ertragsstarken tetraploiden kommerziellen Linien durch Zellfusion gewinnt. Das prinzipielle Potential der Methode wird auch durch die Erzeugung männlich-steriler Tomatenpflanzen belegt (Melchers et al. 1992), die aus einer Fusion von Tomaten-Protoplasten, deren Mitochondrien chemisch inaktiviert wurden, mit Zellkern-inaktivierten *Solanum*-Protoplasten, hervorgingen. Männlich-sterile Pflanzen besitzen große Bedeutung in der Hybrid-Saatgutproduktion.

Somaklonale Variation

Als somaklonale Variation bezeichnet man genetische Änderungen, die in in vitro-kultivierten pflanzlichen Zellen und Geweben bzw. in daraus regenerierten Pflanzen auftreten. Sie können genetischer (stabile Vererbung) oder epigenetischer (transiente Veränderungen) Natur sein. Die Nutzung somaklonaler Varianten (Somaklone) erweitert die Mutationszüchtung. Sie fällt nicht unter das Gentechnikgesetz und vermeidet damit eine Reihe von objektiven und subjektiven Nachteilen. Bislang wurden Somaklone insbesondere bei Tomate, Kartoffel, Geranie (*Pellargonium*) und Zuckerrohr zu kommerziellen Linien entwickelt. Die intensiven Bemühungen zur Entwicklung von *Phytophtora*-resistenten Kartoffellinien blieben dagegen ohne Erfolg.

Somaklonale Variationen wurden auf allen genetischen Ebenen beobachtet. Sie können als Punktmutationen, strukturelle und numerische Veränderungen der Chromosomen, aber auch als erbliche Veränderungen komplexer, polygen bedingter Merkmale auftreten. Instabilitäten in der Merkmalsausprägung werden auf Änderungen im Methylierungsstatus, auf metastabile Chromatinzustände bzw. auf Insertion und Exzision transponibler Elemente zurückgeführt (Peschke and Phillips 1992). Vor- und Nachteile von Somaklonen aus biotechnologischer Sicht sind in Tab.1 gegenübergestellt (vgl. Evans 1989). Die Nutzung der Gewebekultur zur Erzeugung genetischer Variabilität könnte an Bedeutung gewinnen, wenn es gelingt, auf Zellebene Selektionsverfahren für komplexe Merkmale der reifen Pflanze auszuarbeiten. Andererseits sollten sich aus einer genauen Kenntnis der molekularen Grundlagen Möglichkeiten ableiten, somaklonale Variationen dann erheblich zu reduzieren, wenn sie z.B. für die Vermehrung unikalen genetischen Materials mittels Zell- und Gewebekultur unerwünscht sind. Entsprechende Ansätze sind erkennbar.

Tabelle 1 Vor- und Nachteile in der biotechnologischen Nutzung somaklonaler Varianten

Vorteile	Nachteile
Hohe Mutationsfrequenz und damit erhöhte Chance des Auffindens erwünschter Merkmale	Hohe Mutationsfrequenz, so daß neben erwünschten auch verstärkt unerwünschte Veränderungen auftreten
Elimination von Mutationen, die keine Regeneration erlauben	Mutationen sind ungerichtet
Klonaler Ursprung der Mutation, d.h. die regenerierten Pflanzen sind nicht chimär	Veränderungen können instabil (epigenetisch) sein
Entstehende Linien sind oft isogen gegenüber Ausgangslinie	Somaklonale Varianten sind bei der Regeneration definierter Genotypen unerwünscht
Auftreten neuer Mutantentypen im Vergleich zu Spontanmutationen	Genetische Basis und biochemisch molekulare Entstehungsursachen meist unklar
Selektion auf Zellebene in einigen Fällen möglich	Vermehrung oft nur vegetativ möglich

3.7.3 DNA-Marker und ihre Nutzung

Trotz der enormen Erfolge der Pflanzenzüchtung bleibt ihre genetische Basis erstaunlicherweise immer noch weitgehend unverstanden. Der dramatische Erkenntnisgewinn im Bereich der Molekulargenetik seit der Entdeckung der DNA als Erbträger konnte kaum genutzt werden. Heute eröffnet die Entwicklung des Konzepts der molekularen Marker die Chance, das Methodenarsenal der Molekulargenetik auf wichtige Kulturpflanzen anzuwenden, um die genetischen Grundlagen von Leistungsparametern zu verstehen und die gewonnenen Kenntnisse praktisch zu nutzen.

In der Vergangenheit fanden phänotypische Merkmale und in jüngerer Zeit ergänzend Isoenzymmuster Anwendung in der Züchtung, um aufgrund einer nachgewiesenen Kopplung zwischen einem leicht erfaßbaren Merkmal (z.B. Isoenzymmuster) und einem Züchtungsziel (z.B. Nematodenresistenz) eine umfassende Selektion aufspaltender Populationen zu ermöglichen. Diese Marker besitzen jedoch offensichtliche Nachteile. Ihre Zahl ist sehr begrenzt, ihr Nachweis erfordert die Merkmalsausprägung, und diese ist oft von Umweltfaktoren abhängig. Die Nutzung von Unterschieden im genetischen Material selbst, zuerst anhand von Restriktionsfragment-Längenpolymorphismen (RFLP's) erfaßbar geworden, überwindet diese Nachteile. DNA-Polymorphismen liefern eine nahezu unbegrenzte Zahl von Markerloci für Kopplungsanalysen. DNA-Marker bleiben von Umweltfaktoren praktisch unbeeinflußt, ihr Nachweis erfordert keine Merkmalsausprägung, und zur Analyse wird nur wenig Material benötigt. Das hat zur Folge, daß sich der Anwendungsbereich der DNA-Marker-Techniken ständig erweitert (vgl. Paterson et al. 1992). In weniger als einem Jahrzehnt wird Pflanzenzüchtung ohne Nutzung von DNA-Markern kaum noch erfolgreich sein.

Zwar sind gegenwärtig verschiedene der angewandten Methoden noch anspruchsvoll, zeitaufwendig und kostspielig, doch wird die schnelle, besonders im Rahmen des Human-Genom-Projektes forcierte Methodenentwicklung Abhilfe schaffen. Ein Gerät zur Extraktion von DNA aus pflanzlichen Gewebeproben mit einem Durchsatz von einer Probe/Minute wurde entwickelt; Pipettierroboter werden eingesetzt. Ein durchgehend automatisiertes System steht jedoch noch nicht zur Verfügung (Rafalski und Tingey 1993). Um die Jahrtausendwende dürften aber entsprechende Gerätesysteme vielfach im Einsatz sein. Sie werden einerseits eine umfassende Nutzung der DNA-Markertechnologien und eine enorme Senkung der Kosten pro Probe ermöglichen, dürften aber andererseits kleine Zuchtbetriebe überfordern und zu einer Konzentration der Zuchtbemühungen führen.

Im folgenden soll die Bedeutung der DNA-Marker-Technologie grob umrissen werden. Einzelaspekte sind in den Beiträgen von Röbbelen und Fischbeck dargestellt.

Die Aufstellung genetischer Karten und die Kartierung einzelner Gene

Zur Charakterisierung von Genotypen verschiedener taxonomischer Einheiten (Individuen, Linien, Arten, Gattungen etc.) werden RFLP-Marker, RAPD (für *random amplified polymorphic DNA*)-*Marker* und Fingerprints auf der Basis von Mini- und Mikro-Satelliten-DNA genutzt, wobei jede einzelne Technik Vor- und Nachteile bietet. Auch stellt jedes Problem besondere Anforderungen an die anzuwendende Methodik, insbesondere an die jeweiligen DNA-Marker (= Proben). Die Grundlage vieler, mit DNA-Markern erreichbarer Problemlösungen, sind genetische Karten. Eine genetische Karte gibt die lineare Anordnung und genetische (nicht physikalische!) Distanz von Genen und DNA-Markern, gegliedert in Kopplungsgruppen (in der Regel Chromosomen entsprechend), wider. Sie wird mittels DNA-Markern in drei Schritten erstellt: (a) Entwicklung von DNA-Proben, (b) Identifikation von DNA-Proben, die polymorphe DNA-Sequenzen detektieren, (c) Segregationsanalyse zur Ermittlung der Marker-Kopplung; spaltende Populationen einer Kreuzung werden auf enge Kopplung oder Kosegregation von Markern und einem Gen mit bekannter Merkmalsausprägung untersucht.

Auf diese Weise erarbeitete genetische Karten liegen bereits für viele landwirtschaftliche Nutzpflanzen in unterschiedlicher Güte (d.h. Markerdichte) vor. Neue Marker und mit ihnen assoziierte Gene können relativ schnell in diese Karten eingeordnet werden, und einmal gefundene Marker sind in allen weiteren, das gekoppelte Gen nutzenden Kreuzungen verwendbar. Enge Kopplungen zwischen phänotypischem Merkmal und DNA-Marker erlauben beispielsweise eine anderweitig nicht mögliche bzw. eine schnellere und bessere Selektion im Züchtungsprozess (z.B. in Rückkreuzungsprogrammen) und bei günstigen Voraussetzungen eine Isolation der das Merkmal ausprägenden Gene (siehe Abschnitt 4).

Die Analyse komplexer, quantitativer Merkmale

Von besonderem Interesse für die Züchtung ist die Analyse polygener oder "quantitativer" Merkmale, da nahezu alle wesentlichen Leistungsparameter einer Pflanze von mehreren bis vielen, in aller Regel unbekannten Genen beeinflußt werden. Genetische Karten erlauben die Kartierung und gegebenenfalls auch Isolierung von Bereichen des Genoms, die eine statistisch signifikante Assoziation mit einem interessierenden Phänotyp aufweisen (*quantitative trait loci* oder QTL). Auf die verschiedenen methodischen Ansätze und Probleme kann hier nicht eingegangen werden (vgl. Tanksley 1993). Die Kartierung verschiedener, an der Ausprägung eines Merkmals beteiligter QTL, die ein oder mehrere benachbarte Gene enthalten, liefert allerdings noch keinerlei Informationen über das bzw. die entsprechenden Gene und deren Funktion. Sie erlaubt Näherungsantworten auf Fragen nach der Anzahl der QTL, die ein Merkmal bestimmen, nach dem Anteil an der Merkmalsausprägung, die ein QTL besitzt und nach dem Einfluß von Umweltfaktoren und des genetischen Hintergrundes (Vergleich von Linien) auf die Wirkung eines QTL. QTL-Analysen bei Tomate und Mais haben gezeigt, daß einzelne Loci einen überproportional großen Einfluß auf die Ausprägung von Merkmalen wie Fruchtgröße, Biomasseproduktion oder Wuchshöhe haben. Diesen Beobachtungen entspricht auf physiologischer Ebene der Befund, daß in vielen komplexen Stoffwechselprozessen einzelne Genprodukte (Enzyme) Schlüsselfunktionen besitzen. In solchen Fällen kann selbst die gentechnische Manipulation einzelner oder weniger Gene die Ausprägung eines komplex gesteuerten, quantitativen Merkmals hinreichend beeinflussen (vgl. Abschnitt Molekulare Pflanzenphysiologie und metabolic design).

Marker-Analysen könnten auch einen völlig neuen Zugang zu einem genetischen Verständnis agronomisch wichtiger Genkombinationen vermitteln. Bekanntlich führt die Kreuzung unterschiedlicher Genotypen oft zu unerwarteten, aber erwünschten (Heterosis-) Effekten, deren genetische Basis noch gänzlich ungeklärt ist, jetzt aber einer molekularen Analyse zugänglich wird. Die Prüfung von vielen Mustern einer Sammlung auf Heterosis-Effekte durch Testkreuzungen und die nachfolgende Kartierung entsprechender QTL dürfte Grundlagenwissen und Möglichkeiten der Züchtung wesentlich erweitern.

Erste Versuche, den molekularen Charakter von QTL aufzuklären, weisen nicht unerwartet auf eine wichtige Rolle regulatorischer, Stoffwechselflüsse bestimmender Gene (s.o.) hin, z.B. solcher, die die mRNA-Niveaus von Strukturgenen beeinflussen. Entsprechende Informationen sollten auch Untersuchungen liefern, in denen geprüft wird, inwieweit Gene bekannter Funktion mit bekannten QTL identisch sind. Ein umfangreiches Material wird gegenwärtig durch Sequenzierung von

3.7 Stand und Nutzungsperspektiven der molekularen Pflanzengenetik   169

cDNA-Klonen (Genkopien) verschiedener Gewebe von Reis und Mais und deren genetischer Kartierung gesammelt.

Die Evolution von Genomen

Die Kartierung von Markern (Genen, RFLP's, QTL etc.) und die Aufstellung genetischer Karten von mehr oder weniger eng verwandten Kulturpflanzen liefert wichtige Aussagen über die Evolution von Genomen. Doch kommt ihnen auch praktische Bedeutung zu (Helentjaris 1993). Wenn z.B. mit komplexen Phänotypen assoziierte Loci in verschiedenen Genomen ähnlich angeordnet sind, kann - allerdings nicht zwingend - aufgrund der evolutionären Konserviertheit auf einen Selektionsvorteil der Anordnung und damit auf deren funktionelle Bedeutung geschlossen werden. Identische Anordnung von Genen in Genomen verschiedener Arten, auch als Syntenie bezeichnet, dürfte die Chancen für die Isolation agronomisch interessanter Gene erhöhen. So könnte z.B. die Kartierung eines Resistenzgens in einer Art (Kartoffel bzw. Weizen), die Isolation des Gens dagegen aufgrund besserer molekulargenetischer Voraussetzungen in einer anderen Art (Tomate bzw. Reis) erfolgen.

Für die Züchtung von Bedeutung ist z.B. auch der auf der Basis von Genkarten erhobene Befund, daß in den Genomen von Weizen und Roggen verschiedene Chromosomensegmente aufgrund von Genomumbauten (Translokationen) unterschiedlich angeordnet sind. Innerhalb dieser Segmente ist jedoch die Anordnung der Gene, soweit bekannt, erhalten geblieben. Eine Berücksichtigung dieser Erkenntnisse wird Versuche erleichtern, erwünschte Gene aus dem Roggen- in das Weizen-Genom mit Hilfe spezifischer, cytogenetischer Linien einzukreuzen.

Die genetische Diversität von Kulturpflanzen: Erfassung und Nutzung

Fortschritte in der Pflanzenzüchtung sind abhängig von der Verfügbarkeit genetischer Vielfalt, die im Bereich der Kulturpflanzen insbesondere in Genbanken *ex situ* erhalten wird. Eine effektive Erhaltung und Nutzung dieser pflanzengenetischen Ressourcen erfordert jedoch eine umfassende Kenntnis der bewahrten Variabilität und ein Verständnis ihrer genetischen Grundlagen. Sorgfältig ausgewählte DNA-Marker erlauben: (a) die Überprüfung der genetischen Identität von Genbankmustern, (b) die Ermittlung der Verwandschaft bzw. des Grades der genetischen Variabilität zwischen Genotypen in einer Sammlungsgruppe bzw. zwischen Gruppen einer Art oder Gattung, (c) die Ermittlung von merkmalsbestimmenden Genen sowie deren Variation und chromosomale Lokalisation (vgl. Kresovich et al. 1993). Zudem sollte auf genetischer Basis die effiziente Entwicklung relativ kleiner Sammlungen (*core collections*) möglich sein, die einen hohen Anteil der genetischen Diversität von größeren, z.B. Fruchtarten-spezifischen

Kollektionen repräsentieren und diese einer allgemeinen Evaluierung besser zugänglich machen.

Wild- oder Primitivformen von Kulturpflanzen besitzen oft wertvolle, in entwickelten Zuchtformen fehlende Eigenschaften, z.B. Krankheitsresistenzen. Durch sogenannte weite Kreuzungen kann eine Übertragung in eine Hochzuchtsorte erfolgen, doch müssen durch umfangreiche und langwierige, nicht immer erfolgreiche Rückkreuzungsprogramme im Idealfall alle Gene der Primitivform mit Ausnahme des gewünschten Gens entfernt werden. Die Effizienz der Selektionsarbeit kann wesentlich erhöht werden, wenn DNA-Marker bekannt sind, die eine möglichst enge Kopplung mit der zu übertragenden Eigenschaft aufweisen. Nichtgekoppelte Marker erleichtern umgekehrt die Selektion gegen die eingekreuzten unerwünschten Genomanteile.

Eine umfassende Nutzung der reichen Genressourcen der Kulturpflanzen und ihrer Ausgangsformen verlangt dringend ihre Bewahrung *ex situ* in Sammlungen und *in situ* "vor Ort". Die Konvention über biologische Diversität (Rio de Janeiro 1992) hat diese Notwendigkeit auf höchster politischer Ebene nachdrücklich unterstrichen. Allerdings muß auch die Charakterisierung des umfangreichen Materials intensiviert werden, um eine stärkere Nutzung zu ermöglichen.

Die Erfassung von pflanzenpathogenen Organismen

Besondere Bedeutung haben DNA-Marker bereits bei der Diagnose von pflanzenpathogenen Mikroorganismen erlangt, die sich durch einen Mangel an üblichen, diagnostisch nutzbaren Merkmalen auszeichnen. Die sichere und schnelle Detektion selbst einzelner Pathotypen von z.B. Viren oder Pilzen durch DNA-Fingerprints und der Nachweis von genetischen Veränderungen in der Mikroben-Population fördert auch die Selektion resistenter Pflanzensorten und deren Nutzung in der Züchtung. Gleichzeitig erbringt die Untersuchung der molekularen Basis spezifischer Pathogen-Pflanze-Wechselwirkungen neue Ansatzpunkte für Pflanzenschutzmaßnahmen und Resistenzzüchtung (Lamb et al. 1992; Strittmatter and Wegener 1993).

DNA-Marker und molekulare Ökologie

Da RFLP-, RAPD- und Fingerprint-Marker bei sorgfältiger Anwendung einen exakten Nachweis von markierten Genen, Individuen und Populationen mit vertretbarem Aufwand erlauben, sind auch Probleme der Populationsdynamik, des Genflusses zwischen Populationen und der Befruchtungsbiologie (Analyse des Anteils von Fremdbefruchtung und Selbstbefruchtung, Nachweis von Apomixis) auf neue Weise zugänglich geworden. DNA-Marker erlauben auch quantitative Aussagen über Veränderungen von Organismen-Gemischen in Abhängigkeit von biotischen und abiotischen Faktoren, wie sie z.B. in Boden- oder Abwasserproben auftreten (vgl. Hadrys et al. 1992).

3.7.4 Isolation von Genen

Für die Isolation von Genen stehen verschiedene Methoden zur Verfügung, die unterschiedlichen Voraussetzungen Rechnung tragen (Gibson and Sommerville 1993). Läßt sich das genspezifische Protein erfassen, genügt gegenwärtig die aus einem Polyacrylamidgel eluierte Bande zur Bestimmung einer N-terminalen Sequenz, auf deren Basis die Synthese von Oligonukleotidproben und das Durchmustern einer cDNA-Bank erfolgen. Sind funktionsäquivalente Gene aus anderen Organismen bekannt, kann eine Isolierung des gewünschten Gens über Kreuzhybridisierung oder PCR-Techniken gelingen. Da die für viele Stoffwechselleistungen verantwortlichen Gene technisch nutzbare Sequenzhomologien über weite taxonomische Abstände hinweg bewahrt haben, gewinnt diese Methodik in dem Maße an Bedeutung, in dem an Modellarten (*E.coli*, Hefe, *Arabidopsis*, Reis, *Cenorhabditis*, *Drosophila*, Mensch) im Rahmen von Genom- und cDNA-Sequenzierungsprogrammen gewonnene Daten verfügbar werden.

Bei ausschließlicher Kenntnis eines genetisch determinierten Phänotyps sind verschiedene Isolierungsstrategien möglich. Gene mit Funktionen in weit verbreiteten Stoffwechselprozessen sind durch Transformation von cDNA-Banken in definierte Mutantenstämme, insbesondere von Hefe, aber selbst von *E.coli*, isoliert worden. Sind Mutanten oder in der Merkmals-Expression hinreichend unterschiedliche Linien der bearbeiteten Art bekannt, kann mittels verschiedener Verfahren (z.B. differentielle Hybridisierungstechniken, *mRNA display*) das cDNA-Komplement der Gen-spezifischen mRNA isoliert werden. Der Nachweis der Funktionsspezifität ist vorzugsweise durch Mutantenkomplementation bzw. Merkmalsübertragung zu erbringen. Umgekehrt ermöglicht die Erzeugung spezifischer Mutanten durch Insertion bekannter Sequenzen (Transposonen oder T-DNA) die Isolation des betroffenen Gens. Diese *tagging*-Verfahren ermöglichen auch die Isolation gewebespezifischer Promotoren. Während das *transposon-tagging* bislang vornehmlich in Mais mit gut charakterisierten "springenden Genen" zur Erzeugung von Mutationen und zur Isolierung von Genen in züchtungsrelevanten Arbeiten genutzt wurde, ist mit der Übertragung vornehmlich des Mais-eigenen *Ac-Ds*-Transposon-Systems in andere Kulturarten eine breitere Nutzung eingeleitet worden.

Weitere wichtige Möglichkeiten zur Isolation von Genen eröffnen DNA-Marker auf der Basis genetischer Karten (s.o.). Nach erwiesener enger Kopplung von flankierenden DNA-Sonden mit einem Merkmal wird in einer mittels künstlicher Hefe-Chromosomen (YACs) konstruierten Genbank die Region zwischen den flankierenden Sonden isoliert und weiteren, aufwendigen Analysen unterzogen, um das Gen genau zu lokalisieren, zu isolieren und zu charakterisieren. Die Übertragung der isolierten Sequenz und ein anschließender Funktionsnachweis müssen die Koinzidens zwischen Gen und Merkmal bestätigen.

3.7.5 Gezielte Veränderungen von Genen und Genexpressions-Programmen

Mit steigender Kenntnis der genetisch direkt oder indirekt determinierten Eigenschaften von Molekülen und ihres Raum-Zeit-spezifischen Auftretens und Wirksamwerdens wachsen die Möglichkeiten der gezielten Einflußnahme.

In vitro -Mutagenese von Genkodierungsbereichen

Durch gezielte, technisch ausreichend beherrschte Mutationen im Kodierungsbereich von Genen, kann die Funktion von Proteinen verändert werden. In der Regel werden bekannte oder vermutete Funktionsbereiche mutiert und die erzeugten Veränderungen analysiert. Die funktionelle Modifikation und Gestaltung von Molekülen mittels Manipulation vorhandener oder Synthese neuer Gensequenzen hat sich zu einem eigenständigen Forschungszweig entwickelt (*protein engineering*). Theoretische Basis solcher Arbeiten ist das weitgehend akzeptierte zentrale Dogma der Proteinchemie: die Abfolge der Aminosäuren bestimmt die native Konformation der Proteine. In der Zelle werden Faltungs- und Assemblierungsprozesse durch eine Reihe von Enzymen und Faltungshelferproteinen (*molecular chaperones*) orts- und zeitspezifisch reguliert - Prozesse, die in der pharmazeutischen Biotechnologie bereits genutzt werden. Zunehmende Bedeutung erlangt auch die evolutionäre Biotechnologie, die durch Vermehrungs- und Selektionszyklen *in vitro* die Auffindung von Molekülen (z.B. enzymatisch aktive RNAs) mit erwünschten Eigenschaften erlaubt (Szostack 1992). Eine Nutzung der erwähnten Erkenntnisse auch in der pflanzlichen Biotechnologie ist zu erwarten.

Ein korrekter Ablauf von Zellfunktionen setzt eine korrekte Verteilung der vorwiegend im Cytoplasma synthetisierten Proteine in die Vielzahl distinkter Kompartimente einer Zelle (Organellen, Membransysteme etc.) voraus. Dies wird durch spezifische Signale in der Aminosäuresequenz erreicht, die mit Rezeptoren reagieren und den Einbau des Proteins in bzw. die Durchquerung von spezifischen Membransystemen ermöglichen. Die Aufklärung der Mechanismen der Proteinkompartimentierung ist ein Schwerpunkt gegenwärtiger zellbiologischer Forschung. Die bisherigen Erkenntnisse erlauben durch Einfügung/Entfernung von Peptid-Sortierungssignalen z.B. den Import beliebiger Proteine in den Zellkern sowie in Chloroplasten oder Mitochondrien, die Unterbindung des Transports in die Vakuole oder die Sekretion in den Apoplasten. Diese Möglichkeit ist insbesondere für eine Umsteuerung von Stoffwechselflüssen (s. Abschnitt 7) unabdingbare Voraussetzung.

Steuerung des Raum-Zeit-Musters der Genexpression

Die vielfachen strukturellen und funktionellen Differenzierungen von Zellen, Geweben und Organen und deren geregeltes Zusammenwirken wird durch die differentielle Expression von Genen sowie vielfältige nachgeschaltete Regulationsprozesse erreicht. Das empirisch angesammelte Wissen über die Rolle Genflankierender Sequenzen erlaubt die Herstellung chimärer Gene mit grob voraussagbarem Expressionsmuster und damit die potentielle Nutzung aller Genressourcen unabhängig vom Herkunftsorganismus.

Die Expression des Gens einer Donorspezies in einer evolutionär entfernten Wirtsart verlangt die Nutzung regulativer DNA-Bereiche der Wirtsart, in der Regel 5'-flankierender "Promotor"- und (weniger häufig, da weniger spezifisch) 3'-flankierender "Terminator"-Sequenzen. Die genaue Analyse einiger Promotoren hat für pflanzliche (wie tierische und nach jüngsten Daten auch bakterielle) Promotoren einen modularen Aufbau aus funktionell definierten Sequenzblöcken erwiesen, der prinzipiell die Konstruktion künstlicher Regulationseinheiten mit voraussagbarer Wirkung erlaubt. Allerdings können auch posttranskriptionale Regulationsvorgänge von erheblicher Bedeutung sein (vgl. Kuhlemeier 1992; Gallie 1993). Beispielsweise weist der mRNA-Spleiß-Prozess Unterschiede nicht nur zwischen Tieren und Pflanzen, sondern auch zwischen mono- und dikotylen Pflanzen auf. Deshalb ist die Nutzung intronloser cDNA-Sequenzen in chimärischen Genen angebracht. Ungenügend gelöst ist das Problem der Expressionshöhe. Da das *steady-state*-Niveau eines Proteins und dessen (z.B. enzymatische) Aktivität durch viele - weitgehend unbekannte - posttranskriptionale und posttranslationale Prozesse bestimmt wird, sind langwierige *Experimentalserien* notwendig, um hohe Transgen-codierte Proteinmengen zu erreichen. Eine Erhöhung von mRNA-Stabilität und Translationseffizienz ist durch Austausch bzw. Modifikation der 5'- und 3'-untranslatierten Genregionen erreicht worden.

Zur gezielten Beeinflussung der Genfunktion hat sich besonders in pflanzlichen Systemen die antisense-Technologie als geeignet erwiesen (Watson and Grierson 1993). Dabei wird eine Minderung/Unterdrückung der Expression einer mRNA über die gleichzeitige Synthese komplementärer antisense-RNA erreicht (auch sense-RNA kann auf ungeklärte Weise die Expression eines homologen Gens unterdrücken). Ähnliche auf gezieltem RNA-Abbau beruhende Effekte lassen sich durch Expression von Ribozymen (RNA-Molekülen mit enzymatischer Aktivität) erzielen. Durch geeignete Wahl Raum-Zeit-spezifischer Promotoren als Steuerelemente für die Expression von antisense und Ribozym-Sequenzen und durch die Ausnutzung der Merkmalsvariabilität verschiedener transgener Linien (klonaler Varianten) lassen sich Stoffwechselwege über bekannte Gene sehr gezielt beeinflussen. In der bekannten FlavrSavr-Tomate der US-Firma Calgene wird die antisense-Technologie bereits kommerziell genutzt.

3.7.6 Genübertragung

Gentransfer-Verfahren

Grundvoraussetzung jeglicher Nutzung der Gentechnik für die gezielte Veränderung von Pflanzen ist die Verfügbarkeit von Verfahren zur Genübertragung

(Transformation) und Regeneration von Zellen bzw. Geweben zu fertilen Pflanzen. Obwohl transgene Pflanzen von etwa 50 Arten beschrieben wurden (Fraley 1992) und deren Zahl ständig steigt, sind viele der beschriebenen Verfahren sortenabhängig, aufwendig, ineffizient und oft schwer reproduzierbar. Dennoch ist klar erkennbar, daß diese Schwierigkeiten nicht prinzipieller Natur sind und durch Forschungs- bzw. Mitteleinsatz überwunden werden können. Auch wird die Methodenentwicklung weiter vorangetrieben (Day and Lichtenstein 1992).

Die ersten experimentellen Transformationen wurden 1983 durch Nutzung des natürlichen T-DNA-Übertragungssystems von *Agrobacterium tumefaciens* erreicht. Dieses System ist ständig verbessert worden und findet insbesondere bei Dikotylen Anwendung. Aber auch Monokotyle wie Reis lassen sich gegenwärtig mittels *A. tumefaciens* transformieren. Ein vertieftes Verständnis der *Agrobacterium*-Pflanze-Interaktion dürfte in Zukunft weitere Arten diesem Transformationsverfahren zugänglich machen.

Bei direkten Transformationsverfahren wird klonierte DNA unmittelbar in Zellen eingeschleust, entweder durch die Membran von Protoplasten mittels Elektroporation bzw. membranaktiver Substanzen wie Polyethylenglycol oder durch die Zellwand mit Hilfe von Geschoßpartikeln, auf die die DNA aufgebracht wurde. Während die Protoplastentransformation ein für die meisten Pflanzenarten und -linien nicht ausgearbeitetes Verfahren zur Regeneration fertiler Pflanzen aus Protoplasten erfordert, genügt für das Partikelbeschuß-Verfahren die Regeneration der beschossenen Gewebe bei gleichzeitiger Selektion. Diese für nahezu alle Transformationsverfahren notwendige Selektion hat sich bislang vornehmlich solcher Gene bedient, die Resistenz gegenüber Antibiotika vermitteln, doch werden auch Herbizidresistenz-Gene genutzt (vgl. Wilnink and Dons 1993).

Der direkte Gentransfer in Protoplasten ist durch ausgeklügelte Selektionsverfahren auch für die reproduzierbare Transformation von Chloroplasten genutzt worden. Ähnliche Strategien sollten für Mitochondrien gangbar sein. Damit ist die prinzipielle Zugänglichkeit der genetischen Zentren der Photosynthese und des Energiestoffwechsels für gezielte genetische Veränderungen nachgewiesen.

Trotz verschiedener potentieller Vorteile, die virale Genome als Vektoren besitzen, sind diese aufgrund spezifischer Funktionseigenschaften bislang kaum eingesetzt worden. Zweifellos sind jedoch Fortschritte erreichbar. Insbesondere die Nutzung der Amplifikationsmaschinerie von RNA-Viren zur Massensynthese spezifischer mRNAs wird erhebliche Bedeutung erlangen.

Eine Vielzahl weiterer methodischer Ansätze zur Transformation wichtiger Kulturpflanzen haben bislang keine Bedeutung erlangt (vgl. Portrykus 1989).

Alle bislang genutzten Verfahren erlauben nur die Übertragung relativ kurzer DNA-Bereiche (selten >20kb). Eine Transformation von größeren, mehrere Gene überstreichenden DNA-Fragmenten (>100kb) in Form von YACs (s.S.12) ist mit Säugerzellen bereits gelungen. An der Entwicklung künstlicher Pflanzenchromosomen wird gearbeitet. Sie könnten erhebliche Vorteile insbesondere bei der Übertragung komplexer Merkmale bieten. Inwieweit dieses Ziel durch Einschleusung mikroisolierter Chromosomensegmente möglich ist, bedarf der sorgfältigen experimentellen Prüfung.

3.7 Stand und Nutzungsperspektiven der molekularen Pflanzengenetik 175

Verschiedentlich sind Risiken diskutiert worden, die aus der Übertragung der Gene resultieren könnten, die ausschließlich für den Transformations- und Selektionsprozeß (z.B. Antibiotika-Resistenzdeterminanten) notwendig sind. Diesem Problem kann begegnet werden, indem die Resistenzgene durch spezifische Promotoren gesteuert werden, die nur in Transformations-kompetenten Zellen aktiv werden. Dadurch wird die bei den derzeit genutzten Verfahren erfolgende Dauersynthese des Resistenz-vermittelnden Proteins im Gesamtorganismus vermieden. Andere, kompliziertere Verfahren erlauben über Rekombinationsprozesse oder durch Nutzung von Transposonsystemen die Entfernung aller Vektorsequenzen bei Verbleib des Transgens (vgl. Yoder and Goldsbrough 1994).

Gezielte Genintegration (*gene targeting*)

Alle bekannten Verfahren des Transfers von Genen in pflanzliche Genome sind in bezug auf den Integrationsort der Gene weitgehend unspezifisch. Da aber das Genom positionsabhängig einen großen und bislang kaum verstandenen Einfluß auf die Expression eines Gens ausübt, wären Verfahren zur ortsspezifischen Integration von Gensequenzen, speziell zur homologen Rekombination, von großem Wert. Sie würden einen Genaustausch ohne Störung des strukturellen und funktionellen Gesamtgefüges des Genoms erlauben, eine Integration von Fremdgenen mit voraussagbaren bzw. reproduzierbaren Folgen ermöglichen und damit viele Mängel gegenwärtigen Vorgehens beheben. Homologe Rekombination von in die Zelle transferierter DNA erfolgt in Bakterien und Hefen mit hohen Raten. Eine gezielte Ausschaltung von Genen über homologe Rekombination gelingt auch in embryonalen Stammzellen der Maus. Spezifische Selektionsverfahren gestatten die Vermehrung und Detektion dieser Zellen, die anschließend in die Keimbahn transferiert werden und bislang zur Erzeugung von Tieren mit gezielten Genmutationen genutzt wurden. Ein vergleichsweise gut ausgearbeitetes System ist für Pflanzen bislang nicht verfügbar (Paskowski 1994).

Für die Belange der Pflanzenzüchtung kann das Problem jedoch auf zweifache Weise gemildert werden. Zum einen ist es gelungen, den unerwünschten Einfluß (Positionseffekt) von Genombereichen, die einen zufälligen Genintegrationsort flankieren, in ersten Ansätzen durch Flankierung des Transgens mit sogenannten *scaffold attachment regions* oder SAR-Sequenzen herabzusetzen. Solche DNA-Sequenzen begrenzen im Genom Chromatindomänen und schützen sie vor dem Einfluß benachbarter Domänen, die diese über Änderungen der Chromatinkonfiguration ausüben können (Breyne et al. 1993). Positionseffekte könnten auch durch definierte Integrationsorte unter Nutzung bakterieller, in das Pflanzengenom übertragener, ortspezifischer Rekombinationssysteme vermieden werden. Zum anderen können nach bewährtem Verfahren aus einer möglichst großen Zahl von unabhängigen Transformanden die geeignetsten Pflanzen selektiert und ohne Kenntnis der Ursachen der günstigen Merkmalsausprägung für die Züchtungsarbeit eingesetzt werden.

Molekulare Pflanzenphysiologie und *metabolic design*

Die Analyse von Stoffwechsel- und Entwicklungsprozessen ist durch die Untersuchung von Mutanten außerordentlich gefördert worden. Die biologische Forschung nutzt diesen methodischen Ansatz wieder verstärkt, zumal neben der klassischen Mutagenese neue Methoden zur Erzeugung von Funktionsausfällen zur Verfügung stehen. Neben der Aufklärung von Stoffwechselwegen gelingt es mit wachsendem Kenntnisstand immer besser, Stoffwechselleistungen gezielt zu verändern. Die Verbesserung zellulärer Leistungen durch die gentechnische Manipulation von Enzymen sowie von Transport- und Regulationsvorgängen wird als *metabolic engineering* oder *metabolic design* bezeichnet (Bailey 1991). Der rasche Wissensfortschritt und die bereits erzielten Ergebnisse (s.Tabelle 2 und Willmitzer u. Töpfer 1992) lassen bei gleichzeitiger Verbesserung der Transformationstechniken einen enormen Einfluß auf Pflanzenzüchtung und Pflanzenbiotechnologie erwarten. Neben der Umsteuerung von Stoffwechselflüssen können ganz neue Produkte, wie Pharmazeutika, in Pflanzen synthetisiert (vgl. Krebbers et al. 1992) oder Synthesewege von Sekundärmetaboliten aus nicht kultivierbaren Wildpflanzen in Kulturpflanzen überführt werden (vgl. Tabelle 2). Die früher getroffene Aussage, daß komplexe Stoffwechselprozesse durch Beeinflussung einzelner Schlüsselfunktionen beeinflußt werden können, soll durch nur ein Beispiel illustriert werden. In lagernden Kartoffelknollen kann der Beginn der Keimung durch die Expression eines bakteriellen Enzyms, der anorganischen Pyrophosphatase aus *Escherichia coli*, stark verzögert bzw. verhindert werden. Das Enzym entfernt den Metaboliten Pyrophosphat, der jedoch für den Stärkeabbau benötigt wird. Unterbleibt aber der Stärkeabbau, kann die Kartoffel nicht keimen, das heißt, sie ist selbst bei Zimmertemperatur über lange Zeit lagerfähig (U. Sonnewald und Mitarbeiter/IPK Gatersleben, unveröffentlicht).

3.7 Stand und Nutzungsperspektiven der molekularen Pflanzengenetik

Tabelle 2 Gentechnisch veränderte Stoffwechselleistungen (nach DeLuca, 1993, ergänzt und verändert)

Enzymreaktion	Genquelle	Beeinflußter Stoffwechselweg	Wirtspflanze	Veränderte Eigenschaften
Dihydrokämpferol-4-Reduktase	Mais	Anthocyane	Petunie	Blütenfarbe
ACC-Deaminase	Bakterien	Ethylen	Tomate	Fruchtreifung
Ornithin-Decarboxylase	Hefe	Nikotin und Polyamine	Tabak	Sekundärstoffgehalt
Stilben-Synthase	Erdnuß	Stilbene	Raps	Pilzresistenz
Hyoscyamiln-6β-Hydroxylase	Bilsenkraut	Alkaloide	Tollkirsche	Scopalamingehalt
Sesquiterpen-Cyclase	*Fusarium* (Pilz)	Sesquiterpene	Tabak	Sekundärgehalt
ADP-Glucose-Pyrophosphorylase	*E.coli* (Bakterium)	Stärke	Kartoffel	Stärkegehalt der Knollen
Hydroxybutyryl-CoA-Dehydrogenase	Bakterien	Polyhydroxybuttersäure	*Arabidopsis*	Synthese eines neuen Polymers
Cyclodextrin-Glycosyltransferase	Bakterien	Cyclodextrin	Kartoffel	Synthese eines neuen Zuckers
myo-Inositol-o-methyl-Transferase	*Mesembryanthemum* (Pflanze)	Zucker	Tabak	Toleranz gegen osmotischen Stress durch Cyclitol-Synthese
12:0-ACP-Thio-Esterase	*Umbellularia californica* (Pflanze)	Fettsäure	*Arabidopsis*	Ölqualität

3.7.7 Ausblick

Die gezwungenermaßen knappe und stark verallgemeinernde Darstellung zum Stand der molekularbiologischen Forschung in der Pflanzengenetik mit Blick auf die Pflanzenzüchtung belegt den Beginn einer qualitativ neuen Phase der Nutzung von Pflanzen durch den Menschen. Kurz- und mittelfristig werden DNA-Markertechnologien die größeren Fortschritte erzielen, da sie (a) nicht zu transgenen Pflanzen führen und deshalb Akzeptanzprobleme besonders im Nahrungsmittelbereich vermeiden, (b) sich in die etablierten Zuchtstrategien eingliedern und somit Technologietransfer-Probleme verringern und (c) eine schnellere und umfassendere Nutzung der genetischen Variabilität im jeweiligen Verwandschaftskreis einer Kulturpflanze erlauben. Doch auch transgene Pflanzen werden zunehmend angebaut werden, da die molekularen Techniken neue Prinziplösungen erlauben und eine weit umfangreichere Nutzung vorhandener oder neu geschaffener genetischer Information erlauben. Stand der Technik, Pflanzenart, Zuchtziel, Akzeptanzfragen, Marktpotential und Finanzaufwand werden bestimmen, welche Technologien in welcher Kombination in eine bestimmte Züchtungsstrategie eingehen. Die Biotechnologie wird jedoch die Pflanzenzüchtung nicht ersetzen. Sie erweitert vielmehr die genetische Variabilität und stellt neue Methoden und Konzepte zur Verfügung, die die Züchtung besser befähigen, den Herausforderungen der Zukunft zu entsprechen.

Ein Aspekt ist in der gesamten Darstellung jedoch ungenügend herausgestellt worden: die breite praktische Umsetzung der erkannten Prinzipien bedarf noch eines hohen Maßes an Kenntniserweiterung und Technikentwicklung. Die biologische Vielfalt und die komplexen Wechselwirkungen mit der Umwelt erfordern umfangreiche Anpassungsarbeit in jedem Einzelfall, selbst wenn Prinziplösungen vorliegen und schränken die Voraussagbarkeit der phänotypischen Auswirkungen genetischer Veränderungen ein.

Die Möglichkeit, biologische Barrieren des Genaustausches zu überwinden, neue Funktionen und Produkte in Pflanzen zu generieren und zunehmend Organismen den wechselnden Zielen der Menschen anzupassen, hat zu kritischer Betrachtung der Bemühungen von biotechnologisch untermauerter Pflanzenzüchtung geführt. Deshalb muß eine züchtungsbezogene Forschung und die Pflanzenzüchtung selbst über ihren unmittelbaren Aufgabenbereich hinaus die Ziele ihrer Arbeit in einen umfassenden gesamtgesellschaftlichen Kontext stellen.

Literatur

Baily JE (1991) Toward a science of metabolic engineering. Science 252: 1668 - 1674

Breyne P, Van Montagu M, Gheysen G (1993) Higher order organization of plant chromatin and the regulation of gene expression. AGBiotech News and Information 5:183N-188N

Day AG, Lichtenstein CP (1992) Plant genetic transformation. In: Fowler MW, Warren GS (eds) Plant biotechnology (Comprehensive biotechnology, second supplement), Pergamon Press Oxford, pp 150-182

DeLuca V (1993) Molecular characterization of secondary metabolic pathways. AGBiotech News and Information 5:225N-229N
Evans DA (1989) Somaclonal variation - genetic basis and breeding applications. Trends in Genetics 5:46-50
Fraley R (1992) Sustaining the food supply. Bio/Technology 10:40-43
Gallie DR (1993) Posttranscriptional regulation of gene expression in plants. Annu. Rev. Plant Physiol. Plant Mol. Biol. 44:77-105
Gibson S, Somerville C (1993) Isolating plant genes. Trends in Biotechnology 11: 306-313
Hadrys H, Balick M, Schierwater B (1992) Applications of random amplified polymorphic DNA (RAPD) in molecular ecology. Molecular Ecology 1: 55-63
Helentjaris T (1993) Implications for conserved genomic structure among plant species. Proc.Natl.Acad.Sci. USA 90:8308-8309
Krebbers E, Bosch D, Vandekerckhove J (1992) Prospects and progress in the production of foreign proteins and peptides in plants. In: Shewry PR, Gutteridge S (eds) Plant Protein Engineering, Cambridge University Press, England, U.K., pp 315-325
Kresovich S, Lamboy WF, Szewc-McFadden AK, McFerson JR, Forsline PL (1993) Molecular diagnostics and plant genetic resources conservation. AgBiotech News and Information 5:255N-258N
Kuhlemeier C (1992) Transcriptional and post-transcriptional regulation of gene expression in plants. Plant Molecular Biology 19:1-14
Lamb CJ, Ryals JA, Ward ER, Dixon RA (1992) Emerging strategies for enhancing crop resistance to microbial pathogens. Bio/Technology 10:1436-1445
Melchers G, Mohri Y, Watanabe K, Wakabayashi S, Harada, K (1992) One-step generation of cytoplasmic male sterility by fusion of mitochondrial-inactivated tomato protoplasts with nuclear-inactivated *Solanum* protoplasts. Proc. Natl. Acad. Sci. USA 89:6832-6836
Paszkowski J (ed) (1994) Homologous recombination and gene silencing in plants. Kluwer Acad. Publ., Dordrecht
Paterson AH, Tanksley SD, Sorrels ME (1992) DNA Markers in plant improvement. Advances in Agronomy 4:39-90
Peschke VM, Phillips RL (1992) Genetic implications of somaclonal variation in plants. Advances in Genetics 30:41-75
Potrykus I (1989) Gene transfer to cereals: an assessment. Trends in Biotechnology 7:269-273
Rafalsky JA, Tingey SV (1993) Genetic diagnostics in plant breeding: RAPDs, microsatellites and machines. Trends in Genetics 9:275-280
Strittmatter LG Wegener D (1993) Genetic Engineering of desease resistance in plants: present state of the art. Z.Naturforsch. 48c:673-688
Szostak JW (1992) *In vitro* genetics. Trends in Biochemical Sciences 17:89-93
Tanksley SD (1993) Mapping Polygenes. Annual Review of Genetics 27:205-233
Watson CF Grierson D (1993) Antisense RNA in Plants. In: Hiatt A (ed) Transgenic Plants, M. Dekker Inc., New York, pp 255-281

Willmitzer L, Töpfer R, (1992) Manipulation of oil, starch and protein composition. Current Opinion in Biotechnology 3:176-180

Wilmink A, Dons JJM (1993) Selective agents and marker genes for use in transformation of monocotyledonous plants. Plant Molecular Biology Reporter 11 (2):165-185

Yoder JI, Goldsbrough AP (1994) Transformation systems for generating marker-free transgenic plants. Bio/Technology 12:263-267

3.8 Biotechnologische Ansätze für die Züchtung gesunder Pflanzen und ihre Bedeutung für die Entwicklung umweltschonender Anbauverfahren

Prof. Dr. Gerhard Fischbeck
Technische Universität München, Institut für Pflanzenbau und Pflanzenzüchtung, Weihenstephan, 85350 Freising

Zusammenfassung

Ausreichende Sicherheit von Ertrags- und Qualitätsleistungen gehört zu den Grundlagen der Konkurrenzfähigkeit in der landwirtschaftlichen Pflanzenproduktion. Zugleich müssen Standortproduktivität und Umweltverträglichkeit durch integrierte Anbauverfahren nachhaltig gesichert bleiben. Auf verschiedenen Wegen kann die Biotechnologie zur künftigen Sortenentwicklung beitragen. Sie sind von besonderer Bedeutung, wenn sie zur Minderung des Einsatzes von umwelt-belastenden Produktionsmitteln beitragen und damit die Weiterentwicklung umweltschonender Anbauverfahren begünstigen.

Am weitesten fortgeschritten sind biotechnologische Ansätze für Beiträge zur Sicherung des Gesundheitszustandes von Kulturpflanzenbeständen. Biotechnische Hilfsmittel, besonders aus dem Bereich der Zell- und Gewebekultur sowie der molekularen oder Antikörperdiagnostika können eingesetzt werden, um den Gesundheitszustand von Saat- und Pflanzgut zu kontrollieren. In nahezu vollständiger Breite kann das biotechnologische Instrumentarium für die Resistenzzüchtung nutzbar gemacht werden. Es bestehen sehr erfolgversprechende Ansätze, welche die Effizienz der Selektion resistenter Pflanzen erheblich verbessern und die genetische Basis der bisherigen Resistenzzüchtung gezielt verbreitern können. Mit Hilfe gentechnischer Methoden können darüber hinaus neuartige Abwehrsysteme gegen Schaderreger in Kulturpflanzen etabliert werden. Dabei wird es entscheidend auf eine konsequente Weiterentwicklung der bisher vorhandenen Ansatzpunkte ankommen.

Obwohl in der Öffentlichkeit besonders umstritten, sollte anerkannt werden, daß auch die Übertragung von Toleranz gegen einzelne herbizide Wirkstoffe auf Kulturpflanzen zur Entwicklung umweltschonender Anbauverfahren beitragen kann. Dies gilt insbesondere dann, wenn die vollständige Abbaubarkeit des davon betroffenen Wirkstoffs gewährleistet ist.

Das immense Interesse der biologischen Grundlagenforschung an der biologischen Stickstoff-Fixierung hat zu großen Fortschritten in der Aufklärung ihrer molekularbiologischen Grundlagen und auch zur Klonierung zahlreicher daran beteiligter Gene geführt. Dabei ist aber auch deutlich geworden, daß es die Grenzen für erfolgversprechende genetische Transformationen noch immer weit überschreitet, derartig komplexe Regulierungsprozesse mit dem Ziel einer autotrophen N-Versorgung auch auf Nicht-Leguminosen übertragen zu wollen. Das hohe analytische Potential molekularer Techniken eröffnet jedoch neue Ansätze für ein besseres Verständnis der hochgradig komplexen Wechselbeziehungen zwischen höheren Pflanzen und der Mikroflora des Bodens und ihrer Beteiligung an der Nährstoffversorgung der Pflanzen.

Vorbemerkung

Die Gewährleistung einer ausreichenden Sicherheit der Ertrags- und Qualitätsleistung landwirtschaftlicher Kulturpflanzen stellt eine wesentliche Voraussetzung für die Wettbewerbsfähigkeit der Landwirtschaft in einem größeren Wirtschaftsraum dar. Gleichrangige Bedeutung kommt jedoch der nachhaltigen Sicherung von Standortproduktivität und Umweltverträglichkeit zu. Dies darf bei den Überlegungen über die künftige Rolle und Ausrichtung der landwirtschaftlichen Pflanzenzüchtung nicht übersehen werden, obwohl die relative Bedeutung sortentypischer Verbesserungen des realisierbaren Ertragspotentials noch zunehmen wird, wenn der Einsatz chemisch hergestellter Produktionsmittel in zunehmendem Maße an ökonomische und ökologische, möglicherweise auch an administrative Grenzen stößt. Sollen darüber hinaus die Anforderungen an stärker differenzierte Verwertungseigenschaften auch im Hinblick auf die Erzeugung nachwachsender Rohstoffe Berücksichtigung finden, so fällt der Pflanzenzüchtung künftig eine wichtige Rolle und ein hohes Maß an Verantwortung dafür zu, daß der einheimischen Landwirtschaft ein entsprechendes Angebot von Zuchtsorten anbauwürdiger Arten zur Verfügung steht, um umweltverträglich wirtschaften und gleichzeitig den Wettbewerb auf dem europäischen Agrarmarkt bestehen zu können. Diese Anforderungen können nur erfüllt werden, wenn es gelingt, die bisherigen Zuchtmethoden zu beschleunigen, die Effizienz der züchterischen Selektion zu steigern und die für die Erreichung der Zuchtziele benötigte genetische Variabilität gegebenenfalls auch über die bisherigen Artgrenzen hinaus gezielt zu erweitern. Das dafür geeignete Instrumentarium erwächst der Pflanzenzüchtung aus verschiedenen Sektoren der Biotechnologie, insbesondere aus dem Bereich der Zell- und Gewebekultur, der pflanzlichen Genomanalyse und der Gentechnik. Eine weitere Konsequenz dieser Entwicklung dürfte darin bestehen, daß sich sowohl in zeitlicher wie auch in methodischer Hinsicht eine enger werdende Verbindung zur molekularbiologischen und molekulargenetischen Grundlagenforschung entwickelt. Dies dürfte zu einer Beschleunigung der Umsetzung von Erkenntnissen der Grundlagenforschung in die Züchtungspraxis ebenso beitragen, wie zu einer stärkeren Orientierung der botanischen Forschung an ungelösten Grundfragen der Pflanzenproduktion.

Noch findet sich dieser Prozeß in seinen Anfängen. Es sind daher vorwiegend einfach gesteuerte Stoffwechselprozesse, deren molekulargenetische Klärung soweit gediehen ist, daß sie auch gentechnisch umgesetzt werden können. Andererseits ergeben sich aus den Fortschritten der pflanzlichen Genomanalyse die ersten Ansätze, die für die erblichen Unterschiede in der Ertragsbildung von Kreuzungsnachkommen verantwortlichen Chromosomenabschnitte ihrer Eltern zuverlässig zu kartieren und damit einzugrenzen. Die relativ einfachen, in der heutigen Pflanzenzüchtung bereits anwendbaren Stufen der pflanzlichen Biotechnologie können jedoch schon dazu genutzt werden, eine stärkere Differenzierung der Qualitäts- und Resistenzeigenschaften im künftigen Sortenspektrum herbeizuführen, als dies bisher der Fall war. Die Sortenwahl wird auf diesem Wege zu einem wesentlichen Bestandteil integrierter Anbauverfahren. Dabei können biotechnologische Beiträge zur Sortenentwicklung es ermöglichen, umweltbelastenden Produktionshilfsmitteln auf ein umweltverträgliches Maß zu reduzieren und zumindest teilweise auch zu erübrigen.

3.8.1 Biotechnologie und Pflanzengesundheit

Verfahren der klassischen Resistenzzüchtung

Krankheitserreger und Schädlinge landwirtschaftlicher Kulturpflanzen können große Ertrags- und Qualitätsschäden verursachen. Es gibt daher ein Syndrom von Erbeigenschaften, das auf dem Wege natürlicher Selektion die Anpassung alter Landsorten an die gegebenen Standortverhältnisse bewirkt hat, und eine ausreichende Widerstandskraft gegen die im Rahmen der ursprünglichen Formen der Landbewirtschaftung vorherrschenden Krankheiten und Schädlinge einschließt. Innerhalb einer noch ungezüchteten Landsorte haben jedoch stets viele Genotypen überlebt, sofern sie dem Durchschnitt des gegebenen Anpassungssyndroms entsprachen.

Die empirisch entwickelten Methoden der Pflanzenzüchtung waren ursprünglich allein auf die Nutzung der in vorhandenen Landsorten bereits enthaltenen genetischen Diversität durch Selektion ausgerichtet. Mit der schon im 19. Jahrhundert praktizierten Auftrennung solcher Populationen in Einzelpflanzennachkommenschaften wurden sehr bald auch erblich bedingte Unterschiede im Krankheitsbefall zwischen den Einzelpflanzennachkommenschaften beobachtet. Die klassische Resistenzzüchtung hat daher mit bewußter Selektion auf geringen Befallsgrad durch die vorhandene Population von Krankheitserregern bereits begonnen, als noch keine Klarheit über die Pathogen- und Virulenzeigenschaften der Krankheitserreger bestand.

Heute sind *quantitative Resistenzabstufungen* zumindest phänotypisch näher analysiert und könnten auf geringeren Infektionserfolg, verlängerte Inkubationszeiten und eingeschränkte Vermehrungsraten des betreffenden Krankheitserregers zurückgeführt werden. Die dafür verantwortlichen physiologischen Prozesse sind jedoch nur in Ansätzen bekannt. Ihre genetischen Grundlagen waren bisher lediglich in Form von vereinfachenden Modellen der quantitativen Genetik zu erfassen. Eine transgressive Verbesserung quantitativer Resistenzeigenschaften durch rekurrente Selektion dürfte dennoch zumindest theoretisch aussichtsreich erscheinen, scheitert in der praktischen Pflanzenzüchtung jedoch in der Regel an einem zu hohen Arbeitsaufwand, da es nicht möglich ist, den genetisch bedingten Anteil am geringeren Befallsgrad einzelner Pflanzen mit ausreichender Sicherheit zu erkennen.

Quantitative Resistenzunterschiede unterliegen aber in weitaus geringerem Maße rassenspezifischen Differenzierungen ihrer Wirksamkeit, als dies bei qualitativen Resistenzunterschieden der Fall ist ("Horizontale Resistenz" nach van der Plank). Man kann daher eine größere Dauerhaftigkeit der Resistenzwirkung erwarten, als dies bei raschem Wechsel des Pathotypenspektrums gegen einfach vererbte qualitative Resistenzeigenschaften häufig der Fall ist. Darüber hinaus können quantitativ ausgeprägte Resistenzunterschiede in den meisten Fällen auch gegen nicht obligatorische (häufig pertotrophe) Krankheitserreger beobachtet werden, gegen die keine qualitativ wirksamen Resistenzgene bekannt sind. Die bisher nicht überwundenen Schwierigkeiten der züchterischen Selektion begründen, daß die quantitative Resistenz der meisten gegenwärtig verfügbaren Sorten nur ein mittleres Niveau erreicht.

Erst mit der Wiederentdeckung der 'Mendelschen Gesetze' konnten die bereits vorher auf empirischer Basis entwickelten Methoden der Pflanzenzüchtung auf ein genetisch begründetes Fundament gestellt werden. Bereits 1905 wurde der Fall einer klaren, einfaktoriellen Spaltung der Gelbrostresistenz von Weizen beobachtet und begründet und damit zugleich der praktische Nutzen der Kombinationszüchtung überzeugend verdeutlicht.

In Verbindung mit den um die gleiche Zeit erzielten Fortschritten auf dem Gebiet der Phytopathologie fand danach das in der Natur weit verbreitete Prinzip *qualitativer Resistenzabstufungen* bevorzugte Beachtung.

Für die praktische Pflanzenzüchtung war dies zugleich mit großen methodischen Vorteilen verbunden, da sich qualitative Resistenzabstufungen im Regelfall auch an den Einzelpflanzen einer spaltenden Kreuzungsgeneration leicht erkennen und sicher selektieren lassen.

Der Umschwung in der praktischen Pflanzenzüchtung zur bevorzugten Nutzung qualitativer Resistenzunterschiede zeigte aber auch bald eine Kehrseite, die darin bestand, daß ihre Wirksamkeit oft nur von kurzer Dauer war. Dies war insbesondere dann der Fall, wenn ein einzelnes Resistenzgen innerhalb eines größeren, für die Ausbreitung des betroffenen Krankheitserregers uneingeschränkt zugänglichen Anbauareals dominierende Bedeutung erlangen konnte.

Die Kenntnis verschiedener qualitativ wirksamer Gene für Rostresistenz bei Flachs und die damit unterscheidbaren Pathotypen von *Melampsora lini*, dem Erreger dieser Krankheit, veranlaßte Flor (1955) zur Formulierung der nach ihm benannten Gen-für Gen-Hypothese. Es hat sich gezeigt, daß diese Hypothese auf viele Wirt/Parasit-Verhältnisse anwendbar ist. Sie enthält auch evolutionäre Aspekte und macht die Pathotypenvielfalt auf seiten des Krankheitserregers verständlich. Sie läßt aber auch erkennen, daß der koevolutionären Ausweitung des

3.8 Biotechnologische Ansätze für die Züchtung gesunder Pflanzen

Virulenzspektrums eines Krankheitsheitserregers keine prinzipielle Grenze gesetzt ist.

Obwohl es auch zuverlässig belegte Beispiele für die langanhaltende Wirksamkeit einfach vererbter Resistenzgene gibt, ist ihre ursprüngliche Bedeutung im koevolutionären Wechselspiel zwischen einer Pflanzenart und ihren Parasiten doch eher im Zusammenhang mit epidemiologischen Effekten der dadurch entstehenden genetischen Diversität und deren räumlicher Verteilung zu suchen.

Lichtmikroskopische Untersuchungen über den Ablauf qualitativ ausgeprägter Resistenzreaktionen lassen klar erkennen, daß dabei regelmäßig Überempfindlichkeit gegen den eindringenden Krankheitserreger zugrunde liegt.

Zumindest in den Genomen der genetisch intensiver bearbeiteten Kulturpflanzenarten konnten in der Regel mehrere Genorte lokalisiert werden., die für hypersensitive Reaktionen gegen verschiedene Pathotypen eines Krankheitserregers verantwortlich sind. Jedoch ist es bisher nicht gelungen, den Ablauf dieser Reaktion vollständig aufzuklären.

Die universelle Verbreitung hypersensitiver Abwehrreaktionen höherer Pflanzen gegen die Mehrzahl artspezifischer Krankheits- und Schaderreger steht heute nicht mehr in Frage. Dabei ist die mit klassischen Methoden mögliche formale Identifizierung und Lokalisierung unterschiedlicher Genorte und ihrer Allele für eine Reihe von Wirt/Parasit-Systemen sehr weit fortgeschritten. Sie vermitteln die Ansatzpunkte für das heute weltweit feststellbare Interesse der biologischen Grundlagenforschung an einer vollständigen Aufklärung des Ablaufs hypersensitiver Abwehrreaktionen einschließlich der molekularen Identifizierung der daran beteiligten Resistenz- und Virulenzgene.

Genetische und molekulare Charakterisierung von Resistenzgenen

Genetische Charakterisierung: Die Charakterisierung von den für quantitative bzw. qualitative Resistenzerscheinungen verantwortlichen Genen ging von Spaltungsanalysen geeigneter Kreuzungen aus. Bei qualitativ wirksamen Resistenzgenen trat schon bald die Unterscheidung des Wirkungsspektrums gegen einzelne physiologische Rassen des Krankheitserregers hinzu. Die Identität verschiedener Resistenzgene konnte schließlich an Hand des Reaktionsspektrums gegen ausgewählte Pathotypen des Krankheitserregers sicher identifiziert werden.

Dafür waren allerdings aufwendige Vorarbeiten erforderlich. Verschiedentlich trat daher der Fall ein, daß qualitativ wirksame Gene aus einer neuartigen Resistenzquelle erst dann in das bereits vorhandene Unterscheidungssystem bekannter Gene eingeordnet werden konnten, wenn ihre hypersensitive Resistenzwirkung durch selektive Veränderungen in der Erreger-Population schon überwunden war.

Die Hoffnung auf eine umfassendere und möglichst auch länger anhaltende Resistenzwirkung lenkte das wissenschaftliche Interesse schon bald auf die Möglichkeit, Resistenzgene aus verwandten Kultur- und Wildarten in die Resistenzzüchtung einzubeziehen. Nach Überwindung der damit sehr häufig verbundenen Fertilitätsstörungen und anderer störender Nebeneffekte sind sie auch häufiger in die praktische Pflanzenzüchtung einbezogen worden, obwohl die ursprüngliche Hoffnung auf eine dauerhafte Wirksamkeit artfremder Resistenzgene auch auf diesem Wege nicht generell realisiert werden konnte.

Maßgeblicher Einfluß auf diese Entwicklung ging von den Fortschritten in der Zytogenetik aus. Zunehmende Kenntnisse über evolutionäre Beziehungen zwischen den Genomen verschiedener Arten innerhalb größerer Verwandtschaftskreise und die dabei aufgedeckten homologen Beziehungen zwischen unterschiedlichen Genomen haben viel dazu beigetragen, den Transfer von Resistenzgenen zwischen verwandten Pflanzenarten zu erleichtern.

Schließlich gelang es, genetische und zytologische Informationen zusammenzuführen und eine Kartierung von morphologischen Markern vorzunehmen. Sehr viele Genorte, von denen hypersensitive Resistenzwirkungen ausgehen, konnten in solche Kartierungen einbezogen werden. Oft repräsentieren sie eine Serie von multiplen Allelen mit klar unterscheidbaren Resistenzreaktionen. Daraus folgt, daß sie sich in der normalen Kreuzungszüchtung nicht miteinander kombinieren lassen.

Trotz jahrzehntelanger Arbeit steht ein derartiges Grundgerüst an genetischer Information zur Charakterisierung von Resistenzgenen bisher allerdings nur für wenige Kulturpflanzenarten zur Verfügung.

Molekulare Marker: Biotechnologische Methoden haben der Genomkartierung inzwischen eine neue Dimension eröffnet. Die Ermittlung proteinchemischer Differenzierungen zwischen den innerhalb einer Pflanzenart auftretenden Isoenzymen stellte bereits einen wesentlichen Schritt in diese Richtung dar. Heute kann sich die Genomkartierung auf verschiedene methodische Ansätze stützen, um mit Hilfe von DNA-Fragmenten aus nicht repetitiven Bereichen genetische Differenzierungen durch molekulare Sonden zu charakterisieren.

Die RFLP-Kartierung der Genome wichtiger Kulturpflanzenarten macht rasche Fortschritte (Tab. 1). Damit entsteht ein ständig dichter werdendes Netz von leicht handhabbaren Markern, die es gestatten, alte und neue Resistenzgene aufgrund ihrer qualitativ erkennbaren Resistenzwirkung in einer spaltenden Kreuzungsgeneration durch eng gekoppelte Marker sicher zu unterscheiden und in die bestehenden Genomkarten einzuordnen.

Aufgrund der rasch wachsenden Kenntnisse über die Homologiebeziehungen zwischen Chromosomen verwandter Kultur- und Wildarten dürfte es darüber hinaus schon sehr bald möglich sein, aus den bei einer Art gewonnenen Kenntnissen zielsichere Ansatzpunkte zur Identifizierung von Resistenzloci auch in anderen Arten des zugehörigen Verwandtschaftskreises abzuleiten.

Diese Entwicklung wird durch neue methodische Ansätze auf der Grundlage der PCR-Technik noch beschleunigt. Dabei ist allerdings noch nicht vollständig abzusehen, bei welchen Kulturpflanzenarten die daraus abgeleiteten AFLP-RAPD und/oder Mini-Satellit-Methoden vorteilhaft einsetzbar sind. Außerdem gelingt es, für neuartige Gene mit qualitativer Resistenzwirkung, auch unabhängig von ihrer chromosomalen Zuordnung, eng gekoppelte Marker schon in der F_2-Generation einer Testkreuzung zu identifizieren.

3.8 Biotechnologische Ansätze für die Züchtung gesunder Pflanzen

Tabelle 1 Übersicht der RFLP-Kartierung von Genomen höherer Pflanzen

	Anzahl der Marker	K[1]/Chr[2]	
Mais	338	10/10	Helentjaris, 1987
	161	10/10	Burr et al., 1988
	199	10/10	Gardner et al., 1993
	135	12/12	Mc Couch et al., 1988
	338	12/12	Saito et al., 1991
Gerste	155	8/7	Heun et al., 1991
	251	7/7	Graner et al., 1991
	266	7/7	Kleinhofs et al., 1993
Hafer (diploid)	194	8/7	O'Donoughue et al., 1993
Roggen	148	7/7	Devos et al., 1993
Triticum tauschii	127	7/7	Gill et al., 1991
	52	7/7	Lagudah et al., 1991
Tomate	1030	12/12	Tanksley et al., 1992
Kartoffel (diploid)	245	12/12	Bonierbale et al., 1988
	303	12/12	Gebhardt et al., 1991
Paprika	80	14/12	Tanksley et al., 1988
Kohl	258	9/9	Slocum et al., 1990
	198	13/9	Landry et al., 1992
Rübsen	280	10/10	Song et al., 1991
	360	10/10	Chyi et al., 1992
Raps	120	19/19	Landry et al., 1991
Arabidopsis	94	5/5	Nam et al., 1989
	101	5/5	Meyerowitz et al., 1990
Cuphea	32	6/6	Webb et al., 1992
Gartenbohne	224	11/11	Vallejos et al., 1992
	115	15/11	Nodari et al., 1993
Luzerne	108	10/8	Brunner et al., 1993
(diploid)	89	8/8	Kiss et al., 1993
Sojabohne	243	31/20	Diers et al., 1992
Linse	20	9/7	Havey and Muehlbauer, 1989
Zuckerrübe	168	9/9	Pillen, 1992
	111	9/9	Barzen et al., 1992
Salat	130	12/9	Kesseli et al., 1990

Unvollständige Karten liegen vor für Erbsen, Zitrone, Pfirsich, Weinrebe, Kiefer.
[1] Kopplungsgruppen
[2] Chromosomen

(nach Angaben von Schondelmaier 1993)

Darüber hinaus eröffnet die aus der RFLP-Technik abgeleitete QTL-Analyse erstmalig eine Möglichkeit, quantitative Resistenzwirkungen nicht nur formalgenetisch zu analysieren, sondern Chromosomenabschnitte zu identifizieren und zu markieren, auf denen die dafür verantwortlichen Genorte lokalisiert sind.

Die Intensität, mit der dieses Instrumentarium weiter entwickelt und eingesetzt werden kann, wird darüber entscheiden, wie rasch die Kenntnisse über die Unterscheidung und Lokalisierung von Resistenzwirkungen ausgeweitet werden können. Es ist aber absehbar, daß gesicherte Kenntnisse über die genetische Basis der Resistenzzüchtung künftig erheblich schneller wachsen, als ihre züchterische Umsetzung. Die herkömmlichen Verfahren der Resistenzzüchtung können dabei mit Hilfe von markergestützten Selektionsverfahren wesentlich an Sicherheit und Effizienz gewinnen.

Klonierung von Resistenzgenen: Die Klonierung pflanzlicher Resistenzgene stellt gegenwärtig einen Schwerpunkt der Forschung auf dem Gebiet der Molekulargenetik dar. Im Mittelpunkt stehen dabei qualitativ erkennbare Überempfindlichkeitsreaktionen. Obwohl die Einleitung einer hypersensitiven Abwehrreaktion mit modernen Analysentechniken bereits wenige Minuten nach der auslösenden Erkennung des eindringenden pilzlichen Parasiten durch die resistente Wirtspflanze zu erkennen ist, gelang es bisher nicht, das Genprodukt des dafür verantwortlichen Resistenzgens zu identifizieren. In jedem Fall löst es eine Kaskade von Folgewirkungen aus, die schließlich die hypersensitive Abwehrreaktion bestimmen. Da zu diesem Zweck gegenwärtig das gesamte Instrumentarium molekulargenetischer Arbeitsmethoden mobilisiert wird, können auch andere Wege eingeschlagen werden, um pflanzliche Resistenzgene zu identifizieren und auch zu klonieren. In mehreren Fällen (z.B. Arabidopsis und Tomate) konnte das gesamte Genom im Megabasenmaßstab aufgetrennt und in Hefechromosomen (YAC's) überführt werden. Wenn zugleich eine sehr hohe Markerdichte in der RFLP-Kartierung entsprechender Chromosomenabschnitte vorliegt, kann man das damit eng gekoppelte Resistenzgen auf dem Weg des "Chromosome walking" erreichen und seine Basensequenz aufklären. Dies ist in jüngster Zeit erstmalig gelungen (Martin et al. 1993). Es handelt sich dabei um ein Protein-Kinase-Gen der Tomate, das Resistenz gegen *Pseudomonas syringae* vermittelt.

Mit der gelungenen Klonierung der ersten Resistenzgene dürfte auch der Weg zur rascheren Identifizierung ähnlicher Sequenzen in anderen Pflanzenarten frei werden.

Für diese Ansicht spricht die Tatsache, daß die bereits bekannten Stoffwechselwege zu hypersensitiven Abwehrreaktionen gegen verschiedene Krankheitserreger vielfach sehr ähnlich sind. Hierzu gehören Abwehrreaktionen, die sich auf eine Synthese oder die Freisetzung von antibiotisch wirkenden Phytoalexinen oder den raschen Aufbau mechanischer Hemmnisse z.B. durch Lignifizierung stützen.

Der vollständige Beweis für die universelle Bedeutung der Gen- für Gen-Hypothese für die Entwicklung der Wirt-/Parasit-Systeme bei höheren Pflanzen erfordert auch die Klonierung von Virulenzgenen des Krankheitserregers. Dieses Ziel konnte zumindest bei phytopathogenen Bakterien aber auch bei einzelnen pilzlichen Krankheitserregern (z.B. *Cladosporium fulvum* bei Tomate) bereits

3.8 Biotechnologische Ansätze für die Züchtung gesunder Pflanzen

erreicht werden. Man wird schließlich verstehen lernen, wie die weitgehend ähnlichen Abwehrreaktionen aus einer so großen Vielzahl von hoch spezifischen und rasch veränderlichen Interaktionen zwischen Wirtspflanzen und Parasit hervorgehen. Die weitere Aufklärung der biochemischen und molekulargenetischen Grundlagen anfälliger und resistenter Wirt/Parasit-Verhältnisse wird dann auch Klarheit darüber schaffen, ob es auf gentechnischem Wege möglich sein wird, die Auslösung einer HR-Reaktion auf alle Pathotypen innerhalb einer *forma specialis* eines Krankheitserregers auszudehnen. Erst wenn die Ergebnisse der Grundlagenforschung eine positive Beantwortung dieser Frage zulassen, fällt auch eine Entscheidung darüber, ob sich die herkömmlichen Methoden der Resistenzzüchtung gegen die entsprechenden Krankheitserreger erübrigen und mit Hilfe der Gentechnik neue Wege zu einfach vererbter und dennoch dauerhaft wirksamer Resistenz erschlossen werden können.

Anwendung der Biotechnologie in der Resistenzzüchtung

Pathogendiagnose mit Hilfe biotechnologischer Verfahren: Die Widerstandsfähigkeit von Kulturpflanzen gegen eine Reihe von wirtschaftlich bedeutsamen Krankheitserregern ist auf quantitative Abstufungen der Vermehrungsmöglichkeiten beschränkt, die sie diesen Krankheitserregern bieten. Dabei korrelieren diese Unterschiede aber keineswegs eng mit den phänotypisch erkennbaren Krankheitssymptomen.
Diese Situation verbessert sich grundsätzlich, sobald spezifische Antikörper bzw. DNA-Sonden zur Verfügung stehen, die es zuverlässig ermöglichen, den Befall bzw. die Vermehrung solcher Pathogene im Zuchtmaterial nicht nur qualitativ sondern auch quantitativ zu differenzieren.
Eine andere Ebene der Anwendung von biotechnologischen Methoden zur Untersützung der Resistenzzüchtung ergibt sich aus der Anwendung des DNA-fingerprinting zur Analyse der Zusammensetzung der Sporenpopulation von luftbürtigen Krankheitserregern. Auf diesem Wege konnten z.B. epidemiologische Spuren der Verbreitung neuer Pathotypen des Gerstenmehltaus über weite Strecken in West- und Mitteleuropa verfolgt werden. Es wird dadurch möglich, charakteristische Unterschiede in der Zusammensetzung und regionalen Verbreitung einzelner Biotypen zu ermitteln und sie mit ihren Virulenzeigenschaften in Beziehung zu setzen. Damit läßt sich die Epidemiologie des regionalen und überregionalen Pathotypenwechsels nicht nur besser analysieren, sondern möglicherweise auch prognostizieren und für effiziente Entscheidungen über die rationale Nutzung vorhandener Resistenzgene (Genmanagement) nutzen.

Zellbiologische Methoden zur Erweiterung des Resistenz-spektrums: Zu den frühen Erfahrungen mit Zell- und Gewebekulturen höherer Pflanzen gehörte das Auftreten *somaklonaler Variation* zwischen den daraus regenerierten Pflanzen.

Schon bald wurde versucht, auf diesem Wege Resistenzsteigerungen gegen solche Krankheitserreger zu erreichen, an deren Schadwirkung Toxine wesentlich beteiligt sind. Soweit diese Toxine in gereinigter Form zur Verfügung stehen, können sie entsprechenden Selektionsmedien zugesetzt werden.

Die hierzu durchgeführten Versuche mit Zellkulturen und Mikrocalli leicht regenerierbarer Pflanzenarten haben allerdings oft nur enttäuschende Ergebnisse erbracht, obwohl in den meisten Fällen eine selektive Anreicherung überlebender Zellen bzw. Mikrostrukturen erreicht werden konnte. Trotzdem zeigten die daraus regenerierten Pflanzen oft keine wesentlich verbesserten Resistenzeigenschaften gegen den toxinbildenden Krankheitserreger. Es sind viele Ursachen für diese unzureichende Korrelation denkbar. Daher ist kaum mit einer generellen Lösung dieses Problems zu rechnen.

Mehr Erfolg und größere Bedeutung für die Resistenzzüchtung läßt die somatische Hybridisierung durch Zellfusion erwarten. Bei Pflanzenfamilien, deren Arten durch hohe Sterilitätsbarrieren voneinander getrennt sind, eröffnet sie einen neuen Zugang zur züchterischen Nutzung von Resistenzeigenschaften aus den bisher nicht kreuzbaren Arten. Beispiele dafür sind innerhalb der Familie der *Solanaceen* und *Brassicaceen* bereits gut belegt. Bei autopolyploiden Kulturpflanzen (z.B. Kartoffel) kann eine systematische Anreicherung von Resistenzgenen (bis zur Homozygotie) auf dihaploidem Niveau mit wesentlich geringerem Arbeits- und Materialaufwand erreicht werden als in der polyploiden Stufe. Die Zellfusion ermöglicht es dann, verschiedene Resistenzgene in einem Genotyp gezielt zu vereinigen und zugleich den autopolyploiden Normalzustand wiederherzustellen. Es hängt gegenwärtig von der Entwicklung geeigneter dihaploider Ausgangsformen und effizienter Fusionsverfahren ab, die darüber entscheiden, ob und in welchem Umfang von diesen Möglichkeiten in der praktischen Kartoffelzüchtung Gebrauch gemacht wird.

Markergestützte Selektion: Mit Hilfe molekularer Marker (RFLP-Sonden bzw. daraus abgeleiteter PCR-Sonden) kann die Einführung neuer Resistenzgene aus nicht angepaßtem Ausgangsmaterial wesentlich beschleunigt werden. Sie ermöglichen es, schon in den ersten Stufen eines Rückkreuzungsprogramms solche Rekombinanten zu identifizieren, die außer dem eingebrachten Resistenzgen nur noch geringe Anteile nicht angepaßten Erbgutes enthalten. Dies trifft in ähnlicher Weise für fremdartige Resistenzgene zu, die durch Substitution und Translokation in das Genom einer Kulturpflanzenart eingeführt wurden, so daß es notwendig wird, den Anteil des Donorchromosoms auf beiden Seiten des eingeführten Resistenzgens möglichst zu verringern.

Der Einsatz eng gekoppelter molekularer Marker wird essentiell, wenn bestimmte Kombinationen mehrerer wirksamer Resistenzgene in einem Genotyp angestrebt werden. Bei qualitativ wirksamen Resistenzgenen könnte dies zwar auch mit Hilfe von Resistenzprüfungen gegen mehrere Pathotypen geschehen. Bei der Einführung neuer Resistenzgene stehen dafür geeignete Pathotypen jedoch oft gar nicht zur Verfügung. Außerdem sind praktische Zuchtbetriebe kaum in der Lage, derartige Prüfungen durchzuführen. Mit Hilfe entsprechender Sonden können dagegen schon

3.8 Biotechnologische Ansätze für die Züchtung gesunder Pflanzen

in der ersten spaltenden Generation die angestrebten Genkombinationen auch ohne jeden Infektionsversuch mit großer Sicherheit selektiert werden.

Falls es gelingt, brauchbare QTL-Marker für quantitativ wirksame Resistenzgene zu identifizieren, können sie dazu verwendet werden, rekombinante Verbesserungen des Resistenzniveaus zu erkennen. Es kommt hinzu, daß bei Einführung eines neuartigen qualitativ wirksamen Resistenzgens dessen mögliche Kombination mit quantitativ wirksamen Genen phänotypisch nicht mehr erkennbar ist. Unter epidemiologischen Aspekten verdienen solche Genkombinationen aber besonderes Interesse, weil sie die Vermehrungsfähigkeit neuer Pathotypen von vornherein einschränken und auf diesem Weg dazu beitragen könnten, auch die Wirksamkeit der qualitativen Resistenzgene zu verlängern.

Die Entwicklung und der Einsatz molekularer Marker für qualitativ und quantitativ wirksame Resistenzgene kann daher der praktischen Resistenzzüchtung viele neue Impulse vermitteln und dazu benutzt werden, ihren bisherigen Wirkungsgrad und den Mangel an genetischer Diversität wesentlich zu verbessern. In Verbindung mit dem Einsatz molekularer Techniken zur großräumigen Analyse epidemiologischer Veränderungen im Pathotypenspektrum ergeben sich darüber hinaus wesentlich verbesserte Ansätze für ein planmäßiges Genmanagement.

Genetische Transformation: Die Zahl der erfolgreich transformierten Pflanzenarten nimmt ständig weiter zu.Sie sind zu einem unentbehrlichen Hilfsmittel der pflanzenphysiologischen Grundlagenforschung geworden. Man kann weiterhin davon ausgehen, daß diese Methode in absehbarer Zeit auf alle Kulturpflanzenarten anwendbar ist. Auch wenn ihr Anwendungsbereich zunächst auf relativ einfache Eingriffe in den Stoffwechsel beschränkt bleiben sollte, können schon auf dieser Stufe neuartige Resistenzmechanismen in eine Kulturpflanzenart eingeführt werden. Wesentliche Voraussetzung dafür ist die Aufklärung der biochemischen Kausalkette resistenzfördernder Stoffwechselschritte und die Klonierung der dafür verantwortlichen Gene (Tab. 2).

Es war beispielsweise schon seit längerem bekannt, daß nach Infektion mit verschiedenen Stämmen von *Bacillus thuringiensis* viele Schadinsekten absterben und dafür ein in verschiedenen Varianten gebildetes, relativ einfach aufgebautes bakterielles Toxin verantwortlich ist. Die entsprechenden Strukturgene konnten kloniert, auf verschiedene Kulturpflanzenarten übertragen und konstitutiv zur Expression gebracht werden. Es ist inzwischen auch in Freisetzungsversuchen nachgewiesen worden, daß die damit ausgestatteten Pflanzen von Raupen- und Larvenfraß verschont bleiben. Allerdings ist noch nicht bekannt, in welchem Zeitraum bei großräumigem Anbau solcher Pflanzen die betroffenen Insektenarten ihrerseits gegen die entsprechende Konfiguration des B.t.-Toxins widerstandsfähig werden können. Es gibt daher auch Überlegungen, durch Mehrfach-Transformationen verschiedene B.t.-Toxine gleichzeitig zur Expression zu bringen, um die Dauer der Wirksamkeit der eingebrachten Resistenz bereits vorbeugend zu verlängern. Trotzdem verdeutlicht dieses Beispiel die prinzipielle Möglichkeit aus der Anfälligkeit eines Schadinsektes, gegen seine Hyperparasiten genetische Information zu gewinnen, welche durch transgene Implantation neue Resistenzmechanismen in deren Wirtspflanzen etabliert.

Tabelle 2 Übersicht von Resistenzeigenschaften, die durch genetische Transformation erwartet wurden

	Donor der transgenen DNA	Genprodukt	transformierte Pflanzenarten	Referenzen
1. Virusresistenz				
a Tomaten Mosaik Virus	Tabak Mosaik Virus /TMV)	virales Hüllprotein	Tomate	Nelson et al., 1988
b Kartoffel X-Virus	X Virus der Kartoffel	virales Hüllprotein	Kartoffel	Lawson et al., 1990
c Kartoffel Y-Virus	Y Virus der Kartoffel	virales Hüllprotein	Kartoffel	Jongedijk et al., 1992
d Kartoffel Blattrollvirus	Blattrollvirus der Kartoffel (PLRV)	virales Hüllprotein	Kartoffel	van der Wilk et al., 1988 Bakker, 1992
e Kürbis Mosaik Virus	Kürbis Mosaik Virus	virales Hüllprotein	Kürbis	Slightom et al., 1990 Gonsalves et al., 1992
f Papaya ringspot Virus	Papaya ringspot Virus	virales Hüllprotein	Papaya	Fitch et al., 1992, 1993
g Rhizomania	Gelbadernfleckenvirus (BNYVV)	virales Hüllprotein	Zuckerrübe	Meuleweater et al., 1989
2. Resistenz gegen Phytopathogende Pilze				
a Alternavia longipes	Servatia marcesans	Chitinase	Tabak	Jones et al., 1988
b Rhizoctonia solani	Phaseolus vulgaris	Endobinase	Tabak, Raps	Broglic et al., 1991
c Rhizoctonia solami	Hordeum vulgare	Inaktivierungsprotein für Ribosomen	Tabak	Logemann et al., 1993
3. Insektenresistenz				
a Larven von Schmetterlingen, Zweiflüglern und Käfern	Bacillus thuringiensis	insektizide Proteine	Tomate	Fischhoff et al., 1987 Delanny et al., 1989
			Baumwolle	Perlak et al., 1990
			Mais	Koziel et al., 1993
b verschiedene Schadinsekten	Vigna unguiculata	Trypsin Inhibitor Protein	Tabak	Boulter, 1989

(nach Angaben von Data et al 1993)

3.8 Biotechnologische Ansätze für die Züchtung gesunder Pflanzen

Angesichts der Tatsache, daß die artspezifischen Begrenzungen der Wirkung von B. t.-Toxinen nicht vollständig geklärt sind, wird an diesem Beispiel aber auch ein erhöhter Bedarf an begleitender Sicherheitsforschung deutlich. Es muß geklärt werden, in welchem Umfang andere, nicht-schaderregende oder sogar nützliche Insektenarten von der Expression der B.t.-Toxine in transformierten Kulturpflanzen betroffen werden, um ein Urteil darüber zu gewinnen, wie weit andere Ansätze der integrierten Schädlingsbekämpfung und/oder berechtigte Bestrebungen des Artenschutzes beeinträchtigt werden und welche Folgerungen daraus abzuleiten sind.

Ein anderes Beispiel stellt die Behinderung der Vermehrungsfähigkeit von Viruspartikeln in einer Wirtspflanze dar. Dies kann z.B. durch vorzeitige Expression ihres Hüllproteins im konstitutiven Stoffwechsel der Wirtspflanze erreicht werden. Mit der fortschreitenden Aufklärung der für einen erfolgreichen Verlauf der Virusinfektion entscheidenden Stoffwechselschritte dürften auch noch andere Ansätze für dessen Unterbrechung durch genetische Transformation der Wirtspflanze aufgedeckt werden. Auch in diesen Fällen läßt sich die noch ungelöste Frage nach der Dauerhaftigkeit der damit erreichten Resistenzwirkung stellen. Die hochspezifischen Auswirkungen dieser Maßnahmen auf den virösen Krankheitserreger stehen aber außer Zweifel.

Ein weiterer Ansatz, mit Hilfe gentechnischer Methoden neuartige Abwehrkräfte in Kulturpflanzen gegen einige Pilzkrankheiten zu etablieren, beruht auf der Erkenntnis, daß die Zellwände der eindringenden Krankheitserreger gegen *Chitinasen* sehr empfindlich sind, während die anfälligen Wirtspflanzen mit diesen Enzymen nur unzureichend ausgestattet sind. Auch in solchen Fällen ist es gelungen, entsprechende Strukturgene aus anderen Arten zu klonieren und sie in transgenen Pflanzen zur Expression zu bringen. In einer derartig veränderten Wirtspflanze stoßen eindringende Hyphen von *Chitinase*-empfindlichen Krankheitserregern auf ein verstärktes Abwehrsystem, das ihre Etablierung behindert.

Es ist anzunehmen, daß mit dem Vordringen der molekularbiologischen Grundlagenforschung in den Ablauf der Stoffwechsel- und Entwicklungsvorgänge höherer Pflanzen und ihrer Schaderreger die Möglichkeiten einer gezielten Verbreitung der genetischen Resistenzbasis durch Transformation erheblich zunehmen werden.

Allerdings befinden sich diese Entwicklungen noch zu sehr in ihrem Anfangsstadium, um eine realistische Prognose darüber abgeben zu können, welche Bedeutung der Etablierung solcher Systeme im Vergleich mit einer effizienteren Nutzung der in jedem Verwandtschaftskreis wichtiger Kulturpflanzenarten bereits vorhandenen Abwehrsysteme, z.B. durch markergestützte Selektion, in der künftigen Resistenzzüchtung zukommen wird.

Unabhängig davon ist aber klar erkennbar, daß mit dem Einsatz und der Weiterentwicklung biotechnologischer Methoden in jedem Fall eine Wende in der Entwicklung der Resistenzzüchtung eingeleitet werden kann. Bisher war mit zunehmender Dimension eines Zuchterfolges auf diesem Gebiet oft eine wachsende Gefahr an genetischer Verwundbarkeit vorhanden, die mit der übermäßigen Verbreitung eines zu stark vereinheitlichten Genotypenspektrums einhergeht. Künftig kann der Einsatz biotechnologischer Methoden dazu benutzt werden, diesen Gefahren in mannigfacher Weise zu begegnen.

Der Resistenzzüchtung können damit realistische Möglichkeiten erschlossen werden, in wachsendem Umfang Aufgaben des chemischen Pflanzenschutzes zur Ertrags- und Qualitätssicherung im Rahmen von integrierten Methoden der landwirtschaftlichen Pflanzenproduktion zu übernehmen. Die modernen Methoden aus der Zellbiologie und der Gentechnik werden dabei in der vorhersehbaren Zukunft vor allem zur sinnvollen Ergänzung herkömmlicher Verfahren in der Resistenzzüchtung eingesetzt werden. Ihre spezifischen Vorteile beruhen einerseits auf den daraus hervorgehenden Möglichkeiten zu gezielter und effizienter Selektion resistenter Genotypen sowie zu rationalem Umgang mit dem erforderlichen Maß an genetischer Diversität und andererseits in den damit erschließbaren Wegen zur Erweiterung der in den artspezifischen Erbinformationen verankerten Ab-wehrreaktionen durch gentechnischen Eingriff.

3.8.2 Biotechnologie und Unkrautbekämpfung

Aufgrund unvollständiger Abbaubarkeit und oftmals großer Persistenz sind wahrscheinlich große Mengen vieler zur Unkrautbekämpfung eingesetzter herbizider Wirkstoffe und ihre ersten Metaboliten als gebundene Rückstände in landwirtschaftlich genutzten Böden angereichert worden. Aus Gründen der Vorbeugung wurden inzwischen Grenzwerte für ihren Eintrag in das Grundwasser von Wasserschutzgebieten festgelegt, die in der Nähe der mit hochwertigen Analysengeräten gerade noch erreichbaren Nachweisgrenze liegen. Entsprechend häufig kommt es daher zu Grenzwertüberschreitungen. Es ist daher nicht verwunderlich, daß der Einsatz von Herbiziden heute oft generell und ohne Differenzierung als eine umweltbelastende Maßnahme angesehen und abgelehnt wird, die mit intensiver Landbewirtschaftung untrennbar verknüpft ist. Dabei wird allerdings übersehen, daß die Umweltschutzauflagen für die Zulassung neuer, aber auch für die Verlängerung der Zulassung älterer herbizider Wirkstoffe erheblich angehoben wurden und für die Entwicklung neuer Wirkstoffe zur Unkrautbekämpfung auch neue Wege beschritten werden können.

Entwicklung von Herbiziden auf biologischer Grundlage

Die Naturstoffchemie hat in erheblichem Maße zur Entwicklung neuer Medikamente beigetragen. Die wissenschaftliche Grundlage dieser Entwicklung beruht zu einem erheblichen Teil in der Aufklärung der Konstitution und der Biosynthesewege von Produkten des Sekundärstoffwechsels von Mikroorganismen, die in der Lage sind, antibiotische Effekte auf die Krankheitserreger des Menschen auszuüben.

Das gleiche Prinzip läßt sich auf die Entwicklung von Pflanzenschutzmitteln und Herbiziden anwenden. Dabei entwickelt sich derzeit ein eigener Sektor, in dem die

3.8 Biotechnologische Ansätze für die Züchtung gesunder Pflanzen

Tabelle 3 Übersicht mikrobieller Phytotoxine mit potentieller Eignung für die Herbizid-Entwicklung

Mikrobielle Ausgangsform	Natürliches Phytotoxin	Referenz
Alternaria alternata	Tentoxin	Duke, 1986
Charthami	Ziniol	Robeson and Strobel, 1984
Aspergillus terreus	Merinolin	Bach and Lichtenthaler, 1993
Cercospora ssp.	Cercosporin	Durbin, 1981
Fusarium moniliforme	Moniliformin	Cole er al., 1973
Gliocladium virens	Viridiol	Howell and Stipanovich, 1984
Penicillium ssp.	Patulin	Putnam, 1985
Pseudomonas tabaci	Tabtoxin	Lanston-Unkefer et al., 1984
Rhizobium japonicum	Rhizobitoxin	Liebermann, 1979
Scytonema hofmannii	Cyanobacterin	Gleason et al., 1987
Stemphylium botryosum	Stemphyloxin I	Barash et al., 1982
Streptomyces hygroscopicus	Bialophos	Mase, 1984
Viridochromogenes	Bialophos	Tachibana, 1987
Saganonensis	Herbicidine	Takiguchi et al., 1979
Xylaria ssp.	Phaseolinon	Karl et al., 1986

(ausgewählt nach Angaben von K. K. Hatzios 1987)

Identifizierung, die Herstellung und der Einsatz von "Bioherbiziden" betrieben wird. Ihr eigentlicher Vorteil liegt in einer raschen und vollständigen Abbaubarkeit, die bei Verwendung chemisch-synthetischer Wirkstoffe nur selten zu verwirklichen ist.

In Einzelfällen kann die Funktion des Herbizids sogar durch Infektion der Unkrautflora mit einem spezifischen Krankheitserreger ersetzt werden. Allerdings dürften solche Verfahren in der landwirtschaftlichen Praxis höchstens marginale Bedeutung erlangen.

Ein wichtiger Ansatz für die Entwicklung umweltverträglicher, d.h. vollständig abbaubarer Herbizide beruht auf der fermentativen oder synthetischen Gewinnung bzw. Herstellung phytotoxischer Stoffwechselprodukte von Mikroorganismen. Aus der Begrenzung ihres Wirtspflanzenkreises kann dabei möglicherweise auch eine entsprechende Begrenzung ihres Einsatz- und Wirkungsbereiches abgeleitet werden. Diesem Ansatz entsprechen bereits einige Wirkstoffe in den heute zugelassenen Herbiziden, obwohl nicht nachweisbar belegt ist, ob er bereits der Suche nach solchen Wirkstoffen zugrunde lag. Andererseits ist aber eine noch viel größere Zahl von natürlich vorkommenden Phytotoxinen bekannt, die in zukünftige Entwicklungen einbezogen werden können (Tab. 3).

Über die Einsatzmöglichkeiten eines herbiziden Wirkstoffes bestimmt der Zwang zur selektiven Wirkung auf Kultur- und Unkrautpflanzen, ohne die eine (ausreichend) ungestörte Entwicklung der Kulturpflanzen nicht gewährleistet ist. Andererseits birgt jede Form einer nur selektiven Hemmwirkung auch schon den Keim für die spätere Anreicherung der weniger betroffenen Unkrautarten in sich. Es dürfte daher sehr schwierig sein, bioherbizide Wirkstoffe zu finden bzw. zu entwickeln, deren selektive Wirkung einzelne Kulturpflanzenarten verschont, aber dennoch das wechselnde Artengefüge der vorhandenen Unkrautflora mit ausreichender Sicherheit erfaßt. In gewissen Grenzen läßt sich die notwendige Selektivität auch durch Ausnutzung der räumlichen Trennung herstellen, die zwischen keimenden Samen von Unkräutern und Kulturpflanzen in ihrem Saatbett zeitweilig besteht.

Phytotoxische Substanzen, die jeglichen Pflanzenwuchs zerstören, werden als "Totalherbizide" bezeichnet. Diese Bezeichnung enthält jedoch keinerlei Aussagen über die Abbaubarkeit und Persistenz der eingesetzten Wirkstoffe. Auch vollständig abbaubare "Bioherbizide" ohne selektive Wirkung sind daher als Totalherbizide zu bezeichnen. Ihr landwirtschaftlicher Einsatz ist daher gegenwärtig auf die Bekämpfung der niedrigwüchsigen Unkrautflora durch Unterblattspritzung in Reihen- und Dauerkulturen und auf Sonderfälle der Unkrautbekämpfung auf Brach-, Wege- und Hofflächen beschränkt.

Gentechnisch vermittelte Herbizidresistenz von Kulturpflanzen

Mit Hilfe biotechnologischer Methoden ist es möglich, herbizidtolerante Genotypen zu selektieren oder herzustellen.

Die Hilfestellung biotechnologischer Verfahren kann sich dabei auf die Anwendung zellbiologischer Selektionsverfahren beschränken, die in solchen Fällen an regenerationsfähigen Zell- oder Kalluskulturen durchgeführt wird. Auf dieser Basis sind z. B. noch vor dem Anwendungsverbot des hochgradig persistenten Atrazins atrazintolerante Rapspflanzen entwickelt worden. Auch die ersten Glyphosat-toleranten Pflanzen wurden auf diesem Wege selektiert.

Gentechnische Methoden können eingesetzt werden, wenn genaue Kenntnisse über den Wirkungsmechanismus des Herbizids vorliegen, die als Ansatzpunkte für eine genetisch verankerte Differenzierung der Toleranz gegen solche Wirkstoffe dienen können. Sie kann z.B. auf dem Wege einer gentechnisch bewirkten Überexpression derjenigen Moleküle des pflanzlichen Stoffwechsels erreicht werden, an denen die Wirkung des betreffenden Herbizids ansetzt (z.B. in neueren Formen der Glyphosat-Toleranz). Besonders wirksam sind Enzyme, die den

3.8 Biotechnologische Ansätze für die Züchtung gesunder Pflanzen

herbiziden Wirkstoff in eine physiologisch unwirksame Form überführen. Im Falle des von bodenbürtigen *Streptomyceten* gebildeten herbiziden Wirkstoffs Phosphinotricin bildete der gleiche Organismus auch ein Enzym aus (*Phosphinotricin-acetyl-transferase*), das die Blockierung des pflanzlichen N-Stoffwechsels durch Phosphinotricin beseitigt.

Phosphinotricin wird heute als herbizider Wirkstoff u.a. auch synthetisch hergestellt. Auch das Gen für die Herstellung der zugehörigen Acetyltransferase konnte identifiziert und kloniert und damit der genetischen Transformation zugänglich gemacht werden.auf dieser Grundlage ist eine hochgradig, selektive Toleranz gegen Phosphinotricin inzwischen auf transgene Genotypen von Raps, Mais und andere Kulturpflanzen übertragen worden.

Im internationalen Vergleich der bisher durchgeführten Freisetzungsversuche mit transgenen Pflanzen nehmen herbizidtolerante Formen die Spitzenstellung ein.

Mit dem kommerziellen Angebot der ersten Zuchtsorten, die den Einsatz von Phosphinotricin zur Unkrautbekämpfung ermöglichen, kann in den USA und Kanada schon in den nächsten Jahren gerechnet werden. Dagegen stößt gentechnisch vermittelte Herbizidtoleranz in der deutschen Öffentlichkeit vielfach auf prinzipielle Ablehnung.

Dies sollte aber nicht verhindern, objektiv zu prüfen, ob darin Ansatzpunkte für die Entwicklung umweltschonender Verfahren der Unkrautbekämpfung enthalten sind. Wenn sichergestellt ist, daß ein herbizider Wirkstoff vollständig abgebaut werden kann und keine über lange Zeit gebundenen Rückstände im Boden verbleiben, genügt er den berechtigten Ansprüchen an eine umweltschonende Landbewirtschaftung. Dies muß auch für "Totalherbizide" gelten, wenn sie diesen Anforderungen gerecht werden und würde demnach ebenso für die Herstellung und den Anbau transgener Zuchtsorten zutreffen, welche die Anwendung solcher Herbizide in der landwirtschaftlichen Pflanzenproduktion ermöglichen.

Die Entwicklung vollständig abbaubarer "Bioherbizide" und die Ausweitung ihres Einsatzbereiches durch gentechnische Maßnahmen sollte daher nicht von vornherein abgelehnt werden, wie dies heute oft geschieht. Künftig dürften eher mehr als weniger dafür geeignete Wirkstoffe benötigt werden, um einseitigen Entwicklungen der Unkrautflora begegnen zu können. Die gentechnische Verankerung von Toleranzmechanismen in verschiedenen Kulturpflanzenarten bzw. Sorten kann dann wesentlich zu einem ausgewogenen Einsatz mehrerer Wirkstoffe beitragen. Dabei ist es keineswegs erforderlich, gentechnisch vermittelte Toleranz gegen mehrere Wirkstoffe in einer Zuchtsorte zu vereinigen. Mit der Wahl der angebauten Zuchtsorte würde jedoch bereits eine Entscheidung über eine entsprechende Ausweitung bzw. Begrenzung der für eine chemische Unkrautbekämpfung gegebenenfalls einsetzbaren Herbizide fallen und in die Entwicklung integrierter Anbauverfahren einzubeziehen sein.

3.8.3 Biotechnologie und Pflanzenernährung

Mykorrhizapilze

Die Evolution spezifischer Wechselwirkungen zwischen höheren Pflanzen und Mikroorganismen hat nicht nur zur Ausbildung von Wirt/Pathogen-Systemen und den darauf beruhenden Pflanzenkrankheiten, sondern auch zur Entwicklung hochspezifischer Symbiosen geführt. Eine bedeutsame Rolle fällt dabei denjenigen Systemen zu, welche die Versorgung höherer Pflanzen mit Mineralstoffen unterstützen. Dies gilt insbesondere für die beiden Hauptnährstoffe Phosphor und Stickstoff, die das Pflanzenwachstum in nährstoffarmen Böden besonders häufig beeinträchtigen.

Zur Erschließung von nicht pflanzenverfügbaren Phosphor-Vorräten des Bodens kann die Lebensgemeinschaft mit einer Reihe von Pilzarten und anderer Mikroorganismen beitragen, die sich in der Rhizosphäre der Pflanzen anreichern. Teilweise gehen sie spezifische Verbindungen mit bestimmten Zellschichten der Wurzel ein, aus denen sie ihren Energiebedarf decken, während ihre Hyphen die Kontaktflächen mit dem Bodensubstrat erheblich ausweiten und zugleich die Effizienz der Phosphoraufnahme sehr deutlich steigern können. Die genetische Analyse der symbiontischen Wechselwirkung innerhalb solcher Systeme hat bislang allerdings nur wenig Aufmerksamkeit erfahren, da der Einsatz von Phosphordüngern mit zu den ersten Stufen einer landwirtschaftlicher Entwicklung gehört. Es wird allerdings verschiedentlich versucht, die nur geringe Ausnutzung von Rohphosphat-Düngern für das Wachstum von Kulturpflanzen durch Zuführung von "phosphor-lösenden" (pl) Mikroorganismen zu verbessern.

Genetische Analyse und Manipulation von Rhizobien

Herausragendes Interesse hat die genetische Analyse des Stoffwechsels stickstoffbindender Mikroorganismen gefunden. Insbesondere in den frühen Phasen der Entwicklung des molekulargenetischen Instrumentariums erhoffte man sich davon einen wesentlichen Beitrag zur Lösung von Energie- und Umweltproblemen, die unter ökologischen Aspekten mit den gegenwärtig praktizierten Formen der mineralischen N-Düngung verbunden sein können.

Zahlreiche Laboratorien der molekularbiologischen Grundlagenforschung haben sich an der genetischen Analyse von Rhizobien (Knöllchenbakterien) und ihren Verwandten beteiligt. Im Verlauf einer von beiden Partnern der entstehenden Symbiose genetisch gesteuerten Entwicklung betreiben schließlich die Rhizobien in stark modifizierter Form den aktiven Prozeß der Stickstoffbindung in pflanzeneigenen Wurzelorganen (Knöllchen). Es ist auch gelungen, viele der daran beteiligten Gene zu identifizieren und insbesondere die daran beteiligten Gene der Rhizobien auch zu klonieren. Dadurch konnten zahlreiche Einzelschritte der Entwicklung eines symbiontischen Verhältnisses bis zu seinen genetischen Grundlagen aufgeklärt werden. Trotzdem ist ein lückenloses Verständnis des

3.8 Biotechnologische Ansätze für die Züchtung gesunder Pflanzen   199

gesamten Prozesses noch immer nicht erreicht. Mehr und mehr hat sich gezeigt, daß die Einbeziehung anderer Pflanzenarten in dieses Symbiosesystem eine äußerst fein abgestufte Koordinierung einer ganzen Kette von Genen erfordert, die mit den gegenwärtig verfügbaren Methoden der genetischen Transformation nicht gewährleistet werden kann. Es ist aber auch deutlich geworden, daß in den ersten Schritten der wechselseitigen Erkennung zwischen Knöllchenbakterien und ihren Wirtspflanzen zahlreiche Analogien zu den Erkennungs- und Abwehrreaktionen gegenüber phytopathogener Bakterien auftreten. Ein eigener Forschungszweig versucht daher, den bei Knöllchenbakterien erreichten besonders hohen Kenntnisstand für die Aufklärung aktueller Fragen der Resistenzforschung zu nutzen.

Ein anderes Arbeitsgebiet besteht darin, die Einsichten in spezifische Wechselwirkungen zwischen einzelnen Genotypen zu benutzen, um die Grundlagen der unterschiedlichen Effizienz der N-Bindung in bereits existierenden Symbiosesystemen aufzuklären. Auch daraus können sich Ansätze für züchterische Eingriffsmöglichkeiten auf seiten des pflanzlichen Partners der Symbiose entwickeln oder auch spezifische Bakterienkulturen für effiziente Saatgutimpfungen hervorgehen.

Frei-lebende Mikroorganismen

Manche frei-lebenden Mikroorganismen sind in der Lage, Luftstickstoff zu binden, wenn ihnen die dafür benötigte Energie zur Verfügung steht (z.B. *Klebsella*). Die Analyse der daran beteiligten Gene ist sehr weit fortgeschritten. Mindestens 20 sind für die Bereitstellung einer funktionsfähigen Nitrogenase erforderlich. Viele davon sind bereits kloniert worden, mehrere davon wurden in gentechnischen Modellversuchen in Tabakpflanzen übertragen und nachweislich zur Expression gebracht. In keinem Fall konnten jedoch bisher auch nur Ansätze für eine pflanzeneigene N-Fixierung gefunden werden. Es wäre auch in diesem Fall notwendig, eine größere Zahl von Fremdgenen in das Genom einer höheren Pflanze zu übertragen und ihre Expression in exakt koordinierter Weise zu regulieren. Solche Anforderungen übersteigen jedoch die Grenzen des gegenwärtigen Entwicklungszustandes der genetischen Transformation höherer Pflanzen bei weitem.

Man kann jedoch die Frage stellen, ob es nicht auch andere Wege gibt, die Fähigkeit frei lebender Mikroorganismen zur biologischen Stickstoffbindung mit größerer Effizienz für die N-Ernährung von Kulturpflanzen zu nutzen. Dies könnte u.a. durch die Identifizierung pflanzeneigener Gene eingeleitet werden, deren Genprodukte die N-bindenden Aktivitäten solcher Mikroorganismen in der Rhizosphäre, in der Phyllosphäre oder auch in der endogenen pflanzlichen Mikroflora beeinflussen. Die übliche Zufuhr mineralischer und organischer N-Düngemittel, ebenso auch die Rückstände aus der symbiontischen N-Fixierung von Leguminosen könnten viel dazu beigetragen haben, daß solche Gene für nicht-N-bindende Kulturpflanzen von untergeordneter Bedeutung geblieben sind. Deswegen ist aber nicht auszuschließen, daß solche Gene existieren und vielleicht in anderen Ökosystemen eine größere Rolle spielen.

Die Wechselbeziehungen, die sich zwischen höheren Pflanzen und der Mikroflora des Bodens im Wurzelraum entwickeln, sind außerordentlich vielgestaltig und hochgradig komplex. Die dabei zur Geltung kommenden funktionalen Beziehungen werden daher bislang nur in Teilen verstanden.

Wenngleich realistische Ansätze für sinnvolle gentechnische Eingriffe in diese Systeme zugunsten der mineralischen Ernährung von Kulturpflanzenbeständen bisher nicht zu erkennen sind, kann das hohe analytische Potential molekularer Techniken doch genutzt werden, um auf der Basis der damit möglichen Charakterisierung bzw. Identifizierung einzelner Komponenten die Komplexität dieser Systeme besser verstehen zu lernen. Erst auf der Grundlage eines besseren Verständnisses der Gesamtsysteme kann damit gerechnet werden, daß Ansätze für nachhaltig wirksame und standortgerechte Optimierungen zur Sicherstellung der mineralischen Ernährung von Kulturpflanzenbeständen gefunden und gegebenenfalls mit Hilfe biotechnologischer Methoden auch dafür genutzt werden können.

3.9 Beiträge der Biotechnologie zur Verbesserung von Qualitäts- und Leistungseigenschaften landwirtschaftlicher Kulturpflanzen

Prof. Dr. Gerhard Röbbelen
Institut für Pflanzenbau und Pflanzenzüchtung, Universität Göttingen,
Von-Siebold-Straße 8, 37075 Göttingen

Zusammenfassung

Pflanzenzüchtung hat als einziges Ziel die Entwicklung von besseren Sorten. Sie wird in Deutschland im wesentlichen von mittelständischen Unternehmen betrieben, die fachlich der Landwirtschaft zuzuordnen sind, aus der sie überwiegend entstanden. Diese Herkunft und Praxisnähe gewährleistet eine solide Zuchtzielsetzung und kompetente Sortenbewertung. Genetische Forschung ist primär unabhängig von Wünschen nach praktischen Anwendungen. Eine Bewertung ihrer Ergebnisse für pflanzenzüchterische Zwecke war seit jeher nicht problemlos: Entweder wurde ihr Potential anfänglich schwerwiegend unterbewertet, so z.B. der durch Heterosis erreichbare Zuchtfortschritt, oder es überwog euphorische Überschätzung sogar bei praktischen Züchtern, wie z.B. hinsichtlich der Möglichkeiten von Mutations- und Polyploidiezüchtung. In einer ähnlichen Situation befindet sich zur Zeit auch die Biotechnologie, und dennoch gilt es, trotz vielfach noch unzureichender Kenntnisse und Bewertungsmaßstäbe, ihre grundlegend neuartigen Ansätze soweit wie möglich schon heute für aktuelle Züchtungsaufgaben einzusetzen und dadurch traditionelle Vorgehensweisen in Qualität und Effizienz zu bereichern.

Gegenwärtig dürften Beiträge aus in vitro Zellkulturmethoden in der Züchtungspraxis von größerem Gewicht sein als solche aus Anwendungen von molekularen DNA-Techniken; aber mittelfristig wird letzteren eine deutlich größere Schubkraft auf die züchterische Arbeit zugeschrieben. Insbesondere trifft das für die Verbesserung der häufig monogenisch bestimmten Qualitätsmerkmale, aber sicherlich zu einem späteren Zeitpunkt auch für die Selektion auf quantitativ vererbte Ertragseigenschaften zu. Letztendlich wird der erfolgreiche Einsatz biotechnischer Verfahren davon abhängen, inwieweit es gelingt, die möglichen genetischen Manipulationen erfolgreich in wirksame Züchtungskonzepte einzubinden.

3.9.1 Einführung

Der Ackerbau zur Erzeugung ausgewählter, für die menschlichen Bedürfnisse nützlicher Pflanzen ist im weitesten Sinne bereits ebenso "Biotechnologie", d.h. Eingriff in die belebte Umwelt, wie es die Auslese erster, für solchen Anbau besser geeigneter botanischer Arten und Formen als Beginn der Domestikation von Kulturpflanzen war. Aus dieser historischen Perspektive gesehen, ergibt sich für die Pflanzenzüchtung eine kontinuierliche Entwicklung in Material und Methoden. Ohne Zweifel nahmen Intensität und Effektivität dieser wirtschaftsbezogenen Tätigkeit im Verlauf der Jahrhunderte zu, angetrieben vor allem von steigenden Bedürfnissen und wiederholt auch von Hunger und bitterer Not. Ob mit dem Aufkommen molekularbiologischer Verfahren und ihrem Einsatz in der Pflanzenzüchtung der gleiche Trend heute nur eine bisher unbekannte Beschleunigung erfährt und ob dieser neue Entwicklungsabschnitt wünschenswerte Vorteile für die sich gewaltig vermehrende Weltbevölkerung mit sich bringt oder ob er im Grunde überflüssig ist oder gar schädliche Auswirkungen für das natürliche Gleichgewicht auf dieser Erde hat, wird in der Öffentlichkeit kontrovers diskutiert. Technikfolgen lassen sich vorausschauend nur durch Vergleich mit den Dimensionen bisheriger Erfahrungen und Strategien hinlänglich beurteilen. Mit der folgenden Darstellung soll versucht werden, für den Bereich der züchterischen Manipulation von Ertrags- und Qualitätseigenschaften landwirtschaftlich angebauter Fruchtarten einige Hinweise für eine solche Bewertung biotechnologischer Entwicklungen zu geben.

3.9.2 Entwicklung und Leistungen der Pflanzenzüchtung in Deutschland

Früh, wenn nicht von Anfang an, sind Pflanzenzüchtung und Saatgutwirtschaft eng miteinander verbunden gewesen. Aus bäuerlicher Erfahrung stammte die Erkenntnis: "Wie die Saat, so die Ernte". Bis in die Gegenwart sind viele Pflanzenzüchter in Deutschland auch Landwirte, die die pflanzenbaulichen Leistungen und Mängel der von ihnen bearbeiteten Pflanzenarten täglich im eigenen Betrieb erleben. Dadurch stehen sie auch als Saatgutlieferanten den Wünschen und Rückfragen ihrer Kunden näher, haben in Beratung und Werbung einen direkteren Zugang zum heimischen Markt als die jüngst erheblich steigende Anzahl an ausländischen oder gar industriebürtigen Konkurrenten. Andererseits ist offenkundig, daß Pflanzenzüchtung - je mehr sie sich von einer bäuerlichen Kunst zu einer eigenständigen Wissenschaft entwickelt - Spezialkenntnisse und Sachaufwand in einem Maße erfordert, das die Bedeutung bisheriger Arbeitsstrukturen verändern oder gar sprengen kann. Die privaten deutschen landwirtschaftlichen Pflanzenzüchter haben dieser Entwicklung durch vielfältige Kooperationsformen zu entsprechen versucht. Sie haben sich einerseits vor mehr als 25 Jahren in bemerkenswertem Weitblick in einer eigenen Forschungsgemeinschaft, der GFP (Gemeinschaft zur Förderung der privaten deutschen Pflanzenzüchtung e.V., Bonn),

3.9 Landwirtschaftliche Kulturpflanzen

zusammengeschlossen und sich dadurch der für ihre Tätigkeit erforderlichen Vorlaufforschung versichert. Andererseits haben sie auch wirtschaftlich über alle staatlichen Grenzen hinaus in bunt wechselnden Verbindungen mit ähnlich strukturierten mittelständischen Unternehmen Sortenvertretung und züchterische Zusammenarbeit vereinbart. Gemeinsam setzten sie durch, daß verbindliche Regelungen für den rechtlichen Schutz ihrer züchterischen Tätigkeit, d.h. ein ausschließliches Nutzungsrecht für die eigenen Sorten, im sogenannten Sortenschutzrecht (UPO) geschaffen und Normen für die Beschaffenheit von verkaufsfähigem Saatgut (ISTA) im Saatguthandel international abgestimmt und anerkannt wurden.

Züchterische Tätigkeit verfolgt im einzelnen verschiedenste Aufgaben. Diese sind auf Verbesserungen von Pflanzensorten hinsichtlich der erreichbaren Ertragshöhe und zunehmend auch der Sicherheit solcher Erträge über Jahre und Orte, auf die Qualität der erzeugten Produkte sowie gleichermaßen die Gesundheit großflächiger Feldbestände unter gegebenen Anbaubedingungen ausgerichtet. Sie können auch produktionstechnische Voraussetzungen betreffen, wie die Einkeimigkeit von Zuckerrübensamen für eine Aussaat auf Endabstand ohne manuelle Vereinzelung der Pflanzen oder die männliche Sterilität für eine Erzeugung von genetisch einheitlichem Hybridsaatgut. Ausschlaggebend für den wirtschaftlichen Erfolg ist jedoch ausschließlich eine neue Sorte, die in der Gesamtheit ihrer Eigenschaften einen "landeskulturellen Wert" besitzt. Sie muß sich von allen bisher vorhandenen Sorten unterscheiden, im Anbau homogen und beständig sein und mindestens in einem wichtigen Merkmal einen Leistungsfortschritt garantieren.

Im allgemeinen ist der Aufwand für die Entwicklung einer neuen Kulturpflanzensorte hoch: er liegt verständlicherweise um so höher, je höher das Leistungsniveau der bereits vorhandenen Sorten ist. Von der Konzeption (Kreuzung) bis zur Markteinführung z.B. einer Weizensorte vergehen im Mittel 15 Jahre oder mehr, in denen der Züchter anteilig leicht mehrere Millionen DM verausgabt hat, ehe ihm erste Einnahmen zurückfließen. Hinzu kommen die vielfältigen technischen Erfahrungen im Mitarbeiterstab, die eine entscheidende Voraussetzung für erfolgversprechende Ansätze und kontinuierlichen Arbeitsfortgang sind, sowie die Verfügbarkeit von geeignetem genetischem Ausgangsmaterial, mit dem züchterischer Fortschritt in neuen, besseren Sorten letztendlich überhaupt erst erreichbar wird. Aus alledem ergibt sich die Tatsache, daß es in entwickelten Volkswirtschaften seit Jahrzehnten zunehmend unmöglich geworden ist, im Bereich der landwirtschaftlichen Pflanzenzüchtung neue Unternehmen von Gewicht langfristig zu etablieren. Um so mehr wird weltweit die Gefahr erkennbar, daß laufende, solide Züchterarbeit durch betriebliche Neuordnung, wirtschaftliche Fusion oder gar Spekulation in ihrer unumgänglichen Kontinuität verunsichert wird und gewachsene Verbindungen verliert, die für dauerhafte Sortenerfolge schwer entbehrlich sind.

Um dem zunehmenden Hunger in der Dritten Welt zu begegnen, haben internationale Organisationen, wie UN/FAO, Weltbank u.a. vor etwa drei Jahrzehnten mit dem Aufbau internationaler Forschungs- und Entwicklungszentren begonnen, in denen verschiedenenorts auch sehr erfolgreiche Züchtungsarbeit betrieben wird. Das CIMMYT in Mexico (für Mais und Weizen), IRRI auf den Philippinen (für Reis) oder ICRISAT in Indien (für Getreide und Leguminosen in ariden Gebieten) sind dafür herausragende Beispiele. Mit ihnen wurde der vorrangige Stellenwert von Sortenzüchtung und Saatgutwirtschaft für die agarische Entwicklung vor allem in den (zu) dicht bevölkerten Teilen der Erde ins öffentliche Bewußtsein gerückt (Grüne Revolution), wenngleich neuerdings auch Zweifel an der Effizienz dieser ungewöhnlich hohen öffentlichen Aufwendungen laut werden. Im Bereich der Industrienationen beschränkt sich die staatliche Förderung richtigerweise im wesentlichen auf die Unterstützung der für die Pflanzenzüchtung notwendigen Grundlagenforschung sowie auf die Sicherstellung der erforderlichen wirtschaftlichen Rahmenbedingungen (siehe oben).

Auf den somit skizzierten Grundlagen hat die landwirtschaftliche Pflanzenzüchtung in Deutschland in ihren rund 50 vorwiegend mittelständischen Unternehmen in den letzten Jahrzehnten außerordentlich bemerkenswerte Erfolge erreichen können. In wichtigen Fruchtarten konnten genetische Leistungsfortschritte von jährlich rd. 1% nachgewiesen werden; das bedeutet bei gleichem Anbauaufwand und unter denselben Wachstumsbedingungen eines Feldversuchs einen um 50% höheren Ertrag von neuen im Vergleich zu den vor 50 Jahren vorherrschenden Sorten. Hinzu kommt vielfach eine deutlich bessere Produktqualität, z.B. Backfähigkeit des Weizens, Zuckerausbeute von Rüben oder Futterwert des Rapsschrotes. Höchstwillkommene Verbesserungen erfuhr auch die native Gesundheit der Pflanzenbestände durch intensive Resistenzzüchtung, die ebenso auf biotische Krankheitserreger (Pilze, Viren, Bakterien, Insekten u.a.) wie auf abiotische Streßfaktoren (Dürre, Kälte, hohe Salzkonzentrationen im Boden u.a.m.) gerichtet war. Diesem Bereich kommt im Rahmen der Ertragssicherung unter den Bedingungen einer umweltgerechten Landbewirtschaftung bei uns heute zu Recht bevorzugte Aufmerksamkeit zu.

3.9.3 Beiträge der genetischen Forschung zur züchterischen Sortenentwicklung

Zur Entwicklung pflanzenzüchterischer Erkenntnisse trugen Darwin (1868) mit seiner Abhandlung über die Domestikation von Kulturpflanzen und Haustieren ebenso wie die zeitgenössischen Bastardforscher mit ihren Erfahrungen zur Kombinierbarkeit individueller Eigenschaften von Eltern in ihren Kindern bei. Bestimmend für das züchterische Vorgehen wurde aber erst der Befund Mendel's (1865), daß Merkmale nach Kreuzung in Nachkommenschaften in einfachen Zahlenverhältnissen spalten, die einen Rückschluß auf die phänotypisch nicht direkt erkennbaren Erbanlagen der Eltern erlauben. Daraus enwickelte sich als erste allgemeine Zuchtmethode die Pedigreezüchtung (Einzelpflanzenauslese mit Prüfung der Nachkommenschaften), die bis heute die Basis jeglicher Züchtungsarbeit darstellt. Ein zweiter, gleichartig grundsätzlicher Durchbruch ergab sich aus den genetischen Untersuchungen von Shull (1910) zur Vererbung von quantitativ variierenden Eigenschaften, die nach über 20jähriger (!) wissenschaftlicher

3.9 Landwirtschaftliche Kulturpflanzen

Diskussion schließlich mit dem Konzept der Heterosis und ihrer Nutzung als Leistungszuwachs in Hybridsorten in den 30er Jahren die Grundlage für eine Hybridzüchtung legten. Beide Zuchtmethoden führten bei ihrer erstmaligen Einführung in die Züchtungspraxis jeweils zu einem sprunghaften Leistungsanstieg der so gezüchteten Sorten. Beide haben für alle Kulturpflanzenarten unabhängig von deren natürlichem Fortpflanzungsmodus im Grundsatz die gleiche Bedeutung; beide basieren auf im wesentlichen statistischer genetischer Analyse.

Demgegenüber entwickelten sich bald nach der Jahrhundertwende weitere genetische Ansätze aus der Chromosomentheorie der Vererbung. Die Entdeckung des Colchizins und die Möglichkeit einer experimentellen Chromosomenverdopplung ließ eine intensive Polyploidieforschung, die mikoskopische Analyse chromosomaler Aberrationen in Zahl (z.B. Sears bei Weizen) oder Struktur (z.B. Burnham bei Gerste) die Cytogenetik entstehen - Bereiche, in denen bereits in den 60er Jahren zu Recht die Bezeichnung "genetische Manipulation" und "Chromosomen-Ingenieur" aufkamen, war doch mit diesen Verfahren ein erheblicher Erkenntniszuwachs und eine zuweilen exakte Voraussagbarkeit genetischer Ergebnisse verbunden. Als ein weit beachtetes Arbeitsgebiet fand beginnend in den 30er Jahren die experimentelle Mutationsauslösung durch ionisierende Strahlen oder mutagene Chemikalien Eingang auch in die Züchtungsforschung. Aber trotz mancher oft anderen Gewichtung auch in anerkannten Lehrbüchern haben weder Polyploidie- oder Aneuploidie- noch Mutationszüchtung dieselbe generelle Bedeutung wie die beiden erstgenannten Zuchtmethoden erlangt. Nach anfänglichem Überschwang der Wertschätzung blieb ihre Anwendung auf Einzelfälle, z.B. Ploidiezüchtung bei Zuckerrüben oder Mutationszüchtung bei Proteingersten, beschränkt, wobei sie hier allerdings zuweilen über weite Bereiche Unersetzliches zu leisten vermögen.

Daß sich das bevorzugte Interesse der Züchtungsforscher heute auf die Erforschung und Anwendung von moderner Biotechnologie konzentriert, ist wegen der wissenschaftlichen Faszination dieses Gebiets nicht nur verständlich; es erscheint wegen des erheblichen, bei neuen Forschungsrichtungen generell und der Molekularbiologie vielleicht auch speziell, großen Aufwandes eine verhältnismäßig hohe öffentliche Forschungsförderung hier in besonderem Maße gerechtfertigt. Dennoch sollte die Frage nach dem bleibenden Stellenwert der verschiedenen, bislang bekannt gewordenen biotechnologischen Methodenansätze im Lichte des zuvor Gesagten ehrlicherweise solange als offen bezeichnet werden, als züchterische Erfahrungen und Ergebnisse in erfolgreichen, neuen Sorten noch ausstehen. Euphorie aus 'newcomer'-Kreisen chemischer Großunternehmen dürfte zur langfristigen Erfolgsabschätzung ebenso wenig hilfreich sein wie ablehnende Skepsis traditioneller Pflanzenzüchter. Überraschend schnell allerdings ist schon heute erkennbar, daß sich beide Seiten in ihrer Bewertung im Verlauf kaum eines Jahrzehntes einander wesentlich nähergekommen sind und gemeinsam als einzig richtiges Vorgehen die Integration biotechnischer Verfahrensschritte in die bisherige Züchtungsmethodik anerkannt haben.

Für züchterische Anwendungen läßt sich die Biotechnologie nach ihren Arbeitsweisen derzeit am einsichtigsten in zwei große Bereiche einteilen: in die der in vitro Zellkultur-Verfahren und die der molekularen und rekombinanten DNA-Techniken.

Die in vitro Kulturverfahren von Zellen, Geweben und Organanlagen haben seit der ersten erfolgreichen Aufzucht eines letalen Artbastards zwischen zuvor nicht kreuzbaren Linum-Arten durch Laibach (1927), über die Meristemkultur vegetativ vermehrter Pflanzenarten zur Virus-"Entseuchung", die kommerzielle vegetative Mikro- und Massenvermehrung von Zierpflanzen oder auch wertvollem Zuchtmaterial schon seit längerem in die tägliche Züchtungspraxis Eingang gefunden. Sie haben züchtungstechnische Verfahren vor allem dort revolutionierend zu erweitern begonnen, wo sich Auslesemöglichkeiten auf Zellebene in der Petrischale mit ungleich größeren Zahlen als im Feldversuch entwickeln ließen, wie beispielsweise bei Auslesen auf Herbizid- oder Pathotoxin-Resistenz oder auf Salz-, Aluminium- oder Mangan-Toleranz. Überdies sind erfolgreiche Zellkulturtechniken in Form der Protoplastenkultur in vielen Fällen eine entscheidende Voraussetzung für erfolgreiche Gentransfertechniken, gleich ob dazu Zellorganellen, Chromosomen oder molekulare DNA verwendet oder auch verschiedene Protoplasten als ganze (symmetrisch) oder nur partiell (asymmetrisch) miteinander fusioniert werden. Alle diese Verfahren können für züchterische Aufgaben im einzelnen absolut erfolgsentscheidend sein; sie können und werden zunehmend zu wesentlichen Steigerungen der Ausleseeffizienz sowie Zeit- und Kosteneinsparungen beitragen. Der Rang einer genuinen Zuchtmethode wird ihnen jedoch niemals zukommen; sie werden als züchtungstechnische Einzelmaßnahmen nach Zeitpunkt und Umfang stets auf die effektive Integration in eine der traditionell bekannten Zuchtmethoden angewiesen sein, wie sie sich aus dem Fortpflanzungsmodus der jeweiligen Fruchtart ergibt.

Eine Ausnahme jedoch gilt es deutlich herauszustellen: die experimentelle Androgenese (bei Zuckerrüben auch Gynogenese), d.h. direkte Erzeugung von doppelt-haploiden (DH) Pflanzen aus den meiotischen Gonen. Derzeit ist dieses Verfahren über in vitro Antheren- oder (besser) Mikrosporenkultur noch keineswegs bei allen wichtigen Kulturpflanzen verfügbar. Aber die Fortschritte sind so rasch und überzeugend, daß eine generelle Einsetzbarkeit nur eine Frage des F&E Aufwandes und damit der Zeit sein dürfte. Die nach Kreuzung ungleich einfacheren Spaltungszahlen auf der haploiden gegenüber der diploiden Stufe, die durch Dominanz unbehinderte phänotypische Merkmalsausprägung und die bei DH-Linien absolut homogenen Prüfparzellen, die eine bisher unbekannte Selektionsschärfe erlauben, alles dies führt zu einer so grundsätzlich neuen genetischen Situation, daß es sehr wohl denkbar erscheint, daß sich zu gegebener Zeit eine dritte allgemein gültige Zuchtmethode daraus etablieren wird. Allerdings bedarf es dazu auch in Fällen wie Gerste, Raps und Kartoffel, in denen DH-Linienerzeugung bereits zur züchterischen Routine gehört, weiterer experimenteller Erfahrung und insbesondere einer detaillierten, operativen Optimierung und Quantifizierung der essentiellen Einzelschritte.

Was den zweiten Bereich der Biotechnologie, die Gentechnologie, anlangt, so sei die generelle züchterische Bewertung auf das Schlußkapitel dieser Abhandlung verschoben. Hier soll vorab nur soviel ausgesagt werden, daß es selbstverständlich eine grundlegend neue Qualität züchterischer Manipulation ist, wenn es gelingt, einem leistungsfähigen Genotyp nicht nur ein fremdes Gen für eine zusätzlich erwünschte Eigenschaft ohne wesentliche Änderung des übrigen Phänotyps hinzuzufügen, sondern auch einzelne eigene (oder fremde) Gene in ihrer Ausprägungsstärke (z.B. durch geeignet ausgewählte Promotoren) quantitativ in gezielter Weise zu verändern. Sofern ein solches Verfahren bei Kulturpflanzenarten und -sorten in größerem Umfange im praktischen Zuchtablauf realisierbar werden wird, muß ihm nicht nur der Rang einer generellen Zuchtmethode zugesprochen werden. Vielmehr müssen für diesen Fall auch grundlegend neue Schutzrechte für das züchterische Eigentum greifen, wie sie in der Form von "im wesentlichen abgeleiteten Sorten" (essentially derived cultivars) als Kompromißlösung zwischen züchterischem Sortenschutz und allgemeinem Patentrecht heute breite Zustimmung erfahren haben.

3.9.4 Qualitätsverbesserung landwirtschaftlicher Ernteprodukte durch Züchtung und Gentechnologie

Die Qualität der landwirtschaftlichen Ernteprodukte wird im EG-Agrarmarkt trotz in der Quantität teilweise erheblich überschüssiger Produktion nach wie vor unzulänglich in Rechnung gestellt. Mit besserer Qualität lassen sich aber neue Märkte erschließen, Vergleichsprodukte (z.B. Importe) im Markt substituieren und für kleinere Mengen gleiche oder gar höhere Preise erzielen. Auch gilt züchterisch die Regel: "Qualität kostet Ertrag", was bedeutet, daß Sorten mit qualitativ besseren Ernteprodukten meistens im Ertrag vergleichsweise niedriger liegen. Diese Korrelation ist nach aller züchterischen Erfahrung nur eine zeitlich statistische und keine pflanzenphysiologisch kausal bedingte Größe. In der Regel können morgen neue Sorten mit denselben hohen Qualitätseigenschaften ebensolche Kornerträge erreichen wie die qualitätsschwächeren Hochertragssorten heute. Physiologische Korrelationen vermögen die züchterische Arbeit schon bei der Auswahl geeigneter Eltern zu erschweren, den erforderlichen Umfang der Nachkommenschaften wesentlich zu steigern und die Anzahl der Selektionsschritte und damit die Züchtungsdauer auszudehnen, so daß der Aufwand unrentabel hoch werden kann. Aber die Veränderbarkeit metabolischer Leistungen einer Pflanze ist in der Regel größer als man aus physiologischen Maßzahlen von Standard-Untersuchungsobjekten zu erwarten geneigt ist.

Ernteprodukte landwirtschaftlicher Kulturpflanzen sind in der überwiegenden Menge Samen, Früchte, Knollen oder Wurzeln, deren Qualität in erster Linie durch die Menge und Art der Speicherstoffe bestimmt ist, die in diesen Organen zur Sicherung von Verbreitungs- und Überdauerungserfordernissen der Spezies niedergelegt sind. Diese Funktionen, die sich vornehmlich auf die Bereitstellung von Energie für Keimung und Neuaustrieb oder auch schnelle Verfügbarkeit wichtiger Stickstoffreserven für erste Enzymsynthesen beschränken, sind relativ unspezifisch. Das erklärt die hohe Variabilität verschiedener Speicherstoffklassen, vor allem bei Fetten und Eiweißen, da spontan auftretende Mutanten in natürlichen

Populationen keinem stärkeren Selektionsdruck ausgesetzt sind. Daß sich solche mutativen Veränderungen in der Biosynthese von Speicherstoffen im Sinne ernährungsphysiologischer Ansprüche von Mensch und Tier häufig als nachteilig erwiesen, entspricht der Regel, daß primäre Biomoleküle (Enzyme, Lipide u.ä.) bei Pflanze und Tier mancherlei strukturelle Verwandtschaft aufweisen und Änderungen in ihrem Aufbau demzufolge nicht selten auch ihren nutritiven Substitutionswert herabsetzen.

Auf der Grundlage der hochgradigen funktionellen Kompartimentierung und Neutralität der Speicherstoffbiosynthese dienten der Qualitätszüchtung von Kulturpflanzen in den vergangenen drei bis vier Jahrzehnten für ihre bemerkenswert erfolgreichen Arbeiten als Ausgangsmaterial vorwiegend spontane und induzierte Mutanten. Voraussetzung für ihre Auffindung waren in der Regel einerseits effektive, schnelle und preiswerte Analysenmethoden sowie andererseits die in den 50er und 60er Jahren sich zunehmend entwickelnde apparative Analytik für die Exaktbestimmung der interessierenden Stoffklassen. Die entscheidende Bedeutung dieser Nachweisverfahren für jedwede züchterische Qualitätsauslese gilt nach wie vor, und es ist deshalb unabdingbar, die bis heute fortwährenden, großen Fortschritte auf diesem Gebiet (z.B. mit HPLC, NIRS u.a.) in geeigneten F&E-Vorhaben auch weiterhin für die Qualitätszüchtung zu erschließen und nutzbar zu machen.

Funktionell handelt es sich bei den genetischen Veränderungen von Mutanten oft um Blockaden und nur seltener um eine Umleitung von Substratflüssen in neue Syntheseketten. Beispielsweise beruhen die meisten hoch-Lysin Mutanten der Gerste auf einer drastischen Verminderung der relativ Lysin-armen Hordein-Komponente des Speicherproteins; entsprechendes trifft für opaque-2 Mais, hl-Sorghum und weitere Endosperm-Mutanten zu. Die unerwünschte Folge einer solchen partiell blockierten Proteinsynthese ist nicht selten eine Abnahme des durchschnittlichen Proteingehalts der Karyopse. Überdies haben sich manche Fälle von proteinreichen Mutanten später als durch geringere Stärkesynthese bedingt und damit insgesamt gleichfalls als ertragsschwächer erwiesen. Bei Raps war in entsprechender Weise die mutative Blockade der Fettsäure-Kettenverlängerung von C18 nach C22 im Ausgangsmaterial mit deutlich geringeren Fetterträgen verbunden. Aber dieselbe Mutation, durch Rückkreuzung kontinuierlich in leistungsfähigere Genotypen überführt, erreichte schließlich mit verändertem genetischen "background" deutlich höhere Ertragsleistungen als sie je zuvor mit Normalformen hatten geerntet werden können. Zu einer erfolgreichen Mutationszüchtung gehört somit keineswegs nur die Auffindung einer nützlichen Mutante, sondern viel häufiger vor allem die züchterische "Einbettung" der Mutation in einen dafür passenden Genotyp. Nur erwähnt seien an dieser Stelle die vielen Fälle, in denen sich Qualitätsverbesserungen relativ unmittelbar aus Blockaden der Synthese von z.B. Bitterstoffen oder antinutritiven Substanzen ergeben können. Ein positives Beispiel für die Umleitung eines Substratstroms durch Mutation ist die sehr erwünschte Erhöhung der Linolsäuresynthese in Erucasäure-freien Rapssamen.

3.9 Landwirtschaftliche Kulturpflanzen

Im Prinzip ist alles, was bisher mit klassischer Mutationszüchtung zu erreichen war, auch mit Gentechnologie möglich. Diese setzt in der Regel, wenngleich keineswegs in jedem Falle, eine Identifizierung und Isolierung des für die erwünschte Veränderung verantwortlichen Gens voraus. Deshalb wird die Mutagenese in der Züchtung weiterhin eine wichtige Arbeitsmethode bleiben. Aber was ausschließlich nur mit Gentransfer erreichbar ist, das ist die Einführung von in einer Spezies bislang völlig unbekannten, neuen Funktionen. Auch hier gilt die Erfahrung der bisherigen Mutationsforschung, daß sich ein eingeführtes Fremdgen am ehesten ungestört oder nicht störend ausprägt, je mehr seine Funktion auf einzelne Entwicklungsstadien, Organe und/oder Zellkompartimente beschränkt ist. Deshalb ist auch für den experimentellen Gentransfer die Speicherstoff-Biosynthese ein besonders erfolgversprechendes Zielgebiet.

In der Tat enthält die von Dale et al. (1993) kürzlich vorgelegte Übersicht der z.Z. in Freisetzungsversuchen weltweit geprüften transgenen Kulturpflanzen außer Eigenschaften der Krankheitsabwehr und Streßtoleranz eine ganze Reihe von Qualitätsmerkmalen (Tab. 1). Diese betreffen ernährunggsphysiologische Veränderungen ebenso wie Qualitätsanforderungen für spezielle Verwendungszwecke, die erst mit der Gentechnik möglich wurden. Dazu gehört u.a. die Gewinnung der mittelkettigen (C12-) Fettsäure Laurinsäure, die in technisch nutzbarer Menge bisher nur in Palmenarten erhältlich war, in transgenem Raps, die Erzeugung von vorwiegend Amylopektin-haltiger Stärke in Kartoffeln für Folien- und andere Kunststoffherstellung oder von industriell verwendeten Enzymen, wie -Amylase, in (zunächst) Tabak. Aber auch völlig pflanzenfremde Gene wurden bereits übertragen. Sie sollen die Erzeugung von höchstwertigen Wirkstoffen, wie menschliches Serumalbumin für klinische Infusionen oder schmerzsenkendes Enkephalin, oder von Chemiegrundstoffen, wie die für vielfältige Einschluße-aktionen genutzten Cyclodextrine oder Polyhydroxybuttersäure für leicht abbaubare Kunststoffe, in den leistungsfähigen pflanzlichen Speichergeweben von Kartoffel-knollen oder Rapssamen in großen Mengen und preiswert ermöglichen. Revolutionäre Neuerungen eröffnen sich mit transgenen Pflanzen auch für die Synthese von Antikörpern, die für therapeutische Zwecke, als Vakzine oder Trägersubstanzen für Affinitätstrennungen bislang ausschließlich in Tieren oder Hybridoma-Zellkulturen hergestellt werden. Die Anwendungsbereiche dieser Verbindungen sind nahezu unbegrenzt, insbesondere angesichts erfolgreicher molekularbiologischer Arbeiten mit sogenannten katabolischen Antikörpern ("Abzymen"), die synthetische Moleküle erkennen können, gegen die normalerweise keine Immunantwort erfolgt. Insgesamt gehört dieses "molecular farming" zu den wissenschaftlich faszinierendsten und wirtschaftlich für die Zukunft höchst erfolgversprechenden Gebieten der modernen Biotechnologie.

Tabelle 1 Beispiele für gentechnische Veränderungen zur Beeinflussung der Produktqualität (nach Dale et al. 1993)

Zweck der Veränderung	Produkt des Fremdgens	Herkunft des Fremdgens	Veränderte Kulturpflanze
Nahrungsmittel			
Verbesserte Lagerfähigkeit	Antisense Polygalacturonase	Lycopersicon esculentum	Tomate
Mehr Stearinsäure	Antisense steaoryl-ACP Desaturase	Brassica rapa	Raps
Mehr Mannitol	Mannitol-Dehydrogenase	Escherichia coli	Tabak
Mehr Methionin	Samen-Speicherprotein	Bertholletia excelsa	Soja
Verbessertes Protein	Hühner-Ovalbumin	Huhn	Luzerne
Mehr Stärke	ADP-Glucosepyrophosphorylase	Escherichia coli	Kartoffel
Besserer Geschmack	Synthetisches Monellin	synthetisch	Tomate
Spezialchemikalien			
Mehr Laurinsäure	Lauroyl-ACP-Thioesterase	Umbellularia californica	Raps
Serum-Albumin	menschl. Serum-Albumin	Homo sapiens	Kartoffel
Enkephalin	Leu-Enkephalin	chimärisches Gen: Mensch/A. thaliana	Raps
Cyclodextrin	Cyclodextrin-Glycotransferase	Klebsiella pneumoniae	Kartoffel
Abbaubarer Kunststoff	Polyhydroxybuttersäure (PHB)	Alcaligenes eutrophus	Arabidopsis

3.9.5 Gentechnologische Ansätze zur Steigerung der allgemeinen Ertragsfähigkeit landwirtschaftlicher Kulturpflanzen

Qualitätsverbesserungen lohnen, vom Differentialgewinn bei der Markteinführung erster begrenzter Produktmengen abgesehen, langfristig nur, wenn die neue Qualität

3.9 Landwirtschaftliche Kulturpflanzen

auch in einer ausreichend preiswerten Quantität angeboten werden kann. So wie industrielle Käufer ihre Preisvorstellungen stets auf Wert/Mengen Relationen gründen, wird der Welthandel mit Nahrungsgütern nicht auf Dauer an der geringen Kaufkraft der Entwicklungsländer vorbeigehen können. Daß eine Gewichtsfeststellung für eine Verkaufspartie zur Wertermittlung zumeist weit einfacher als eine ähnlich zuverlässige Qualitätsbestimmung ist, sei als wichtiger Grund für die häufige Unterbewertung von Qualitätsmerkmalen nur erwähnt. Aber auch für den weiteren Züchtungsfortschritt im allgemeinen ist die fortwährende Erhöhung und Optimierung der quantitativen pflanzlichen Produktionsleistungen unentbehrlich.

Schon aus Sicht der klassischen Genetik ist die Steigerung von Ertragsparametern schwieriger als die von Qualitätseigenschaften, handelt es sich hier doch, den zahlreichen entwicklungs- und stoffwechselphysiologischen Bestimmungsfaktoren der Ertragsbildung entsprechend, vorwiegend um polygenisch kontrollierte, sogenannte quantitative Merkmale, die zudem eine geringere Heritabilität aufweisen, d.h. in deutlich höherem Maße umweltabhängig sind. Bei der phänotypischen Auslese im Zuchtgarten die verschiedene Ertragsrelevanz erkennbarer Leistungskomponenten vor dem Hintergrund ihrer Heritabilitätsunterschiede in einem gestuften System mehrjähriger Selektion (Stammbaumselektion) bestmöglich abzuschätzen, ist das Herzstück der nur schwer erlernbaren Kunst der züchterischen Bonitur (Pflanzenbeurteilung). Systematische Hybridzüchtung (siehe oben Abschnitt 3) war der zweite entscheidende Beitrag zur Ertragssteigerung, in dem durch umfangreiche vorherige Prüfung von potentiellen Elternlinien auf ihre Kombinationseignung der durch Heterosis erreichbare Leistungszuwachs in Hybridsorten ausgenutzt wurde. Derartige Kombinationseffekte beruhen auf dem Vorhandensein von genetisch sich günstig ergänzenden Unterschieden im polygenischen System der Ertragsbildung. Diese werden in der klassischen Hybridzüchtung in umfangreichen Testkreuzungen experimentell aufwendig ermittelt. Durch DNA-Restriktionsmustervergleich versucht man heute, entsprechende Unterschiede zwischen den Ausgangslinien auch auf dem molekularen Niveau aufzufinden, in Dendrogrammen in Distanzen genetischer Verwandtschaft umzusetzen und diese Distanzwerte zur Abschätzung der Kombinationseignung der Linien zu verwenden. Nach allgemeiner (wenngleich noch zu bestätigender) Auffassung kommt dieser molekulargenetischen Distanzmessung für die Hybridzüchtung gegenwärtig eine insgesamt größere Bedeutung zu als dem gleichfalls in zahlreichen Forschungsgruppen intensiv verfolgten Ziel, mittels molekularer DNA-Sonden sogenannten QTLs (d.h. Quantitative Trait Loci, die für wesentliche Anteile des Kornertrags oder einer anderen Leistungskomponente genetisch verantwortlich sind) im Genom zu lokalisieren und einer indirekten Selektion zugänglich zu machen. In der Tat sind die quantitative Merkmale kontrollierenden Polygene offenbar nicht so gleichmäßig über das Genom verteilt und/oder einzelne nicht von nur so geringer phänotypischer Wirkung, als daß nicht z.B. bei Mais vier der insgesamt 20 Chromosomenarme als für Ertragsleistungen vorrangig bedeutsam identifiziert werden konnten. Es ist bei dem besonderen Gewicht des Ertrags für den Zuchtfortschritt leicht einsichtig, daß die hier zu vermutenden QTLs und insbesondere ihre möglichen allelischen

Leistungsunterschiede für die züchterische Bearbeitung der jeweiligen Pflanzenarten von größter Bedeutung sein könnten; erste gültige Belege von QTLs für Ertragskomponenten werden mit Ungeduld erwartet. In anderen Beispielen, so für die Sproßregenerationsfähigkeit aus Kalli von unreifen Gerste-Embryonen (Komatsuda et al. 1993) konnten QTLs bereits chromosomalen Kopplungsgruppen zugeordnet werden.

Die vorstehenden Ausführungen erscheinen angetan, nach der begrifflichen Unterscheidung zwischen den QTLs der Molekulargenetik und den Major-Genen der klassischen Genetik zu fragen. Als Beispiel dafür (s. Wallace et al. 1993a) ergab die Untersuchung einer Nachkommenschaft aus Kreuzung von zwei Gartenbohnen (Phaseolus vulgaris), einer frühen, Kurztag-abhängigen mit einer späten Sorte mit hohem Ernte-Index, als einzige Differenz Spaltung in einem Gen, das die Tageslängenabhängigkeit der Pflanzenentwicklung kontrolliert: Unter Langtagbedingungen zeigten die beiden spaltenden Genotypen über den Unterschied einer frühen bzw. späten Blüte und Reife hinaus eine gegensätzliche Ausprägung in 23 weiteren Merkmalen, während im Kurztag beide Genotypen früh blühten und reiften und sich die zusätzlichen 23 Merkmale so ausprägten wie es der photoperiodisch neutrale Genotyp auch im Langtag zeigte. Das Gen für den Unterschied in der photoperiodischen Reaktion bestimmte mit der Reifezeit, dem Ernte-Index und der oberirdischen Biomasse zugleich auch die Anzahl der Zweige, Nodien und Blätter, die Blattfläche, die Sink-Größe der Hülsen und die Samenentwicklung und damit die für die Ertragshöhe letztendlich entscheidende Photosynthatverteilung und Biomassebildung - wahrlich ein QTL!

Vereinfacht läßt sich die Ertragshöhe aus drei Hauptgruppen von Komponenten ableiten, welche die (1) Synthese-, (2) Transport- und (3) Entwicklungs-Abläufe betreffen. Die großen Erfolge vor allem in der gewaltigen Steigerung der Getreideerträge der letzten Jahrzehnte ließen sich in rückschauender Analyse durch Vergleich des Ertragsaufbaus alter mit neuen Sorten vornehmlich auf eine Erhöhung des Ernte-Index, d.h. eine effiziente Verlagerung der gebildeten Biomasse aus den vegetativen in die generativen Pflanzenteile zurückführen. Solchen Transportvorgängen gelten derzeit auch molekularbiologische Untersuchungen z.B. an transgenen Kartoffeln (siehe Von Schaewen 1990). In diese wurde ein Invertase-Gen aus der Bäckerhefe (suc2; Saccharomyces cerevisiae) eingebaut, das mittels eines angefügten Signalpeptids für eine Lokalisation und Akkumulation des gebildeten Invertase-Proteins ausschließlich in den Zellwänden sorgt. Unter der weiteren Kontrolle eines knollenspezifischen Promotors aus dem Patatin-Gen b33 wird das Invertase-Gen nur im Knollengewebe der Kartoffelpflanze exprimiert. Ziel ist, das aus den Blättern in die Knolle transportierte Photosyntheseprodukt Saccharose in Glucose und Fruktose zu spalten. Da nur die Saccharose, aber nicht ihre Spaltprodukte in der Pflanze transportabel sind, entsteht dadurch für den Transportmetabolit in der Knolle ein Konzentrationsgefälle, das den Import erhöht und den auch möglichen Export hemmt. Der Speicherzelle steht somit vermehrt Glucose zur Stärkesynthese zur Verfügung, und es entstehen wesentlich größere und zugleich weniger Knollen, ein Vorteil für den Industriekartoffelanbau.

3.9 Landwirtschaftliche Kulturpflanzen

Ohne Zweifel stehen am Anfang jeder Ertragsbildung primäre Synthesevorgänge, und seit langem fehlt es nicht an Bemühungen, auch diese durch direkte Messungen in die züchterische Selektion einzubeziehen, zumal die Grenzen der Ertragssteigerung durch verbesserten Ernte-Index in speziellen Fällen bereits erkennbar wurden (siehe z.B. Takeda et al. 1979 bei Hafer). Insgesamt erwiesen sich jedoch alle Ansätze zur Auslese auf verbesserte Netto-Photosyntheserate, Stickstoffassimilation und -ausnutzung, Licht- und Dunkelatmung, Lichtausnutzung in Pflanzenbeständen oder Chlorophyllgehalt der Blätter etc. hinsichtlich der in Sorten erzielten Ertragsfortschritte als enttäuschend (Lit. siehe bei Wallace et al. 1993 b). Die Schlußfolgerung war, daß eine Auslese auf physiologische Faktoren dort unwirksam sein müsse, wo sich die infrage stehende Genwirkung sehr früh und lange vor der aktuellen Ertragsbildung manifestiert und daher viele andere Geneffekte, physiologische und Umweltwirkungen den weiteren Wachstumsverlauf noch beeinflussen können. Deshalb schlagen Wallace et al. (1993) eine gleichzeitige Selektion auf die drei physiologischen Hauptkomponenten der Ertragsbildung: Biomasse, Ernte-Index und Vegetationsdauer (gemessen als Reifedatum) vor, da mit diesen Parametern alle wichtigen genetischen Einzelwirkungen, Umwelteinflüsse und Genotyp x Umwelt-Wechselwirkungen am besten erfaßt würden. Sie weisen insbesondere darauf hin, daß eine jede Selektion auf Ertrag allein kaum, wenn überhaupt, eine Zunahme der Biomasseproduktion zur Folge hat, so daß beides zugleich höchste Beachtung verdient. Die oben als Beispiel erwähnte Auslese auf Tagneutralität scheint dieses Erfordernis automatisch zu erfüllen. Insgesamt ergibt sich aus dem Gesagten für die Aussichten biotechnologischer Manipulation zur direkten Ertragssteigerung landwirtschaftlicher Kulturpflanzen derzeit eine deutlich verhaltenere Erwartung als für die Verbesserungsmöglichkeiten von Qualitätsmerkmalen (siehe oben) oder auch Eigenschaften der Krankheitsresistenz und Streßtoleranz, die der folgende Beitrag behandeln wird.

Literatur

Dale PJ, Irwin JA, Scheffler JA (1993) The experimental and commercial release of transgenic crop plants. Plant Breeding 111:1-22

Hiatt A (1993) Transgenic Plants - Fundamentals and Applications. Marcel Dekker Inc., New York Basel Hong Kong

Komatsuda T, Annaka T, Oka S (1993) Genetic mapping of a quantitative trait locus (QTL) that enhances the shoot differentiation rate in Hordeum vulgare L. Theor. Appl. Genet. 86:713-720

Takeda K, Frey KJ, Bloethe-Helsel D (1979) Growth rate inheritance and associations with other traits and contributions of growth rate and harvest index to grain yield in oats. Z. Pflanzenzüchtg. 82:237-249

Von Schaewen A, Stitt M, Schmidt R, Sonnewald U, Willmitzer L (1990) Expression of a yeast derived invertase in the cell wall of tobacco and Arabidopsis plants leads to accumulation of carbohydrate and inhibition of photosynthesis and strongly influences growth of transgenic tobacco plants. EMBO J. 9:3033-3044

Wallace DH, Baudoin JB, Beaver J, Coyne DP, Halseth DE, Nasaya PN, Murrger HM, Myers JR, Silbernagel M, Yourstone KS, Zobel RW (1993b) Improving efficiency of breeding for higher crop yield.Theor. Appl. Genet. 86:27-40

Wallace DH, Yourstone KS, Masaya PN, Zobel RW (1993a) Photoperiod gene control over partitioning between reproductive and vegetative growth. Theor. Appl. Genet. 86:6-16

3.10 Erfahrungen mit dem Einsatz der Bio- und Gentechnologie in einem praktischen Pflanzenzuchtbetrieb

Dr. Josef F. Seitzer
KWS - Kleinwanzlebener Saatzucht AG, Postfach 1463, 37555 Einbeck

Zusammenfassung

Seit den 80er Jahren sind biotechnologische Methoden, vor allem Zell- und Gewebekulturtechniken, aus der praktischen Züchtung nicht mehr wegzudenken. Sie ergänzen die herkömmlichen Methoden bei der Schaffung von Ausgangsvariation, bei der Selektion und bei der Pflanzguterzeugung. Dabei ist die relative Vorzüglichkeit konventioneller und biotechnologischer Methoden von der Fruchtart, von den zu verbessernden Merkmalen und von der Ressourcenausstattung des Zuchtbetriebes abhängig.

In Zukunft werden wichtige Beiträge zur Pflanzenzüchtung auch von den molekularbiologischen Methoden erwartet, die aus der Grundlagenforschung langsam in den Anwendungsbereich vordringen. Die größte Bedeutung in der nächsten Zeit wird aus der Sicht der praktischen Züchtung den molekularen Markertechniken beigemessen. Darüberhinaus wird die Gentechnik ganz neue Lösungsansätze vor allem für die Resistenzzüchtung und zur Verbesserung von Pflanzen als nachwachsende Rohstoffe bringen.

Technische Fortschritte, agrarpolitische Maßnahmen, Umweltschutzaspekte und gestiegene Anforderungen der Verbraucher erfordern immer schnellere Anpassungen der Züchtungsziele. Bei einer Entwicklungsdauer von 12 bis 15 Jahren wird es immer schwieriger die zukünftige Vermarktungssituation für eine Sorte vorherzusagen. Gleichzeitig wird auch der Sortenwechsel bei den Landwirten schneller. Für die notwendige anwendungsorientierte Forschung besteht deshalb begründeter Bedarf an öffentlichen Fördermitteln, um die Wettbewerbsfähigkeit der mittelständisch strukturierten deutschen Pflanzenzüchtung auch im europäischen Markt zu erhalten.

Der Einsatz gentechnologischer Methoden in der Pflanzenzüchtung wird durch die gesellschaftlichen und gesetzlichen Rahmenbedingungen in Deutschland stark behindert. Schon der Aufwand für Freilandversuche mit gentechnisch veränderten Pflanzen steht derzeit in keinem sinnvollen Verhältnis zum wirtschaftlichen Nutzen solcher Versuche. Die daran anschließende Entwicklung und Vermarktung von Produkten, d.h. transgenen Sorten, erscheint unter den herrschenden Rahmenbedingungen fast unmöglich. Dies könnte erhebliche Nachteile für die Wettbewerbsfähigkeit der deutschen Landwirtschaft bewirken.

Der Diskussionsprozeß zur Anwendung gentechnologischer Methoden in der Landwirtschaft muß gestärkt und auf breiter Ebene weitergeführt werden. Dabei müssen pauschale (Vor)urteile einer Fall-zu-Fall-Betrachtung weichen. Damit die vielversprechenden Ergebnisse aus der gentechnologischen Forschung auch in Deutschland zum Nutzen der Landwirtschaft und der Umwelt eingesetzt werden können, müssen alle gesellschaftlich relevanten Gruppen aktiv zu einer konstruktiven Aufklärung und Diskussion beitragen.

3.10.1 Einführung

Die gezielte Beeinflussung des Erbmaterials von Pflanzen durch Kreuzungen ausgewählter Elternpflanzen begann in der zweiten Hälfte des 19. Jahrhunderts. Schon im Jahre 1859 wählte als erster in Deutschland Matthias Rabbethge jun. im Stammhaus der KWS in KleinWanzleben die zur Samengewinnung zu benutzenden Rüben mit Hilfe der Ermittlung des spezifischen Gewichtes nach dem Zuckergehalt aus. 1866 veröffentlichte der Benediktinermönch Gregor Mendel die wissenschaftliche Grundlage für das auf eine Kreuzung folgende Aufspalten der Tochtergenerationen und die damit entstehende Vielfalt, die es dem Züchter ermöglicht neue, bessere Kombinationen zu finden. Eine Reihe weiterer Neuerungen - besonders die Entwicklung der Hybridzüchtung im Jahre 1908 - führte im Laufe der Zeit zu erheblichen Zuchtfortschritten.

In den vergangenen 20 Jahren trug vor allem die Zellbiologie wichtige neue Techniken zur modernen Pflanzenzüchtung bei. Und als letzte Entwicklung eröffnet die Molekularbiologie ganz neuartige Möglichkeiten der gezielten Verbesserung von Pflanzen. Besonders von der Gentechnik, mit deren Hilfe u.a. Erbeigenschaften "ausgeschaltet" oder von Bakterien, Viren, anderen Pflanzenarten etc. auf Pflanzen übertragen werden können, werden wichtige Impulse für die Entwicklung widerstandsfähiger Pflanzen und nachwachsender Rohstoffe erwartet.

Der Einsatz biotechnologischer Methoden ist in der praktischen Pflanzenzüchtung schon zur Routine geworden. Biotechnologische Methoden helfen, die Variabilität innerhalb des Zuchtmaterials zu erhöhen, den Selektionsprozeß effektiver zu gestalten und gesundes Pflanzgut schnell zu vermehren. Einzelne neue Techniken können in ihrem Beitrag zur Pflanzenzüchtung jedoch nicht isoliert gesehen werden; vielmehr werden sie in die bestehende Methodik eingegliedert: So verlangt die Protoplastenfusion auch Regenerationstechniken, um als Methode zur Schaffung neuer Variabilität genutzt werden zu können. Die "Gentechnik" als Methode erfordert Techniken der Genidentifizierung und -isolierung bzw. -synthese, Vektorkonstruktion, Genübertragung, Regeneration von Einzelzellen zu ganzen Pflanzen, in vitro-Selektion, Selbstung und Selektion.

PLANTA, die Forschungsgesellschaft der KWS AG, arbeitet mit gentechnischen Methoden an den Fruchtarten Zuckerrübe, Kartoffel, Raps und Mais. Die Arbeiten konzentrieren sich derzeit auf die Bereiche Resistenzen (Viren, Pilze, Herbizide),

3.10 Gentechnologie in einem praktischen Pflanzenzuchtbetrieb 217

nachwachsende Rohstoffe (Kohlenhydrat- und Fettsäurestoffwechsel) sowie andere züchterisch wichtige Eigenschaften. Alle Arbeiten wurden bis 1992 in Labors und Gewächshäusern durchgeführt. Am weitesten fortgeschritten sind bei PLANTA die Arbeiten an einer mit Hilfe gentechnischer Verfahren erzeugten Resistenz gegen die Viruskrankheit Rizomania. Diese wird seit 1993 erstmals im Freiland getestet. Als erstes privates Unternehmen führt KWS diese Versuche im Inland durch.

3.10.2 Rahmenbedingungen der Pflanzenzüchtung

Heute müssen Pflanzenzüchter Sorten für eine sich immer schneller ändernde Landwirtschaft entwickeln. Dabei bestimmt vor allem die kaum vorhersagbare EU-Agrarpolitik, welche Fruchtarten von den Landwirten angebaut werden und welche Eigenschaften die Sorten aufweisen müssen, die sich am Markt behaupten sollen. Bei einer Entwicklungsdauer für eine neue Sorte von 12 bis 15 Jahren wird es deshalb zunehmend schwieriger, die zukünftige Vermarktungssituation vorherzusagen.

Es muß zwischen Sorten mit einem begrenzten Markt (z.B. Nischenprodukte für spezielle Verwendungen) und Sorten mit regionaler Bedeutung unterschieden werden. Eine regionale Orientierung in der Sortenentwicklung ist kaum möglich, da das Bundessortenamt (BSA) neue Sorten nur zulassen darf, wenn sie an *allen* Standorten besser als die bereits vorhandenen Sorten sind. Die Auswahl von regional besonders angepaßten Sorten, z.B. "speziell für den Oberrheintalgraben", ist dem Landwirt anhand der Ergebnisse der regionalen Landessortenversuche möglich.

Züchtungsziele

Technische Fortschritte sorgen auch in der Landwirtschaft dafür, daß sich die gängigen Anbauverfahren und die relative Vorzüglichkeit von Fruchtarten langsam ändern. Die Pflanzenzüchter reagieren auf diese neuen Anforderungen mit der Anpassung ihrer Zuchtziele; etwa 60 % der landwirtschaftlichen Ertragssteigerungen wurden in der Vergangenheit durch züchterische Fortschritte, d.h. den Anbau verbesserter Sorten erreicht - ohne nachteilige Umweltwirkungen wie bei Pflanzenschutz, Mineraldüngung oder Mechanisierung. Die Züchtungsziele werden aber auch vom Wertewandel in der Gesellschaft beeinflußt. Umweltaspekte und gestiegene Ansprüche der Verbraucher sind wichtige Aspekte, die die Züchter berücksichtigen müssen. Leider geht das Bundessortenamt, das für die Zulassung neuer Sorten verantwortlich ist, in seinen Prüfbedingungen oft zu langsam auf geänderte Markterfordernisse ein.

Auch die Neuorientierung in der Agrarpolitik (Preissenkungen, Zuschüsse auf Flächenbasis u.a.) hat zu einer Umgewichtung von Züchtungszielen geführt. Die Bedeutung von kostensenkenden Merkmalen (Robustheit, Resistenzen) ist durch diese Maßnahmen stark gestiegen. Diese Tendenzen fördern gleichzeitig auch den integrierten Pflanzenbau, der die Bedürfnisse von Landwirtschaft und Umwelt wahrt. Bei der Entwicklung neuer Sorten dürfen Verbesserungen der Widerstandskraft jedoch nicht mit Ertragseinbußen verbunden sein, da solche Sorten i.d.R. vom BSA nicht zugelassen werden.

Für den Bereich nachwachsender Rohstoffe sind auch die Energie- und Umweltpolitik (CO_2-Problematik) relevant. Längerfristig ist mit einer Zunahme der Bedeutung von nachwachsenden Rohstoffen und entsprechender Leistungsmerkmale zu rechnen. Ganz neuartige Ziele, z.B. die Biomasseproduktion, könnten an Bedeutung gewinnen, um Landwirten Einkommensalternativen auch im Nichtnahrungsbereich zu eröffnen.

Struktur der Pflanzenzüchtungsbranche

Die deutsche Pflanzenzüchtung ist nach wie vor mittelständisch strukturiert. Im Gegensatz zu anderen Branchen ist wegen der langen Entwicklungszeiten von 12 bis 15 Jahren kaum eine Neugründung von Züchtungsunternehmen möglich. Der Konzentrationsprozeß in der Pflanzenzüchtung hat sich in den vergangenen Jahren verlangsamt. Besonders durch die schwierige Lage im Selbstbefruchterbereich (rückläufiger Saatgutabsatz z.B. bei Weizen und Gerste) ist mit einer Wiederbelebung des Konzentrationsprozesses zu rechnen, der nur durch eine auf EU-Ebene zu verabschiedende Neuregelung der Nachbaufrage und eine entsprechende Umsetzung im Saatgutverkehrsgesetz aufgehalten werden kann. Der Einsatz moderner Pflanzenzüchtungsmethoden spielt in diesem Konzentrations-prozeß eine vergleichsweise geringe Rolle.

Forschungsförderung

Praktisch alle privaten deutschen Pflanzenzüchtungsunternehmen arbeiten heute - zumeist in Kooperationen mit in- und ausländischen Forschungspartnern - an Forschungsprojekten im Bereich der Biotechnologie. In der Forschung ist die Kombination unterschiedlicher Ansätze, Methoden und Verfahren i.d.R. durch interdisziplinäre Arbeitsgruppen gewährleistet.

Die Gemeinschaft zur Förderung der privaten deutschen Pflanzenzüchtung e. v. (GFP) ist eine sehr geeignete Organisation für die Umsetzung staatlicher Förderprogramme, da sie eine starke Anwendungsorientierung der Züchtungsforschung gewährleistet. Daneben gibt es Beispiele bilateraler Forschungsprojekte und Verbundprojekte, die sehr wirkungsvoll und kosteneffizient sind.

Es besteht ein begründeter Bedarf an öffentlichen Fördermitteln. Denn ausreichende Forschungsförderung ist ein wirksames Instrument, um die mittelständische Pflanzenzüchtung auch im europäischen Markt wettbewerbsfähig erhalten zu können. Eine große Hürde ist derzeit die Forderung des BMFT nach 50%iger Industriebeteiligung, insbesondere bei F&E-Projekten im Bereich der Grundlagenforschung.

An öffentlichen Forschungseinrichtungen war zu Beginn der 80er Jahre die Aufnahme der gentechnologisch-züchterischen Forschung zu zögernd. Auch daraus resultiert der heutige Rückstand gegenüber dem westlichen Ausland bei Freilandversuchen, öffentlicher Aufklärung und Akzeptanz.

3.10.3 Biotechnologische Methoden in der Praxis

Die Vorzüglichkeit der einzelnen konventionellen oder biotechnologischen Methoden ist von der Fruchtart, von den zu verbessernden Merkmalen und von der Ausstattung des jeweiligen Zuchtbetriebes abhängig. In der Regel sind mehrere Wege zur züchterischen Verbesserung von Pflanzen möglich und werden auch gleichzeitig beschritten.

Beispielsweise arbeitet KWS an zwei unterschiedlichen Lösungsansätzen für die Bekämpfung der Zuckerrübenkrankheit Rizomania: Neben dem gentechnologischen Ansatz zur Erzeugung einer absoluten Resistenz wird an einer Toleranz gegen die Krankheit auch mit herkömmlichen Methoden gearbeitet. Bei der Züchtung auf Rizomaniatoleranz erfolgt die Auswahl der geeignetsten Typen derzeit auf der Basis von Feldprüfungen an Befallsstandorten; es werden jedoch gleichzeitig auch molekulare Marker entwickelt, um die aufwendige Selektion im Feld einmal auch im Labor zu unterstützen.

Die Toleranzzüchtung hat in den letzten Jahren sehr gute Erfolge erreicht - die Sorte Ribella ist ein Beispiel dafür. Allerdings gibt es auch erste Zweifel an der Dauerhaftigkeit dieser klassischen Toleranz. Mit der gentechnisch hergestellten, vollständigen Rizomaniaresistenz soll die hohe Leistung der Sorten erhalten und gleichzeitig die Ausbreitung des Rizomaniaerregers verhindert werden; die ersten Feldprüfungen dazu sind sehr positiv verlaufen. Natürlich bietet sich auch die Kombination von klassischer Toleranz und gentechnischer Resistenz in der selben Pflanze an.

Zell- und Gewebekultur

Gewebekulturtechniken: Gewebekulturtechniken werden in der praktischen Pflanzenzüchtung zur Vermehrung und zur Langzeitlagerung wertvollen Pflanzenmaterials eingesetzt. Auch in Genbanken werden vegetative Pflanzenarten (Kartoffeln, Maniok, etc.) über lange Zeiten *in vitro* gelagert, da die Pflanzen sonst regelmäßig im Feld vermehrt werden müßten und dort der Gefahr von Virusinfektionen ausgesetzt wären.

Viruserkrankungen sind chemisch nicht bekämpfbar und werden bei vegetativ vermehrten Arten über das Pflanzgut an die Folgegeneration weitergegeben. Besonders in der Kartoffelzüchtung, aber auch bei Maniok und Obst stellen Viruskrankheiten ein großes Problem für die Erzeugung von gesundem Pflanzgut dar. Aus jungem Meristemgewebe von virusverseuchten Pflanzen können durch

Meristemkulturtechniken gesunde Pflanzen gezogen werden, die dann für die weitere Vermehrung zur Verfügung stehen.

In der Zuckerrübenzüchtung kann mittels Klonung von selbststerilen Einzelpflanzen mehr Testsaatgut für die Prüfung der Pflanzen auf Kombinationsfähigkeit erzeugt werden; die Gewebekultur trägt so zu einer Erhöhung der Prüfgenauigkeit im Feld und zur Steigerung der Effizienz der Selektion bei.

Im Forst- und Ziergehölzbereich ist die schnelle Vermehrung (Mikropropagation) von Pflanzen von großer Bedeutung. KWS hat in Zusammenarbeit mit der Hessischen Forstverwaltung und dem BMFT von 1986 bis 1992 Methoden zur Mikropropagation von Jungpflanzen von Ulme, Aspe, Eiche, Buche, Tanne und Fichte entwickelt.

In Zell- und Gewebekulturen wird häufig die zufällige und ungerichtete Entstehung von zusätzlicher Variation beobachtet. Diese sog. somaklonale Variation kann als zusätzliche Quelle von Variabilität erwünscht sein; bei der identischen Vermehrung von wertvollem Material ist sie dagegen störend.

Zur Gewebekultur im weiteren Sinne gehört auch die Embryo-Rescue-Technik. Bei weiten Kreuzungen wird häufig beobachtet, daß die Befruchtung stattfindet und ein Embryo gebildet wird. Dieser stirbt dann jedoch aufgrund von Unverträglichkeiten mit dem mütterlichen Nährgewebe ab. Durch *in vitro*-Kultur solcher Embryonen auf geeigneten Medien lassen sich manchmal auch solche Kreuzungsprodukte zu ganzen und häufig fertilen Pflanzen heranziehen, die auf natürlichem Wege nicht lebensfähig wären. Embryo-Rescue-Techniken werden angewendet, um wertvolle Gene aus sonst nicht kreuzbaren Arten in Kulturarten zu übertragen. Sie sind auch bei der Herstellung primärer oktoploider Tritikale unverzichtbar.

Doppel-Haploid-Techniken: Die Herstellung reinerbiger Inzuchtlinien erfordert im traditionellen Züchtungsgang viele Selbstungsgenerationen und mehrere Jahre. Um diesen Prozeß abzukürzen, können Doppel-Haploid-Techniken eingesetzt werden, die die schnelle Erzeugung von reinerbigen Pflanzen aus haploiden Keimzellen erlauben. Durch die *in vitro*-Kultur von Antheren, Mikrosporen oder Ovarien entstehen Kalli oder Pflanzen mit zunächst einfachem Chromosomensatz. Durch spontane Verdopplung dieses Chromosomensatzes oder durch eine Behandlung der haploiden Pflanzen mit Colchizin lassen sich Pflanzen entwickeln, die diploid und homozygot sind; die doppelhaploiden Einzelpflanzen können dann in kurzer Zeit zu reinerbigen Linien vermehrt werden. Der Zeitgewinn gegenüber der herkömmlichen Selbstung beträgt je nach Fruchtart und -verfahren mehrere Jahre.

Doppel-Haploid-Techniken haben während der achziger Jahre breiten Eingang in praktische Zuchtprogramme gefunden. Zuerst wurden Antherenkulturtechniken bei den selbstbefruchtenden Getreidearten (Gerste, Reis, Weizen) in die Praxis umgesetzt; schwieriger blieb die Entwicklung doppelhaploider Linien bei Mais und Roggen. Bei Raps werden Mikrosporen kultiviert, um reinerbige Pflanzen zu erzeugen: Die Mikrosporen- und Ovarienkultur bei Zuckerrüben steckt noch in den Anfängen.

3.10 Gentechnologie in einem praktischen Pflanzenzuchtbetrieb 221

Dem Vorteil der schnellen Gewinnung reinerbiger Linien steht bei den Doppel-Haploid-Techniken jedoch auch ein Nachteil gegenüber: Während der lange Prozeß des herkömmlichen Selbstungsverfahrens vielfache Rekombinationen der elterlichen Erbanlagen zuläßt, können die elterlichen Genome bei der Erzeugung von doppelhaploiden Linien nur in geringem Ausmaß rekombiniert werden. Die herkömmliche, schrittweise Prüfung und Selektion von Nachkommenschaften nach der Pedigreemethode wird bei der Doppelhaploidenmethode durch eine Selektion zwischen fertigen Linien ersetzt. Anfängliche Hoffnungen, die Erzeugung von Doppelhaploiden mit einer *in vitro*-Selektion auf später im Feldanbau erwünschte Eigenschaften - Resistenzen, Adaptationsfähigkeit - kombinieren zu können, konnten bislang nicht umgesetzt werden.

Regeneration von Pflanzen aus Einzelzellen: Alle Arbeiten an Einzelzellen (wie Protoplastenfusion oder Gentransfer) erfordern in einem zweiten Schritt Techniken für die Regeneration dieser Zellen zu ganzen Pflanzen. Für dikotyle Nutzpflanzenarten wurden Regenerationstechniken bereits bis zur Praxisreife entwickelt; bei monokotylen Arten - außer bei Mais und Reis - sind solche Techniken entweder noch nicht praxisreif oder noch gar nicht verfügbar.

Nach der Übertragung von Genen in Pflanzenzellen ist neben der Regeneration der Zellen zu Pflanzen gleichzeitig auch eine Unterscheidung zwischen Transgenen und Nichttransgenen erforderlich. Hierzu wurden *in vitro*-Selektionstechniken entwickelt: Neben dem eigentlich zu übertragenden Gen werden gekoppelte "Markergene" übertragen, die eine Resistenz gegen bestimmte Stoffe (meist Antibiotika oder Herbizide) verursachen. Durch Zugabe des entsprechenden Wirkstoffes zum Regenerationsmedium wird erreicht, daß nur transgene Zellen zu Pflanzen regeneriert werden.

Molekularbiologische Techniken

Für die Pflanzenzüchtung sind beide Spezialgebiete der Molekularbiologie, molekulare Markertechniken einerseits und Gentechnologie andererseits, von großer Bedeutung. Zwischen diesen Techniken sollte klar unterschieden werden, da sehr unterschiedliche Ziele verfolgt werden: Markertechniken helfen bei der Selektion innerhalb der natürlichen Variation sowie beim Aufspüren bestimmter DNA-Sequenzen im Genom. Gentechnik, d.h. die Isolierung und Übertragung von Genen, zielt dagegen auf eine gezielte Erweiterung der natürlichen Variabilität ab.

Molekulare Marker: Unter den neuentwickelten biotechnologischen Methoden wird molekularen Markertechniken mittelfristig die größte Bedeutung in der praktischen Pflanzenzüchtung beigemessen. Molekulare Marker, z.B. RFLP-Marker, kennzeichnen DNA-Abschnitte unabhängig von deren Funktion als Gen. Sie sind definierte, aber willkürliche DNA-Abschnitte, die an strukturell unbekannte, funktionierende Gene gekoppelt sein können.

Marker können für Verwandtschaftsanalysen (wichtig in der Hybridzüchtung), zur Identifizierung von Linien (Fingerprinting, Sortenbeschreibung) und zur Selektion eingesetzt werden. Für die Selektion - zunächst auf qualitative und zukünftig auf quantitative Eigenschaften - sind molekulare Marker um so wertvoller, je enger sie an wichtige Allele gekoppelt sind. KWS arbeitet mit verschiedenen Forschungspartnern an RFLP-Karten für Zuckerrüben und Mais. Schon in wenigen Jahren könnte die RFLP-Technik dazu beitragen, den hohen Aufwand für die Feldprüfungen einer Unzahl von Kandidaten zu reduzieren. RFLP-Marker werden auch bei der Isolierung von Genen im Rahmen gentechnischer Verfahren eingesetzt.

Gentechnologie In der herkömmlichen Züchtung werden die Erbanlagen zweier Elternpflanzen durch sexuelle Kreuzung vollständig 'durchmischt' und neu kombiniert; aus den Nachkommen müssen dann die geeignetsten selektiert werden. Mit Hilfe der Gentechnik ist es dagegen möglich, einzelne Gene ganz gezielt zu den Erbanlagen hinzuzufügen oder auch vorhandene Gene ganz gezielt auszuschalten. Die Gentechnik führt damit zu einer Erweiterung der natürlichen Formenmannigfaltigkeit (Variabilität) und stellt eine wertvolle Ergänzung der züchterischen Methoden dar.

Während die meisten Arbeiten bisher noch im Bereich der Grundlagenforschung angesiedelt sind (z.B. Resistenzen gegen Pilzkrankheiten), haben einige Lösungsansätze (z.B. Virusresistenz nach dem Hüllproteinmechanismus, Insektenresistenz mit dem *Bacillus turingiensis*-Toxin, Eingriffe in den Stoffwechsel mittels antisense-Genen) bereits praktische Anwendungsreife erlangt. Die wichtigsten Beiträge der Gentechnik werden in der Resistenzzüchtung und bei der Züchtung von Pflanzen als nachwachsende Rohstoffe erwartet.

Ein Maß für den Stand der Forschung sind Prüfungen von gentechnisch veränderten Pflanzen im Freiland, sogenannte Freilandversuche. Weltweit wurden bis 1993 bereits 1008 Freilandversuche mit gentechnisch veränderten Pflanzen - zum großen Teil an mehreren Standorten - durchgeführt (GIBiP 1994). Die Versuche fanden in erster Linie in den USA (38%), in Frankreich (14%), in Kanada (12%), in Belgien (7%), in Großbritannien (5%) und in den Niederlanden (5%) statt. Als wichtigste Merkmale wurden in diesen Versuchen Herbizidverträglichkeit (34%), Qualitätsmerkmale (18%), Virusresistenz (16%), Insektenresistenz (13%), Markerexpression (9%) und Pilz- und Bakterienresistenz (4%) im Freiland geprüft. Bis 1992 wurden gentechnisch veränderte Pflanzen von insgesamt 26 Fruchtarten im Freiland getestet (OECD 1993); 34% der Versuche wurden mit Raps durchgeführt, 14% mit Kartoffeln, jeweils 8% mit Mais, Tomaten und Tabak, 6% mit Flachs, 5% mit Sojabohnen und je 4% mit Zuckerrüben und Baumwolle.

In Deutschland wurde lediglich ein Versuch des Max-Planck-Institutes in Köln (1990 und 1991) mit in der Blütenfarbe veränderten Petunien durchgeführt. 1993 und 1994 führt KWS in Deutschland eine Prüfung transgener Zuckerrüben an zwei Standorten und in Zusammenarbeit mit dem Institut für Genbiologische Forschung Berlin (IGF) eine Prüfung transgener Kartoffeln an einem Standort durch. Weitere Freilandversuche wurden von anderen Unternehmen und Forschungsinstituten für 1994 beantragt.

3.10.4 Erwartungen der praktischen Züchtung an die Bio- und Gentechnologie

Chancen

Biotechnologische Verfahren ermöglichen im Vergleich zu herkömmlichen Verfahren häufig eine Beschleunigung des Züchtungsprozesses, d.h. eine Steigerung des Zuchtfortschrittes pro Zeiteinheit. Der Faktor Zeit kann so in gewissem Maße durch Kapital ersetzt werden, um die Sortenentwicklung zu beschleunigen. Dies ist entscheidend, wenn die Anforderungen des Marktes sich unverhofft ändern oder wenn wissenschaftliche Fortentwicklungen neue Lösungsansätze verfügbar machen. Die Gentechnik ist eine neue, zusätzlichen Methode in der Pflanzenzüchtung. Die Grundlage der Pflanzenzüchtung werden auch zukünftig klassische und "einfache" biotechnische Methoden, z.B. Zell- und Gewebekultur, bilden, die durch molekulare Markertechniken unterstützt werden. Gentechnische Methoden werden Problemlösungen für Einzelfälle bleiben.

Verfahren, die in erster Linie auf eine Erweiterung der Variabilität abzielen (neben der Gentechnologie in deutlich geringerem Ausmaß evtl. auch die Protoplastenfusion), werden bedeutende Fortschritte vor allem in den Bereichen Resistenzzüchtung und nachwachsende Rohstoffe ermöglichen.

In den Industrieländern tragen Resistenzen in erster Linie zur Umweltentlastung bei und kaum zur Ertragssteigerung. Denn durch den Anbau resistenter Sorten kann der Einsatz von Pflanzenbehandlungsmitteln reduziert und die damit verbundene Umweltbelastungen abgebaut werden. Die Reduzierung beim chemischem Pflanzenschutz kann im Einzelfall beträchtlich sein, beispielsweise durch die Einsparung von Insektiziden bei virusresistenten Zuckerrüben oder Kartoffeln.

Qualitative Verbesserungen in der Zusammensetzung von Pflanzen sollen die Konkurrenzfähigkeit nachwachsender Rohstoffe stärken und zur Schaffung von Produktionsalternativen sowie zur Existenzsicherung in der Landwirtschaft beitragen. Durch qualitative Veränderungen von Nutzpflanzen können der Landwirtschaft Einkommensalternativen geschaffen werden: So bestehen für kurzkettige Fettsäuren aus transgenen Ölpflanzen (z.B. Raps) und "reine" Stärkeformen aus transgenen Stärkepflanzen (z.B. Kartoffeln) vielseitige Einsatzmöglichkeiten in der Industrie; durch ihre biologische Abbaubarkeit (z.B. Plastikersatz, Verpackungen) und eine ausgeglichene CO_2-Bilanz bei der Energieerzeugung werden nachwachsende Rohstoffe auch erhebliche Umweltentlastungen bewirken.

Gentechnologische Verfahren werden auch zur Verbesserung züchterisch wichtiger Eigenschaften eingesetzt: Neuartige Mechanismen zur Erzeugung männlicher Sterilität sollen dazu beitragen, Hybridzüchtung und damit eine volle Nutzung des Ertragspotentials auch bei solchen Arten zu ermöglichen, bei denen dies heute nicht wirtschaftlich ist. Für komplexe Eigenschaften wie die Anpassungsfähigkeit von Pflanzen an Hitze, Kälte, Trockenheit sowie hohe Aluminium- oder Salzgehalte im Boden sind die anfänglichen großen Hoffnungen inzwischen relativiert worden.

Im Bereich der Dritten Welt könnten gentechnisch erzeugte Resistenzen sehr große Bedeutung erlangen, um Erträge zu sichern und damit die Produktion zu steigern. Jedoch wird der Einfluß der Gentechnik auf die Dritte Welt wohl häufig überschätzt. Denn hinsichtlich der globalen Wirtschafts-, Umwelt- und Verteilungsprobleme ist der Beitrag, den die Gentechnik im besonderen und die Pflanzenzüchtung im allgemeinen zur Beseitigung des Hungers sowie zur Förderung einer gerechten Wirtschaftsentwicklung leisten können, zwar wichtig, aber doch nicht maßgeblich.

Risiken

Der Einsatz neuer Technologien darf nicht zu einer Gefährdung von Mensch und Umwelt führen; potentielle Risiken müssen deshalb sorgfältig geprüft werden. Dabei bestimmen die Wahrscheinlichkeit des Eintretens und das potentielle Schadensausmaß die Größe eines möglichen Risikos. Diese Faktoren müssen für jeden Einzelfall sachlich bewertet werden - die pauschale Verdammung bestimmter Methoden *per se* wird dem möglichen Nutzen nicht gerecht.

Züchterische Arbeit zielt immer auf eine Verbesserung der Eigenschaften von Pflanzen. Dabei werden Pflanzen gekreuzt, um ihre Erbanlagen neu zu kombinieren und die geeignetsten Nachkommen auszuwählen. Bei natürlichen Mutationen, bei Kreuzungen mit entfernten Verwandten oder bei Protoplastenfusionen entstehen so regelmäßig einzigartige und in dieser Form nie dagewesene neue Genkombinationen. Der Einsatz der Gentechnik in der Pflanzenzüchtung ist in diesem Sinne eine Fortentwicklung der Methoden. Der lange Prozeß der züchterischen Prüfung und Selektion sorgt dafür, daß Pflanzen mit ungünstigen Eigenschaften verworfen werden.

Trotzdem ist in der Anfangsphase der Nutzung einer neuen Technologie eine vorsorgliche und sorgfältige Untersuchung potentieller nachteiliger Wirkungen notwendig. Diese Prüfung kann jedoch nicht pauschal erfolgen; die komplexen Zusammenhänge machen vielmehr eine spezifische Einzelfallbeurteilung erforderlich. Die folgenden Aspekte müssen beim Einsatz gentechnologischer Methoden untersucht und bewertet werden:

- Möglichkeit der unkontrollierten Ausbreitung gentechnisch veränderter Pflanzen sowie ggf. die Konsequenzen,
- Möglichkeit der Übertragung der transferierten Gene auf andere Organismen,
- qualitative Eigenschaften von Produkten transgener Pflanzen.

Im Bereich der Pflanzenzüchtung kann das Risiko der unkontrollierten Ausbreitung gentechnisch veränderter Organismen weitgehend ausgeschlossen werden, da das Verhalten der Kulturpflanzen in unserem Klimaraum längst bekannt ist; die vom Menschen kultivierten Arten haben durch die im Züchtungsprozeß durchgeführte Selektion gegen Wildpflanzenmerkmale (z.B. Spindelbrüchigkeit) in natürlichen Öko-systemen kaum die Möglichkeit zu überleben. Für jeden Einzelfall einer gentechnischen Veränderung ist jedoch zu prüfen, ob die neu übertragene Eigenschaft einen Selektionsvorteil in der freien Natur bieten könnte. Dies ist bei den angestrebten Eigenschaften in der Regel nicht der Fall.

Eine Übertragung der mit gentechnischen Methoden transferierten Gene auf andere Organismen kann theoretisch durch Auskreuzung auf verwandte Arten oder durch den mikrobiellen Abbau und Transfer im Boden eintreten. Hier ist zunächst für die betreffende Fruchtart zu prüfen, ob Kreuzungspartner zur Verfügung stehen; beispielsweise ist Raps mit verschiedenen Wildkräutern kreuzbar, Zuckerrüben treffen nur in bestimmten Klimaten auf Wildrüben, Kartoffeln und Mais haben in Europa keine Kreuzungspartner. Generell ist bei traditionellen Kulturpflanzen noch keine bedeutende Hybridisierung mit anderen Arten oder eine Ausbreitung von Kreuzungsprodukten beobachtet worden. Ausschlaggebend ist für ein hypothetisches Auskreuzungsrisiko in jedem Fall die Frage, ob die Übertragung von Genen aus transgenen Pflanzen irgendwelche nachteiligen Auswirkungen haben könnte.

Eine Übertragung von Genen aus Pflanzenresten auf Bodenmikroorganismen kann nicht ausgeschlossen werden. Bei der Beurteilung eines potentiellen Risikos ist zu prüfen, ob die transferierten Gene in der Natur neu sind oder bereits vorliegen und ohnehin für eine - hypothetische - Inkorporation zur Verfügung stehen.

Um eine Gefährdung durch den Verzehr von Produkten aus gentechnisch veränderten Pflanzen auszuschließen, muß für jeden Einzelfall geprüft werden, ob die übertragenen Gene in den verwendeten Pflanzenteilen exprimiert werden, welche Gen- und Stoffwechselprodukte ggf. erzeugt werden und ob diese Stoffe Verarbeitungsprozesse ggf. überstehen.

3.10.5 Gesellschaftliche Rahmenbedingungen für die Nutzung der Gentechnik

Akzeptanz der ersten Freilandversuche mit gentechnisch veränderten Pflanzen

Das Thema 'Gentechnik' wird in Deutschland grundsätzlicher und kritischer diskutiert als in den meisten anderen Staaten. Dabei kristallert sich die öffentliche Diskussion an den wenigen Freilandversuchen. Neben den unpraktikablen gesetzlichen Regelungen stellt die mangelnde Akzeptanz von Freilandversuchen ein Hauptproblem der Anwendung gentechnologischer Methoden in der Pflanzenzüchtung dar.

Der Einsatz gentechnologischer Methoden wird häufig pauschal abgelehnt. Diese undifferenzierte Ablehnung gründet sich auf verschiedene Aspekte, wie beispielsweise

- ethisch-religiös-weltanschauliche Begründungen: Gentechnik stelle einen Eingriff des Menschen in die Schöpfung dar. Die Landwirtschaft müsse zu einer naturnahen, ökologischen Landwirtschaft zurückkehren. Die Einführung gentechnologischer Methoden sei nicht kontrollierbar und würde auch anderweitig eingesetzt nach dem Motto: Erst die Pflanze, dann das Tier, dann der Mensch.

- Soziologisch-wirtschaftliche Begründungen: Gentechnik werde von multinationalen Unternehmen betrieben und führe zu einer weiteren Abhängigkeit der Landwirte von großen Konzernen; am Ende stehe ein "Patent auf Brot". Kleine landwirtschaftliche Betriebe und Bauern der Dritten Welt würden durch die Einführung immer neuer High-Tech-Sorten besonders benachteiligt. Die Genressourcen würden ausgebeutet, der Profit daraus fließe in wenige Taschen. Eine Mehrproduktion im Agrarbereich in der Ersten Welt sei nicht wünschenswert und zudem schädlich für die Dritte Welt.

- Wisenschaftliche Begründungen: Die Folgen gentechnischer Eingriffe seien ungewiß, experimentelle Ergebnisse zu vorstellbaren Auswirkungen seien nicht in ausreichendem Maße verfügbar.

Während Fachleute sich sehr um eine Klärung dieser Sachverhalte bemühen, sind fundamentale Gentechnik-Kritiker - schon aus taktischen Gründen - häufig nicht bereit, die Argumente, die für Freilandversuche sprechen und die jede Gefährdung von Mensch und Umwelt ausschließen, zu akzeptieren. Vielmehr wird jegliche Anwendung der Gentechnik im Bereich der Landwirtschaft grundsätzlich und undifferenziert abgelehnt.

Höhepunkte des öffentlichen Interesses an den KWS-Freilandversuchen waren die Erörterungen, die im Rahmen der Anhörungsverfahren an den beiden Versuchs- standorten durchgeführt wurden sowie die erste Auspflanzung. Besonders bedauerlich war, daß die Medien - hier vor allem das Fernsehen - wenig an der Verbreitung von "langweiligen" Sachinformationen interessiert zu sein scheinen. Die Bericht-erstattung - häufig als pseudokontroverser "Skandaljournalismus" - wirkte eher konfliktverschärfend und polarisierend als aufklärend.

Umgang mit der Gentechnik bei KWS/PLANTA

Gentechnische Methoden werden die herkömmliche Züchtung nicht ersetzen können. Sie liefern jedoch vielversprechende Lösungsansätze, die an unter- schiedlichen Stellen und mit unterschiedlichen Effekten zum Gesamterfolg von Züchtungsprogrammen beitragen können.

Alle gentechnischen Arbeiten der PLANTA wurden bis 1992 in Labors und Gewächshäusern durchgeführt; die erfolgversprechenden Ergebnisse machten jetzt eine Überprüfung im Freiland erforderlich. Als entscheidungsrelevante Aspekte für oder gegen experimentelle Freisetzungen kristallisierten sich in den den

3.10 Gentechnologie in einem praktischen Pflanzenzuchtbetrieb

Freisetzungsantrag vorbereitenden Diskussionen bei der KWS im wesentlichen drei Forderungen heraus:

1. Der potentielle Nutzen der gentechnisch veränderten Pflanzen muß groß sein, d.h. sie müssen Eigenschaften aufweisen, die ihnen einen pflanzenbaulichen oder einen anderen klaren Vorteil gegenüber bisher verfügbaren Sorten verschaffen oder zur Verringerung oder Vermeidung ökologischer Schäden beitragen.
2. Alle im Labor und Gewächshaus durchführbaren experimentellen Überprüfungen müssen stattgefunden haben und so verlaufen sein, daß Schaden für Mensch und Umwelt nach dem Stand des Wissens ausgeschlossen werden kann.
3. Alle wissenschaftlich-technischen sowie sonstigen Informationen müssen der Öffentlichkeit in angemessener Weise zugänglich gemacht werden. Während und nach der experimentellen Freisetzung ist ein sorgfältiges Monitoring durchzuführen, dessen Ergebnisse zu publizieren sind.

Die Vorteile der neuen Technik können in der Pflanzenzüchtung nur zum Tragen kommen, wenn die praktischen Anwendungen nicht nur von Experten verstanden und akzeptiert werden. Ein Hauptanliegen der Kommunikation mit der Öffentlichkeit muß deshalb sein, zu einer spezifischen Einzelfallbetrachtung gentechnischer Projekte beizutragen und die Diskussion differenzierter zu gestalten. Um der verbreiteten Angst vor neuen Technologien und einer Technikfeindlichkeit zu begegnen, wurden Informationen zu den ersten Freilandversuchen mit gentechnisch veränderten Nutzpflanzen der Öffentlichkeit schon im Vorfeld aktiv zugänglich gemacht.

Bereits vor dem Freisetzungsantrag im Oktober 1992 wurde bei KWS als zusätzliche Einrichtung zur Projektgruppe "Gentechnik in der Landwirtschaft" eine Arbeitsgruppe gebildet, die für die interne und die externe Kommunikation mit der Öffentlichkeit zu den geplanten Freilandversuchen ein Konzept entwickelte und umsetzte. Besondere Schwerpunkte wurden auf die Mitarbeiterinformation sowie auf die regionale Öffentlichkeitsarbeit an den geplanten Versuchsstandorten gelegt. Als Mittel der internen und der regionalen Öffentlichkeitsarbeit dienten in erster Linie Vorträge, die die Hintergründe der Freilandversuche und das Antragsverfahren erläuterten. Hierzu wurde eine große Zahl von Diskussionsabenden durchgeführt. Parallel ablaufende Informationsabende aus Kreisen der Kritikerszene wurden ebenfalls besucht, um sich dort den Fragen und der Diskussion zu stellen. Als weiteres Informationsmedium wurde ein Videofilm erstellt, der die Hintergründe und die "Umgehensweise der Menschen bei KWS mit der neuen Technik" darstellt. Auch der "gewaltlose" Widerstand von Versuchsgegnern und die Nötigung von KWS-Mitarbeitern während der Auspflanzarbeiten wurde in einem Video dokumentiert. Die offene Informationspolitik wird während der Laufzeit der Versuche weitergeführt.

Gesetzliche Regelungen

Die Überregulierung gentechnischer Arbeiten in Deutschland macht die Nutzanwendung der Gentechnik in der Pflanzenzüchtung durch den enormen Verwaltungsaufwand, bürokratische Hemmnisse und hohe Verfahrenskosten praktisch unmöglich. Schon der Aufwand für Freilandversuche steht in keinem Verhältnis zum Nutzen dieser Versuche: Im Falle der jetzt durchgeführten KWS-Freilandversuche vergingen von der Antragstellung bis zur Genehmigung 6 Monate; im Feld wurden alle Arbeiten von den Aufsichtsbehörden überwacht. Allein die Verfahrenskosten für diese zunächst rein wissenschaftlichen Versuche betrugen bisher ca. DM 500 000.

Die Entwicklung und Vermarktung von gentechnisch veränderten Pflanzensorten unterliegt verschiedenen gesetzlichen Regelungen:

- für die der Sortenzulassung (Saatgutverkehrsrichtlinie bzw. SaatG)
- für das Inverkehrbringen von GMOs (Gentechnikrichtlinie 90/220 bzw. GenTG)
- und ggf. für das Inverkehrbringen als Lebensmittel (Novel Feed-Verordnung) bzw. das Inverkehrbingen als Futtermittel (Novel Food-Verordnung).

Die Art der Verknüpfung dieser Regelungen ist derzeit noch unklar. Eine Sortenentwicklung oder das Inverkehrbringen gentechnisch veränderter Sorten ist in Deutschland derzeit undenkbar - mit möglicherweise gravierenden Folgen für die Wettbewerbsfähigkeit der deutschen Landwirtschaft.

Sortenschutz- und Patentrecht: Der Schutz von Pflanzenzüchtungen wird durch das Sortenschutzrecht geregelt, das im Rahmen eines internationalen Übereinkommens (UPOV-Konvention) von den meisten westlichen Industrienationen respektiert wird. Das Sortenschutzrecht gibt allein dem Inhaber (Züchter) der Sorte das Verfügungsrecht über Vermehrung und Vertrieb seiner Sorte. Das Sortenschutzrecht enthält zwei Besonderheiten: Der 'Züchtervorbehalt' einerseits erlaubt dem Züchter, geschützte Sorten auch anderer Züchter als Ausgangsmaterial für eigene Neuzüchtungen zu verwenden und daraus entwickelte neue Sorten ohne Zustimmung des anderen Züchters zu vertreiben. Die Nachbauregelung (oder das 'Landwirteprivileg') andererseits erlaubt derzeit noch dem Landwirt, Erntegut einer geschützten Sorte aus eigenem Aufwuchs erneut als Saatgut zu verwenden. Aus verschiedenen Gründen (Inzuchtdepression, Krankheitsbefall, genetische Drift, etc.) kann i.d.R. nur Saatgut von selbstbefruchtenden Arten nachgebaut werden. Durch den rückläufigen Saatgutabsatz bei diesen Fruchtarten (z.B. Weizen, Gerste) ist jedoch eine Neuregelung der Nachbaufrage erforderlich geworden, da eine Züchtung sonst wirtschaftlich nicht mehr möglich wäre.

Pflanzensorten sind im allgemeinen nicht patentierbar. Dagegen können isolierte Gene bzw. Genkonstrukte patentiert werden. Für die Vermarktung einer Sorte, die ein patentiertes Gen oder Genkonstrukt enthält, bedarf der Sortenschutzinhaber in diesem Fall der Zustimmung des Patentinhabers - egal ob dieses Gen durch gentechnische Verfahren oder durch eine Kreuzung mit einer transgenen Pflanze in die neue Sorte gelangt ist. Falls patentierte Gene in einer Sorte Verwendung finden, sind diese Rechte bei Nutzung durch andere zu berücksichtigen. Es gilt jedoch nach wie vor der Züchtervorbehalt: Sorten sind als Ausgangsmaterial für darauf aufbauende Weiterentwicklungen für jedermann zugänglich. Das Patent bezieht sich auch nur auf das isolierte Gen. Die Pflanze, beispielsweise eine sog. genetische Ressource, aus der das patentierte Gen isoliert wurde, ist nicht betroffen und kann wie üblich verwendet werden.

Auch für neuartige technische und mikrobiologische *Verfahren* zur Züchtung von Pflanzen kann der Patentschutz erteilt werden. Neben Lizenzforderungen des Patentinhabers für ein patentiertes in seine Sorte eingebautes Gen muß der Züchter deshalb für Selektionsmarker, für spezielle Methoden etc. eine Gebühr entrichten. Dies führt zu einer Kostensteigerung, die über den Saatgutpreis nicht in jedem Falle weitergegeben werden kann.

Seit einiger Zeit wird im Rahmen der UPOV über eine Erweiterung des Sortenschutzes diskutiert. Diese enthält u.a. den Vorschlag einer Abhängigkeitsregelung für 'im wesentlichen abgeleitete Sorten'. 'Im wesentlichen abgeleitete Sorten' können z.B. durch Auslese von Mutanten oder Abweichern, von somaklonalen Abweichern, durch Rückkreuzungen oder durch gentechnische Transformation gewonnen werden. Danach kann der "Züchter" einer im wesentlichen abgeleiteten Sorte zwar Sortenschutz für derartige Sorten erhalten, ist aber beim Vertrieb von der Zustimmung des Züchters der Ausgangssorte abhängig. Grund dieser Neuregelung ist es, die "Imitationszüchtung" zu beschränken und die ´echte schöpferische Züchtungsleistung´ zu belohnen. Die UPOV-Konvention muß dazu noch in nationales Recht umgesetzt werden.

Gentechnikgesetz: Nach dem deutsche Gesetz zur Regelung von Fragen der Gentechnik (GenTG) von 1990, novelliert 1993, dürfen gentechnische Arbeiten nur in gentechnischen Anlagen durchgeführt werden. Die Arbeiten werden in die Sicherheitsstufen 1 (kein Risiko) bis 4 eingeordnet. Die Errichtung und der Betrieb gentechnischer Anlagen ist für alle Sicherheitsstufen genehmigungspflichtig.

Um gentechnische Arbeiten an Pflanzen durchführen zu dürfen, müssen alle Laboratorien, die verantwortlichen Personen sowie die Arbeiten selbst bei den zuständigen Behörden, in diesem Fall bei der Bezirksregierung, angemeldet werden. Freilandversuche mit gentechnisch veränderten Pflanzen müssen von der verantwortlichen Zulassungsstelle, dem BGVV in Berlin, genehmigt werden. Wird ein solcher Freilandversuch beantragt, muß das BGVV Stellungnahmen bei mehreren Bundesbehörden, von der ZKBS und von der zuständigen Landesbehörde einholen. Parallel dazu wird an jedem Versuchsstandort ein Öffentliches Anhörungsverfahren durchgeführt; seit der Novellierung entfällt dabei die mündliche Erörterung von Einwendungen.

Das Inverkehrbringen gentechnisch veränderter Pflanzen erfordert dann gegebenenfalls ein weiteres Genehmigungsverfahren. Auf europäischer Ebene wird die Saatgutverkehrsrichtlinie derzeit überarbeitet, um gentechnisch veränderte Pflanzensorten spezifisch zu berücksichtigen.

Verordnung über neuartige Lebensmittel und neuartige Lebensmittelzutaten: Um den freien Verkehr von Waren und Dienstleistungen innerhalb der EU zu gewährleisten und die einzelstaatlichen Rechtsvorschriften über (neuartige) Lebensmittel zu vereinheitlichen, ist auf EU-Ebene eine Verordnung des Rates über neuartige Lebensmittel und Lebensmittelzutaten (Novel Food-Verordnung) geplant.

Die unter den Anwendungsbereich fallenden Lebensmittel und Lebensmittelzutaten sollen nach der geplanten Verordnung entweder einem Genehmigungsverfahren oder einem Notifizierungsverfahren zugeführt werden. Lebensmittel aus lebensfähigen GVO sollen grundsätzlich einem Genehmigungsverfahren nach der Novel Food-Verordnung unterliegen. Aus der Sicht der Pflanzenzüchtung sollte die Prüfung und Zulassung nach der Novel Food-Verordnung auf nationaler Ebene durchgeführt werden, damit sich das Verfahren leichter mit der Sortenzulassung beim Bundessortenamt und die Genehmigung des Inverkehrbringens durch das Bundesgesundheitsamt koordinieren läßt. Neben der Novel Food-Verordnung ist auch eine Novel Feed-Verordnung geplant.

3.10.6 Ökologische Begleitforschung

In der Vergangenheit ist es durch die Einführung von bisher nicht vorkommenden Tier- und Pflanzen*arten* in neue Habitate zu unerwünschten Nebenerscheinungen und Störungen des ökologischen Gleichgewichtes gekommen. Um potentielle Nebenwirkungen von gentechnisch veränderten Kulturpflanzen zu vermeiden, werden mögliche Umweltwirkungen der Freisetzung transgener Pflanzen wissenschaftlich untersucht. Das BMFT fördert dazu zwei Projekte der ökologischen Begleitforschung: Das Projekt "Ökologische Untersuchungen zur Einschätzung der Umweltrisiken bei Freisetzung transgener Pflanzen" wird an der RWTH Aachen bearbeitet und konzentriert sich auf Konkurrenzverhalten, Überdauerungsfähigkeit, Verbreitung, Kreuzhybridisierung und Freilandmonitoring am Beispiel transgener Zuckerrüben. "Freisetzungsbegleitende Sicherheitsforschung an gentechnisch veränderten Pflanzen" wird in einem Forschungsverbund an der Biologischen Bundesanstalt für Land- und Forstwirtschaft in Braunschweig betrieben. Dabei werden Möglichkeiten der Transkapsidierung und Rekombination von Viren sowie des Gentransfers auf andere Organismen und Einflüsse der Fremdgenexpression auf pflanzenassoziierte Mikroorganismen untersucht.

1993 wurden von der RWTH Aachen auch erste ökologische Freilanduntersuchungen an den beiden Standorten der KWS-Freilandversuche durchgeführt; wegen der Komplexität der ökologischen Wirkungszusammenhänge ist dabei zunächst nur mit einem schrittweisen Erkenntniszuwachs zu rechnen. Denn ökologische Systeme sind mit Sicherheit zu kompliziert, um mit kleinen Feldversuchen endgültige Aussagen über das Verhalten und die Auswirkungen gentechnisch veränderter Pflanzen machen zu können. Trotzdem tragen die

3.10 Gentechnologie in einem praktischen Pflanzenzuchtbetrieb

Untersuchungen zur Klärung von ersten Einzelfragen bei und dienen der Methodenentwicklung in diesem jungen Forschungsfeld.

Literatur

GIBiP (1994) GIBiP database on field trials with genetically modified plants (GMPs). Unpublished

OECD (Organisation for Economic Co-operation and Development) (1993) Field releases of transgenic plants

3.11 Das Potential von Biotechnologie und Gentechnik in der Forstpflanzenzüchtung

Prof. Dr. Heinz Rennenberg
Institut für Forstbotanik und Baumphysiologie, Professur für Baumphysiologie, Albert-Ludwigs-Universität Freiburg, Am Flughafen 17, 79085 Freiburg i. Br.

Zusammenfassung

Methoden der Biotechnologie haben in den vergangenen Jahren Einzug in die Forstpflanzenzüchtung gehalten. Im Vergleich mit dem Einsatz in der Landwirtschaft steckt der Einsatz von Biotechnologie und Gentechnik in der Forstwirtschaft jedoch noch in den Kinderschuhen. Biotechnologische Verfahren werden zwar zur klonalen Vermehrung von Nadel- und Laubbäumen eingesetzt, einem effektiven Einsatz von *in vitro* Verfahren stehen jedoch Probleme bei der Organogenese von Gewebekulturen entgegen, die eine Regeneration von Pflanzen nur bei wenigen Spezies zulassen. Das Potential des intensiven Sekundärstoffwechsels von Waldbäumen zur Produktion sekundärer Pflanzenstoffe wird bislang nicht genutzt. Die Neuzüchtung zahlreicher Waldbäume mit Hilfe von Gewebekultur oder Gentechnik scheitert bislang ebenfalls an Problemen der Organogenese. Obwohl mit Hilfe von Agrobacterium Gewebekulturen einer Reihe von Bäumen transformiert werden konnten, kam es in vielen Fällen nur zu einer transienten Expression der eingeschleusten Gene. Selbst bei stabiler Transformation gelang nur in Einzelfällen die Regeneration ganzer Pflanzen. Eine Ausnahme bildet lediglich die Pappel, bei der nicht nur die Züchtung transgener Pflanzen gelungen ist, sondern auch eine Regeneration mit Routineverfahren der Biotechnologie durchgeführt werden kann. Damit steht zumindest ein Modellsystem für Untersuchungen zur Molekularbiologie der Waldbäume zur Verfügung.

Das zukünftige Potential von Biotechnologie und Gentechnik in der Forstpflanzenzüchtung stimmt weitgehend mit dem Potential in der landwirtschaftlichen Züchtung überein. Hierzu zählen die Verkürzung von Generationszeiten, die Verbesserung der Uniformität des Pflanzmaterials, die Eliminierung von Pathogenen, die Produktion sekundärer Pflanzenstoffe sowie die Neuzüchtung mit Hilfe von Gewebekultur- oder Gentechnik. Im Gegensatz zur Landwirtschaft spielt die Reduktion des Einsatzes von Chemikalien als Ziel von Neuzüchtungen in der Forst-pflanzenzüchtung eine untergeordnete Rolle, da der Einsatz von Chemikalien in der Forstwirtschaft im Vergleich zur Landwirtschaft unbedeutend ist. Dagegen kommt der Neuzüchtung von Waldbäumen, die eine langfristig erhöhte Toleranz gegenüber Umweltfaktoren wie Klima, Pathogene und Insektenbefall aufweisen, eine besondere Bedeutung zu.

Ob das Potential von Biotechnologie und Gentechnik in der Forstpflanzenzüchtung in Deutschland in den kommenden Jahren genutzt werden kann, muß angesichts einer fehlenden Institutionalisierung der Grundlagenforschung in diesem Bereich an den Forstwissenschaftlichen Fakultäten Deutschlands eher bezweifelt werden. Bereits jetzt ist der kommerzielle Einsatz biotechnologischer und gentechnischer Verfahren auf Frankreich und Nordamerika konzentriert.

3.11.1 Einführung

Waldökosysteme nehmen mit ca. 10,7 Mio Hektar 30% der Fläche Deutschlands ein. Deutschland ist damit unter den Ländern der Europäischen Gemeinschaft eines der waldreichsten. In Baden-Württemberg liegt der Anteil des Waldes an der Gesamtfläche mit ca. 38% deutlich über dem Bundesdurchschnitt. Hinsichtlich der Baumartenverteilung dominieren Fichte, Kiefer, Lärche, Buche und Eiche in deutschen Waldökosystemen bei 60% Laub- und Mischwald sowie 40% reinem Nadelwald. Diese Struktur ist das Ergebnis der Bemühungen, nach den großen Waldverwüstungen des vorigen Jahrhunderts und den Kahlschlägen in Zusammenhang mit den beiden Weltkriegen wieder ertragreiche Wälder aufzubauen. Die Erkenntnis, daß Waldökosystemen neben ihrer wirtschaftlichen Bedeutung und ihrem Stellenwert als Erholungsraum auch eine ökologische Bedeutung zukommt, hat in den vergangenen Jahren dazu geführt, daß (a) die Anhebung des Laub- und Mischwaldanteils als wichtiges forstwirtschaftliches Ziel angesehen und durch staatliche Fördermaßnahmen unterstützt wird, und (b) naturnaher Waldbau zunehmend an Bedeutung gewinnt. Zu dem letztgenannten Punkt dürfte sicher auch das Überangebot an Holz und der damit verbundene Preisverfall beigetragen haben. Die Sturmschäden des Jahres 1990, die alleine in den alten Bundesländern einen Holzanfall von 71 Millionen m^3 verursacht haben, dürften diese Entwicklung forciert haben (Bundesminister für Ernährung, Landwirtschaft und Forsten 1991).

Trotzdem ist der überwiegende Teil des Waldes in Deutschland nach wie vor als Nutzwald anzusehen. Die Bedeutung der Holzwirtschaft im Wirtschaftsgeschehen Deutschlands ist allerdings zahlenmäßig relativ bescheiden. Der 1990 zusammen mit der Papierindustrie in den alten Bundesländern erzielte Umsatz von 97 Mrd. DM entfällt je zur Hälfte auf Holzwirtschaft und Holzverarbeitung. An diesem Umsatz waren mit ca. 480.000 Beschäftigten lediglich 2% der Erwerbstätigen beteiligt. Da in der Holz- und Forstwirtschaft überwiegend kleine und mittlere Betriebe tätig sind, kommt diesen Wirtschaftszweigen dennoch eine besondere Bedeutung für die regionale Wirtschafts- und die ländliche Beschäftigungsstruktur zu (Bundesminister für Ernährung, Landwirtschaft und Forsten 1991).

Anthropogene Eingriffe in Waldökosysteme ergeben sich aber nicht nur gezielt aus dem Nutzungsanspruch des Menschen an diese Ökosysteme; sie können auch indirekt und ungezielt erfolgen. Hierzu gehören die nasse und trockene Deposition von Schadstoffen, aber auch klimatische Veränderungen wie Treibhauseffekt und

Ozonloch. Aus der zunehmenden Geschwindigkeit anthropogen verursachter Veränderungen der Umwelt stellt sich die Frage: Reicht die genetische Flexibilität von Individuen, die wie Bäume eine Lebensdauer von mehreren Jahrhunderten haben, überhaupt aus, um unter sich so rasch ändernden Umweltbedingungen an ein und demselben Standort mittelfristig überleben zu können? Erfolgt die Anpassung der Nachkommen überhaupt noch rasch genug, um mit den anthropogen verursachten Umweltveränderungen "schrittzuhalten"? Welchen Erfordernissen müssen Bäume zukünftig gerecht werden?

Diese Fragen machen ebenso wie der Einsatz von Bäumen als nachwachsende Energieträger und die zunehmende Bedeutung von "Agroforestry" in Ländern der Dritten Welt deutlich, daß biotechnologische und gentechnische Verfahren in der Forstwirtschaft zukünftig an Bedeutung gewinnen werden. Ziel dieses Berichtes ist es, eine Bestandsaufnahme über den derzeitigen Einsatz solcher Verfahren in der Forstpflanzenzüchtung vorzulegen und auf der Basis dieser Bestandsaufnahme zukünftige Möglichkeiten biotechnologischer und gentechnischer Verfahren in der Forstwirtschaft zu bewerten.

3.11.2 Der derzeitige Einsatz biotechnologischer und gentechnischer Verfahren in der Forstwirtschaft

Grundsätzlich können biotechnologische und gentechnische Verfahren bei Bäumen mit der gleichen Zielsetzung wie bei anderen Pflanzen eingesetzt werden. Hierbei handelt es sich um (1) die klonale Vermehrung und Erhaltungszüchtung mit Hilfe von Gewebekulturtechniken zur Verkürzung von Generationszeiten, zur Verbesserung der Uniformität des Pflanzmaterials und zur Eliminierung von Pathogenen, (2) die Produktion sekundärer Pflanzenstoffe mit Hilfe von Gewebekulturtechniken, (3) die Neuzüchtung mit Hilfe von Gewebekulturtechniken und (4) die Neuzüchtung mit Hilfe der Gentechnik. Das hohe Lebensalter von Bäumen und ihre Größe haben jedoch zur Folge, daß im einzelnen die Zielsetzung biotechnologischer und gentechnischer Verfahren häufig eine völlig andere ist als bei krautigen Pflanzen. Gerade in Hinblick auf Vermehrung und Neuzüchtung muß bei Bäumen die langfristige Erhaltung der Vitalität an die Stelle der kurzfristigen Bildung eines Produkts treten.

Obwohl die erste wissenschaftliche Untersuchung, die unter Einsatz von *in vitro* Techniken bei Bäumen durchgeführt wurde, 70 Jahre zurückliegt (Schmidt 1924), zeigt die nachfolgende Zusammenstellung, daß der Einsatz biotechnologischer und gentechnischer Verfahren in der Forstwirtschaft im Vergleich zur Landwirtschaft derzeit von geringer Bedeutung ist. Der weitaus überwiegende Teil der Arbeiten auf diesem Gebiet wird zudem nicht in Deutschland durchgeführt. Ursache hierfür dürfte weltweit, besonders aber in Deutschland, das Fehlen der erforderlichen Grundlagenforschung auf diesem Gebiet sein. So ist die Biotechnologie und Gentechnik an keiner der vier Forstwissenschaftlichen Fakultäten Deutschlands institutionalisiert. Es ist deshalb nicht verwunderlich, daß in der vor einigen Jahren erschienenen Monographie "Cell and Tissue Culture in Forestry" (Bonga and

3.11 Biotechnologie und Gentechnik in der Forstpflanzenzüchtung

Durzan 1987) nur einer von 63 Beiträgen einen Autor mit Adresse in Deutschland aufweist.

Klonale Vermehrung und Erhaltungszüchtung

Die weitaus meisten ökonomisch wichtigen Waldbäume werden ausnahmslos aus Saatgut herangezogen. Methoden der vegetativen Vermehrung spielen eine untergeordnete Rolle. Andererseits belegt die Tatsache, daß in vielen Staaten Holzeinschlag und Waldwachstum einen ähnlichen Umfang erreichen, daß eine Expansion der Holzproduktion an Ansätze geknüpft ist, die (1) die Rotationszeit der Wälder reduzieren, (2) die Vitalität der Wälder und die Holzqualität verbessern und/oder (3) die Toleranz gegenüber Umweltfaktoren wie Klima, Pathogene und Insektenbefall erhöhen. Die Realisierung solcher Ansätze in einem vertretbaren Zeitraum ist weitgehend an den Einsatz von *in vitro* Techniken geknüpft. Der derzeitige Einsatz solcher *in vitro* Methoden zur klonalen Vermehrung und Erhaltungszüchtung soll im folgenden am Beispiel einiger wichtiger Waldbäume erläutert werden. Einen Überblick über den Einsatz von *in vitro* Methoden bei der Vermehrung von Holzpflanzen geben Dirr und Heuser (1987).

Es muß an dieser Stelle jedoch deutlich gemacht werden, daß der Einsatz der klonalen Vermehrung bei Waldbäumen mit einer Reihe von Unsicherheitsfaktoren verbunden ist. Die hohe Variabilität des Ausgangsmaterials einerseits und das Fehlen geeigneter Selektionsverfahren andererseits machen es gerade im Hinblick auf eine Massenvermehrung schwierig, Klonpflanzen mit den für den jeweiligen Einsatz gewünschten Eigenschaften zur Verfügung zu stellen. Eine kontrollierte Bestäubung, die hier Abhilfe schaffen könnte, ist in der Regel zu kostspielig, um in der Praxis eingesetzt werden zu können. In vielen Staaten stehen dem großräumigen Einsatz von Klonpflanzen gesetzliche Bestimmungen entgegen. Die Akzeptanz der Käufer (Forstämter, private Forstbesitzer) für Klonpflanzen ist eher gering. Dabei dürften u.a. die gegenüber Saatgut erheblich höheren Kosten eine wesentliche Rolle spielen.

Picea Abies: Mit ca. 2-5 Millionen Pflanzen pro Jahr spielt die klonale Vermehrung der Fichte unter den Pinaceen kommerziell die größte Rolle (Bentzer und Bornman 1987). Dennoch ist es bislang nicht möglich, Fichten-Pflanzen aus Protoplasten oder isolierten Zellen heranzuziehen. Aus einigen Geweben herangewachsener Bäume können zwar Protoplasten und Zellen isoliert und Kallusgewebe regeneriert werden, Organogenese kann jedoch bislang nur bei Gewebe von Embryonen oder jungen Pflanzen (14 Tage - 4 Monate) erzielt werden (Bornman 1987). Dies ist insofern für die Praxis ein großer Nachteil, als die Wachstumseigenschaften eines Baumes nicht an einem jungen Keimling erkannt werden können. Ein Protokoll für die Produktion von Klonpflanzen bei Fichte und anderen Pinaceen ist bei Bornman (1987) beschrieben. Es umfaßt die Besprühung von Keimlingen mit Cytokininen zur Initiation der Bildung von Adventivknospen, die Sproßbildung der abgeschnittenen Knospen und die anschließende Wurzelbildung mit Hilfe eines Auxin-Pulses.

Pinus spec.: Für die klonale Vermehrung von *Pinus spec.* gelten im Prinzip dieselben Limitierungen wie für die Fichte. Organogenese wurde bislang meist nur bei embryonalem Gewebe oder Gewebe aus jungen Keimlingen erzielt (Jelaska 1987). Lediglich bei *P. pinaster* konnten Sproß- und Wurzelteile älterer Pflanzen in Kultur genommen und eine Regeneration ganzer Klonpflanzen erfolgreich durchgeführt werden. Die Klonpflanzen blieben jedoch nur eine kurze Zeit in der juvenilen Phase und wiesen danach eine reduzierte Vitalität auf (Franclet et al. 1980). Ähnlich wie bei der Fichte ist vor allem bei der Waldkiefer (*P. sylvestris*) umfangreiche Grundlagenforschung erforderlich, bevor ein effizientes System für die klonale Vermehrung entwickelt werden kann. Dennoch erfolgt bereits jetzt eine kommerzielle Vermehrung mehrerer *Pinus spec.* durch *in vitro* Verfahren, so z.B. *P. radiata und P. taeda* in Amerika und *P. pinaster* in Frankreich. Dabei wird von der Möglichkeit Gebrauch gemacht, durch kontrollierte Bestäubung erhaltene Klone zunächst in der Kälte zu lagern, bis die Ergebnisse von Freilanduntersuchungen vorliegen und eine Selektion geeigneter Klone auf der Basis dieser Ergebnisse möglich ist (Boulay 1987).

Populus spec.: Unter dem Genus Populus werden mehr als 30 Spezies zusammen-gefaßt, die eine weite Verbreitung in der nördlichen Hemisphäre aufweisen. Viele dieser Spezies gehören zu den schnell wachsenden Bäumen und unterliegen einer kurzen Rotationszeit. Das Holz dieser Bäume findet deshalb in der Papier- und Verpackungsindustrie sowie der Streichholzindustrie in großem Umfang Verwendung. Es wird zudem als nachwachsender Energieträger angesehen. *Populus* Spezies/Hybride konnten in Gewebekultur genommen und Klonpflanzen regeneriert werden (Ahuja 1987). Die Regeneration von Klonpflanzen konnte auch erzielt werden, wenn ältere Bäume als Ausgangsmaterial verwendet wurden. Zahlreiche Tests von Klonpflanzen unter Freilandbedingungen konnten erfolgreich abgeschlossen werden: Die Pflanzen erreichten in der ersten Vegetationsperiode eine Höhe von 1 - 2,5 m, waren widerstandsfähig und gesund und zeigten keine morphologischen Anomalien (Ahuja 1987). Pflanzen des Genus Populus können deshalb als Modell-Organismen zur Untersuchung biotechnologischer und gentechnischer Verfahren in der Forstwirtschaft angesehen werden.

Europäische Harthölzer: Die meisten forstwirtschaftlich wichtigen europäischen Harthölzer gehören den Genera *Quercus, Fagus, Betula, Tilia, Fraxinus, Acer, Carpinus, Sorbus, Castanea, Prunus, Ulmus* und *Salix* an. Die Vermehrung der Harthölzer erfolgt - mit Ausnahme der Weide - meist über Saatgut. Dies ist jedoch nicht immer unproblematisch, da es in einigen Waldökosystemen zu einer reduzierten Samenproduktion durch Schadstoffeintrag gekommen ist. Vegetative Vermehrung durch Stecklinge kann bei Harthölzern in der Regel nicht mit Erfolg durchgeführt werden. *In vitro* Verfahren wurden deshalb bereits früh zur Beschleunigung von Züchtungsprogrammen eingesetzt. Dies ist vor allem darauf zurückzuführen, daß die Züchtung von Harthölzern wegen der langen Jugendphase der Bäume ein langsamer und schwieriger Prozeß ist. Die vegetative Vermehrung ausgesuchter, schnell wachsender und resistenter Bäume stellt deshalb einen wesentlichen züchterischen Fortschritt dar, der von erheblichem ökonomischem Interesse ist (Chalupa 1987). Es ist deshalb nicht verwunderlich, daß eine große Zahl von Harthölzern der oben genannten Genera durch *in vitro* Methoden vermehrt werden können. Ähnlich wie bei den o.a. Coniferen ist eine Regeneration ganzer Pflanzen meist nur aus Organkulturen, jedoch nicht aus Kalluskulturen möglich. Eine Ausnahme bilden *Betula pendula, Quercus robur, Ulmus campestris, Aesculus hippocastanum* und einige *Prunus* Species (Chalupa 1987; Dirr und Heuser 1987). Durch *in vitro* Vermehrung gewonnene Klonpflanzen von Harthölzern waren in der Regel phänotypisch einheitlich und erreichten im Freilandexperiment z.T. Überlebensraten von 100%, selbst wenn sie extremen Winterverhältnissen (-25 bis 30°C) ausgesetzt waren.

Diese Beispiele belegen, daß die klonale Vermehrung von Waldbäumen für zahlreiche Spezies möglich ist, ein effektiver Einsatz von *in vitro* Verfahren aber häufig durch Probleme bei der Organogenese beschränkt ist. In der Praxis muß die klonale Vermehrung den folgenden Kriterien gerecht werden: Sie muß erforderlich sein; sie muß kosteneffektiv sein; sie muß so gut definiert sein, daß das Produkt in der gewünschten Qualität und Quantität zur Verfügung gestellt werden kann. Diese Kriterien werden auch heute noch nur in Einzelfällen hinreichend erfüllt.

Ein Vorteil der klonalen Vermehrung von Pflanzen ist die Möglichkeit, Viren, Mycoplasmen und andere mikrobielle Pathogene zu eliminieren. Dieser Aspekt des Einsatzes von *in vitro* Verfahren zur klonalen Vermehrung ist jedoch an die Verwendung von Meristem-Kulturen geknüpft. Solche Kulturen sind bislang zwar zur Eliminierung von Viren bei einigen Holzpflanzen (z.B. Obstbäumen: Jones 1977; Quak 1977; Boxus und Druart 1985), jedoch nicht bei Waldbäumen eingesetzt worden.

Produktion sekundärer Pflanzenstoffe

Ein Charakteristikum von Bäumen im allgemeinen und damit auch von Waldbäumen ist ihr intensiver Sekundärstoffwechsel. Dieser Bereich des Stoffwechsels ist bei Bäumen besonders ausgeprägt, um die Vorstufen des Lignins zu produzieren, das mit ca. 30% wesentlichen Anteil an der Holzbiomasse insgesamt hat. Intensiver Sekundärstoffwechsel ist aber auch für die Kernholzbildung, die Produktion ätherischer Öle und die Harzbildung bei Bäumen erforderlich. Dennoch sind für die *in vitro* Produktion von sekundären Pflanzenstoffen Gewebekulturen von Bäumen bislang nicht eingesetzt worden.

Neuzüchtung mit Hilfe von Gewebekulturtechniken

In Zusammenhang mit dem Einsatz von Verfahren zur klonalen Vermehrung ergab sich vielfach, daß die erforderliche genetische Stabilität nicht bei jeder Technik gewährleistet war. Die dabei festgestellte genetische (somaklonale oder gametoklonale) Variabilität kann jedoch andererseits zur Neuzüchtung herangezogen werden. Ist die Veränderung, die während der *in vitro* Kultur auftritt, genetisch bedingt, können aus der Kultur Pflanzen mit veränderten Eigenschaften herangezogen werden. Dieses Verfahren findet bei der Züchtung von Nutzpflanzen und Zierpflanzen, ibs. in der Resistenzzüchtung, praktischen Einsatz (Hess 1992). Neben einer Ausnutzung der genetischen Variabilität von *in vitro* Kulturen können auch andere Gewebekulturtechniken zur Neuzüchtung herangezogen werden, so die Gewinnung von Haploiden (Sporophyten mit der Chromosomenzahl von Gametophyten), *in vitro* Befruchtung zur Überwindung von Selbst- und Kreuzungsinkompatibilität und somatische Hybridisierung durch Protoplastenfusion. Der erfolgreiche Einsatz dieser Techniken in der Praxis ist jedoch ausnahmslos an eine erfolgreiche Organogenese in aus Zellen oder Protoplasten hervorgegangenen Gewebekulturen geknüpft. Organogenese und eine Regeneration ganzer Pflanzen konnte aber bislang nur bei wenigen Waldbäumen erzielt werden (Ahuja 1987; Fei et al. 1993; Ozias-Akins et al. 1984). Berichte über eine erfolgreiche Neuzüchtung von Waldbäumen mit Hilfe von Gewebekulturtechniken liegen deshalb bislang nicht vor.

Neuzüchtung mit Hilfe der Gentechnik

Ebenso wie die Neuzüchtung mit Hilfe von Gewebekulturtechniken wird auch die Neuzüchtung von Waldbäumen mit Hilfe der Gentechnik derzeit vor allem durch Probleme bei der Regeneration von Pflanzen aus Gewebekulturen begrenzt. In einigen Fällen stellt das Auffinden eines geeigneten Vektorsystems eine zusätzliche Barriere dar (Diner und Karnosky 1987; Sederoff et al. 1987). So ist ibs. bei Coniferen der Einsatz von *Agrobacterium tumefaciens* nur bei wenigen Species möglich. Dennoch konnten mit Hilfe von *Agrobacterium tumefaciens* und *A. rhizogenes* Gewebekulturen zahlreicher Bäume transformiert werden (Charest and Michel 1991). In zahlreichen Fällen erfolgte eine Expression der eingeschleusten Gene nur transient (Jouanin et al. 1993). Eine Regeneration ganzer Pflanzen gelang bisher nur in Einzelfällen und bei wenigen Spezies. Dabei handelt es sich um *Allocasuarina verticillata, Azadirachta indica, Juglans regia, Juglans nigra x J. regia, Liriodendron tulipifera, Populus spec.* (Juanin et al. 1993), und damit sicher nicht um in Mitteleuropa wichtige Waldbäume. Bis heute ist die Züchtung transgener Pflanzen von Waldbäumen mit Hilfe von Routineverfahren nur bei *Populus* Hybriden gelungen (Leplè et al. 1992; Foyer et al. 1993; Fei et al. 1993). Damit stehen für Waldbäume zumindest Modellsysteme zur Untersuchung von Fragen der molekularen Genetik zur Verfügung.

3.11.3 Möglichkeiten des zukünftigen Einsatzes biotechnologischer und gentechnischer Verfahren in der Forstwirtschaft

Der Einsatz biotechnologischer und gentechnischer Verfahren in der Forstwirtschaft bietet grundsätzlich ähnliche Möglichkeiten wie in der Landwirtschaft. Die rasche Vermehrung ausgesuchter Individuen und die Züchtung von Varietäten mit beschleunigter und/oder qualitativ verbesserter Holzproduktion, erhöhter Vitalität und verbesserter Toleranz gegenüber Umweltfaktoren wie Klima, Pathogene und Insektenbefall sind Ziele der Forstpflanzenzüchtung, die gerade bei Waldbäumen nur durch den Einsatz biotechnologischer und gentechnischer Verfahren in einem vertretbaren Zeitraum erreicht werden können. Dennoch steckt der Einsatz dieser Verfahren bei Waldbäumen im Vergleich zur Landwirtschaft noch in den Kinderschuhen. Dies ist in erster Linie darauf zurückzuführen, daß in vielen Bereichen die erforderlichen wissenschaftlichen Grundlagen - wenn überhaupt - nur lückenhaft vorhanden sind. Ob biotechnologische und gen-technische Verfahren in der Zukunft einen größeren Stellenwert in der Forstpflanzenzüchtung bekommen können, wird deshalb wesentlich von der Intensivierung der Grundlagenforschung auf diesem Gebiet abhängen. Dabei wird Untersuchungen zur Organogenese in Gewebekulturen von Waldbäumen eine Schlüsselrolle zukommen. Das Fehlen institutionalisierter Forschung auf dem Gebiet der Biotechnologie und Gentechnik von Waldbäumen an allen Forstwissenschaftlichen Fakultäten Deutschlands macht deutlich, daß aus Deutschland, einem der waldreichsten Staaten Europas, hierzu kein wesentlicher Beitrag erwartet werden kann.

Dabei sprechen mehrere Gründe gerade im Bereich der Forstpflanzenzüchtung für eine Intensivierung der biotechnologischen und gentechnischen Grundlagenforschung. Die gewollten Veränderungen sind in der Regel komplex. Zudem fehlen häufig die physiologischen Grundlagen, die erforderlich sind, um Angriffspunkte für den Einsatz biotechnologischer und gentechnischer Verfahren zu finden. Dem Einsatz gentechnisch veränderter Pflanzen wird sicher auch in der Baumphysiologie - insbesondere im Hinblick auf die Aufklärung regulatorischer Zusammenhänge - in Zukunft eine große Bedeutung zukommen. Entsprechende Arbeiten dürften eine Voraussetzung dafür sein, moderne Diagnostikverfahren zur Identifizierung und Charakterisierung der genetischen Grundlagen züchterisch wertvoller Merkmale gezielt einsetzen zu können. Zur Lösung der drängenden wissenschaftlichen Fragen ist deshalb ein integrierter, kooperativer Ansatz von Baumphysiologen, Forstgenetikern und Molekularbiologen erforderlich. Offensichtliche Ziele der Gentechnik in der Landwirtschaft, wie die Reduktion des Einsatzes von Chemikalien, spielen in der Forstpflanzenzüchtung nur eine untergeordnete Rolle, da der Einsatz von Chemikalien in der Forstwirtschaft im Vergleich zur Landwirtschaft unbedeutend ist (Schröder et al. 1991).

Vor dem Hintergrund eines Überangebots an Holz in Mitteleuropa fehlt häufig die politische Einsicht in eine Forstpflanzen-züchtung zu investieren, die u.a. auch eine Erhöhung der Erträge zum Ziel hat. Die anhaltende Zerstörung tropischer Regenwälder, der zunehmende Bedarf einer wachsenden Weltbevölkerung für landwirtschaftliche Flächen machen deutlich, daß eine solche Politik kurzsichtig ist. Ein regionales Überangebot an Holz darf nicht darüber hinwegtäuschen, daß eine Verbesserung der Holzerträge nicht nur zur Deckung des zukünftigen Bedarfs ökonomisch, sondern auch unter dem Gesichtspunkt der CO_2-Speicherung ökologisch erforderlich ist. Eine Expansion der Holzproduktion wurde in der Vergangenheit häufig dadurch erzielt, daß nicht einheimische Spezies mit hoher Wuchsleistung eingesetzt wurden, ohne die ökologischen Konsequenzen zu berücksichtigen. Der großflächige Anbau von Eukalyptus-Wäldern für die Papierindustrie in Südwesteuropa ist eine der jüngsten Fehlentwicklungen auf diesem Gebiet. Die Möglichkeit, durch den Einsatz biotechnologischer und gentechischer Verfahren die Wuchsleistung einheimischer Bäume zu verbessern, könnte solchen Fehlentwicklungen entgegen wirken.

Während die landwirtschaftliche Züchtungsforschung heute mit einer gewissen Sicherheit abschätzen kann, welchen Erfordernissen die in den nächsten Generationen eingesetzten Kulturpflanzen gerecht werden müssen, ist dies in der forstwirtschaftlichen Züchtungsforschung nur in sehr viel geringerem Maße möglich. So sind die heutigen Neuaufforstungen den klimatischen Bedingungen der kommenden 100 und mehr Jahre ausgesetzt. Die zunehmende Beschleunigung der Veränderung der Umwelt durch den Menschen läßt sinnvolle Prognosen über einen so langen Zeitraum jedoch derzeit nicht einmal in Modell-rechnungen zu. Es stellt sich deshalb die Frage, ob es - selbst bei einem Einsatz biotechnologischer und gentechnischer Verfahren - überhaupt möglich ist, Bäume zu züchten, die den Erfordernissen während ihres Lebenszyklus in Zukunft gerecht werden können. Ist unter solchen Bedingungen überhaupt die Entwicklung und der Einsatz biotechnologischer und gentechnischer Verfahren ökonomisch zu rechtfertigen? Meines Erachtens muß diese Frage unbedingt mit "ja" beantwortet werden. Erstens können wir in vielen Fällen bereits heute den Trend zukünftiger Entwicklungen abschätzen. So ist z.B. als sicher anzusehen, daß heute gepflanzte Bäume während ihres Lebenszyklus erhöhten CO_2-Konzentrationen und einer veränderten Temperatur- und Niederschlagsverteilung ausgesetzt sein werden, möglicherweise auch einer erhöhten UV-B Belastung. Die Erhöhung der Toleranz gegenüber diesen Klimafaktoren kann deshalb bereits heute als wichtiges Ziel der Forstpflanzenzüchtung angesehen werden. Zweitens sind in den vergangenen Jahren eine Reihe genereller Kompensationsmechanismen für Streß bei Bäumen identifiziert und charakterisiert worden (Polle und Rennenberg 1993). Die Stärkung dieser Mechanismen durch züchterische Maßnahmen kann deshalb die Toleranz von Bäumen auch für bislang nicht erkannte Streßfaktoren erhöhen. Aus diesem Grund scheint es langfristig sinnvoll, die allgemeine Stärkung der Vitalität der Bäume in den Mittelpunkt der Forstpflanzenzüchtung zu stellen, auch wenn im Einzelfall spezifische Toleranzen *ad hoc* von größerer Bedeutung zu sein scheinen. Die Entwicklung und der Einsatz biotechnologischer und gentechnischer Verfahren auf diesem Gebiet kann als Vorsorgeforschung von zentraler Bedeutung angesehen werden. Erste Arbeiten auf diesem Gebiet werden z. Z. durchgeführt. Über die Erfolgsaussichten können noch keine Aussagen gemacht werden. Unter ökonomischen Gesichtspunkten kann die Verwendung von Bäumen mit besonders hoher Widerstandskraft in Ballungsgebieten bereits heute als erforderlich betrachtet werden. Politisch besteht in diesem Bereich allerdings die Gefahr, daß der Einsatz umweltfreundlicher Technologien und Maßnahmen zur Reduktion der Schadstoffbelastung der Umwelt durch die Verwendung biotechnologisch und gentechnisch veränderter Bäume mit hoher Widerstandkraft ersetzt wird. Solchen Entwicklungen muß mit allem Nachdruck entgegengetreten werden.

Der zukünftige Einsatz biotechnologischer und gentechnischer Verfahren in der Forstpflanzenzüchtung wird nicht nur davon abhängen, ob ein solcher Einsatz wissenschaftlich möglich, ökonomisch sinnvoll und ökologisch vertretbar ist. Die Akzeptanz in der Öffentlichkeit wird hierfür eine ebenso große Rolle spielen. Die Ablehnung des Einsatzes gentechnischer Verfahren in der Landwirtschaft, die in den vergangenen Jahren in breiten Schichten der Bevölkerung Deutschlands offenkundig wurde, zeigt, daß gerade auf diesem Gebiet intensive Aufklärungsarbeit durch Wissenschaft und Politik zu leisten ist. Für den Wald, der ja insbesondere in Deutschland mit einem gewissen Mythos behaftet ist, gilt dies sicher in noch viel stärkerem Maße als für die Landwirtschaft.

3.11.4 Schlußfolgerungen

Für die zukünftige Entwicklung der Forstwirtschaft wird es von wesentlicher Bedeutung sein, in welchem Umfang bio-technologische und gentechnische Verfahren für die Forstpflanzenzüchtung entwickelt und in der Praxis eingesetzt werden können. Das Fehlen der erforderlichen Grundlagenforschung in Deutschland muß zwangsläufig auch negative ökonomische Auswirkungen haben. Bereits jetzt - also zu einem Zeitpunkt, zu dem der Einsatz biotechnologischer und gentechnischer Verfahren in der Forstpflanzenzüchtung noch in den Anfängen steckt - ist die kommerzielle Entwicklung in diesem Bereich auf Frankreich und Amerika konzentriert. Der Zug ist abgefahren. Noch haben wir die Chance aufzuspringen.

Literatur

Ahuja MR (1987) *In vitro* propagation of poplar and aspen. In: JM Bonga, DJ Durzan (eds) Cell and Tissue Culture in Forestry, Vol. 3. M. Nijhoff Publ., Dordrecht, 207-223

Bentzer BG, Bornman CH (1987) Mass clonal micro- and macropropagation of cuttings with special reference to Picea abies. In: Davies TD, Sakhla N (eds) Adventitious Root Formation on Cuttings. Dioscorides Press, Portland

Bonga JM, Durzan DJ (1987) Cell and Tissue Culture in Forestry, Vol. 1-3, M. Nijhoff Publ., Dordrecht

Bornman CH (1987) Picea abies. In: Bonga JM, Durzan DJ (eds) Cell and Tissue Culture in Forestry, Vol. 3. M. Nijhoff Publ., Dordrecht, 2-29

Boulay M (1987) Conifer micropropagation: applied research and commercial aspects. In: Bonga JM, Durzan DJ (eds) Cell and Tissue Culture in Forestry, Vol. 3, M. Nijhoff Publ., Dordrecht, 185-206

Boxus P, Druart P (1985) Virus-free trees through tissue culture. In: Trees I, Bajaj YPS (eds) Biotechnology in Agriculture 1. Springer Verlag, Berlin, 24-30

Bundesminister für Ernährung, Landwirtschaft und Forsten, (1991) Unser Wald. Die Forst- und Holzwirtschaft in Deutschland. Eigenverlag, Bonn

Chalupa V (1987) European Hardwoods. In: Bonga DJ, Durzan JM (eds) Cell and Tissue Culture in Forestry, Vol. 3. M. Nijhoff Publ., Dordrecht, 224-246

Charest PJ, Michel MF (1991) Basics of Plant Genetics Engeneering and Ist Potential Application to Tree Species. Inf. Rep. PI-X-104, Petawana Natl. For. Inst., Canada

Diner AM, Karnosky DF (1987) Tissue culture application to forest pathology and pest control. In: Bonga JM, Durzan DJ, (eds) Cell and Tissue Culture in Forestry, Vol. 2. M. Nijhoff Publ., Dordrecht, 351-373

Dirr MA, Heuser Jr. CW (1987) The Reference Manual of Woody Plant Propagation. From Seed to Tissue Culture. Varsity Press, Athens, Georgia, 65-78

Fei H, Shen X, Mei K, Ye Y, Qian Z, Ma M, Lin Z (1993) Agrobacterium mediated transformation and regeneration of aspen. In: Beijing Internat. Workshop Anvances in Tree Development Control and Biotechnique, IUFRO Whole Plant Physiology Work Party, in press

Foyer CH, Lelandais M, Jouanin L, Kunert KJ (1993) Over-expression of enzymes of glutathione metabolism in poplar (Populus tremula x P. alba). In: Proc. 1st Europ. Workshop on Glutathione, Soc. Luxembourgeoise Biol. Clin. A.S.B.L., Luxembourg, 229-240

Franclet A, David A, David H, Boulay M (1980) Premiere mise en évidence morphologique d´un rajeunissement de méristèmes primaires caulinaires de Pin maritime (Pinus pinaster Sol). C. R. Acad. Sci. 290D, 927-930

Hess D (1992) Biotechnologie der Pflanzen. UTB-Ulmer, Stuttgart

Jelaska S (1987) European pines. In: Bonga JM, Durzan DJ, (eds) Cell and Tissue Culture in Forestry, Vol. 3. M. Nijhoff Publ., Dordrecht, 42-60

Jones JB (1977) Commercial use of tissue culture for the production of disease-free plants. In: Sharp WR, Larsen PO, Paddock EF, Raghavan V (eds) Plant Cell and Tissue Culture: Principles and Applications. Ohio State Univ. Press, Columbus, Ohio, 441-452

Jouanin L, Brasileiro ACM, Leplé JC, Pilate G, Cornu D (1993) Genetic transformation: a short review of methods and their applications, results and perspectives for forest trees. Ann. Sci. For. 50:325-336

Leplé JC, Brasileiro ACM, Michel MF, Delmotte F, Jouanin L (1992) Transgenic poplars: expression of chimeric genes using four different constructs. Plant cell Rep. 11:137-141

Ozias-Akins P, Rao PS, Schieder O (1984) Plant regeneration from embryonic suspension-derived protoplasts of sandalwood (Santalum album). In: Henke RH, Hudges KW, Constantin MJ,Hollaender A (eds) Tissue Culture in Forestry and Agriculture. Plenum Press, New York, 338-339

Polle A, Rennenberg H (1993) Photooxidative stress in trees. In: C Foyer, P Mullineaux (eds) Photooxidative Stresses and Plants: Causes and Amelioration. CRC Press, Boca Raton, im Druck

Quak F (1977) Meristem culture and virus-free plants. In: Reinert J, Bajaj YPS (eds) Applied and Fundamental Aspects of Plant Cell Tissue and Organ Culture. Springer Verlag, New York, 599-646

Schmidt A (1924) Über die Chlorophyllbildung im Koniferen-embryo. Botan. Arch.5, 260-282

Schröder P, Berkau C, Pflugmacher S, Rennenberg H (1991) Glutathion S-Transferasen: Entgiftungsenzyme für halogenierte organische Schadstoffe und Pestizide in Fichtennadeln. In: Expertentagung Waldschadensforschung im östlichen Mitteleuropa und in Bayern. PBWU, GSF-Bericht 24, Neuherberg, 549-553

Sederoff R, Stomp A-M, Gwynn B, Ford E, Loopstra C, Hodgskiss P, Chilton WS (1987) Application of recombinant DNA techniques to pines: a molecular approach to genetic engineering in forestry. In: Bonga JM, Durzan DJ (eds) Cell and Tissue Culture in Forestry, Vol. 1. M. Nijhoff Publ., Dordrecht, 314-329

3.12 Biotechnologie als Grundlage neuer Verfahren in der Tierzucht

Prof. Dr. Hermann Geldermann, Dr. Helmut Momm
Fachgebiet Tierzüchtung, Universität Hohenheim, Postfach 700562, 70593 Stuttgart

Zusammenfassung

Biotechnologische Methoden beeinflussen in zunehmendem Maße den tierzüchterischen Fortschritt. Sie lassen sich in bezug auf die Tierzucht in die zell- und fortpflanzungsbiologischen Techniken (z.B. künstliche Besamung, Geschlechtsbestimmung und -diagnose), die molekulare Gendiagnostik (z.B. Erbfehler, züchterisch vorteilhafte Genvarianten, Genmarker) und den Gentransfer in eukaryontische Zellen sowie Verwendung transgener Zellen oder Individuen (z.B. Verwendung transgener Nutztiere) einteilen. Biotechniken werden in Tierzuchtverfahren in einer sich komplementär unterstützenden Kombination aus mehreren Methoden angewendet. Für biotechnologisch unterstützte Verfahren in der Tierzucht werden vier Szenarien aufgeführt, die zum Teil bereits wichtiger Bestandteil der Zuchtpraxis sind: Besamungs- und Embryotransferverfahren, Klonierungsverfahren, Genotyp-orientierte Screening- und Selektions-Verfahren sowie Zuchtverfahren mit transgenen Tieren.

Die genannten biotechnologischen Methoden werden nicht nur in der Nutztierzucht eingesetzt, sondern besitzen einen weit größeren Realisierungsbereich. Hinsichtlich der Realisierungszeiten lassen sich die tierzüchterischen Biotechniken in verschiedene Kategorien aufteilen, wobei der Umfang der Realisierung je nach Verfahren und Tierart in starkem Maße variiert. Bei den biotechnologischen Neuerungen sind die allgemeinen biologisch-züchterischen Zusammenhänge zu beachten, um tierverträgliche Ansätze für Leistungsverbesserungen, Kostensenkungen und neue Produkte analysieren zu können. Die Anwendung der Biotechniken ist daher angemessen auszurichten und auf sichere vorteilhafte Bereiche zu konzentrieren, die nachhaltig zu wünschenswerten Gesamtresultaten führen.

Die neuen biotechnologisch unterstützten Zuchtverfahren wirken sich einschneidend und in verschiedene Richtungen aus. Vor allem stellen sich für biotechnologische Neuerungen Fragen nach der öffentlichen Akzeptanz. Für die weiteren Entwicklungen in der Tierzucht ist es daher entscheidend, daß gesellschaftlich vertretbare Bereiche berücksichtigt werden. Biotechnologische Verfahren beeinflussen und stärken vor allem die Wirtschaftlichkeit sowie die Struktur der tierischen Erzeugung und verlangen bei der tierzuchtrelevanten Gesetzgebung eine

3.12 Biotechnologie als Grundlage neuer Verfahren in der Tierzucht

Anpassung. Aus Gründen der Wettbewerbsfähigkeit der tierischen Erzeugung in Deutschland und einer internationalen Beteiligung an der wirtschaftlichen Nutzung der biotechnologischen Verfahren ist es erforderlich, die biotechnologische Forschung und Entwicklung in der Tierzucht in die Förderungsprojekte gleichrangig aufzunehmen.

3.12.1 Einführung

Tierisches Eiweiß deckt weltweit mehr als die Hälfte der Gesamtproteinaufnahme beim Menschen ab (OECD 1994). Hierbei spielt die Fähigkeit von Wiederkäuern, sonst nicht vom Menschen verwertbares pflanzliches Material als Nahrung zu verwerten, eine entscheidende Rolle. In Deutschland sind etwa 30% der landwirtschaftlichen Nutzflächen als Grünland nur über Wiederkäuer für den Menschen nutzbar. Außerdem ist von den Ackerflächen etwa 50% der Biomasse lediglich als Viehfutter verwertbar. Ähnliches gilt für die Nutzung von Industrierückständen (z.B. Nebenprodukte der Milchverarbeitung, Mühlennachprodukte, Rückstände der Zuckerverarbeitung). Etwa 75% der landwirtschaftlichen Betriebe in Deutschland halten Nutztiere. Entsprechend erreichte in Deutschland (Wirtschaftsjahr 1992/93) der Produktionswert der tierischen Erzeugung (Milch, Fleisch, Eier usw.) rund 40 Mrd. DM. Dies macht einen Anteil von 62% am gesamten Produktionswert der Landwirtschaft aus (Agrarbericht 1994).

Vor diesem wirtschaftlichen Hintergrund ist der Bereich der Tierzucht zu sehen, der sich auf die tierische Erzeugung in starkem Maße auswirkt. Tierzüchterische Aktivitäten erreichen einen hohen Wirkungsgrad, weil die genetischen Verbesserungen über Generationen akkumuliert werden und sich von einem Zuchttier oder von wenigen Zuchttieren schnell auf viele Tiere übertragen lassen. Auswirkungen neuer Entwicklungen sind daher nicht nur in den Industrieländern zu spüren. Ein großer Teil der ca. 1,3 Mrd. Rinder, 1,1 Mrd. Schafe, 0,9 Mrd. Schweine und 11,3 Mrd. Hühner, um nur die wichtigsten Nutztiere aufzuführen, befindet sich in Afrika und Asien (FAO 1993). Aufgrund von Vorteilen der Industrieländer hinsichtlich der züchterischen Forschung und Entwicklung werden von dort - auch von Deutschland - in großem Umfang Zuchtprodukte in andere Länder exportiert. Dadurch liegt der Anteil europäischer Rassen an der weltweiten Verbreitung der Nutztiere zwischen 50% (Rind, Schaf) und nahezu 100% (Schwein, Huhn).

Tierzüchterische Entwicklungen sind seit Jahrtausenden und in fast allen Kulturen belegt. Seit ca. fünfzig Jahren haben jedoch die neuen Techniken und wissenschaftlichen Fortschritte in der Genetik, Reproduktionsbiologie und Tierhaltung zu bis dahin nicht bekannten Verbesserungen der Leistungsmerkmale, wie Wachstumsrate, Fleischanteil im Schlachtkörper oder Milchertrag, geführt. In den letzten Jahrzehnten bewirkten speziell die biotechnologischen Methoden den entscheidenden tierzüchterischen Fortschritt, und es ist davon auszugehen, daß sie in den nächsten Jahren noch an Einfluß gewinnen werden. Die Tier-Biotechnologie kann auf einen weitreichenden Kenntnisstand der Biowissenschaften und

Humanmedizin aufbauen, wodurch für die technischen Fortschritte und kommerziellen Anwendungen günstige Vorbedingungen bestehen. Die Entwicklungen verlaufen daher außerordentlich schnell und vielfältig, und viele der Neuerungen lassen sich in 5 bis 10 Jahren für die Anwendung nutzen.

Um die biotechnologischen Methoden in der Tierzucht nachvollziehbar darstellen zu können, werden nachfolgend zunächst die technischen Aspekte aufgeführt. Dann werden die biotechnologisch unterstützten Tierzuchtverfahren als Szenarien skizziert und die Realisierungsmöglichkeiten der biotechnologischen Entwicklungen in der Tierzucht angesprochen. Dabei werden die Beiträge der Tier-Biotechnologie vor allem für die Zucht konventioneller Nutztiere aufgeführt. Es sind jedoch auch andere Bereiche der tierischen Erzeugung von großer ökonomischer oder politischer Bedeutung, wie die züchterische Bearbeitung zusätzlicher Tierarten und -rassen, die Verbesserung der Tiergesundheit, die Steigerung des Wohlbefindens der Tiere durch Diagnose von haltungsbedingten Streßfaktoren sowie die Optimierung der Tierernährung. Abschließend werden die Auswirkungen der neuen Zucht-verfahren auf die Wirtschaftlichkeit und Struktur der tierischen Erzeugung, die Anpassungserfordernis bei der Gesetzgebung sowie der biotechnologische Forschungs- und Entwicklungsbedarf charakterisiert.

3.12.2 Entwicklungsstand biotechnologischer Methoden in der Tierzucht

Bei den biotechnologischen Methoden in der Tierzucht handelt es sich um Verfahren zur Analyse, Kontrolle und Beeinflussung von Körperstrukturen und -funktionen, um Zellkultur- und Reproduktionstechniken sowie um die Herstellung und Untersuchung von Produkten mit Hilfe biologischer Verfahren. In bezug auf die tierzüchterische Anwendung sind zell- und fortpflanzungsbiologische sowie molekulargenetische Methoden zu unterscheiden. Der Entwicklungsstand ausgewählter Biotechniken in der Tierzucht sowie deren Anwendungsbereiche werden in Übersicht 1 zusammengefaßt und im Anschluß daran näher erläutert. Es ist hervorzuheben, daß in bezug auf die Anwendung meist mehrere Methoden kombiniert werden müssen, was die Zusammenführung von Sachverstand bedeutungsvoll macht. Dieser Teil der Betrachtungen wird im Kapitel 3.12.3 dargestellt.

Zell- und fortpflanzungsbiologische Methoden

Für die tierzüchterische Anwendung spielen Biotechniken, mit denen die artspezifischen Fortpflanzungs- und Entwicklungsprozesse beeinflußt werden können, eine zentrale Rolle. Nachfolgend werden die Techniken in einer Reihenfolge aufgeführt, die in etwa die zeitliche Abfolge des praktischen Einsatzes widerspiegelt.

3.12 Biotechnologie als Grundlage neuer Verfahren in der Tierzucht

Übersicht 1 Entwicklungsstand ausgewählter Biotechniken in der Tierzucht

Biotechnik	Entwicklungsstand	Praxiseinsatz (Deutschland)	Effizienzkriterien	Absehbare Entwicklungen	Kosten	Risiken / Probleme Betriebssicherung
KB	ausgereift, wichtigste Biotechnik	Rind: 89,2% Schwein: 37,5% Pferd: 10-70%	Rind: NRR (60.-90. Tag), 65-71 %	Effizienzsteigerungen besonders beim Schwein und Pferd	20-100 DM/ Besamung	Inzucht, Erbfehlerverbreitung
ET	ausgearbeitet besonders beim Rind	Rind: gewonnene Embryonen 32.991; ET 14.096	E./Spülung: 5,3 Trächtigkeitsrate nach ET, frische E. 59,9%; gefrorene E. 54,0%	Bereiche der Superovulation, Trächtigkeitsrate, E.-Konservierung etc.	300-700 DM pro Embryo	geringe Effizienz, ungleichmäßiger Erfolg, Trächtigkeitsraten, Konservierung
IVF	beginnende Praxisreife	ca. 100 - 1000 ET	E. pro 100 Oozyten: ca. 20; E. pro Spendertier: 2-4 (pro Schlachtkuh)	Steigerung der Erfolgsraten, Zahl der E. pro Spendertier	100-150 DM pro Embryo	geringe Effizienz der Befruchtung und Entwicklung
Geschlechtsdiagnose (Embryo)	praxisreif, aber aufwendig	ca. 2000 pro Jahr	Rate korrekter Diagnosen: >99% Anteil diagnostizierbarer E.	Aufwandssenkung (neue Diagnostika); Geschlechtsbestimmung (z.B. Spermiensortierung)	ca. 100 DM pro Embryo	Nachweissicherheit; Verlust an Embryonen
Embryosplitting	ausgearbeitet besonders beim Rind	ca. 2000 E./ Jahr	Kälber pro 100 E.: 100-110 (gegenüber 55-60 ohne Splitting)		20-50 DM pro Embryo	nur bei ausgewählten Embryonen; Verlust an Embryonen
Embryoklonierung	noch im Forschungsstadium	erste Initiativen	Klone/100 E.: ? Individuen/Klon: 7-11	großer Entwicklungsbedarf	100-150 DM/ Embryo (bei >10.000 Individuen/Klon)	Inzucht, Embryonalentwicklung

KB: künstliche Besamung; **ET**: Superovulation und Embryotransfer; **IVF**: In-vitro-Fertilisation; **NNR**: Non-Return-Rate; **E.**: Embryonen; **DNA**: Desoxyribonukleinsäure; **MHS**: Malignes Hyperthermie-Syndrom beim Schwein

Übersicht 1 Entwicklungsstand ausgewählter Biotechniken in der Tierzucht (Fortsetzung)

Biotechnik	Entwicklungsstand	Praxiseinsatz (Deutschland)	Effizienzkriterien	Absehbare Entwicklungen	Kosten	Risiken / Probleme Betriebssicherheit
Erbfehlerdiagnosen	Tests für wenige Gendefekte (1-3 beim Rind, 1-2 beim Schwein)	Beginn des Einsatzes; ca. 10.000/Jahr	Sicherheit der Genotyp-Diagnose: direkt: 100% indirekt: <100%			nur für molekular definierte Defekte an Einzelgenen
Diagnostik vorteilhafter Gene	Test für einige Gene (mind. 10 für Rind und Schwein)	Einsatz bei wenigen „Leistungs"-Genen (Milchprotein-Gene, MHC etc.); ca. 2000 Tests / Jahr	Ausmaß der Leistungsbeurteilung pro Genvariante (% der genetischen Varianz)	Test für weitere Gene, simultane Tests, Automatisierung, Aufwandssenkung etc.	ca. 30-40 DM/ Gen und Tier; ca. 100-500 DM/Testkombination	Zusammenhang zur Vererbung des Leistungsmerkmals, Nebeneffekte der Selektion
DNA-Marker-Diagnose	zahlreiche DNA verfügbar (alle wichtigen Haustierspezies)	gering, ± nur für Elternschaftskontrollen sowie für forensische Fälle	Nachweiswahrscheinlichkeit (z.B. Elternschaft): > 99%			eingeschränkter Einsatzbereich
Gentransfer	Vielfalt hochentwickelter Techniken	einzelne aufwendige Vorhaben mit Anwendungszielen; mehrere transgene Tierstämme verfügbar	transgene Individuen/ E. oder selektierte Stammzelle: 0,1-40%; Genexpression / transgenes Individuum mit integrierter DNA: 60-70%	Verbesserung der Vektoren, Stammzellkulturen und deren Selektion, Verwendung von Spermien, Auswahl der Genkonstrukte	?	unerwünschte zusätzliche Mutationen, variable Expression des Transgens, Auswirkungen auf das Individuum

Quelle: ADR (1993); ZDS (1993); eigene Erhebungen und Einschätzungen

3.12 Biotechnologie als Grundlage neuer Verfahren in der Tierzucht

Künstliche Besamung: Die Methodik der instrumentellen oder künstlichen Besamung umfaßt einen Arbeitsbereich, der schon seit etwa 1940 in der Rinderzucht angewendet wird. Trotzdem gibt es immer noch erhebliche Weiterentwicklungen, z.B. für die Besamung beim Schwein und Pferd. Die künstliche Besamung besteht aus den Schritten der Samengewinnung, der Untersuchung des Samens, der Samenverdünnung, der Samenkonservierung und der eigentlichen Besamung. Sie ist gegenwärtig mit Abstand national und international die wichtigste Biotechnik in der Tierzucht. Für die Anwendung sprechen hygienische, kommerzielle und züchterische Gründe. Gegenwärtig sind für den starken Einsatz der künstlichen Besamung folgende züchterische Gründe von besonderer Bedeutung:

- zeitlich unabhängige Verwendung von Vatertieren durch Samenkonservierung (z.B. Bildung von "Genreserven" durch Spermalagerung von wertvollen Vatertieren und von Tieren bedrohter Rassen);
- überbetrieblicher und sogar überregionaler Einsatz von Vatertieren (z.B. "Einfuhr" neuer Gene aus fremden Populationen, Durchführung von Kreuzungszuchtprogrammen, gezielte Paarung wertvoller Zuchttiere);
- umfassender und genauer züchterischer Testeinsatz der Vatertiere durch Anpaarung an eine genügend große Stichprobe weiblicher Tiere aus vielen Betrieben;
- die Produktion vieler Nachkommen von einem (wertvollen) Vatertier und der geringe Bedarf an Vatertieren ermöglichen eine hohe Selektionsintensität;
- rasche Übertragung des Zuchtfortschrittes auf die nächste Generation;
- Bildung einer gleichmäßigen Populationsstruktur durch breit gestreuten Einsatz der Vatertiere.

Zyklussteuerung und Beeinflussung der Geschlechtsreife: Bei Methoden, die zur Steuerung des Sexualzykluses und zur Beeinflussung der Geschlechtsreife bei Nutztieren eingesetzt werden, gelangen vor allem zwei Verfahren zum Einsatz - dies ist einerseits die vorzeitige Luteolyse mit Hilfe von Prostaglandinen oder deren Analoga sowie andererseits die Simulation der Gelbkörperfunktion durch Gestagenbehandlung und abruptes Absetzen der Jungtiere. Hinsichtlich der Behandlungsformen - orale Verabreichung, Injektion oder Implantate - lassen sich durch weitere Forschungsaufwendungen noch Erfolge erzielen, die zur Kostensenkung führen werden. Bei den derzeit durchgeführten und noch abzusehenden technischen Fortschritten werden u.a. biotechnologisch hergestellte Substanzen verwendet. Bei der Anwendung der Verfahren in der Tierhaltung und -zucht werden wichtige Ziele verfolgt, wie u.a.:

- Erhöhung der Trächtigkeitsraten;
- Vereinfachung im Management durch gruppenweise Besamung und Abkalbung bzw. Lammung;
- Gewinnung von Gameten bei möglichst jungen Tieren zur Verkürzung des Generationsintervalles;

- Steigerung der Ovulationsrate, so daß zahlreiche Gameten und damit Nachkommen pro Muttertier zu gewinnen sind.

Gewinnung und Übertragung von Embryonen: Durch die sogenannte Superovulation wird bei Säugetieren eine Reifung und Ovulation zusätzlicher Oozyten bei einem Tier ausgelöst, also der große Keimzellenvorrat im Ovar besser genutzt. Die Stimulation erfolgt durch gonadotrope Hormone und Prostaglandine während der Gelbkörperphase. Nach der Induktion der Superovulation folgen die Schritte der Besamung, Embryogewinnung, Embryobeurteilung, Embryokonservierung und Embryotransfer (Niemann u. Meinecke 1993). Für die Techniken besteht noch ein erheblicher Entwicklungsbedarf, da derzeit eine nur unbefriedigende Anzahl gewinnbarer Embryonen zu erzielen ist und die Tiere unterschiedlich reagieren.

Embryotransfers werden in der Praxis fast ausschließlich bei Rindern angewendet, bei denen der Embryotransfer durch eine relativ einfache unblutige Gewinnung und Übertragung leicht durchführbar ist. Folgende züchterische Gründe spielen die größte Rolle:

- frühzeitige Erzeugung zahlreicher Nachkommen von einem wertvollen weiblichen Tier;
- Erstellung von Nachkommen von einem sonst nicht (mehr) fertilen Tier;
- Verwendung der zahlreichen, in etwa gleichaltrigen Nachkommen (Voll- oder Halbgeschwister) für eine sehr frühzeitige züchterische Beurteilung (Zuchtwertschätzung), insbesondere der (männlichen) Geschwister;
- Aufbewahrung von Erbgut über lange Zeiträume (Embryobanken für bedrohte Rassen oder Nachkommen besonders wertvoller Ahnen);
- Einbringen neuer Erbanlagen in geschlossene Herden (d.h. aus hygienischen Gründen abgesonderte Tierbestände);
- Ausbreitung von Tiermaterial über Ländergrenzen hinweg durch Im- und Export von Embryonen (geringe Kosten, kleines Hygienerisiko und verbesserte Anpassungsfähigkeit der erzeugten Tiere);
- züchterische Konzentration auf eine kleine Zahl an weiblichen Tieren, so daß sich für diese aufwendige züchterische und weitere biotechnologische Maßnahmen lohnen (z.B. Stationsprüfungen, Erfassung zusätzlicher Merkmale);
- Verfügbarkeit von Embryonen für zusätzliche biotechnologische Verfahren ("Embryotransfer-assoziierte Techniken"). Hierzu zählen insbesondere die Erstellung monozygoter Zwillinge sowie die Auswahl der für den Transfer benutzten Embryonen z.B. durch Geschlechtsdiagnose oder Erbfehlertest.

***In vitro*-Fertilisation:** Die Befruchtung von Oozyten außerhalb des mütterlichen Organismus wird als *In vitro*-Fertilisation (IVF) bezeichnet. Oft wird auch der etwas umfassendere Begriff *In vitro*-Produktion (IVP) von Embryonen benutzt. Die Methodik, die bislang vor allem für das Rind ausgearbeitet wurde, besteht aus den Schritten der Oozytengewinnung, der *In vitro*-Reifung von

3.12 Biotechnologie als Grundlage neuer Verfahren in der Tierzucht   251

Oozyten, der Samenaufbereitung, der *In vitro*-Befruchtung, der *In vitro*-Kultur von Embryonen sowie des nachfolgenden Embryotransfers (Greve et al. 1993). Es ist abzusehen, daß sich die gegenwärtig noch niedrige Effizienz des IVF-Verfahrens erhöhen läßt. Für die nahe Zukunft werden bereits verschiedene Programme diskutiert, wie die Entnahme eines Ovars von lebenden Färsen oder Kühen, die Punktion von Ovarien mit Hilfe von Endoskopen und Mikrowerkzeugen oder die Gewinnung von Oozyten nach Schlachtung wertvoller Zuchttiere.

Aufgrund züchterisch und produktionstechnisch wichtiger Ziele läßt sich ein starker Einsatz absehen:

- kostengünstige Produktion von Embryonen für den Transfer, wie beispielsweise aus Kühen mit hohen Lebensleistungen oder aus Kühen gefährdeter Rassen;
- Gewinnung zusätzlicher transferierbarer Embryonen im Zusammenhang mit der Superovulation;
- Erzeugung von Embryonen aus Fleischrassen für den Transfer in Kühe aus Milchrassen;
- Erzielung hoher Selektionsintensitäten und kurzer Generationsintervalle auf der weiblichen Seite;
- züchterische Nutzung besonders wertvoller Kühe nach deren Schlachtung;
- Befruchtung der Oozyten einer Kuh mit Sperma von verschiedenen Vatertieren zur Erzeugung mütterlicher Halbgeschwistergruppen, um auf diesem Wege eine verbesserte Zuchtwertschätzung zu erreichen;
- Nutzung von Spermien, die nur in geringer Zahl zur Verfügung stehen (dies trifft beispielsweise für Spermien zu, die aufgrund ihres X- oder Y-Chromosoms sortiert wurden);
- Einsatz in Verbindung mit weiterführenden Techniken, wie z.B. Klonierung und Gentransfer.

Geschlechtsdiagnose und -bestimmung: Als Geschlechtsdiagnose gilt die Erkennung des chromosomalen Geschlechtes, während mit Geschlechtsbestimmung eine Beeinflussung des Geschlechtes bezeichnet wird. Die im wesentlichen biotechnologischen Ansätze bei der Geschlechtsdiagnose oder -bestimmung lassen sich in drei Bereiche gliedern, je nachdem ob die Spermien (z.B. durch Sortierung Fluorochrom-markierter Spermien), die präimplantativen Embryonen (z.B. durch Y-Chromosomen-spezifische DNA-Sonden) oder die Merkmalsdifferenzierung beeinflußt werden. Gegenwärtig sind erste Verfahren der Geschlechtsdiagnose und -bestimmung verfügbar, die in der tierzüchterischen Praxis eingesetzt werden (Johnson 1992).

Die Anwendungen der Geschlechtsdiagnose oder -bestimmung sind weitreichend, sobald dafür die methodischen Voraussetzungen im Praxisbereich vorhanden sind:

- Eine Spermatrennung würde eine stärkere Spezialisierung von Rassen auf Merkmale erlauben, die beim männlichen oder weiblichen Tier ausgeprägt werden;

- durch vermehrte Erzeugung weiblicher Tiere ließe sich für diese die Selektionsintensität erhöhen;
- es würden sich Vorteile in Verbindung mit der Kreuzungszucht ergeben, da aus bestimmten Basiszuchtlinien und aus der ersten Kreuzungsgeneration im allgemeinen überwiegend bzw. ausschließlich weibliche Tiere benötigt werden;
- die Anwendung der Geschlechtsdiagnose spielt bei präimplantatorischen Rinderembryonen eine Rolle, da sich in Embryotransferprogrammen eine Effizienzsteigerung erzielen läßt, indem männliche Embryonen von Fleischrassen oder weibliche Embryonen von Milchrassen übertragen werden;
- bei der Erzeugung von Zwillingsgeburten wird bei gleichgeschlechtlichen Partnern eine Bildung von Intersexen (Zwicken) vermieden;
- für Zellmaterial, das für die Embryonalklonierung verwendet werden soll.

Klonierungstechniken: Vom Klonen oder von der Klonierung wird gesprochen, wenn Nachkommen aus einem Teilstück eines Organismus hergestellt werden. Klonierte Individuen sind erbgleich. Die Klonierung stellt mithin keine Fortentwicklung des Genpools einer Population dar, sondern sie dient nur einer Vermehrung erwünschter Gene. Aber auch dies spielt für die züchterische Arbeit und vor allem für die rasche Nutzung der züchterischen Neuerungen eine große Rolle.

Eine Klonierung ist bei Nutztieren über Embryoteilung und über Transfer von Blastomeren-Zellkernen in Oozyten möglich.

Embryonenteilung (Splitting): Die Trennung embryonaler Zellen im Zweizell- bis Blastozystenstadium mit Hilfe einer Mikromanipulationseinheit wird als Splitting bezeichnet. Beim Rind werden dafür Tag-7-Embryonen (32- bis 64-Zellstadium) verwendet. Der Embryo wird durch mechanische Trennung des Zellverbandes in zwei Teile zerlegt. Die Embryoteile werden in leere Zona pellucidae verbracht und in Empfängertiere übertragen. Im Ergebnis entstehen identische Zwillinge. Es wurden auch Versuche zur Drei- oder Vierteilung der Embryonen unternommen, die jedoch nur eine sehr geringe Effizienz bei der Erzielung von Trächtigkeiten erreichten (Niemann u. Meinecke 1993).

Die Anwendung erfolgt in erster Linie beim Rind:

- Sie dient der Erstellung zusätzlicher Embryonen und damit Kälber;
- auch mit geteilten Embryonen erzeugte Zwillingsträchtigkeiten können von Bedeutung sein, da dann beim Rind keine Intersexe (Zwicken) gebildet werden;
- im Zusammenhang mit Forschungsarbeiten spielt eine Rolle, daß mit dem Splitten identische Zwillinge erzeugt und in verschiedenen Kühen ausgetragen werden können;
- weitere Anwendungen betreffen die Zuchtwertschätzung, da die Zwillingspartner wiederholte Messungen erlauben bzw. einer der Partner nach Ausschlachtung geprüft werden kann.

3.12 Biotechnologie als Grundlage neuer Verfahren in der Tierzucht

Embryoklonierung durch Kerntransplantation: Embryoklonierung betrifft die Übertragung eines diploiden Zellkernes in eine zuvor entkernte Oozyte, wobei der Zellkern aus einer Blastomere stammt und diese insgesamt übertragen wird (Stice u. First 1993). Das Verfahren der Klonierung besteht aus mehreren Stufen, die beim Rind in etwa folgende Anordnung aufweisen: Isolierung der einzelnen Blastomeren aus Embryonen, die sich im 8- bis 32-Zellstadium befinden; Übertragung je einer Blastomere in den perivitellinen Raum einer Empfänger-Oozyte (die Empfänger-Oozyte kann unbefruchtet sein, oder es kann sich um eine zuvor entkernte, reife Oozyte handeln); Elektrofusion des diploiden Blastomeren-Zellkerns in die Oozyte (die Oozyte wird dadurch aktiviert, und es kommt durch das Zytoplasma der Oozyte zu einer Reprogrammierung der Blastomeren-DNA); *in vivo*- oder *in vitro*-Kultivierung für 6 bis 7 Tage bis etwa zum Blastozystenstadium; Übertragung von Morula- bzw. Blastozystenstadien auf die Empfängertiere. Prinzipiell möglich ist auch eine Reklonierung, d.h. eine Verwendung der durch Klonierung erstellten Morulae zur Gewinnung von Blastomeren für einen erneuten Klonierungsdurchlauf. Die Klonierung erhält in Verbindung mit embryonalen Stammzellkulturen (d.h. Zellen, die in Kultur pluripotent gehalten werden), mit der *In vitro*-Fertilisation sowie mit der Embryo-Kryokonservierung vielfältige Möglichkeiten. Potentiell sind auf diesem Wege viele identische Kopien eines Individuums zu erstellen. Allerdings treten bei der Durchführung bisher erhebliche Probleme auf, so daß die Techniken entwicklungsbedürftig sind.

Obgleich sich die Techniken im Forschungsstadium befinden, wird vielfach mit einem weitreichenden praktischen Einsatz in bereits 5 bis 10 Jahren gerechnet. Als potentielle Anwendungen sind beispielsweise aufzuzählen:

- Produktion identischer Mehrlinge von wertvollen Individuen für eine sehr genaue "Zuchtwertschätzung", bei der ein Tier aufgrund seiner genotypisch identischen Mehrlinge bewertet wird (diese Schätzung gilt dann für weitere Individuen des Klons);
- schnelle Produktion von Zuchtlinien mit bestimmten Genkombinationen für Nukleuszuchtprogramme;
- Nutzung von Klonen mit überdurchschnittlicher Leistungsfähigkeit für Produktionszwecke, indem Individuen aus diesen Klonen an Betriebe der Produktionsstufe verkauft werden.

Erzeugung von Chimären: Individuen mit Körperzellen, die aus zwei oder mehreren Zygoten hervorgegangen sind, bezeichnet man als Chimären. Diese können experimentell als Intra- oder Interspezies-Chimären erzeugt werden (Meinecke-Tillmann u. Meinecke 1984). Die Methodik zur Erzeugung von Chimären besteht entweder aus einer Aggregation von Zellverbänden aus zwei oder mehreren Embryonen oder aus der Injektion von Blastomeren in das Blastocoel eines anderen Embryos. Daneben ist es auch möglich, durch Injektion von bereits determinierten Zellen chimäre Individuen zu erzeugen. Bei der Erzeugung von Chimären traten bei Labor- und Nutztieren variable Ergebnisse auf (Renk et al. 1988); außerdem wurden Entwicklungsstörungen beobachtet. Von großer

Bedeutung war die experimentelle Erzeugung von Chimären für entwicklungsbiologische, physiologische und genetische Forschungsarbeiten, die anwendungsorientierte Arbeiten bei Haustieren stimuliert haben.

Die Verwendungsmöglichkeiten der Chimärenerzeugung sind mehrfach beschrieben worden:

- Nutzung in Verbindung mit dem Gentransfer - insbesondere erfolgt dabei der Gentransfer in embryonale Zellkulturen, um davon nach Selektion geeignete Zellen in Embryonen einzubringen;
- ein hypothetischer Anwendungsbereich ist die Kombination erwünschter Merkmale in einem chimären Individuum, beispielsweise zur Nutzung von Heterosiseffekten.

Kombination von Genomen oder Genomteilen: Der experimentellen Genetik stehen in erheblichem Maße Techniken zur Verfügung, mit denen eine Neukombination von Chromosomensätzen (Genomen), einzelnen Chromosomen oder isolierten Chromosomenteilen möglich ist. Als methodische Ansätze werden u.a. die Zellhybridisierung und der Chromosomentransfer benutzt (Wricke et al. 1993). Beispielsweise lassen sich für einen Transfer Metaphase-Chromosomen isolieren und aufgrund ihrer Größen sortieren. Einzelne Chromosomen können dann in Rezipientenzellen gebracht werden, wobei als Techniken die Phagozytose, die Mikrokapillar-Technik oder die Elektrofusion zur Verfügung stehen. Techniken zur experimentellen Kombination der Chromosomen einer Zelle sind seit langem für die Forschung von großer Relevanz.

Gegenwärtig wird ein Zusammenhang mit anwendungsbezogenen Fragestellungen deutlich; dabei handelt es sich bei Nutztieren um folgende Einsatzbereiche:

- Genkartierung von Markergenen zur Erfassung von Genen für züchterisch wichtige Merkmale;
- gezielte Neukombination von Erbmaterial - eine Anwendung, die bereits in Verbindung mit Zellkulturtechniken zur Herstellung transgener Individuen genutzt wird.

Molekulargenetische Methoden der Gendiagnostik

Mit Hilfe gentechnischer Methoden eröffnet sich in der Tierzucht ein großes Anwendungsspektrum für Gendiagnosen. Bei deren Durchführung werden üblicherweise DNA-Sonden oder -Primer eingesetzt, um damit Unterschiede in der DNA-Sequenz zwischen Individuen nachweisen zu können. Derartige DNA-Sonden oder -Primer sind oft speziesspezifisch, manchmal aber auch über eine Spezies hinaus einsetzbar, z.B. für alle Säugetiere. In häufigen Fällen bedeuten Kenntnisse bei einer bestimmten Spezies erhebliche Vorteile bei der Entwicklung von DNA-Sonden für eine andere Spezies, so daß die auf Haustiere ausgerichtete Forschung in starkem Maße von den Arbeiten am Menschen und den Labortieren profitiert hat. Die Zahl der publizierten DNA-Sequenzen ist groß.

International gibt es mehrere Beispiele, daß für DNA-Sequenzen, die im Tierzuchtbereich von Bedeutung sind, Patente beantragt wurden. Im Jahr 1991 wurde von einer kanadischen Arbeitsgruppe der Bereich des Ryanodinrezeptor-Gens, in dem beim Schwein eine Defektmutation liegt, veröffentlicht (Fujii et al. 1991). Diese Mutation führt nach Belastung zur Malignen Hyperthermie. Der angemeldete Patentanspruch für diese Sequenz umfaßt beim Schwein sowohl den Gentest als auch die verkauften Zuchttiere, bei denen der mit dem Test ermittelte Genotyp bescheinigt wird (Innovations Foundations, University Toronto, Canada). Als zweites Beispiel kann der Erbfehler Weaver dienen, der in der Braunviehzucht eine Rolle spielt. Eine amerikanische Firma hat einen DNA-Marker identifiziert, der eng mit dem "Weaver"-Gen gekoppelt ist und sich innerhalb bestimmter Familien für die Diagnose der Weaver-Veranlagung einsetzen läßt (Georges et al. 1993). Auch hierfür wurde ein Patent angemeldet. Bei Haustieren werden gegenwärtig umfangreiche Sequenzierungs- und Kartierungsarbeiten durchgeführt (vgl. unten). Daher werden DNA-Sequenzen, die als Sonden wirtschaftlich interessant sind, in großer Zahl Eingang in die Tierzucht finden.

Die nachfolgende Einteilung für die Entwicklungsfelder der Gendiagnostik ist weniger methodisch begründet, sondern geschieht nach der funktionellen Einordnung in die praktische Zuchtarbeit. Die gentechnischen Methoden können prinzipiell einerseits für den Nachweis von Erbfehlern und andererseits für die Verwendung vorteilhafter Genvarianten genutzt werden (Geldermann 1988, 1990). Für beide Nutzungsrichtungen sind neben direkten Gendiagnosen auch viele DNA-Varianten verfügbar, die als "Genmarker" in der Tierzucht indirekt genutzt werden können. Techniken, die im Zusammenhang mit der *In vitro*-Mutagenese und dem Gentransfer in tierische Zellen stehen, werden gesondert dargestellt.

Erbfehlerdiagnosen: Durch Mutationen ergeben sich in Populationen nachteilige Einflüsse durch Embryonalverluste, Aborte, Totgeburten und Defekte; sie verursachen in der Tierzucht insgesamt einen erheblichen Mehraufwand bzw. Minderertrag (z.B. bei Säugetieren ca. 50% der Embryonalverluste) und sind tierschutzrelevant.

Mit einer Erbfehlerprophylaxe lassen sich die nachteiligen Auswirkungen der Mutationen in den Tierpopulationen vermindern, indem die Verbreitung von Erbkrankheiten sowie erblichen Dispositionen kontrolliert und reduziert werden. Zur Einflußnahme gibt es mehrere Ansatzpunkte, wie die Minimierung der Neumutationen, der Nachweis und die Selektion von Trägern unerwünschter Mutanten sowie die Vermeidung einer phänotypischen Ausprägung. Für die Durchführung der Erbfehlerprophylaxe spielen Methoden der Gentechnologie eine Schlüsselrolle. Ein entscheidender Vorteil der molekulargenetischen Techniken ist die mögliche Erfassung der Anlageträger, d.h. eines Nachweises rezessiv vererbter Defekte in heterozygoten Individuen. Veränderungen in der genetischen Information können mit Hilfe geeigneter DNA-Sonden oder -Primer unabhängig vom Alter, Geschlecht, Umwelteinflüssen etc. dargestellt werden. In mehreren Fällen ist ein direkter Nachweis möglich, indem die dem Erbfehler zugrundeliegende DNA-Änderung bekannt ist und zur Identifikation genutzt wird. Ein solcher Nachweis läßt sich in der betreffenden Spezies mehr oder weniger allgemeingültig verwenden. Es sind jedoch auch indirekte Nachweise beschrieben worden, die dann notwendig sind, wenn die DNA-Änderung, die den Erbfehler bedingt, nicht bekannt ist. Indirekte Nachweise erfolgen mit Hilfe der Darstellung von Varianten in gekoppelten DNA-Bereichen. Die damit möglichen Aussagen sind dann im allgemeinen auf Familiengruppen begrenzt.

Probleme der Erbfehlerprophylaxe in der Tierzucht entstehen durch die große Zahl der Mutationen, durch ihre oft komplexe Basis, durch die fehlende Differenzierbarkeit verschiedener Mutanten sowie durch Konflikte mit anderen züchterischen Zielen. Die aufgezählten Punkte weisen auf einen erheblichen Forschungsbedarf hin. Gleichzeitig wird die Anwendung der Erbfehlerprophylaxe in Verbindung mit einem starken züchterischen Einsatz weniger Elterntiere immer wichtiger - eine Entwicklung, die sich durch die modernen biotechnologischen Verfahren der Reproduktionsbiologie weiter verstärken wird (vgl. Kapitel 3.12.4).

Nachweis und Verwendung züchterisch vorteilhafter Genvarianten: Die Tiere einer Population tragen im allgemeinen sehr unterschiedliche Genvarianten. Einzelne Genvarianten für Quantitative Trait Loci (QTLs) weisen - wenn überhaupt - meist so geringfügige Effekte auf, daß diese nicht ohne zusätzliche Hilfsmittel abgrenzbar sind. Derartige QTLs verursachen aber letztlich bei den Haustierpopulationen die genetisch bedingte Merkmalsvariabilität, die wiederum eine evolutionäre Entwicklung und damit auch die Entwicklung der Merkmalswerte in die von der züchterischen Selektion vorgegebene Richtung erlauben.

Der Nachweis und die züchterische Verwendung von Genvarianten, die für Leistungseigenschaften eine Bedeutung haben, waren möglich, sobald geeignete Techniken zur Verfügung standen. Analysen von Genen, die ursächlich für große, züchterisch wichtige Effekte von Bedeutung sind (Target- oder Kandidaten-Gene), sind mit Hilfe molekulargenetischer Gendiagnose gelungen und für praktische Anwendungen in der Tierzucht verfügbar. Beispiele für züchterisch wichtige Einzelgenwirkungen wurden für Milchproteinmengen und -zusammensetzung (Milchprotein-codierende Gene) beim Rind (NG-Kwai-Hang et al. 1987, 1990) oder für die Fruchtbarkeit (Booroola-Gen) beim Schaf (Bindon und Piper 1986) beschrieben. Die bewußte Erfassung und Nutzung möglichst vieler züchterisch vorteilhafter Genvarianten in Tierpopulationen ist von zunehmender wirtschaftlicher Bedeutung. Voraussetzung für diese Untersuchungen sind jedoch Genkartierungen, die bei Nutztieren noch nicht in ausreichendem Maße existieren. Außerdem erfordern derartige Arbeiten sowohl genotypisch heterogene Tierpopulationen als auch angepaßte Screening-Techniken. Effiziente Screening-Verfahren zum Auffinden erblicher Varianten in Tierpopulationen sind erst noch zu optimieren; sie hängen ab von der Genauigkeit der Diagnose relevanter Genvarianten, der Zahl und dem Umfang der DNA-Bereiche sowie den Kosten pro untersuchtem Tier. Es ist zu erwarten, daß für diesen Einsatzbereich zunehmend verbesserte und komplexe gentechnische Verfahren, allerdings patentiert, zur Verfügung gestellt werden.

Mutationen lassen sich experimentell auslösen; hierfür war eine ökonomisch sinnvolle Nutzung bislang nur bei Mikroorganismen und Pflanzen gegeben, in der Tierzucht jedoch kaum. Ein wesentlicher Grund dafür war, daß die Mutationsinduktion nur eine geringe Effizienz aufwies - vor allem durch die geringe Rate vorteilhafter Änderungen und die Verbindung mit einer großen Zahl nachteiliger Auswirkungen. Aufgrund des hohen Wertes pro Individuum, der geringen Vermehrungsraten sowie der langen Generationsintervalle war daher die Suche und Berücksichtigung von Mutanten bei den Tieren aufwendiger als der Nutzen. Inzwischen stehen aber mit den Methoden der Gentechnik- und Zellgenetik neue Ansätze zur Mutationsauslösung zur Verfügung, so daß sich bei den Tieren die experimentellen Voraussetzungen grundsätzlich geändert haben.

Nachweis und Verwendung von DNA-Markern: Seit langem sind diskontinuierliche Merkmalsformen in Tierpopulationen bekannt, bei denen die selteneren Formen nicht (allein) durch Mutation in der vorausgegangenen Generation erklärbar sind. Diese sogenannten genetischen Polymorphismen sind insbesondere bei DNA-Sequenzen und "primären" Genprodukten verbreitet. DNA-Polymorphismen besitzen viele vorteilhafte Eigenschaften, wie u.a. die direkte Erfaßbarkeit der Allele (d.h. kodominante Vererbung, Unabhängigkeit der Darstellung vom Alter, Gewebe, Geschlecht etc.), die mehr oder weniger stabile Vererbung, die Auswählbarkeit für Gene und Chromosomenregionen, die große Zahl sowie die z.T. sehr vielen Allele pro Locus.

DNA-Varianten, die durch Basensubstitution, -deletion oder -insertion bedingt werden, sind im allgemeinen in bezug auf eine DNA-Stelle diallel. Für sie gibt es verschiedene Darstellungsmöglichkeiten, wie die DNA-Sequenzanalyse der variablen Region, die Darstellung der Varianten in den Erkennungsstellen für ein Restriktionsenzym als Restriktions-Fragmentlängen-Polymorphismus (RFLP) (Skolnick u. White 1982), die Hybridisierung mit allelspezifischen Oligonukleotiden (Allele Specific Oligonucleotides, ASO) (Saiki et al. 1986) oder die Darstellung von Denaturierungsunterschieden in DNA-Fragmenten (Single Strand Conformation Polymorphismus, SSCP). Außerdem entstehen in eukaryontischen Genomen Varianten durch unterschiedlich häufige DNA-Sequenzwiederholungen (Rearrangement-Polymorphismen). Diese sind für eukaryontische Genome charakteristisch, weisen meist mehrere Allele auf und werden als Variable Number of Tandem Repeats (VNTRs) zusammengefaßt (Nakamura et al. 1987). Die Darstellung kann mit DNA-Sonden erfolgen, die für VNTR-Bereiche spezifisch sind und damit mehrere VNTR-Loci simultan erfassen. Eine solche Multilocus-VNTR-Darstellung wird wegen ihrer großen Variabilität zwischen den Individuen auch als DNA-Fingerprinting bezeichnet (Jeffreys et al. 1985). Um einen Multilocus-Ansatz handelt es sich auch bei der Verwendung der PCR (Polymerase-Chain-Reaction) in Verbindung mit DNA-Primern bestimmter Länge, aber verschiedener Sequenzen (Zufallsprimer), so daß zufällige DNA-Varianten (Random Amplified Polymorphic DNA, RAPD-Technik; Williams et al. 1990) dargestellt werden. Sonden bzw. PCR-Primer für VNTR-flankierende, Locus-spezifische DNA-Sequenzen führen zur Darstellung eines bestimmten Tandem-Repeat-Bereiches (Wong et al. 1986). Diese Monolocus-VNTR-Darstellung kann durch Kombination von Primerpaaren für verschiedene VNTR-flankierende DNA-Regionen auf eine Darstellung mehrer VNTR-Loci pro Ansatz erweitert werden.

DNA-Marker werden in der Tierzucht für verschiedene Anwendungen eingesetzt. Ihre Einsatzbereiche betreffen Identitätskontrollen, Untersuchungen der Elternschaften, Zwillingsdiagnosen, Analysen der Populationsstruktur und -dynamik, Messungen der Verwandtschaft zwischen Populationen sowie die Verwendung zur indirekten Beurteilung von leistungswichtigen Genen. Aus DNA-Marker-Analysen ergeben sich also für eine Anwendung in Zuchtprogrammen vielfältige Ansätze, wie u.a. für die Vorselektion bei Jungtieren vor deren Testeinsatz und für Genotypunterstützte Selektions- oder Kreuzungszuchtverfahren. Ein Beispiel dafür sind Forschungsarbeiten zur Einführung der Trypanotoleranz in europäische Rinderrassen (ILRAD 1990). Entscheidende Vorteile sind hierbei die Gendiagnosen für geschlechts- und altersbegrenzt ausgeprägte Leistungsmerkmale sowie für den Nachweis besonderer Genvarianten sonst gering erblicher Merkmale. Als weitere Vorteile sind die Prüfung einer größeren Tierzahl auf bestimmte Genvarianten, die höhere Selektionsgenauigkeit sowie die Aufdeckung besonders wirksamer Allele oder Allelkombinationen zu nennen. Aufgrund der entscheidenden züchterischen Bedeutung von DNA-Markern werden diese, wie bereits erwähnt, gegenwärtig beim Schwein (Andersson et al. 1993), Rind (Womack 1993) und Huhn (Katib et al. 1993) in großen internationalen Kooperationsprogrammen nachgewiesen und kartiert.

Gentransfer in eukaryontische Zellen sowie Verwendung transgener Zellen oder Individuen

Als Gentransfer wird die Übertragung von *in vitro* rekombinierter DNA ("DNA-Konstrukte") in Körper- oder Keimbahnzellen bezeichnet. Auf diesem Wege wird erreicht, daß Zellen bzw. Individuen das "Transgen" in erblicher Form tragen und damit transgen (transgenisch) werden. Zielsetzung ist im allgemeinen der sich daran anschließende Einbau von transferierter DNA in das Genom der Empfängerzelle(n). Oft wird erst dann von einer transgenen Zelle oder einem transgenen Individuum gesprochen, wenn die transferierte DNA in das Genom des Empfängers integriert ist. Die transferierte DNA soll im allgemeinen exprimiert werden, d.h. zu Genprodukten (meist ein Protein) führen. Durch Gentransfer werden dann bestimmte Eigenschaften der Empfängerzellen bzw. des Empfängerorganismus beeinflußt oder neu eingeführt.

Ein DNA-Abschnitt, der für den Gentransfer benutzt werden soll, besteht in der Regel aus einer *in vitro* erzeugten Kombination von regulatorischen (Promotorregion) und kodierenden DNA-Sequenzen; er kann Abschnitte enthalten, die aus derselben Spezies oder aus anderen Spezies stammen oder synthetisch hergestellt sind. Das entstehende Gen- oder DNA-Konstrukt muß mehrere

3.12 Biotechnologie als Grundlage neuer Verfahren in der Tierzucht

Anforderungen erfüllen, so daß seine Entwicklung aufwendig ist. Transgene Individuen werden durch Manipulation von Keimzellen oder Zellen frühembryonaler Stadien erzeugt. Wenn in dieser Entwicklungsphase die transferierte DNA in die Chromosomen integriert wird, gelangt das Transgen durch die Mitosen in alle Zellen des Individuums, und es kann schließlich über die Gameten auf die Nachkommen vererbt werden. Grundlegende Experimente erfolgten an Mäusen (Palmiter et al. 1982). Wegen der guten reproduktionsbiologischen Eigenschaften sind bei Nutztieren besonders viele Gentransfer-Experimente am Schwein durchgeführt worden. Auch Transfers von Genen bei Rind, Schaf, Ziege und Kaninchen waren erfolgreich. Es gibt mehrere Möglichkeiten zur Erzeugung transgener Zellen oder Tiere und viele neue technische Entwicklungen (Brem 1993; Pursel u. Rexroad 1993; Seidel 1993). Diese beziehen sich auf folgende Teilbereiche:

- Erstellung von DNA-Konstrukten;
- Erzeugung transgener Tiere (vektorfreier Gentransfer in frühembryonale Stadien; Infektion von Embryonen mit rekombinanten Retroviren; Gentransfer in embryonale Stammzellen; gezielte Inaktivierung und Korrektur von Genen; Gentransfer mittels Spermien);
- Methoden zum Nachweis der Integration des Transgens;
- Untersuchungen zur Vererbung des Transgens;
- Methoden zum Nachweis der Expression des Transgens.

Verwendung von transgenen Nutztieren: Transgene Nutztiere werden zum einen erzeugt, um zusätzliche, heterologe Substanzen - oft in Form von humanen Proteinen - gewinnen zu können. Dieser auch als Gene-Farming (Molecular-, Drug-Farming) bezeichnete Anwendungsbereich beabsichtigt vor allem die Nutzung der gebildeten Substanzen für die pharmazeutische Industrie. Eine zweite Verwendung zielt auf die Entwicklung veränderter oder neuer Merkmale an den Tieren ab, durch die der Wert der betreffenden transgenen Zuchtlinie gesteigert wird. Für beide Anwendungsrichtungen gibt es zahlreiche Beispiele:

- Verbesserung von Wachstum, Futterverwertung, Milchleistung etc.: z.B. Transfer des Gens für das Wachstumshormon oder den Wachstumshormon-Releasing-Faktor zur vermehrten Expression von Wachstumshormon im Schwein, Kaninchen und Schaf;
- Steigerung der Krankheitsresistenz: z.B. Expression von Mx-Genen in Schweinen zur Erzielung einer Resistenz gegen Influenza-Viren; Übertragung des Laktoferrin-Gens beim Rind zur Steigerung der Mastitisresistenz;
- Erzeugung neuer Stoffwechselpfade: z.B. Transfer von Genen der Cystein-Biosynthese für ein besseres Wollwachstum beim Schaf;
- Veränderung der Stützproteine: z.B. Zusammensetzung von Wolle oder Seide;
- Verbesserung der Qualität tierischer Produkte: z.B. Expression von ß-Laktoglobulin in Schafen zur Veränderung der Milchprotein-Zusammensetzung;

- Produktion pharmazeutisch wichtiger Peptide und Proteine (Gene-Farming): z.B. menschlicher Blutgerinnungsfaktor IX oder alpha$_1$-Antitrypsin in der Milch von Schafen;
- Modelle für toxikologische Tests: z.B. Erstellung hypersensitiver Tiere gegen Carcinogene, Mutagene und/oder Gifte, um damit Umweltgefahren genauer als bisher erfassen zu können;
- Transgene Tiere für den Einsatz in der Humanmedizin: z.B. Beeinflussung der Organ- und Gewebeeigenschaften beim Schwein hinsichtlich der Verträglichkeit zur Xenotransplantation, Modellsysteme zur Untersuchung und Behandlung von gastrointestinalem Krebs.

Derzeit ist noch kein heterologes Protein, das in der Milchdrüse eines transgenen Tieres produziert worden ist, als Pharmacon zugelassen. Große Schwierigkeiten bestehen in Deutschland aufgrund der Tierschutzrelevanz und der negativen öffentlichen Akzeptanz. Die Anwendung des Gene-Farmings hat gegenüber einer Genexpression in Zellkulturen erhebliche Nachteile durch die geringe Flexibilität, die hohen Entwicklungskosten und die schwierige Aufreinigung des Genproduktes (z.B. bei der Forderung eines Freiseins von tierischen Viren). Nachteilige Auswirkungen ergeben sich durch die gesetzlich geforderten Sicherheitsauflagen. Beispielsweise muß das Gene-Farming so erfolgen, daß ein unbeabsichtigtes Verabreichen pharmazeutischer Produkte an Menschen verhindert wird. Außerdem sind alle transgenen Tiere unter den Auflagen des Gentechnikgesetzes zu halten und zu entsorgen, was ggf. zu sehr hohen Kosten bei Zuchtprogrammen für transgene Nutztiere führt und in vielen Fällen sachlich nicht begründet ist.

Als nachteilig haben sich auch Nebenwirkungen herausgestellt, die durch die Integration des Transgens, durch die verwendete Vektor-DNA sowie durch die Expression entstehen können, also technisch-biologisch bedingt sind. Hierzu zählen die Auslösung von Mutationen an mehreren Stellen des Genoms, die Inaktivierung von chromosomalen Genen durch die Integration des Transgens (Gene-Disruption), die Aktivierung von Onkogenen (z.B. bei Verwendung retroviraler Vektoren) sowie eine unphysiologische Expression des Transgens. Insbesondere haben sich Hormone in transgenen Tieren physiologisch erheblich ausgewirkt. Bei Expression des menschlichen Wachstumshormon-Gens in Mäusen wurden z.B. erhöhtes Wachstum der Tiere, verfrühte Milchdrüsen-Entwicklung und reduzierte Fertilität der Weibchen beobachtet.

Für die prinziell aussichtsreichen Perspektiven der Erstellung von Zuchtlinien transgener Nutztiere sind also noch weitere Forschungsarbeiten notwendig. Aus den technischen Entwicklungen wird erwartet, daß z.B. die potentiellen Vorteile des Gene-Farmings über die Milchdrüse - wie die großen Proteinmengen, deren einfache Gewinnung durch Melken, die niedrigen Kosten für die Haltung und Fütterung eines Nutztieres, die lange Nutzungsdauer sowie die Vermehrung transgener Tiere auf konventionellem Wege - in absehbarer Zeit zu erreichen sind.

Verwendung der Genexpression in Zellkulturen: Transgene Zellen können unter bestimmten Bedingungen *in vitro* vermehrt werden. Derartige tierische Zellkulturen werden u.a. für die gentechnische Produktion pharmakologisch wichtiger Substanzen eingesetzt, wenn sich diese nicht in Bakterienzellen herstellen lassen (z.B. Paborsky et al. 1990). Mehrere auf diese Weise produzierte Medikamente sind bereits auf dem Markt erhältlich (z.B. Gewebeplasminogenaktivator, Tumornekrosefaktor, Blutgerinnungsfaktor VIII, Erythropoietin). Bei diesen Verfahren ist die Proteinausbeute allerdings noch gering; außerdem erfolgt die Proteingewinnung unter großem technischen Aufwand und damit hohen Kosten.

Ein für die Tierzucht wichtiger Weg besteht darin, Gene in Zellinien einzuschleusen und nachfolgend die Genexpression zu untersuchen. Zum Beispiel werden bei Milchprotein-codierenden Genen auf diese Weise DNA-Abschnitte identifizierbar, die für die Genregulation wichtig sind; hierbei ist auch die Genregulation durch Hormone zu untersuchen. Zu diesem Zweck werden die zu analysierenden DNA-Abschnitte vor dem Einbringen in die Zellen häufig mit einem sogenannten "Reporter-Gen" verknüpft, dessen Expression sich in der Zelle leicht messen läßt. Mit diesen Methoden kann möglicherweise in Zellkulturen der züchterische Wert von Genvarianten erkannt werden, was eine erhebliche Effizienzsteigerung für die Tierzucht bedeuten würde.

3.12.3 Verwendung biotechnologischer Methoden in Zuchtverfahren

Von den genannten biotechnologischen Methoden werden in neuen Zuchtverfahren spezielle Kombinationen berücksichtigt. Die Summe und Anordnung der Verfahren, die zur Erstellung eines Zuchtproduktes eingesetzt werden, bezeichnet man in der Tierzucht üblicherweise als Zuchtprogramm. Biotechniken sind in diesem Zusammenhang stets als Hilfsmittel für die Erstellung von Zuchtprodukten zu betrachten. In Verbindung mit der züchterischen Anwendung liegen die allgemeinen Beiträge der Biotechnologie

- in der Beeinflussung der Fortpflanzung;
- im Erkennen und Auswählen einzelner Gene, Chromosomen und/oder Zellen;
- in der Analyse und Beeinflussung der Entstehung erwünschter Merkmalswerte;
- in der Kombination von Genomen oder Genomteilen sowie
- in der Abänderung von Genen, Chromosomen und/oder Genomen.

In bezug auf die Erstellung der Zuchtprodukte ergeben sich aufgrund der Beiträge der biotechnologischen Methoden folgende Anwendungsziele:

- Optimierung der Effizienz der züchterischen Selektion, beispielsweise durch direkte Erfassung geeigneter Erbanlagen;
- Erweiterung der Genmigration, wie z.B. ein Gentransfer über die Speziesgrenzen hinweg;

- Beeinflussung der genotypischen Varianz, der Remontierung und des Generationsintervalls, wie z.B. durch Erzeugung zahlreicher Nachkommen mit der künstlichen Besamung;
- umfassende Nutzung genotypisch günstiger Individuen, z.B. durch künstliche Besamung;
- Berücksichtigung einzelner Merkmale durch präzise Analyse und Beeinflussung der genotypischen Variation mit dem Ziel einer Veränderung von Qualität, Produktspektrum, Fitness etc.;
- Kontrolle der genetischen Struktur von Populationen, beispielsweise durch Erfassung von Inzucht, Erbfehlern etc.

In den Zuchtverfahren werden meist mehrere biotechnologische Methoden kombiniert, weil sich erst dann eine Optimierung der Anwendungsziele erreichen läßt oder eine Methodenkombination zu komplementären Effekten führt. Am Beispiel der Milchrinderzucht werden in Übersicht 2 die Kombinationen verschiedener Biotechniken aufgeführt.

Übersicht 2 Beispiele für biotechnologisch unterstützte Zuchtprogramme beim Milchrind

Programm	Künstliche Besamung (incl. Kryokonservierung)	Superovulation	Embryotransfer	Embryodiagnose	In-vitro-Produktion von Embryonen	Embryosplitting	Embryoklonierung	Gentransfer	Gendiagnose	Praxis-Einsatz
Besamungszucht	+									stark
MOET-Zucht	+	+	+	(+)		(+)				mittel
IVP-Embryo-Nutzung	(+)	(+)	+	(+)	+			(+)		beginnend
Embryoklonierung	(+)	(+)	+	+	+	+				nein
Gentransfer	(+)	(+)	+		(+)			+	+	vereinzelt
Genotyp-unterstützte Selektion	+	(+)	(+)	(+)	(+)	(+)		(+)	+	beginnend

+ obligatorisch; (+) fakultativ

Zur Beschreibung biotechnologisch unterstützter Verfahren in der Tierzucht werden nachfolgend vier Szenarien aufgeführt, die gegenwärtig bereits wichtiger Bestandteil der Zuchtpraxis sind (Kapitel 3.1) oder die intensiv auf ihre Verwendbarkeit geprüft werden (Kapitel 3.2 bis 3.4).

Besamungs- und Embryotransferverfahren

Zuchtverfahren, bei denen die künstliche Besamung verwendet wird ("Besamungszuchtprogramme"), sind beim Rind sehr verbreitet. Sie zeichnen sich durch eine spezielle Organisation bei der Anpaarung von Testbullen an Kühe verschiedener Abstammung und/oder Betriebe aus, um aus den Merkmalswerten der Nachkommenschaften eine zuverlässige Zuchtwertschätzung vornehmen zu können. Ein solcher Einsatz der Testbullen sowie die Verwendung der auf diese Weise zuchtwertgeprüften Vatertiere kann nur über die künstliche Besamung erreicht werden.

Außerdem wurden spezielle Zuchtverfahren beim Rind etabliert, in denen die Superovulation und der Embryotransfer einbezogen werden (MOET: Multiple Ovulation and Embryo Transfer). Bei diesen Verfahren werden mehr oder weniger geschlossene Elitekuhherden ("Nukleus") in Prüfstationen gehalten und mittels Embryotransfer stark vermehrt. Durch frühzeitige Selektion der Jungtiere anhand von Ahnen- und Geschwisterleistungen wird die Intensität der Selektion erhöht und das Generationsintervall gesenkt. Gegenüber traditionellen Besamungszuchtverfahren ist bei Merkmalen mit hoher Erblichkeit ein erheblich verbesserter Zuchtfortschritt zu erreichen, der in der Fleischrinderzucht stärker ausgeprägt ist als beim Milchvieh (Gearheart et al. 1990; Menwissen 1991). In der Praxis handelt es sich bei derartigen Nukleuszuchtprogrammen vor allem um Zwischenformen mit Stationsprüfungen und Embryotransfer für Elitekühe, aber einem Einsatz von Vatertieren, welche über die Nachkommenprüfung mittels Besamungszucht selektiert wurden. Bislang ist die technische Entwicklungshöhe des Embryotransfers noch nicht optimal. Erst durch die sich jetzt abzeichnende Praxisreife der *In vitro*-Fertilisation werden die MOET-Zuchtverfahren ihre Vorteile entfalten können.

Klonierungsverfahren

Ein Klonierungsverfahren verfolgt das Ziel, rasch Individuen einer überlegenen Zuchtgeneration zu erstellen und zu verbreiten. Mit einem Paar an Zuchttieren, das auf besondere Weise ausgewählt wird, werden pluripotente Zellen (Embryonalzellen, Stammzellkultur) erzeugt. Anhand dieser Zellen wird als Zuchtprodukt ein mehr oder weniger großer Klon an genotypisch identischen Nachkommen erstellt. Das Verfahren der Klonierung ist im Forschungsstadium und hat noch nicht die Entwicklungshöhe für eine Anwendung erreicht. Trotzdem lassen sich hinsichtlich der weiteren züchterischen Nutzung Alternativen erkennen.

Erstens kann die Auswahl eines Ausgangs-Zuchtpaares erfolgen, um mit den klonierten Nachkommen eine Founder-Generation zu erstellen. Tiere der Founder-Generation werden - wenn der Klon wirtschaftlich überlegen ist - beständig nachkloniert. Über sexuelle Fortpflanzung könnten auch weitere Generationen produziert werden, die jeweils der Selektion unterworfen werden. Ziel wäre dann die nachhaltige Weiterentwicklung einer neuen Zuchtlinie, in der die Individuen untereinander eine beträchtliche genetische Ähnlichkeit aufweisen würden. Mit der klonierten Founder-Generation lassen sich über sexuelle Vermehrung außerdem nach dem Reinzuchtprinzip wieder Nachkommen erstellen. Hierbei ist es vorteilhaft, mittels *In vitro*-Fertilisation, Embryotransfer und künstliche Besamung eine intensive Vermehrung des Zuchtpaares zu erreichen, damit in kurzer Zeit die erwünschten genetischen Eigenschaften verbreitet werden.

Ein zweiter Ansatz des Klonierungsverfahrens wird darin bestehen, daß Zuchttiere, die für die Klonierungsstufe verwendet werden, aus verschiedenen Rassen stammen. Unter den Embryonen würden dann für die Klonierung diejenigen ausgewählt, die besonders heterozygot sind. Das Zuchtprodukt erhielte dann seine Leistungsfähigkeit zusätzlich durch optimierte Kombinations- und Heterosiseffekte. Damit besäßen nur die Individuen der klonierten Generation den besonderen Wert, und eine Nachproduktion des betreffenden Klons wäre das Anwendungsziel.

Genotyp-orientierte Screening- und Selektionsverfahren

Es kann angenommen werden, daß in Zukunft vermehrte Kenntnisse über leistungswichtige Gene und deren Varianten in Nutztierrassen verfügbar sind. Sobald dann auch Methoden, mit denen Genvarianten auf DNA-Niveau kostengünstig darzustellen sind, eine genügende Entwicklungshöhe erreicht haben, lassen sich diese einsetzen, um große Individuenzahlen mit vertretbarem Aufwand auch auf gering verbreitete, vorteilhafte Genvarianten "screenen" zu können. Auf diese Weise kann aus einer großen Zahl an Tieren einer oder mehrerer Populationen nach solchen Tieren gesucht werden, die in ihrem Erbgut möglichst viele vorteilhafte Genvarianten aufweisen und/oder nachteilige Genvarianten nicht besitzen. Aus diesen wahrscheinlich sehr wenigen Individuen kann in einem Genotyp-orientierten Selektionsverfahren, d.h. der Selektion von Tieren aufgrund des Besitzes bestimmter Genotypen, in wenigen Generationen ein Zuchtprodukt entstehen, in dem jedes Individuum alle positiven Genvarianten tragen würde. Dieses Zuchtprodukt wäre dann also in bezug auf neue Gene einheitlich, die sonst sehr selten sind. Es wäre weiterhin vorstellbar, daß ein solches Zuchtprodukt aufgrund seiner genetischen Überlegenheit einen hohen Wert aufweist und möglicherweise die Kriterien für einen Patentschutz erlangen kann.

Die im internationalen Rahmen große Bedeutung von Genotyp-orientierten Screening-und Selektionsverfahren wird aus dem folgenden hypothetischen Beispiel deutlich: International gibt es für die in Industrieländern überlegene Milchrasse "Holstein-Friesian" mehrere Populationen. Aus diesen können auf DNA-Basis solche Individuen gescreent werden, die möglichst mehrere günstige Erbanlagen zugleich besitzen, wie u.a. für Hornlosigkeit, günstige Milchproteine, hohe Fruchtbarkeit und besondere Krankheitsresistenz. Wenn für das Screenen alle Herdbuchtiere herangezogen würden, stünden in den Industrieländern mindestens 50 Millionen Tiere zur Verfügung. Eine effiziente Kombination der DNA-Tests und Ausgangstests aus Sammelproben (z.B. DNA aus der Sammelmilch aller Kühe jeweils eines Bestandes) dürften es erlauben, die Kosten pro Tier auf DM 20,- zu begrenzen. Mit einem solchen Aufwand werden schließlich 500 genotypisch besonders interessante Tiere ausgewählt und über drei bis vier Generationen selektiert. Unter Verwendung der Reproduktions-Biotechniken mag das Zuchtprodukt, das über alle erwünschten Gene in homozygoter Kombination verfügt, nach ca. 10 Jahren zur Verfügung stehen. Das Zuchtprogramm hat dann aber möglicherweise zwei Mrd. DM gekostet. Bei einem umfassenden Rechtsschutz wird diese Investion aber betriebs- und volkswirtschaftlich sehr lohnend sein können.

Zuchtverfahren mit transgenen Tieren

Besondere Bedingungen stellen sich für die Tierzucht ein, wenn ein Stamm transgener Tiere verfügbar ist. Liegt das Transgen stabil an einem chromosomalen Locus integriert vor, so ist bei diploiden Individuen zunächst nur eines der beiden Allele betroffen. Da das Transgen im anderen Allel des Locus fehlt, handelt es sich also um hemizygot-transgene Tiere. Mit diesen werden homozygot transgene Tiere erzeugt, indem hemizygote Tiere verpaart werden. Bei der Integration eines Transgens an einem Locus, der für die Embryonalentwicklung oder für Körperfunktionen wichtig ist, lassen sich keine homozygoten Tiere erzeugen oder diese zeigen Defekte. Außerdem können Mutationen, die durch den Gentransfer an weiteren Stellen des Genoms entstanden waren, homozygot aufspalten und dann nachteilig sein. Bis zur Verfügbarkeit von geprüften F_3-Tieren, die sich möglicherweise in der Züchtung einsetzen lassen, vergehen z.B. beim Schwein ca. 10 Jahre. Neben der langen Zeitdauer wird über eine geringe Effizienz und Instabilität bei der Integration des Transgens berichtet; in diesem Zusammenhang wird von Tier zu Tier eine Variabilität der Expression beobachtet. Für die Zucht transgener Tiere werden daher neue Techniken entwickelt, mit denen Teile der Zuchtstufen in Zellkulturen ausgeführt werden sowie Diagnosen erwünschter Erbanlagen frühzeitig und genau möglich sind.

Bei den transgenen Tieren kann das Transgen, d.h. die über Gentransfer eingetragene neue Erbsubstanz, die im wirtschaftlichen Sinne hauptsächliche Bedeutung besitzen. Dies ist die übliche Situation beispielsweise bei Übertragung eines Gens für ein pharmazeutisch nutzbares Protein in Schafe oder Rinder (Gene-Farming). Durch rasche Reproduktion wird dann eine genügende Zahl an Tieren erstellt, mit denen die gewünschten Produkte in der ausreichenden Menge zu erzeugen sind. Beim Rind oder Schaf reichen für viele pharmazeutische Produkte nur wenige Individuen aus; in anderen Fällen, wie etwa für das humane Albumin, könnte jedoch eine größere Zahl an transgenen Tieren benötigt werden. Das Transgen kann aber auch in Relation zu den übrigen Genen des Erbgutes nur eine geringe bis mittlere Rolle spielen, wie dies z.B. beim Transfer von Resistenzgenen zu vermuten wäre. Dann sind mit den transgenen Tieren wieder Nachkommengenerationen zu erstellen, in denen verschiedenartige Verbindungen von Transgenen und anderen Genvarianten vorliegen, um in den folgenden Generationen weitere züchterische Selektionen auszuführen. Erst nach beträchtlichem zusätzlichem

Aufwand entsteht eine neue Zuchtlinie oder Rasse, welche das Transgen in Verbindung mit weiteren günstigen Erbanlagen aufweist. Auf diesem Wege sind züchterische Beiträge denkbar, die eine erhebliche wirtschaftliche Bedeutung erlangen können.

Die aufwendigen Entwicklungen von besonderen transgenen Zuchtlinien und Rassen lohnen sich ohne Patentschutz nicht. Um Nachzuchten durch andere zu vermeiden, sind darüber hinaus weitere Schutzmaßnahmen möglich, wie z.B. die Haltung innerhalb geschlossener Unternehmen oder die Erzeugung spezieller Hybridprodukte.

3.12.4 Realisierung biotechnologischer Entwicklungen in der Tierzucht

Der Versuch, die zu erwartende Realisierung biotechnologischer Fortschritte für verschiedene Biotechniken und Tierarten darzustellen, stützt sich auf die wissenschaftliche Literatur und Expertenmeinungen. Die Prognose ist für die nächsten Jahre relativ zuverlässig, soweit sie sich auf weitgehend bekannte und in der Praxis eingesetzte Biotechniken bezieht. Viele der biotechnologischen Neuerungen haben aber gegenwärtig in der Tierzucht noch keine Praxisreife erlangt, obgleich bei einer genügenden Entwicklungshöhe eine starke Anwendung erwartet wird, und diese zu großen ökonomischen Auswirkungen führen würde. Dies trifft z.B. für die Embryonalklonierung und den Gentransfer zu. Mittel- bis langfristige Aussagen sind daher mit einem zunehmenden Grad an Unsicherheit behaftet.

Nachfolgend werden verschiedene Gesichtspunkte aufgeführt, die im Zusammenhang mit der Realisierung biotechnologischer Neuerungen in der Tierzucht stehen.

Realisierungsbereiche

In den hier vorgenommenen Ausführungen zur Tier-Biotechnologie werden die Entwicklungen im Bereich der Zucht von herkömmlichen Nutztieren betrachtet. Obgleich für diesen Bereich die Anwendung von biotechnologischen Methoden wichtig ist, gibt es bei den Haustieren noch andere ökonomisch bedeutsame Bereiche, wie unkonventionelle Tierzuchtbereiche, die Tiergesundheit sowie die Herstellung leistungsfördernder Substanzen.

Bereiche unkonventioneller Tierzucht: Bisher wurden vom Menschen nur sehr wenige Tierarten domestiziert; außerdem wurde die genetische Vielfalt durch Selektion auf wenige Merkmale stark reduziert. Neben den herkömmlichen Nutztieren werden jedoch die biotechnologischen Verfahren bei vielen weiteren Tierarten und -rassen angewendet. Dazu gehören Arbeiten an Sport-, Liebhaber-, Labor-, Zoo- und Wildtieren sowie neuen Nutztierzüchtungen. In jedem dieser

3.12 Biotechnologie als Grundlage neuer Verfahren in der Tierzucht

Bereiche gelten für biotechnologische Verfahren sehr spezielle Bedingungen und Anwendungsziele, wie nachfolgend am Beispiel der Fischzucht herausgestellt wird.

Die Fischzucht ist ein relativ neues Gebiet; viele der genutzten Fischarten wurden bislang züchterisch kaum bearbeitet. Angesichts der ökologischen Grenzen bei der Nutzung wildlebender Fischbestände sowie des besonderen ernährungsphysiologischen Wertes von Fischen ist mit einer zunehmenden Bedeutung der Aquakultur zu rechnen. Gründe, die dafür sprechen, sind auch, daß Fische als Kaltblüter und Wassertiere eine bedeutend bessere Futterverwertung erreichen können als Landtiere. Die Zahl der Fischarten, die sich für eine Zucht anbieten, ist sehr groß, so daß viele Möglichkeiten für eine Anpassung an verschiedene ökologische und ökonomische Voraussetzungen bestehen. Die Erfolge der Aquakultur werden gegenwärtig dadurch unterstützt, daß zur Beeinflussung von Krankheiten, Ernährung, Genetik und Reproduktion biotechnologische Verfahren eingesetzt werden. Dazu gehören Geschlechtsumwandlung, induziertes Einleiten des Laichvorganges, Entwicklung von Antibiotika und Impfstoffen, Parthenogenese sowie Veränderung der Ploidie. Auf diese Weise wird sich die Produktivität der Aquakultur zukünftig noch wesentlich erhöhen lassen (OECD 1994).

Tiergesundheit: Tierkrankheiten können für Bevölkerungsgruppen, die von der Viehhaltung leben, wirtschaftliche Härten bedeuten. Sie verursachen aber auch Schmerzen und Leiden für die Tiere. Daneben besteht ein Risiko für die menschliche Gesundheit, wenn diese Krankheiten auf Menschen übertragbar sind, tierische Produkte mit pathogenen Organismen kontaminiert sind sowie Rückstände aus der Krankheitsbehandlung oder den pathogenen Prozessen vorkommen. Aus diesen Gründen werden die Einsatzmöglichkeiten der Biotechnologie für die Zwecke der Tiergesundheit sorgfältig geprüft. Die Bovine Spongiose Encephalitis (BSE) liefert ein gutes Beispiel für die unvorhersehbaren Gefahren, die erst durch Einsatz biotechnologischer Methoden beherrschbar sein werden.

Die Biotechnologie wird sowohl bei der Bekämpfung von Tierkrankheiten als auch zur Überwachung der Tiergesundheit eingesetzt. Bei der Produktion von Diagnostika, wie monoklonale Antikörper und DNA-Sonden, spielt der sichere und differenzierte Nachweis kleinster Mengen infizierenden Materials in den betroffenden Tieren oder deren Ausscheidungen eine entscheidende Rolle. Derartige hochempfindliche Erkennungssysteme können vor allem mit den neuen Verfahren der Biotechnologie bereitgestellt werden, wie bereits viele Beispiele bei Haustieren beweisen. So gewinnt die Analyse der Nukleinsäure-Sequenzen von Viren für den Nachweis von Seuchen eine hauptsächliche Bedeutung. International waren Ende 1989 bereits 120 Diagnose-Kits (von ca. 100 Unternehmen) auf dem Markt, die Tierärzten und Landwirten zugänglich gemacht wurden (OECD 1994).

Ein zweiter Bereich für den Einsatz biotechnologischer Methoden besteht darin, daß neue Vakzine für die Prophylaxe hergestellt werden. Mit den DNA-Techniken ist es möglich, sehr gezielt antigen wirksame Untereinheiten der pathogenen Mikroben für die Herstellung von Impfstoffen zu verwenden, die dann die Immunabwehr der Tiere stärken, aber nicht pathogen sind. Als erstes dieser

Untereinheitenvakzine wurde in Deutschland 1993 mit dem Pseudorabiesimpfstoff gegen die Aujeszkische Krankheit beim Schwein ein Produkt aus gentechnisch veränderten Organismen nach dem Gentechnikgesetz in den Verkehr gebracht. Inzwischen gibt es mehrere gentechnisch hergestellte Vakzine, die eine vielversprechende Anwendung zur Bekämpfung von Tierkrankheiten zu sein scheinen. Dazu gehören auch die neuartigen Möglichkeiten der Biotechnologie, Antigene gezielt gegen Infektionsstadien von Parasiten herzustellen.

Ein dritter Anwendungsbereich der Biotechnologie für die Tiergesundheit ist die gentechnische Veränderung von Mikroorganismen zur Herstellung neuer therapeutischer Wirkstoffe. Es ist zu erwarten, daß neue Antibiotika gegen Bakterien und Pilze entwickelt werden. Beispielsweise erweist sich Ivermectin schon jetzt als wirksames Mittel zur Behandlung äußerer und innerer Parasiten bei Haustieren (OECD 1994). Zur Behandlung der Kälberruhr stehen monoklonale Antikörper zur Verfügung, und man arbeitet an ähnlichen Mitteln gegen Mastitis bei Rindern.

Herstellung leistungsfördernder Substanzen: Zu einer effizienten Erzeugung von tierischen Produkten trägt die Verwendung exogen hergestellter "Leistungsförderer" bei. Hierzu gehören sehr verschiedene Substanzen, wie Hormone, anabole Steroide oder antimikrobielle Stoffe. Ein bekanntes Beispiel dafür ist das Wachstumshormon (GH), durch dessen Einsatz die Milchleistung und die Schlachtkörperzusammensetzung bei Nutztieren verbessert werden können. Hierbei wird die pro kg aufgenommener Nahrung produzierte Milchmenge bzw. der Anteil der Fleisches im Verhältnis zum Fettgewebe gesteigert. Behandlungen mit gentechnisch hergestelltem Rinderwachstumshormon, das als bovines Somatotropin (bST) bezeichnet wird, erwiesen sich daher als ökonomisch lohnend. Ähnliche Programme mit porcinem Somatotropin (pST) zeigen ebenfalls, daß das Körperfett reduziert und die Futterverwertung verbessert werden können. Einige Unternehmen bemühen sich um den weltweiten Einsatz von Somatotropin und befinden sich in verschiedenen Stadien des Genehmigungsverfahrens.

Die Ausgaben für Futtermittel sind ein wesentlicher Kostenfaktor für die Erzeugung tierischer Produkte. Daher gewinnt die Biotechnologie über die Produktion von Futterzusätzen, wie Vitamine, Enzyme und Aminosäuren, eine besondere Bedeutung. Gegenwärtig wird z.B. an der biotechnologischen Herstellung der wichtigen Aminosäuren Lysin und Tryptophan mit Erfolg gearbeitet. Auch die Mikroorganismen des Gastrointestinal-Traktes sind im Zusammenhang mit der Tierernährung ein wichtiges Ziel biotechnologischer Arbeiten geworden. U.a. werden die Mikroorganismen des Pansens eingehend untersucht, und man arbeitet daran, Bakterien mit günstigen Genen für die Aminosäurekombinationen, einer reduzierten Methanproduktion sowie einer verbesserten Stickstoffoxidierung auszustatten. Probiotika, bei denen dem Futter speziell ausgewählte, lebensfähige Mikroben zugesetzt werden, um den Anteil erwünschter Mikroorganismen im Gastrointestinal-Trakt zu vergrößern, sind eine weitere Möglichkeit zur Verbesserung der Verdauungstätigkeit.

3.12 Biotechnologie als Grundlage neuer Verfahren in der Tierzucht

Realisierungszeiten und -ausmaße

Die neuen Biotechniken verbreiten sich schneller in der tierischen Erzeugung als dies für technische Entwicklungen in den zurückliegenden Zeiten zutraf. Entscheidend hierfür sind die qualitativen und damit sicher beschreibbaren Forschungsergebnisse, das System der wissenschaftlichen Publikationen, die Datenbanken für DNA-Daten sowie die Möglichkeit, Patente zu erwerben. Für die einzelnen Biotechniken, die in der Tierzucht verwendet werden, ergeben sich jedoch sehr unterschiedliche Bedingungen in bezug auf Entwicklungsstand, möglichen Praxiseinsatz, Effizienz, absehbare Entwicklungskosten, Risiken, Probleme, Betriebssicherheit etc. Unter Berücksichtigung dieser Bedingungen lassen sich die Biotechniken hinsichtlich ihrer Realisierungszeiten und -wahrscheinlichkeiten einteilen in:

- praktisch eingesetzte Biotechniken, deren Einsatz durch weitere Entwicklungen aber noch verändert wird (Beispiel: Künstliche Besamung);
- neue Biotechniken, die in relativ exakt voraussehbarer Zeit in die praktische Anwendung gehen werden (Beispiele: *In vitro*-Fertilisation, Gendiagnostik);
- Biotechniken, die sich an der Schwelle der praktischen Anwendung befinden, jedoch größere, schwer abschätzbare außerökonomische Einführungsfriktionen aufweisen (Beispiel: Gentransfer);
- Biotechniken, deren Erfindung absehbar, wenn auch zeitlich nicht sicher fixierbar ist und deren Akzeptanz angesichts weitgehender Unwissenheit über die weiteren Entwicklungen der gesellschaftlichen Werthaltungen derzeit nicht prognostizierbar ist (Beispiele: Klonierung, Chromosomentransfer).

Die Verbreitung der technischen Verfahren in der aktuellen Zucht ist in der Übersicht 1 zusammengefaßt. Inzwischen entwickeln sich in die Zuchtpraxis eingeführte Biotechniken rasch weiter, was sowohl die Effizienz als auch den Einsatzbereich eines Verfahrens verändern kann. Dies trifft beispielsweise für die Gendiagnostik zu, mit der gegenwärtig beim Rind lediglich auf ein bis drei Gene und beim Schwein im wesentlichen nur auf ein Gen getestet wird. Starke Veränderungen sind hier nicht nur hinsichtlich einer zunehmenden Verbreitung, die in wenigen Jahren nahezu 100% der Zuchttiere erreichen wird, anzunehmen. Vielmehr betreffen sie vor allem auch die Art und Zahl der züchterisch wichtigen Gene, die in ein Gendiagnostikverfahren aufgenommen werden. Außerdem ist die Nutztierzüchtung hierarchisch in Zucht-, Vermehrungs- und Produktionsstufe gegliedert. Beim Schwein befinden sich z.B. in Deutschland nur ca. 0,4% der Tiere in der für den genetischen Fortschritt wichtigen Zuchtstufe, so daß die hier eingesetzten biotechnologischen Hilfsmittel aufwendig, vielfältig und wirksam sein können, ohne eine größere Verbreitung zu erfahren. Aufgrund der im internationalen Rahmen umfangreichen Forschungs- und Entwicklungsarbeiten in der tierzüchterisch orientierten Biotechnologie werden innerhalb der nächsten 5 bis 10 Jahre zahlreiche neue anwendungsreife Verfahren zur Verfügung gestellt werden.

Biologisch-züchterische Grenzen

Entwicklungen in der Tierzucht werden durch verschiedene Gegebenheiten begrenzt, so daß sich Leistungssteigerungen, Kostensenkungen oder neue Produkte nicht beliebig und nicht gleichmäßig erzielen lassen. So bildet der Genpool einer Population in sich ein komplexes biologisches System, für dessen Reaktionsnorm und Informationswert sehr viele DNA-Sequenzen wichtig sind. Hierdurch hat sich bislang gezeigt, daß Art und Ausmaß der selektiven Änderungen innerhalb einer speziesspezifischen Bandbreite bleiben und von biologischen Gesetzmäßigkeiten abhängen. Dabei stehen Merkmale eines Organismus miteinander in komplexer Wechselwirkung. Diese Wechselwirkungen können sich mit zunehmender Leistungshöhe verstärken und begrenzen schließlich kombinierte Züchtungsziele. Daraus folgt, daß sich bei gleichmäßiger Selektion die weitere Steigerung bislang berücksichtigter Selektionsmerkmale immer mehr abschwächt und es gleichzeitig zu ungünstigen Auswirkungen auf die Adaptationsfähigkeit, Tiergesundheit und Nutzungsdauer der Tiere kommt. Man spricht dann von "züchterischen Nebeneffekten" oder "Merkmalsantagonismen". Beispielsweise führte die Züchtung auf zunehmende Milchleistung beim Rind oft auch zu erhöhter Krankheitsanfälligkeit und Fruchtbarkeitsminderung (Sommer 1991). Diese allgemeinen biologisch-züchterischen Zusammenhänge sind auch zu beachten, wenn beispielsweise einzelne vorteilhafte Gene in eine Population eingeführt werden. Gleichzeitig ist jedoch bekannt, daß der Genpool einer Tierpopulation in der Regel über ein so hohes Maß an Heterogenität und genetischer Anpassungsfähigkeit verfügt, daß im Rahmen der genannten Zusammenhänge ein großes Potential züchterisch nutzbarer Variabilität verfügbar ist. Die Anwendung biotechnologischer Verfahren ist aber angemessen auszurichten und auf vorteilhafte Bereiche zu konzentrieren. Anzustreben ist ein Ausmaß und ein Spektrum an Neuerungen, mit denen vorteilhafte Gesamtresultate sicher und nachhaltig zu erreichen sind. Dies weist in bezug auf den Einsatz konkreter Verfahren auf die Bedeutung umfassender Technikfolgenabschätzungen hin.

Viele Effekte durch eine geänderte Reproduktion, wie bei der künstlichen Besamung oder der *In vitro*-Fertilisation, verringern die Zahl der Zuchttiere, die sich an der Nachkommenproduktion beteiligen. Dadurch entstehen auf die Dauer genetisch gleichförmige Populationen, in denen ein konstant bleibender züchterischer Aufwand zu reduzierten Selektionserfolgen führen wird. Ein solcher Verlust an genetischer Vielfalt bezieht sich nicht nur auf die genetische Änderung bestehender Rassen, sondern auch auf die Abnahme der Rassenzahl, z.B. die Zusammenfassung und Vereinheitlichung ehemals getrennter Rassen (Simon u. Schulte-Coerne 1979; Smith 1984). Derartige Entwicklungen werden durch die zunehmende Effektivität von Zuchtmaßnahmen bedingt, insbesondere durch den Einsatz der Biotechniken. Die Abnahme der genetischen Vielfalt wird im einzelnen verursacht durch die einfachen Transportmöglichkeiten von Sperma und Embryonen, durch die wirtschaftlich und genetisch günstigen Selektionsbedingungen in großen Populationen, durch die Entwicklung hierarchischer Populationsstrukturen (Züchtung - Vermehrung - Produktion) sowie durch die

3.12 Biotechnologie als Grundlage neuer Verfahren in der Tierzucht 271

Vereinheitlichung der Fütterungs- und Haltungsbedingungen und damit einer verminderten Auswirkung spezieller natürlicher Standortbedingungen. Die genannten nachteiligen Auswirkungen einer intensiven Tierzucht werden sich erst nach längerer Zeit zeigen. Zweckentsprechende Maßnahmen, die bekannt sind, wirken jedoch nur bei rechtzeitigem Einsatz; sie erfordern daher baldmöglichst überbetriebliche Aufwendungen und angepaßte rechtliche Schutzbestimmungen. Zu den Hilfstechniken bei der Erhaltung genetischer Vielfalt gehören vor allem auch die biotechnologischen Methoden, beispielsweise für die Diagnose genetischer Heterogenität, Konservierung von Gameten und Embryonen sowie für die Analyse der genetischen Leistungsregulation.

3.12.5 Auswirkungen der neuen Zuchtverfahren

Die raschen technischen Entwicklungen im Haustierbereich werden in der Öffentlichkeit kritisch betrachtet. Biotechnologische Neuerungen in der Tierzucht sowie die dadurch erstellten vorteilhaften Zuchttierpopulationen und Zuchtprodukte besitzen eine erhebliche wirtschaftliche Bedeutung und wirken sich daher in starkem Maße auf die Struktur der tierischen Erzeugung aus. Die Nutzung der Biotechniken in der Tierzucht macht außerdem Anpassungen der Gesetzgebung sowie der Forschungs- und Entwicklungsförderung notwendig. Die genannten Auswirkungen der neuen Zuchtverfahren werden im folgenden näher ausgeführt.

Fragen der öffentlichen Akzeptanz

Weitere Innovationen im Bereich der tierzüchterischen Biotechnologie und die Wahrscheinlichkeit ihrer Anwendung hängen von der Akzeptanz durch Züchter, Erzeuger, Verarbeiter und Verbraucher tierischer Produkte sowie durch andere Gesellschaftsgruppierungen ab. Bei Befragungen im Rahmen der amerikanischen Studie "Public Perceptions of Biotechnology" (OTA 1987) ergab sich im Vergleich zu biotechnischen Arbeiten an Menschen, Pflanzen und Mikroorganismen eine durchaus positive Einstellung zur Forschung und Entwicklung bei Tieren. Entsprechende Untersuchungen bei Verbrauchern in Deutschland und Europa sowie bei weltweit führenden Unternehmen der Agrar- und Ernährungsbranche zeigen ähnliche Ergebnisse, lassen aber auch Bedenken hinsichtlich der öffentlichen Akzeptanz der Tier-Biotechnologie erkennen (von Alvensleben u. Steffens 1990; OECD 1994).

Im Zusammenhang mit der öffentlichen Akzeptanz ist für jede neue Biotechnologie nach einer objektiven und sachkundigen Abwägung der potentiellen Vorteile gegen die Risiken und möglichen Kosten zu fragen. Biotechnologieabhängige Risiken werden in der Tierzucht aufgrund folgender Bedingungen gesehen:

- möglicher Eintrag von genetisch modifizierten Individuen in die Umwelt (Umweltschutz und -sicherheit);
- Aufnahme von Produkten über Nahrungsmittel, die biotechnologisch hergestellt wurden (Nahrungsmittelsicherheit);
- Belastung der Tiere durch Änderung ihrer genetischen Beschaffenheit (Tierschutz);
- Beeinflussung von Tierpopulationen in ihrer Struktur oder sogar in ihrem Bestand (Schutz der genetischen Vielfalt).

Jeder der Risikobereiche benötigt eine spezielle Evaluierung, bei der für bestimmte Verfahren die wissenschaftlichen Entwicklungen und die Auswirkungen bei einer Anwendung umfassend analysiert werden sollten, wie dies z.B. für das bovine Somatotropin geschehen ist (z.B. Beusmann et al. 1989).

Insgesamt ist festzustellen, daß für die biotechnologischen Entwicklungen in der Tierzucht erst kurzfristige Erfahrungen vorliegen. Bislang wurde über keine größeren nachteiligen Nebenwirkungen berichtet, oder diese konnten kontrolliert und korrigiert werden. Beispielsweise können neu erzüchtete Individuen bei Haustieren Defekte oder für den Menschen nachteilige Eigenschaften tragen. Derartige Tiere dann zu merzen, ist bei Haustieren aber im Vergleich zu Mikroorganismen oder Pflanzen einfach, da Haustiere in der Regel vollständig dem Einfluß des Menschen unterliegen. Probleme können allerdings erwachsen, wenn mit biotechnologischen Methoden Merkmalsänderungen an Tieren hervorgerufen werden, die zwar zu pathologischen Erscheinungen führen, aber vom Menschen gewünscht werden. Solche züchterischen Fehlentwicklungen lassen sich an einigen Beispielen der Liebhaber- und Nutztierzuchten erkennen; sie sind jedoch bereits durch das geltende Tierschutzgesetz verboten.

Die Risiken für unbeabsichtigte Auswirkungen eines Einsatzes biotechnologischer Verfahren sollten in bezug auf die Tierzucht nicht dazu führen, daß Forschung, Entwicklung und Verwendung vorteilhafter Verfahren verhindert werden. Vielmehr sollten dafür die geltenden Bestimmungen und Anwendungsregeln berücksichtigt und weiter angepaßt werden (vgl. unten "Anpassung..."). Die große Zahl wirksamer Organisationen, die sich gegen Biotechnologie wenden, haben die öffentliche Meinung in Deutschland jedoch pauschal gegen einen weiteren Einsatz der Biotechnologie in der tierischen Erzeugung beeinflußt. Aus diesen Gründen wurden die biotechnologischen Entwicklungen stark reglementiert, was zu erheblichen Aufwendungen in Behörden, Forschungseinrichtungen und Industrie geführt hat. Eine mangelnde Akzeptanz kann bestimmte neue Biotechnologien vom Markt fernhalten, falls auf politischer Ebene gegen ihre Zulassung entschieden wird. Dies bewirkte für Deutschland eine Verlangsamung und Verringerung des biotechnologischen Fortschrittes - ein Tatbestand, der sich für die Tierzuchtforschung im internationalen Vergleich bereits nachteilig ausgewirkt hat. Die betreffenden züchterischen Verfahren und auch die Zuchtprodukte werden in anderen Ländern intensiv entwickelt, aber dann auf dem deutschen Markt eingesetzt.

3.12 Biotechnologie als Grundlage neuer Verfahren in der Tierzucht 273

Die zuständigen staatlichen Stellen und einschlägigen Wirtschaftsbereiche sollten daher die Öffentlichkeit über neue Biotechniken unterrichten, mit dem Ziel einer ausgewogenen, sachlichen und nachhaltigen Beurteilung dieses Entwicklungsgebietes. Selbstverständlich sind hierbei für die Tier-Biotechnologie kritische Bewertungen durch analysierende Argumente und Einbeziehung alternativer Perspektiven notwendig. Der Wohlfahrt einer Volkswirtschaft wird durch eine solche umfassende Abwägung von Vor- und Nachteilen im Rahmen eines Zielsystems, das alle Beteiligten angemessen berücksichtigt, am stärksten gedient. Daraus wird sich ein zweckentsprechender Ausbau neuer tierzüchterischer Technologien ergeben, der langfristig auch öffentliche Akzeptanz finden wird.

Folgen für die Wirtschaftlichkeit und Struktur der tierischen Erzeugung

Im Bereich der Tier-Biotechnologie ist eine große Dynamik und Vielschichtigkeit hinsichtlich der Innovationen und Anwendungen festzustellen. Dabei werden sowohl kostensenkende, diversifizierende als auch qualitätsbezogene Strategien verfolgt. Aufgrund der Komplexität und der hohen Ansprüche erfordern die Biotechnologien neue Formen der Kooperation zwischen Unternehmen, Produktabnehmern, Forschungsinstitutionen und Politik. Diese Kooperation ergibt sich auch angesichts der mit Entwicklungsarbeiten verbundenen hohen Kosten. Einige der Produkte und Verfahren für die Biotechnologie sind jedoch kostengünstige Nebenprodukte der Forschung und Entwicklung im Bereich der Biowissenschaften und Humanmedizin. Bereits jetzt ist der Weltmarkt für biologische Substanzen mit diagnostischem und therapeutischem Einsatz bei Haustieren relativ groß und soll bei ca. 10% der Gesamtumsätze der wichtigsten pharmazeutischen Produkte liegen (OECD 1994). Nach Angaben der OECD haben jedoch die Biotechniken der Tierzucht eine weit größere Bedeutung. Allein die künstliche Besamung erreicht einen größeren Beitrag zur Produktivität beim Rind als die übrigen Verbesserungen der Ernährung, Gesundheit und Haltungsmethoden insgesamt. Die nächste Generation der Biotechniken für den tierzüchterischen Einsatz wird noch wirksamer sein (vgl. Kapitel 3.12.2) und aufgrund von Patentierungen eine Fortschrittsentlohnung an die Forschungsinstitutionen und Unternehmen ermöglichen.

Für die Verhältnisse in Deutschland werden noch Untersuchungen darüber benötigt, welchen wirtschaftlichen Nutzen die neuen Biotechniken der Tierzucht im einzelnen pro nutztierhaltendem Betrieb stiften. Entsprechendes gilt für die Auswirkungen auf die Struktur in landwirtschaftlichen Sektoren sowie vor- und nachgelagerten Stufen. Dazu sind Untersuchungen notwendig, die außerdem die sozialen und ökologischen Folgen einzelner biotechnologischer Verfahren quantifizieren. Nur bei speziellen Techniken, wie beim bST, wurden bisher die Folgen unterschiedlicher Szenarien eingehend verglichen (z.B. Beusmann et al. 1989).

Einen Eindruck vom bisherigen Nutzen der bereits biotechnologisch unterstützten Tierzucht in Deutschland vermitteln die in Abbildung 1 dargestellten

Entwicklungen der jeweils wirtschaftlich wichtigsten Merkmale beim Rind und Schwein. Beim Rind ist am Beispiel der Milchfettmenge zu erkennen, welche beträchtlichen Fortschritte im Verlaufe einer kurzen Zeitspanne erreicht wurden. Auffallend ist dabei, daß die Fortschrittsraten kontinuierlich anstiegen und in den letzten Jahren eher zunehmen, wozu u.a. die Bezahlung nach Milchfettmenge und die in der Rinderzucht durchweg konsequent angewandten Besamungs-zuchtprogramme wesentlich beigetragen haben dürften. Für das Schwein zeigen die auf Muskelfleisch bezogenen Fettmengen, daß die Entwicklungen je nach Tierart und Merkmal unterschiedlich verlaufen können. An den dargestellten phänotypischen Leistungsentwicklungen sind beim Rind auch Umwelt-verbesserungen beteiligt, während beim Schwein aufgrund der weitgehend gleichbleibenden Stationsprüfungen die Veränderungen fast ausschließlich aufgrund der Erbanlagen bewirkt wurden. Die Leistungssteigerungen trugen wesentlich zu den strukturellen Veränderungen in der tierischen Erzeugung bei. Übersicht 3 läßt an Beispielen erkennen, wie stark die Anzahl der Nutztierhalter und auch die der Milchkühe in den letzten 20 Jahren zurückging. Ähnlich einschneidende Entwicklungen liegen bei anderen Nutztierarten vor.

Übersicht 3 Entwicklung der Zahl von Tierhaltern und Nutztieren in Westdeutschland

	1972	1992	Veränderung in %
Milchkuhhalter in Tsd.	672	226	-66
Milchkühe in Tsd.	5.466	4.328	-21
Schweinehalter in Tsd.	872	256	-71
Schweine in Tsd.	20.028	22.115	+10

Zusammenfassend läßt sich für den Nutztiersektor bei den traditionellen Erzeugnissen eine anhaltende Überangebotssituation erkennen, die auch bei anderen westlichen Industriestaaten gegeben ist. Daneben finden jedoch gegenwärtig erhebliche wirtschaftliche Entwicklungen außerhalb der Industriestaaten statt, die auch den Weltmarkt beeinflussen und u.U. die Situation des Überangebotes an Nahrungsmitteln tangieren können. In diesem Zusammenhang wird zunehmend bedeutsam werden, daß die Nutztierhaltung, wie auch die übrige landwirtschaftliche Produktion, insbesondere in den Entwicklungsländern, z.T. auf Kosten einer nachhaltigen Bodenfruchtbarkeit betrieben wird; dies beinhaltet Risiken und Grenzen.

3.12 Biotechnologie als Grundlage neuer Verfahren in der Tierzucht

Abb. 1 Entwicklung ausgewählter Leistungsmerkmale beim Rind und Schwein in Westdeutschland

Durchschnittsleistungen westdeutscher Herdbuchkühe
Quelle: Arbeitsgemeinschaft Deutscher Rinderzüchter

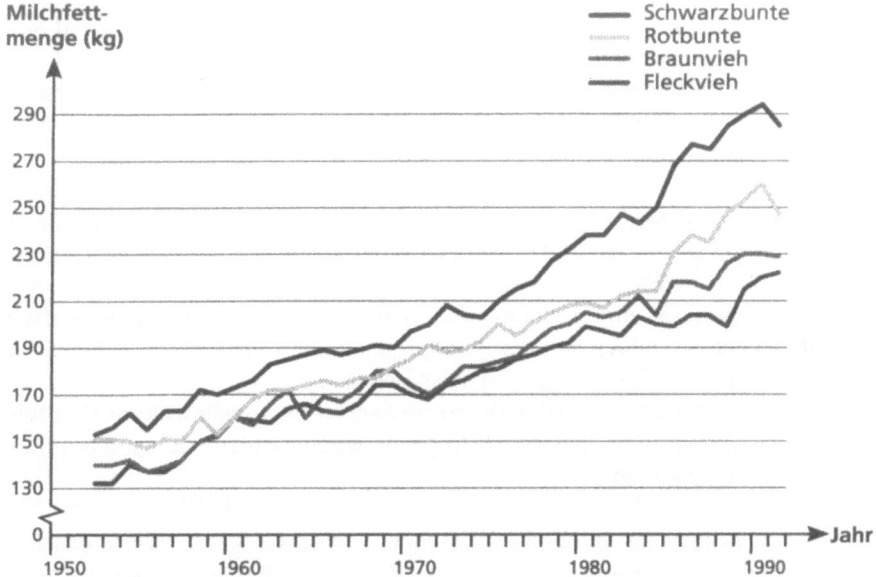

Durchschnittsleistungen in der westdeutschen Schweinezucht (Mastprüfungsanstalten)
Quelle: Arbeitsgemeinschaft Deutscher Schweineerzeuger / Zentralverband der Deutschen Schweineerzeuger

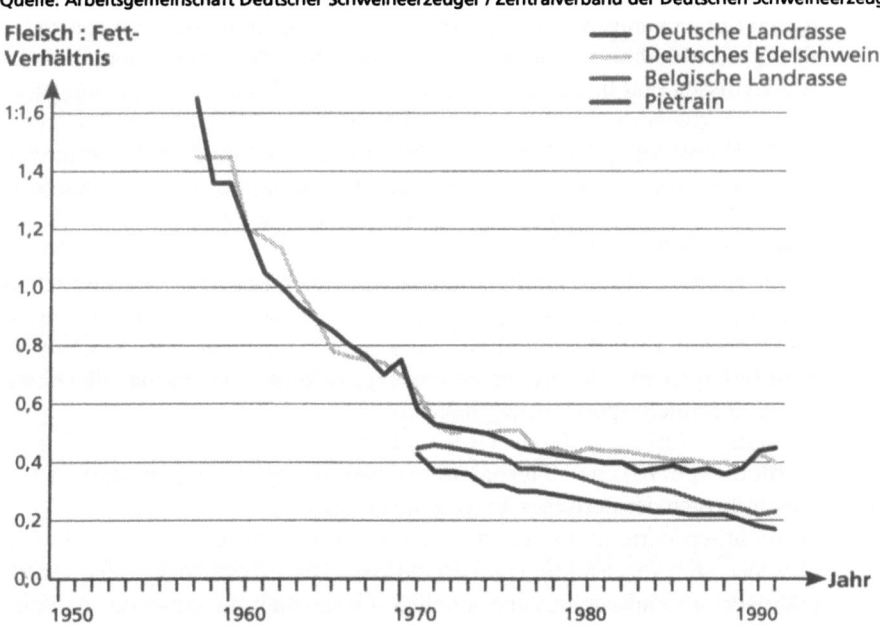

Zunächst wird jedoch im allgemeinen für die westlichen Industriestaaten mit einer Fortsetzung der bisherigen Entwicklungen gerechnet, die sich bei konsequentem Einsatz der biotechnologischen Neuerungen noch beschleunigen werden. Bemerkenswert erscheint eine Studie von Hank und Trenkel (1994) über den Einfluß der neuen Technologien auf die Landwirtschaft in Deutschland auch im Bereich der tierischen Erzeugung. Danach soll die bis 2010 als rückläufig prognostizierte Intensität der landwirtschaftlichen Produktion durch züchterischen Fortschritt, insbesondere durch die Verfahren der Biotechnologie, und besseres Betriebsmanagement zumindest kompensiert werden können. In diesem Kontext werden die wirtschaftlichen Auswirkungen, die die Biotechnologie in der Tierzucht sowie in den weiteren Sektoren stiftet, in starkem Maße von den Verfahren und Tierarten abhängen. Betriebs- und volkswirtschaftlich werden sich erhebliche Rationa-lisierungseffekte ergeben. Je nach Wettbewerbsdruck wird sich die Struktur der tierischen Erzeugung anpassen, wobei aufgrund der Eigenschaften der züchterischen Verfahren und der Zuchtprodukte die einheimische Tierzucht einem starken internationalen Wettbewerb ausgesetzt ist.

Im wesentlichen sind aus den tierzüchterischen Entwicklungen für Deutschland, aber auch andere Industriestaaten, folgende wirtschaftliche und strukturelle Auswirkungen zu erwarten:

- Je nach Einsatz biotechnologischer Verfahren kann es zu erheblichen Einkommenssteigerungen in den tierhaltenden Betrieben und Zuchtorganisationen kommen. Aufgrund kosten- und ertragswirtschaftlicher Faktoren werden größere Betriebseinheiten stimuliert, die dann auch eine weitreichende und flexible Integration der biotechnologischen Fortschritte ermöglichen. Von diesen Entwicklungen wird die Wettbewerbsfähigkeit der Betriebe abhängen.
- Bei gleichbleibender oder sogar reduzierter Nachfrage nach tierischen Erzeugnissen und in Verbindung mit erhöhter Effizienz und Leistungsfähigkeit wird sich die Nutztierzahl pro landwirtschaftliche Nutzfläche reduzieren. Eine solche Entwicklung wird die Umweltbelastung der Nutztierhaltung durch Gülle und Gase stark verringern. Der Einsatz biotechnologischer Verfahren in der Tierzucht verbessert somit indirekt die Qualität der Produktionsprozesse in der Landwirtschaft und den Umweltschutz.
- Aufgrund der Leistungsoptimierung ist mit einem erhöhten Kraftfuttereinsatz in Verbindung mit einer Freisetzung von Futterflächen zu rechnen. Aufgrund der rückläufigen Tierzahlen und bei Verwendung freiwerdender Flächen für die Kraftfutterproduktion wird die bereits gegenwärtig zu beobachtende Drosselung der Futtermittelimporte weiter anhalten.
- Verstärkte Auflagen durch Tier- und Umweltschutz sowie Fremdenverkehr werden spezifische Tierhaltungssysteme begünstigen und u.U. die Gesamtkosten der tierischen Erzeugung erhöhen.
- Hinsichtlich Form und Inhalt der Nahrungsmittel aus der tierischen Erzeugung verändert sich gegenwärtig das Verbraucherverhalten erheblich; gefragt wird nach Nährwert, Produktvielfalt und -qualität, Gesundheit, Freizeitwert, Ästhetik und

Umweltverträglichkeit. Bei der Verarbeitung der tierischen Erzeugnisse findet eine zunehmende Beeinflussung durch die Lebensmitteltechnologie statt, in der sich die Biotechnologie ebenfallls als wichtiges Instrument erweist. Einerseits geht es hierbei verstärkt um Lebensmittelfertigprodukte mit Ausgleichsmöglichkeiten mittlerer Qualitäten im Erzeugerbereich. Andererseits verstärkt sich jedoch der Druck in Richtung hochwertiger Lebensmittelqualität und naturbelassener Nahrung, wodurch kostenintensive Verfahren im Erzeugerbereich gefordert sind und die Einflüsse der Lebensmitteltechnologie zurücktreten.
- Der Ausbau von Spezialmärkten und ein steigendes Qualitätsbewußtsein bei den Verbrauchern liefern Anreize zur vertikalen Rückwärtsintegration. Dabei ist für die Zuchtstufe eine hohe Flexibilität und Effizienz ausschlaggebend, die durch Einsatz biotechnologischer Methoden gefördert werden.
- Aufgrund der Rationalisierungseffekte in der tierischen Erzeugung wird für diesen Bereich ein weiterer Rückgang der Beschäftigten und Einkommen eintreten. Bei rechtzeitiger Anpassung können aber neue, höher qualifizierte Arbeitsplätze entstehen, so in den biotechnologisch ausgerichteten Tierzuchtorganisationen, Betrieben der vor- und nachgelagerten Stufen sowie Forschungs- und Entwicklungseinrichtungen.

Weiterentwicklung der Zuchtorganisationen

Biotechnologische Neuerungen bedingen zusätzliche Strukturveränderungen bei den Zuchtorganisationen. Die Zuchtorganisationen setzen sich aus Züchtervereinigungen und Zuchtunternehmen zusammen. Züchtervereinigungen werden von Landwirten als Kooperationen betrieben, während Zuchtunternehmen Kapitalgesellschaften darstellen. Zuchtunternehmen sind nach dem deutschen Tierzuchtgesetz für Kreuzungszuchtprogramme vorgesehen, so daß für die Rinderzucht in Deutschland praktisch nur Züchtervereinigungen zugelassen sind. Außerdem sind mit der Tierzucht weitere Organisationen befaßt, so vor allem in den Bereichen der künstlichen Besamung, des Embryotransfers, der Leistungs- und Qualitätsprüfungen, der Zuchtwertschätzung, der Beratung, der Lehre und der Forschung.

Die neuen Zuchtverfahren werden sich mehr oder weniger auf alle an der Tierzucht beteiligten Organisationen auswirken. Bei den Züchtervereinigungen wird durch die neuen Zuchtverfahren die bereits durch die populationsgenetischen Zuchtverfahren und künstliche Besamung eingeleitete Zentralisierung fortschreiten. Auf zentraler Ebene der Züchtervereinigungen werden gegenwärtig erweiterte personelle und technische Voraussetzungen für die Durchführung biotechnologischer Verfahren geschaffen. Entsprechende Umstellungen zeichnen sich auch für Zuchtunternehmen ab, obgleich diese bereits zentral organisiert sind (z.B. Nukleuszucht).

Züchtervereinigungen und Zuchtunternehmen forcieren zunehmend den Absatz der Zuchtprodukte. Die auf biotechnologischer Basis hergestellten Zuchtprodukte weisen erhebliche Vermarktungsvorteile auf, wie Lager- und Transportfähigkeit, Standardisierung sowie Reproduzierbarkeit. Die damit erhöhten Gewinnchancen für

Zuchtorganisationen werden in komplementärer Weise die Aufnahme von biotechnologischen Innovationen fördern und flexible Produktentwicklungen begünstigen (z.B. Sabisch 1991). Dadurch wiederum wird es im tierzüchterischen Bereich zu einem verschärften Wettbewerb kommen, bei dem sich absatz- und entwicklungsorientierte Zuchtorganisationen durchsetzen und weitere Marktanteile gewinnen werden. Der Wettbewerb intensiviert sich noch, wenn sich forschungsintensive Konzerne der Tierzucht zuwenden und der Trend zu Firmen anhält, die unmittelbar Forschungseinrichtungen angehören und die gewerblich verwertbaren Forschungsergebnisse aus der Biotechnologie umsetzen (vgl. Gassen 1993). Die Zuchtorganisationen werden sich beim Einsatz bestimmter biotechnologischer Neuerungen (z.B. transgene Nutztiere) gegen Widerstände in den nachgelagerten Stufen, besonders bei den Verbrauchern, durchsetzen müssen. Die rasche Entwicklung vieler biotechnologischer Zuchtverfahren und deren Anwendung für sehr verschiedene Zwecke erfordert fortlaufend unternehmerische Initiativen. Ein Beispiel für eine solche Initiative ist auf dem Gebiet der Nützlinge die Züchtung von Erdhummeln (Bombus terrestris), die für Bestäubungszwecke eingesetzt werden. Dafür wurde im Jahre 1987 in Belgien auf Familienbasis eine Zuchtorganisation gegründet, die im Jahre 1992 bereits einen Umsatz von 15 Millionen DM aufwies (Miersch u. Blok 1994).

Anpassung der Gesetzgebung

Für die Tierzucht sind mehrere Gesetze maßgebend, bei denen durch die neuen Zuchtverfahren teilweise weitreichende Änderungen erforderlich werden. Im Hinblick darauf sind besonders das Tierschutz-, Patent-, Gentechnik-, Lebensmittel- und Tierzuchtrecht anzusprechen. Nachfolgend beschränken sich die Ausführungen vor allem auf die Darstellung von Aspekten für einen aktuellen Änderungsbedarf.

Beim geltenden Tierschutzgesetz ist aus der Verantwortung des Menschen für das Tier als Mitgeschöpf dessen Leben und Wohlbefinden zu schützen. Aus diesem Verständnis heraus ist es verboten, Wirbeltiere zu züchten, wenn der Züchter damit rechnen muß, daß bei der Nachzucht aufgrund vererbter Merkmale Körperteile oder Organe für den artgemäßen Gebrauch fehlen, untauglich oder umgestaltet sind und hierdurch Schmerzen, Leiden oder Schäden auftreten (§ 11b). Das Verbot gilt nicht für die Zucht von Versuchstiermutanten, die für die Durchführung bestimmter Tierversuche notwendig sind. Die gesetzliche Regelung des Tierschutzes liefert auch unter Einbeziehung biotechnologischer Neuerungen in der Tierzucht eine klare und zu menschlichen Zwecken hin ausgewogene Handlungsvorgabe.

Ein zentrales Problem im Zusammenhang mit den neuen Entwicklungen in der Tierzucht stellt der Patent- oder gewerbliche Rechtsschutz dar, weil dieser dem Innovationspotential der neuen Zuchtverfahren und Zuchtprodukte bislang nicht nachkommt (z.B. Straus 1990; Henze 1991). Das Problem wird mit der vorgesehenen "EU-Richtlinie über den rechtlichen Schutz für biotechnologische Erfindungen" weitgehend gelöst, und es werden damit die Defizite zu den der biotechnologischen Entwicklung Rechnung tragenden Rechtsschutzsystemen in den

3.12 Biotechnologie als Grundlage neuer Verfahren in der Tierzucht

USA und Japan abgebaut. Der geänderte Vorschlag für die Richtlinie (Fassung nach den Beratungen der Referenten für Patentrecht vom 8. Dezember 1993, Dokument 11156/93 vom 10.12.1993 des Rates der EU) stellt inzwischen einen bis hin zu Fragen des Tierschutzes ausgewogenen Kompromiß dar. Ein besonderes Problem ist aber immer noch die Ausschlußbestimmung für Tiere, wodurch ein weitergehender Rechtsschutz für Zuchtprodukte aus konventionellen Zuchtprogrammen nicht ermöglicht wird. Diesem Problem kann vielleicht durch eine Einbeziehung von Elementen des Warenzeichenrechts in das deutsche Tierzuchtgesetz begegnet werden.

Das Gentechnikgesetz betrifft den Bereich der Tierzucht vor allem aufgrund der relativ aufwendigen und zeitraubenden Genehmigungsverfahren. Daneben ist die Haltung und Entsorgung transgener Tiere auch dann sehr aufwendig, wenn keine denkbaren zusätzlichen Risiken erkennbar sind. Im Interesse einer beschleunigten Nutzung und Förderung der Gentechnik in der Tierzucht ist daher ein angepaßtes Vorgehen notwendig.

Im Lebensmittelrecht bestehen bisher für gentechnisch hergestellte und modifizierte Lebensmittel sowohl auf der Ebene der EU als auch in Deutschland keine Vorschriften. Die neuen Verfahren in der Tierzucht werden im Lebensmittelrecht erst durch die angestrebte Kennzeichnung der neuartigen Lebenmittel besonders beachtet (z.B. Katzek 1993). Inzwischen liegt zur Kennzeichnung ein geänderter Kommissionsvorschlag für eine Verordnung des Europäischen Parlaments und des Rates über neuartige Lebensmittel (Rats-Dokument Nr. 4480/94) vor. Nach einer Orientierungsaussprache dazu im EU-Binnenmarktrat bedarf vor allem die Art und Weise des Genehmigungs- bzw. Prüfverfahrens sowie die Frage der Etikettierung einer weiteren Klärung durch den zuständigen Expertenausschuß. Offenbar schließen die politischen Forderungen umfassende Marktzugangsverfahren und eine weitreichende Kennzeichnungspflicht ein. Es bleibt zu hoffen, daß das Lebensmittelrecht den neuen Problemen des Verbraucherschutzes gerecht wird, dabei aber auch praktikabel bleibt.

Im Hinblick auf das Tierzuchtgesetz ergeben sich, außer dem bereits erwähnten Ausbau des Schutzes für Zuchtprodukte, mehrere Änderungsforderungen. Zunächst ist die Anerkennung von Zuchtorganisationen zu fordern, und es sind Zuchtunternehmen ohne Beschränkungen zuzulassen. Biotechnologische Neuerungen machen hohe Investitionen notwendig, für die Kapitalgesellschaften besonders geeignet sind. Weiter erscheint es bei der Anerkennung von Zuchtorganisationen und tierzüchterischen Einrichtungen erforderlich zu sein, eine fachgerechte Durchführung der erweiterten Labortätigkeiten zu sichern. Dazu sind besondere Normen hinsichtlich des Personals, der Einrichtungen, der Geräte und der Dokumentation vorzugeben, soweit dies nicht bereits durch das Gentechnikgesetz geschieht. Bezogen auf die Zuchttiere sollten weitere gesetzliche Verpflichtungen erwogen werden, wie z.B. die Einhaltung minimaler effektiver Populationsgrößen, die Erbfehlerprüfung mittels gendiagnostischer Verfahren oder die Testung auf Erbbeständigkeit gentechnisch veränderter Tiere. Schließlich sollten die jetzigen Regelungen zur Erhaltung der genetischen Vielfalt überprüft werden, da diese durch die biotechnologischen Neuerungen und den zunehmenden Wettbewerb zusätzlich gefährdet ist. Der Staat ist für die Erhaltung der genetischen Vielfalt in hohem Maße verantwortlich (Momm 1987) und könnte die Zuchtorganisationen nach dem Verursacherprinzip zur Erhaltung genetischer Ressourcen verpflichten.

Forschungs- und Entwicklungsbedarf

Die Biotechnologie wird in ihrer Bedeutung für Forschung und Entwicklung, aber auch im Hinblick auf ihre Beteiligung an der Produktion weitgehend erkannt. Dies gilt auch für den Agrar- und Lebensmittelbereich, für den Schätzungen zeigen, daß die biotechnologischen Produkte auf das Weltmarktvolumen bezogen von 4,8 Mrd. im Jahre 1991 auf 80 Mrd. im Jahre 2000 zunehmen werden. Im Agrar- und Lebensmittelbereich werden wie in 1991 auch in 2000 nahezu 50% aller biotechnologischen Produkte erstellt werden (SAGB 1992).

Als kritisch ist dabei anzusehen, daß speziell in Deutschland die Forschungs- und Entwicklungsförderung weniger dem Tierbereich zukommt. Typisch dafür ist der mit Beginn des Jahres 1994 vom Bundesministerium für Forschung und Technologie im Rahmen des Förderungsprogramms "Biotechnologie 2000" gestartete Schwerpunkt auf dem Gebiet der Genomforschung "Technik zur Entschlüsselung und Nutzung biologischer Baupläne" (Bioengineering 1994). Als Ziele der entsprechenden Forschungs- und Entwicklungsaktivitäten werden in erster Linie qualitäts-verbesserte und kostengünstige Produkte und Verfahren auf den Gebieten Medizin, Pharmazie und Pflanzenzucht vorgegeben. Hierdurch wird - in Anbetracht der dominierenden wirtschaftlichen Bedeutung der tierischen Erzeugung im Rahmen der gesamten landwirtschaftlichen Produktion (vgl. Kapitel 3.12.1) - die internationale Wettbewerbsfähigkeit in einem wichtigen Anwendungsbereich der biotechnologische Neuerungen empfindlich beeinträchtigt.

In Deutschland sollten biotechnologische Forschung und Entwicklung in der Tierzucht, einschließlich einer sorgfältigen Abschätzung ihrer Folgen, besonders auch im Rahmen von Verbundforschungsprogrammen, speziell gefördert werden. Aufgrund der weitreichenden Vorkenntnisse aus den Biowissenschaften und der Humanmedizin könnten im Nutztierbereich schnell und effektiv neue biotechnologische Verfahren sowie wirtschaftlich lohnende Anwendungsgebiete erschlossen werden. Auf die Argumente der öffentlichen Akzeptanz von Biotechniken kann in der Tierzucht eingegangen werden, indem nur konsenzfähige Bereiche beachtet werden. Beim Transfer der Forschungs- und Entwicklungsergebnisse in die Praxis spielt die vorhandene Struktur der Tierzuchtorganisationen eine bedeutende Rolle. Die meisten Tierzuchtorganisationen, nämlich die Züchtervereinigungen, werden nicht als Mittelstandsbetriebe anerkannt, die bei den wichtigsten Projekten der biotechnologischen Forschungs- und Entwicklungsförderung die wesentliche Zielgruppe darstellen. Hieraus ergibt sich die dringende Erfordernis, die spezielle Struktur der deutschen Tierzuchtorganisationen zu berücksichtigen.

Die gegebenen förderungspolitischen und gesetzlichen (vgl. oben) Rahmenbedingungen beeinflussen die biotechnologisch orientierten Forschungs-

3.12 Biotechnologie als Grundlage neuer Verfahren in der Tierzucht

schwerpunkte in der deutschen Tierzucht erheblich. Führende Unternehmen gehen im Bereich der Biotechnologie mit Forschungsinstitutionen internationale Kooperationen ein, um sich raschen Zugang zu den Neuentwicklungen zu verschaffen. Diese Unternehmen nutzen die Bedingungen anderer Länder, indem sie Joint Ventures oder Tochtergesellschaften gründen, wo dies am günstigsten ist. Forschung und Entwicklung der Tier-Biotechnologie werden daher immer stärker ins Ausland verlagert. Bei Angleichung der Forschungsförderung und gesetzlichen Rahmenbedingungen werden die Innovationen jedoch auch wieder im Inland betrieben.

Literatur

Arbeitsgemeinschaft deutscher Rinderzüchter e.V. (ADR) (1993) Rinderproduktion in der Bundesrepublik Deutschland 1992, Bonn

Agrarbericht (1994) Agrar- und ernährungspolitischer Bericht der Bundesregierung. Bundesanzeiger Verlagsgesellschaft mbh, Bonn

Alvensleben von R, Steffens M (1990) Akzeptanz der Ergebnisse technischer Fortschritte durch die Verbraucher - empirische Relevanz. In: Buchholz EH, Neander E und Schrader H (Hrsg), Technischer Fortschritt in der Landwirtschaft -Tendenzen, Auswirkungen, Beeinflussung. Schriften der Gesellschaft für Wirtschafts- und Sozialwissenschaften des Landbaues e.V., Bd 26, Landwirtschaftsverlag, Münster-Hiltrup

Andersson L, Archibald AL, Gellin J, und Schock LB (1993) 1st pig gene mapping workshop (PGM1), 7 August 1992, Interlaken, Switzerland. Animal Genet. 24:205-216

Beusmann V, Doll H, Farries E, Hinrichs P, Lebzien P, Neander E, Rohr K, Salamon P, Schrader H, und Walter K (1989) Folgen des Einsatzes von bST in der deutschen Milcherzeugung. Schriftenreihe BMELF, Angewandte Wissenschaft 376, Landwirtschaftsverlag, Münster-Hiltrup

Bindon BM, Piper LR (1986) Booroola (F) gene: Major gene affecting bovine ovarian function. In: Evans JW, Hollaender A (ed) Genetic engineering of animals. Plenum Press, New York London, 6-94

Bioengineering (1994) Neuer Förderschwerpunkt in der Biotechnologie: Biologische Baupläne. Bioengineering 10, H.7, 7

Brem G (1993) Transgenic animals. In: Rehm HJ and Reed G, VCH-Verlag Weinheim New York Basel Cambridge

FAO, Food and Agriculture Organization of the United nations (1993) Yearbook Production 1992, vol. 46, Rom

Fujii J, Otsu K, Zorzata F, De Leon S, Khanna VK, Weiler JE, O'Brien PJ., Mac Lennan PH (1991) Identification of a mutation in porcine ryanodine receptor associated with. Malignant Hyperthermia. Science 253:448-451

Gassen H-G (1993) Höchste Zeit für eine Neuorientierung, Biotechnologie - Deutschland und USA im Vergleich. Bioengineering 9: H.5:8-12

Gearheart WW, Keller DS, und Smith C(1990) The use of elite nucleus units in beef cattle breeding. J. Animal Sci. 68:1229-1236

Geldermann H (1988) Genomanalyse bei Nutztieren. Züchtungskunde 60:232-247

Geldermann H (1990) Application of genome analysis on animal breeding. In: Geldermann H, Ellendorff F Genome analysis in domestic animals. VCH-Verlag, Weinheim New York Basel Cambridge, 291-323

Georges M, Dietz AB, Mishra A, Nielsen D, Sargeant LS, Sorensen A, Stelle MR, Zhao X, Leipold H, Womack JE, Lathrop M (1993) Microsatellite mapping of the gene causing weaver disease in cattle will allow the study of an associated quantitative trait locus. Proc. Nat. Acad. Sci. USA 90, 1058-1062

Greve T, Madison V, Avery B, Callesen H, Hyttel P (1993) In vitro production of bovine embryos: A progress report and the concequences on the genetic upgrading of cattle populations. Animal Reprod. Sci. 33:51-59

Hank K, Trenkel H (1994) Zukünftige Erscheinungsformen landwirtschaftlicher Betriebe. Ber. Ldw. 72:123-145

Henze A (1991) Gewerblicher Rechtsschutz. Agrarwirtschaft 42:425-429

ILRAD (1990) Trypanosomiasis. International Livestock Annual Report, 11-52

Innovations Foundations, University of Toronto, Canada (1992) DNA diagnosis test for porcine. Malignant Hyperthermia. No. Wo/92/11387, 9.7.1992

Jeffreys AJ, Wilson V, Thein SL (1985) Hypervariable "minisatellite" regions in human DNA. Nature 314:67-73

Johnson LA (1992) Gender preselection in domestic animals using flow cytometrically sorted sperm. J. Animal sci. 70 (suppl. 2):8-18

Katib H, Genislav E, Crittenden LB, Bumstead N, Soller M (1993) Sequence-tagged microsatellite sites as markers in chicken reference and resource populations. Animal Genet. 24:355-362

Katzek J (1993) Kennzeichnung gentechnisch hergestellter oder modifizierter Lebensmittel. Ernährungslehre und -praxis (Bestandteil der "Ernährungsumschau"), B25-B28

Meinecke-Tillmann S, Meinecke B (1984) Experimental chimaeras removal of reproductive barrier between sheep and goat. Nature 307:637-638

Menwissen THE (1991) The use of increased female reproduction rates in dairy cattle breeding schemas. Animal Prod. 52:21-31

Miersch M, Blok P (1994) Um Hummels Willen. Zeitmagazin, Nr. 13, 32-36

Momm H (1987) Governmental responsibility for genetic resources in animal breeding. 38th Annual Meeting of Europen Association for Animal Production - Commission Animal Genetics, Lisbon Portugal

Nakamura Y, Leppert M, O'Conell P, Wolff R, Holm T, Culver M, Martin C, Fujimoto E, Hoff M, Kumlin E, White R (1987) Variable number of tandem repeat (VNTR) markers for human gene mapping. Science 235:1616-1622

Ng-Kwai-Hang KF, Hayes JF, Moxley JE, Monardes HG (1987) Variation of milk protein concentrations associated with genetic polymorphism and environmental factors. J. Dairy Sci. 70:563-570

Ng-Kwai-Hang KF, Monrades H, und Hayes JF (1990) Association between genetic polymorphism of milk proteins and production traits during three lactation. J. Dairy Sci. 73:3414-3420

Niemann H, Meinecke B (1993) Embryotransfer und assoziierte Biotechniken bei landwirtschaftlichen Nutztieren. Enke-Verlag, Stuttgart

OECD (1994) Biotechnologie, Landwirtschaft und Ernährung. Agrarpolitische Berichte der Organisation der Wirtschaftlichen Zusammenarbeit und Entwicklung (OECD), Heft 28, Schriftenreihe BMELF, Reihe C, Landwirtschaftsverlag, Münster-Hiltrup

OTA, Office of Technology Assessment (1987) New development on biotechnology. U.S. Congress, Government Printing Office, Washington D.C.

OTA, Office of Technology Assessment (1988) Patenting Life. U.S. Congress, Government Printing Office, Washington D.C.

Paborsky LR, Fendly BM, Fisher KL, Lawn RM, Marks BJ, McCryay G, Tate KM, Vehar GA, Gorman CM (1990) Mammalian cell transient expression of tissue factor for the production of antigens. Protein Eng. 3:547-553

Palmiter RD, Brinster RL, Hammer RE, Trumbauer ME, Rosenfeld MG, Birberg ND, Evans RM (1982) Dramatic growth of mice that develop from eggs microinjected with methallothionin-growth hormone fusion genes. Nature 30:611-615

Pursel VG., Rexroad CE (1993) Status of research with transgenic farm animals. J. Anim. Sci. 71, Suppl. 3:10-19

Renk G, Koch J, Roselius R, Kalm E, Hahn J (1988) Untersuchungen zur Erstellung und genetischen Charakterisierung von Rinderchimären. Zuchthygiene 23:241-248

Sabisch H (1991) Produktinnovationen. Verlag C.E. Poeschel, Stuttgart

SAGB, Brüssel (1992) Zitiert nach Kircher M, (1993) Zur Situation allgemeiner und angewandter Gentechnik in Deutschland. Bioengineering 9, H. 2:15-19

Saiki RK, Bugawan TL, Horn GT, Mullis KB, Erlich HA (1986) Analysis of enzymatically amplified ß-globin and HLA-DQ DNA with allelespecific oligonucleotide probes. Nature 324:163-166

Seidel GE (1993) Resource requirements for transgenic livestock research. J. Anim. Sci. 71, Suppl. 3:26-33

Simon DO, Schulte-Coerne H (1979) Verlust genetischer Alternativen -notwendige Konsequenzen. Züchtungskunde 51:332-342

Skolnick MH, White R (1982) Strategies for detecting and characterizing restriction fragment length polymorphisms. Cytogenet. Cell Genet. 32:58-67

Smith C (1984) Genetic aspects of conservation in farm livestock. Livestock Prod. Sci. 11:37-48

Sommer H (1991) Risiken biotechnischer Verfahren der Tierproduktion für die Tiergesundheit. Züchtungskunde 63:236-240

Stice SL, First NL (1993) Progress towards efficient commercial embryo cloning. Animal Reprod. Sci. 33:83 - 98

Straus J (1990) Ethische, rechtliche und wirtschaftliche Probleme des Patent- und Sortenschutzes für die biotechnologische Tierzüchtung und Tierproduktion. GRUR Int., 913-929

Williams JGK, Kubelik AR, Livak KJ, Rafalski JA, Tingey SV (1990) DNA polymorphisms amplified by arbitrary primers are useful as genetic markers. Nucleic Acid Res. 18:6531-6535

Womack JE (1993) Symposium bovine gene mapping. The goals and status of the bovine gene map. J. Dairy Sci. 76:1199-1203

Wong Z, Welson V, Jeffreys AJ, und Thein SL (1986) Cloning a selected fragment from a human DNA `fingerprint´ isolation of an extremely polymorphic minisatellite. Nucleic Acid Res. 14:4605-4616

Wricke G, Geldermann H, und Weber WE (1993) Gene mapping in animals and plants. In: Rehm HJ Reed G (ed) Biotechnology, 2nd ed., Vol. 2, ed., VHC-Verlag, Weinheim New York Basel Cambridge, 141-187

ZDS (1993) Zahlen aus der deutschen Schweineproduktion 1992. Zentralverband der Deutschen Schweineproduktion e.V. (ZDS), Bonn

Anhang: spezielle Fragen

1. Auf dem Workshop wurde im Zusammenhang mit der Eignung von Tieren mit hohem Zuchtstand für die Freilandhaltung von Herrn Geldermann die Aussage gemacht, daß ein hoher Zuchtstand auch heißt, daß die Tiere fruchtbar sind, eine hohe Resistenz gegen Umwelteinflüsse und ein hohes Adaptionsvermögen besitzen, da sonst unter den intensiven Haltungsbedingungen keine so hohen Erträge möglich wären. Andererseits wird im Gutachten von Herrn Geldermann aufgeführt, daß bei gleichmäßiger Selektion die Steigerung des berücksichtigten Selektionsmerkmals abnimmt und daß negative Auswirkungen auf die Adaptionsfähigkeit der Tiere festzustellen ist. Dies wurde am Beispiel steigender Milchleistung, die mit einer Abnahme von Krankheitsresistenz und Fruchtbarkeit verbunden ist, veranschaulicht.

Sind diese beiden Aussagen so zu interpretieren, daß nicht nur bzgl. des Zuchtziels Ertragssteigerung selektiert werden kann, weil das negative Auswirkungen auf Tiergesundheit u.a. zur Folge hätte, sondern daß gleichzeitig auch die Faktoren wie Tiergesundheit, Fruchtbarkeit als Selektionsmerkmal dienen müssen?

Antwort: Bereits in konventionellen Zuchtprogrammen wird bei Nutztieren auf Fruchtbarkeit und Adaptationsvermögen selektiert. Darüber hinaus hat sich gezeit, daß durch Einsatz von biotechnologischen Methoden sehr spezifisch und effizient Kriterien der fruchtbarkeit und Adaptaion verbessert werden können. Hohe Leistungen können zudem nur erbracht werden, wenn ein genügendes Adaptationsvermögen bei den Tieren gegeben ist. Trotz der genannten günstigen Bedingungen bedeuten sehr hohe Leistungen für den Organismus eine Belastung, was wiederum in den Tierpopulationen ungünstige Beziehungen zwischen einerseits Leistungshöhe zu Eingrenzungen, die aber durch neue biotechnologisch unterstützte Zuchtverfahren hinausgeschoben werden.

3.12 Biotechnologie als Grundlage neuer Verfahren in der Tierzucht 285

2. Im Gutachten von Herrn Geldermann wird ein Problem, das mit der Züchtung einhergeht, angesprochen: das Ziel der Selektion auf gewünschte Merkmale steht im Widerspruch zum Ziel des Erhalts der genetischen Vielfalt. Vor allem mit den biotechnischen Methoden (der künstlichen Besamung, der in-vitro-Fertilisation, dem Embryotransfer sowie dem Screening nach besonders vorteilhaften Genvarianten) ist eine Beschleunigung dieser Entwicklung zu erwarten.Gleichzeitig geht Herr Geldermann davon aus, daß die neuen biotechnischen Methoden zu genetisch deutlich überlegenen Zuchtprodukten führen werden, und daß für diese eine hohe Nachfrage zu erwarten ist. D.h. zur Erhaltung der Wettbewerbsfähigkeit sollten diese Verfahren eingesetzt werden.

Worin liegt die Überlegenheit dieser Zuchtprodukte? Sind die Wettbewerbsvorteile so hoch, daß die langfristigen Folgen einer posulierten abnehmenden genetischen Variabilität in Kauf genommen werden sollten? Oder ist zu erwarten, daß der Wettbewerbsvorteil langfristig zu einem Nachteil führt?

Herr Geldermann fordert in seinem Gutachten zum einen, daß die Anwendung der Biotechniken auf vorteilhafte Bereiche konzentriert wird und zum anderen, daß rechtliche Bestimmungen erstellt werden, um den Einsatz von vorhandenen Maßnahmen, die einer Abnahme der genetischen Varianz ent-gegenwirken, zu ermöglichen.

Welche Bereiche sind hier angesprochen und wer soll festlegen welche Bereiche vorteilhaft sind?

Wie sehen die Maßnahmen aus, die den Erhalt der genetischen Vielfalt gewährleisten sollen? Schließen sie die Anwendung der modernen Biotechnologie in der Tierzucht aus? Wie müßten die geforderten rechtlichen Bestimmungen aussehen?

Im Gutachten von Herrn Geldermann wird festgestellt, daß die gültigen biologischen Zusammenhänge vermutlich auch durch biotechnische Verfahren nicht verändert werden können.

Wie groß ist das Potential, der noch möglichen Verbesserungen? Mit welcher Technik der Züchtung läßt sich dieses Potential am ehesten ausschöpfen, d.h. welche Technik bzw. welche Kombination verschiedener Techniken erbringt voraussichtlich den größten ökonomischen Nutzen?

Antwort: Züchtung engt stets die gegebene genetische Vielfalt einer Population ein. Moderne Zuchtverfahren bei haustieren wirken sich jedoch sehr weitgehend aus. Einerseits führt dies aktuell zu besonders raschen Zuchtfortschritten (in Richtung allgemeiner ökonomischer Ziele, wie Kostensenkung, ertragssteigerung, Qualitätsverbesserung, Diversifizierung etc.), so daß sich Biotechniken in Zuchtverfahren lohnen, worauf an vielen Stellen des Gutachtens hingewiesen wird. Andererseits werden nach einigen generationen auch Nachteile auftreten können. Da die Prozesse vollständig von den Züchtern zu kontrollieren sind und es vielfältige Möglichkeiten einer Vermeidung langfristiger Nachteile gibt, sollte insgesamt nach Optimierungen gesucht werden. Diese setzen eine zweckmäßige Verwendung von

Biotechniken voraus, die im Rahmen des Gutachtens so eingehend wie möglich definiert wurden. Genauere Beschreibungen erfolgen in wissenschaftlichen Abhandlungen oder im Zusammenhang mit konkreten teirzüchterischen Vorhaben.

Die vielen Maßnahmen zum Erhalt der genetischen Vielfalt sind auf der Basis populationsgenetischer Gegebenheiten einzusetzen. Darüber hinaus ist man aber hierbei auf die Verfahren der Biotechnologie angewiesen; diese werden im Gutachten benanntl. Weitergehende und zusammenhängende Darstellungen im Hinblick auf den Erhalt der genetischen Vielfalt in Haustierpopulationen, die sicherlich sehr notwendig sind, würden den Rahmen der Arbeit sprengen. Rechtliche Bestimmungen eines Schutzes der genetischen Vielfalt sind interdisziplinär zu diskutieren; aus unserer Sicht sollten vor allem minimale effektive Populationsgrößen pro Zuchtprogramm oder pro Rasse festgekegt werdeb,

Im Rahmen der allgemeinen biologischen Gesetzmäßigkeiten gelang es bereits durch konventionelle Tierzuchtprogramme, Rassen zu züchten, die sich innerhalb relativ kurzer zeit erheblich von den Wildformen der jeweiligen Spezies und untereinander unterscheiden. Das Potential biotechnologiescher verfahren ist jedoch weitreichender und vielfältiger; dass allgemeine Spektrum der dadurch möglichen ökonomischen Auswirkungen wird im Gutachten angesprochen. Die zweckmäßigen Techniken und deren Kombinationen sind in ihrem ökonomischen Nutzen aber eigentlich für den Einzelfall, d.h. nach Aufstellung einer konkreten Zielvorgabe, zu quantifizieren.

3. Beim Workshop wurde deutlich, daß die Anwendung transgener Tiere auf zwei Gebiete begrenzt ist:

- bei sehr großem Nutzen des Transgens
- beim Gene-farming.

Im Gutachten von Herrn Geldermann werden Probleme des Gene-farmings genannt: aufwendige Produktaufarbeitung, geringe Flexibilität und hohe Entwicklungskosten. Beim Workshop wurde außerdem die Infektionsgefahr mit Krankheitserregern des Tieres genannt. Als Alternative zum Gene-farming nannte Herr Geldermann in seinem Gutachten die Stoffproduktion in Pflanzen oder Zellkulturen. Herr Hobom erläuterte auf dem Workshop, daß in Deutschland wenig am Gentransfer in der Tierzucht gearbeitet wird, daß aber kleine Firmen z.B. in USA und Holland auf diese Technik setzen.

Welches Verhalten scheint Ihnen in Bezug auf den Nutzen transgener Tiere richtig? Inwieweit ist der Einsatz von Forschungsgeldern auf diesem Gebiet zu unterstützen?

Antwort: Nach wie vor sind wir der Ansicht, daß der Nutzen transgener Tiere bei dem gegebenen Stand der Techniken nicht in den Vordergrund biotechnologischer Entwicklungsmöglichkeiten bei Tieren zu stellen ist. Da bei weiteren technischen Entwicklungen jedoch ökonomisch sehr lohnende Szenarien entstehen könnten,

3.12 Biotechnologie als Grundlage neuer Verfahren in der Tierzucht

sollten für geeignete Modelle Forschungs- und Entwicklungsarbeiten betrieben werden. Wenn dabei an einen internationalen Wettbewerb gedacht werden, sollten derartige Arbeiten baldmöglich, genügend konzentriert und umfassend erfolgen.

3.13 Neue Verfahren der mikrobiellen Abwasserbehandlung und der Reststoffverwertung

Priv. Doz. Dr. Walter Trösch
Fraunhofer Institut für Grenzflächen- und Bioverfahrenstechnik, Nobelstraße 12
70569 Stuttgart

Vorwort

Biologische Verfahren zur Behandlung von Abwässern und Abfällen waren - historisch gesehen - und sind heute noch eine Domäne der Bauingenieure innerhalb der Siedlungswasserwirtschaft. Ihre Erfolge im Bemühen industrielle und kommunale Abwässer zu reinigen, können sich sehen lassen: Zwischen 1970 und 1989 konnte beispielsweise die Belastung des Rheins, bezogen auf den chemischen Sauerstoffbedarf (CSB) und den biologischen Sauerstoffbedarf (BSB5), um 57%, von AOX um ca. 75% und von einigen Schwermetallen sogar um mehr als 90% reduziert werden (Bueb 1992). Von der Bevölkerung der alten Bundesländer waren 1990 ca. 87% an Kläranlagen angeschlossen (Zlokarnik 1988). Ein wesentlicher Anteil des Erfolges muß darüber hinaus der Durchsetzung des Verursacherprinzips zugeschrieben werden. Die Einführung von Teilstrombehandlungen für hochbelastete Abwässer der Industrie und die abwasservermeidenden, produktionsintegrierten Maßnahmen haben erhebliche CSB-Belastung von öffentlichen Kläranlagen ferngehalten (Marquart 1992). Pauschal gesehen ist die Verschmutzung der Oberflächengewässer erheblich reduziert worden.

Die Eutrophierungserscheinungen in Nord- und Ostsee sowie die lokale Anreicherung von Nitrat im Trinkwasser machen Anstrengungen notwendig, die Abwasserreinigung um weitere Komponenten zu erweitern. Nitrifizierung, Denitrifizierung und Entphosphatierung sind die nächsten Aufgaben, die gerade realisiert sind oder zur technischen Realisierung anstehen. Ein Ende dieser Entwicklung ist noch nicht abzusehen!

Die genannten Leistungen sind erbracht worden bei sehr hohem Investitionsaufwand und hohen Betriebskosten, die die Abwassergebühren für die Haushalte mehr als linear steigen ließen.

Können wir uns volkswirtschaftlich eine solche Technologie, die singulär die nachsorgliche Lösung nur eines Umweltproblems zum Ziel hat, überhaupt noch leisten? Würde eine ganzheitliche Betrachtung des Einzelproblems, d.h. seine Einordnung in die Hierarchie von Umweltproblemen nicht volks- und globalwirtschaftlich günstigere Lösungen nahelegen?

3.13.1 Stand der Technik bei der biologischen Abwasserreinigung

Kommunale Kläranlagen

Normalerweise wird häusliches Abwasser, Industrieabwasser und Regenwasser in einer Mischkanalisation gesammelt und oft über weite Strecken zu einer Zentralkläranlage transportiert. Sinkstoffe werden dort zunächst als Primärschlamm abgetrennt, der dann, wenn vorhanden, in Faultürmen stabilisiert wird. Nicht abtrennbare Feststoffe und gelöste organische Verbindungen können danach in offenen, aeroben Belebungsbecken von Mikroorganismen aufgenommen und zu Biomasse (Sekundärschlamm) umgewandelt werden. Diese(r) muß dem Flüssigkeitsstrom entzogen werden und fließt, wie der Primärschlamm, dem Faulturm zu.

Die unter den hydraulischen Verweilzeitbedingungen der Kläranlage nicht aufgenommenen, gelösten Verbindungen werden als schwer oder biologisch nicht abbaubar bezeichnet und als Rest-CSB dem Vorfluter zugeführt.

Die Forderung nach weitergehender Abwasserreinigung, wie der Denitrifizierung und Phosphatabtrennung, läßt im Falle der Denitrifizierung mehrere technische Lösungen zu. Abb. 1 zeigt als erste Lösung die Kombination von Kohlenstoffabbau (C-Abbau) und vollständiger Nitrifikation in einer aeroben Stufe, die wegen der unterschiedlichen Wachstumsgeschwindigkeiten von C-Abbauern und Nitrifizierern nur durch eine hohe hydraulische Verweilzeit in dieser Stufe erreicht werden kann. Die Denitrifizierung erfolgt - nachgeschaltet - in einem anaerob betriebenen Reaktionssystem, das allerdings, wenn die Biokatalysatoren nicht mit einer leicht abbaubaren C-Quelle versorgt werden, nur suboptimal funktioniert, da alle leicht abbaubaren organischen Verbindungen in der ersten Stufe schon eliminiert wurden.

Die zweite Lösung sieht eine erste anaerobe Stufe vor, in welcher der Kläranlage zufließendes Nitrat denitrifiziert wird. Als C-Quelle für die Denitrifikanten steht leicht abbaubare, organische Substanz zur Verfügung. Der im Zufluß vorhandenen Sauerstoff führt in geringem Maße auch zu einer CSB-Elimination.

Der größte Teil der aeroben Mineralisation vollzieht sich jedoch in der nachgeschalteten Belebung, in welcher auch Proteinstickstoff und Ammonium nitrifiziert werden müssen. Zur Denitrifizierung dieses neugebildeten Nitrats muß aber ein Großteil der Flüssigkeit nochmals in die vorgeschaltete Anaerobstufe zurückgeführt werden, was nur unter Verwendung großvolumiger Denitrifizierungsreaktoren bewerkstelligt werden kann.

Den größten technischen Aufwand scheint die dritte Lösung zu verursachen. Kohlenstoffabbau, Nitrifizierung und Denitrifizierung erfolgen in getrennten Stufen, die jeweils mit einer Biomasserückführung ausgestattet sind. Als C- und Energiequelle der Denitrifizierung dient Methanol, das additiv dem Abwasserstrom zugeführt wird. In die abwassertechnische Praxis ist mehrheitlich die zweite Lösung überführt worden.

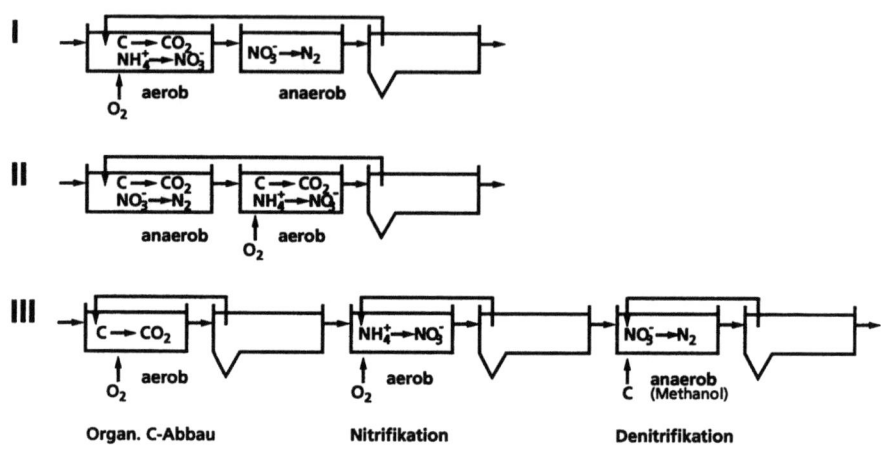

Abb. 1 Schematische Darstellung verfahrenstechnischer Varianten zur Nitrifikation und Denitrifikation

Die biologische Phosphatelimination steckt noch in der Erprobungsphase; sie soll deshalb hier nicht diskutiert werden.

Industrielle Abwasserreinigungsanlagen

Da im industriellen Bereich betriebswirtschaftliche Denkweise üblich ist, und ein Verbrauch an Grund und Boden Kosten darstellt, hat sich hier eine vom Chemieingenieurwesen beeinflußte Klärtechnik entwickelt. Geschlossene schlanke und hohe Reaktoren beherrschen hier die aerob betriebenen Anlagen. Eine hohe Sauerstoffnutzung pro Kilowattstunde eingetragener Energie wird durch spezielle Begasungseinrichtungen bewerkstelligt. Die geschlossene Bauweise erlaubt eine definierte Abluftbehandlung, so daß die industriellen Kläranlagen im Betriebsgelände auch in der Nähe von Siedlungen betrieben werden können (Zlokarnik 1982).

In manchen Branchen der Lebensmittelindustrie haben sich anaerobe Abwasserreinigungsstufen für die Behandlung organisch stark verschmutzter Abwässer durchgesetzt. Neben dem Reinigungseffekt bieten diese Anlagen den Vorteil, daß als Endprodukt der Mineralisierung organischer Substanzen der Energieträger Methan, gemischt mit Kohlendioxid, entsteht. Da in der lebensmitteltechnischen Produktion hoher Energiebedarf zu decken ist, stellt das bei der Abwasserreinigung gewonnene Erdgasequivalent einen nicht zu vernach-lässigenden ökonomischen Vorteil dar. Verglichen mit der Aerobtechnik, verbleibt nach der anaeroben Umwandlung nur ca. 10% an Überschußschlamm, so daß das Folgeproblem, die Klärschlammentsorgung, entsprechend reduziert ist (Trösch 1987; Hasenböhler 1982).

Anzumerken bleibt, daß die anaerobe Abwasserreinigung aufgrund der meist geringen Wachstumsraten anaerober Mikroben zwar eine exzellente nettoenergieproduzierende Abwasservorreinigung darstellt, jedoch eine aerobe Reinigung, die Vorfluterqualität garantieren kann, wirtschaftlich betrachtet, als Endreinigungsstufe nicht zu ersetzen vermag.

3.13.2 Die Hierarchie der Umweltprobleme

Das exponentielle Wachstum der Weltbevölkerung hat es an den Tag gebracht: Die Erde, betrachtet man sie als abgeschlossenes System, ist energielimitiert. Der einzige "unlimitierte" Energiespender ist die Sonne. Die Verwendung fossiler Energieträger zur Deckung des Weltenergiebedarfs führt unweigerlich zur größten Umweltkatastrophe, die, da die Auswirkungen global sind, alle Menschen gleichermaßen trifft. Diese Umweltkatastrophe betrifft die Atmosphäre und resultiert aus einer Destabilisierung des CO_2/O_2-Kreislaufes, da das aus der Verbrennung fossiler Energie jährlich additiv entstehende CO_2 vom biogenen CO_2/O_2-Kreislauf nicht kompensiert werden kann (Trösch 1993). Dadurch steigt die CO_2-Konzentration in der Luft exponentiell an und hat den Treibhauseffekt als Erstfolge. Nur die Umstellung der Energieversorgung auf die Verwertung regenerativer Energiequellen (Sonne, Wind, Wasser, Biomasse) wirkt dem CO_2-Anstieg entgegen. Die Hoffnungen dieser Katastrophe durch Nutzung von Atomkraft als billiger und CO_2-neutraler Energiequelle zu entgehen, ist trügerisch. Die mit einer "end of pipe"-Technologie verbundenen Risiken (Endlagerung und Aufarbeitung sind ungelöst) und die Investitionskosten für Bau und Abriss bezogen auf die Nutzungszeit der Anlagen (endliche Rohstoffmenge) sind kaum kalkulierbar. Schwer kalkulierbar ist auch das Sicherheitsrisiko, obwohl es hier erste Hochrechnungen gibt (Hohmeyer 1989). Visionen, die auf der Sonne ablaufende Kernfusion für die Lösung irdischer Energieprobleme verfügbar zu machen, werden noch einige Zeit Vision bleiben. Für eine Risikofolgeabschätzung der Fusionstechnologie bezogen auf die künftige Entwicklung der Menschheit fehlen jegliche Basisdaten.

In direktem Bezug zum gestörten CO_2/O_2-Kreislauf durch Eintrag "fossilen" Kohlenstoffs steht auch die Reduzierung der Dicke der Ozonschicht, die die mutagen wirkenden UV-Strahlen von der Erdoberfläche abhalten soll. Halogenkohlenwasserstoffe, deren Konzentration in der Stratosphäre in den nächsten Jahren noch ansteigen wird, sind hauptverantwortlich für diese Ausdünnung. Warnungen vor Strahlungsschäden für die menschliche Haut durch ungeschütztes Sonnenbaden sind an der Tagesordnung. Daß die pflanzliche Haut, z.B. die Blätter - die Träger der Photosynthese - ebenso empfindlich auf UV-Strahlung reagieren, ist erst wenigen ins Bewußtsein gedrungen. Eine Reduktion der Kapazität der Energiekonversion der Pflanzen, bei welcher Sauerstoff freigesetzt wird, stört nicht nur den o.g. Kreislauf sondern reduziert gleichzeitig auch die agrartechnische Nahrungsmittelproduktion und bedroht langfristig die Existenz der Säugetiere (Wellmann 1991; Gribbin 1992).

Die nicht vom Menschen beeinflußte Natur hat sich die Bedingungen der irdischen Energielimitierung, da sie sich nur so entwickeln konnte, zwangsläufig zu eigen gemacht. Jede Form organischer Substanz ist gespeicherte Solarenergie, die irgendwann durch die Photosynthese gebunden wurde. Der gesamte jährliche Energiebedarf von Pflanzen und Tieren wird ausschließlich über die Verbrennung photosynthetisch gebundener Energie gedeckt. Die Photosynthese nutzt insgesamt gerade 0,06% der auf der Erde ankommenden Strahlungsenergie (Davis 1990).

Wenn die Menschheit der o.g. artbedrohenden Katastrophe entgehen will, muß sie sich ebenfalls diesem Prinzip von Energielimitierung unterwerfen und muß neben dem sparsamen Umgang mit Energie ihren Energiebedarf nur durch Nutzung regenerativer Energiequellen decken.

Demgegenüber haben Umweltschäden in den Bereichen Wasser und Boden noch eher lokalen Charakter, wobei die Eutrophierung der Meere auch für das Wasser eine Ausweitung des Problems ins Globale anzeigt.

Da der Stellenwert des Wassers als Nahrungsmittel frühzeitig erkannt wurde, ist in Ballungsgebieten, in welchen die Raum-Zeit-Ausbeute der natürlichen Reinigungskräfte nicht mehr ausreichend war, um eine Abwasserklärung zu bewerkstelligen, die technische Abwasserreinigung und die Trinkwasseraufbereitung weit fortgeschritten (siehe: Stand der Technik).

Die Sanierung von durch antropogene "end of pipe"-Produkte kontaminierten Böden wird, wenn überhaupt, mit hohem Energie- und Investitionsaufwand betrieben. Ähnliches gilt auch für die Sanierung von Deponien. Der Boden wird daneben allgemein belastet im Rahmen der Intensivlandwirtschaft durch nicht angepaßten Eintrag von Kunstdünger, Pflanzenschutzmitteln und/oder den Abfällen aus der Tierproduktion in Form von Gülle.

Verallgemeinert bedeutet o.g., daß das Fließgleichgewicht von Stoffen und Energie, der stationäre Zustand des kontinuierlich arbeitenden "Bioreaktors Erde", der die Voraussetzung ist für immer gleiche Lebensbedingungen des Menschen, weder für das Wasser, für die Luft, für den Boden noch für den energetischen Zustand auf diesem Globus gegeben ist. In der Problemhierarchie an oberster Stelle steht die Energie. Zu fordern ist deshalb, die Umstellung vom Verbrauch fossiler Energiequellen auf die alleinige Nutzung regenerativer Energieträger, auch wenn diesem Gedanken heute noch von unseren Energieversorgern vehement widersprochen wird (Grawe 1993). Da die Menge verfügbarer Energie dann begrenzt sein wird und Energiepreise entsprechend steigen werden, erhöht sich, entsprechend den Regeln des freien Marktes, der Bedarf an Produktionsverfahren mit niedrigem Energiebedarf. Ein sparsamen Umgang mit Energie wird dann zur Regel.

3.13.3 Stand der Technik der Abwasserreinigung unter ganzheitlicher Betrachtung der Umweltproblematik

Unter dem Aspekt, daß jede Form von Biomasse - auch organischer Abfall - kohlenstoffgebundene Solarenergie darstellt und daß sparsamer Umgang mit

3.13 Mikrobielle Abwasserbehandlung und Reststoffverwertung

Energie oberstes Handlungsgebot für die Zukunft darstellt, ist die heutige Klärtechnik unter einem anderen Blickwinkel zu betrachten.

1. Der Istzustand im Klärwerksbereich stellt offene Abwasserbecken dar. Weil bei der Belüftung offener Becken eine Aerosolbildung nicht verhindert werden kann und auch flüchtige Abwasserinhaltsstoffe emittiert werden können, werden Klärwerke aufgrund daraus resultierender Geruchsbelästigungen oft weitab von Besiedlungen gebaut. Dies verursacht hohe Kosten (Stoff- und Energiekosten) für die Kanalverlegung. Gleichzeitig ist ein langer Kanal nichts anderes als ein Rohrbioreaktor, in welchem - sehr unkontrolliert - organische Substanz umgewandelt wird. Da im Kanalnetz ein Sauerstoffeintrag nicht verhindert werden kann, wird aerob mineralisiert, d.h. 50% der dort umgewandelten organischen Substanz geht in Form von technisch nicht nutzbarer Wärme verloren. Fakultative Anaerobier werden bei dieser Umwandlung vorherrschen, da nicht immer eine ausreichende Versorgung mit Sauerstoff gewährleistet ist. Sie sind, selbst wenn sie in der Vorklärung abgetrennt werden, im Faulturm nicht aufschließbar und stehen damit für eine Energiegewinnung nicht zur Verfügung. Sie landen ungenutzt auf der Deponie und verursachen dort möglicherweise Folgeprobleme. Die Konsequenz heißt: Verwendung geschlossener Bioreaktoren mit Abluftbehandlung nahe am Ort der Verursachung, d.h. dezentralisiert in Ballungsräumen.
2. Bei den Belebungsbecken erfolgt der Sauerstoffeintrag nicht analog zum CSB-Eintrag, und in flachen Becken ist die Luftsauerstoffausnutzung bezogen auf die eingetragene Leistung oft sehr gering. Im Vergleich zum Stand des Wissens wird hier massiv Energie vernichtet. O_2-geregelte Bioreaktoren analog zur aktuellen Abbauleistung aktiver und in hoher Konzentration vorliegender Bakterien in schlanken hohen Reaktoren mit energiesparender O_2-Eintragstechnologie könnten hier erhebliche Mengen an Energie aus fossilen Quellen einsparen und gleichzeitig den Flächenbedarf für die Abwasserreinigung senken.
3. Die vorgeschaltete Denitrifizierung und die Rückführung eines Abwasserteilstroms nach Nitrifizierung in der Belebung in die anaerobe Denitrifizierung fördert die Entwicklung von fakultativen Anaerobiern im Sekundärschlamm. Da gleichzeitig durch Erhöhung des Schlammalters bei dieser Betriebsweise eine erhöhte Schlammzehrung erfolgt, d.h. eine durch wiederholte Veratmung von abgestorbener Biomasse verursachte Abnahme von organischer Substanz, wird Energie in nicht nutzbare Wärme umgewandelt. Die bevorzugt gebildeten fakultativen Anaerobier wiederum widerstehen der Faulung (s.o.). Sie stehen damit für ein stofflich/energetisches Recycling nicht mehr zur Verfügung. Die Einführung von Reaktorkaskaden mit immobilisierten Mikroorganismen, in welchen jeweils spezifische Umwandlungen ablaufen, könnten zur umweltgerechten Lösung beitragen: Im ersten Teilreaktor wird der Kohlenstoffabbau realisiert bei sehr kurzen Verweilzeiten. Im zweiten Teilreaktor wird dann in der Hauptsache nitrifiziert (möglichst nur bis zum NO_2^-) bei einer Verweilzeit, die auf die Wachstumsrate dieser Leistungsträger abgestimmt ist. Die aerob gebildete Überschußbiomasse aus beiden Stufen wird dem Faulturm zugeleitet

(wenig fakultative Anaerobier). Die dritte Stufe mit immobilisierter Biomase wird anaerob betrieben und ist in ihrem hydraulischen Verweilzeitverhalten an die Denitrifizierer angepaßt. Der Kohlenstoffbedarf der Anaerobier wird nicht durch eine "teuere", additiv in den Prozeß eingeschleuste C-Quelle wie Methanol gedeckt, sondern über leicht abbaubare flüchtige Fettsäuren aus dem Faulprozeß. D.h. die zunächst zu komplex aussehende Lösung III aus Abb. 1 könnte, ganzheitlich betrachtet, doch die zukunfts-trächtigste sein.
4. Faultürme dienen der Stabilisierung von Klärschlämmen vor der Deponierung in der Landwirtschaft oder der Mülldeponie. Sie sind seitens ihrer Verweilzeit und ihrer Integration in Energienetze nicht als Nettoenergieproduktionsanlagen ausgelegt. Die räumliche Entfernung der Kläranlage von Wärmeverbrauchern läßt eine effiziente Kraft-Wärme-Kopplung über Blockheizkraftwerke nicht zu. So wird im günstigsten Falle Faulgas verstromt und dient alleine der Reduktion des Elektroenergiebedarfs im Klärwerk. Nicht selten wird Faulgas abgefackelt. Die hohen Verweilzeiten in Faultürmen lassen nicht nur die den Faulprozeß katalysierenden Bakterien verhungern (Trösch 1992a), sondern führen gelegentlich, wegen des ungünstigen Verhältnisses von volumetrischer Energieproduktion und Wärmeabstrahlung im Winter, zu additivem Energiebedarf bei der Thermostatisierung des Faulgutes.

Entgegen bisheriger Praxis können Klärschlämme bei sehr kurzer Verweilzeit zu sehr hohem Ausfaulgrad abgebaut werden, womit sie automatisch auch stabilisiert sind. Kleinere Reaktoren, bei hoher volumetrischer Gasproduktion, führen zu verringerten Abstrahlverlusten und erhöhter Nettoenergieabgabe. Stehen die nettoenergieerzeugenden Reaktoren, wie schon für die Klärreaktoren gefordert, in der Nähe der Ballungsräume, ist über eine effiziente Kraft-Wärme-Kopplung eine Verdreifachung der Nettoenergieabgabe möglich.

So gesehen führt die singuläre Betrachtung eines Problems zwar zu effizienten Einzelproblemlösungen, jedoch oft auf Kosten anderer Umweltprobleme.

Die Umsetzung ganzheitlich nachhaltiger Entsorgungstechnik bietet sich speziell für die in den neuen Bundesländern anstehenden Neubauten als Chance für einen innovativen ökonomisch/ökologischen Neuansatz an.

Dagegen steht eine innovationsfeindliche Gesetzgebung und Umsetzungspraxis mit der Forderung nach Anlagen, die den allgemein anerkannten Regeln der Technik entsprechen.

Demgegenüber steht auch der möglicherweise verständliche Gewinnmaximierungsgedanke planender Ingenieurbüros, die ihre "Schubladenlösungen" (kleiner Aufwand - großer Gewinn) verwirklichen wollen. Hier würden veränderte gesetzliche Rahmenbedingungen, wie etwa die Streichung der Abrechnung von Anlagen zur Abwasserreinigung nach VOB (hohe Kosten - hoher Gewinn) und die ersatzweise Honorierung nach dem Verhältnis aus Investitions- und Betriebskosten zu Abbauleistung und Betriebssicherheit zu zukunftsorientierten Innovationen führen, ohne die Gebühren für die Bürger erhöhen zu müssen.

Dabei können Kosten für Teilkomponenten ganzheitlicher Entsorgungssysteme im Vergleich mit Einzelkomponenten konventioneller Technik durchaus auch

3.13 Mikrobielle Abwasserbehandlung und Reststoffverwertung   295

höher ausfallen, wenn "in toto" das ganzheitliche System betriebs- und volkswirtschaftliche Vorteile aufweist.

Was die Umsetzungszeiträume für nachhaltige Technologien im Bereich kommunaler Entsorgung angeht, kann aus technologischer Sicht überall dort, wo ein Anlagenneubau ansteht, sofort begonnen werden. Auch was den Ausbau bzw. die Erweiterung von Kommunalanlagen betrifft, können mit innovativen biotechnischen Verfahren Kosten eingespart werden. Falsche politische Rahmenbedingungen - auch die aus falschem Lokalpatriotismus bevorzugte Einbindung ortsansässiger Unternehmen - können aber auch die Umsetzung nachhaltiger Technologien vollständig verhindern.

Die industrielle Abwasserreinigung hat aus betriebswirtschaftlichen Gründen gegenüber dem kommunalen Bereich bessere Ansätze zur Problemlösung gefunden - allerdings erfolgten die technischen Realisierungen erst im Laufe der letzten 10-15 Jahre. Genannt seien hier die Turm-/Hochbiologien der Firmen Bayer AG und Höchst AG (Zlokarnik 1979; Müller et al. 1978) oder die Experimente mit technische Wirbelschichtreaktoren von Gist-Brocades (Heijnen 1988). Gleichfalls erkannte zunächst die Industrie die oekonomischen Vorteile, die die anaerobe Abwasserreinigung gegenüber der aeroben Reinigung hat und setzte speziell im Bereich der Lebensmittelindustrie Biogasreaktoren zur Abwasservorreinigung ein. Im Bereich der Endreinigung wird Zug um Zug die Dezentralisierung von Reinigungstechniken vorangetrieben, um Recycling zu betreiben oder um spezifische Reinigungsverfahren und eine spezifische Prozeßführung mit geringen, beherrschbaren Folgeproblemen zu installieren.

Gentechnisch veränderte Organismen spielen allgemein, wie auch im Bereich der dezentralen Industrieabwasserreinigung zur Zeit keine Rolle. Ähnlich wie auch bei klassisch erzeugten Hochleistungsstämmen ist die Chance rekombinanter Spezies in Mischkulturen zu überleben eher als gering einzustufen.

3.13.4 Neue Verfahren der biologischen Abwasserbehandlung und der Reststoffverwertung

An drei Beispielen soll exemplarisch gezeigt werden, wie in Zukunft Produktion und Entsorgung umweltgerecht miteinander gekoppelt werden können.

Erhöhung der Raum-Zeit-Ausbeute bei der Klärschlammfaulung

Die Gewinnung von Biogas aus Klärschlamm wird schon lange betrieben, in Form der Schlammstabilisierung in Faultürmen, allerdings mit einem Wirkungsgrad von 30 bis maximal 50%, d.h. es wird unter Praxisbedingungen im Mittel nur 35% der organischen Fracht umgesetzt, und damit das Grundproblem einer Klärschlammbeseitigung nur zu einem sehr geringen Teil gelöst.

Die Folge ist, daß sich im Falle einer Deponierung der Feststofffraktion von ausgefaultem Klärschlamm Folgeprobleme durch Deponiegas und Sickerwasser einstellen.

Die aerob thermophile Klärschlammineralisierung als mögliche Alternative ist ein Prozeß, der erhebliche Mengen an Zusatzenergie in Form von O_2-Eintrag und Mischenergie benötigt und damit der Volkswirtschaft nur Kosten verursacht. Zudem wird auch durch diese Form der Schlammbehandlung die organische Fraktion nur zu einem Teil abgebaut und zwar im Mittel nur zu 20% (Bomio 1990). Es sind folglich die hieraus resultierenden Folgeprobleme bei einer Deponierung noch größer als bei der anaeroben Stabilisierung.

Die ebenfalls praktizierte Klärschlammverbrennung ist eine ökonomisch und ökologisch bedenkliche Lösung des Problems Klärschlamm.

Klärschlamm hat als Mischprodukt aus Primär- und Sekundärschlamm nur zwischen 2 - 3% Trockensubstanz (TS). Um diese TS-Mengen zu erhöhen, muß er mechanisch eingedickt werden - 2-5% TS ist ein technisch erreichbares Ergebnis. Um eine energieautarke Klärschlammverbrennung möglich werden zu lassen, muß der Energiegehalt der organischen Substanz pro Volumen Klärschlamm so groß sein, daß er ausreicht, um die im Volumen enthaltene Wassermenge zu verdampfen (Geiger et al. 1993). Dies ist erst ab ca. 45% TS möglich. Dieser TS-Anteil ist nur durch energieintensive Entwässerungstechniken erreichbar, unter Verwendung von erheblichen Mengen an Zuschlagstoffen (bis ca. 50% der TS im Schlamm), die energetisch ebenfalls negativ zu Buche schlagen. Wenn man dann noch den energetischen Aufwand für eine Rauchgasbehandlung in Ansatz bringt, folgt der Schluß: Eine Klärschlammverbrennung ist volkswirtschaftlich auf Grund der Investitionskosten und des additiven Verbrauchs an fossiler Energie für Entwässerung und Rauchgasbehandlung nicht vertretbar.

Um das Klärschlammproblem umweltgerecht zu lösen, muß der Wirkungsgrad des biotechnischen Mineralisierungsprozesses erhöht werden. Dies soll erreicht werden durch Erhöhung des Abbaus der organischen Fraktion im Klärschlamm auf $\geq 90\%$ und muß erfolgen durch eine Prozeßtechnik, die die Nettoenergieproduktion des Gesamtverfahrens erhält.

Im kontinuierlichen, zweistufigen Prozeß konnte beispielsweise durch Zugabe eines wichtigen Spurenelementes für jene 30 - 50% des ersten unlimitierten Abbauschritts der organischen Substanz die Geschwindigkeit so stark erhöht werden, daß dieser Schritt für OTS-Konzentrationen von 3 - 4,5% im Reaktorzulauf innerhalb von 5 Tagen Verweilzeit abgeschlossen war. Es werden 50% der OTS in 11 Tagen Verweilzeit abgebaut (1 Liter Gas = 1 g OTS abgebaut) und > 80% davon bereits in der ersten Reaktorstufe bei 5,5 Tagen Verweilzeit (Schmid pers. Mitteilung).

In dieser ersten Stufe werden leicht umsetzbare Stoffe mit hoher Geschwindigkeit zu Methan umgesetzt, während in der II. Stufe der Umsatz langsam verwertbarer Schlamminhaltsstoffe erfolgt. Jede Stufe enthält die dem Substratangebot angepaßte Mikroorganismenpopulation. Die gleichzeitige Hydrolyse und Methangärung in einer Reaktorstufe hat den Vorteil, daß keine Fettsäuren angehäuft werden, und damit eine Endprodukthemmung durch hohe Säurekonzentrationen nicht auftreten

3.13 Mikrobielle Abwasserbehandlung und Reststoffverwertung

kann. Darüberhinaus wird durch den Entzug von Wasserstoff durch die Methanbakterien die Säurebildung in Richtung Essigsäure, dem bevorzugten Substrat der Methanbakterien, verschoben. Die Leistungssteigerung der ersten Reaktorstufe ist auf die Verkürzung der Verweilzeit und die Stabilisierung der Mikroorganismenpopulation durch vorgenannte Spurenelementzugabe zurückzuführen. In der zweiten Reaktorstufe können durch eine pH-Absenkung günstige Bedingungen für den Biopolymerabbau geschaffen werden, was zu einer erhöhten Gasausbeute führt.

Tabelle 1 zeigt zusammenfassend die Ergebnisse der ersten Optimierung der Klärschlammfaulung durch Variation der zugegebenen Nährstoffe, der Temperatur und des pH-Wertes. Technische Gasausbeuten bis zu 700 l Biogas/kg zugeführter OTS können erzielt werden. Dies entspricht einem Abbaugrad von 70% bei einer Verweilzeit von 11 Tagen und der Zugrundelegung einer Ausbeute von 1000 l Biogas/kg abgebauter OTS.

Tabelle 1 Zweistufige Klärschlammfaulung: Experimentelle Bedingungen und spezifische Gasaubeuten.

Verweilzeit Tage	Temperatur I/II	Nährstoff-zugabe	pH-Kontrolle I/II	Raum-belastung kg OTS/m^3*d	Gasausbeute l Gas/kg OTS_{zu}
11	37 / 37	Spuren-elemente	- / -	2,1 - 2,6	620
11	37 / 55	Spuren-elemente	- / -	2,6 - 3	550
11	37 / 55	Nickel	- / -	3,5	550
11	37 / 55	Nickel	- / 6,8	3,3	630
11	37 / 37	Nickel	- / 6,8	3,3	700
11	37 / 37	Nickel	- / 6,8	4,3	620

Im Vergleich zu anderen, optimierten Anlagen (Abb.2.) werden mit diesem Verfahren, bei 2-3 mal höherer Raumbelastung, maximale technische Gasausbeuten von 700 l Biogas/kg zugeführter OTS erzielt. Im Vergleich zu Anlagen, die nach den Regeln der Technik ausgelegt sind, ist die Gasausbeute mehr als doppelt so hoch. Mechanische Aufschlußverfahren sind so energieaufwendig, daß der durch den Aufschluß erzeugte "Gewinn" im Vergleich zum Aufwand vernachlässigbar ist.

Abb. 2 Technische Gasausbeute in Abhängigkeit von der Raumbelastung

Vergleich zwischen FhG-Anlage, optimierten Anlagen und Mittelwert von Anlagen nach Regeln der Technik (Werte aus Bayer und Zwiefelhofer 1992; Gosh 1991; Mitsdörfer et al. 1991 entnommen).

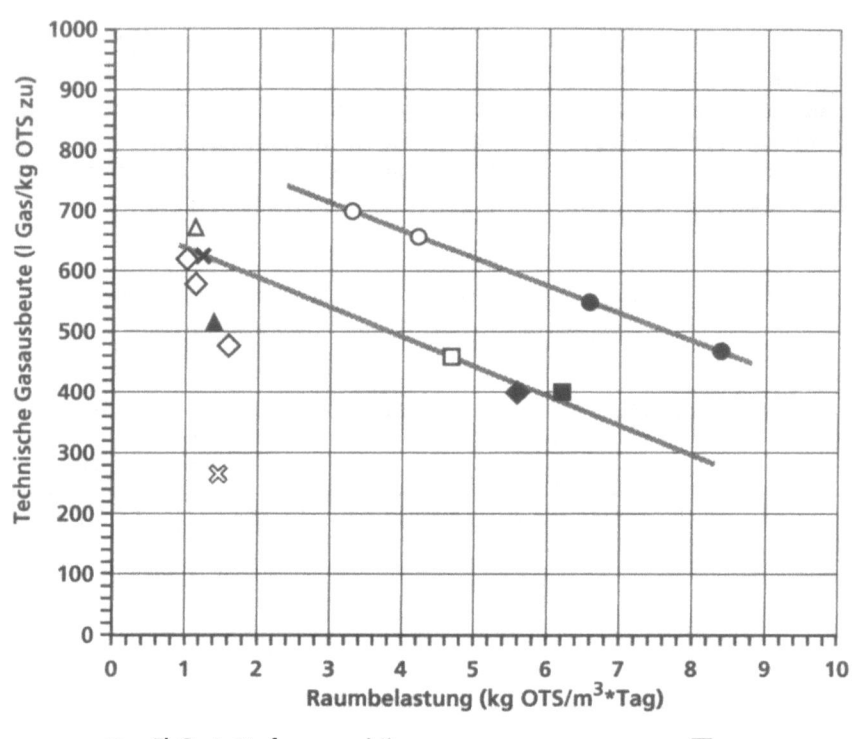

- ● FhG - I. Stufe mesophil
- ○ FhG - zweistufig mesophil / mesophil
- ◆ Osterrode - I. Stufe thermophil
- ◇ Osterrode - zweistufig thermophil / mesophil
- ▲ Thun - einstufig mesophil
- △ Thun - zweistufig aerob thermophil / mesophil
- ✕ Savognin - zweistufig aerob thermophil / mesophil
- ■ Du Page / IL - Methanstufe
- ☐ Du Page / IL - mesophil, I+II. Stufe; pH I. Stufe 5,5

optimierte Anlagen

- ※ Mittelwert von Anlagen nach Regeln der Technik

3.13 Mikrobielle Abwasserbehandlung und Reststoffverwertung

Schwerpunkt der weiteren Optimierung ist deshalb die Verbesserung des Umsatzes der organischen Restfraktion, nachdem dieser erste Umwandlungsprozeß durchlaufen wurde.

Der Abbau dieser Restfraktion ist vermutlich behindert durch das Vorhandensein von hemmenden Verbindungen, die im Verlauf des Abbaus von organischen Substanzen entstehen - solche Endprodukthemmungen sind besonders im Bereich der Biopolymerhydrolyse bekannt. Es gilt sie festzustellen, und es ist zu ergründen wie sie umgangen werden können. Auf Basis dieser weitergehenden Erkenntnisse sind unter Berücksichtigung einer umweltgerechten, ganzheitlichen Betrachtung verfahrenstechnische Lösungen zu entwickeln, die sich in den bereits bestehenden Hochleistungsprozeß integrieren lassen.

Die Milchsäuregewinnung aus Molke

Molke ist ein wässeriges Nebenprodukt der Käseherstellung (8,1 Mio t/a in den alten Bundesländern) und enthält noch ca. 50% der Inhaltsstoffe aus dem Rohstoff Milch. Aufgrund des hohen chemischen Sauerstoffbedarfs (CSB = 55 g O_2/l) ist es nicht wirtschaftlich noch ökologisch sinnvoll, Molke mit konventioneller Klärtechnik umzusetzen, da dabei regenerative Energieträger in nicht nutzbare Wärme und in das Folgeproblem Überschußschlamm umgewandelt werden. Die Entsorgung der Molke über die Tiermast ist nur möglich, wenn kurze Transportwege vorliegen. Eine umwelttechnische Unbedenklichkeit kann diesem Weg auch nicht bescheinigt werden, da Teile der Molke über die Gülle im Ackerboden landen. Die Anwendung der anaeroben Prozeßtechnik zur Gewinnung des Erdgasäquivalents "Biogas" aus Molke wäre eine Möglichkeit, Produktgewinnung und Abwasserreinigung zu koppeln.

Wenn der Hauptinhaltsstoff der Molke, die Laktose, 70% der CSB-Last verursacht, bestehen für solch "reine" Reststoffwässer allerdings noch höherwertigere stoffliche Recyclingmöglichkeiten.

Vergleicht man, wie in Tab. 2 dargestellt, die Verbrennungsenthalpiedifferenz zwischen Laktose und Milchsäure einerseits und zwischen Laktose und Methan andererseits, ergibt sich nur ein kleiner Vorteil für die Milchsäuregewinnung. Die mikrobielle Umwandlung der Laktose in Milchsäure wird gegenüber der zu Methan (3 Schritte) nur von einem Organismus katalysiert. Da jeder Biokatalysator einen Teil seiner C-Quelle zur eigenen Vermehrung verwendet, ergeben sich für die Einschrittreaktion schon größere Vorteile für einen Nettoenergiegewinn, zumal aufgrund der einzelnen Sättigungskonstanten zusätzlich Substratverluste bei der Dreischrittreaktion in Kauf genommen werden müssen. Denn von jeder Substanz werden im kontinuierlichen Prozeß nicht 100% in die Folgereaktion übertragen. Die biotechnische Umwandlung mit der rationellsten Energieverwendung ist somit die Michsäuregewinnung aus der Molke. Die Milchsäure selbst ist nicht nur ein bewährtes und ökologisch unbedenkliches Konservierungsmittel, sondern auch ein interessanter, energiereicher Chemierohstoff, der für die Herstellung von biologisch abbaubaren Kunststoffen (Polylactide), von Acrylsäure oder zur Produktion vollständig abbaubarer Tenside und Biozide verwendet werden kann. Betrachtet man den technischen Produktionsprozeß auf der Basis fossiler Energieträger (Erdöl) und stellt eine Energiebilanz hierzu auf, wird alleine bei der Fraktionierung dieses Rohstoffes in niedermolekulare Komponenten bis zu einem Drittel der im Rohstoff enthaltenen Energie vernichtet (Deipenau 1977).

Tabelle 2 Energiebilanz des Milchsäurerecyclings im Vergleich zur Biogasgewinnung und zur Neusynthese (atomare Bildungsenthalpie)

			Verbrennungs-wärmebilanz	freie Bildungs-enthalpie
Stoffliche Verwertung				
$C_{12}H_{22}O_{11} + H_2O$	→	$4 C_3H_6O_3$	-4,2 %	
Laktose + Wasser	→	Milchsäure		
5648,5 kJ/Mol	→	4 x 1367,4 kJ/Mol		
energetische Verwertung				
$C_{12}H_{22}O_{11} + H_2O$	→	$6 CH_4 + 6 CO_2$	-5,4 %	
Laktose + Wasser	→	Methan+Kohlendioxyd		
5648,5 kJ/Mol	→	6 x 890,4 kJ/Mol		
Energiegewinn (Bildungsenthalpie) durch Milchsäurerecycling				
$6C + 6H_2 + 3O_2$	→	$2 C_3H_6O_3$		
Kohlen-+Wasser-+Sauerstoff	→	Milchsäure		-517 kJ/Mol

Die Synthese von Milchsäure aus niedermolekularen Bausteinen bedarf weiterer Energie, so daß im volks- und globalwirtschaftlichen Vergleich alles für die biotechnische Gewinnung von Milchsäure aus Molke spricht, zumal dabei isomerenreine Milchsäure gewonnen und Abwasser kontrolliert gereinigt wird.

Der biotechnische Umwandlungsprozeß wird bei der Herstellung von Lebens- und Futtermitteln (Sauerkraut/Silage) seit langem genutzt, funktioniert im hier vorgestellten, technischen Anwendungfall jedoch schneller und mit hoher Ausbeute aufgrund von erhöhten Biomassekonzentrationen im Reaktor. Im Wirbelschichtreaktor mit trägergebundener Biomasse werden vergleichbare Raum-Zeit-Ausbeuten erreicht wie im Submersreaktor mit Zellrückführung über Membranen (Abb. 3). Erfolgen die Produktabtrennung und gleichzeitig auch der Wasserreinigungsschritt durch eine Elektrodialyse mit bipolaren Membranen, kann das während der mikrobiellen Umwandlung von Laktose zu Milchsäure benötigte Korrekturmittel Natronlauge zurückgewonnen und wiederverwertet werden.

3.13 Mikrobielle Abwasserbehandlung und Reststoffverwertung

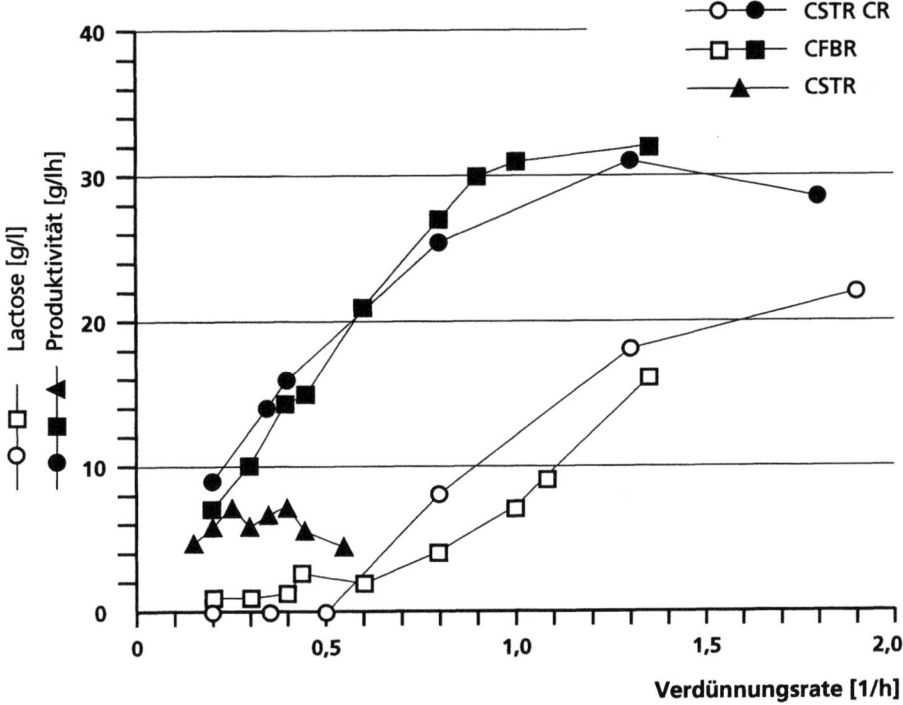

Abb. 3 Vergleichende Darstellung von Raum-Zeit-Ausbeuten bei der Milchsäuregewinnung aus Molkepermeat im kontinuierlichen Betrieb

CSTR   kontinuierlich betriebener Rührkesselreaktor
CSTRCR dto mit Zellrückführung durch Membrantechnik
CFBR   kontinuierlich betriebener Wirbelschichtreaktor
        mit trägerimmobilisierter Biomasse

Das bedeutet, daß der gesamte Milchverwertungsprozeß (Abb. 4) keine Abfallprodukte in größerem Maße erzeugt, die in irgendeiner Weise die Umwelt belasten könnten. Im Gegenteil, hier ist bei vollständiger Verwertung eines regenerativen Rohstoffs die Nahrungsmittelproduktion, die Produktion eines Chemierohstoffes bei maximaler Energieerhaltung und minimaler Umweltbelastung in vorbildlicher Weise miteinander gekoppelt.

Abb. 4 Prozeßschema für die Milchsäuregewinnung aus Molkepermeat als ganzheitlich umweltgerechte Verwertungsmethode für einen wässrigen Reststoff

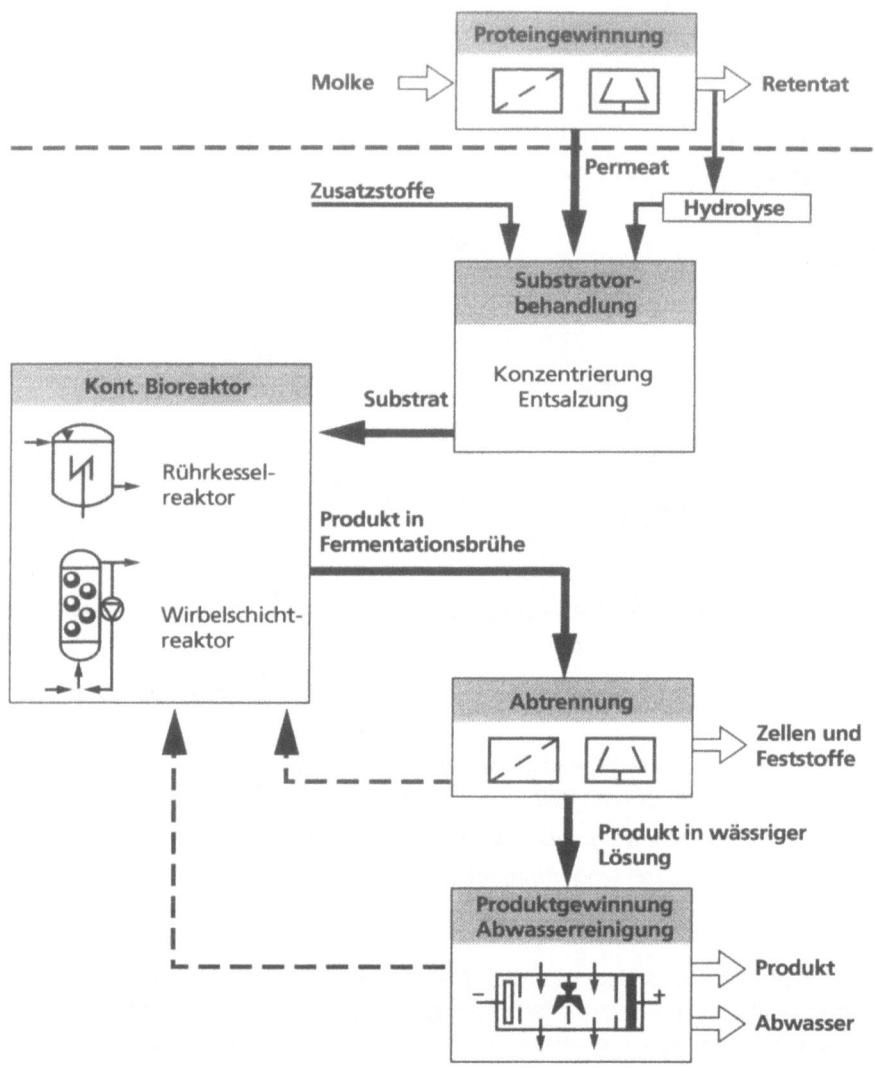

Nitrifizierung/Denitrifizierung kontra Ammoniakstrippung

Über die Nitrifizierung/Denitrifizierung in Klärwerken wird in Zukunft ein wesentlicher Beitrag geleistet, um Kunstdünger dem biogenen Stickstoff-Kreislauf wieder zuzuführen. Die Überdüngung von landwirtschaftlich genutzten Flächen

3.13 Mikrobielle Abwasserbehandlung und Reststoffverwertung

trägt bekannterweise zur Erhöhung des Nitratgehaltes in Oberflächengewässern bei. Über Trink- und Brauchwassernutzung fließt ein Teilstrom den Klärwerken zu. Am Beginn der technischen Kunstdüngerproduktion steht stickstoffseitig das Haber-Bosch-Verfahren, das unter hohem Energieverbrauch aus Luftstickstoff Ammoniak generiert. Kunstdünger gelangt über die Pflanzen in die Nahrungskette. In ihr werden Proteine zu Harnstoff und/oder Nitrat umgewandelt und gelangen ebenfalls ins Abwasser. Um die Nitratkonzentration in den Oberflächengewässern und im Grundwasser auf einem stationären Niveau zu halten, muß man, wie im Abwasserbereich mittlerweile vorgeschrieben, mit hohem Energie- und Investitionsaufwand nitrifizieren und denitrifizieren. Wäre es nicht ökonomisch und ökologisch sinnvoller, wo immer es möglich ist, auf der Energiehöhe des Ammoniaks den Kreislauf zu schließen?

Die Ammoniakstrippung ist ein bekanntes, technisches Verfahren und könnte an jeden anaeroben Mineralisierungprozeß, dessen stickstoffseitiges Endprodukt Ammoniak heißt, gekoppelt werden.

Ein erster technischer Prozeß dieser Ausrichtung gewinnt aus Rindergülle 80% des darin enthaltenen Stickstoffs in Form von Ammoniumhydrogencarbonat zurück, ein direkt verwertbares Stickstoffdüngeräquivalent (Trösch 1992b). Dadurch kann erst die Güllerestflüssigkeit praktisch emissionsfrei, d.h. umweltgerecht, ausgebracht werden.

Bei entsprechender Anpassung des Grundgedankens an die Gegebenheiten bei der kommunalen und industriellen Abwasserreinigung könnte sich auch hier eine zukunftsgerechte Alternative zur Nitrifizierung und Denitrifizierung anbieten.

3.13.5 Fragen zu Forschung und Entwicklung und zu politischen Rahmenbedingungen

Die hohe Spezifität biologischer Katalysatoren bezüglich ihrer Substrate zeichnet die Bioverfahrenstechnik gegenüber der chemischen Reaktionstechnik aus. Deshalb hat jede biotechnische Umwandlung eine spezifische Reaktionskinetik. Mit Kenntnis der Kinetik u.a. kann jede "Biotransformation" in Anlagentechnik übertragen werden, analog dem Vorgehen der chemischen Verfahrenstechnik. Zur Lösung von Umweltproblemen müssen zudem Bioverfahren fast immer mit anderen Grundoperationen der Verfahrenstechnik gekoppelt werden. Daraus ergibt sich zwangsläufig die Notwendigkeit zur Kooperation innerhalb verschiedener wissenschaftlicher Disziplinen.

Im universitären Bereich hemmen oftmals Fakultätsgrenzen diese Zusammenarbeit. Ein ordinarienspezifisches Segment der Grundlagenforschung bildet vielfach keine Schnittmenge mit jenen anderer Ordinarien, so daß koordinierte Forschung und Entwicklung über Fakultätsgrenzen hinweg nur schwer möglich ist.

Im Bereich der angewandten Forschung (FhG) ist die Interdisziplinarität durch die Zusammensetzung des wissenschaftlichen Personals gegeben und hat schon, was die Umsetzung angeht, besonders im biotechnologischen Bereich, Früchte getragen.

Um diesen Erfolg zu haben, muß dort auch jener Teil der Grundlagenforschung durchgeführt werden, der eine erfolgreiche interdisziplinäre Umsetzung in die Anwendung voraussetzt.

Es wäre wünschenswert, wenn die durch die anwendungsorientierte Forschung definierten Felder, der für die technische Umsetzung notwendigen Grundlagenforschung, stärker von den Ordinarien der universitären Grundlagenforschung aufgegriffen werden könnte - was allerdings die Freiheit der Forschung dort einschränken würde.

Die Kooperation von Forschungseinrichtungen mit Unternehmen und deren Erfolg im Bereich der Umweltbioverfahrenstechnik ist mit einigen Handicaps belastet.

Die Unternehmen sind in 3 Bereiche gegliedert:

1. Ingenieurbüros für Planung usw.;
2. kleine und mittlere Unternehmen als Komponentenanbieter;
3. wenige Großunternehmen des Anlagenbaus (Uhde, Lurgi, Linde).

Davon sind die Großunternehmen wenig innovationsfreudig, wie auch die Ingenieurbüros. Beide scheuen sich vor spezifisch-ausgerichteten Einzellösungen, die einen wegen des kleinen Marktsegmentes und -volumens, die anderen wegen des Aufwandes, da keine "Schubladenlösungen" existieren. Als Kooperationspartner verbleiben mittlere und kleine Unternehmen, die entsprechend ihrer Kapitaldecke entwickeln und Produkte am Markt absetzen. Was aber heißt "Markt" für die Umweltbiotechnologie? Da in den Industriestaaten mit industrieller Produktion Gewinne gemacht werden und die Folgen industrieller Produktion, d.h. Abfälle usw. sozialisiert entsorgt werden, ist mit Umweltschutz kein Gewinn zu erwirtschaften.

Mit intelligenten Produkten der Umweltbioverfahrenstechnik sind ja allerhöchstens volkswirtschaftlich Kosten einzusparen.

Um einen Markt für umweltbiotechnologische Produkte zu schaffen, sind die politischen Rahmenbedingungen so einzustellen, daß die naturanaloge Kreislaufwirtschaft Basis für industrielle Produktionen wird, und endlich ein Energiepreis weltweit eingeführt wird, der jener Energielimitierung entspricht, der dieser Planet Erde unterliegt.

Die heute schon bestehenden Mechanismen im Rahmen angewandter Forschung und Entwicklung und der Industrie sind dann schnell in der Lage, erfolgreiche Transfers zu bewerkstelligen. Eine Adaption an japanische Verhältnisse ist nicht notwendig.

Wenn naturanaloge Kreislaufwirtschaft Basis für die industrielle Produktion wird, damit weitgehend emissions- und abfallfreie Produktionssequenzen bestehen (eine sozialisierte Entsorgung ist dann nicht mehr nötig), dann werden sich integrierte Prozesse in allen "Produktionsbereichen" von alleine durchsetzen, weil dann, was heute nur volks- und globalwirtschaftlich, auch betriebswirtschaftlich rentabel sein wird. Verfahren, wie die Milchsäuregewinnung aus Molkepermeat, werden dann im Rahmen der vollständigen Verwertung von Rohstoffen die Regel sein. Da die

3.13 Mikrobielle Abwasserbehandlung und Reststoffverwertung 305

entsprechenden Rahmenbedingungen fehlen, geht dieses Verfahren möglicherweise nur aus Umwelt-Image-Gründen im nächsten Jahr in die technische Erprobung.

Könnte man heute schon umweltbezogene Folgekosten der Milchsäuregewinnung aus fossilen Rohstoffen, z.B. aus Erdöl, den chemischen Produktionskosten unter Unterlegung einer echten Ökobilanz zuschlagen, wäre das Milchsäure"recycling" aus Molke heute schon wirtschaftlich.

Bioverfahren brauchen i.a. keine Hilfsstoffe, wenn nicht maximale Wachstumsraten für die Biokatalysatoren erreicht werden sollen. Für hohe Wachstumsraten müssen die dann notwendigen, essentiellen Substratanteile, die in einem Abwasser fehlen, zugegeben werden. Jedoch sind die Konzentrationen, die benötigt werden, toxikologisch weitgehend unbedenklich. In jedem Falle sollten auch dabei Kreislaufmöglichkeiten in Betracht gezogen werden.

3.13.6 Diskussion

Der Umgang der belebten Natur mit Stoffen und Energie ist geleitet durch ein Limitierungsgebot. Ungebremstes exponentielles Wachstum ist nur möglich bei unlimitierter Verfügbarkeit von Energie und aller zum Wachstum notwendigen Stoffe. Ist auch nur eines der essentiellen "Wachstumssubstrate" limitiert, folgt jegliches Wachstum, jede Produktion der Verfügbarkeit des limitierenden Substrates. Der Mensch glaubte, besonders im Falle der Energie, diese Limitierungsbedingung außer Kraft setzen zu können und durch Ausbeutung fossiler Energieträger unbegrenzte Verfügbarkeit zu suggerieren. Die exponentielle Zunahme der CO_2-Konzentration in der Atmosphäre, die die direkte Folge dieser Ausbeutung darstellt, zeigt, daß dieser Gedanke nicht tragfähig ist. Die heute erkennbare Destabilisierung des CO_2/O_2-Kreislaufs führt, unter Beibehaltung des heutigen Energieverbrauchs, zu einer Zusammensetzung der Atmosphäre, die sich invers zur erdgeschichtlichen Entwicklung verhält und damit die gesamte Welt der Säugetiere in ihrer Existenz bedroht. Schon bei einer CO_2-Konzentration von 5% in der Atemluft ist der Mensch nicht mehr lebensfähig.

Wie zuvor dargestellt, ist selbst im Bereich der Umwelttechnik, die ausdrücklich die Verbesserung der menschlichen Lebensbedingungen zum Ziel hat, die ganzheitliche Problemlösung noch nicht gelungen: Wasserreinigung mit Verfahren des Standes der Technik wird, aufgrund des hohen fossilen Energieverbrauchs für hohe Betriebs- und unnötige Investitionskosten, weitgehend auf Kosten der Verstärkung des Treibhauseffektes betrieben.

Das heißt Umwelttechnik wird immer noch als Katastrophenmanagement betrieben: Ist ein Problem erkannt, wird eine schnelle Problemlösung gesucht, ohne sie risikofolgeseitig zu vernetzen (s.a. TA-Siedlungsabfall).

Die Übertragung von Naturstrategien auf die Technik könnte hier ganzheitlich sinnvollere Lösungen bieten. Die Milchsäuregewinnung aus Molke im Vergleich zur Milchsäuregewinnung auf der Basis von Erdöl zeigt die Möglichkeiten umweltgerechter Produktionstechnik modellhaft auf. Die regenerative Energieproduktion aus organischen Zivilisationsabfällen mit hohem Wassergehalt kann, wenn hohe Wirkungsgrade erreicht werden, Abfallbeseitigung und regenerative Energieproduktion koppeln - und dies wirtschaftlicher als durch den Anbau und die Verwertung von Energiepflanzen.

Sollte der o.g. Limitierungsgedanke innerhalb der Produktionstechnik allgemeinere Anerkennung finden, ergibt sich ein neues Wachstumsfeld für die Biotechnik, die Entwicklung biologieanaloger und damit auch umweltgerechter Produktionstechniken.

Literatur

Baier U, Zweifelhofer HP (1992). In: L`Hermite (Hrsg) Treatment and use of sewage sludge and liquid agricultural wastes, Elsevier Press, pp 520-534

Bomio M (1990) Bioprocess development for aerobic thermophilic sludge treatment, Diss. 9159, ETH-Zürich

Bueb M (1992) Eröffnung der Tagung und Einführung in die Thematik. In: GVC-VDI (Hrsg) Verfahrenstechnik der mechanischen thermischen, chemischen und biologischen Abwasserbehandlung, Preprints zum 2. GVC-Congreß, 19.-21. Okt., Würzburg, pp 1-18

Davis GR (1990) Die Krise des globalen Energiesystems, Spectrum der Wissenschaft, 11: 56-58

Deipenau H (1977) Methan und Methanol als Energieträger, Forschungsbericht T 77-84, Bundesminister für Forschung und Technologie

Geiger T et al. (1993) Rohstoff-Recycling und Energie-Gewinnung von Kunststoffabfällen, Chem. Ing. Techn. 65: 703-709

Gosh S (1991) Water Sci. Tech. In: Mitsdörfer R et al, 13: 1179-1188; Zweistufig thermophil/mesophile Faulung, Korrespondenz Abwasser, 33: 55-59

Grawe J (1993) Kein billiger Solarstrom in Sicht, Stuttgarter Zeitung 31.08.

Gribbin J (1992) Decline and fall of atmospheric oxygen, New Scientist 135:16

Hasenböhler A (1982) Anaerobe biologische Abwasserreinigungsanlagen, Zuckerind 107:835-838

Heijnen JJ (1988) Large scale anaerobic/aerobic treatment of complex industrial wastewater using immobilized biomass in fluid bed and air-lift suspension reactors. In: GVC-VDI (Hrsg) Verfahrenstechnik der mechanischen, thermischen, chemischen und biologischen Abwasserreinigung, Preprints zum 1. GVC-Congreß 17.-19.-Okt., Baden-Baden, pp 203-217

Hohmeyer O (1989) Die sozialen Kosten des Energieverbrauchs, Springer Verlag, Berlin Heidelberg New York, 2. Auflage

Marquart K (1992) Membranverfahren in der Abwasseraufbereitung. In: GVC-VDI (Hrsg) Verfahrenstechnik der mechanischen thermischen, chemischen und biologischen Abwasserbehandlung, Preprints zum 2. GVC-Congreß, 19.-21. Okt., Würzburg, pp 102-128

Müller G, Sell G, Bauer A, Leistner G (1978) Abwasserreinigung in einem Bio-Hochreaktor, Chemie Technik 7:257-260

Schmid U, pers. Mitteilung unveröffentlichter Ergebnisse

Trösch W (1987) Biogas from waste in the potato industry. In: Ferranti MP, Ferrero GL, L'hermite P (Hrsg) Anaerobic digestion: results of research and demonstration projects, Elsevier Applied Science, London New York, pp 197-209

Trösch W (1992a) Untersuchungen zur zweistufigen Klärschlammfaulung, Korrespondenz Abwasser, 39:1348-1354

Trösch W (1992b) Die Bedeutung natürlicher Kreislaufprozesse für Klima und Umwelt. In: Wiemer K, Kern M (Hrsg) Abfallwirtschaft 9, M.I.C. Baeza Verlag, Witzenhausen, pp 61-76

Trösch W (1993) Bereitstellung von Energie und Massenrohstoffen für eine den stationären, biogenen Stoffkreisläufen nachempfundene, umweltkompatible Stoffwirtschaft. Eine neue Herausforderung für die Biotechnik? BioEngineering 9:20-28

Wellmann E (1991) Das Ozonloch bedroht auch die Pflanzenwelt, Chem. Rundschau 36

Zlokarnik M (1979) Die Leistungsfähigkeit optimierter Injektoren für den Sauerstoffeintrag in biologischen Abwasserreinigungsanlagen, Verfahrenstechnik, 13:601-604

Zlokarnik M (1982) Verfahrenstechnik der aeroben Abwasserreinigung, Chem. Ing. Techn. 54:939-952

Zlokarnik M (1988) Umweltschutz - eine ständige Herausforderung des Innovationsgeistes der Ingenieure aller Fachdisziplinen. In: GVC-VDI (Hrsg) Verfahrenstechnik der mechanischen, thermischen, chemischen und biologischen Abwasserreinigung, Preprints zum 1. GVC-Congreß 17.-19.-Okt., Baden-Baden, pp 1-20

3.14 Perspektiven der Umweltbioverfahrenstechnik

Prof. Dr. Peter M. Kunz
Institut für Biologische Verfahrenstechnik, Fachhochschule für Technik,
Speyerer Straße 4, 68163 Mannheim

3.14.1 Zielsetzung

Ziel dieser Ausarbeitung ist die Dokumentation der Anwendungsnähe der *Umweltbioverfahrenstechnik* unter dem Blickwinkel ihres möglichen Beitrages zu einer nachhaltigen wirtschaftlichen Entwicklung in Baden-Württemberg.

Damit der Leser sich einen eigenen Eindruck vom aktuellen Stand der Umweltbioverfahrenstechnik machen kann, werden nach einem kurzen Abriß (inkl. Definitionen) der grundlegenderen Aspekte Entwicklungsfelder im produktiven und nachsorgenden Bereich unter Würdigung der konventionellen Einsatzbereiche beschrieben.

Im letzten Abschnitt zu diesem Beitrag hat sich der Verfasser erlaubt, ein Beispiel dafür zu liefern, wie "biologische Strukturen" in Produktionsstrukturen umgesetzt werden können und die wirtschaftliche Entwicklung eines Unternehmens dadurch positiv beeinflußt werden kann.

In jeder Sequenz wird der Versuch unternommen, die Perspektiven der Biologischen Technik im Rahmen der Umwelttechnik zu beleuchten.

3.14.2 Definitionen

Verfahrenstechnik ist nach VDI/GVC die Ingenieurwissenschaft, die sich mit der Erforschung, Entwicklung und technischen Durchführung von Prozessen befaßt, in denen Stoffe nach Art, Eigenschaften und Zusammensetzung verändert werden.

Bioverfahrenstechnik oder auch *Biologische Technik* darf deshalb verstanden werden als ingenieurmäßige Erforschung, Entwicklung und Anwendung biologischer Gesetzmäßigkeiten in technischen Einrichtungen

- zur Herstellung und Modifikation von Substanzen bis hin zum Abbau von Substanzen mit Hilfe von Organismen oder Bestandteilen von Organismen sowie
- zur Kultivierung bis hin zur Modifikation von Organismen oder Bestandteilen von Organismen.

Biologische Technik basiert nicht nur auf dem Wirken von Mikroorganismen, sondern auch von pflanzlichen und tierischen Zellen, die - für den Bioverfahrenstechniker - ähnliche, nur komplizierter aufgebaute Stätten zum Auf- und Abbau lebensnotwendiger Verbindungen sind.

Bei der *Umweltbioverfahrenstechnik* handelt es sich um einen Forschungs-, Wissens- und Anwendungsbereich, der die klassischen mikrobiologischen und biochemischen Kenntnisse über - vorwiegend - Mikroorganismen nutzt und diese mit der Anwendung verfahrenstechnischer Grundlagenkenntnisse zum Schutz der Umwelt - meistens in Mischkulturen unter unsterilen Bedingungen - kombiniert.

Diese Unterscheidung zur klassischen Definition der *Umweltbiotechnologie* ist deshalb vorgenommen, weil man landläufig unter Umweltbiotechnologie allein die Anwendung biologischen Wissens bei der Behandlung von Luft, Wasser, Abfall und Boden in dem Sinne versteht, daß Inhaltsstoffe abgebaut werden (hier findet sich in manchen Werken der Begriff der *Biodegradation*; Bryniok/Chmiel 1991).

Die "Biotechnologie zum Schutz der Umwelt" umfaßt aber auch nach Ansicht des Verfassers produktive oder Dienstleistungsprozesse, mit denen Emissionen gegenüber herkömmlichen Prozessen oder Techniken vermieden, vermindert oder unmittelbar unschädlich gemacht werden. So wie die Umweltschutztechniken ein klassisches Teilgebiet der Verfahrenstechnik darstellen, muß die Umweltbiotechnologie/Biodegradation nach Ansicht des Verfassers als ein Teilgebiet der Umweltbioverfahrenstechnik aufgefaßt werden.

3.14.3 Grundlegende Betrachtungen zur Umweltbioverfahrenstechnik

Im Vordergrund der Umweltbioverfahrenstechnik steht somit die handwerkliche, gewerbliche und industrielle Produktion unter Anwendung des umweltschonendsten Verfahrens und der Anwendung der besten verfügbaren Technologie (Definition siehe EG-Kommission 1993).

Solange man unter Umweltbioverfahrenstechnik allein die Biodegradation versteht, solange ist sie eben nur "Abbau" von höhermolekularen zu niedermolekularen Verbindungen, bis hin zum Kohlenstoffdioxid. In einem offenen - d.h. unsterilen - System, in dem sich viele verschiedene Organismen über die Zeit etablieren können, ist es zunächst für einen Praktiker absolut unvorstellbar, ein spezielles Produkt mit gleichbleibend hoher Qualität mit Hilfe von Biologischen Techniken zu produzieren. Dazu muß man ergänzend definieren, was unter biologischen Produkten zu verstehen ist (Tabelle 1). Gerade die Verfahrenstechnik verfügt über unit operations, die unter Wahrung der biologischen Möglichkeiten und Beachtung der biologischen Systemgrenzen in der Lage ist, auch Produkte mit Mischbiocoenosen herzustellen, aufzukonzentrieren und zu reinigen, wann immer das notwendig ist. Beispiele hierfür sind die kontinuierliche Ethanol-Fermentation auf Basis von Abfallsubstraten (Treis 1990), die Milchsäureproduktion aus Käsereiabwässern (Trösch 1993) oder die Futtermittelproduktion aus pflanzlichen und tierischen Rückständen (Schantz 1993).

Voraussetzung ist jedoch in jedem Fall, daß die biologische Produktion nicht dem Zufall überlassen bleibt, sondern gezielt betrieben wird. Die in der Natur ablaufenden Prozesse der Stoffumwandlung zur Art- und Standorterhaltung werden in der Regel durch Enzyme (makromolekulare Biokatalysatoren) und Effektoren (Messengers in Form von Cytokinen, Mediatoren und Hormonen) als Wirkstoffe vermittelt und reguliert. Diese Wirkstoffe werden für den katabolischen und anabolischen Stoffwechsel (Abbaureaktionen und Synthesereaktionen) sowie für zelluläre Reaktionen (Erhaltung der Zellfunktionen, Wachstum, Differenzierung, Reifung, evtl. Motilität) in der Zelle oder extrazellulär eingesetzt. Sie werden schon heute in vielen Anwendungen (Waschmittelenzyme usw.) genutzt.

Im allgemeinen unterstellt man den biologischen Techniken ein hohes Maß an Umweltverträglichkeit, wenn man einmal die Angst vor der Gentechnik außen vor läßt. Dies ist zwar nicht grundsätzlich so (über die biogene Bildung von Furanen und Dioxinen in aeroben Medien durch Peroxidasesysteme ist in der Literatur (Svenson et al., 1989) bereits berichtet worden), doch darf man im wesentlichen davon ausgehen, daß es für mikrobielle Produkte auch mikrobielle Abbauwege geben muß (Rehm 1988).

Zweifelsohne wird die Umweltbioverfahrenstechnik in den nächsten Jahren ihren Anwendungsschwerpunkt bei den Abbauprozessen haben und behalten. Angesichts der drängenden Aufgaben im Rahmen der Rückstandsvermeidung im produktiven Bereich sind jedoch innerbetriebliche Entwicklungen zu prospektieren, die schwerpunktmäßig im Bereich der Hilfsstoffe eine umweltentlastende Funktion übernehmen werden. Hilfsstoffe, z.B. Tenside oder Lösungsmittel, dienen beispielsweise dazu, Schmutz von Oberflächen durch Veränderung der Oberflächenspannung bzw. durch Lösung abzutrennen. Verschmutzte Hilfsstoffe werden verworfen, teilweise zwischenzeitlich aufgrund der genannten Abfallentsorgungsprobleme auch regeneriert, stellen aber irgendwann doch einen Rückstand dar, der zumeist teuer als Schlamm oder Sonderabfall entsorgt werden muß. Mikroorganismen können durchaus die Funktion der Tenside oder Lösungsmittel unterstützen oder übernehmen, wenn der "Schmutz" einen Nährstoff für den Mikroorganismus darstellt und man ihm hierfür die entsprechenden biologischen Systeme in der Produktion schaffen kann.

Landläufig herrscht immer noch die Meinung vor, daß man Umweltprobleme durch *biologische* end-of-pipe-Maßnahmen ökologisch lösen könnte, weil dies *biologisch* umweltverträglich sei. Da aber die Ökologie die wirtschaftliche Komponente implizit enthält (Ökonomie und Ökologie sind eben keine Gegensätze, wenn man die griechische Übersetzung von οικοσ zugrundelegt), kann eine end-of-pipe-Maßnahme nie ökologisch sein: Im Gegensatz zur in den Prozeß integrierten Lösung schafft die end-of-pipe-Maßnahme in der Regel minderwertigere Produkte (Schlämme), die sehr viel weniger in einen Kreisprozeß einfließen können als die unmittelbare, meist weniger mit Begleitstoffen in Berührung kommende Kreislaufschließung mit Hilfe von Organismen (s. Abbildung 1).

3.14 Perspektiven der Umweltbioverfahrenstechnik 311

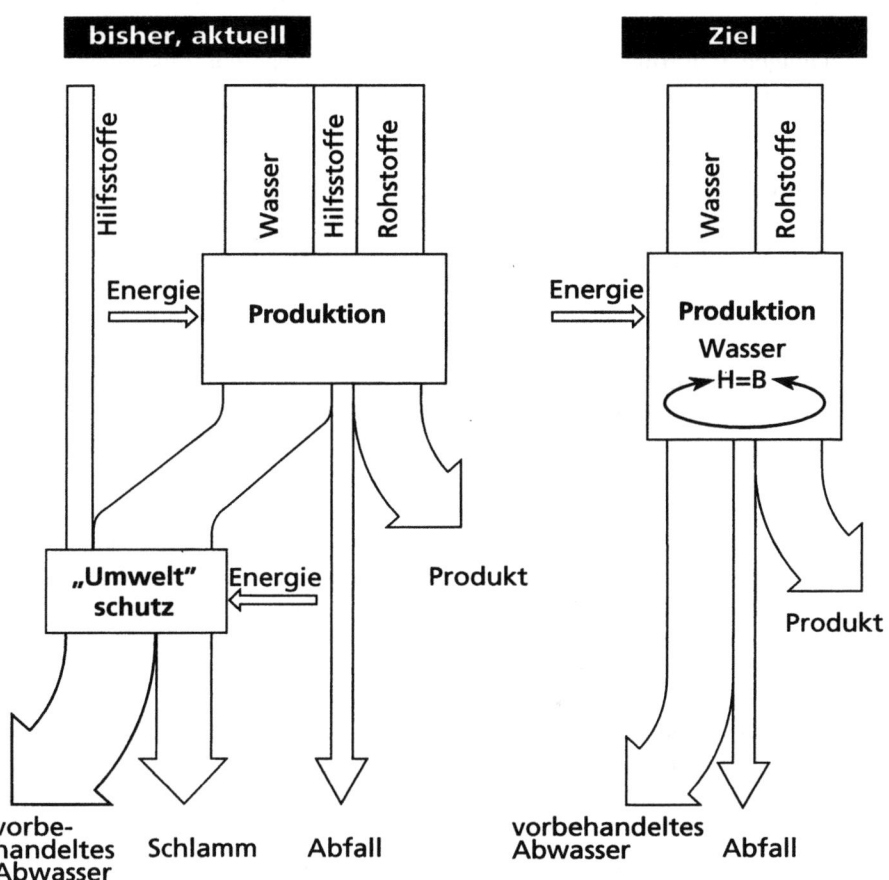

Abb. 1 Gegenüberstellung eines konventionellen Produktionssystems und eines mit mikrobieller Hilfsstoffproduktion

Neben den Hilfsstoff-Substitutionen können auch unmittelbare Stoffwechselprozesse in der chemischen Produktion (beispielsweise) durch die Aktivität von Organismen wertschöpfend sein: Wissler (1993) arbeitet an biologischen Umsetzungen von chlorierten Propanverbindungen, die augenblicklich bei der Propylenoxidsynthese nutzlos anfallen und durch Verbrennung entsorgt werden, mit dem Ziel, optisch aktive Synthesebausteine wie Dichlorpropan, zu gewinnen. Hierbei ist sicherlich zu hinterfragen, ob derartige Schritte end-of-pipe sind oder schon prozeßintegriert. Nichtsdestotrotz stellen sie eine Perspektive für die hiesige Industrie dar: Entweder die industrielle Entwicklung allgemein nachhaltig zu fördern oder Dienstleistungsmärkte für dieses Know-how zu schaffen.

3.14.4 Mikroorganismen im produktiven Bereich im Rahmen der Zielvorgabe: Umweltschonendste Prozesse

Abgesehen von den klassischen Fermentationen sind Organismen im produktiven Bereich bislang absolut unerwünscht: Der zunehmende Einsatz antimikrobieller Verbindungen (aufgrund der Hinwendung zu abbaubareren Ausgangsstoffen) beweist, daß Organismen eher bekämpft werden, als daß man ihr Leistungsspektrum ausnutzt. Ausgangspunkt vieler Arbeiten des Verfassers sind jene Bereiche, in denen Biozide eingesetzt werden.

Das Auftreten von Mikroorganismen im produktiven Bereich ist ein deutlicher Hinweis darauf, daß unter den meist extremen Prozeßbedingungen immer noch - meist spezialisierte - Organismen leben können. In verschiedenen Anwendungsfällen kann man sich dieses Spezialistentum unmittelbar zunutze machen.

Die konkreten Fragen also lauten: Können Organismen, speziell Mikroorganismen, bereits bei der Emissionsvermeidung, respektive -verminderung helfen? Kann durch den Einsatz von Mikroorganismen im produktiven oder im Dienstleistungsbereich auf Stoffe verzichtet werden, die sonst in die Umwelt gelangen würden?

Was sind Emissionen? Man kann hierunter alle Stoffkomponenten aus einem Anwendungsbereich verstehen, die dem "unerwünschten" Output einer Produktion (Stoffverlust) zuzurechnen sind. Es gibt mittelbare und unmittelbare Emissionen; mittelbar sind beispielsweise die CO_2-Emissionen aus Kraftwerksfeuerungen, die bei der Energieumwandlung im Rahmen der Stromerzeugung entstehen.

Aus Tabelle 1 wird ersichtlich, daß mit Hilfe von Mikroorganismen durchaus Emissionen dadurch begrenzt werden können, daß anstelle synthetischer Hilfsmittel mikrobielle Produkte oder Mikroorganismen direkt eingesetzt werden. Ein - im Augenblick vielleicht noch mehr einer Wunschvorstellung gleichkommendes - Produktionssystem zeigt Abb. 1: Hilfsstoffe werden durch mikrobielle Systeme ersetzt, Wasser und mikrobiell-produzierte Stoffe werden im Kreislauf geführt, Mikroorganismen sorgen für die Regeneration der Hilfsstoffe und wachsen auf den Ausgangsstoffen, teilweise muß die produzierte Biomasse ausgeschleust und weiterbehandelt werden (im vorliegenden Fall wird sie desintegriert und als Supplinen-Ersatz in die Produktion zurückgegeben).

Beispiel: Mikrobielle Entrostung von Oberflächen

Da metallische Werkstücke nur in den seltensten Fällen direkt nach ihrer Herstellung weiterbearbeitet werden, bildet sich ohne Schutz bereits nach kurzer Zeit eine "Rostschicht" auf der Werkstückoberfläche. Diese auch als "Flugrost" bezeichnete Ausbildung einer oberflächennahen, erkennbar veränderten Schicht erfolgt bereits bei Lagerung in der Umgebungsluft. Vor einer Weiterverarbeitung müssen die Werkstücke entrostet werden; meist werden hierzu anorganische Säuren ("Beizbäder") verwendet. Vom "Rosten" spricht man im allgemeinen, wenn Stahl korrodiert. Eisen rostet, Kupfer patiniert und Silber läuft schwarz an. Die chemi-

Tabelle 1 Biologische Produkte (auszugsweise)

1. Organismen produzieren durch Reproduktion

autoroph:
- höher molekulare Verbindungen (pflanzliche Biomasse) als chemischer Energiespeicher (Beispiel Rohr-, Rübenzucker);
- ganz allgemein nutzbringende Biomasse (z.b. im Lebensmittelbereich);

heterotroph:
- Nahrungsmittel (Pilze, Hefen);
- „Werkzeuge" für die Nahrungsmittelproduktion (für die alkoholische Gärung, Backhefen, Sauerteig, Joghurt usw.);
- ganz allgemein nutzbringende Biomasse (z.b. im Kompost, im Gewässer, in Abwasserreinigungsanlagen usw.).

2. Organismen produzieren Produkte (Beispiele)

- verwertbare Stoffwechselmetabolite / Energieträger (Alkohol, Biogas, Wasserstoff usw.);
- Proteine, bzw. deren Grundbausteine (Aminosäuren für die Nahrungsmittelproduktion);
- Katalysatoren (Enzyme, die Substanzen transformieren, wie die Lipasen zur Zerlegung der Triglyceride in Glycerin und Fettsäuren);
- Wirkungsvermittler, die Substanzen erst verfügbar machen (Tenside, Schwefelsäure usw.);
- Speichersubstanzen (Ferritin, Lipide usw.);
- Wirkungsverzögerer (Komplexbildner, Reduktionsmittel für die Sulfidfällung);
- allgemein Produkte aus dem Baustoffwechsel;
- Antibiotika (Organismenabwehr, Symbiose).

3. Organismen produzieren ein Milieu

- Oberflächenladungsveränderung, -konditionierung (Biofilmbildung);
- Versäuerung;
- Schwermetall-abgereicherte Zonen (auch: chlorierte Kohlenwasserstoffe, hydrophobe Verbindungen);
- „saubere" Luft, Wasser usw.

sche Entrostung erfolgt durch Rostumwandlung oder Abbeizen. Rostumwandler bestehen im wesentlichen aus Phosphorsäure, neben Fettlösern, Netzmitteln und Korrosionsinhibitoren. Sie reagieren mit dem vorhandenen Rost und mit dem Untergrund und bilden Eisenphosphat. Beim Beizen werden geeignete Mineralsäuren oder Laugen (je nach Art des Grundmetalls) zur Entfernung der Oxide und Hydroxide eingesetzt. Die Auswahl der Säuren erfolgt in Abhängigkeit von der Löslichkeit des entstehenden Salzes. In der Regel genügen 10%ige Schwefel- oder Salzsäure, um in wenigen Minuten die Metalloberfläche zu entrosten.

Bei Schlegel (1985) findet sich der Hinweis, daß Mikroorganismen über eisenbindende Proteine, wie z.B. Conalbumin, Lactotransferrin oder Serotransferrin verfügen. Diese Chelatbildner sind ein Schlüssel für die Wechselwirkung zwischen Eisen und Mikroorganismen. Dazu muß man wissen, daß unter aeroben Bedingungen bei pH 7 die Konzentration an Eisen-(III)-Ionen minimal ist (10^{-18} mol/l, also fast unlöslich). Da aber Mikroorganismen Eisen unbedingt für ihren Stoffwechsel benötigen, verwundert es nicht, daß sie in der Lage sind, Eisen löslich zu machen, indem sie es komplex binden. Die ausgeschiedenen Substanzen (Siderophore) sind niedermolekular und wasserlöslich; sie können Eisen-(III) mit hoher Spezifität und Affinität komplexbinden (Schlegel 1985). Entsprechend der Natur der eisenbindenden Liganden wird in Phenolate (sechs phenolische Hydroxygruppen), wie das Enterochelin einiger Enterobakterien, und Hydroxamate (zyklische Hexapeptide), wie das Ferrichrom vieler Pilze, unterschieden. Die verschiedenen Anwendungsmöglichkeiten zur Entrostung mithilfe mikrobieller Produkte sind mittlerweile zum Patent angemeldet (Kunz, Dausmann, Paul 1993).

Neben einer mikrobiellen Entrostung durch Produktion von Schwefelsäure über Leaching-Bakterien wurde untersucht, ob auch eine mikrobielle Rostumwandlung durch mikrobiell produzierte Phosphorsäure möglich ist (Paul 1991). Über den von *Embden-Meyerhof-Parnass* beschriebenen Fructose-Diphosphat-Weg (Glycolyse), bei dem Glycerinphosphat durch eine Phosphatase unter Bildung von Glycerin und H_3PO_4 hydrolisiert wird (Rehm 1971) werden phosphorylierende Verbindungen freigesetzt (Lehninger 1976). Eine weitere Quelle für Phosphorsäure über mikrobielle Synthesen ist Paul (1991) aufgefallen: Im humosen Erdboden ist Phosphorsäure gespeichert. Diese Phosphorsäure wird langsam an die Pflanzen abgegeben, ohne daß vorhandene Aluminium- oder Eisenionen in wesentlichem Umfang eine Immobilisierung als Aluminium- oder Eisenphosphat erfahren. In ersten orientierenden Versuchen konnte Paul zeigen, daß eine Entrostung mit *Clostridium* bis hin zu phosphatierten Oberflächen möglich ist. In einem einfachen "Kompostier"-Versuch (in Folie eingewickelter Kompost) gelang auch an einzelnen Stellen eines eingelegten Prüfmetalls ebenfalls der Nachweis der Phosphatierung.

Schließlich wurde auch mit Hilfe von Komplexbildnern, die mikrobiell produziert werden (Weinsäure, Citronensäure) erfolgreich entrostet. Allerdings dauerte es erwartungsgemäß mehrere Stunden bis zu einem Tag bis die Prüfmetalle entrostet waren. Mittlerweile konnte Dausmann (1993) nachweisen, daß mittels Desferrioxamin aus Streptomyceten eine signifikante, technisch relevante Entrostung von Blechen erzielt werden kann.

Neben den ersten systematischen Untersuchungen zur mikrobiellen Entrostung sei auf ein Produkt der Firma BIOX Limited, England hingewiesen, das u.a. bei der Firma SIEMENS im Schaltgerätewerk Berlin schon seit über zehn Jahren zum manuellen Entrosten von Oberflächen eingesetzt wird, das aus einer "eisenaufnahmefähigen Pilzkultur" (mehr ist nicht bekannt) besteht (Winkel 1991). Bei Störungen in der Vorbehandlung der Lakkiererei wird mittels Pinsel das Präparat auf die mit Flugrost behaftete Oberfläche aufgetragen und nach einigen Minuten Einwirkungszeit mit einem Tuch abgewischt. Die Oberfläche darunter ist blank. Probleme im Hinblick auf Haftungsverluste oder Unterrostung sind bei keinem der verwendeten Lacksysteme aufgetreten. Bei Personen, die damit umgehen, wurden bislang keine Allergien beobachtet.

3.14 Perspektiven der Umweltbioverfahrenstechnik

Stadium: Praktischer Einsatz einer Organismenkultur für manuelle Anwendungen, kontinuierliche Prozesse befinden sich im Vorversuchsstadium.
Perspektive: Eine Vielzahl von speziellen Aufgaben könnten mit Hilfe von entrostenden Mikroorganismen gelöst werden (Stahlbrücken, Betonkorrosion, spezielle Legierungen).

Beispiel: Mikrobielle Entfettung von Oberflächen

Die Reinigung von technischen Oberflächen von Schmierstoffen aus Umformungsarbeiten und von Korrosionsschutzmitteln ist im Bereich des Anlagenbaus ein unerläßlicher Vorbehandlungsschritt vor einer weiteren Bearbeitung; gereinigt werden Metalle, Metallbleche, Leiterplatten, Kunststoffe aber auch Keramiken. Infolge der potentiellen Gefährdung der Mitarbeiter und der Umwelt durch chlorierte und fluorierte Verbindungen findet augenblicklich eine Verlagerung des Reinigungsprozesses auf wässrige Systeme statt. Das Produkt dieses Prozesses ist ein Gemisch aus Reinigungsmitteln und abgelösten Ölen, respektive Fetten und den anderen oben genannten Komponenten, die von der Werkstückoberfläche abgelöst wurden. Im Gegensatz zur Lösemittel-Reinigung, bei der das Reinigungsmittel abdestilliert werden kann und die abgelösten Stoffe in konzentrierter Form vorliegen, entstehen bei wässrigen Reinigungsschritten alkalische oder saure Abwässer, die nur zum Teil über Aufbereitungsmaßnahmen rezykliert werden können und deshalb heute ein erhebliches Entsorgungsproblem darstellen. Abfallberater empfehlen inzwischen die Biologische Behandlung der Konzentrate.

Von daher lag es nahe zu überprüfen, ob nicht durch den Einsatz von Mikroorganismen die Umweltbelastungen bzw. die Maßnahmen zur Emissionsbegrenzung reduziert werden, wenn sie bereits im Reinigungsprozeß eingreifen und nicht erst end-of-pipe in einer biologisch arbeitenden Kläranlage. Dadurch können Chemikalien eingespart oder ganz ersetzt werden.

Aus der Literatur ist bekannt (s. Schlegel 1985), daß Mikroorganismen Kohlenwasserstoffe aus natürlichen Quellen als Nährstoffe erkennen und darauf wachsen können (Alkane finden sich in der pflanzlichen Cuticula und im Bienenwachs (u.a.), Aromaten in einer Vielzahl pflanzlicher Produkte; sie werden auch von Mikroorganismen gebildet). Wenn solche Verbindungen natürlich aufgebaut werden, darf man auch damit rechnen, daß sich im Lauf der Evolution Mechanismen zum Abbau dieser Substanzen entwickelt haben. Allerdings können höhere Konzentrationen toxisch wirken, Abbauprodukte toxisch sein usw. Dem Mikrobiologen stehen aber eine Vielzahl fettspaltender und ölabbauender Mikroorganismen zur Auswahl.

Über den Abbau von aliphatischen und aromatischen Kohlenwasserstoffen wird in jüngster Zeit sehr viel berichtet, insbesondere im Zusammenhang mit der Bodensanierung (Lingens 1988; Müller-Hurtig u. Wagner, 1990). Der Abbau von Kohlenwasserstoffen erfolgt intrazellulär; bei wasserunlöslichen Kohlenwasserstoffen erfolgt ein direkter Kontakt der lipophilen Zellwand an die Öltröpfchen. Einige Hefen und Bakterien sind darüber hinaus dazu befähigt, biologisch synthetisierte Tenside zum Emulgieren der Kohlenwasserstoffe zu bilden (s.u.).

Ein mögliches technisches Konzept für die mikrobielle Entfettung beruht nun darauf, bereits am Entstehungsort Fette und Öle im wesentlichen zu Kohlenstoffdioxid und Wasser umzusetzen und die bisher erforderlichen Reinigungschemikalien zu ersetzen. Dazu sind allerdings aufgrund der verhältnismäßig geringen spezifischen Stoffwechselleistungen der Mikroorganismen hohe Biomassekonzentrationen erforderlich. Eine Membran-Trennanlage mit mikroporösen Strukturen trennt das Entfettungs-/Entölungsbad vom Bioreaktor. Das abgelöste Fett bzw. Öl gelangt über einen Überlauf in den Bioreaktor, während die mikrobiellen Wirkstoffkomponenten über die Membran in das Aktivbad permeieren können, nicht aber die Biomasse.

Stadium: Praxis in zwei Fällen, halbtechnische Versuche an der FHT Mannheim.
Perspektive: Bei Abstimmung der Einsatzstoffe erfolgreiche Fortführung flächendeckend in kleineren und mittleren Betrieben möglich.

Beispiel: Mikrobielle Produktion von Biotensiden

Unter bestimmten Bedingungen (s.o.) synthetisieren Mikroorganismen (Tabelle 2) grenzflächenaktive Sustanzen, um sich die dispersen Kohlenwasserstoffe verfügbar zu machen (s. Wagner 1993). Neben der direkten Nutzung bei der mikrobiellen Entfettung ließen sich auch Biotenside aus - vorwiegend ölhaltigen - Rückständen gewinnen. Vorteile der Biotenside sind deren leichte Abbaubarkeit und Wirksamkeit bei geringen Konzentrationen. Ein vollständiger Stoffumsatz in Richtung einer Mineralisierung ist zwar nicht zu erwarten; die Biotensid-Produktion kann aber die nachfolgende Weiterbehandlung finanzieren.

Stadium: Halbtechnische Versuche.
Perspektive: Spezialitätenbetriebe könnten sich teils mit der Vor-Ort-Produktion von Biotensiden beschäftigen (z.B. insitu-Sanierungen) oder auch spezielle Einsatzfelder aufgreifen (Rhamnolipide gelten als antibakteriell, mycoplasmacidal und antiviral). Hier existieren Anwendungsmöglichkeiten für spezielle Mikroorganismen.

3.14 Perspektiven der Umweltbioverfahrenstechnik

Tabelle 2 Bio-Tenside (nach Kämpfer et al., 1988)

Gruppe	Komponenten	Eigenschaften	Mikroorganismen
Glycolipide	Trehaloselipide	nichtionisch, extrazellulär und zellwandgebunden	Arthobacter, Mycobacterium, Corynebacterium, Nocardia
	Rhamnolipide	anionisch, extrazellulär	Pseudomonas aeruginosa, Nocardia
Lipopeptide	Aminosäuren, Hydroxy-Fettsäuren	extrazellulär	Bacillus, Streptomyces, Corynebacterium
Phospholipide	Glycerin verestert mit Fettsäure und Phosphorsäuregruppe	extrazellulär oder zellwandgebunden	alle Bakterien angereichert auf Kohlenwasserstoffen
Fettsäuren und	Carboxylsäuren, Alkohole, Ester, Glyceride	extrazellulär oder zellwandgebunden	Pseudomonaden, Mycobacterium, Acinetobacter, Penicillium

Beispiel: Mikrobielle Stabilisierung von Kühlschmiermitteln

In der Oberflächentechnik spielt die formgebende oder verbindende Bearbeitung der Werkstücke eine wichtige Rolle. Dazu werden in nicht unerheblichem Umfang Kühlschmiermittel eingesetzt (man rechnet mit einer Mio. Tonnen pro Jahr in den alten Bundesländern). Beim Gebrauch der Emulsionen nehmen diese aus der Umgebung Mikroorganismen auf. Dadurch werden sie mit der Zeit unbrauchbar und verworfen.

Nach obigen Ausführungen ist es nicht verwunderlich, daß gerade Emulsionen, in denen das Mineralöl (oder heute sogar schon pflanzliches Öl), der Emulgator und verschiedene Zusatzstoffe in Wasser besonders gut dispergiert sind, von Mikroorganismen für den Energie- und Baustoffwechsel genutzt werden. Auch wenn Mineralöle nicht für alle Mikroorganismen verwertbar sind, können die wenigen Arten über ihre ausgeschiedenen Abbauprodukte auch anderen Mikroorganismen zum Wachstum verhelfen. Da Mineralölemulsionen leicht alkalisch eingestellt sind, um die Rostentwicklung zu unterdrücken, gedeihen vorwiegend nur Bakterien; Pilze werden kaum beobachtet. Andererseits werden in nahezu neutralem bis leicht saurem Milieu ausschließlich Pilze gefunden und keine Bakterien. Deshalb liegt es nahe, anstelle einer konventionellen antimikrobiellen Ausrüstung der Emulsion über die Einstellung eines günstigen pH-Wertes Pilze zu selektieren, die über Pflegemaßnahmen in ihrer Populationsdichte begrenzt werden können. Techniker des Schweizer Unternehmens BLASER haben festgestellt, daß mit Keimzahlen bis 10^7/ml das System noch mikrobiell stabil bleibt und keine Kontamination eintritt.

Stadium: Vor der praktischen Umsetzung - Analogien zur Lebensmitteltechnologie (Joghurt) können/werden ausgenutzt.
Perspektiven: Sehr interessant unter dem Blickwinkel des full-service-Geschäftes der Kühlschmiermittel-Lieferanten (s.u.).

Stichworte zu weiteren Beispielen und Resumee

Aus den unterschiedlichsten "Kurznachrichten" in verschiedenen Fachpublikationen kann man feststellen, daß es eine Reihe von guten Ansätzen gibt, mit Hilfe von Organismen Entsorgungsprobleme innerbetrieblich zu entschärfen und damit eine "umweltschonendste" Technik zu realisieren. Die nachstehenden Auflistungen enthalten skizzenartig - unvollständig - einige Beispiele, die es lohnt, sich unter dem Aspekt der unspezifischen Produktion aus Rückständen innerhalb eines Unternehmens genauer anzuschauen (beispielsweise haben früher etliche Zellstoffabriken aus ihren Rückständen Bioprodukte gemacht):

Kunststoffproduktion (läuft, könnte auch aus Mischkulturen erfolgen);
Eiweiße aus Miesmuscheln als Ersatz für Zwei-Komponenten-Kleber (Vorversuche);
Austernschalen als Mikrobizide (Vorversuche).

Unspezifische Anwendungen von Mikroorganismen sind:

Cyanidoxidation im Prozeß (halbtechnische Versuche);
Aktivkohle-Regenerierung (halbtechnische Versuche).

Die Umweltbioverfahrenstechnik-Anwendung im produktiven Sektor steht erst am Anfang und ist noch weit von einer breiten technischen Umsetzung entfernt. Der Gedanke, Organismen beispielsweise gerade dort einzusetzen, wo sie bislang bekämpft wurden, ist allerdings relativ neu (Kunz 1986).

An dieser Stelle wird immer wieder die Frage gestellt, ob Spezialisten, eventuell *gentechnisch modifizierte Mikroorganismen* oder Enzyme vorteilhaft zum Einsatz kommen können und sollten. Nach Ansicht des Verfassers kommen gentechnisch modifizierte Mikroorganismen aus zweierlei Sicht nicht in Betracht: Zum einen ist nicht geklärt, was mit den Genen im Freisetzungsfall passiert, zum anderen behaupten sich Wildstämme im allgemeinen unter "Umwelt"-Bedingungen wesentlich besser. Die Frage nach den *Spezialisten* und den *Enzymen* läßt sich dagegen schon schwerer beantworten: Je mehr es sich um "Ab"-wässer, "Ab"-fälle oder auch "Ab"-luft handelt, desto weniger haben spezielle Mikroorganismen oder Teile davon eine Chance, eine merkliche Leistung auf Dauer zu erbringen. Je weniger definiert

3.14 Perspektiven der Umweltbioverfahrenstechnik

das Lösungsgemisch ist, desto schwieriger wird die Problemlösung mit einem speziellen Agens (insbesondere die Selektivität der jeweiligen Enzyme kann nicht genutzt werden). Viel mehr jedoch werden die Bio-Katalysatoren "vergiftet" oder die Spezialisten durch unbeeinflußbare Konkurrenzreaktionen zwischen schnell wachsenden Autochtonen und langsamer wachsenden Spezialisten überwuchert (s. Kunz 1992a).

Demgegenüber können Enzyme und Spezialisten in "klaren", definierteren Medien gezielt und damit erfolgreich eingesetzt werden. Hierbei spielen die verwendeten Einsatzstoffe eine Rolle (weniger eigentlich die Toxizität als vielmehr die Verwertbarkeit oder Nicht-Verwertbarkeit) und die Möglichkeiten der Kontamination durch Konkurrenten. Die Einrichtungen, in die biologische Prozesse künftig integriert werden sollen, sind demzufolge als *Bioreaktoren* zu verstehen und die Medien als *Kulturbrühen*. Ziele der Fermentation unter diesen neuen Randbedingungen werden dann jeweils sein, Wirkstoffe zu produzieren oder Verunreinigungen zu metabolisieren.

Da der Verfasser erwartet, daß in Deutschland künftig im wesentlichen im Maschinenbau genauso wie in der Chemie nur noch Spezialitäten produziert werden (= Änderung der Produktphilosophie), werden sich künftig auch die Produktionsphilosophien ändern. Dabei eröffnen sich die Chancen für den produktionsintegrierten Umweltschutz mit Hilfe biologischer Techniken. Allerdings wäre es vermessen, hier nur die Biologie zu sehen. Auch die Chemie wird hierzu ihre Beiträge leisten müssen: Der Verfasser ist der Ansicht, daß es eine Produktphilosophie sein kann, leicht abbaubare Stoffe zu produzieren, aber eine genauso gute auch gar nicht abbaubare, die permanent wiederverwendet werden kann (siehe z.B. den LEGO-Baustein!).

Angesichts der erwarteten Spezialitätenentwicklung werden die Problemlösungen auch eher spezieller, denn allgemeiner Natur sein. Grundzüge aller Lösungen sind jedoch das Wissen um die Leistungsfähigkeit spezieller Mikroorganismen oder Teilen davon sowie um die technische Umsetzung unter selektierenden und konkurrierenden Bedingungen.

Anders verhält es sich bekanntlich mit den end-of-pipe-Anwendungen, bei denen es sich um eine Umwelt-"Reparatur" handelt; Reparaturmaßnahmen lassen sich eher verallgemeinern und deshalb querschnittartiger behandeln

3.14.5 Biologische Reparaturbetriebe

Eine Domäne der Bioverfahrenstechnik war in der Vergangenheit der Bereich der Abwasserreinigung; eventuell noch Abfallbehandlung. In jedem Lehrbuch wurde ihnen ein großes Kapitel gewidmet: Hier wurden die größten Bioreaktoren gebaut und die größten Umsätze in der Vergangenheit bei der Anwendung von Mikroorganismen gemacht. Neuerdings hat die Biologische Bodensanierung und die Biologische Abluftbehandlung Einzug in die industrielle Praxis gehalten.

Abwasserreinigung: Spezialisten-Recycle-Anlage

Angesichts der separaten Behandlung des Themas der biologischen Abwasserreinigung sei in diesem Zusammenhang im folgenden nur das Segment: "Umsetzung Biologischer Steuerungen" in die Praxis angerissen.

Wenn man biologische Abwasserreinigungsanlagen nach biologischen Kriterien steuern will, müssen mikrobiologische Stoffwechselvorgänge gezielt beeinflußt werden. Dazu kann man Limitierungen aufheben (Sauerstoffpartialdruck ändern) oder zulassen (Flockenwachstum steigern) oder u.a. auch spezielle Mikroorganismen gezielt einsetzen und fördern. Problematisch ist, daß in der Konkurrenzsituation zwischen schnell- und langsamwachsenden Mikroorganismen in offenen Systemen, wie sie z.B. kommunale Kläranlagen darstellen, die eher langsam wachsenden Spezialisten überwuchert werden. Die Spezialisten sind aber notwendig für die inzwischen geforderten geringen CSB-Ablaufkonzentrationen. Eine Dosierung von Spezialbakterien ist lediglich in wenigen Fällen und wohl kaum in größeren Klärsystemen erfolgversprechend (vgl. Kunz 1992a). Die sukzessive mikrobielle Förderung von Spezialisten in zwei- oder mehrstufigen Kläranlagen mit getrenntem Schlammkreislauf (nicht zu verwechseln mit Kaskaden) ist eine der wenigen diesbezüglichen biologischen Steuerungsmaß-nahmen, weil die Organismen in den letzten Stufen nur noch schwer verwertbare Nährstoffe erhalten. Gerade die AB-Technologie zeigt aber, daß dieser Prozeß herkömmlich ungesteuert abläuft: Die Mikroorganismen der zweiten Stufe bekommen auch leicht abbaubare Stoffe ab, wenn (und das findet täglich mehrmals statt) die erste Stufe überlastet wird.

Deshalb muß die Frage lauten: Wie kann in einem einstufigen System neben dem Abbau von leicht abbaubaren Stoffen ein gezielter Abbau von speziellen Verbindungen erfolgen? Antwort: Die Spezialisten müssen für den Abbau spezieller Verbindungen in einen "Käfig" gesperrt und unter optimalen Bedingungen fern von Überwucherung und Störung gehalten werden; außerdem dürfen sie nicht über den Überschußschlammabzug verloren gehen. Die Lösung des Verfassers sieht einen schwebenden Träger vor, der über Magnetabscheider oder Rüttel-Siebe aus dem Abwasser-Schlammgemisch ausgesondert und von überwucherndem Schleim gereinigt werden kann, wobei die auf dem Träger immobilisierten Spezialisten in einem separaten Behälter/Fermenter reaktiviert werden können. Dieser Fermenter wird mit behandeltem Abwasser oder auch mit Rohwasser über ein Sprühsystem lediglich feucht gehalten; eine Naßlagerung ist nicht erfoderlich. Die Spezialisten werden im selben Milieu gezüchtet, dem sie später ausgesetzt sind. Die Spezialisten-Recycling-Anlage wurde für Nitrifikanten, aber auch für andere Spezialisten, die meist in industriellen Kläranlagen benötigt werden, entwickelt.

Dieses Verfahren hält jederzeit die Spezialisten bereit, um im Falle höherer Belastungen im Zustrom gezielt reagieren zu können. Wesentlich ist aber auch, daß die betreffende Anlage nicht mehr auf die bekannten geringen Schlammbelastungen ausgebaut werden muß, da die Spezialisten sich nicht mehr im vorhandenen Schlamm etablieren können müssen.

3.14 Perspektiven der Umweltbioverfahrenstechnik

Das Verfahren senkt die Investitionen für die Erweiterung von Kläranlagen, erhöht allerdings etwas die Betriebskosten, wobei man Anlagen mit oder ohne dieses Steuerungselement nicht miteinander vergleichen kann, da die konventionelle Abwasserreinigung ohne die bereitstehenden Spezialisten im Falle einer Hemmung der Spezialisten ihre Aufgabe nicht mehr erfüllen kann, die Spezialisten-Recycling-Anlage davon jedoch nicht betroffen sein wird und wesentlich höhere Prozeßstabilitäten und -sicherheiten bietet.

Stadium: Großtechnische Versuche laufen in der Schweiz, labor- und halbtechnische sowie Pilotsysteme sind erfolgreich getestet.

Perspektive: Die Zukunft bioverfahrenstechnischer Maßnahmen zur Verbesserung der Abwasserreinigungsergebnisse muß unter dem Blickwinkel der Vergangenheit gesehen werden. Im kommunalen Bereich gab es bislang auf der verfahrenstechnischen Seite so gut wie keinen Wettbewerb. Planungsalternativen wurden kaum konkretisiert, Lösungen mit hohen Investitionen wurden wegen der staatlichen Investitionszuschüsse bevorzugt. Künftig knapper werdende Haushaltsmittel werden deshalb zu Veränderungen führen, die auch die Leistungsbreite eines Verfahrens berücksichtigen (In einem Klärwerk am Unterlauf des Neckars sah die Planung für die Erfüllung der Anforderungen der EU für das Jahr 2005 des eingesessenen Ingenieurbüros Investitionen von rund 40 Mio. DM vor, die Crew des Klärwerksbetreibers konnte die Anforderungen in der bestehenden Baussubstanz für rund 0,8 Mio. DM bei einem etwas erweiterten Betriebsaufwand für die MSR-Technik realisieren!).

Die Entwicklungen auf dem Sektor der Abwasserreinigung sind mittlerweile den klassischen Ingenieuren aus den Händen gewachsen: In der Vergangenheit ist es ihnen gelungen, ohne besondere Kenntnisse der biologischen Zusammenhänge die Ablaufergebnisse immer weiter zu verbessern, was einer immer schärferen Grenzwert-Findung Vorschub leistete. Allerdings haben diese Ingenieure fasziniert von ihren eigenen Leistungen vergessen zu erwähnen, daß die verbesserten Ablaufergebnisse nicht immer erreicht werden. Es macht nämlich einen erheblichen Unterschied, welches Ergebnis man erreichen kann und welches man mit hoher Sicherheit erreichen kann. Da die Juristen die versprochenen Ergebnisse sehen und nicht die den Ingenieuren bekannten Schwankungsbreiten der Ergebnisse, müssen heute mit immer größer werdendem Aufwand (in Baden-Württemberg schütten Stand Dezember 1993 bereits 19 Klärwerke Essigsäure ins Abwasser, um die Grenzwerte bzgl. Stickstoff einzuhalten!) Abwasserreinigungsanlagen betrieben werden.

Insofern ist die Perspektive für die Bioverfahrenstechnik in der Abwasserreinigung sehr gut, da sich erhebliche Einsparpotentiale bei ihrer Anwendung gegenüber der konventionellen Technik ergeben. Hier werden insbesondere online-Meßtechniken und biologische Ansätze zur Betriebsweise der Anlagen Eingang in die Praxis finden.

Integrierte Entsorgung der produzierten Biomasse

Das Problem der Abwasserreinigung hört jedoch nicht damit auf, daß das Wasser wieder sauberer wird; bei der biologischen Abwasserreinigung fällt Biomasse/Klärschlamm an, der nur noch in begrenztem Umfang landwirtschaftlich entsorgt werden kann (die organische Masse muß kompostiert werden, das gebundene Wasser und die mineralischen Komponenten können landwirtschaftlich direkt genutzt werden) und nach einer konventionellen Schlammbehandlung ein Produkt mit in günstigen Fällen 40% Feststoff- und 60% Wassergehalt darstellt, das so nicht mehr deponiert werden darf.

Hintergrund für den hohen Wassergehalt ist, daß die auf den Abwasserinhaltsstoffen gewachsenen Belebtschlammzellen nur unwesentlich bei der Schlammbehandlung zerstört werden, so daß die Zellinnenflüssigkeit und das Wasserbindungsvermögen im Schlamm gespeichert bleibt (vgl. KUNZ, 1993). Daran ändert sich auch nichts wesentliches, wenn man eine zweistufige Faulung vorsieht, weil die heutige Klärtechnik von einem hohen Schlammalter gekennzeichnet ist, das wiederum mit einer hohen Verweilzeit des Schlammes unter anaeroben Bedingungen einhergeht, weshalb eine Selektion von fakultativen Anaerobiern eintritt.

An verschiedenen Stellen in der Bundesrepublik werden derzeit neben Verfahren der Verbrennung, die eine thermische Entwässerung durch die Zellwände hindurch darstellen, Verfahren zum Zellaufschluß in Verbindung mit einer Verwertung des Schlammes untersucht. Einige beschäftigen sich damit, den Schlamm so aufzubereiten, daß er als Kohlenstoffquelle für die Denitrifikation gezielt genutzt werden kann. Tippmer (1993) hydrolysiert dazu die Biomasse, BÖHNKE (1992) autoklaviert sie, Kunz (1989), Müller (1991) und andere desintegrieren mechanisch, um den Biomassenbrei verwerten zu können; Brierley (1992) zerstört die Biomasse durch Schwefelsäure.

Bei allen Maßnahmen muß berücksichtigt werden, daß der Klärschlamm eine Senke für alle zuvor ins Abwasser geleiteten Stoffkomponenten ist, die nicht über den Luftpfad verstoffwechselt werden können. In industriellen Klärschlämmen darf bei entsprechender Verfahrensführung sogar damit gerechnet werden, daß die Nährstoffdosierung entfallen kann, weil der desintegrierte Biomassenbrei alle Nähr- und Spurenstoffe wieder abgibt, um neue Biomasse aufzubauen. Im kommunalen Bereich ist jedoch die Phosphor- und Schwermetallspeicherung so groß, daß es einer gezielten Ausschleusung bedarf. Diese ist durchaus nach einer Desintegration über eine selektive Phosphor- und Schwermetallfällung möglich (Tippmer 1993).

Stadium: Halb- und großtechnische Versuche laufen derzeit.
Perspektiven: Die Lösung des Klärschlammproblems ist dringlich, weshalb in nächster Zeit mit staatlicher Unterstützung für Alternativen zur

Verbrennung zu rechnen ist, wenn die Versuche zeigen, daß eine
Verbrennung umgangen werden kann.

Abgasreinigung - Abluftbehandlung

Die Behandlung lösungsmittelhaltiger Ab*gase* wird vom Gesetzgeber im Bundes-Immissionsschutzgesetz gefordert. Es steht außer Diskussion, daß bei Lösungsmittelkonzentrationen im Grenzbereich der TA Luft eine biologische Behandlung möglich ist. Industrielle Anwendungen müssen allerdings kompakt sein, die zielgerichtete Elimination steht absolut im Vordergrund. Biologische Verfahren haben sich insbesondere bei niedrigen Konzentrationen oder breitem Stoffspektrum als betriebssicher und kostengünstig erwiesen. Allerdings werden die Anforderungen an emissionsmindernde Anlagen immer schärfer, so daß die bekannten biologischen Techniken an Grenzen stoßen.

Die biologischen Ab*luft*behandlungssysteme auf Basis "Biofilter" werden überwiegend noch zur Verminderung von Geruchsemissionen eingesetzt, seltener zur Behandlung organisch belasteter Prozeßabgase zur Einhaltung geforderter Emissionsgrenzwerte; dies wird sich in Zukunft aber ändern.

Das Kernstück des "Biofilters" (er ist kein Filter und darf kein Filter sein, sonst würde er verstopfen!) ist das geschüttete Trägermaterial aus Kompost, Rindenmulch, Walderde, Torf oder Sägespänen (oder synthetischen oder anorganischen Bestandteilen). An die Träger sind bereits aufgrund der vorherigen Lagerung oder aus der Umgebungsluft heraus Mikroorganismen fixiert, die sich aus dem Abluftstrom oder aus dem Trägermaterial mit Nährstoffen versorgen. Der "Biofilter" muß deshalb alle Bedingungen erfüllen, die die speziellen Mikroorganismen zum Abbau der Lösungsmittel-Komponenten benötigen (Feuchte, Temperatur, pH-Wert, Supplíne etc.), aber auch - und das wird meistens vergessen - einen optimalen Stoffübergang dieser Komponenten gewährleisten.

Da mit der Zeit alle natürlichen, organischen Trägermaterialien abgebaut werden, sackt der "Biofilter" in sich zusammen, wodurch sich die Stoffübergangsfaktoren dynamisch ändern. Verstopfung durch partikuläre, auch in feineren Vorfiltern nicht abscheidbare Abgaskomponenten, Kanalbildung und Austrocknung bzw. teilweise extreme Durchfeuchtung sind weitere Effekte, denen technisch durch Umschichtung etc. begegnet werden muß. Eine ausführliche Würdigung der Grenzen findet sich bei Kunz (1992b).

Beim "Wäscher mit biologischer Waschwasserbehandlung" wird die Abluft zwangsweise durch einen Wasserfilm geleitet. Es können quasi alle verstopfungsarmen Wäscherfüllkörper Anwendung finden. Der eigentliche Abbau der organischen Abluftkomponenten findet meist nicht im Waschturm, sondern in einem separaten, zusätzlich belüfteten Reaktionsraum mit nachgeschalteter Abtrennung der Mikroorganismen statt, der einer klassischen biologischen Abwasserreinigungsanlage entspricht. Diese Technik ist technisch aufwendiger als der "Biofilter". Beim (wirklichen) Biowäscher handelt es sich um entweder den klassischen aeroben Festbett- oder Submersreaktor. Bei ersterem sind die

Wäscherkörper von einem Biofilm überzogen, bei letzterem stellt die Zuluft die zu behandelnde Abluft dar. Die feste Phase bei den Festbettreaktoren besteht aus einem inerten Trägermaterial oder aus einer Schlammflocke mit der abbauenden Biomasse als Biofilm.

Bei einer biologischen Abgasreinigungsanlage handelt es sich immer um ein dynamisches System, in dem einerseits optimale Bedingungen für Mikroorganismen herrschen und andererseits hohe Absorptionspotentiale für die zu eliminierenden Stoffgruppen geschaffen werden müssen. Schlußendlich sind die eingesetzten Hilfsmittel und mikrobiellen Produkte, wie Komposte und Bioschlamm, zu entsorgen. Eine biologische Abluftbehandlungsanlage kann also nur optimiert werden und damit "sicher" im Sinne einer Überwachung sein, wenn der Betreiber steuernde Eingriffsmöglichkeiten bekommt.

Zur Erläuterung einer diesbezüglichen technischen Weiterentwicklung unter biologischen Gesichtspunkten sei das Biosorber-Prinzip vorgestellt: Auf inertem Trägermaterial (beispielsweise aus einem in der Wäschertechnik bekannten Kunststoff-Gerippe in der Größe von Tischtennisbällen) werden die mikrobiell benötigten Nährstoffe als feste Masse aufgezogen und dadurch der bisher unspezifisch eingesetzte Kompost ersetzt. Im Grunde handelt es sich um "Petrischalen" zur speziellen Anzucht von befähigten Mikroorganismen. Ein Merkmal ist, daß die Kohlenstoffquelle im Nährboden für die Mikroorganismen schlechter verwertbar ist als die Abgaskomponenten, so daß diese zuerst abgebaut werden (Diauxie). Im Reaktor, der als *Biosorber* bezeichnet wird, werden die Träger in mäßiger Bewegung gehalten, um Lunker-/Kanalbildung zwischen den Trägern zu begrenzen und die Lage der Träger zum Substrat immer wieder zu verändern. Dadurch wird auch der Strömungswiderstand des Gases klein gehalten, Verstopfungen sind so gut wie ausgeschlossen. Über die Bewegung des Trägermaterials wandern die Träger, deren Nährkomponenten aufgebraucht sind, in einen Entnahme-Bereich. Staub, anhaftender Bioschlamm und akkumulierte Schadstoffe können abgewaschen und aufkonzentriert werden. Die Träger können anschließend regeneriert, mit standorteigenen Bakterien in Kontakt gebracht und wieder eingesetzt werden. Der Biosorber ist der erste Biofilter, der diesen Namen verdient, da er auch filtrierend eingesetzt werden kann. Darüberhinaus kann er von quasi trocken (vergleichbar dem Komposter) bis hin zum Biowäscher betrieben werden.

Stadium: Die biologische Abgasreinigung steht erst am Anfang ihrer Umsetzung in die betriebliche Praxis; die biologische Abluftbehandlung über "Biofilter" zur Minimierung von Gerüchen wird hingegen seit ca. fünf Jahren erfolgreich eingesetzt, wobei es im industriellen Bereich noch viele Optimierungsansätze zu untersuchen gilt.

Perspektiven: Die biologische Abgasreinigung wird eine nachhaltige Entwicklung erleben, da auch viele Kleinbetriebe in gemischten Wohngebieten Verminderungsmaßnahmen ergreifen müssen. Konventionelle "Biofilter" haben sich nur begrenzt empfohlen, Biowäscher sind zu aufwendig für diesen Anwendungsfall.

3.14 Perspektiven der Umweltbioverfahrenstechnik

Abfallbehandlung

Da die Natur seit Jahrtausenden gezeigt hat, daß sie in der Lage ist, Abfallberge zu vermeiden, liegt es nahe, dieses Prinzip im Rahmen der zivilisatorischen Abfallbehandlung einzusetzen. Die biologische Abfallbehandlung weist interessante Aspekte auf, hat aber auch gravierende Einschränkungen im Zielerreichungsgrad, weshalb man im Vorfeld genauestens prüfen muß, ob und mit welchem biologischen Verfahren das angestrebte Ziel oder Teilziel überhaupt erreicht werden kann. Im Augenblick werden den *biologischen Verfahren* der Abfallbehandlung große Perspektiven eingeräumt. Von der Sache her muß man bei den konventionellen Verfahren jedoch eher skeptisch sein, da sie nur in begrenztem Umfang die geforderte Mineralisierung (Abfall muß selbst eine Barriere gegen den Untergrund darstellen, wenn er deponiert werden soll) herbeiführen können. Ein wichtiger Grund dafür ist, daß aus der umzusetzenden organischen Masse immer wieder organische Masse in Form von Biomasse entsteht und diese sich nicht "in Luft auflöst"; ein weiterer, daß nicht alle Komponenten unter den vorherrschenden Milieubedingungen umgesetzt werden können. Wahrscheinlich liegt aber ein interessanter Ansatz in der wiederholten aerob-anaeroben Umsetzung (so wie der Prozeß in der Natur tatsächlich abläuft; s. Hanert 1992).

Das Beispiel der biologischen Abfallbehandlung zeigt nach Ansicht des Verfassers überdeutlich, daß die vermeintlichen Experten auf dem Gebiet der Umweltbioverfahrenstechnik bei vielen Aufgaben die biologischen Verfahren in der Natur nur ausschnittsweise kopieren und demzufolge zu unbefriedigenden Ergebnissen gelangen. Diese werden jedoch nicht dem eigenen Unvermögen, sondern der "Biologie" angelastet. Gerade bei der biologischen Abfallbehandlung scheint der Ausschnitt noch zu klein gewählt; verständlicherweise auch aus dem Grund, daß man die Verfahren nicht so aufwendig machen will wie die chemischen oder physikalischen.

Allerdings darf man bei dieser Betrachtung in diesem Zusammenhang auch nicht vergessen, daß heute noch vielfach versucht wird, Probleme biologisch zu erschlagen, die nicht biologiefähig sind (z.B. Mineralölkohlenwasserstoffe mit Kettenlängen > C 40 lassen sich nur sehr schwer bis gar nicht abbauen).

Flüssige Rückstände und Abfälle können einer Newtonschen Flüssigkeit voll entsprechen, sie können aber auch zähflüssig bis pastös sein. Liegt der Wassergehalt in der Größenordnung unter 70% wird der Stofftransport über die Wasserphase limitiert. In derartigen Fällen wird es bereits interessant *Kompostierungsverfahren* einzusetzen. Sie beruhen auf den gleichen Merkmalen, wie die biologische Abwasserreinigung mit O_2-Versorgung (aerobe Behandlung); Vorteil ist, daß der zur Mineralisierung benötigte Sauerstoff nicht erst technisch in das Stoffgemisch eingetragen werden und von dort hin zu den Mikroorganismen diffundieren muß. In jedem Fall setzt aber auch die Kompostierung einen ausreichenden Wassergehalt (ohne Feuchtigkeit keine Mikroorganismenaktivität), ausreichende Porosität und die Anwesenheit von wichtigen Wachstumsstoffen voraus. Da die Mikroorganismen nur begrenzt beweglich sind, muß der Kompost ab und zu umgewälzt werden - dies auch, weil mit der Zeit anaerobe Zonen entstehen, die zu Geruchsbelästigungen führen können (eine Abluftbehandlung ist meist erforderlich).

Der Kompostierung in dynamischen *Rottezellen* liegt die Überlegung zugrunde, daß der in der Zeit ablaufende Prozeß am besten überwacht und beeinflußt werden kann, wenn man ihn auch räumlich nacheinander ablaufen läßt. Gleichzeitig erhofft man sich dadurch eine bessere Prozeßführung, beispielsweise durch Nachlieferung von Wasser, um die Rotte vor dem Austrocknen zu bewahren und eine bessere O_2-Versorgung.

Mit zunehmendem Wassergehalt wird es zunehmend interessanter, flüssige Abfälle anaerob zu behandeln. Allerdings darf man grundsätzlich nie das resultierende Endprodukt aus dem Auge verlieren: Wenn zum Beispiel anschließend der Rückstand nur noch getrocknet werden kann, um ihn als Abfall direkt auf Deponie oder in eine Verbrennung geben zu können, sollte jede Wasserbeimengung unterbleiben. Falls ausreichende Wassergehalte bereits vorhanden sind, kann eine *Vergärung* in Betracht gezogen werden. In jüngster Zeit sind zwei Firmen (BTA, München und DEUTSCHE BABCOCK, Krefeld) aktiv bei der Implementation von Vergärungsanlagen organischer Abfallstoffe.

Abschließend sei an dieser Stelle noch auf die Anwendung der anaeroben Behandlung von Rückständen aus der Verarbeitung von zucker-, fett- und eiweißsowie pflanzenölhaltigen Schlempen aus der Landwirtschaft bzw. Nahrungs- und Genußmittelproduktion hingewiesen (s. Weiland u. Ahlgrimm 1988; Trösch 1993 u.a.m.).

Stadium: Die biologische Behandlung flüssiger Abfälle zur schadlosen Abgabe als Abwasser in die örtliche Entwässerung ist wenig fortgeschritten, einige Ansätze zur Wertschöpfung aus Abfällen der Landwirtschaft und Nahrungs- und Genußmittelindustrie existieren; teilweise werden die Abfälle suspendiert, um sie anaerob zur Biogasproduktion einsetzen zu können. Eine großtechnische Anwendung ist heute im kommunalen Bereich die Kompostierung vegetabiler Abfälle.

Perspektive: Im kommunalen Bereich werden somit Kompostierungsanlagen für Inhalte von Biotonnen kurzfristig benötigt werden (inklusive Abluftbehandlung, ggf. Abwasserbehandlung); im industriellen Bereich wird ein Wertschöpfungsmarkt aus organischen Rückständen entstehen, der jedoch ähnliche Umsetzungszeiträume beansprucht wie die produktiv integrierten Umweltbioverfahrenstechniken.

Bodensanierung

Die meisten Betriebe, die mit den sogenannten gefährlichen Stoffen Umgang hatten, haben heute eine Kontamination dieser Stoffe im Untergrund. Umgangssprachlich faßt man alle Bodenbelastungen als "Altlasten" auf; einige Quellen

3.14 Perspektiven der Umweltbioverfahrenstechnik

differenzieren in Altlasten und Altablagerungen, um quasi zwischen unbeabsichtigt eingetretenen Schäden und Folgewirkungen aus ungeordneten/geordneten Deponierungen zu unterscheiden. Faktisch unterscheiden sich die beiden Altlastenformen dadurch, daß in Deponien eingebaute Schadstoffe wie in einem Flickenteppich verteilt sind, während aus einem Tank oder einer Pipeline ausgelaufene Flüssigkeiten eine entsprechende Verteilung im Boden erfahren, wobei hier der Boden in gewissem Umfang heterogen aufgebaut sein kann. Die Verunreinigungen in Boden und Grundwasser bestehen meist aus Mineralölen, aromatischen Lösungsmitteln (Benzol, Toluol, Xylol) und chlorierten Kohlenwasserstoffen (Per, Tri, Methylenchlorid).

Grundsätzlich muß bei einer Bodensanierung der Boden, die Luft und das Grundwasser behandelt werden; die Behandlung des Bodens kann *in situ*, on-site oder off-site erfolgen. Bei der On-site-Sanierung wird der Boden ausgehoben und neben dem Schadensfall behandelt: Hier kommen Bodenwaschverfahren, Verbrennung und das Mieten-Verfahren (entsprechend der Kompostierung) in Betracht. Unter off-site versteht man den Transport des Bodens zu zentralen Behandlungsanlagen (Sonderabfallverbrennung, -deponie etc.). Wesentlich in diesem Zusammenhang ist, daß der behandelte Boden anschließend einer Verwendung zugeführt werden können muß (Sanierungsziel), was nicht sehr einfach ist: Jeder Boden ist heterogen, so daß dampfflüchtige Verbindungen in Porenräume diffundieren und dort an festen Phasen kondensieren. Damit sind sie vielfach einem mikrobiellen Abbau unzugänglich. Aufgrund der Heterogenität des Bodens kann es daher durchaus vorkommen, daß lokal ein sehr guter Abbau erfolgt ist; an anderer Stelle aber nicht, selbst wenn man Verfahren angewendet hat, die den Boden permanent umsetzen.

Bei der *in-situ*-Sanierung verbleibt der Boden in seiner Lage, so daß das Problem der Verwendung gelöst ist. Allerdings ist der mikrobielle Abbau extrem erschwert. Die *in-situ*-Maßnahme kommt überwiegend dann in Betracht, wenn Gebäude bestehen bleiben sollen. Sie wird begleitet von Abluft und Grundwasserbehandlungsmaßnahmen: Über Bodenluftabsaugung werden dampfflüchtige Stoffe und über hydraulische Infiltrationsmaßnahmen gelöste und adsorbierte Stoffe herausgewaschen bzw. umgesetzt. Beide Verfahrensweisen bedingen eine Nachbehandlung: Abluftreinigung meist über Aktivkohle zur Aufkonzentrierung, Bodenwaschwasserreinigung meist in Bioreaktoren. Je nach den unterschiedlichen Milieubedingungen sind bereits Mikroorganismen vorhanden (zumindest am Rand des Schadensherdes).

Es ist zu berücksichtigen, daß Altlasten in der Regel "alt" sind. Das heißt, daß im Boden mikrobiell bereits alle Stoffe umgesetzt sind, die unter den herrschenden Bodenbedingungen umsetzbar waren. Man darf davon ausgehen, daß die Bodenmikroorganismen ihre Gene und Plasmide untereinander ausgetauscht haben, daß auch Mutanten oder adaptierte Organismen vorhanden sind, die den eingedrungenen Stoff verstoffwechseln könnten. Lediglich scheint, daß der eine oder andere Stoffwechselschritt limitiert ist. Diese Limitation gilt es bei der biologischen Bodensanierung aufzuheben.

Bei den *in-situ*-Systemen handelt es sich um großtechnische Perkolatoren (Rieselkörper), in denen dem Boden die Stoffe zugeführt werden, die als limitierend für den Stoffabbau anzusehen sind. Zum Beispiel ist darauf zu achten, daß durch die Aufhebung einer Limitation kein ungehemmtes Wachstum einsetzt, das die Bodendurchlässigkeit (k_f-Wert) verschlechtert, wodurch die *in situ*-Sanierung zum Stehen kommen würde. Weiterhin können Metaboliten entstehen (z.B. Phenole), die zu einer Verdriftung des Schadstoffes führen. Der Abbau kann auch nur dort stattfinden, wo Mikroorganismen sind oder mit Nährlösung hingespült werden. In der Praxis wird der gesamte Boden kaum erfaßt.

Stadium: Die biologische Bodensanierung von Mineralölschäden gilt heute als Stand der Technik; doch zeigt die Praxis, daß die Sanierungsziele häufig nicht erreicht werden (u.a. weil sie aufgrund mangelnder Diffusion und Heterogenität des Bodens nicht erreichbar sind).

Perspektiven: Um die biologische Bodenbehandlung wird man aus Kostengründen in vielen Fällen nicht herumkommen, so daß sich solide Firmen am Markt behaupten können werden.

3.14.6 "Natürliche" Betriebe - ein Modell

Ziel der Arbeiten des Verfassers ist es, Elemente aus der natürlichen Kreislauf"technik" in die menschliche Produktion und Entsorgung zu integrieren. Beobachtet man natürliche Prozesse (z.B. die Symbiose), erkennt man, daß die Organismen "Kettenreaktionen" in sich bzw. miteinander abwickeln.

Übertragen auf den industriellen Produktionsprozeß kann das heißen, daß zur Herstellung eines Produktes nicht wie bisher meist, ein Unternehmer das Knowhow zusammenträgt und nach seinem bestem Wissen produziert, sondern daß er eine Produktionsaufgabe formuliert und diese von vielen Know-how-Trägern abgewickelt wird, die jeweils am besten wissen, wie ein Detail gelöst werden kann: Konkret könnte sich ein (von den vielen Umweltauflagen bedrängter) Unternehmer fragen, ob er alle umweltrelevanten Aufgaben im Rahmen seines Produktionsprozesses nicht einer Firma übergeben kann, die das dafür notwendige Know-how hat. Noch konkreter könnte das am Beispiel der Kühlschmierstoffe heißen, daß der Unternehmer den gesamten Umgang mit den Kühlschmierstoffen einem Dienstleister überträgt (dieses Modell gibt es bereits: full-service), der auf Basis eines Anforderungsprofiles sich um den reibungslosen Einsatz kümmert, die Pflege übernimmt und auch die Entsorgungsaufgaben bewältigt. Ein full-service wäre mit allen Hilfsstoffen möglich bis hin zu speziellen Produktionsaufgaben, wie beispielsweise das Entfetten von Blechen oder das Lackieren, wobei der Know-how-Träger frei wäre, ob er naß- oder pulverlackiert.

Stadium: In sehr begrenztem Umfang finden derartig arbeitsteilige Produktionsweisen bereits statt. Der Kühlschmiermittel-fullservice läuft an.

Perspektive: Die Perspektive ist gewaltig und dürfte angesichts der technologischen Weiterentwicklungen der produzierenden Unternehmen zu Spezialitätenproduzenten und zu höherer Produktions-Flexibilität führen, bei geringerer eigener Kapitalbindung. Die Bioverfahrenstechnik wird in diesem Zusammenhang überall dort Einzug halten, wo sie schon heute ökologische Vorteile aufweist.

3.14.7 Resumee

Mit dem vorliegenden Beitrag wurde versucht, den Bogen über die produktiven und nachsorgenden Anwendungen der Umweltbioverfahrenstechniken zu spannen. Abgesehen von der biologischen Abwasserreinigung befindet sich die Umweltbioverfahrenstechnik noch in den Anfängen. Aufgrund verschiedener Einflußfaktoren sind Lösungen von der Stange die Ausnahme, weshalb ein großes beratendes, forschendes-entwickelndes und anlagentechnisches Potential künftig benötigt wird.

Dazu muß man wissen, daß man bisher versucht, bestehende Produktionen nachträglich durch biologische Techniken zu *"ökologisieren"*. Künftig wird der Strukturwandel in der produzierenden Wirtschaft hin zu den Spezialitätenprodukten in vielerlei Hinsicht die Produkte und Produktionswege überdenken lassen. Dabei werden in den nächsten Jahrzehnten auch die heutigen Produktionsgesetze neu geschrieben werden; beispielsweise wird die Zeit neu bewertet werden (Zeit kostet Geld = Energie!).

Aufgrund der vielen Einzelfallösungen - zugeschnitten auf jede einzelne Spezialität - hat sich die Umweltbioverfahrenstechnik bislang in Breite nur end-of-pipe durchsetzen können, im produktiven Bereich sind erste Ansätze zu verzeichnen (ähnlich wie die ohne Zweifel vorteilbehafteten emissionsarmen Produktionsverfahren erschweren die hohen Kosten für die Entwicklung von Einzelfallösungen deren Umsetzung). Da jedoch überall - zumindest europaweit - die Entsorgung von Rückständen zum größten bottleneck werden wird, werden von der Entsorgbarkeit rückwärts bis hin zu den Einsatzstoffen neue Produktionswege gegangen werden (müssen). Hierbei werden Kenntnisse des mikrobiell möglichen Stoffwechsels an verschiedenen Stellen benötigt werden (leichte Abbaubarkeit der Einsatzstoffe macht jede Produktionsanlage zum Bioreaktor; s. Abschnitt 4).

Die Umweltbioverfahrenstechnik im prozeßnahen Bereich leidet darunter, daß

- die meisten potentiellen Anwender nicht wissen, welches Lösungspotential die Biologische Technik aufweist;
- die meisten Mikrobiologen nicht wissen, welches Leistungspotential an Stoffwechselprozessen die produktive Seite benötigt und

- die meisten Bioverfahrenstechniker zu wenig Verfahrenstechniker sind, um sich mit den Produktionsaufgaben fernab von klassischen Fermentationen beschäftigen zu können.

Wie in Abschnitt 5.4 skizziert, besteht das größte Problem darin, daß die meisten auf dem Gebiet der Bioverfahrenstechnik Tätigen einen zu kleinen Ausschnitt der Biologischen Technik kennen. Dadurch werden System-Grenzen zu Technik-Grenzen erklärt und die Biologische Techniken in verschiedenen Anwendungen als gescheitert angesehen.

Künftige Verbesserungen sind nur zu erwarten, wenn in allen Bereichen Offenheit für die Biologische Technik geschaffen wird und dabei sowohl die Risiken als auch die Chancen gleichermaßen dargestellt werden. Es kann nicht heißen, daß Biologie gut und Chemie schlecht ist, es kann nicht gelten, daß Mikroorganismen immer als krankmachend und verderbend angesehen werden, genauso wenig darf aber auch ein gentechnisch veränderter Mikroorganismus zum Schreckgespenst werden, wobei man allerdings hundertprozentig wissen muß, wo die Gene bleiben, wenn man solche Mikroorganismen außerhalb der Laboranwendung einsetzen will.

Jeder einzelne ist betroffen über seine privaten Abfälle und Abwässer, die eine Folge seines Konsumes sind, in dessen Produktion schon vieles mit Mikroorganismen zu tun gehabt hat. Deshalb muß jeder einzelne in gewissem Umfang abschätzen lernen, daß Risiken und Chancen fließende Grenzen haben und daß bei entsprechendem Umgang die Chancen der Biologischen Technik an Gewicht gewinnen können. Auf eine breitere Wissensbasis müssen auch die Nebenwirkungen gestellt werden: Ein Produzieren ohne Abfallberge ist nur möglich, wenn alle Stoffe in kurzer Zeit uneingeschränkt mikrobiell verstoffwechselt werden können. Frage: Kann gewollt sein, daß alle Stoffe erst zum CO_2 oxidiert werden müssen, um dann mit Hilfe des Sonnenlichtes wieder in höhermolekulare Verbindungen metabolisiert zu werden?

3.14.8 Aufgaben für die Zukunft

Neben der Verbreiterung der allgemeinen Bildung auf verschiedenen Stufen in übergreifender Weise über Schulen, allgemeinbildende Maßnahmen und Informationsveranstaltungen, die Aufgabe des Staates ist, die er aber noch viel zu wenig wahrnimmt (welcher Medien bedient sich der Staat, um staatliche Ziele der Bevölkerung zu vermitteln?), steht die Förderung von Umsetzungen von emissionsarmen Produktionsverfahren im besonderen - unter Verwendung biologischer Kreisprozesse im speziellen - an. Dabei muß unterschieden werden in Problemstellungen, die grundsätzlicher zu klären sind und in spezielle Problemlösungen. Erstere wären eine dezidierte Aufgabe für die exponierten Fraunhofer-Institute in Verbindung mit auf dem Gebiet hervorgetretenen Experten im Rahmen von Verbundprojekten, letztere für die aufkeimende angewandte Forschung an den Fachhochschulen (sei es im Rahmen hauptamtlicher Tätigkeiten oder über die Steinbeis-Einrichtungen).

3.14 Perspektiven der Umweltbioverfahrenstechnik

Dabei erscheint dem Verfasser das Prinzip eines Sponsorings interessierter Firmen als erfolgversprechend: Ohne große Antragsformalitäten sollten Firmen, die ein tragfähiges Konzept vorweisen, das von einem sachverständigen Gutachter geprüft werden muß, einen pauschalen, verlorenen Zuschuß von beispielsweise 50 bis 100 TDM erhalten. Als Gegenleistung dafür werden die geförderten Einrichtungen dokumentationspflichtig über den Prozeß (Input-Output), die durchgeführten Versuche und Untersuchungen sowie über den erzielten Erfolg oder Mißerfolg.

Mit der Evaluation der geförderten Projekte wären dann wiederum jene generalisierenden Einrichtungen zu betrauen, die im Rahmen eines Verbundprojektes sich systematischer mit der Umsetzung zu beschäftigen haben: Projektthemen könnten beispielsweise die Mikrobielle Entfettung oder die Kreislaufführung von Tensiden o.ä. sein, Projektträger der PWAB am Kernforschungszentrum Karlsruhe, Verbund-Projektnehmer die Abfallberatungsagentur ABAG und Projektbearbeiter das FHI für Grenzflächen- und Bioverfahrenstechnik Stuttgart, das Institut für Angewandte Forschung/Institut für Biologische Verfahrenstechnik an der FHT Mannheim und die Universität Stuttgart-Hohenheim.

Die Entwicklungen sollten sich auf jeden Fall an den einzelnen Verfahren orientieren und diese ganzheitlich bilanzieren. Aufgabe kann es zunächst nicht sein, Bioreaktoren zu optimieren und nach deren Anwendungsfelder zu schielen: Bioreaktoren-Typen gibt es mittlerweile genügend. Die Prozeßanbindung an die industriell notwendigen Randbedingungen (Prozeßstabilität, Überwachung online, Dosierungen von Spezialitäten, Steuerungskonzepte usw.) sind derzeit noch nicht erfolgreich gelöst. Hier müssen die Hebel ansetzen.

Erfolgreiche Ansätze müssen über die branchenspezifischen Informationsdienste in die Fachwelt hineingetragen werden. Weniger sollte die Publikation als die Präsentation der Erfolge in den Vordergrund gerückt werden.

Literatur

Böhnke B (1992) Weiterentwicklungen in der Abwasserreinigung. Korrespondenz Abwasser 39:395-400

Brierley M (1992) 80%ige Reduzierung des Klärschlamms durch Chemolyse. FORUM-Seminar, Berlin, Juli 1992

Bryniok D, Chmiel C (1991) Bioprozeßtechnik. G. Fischer Verlag, Stuttgart

Dausmann S (1993) Laboruntersuchungen zur biologischen Entrostung von Oberflächen, DA am Institut für Biologische Verfahrenstechnik an der FHT Mannheim/März 1993

EG-Kommission 93/C226/09 (1993) Vorschlag für einen Beschluß des Rates über den abschluß des Übereinkommens über den Schutz der Meeresumwelt des Ostseegebietes durch die Gemeinschaft (Übereinkommen von Helsinki in der Fassung von 1992). Amtsblatt der EG 36 vom 21.08.1993

Elbing G (1991) Verfahren zum Behandeln von Klärschlamm. Patentschrift DE 3836906 A1 vom 24.10.

Erdmann H et al. (1990) Ausgewählte Beispiele für die Anwendung von Lipasen in der organisch präparativen Chemie. Jahrbuch Biotechnologie Band 3, Hanser-Verlag München, S 353-378

Fischer K (Hrsg) (1990) Biologische Abluftreinigung. Kontakt und Studium, Band 212. expert-Verlag, Ehningen

Hanert H (1992) Arbeitspapier zur aerob-anaeroben Abfallbehandlung. TU Braunschweig

Kämpfer P, Feidieker P, Strechel S, Steiof M (1988) Untersuchungen zum mikrobiellen Abbau von Kohlenwasserstoffen. Band 2, Veröffentlichungen aus dem Fachgebiet Hygiene der TU Berlin und dem Institut für Hygiene der FU Berlin

Kunz P (1993) Neue Wege der Klärschlamm-Minimierung. abwassertechnik 1

Kunz P (Hrsg) (1992) Gezüchtete Mikroorganismen in Abwasserreinigungsanlagen. Möglichkeiten und Grenzen. expert-Verlag, Ehningen - ISBN 3-8169-0788-1

Kunz P (1992) Umweltbioverfahrenstechnik, Vieweg-Verlag, Wiesbaden

Kunz P (1991) Anlage und Verfahren zur mikrobiellen Entfettung von Oberflächen. P 42 09 052 C1

Kunz P (1989) Arbeitspapier Klärschlamm-Minimierung durch mechanische Zellwandzerstörung. FHT Mannheim

Kunz P, Frietsch G (1986) Mikrobizide Stoffe in biologischen Kläranlagen. Springer-Verlag, Heidelberg Berlin New York

Lehninger A (1976) Biochemie. 2. Auflage, Mainz

Lingens F (1988) Mikrobieller Abbau von aromatischen Verbindungen. Jahrbuch Biotechnologie Band 2, Hanser-Verlag München S 297-318

Müller J (1991) Interner Zwischenbericht zur Klärschlammentfeuchtung mit Hilfe von Rührwerkskugelmühlen, TU Braunschweig

Müller-Hurtig RF (1990) Wagner: Mikrobieller Abbau von aliphatischen Kohlenwasserstoffen unter umweltrelevanten Aspekten. Jahrbuch Biotechnologie Band 3, Hanser-Verlag München, S 337-350

Paul M (1991) Laboruntersuchungen zur biologischen Entrostung von Oberflächen. Studienarbeit am Institut für Biologische Verfahrenstechnik der FHT Mannheim

Rehm H-J (1971) Einführung in die industrielle Mikrobiologie. Springer-Verlag, Heidelberg

Rehm H-J (1988) Mikrobiologie und Biochemie der Kohlenwasserstoffe.in Schweisfurth R (Hrsg) Angewandte Mikrobiologie der Kohlenwasserstoffe in Industrie und Umwelt. expert-Verlag, Ehningen 1-16

Schantz U (1993) Verwertung von Produktionsrückständen mit Hilfe von futtermittelrechtlich zugelassenen Mikroorganismen (DA am Institut für Biologische Verfahrenstechnik an der FHT Mannheim, März 1993)

Schlegel HG (1985) Allgemeine Mikrobiologie. Thieme-Verlag

Svenson A, Kjeller LO, Rappe C (1989) Enzyme mediated formation of 2,3,7,8 tetrasubstituted chlorinated Dibenzodioxin and Dibenzofurans. Environ. Science Technology 23

Tippmer K (1993) Hydrolyse von Klärschlamm - Gewinnung von Zellbestandteilen. TAE-Seminar Schlamm-Minimierung, Sept. 1993

3.14 Perspektiven der Umweltbioverfahrenstechnik

Treis T (1990) Biotechnologischer Anlagenbau am Beispiel einer Technikumsanlage zur kontinuierlichen fermentativen Produktion von Ethanol (DA am Institut für Biologische Verfahrenstechnik an der FHT Mannheim/ Oktober 1990)

Trösch W (1993) Neue Verwertungsstrategien bei der Umwandlung organischer Verbindungen aus Abwasser und Reststoffen mittels mikrobieller Prozesse. Informationsveranstaltung Umweltbiotechnologie, Stuttgart

Wagner FB (1993) Biotenside. persönliche Mitteilungen vom Juli 1993

Weiland P, Ahlgrimm H-J (1988) Feststoff-Biomethanisierung von Rest- und Abfallstoffen. ACHEMA

Winkel P (1991) Entrostung von Oberflächen durch ein biologisches Produkt. Schriftenreihe Praxisforum. Fachbroschüre Umwelttechnik 31/91, Berlin

Wissler J.H (1993) Wertschöpfung aus Reststoffen. Informationsveranstaltung Umweltbiotechnologie, Stuttgart

3.15 Stand der Technik und Perspektiven bei Biosensoren[1]

Die Integration der Biosensoren in die Spurenanalytik

Dr. Ulrich Krahn
ZENIT GmbH, Dohne 54, 45468 Mülheim an der Ruhr

Biosensoren stehen inzwischen im technologischen Wettbewerb mit den konventionellen Systemen und Verfahren der chemischen Analytik. Als neuartiges Meß- und Analysegerät konkurrieren sie erfolgreich mit Elektroden und Sonden sowie Geräten der Chromatographie und Spektroskopie. Dennoch wird der praktische Nutzen der Biosensoren immer noch kontrovers diskutiert. Die Pragmatiker sehen den Weg der Biosensoren in der Integration in die bestehende Analytik.

Als besonders aussichtsreiche Einsatzgebiete stellen sich zu Beginn der 90er Jahre neben der Medizin die Fermentation als spezielle Prozeßtechnik sowie in zunehmendem Maße die Umweltanalytik und -meßtechnik dar. Hinzu kommt langfristig die Lebensmitteltechnik.

Wie die Randbedingungen für die wirtschaftliche Nutzung insbesondere für kleine und mittlere Unternehmen aussehen, wird vor dem Hintergrund konkreter Entwicklungstrends schwerpunktmäßig an drei Kriterien aufgezeigt und diskutiert:

- generelle Anforderungen an Biosensorprodukte;
- Aufgabenstellungen in den potentiellen Anwendungsgebieten;
- Kooperationsgestaltung und koordiniertes FuE-Management.

Zusammenfassung

Kernaussagen zur Biosensorik der 90er Jahre

1. Biosensoren stehen funktional im Wettbewerb, um ein konkretes und dringliches Meßproblem zu lösen, d.h. ein Zielanalyt ist in einer realen Meßumgebung mit geringer Querempfindlichkeit richtig zu erfassen und ggf. zu quantifizieren. Meßfrequenz, Genauigkeit des Meßwertes (genügt Ja-Nein-Aussage ?) und Verfügbarkeit (on-line ?) sind festzulegen.

---

[1]Dieser Beitrag beruht auf der aktuellen Technikstudie der ZENIT GmbH

2. Biosensoren sollen deswegen ihre Nische nutzen, in der andere ausgereifte Systeme in einer Abwägung aller Faktoren ihre Chance zum Tragen bringen. Dementsprechend gibt es keinen eigenständigen Biosensormarkt und nicht den Biosensor.
3. Für die anstehenden Meßaufgaben ist die Funktionstüchtigkeit von entscheidender Bedeutung. Biosensoren müssen deswegen Randbedingungen wie z.B. Probematrix, Arbeitsbereich, Störfaktoren und Betriebseigenheiten berücksichtigen.
4. Da die Randbedingungen verschieden sind, ist jede Sensorentwicklung individuell. Sie kann bei gleicher Zielkomponente unterschiedliche Konzepte nutzen.
5. Biosensoren nutzen das biologische Prinzip zur spezifischen Signalerzeugung. Deswegen werden heute unter Biosensoren verschiedenste Prinzipien und Bauformen mit erfaßt, wie Elekroden, Sonden, Meßgeräte, Meßanordnungen und auch Wegwerfsensoren oder Biowirktests.
6. Der Entwicklungsstand wichtiger Sensorkonfigurationen sieht derzeit wie folgt aus: Enzymsensoren repräsentieren die am weitesten entwickelte Gruppe und stehen vor einem breiten Markteintritt; Bio-Optosensoren wird eine sehr hohe Bedeutung hinsichtlich Einsatz und Entwicklungsmöglichkeiten beigemessen, stehen aber noch am Anfang; Immunosensoren sind ein sehr effektives und empfindliches Meßsystem mit Schwerpunkt im Medizinbereich.
7. Die Produktentwicklung - vom ersten Laboransatz bis zur Markteinführung - dauert ca. 4-7 Jahre und erfordert eine intensive, zielgerichtete und abgestimmte Vorgehensweise.
8. Voraussetzung für die erfolgreiche, bedarfsorientierte Biosensorentwicklung der 90er Jahre ist die interdisziplinäre Zusammenarbeit: in der Forschungsgruppe einerseits und zwischen den Beteiligten im Unternehmen aus den Bereichen Vertrieb und Marketing, Fertigung, Finanzwesen und Entwicklung andererseits.
9. Das FuE-Management benötigt zu Projektbeginn: Angaben zum evaluierten Marktbedarf, die Beschreibung der Anforderungen sowie grundlegende Aussagen zur Umsetzbarkeit der festgestellten Erfordernisse sowohl im FuE-Bereich als auch in der Fertigungstechnik. Kosten und Zeitbedarf sind zu kalkulieren.
10. Zwischenergebnisse sollten laufend darauf geprüft werden, ob sie für konkrete Aufgabenstellungen außerhalb des Projektes einen Bedarf decken können und daher zu vermarkten sind. Dies verbessert die Finanzierung des eigentlichen Produktes, erfordert aber Kreativität und orientierende Marktkenntnisse in "bereichsfremden" Segmenten.

3.15.1 Einleitung und Ausgangslage

Biosensoren stehen heute als neuartige Meß- und Analysegeräte im Wettbewerb mit anderen Produkten und Verfahren der konventionellen, chemischen Analytik. Es sind dies sowohl Elektroden und Sonden als auch Geräte der Chromatographie und Spektroskopie. Kritische Betrachter und Beteiligte stellen seit einiger Zeit immer häufiger die Frage nach dem tatsächlichen Nutzen der Biosensoren. Einige wenden sich dabei der pragmatischen Seite zu und sehen den Weg in einer Integration der Biosensoren in die Analytik. Denn Biosensoren als neues Prinzip werden nur dann vom Markt akzeptiert, wenn sie dem Anwender ausreichende Vorteile bei Anwendung, Lebensdauer, Bedienerfreundlichkeit und letztendlich bei den Kosten bringen.

Auch aus diesen Gründen ist für Biosensoren oftmals eine Nischenposition anzustreben, in der nur sie das konkrete und dringliche Analysenproblem lösen können. Die Erfassung komplexer Moleküle auch in kleinster Konzentration oder aber die summarische Erfassung einer biologischen Wirksamkeit sind derartige Nischen, in die chemische Sensoren nicht eindringen werden.

Aufgabenstellung

Die Überwachung von chemischen und biotechnischen Prozessen mit zum Teil sehr spezifischen Verbindungen, gesetzliche Verschärfungen in der Produkthaftung und im Umweltschutz, aber auch die wachsenden Ansprüche der Verbraucher an Lebensmittelprodukte stellen heute komplexere Anforderungen an die Meßverfahren. Diese müssen im Rahmen der Datenerfassung, Prozeßführung und der Qualitätssicherung schnell, kostengünstig und selektiv arbeiten. Konventionelle Methoden sind nur noch schwer in der Lage, alle drei Bedingungen gleichzeitig zu erfüllen und sollen darüber hinaus von angelernten Kräften bedient werden.

Dies liegt zum Teil an der hohen Zahl von Meßdaten, die zu erfassen und zu bewerten sind, aber auch an dem Nachweis komplexer Substanzen in niedrigsten Konzentrationen unter verschiedensten Randbedingungen. Hinzu kommt zunehmend, daß die biologische Wirkung aller Inhaltsstoffe erfaßt werden soll. Sie läßt sich aber durch die konventionellen, chemischen Summenparameter wie CSB und TOC nicht beschreiben.

Definition sowie Einsatzgrad und Perspektiven verschiedener Sensorkonzepte

Biosensoren kombinieren die Selektivität biologischer Stoffumwandlungen mit der hohen Empfindlichkeit moderner Meßtechnik. Sie nutzen, wie chemische Sensoren, chemische und physikalische Effekte, können aber darüber hinaus Stoffe, insbesondere biologisch relevante Verbindungen, sensitiver und selektiver erfassen und quantifizieren. Ermöglicht wird dies durch die selektive Erkennung zwischen den Molekülen auf der Basis des Schlüssel-Schlüsselloch-Prinzips (siehe Abbildung 1), die Transducer wandeln das Erkennungssignal in ein elektrisch verwertbares Signal um. Als Transducer kommen chemische Sensoren, Thermistoren, Halbleiter-Bauelemente und Lichtleiter/optische Detektoren in Betracht.

3.15 Stand der Technik und Perspektiven bei Biosensoren

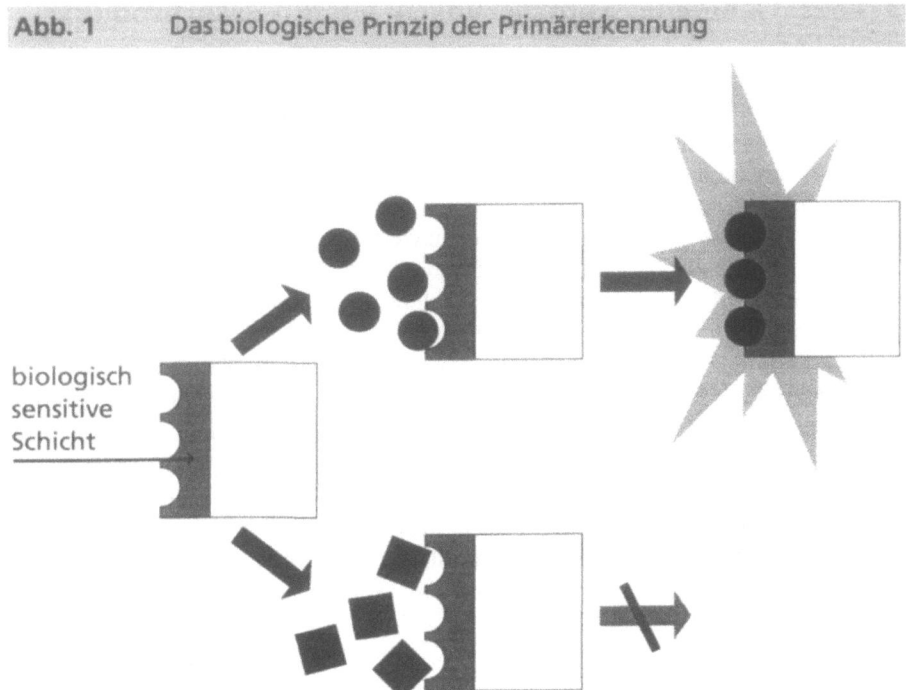

Abb. 1 Das biologische Prinzip der Primärerkennung

Grundsätzlich kann man in der Nomenklatur der einzelnen Biosensoren diese nach dem eingesetzten Bioelement (Enzym-, mikrobieller, Immun-, Rezeptor-) oder nach der Transducerseite (-elektrode, -optode, -thermistor) benennen. Aus der Kombinationsvielfalt haben derzeit insbesondere die Elektroden die größte Bedeutung. Es werden ganze Zellen, Gewebe aus pflanzlicher oder tierischer Herkunft, Enzyme oder auch Antikörper verwendet.

So werden in den sogenannten *Enzymelektroden* die aus enzymatischen Labortests bekannten hochspezifischen Erkennungsmerkmale seit langem vielfach genutzt und stehen dem Markt als ausgreifte Produkte zur Verfügung. Das in Immunoassays angewandte Prinzip der Antigen-Antikörper-Reaktion findet bei höhermolekularen Stoffen seit Beginn der 90er Jahre verstärktes Interesse, im biologischen Sensor angewandt zu werden. Die *Fließinjektionsanalyse* als Meßanordnung mit Biosensoren als Detektoren hat sich in vielen Anwendungsfällen im Labor und Anlagenbetrieb durchgesetzt.

Neben den Elektroden werden zukünftig die *Bio-Optosensoren* eine wichtige Rolle spielen. Sie beziehen die physikalischen Zustandsänderungen mit in die Signalerzeugung ein. Hier sind optische Anregungen zu nennen, die sich einerseits durch Farbreaktionen und andererseits durch Fluoreszenzerscheinungen bemerkbar machen. *Thermistoren* haben ebenfalls ihr Segment im Labor von Forschungsinstituten und bieten verbesserte Meßverfahren, die kleinste Temperaturveränderungen aus z.B. enzymatischen Reaktionen erfassen.

3.15.2 Generelle Anforderungen an Biosensorprodukte

Die Erwartung an Biosensoren als Problemlöser im Alltag und für neue Aufgaben ist weiterhin hoch, die Umsetzung der Potentiale in Produkte wird aber inzwischen realistischer und mehr mittelfristig gesehen. Die aktuelle Entwicklung in der Biosensorentwicklung ist gekennzeichnet durch eine Konzentrierung der Aktivitäten auf Produktentwicklungen. Diese beziehen die Bedingungen in der realen Meßumgebung und die Vorstellungen des Anwenders ansatzweise bereits ab dem ersten Schritt ein. Patente als Indikatoren für die wirtschaftliche Nutzung von FuE-Ergebnissen bestätigen in einer fortgeschriebenen, detaillierten Analyse für die zurückliegenden 5 Jahre diese Einschätzung.

Außerhalb von Produktentwicklungen steht weiterhin die Bearbeitung von grundsätzlichen Fragen, um die aktuellen Engpässe im Stand des Wissens aufzuklären. So wird seit kurzem schwerpunktmäßig untersucht, wie die Optimierung der Membranen verbessert werden kann. Membranen sind zum einen ein Schutz der biologischen Zelle, sie können aber auch gezielt für den Ein- und Durchtritt von störenden Stoffen genutzt werden. Es sind dies andere Materialanforderungen, als sie von Medizinern für *in-vivo*-Glukose-Sensoren gestellt werden: Bei Implantaten muß das Gewebe den Fremdkörper Sensor annehmen und "umwachsen".

Standzeit, automatisierte Analytik und Stabilität

Die Palette der aktuellen Forschungs- und Entwicklungsvorhaben, oftmals in internationaler Zusammenarbeit, ist breit und vielseitig. Interdisziplinäre Anstrengungen haben weiterhin das Ziel, das Maß der erforderlichen Langzeitstabilität von Biosensoren und die Linearität der Sensoren zu verbessern. Hierzu zählen die Verminderung der Querempfindlichkeiten sowie der Einbezug von Vergiftungserscheinungen im konkreten Anwendungsgebiet. Grundsätzlich ist die Einsatzzeit, im Vergleich zu chemischen Detektoren, wegen der kurzlebigeren und anfälligeren Biomembranen anders zu dimensionieren. Deswegen ist unter den Basistechniken die Immobilisierung der Biomoleküle vorrangig zu verbessern.

Wegen der begrenzten *Standzeit* hat sich für bestimmte Aufgabenstellungen eine neue Richtung ergeben, die den Einmalgebrauch des biologischen Materials, bildlich gleichzusetzen mit der Meßspitze bei Pipetten, zum Ziel hat. Für Anwendungen außerhalb von Meßsystemen mit hohem instrumentellen Aufwand stellen die Wegwerfartikel mit Ja-Nein-Aussagen, ähnlich den Teststäbchen bei niedrigem Preis, langfristig eine interessante Perspektive dar. Man verspricht sich hier insbesondere beim Screenen und im Privatbereich einen interessanten Markt. Der weiterhin starke Trend zu miniaturisierter Bauweise wird die Realisierung dieses Ansatzes fördern.

Für *on-line-Meßtechnik* und *automatisierte Analytik* ist der Einsatz von Rechnern für einen erfolgreichen Betrieb unbedingt erforderlich. Dies gilt insbesondere bei Biosensoren. Wichtig ist dies wegen der natürlich bedingten

3.15 Stand der Technik und Perspektiven bei Biosensoren 339

Alterung der biologischen Komponente. Rechner ermöglichen es, die oft komplexen Biosensorsysteme zu automatisieren und im stand-alone-Betrieb laufen zu lassen.

Unter dem Stichwort *Stabilität* ist auch die Lagerungsfähigkeit zu berücksichtigen. Hier sollte z.B. das Erfahrungspotential der Enzymhersteller genutzt werden. Denkbar ist aber auch, die Biokomponente erst unmittelbar vor dem Einsatz aufzuziehen. Nicht zuletzt gilt es zukünftig, die laufende Aktivitätsabnahme gerätetechnisch z.B. durch Rechnereinsatz einzubeziehen. Dies bietet sich insbesondere im Laborbereich an, wo eine umfangreiche Geräteinfrastruktur vorgehalten wird. Der Rechner übernimmt dabei die Aufgabe, die Analyse durchzuführen, das System zu kalibrieren und die Meßwerte in Analysendaten umzurechnen. Fragen der Kalibrierung und Datenaufbereitung lassen sich so mit vorhandenen Techniken zum Vorteil der Biosensoren oftmals relativ einfach lösen.

Im Kapitel 3 werden konkrete Beispiele aus den jeweiligen Einsatzgebieten vorgestellt und die Randbedingungen diskutiert.

3.15.3 Aufgabenstellungen und Konzeptbeispiele in den potentiellen Anwendungsgebieten

Als besonders aussichtsreiche Einsatzgebiete mit Zuwachspotential stellen sich zu Beginn der 90er Jahre neben der Medizin die Fermentation als spezielle Prozeßtechnik sowie in zunehmendem Maße die Umweltanalytik und -meßtechnik, letztere mit zum Teil neuen Bereichen, dar. Aufgrund einer stärkeren regionalen Konzentrierung zeigen sich auch in der Lebensmitteltechnik zunehmend praxisnahe Entwicklungen für Prozeßsteuerung und Qualitätskontrolle.

Wie der mittelfristige Einsatzgrad von Biosensoren, Biosonden und Biowirktests eingeschätzt werden kann, zeigt die Abbildung 2 für sechs potentielle Einsatzfelder.

Abb. 2 Mittelfristiger Einsatzgrad von Biosensoren in ausgewählten Einsatzfeldern (bis 1995)

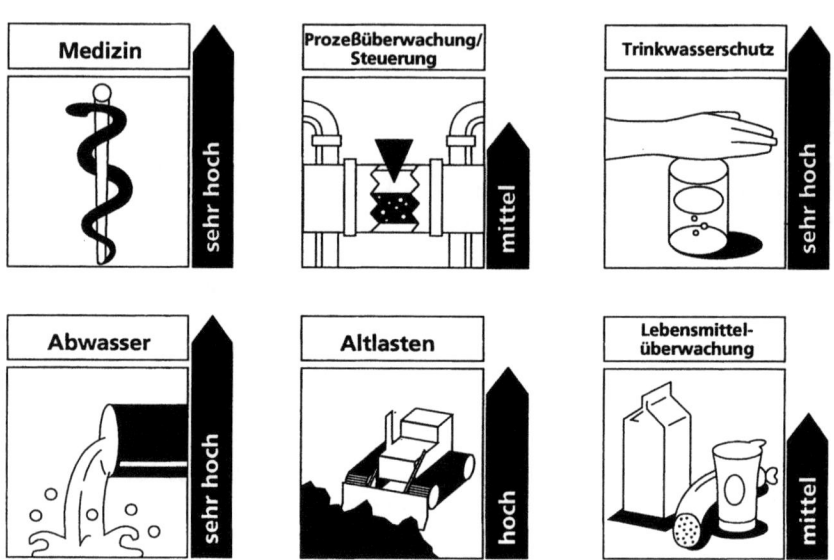

Im folgenden wird für die Medizin, die Prozeßkontrolle in der biotechnologischen Produktion (Fermentation), in der Lebensmittelüberwachung und in drei Bereichen der Umweltanalytik und Umweltüberwachung beispielhaft dargestellt, welches die konkreten Randbedingungen sind und wie Biosensoren ihren Beitrag zur Problemlösung bereits jetzt oder zukünftig leisten.

Medizin - Laborkontrolle und Patientenüberwachung

Nach einer Reihe von Prognosen wird das vorherrschende Anwendungsgebiet für Biosensoren auch in den nächsten Jahren die Medizin sein. Die Schwerpunkte liegen in der in-vitro-Diagnostik im Laborbereich und in Zukunft in verstärktem Maße in der Patientenbeobachtung wie z.B. bei Diabetes und Niereninsuffizienz. Darüber hinaus bietet sich mit der bereits möglichen mobilen Überwachung von Glucose und dem Stoffwechselprodukt Milchsäure die Erweiterung auf stressexponierte Personengruppen an. Eine bedarfsgerechte Steuerung von biochemischen Prozessen mit implantierten Systemen, z.B. die Insulinspritzung bei Diabetikern, wird bereits jetzt intensiv untersucht. Der Trend geht dabei zu Messungen im Körper (*in vivo*-) oder mit direkter Anbindung (on line-Monitoring), steht aber hier wegen der sehr konkreten Probleme noch am Anfang. Ziel aller Ansätze muß dabei sein, dem bereits durch seine Krankheit beeinträchtigten Patienten größtmöglichen

"Komfort" zu bieten. Eine Bindung an das Krankenhaus durch 2-3 wöchentliche Termine widerspricht dem.

Labormedizin und Bedside-monitoring: Die klassischen Schwerpunktanalyte in der Labormedizin betreffen Metabolite in Körperflüssigkeiten (Blut, Urin, Liquor) wie Glucose, Lactat, Harnsäure, Harnstoff, Cholesterol und Triglyceride. Dazu kommen zahlreiche Enzymaktivitäten, für die sich Enzymsensoren anbieten. Bei diesen Analysen ist zur Zeit eine Verlagerung der Diagnostik aus dem zentralen Großlabor in dezentrale Einrichtungen ("satellite labs" in der Intensivmedizin und "bedside monitoring") und vor allem in den Privatbereich, vorrangig von Patienten, zu beobachten. Eine Reihe von Glucose- und auch Lactat-Selbstkontrollgeräten auf der Basis von Biosensoren sind bereits bis zur Marktreife entwickelt worden.

Zur Zeit sind von ca. 20-30 Firmen *Glucose-Analysatoren* auf der Basis von Biosensoren weltweit auf dem Markt. Sie beruhen fast ausnahmslos auf der amperometrischen Anzeige des Wasserstoffperoxids. Mit den Geräten werden Probedurchsätze zwischen 50 und mehreren 100 pro Stunde erreicht. International gewinnen Taschengeräte mit Einweg-Biosensoren für die Diabetiker-Selbstkontrolle an Bedeutung. Das zur Zeit erfolgreichste Taschengerät verwendet eine modifizierte Kohle-Glucoseoxidase-Elektrode. Des weiteren kann der für die unverdünnte Blutprobe erforderliche Meßbereich realisiert werden. Für die Bestimmung von *Milchsäure* (Lactat) ist sowohl mit Analysatoren als auch mit Taschengeräten ein Aufwärtstrend ebenfalls zu beobachten. Die Attraktivität dieser Biosensoranwendung beruht weniger auf einer hohen Analysenzahl als vielmehr auf der großen Bedeutung der Schnellbestimmung von Lactat. Sie ist mit konventionellen Methoden nicht möglich.

Die meisten *Probleme* ergeben sich aus der berechtigten Forderung nach einer hohen Richtigkeit der Bestimmung. Deswegen arbeiten gegenwärtig weltweit zahlreiche Forschergruppen an der Entwicklung neuer bzw. einer Optimierung bekannter Glucose-Sensoren. Dabei muß der Sensor zum einen im Verbund mit einem geeigneten Analysator und andererseits mit der erforderlichen Prä-Analytik entwickelt werden. Letzteres wird häufig unterschätzt.

Zur Diagnostik und Aufklärung zahlreicher Krankheiten sind u.a. Hormone und Proteinfaktoren zukünftig gefragt, deren Konzentrationen im nano- oder subnanomolaren Bereich liegen und derzeit mit Immunoassays durchgeführt. *Immunsensoren* scheinen wegen der Stoffstrukturen und der niedrigen Konzen-trationen das Mittel der Wahl zu sein, stehen aber noch am Anfang.

Home-Monitoring mit mobilen Geräten: Die Erweiterung des Marktes auf Privatpersonen im Rahmen des Home-Monito-rings wird neue und bessere Meßsysteme benötigen, um sowohl Kosten im Krankenhaus zu verringern als auch dem Patienten langwierige Aufenthalte zu ersparen. Diese Sensoren müssen dabei den gesamten Ablauf der Blutanalyse, d.h. mit Probevorbereitung und Analysenführung, umfassen und werden somit hochintegriert sein. Wegwerfsensoren sind als erste Stufe dieser Biosensoren zu sehen.

Die *in-vivo-Glucosemessung* ist eines der meistzitierten Beispiele für Biosensoren. Hieran knüpft sich die Hoffnung, über eine Dosierung von Insulinpumpen eine kontinuierliche Messung des Blutzuckergehalts vorzunehmen. An Messungen mit implantierten Biosensoren werden Anforderungen gestellt, die bisher nur ansatzweise erfüllt werden können. Bedarfspunkte betreffen z.B. die Vollblut-Analyse ohne Probevorbereitung, eine integrierte Kalibrierung und nicht zuletzt eine ausreichend hohe Standzeit durch biokompatibles Material im Kontakt von Sensor und Gewebe.

Biotechnologie - Prozeßkontrolle in der Produktionstechnik

Die derzeitigen Entwicklungen von Biosensoren in der Biotechnologie sind mitgeprägt durch den Ansatz, in Mehrkanal-Systemen mit Hilfe von Multikomponenten-Analysen relevante Stoffe schnell und zuverlässig zu erfassen und die Meßwerte für die Prozeßsteuerung einzusetzen. Der Biosensor hat dabei die Funktion des Detektors. Inhaltlich nach den Zielanalyten ausgerichtete Schwerpunkte liegen einerseits auf den niedermolekularen Substanzen wie Ethanol, Zucker und Antibiotika und andererseits bei hochmolekularen Substanzen wie Bioproteinen (Interleukin, Interferon, Antithrombin). Letztere lassen sich bevorzugt über die Antigen-Antikörper-Reaktion erfassen und werden daher zukünftig schwerpunktmäßig mit Immunsensoren bestimmt.

Wichtige Kriterien für die Sensorentwicklung sind dabei aus wirtschaftlicher Sicht - sowohl für Anbieter als auch Anwender - die Analysekosten und die Analysenfrequenz. Letztere kann unterschiedlich sein. Bei den Produktionsprozessen von Antibiotika muß die Analysenfrequenz hoch sein, da die Prozesse nur wenige Tage dauern und Veränderungen innerhalb kurzer Zeiträume auftreten. Bei der Kultivierung von Säugerzellen, die sich zum Teil über Wochen hinziehen, können größere Analysenabstände toleriert werden. Hier wirken sich die Änderungen erst in längeren Zeiträumen aus.

Unter den zahlreichen Beispielen fällt der intensive FIA-Einsatz mit insbesondere optischen Transducern auf. Die Einsatzzeiten im on-line-Betrieb variieren dabei zwischen wenigen Stunden und mehreren Tagen. Die längste Zeitspanne von ca. 10 Tagen liegt dabei noch unterhalb der Gesamtprozeßdauer von bis zu dreißig Tagen.

Beispiel: Mehrkanal-Analyse niedermolekularer Substanzen. Zur Beobachtung eines Bioprozesses kann beispielsweise der Aufbau einer Analyse mit vier FIA-Kanälen dienen. Die Messung von Ammonium, Glucose, Maltose und von Aminosäuren erfolgt mittels O_2- und NH_3-Elektroden. Über eine Probenahmesonde wird zellfreies Medium aus dem Bioreaktor abgezogen und dem Analysensystem zugeführt. Die Systeme sind modular aufgebaut, um einen schnellen Wechsel zu anderen Analyten zu ermöglichen. Die Verwendung des Enzyms Oxidase ist hierbei vorteilhaft, da für die O_2-Detektion nur eine Sauerstoffelektrode benötigt wird. Eine Analysenfrequenz von ca. 6 Proben pro Stunde ist mit einem solchen System erreichbar.

3.15 Stand der Technik und Perspektiven bei Biosensoren

In einer anderen Fragestellung für eine solche Multikomponentenanalyse gilt es, drei verschiedene Zucker während der Kultivierung eines Organismus auf einem natürlichen Medium zu analysieren. Die Messung funktioniert trotz der hohen Komplexizität des Prozesses, in die wechselnde Zusammensetzung des Mediums und die Stoffwechselaktivitäten der Organismen beim Substratverbrauch einfließen. Der relativ umfangreiche apparative Aufwand für ein derartiges gut funktionierendes und kontinuierlich arbeitendes System mit Probenahme und Detektion "rechtfertigt" die Mehrkanal-Messung, da im filtrierten, zellfreien Probestrom gleichzeitig auf verschiedene Substanzen analysiert wird.

Beispiel: Produktivitätssteigerung. Besonders wichtig erscheinen die Messungen hinsichtlich der Produktivität. Bei der Produktion einer Protease ist diese eng mit der Substratkonzentration verknüpft. Ist die Substratkonzentration hoch, wird nur Zellmasse, aber kein extrazelluläres Enzym gebildet. Sinkt die Substratkonzentration, steigt die Produktivität an, da das freigesetzte Enzym neue Nahrungsquellen verfügbar macht. Über die mit dem Biosensor sehr sensitiv ermittelten Daten kann dieser Bioprozeß mittels der Substratzufütterung gestartet werden. Die Produktivität wird über die Konzentration gesteigert, eine Prozeßoptimierung ist damit möglich.

Beispiel: Immunologischer Nachweis höhermolekularer Stoffe. Neben den niedermolekularen Substanzen sind auch hochmolekulare Substanzen, z.B. funktionelle Proteine, für die Analyse seit langem von Interesse. Hierbei ist insbesondere an die Produktion von Biopharmaka in Säuger-Zellkultivierungen zu denken. Bei deren Kultivierung, z.B. zur Gewinnung von Antikörpern, ist die Kosten-Nutzen-Relation infolge der sehr hohen Wertschöpfung günstig. Eine teure Analytik ist daher aus Kostengründen vertretbar, oftmals aber für Dokumentationszwecke unabdingbar.

Für die selektive Detektion einzelner Proteine bieten sich Immuntechniken an. Ein kontinuierlich arbeitendes Immun-Analysesystem mit optischer Detektion kann zum Beispiel für einen Konzentrationsbereich von 1-1000 mg/l Protein ausgelegt werden. Probe oder Standardlösung werden in einem FIA-System mit einem definierten Volumen Antikörperlösung gleichzeitig injiziert. Beide Volumina mischen sich und gelangen in ein Reaktions-Coil (Verweilstrecke). In der Durchlaufzeit kommt es zu einer Immunreaktion, bei der sich Immunkomplexe ausbilden, die das Licht je nach Größe unterschiedlich streuen.

Über die photometrische Bestimmung der Absorption werden Rückschlüsse auf die Trübung und damit auf die Antigenmenge in der Probe gezogen. Die Analysezeit je Probe beträgt etwa 3-4 Minuten, die Analysenfrequenz ist somit sehr hoch.

Ein oftmals unterschätzter kritischer Punkt bei der Analyse höhermolekularer Stoffe liegt bei der *Probenahme*. Es gibt weiterhin zu wenig praktikable Systeme für die prozeßnahe Analyse. Viele Probenahmesysteme arbeiten gut bezüglich niedermolekularer Substanzen, jedoch nicht bei Proteinen. Der Engpaß ist die Bereitstellung einer repräsentativen Probe, die wesentliche Voraussetzung für zutreffende Ergebnisse ist. Experten in der Entwicklung von Systemen, wie dies bei allen (bio-) chemischen Prozessen der Fall ist, sind sich heute bewußt, daß bei derartigen Prozeßanalysen allen Bereichen und ihrer Verknüpfung wieder mehr Aufmerksamkeit geschenkt werden muß.

Umwelt - Monitoring und Prozeßführung

Aufgabenstellungen und Randbedingungen: Insbesondere in der Umweltüberwachung sind Daten in zunehmendem Maße direkt und in großer Zahl vor Ort zu erfassen. Somit kommt dies dem Trend entgegen, der in allen Anwendungsgebieten der Biosensorik festzustellen ist: *"Weg von aufwendigen und teuren Laboranalysesystemen und hin zu schnellen und preiswerteren Meßverfahren"*.

In der Umweltanalytik muß darüber hinaus die Zuverlässigkeit wegen des rechtlichen Hintergrundes aller Messungen gewährleistet bleiben. Ziel der Messungen im Wasser ist der Trinkwasserschutz in Oberflächengewässern, aber auch bei der Grundwassergewinnung. Deshalb erstreckt sich die *Überwachung* bereits heute auf die Gewässer selbst und auf Einleitungen von kommunalen und industriellen Abwässern. Hinzukommen Deponien und Altlasten.

Flächendeckend und mit deutlich gesteigerter Meßgüte (ppb) müssen heute von den Zentrallabors der Abwasserverbände oder in den gewerblichen Umweltlabors einerseits sauerstoffzehrende Belastungen und andererseits Schadstoffe wie Pestizide und Schwermetalle erfaßt und sofort bewertet werden, um damit konkret Korrekturmaßnahmen ergreifen zu können.

Neben der Feldmessung ist der *Laborbereich* ein weiterer Schwerpunkt. Wesentlich für die Erhöhung des Durchsatzes von Proben insbesondere aus dem Routinebetrieb, aber auch aus Schwerpunktprogrammen zur Erfassung neuer Schadstoffe, ist die Entlastung des Personals in der Probevorbereitung und in der Reduktion auf die Proben, die nach dem Screenen als positiv verdächtig eingestuft worden sind. Labortests allein, sei es der Enzymtest oder die konventionelle Meßtechnik, können dies nicht leisten. Sie sind zwar hochpräzise, aber zu teuer, und das Ergebnis liegt nicht schnell genug vor. Hinzu kommen die Forderungen nach niedrigen Betriebskosten, die sich insbesondere in geringem Personaleinsatz und Service ausdrücken sollen. Für neue Meßsysteme ist deswegen die erforderliche *Qualifikation des Personals* für eine Mindestwartung, die den externen Servicebedarf minimiert, deutlich zu beachten.

Wie oft eine Probe genommen oder eine Messung erfolgen muß ist sehr unterschiedlich. Aber es zeigen sich doch hier gemeinsame Ansätze, die zur Orientierung herangezogen werden können. Im Rahmen der Selbstüberwachung von Betrieben, aber auch für das Monitoring in stationären Prozeßanlagen ist eine hohe *Meßfrequenz* nicht erforderlich. Anders sieht dies bei der Prozeßkontrolle und/oder -steuerung mit hohen Volumendurchsätzen, wie z.B. auf Kläranlagen, oder aber bei schnellen oder empfindlich reagierenden Prozessen aus.

Einsatz für Biosensoren: Toxische und sauerstoffzehrende Stoffe in geringster Konzentration sofort und grenzwertrelevant mit einfachen Ja/Nein-Aussagen zu

3.15 Stand der Technik und Perspektiven bei Biosensoren

erfassen, ist künftig ein anerkannter Schwerpunkt für den Einsatz von Biosensoren. Die molekular-biologische Erkennung erlaubt es, sehr komplexe Substanzen schon im Miniaturbereich hochselektiv und hochsensitiv zu erfassen. Realisiert werden soll dieses Meßprinzip vorzugsweise in kleinen Baueinheiten. Da die Anwendung einer biologischen Signalerzeugung mit Hilfe von Enzym- und Immuno-Testkits, z.B. dem Cholinesterase-Test und den ELISA-Tests, auch im Umweltlabor seit langem eingeführt ist, bieten Biosensoren trotz neuer Produkte eine im Ansatz bekannte Methode. Eine Vereinfachung der Spezialanalytik und damit ein höherer Probedurchsatz werden mit dem vorhandenen Personal schnell möglich.

Der Einsatz biologischer Systeme, sei es als Bioassay oder Biosensor, ist sowohl ein analytisches Mittel als auch ein Wirktest. Somit kann über qualitative und quantitative Aussagen von Einzelsubstanzen hinaus die Toxizitätswirkung in ihrer Gesamtheit erfaßt und beurteilt werden.

Anwendungsgebiete: Diese grundsätzlichen Vorteile eröffnen den Biosensoren in der Umwelttechnik generell ein breites Anwendungsspektrum (Tabelle 1). Grundsätzlich bedürfen Biosensoren der Wasserphase als Meßumgebung, so daß hier die Luftreinhaltung von geringem Interesse ist. Die Prioritäten für biologische Systeme sind daher bei Oberflächengewässern (Flüsse und Seen), Grundwasser und Abwassereinleitungen in die Vorfluter zu sehen. Die positive Perspektive ist insbesondere wegen der damit sehr bald anstehenden Nachrüstungen bei Industriebetrieben sowie bei Betreibern auf Standorten mit wassergefährdenden Stoffen zu erklären.

Deswegen sind zusätzlich im *Altlastenbereich* und bei *Deponien* mittelfristig auch gute Einsatzmöglichkeiten für zwei Aufgabenstellungen zu erwarten. Zum einen ist das Monitoring im Rahmen der oft jahrzehntelangen Überwachung von Sickerwasser erforderlich. Zum weiteren ist auch hier ein preiswertes Verfahren vor der Laboruntersuchung erwünscht. So ist wegen der hohen Kosten der Gesamtmaßnahme ein effektives Meßsystem zum Beispiel bei der Erfassung des Belastungsgrades eines altlastverdächtigen Standortes, beim Screening oder zur Prozeßverfolgung während der monatelangen biologischen Sanierung gefragt. Die Messung in der Bodenphase steht aber noch weit am Anfang und hat derzeit ihre Schwerpunkte in der Analyse von Flußsedimenten.

Produkte, Prototypen und Konzepte: Als Biosensor-ähnliche Systeme existieren diverse Produkte am Markt. Echte Biosensoren sind bevorzugt mikrobielle *Sensoren* mit ganzen Zellen. Trotz geringerer Selektivität als bei der Anwendung von Enzymen bieten sie längere Standzeiten und eine leichtere Wartung. Dies führt zu einer günstigen Kosten-Nutzen-Relation. Als Transducer kommen insbesondere die pO_2-*Elektroden* mit schnellen Ansprechzeiten sowie verschiedene optische Systeme für die Fluoreszenz- sowie auch die Lumineszenzmessung in Frage. Die Kombination von Glasfasertechnik und optischer Messung stellt für die Meßnetze mittelfristig eine interessante Perspektive wegen der besseren Auslastung zentraler Großgeräte dar. Immunologische Tests stehen derzeit generell noch im Dilemma, daß sie sensibel sind, aber ein gewünschter Gruppentest, z.B. für Atrazine, wegen der Vorgabe der Grenzwerte für Einzelstoffe nicht realisiert werden kann. Ursache sind verschiedene Signalstärken.

Tabelle 1   Schwerpunkte aktueller Fragestellungen in der Umweltmeßtechnik für Biosensoren

Anwendungsgebiet	Substanzen (Konzentration)	Meßaufgabe
Trinkwasserschutz (Trinkwasserreservoire, Aufbereitung)	· Pestizide (ppb) · Schwermetalle (ppm) · Nitrat (ppm)	· Monitoring / Überwachung
Abwasser/Klärschlamm (Einleitung, Behandlung)	· BOD (BSB) (mg/l) · Stickstoff (mg/l) · Phosphor (mg/l) · Schwermetalle (ppm)	· Überwachung · Prozeßführung
Altlasten (Erfassung, Überwachung)	· Schadstoffe in Boden und Wasser (ppm/ppb) · Biologische Aktivität	· Screening / Monitoring · Prozeßkontrolle
Deponien (Emissionskontrollen, z.B. Sickerwasser)	· Schadstoffe (ppb/ppm) · N, P, C	· Monitoring / Überwachung
Recycling (betriebliche Qualitätskontrolle, Wasseraufbereitung)	· Wertstoffe · wassergefährdende Stoffe	· Prozeßführung

Gewässerüberwachung: In der Gewässerüberwachung kommen derzeit eine Vielzahl von Produkten, Prototypen und Laborkonzepten zum Einsatz (siehe Tabelle 2). Diese werden derzeit am Markt angeboten oder in Kooperationen mit Anbietern marktreif entwickelt. Es handelt sich um Toximeter, Tests, automatisierte Anordnungen sowie Sonden und Sensoren. Mit Ausnahmen hat dieses Angebot mehr den Charakter von Biomonitorsystemen mit Alarmfunktion als den von Analysensystemen. Eine Vielzahl dieser Entwicklungen mit unterschiedlichem Produktreifegrad steht derzeit am Rhein auf Meßstationen in der praktischen, mehrjährigen, vergleichenden Praxiserprobung. Geprüft werden insbesondere Alarmfunktion und Sensibilität der verschiedensten Evolutionsstufen, die zu "Batterien" zusammengefaßt werden, um so die möglichen Stoffe schnell und sensitiv zu erfassen.

Beispiel automatisierter Algentest: Der Trend geht dabei zu den sensibleren Mikroorganismen und Algen, die in der Nahrungskette tiefer als die Wasserflöhe

Tabelle 2 Beispielhafter Überblick über das Angebot von Biosensoren zur Gewässerüberwachung

Produkt	Entwicklungs-status	Biosensor Biologisches System	Signal-aubereitung (Transducer)	Anwedung auf
Algentoximeter	Produkt	Mikroalge	Fluorosensor	Herbizide
Protoplastentest	Prototyp	Pflanzen-Protoplast	pO2-Eletrode	Atrazin, PCB
Automatischer Algentest	Prototyp	Grünalge	pO2-Eletrode Fluorosensor	Atrazin
Leuchtbakterien-test	Laborentwicklung	Leuchtbakterien	Fluorosensor	Biozide
Cyanobakterien-Elektrode	Prototyp (Entwicklung und Erprobung)	Blaualge	Graphitelektrode	Organochlorverbindungen, Nitrophenole
Miniaturisierte Enzymelektrode (Basissystem)	Labormuster	Enzym	amp. Elektrode mit Mediator	z.B. Phenol
Automatisierte Pestizidbestimmung	Labormuster	Enzym	FIA / div. Detektoren	Pestizide
Mikrobielle Elektrode	Anwendungsentwicklung mit Basistyp	Hefezelle	pO2-Eletrode	PCB
Elektrochemischer Immunosensor	Konzept/Laborentwicklung	spez. Antikörper	Ionenselekt. Elektrode	Atrazin
Schwermetall-Monitor (Peptid-Metall-Komplex)	Konzept/Laborentwicklung	Peptid	Elektrode, Brechungsindex	z.B. Cadmium

(Daphnien) stehen und auch für die Selbstreinigungskraft der Gewässer von Bedeutung sind. Wie auf relativ einfache Weise das Signal aus einer sensitiven Messung verstärkt werden kann, zeigt ein Beispiel. Es handelt sich hier um einen automatisierten Algentest mit suspendierten Grünalgen. Durch die Kombination von zwei Signalen und der Softwareauswertung wurde die Sensitivität deutlich erhöht. Atrazin wird damit unterhalb des Grenzwertes von 0,1 ug/l erfaßt.

Kombiniert werden die Sauerstoffentwicklung und die Kinetik der Fluoreszenzinduktion unter Verwendung eines PAM-Fluorometers mit Puls-Amplituden-Modulation. Die Antwortzeit liegt im unteren Minutenbereich. Nach einer kurzen Dunkelphase wird über 3.5 Minuten mit photosynthetisch aktivem Licht belichtet. Fluoreszenzverlauf und Sauerstoffproduktionsrate werden aufgezeichnet. Weitere Verbesserungen werden bei der Standzeit - derzeit ca. fünf Tage - durch noch bessere Elektroden sowie bei der Signalinterpretation gesehen.

Prozeßkontrolle auf Kläranlagen: Ein weiterer Schwerpunkt wird zukünftig die Prozeßkontrolle auf Kläranlagen sein. Die Messung des biologischen Sauerstoffbedarfs (BSB) auf der Kläranlage wird dabei innerhalb von wenigen Minuten erfolgen und so die Prozeßführung mit biologischen Parametern möglich machen. Prozeßgeräte, auch deutscher Anbieter, auf der Basis von Reaktoren und einer Messung in Durchflußküvetten werden bereits angeboten, stehen aber noch in der praktischen Erprobung beim Anwender. Die nur geringe Verbreitung liegt trotz teilweise sehr guter Qualität und Praxiseignung in den zu hohen Investitionskosten.

Es handelt sich hierbei um einen mikrobiellen Sensor, bei dem in einer Membran ganzen Zellen (Bakterium oder Hefe) immobilisiert sind. Der pO_2-Pegel wird elektrochemisch erfaßt. Die Ansprechzeit beträgt dabei 30 Sekunden, die Meßfrequenz liegt bei 12 Proben je Stunde. Die Membran konnte in Versuchen unter Realbedingungen eines Abwassers wenigstens 2 Tage eingesetzt werden. Der Meßbereich umfaßt in einer FIA-Anordnung Konzentrationen bis zu 10.000 mg/l (Standardabweichung 5%).

Derzeit steht aber bei der Erfassung der chemischen Parameter die biologische Messung mit der chemischen im on-line-Betrieb im deutlichen *Kosten-Wettbewerb* Denn für die Erfassung von Phosphor und Stickstoff existieren bereits Monitore zur on-line-Analyse auf der Basis chemischer Reaktionen und photometrischer Bestimmung. Der Schwerpunkt für die Biosysteme wird, neben der BSB-Messung, auf Nachweisen von Kohlenstoff- und Stickstoffverbindungen im allgemeinen liegen. Für die biologische Erfassung von Phosphor und NH_4 liegen vielversprechende Konzepte bzw. Sensoren vor.

Qualitätskontrolle bei Lebensmitteln:

Das Bewußtsein für hochwertige und einwandfreie Produkte ist in den letzten Jahren erheblich gestiegen. Hinzu kommt die Entwicklung neuer Produkte z.B. als Ergebnis der biotechnologischen Lebensmittelherstellung. Die Analytik wird so vor neue Aufgaben gestellt, neue Grundstoffe, diätetische Zusatzstoffe wie Süßstoff (z.B. Aspartam), aber auch neue Rezepturen sicher zu analysieren.

Dies gilt gleichermaßen für die Produktion als auch die gesetzliche Kontrolle im Rahmen des Verbraucherschutzes. Bei der Herstellung ausreichender Mengen an

3.15 Stand der Technik und Perspektiven bei Biosensoren 349

Lebensmitteln spielen neben den Rohstoffkosten auch die Lager- und Reifungszeiten eine Rolle, um so den Frischegrad zu bestimmen, aber auch Produktionszeiten zu optimieren. Hierbei kann eine Ja-Nein-Aussage im Sinne einer Voruntersuchung zur Haltbarkeitsdauer oder über die Belastung mit Rückständen, aber auch bei der (Reifungs-)-Prozeßkontrolle ausreichend sein, um so die Labore zu entlasten.

Aktuelle Entwicklungen versus Bedarfsdeckung: Insgesamt stellt sich der Lebensmittelbereich sehr stark unterteilt dar. Gemeinsam ist jedoch vielen Untersuchungen der *Nachweis von Zuckern und von mikrobiellen Kontaminationen*. Beispiele für neue Konzepte betreffen insbesondere die Getränke (Fruchtsäfte, alkoholhaltige Getränke wie Wein und Bier, Milch). Aktuell sind dabei die alkoholreduzierten und alkoholfreien Getränke (z.B. "light"-Biere), aber auch allgemein der Nachweis von Süßstoff als Zuckerersatz. Die Lebensmittelanalytik im Bereich der *Milch* und *Milchprodukte* hat darüber hinaus Schwerpunkte auf der Erfassung der thermischen Denaturierung und der Aktivitätsbestimmung von Enzymen.

Aus *Sicht der Anwender*, z.B. in den Untersuchungsämtern, ist es nicht sinnvoll, bereits eingeführte biologische Tests mit entsprechenden Sensoren zu verdrängen, d.h. ganz klar kein Glukosesensor. Vielmehr sind Lösungen gefragt, die in der täglichen Praxis nur mit hohem personellen und instrumentellen Aufwand zu leisten sind. Gewünscht werden Nachweissysteme für mikrobielle Kontaminationen in geringster Keimzahl wie z.B. von Salmonellen in Eiprodukten, oder aber der Nachweis von Rückständen oder Stoffen aus (Kunststoff-) Behältern. Hier zeigen sich Ansätze in der Forschung, insbesondere aus Großbritannien und Japan.

Beispiele: Zum Nachweis von *Infektionen* bietet sich die Immunreaktion der Proteine an. Ein Beispiel hierfür ist ein in der Bearbeitung stehender Immun-Piezokristall-Sensor, mit dem Enterobakterien (*E. coli* und Salmonellen) bestimmt werden.

Dennoch stehen heute an erster Stelle Biosensorkonzepte zur Erfassung verschiedenster *Zucker*, wie dies die Literatur von neueren Kongressen mit Industriebeteiligung zeigt. Sie konzentrieren sich dabei noch weistestgehend auf die flüssigen Lebensmittel. Der Grund ist klar: neben den sehr starken Konzentrationsbandbreiten der störenden Stoffe spielen Textur und Homogenität eine erhebliche Rolle.

3.15.4 Der Markt für Biosensoren - Nischenbelegung und effektives FuE-Management

Marktuntersuchungen seit Ende der 80er Jahre weisen nur geringe Umsätze mit Biosensoren aus, die weit hinter den Erwartungen zurückgeblieben sind. Eine der Ursachen für diese Enttäuschung sind die noch heute bei vielen bekannten, euphorischen Prognosen. Neuere Marktstudien aus der jüngeren Vergangenheit prognostizieren jetzt vorsichtiger und nur für die nahe Zukunft. Danach werden Chemo- und Biosensoren in den potentiellen Einsatzgebieten weiterhin mit sehr guten Zuwächsen rechnen können. Bei den Zuwachsraten werden für Biosensoren, im Unterschied zu Chemosensoren, höhere Raten erwartet.

Die Prognosen gehen jedoch nur noch bis 1995. Ein wesentlicher Einfluß der Biosensoren auf den Weltmarkt durch Umsätze wird erst langfristig gesehen. Zukunftsträchtigste Anwendungsbereiche sind weiterhin der Anlagenbau und die Prozeßtechnik, die Medizin und zunehmend der Umweltsektor.

Marktgerechte Biosensor-Produkte: Die Optimierung von Enzymelektroden hat international zu ca. 20-25 *kommerziellen Analysatoren* geführt. Sie sind mit wenigen Ausnahmen Einparameter-Geräte. Bestimmbar sind derzeit Glucose, Ethanol, Lactat, Harnsäure, Lactose, Cholin, Galactose, Lysin, Saccharose, alpha-Amylase. Gemäß den praktischen Fragestellungen, die für die enzymatische Analytik traditionell klinisch-chemisch orientiert sind, sind die meisten dieser Geräte zur Analyse von Körperflüssigkeiten vorgesehen. Es überwiegt die Bestimmung von Glucose.

Mit Bezug auf eine bessere Lösung der gestellten Meßaufgabe kann der Begriff Sensor im eigentlichen Sinne nicht als Begrenzung aufgefaßt werden. Für Marktprognosen ist die Bewertung auf der Grundlage einer klaren Abgrenzung bzw. eine Benennung des Umfanges aber Voraussetzung.

Obwohl die Potentiale für neue Märkte gesehen werden können, sind in erster Linie Produkte gefordert, die wenigstens mit dem alten Stand der Sensortechnik hinsichtlich Meßwertaufnahme, Bedienung und Preis gleichziehen müssen. Erst dann ist von neuen Märkten und zusätzlichen Umsatzraten auszugehen.

Mit Blick auf Produktqualität und -ausstattung und damit auf die Preisgestaltung ist ein unterschiedliches Verhalten der Anbieter in Japan, den USA und in Deutschland festzustellen. Während die US-Amerikaner eher zu unterqualifizierten Produkten mit Wegwerfcharakter neigen, sind deutsche Produkte umfangreicher als der Nachfrager es haben will. Die Japaner dagegen haben eine Perfektion der Optimierung entwickelt, so daß sie Produkte exakt nach den benannten Anforderungen liefern.

Markterfordernisse und Arbeitsteilung durch Kooperation

Wesentliche Voraussetzungen einer Serienproduktion von Biosensoren in hohen Stückzahlen sind die Verfügbarkeit von Komponenten und Bauteilen sowie eine ausreichende Fertigungskapazität. Dieses Umfeld aufzubauen, bedarf einer positiven mittelfristigen Marktbeurteilung und einer ausreichenden Investitionskraft. Diese Bedingungen sind mittelfristig weiterhin positiv zu bewerten.

Die Experten sind sich heute einig, daß jeder Sensor für eine bestimmte Meßumgebung auszulegen ist. Dies führt dazu, daß jeder Sensor eine eigene Produktentwicklung erforderlich macht, bedeutet aber auch: Der Sensor kann dann

3.15 Stand der Technik und Perspektiven bei Biosensoren

das Meßumfeld bestens berücksichtigen und dem Anwender ein Meßgerät in die Hand geben, welches zuverlässig und richtig mißt. Dies hat aber auch in anderer Hinsicht Konsequenzen. Bei gleichen Analyten schließt sich der einfache und preiswerte Transfer des Meßprinzips bzw. der Sensorkonfiguration in eine andere Meßumgebung weitestgehend aus.

Nischenposition und effektives Entwicklungs-Management: Um die in Marktuntersuchungen benannten Potentiale der biologischen Signalerkennung in Meßgeräten zu realisieren, bedarf es zukünftig einer koordinierten und zielgerichteten Vorgehensweise. Optimierter Ressourceneinsatz und umfassende Ausnutzung vorhandener Kapazitäten sind zu Beginn der 90er Jahre wirtschaftlich notwendig geworden, um im Markt wettbewerbsfähig zu sein.

Gefordert ist ein *effektives Forschungsmanagement*, welches zielorientiert vom Markt oder dem Wissensstand vorgegebene Aufgabenstellungen umzusetzen hat. Die interdisziplinäre Bearbeitung und die Vorgabe von Kosten- und Zeitstruktur sind hierbei wesentliche Merkmale für die jetzt erforderliche FuE-Arbeit.

Die *Kooperation* von Industrieunternehmen mit externen Forschergruppen stellt eine wesentliche Form der Arbeitsteilung und optimaler Ressourcen-Auslastung dar. Denn Produktentwicklungen erfordern zukünftig in noch höherem Maße, neben der Rückkoppelung der Entwickler mit dem Verkauf und dem Marketing, eine interdisziplinäre Zusammenarbeit von Spezialisten der Naturwissenschaften und des Engineerings. Die heutige internationale Position der deutschen Forschergruppen ist anerkannt gut und zeigt sich in einer Vielzahl von Arbeitskontakten und konkreten Entwicklungsprojekten.

Somit beschränkt sich das verfügbare Know-how nicht nur auf das der deutschen Forscher. Einen Überblick über die derzeitigen Arbeitsgruppen an öffentlichen Forschungseinrichtungen vermitteln die Tabellen 3 und 4. Es sind dies eine Gesamtübersicht mit den jeweiligen Leitern jener Arbeitsgruppen, die sich mit der Biosensorik im engeren Sinne befassen, sowie als Auszug der bundesdeutschen Gruppen die Darstellung der Arbeitsschwerpunkte für Gruppen in Nordrhein-Westfalen, Baden-Württemberg und Bayern.

Tabelle 3	Biosensor-Arbeitsgruppen in Deutschland	
PLZ 10_ / 12_ / 13_	1. Berlin-Buch	Prof. Scheller
	2. Berlin / PTB	Dr. F. Schuber
	3. Berlin / TUB	Prof. Hansen
	4. Berlin / BGA	Dr. Knie
PLZ 20_ / 30_	5. Hamburg / TU	Prof. Kasche / Prof. Ulrich
	6. Hannover / Uni	Prof. Schügerl
	7. Braunschweig / GBF	Prof. Schmid, Frau Dr. Bilitewski
PLZ 40_ / 50_	8. Münster / ICB	Prof. Camman
	9. Münster / Biochemie	Prof. Scheper
	10. Düsseldorf / Jülich	PD Dr. Hummel
	11. Witten / Uni	Prof. Bartholmes
	12. Bonn / Uni	Prof. Schnabl
	13. Siegen / Uni	Prof. Köhne
PLZ 70_ / 80	14. Tübingen / Uni	Prof. Göpel / Prof. Gauglitz
	15. M.-Freising / Uni	Prof. Schmidt
	16. München / TUM, FhGI	Prof. Ruge
PLZ 0_ / 10_	17. Karlsburg	Dr. Abel
	18. Leipzig / UFZ	Dr. Gründig

3.15 Stand der Technik und Perspektiven bei Biosensoren

Tabelle 4 Biosensor-Gruppen in Baden-Württemberg, Bayern und Nordrhein-Westfalen

PLZ 40_/50_	Schwerpunkte		Transducer			Biokomponenten			Anwendungen				
	Anwendung	Grundl.	Optoden	Elektrochem	Sonstige	Immuno	Enzyme/Zelle	Sonstige	Grundlagen	Biotechn.	Medizin	Lebensm.	Umwelt
Münster/IBC (Prof. Camman)	•			•	•	•	•		•	•	•	•	•
Münster/Biochemie (Prof. Scheper)	•	•	•	•	•	•	•	•		•			
Düsseldorf/Jülich (Dr. Hummel)	•		•	•	•		•	•	•	•		•	•
Jülich (Prof. Wandrey)		•	•	•			•			•			
Dortmund/MPG (Dr. Baumgärtl)	•			•			•		•	•	•		•
Witten/Uni (Prof. Bartholmes)	•			•			•		•	•	•	•	•
Bonn/Uni (Prof. Schnabl)	•			•									•
Siegen/Uni (Prof. Köhne)	•				•			•					•

Tabelle 4 (Fortsetzung) Biosensor-Gruppen in Baden-Württemberg, Bayern und Nordrhein-Westfalen

PLZ 70_/80_	Schwerpunkte		Transducer			Biokomponenten			Grundlagen	Anwendungen			
	Anwendung	Grundl.	Optoden	Elektrochem	Sonstige	Immuno	Enzyme/Zelle	Sonstige		Biotechn.	Medizin	Lebensm.	Umwelt
Stuttgart/Uni (Prof. Reuß)	•			•			•						•
Stuttgart FHG-IGB	•			•			•			•	•	•	•
Tübingen/Uni (Prof. Göpel)		•	•	•			•		•				
Tübingen/Uni (Prof. Gauglitz)		•	•	•		•			•		•		
Ulm/Uni (Prof. Pfeiffer)		•		•			•		•				
M.-Freising/Uni (Prof. Schmidt)		•	•	•			•		•	•	•	•	
München/TUM, FhGi (Prof. Ruge)		•		•	•		•		•		•		•

Struktur der beteiligten Industrieunternehmen und Innovationsstrategien

Neben dem wissenschaftlichen Fortschritt spielt auch das Engagement der Industrie im vorwettbewerblichen Bereich eine Rolle. Denn wichtige Kriterien für den Markt sind Kapitalkraft und ein Marktzutritt, möglichst über die vorhandenen Distributionswege. Durch das nur zögerliche Engagement der Großunternehmen ist die technische und marktrelevante Entwicklung zu schwach verlaufen. Als Grund wird hier insbesondere das Ausbleiben der vorher prognostizierten hohen Umsätze genannt.

Einen wesentlichen Einfluß auf die Entwicklung neuer Technologien, aber auch neue Produkte in innovativen Feldern hat die Struktur der beteiligten Industrieunternehmen und ihr Umfeld. Dies gilt sowohl für den vorwettbewerblichen Bereich als auch den internationalen Wettbewerb zwischen Marktführern und Markteinsteigern, die in neue Bereiche diversifizieren wollen.

Die Struktur der Interessenten an der Biosensorik in den führenden Ländern und Märkten zu Beginn der 90er Jahre läßt sich derart beschreiben, daß

- in Japan Großunternehmen der Elektro-/Optischen-Industrie diversifizieren;
- in den *USA* Venture-Firmen die Forschung vorantreiben, ausländische Großunternehmen auch bei der Produktentwicklung bedeutend mitwirken, aber die Herstellung durch kleinere Unternehmen noch ohne ausreichend breiten Marktzutritt verläuft;
- in *Europa* der Mittelstand und im Vorfeld der Forschung auch Großunternehmen direkt beteiligt sind. In Großbritannien liegt das wirtschaftliche Engagement überwiegend bei Venture-Firmen;
- in *Deutschland* sind sowohl kleine und junge Unternehmen als auch Großunternehmen durch Projektentwicklungen und Produkte beteiligt.

Innovationstrategien: Ursachen für den derzeitigen langsamen Fortschritt sind sowohl die noch bestehenden technologischen Engpässe (eigene Wissensbasis, ausstehende Produktreife) als auch die Umsetzung von Sensorkonfigurationen in marktfähige Produkte und ihre Verbreitung durch Großunternehmen und mittelständische Betriebe. Durch den fehlenden Anreiz für kurzfristige und große Umsätze und einen daraus resultierenden *fehlenden Wettbewerbsdruck bei der Entwicklung* ist das Engagement von Großunternehmen nur zögerlich und auf wenige zukunftsträchtige Marktsegmente (z.B. Medizin) begrenzt.

Im *vorwettbewerblichen Bereich* sind daher überwiegend Großunternehmen, zum Teil mit staatlicher Unterstützung, tätig, während die Herstellung neuer Sensoren mit kleinen Stückzahlen durch kleine und mittlere Unternehmen erfolgt, die teilweise als Unternehmensgründungen aus dem Universitätsbereich heraus entstanden sind.

Beispiel Japan: Einen Eindruck der Vorgehensweise in Japan bei der Entwicklung von neuen Produkten in Zusammenarbeit von (staatlichen) Forschungsinstitutionen und der Wirtschaft möge das folgende Beispiel geben: Projekte für die Bereitstellung von Lebensmittelgrundstoffen werden am National Food Research Institute in Tsukuba, welches direkt dem Landwirtschaftsministerium (MAFF) unterstellt ist, unter Beteiligung von Unternehmen aus den relevanten Bereichen konzipiert. Insbesondere die Einbeziehung der Nahrungsmittelunternehmen als zukünftige Anwender in dieser frühen Phase sei erwähnt.

Die japanische Vorgehensweise, noch nicht ausgefeilte Produkte sehr früh in die Anwendung zu geben, ermöglicht den Beteiligten das frühe Lernen am konkreten Beispiel, und dies in den Phasen der Forschung, der Fertigung und im Vertrieb. Vorhandene Hemmnisse werden so auch früh erkannt und können einbezogen werden. Es ist zu prüfen, wie dieses Vorgehen auf europäische Verhältnisse übertrag- und anwendbar ist.

Strategische Partnerschaften für kleine und mittlere Unternehmnen (KMUs): Kleine innovative Unternehmen verfolgen zwei Wege, um sich im Markt auch mit Produkten auf der Grundlage neuer Technologien zu positionieren. Ihr Problem ist dabei die fehlende Marktstärke. Biosensoranbieter streben daher eine Verbreiterung der eigenen Produktlinie an. Zum anderen versuchen sie, ihre Märkte durch größere Stückzahlen zu verbreitern. Ihnen sind aber oft die Distributionswege zu großen Marktvolumen versperrt, da diese über die führenden Anbieter in den Bereichen Pharmazie und Anlagenbau verlaufen.

Ein weiterer wichtiger Punkt für KMUs ist es, die Akzeptanz in diesen Kreisen zu finden, um Bauteile auf neuer Technologiebasis in die vorhandenen Produktlinien einzuführen. Daher erscheint es für die nächsten Jahre als notwendig, strategische Partnerschaften mit diesen Firmen zu suchen, um aus der engen Zusammenarbeit heraus Zutritt zu diesen Märkten zu erhalten.

Beispiel für die koordinierte Produktentwicklung eines optischen Immunosensors: Bei der Entwicklung von Immunsensoren wurden bisher einige Punkte übersehen, die eine erfolgreiche Markteinführung erfordert. So wurde oftmals bei einer Entwicklung der Nutzen für den Anwender nicht definiert. Ein Beispiel mag dies erläutern: Beim Schwangerschaftstest ist der Bedarf für einen einfachen Selbsttest im Rahmen des "Home-monitoring" groß, da er als wichtig eingestuft wird. Ein Hormontest sollte hier auch Nutzen bringen können. Bisher macht dies aber ein Arzt, der oftmals diese von ihm genommenen Proben zur Analyse an ein medizinisches (Zentral-) Labor abgibt. Es stellt sich also die Frage *nach dem eigentlichen Anwender des Tests,* dessen Umfeld und nicht zuletzt der Dringlichkeit, Engpässe mit einer besseren Lösung dann im richtigen Zeitpunkt zu bedienen bzw. Nutzen aufzuzeigen.

Forscher sind es nicht gewohnt, *Machbarkeitsstudien* zu erstellen. Diese sind aber nötig, um Marktbedarf und Produktdesign abzuschätzen, aufeinander abzustimmen und dabei Kostengrenzen zu kennen. Diese Studien sind frühzeitig zu erstellen. Auch die Frage der Definition von Forschungsmodell, Funktionsmuster und Prototyp ist wichtig für den Zeitpunkt der Einbeziehung Externer, z.B. von Entwicklungspartnern und von Anwendern, in der Erprobung.

3.15 Stand der Technik und Perspektiven bei Biosensoren

Diese Koordination zwischen Forschung und Industrie wird auf dem Gebiet der Immunsensorik wegen der aufwendigen und in hohem Maße zielgerichteten Entwicklung heute als Basis gesehen. Sie wurde in der Vergangenheit jedoch wenig beachtet. Aber auch später können Barrieren auftauchen. Wenn die technischen Lösungen greifbar sind, kann eine Markteinführung unmöglich werden, wenn die Kosten zu hoch sind.

Bei immunologischen Tests sind prinzipiell Einzeltests nur dann sinnvoll, wenn sie als Massenartikel oder für bestimmte Einsatznischen verwendet werden können. Ansonsten sind Systeme oder bessere Geräte gefragt, mit denen verschiedenste Immunassays durchgeführt werden können. Ein solches Geräte wurde 1991 von der schwedischen Firma Pharmacia erstmals auf dem Markt unter dem Namen "BIAcore" eingeführt. Es beruht auf den Prinzipien der "surface-plasmon resonance".

Erste Ergebnisse aus einer regionalen Sensorinitiative: Der Ansatz einer Technologie-Marketing-Initiative des Wirtschaftsministeriums für Chemo- und Biosensoren in Nordrhein-Westfalen im Jahr 1993/1994 hat nach ca. einem Jahr Arbeit mit Veranstaltungen, Arbeitskreisen und konkreten Kooperations-Ansätzen aus Sicht von ZENIT folgendes wichtige Ergebnis gebracht. Ein regelmäßiger, koordinierter Treffpunkt der interessierten Unternehmen und Forschergruppen unter Moderation ist wichtig und wird begrüßt. Durch die Organisation des Treffens, z.B. mit einer Tagesordnung und festen Rubriken ("geplante Fachbeiträge"), werden die "neuen" Informationen zielgerichtet abgegeben.

Wichtig ist hierbei, daß sich der Kreis kennt, somit eine Vertrauensbildung stattgefunden hat und dadurch die Bereitschaft für eine Diskussion "initiiert" ist, sei es in der großen Runde oder bilateral. Die Information wird vom einzelnen verarbeitet und für die eigenen Aufgaben verifiziert. Um dieses gezielte Anstoßen zu Kooperationen zu führen, bedarf es der Moderation (des "Kümmerers") und einer Zeitspanne von wenigstens 2 Jahren. Entscheidend ist dabei die Kontinuität, um nach einem guten Start für bedarfsgerechte und praxisreife Innovationen "arbeitsfähig" zu werden.

Ausblick: Biosensoren stehen als Meß- und Analysegerät nach neuem Konzept im Wettbewerb mit anderen, eingeführten Produkten und Verfahren der Meß- und Analysentechnik. Auch aus diesem Grunde ist für Biosensoren eine Nischenposition anzustreben, in der nur sie das Analysenproblem lösen können. Die Erfassung komplexer Moleküle auch in kleinster Konzentration oder aber die summarische Erfassung einer biologischen Wirksamkeit sind derartige Nischen, in die chemische Sensoren nicht eindringen werden.

Der pragmatische Ansatz einer Integration der Biosensoren in die Analytik macht es möglich, Nutzen aus dem Konzept für sein Analysenproblem zu ziehen und so als Anwender ausreichende Vorteile bei Anwendung, Lebensdauer, Bedienerfreundlichkeit und letztendlich bei den Kosten zu haben. Dies wird dann für die Anbieter zu realen Umsätzen führen, die bei den existenten Marktprodukten bereits heute überproportionale Steigerungsraten zur Folge haben.

3.16 Gentechnik als Grundlage neuer Industrien unter den rechtlichen Rahmenbedingungen der EG und Deutschlands[1]

Prof. Dr. jur. Jürgen Simon
Forschungszentrum Biotechnologie & Recht, Universtät Hannover - FB Rechtswissenschaften, Hanomagstraße 8, 30449 Hannover und FB Wirtschafts- und Sozialwissenschaften, Universität Lüneburg, Scharnhorststr., 21332 Lüneburg

3.16.1 Einleitung

Thema dieser Studie sind die Gestaltung des rechtlichen Rahmens der Gentechnik und seine Auswirkungen auf ihre Industrie. Es wird die Frage gestellt, ob das Recht die Entwicklung der Gentechnik unterstützt, keine Auswirkungen hat oder gar ihre Chancen behindert. Die Untersuchung konzentriert sich auf zwei Aspekte, die - folgt man der öffentlichen Diskussion - Standortentscheidungen beeinflussen: die *Dauer der Genehmigungsverfahren* und die *Öffentlichkeitsbeteiligung*.
Wichtig für eine Standortentscheidung könnte die Handhabung der rechtlichen Rahmenbedingungen in der Praxis sein. Allerdings kann für die Ermittlung der Verwaltungspraxis im Umgang mit gentechnischer Normsetzung im In- und Ausland nur in geringem Umfang auf empirisches Material zurückgegriffen werden[2]. Umfassende empirische Untersuchungen zu Genehmigungsverfahren und Öffentlichkeitsbeteiligung sowie deren Auswirkungen auf die Standortproblematik der Gentechnik liegen weder für Deutschland noch für das europäische Ausland vor[3]. Zur Bewertung der Regelungssituation in Deutschland im Vergleich mit dem europäischen Ausland und den USA muß daher im wesentlichen auf die jeweilige

---

[1] Die Studie wurde im September 1993 im Auftrag der Akademie für Technikfolgenabschätzung in Baden-Württemberg, anläßlich des Workshops "Moderne Biotechnologie - eine realistische Chance für eine nachhaltige Wirtschaftsentwicklung" (Stuttgart, 2. - 3. Dezember 1993) erstellt. Die abgedruckte Fassung trägt darüber hinaus in erster Linie der zwischenzeitlich durchgeführten Novellierung des Gentechnikgesetzes Rechnung.
[2] Vgl. nur die Betrachtungen zur Öffentlichkeitsbeteiligung, in: Vitzthum und Geddert-Steinacher (1992) S.100ff.
[3] Hierzu liegt eine Untersuchung des Fraunhofer-Institutes für das Büro für Technikfolgenabschätzung (TAB) vor. Diese Studie kann als erster Schritt in Richtung einer solchen Bestandsaufnahme angesehen werden; es ist im folgenden auf sie zurückzukommen.

3.16 Rechtliche Rahmenbedingungen in der EG und Deutschland

Rechtssetzung zurückgegriffen werden. Weitere Hinweise werden sich aus vorliegenden Fachstudien zu spezifischen Einzelfragen ergeben.

3.16.2 Europarechtliche Rahmenbedingungen

Eine ausschließliche Darstellung nationalen Rechts ist im Zuge der zunehmenden Einbindung in den europäischen Binnenmarkt nicht geboten. Die durch das Zusammenwachsen der europäischen Gemeinschaft indizierte Harmonisierung rechtlicher Rahmenbedingungen erfordert vielmehr, die nationale Normierung im Lichte der europäischen Gesamtentwicklung zu sehen.

Freisetzungs- und Systemrichtlinie

Zentrale Vorgaben für alle europäischen Staaten stellen die auf der Ebene der Europäischen Gemeinschaften erlassenen Rechtsakte dar. Neben der EG-Richtlinie »Biologische Arbeitsstoffe«[4] wird der rechtliche Rahmen durch zwei vom Rat der EG am 23. April 1990 erlassene Richtlinien gesteckt:

- Die Richtlinie über die Anwendung genetisch veränderter Mikroorganismen in geschlossenen Systemen, die sogenannte System-Richtlinie.[5]
- Die Richtlinie über die absichtliche Freisetzung genetisch veränderter Organismen in die Umwelt, die sogenannte Freisetzungsrichtlinie.[6] Beide Richtlinien räumten den Mitgliedsstaaten eine Frist zur Umsetzung bis Oktober 1991 ein, der einige wenige Staaten Folge geleistet haben.
- Der sachliche Anwendungsbereich der *Systemrichtlinie* (SystRL) umfaßt alle Arbeiten mit genetisch veränderten Mikroorganismen in geschlossenen Einrichtungen.[7] Es wird ein Mindeststandard vorgeschrieben, der jedoch höhere Sicherheitsmaßnahmen der einzelnen Mitgliedsstaaten zuläßt.
- In dieser Richtlinie wurde eine am Gefährdungspotential der beabsichtigten Tätigkeit ausgerichtete Einordnung in zwei Sicherheitsstufen konzipiert: Die Anforderungen der der Sicherheitsstufe 1 zugeordneten Arbeiten sehen lediglich eine Anzeige (Anmeldung) vor. Nach Ablauf einer 3-monatigen Frist kann regelmäßig mit dem Beginn der Arbeiten gerechnet werden. Für Arbeiten der zweiten Sicherheitsstufe ist ein Genehmigungsverfahren vorgeschrieben, das ebenfalls in einer 3-Monats-Frist abgeschlossen sein soll. Die Beteiligung der Öffentlichkeit am Verfahren ist dabei nicht als zwingende Voraussetzung vorgeschrieben.

---

[4]Abl. C 150/6 vom 8.6.1988, C 218/5 vom 24.8.1989.
[5]EG-SystemRL; EG-ABl. Nr. L 117/1.
[6]EG-ABl. Nr. L 117/15.
[7]Zum Problem des Anwendungsbereiches siehe: Jarass (1991) S. 51.

- Die *Freisetzungsrichtlinie* regelt Inverkehrbringen und absichtliche Freisetzung genetisch veränderter Organismen in die Umwelt.
- Für das Inverkehrbringen von Produkten ist ein Anmeldeverfahren vorgesehen, bei dem der Betreiber die Unbedenklichkeit seines Vorhabens darlegen muß.
- Aus dem Richtlinientext ergeben sich dann keine Verfahrenshemmnisse, wenn die zuständigen Behörden keine Einwendungen haben.
- Die Lösung des dogmatischen Bewertungsproblems, ob das Vorliegen einer Freisetzungsgenehmigung als zwingende Voraussetzung für die Anmeldbarkeit eines geplanten Inverkehrbringens anzunehmen ist, steht noch aus. Dies würde jedoch für die Dauer des Verfahrens zu erheblichen Konsequenzen führen.
- Für die Freisetzung gentechnisch veränderter Mikroorganismen ist ein Genehmigungsverfahren vorgeschrieben, das innerhalb einer 90-tägigen Frist abgeschlossen sein soll. Dabei ist eine Beteiligung der Öffentlichkeit am Verfahren nicht zwingend notwendig. Da jedoch entsprechende Möglichkeiten eingeräumt sind, wurde auch eine Fristverlängerung aufgrund der Öffentlichkeitsbeteiligung über die Frist von 90 Tagen hinaus vorgesehen.

EG-Richtlinie "Biologische Arbeitsstoffe"

In der Bundesrepublik wie im sonstigen europäischen Ausland sind Risiken der Biotechnologie einschließlich der Gentechnologie in erster Linie als Probleme diskutiert worden, die auf qualitativ neue Methoden zurückzuführen seien. Insofern ist es verständlich, daß auch Rechtsvorschriften der EG und der Bundesrepublik davon geprägt sind. Die längeren Erfahrungen in den USA ermöglichen dagegen schon den Blick auf die Produkte, wie er sich bei uns langfristig auch durchsetzen wird. Die EG-Richtlinie "Biologische Arbeitsstoffe" mag ein erster Ausfluß dieser sich ändernden Blickrichtung sein, die anderen EG-Regelungen insoweit nicht von der systematischen Anlage widerspricht. Sowohl im deutschen wie im europäischen Rechtssystem ist ein Zusammenspiel vertikaler und horizontaler Regelungsmechanismen durchaus üblich. Daß die Bestimmungen der Freisetzungs- und Systemrichtlinie unberührt bleiben, ist in Art. 1 Abs. 3 der Richtlinie "Biologische Arbeitsstoffe" ausdrücklich festgeschrieben.

Umweltinformationsrichtlinie und Freedom of Information Act

Praktische Auswirkungen auf die Dauer von Genehmigungsverfahren mit Öffentlichkeitsbeteiligung könnten sich darüberhinaus noch durch eine weitere Richtlinie ergeben: Am 7. Juni 1990 hat der Rat der EG die Richtlinie "Über den Zugang zu Umweltinformationen" verabschiedet[8]. In dieser *Umweltinformations-Richtlinie*

---

[8]Richtlinie 90/313/EWG vom 7. Juni 1990, Abl. L 158, 56 ff. vom 23.6.1990; dazu u.a. Erichsen und Scherzberg (1992); Bieber (1991); Schwanenflügel (1993); Wegner (1993).

3.16 Rechtliche Rahmenbedingungen in der EG und Deutschland

wird der Zugang des einzelnen Bürgers zu allen Informationen geregelt, soweit sie den zuständigen Behörden vorliegen. Dieses dem Bürger gewährte subjektive Recht besteht unabhängig vom Nachweis eines besonderen Interesses oder eines laufenden Verwaltungsverfahrens. Das Informationsrecht wird jedoch begrenzt, soweit den Interessen der Betreiber vor Ausforschung ihrer Betriebs- und Geschäftsgeheimnisse, die ein wesentlicher Wettbewerbsfaktor sind, Rechnung getragen werden muß. Weiterhin ist in diesem Zusammenhang der Schutz personenbezogener Daten festgeschrieben.

Zur Umsetzung dieser Richtlinie liegen bisher nur wenige Erfahrungen vor. Sie ist seit Ablauf ihrer Umsetzungsfrist am 1.1.1993 automatisch wirksam, da jedem EG-Bürger, auch ohne Tätigwerden des nationalen Gesetzgebers, die Berufung auf diese Vorschrift zugestanden wird. Die Umweltinformationsrichtlinie kann zukünftig insofern bedeutsam werden, als Auskünfte von Behörden gefordert werden können, die im Zusammenhang mit Gentechnikverfahren stehen. Die jeweiligen Behörden müssen damit rechnen, daß ihr Handeln transparenter wird. Wie die Erfahrungen in anderen Ländern zeigen, muß sich eine solche Transparenz nicht nachteilig auswirken, versteht man nicht Verwaltung als Arkanbereich. So sind Informationszugangsgesetze in den skandinavischen Staaten seit Jahrzehnten selbstverständlich (Kneifel 1990, S. 134 ff). Seit Ende der siebziger bzw. Anfang der achziger Jahre gibt es diese Vorschriften in Frankreich, den Niederlanden, Kanada, Australien und Neuseeland. Auf die Diskussion in der Bundesrepublik Deutschland hat sich vor allem die Einführung des Freedom of Information Act (FOIA)[9] der Vereinigten Staaten ausgewirkt. Die Kodifizierung des FOIA aus dem Jahr 1966 ist durch den CIA Information Act von 1984[10] und den Freedom of Information Reform Act von 1986[11] ergänzt worden.

Der erste Abschnitt des FOIA verpflichtet die Bundesbehörden, Verwaltungsvorschriften und andere Dokumente laufend zu veröffentlichen. Außerdem müssen Einzelfallentscheidungen und andere Unterlagen mit Hilfe von Katalogen zugänglich gemacht werden[12].

---

[9]5 U. S. C. 552, Publ. Law 93 - 502.
[10]Public Law 97 - 477, 98 Stat. 2209, as codified in 50 U. S. C. 431, 432.
[11] 1801- 1804 des Anti Drug Abuse Act von 1986, Public Law 99 - 570, 100 Stat. 3207 (Oct. 27, 1986) Weitere wichtige Ergänzungen: Government in the Sunshine Act, Publ. Law 94 - 409, 90 Stat. 1241; U. S. C. 532 b; Federal Advisory Committee Act, Publ. L. 92 - 463, 86 Stat. 770; Privacy Act (Datenschutzgesetz für die Bundesverwaltung), Publ. L. 93 - 179, 88 Stat. 1896, 5 U. S. C. 532 a. Außerdem werden Behörden auch zur Datenerhebung verpflichtet, vgl. Superfund Amendment and Reauthorization Act of 1986 (SARA), Publ. L. 99 - 499, 100 Stat. 1613 (186), 42 U. S. C. 2601 ff. Ein Beispiel für das Informationsmanagement der Regierung sind der Paperwork Reduction Act of 1980, 44 U. S. C. 3501, Publ. L. 96 - 511; 94 Stat. 2812 und das auf ihm beruhende Rundschreiben Nr. A - 130 des Office of Management and Budget.
[12]Ausführlich zum Inhalt des FOIA: E. Gureit (1990).

Nach § 532 (a) (3) hat jedermann das Recht auf Akteneinsicht gegen jede selbständige Untergliederung in der Exekutive. Der Anspruch richtet sich auf sämtliche verfügbaren und vorhandenen Informationen, elektronisch gespeicherte Daten eingeschlossen. § 552 (a) (6) (A) (i) schreibt der Behörde vor, über die beantragte Offenbarung der Unterlagen in zehn Arbeitstagen zu entscheiden. Es gibt neun abschließend geregelte Ziffern in subsection (b) des FOIA, die bestimmte Unterlagen von der Einsicht ausnehmen. Zum Beispiel fallen darunter Informationen, an deren Nichtveröffentlichung ein nationales Interesse besteht oder die der Rechtsdurchsetzung bei der Strafverfolgung dienen, sowie solche zum Schutz der Banken-, Behörden- und Sparkassenaufsicht und der Daten über Ölquellen. Schließlich wird der Schutz der Privatsphäre Dritter und der von Geschäftsgeheimnissen geregelt.

Da sich die Gebühren für nicht kommerzielle Anspruchsberechtigte nur auf die direkten Kosten für die Suche und Vervielfältigung von Dokumenten erstrecken, sind sie auch nicht prohibitiv hoch. Das zeigen die rund 400.000 Gesuche auf Akteneinsicht an die Bundesverwaltung aus dem Jahr 1988, die die Funktionsfähigkeit der Verwaltung nicht beeinträchtigt haben sollen (Kneifel 1990, S. 138).

Geplante EG-Verordnung »neuartige Lebensmittel« und FDA-Regelungen

Für den Bereich gentechnisch veränderter Lebensmittel wird künftig eine Verordnung des Rates über neuartige Lebensmittel und neuartige Lebensmittelzutaten an Bedeutung gewinnen, zu der inzwischen ein neuer Vorschlag der Kommission vorgelegt wurde (Amtsblatt der EG 1994).

Diese Verordnung, die im Falle ihres Erlasses unmittelbare Wirkung erlangen würde und im Gegensatz zu den Richtlinien nicht der Umsetzung durch die Mitgliedsstaaten bedarf, legt einheitlich für alle Staaten die allgemeinen Bestimmungen für das Inverkehrbringen neuartiger Lebensmittel fest (Art. 1 Abs. 1 Novel-Food-VO). Nach dem Verordnungsentwurf unterliegen Lebensmittel und Lebensmittelzutaten, die GVO enthalten oder aus solchen bestehen, gemäß Art. 4 einer Anmeldepflicht, und - soweit die Kommission oder ein Mitgliedstaat Einwände erhebt - einer Genehmigungspflicht entsprechend Art. 4 Abs. 5, Art. 9 Novel-Food-VO.

In Deutschland wird im Zusammenhang mit der geplanten Verordnung insbesondere die Frage der Kennzeichnungspflicht für gentechnisch veränderte Lebensmittel intensiv diskutiert. Das bundesdeutsche Gentechnikrecht schreibt eine entsprechende Etikettierung bislang nicht vor. Das GenTG enthält zwar eine diesbezügliche Verordnungsermächtigung, doch ist bislang keine Verordnung zur Frage der Kennzeichnungspflicht ergangen. Insbesondere Verbraucherverbände halten es aber unter dem Gedanken des Verbraucherschutzes für unabdingbar, das Inverkehrbringen gentechnisch manipulierter Lebensmittel von einer Kennzeichnungspflicht abhängig zu machen. Nur wenn die neuartigen Lebensmittel explizit gekennzeichnet seien, könne sich der Verbraucher bewußt für oder gegen den

3.16 Rechtliche Rahmenbedingungen in der EG und Deutschland

Erwerb eines derartigen Produktes entscheiden. Der ursprüngliche Verordnungsentwurf der EU sah eine besondere Etikettierungspflicht hinsichtlich gentechnischer Veränderungen überhaupt nicht vor.

Der jetzt vorgelegte Entwurf fordert dagegen, daß in der Genehmigung zusätzliche spezifische Etikettierungsanforderungen festgelegt werden, um »den Verbraucher über etwaige signifikante Unterschiede zwischen den Merkmalen des neuartigen Lebensmittels oder der neuartigen Lebensmittelzutat und den Merkmalen gleichwertiger herkömmlicher Lebensmittel oder Lebensmittelzutaten zu unterrichten« (Art. 4 Abs. 7). In diesem Entwurf wird erstmals überhaupt die Frage einer besonderen Kennzeichnung angesprochen. Eine Kennzeichnung ist dann nicht vorgesehen, wenn nur ein Anmeldeverfahren nach Art. 4 Abs. 4 stattfindet. Soweit eine Entscheidung über die Genehmigung nach Art. 4 Abs. 5 erforderlich ist, dürfte die vorgesehene Regelung in der praktischen Umsetzung nur selten zu einer Kennzeichnung führen. Eine solche ist nämlich nur vorgesehen, soweit zwischen den Merkmalen des neuartigen Lebensmittels und herkömmlichen Lebensmitteln *signifikante Unterschiede* bestehen. In aller Regel werden sich solche signifikanten Unterschiede aber kaum feststellen lassen.

In den USA konzentriert sich die Diskussion zur Zeit auf die Frage der Kennzeichnungspflicht für gentechnisch modifizierte Lebensmittel. Im Vordergrund der Diskussion steht die Transparentmachung der Produktinhaltsstoffe zur Vermeidung möglicher allergischer Reaktionen auf Verbraucherseite.

Gefahren werden in den USA weniger in den genetisch modifizierten Produkten an sich als in einer für die Konsumenten nicht mehr nachvollziehbaren Verbindung von Produktbestandteilen gesehen. Durch die Verbindung zweier an sich ungefährlicher Komponenten (z.B. einer Tomate mit einem Erdnußgen) wären für Konsumenten mit allergischer Reaktion auf die "unsichtbar" zugefügte Komponente Gefahren nicht auszuschließen. Durch eine entsprechende Kennzeichnung sollen Verbraucher auf mögliche Gefahren hingewiesen werden. Daneben soll Verbrauchergruppen die aus religiösen Gründen bestimmte Produkte nicht konsumieren, die Möglichkeit eröffnet werden, diese Produkte auch in Form solchermaßen unsichtbar zugefügter Komponenten zu meiden.

Die Bestrebungen der FDA richten sich auf die Ausgestaltung einer Regelung dieses Themenkomplexes[13]. Vorbereitend für die Regelung hat die FDA im April 1993 die involvierte (Fach-)Öffentlichkeit aufgefordert, entsprechende Stellungnahmen und Anregungen schriftlich einzureichen (Federal Register 1993). Die Fragestellung ist hierbei auf die Kennzeichnung von Nahrungsmitteln eingegrenzt, die aus genetisch modifizierten Pflanzen stammen. Die Auswertung ist nach Auskunft der FDA zur Zeit noch nicht abgeschlossen.[14]

---

[13] Die Regelungskompetenz für den Bereich der Kennzeichnung genetisch modifizierter Lebensmittel ist der FDA zugewiesen. Den gesetzlichen Rahmen bildet der Federal Food, Drug, and Cosmetic Act (21 USC).
[14] Auskunft des Center for Food Safety and Applied Nutrition, FDA Washington.

3.16.3 Die Ausgestaltung des Gentechnikrechts in einzelnen Staaten der EU

Der durch die System- bzw. Freisetzungs-Richtlinie gebildete EG-rechtliche Rahmen des Gentechnikrechts läßt den nationalen Gesetzgebern bei der konkreten Umsetzung in nationales Recht Spielräume, deren unterschiedliche Ausgestaltung nachfolgend exemplarisch für einige europäische Staaten aufgezeigt werden soll.

Die durch die Richtlinien der EG gesetzten Rahmenbedingungen lassen für die konkrete Umsetzung im nationalen Recht der Mitgliedsstaaten insoweit Freiräume, als eine Verbindlichkeit zwar bezüglich des zu erreichenden Zieles (Art. 189 Abs. 3 EWGV), nicht jedoch bezüglich der Ausgestaltung im einzelnen besteht. Indiziert ist hierdurch, daß sich aus diesen Handlungsfreiräumen möglicherweise Ausgestaltungsunterschiede in der Regelungspraxis ergeben könnten, die ihrerseits standortrelevante Vor- oder Nachteile begründen.

Die Regelungssituation in den Staaten der EG zeigt gegenwärtig ein recht unterschiedliches Gesamtbild. Irland und Italien haben die Richtlinien der EG im Wortlaut in Kraft gesetzt (BBC Studie 1992). In Dänemark und in Deutschland wurden die Richtlinien in nationales Recht umgesetzt. In Frankreich, Großbritannien und in den Niederlanden befinden sich entsprechende Entwürfe in der Diskussion, sind aber noch nicht in Gesetzesform verabschiedet worden. In Belgien ist ebenfalls noch keine Umsetzung erfolgt und lediglich aus der dort zu beobachtenden praktischen Relevanz gentechnischer Projekte auf eine standortfreundliche Handhabung zu schließen.[15] Über den Regelungs- bzw. Anwendungsstand in Portugal, Griechenland, Spanien und Luxemburg liegen keine aussagekräftigen Informationen vor, wodurch allgemein auf eine nicht erfolgte Umsetzung in diesen Staaten geschlossen wird. Hinsichtlich der prognostischen Bewertung der europäischen Gesamtentwicklung sind die sich abzeichnenden Tendenzen in den Staaten, in denen der Entwicklungsprozeß am weitesten fortgeschritten ist, einer differenzierteren Betrachtung zu unterziehen.

Das in *Dänemark* bestehende Gesetz zur Regelung von Fragen der Gentechnik[16], geht in seinem Ursprung bereits auf das Jahr 1986 zurück und wurde zwischenzeitlich durch Modifikationen der Entwicklung angepaßt. Danach unterliegen Produktion und Umgang im weitesten Sinne, d. h. beispielsweise auch Fragen der Verbringung gentechnischer Materialien einer Erlaubnispflicht ("Bau- und Betriebsbewilligung"). Vor Erteilung einer Produktionserlaubnis ist die Durchführung einer Risikobewertung vorgesehen, deren Rahmen eine Einstufung und Registrierung durch die Behörden bestimmen. Vergleichbar mit der ZKBS in Deutschland steht in Dänemark ein zentrales Sachverständigengremium zur Verfügung, dessen fachliche Beurteilung für das Verfahren verfügbar gemacht wird. Dabei ist darauf hinzuweisen, daß die Freisetzung gentechnisch veränderter Organismen in die Umwelt einem grundsätzlichen Verbot unterliegt, welches jedoch seinerseits unter einem ministeriell zu erteilenden Erlaubnisvorbehalt steht.

---

[15]Insbesondere ist eine bemerkenswerte Zahl von Freisetzungen festzustellen.
[16]Act. No. 288 auf June 1986.

3.16 Rechtliche Rahmenbedingungen in der EG und Deutschland

Die Regelung zeigt sich bezüglich einzuhaltender Fristen recht offen; bereits heute zeichnet sich die Tendenz ab, daß die zunehmende Erfahrung der Beteiligten zu kürzeren Verfahrenszeiten führt (Bideko AG und Holinger AG 1989a, S. 8). Der Einfluß der Öffentlichkeit schlägt sich in Dänemark einerseits im Rahmen öffentlicher Anhörungen während des Verfahrens, andererseits aber auch nach erfolgter Begutachtung durch die Behörden nieder. Einwände gegen die behördliche Entscheidung können bei Vorliegen bestimmter Voraussetzungen in einem Einspruchsverfahren geltend gemacht werden, um dann von einem aus Vertretern der Industrie, des Handels sowie der Verbraucherorganisationen zusammengesetzten Schiedsgericht endgültig und abschließend entschieden zu werden.

In *Großbritannien* werden die rechtlichen Fragen gentechnischer Forschungs- und Produktionsverfahren von den Vorschriften des »Health and Safety at Work« (HWS) Act sowie weiterer aufgrund dieses Gesetzes erlassener Normen erfaßt. Seit 1986 bestehen explizite Richtlinien bezüglich beabsichtigter gentechnischer Freisetzungen. Die dortige Regelungssituation ist vom Bestehen diverser Einzelvorschriften, welche teilweise auf freiwilliger Grundlage konzipiert sind, geprägt. Für Bau- und Betriebsbewilligungen ist ein Genehmigungsverfahren bei lokalen Behörden vorgesehen, das prinzipiell für industrielle Anlagen in gleicher Weise Anforderungen setzt. Entsprechende Vorhaben sind zwar der Öffentlichkeit bekannt zu machen, wobei auch eine Einsichtnahmemöglichkeit bezüglich der Planungsunterlage vorgesehen ist, eine direkte Öffentlichkeitsbeteiligung am Verfahren ist dagegen nicht angestrebt. Die praktische Durchführung der Verfahren wird in diesem Bereich vornehmlich als zügig charakterisiert. Die Genehmigung von Freisetzungsvorhaben erfolgt durch die zuständigen Behörden unter Einbeziehung eines Sachverständigengremiums. Die Verfahren sind in diesem Bereich grundsätzlich eher langwierig, jedoch - bei als ungefährlich erkannten Maßnahmen - auf eine Verkürzung ausgerichtet. Mit fortschreitendem Erkenntnisstand ist also eine zunehmende Verkürzung der Verfahrensdauer zu erwarten. Darüber hinaus bleibt darauf hinzuweisen, daß gerade in diesem Bereich die Kontrollmechanismen in Großbritannien in erster Linie auf freiwilliger Grundlage als Richtlinien definiert und nicht Ausfluß rechtlich verbindlicher Normen sind[17].

In den *Niederlanden* sind rechtliche Fragestellungen zur Gentechnik in Form von Richtlinien geregelt, die den bundesdeutschen Richtlinien vor Inkrafttreten des GenTG vergleichbar ausgestaltet sind. Vorgesehen ist auch in den Niederlanden die zusammenfassende Regelung des Bereiches in einem einheitlichen Gesetz. Konzipiert ist eine in vier Sicherheitsstufen gegliederte Einordnung, die aufgrund des Gefährdungspotentials des Wirtsorganismus erfolgt. Hiermit verknüpft sind entsprechende technischen Anforderungen an den anzulegenden Sicherheitsstandard. Anlagengenehmigungen werden dabei ebenso wie angestrebte Freisetzungen an diesen Kriterien gemessen. Das Genehmigungsverfahren bezüglich der Produktion gentechnisch veränderter Organismen ist bei den Gemeinde- oder Provinzbehörden angesiedelt, wobei auch in den Niederlanden eine zentrale Gruppe von

---
[17]In der Diskussion ist eine rechtliche Festschreibung angesprochen, nach gegenwärtigem Erkenntnisstand aber bisher noch nicht umgesetzt.

Sachverständigen einbezogen wird. Die Stellungnahmefrist für dieses Sachverständigengremium ist mit drei Monaten angesetzt, für das gesamte Verfahren ist eine maximale Dauer von sieben Monaten vorgesehen. Trotz des eher weit gesteckten zeitlichen Rahmens begründet die pragmatische Vorgehensweise der niederländischen Behörden Standortvorteile. Außerhalb des eigentlichen Regelungsbereiches gentechnikrechtlicher Fragen zeichnet sich ein weiterer möglicher Standortvorteil für die Niederlande dadurch ab, daß in den vergangenen Jahren unter Einsatz staatlicher Programme die Entwicklung der Gentechnik gefördert und dadurch ein erhebliches Erkenntnispotential geschaffen wurde.

In *Frankreich* erfolgte die Umsetzung der EG Richtlinien durch den Erlaß des französischen Gentechnikgesetzes am 13.7.1992, das am 16.7.92 veröffentlicht wurde (loi No 92-654 relative au controle de l'utilisation et de la dissemination des organismes genetiquement modifies). Darüber hinaus sind eine Anzahl von speziellen Regelungen auf ministerieller Ebene in Vorbereitung. Zuständig für die Beurteilung von Freisetzungen ist danach die "Commission du Geneie Bimoleculaire" mit 18 Mitgliedern, die seit 1986 beim Landwirtschaftsministerium angesiedelt ist. Diese Kommission hat die Aufgabe, das Vorhaben speziell im Hinblick auf schädliche Umwelteinflüsse hin zu überprüfen. Zuständig für die Klassifikation von genetisch veränderten Organismen ist eine weitere Kommission, die "Commission de Genie Genetique". Beide Fachkommissionen enthalten neben Wissenschaftlern Parlamentarier; mit Nicht-Wissenschaftlern (Umweltschutzorganisationen, Verbraucherschutzverbände, Arbeitnehmerverbände) ist dagegen nur die bei Freisetzungsentscheidungen tätig werdende Kommission besetzt.

Eine Öffentlichkeitsbeteiligung ist bei den Verfahren insoweit vorgesehen, als vor der ersten Benutzung einer gentechnischen Einrichtung die Vorlage eines Informations-Dossiers gefordert wird, das allerdings das "secret industriel et comerciel" wahrt. Einwände gegen ein Vorhaben können gegenüber der zuständigen Kommission vorgebracht werden.

Seit 1986 wurden in Frankreich insgesamt 129 Anträge auf Freisetzungsversuche gestellt. Die anfänglich lange Verfahrensdauer hat sich dabei in den letzten Jahren erheblich verkürzt, so daß diese die industrielle Ansiedlung von Gentechnik-Unternehmen nicht behindert.

Die skizzierte Regelungssituation der verschiedenen Staaten zeigt trotz grundsätzlich einheitlicher Rahmenbedingungen ein diffiziles Bild, das in seinen Grundzügen noch vorrangig durch die jeweils zugrunde liegende nationale Rechtsordnung und weniger durch europäische Vereinheitlichungsbestrebungen geprägt ist. Tendenziell ist jedoch das Anstreben einer Verfahrensvereinfachung aufgrund der Einbeziehung vorangegangener Erfahrungen zu verzeichnen. Zu beachten ist daher, daß in erster Linie nicht die gegenwärtige Regelung und die hierbei zu verzeichnende Verfahrensdauer, sondern die zukünftige Entwicklung für eine Standortentscheidung von Bedeutung gewinnt.

Im Zuge der fortschreitenden Konstituierung gesamteuropäischer Rechtsvereinheitlichung, explizit der im Hinblick auf den gemeinsamen Binnenmarkt zu vereinheitlichenden Wettbewerbsbedingungen, wird für die Zukunft hingegen eine erhebliche Angleichung zu erwarten sein, sowohl im Hinblick auf die Umsetzung

3.16 Rechtliche Rahmenbedingungen in der EG und Deutschland   367

der System- und der Freisetzungsrichtlinie, als auch für den konkreten Verfahrensablauf. Hinzuweisen ist diesbezüglich auf die Auswirkungen des in Art. 7 EWGV ausgesprochenen Diskriminierungsverbots (Zuleeg 1991). Signifikante Abweichungen wären weiterhin unter dem Gesichtspunkt eines möglicherweise dadurch begründeten vertragswidrigen Verhaltens gem. Art. 100a iVm Art 5 EWGV, einer darin möglicherweise enthaltenen verdeckten staatlichen Subvention gem. Art. 92 EWGV und nicht zuletzt eines möglichen, der Beurteilung des EuGH unterworfenen Verstoßes gegen die EG-Norm selbst zu betrachten. Eine Angleichung sowohl in rechtlicher als auch in verwaltungstechnischer Hinsicht wird zukünftig auf breiter europäischer Ebene zu beobachten sein.

3.16.4 Die Ausgestaltung des Gentechnikrechts in Deutschland

Zum Stand der Regelungen

Der wesentliche Regelungsgehalt der beiden Richtlinien der EG findet sich in Deutschland im Gentechnikgesetz (GenTG)[18] wieder.

Das GenTG, bei dem sich der Gesetzgeber für eine anlagenbezogene Konzeption kombiniert mit tätigkeitsbezogenen behördlichen Verfahren entschieden hat, regelt die Genehmigung bzw. Anmeldung

- von gentechnischen Anlagen, in denen erstmalig gentechnische Arbeiten durchgeführt werden sollen,
- von sog. weiteren gentechnischen Arbeiten
- sowie die Genehmigung von Freisetzungen.

Bei den gentechnischen Arbeiten wird zwischen solchen zu Forschungs- und zu gewerblichen Zwecken unterschieden (§ 3. 5 und 6 GenTG)[19]. Die Arbeiten werden gem. § 7 GenTG in vier Sicherheitsstufen unterteilt. Dabei handelt es sich im Verhältnis zu den zwei Sicherheitsstufen der SystRL nicht um neue Sicherheitsanforderungen, sondern um eine (zulässige) Ausdifferenzierung dieser Vorgaben. Bezüglich der einzelnen Zweckrichtungen und Sicherheitsstufen gilt eine differenzierte Handhabung, wobei mit der Novellierung vom 16. Dezember 1993 einige Veränderungen vorgenommen wurden.

Verfahrensstraffung: Die §§ 8 bis 13 GenTG regeln die Genehmigung von gentechnischen Anlagen. Gentechnische Anlagen zu gewerblichen Zwecken der

---

[18] Vom 20. Juni 1990 (BGBl. I. S. 1080), zuletzt geändert am 16. Dezember 1993 (BGBl. I. S. 2059); ausführlich dazu: Simon (1992); vgl. zu diesem Themenbereich, insbesondere zur Novellierung des GenTG: Simon und Weyer (1994).

[19] Die Abgrenzung eröffnet nicht unwesentliche Schwierigkeiten. Darauf soll hier aber nicht eingegangen werden.

Sicherheitsstufe(S) 1 (= kein Risiko) bedurften bislang entgegen Anlagen, in denen gentechnische Arbeiten zu Forschungszwecken derselben Sicherheitsstufe durchgeführt wurden, einer Genehmigung.

Durch die Novellierung wurde eine Änderung erreicht, die die Verfahren bei gentechnischen Anlagen der Sicherheitsstufe 1 zu gewerblichen Zwecken betrifft und geeignet ist, eine erhebliche Verfahrensvereinfachung herbeizuführen.

Durch eine entsprechende Änderung in § 8 Abs. 2 GenTG wird im Einklang mit dem EG-Recht[20] eine Verfahrenserleichterung insofern erreicht, als jetzt auch gentechnische Anlagen zu gewerblichen Zwecken, in denen gentechnische Arbeiten der Sicherheitsstufe 1 durchgeführt werden, statt der Genehmigung lediglich einer Anmeldung bedürfen. Dies galt bisher nur für gentechnische Anlagen der Sicherheitsstufe 1 zu Forschungszwecken.

Diese Änderung ist ausdrücklich zu begrüßen, da keine Unterschiede im Gefährdungspotential bei gewerblichen Arbeiten und bei Forschungsarbeiten zu sehen sind[21]. Angesichts der bisher lediglich durchgeführten fünf Verfahren zur Genehmigung gentechnischer Anlagen der Sicherheitsstufe 1 zu gewerblichen Zwecken scheint dieser Punkt der Novelle zunächst eher unbedeutend zu sein. Es bleibt also abzuwarten, ob die Zahl dieser Verfahren unter den erleichterten Voraussetzungen entsprechend zunimmt.

Verkürzung der Fristen im Anmelde- und Genehmigungsverfahren: Durch die Änderung der §§ 8 Abs. 2, 9 Abs. 1 und 10 Abs. 1 GenTG wird die starre Anmeldefrist von drei bzw. zwei Monaten zugunsten einer flexibilisierten Frist in § 12 Abs. 7, Abs. 8 und Abs. 9 GenTG neue Fassung (n. F.) gestrichen, innerhalb derer die Behörde im *Anmeldeverfahren* zu entscheiden hat.

Gemäß § 12 Abs. 7 GenTG n. F. hat die zuständige Behörde nun unverzüglich, spätestens nach Ablauf einer Frist von einem Monat, über die Anmeldung der Errichtung und des Betriebs gentechnischer Anlagen, in denen gentechnische Arbeiten der Sicherheitsstufe 1 (zu Forschungszwecken oder zu gewerblichen Zwecken) durchgeführt werden sollen (§ 8 Abs. 2 GenTG), zu entscheiden. Wenn es weiterer behördlicher Entscheidungen bedarf, verlängert sich diese Frist auf drei Monate. Eine Stellungnahme der ZKBS muß nicht mehr eingeholt werden. Der Ablauf einer Frist von drei Monaten gilt als Zustimmung zu Errichtung und Betrieb der gentechnischen Anlage und zur Durchführung der gentechnischen Arbeit.

Gem. § 12 Abs. 8 GenTG n. F. gilt bei einer Anmeldung weiterer gentechnischer Arbeiten der Sicherheitsstufen 3 und 4 zu Forschungszwecken (§ 9 Abs. 1 GenTG) der Ablauf einer Frist von zwei Monaten als Zustimmung zur Durchführung der gentechnischen Arbeit. Vor Ablauf dieser Frist können die gentechnischen Arbeiten mit Zustimmung der Behörde begonnen werden. Über weitere gentechnische Arbeiten der Sicherheitsstufe 2 zu Forschungszwecken (§ 9 Abs. 1 GenTG) hat die Entscheidung der zuständigen Behörde sogar unverzüglich,

---
[20]Siehe Begründung zum Änderungsentwurf, BT-Drucksache 12/5145, S. 12.
[21]So auch Bundesgesundheitsamt (1993) S. 22.

3.16 Rechtliche Rahmenbedingungen in der EG und Deutschland

spätestens nach einem Monat zu erfolgen, wenn die gentechnische Arbeit einer bereits von der ZKBS eingestuften Arbeit vergleichbar ist und somit die Einholung einer Stellungnahme der ZKBS entbehrlich sein soll, § 12 Abs. 8 Satz 3 GenTG n. F.

Auch über die Anmeldung weiterer gentechnischer Arbeiten der Sicherheitsstufe 1 zu gewerblichen Zwecken (§ 10 Abs. 1 GenTG) hat die zuständige Behörde gemäß § 12 Abs. 9 GenTG n. F. unverzüglich, spätestens nach einem Monat zu entscheiden. Der Ablauf einer Frist von zwei Monaten gilt als Zustimmung zur Durchführung der gentechnischen Arbeit. Die Einholung einer Stellungnahme der ZKBS ist hier ebenfalls entbehrlich.

Ebenfalls im *Genehmigungsverfahren* gemäß § 11 GenTG werden einige Fristen verkürzt. So hat die zuständige Behörde nach § 11 Abs. 6 GenTG n. F. über eine Genehmigung für die Errichtung und den Betrieb gentechnischer Anlagen, in denen gentechnische Arbeiten der Sicherheitsstufe 2 zu Forschungszwecken (§ 8 Abs. 1 GenTG) durchgeführt werden sollen, unverzüglich, spätestens nach einem Monat zu entscheiden, wenn die gentechnische Arbeit einer bereits von der ZKBS eingestuften Arbeit vergleichbar ist; die obligatorische ZKBS-Beteiligung entfällt also auch hier. Bei fehlender Vergleichbarkeit oder im Falle des § 22 Abs. 1 GenTG verlängert sich die Frist auf drei Monate.

Auch über die nach § 10 Abs. 2 GenTG einzuholende gesonderte Genehmigung für weitere gentechnische Arbeiten der Sicherheitsstufe 2 zu gewerblichen Zwecken muß die zuständige Behörde gemäß § 11 Abs. 7 Satz 2 GenTG n. F. unverzüglich, spätestens nach zwei Monaten entscheiden, wenn die gentechnische Arbeit einer bereits von der ZKBS eingestuften Arbeit vergleichbar ist.

Weiterhin ist für alle Genehmigungsverfahren die bisher in § 11 Abs. 6 Satz 2 GenTG a. F. enthaltene Möglichkeit der einmaligen Fristverlängerung aufgehoben worden.

Diese Fristverkürzungen finden nicht nur Zustimmung. Teilweise wird eine Verkürzung der "ohnehin schon knappen Fristen" abgelehnt, da bei weiterer Verkürzung die Anträge von den Behörden nicht mehr entsprechend sorgfältig geprüft werden könnten. Dies gehe zu Lasten der Sicherheit und widerspreche § 1 Satz 1 GenTG (BUND 1993).

Vor allem die Länder[22] führen aus, es könne zum derzeitigen Zeitpunkt nicht zweifelsfrei prognostiziert werden, ob eine Verkürzung der für gentechnikrechtliche Genehmigungs- und Anmeldeverfahren vorgesehenen Fristen zu einer Verfahrensbeschleunigung führen werde. Insbesondere in der Kombination mit anderen Instrumentarien der Verfahrensvereinfachung und -beschleunigung erscheine jedoch in manchen Bereichen eine Verkürzung der Fristen sinnvoll und praktikabel. Keinesfalls garantiert werden könne aber die Einhaltung der in § 11 Abs. 6 Satz 2 GenTG n. F. (Genehmigung einer gentechnischen Anlage, in der gentechnische Arbeiten der Sicherheitsstufe 2 zu Forschungszwecken durchgeführt werden sollen, innerhalb eines Monats, wenn die beabsichtigte gentechnische Arbeit einer von der

---

[22] So etwa Bayerisches Staatsministerium für Landesentwicklung und Umweltfragen (1993) S. 7.

ZKBS bereits eingestuften Arbeit vergleichbar ist) und § 11 Abs. 6 Satz 3 GenTG n. F. (Genehmigung einer gentechnischen Anlage, in der gentechnische Arbeiten der Sicherheitsstufe 2 zu Forschungszwecken durchgeführt werden sollen, bei Einschluß anderer behördlicher Entscheidungen nach § 22 Abs. 1 GenTG, in längstens drei Monaten) vorgesehenen Fristen[23]. Aus der Sicht der Verwaltungspraxis müßte deshalb wahrscheinlich die im ersten Fall vorgesehene Frist auf zwei Monate ausgedehnt werden. Ferner sollten in allen Fällen, in denen eine Anlagengenehmigung andere behördliche Entscheidungen einschließt, die vom GenTG festgelegten Fristen einmal um bis zu drei Monate verlängert werden können.

Auf seiten von Industrie und Forschung, die die Fristverkürzungen allgemein begrüßen, findet die Tatsache Kritik, daß auch nach der Novellierung die Fristen ruhen, solange die Behörde die Ergänzung der Unterlagen abwartet. Dies könne die in § 12 Abs. 7 und 8 GenTG n. F. beabsichtigte flexiblere Gestaltung der Fristen für Genehmigungen und Anmeldungen nach den §§ 8 bis 10 GenTG gefährden. Dies hätte sich nur verhindern lassen können, wenn gesetzlich festgelegt worden wäre, innerhalb welcher Fristen die Behörde eine Ergänzung der Unterlagen anfordern kann. (Max-Planck-Institut für Biochemie 1993).

Im übrigen werden die Fristverkürzungen berechtigterweise als sachdienlich eingeschätzt. Es darf jedoch keinesfalls der Aspekt vernachlässigt werden, daß solche formalen Fristverkürzungen nur dann zum Erfolg führen können, wenn gewährleistet ist, daß vollständige und sorgfältig bearbeitete Antragsunterlagen eingereicht werden und vor allem die Genehmigungsbehörden personell in die Lage versetzt werden, die eingehenden Anträge und Anmeldungen auch in der gesetzten Frist zu bearbeiten. Besonders die sorgfältige Überprüfung, ob die angemeldeten Arbeiten wirklich in die Sicherheitsstufen 1 und 2 einzuordnen sind, muß auch innerhalb der kurzen Fristen gewährleistet sein; die Fristverkürzungen dürfen auf keinen Fall zu Lasten der Sicherheit gehen.

Verzicht auf die obligatorische Einbindung der ZKBS: Bei der Anmeldung der Errichtung und des Betriebs gentechnischer Anlagen, in denen gentechnische Arbeiten der Sicherheitsstufe 1 durchgeführt werden sollen (§8 Abs. 2 GenTG) sowie bei der Anmeldung weiterer gentechnischer Arbeiten der Sicherheitsstufe 1 zu gewerblichen Zwecken (§ 10 Abs. 1 GenTG) wird in Zukunft auf die bisher vorgeschriebene Einholung einer Stellungnahme der ZKBS verzichtet. Darüber hinaus entfällt die obligatorische ZKBS-Beteiligung bei der Genehmigung der Errichtung und des Betriebs gentechnischer Anlagen, in denen gentechnische Arbeiten der Sicherheitsstufe 2 zu Forschungszwecken (§ 8 Abs. 1 GenTG) durchgeführt werden sollen sowie bei der Anmeldung bzw. Genehmigung weiterer gentechnischer Arbeiten der Sicherheitsstufe 2 zu Forschungszwecken und zu gewerblichen Zwecken (§§ 9 Abs. 1, 10 Abs. 2 GenTG), wenn die gentech-

---

[23]Ministerium für Arbeit, Gesundheit und Soziales des Landes NRW (1993); in diesem Sinne wohl auch Meffert (1992).

3.16 Rechtliche Rahmenbedingungen in der EG und Deutschland

nische Arbeit einer bereits von der ZKBS eingestuften Arbeit vergleichbar ist, §§ 11 Abs. 6 Satz 2, 12 Abs. 8 Satz 3, 11 Abs. 7 Satz 2 GenTG n. F.

Auf die ZKBS-Beteiligung wird verzichtet, soweit eine vergleichbare gentechnische Arbeit von der ZKBS bereits eingestuft worden ist, um die Fristverkürzung sicherzustellen[24]. Die Erfahrungen nach zweieinhalb Jahren Gentechnikgesetz mit rund 700 Anträgen und darüber hinaus Erfahrungen über Einstufungen nach den dem GenTG vorausgegangenen Genrichtlinien sollen die Grundlage für die Vergleichbarkeit bilden. Wesentliches Kriterium der Vergleichbarkeit ist die von der ZKBS vorgenommene Sicherheitsbewertung bei ähnlichen Spender- und Empfängerorganismen sowie Vektoren. Die ZKBS soll nach § 12 Abs. 8 Satz 3 GenTG n. F. und § 11 Abs. 6a GenTG n. F. allgemeine Stelungnahmen zu häufig durchgeführten gentechnischen Arbeiten mit den jeweils zugrundeliegenden Kriterien der Vergleichbarkeit im Bundesgesundheitsblatt veröffentlichen.

Der Beurteilungsspielraum, der mit dem Kriterium der Vergleichbarkeit eingeführt wird, soll gewährleisten, daß bei sicherheitsrelevanten Abweichungen weiterhin eine Einstufung durch die ZKBS erfolgt. Darüber hinaus können die zuständigen Behörden nach § 5 eine Stellungnahme durch die ZKBS im Rahmen der allgemeinen Beratungspflicht einholen, soweit der Stand von Sicherheit und Technik sich im Hinblick auf eine Einstufung geändert hat; eine Zementierung des Sachverstandes durch den Verweis auf eine einmal erfolgte Einstufung durch die ZKBS wird hierdurch vermieden.

Ein Verzicht auf die obligatorische Beteiligung der ZKBS in den vom Änderungsgesetz vorgesehenen Fällen erscheint unter Sicherheitsaspekten allgemein als unbedenklich (so auch Union der Deutschen Biologischen Fachgesellschaften 1993; Industriegewerkschaft Chemie-Papier-Keramik 1993; VCI 1993, Bayerisches Staatsministerium für Landesentwicklung und Umweltfragen !993, S. 9). Die ZKBS kann sich so stärker auf die Beurteilung wirklich offener Fragen und risikoreicher Arbeiten konzentrieren. In diesem Zusammenhang ist es jedoch besonders wichtig, daß der Informationstransfer von der ZKBS an die unteren Aufsichtsbehörden sehr viel wirkungsvoller als bisher gestaltet wird, um letztere hinreichend kompetent zu machen, die notwendigen Entscheidungen selbständig zu fällen, und außerdem dafür zu sorgen, daß Genehmigungen auf der Basis des neuesten internationalen Standes der Wissenschaft erteilt werden (ISI 1993, S.5).

Fraglich ist, wie die Beurteilungsmöglichkeit einer solchen Vergleichbarkeit hergestellt werden kann. Dazu hat das Bundesgesundheitsamt (1993, S.23) in einer entsprechenden Stellungnahme vorgeschlagen, die Vergleichbarkeit könne mittels einer adäquaten Datenbasis beurteilt werden. Hierzu müßten sowohl bei den zuständigen Landesbehörden als auch bei der ZKBS genügend vergleichbare Daten vorliegen. Für die praktische Anwendung könnten Datensysteme verwendet werden, die als Informationsmedium die erforderlichen Sachverhalte vermitteln sollen. Weiterhin müßten bei Fortfall der obligatorischen Beteiligung der ZKBS die in den Ländern anfallenden Daten von den zuständigen Landesbehörden in einer

---
[24]BT-Drucksache 12/5145, S. 13.

schematisierten Form an das BGA weitergegeben und vom BGA in die Datenbank eingespeist werden. Ein Vergleich der Fakten (Spender, Empfänger, Charakterisierung der übertragenen genetischen Information, Vektor usw.) führe allein noch nicht zu einer vergleichbaren Einstufung. Hierzu müßten weiterhin die allgemeinen Kriterien und Argumentationslinien der ZKBS zur Sicherheitseinstufung gentechnisch veränderter Organismen innerhalb einer Datenbank verfügbar sein und in einer eindeutigen Form mit solchen Spender-Empfänger-GVO-Ketten verknüpft werden. Die allgemeinen Kriterien und Argumentationslinien müßten von der Kommission beschlossen und vom BGA verfügbar gemacht werden. Schwirige Fälle im Grenzbereich zwischen zwei Sicherheitsstufen (keine Vergleichbarkeit) könnten als Einzelfälle außerhalb der Datenbankaussage von der ZKBS bewertet werden.

In diesem Zusammenhang steht auch die Änderung des § 29 GenTG, die die Grundlage für ein automatisiertes Verfahren wie das vorgeschlagene bilden kann und gewährleisten soll, so daß die Länder das angestrebte Ziel der Beschleunigung des Verfahrens erreichen können[25]. Nach dem neuen § 29 Abs. 1 Satz 2 GenTG kann das Bundesgesundheitsamt Daten über Stellungnahmen der ZKBS zur Sicherheitseinstufung und zu Sicherheitsmaßnahmen gentechnischer Arbeiten sowie über die von den zuständigen Behörden getroffenen Entscheidungen zur Verwendung im Rahmen von Anmelde- und Genehmigungsverfahren übermitteln. Die Empfänger dürfen allerdings nach Abs. 1 Satz 3 die übermittelten Daten nur zu dem Zweck verwenden, zu dem sie übermittelt worden sind. Der in § 29 GenTG eingefügte Abs. 1a erklärt die Einrichtung eines automatisierten Abrufverfahrens ausdrücklich für zulässig. Die Vorschrift orientiert sich an § 45 Außenwirtschaftsgesetz und § 10 Bundes-Immissionsschutzgesetz. Bei einem automatisierten Abrufverfahren bestehen besondere Gefährdungen, vor allem für das Grundrecht auf informationelle Selbstbestimmung. Aus datenschutzrechtlicher Sicht ist eine Regelung über die Protokollierung der Abrufe unabdingbar. Außerdem muß eine Löschungsfrist für die Protokollierung vorgesehen werden[26].

Verfahrensbeschleunigung durch Neugestaltung der Vorschriften über das Anhörungsverfahren: Die Beteiligung der Öffentlichkeit dient einerseits der Information der Genehmigungsbehörde, sie verbreitet deren Entscheidungsbasis, externer Sachverstand kann eingebracht und sachlich berechtigte Einwendungen können zeitig berücksichtigt werden[27]. Andererseits soll das betreffende Vorhaben für die Öffentlichkeit transparent gemacht und frühzeitig rechtliches Gehör gewährt werden[28]. Unberechtigte Einwendungen können durch Erörterung und Aufklärung ausgeräumt, unberechtigte grundsätzliche Vorbehalte gegen gentechnische Vorhaben abgebaut und die Akzeptanz der Gentechnik insgesamt dadurch verbessert werden (Hirsch und Schmidt-Didczuhn 1991).

---

[25]Begründung des Änderungsgesetzes, BT-Drucksache 12/5145, S. 18.
[26]Ebenda.
[27]BVerwGE 28, 131.
[28]OVG Lüneburg, OVGE 32, 444.

3.16 Rechtliche Rahmenbedingungen in der EG und Deutschland

Die Öffentlichkeitsbeteiligungsverfahren waren in der dem Änderungsgesetz vorausgehenden Diskussion neben der angeblich überlangen Verfahrensdauer stets der zweite große Kritikpunkt am Gentechnikgesetz. Die Anhörungsverfahren in den unteren Sicherheitsstufen führten nach der Ansicht vieler zu unverhältnismäßigen Verfahrensverzögerungen, ohne daß dem ein relevanter Gewinn an Erkenntnissen gegenüberstand (so etwa Bayerisches Staatsministerium für Landesentwicklung und Umweltfragen 1993, S. 9). Sie hätten eher zu einer Ablenkung der Diskussion von den wirklich kritischen Fragen geführt. Man forderte, daß sich die deutsche Gentechnikdiskussion auch auf diesem Wege wieder stärker auf die offenen Fragen und echten Risiken konzentrieren müsse, um den internationalen Stand der Diskussion zu erreichen (ISI 1993, S.6).

Verzicht auf Anhörungsverfahren bei einer Anlagengenehmigung: Bisher waren gem.§ 18 Abs. 1 GenTG Anhörungsverfahren im Rahmen aller Genehmigungsverfahren für gentechnische Anlagen zu gewerblichen Zwecken durchzuführen, in der Sicherheitsstufe 1 jedoch nur dann, wenn ein Genehmigungsverfahren nach §10 Bundes-Immissionsschutzgesetz (BImSchG) erforderlich gewesen wäre.[29]

In der Sicherheitsstufe 1 soll nach dem Änderungsgesetz überhaupt kein Anhörungsverfahren mehr stattfinden. Gleichzeitig findet in der Sicherheitsstufe 2 ein Anhörungsverfahren nur noch dann statt, wenn nach § 10 BImSchG ein Genehmigungsverfahren erforderlich wäre. Sonst könnte das dort vorgesehene Verfahren mit Öffentlichkeitsbeteiligung nach § 10 Abs. 3 bis 8 BImSchG umgangen werden. Ebenso entfällt im Falle des § 8 Abs. 4 GenTG, d. h. bei einer Anlagengenehmigung für wesentliche Änderungen der Lage, Beschaffenheit oder des Betriebs einer gentechnischen Anlage, das Anhörungsverfahren, wenn nicht zu besorgen ist, daß durch die Änderung zusätzliche oder andere Gefahren für die in § 1 Nr. 1 GenTG bezeichneten Rechtsgüter zu erwarten sind. Diese Verfahrenserleichterung soll aber nur dann zum Tragen kommen, wenn keine zusätzlichen oder anderen Sicherheitsinteressen beeinträchtigt werden, die nicht bereits im Genehmigungsverfahren zur Anlagenerrichtung berücksichtigt worden sind[30].

Die Abschaffung der Anhörungspflicht in der Sicherheitsstufe 2 zu gewerblichen Zwecken wird jedoch von einigen Stimmen für bedenklich gehalten (so etwa Industriegewerkschaft Chemie-Papier-Keramik 1993, S. 13). Die Kritiker räumen zwar ein, daß Anhörungen kaum ein mehr an Sicherheit gewährleisten können. Auf

---

[29]Zu berücksichtigen ist in diesem Zusammenhang, daß Gentechnische Anlagen der S1 nach der Novellierung des GenTG zwar nicht mehr von der Verpflichtung des 18 GenTG erfaßt werden, jedoch theoretisch weiterhin die Möglichkeit besteht, daß das Erfordernis der Öffentlichkeitsbeteiligung für diese Arbeiten entstehen kann. Gentechnische Arbeiten der S1 bedürfen lediglich einer *Anmeldung*, welche nicht der Konzentrationswirkung des 22 GenTG unterliegt. Folglich kann für diese Fallgruppe nicht generell ausgeschlossen werden, daß bei einem konkreten Projekt z.B. der Tatbestand des 10 BImSchG erfüllt ist und die immissionsschutzrechtliche Anforderung einer Öffentlichkeitsbeteiligung erfüllt werden muß.

[30]So die Begründung des Änderungsgesetzes, BT-Drucksache 12/5145, S. 16.

der anderen Seite seien jedoch Befürchtungen und Ängste der Bevölkerung, sowenig sachgerecht diese oft auch sein mögen, mit der Abschaffung der Anhörung nicht ebenfalls beseitigt. Es wird befürchtet, daß diejenigen, die die Gentechnik pauschal ablehnen, die geringere Öffentlichkeitsbeteiligung nutzen könnten, um die Akzeptanz der Gentechnik in der Bevölkerung weiter zu verschlechtern.

Außerdem wird eingewandt, daß nach dem Stand der internationalen wissenschaftlichen Diskussion eine völlig eindeutige Abgrenzung der Sicherheitsstufe 2 gegenüber der Sicherheitsstufe 3 kaum möglich sei, da sich die entsprechenden Arbeiten wohl am ehesten auf einem Kontinuum von relativen Risiken einordnen ließen (ISI 1993, S. 6). An der Grenzlinie zwischen den Sicherheitsstufen 2 und 3 wäre daher eine mehr oder weniger willkürliche Abschneidung erforderlich. Wenn dies, wie unterstellt, der Fall wäre, so könnten durchaus mit nicht unerheblichem hypothetischem Risiko behaftete Anlagen ohne öffentliche Anhörung genehmigt werden. Im Sinne der notwendigen Vertrauensbildung für die sinnvolle Anwendung der Gentechnik in der Öffentlichkeit dürfte aber schon die Möglichkeit einer solchen Genehmigung "an der Öffentlichkeit vorbei" zu weiterem Mißtrauen führen. Es sollte daher überlegt werden, ob die Abschaffung des Anhörungsverfahrens und mögliche Beschleunigung des Verfahrens in absehbar wenigen, nach S2 zu genehmigenden Fällen diesen möglichen Vertrauensverlust in der Öffentlichkeit rechtfertigt.

Die Aufhebung des vorgeschriebenen Anhörungsverfahrens für gentechnische Anlagen zu gewerblichen Zwecken in der Sicherheitsstufe 1 scheint jedoch angemessen zu sein. Es muß allerdings sichergestellt werden, daß die Überprüfung der Einstufung in die Sicherheitsstufe 1 nach klar definierten Kriterien auf der Basis des dokumentierten internationalen Standes der Wissenschaft nachvollziehbar erfolgt. Für den Verzicht auf Anhörungsverfahren auch in der Sicherheitsstufe 2 bleibt zu hoffen, daß sich die Befürchtungen der Kritiker dieses Änderungspunktes nicht bewahrheiten und es nicht zu dem erwarteten Vertrauensverlust kommt.

Verzicht auf Anhörungsverfahren bei Freisetzungen: Schon nach dem bisherigen § 18 Abs. 2 GenTG sollte nur dann vor der Entscheidung über die Genehmigung einer Freisetzung ein Anhörungsverfahren durchzuführen sein, wenn es sich um Organismen handelt, deren Ausbreitung nicht begrenzbar ist. Die Bundesregierung erhielt die Verordnungsermächtigung, nach Anhörung der ZKBS die Organismen zu bezeichnen, deren Ausbreitung bei einer Freisetzung begrenzbar ist. Von dieser Ermächtigung hat sie jedoch bis heute keinen Gebrauch gemacht.

Nach dem Änderungsgesetz soll die Bundesregierung nicht mehr die *begrenzbaren Organismen* an sich, sondern nur noch die *Kriterien* für solche Organismen bezeichnen. Diese Änderung wurde mit der Begründung vorgenommen, daß nach der geltenden Fassung der Verordnungsermächtigung für jede Aufnahme eines Organismus eine Änderung der Verordnung erforderlich wäre. Dieses Konzept sei wenig flexibel und trage der wissenschaftlichen Entwicklung nicht genügend

3.16 Rechtliche Rahmenbedingungen in der EG und Deutschland

Rechnung. Es sei notwendig, aber auch ausreichend, wenn in der Verordnung die Kriterien für die in Frage kommenden Organismen genannt würden[31].

Überwiegend wird ein öffentliches Anhörungsverfahren aus Gründen der Verfahrensökonomie für entbehrlich gehalten, sofern die Ausbreitung freizusetzender gentechnisch veränderter Organismen begrenzbar ist (so etwa Bayerisches Staatsministerium für Landesentwicklung und Umweltfragen 1993, S.6). Die Erfahrung mit Hunderten von Freisetzungen, die weltweit gemacht worden seien, erlaube diese vorgesehene Verfahrensvereinfachung bei Freisetzungen mit Organismen, deren Ausbreitung begrenzbar ist, ohne daß dabei Abstriche an die Sicherheitsanforderungen gemacht werden müßten (Industriegewerkschaft Chemie-Papier-Keramik 1993, S, 13). Die Bundesregierung sollte umgehend nach Verabschiedung des Gesetzes zur Änderung des Gentechnikgesetzes von der in § 18 Abs. 2 Satz 2 GenTG n. F. normierten Verordnungsermächtigung Gebrauch machen und in einer Verordnung die Kriterien für die Organismen bezeichnen, deren Ausbreitung bei einer Freisetzung begrenzbar ist.

Darüber hinaus kann nach dem Änderungsgesetz in Abstimmung mit dem nach Art. 6 Abs. 5 der Richtlinie 90/220/EWG vorgesehenen *vereinfachten Verfahren* und der entsprechenden Umsetzung in § 14 Abs. 4 GenTG auf das Anhörungsverfahren bei Freisetzungen verzichtet werden, soweit mit der Freisetzung von Organismen im Hinblick auf die in § 1 Nr. 1 GenTG genannten Schutzzwecke genügend Erfahrungen gesammelt sind. Der Bundesregierung kommt eine entsprechende Verordnungsermächtigung zu. Vor Erlaß einer solchen Verordnung ist die Zustimmung der EG-Kommission einzuholen.

Nach Auskunft des Bundesgesundheitsamtes (1993, S. 22) sind die ersten Erfahrungen des Amtes mit Anhörungsverfahren nicht ermutigend gewesen. Die Verfahren seien weitgehend durch formale Verfahrensfragen belastet gewesen und hätten sich der generellen Kritik an der Gentechnik und am GenTG stellen müssen. Die Außenwirkung durch die Medien sei insgesamt negativ, der Aufwand bei der Abwicklung aber beachtlich gewesen. Allein die Sichtung der Einwendungen und die Registrierung der Einwender habe in einem Verfahren ca. 25.000,- DM an Kosten verursacht. Dabei müsse festgestellt werden, daß in sehr überwiegendem Maße die inhaltlichen Einwendungen durch die wissenschaftlichen Betrachtungen der mit dem Vollzug beauftragten Behörden und der weiteren Sachverständigen bereits hinreichend bedacht gewesen seien. Als besonderes Problem müsse erkannt werden, daß wegen des notwendigen Sachverstandes in diesem schwierigen Themenkomplex die inhaltliche Erörterung auf wenige Personen begrenzt gewesen sei. Aufwand und Ertrag hätten in einem Mißverhältnis gestanden. Bezüglich eines vereinfachten Verfahrens sollten in Anlehnung an die Entwicklung in den USA und die Absichten in der EG Organismen, die bereits Sicherheitseinschätzungen erfahren haben und bei denen sich keine Risiken ergeben haben, Vollzugserleichterungen erfahren. Die Kriterien für eine solche Einstufung ohne Anhörungsverfahren seien z. Zt. in Diskussion. Weiterhin gebe es Kulturpflanzen, bei denen eine unkontrollierbare Ausbreitung in die Umwelt praktisch auszuschließen sei. Eine auf

---
[31] So Begründung des Änderungsgesetzes, BT-Drucksache 12/5145, S. 16.

Sicherheit abgestimmte Kriterienliste zur Bestimmung von Organismen, deren Ausbreitung begrenzbar ist, sei schon sehr weitgehend wissenschaftlich diskutiert.
Teilweise wurde vorgetragen (Bundesverband Deutscher Pflanzenzüchter e.V. 1993, S. 2), daß insgesamt ein Wegfall des Anhörungsverfahrens berechtigt sei, denn durch die Nutzung der Anhörungstermine von entschiedenen Gegnern der Gentechnik als nachparlamentarisches Forum zur grundsätzlichen Auseinandersetzung aus politischer und weltanschaulicher Sicht über den Gesamtbereich Gentechnologie werde der vom Gesetzgeber verfolgte Zweck der Öffentlichkeitsbeteiligung bewußt nicht zur Grundlage des Handelns gemacht. Es sei darauf hinzuweisen, daß diese Art der Öffentlichkeitsbeteiligung gerade im Bereich pflanzenzüchterischer Freisetzungsvorhaben in diesem extensiven Ausmaß nicht gerechtfertigt sei, da es sich hier um Freisetzungen von Pflanzenmaterial im experimentellen Bereich, noch nicht im Sinne einer Freisetzung kommerzialisierbarer Produkte handele. Auch die EG-Rechtsgrundlage stehe einer Ausrichtung der sicherlich in gewissem Maße nötigen und gerechtfertigten Öffentlichkeitsbeteiligung an sachlich gerechtfertigten Hintergründen und durch die fakultative Ausgestaltung des Öffentlichkeitsverfahrens nicht entgegen. Der von der Bundesrepublik Deutschland als einzigem Mitgliedstaat der EG in diesem Maße gesetzte Rahmen der Öffentlichkeitsbeteiligung bringe für die deutschen Unternehmen, welche sich diesen Anforderungen stellen müssen, unzumutbare zeit- und kostenaufwendige Konsequenzen mit sich, welche sie ebenfalls einer gravierenden Wettbewerbsbenachteiligung gegenüber ausländischen Mitbewerbern aussetze.

Die angestrebte Erleichterung der Freisetzung gentechnisch veränderter Organismen ist vor dem Hintergrund der notwendigen Vertrauensbildung in der Öffentlichkeit nicht unproblematisch. Macht die Bundesregierung von ihrer Verordnungsermächtigung aus § 14 Abs. 4 GenTG Gebrauch und schreibt für Freisetzungen z. B. anstelle einer Genehmigungspflicht eine Anmeldepflicht vor, wobei dann natürlich die Pflicht zur Durchführung eines Anhörungsverfahrens entfallen würde, so könnte in der Öffentlichkeit der Eindruck entstehen, relevante Entscheidungen würden über die Köpfe der durch die Freisetzung möglicherweise betroffenen Bevölkerung hinweg gefällt. Es sollte überlegt werden, inwieweit ein möglicher Verlust öffentlichen Vertrauens durch Verfahrensvereinfachungen aufgewogen wird. In jedem Fall muß sichergestellt werden, daß ein vereinfachtes Verfahren nur in Fällen angewendet wird, für die alle Wissenslücken über mögliche negative Auswirkungen geschlossen sind und entsprechende Wirkungen und Risiken ausgeschlossen werden können (ISI 1993, S. 6).

Gefährdungshaftung versus ordnungsrechtliche Regelungen?

Das Gentechnikgesetz enthält in den §§ 32 ff. Haftungsregelungen mit einer Haftungshöchstgrenze von 160 Mio. DM (§ 33 GenTG). Die Haftung ist als Gefährdungshaftung ausgestaltet, d. h. daß der Verantwortliche verschuldensunabhängig die mit seinem Tun verbundenen Risiken übernehmen muß (Hirsch und

3.16 Rechtliche Rahmenbedingungen in der EG und Deutschland

Schmidt-Didczuhn 1991, vor § 32 Ziff. 2). In diesem Zusammenhang mag sich die Frage stellen, ob und wenn ja, inwieweit das Instrument der Gefährdungshaftung als Ersatz für ordnungsrechtliche Regelungen dienen kann.

Der Ausbau gefährdungshaftungsrechtlicher Regelungen führt in seiner dogmatischen Begründung wesentlich auf die Gewährleistung hinreichenden Schutzes vor den Gefahren der modernen Technik zurück (Hirsch und Schmidt-Didczuhn 1991, vor § 32 Ziff. 2). Dieses Haftungsinstrument ist auf die individuelle Situation des Verantwortlichen zugeschnitten, liegt also jenseits eines umfassend staatlich regulierten Rechts. Die negativen Erfahrungen mit dem Staatsinterventionismus haben zunächst in den USA, dann aber auch in der Bundesrepublik zu einer Diskussion über die Deregulierung (Wilson 1980; Hermann 1981) geführt, die unter anderem in die Forderung nach einem verstärkten Ausbau von Haftungsregelungen, insbesondere der Gefährdungshaftung mündete. Flexibel gestaltetes und den Marktbedingungen angepaßtes Recht gilt als Ausweg aus Politikversagen (regulatory failure), das seinerseits eine Folge des Staatsinterventionismus ist. Dieser Paradigmawechsel von weitreichender staatlicher Planung zur Dezentralisierung (Reich 1984) beruht auf der Erkenntnis, daß optimale Allokation umfassende Information über das Handeln der Rechtssubjekte voraussetzt (Finsinger und Randow 1990; Kirchgässner 1992), über die der Staat aber nur unvollkommen verfügt. Durch Haftungsregeln werden lediglich die Rahmenbedingungen für die private Entscheidung festgelegt. Zweck dieses rechtlichen Rahmens ist die weitestgehende Übereinstimmung privater Kosten und Nutzen mit gesellschaftlichen Nutzen und Kosten (Shavell 1984). In diesem Kontext hat das Prinzip der Gefährdungshaftung eine beispiellose Karriere gemacht (Wagner 1991, S. 175ff.), denn derjenige, der die Ursache für den Schaden setzt und den besten Zugang zu den relevanten Daten hat, ist in der Regel auch ohne Rücksicht auf ein Verschulden seinerseits der beste Kostenvermeider (cheapest cost avoider). Deshalb ist es aus dieser Sicht naheliegend, denjenigen, der eine Gefahrenquelle trotz der damit verbundenen Risiken setzt, für den Schaden haften zu lassen (Wagner 1991, S. 176 ff.).

Mit dieser haftungsrechtlichen Gestaltung werden vor allem drei Zwecke verfolgt: In erster Linie soll der materiell Verantwortliche für den gerechten Ausgleich von Schädigungen anderer sorgen. In zweiter Linie gilt die Präventivfunktion: Zukünftige Schäden sollen vermieden werden. Und drittens soll insgesamt eine bessere Allokation volkswirtschaftlicher Ressourcen erreicht werden[32]. Ob das Haftungsrecht und mit ihm speziell die Gefährdungshaftung in der Lage sind, die an beide gerichteten Erwartungen zu erfüllen, ist noch offen. Der Hauptvorteil von Haftungsregeln im Vergleich zu anderen Steuerungsmechanismen, »ihre Fähigkeit zur Verhaltenssteuerung bei gleichzeitigem Erhalt der individuellen Entscheidungs- bzw. Anpassungsspielräume« (Wagner 1990) ist empirisch kaum erforscht.

---

[32]Grundlegend für die Rezeption der amerikanischen Debatte und die deutsche Diskussion: Adams (1985); zur Gefährdungshaftung im einzelnen: Finsinger und Simon (1989), S. 185 ff.

Ebensowenig bekannt ist der Wirkungszusammenhang mit ordnungsrechtlichen Vorgaben. Insofern ist das Instrument der Gefährdungshaftung eines, daß zwar im Sinne individueller Verantwortung von technischen Risiken schrittweise gegen den Abbau ordnungsrechtlicher Vorschriften aufgebaut werden sollte. Ein völliger Ersatz überhaupt kann die Gefährdungshaftung aber weder derzeit noch künftig sein[33].

Praxis

Die eingangs genannten Standortkriterien (Genehmigungsverfahren und Öffentlichkeitsbeteiligung) werden im wesentlichen durch die Handhabung im Behördenalltag konkretisiert. Dabei werden dezentraler Vollzug und Öffentlichkeitsbeteiligung als zu umständlich gerügt (vgl. Vitzthum und Geddert-Steinacher 1992, S. 150ff).

Da der ZKBS alle Anträge zur Bewertung zugehen (§§ 11 Abs. 8, 16 Abs. 5 GenTG), bietet es sich an, einen ersten Überblick über den Stand der Genehmigungspraxis aus den von der Kommission veröffentlichten Zahlen zu gewinnen, wobei praktische Erfahrungen lediglich aus der Zeit vor der Novellierung vorliegen:

Erfaßt ist der Zeitraum vom 1.7.1990 bis zum 8.9.1993[34]. Insgesamt sind bis zum 8.9.1993 691 *Anlagen* durch die zuständigen Landesbehörden genehmigt worden. 107 Anträge wurden von privater Seite eingereicht, die restlichen 584 Anträge kamen von öffentlicher Seite, also z.B. vom Deutschen Krebsforschungszentrum (DKFZ), von der Max-Planck-Gesellschaft etc. 610 Anträge wurden der S1 zugeordnet, davon dienten fünf gewerblichen Zwecken. 69 Anträge wurden in S2 eingestuft, drei teils in S2 / teils in S1 und sieben der Anträge erhielten die Einordnung in S3. Bezüglich zweier Anträge erfolgte bisher keine Rückmeldung an das BGA über die erfolgte Einstufung durch die zuständige Landesbehörde. Der S4 wurde kein Genehmigungsantrag zugeordnet. Da die Anlagengenehmigungen zu gewerblichen Zwecken lediglich in S1 erfolgten, fand im Rahmen dieser Verfahren auch keine Öffentlichkeitsbeteiligung statt (eine solche ist nur in S 2-4 vorgesehen).

Die Anträge auf Anlagengenehmigung (ohne Öffentlichkeitsbeteiligung) wurden nach den Berichten der ZKBS in der vom Gesetz vorgesehenen Drei-Monats-Frist abgeschlossen. Es ist jedoch zu berücksichtigen, daß sich diese Einschätzung der ZKBS lediglich auf ihre eigene Beteiligung am Verfahren, nicht jedoch auf die Gesamtdauer der einzelnen Genehmigungen bezieht.

---

[33] Eine wesentliche Rolle bei der Gestaltung der Gefährdungshaftung spielen u. a. Beweisregeln und Haftungshöhen. Gerade der Haftungsumfang kann, wie die Produkthaftung in den USA zeigt, prohibitiv für neue Entwicklungen werden. Insoweit ist auch nicht jede Form der Gefährdungshaftung effizient.

[34] Alle Angaben aus: Tätigkeitsbericht der ZKBS 1990 und 1991, in: Bundesgesundheitsblatt: 1991 Seite 286 ff.; 1992 Seite 208 ff.; sowie aus einer Mitteilung der Zulassungsstelle Gentechnik der ZKBS an das Forschungszentrum Biotechnologie und Recht, die den Stand der Eingänge bis zum 8.9.1993 berücksichtigt.

3.16 Rechtliche Rahmenbedingungen in der EG und Deutschland

Dennoch hat es in Deutschland auch Anhörungsverfahren im Zusammenhang mit der Genehmigung gentechnischer Anlagen gegeben. Davon betroffen waren Anträge auf Genehmigungen, die vor dem Inkrafttreten des GenTG gestellt worden waren und im wesentlichen auf Grundlage des Bundesimmissionsschutzgesetzes durchgeführt wurden. Dabei gab es Verfahren mit Öffentlichkeitsbeteiligung nach § 10 Abs. 3 BImSchG. In den ersten zwei Jahren nach Inkrafttreten des GenTG wurden also noch einige Verfahren fortgeführt, die auf Grundlage des BImSchG begonnen worden waren (vgl. Führ 1992b).

Besondere Beachtung hat dabei die Genehmigung einer gentechnischen Anlage der Firma Hoechst zur Herstellung von Insulin gefunden (vgl. Führ 1992a).

1985 wurde von der zuständigen Behörde zunächst eine Genehmigung erteilt, ohne daß die Öffentlichkeit beteiligt worden wäre. Als die Genehmigung 1987 bekannt wurde, erhoben mehrere hundert Nachbarn der Anlage Drittwiderspruch. Daraufhin wurde, im Einvernehmen mit Hoechst, eine Genehmigung unter höheren Sicherheitsauflagen beantragt und erlassen. Einwendungen gegen den angeordneten Sofortvollzug wies das angerufene VG Frankfurt in einer Eilentscheidung zunächst zurück, diese Entscheidung wurde jedoch nächstinstanzlich vom Verwaltungsgerichtshof Kassel aufgehoben[35]. Seit in Kraft treten des Gentechnikgesetzes 1990 verfügt Hoechst über eine bestandskräftige Genehmigung, allerdings mit den höheren Sicherheitsanforderungen, wie sie zuletzt beantragt worden war. Die Versuchsanlage wurde zunächst nicht in Betrieb genommen, vielmehr wurde, nachdem das GenTG von 1990 hierzu die Möglichkeit eröffnete, ein neuer Antrag gestellt, der von den ursprünglich vorgesehenen, geringeren Sicherheitsanforderungen ausging. Dieser Antrag wurde positiv beschieden, eröffnete aber zugleich wieder alle Rechtsschutzmöglichkeiten. Es wurde erneut Widerspruch erhoben, dem aufschiebende Wirkung zukam. Nachdem sich dieses neuerliche Verfahren aufgrund von Einwendungen und Formfehlern über längere Zeit hinzog, verzichtete Hoechst auf die weitere Verfolgung ihres Begehrens und nahm am 4.1.1993 den Versuchsbetrieb entsprechend der bereits erteilten Genehmigung unter den höheren Sicherheitsanforderungen auf.

Das geschilderte Verfahren, das immer wieder als Beispiel für die innovationshemmende Wirkung des bundesdeutschen Gentechnikrechts herangezogen wurde, ist sicherlich atypisch verlaufen. Die überlange Verfahrensdauer beruhte hier vor allem darauf, daß ein einheitliches Gentechnikrecht eben noch nicht existierte und gerade die Anträge von Hoechst erst zu Überlegungen und Gesetzesinitiativen im Hinblick auf die neuartigen gentechnischen Verfahren führten.

Bezüglich der anderen Verfahren mit Öffentlichkeitsbeteiligung ist insbesondere hervorzuheben, daß in allen Verfahren - wegen der Möglichkeit der Anordnung des sofortigen Vollzugs - ein gerichtliches Verfahren keine Verzögerungen zur Folge hatte.

Vom 01.07.1990 bis zum 08.09.1993 wurden vom BGA fünf *Freisetzungen* genehmigt, also entsprechend auch fünf Anhörungsverfahren durchgeführt. Ein sechster Antrag auf Genehmigung einer Freisetzung von der Universität Hamburg

---

[35]NVwZ 1990, Seite 276 = JZ 1990, Seite 88.

wurde wieder zurückgezogen. Ein weiteres Genehmigungsverfahren für die Freisetzung von Mais und Raps durch die Technische Universität München war noch nicht abgeschlossen. Antrag und Unterlagen lagen im Rahmen der Öffentlichkeitsbeteiligung zur Einsicht bis zum 01.10.1993 aus.

Bei den durchgeführten Freisetzungsverfahren wurden die vom Gesetz vorgegebenen Fristen eingehalten, obwohl die Anhörungsverfahren regelmäßig zu Einwendungen führten und die Veränderung des ursprünglichen Antrags bewirkten. (Ein Freisetzungsantrag wurde z.B. am 12.10.1992 gestellt, die bewilligte Freisetzungsperiode konnte im April 1993 beginnen; das Verfahren dauerte also nicht länger als sechs Monate.)

Die Erfahrungen bezüglich der Öffentlichkeitsbeteiligung sind unterschiedlich. So klagen die Antragsteller darüber, daß die Anhörungen keine nennenswerten neuen Sicherheitserkenntnisse erbracht hätten[36]. Die Einwender sehen die Gestaltung des Verfahrens naturgemäß anders[37]. Sie beklagen, daß sie mit ihren Bedenken kaum durchdringen und die Anhörungen von den Juristen des BGA durch kleinliche Auslegung des Verfahrensrechts gestört wurden. Drittwidersrpuchsklagen benachbarter Bürger werden in der gerichtlichen Praxis meist schon als unzulässig abgewiesen, da es kaum gelingt, das bei dieser Klageart besonders bedeutsame Rechtschutzinteresse schlüssig darzulegen. Darüber hinaus wurden von den Gerichten Klägervorbringen als unsubstantiiert abgewiesen[38].

Eine zentrale Bedeutung kommt der *ZKBS in der Praxis* zu:

Zwar werden in der Bundesrepublik die Genehmigungsverfahren dezentral gehandhabt, die Zuständigkeit der Länder bei der Anlagengenehmigung ist jedoch anscheinend nur formal eine Letztentscheidungskompetenz. In der Praxis werden die Vorgaben aus den Stellungnahmen der ZKBS weitgehend übernommen. Die Genehmigungsbehörden unterliegen einer schriftlichen Begründungspflicht, wenn sie von der Stellungnahme der Kommission abweichen wollen (§§ 16 Abs. 5 Satz 2, 11 Abs. 8 Satz 2 GenTG). Damit wird dem Umstand Rechnung getragen, daß die fachliche Kompetenz zur Beurteilung der Sicherheitsanforderungen der beantragten gentechnischen Anlage oder Freisetzung bei den Genehmigungsbehörden nicht immer vorhanden ist und insoweit durch die Sachverständigenkommission der ZKBS ersetzt werden soll. Deshalb kann durchaus von einer Tendenz zur »informellen Zentralisierung« gesprochen werden. Für die hier zu begutachtende Standortfrage kann die Dauer des Genehmigungsverfahrens insofern nicht relevant sein, weil die Stellungnahmen der ZKBS in kürzester Zeit (binnen sechs bzw. vier Wochen, § 14 ZKBS-Verordnung[39]) abgegeben werden müssen und somit den zügigen Ablauf der Genehmigungsverfahren nicht hindern. Würde das Verfahren trotzdem verzögert, so läge dies allein im Verantwortungsbereich der

---

[36]Telefonische Mitteilung der KWS vom 7.9.1993.
[37]KGV-Rundbrief 1+2/1993, Seite 14 f.
[38]VG Berlin vom 25. Mai 1991, 14 A 191/91.
[39]Verordnung über die Zentrale Kommission für die Biologische Sicherheit vom 30. Oktober 1990 (BGBl. I. S. 2418).

3.16 Rechtliche Rahmenbedingungen in der EG und Deutschland   381

jeweiligen Verwaltung, da für die Einholung der ZKBS-Stellungnahme die Frist, in der die Behörde über die Genehmigung zu entscheiden hat, nicht ruht.

Bewertung

Die Diskussion in der Öffentlichkeit ist noch immer geprägt von den komplizierten und für die Antragsteller langwierigen Verfahren - wie z.B. Hoechst/Insulin - auf der einen Seite und den Klagen der Einwender über eine mangelnde Berücksichtigung der von ihnen vorgebrachten Bedenken andererseits. Dies kann und darf jedoch nicht darüber hinwegtäuschen, daß eine reale Standortgefährdung nach der Novellierung des GenTG aufgrund der rechtlichen Regelungen nicht mehr auszumachen ist.

Von seiten der Genehmigungsbehörden wird die Einhaltung der durch das GenTG vorgesehenen Fristen betont. Daß die Verfahren insgesamt oft einen weit größeren Zeitraum in Anspruch nähmen, sei dagegen durch notwendige Konsultationen weiterer Fachbehörden (Konzentrationswirkung) sowie nicht zuletzt durch die Nichtvornahme erforderlicher Maßnahmen auf seiten der Antragsteller (z.B. Einreichung angeforderter Unterlagen, Durchführung vorbereitender Baumaßnahmen) begründet.

Zu berücksichtigen ist jedoch auch, daß die Planung gentechnischer Anlagen oder von Freisetzungen über die Genehmigungsbedürftigkeit hinaus einen größeren und längerfristigen Aufwand erfordert, wobei ein mit den im GenTG vorgesehenen Fristen durchgeführtes Genehmigungsverfahren durchaus sinnvoll in die Planung integriert werden kann. Negative Auswirkungen auf die Entwicklung der Gentechnikindustrie dürften sich aus den gesetzlichen Regelungen als solchen grundsätzlich nicht ergeben. Allerdings wird die Genehmigungspraxis in den einzelnen Bundesländern unterschiedlich gehandhabt, mit der Folge zum Teil erheblicher Fristüberschreitungen.

Nach der Betrachtung der Regelungen und Erfahrungen in Deutschland und anderen Staaten der EU soll ein Vergleich mit den Regelungen in den USA zeigen, ob die Handhabung der fraglichen Kriterien aus dem Genehmigungsverfahren anders gehandhabt werden kann, bzw. ob für eine Deregulierung nach einem internationalen Standortvergleich Veranlassung besteht.

3.16.5 Rahmenbedingungen in den USA

Das Regelungssystem in den USA ist grundlegend verschieden von dem in Deutschland; ein einheitliches Gesetzeswerk, vergleichbar dem Gentechnikgesetz in Deutschland existiert nicht. Die USA haben hinsichtlich der Handhabung von gentechnisch veränderten Organismen, der Errichtung von Anlagen und der Produktzulassung ein Überwachungssystem geschaffen, das auf Gesetzen, besonders aber auf Richtlinien und "Points to Consider" beruht (siehe ausführlich hierzu: Bideco AG und Holinger AG 1989; Schlumberger und Brauer 1993; BBC 1992):

Die größte Bedeutung kommt dabei den Richtlinien für den Umgang mit gentechnisch veränderten Mikroorganismen "Guidelines for Research Involving Recombinant DNA Molecules"[40] zu, die das National Institute of Health (NIH) auf Grundlage des Public Health Service Act (PHSA)[41] erlassen hat. Diese NIH-Richtlinien sehen eine Klassifizierung nach dem Gefährdungspotential der gentechnischen Vorhabens sowie entsprechende containment-Maßnahmen vor. Während die Einhaltung der NIH-Richtlinien für alle Forschungsarbeiten, die mit öffentlichen Mitteln durch die Bundesregierung gefördert werden, verbindlich ist, sind private Firmen zu ihrer Einhaltung nicht verpflichtet. Von der privaten Industrie werden sie jedoch - als aktueller Stand von Wissenschaft und Technik - aus Haftungsgründen beachtet und eingehalten. Vielerorts wird die große Flexibilität dieser Regelung gelobt, da sie auf Grund ihrer Rechtsnatur zügig an den Stand der Wissenschaft angepaßt werden kann.

Darüber hinaus ist die Industrie verpflichtet, sich an allgemeine Sicherheitsstandards zu halten, die von der Aufsichtsbehörde des Arbeitsministeriums (Occupational Safety and Health Administration - OSHA) erlassen wurden.

Die Herstellung und Vermarktung gentechnischer oder gentechnisch hergestellter Produkte wird durch einen von der Bundesregierung erlassenen Richtlinienapparat[42] reglementiert, wodurch das produktorientierte Konzept des Regelungssystems in den USA gekennzeichnet wird.

In den USA ist hinsichtlich der Genehmigungsvoraussetzungen zu unterscheiden zwischen der Genehmigung von Forschungs- und Produktionsanlagen, der Überprüfung und Durchführung gentechnischer Arbeiten der Produktzulassung und Freisetzungen:

Spezielle Genehmigungsvoraussetzungen für die *Errichtung von gentechnischen Anlagen* (der Gebäude) an sich gibt es nicht. Zwar müssen vor der Errichtung von Forschungsgebäuden oder Produktionsanlagen gewisse bau- und umweltrechtliche Genehmigungen eingeholt werden, es werden aber keine gentechnikspezifischen Anforderungen gestellt. Im Vordergrund steht also das Gebäude an sich (Sicherheit, Brandschutz, Nutzung etc.) und nicht der darin stattfindende Prozeß. Abhängig von den betroffenen Umweltbelangen dauert die Erteilung einer entsprechenden Baugenehmigung von einigen Monaten bis hin zu mehreren Jahren (Brooks et al. 1991). Es ist jedoch durchschnittlich von einer Verfahrensdauer von sechs bis zehn Monaten zwischen Antragstellung und Genehmigung auszugehen (so Studie Bideco und Holinger 1989, S. 22).

Die *Erfassung und die Überwachung gentechnischer Arbeiten* im geschlossenen System werden ausschließlich durch das Institutional Biosafety Committee (IBC), einem lokalen institutionseigenen Ausschuß für Biologische Sicherheit in allen Sicherheitsstufen, auch für große Volumina, gehandhabt. Ab Sicherheitsstufe 3 (BL 3) und bei Arbeiten mit größeren Volumina muß jedoch zusätzlich ein

---

[40]51 Fed. Reg. 16957 (1986).
[41]42 USC 262.
[42]Office of Science and Technology Police, Coordinated Framework for "Regulation of Biotechnology", 51 Federal Reg. pp. 23302-23309.

Biosafety Officer bestellt werden. Die Einrichtung eines IBC ist zunächst zwingend, wenn gentechnische Forschungsmaßnahmen mit Bundesmitteln gefördert werden, aber auch für private Einrichtungen ist ein solcher Ausschuß wegen der allgemeinen Haftung und den von der Arbeitssicherheitsbehörde des Arbeitsministeriums verfügten allgemeinen Sicherheitsstandards notwendig. Die Überprüfung und Genehmigung von gentechnischen Arbeiten durch das IBC erfolgt in der Regel innerhalb von wenigen Tagen. Die Anträge werden nicht veröffentlicht oder öffentlich kommentiert und es gibt keine Wartefristen. Nur für besonders definierte Arbeiten (z.B. Toxinherstellung) oder für völlig neue Arten von gentechnischen Experimenten, bei denen nicht auf bestehende Erfahrungen zurückgegriffen werden kann (z.B. somatische Gentherapie am Menschen) ist das Recombinant DNA Advisory Committee (RAC), der Ausschuß für gentechnische Arbeiten, zu konsultieren; dieser Ausschuß nimmt dann eine detailiertere Risikoanalyse unter Beteiligung der Öffentlichkeit vor.

Für die *Herstellung von gentechnisch veränderten Organismen oder Produkten* aus diesen Organismen gelten ebenfalls die NIH-Richtlinien. Darüberhinaus greift in diesem Stadium der sich eindeutig am Produkt orientierende Regelungsmechanismus: Zum Schutz von Mensch und Umwelt werden die Herstellung und Vermarktung von gentechnischen oder gentechnisch hergestellten Produkten durch den für diesen Bereich zuständigen Richtlinienapparat überwacht. Die Verwaltungszuständigkeit liegt hier, abhängig von dem jeweiligen Produkt, bei verschiedenen Behörden, nämlich entweder bei der Food and Drugs Administration (FDA), dem Department of Agriculture (USDA) oder bei der Environmental Protection Agency (EPA). Daraus können sich für die einzelnen gentechnisch hergestellten Produktarten unterschiedliche rechtliche Anforderungen ergeben (Winter 1993). So werden zu dem Zeitpunkt, zu dem die entsprechenden Produkte für die Marktzulassung bewertet werden müssen, von der FDA schließlich auch die Produktionsanlagen inspiziert. Die meisten dieser produktbezogenen Genehmigungs- oder Anmeldeverfahren finden mit Beteiligung der Öffentlichkeit statt.

Für die Genehmigung von *Freisetzungen* gibt es unterschiedliche Genehmigungsverfahren. Für die Durchführung von Freilandversuchen mit bestimmten transgenen Kulturpflanzen ist eine Anzeige 30 Tage vor Beginn der geplanten Freisetzung ausreichend. Freilandversuche mit anderen, nicht katalogisierten Kulturpflanzen sind genehmigungspflichtig, wobei Freisetzungen mit gentechnisch veränderten Mikroorganismen eine Genehmigung der bundesstaatlichen Umweltbehörde erfordern.

3.16.6 Schlußbetrachtung

Die Standortfrage der gentechnischen Industrie wird von verschiedenen Aspekten beeinflußt, wobei einerseits die rechtlichen Rahmenbedingungen zu beachten sind, andererseits die Arbeit mit der Gentechnik auch entscheidend vom ökonomischen und gesellschaftspolitischen Umfeld bestimmt wird.

Zum ersten Aspekt ist anzumerken, daß gentechnikrechtliche Regelungen in nationale Rechtssysteme eingebettet sind, wodurch sowohl zwischen den Mitgliedstaaten der EG als auch im Vergleich zu den USA individuelle Gestaltungsunterschiede auftreten.

Im internationalen Vergleich ist dabei die Tendenz feststellbar, mit zunehmendem naturwissenschaftlichen Erkenntnisgewinn eine Verkürzung der Genehmigungsdauer zu erzielen.

Grundsätzlich ist auch in Deutschland die Tendenz erkennbar, sich den naturwissenschaftlich-technischen Erkenntnisfortschritt nicht nur zu einer objektiven Risikominimierung nutzbar zu machen, sondern ihm auch durch zunehmende Vereinfachung von Genehmigungsverfahren gerecht zu werden. Wurden bisher stets identische Verfahrensvorgaben angelegt, unanbhängig davon, ob es sich um ein völlig neuartiges oder ein mit früheren Verfahren vergleichbares Projekt handelt, so wird seit der Novellierung des GenTG z.B. bei gentechnischen Arbeiten der S2 zu Forschungszwecken auf eine erneute Beteiligung der ZKBS verzichtet, wenn die im Genehmigungsantrag beschriebene Arbeit mit einer bereits von der ZKBS eingestuften vergleichbar ist; dies mit der Folge, daß die Genehmigungsbehörde innerhalb eines Monats über den Antrag zu entscheiden hat.

Durch die zunehmende Professionalisierung ist für den praktischen Ablauf der Verfahren eine weitere Verkürzung der Verfahrensdauer zu erwarten.

Demgegenüber können sich durch die im internationalen Vergleich sehr weitreichenden Möglichkeiten der Öffentlichkeitsbeteiligung mittelbar Verfahrensverzögerungen ergeben. Diese Verfahrensverzögerungen werden bei immobilen, kapitalintensiven Anlagen jedoch weniger hoch zu bewerten sein als bei Freisetzungen.

Trotz dieser Probleme hat das deutsche Recht z.B. gegenüber dem amerikanischen aber auch Vorteile zu bieten: So unterliegt die Beantragung und Genehmigung gentechnischer Anlagen durch definitiv festgeschriebene Fristen grundsätzlich einer erheblich besseren Kalkulierbarkeit.

Die Frage nach dem ökonomischen und gesellschaftspolitischen Umfeld als Standortkriterium wird von der gegenwärtigen Diskussion über Standortrelevanz von Genehmigungsverfahrenspraxis teilweise überlagert.

Die Betrachtung des rechtlichen und technologiepolitischen Gesamtrahmens im Ausland ebenso wie eine branchenübergreifende empirische Untersuchung im Inland zeigen jedoch, daß der an erster Stelle stehende standortrelevante Faktor in der zu erwartenden Produktivität des Projekts besteht. Entscheidend sind also neben den rechtlichen Rahmenbedingungen Aspekte wie Arbeitsmarktsituation, Lohn- und Sozialaufwand, Ausbildungsstand, Infrastruktur und nicht zu vergessen die Akzeptanz der neuartigen Produktionsverfahren in der Öffentlichkeit und die Förderung von staatlicher Seite.

Im Unterschied zur Situation in Deutschland herrscht in den USA eine grundsätzlich andere Betrachtung der Gentechnik vor.

Vorschriften im Bereich gentechnischer Arbeiten erscheinen im amerikanischen System im allgemeinen weit weniger restriktiv als im deutschen und im

3.16 Rechtliche Rahmenbedingungen in der EG und Deutschland

europäischen Rechtssystem überhaupt. Hierdurch wird vor allem im Bereich der Forschung innovativen Strömungen ein weites Feld eröffnet.

Während in den USA eher die Grundeinstellung erkennbar ist, Risiken seien prinzipiell erkennbar und die Fortsetzung der Forschung böte das beste Mittel der Gefahrenermittlung und Risikominimierung, so ist die Dikussion über gentechnische Verfahren in Deutschland noch immer geprägt von dem Verdacht der "Naturfremdheit".

Es wird versucht, der grundsätzlich kritischen Einstellung zur Gentechnik in Deutschland durch eine weitreichende Beteiligung der Öffentlichkeit am Genehmigungsverfahren entgegenzuwirken. Die gegenwärtig geübte Form der Beteiligung stellt sich sowohl für die Unternehmen als auch für die Bevölkerung als unbefriedigend dar. Fraglich ist, ob mangelnder Akzeptanz durch Herabsetzung von Genehmigungserfordernissen - wie sie tendenziell in der Novellierung des GenTG erfolgt ist - wirksam begegnet werden kann. Der Stellenwert, den die Akzeptanz in der Bevölkerung für die Einführung neuer Technologien einnimmt, läßt sich anhand der Kernkraftdiskussion ermessen. Ein Ausweg aus dem Dilemma einander gegenüberstehender verhärteter Positionen wird sich danach nicht durch Zurückdrängung der Bürgerbeteiligung finden lassen, sondern nur auf dem Weg einer verstärkten Dialogbereitschaft auf beiden Seiten erreichbar sein. Über eine Intensivierung der Auseinandersetzung unter Einbindung fachkompetenter Vertreter (z.B. aus dem Bereich entsprechender Umwelt- und Verbraucherorganisationen) von Bürgerseite, sowie eine erhöhte Kompromißbereitschaft auf beiden Seiten würde in erster Linie eine sachgerechtere Erörterung bestehender Gefährdungspotentiale zu erreichen sein, wodurch mittel- und langfristig eine Straffung der einzelnen Beteiligungsverfahren zu erwarten wäre, vor allem, soweit es um bekannte Verfahren geht. Zu erwarten wäre danach eine Steigerung sowohl der Effizienz (Verfahrensdauer; Akzeptanz) als auch der Qualität der Verfahrensergebnisse (eingehende Erörterung aller Sicherheitsaspekte). Als Vorbild für eine solche Form der Beteiligung könnte das in Dänemark praktizierte Modell dienen, wonach Einwände in einem Einspruchsverfahren vor einem Schiedsgremium geltend gemacht werden können, das mit Vertretern von Industrie, Handel und Verbraucherorganisationen besetzt ist.

Abschließend lassen sich also durchaus Anzeichen dafür erkennen, daß die nationale Regelungspraxis Einfluß nehmen kann auf die Entscheidung über Standorte für gentechnische Produktionsbetriebe. Da es jedoch sowohl spezifische Vorteile des deutschen als auch des US-amerikanischen Standortes gibt, wird dieses Kriterium letztlich nicht ausschlaggebend sein.

Zu diesem Ergebnis kommen im übrigen auch eine Studie des Fraunhofer-Institutes[43] sowie eine im Auftrag des Bundesministeriums für Wirtschaft durchgeführte empirischen Studie der Infratest Industria (Steinber et al. 1991) mit einer Erhebung unter 200 deutschen Unternehmen aller Branchen.

Letztere kam bei ihrer Untersuchung zwar zu dem Ergebnis, daß 72% der befragten Unternehmen über die Länge der Verfahren klagten, jedoch diese

---
[43]Frankfurter Rundschau vom 25. August 1993, Seite 12.

Einschätzung der Unternehmen weniger durch die eigenen Erfahrungen als vielmehr durch einzelne, spektakulär lange Verfahren beeinflußt sei (Steinber et al. 1991). Dies sei für sie jedoch nicht standortentscheidend. Die Öffentlichkeitsbeteiligung habe keinen Einfluß auf die Dauer des Verfahrens. 41% der befragten Unternehmen versuchten sogar von sich aus die Öffentlichkeit zu informieren (Steinber et al. 1991). Besonders Unternehmen aus der Chemie- und Pharmabranche sollen demnach den Standort Bundesrepublik wegen seiner rechtlichen und verwaltungspraktischen Zuverlässigkeit im internationalen Vergleich eher günstiger einschätzen (Steinber et al. 1991)

Literatur

Adams (1985) Ökonomische Analyse der Gefährdungs- und Verschuldenshaftung
Amtsblatt der Europäischen Gemeinschaften (1994) Nr. C 16 vom 19.1., S 10
Bayerisches Staatsministerium für Landesentwicklung und Umweltfragen (1993) Stellungnahme zum Entwurf eines Gesetzes zur Änderung des GenTG. In: Deutscher Bundestag, Ausschuß für Gesundheit, Ausschußdrucksache 12/627, S 6, 7, 9
BCC-Interim Report (1992) Regulatory Framework and Research Policy Effort on Biotechnology in the EC and The US, 16.11.
Bideco AG, Holinger AG (1989) Vergleichende Analyse der rechtlichen Rahmenbedingungen für die Genehmigung biotechnologischer Produktionsanlagen und die Zulassung biotechnologisch hergestellter Produkte in der Bundesrepublik Deutschland und im Ausland. Im Auftrag des Bundesministers für Forschung und Technologie, Fassung vom September
Bideco AG, Holinger AG (1989a) Vergleichende Analyse der rechtlichen Rahmenbedingungen für die Genehmigung biotechnologischer Produktionsanlagen und die Zulassung biotechnologisch hergestellter Produkte in der Bundesrepublik Deutschland und im Ausland; Kurzfassung einer im Auftrag des BMFT erstellten Studie, Mai, S 8
Bieber (1991) Informationsrechte Dritter im Verwaltungsverfahren, DÖV, S 857ff
Brocks, Pohlmann, Senft (1991) Das neue Gentechnikgesetz. München S 31f
BT-Drucksache 12/5145, S 12, 13, 16, 18
BUND (Bund für Umwelt und Naturschutz Deutschland e.V.) (1993) Stellungnahme zum Entwurf eines Gesetzes zur Änderung des GenTG. In: Deutscher Bundestag, Ausschuß für Gesundheit, Ausschußdrucksache 12/627, S 16
Bundesgesundheitsamt (1993) Stellungnahme zum Entwurf eines Gesetzes zur Änderung des GenTG. In: Deutscher Bundestag, Ausschuß für Gesundheit, Ausschußdrucksache 12/627, S 22f
Bundesverband Deutscher Pflanzenzüchter e.V. (1993) Stellungnahme zum Entwurf eines Gesetzes zur Änderung des GenTG. In: Deutscher Bundestag, Ausschuß für Gesundheit, Ausschußdrucksache 12/627, S 2
Erichsen, Scherzberg (1992): Zur Umsetzung der Richtlinie des Rates über den freien Zugang zu Informationen über die Umwelt, Berichte des Umweltbundesamtes, Januar

3.16 Rechtliche Rahmenbedingungen in der EG und Deutschland

Finsinger, Randow (1990) Neue Aktivitäten und Haftungsregeln. Zugleich ein Beitrag zur ökonomischen Analyse des privaten Nachbarrechts, Universität Hohenheim, S 4

Finsinger, Simon (1989) An Economic Assessment of the EC Product Liability Directive and Product Liability Law of the Federal Republic of Germany. In: Fauer, v. Bergh (Hrsg) Essays in Law and Economics, S 185ff

Führ (1992a) Der Fall-Hoechst. In: KGV Rundbrief 4, S 2f

Führ (1992b) Gentechnik - Das gebändigte Risiko, IUR, S 197

Gureit E (1990) Akteneinsicht ... in den Vereinigten Staaten. In: Winter (Hrsg), Öffentlichkeit von Informationen, S 511ff

Herman (1981) Corporate Control, Corporate Power

Hirsch, Schmidt-Didczuhn (1991) Gentechnik und Öffentlichkeit, DVBl., S 428

Industriegewerkschaft Chemie-Papier-Keramik, Stellungnahme zum Entwurf eines Gesetzes zur Änderung des GenTG. In: Deutscher Bundestag, Ausschuß für Gesundheit, Ausschußdrucksache 12/628, S 12f

ISI (Fraunhofer-Institut für Systemtechnik und Innovationsforschung) Stellungnahme zum Entwurf eines Gesetzes zur Änderung des GenTG. In: Deutscher Bundestag, Ausschuß für Gesundheit, Ausschußdrucksache 12/631, S 5f

Jarass (1991) Die Vorgaben des Europäischen Gentechnikrechts für das Deutsche Recht. In: Natur und Recht, S 51

Kirchgässner (1992) Haftungsrecht und Schadensersatzansprüche als umweltpolitische Instrumente, ZfU, S 15ff (19f)

Kneifel (1990) Freedom of Information in den USA. Vorbild für deutsches Informationsrecht? CR, S 134ff

Max-Planck-Institut für Biochemie, Stellungnahme zum Entwurf eines Gesetzes zur Änderung des GenTG. In: Deutscher Bundestag, Ausschuß für Gesundheit, Ausschußdrucksache 12/628, S 15

Meffert (1992) Erste Erfahrungen mit dem Vollzug des Gentechnikgesetzes in Rheinland-Pfalz, VerwArch (83), S 463, 472

Ministerium für Arbeit, Gesundheit und Soziales des Landes NRW, Deden. In: Deutscher Bundestag, 65. Sitzung des Ausschusses für Gesundheit, Öffentliche Anhörung von Sachverständigen zum Entwurf eines Gentechnikänderungsgesetzes, Protokoll Nr. 65, 1. Teil, S 57

Nicholaysen (1991) Inländerdiskriminierung im Warenverkehr, Europarecht, Seite 95 ff

Office of Science and Technology Police, Coordinated Framework for "Regulation of Biotechnology", 51 Federal Reg. pp 23302-23309

Reich (1984) Staatliche Regulierung zwischen Marktversagen und Politikversagen, S 1

Schlumberger, Brauer (1993) Das Regulationssystem der USA zur Anwendung der Gentechnik in Forschung, Entwicklung und Produktion Studie des VCI, Mai

Schwanenflügel (1993) Die Richtlinie über den freien Zugang zu Umweltinformationen als Chance für den Umweltschutz, DÖV, 95ff

Shavell (1984) Liability for Harm versus Regulation of Safety, 13 Journal of Legal Studies S 357ff

Simon (1992) Einführung in das Recht der Gentechnik, Informationsdienst Umweltrecht, S 193ff

Simon, Weyer (1994) Die Novellierung des Gentechnikgesetzes, NJW S 759

Steinberg, Allert, Grams, Scharioth (1991) Zur Beschleunigung des Genehmigungsverfahrens für Industrieanlagen, Baden-Baden

Union der Deutschen Biologischen Fachgesellschaften, Stellungnahme zum Entwurf eines Gesetzes zur Änderung des GenTG. In: Deutscher Bundestag, Ausschuß für Gesundheit, Ausschußdrucksache 12/628, S 5

Verband der Chemischen Industrie e.V. (1993) Stellungnahme zum Entwurf eines Gesetzes zur Änderung des GenTG. In: Deutscher Bundestag, Ausschuß für Gesundheit, Ausschußdrucksache 12/628, S 10

Vitzthum, Geddert-Steinacher (1992) Standortgefährdung, Berlin, S 100ff, 150ff

Wagner (1991) Die Aufgaben des Haftungsrechts - eine Untersuchung am Beispiel der Umwelthaftungsreform, JZ, S 175ff

Wegner (1993) Die unmittelbare Geltung der EG-Richtlinie über den freien Zugang zu Umweltinformationen, ZUR, 17ff

Wilson (ed) (1980) The Politics of Regulation

Winterl (1993) Grundprobleme des Gentechnikrechts, Düsseldorf, S 12

ZKBS (1990 und 1991) Tätigkeitsbericht. In: Bundesgesundheitsblatt: 1991 S 286ff.; 1992 S 208ff

Zuleeg (1991) Kommentar zum EWGV. In: Groeben, Thiesing, Ehlermann, 4. neubearbeitete Aufl. Baden-Baden, Art. 7 Randnummer 15

3.17 Die Bedeutung rechtlicher Rahmenbedingungen für die Anwendung der Gentechnik in der Bundesrepublik Deutschland

Prof. Dr. H.D. Schlumberger[a], Dr. Dieter Brauer[b]
[a]Pharmaforschungszentrum, Bayer AG, 42096 Wuppertal
[b]Hoechst AG, Postfach 800320, 65926 Frankfurt

3.17.1 Gentechnikgesetz und Novellierung des Gentechnikgesetzes

Gentechnikgesetz vom 20. Juni 1990[1]

Das am 1. Juli 1990 in Kraft getretene Gentechnikgesetz (GenTG) sollte einen verbindlichen gesetzlichen Rahmen zum Schutz von Mensch und Umwelt schaffen und für die Anwender der Gentechnik Rechtssicherheit gewährleisten. Von seiten der Politik war darüber hinaus erwartet worden, da das Gentechnikgesetz die Chancen für die Nutzung der Gentechnik fördern und ihre gesellschaftliche Akzeptanz erhöhen werde. In der Begründung zum Gentechnikgesetz drückt der Gesetzgeber seine Erwartung aus, da das Gesetz nunmehr einen erheblichen Schub für die Nutzung der Gentechnik besonders hinsichtlich ihrer wirtschaftlichen Möglichkeiten auslöse[2]. Diese Erwartungen sind bislang nicht erfüllt worden, da sich die Rahmenbedingungen für die Anwendung der Gentechnik in der Bundesrepublik durch die Verabschiedung des Gentechnikrechts nicht wesentlich verbessert hatten.

Ein Teil der bei der Umsetzung des GenTG aufgetretenen Probleme waren auf die zunächst mangelnde Erfahrung der Behörden mit den neuen und komplexen naturwissenschaftlichen Inhalten zurückzuführen. Die aufgetretenen Unterschiede der Vollzugspraxis beruhten auf Ermessensentscheidungen der zuständigen Behörden

---

[1]Gesetz zur Regelung von Fragen der Gentechnik vom 20. Juni 1990. Bundesgesetzblatt Teil I S. 1080, (1990). In: Hasskarl H (Hrsg.)(1991)

[2] *"Insgesamt gentechnische Methoden heute bei der Suche nach neuen Erkenntnissen in der Grundlagenforschung unverzichtbar (sind). Darüber hinaus ist der Prozeß von der Grundlagenforschung zur industriellen Anwendung bereits in vollem Gange. Für die nächsten Jahre ist zu erwarten, daß die entsprechenden Produktionsbereiche stark expandieren und insbesondere auch in der Bundesrepublik Deutschland erhebliche wirtschaftliche Bedeutung gewinnen"* (Amtliche Begründung zum Gentechnikgesetz: Bundestagsdrucksache (1989), S.19)

und haben innerhalb kurzer Zeit bereits auf der Ebene der Regierungspräsidien zu erheblich abweichenden Ergebnissen geführt. In vielen Fällen von Anmeldungen und Genehmigungen von gentechnischen Anlagen und gentechnischen Arbeiten wurden über die gesetzlichen Vorschriften hinausgehende Forderungen, Auflagen und Nebenbestimmungen gefordert, die von vielen Betreibern, insbesondere aus dem Hochschulbereich, wegen mangelnder Kenntnis der Verwaltungspraktiken und aus Unsicherheit über die Anwendung von Rechtsmitteln leider häufig widerspruchslos erfüllt wurden[3]. So wurden häufig Anmeldungen der Sicherheitsstufe S1[5], die nach Ablauf der gesetzlichen Frist die fingierte Zustimmung beinhalten, durch Bescheide, die stets Nebenbestimmungen enthalten, in der Praxis zu Genehmigungen umgewandelt (Meffert 1992). Nebenbestimmungen wurden auch nachträglich, d.h. nach Ablauf der gesetzlichen Frist, angeordnet. Die vom Gesetzgeber bewußt eingeführten Fristen für die Bearbeitung von Anmeldungen und Genehmigungen wurden vielfach nicht eingehalten und sogar um ein Mehrfaches der gesetzlich vorgeschriebenen Fristen überschritten. Da ein Anspruch des Betreibers auf die Genehmigung von gentechnischen Anlagen und Arbeiten bestand, wurde das Gesetz in der Praxis somit unterlaufen. Es bestand also 1 1/2 Jahre nach Inkrafttreten des Gentechnikrechts (GenTR) für den Betreiber gentechnischer Anlagen kaum noch eine Kalkulierbarkeit des Anmelde- und Genehmigungsverfahrens. Damit war die Absicht des Gesetzgebers, Rechtssicherheit zu schaffen, bereits nach kurzer Zeit fraglich geworden. Es war mit Sicherheit nicht die Absicht des Gesetzgebers - und kann auch nicht im Sinne unserer Rechtsordnung sein - da die Betreiber von gentechnischen Anlagen ihr im GenTG festgelegtes Recht gerichtlich durchsetzen müssen.

Die rechtlichen Rahmenbedingungen haben sich durch diese Restriktion Verwaltungspraxis in der Bundesrepublik deutlich verschlechtert. Dies führte im Zuge der zunehmenden Internationalisierung von Forschung, Entwicklung und Technologien und der dadurch eingeleiteten Verschärfung des Innovationswettbewerbs zu der Forderung der Betreiber von gentechnischen Anlagen der Industrie und der Hochschulen nach Vereinfachung der zunehmend aufwendigeren, zeitraubenden und nicht berechenbaren Verwaltungsverfahren. Die rechtlichen Rahmenbedingungen sind immer wichtigere Wettbewerbsfaktoren für Innovation und Investitionen in den einzelnen Regionen und Ländern geworden. Die Einhaltung von gesetzlich vorgeschrieben Fristen bei Genehmigungsverfahren oder ihr Wegfall, beispielsweise durch Verzicht von staatlicher Kontrolle bei Arbeiten der Sicherheitsstufe S1, ist kein Selbstzweck, sondern ein wichtiger Aspekt bei der Entnahme von Patenten, d.h. das Erreichen von Patentprioritäten, um Forschungsarbeiten wirtschaftlich nutzen zu können und nicht von Konkurrenten patentrechtlich abhängig oder von der Verwertung eigener Forschungsergebnisse ausgeschlossen zu sein.

---

[3]z.B. Ermessensentscheidungen zum Beispiel durch mehr oder minder willkürliche Zugrundelegung von deutschen oder europäischen Rechtsvorschriften als geltendem Recht, durch Forderung von Einrichtungsstellplänen oder Inventarlisten bei Laboratorien der Sicherheitsstufe 1.

3.17 Rechtliche Rahmenbedingungen

Die zentrale Aufgabe einer wirksamen Forschungs-, Technologie- und Industriepolitik muß es dabei sein, Rahmenbedingungen zu schaffen, die ein Bestehen im internationalen Wettbewerb ermöglichen. Das vorrangige Ziel der Nutzung der Biotechnologie ist die Erhaltung der *Innovationsfähigkeit* und die *internationale Wettbewerbsfähigkeit* von Hochschulen und Industrie der Bundesrepublik zur Sicherung und Schaffung von Arbeitsplätzen und der Erhaltung eines hohen Lebensstandards, ohne Abstriche bei objektivierbaren Sicherheits-fragen.

Novellierung des Gentechnikgesetzes vom 16. Dezember 1994

Die vielfältigen Klagen und Beschwerden der Anwender von gentechnischen Methoden führten am 12. Februar 1992 zu einer öffentlichen Anhörung durch die Bundestagsausschüsse "Gesundheit" und "Forschung, Technologie und Technikfolgenabschätzung" (Hasskarl 1993; Seesing et al. 1992). Als wesentliche Forderung der Anwender der Gentechnik, aber auch von Politikern aller Parteien wurde bei dieser Anhörung die Reduzierung von staatlichen Kontrollmaßnahmen bei gentechnischen Arbeiten der Sicherheitsstufe S1 und S2 und eine erhebliche Vereinfachung des Verwaltungsaufwandes artikuliert. Es wurde dabei gefordert, das Gentechnikrecht den internationalen Regelungen und Erfahrungen anzugleichen und damit die durch das Gentechnikgesetz geschaffenen Behinderungen der akademischen Ausbildung, der Innovationsfähigkeit und der Wettbewerbsfähigkeit von Industrie und Hochschulen zu beseitigen.

Um den Verlust einer weiteren Schlüsseltechnologie zu vermeiden, waren deshalb dringend sachgerechte Rahmenbedingungen zu schaffen. Die *Novellierung des Gentechnikrechts* mußte sich dabei allerdings in dem engen Rahmen der Gentechnik-spezifischen *EG-Richtlinien* (Richtlinien des Rates 1993a, 1993b) bewegen. Im Folgenden sind die vom Verband der Chemischen Industrie (VCI)[4] und anderen Verbänden und wissenschaftlichen Gesellschaften aufgestellten wesentlichen Forderungen zur Novellierung des GenTG zusammengefaßt:

- Von der Politik wird erwartet, daß sie Sorge trägt, daß die Bestimmungen der *EG-Richtlinien* 90/219/EWG und 90/220/EWG, die einer breiten und effizienten Nutzung der Gentechnik in der Bundesrepublik und in Europa im Wege stehen, rasch geändert werden, um die Wettbewerbsfähigkeit der

---

[4] *Memorandum zur Gentechnik in Deutschland und Materialsammlung zum Memorandum zur Gentechnik in Deutschland.* Herausgeber: Verband der Chemischen Industrie (VCI). Dieses Memorandum wird durch die folgenden Verbände und Gesellschaften mitgetragen: *Bundesverband der Pharmazeutischen Industrie; Deutsche Gesellschaft für Chemisches Apparatewesen, Chemische Technik und Biotechnologie - DECHEMA; Deutsches Krebsforschungszentrum; Fonds der Chemischen Industrie; Gesellschaft für Biologische Chemie; Gesellschaft Deutscher Chemiker; Gesellschaft für Biotechnologische Forschung; Industriegewerkschaft Chemie - Papier - Keramik; Industrieverband Agrar; Union Deutscher Biologischer Gesellschaften;*

Biotechnologieindustrie und der Forschung zu erhalten. Die EG-Richtlinien müssen Rahmenbedingungen erlauben, die denen der USA und Japans vergleichbar sind.
- Ein Gefährdungspotential der Gentechnik, von dem die EG-Richtlinien und das Gentechnikgesetz ausgehen, ergibt sich nicht aus den gentechnischen Arbeiten selbst, sondern leitet sich ausschließlich von den Eigenschaften der verwendeten biologischen Komponenten und der gentechnisch hergestellten Produkte ab. Da das Gefährdungspotential von gentechnisch veränderten und nicht veränderten Organismen gleich einzuschätzen ist, sind keine speziellen rechtlichen Regelungen für die Methoden zur Herstellung von oder für den Umgang mit gentechnisch veränderten Organismen notwendig. Arbeiten dieser Sicherheitsstufe S1[5], die mehr als 80 % aller gentechnischen Arbeiten repräsentieren, müssen deshalb aus der gesetzlichen Regelung und der behördlicher Kontrolle entlassen werden. Dies muß sowohl für Forschungs- als auch für gewerbliche Arbeiten gelten, da ein Risiko durch die Sicherheitsstufe und nicht durch den Zweck der Arbeiten definiert ist.
- Arbeiten der *Sicherheitsstufe S2* sollen nicht mehr genehmigt, sondern nur noch angemeldet werden. Weitere Arbeiten der Sicherheitsstufe S2 für Forschungszwecke sollten nur noch angezeigt werden, wobei die Aufzeichnungspflicht weiterhin bestehen bliebe. Bei Freisetzungen von Produkten, die gentechnisch veränderte Organismen enthalten oder aus solchen bestehen, könnten Ausnahmen wie sie in Artikel 10 Abs. 2 der Richtlinie 90/220/EWG ermöglicht werden auch im GenTG verankert werden.
- Die gesetzlichen Vorschriften für die *Sicherheitsstufe S3* sollten beibehalten werden. Das Genehmigungsverfahren sollte im Einzelfall mit der zuständigen Behörde abgesprochen und auf das erforderliche Maß beschränkt werden.
- Die Stellung der Zentralen Kommission für die Biologische Sicherheit (ZKBS) als unabhängiges Fachgremium sollte gestärkt werden.
- Einer wirksamen *Reduzierung des Verwaltungsaufwandes* kann die laufende Erweiterung und Präzisierung der *Organismenliste* in Anhang I, GenTSV, sowie die Festlegung von *Wirts/Vektorsystemen* und der *Vektorenliste* für die Sicherheitseinstufung[6] durch die ZKBS dienen. Weitere Reduktionen des Verwaltungsaufwandes sind durch Vereinfachung der *Aufzeichnungspflichten* und der *Formblätter* des Länderausschusses 'Gentechnik' möglich.
- Durch Überprüfung der Vorschriften zu *Vorsorgeuntersuchungen* und den *Aufbewahrungsfristen* von Unterlagen sind weitere Vereinfachungen zu erreichen. Vorsorgeuntersuchungen zum Arbeitsschutz könnten bei der Sicherheitsstufe S2 auf solche Arbeiten beschränkt werden, bei denen Umgang mit *humanpathogenen Mikroorganismen* besteht.

---

[5] Bei gentechnischen Arbeiten der *Sicherheitsstufe S1* ist nach der Definition nach § 7, Absatz 1, Nr. 1 GenTG nach dem Stand der Wissenschaften *nicht* von einem Risiko für die menschliche Gesundheit und die Umwelt auszugehen (§7, Abs. 1, Nr 1 GenTG).
[6] §6 GenTSV

3.17 Rechtliche Rahmenbedingungen

- Für den *wissenschaftlichen Austausch* von gentechnisch veränderten Organismen muß §14 Abs. 2 GenTG, der den wissenschaftlichen Austausch im Inland regelte, analog auch für das Versenden an und den Empfang von ausländischen Forschungseinrichtung angewendet und von einer Genehmigung freigestellt werden.
- Die Behinderung von *Freilandversuchen* mit landwirtschaftlich nutzbaren Organismen, insbesondere von Kulturpflanzen muß in der Bundesrepublik künftig beseitigt werden. Ihre Akzeptanz muß durch sachliche Aufklärung in Zusammenarbeit von Politik, Verwaltung, Hochschulen, Verbänden und Industrie verbessert werden.
- darüber hinaus soll der Verordnungsgeber dies durch Nutzung der vorhandenen Ermächtigungen zum *Erlaß von Rechtsverordnungen* fördern. Dies gilt insbesondere für die Installierung eines *vereinfachten Genehmigungsverfahrens* für Freilandversuche mit Pflanzen und vor allem für die Festlegung der Organismen, deren Ausbreitung begrenzbar ist, um diesen wichtigen Zweig der angewandten Biologie auch in der Bundesrepublik Deutschland zu etablieren und zu fördern. Als Grundlage dafür können die Erfahrungen mit zahlreichen Freisetzungen im europäischen und außereuropäischen Ausland herangezogen werden.
- Für die Nutzung der Gentechnik sollte der *Forschungsbegriff*, wie er in der Richtlinie 92/32/EWG[7] sachgerecht definiert wurde, im GenTG eingeführt werden. Die Anpassung an diese sachgerechte Definition der Begriffe "Forschung" und "Entwicklung" sollte auch in der "System"-Richtlinie 90/219/EWG geändert werden.
- Dazu gehört auch, daß die in die *Amtsprachen der EG* übersetzten Richtlinien und Entscheidungen die gleichen Aussagen und Vorschriften beinhalten und nicht in wesentlichen Aussagen voneinander abweichen[8].

---

[7]Richtlinie 92/32/EWG des Rates vom 30. April 1992 "zur siebten Änderung der Richtlinie 67/548/ EWG zur Angleichung der Rechts- und Verwaltungsvorschriften für die Einstufung, Verpackung und Kennzeichnung gefährlicher Stoffe", Artikel 2 (Begriffsbestimmungen).
a)*wissenschaftliche Forschung und Entwicklung*: Durchführung wissenschaftlicher Versuche oder Analysen unter kontrollierten Bedingungen einschließlich der Bestimmungen der Eigenschaften, der Leistung und der Wirksamkeit sowie wissenschaftliche Untersuchungen im Hinblick auf die Produktentwicklung;
b)*verfahrensorientierte Forschung und Entwicklung:* Weiterentwicklungen, in der Anwendungsgebiete des Stoffes auf Pilotanlagenebene oder im Rahmen von Produktionsversuchen erprobt werden.
[8]Beispielsweise Anhang II (90/219/EWG): Kriterien für die Klassifizierung genetisch veränderter Mikroorganismen in Gruppe I:
Hier wird gefordert, daß der Empfänger- und Ausgangsorganismus (Spenderorganismus) keine "*Adventiv-Agenzien*" enthalten darf. Da viele Zellinien (beispielsweise fast alle murinen Zellinien) Retroviren enthalten, würde dies bedeuten, daß praktisch alle Säugerzellinien in die Gruppe II (mindestens Sicherheitsstufe S2 !) fallen, obwohl es

- Das Gentechnikgesetz (§3 Nr. 5) bezieht den *kleinen Maßstab* - zu Recht - nicht auf Arbeiten für Forschungszwecke. Die in der genannten Vorschrift enthaltene Legaldefinition umfaßt daher Arbeiten für Forschungszwecke in kleinem *und* in großem Maßstab. Diese Regelungen sind sachgerecht und gewährleisten Forschungsfreiheit[9]. Eine zusätzliche Gefährdung der in § 1 Abs. 1 GenTG geschätzten Rechtsgüter ist durch den größeren Maßstab, zumindest in den Sicherheitsstufen S1 und S2, *nicht* verbunden.
- Die EG-Kommission mahnte zu Recht in Ihrem Schreiben vom 6.08.1992 (Hasskarl 1992) an die Bundesregierung die Nicht-Konformität der *Haftungsregelung*[10] des deutschen Gentechnikrechts mit dem EG-Recht an[11]. Die Haftungsregelungen des 5. Teils des Gentechnikgesetzes (§§32 - 37) sollten deshalb gestrichen werden.
- Die Beteiligung der *Öffentlichkeit* bei *Genehmigungsverfahren* muß auf die Belange der betroffenen Bürger abgestellt werden und muß ihren unmittelbaren Interessen dienlich sein. Es muß wirksam verhindert werden, daß das

---

sich hier in der Regel um nicht-pathogene Adventiv-Agenzien handelt, was im Hinblick auf das auf langjähriger Erfahrung basierende, fehlende Gefährdungsrisiko beim Umgang mit solchen Zellinien ungerechtfertigt wäre. Dies muß der Kommissionsentscheidung 91/448/EWG (Annex A 2. "No adventitious agents") angepasst werden. Diese Entscheidung bestimmt in ihrer englischen Fassung, daß "*the recipient or parenteral strain/cell line should be free of known biological contaminating agents (symbionts, mycoplasma, viruses, viroids, etc.) which are potentially harmful*". In der deutschen Fassung dieser Kommissionsentscheidung fehlt die letzte Spezifizierung der potentiellen Gefährdung von Adventiv-Agenzien völlig, was nicht nur sinnentstellend ist, sondern nach deutschem Recht eine erhebliche Verschärfung der Vorschriften darstellt.

[9] Art. 5 Abs. 3 Grundgesetz

[10] Die Vorschriften des 5. Teils des GenTG zu einer *Gefährdungshaftung* sind bis heute nicht umgesetzt, da immer noch unklar ist, was dieser Haftung unterliegen soll. Die Versicherungswirtschaft hat bislang kein akzeptables Konzept gefunden, um diese Vorschriften sinnvoll in der Praxis umzusetzen. Diese Haftungsregelung war u.E. ein politisches Zugeständnis an die Gentechnikgegner. Eine Haftung aus dem Betrieb von chemischen Anlagen hat immer bestanden, ebenso wie für Produkte bei Verschulden und z.B. nach AMG in Form einer allgemeinen Gefährdungshaftung. Im Hinblick auf die Nichtkonformität dieser Vorschriften des GenTG mit dem EG-Recht sollte der gesamte 5. Abschnitt des GenTG gestrichen werden, was aber auch zum Zeitpunkt der Novellierung des GenTG politisch wohl nicht durchsetzbar war (?).

[11] Die Kommission weist in diesem Schreiben darauf hin, da· nach der seit 1988 in Kraft befindlichen Richtlinie 85/374/EWG der Hersteller allein für *fehlerhafte Produkte* haftet. Deshalb seien die Bestimmungen der Richtline 85/374/EWG zu beachten. Die Kommission führt weiter aus, daß etwaige Anpassungen der Haftungsregelungen nur durch Änderungen der Richtlinie 85/374/EWG erfolgen und nicht im Alleingang durch einzelne Mitgliedsstaaten vorgenommen werden können.

3.17 Rechtliche Rahmenbedingungen

demokratische Recht der Bürger auf Widerspruch gegen Behördenentscheidungen nicht von Gegnern der Gentechnik zu ideologisch begründeten Verzögerung- und Verhinderungsstrategien mißbraucht wird.
- Der *Erlaß allgemeiner Verwaltungsvorschriften* zur Vereinheitlichung des behördlichen Vollzugs des Gentechnikrechtes und zur Verhinderung der Auseinanderentwicklung der Rechtspraxis in den einzelnen Bundesländern oder gar in den einzelnen Regierungsbezirken ist in jedem Falle dringend notwendig.

Erstes Gesetz zur Novellierung des Gentechnikgesetzes vom 16. Dezember 1993[12]

Am 22. Dezember 1993 trat das "Erste Gesetz zur Novellierung des Gentechnikgesetzes" in Kraft. Die bei der öffentlichen Anhörung der Bundestagsausschüsse "Gesundheit" und "Forschung und Technologie" im Februar 1992 von Politikern aller Fraktionen und den Anwendern zur Sicherung des Industrie- und Forschungsstandortes Deutschland als vordringlich geforderten administrativen Erleichterungen bei der Anwendung der Gentechnik in Forschung und Industrie, insbesondere im Hinblick auf die Verwaltungsverfahren und Verkürzung von Fristen, sind dabei im wesentlichen realisiert worden. Die Novellierung des Gentechnikgesetzes mußte sich dabei allerdings in dem engen Rahmen der Vorschriften der EG-Richtlinien bewegen. Dem Fortschritt waren damit klare Grenzen gesetzt. Lockerungen der im Gentechnikrecht vorgeschriebenen Sicherheitsmaßnahmen und Veränderungen der Schutzziele, wie in §1 GenTG vorgeschrieben, sind dabei von der Wissenschaft und der Industrie nicht gefordert und auch nicht verwirklicht worden. Die wichtigsten Änderungen der GenTG-Novellierung sind im folgenden kurz zusammengefaßt:

- Erweiterung des Förderungsgedankens neben den wissenschaftlichen und technischen Möglichkeiten auch auf die *wirtschaftlichen* Möglichkeiten der Gentechnik (§1, Nr.2 GenTG);
- die *Anwendung* von gentechnisch veränderten Organismen (GVO) am Menschen fällt nicht unter das GenTG (§2 Abs. 2 GenTG);
- die Angabe und des Verbringens von GVO in den Geltungsbereich des Gesetzes zum wissenschaftlichen Austausch und für klinische Prüfungen gilt nicht als *Inverkehrbringen* (§3, Nr. 3 GenTG) und ist deshalb nicht genehmigungspflichtig;
- für jedes Mitglied der Zentralen Kommission für biologische Sicherheit (ZKBS) können aus dem gleichen Fachbereich bis zu *zwei sachverständige* zusätzliche stellvertretende Mitglieder berufen werden (§4 Abs. 1 Satz 4 GenTG);
- für Genehmigung und Anmeldung von gentechnischen Anlagen für weitere gentechnische Arbeiten zu Forschungs- und gewerblichen Zwecken, sind die *Fristen* bis zur Erteilung einer Genehmigung oder einer fingierten Ge-

---
[12]Erstes Gesetz zur Änderung des Gentechnikgesetzes vom 16. Dezember (1993)

nehmigung gestrichen worden (§8 Abs. 2, §8 Abs. 1, §10 Abs, 1 GenTG). Die neuen Fristen werden in den §§11 und 12 geregelt;
- die *Fristen* für Genehmigung und Anmeldung von gentechnischen Anlagen und von weiteren gentechnischen Arbeiten für Forschungs- und gewerblichen Zwecken der Sicherheitsstufen S1 und S2 sind deutlich verkürzt worden;
- die Bundesregierung kann durch Rechtsverordnung mit Zustimmung des Bundesrats für die Freisetzung von GVO ein *vereinfachtes Verfahren* einführen (§14 Abs. 4 GenTG);

Das Bundesgesundheitsamt (BGA) leitet bei Verfahren zur Freisetzung von GVO innerhalb der Verfahrensfrist von 3 Monaten das *EG-Beteiligungsverfahren* nach Art. 12 und 13 der Richtlinie 90/220/EWG ein. Nach Abschluß des EG-Beteiligungsverfahrens ist unverzüglich zu entscheiden (§16 Abs. 3 GenTG).

- Bei der Genehmigung einer Freisetzung ist ein *Anhörungsverfahren* durchzuführen, wenn es sich nicht um GVO handelt, deren Ausbreitung begrenzbar ist oder wenn nicht ein vereinfachtes Verfahren nach §14 Abs. 4 durchgeführt wird (§16 Abs. 2 GenTG). Das Anhörungsverfahren regelt die Bundesregierung durch Rechtsverordnung. *Einwendungen* gegen das Vorhaben können *schriftlich* innerhalb eines Monats nach Ablauf der Auslegungsfrist bei der Genehmigungsbehörde erhoben werden (§18 Abs. 3 GenTG);
- ein neuer §17a regelt die Vertraulichkeit von Angaben bei Anmeldungen und Genehmigungen. Dabei können Angaben, die *Betriebs- und Geschäftsgeheimnisse* enthalten, vom Betreiber als vertraulich gekennzeichnet werden. hält die Behörde dies für unberechtigt, ist der Antragsteller zu hören und über die Entscheidung zu unterrichten. Die nicht unter das Betriebs- und Geschäftsgeheimnis fallenden Angaben sind im Detail aufgeführt und entsprechen den Vorschriften des Artikels 19 Abs. 4 und 5 der EG-Richtlinie 90/219/EWG. Wenn ein Anhörungsverfahren notwendig ist, muß der Inhalt der Unterlagen jedoch so ausführlich dargestellt werden, daß ein Dritter beurteilen kann, ob und wie er von dem Vorhaben betroffen ist (§17a Abs. 1 und 2 GenTG);
- das *Anhörungsverfahren* für die Errichtung und den Betrieb von gentechnischen Anlagen zu *gewerblichen Zwecken der Sicherheitsstufe 2* entfällt. Dies ist nur noch für gentechnische Anlagen und Arbeiten für gewerbliche Zwecke der Sicherheitsstufen 3 und 4 notwendig (§18 Abs. 1 GenTG);
- das BGA kann *Daten über Stellungnahmen der ZKBS* zur Sicherheitseinstufung den zuständigen Behörden übermitteln. Diese Daten dürfen jedoch nur zu dem Zweck verwendet werden, zu dem sie übermittelt worden sind (§29 Abs. 1 GenTG);
- die Errichtung eines *automatisierten Abrufverfahrens* ist zulässig. Die Einrichtung des automatisierten Abrufverfahrens bedarf der Genehmigung des Bundesministeriums für Gesundheit im Einvernehmen mit dem Bundeswirtschaftsministerium (§29 Abs. 1a GenTG).
- Zwei Vorschriften des Gesetzentwurf sind vom *Bundesrat* im Vermittlungsausschuß *zurückgewiesen* worden:

3.17 Rechtliche Rahmenbedingungen

1. Dem ursprünglich vorgesehenen *Entscheidungsverbund* über öffentlich-rechtliche Verfahren für gentechnische Arbeiten (z.B. Immissionen, Baurecht) wurde nicht zugestimmt (§22 Abs. 2 GenTG). Dabei ist aber §12, Abs. 7 Satz 4 für alle Anmeldungen erweitert worden und ergibt damit praktisch einen Entscheidungsverbund verschiedener beteiligter Behörden ("Konzentrationswirkung"[13]). Dadurch wird der Wegfall des Entscheidungsverbunds nach §22 Abs. 2 abgemildert.
2. Rechtsverordnungen zur nationalen Umsetzung von EG-Richtlinien erfordern auch weiterhin die *Zustimmung des Bundesrates* (§30, Abs. 1 und Abs. 2 GenTG).

Der Beitrag der Politik - die Zusammenarbeit und das Bemühen der Parteien des Bundestags, der Länder im Bundesrat und der Bundesregierung - zur Verbesserung der Rahmenbedingungen für die Gentechnik bei der Novellierung des Gentechnikrechts sind klar hervorzuheben und anzuerkennen. Die Bekenntnisse von Politikern aller Parteien zur Zukunftstechnologie Gentechnik haben zweifellos politische Wirkung gehabt und haben auf manchen Gebieten der Biotechnologie auch zur Verbesserung der Akzeptanz geführt. Dies gilt besonders für den biomedizinischen Bereich. Es ist zu erwarten, daß die Gesetzesnovelle zu einer Verbesserung der rechtlichen Rahmenbedingungen in der Bundesrepublik führt. Neben der Novellierung müssen nunmehr auch die Rechtsverordnungen zur Durchführung des Gentechnikgesetzes angepaßt und novelliert werden. Bislang besteht keine Erfahrung darüber, ob und wie sich das novellierte GenTR in der Praxis bewährt.

Es kann allerdings in der nahen Zukunft nicht erwartet werden, daß es eine Springflut von Anträgen zur Genehmigung gentechnischer Produktionsanlagen geben wird. Dies hängt in erster Linie auch davon ab, ob entsprechende Produkte in Entwicklung sind und zur Produktion anstehen. Ausländische Investoren werden auch sicher nicht Schlange stehen, um wieder in Deutschland zu investieren. Die Initiative für eine praktische Förderung und Hilfe bei der Gründung von

---

[13] Eine *Anlagengenehmigung* ist nach der System-Richtlinie 90/219/EWG nicht vorgesehen. Dort werden nur gentechnische Arbeiten geregelt. Die Anlagengenehmigung ist also ein Spezifikum des deutschen Gentechnikrechts. Die Konzentrationwirkung des GenTG bei Genehmigungen, bei der die notwendigen Genehmigungen nach anderen gesetzlichen Vorschriften (z.B. Baurecht, Wasser- und Abfallrecht etc.) von der nach GenTG zuständigen Behörde erwirkt werden (§11, Abs. 8 GenTG). Der Entscheidungsverbund gilt nunmehr auch für die Errichtung und den Betrieb von gentechnischen Anlagen der Sicherheitsstufe S1, wobei die Frist der fingierten Genehmigung 3 Monate beträgt.
Die "*Konzentrationswirkung*" des GenTG ist zweifellos ein erheblicher Vorteil, da damit möglicherweise erhebliche zeitliche Verkürzungen der Verfahren erreicht werden, was sich insbesondere im Hochschulbereich positiv auswirken dürfte. Diese "Konzentrationswirkung" mildert die durch das GenTG gesetzten, in vielen Fällen hemmenden Fristen, deutlich ab.

biotechnologischen 'HighTech'-Firmen muß von der Bundesrepublik ausgehen, wie dies die Länder Bayern und Nordrhein-Westfalen planen. Kurz gesagt, es ist nicht zu erwarten, daß allein durch einen derartigen Legislativen Akt die Bedingungen repariert werden und das verlorenen Terrain *kurzfristig* wieder gewonnen werden kann, das im Verlauf eines langen und schmerzhaften Prozesses verloren gegangen ist.

3.17.2 Das Regulationsystem der USA zur Anwendung der Gentechnik (Schlumberger u. Brauer 1994)

Regulierung von Forschung, Entwicklung und Produktion, einschließlich der Errichtung von Forschungs- und Produktionsanlagen

Während die Vereinigten Staaten (USA) *Produkte* unabhängig von ihrer Herstellungsmethode regulieren (Office of Science and Technology 1986), haben die europäischen Gemeinschaften eine Technologie-spezifische Basis zur Regulierung der Gentechnik gewählt. Es wurden wiederholt Feststellungen getroffen, insbesondere von Behörden der EU-Kommission, daß das europäische Regulationssystem dem amerikanischen gleichwertig sei, ohne dabei jedoch auf die *grundlegenden Unterschiede* der beiden Regulierungssysteme einzugehen: *produktorientiert* in den USA gegenüber *technologieorientiert* in der EU.

In den USA sind keine speziellen Gesetze für die Herstellung von gentechnisch veränderten Organismen (GVO) oder deren Produkte erlassen worden. Der Umgang mit GVO wird vielmehr durch Richtlinien der 'National Institutes of Health' (NIH) geregelt, die laufend dem Stand der Wissenschaft angepaßt werden. Erklärte Politik der US-Regierung ist es, auch die Anwendung von GVO und von gentechnisch hergestellten Produkte unter der bestehenden Gesetzgebung durch drei Bundesbehörden überwachen zu lassen: durch die Nahrungs- und Arzneimittelbehörde[14], durch den Überwachungsdienst für Tier- und Pflanzengesundheit des Landwirtschaftsministeriums[15] und durch die Umweltbehörde[16]. In erst kürzlich veranlaßten Maßnahmen zur weiteren Vereinfachungen der Genehmigungspraxis hat die amerikanische Bundesregierung entschieden, bei der Ausübung der Überwachung von einem risikoorientierten Ansatz auszugehen, der wissenschaftlich begründet und geeignet ist, die Öffentlichkeit und die Umwelt vor Gefahren zu schätzen und darüber hinaus die Behinderung von Innovationen vermeidet.

Nach dem Moratorium von Asilomar 1975 wurden im Juni 1976 die "Richtlinien für Forschungsarbeiten, die neukombinierte DNA-Moleküle beinhalten" durch das NIH eingeführt. Diese Richtlinien wurden mehrmals überarbeitet, wobei erhebliche

---

[14]Food and Drug Administration (FDA)
[15]Animal and Plant Health Inspection Service (APHIS) des US Department of Agriculture (USDA)
[16]Environmental Protection Agency' (EPA)

3.17 Rechtliche Rahmenbedingungen

Erleichterungen und Vereinfachungen gemäß· dem Stand von Wissenschaft und Technik eingeführt wurden. Die letzte vollständige Überarbeitung wurde 1986 publiziert[17]. Der Anhang K über das "geschlossene System für den Gebrauch von neukombinierten DNA-Molekülen in großem Volumen" wurde 1991 eingeführt[18] (Amendment of Appendix K of the "NIH Guidelines" 1991)

Der Nationale Forschungsrat[19] der Vereinigten Staaten hat sich eingehend mit möglichen Risiken der Einführung gentechnisch modifizierter Organismen in die Umwelt befaßt. Er kam zu der Schlußfolgerung, daß Organismen, die unter Verwendung neuer Molekulartechniken hergestellt worden sind, entsprechend ihrer Eigenschaften und der Art ihrer Anwendung, Risiken beinhalten können oder auch nicht. Weiterhin stellte der Forschungsrat fest, daß GVO keine größeren Risiken darstellten als nicht-veränderte Organismen.

Diese wissenschaftlichen Betrachtungen führen zu einigen wichtigen Grundsätzen, insbesondere dazu, daß Überwachung sich nicht darauf konzentrieren sollte, daß ein Organismus durch eine bestimmte Technik modifiziert worden ist. Dies reiche nicht aus, um Risiken zu begründen. Die staatliche Überwachung müsse sich deshalb auf reale Risiken, wie sie z.B. durch Krankheitserreger oder durch die Freisetzung eines überlebensfähigen Organismus in die Umwelt gegeben sein können, konzentrieren. Organismen mit neuen phänotypischen Merkmalen, die kein göß·eres Risiko für die Umwelt darstellen als die nicht-veränderten Ausgangsorganismen, sollten deshalb auch keinen strengeren Auflagen unterworfen werden.

Im August 1990 erließ die Bundesregierung der Vereinigten Staaten "Vier Prinzipien der regulatorischen Kontrolle der Biotechnologie (Office of Science and Technology Policy 1992)":

1. Die regulatorische Aufsicht durch Bundesbehörden soll sich auf die Eigenschaften und Risiken eines biotechnologischen Produktes konzentrieren, nicht auf das Verfahren seiner Herstellung;
2. für biotechnische Produkte, die einer behördlichen Überwachung unterliegen, sollen die Kontroll- und Überwachungsmaßnahmen so gestaltet werden, daß sie unter Wahrung des Schutzes der Allgemeinheit die geringsten administrativen Auflagen ermöglichen;

---

[17]Department of Health and Human Services, National Institutes of Health (1986) Guidelines for Research Involving Recombinant DNA Molecules; Notice. Fed. Reg. 51: 16.958, No 88 (May 7, 1986)

[18]Amendment of Appendix K of the "NIH Guidelines" (1991) Appendix K. Physical Containment for Large-Scale Uses of Organisms Containing Recombinant DNA Molecules Fed. Reg. 56, 33.178 No 138 (July 18, 1991)

[19]National Research Council: Field Testing Genetically Modified Organisms (1989)

3. Regelungen sind so zu gestalten, daß sie dem raschen Fortschritt in der Biotechnologie Rechnung tragen. Ergebnisorientierte Normen[20] sind daher generell Auslegungsnormen vorzuziehen;
4. zur Schaffung von Möglichkeiten für die Anwendung innovativer Biotechnologieprodukte sollten sich alle Verordnungen im Umwelt- und Gesundheitsbereich - unabhängig davon, ob sie sich auf Biotechnologie beziehen oder nicht - auf ergebnisorientierte Normen stützen und nicht die Einhaltung rigider Kontrollen oder starre Normenauslegungen vorschreiben[21].

Die Einhaltung der NIH-Richtlinien ist für alle Forschungsarbeiten verbindlich, die an Institutionen durchgeführt werden, die mit öffentlichen Mitteln durch die Bundesregierung gefördert werden. Obwohl die NIH-Richtlinien für private Firmen nicht verbindlich sind, werden sie - als Beschreibung des aktuellen Standes von Wissenschaft und Technik - von der Industrie aus Haftungsgründen beachtet und eingehalten. darüber hinaus ist die Industrie verpflichtet, sich an allgemeine Sicherheitsstandards zu halten, wie sie beispielsweise von der Arbeitssicherheitsbehörde[22] des Arbeitsministeriums erlassen wurden. Anhang K der NIH-Richtlinien, der gentechnische Arbeiten in großen Volumina regelt, ist deshalb für den privaten Sektor von besonderer Bedeutung. Einige Städte[23] haben eigene Vorschriften erlassen, nach denen die Einhaltung der NIH-Richtlinien für private Firmen verbindlich gemacht wurde und zur Einrichtung eines IBC verpflichten. Es gibt in den USA keine Hinweise dafür, daß die Industrie den NIH-Richtlinien nicht folgt.

Das 'Institutional Biosafety Committee' (IBC)[24] einer öffentlichen oder privaten Institution überwacht *alle* Forschungs- und Entwicklungsarbeiten und die Produktion mit neukombinierter DNA. Häufig nimmt dieses Gremium auch die

---

[20]Eine *ergebnisorientierte Norm* legt die zu erreichenden Ziele und Endergebnisse fest und schreibt nicht die Mittel und Wege vor, mit denen sie zu erreichen sind, wie eine Auslegungsnorm. Zum Beispiel erläubt eine ergebnisorientierte Norm für ein geschlossenes System alternative biologische Konzepte zur Gewährleistung der Sicherheit, wohingegen eine auslegungsorientierte Norm konkrete technische Barrieren fordert. (Fed. Reg. 57: 6753 (1992)).

[21]*Auslegungsorientierte Vorschriften* können die Anwendungen von Biotechnologieprodukten auch dann ausschließen, wenn derartige Konzepte kostengünstiger und effektiver sind. Zum Beispiel würde eine Vorschrift zum Einsatz einer bestimmten Umweltschutzanlage die Anwendung neuartiger biotechnologischer Sanierungs- oder Schutzmaßnahmen ausschließen. (Fed. Reg. 57: 6753 (1992)).

[22]Occupational Safety and Health Administration (OSHA)

[23]Berkeley, California; Cambridge, Massachusetts; Worcester, Massachusetts.

[24]Das "Institutional Biosafety Committee" (IBC) (entspricht einem Ausschuß für Biologische Sicherheit) ist ein Gremium, das (1) die Anforderung, die in Sektion IV-B-2 der NIH-Richtlinien niedergelegt sind, erfüllen muß und das (2) Projekte in Übereinstimmung mit den in den Abschnitten IV-B-3 and IV-B-3 der NIH-Richtlinien festgelegten Verantwortlichkeiten überprüft, genehmigt und überwacht.

3.17 Rechtliche Rahmenbedingungen

Funktion eines allgemeinen Sicherheitsauschusses mit Überwachungsaufgaben zum Arbeits- und des Umweltschutzes wahr. Das IBC ist aus mindestens 5 Mitgliedern zusammengesetzt, die gemeinsam ausreichende Kenntnisse und Erfahrungen besitzen und sie befähigen die potentiellen Risiken für die öffentliche Gesundheit und die Umwelt zu beurteilen und die Sicherheit von Versuchen mit neukombinierten Nukleinsäuren zu gewährleisten. Große Organisationen etablieren in der Regel ein IBC mit mehr als 5 Mitgliedern. Ein "Beauftragter für die Biologische Sicherheit" (BBS)[25] muß bei Forschungsarbeiten der Sicherheitsstufen 3 (BL 3) oder 4 (BL 4) und bei Arbeiten mit großen Volumina bestellt werden. Dieser BBS ist Mitglied des lokalen IBC. Bei Institutionen, die den NIH-Richtlinien unterworfen sind, sollen zwei Mitglieder, die nicht der zu überwachenden Institution angehören, die Interessen der Gemeinde hinsichtlich Gesundheits- und Umweltschutz wahrnehmen. Diese Mitglieder werden in der Regel von der städtischen Gesundheitsbehörde ernannt. Privatfirmen, die ein IBC auf freiwilliger Basis einrichten, beteiligen üblicherweise zwei zusätzliche Mitglieder aus der Gemeinde oder aus öffentlichen Institutionen, z.B. einer Universität. Die *Vertreter der Gemeinde* im IBC haben keine ausgewiesenen Pflichten und Rechte. Es ist aber amerikanisches Demokratieverständis, daß Beschlüsse zu Sicherheitsfragen im Konsens und nicht gegen Einwände und Bedenken der Gemeindevertreter gefaßt werden. Dies ist darüber hinaus auch durch die in den Vereinigten Staaten übliche Handhabung des *Haftungsrechts* geboten.

Abgesehen von Experimenten, für die eine Überprüfung durch das RAC[26] notwendig ist, überprüft und genehmigt *ausschließlich* das IBC gentechnische Arbeiten oder muß über solche Arbeiten in Kenntnis gesetzt werden. Das IBC hat die Kompetenz, Arbeiten aller Sicherheitskategorien im Rahmen der NIH-Richtlinien zu genehmigen. Das IBC hält dazu regelmäßig Sitzungen ab und teilt dem 'NIH Office of Recombinant DNA Activities (ORDA)' jährlich die Zusammensetzung des IBC in Form einer aktuellen Mitgliederliste mit. Die Vertraulichkeit der Genehmigungsunterlagen bleibt vollständig gewahrt, da sie nicht aus der Hand gegeben werden müssen. Auf Anforderung der Öffentlichkeit muß nach dem amerikanischen Informationsgesetz[27] Einblick nur in solche Vorgänge der Bundesregierung gewährt werden, die mit öffentlichen Mitteln gefördert werden.

Die NIH-Richtlinien haben vier Sicherheitsstufen eingeführt (Biosafety Levels BL 1 bis BL 4), die aus einer Kombination von bewährten Labortechniken, sowie organisatorischen und technischen Sicherheitsmaßnahmen entsprechend der vom verwendeten Organismus ausgehenden Risiken bestehen. Diese Organismen sind in fünf Klassen eingeteilt, wobei nicht-pathogene Organismen in Klasse BL 1 und

---

[25] Biosafety Officer

[26] Der Ausschuß für Gentechnische Arbeiten (Recombinant DNA Advisory Committee; RAC) ist das öffentliche Beratungsgremium das den 'Secretary', the 'Assistant Secretary for Health' und den Direktor des NIH hinsichtlich Forschungsarbeiten mit neukombinierter DNA berät.

[27] Freedom of Information Act

hochpathogene Krankheitserreger in Klasse BL 4 eingeordnet sind. In der Klasse 5 werden solche Krankheitserreger zusammengefaßt, deren Einfuhr in die Vereinigten Staaten durch Gesetz oder durch Vorschriften des Landwirtschaftsministeriums verboten ist oder mit denen nur in besonderen Laboratorien[28] gearbeitet werden darf.

Gentechnische Arbeiten werden in 4 Kategorien eingeteilt[29], deren Bewertung und Beurteilung auf Erfahrungen mit ähnlichen, gentechnisch nicht veränderten Organismen, z.B. Krankheitserregern, beruht. In der Zwischenzeit hat sich aber auch umfangreiche Erfahrung im Umgang mit GVO angesammelt. Die Genehmigung von gentechnischen Experimenten durch den NIH-Direktor nach Beratung und Empfehlung durch das RAC bezieht sich nur auf neuartige Versuchstypen und bestimmte definierte Versuchsanordnungen, d.h. gentechnische Experimente mit hochtoxischen Molekülen oder mit der absichtlicher Übertragung von neukombinierten Nukleinsäuren auf den Menschen (z.B. bei der somatischen Gentherapie).

Für gentechnische Arbeiten in großen Volumina wurden gleichfalls vier Sicherheitsstufen etabliert, die als 'Good Large Scale Practice' (GLSP), BL 1-LS, BL 2-LS und BL 3-LS bezeichnet werden.

Abhängig von der Sicherheitsstufe werden feste und flüssige Abfälle, die lebende GVO enthalten entsprechend den Umweltgesetzen ohne weitere Vorbehandlung entsorgt (z.B. GLSP) oder müssen mit validierten Methoden inaktiviert werden (BL 1-LS bis BL 3-LS). Geschlossene Systeme müssen so ausgelegt sein, daß das Entweichen von GVO minimiert (BL 1-LS) oder verhindert (BL 2-LS und BL 3-LS) wird.

Für die Errichtung von Laboratorien, Versuchs- und Produktionsanlagen, gibt es *keine* Regelungen, auf der Ebene der Bundesregierung oder eines Bundesstaates, die für gentechnische Arbeiten spezifisch sind. Eine Konzentrationswirkung wie im deutschen Gentechnikrecht ist deshalb nicht notwendig, da gentechnische Anlagen keinen Sonderstatus haben. Allgemein muß jeder Bauherr eine Anzahl von Baugenehmigungen der zuständigen Staats- und städtischen Behörden einholen, wobei Zuständigkeiten von Staat zu Staat und von Stadt zu Stadt variieren können. Diese baurechtlichen Erlaubnisse umfassen Sicherheitsfragen im Hinblick auf Konstruktion, Brandschutz, Elektrizitätsversorgung und der beabsichtigten Handhabung von Abfall und Abwasser. Dabei werden *keine* besonderen Anforderungen hinsichtlich des Baus und der Konstruktion von Laboratorien oder zusätzlicher Einrichtungen, z.B. technische Sicherheitsmaßnahmen zum Einschluß von gentechnisch veränderten Organismen, Geräte oder spezifische Forderungen zum beabsichtigten Gebrauch des Gebäudes, gestellt. Es ist allerdings notwendig,

---

[28]Beispielsweise dem 'WHO Collaborating Center' für Pockenforschung in Atlanta.
[29]Department of Health and Human Services (1986)
Diese vier Kategorien sind:
A.Experimente, die die Genehmigung durch das IBC, die Überprüfung durch das RAC und die freigebende Genehmigung durch den NIH-Direktor erfordern.
B.Experimente, die die Genehmigung des IBC vor Beginn der Arbeiten erfordern
C.Experimente, die die Benachrichtigung des IBC bei Aufnahme der Arbeiten erfordern.
D.Experimente, die nicht den Vorschriften der NIH-Richtlinien unterliegen

3.17 Rechtliche Rahmenbedingungen

die Art und die Menge des Abwassers zu beschreiben, um die notwendige Erlaubnis für den Anschluß an das öffentliche Abwassernetz zu erlangen. Während verschiedener Phasen der Bauarbeiten wird der Bau von staatlichen oder städtischen Inspektoren überprüft. Nach Fertigstellung des Gebäudes wird die Freigabe und die Inbetriebnahme des Gebäudes durch Ausstellung des 'Certificate of Occupancy' gestattet.

Für die Vermarktung einer Reihe von Produkten ist in den Vereinigten Staaten eine Produktzulassung durch die zuständige Bundesbehörden (z.B. FDA, APHIS) notwendig, die auf eingehenden Untersuchungen zur Produktsicherheit basiert. Es werden dabei keine speziellen Anforderungen an gentechnisch hergestellte Produkte oder besondere Genehmigungen für die Produktionsanlage gefordert. Für die Errichtung der Produktionsanlage ist nur eine allgemeine Baugenehmigung notwendig. Sicherheitsanforderungen sind für gentechnisch oder konventionell hergestellte Biotechnologieprodukte gleich. Die Nahrungs- und Arzneimittelbehörde FDA ist während des Baus einer Labor- oder Produktionsanlage nicht beteiligt. Die FDA inspiziert eine Produktionsanlage im Hinblick auf Produktsicherheit erst dann, wenn Produkte in der Zulassungsphase sind und eine Produktzulassung (PLA) für ihre Vermarktung, z.B. Arzneimittel, Diagnostika, Nahrungsmittel-Zusatzstoffe, und bestimmte Nahrungsmittel, in Aussicht steht[30].

Freilandversuche mit gentechnisch veränderten Organismen erfordern eine Genehmigung des Tier- und Pflanzengesundheitsdiensts (APHIS)[31]. Die Umweltschutzbehörde ist zuständig für Freilandversuche mit gentechnisch veränderten Mikroorganismen, z.B. Biopestizide. Ein vereinfachtes Verfahren für Freilandversuche mit transgenen Kulturpflanzen wurde von APHIS 1993[32] eingeführt. Dieses Verfahren ersetzt das bisherige Genehmigungsverfahren für bestimmte Pflanzen durch ein Verfahren, bei dem der Freilandversuch 30 Tage vor Beginn bei APHIS angezeigt werden muß. Es führt weiterhin ein Verfahren ein, mit dem beantragt

---

[30]Public Health Service Act (PHSA).
Auf biologische Produkte, die beim Menschen angewendet werden, werden unter der Verantwortung des 'Center for Biologics Evaluation and Research' (CBER) der FDA die Vorschriften des 'Food, Drug and Cosmetics'-Gesetzes angewendet. 'Biologika' für Tiere werden durch das 'Virus, Serum and Toxin'-Gesetz (VSTA) geregelt. Diese Produkte werden vom Landwirtschaftsministerium und vom 'Center for Food Safety' der FDA überwacht. Für Nahrungsmittel-Zusatzstoffe ist vor der Vermarktung eine Überprüfung durch die FDA notwendig. Gentechnisch veränderte Kulturpflanzen, insbesondere die Expressionsprodukte von neu eingeführten Genen, sind als Zusatzstoffe definiert und unterliegen der staatlichen Überwachung.

[31]Department of Agriculture. Animals and Plant Health Inspection Service (1987) 7 CFR Parts 330 and 340. Plant Pests; Introduction of Genetically Engineered Organisms or Products; Final Rule. Fed. Reg. 52:22.892, No 115 (June 16, 1987)

[32]Department of Agriculture. Animals and Plant Health Inspection Service (1993) 7 CFR Part 340. Genetically Engineered Organisms and Products; Notification Procedures for the Introduction of Certain Regulated Articles; and Petition for Nonregulated Status; Final Rule. Fed. Reg. 58:17.044, No 60 (March 31, 1993)

werden kann, daß bestimmte gentechnisch veränderte Pflanzen keine "regulierten Artikel" mehr sind. Das Landwirtschaftsministerium erwartet, daß mit der neuen Regulierung Freilandversuche mit landwirtschaftlich nutzbaren, transgenen Pflanzen erleichtert, beschleunigt und damit weiterer Fortschritt und Innovation auf diesem Gebiet der Biotechnologie nachhaltig gefördert werden.

Die bei den Freilandversuchen erworbene Erfahrung hat gezeigt, daß keine Pflanzenkrankheiten oder Umweltrisiken aufgetreten sind und daß solche Versuche sicher sind. Die Ergebnisse zeigten, daß für nicht-veränderte, "natürliche" Pflanzen die gleichen ökologischen Bedenken gelten wie dies für transgene Kulturpflanzen der Fall ist.

Entsprechend den Versuchskategorien A - D der NIH-Richtlinien, gibt es vier verschiedene Verfahren für Anwendungen von transgenen Pflanzen außerhalb von Gewächshäusern, die von APHIS reguliert werden[33].

Schlußfolgerungen

Genehmigungen zur Anwendung der Gentechnik in Forschung und Produktion in geschlossenen Systemen erfolgen durch das IBC, also in der *Eigenverantwortung des Betreibers*. Nur einige Versuchstypen wie die Expression von Toxinen, die Freisetzung von gentechnisch veränderten Organismen in die Umwelt und die Anwendung von neukombinierten Nukleinsäuren beim Menschen erfordern darüber hinaus die Überprüfung durch das RAC und die Genehmigung durch den NIH-Direktor. Dieses Regulierungssystem gestattet eine Genehmigung von gentechnischen Forschungsprojekten innerhalb weniger Tage, vermeidet Bürokratie und gewährleistet Sicherheit der menschlichen Gesundheit und Schutz der Umwelt. Das Regulierungssystem ist außerordentlich flexibel und erlaubt eine rasche Anpassung an den Stand von Wissenschaft und Technik.

Das Regulierungssystem der Vereinigten Staaten trennt (1) die Überprüfung und Genehmigung gentechnischer Arbeiten durch das lokale IBC von (2) rechtlichen Vorschriften zum Bau und zur Ausstattung von Laboratorien und Produktionsanlagen, einschließlich gentechnischen Anlagen, durch die zuständigen staatlichen und städtischen Behörden und (3) von der Produktzulassung durch bundesstaatliche Behörden. Die NIH-Richtlinien zum Umgang mit GVO im geschlossenen System und die Vorschriften für Freilandversuche des Landwirtschaftsministeriums beschreiben gleichzeitig den Stand von Wissenschaft und Technik.

Aus den inzwischen gesammelten Erfahrung der amerikanischen Überwachungsbehörden mit gentechnisch veränderten Organismen ergaben sich *keine* Hinweise

---

[33] Unterschiedliche Verfahren zur Anwendung von GVO außerhalb von Gewächshäusern
A. Freilandversuche, die eine Genehmigung benötigen.
B. Freilandversuche die angezeigt werden müssen.
C. Freilandversuche, die nicht unter Regulierungen fallen.
D. Vermarktung von transgenen Pflanzen.

3.17 Rechtliche Rahmenbedingungen

dafür, daß einzigartige Gefährdungspotentiale durch die Anwendung von gentechnischen Methoden oder durch den Austausch von Genen zwischen nicht-verwandten Organismen auftreten. Diese Betrachtungsweise und die Erfahrungen werden von Hochschulen und Industrie in Europa geteilt. Neben der politischen und finanziellen Unterstützung durch die Regierung, hat die wissenschaftsorientierte Regelung des Umgangs mit GVO wesentlich zum raschen Fortschritt der modernen Biotechnologie und zur Führungsrolle der Vereinigten Staaten auf diesem Gebiet beigetragen. Es wird dabei klar demonstriert, daß dieses System der Selbstverantwortung und der freiwilligen Einhaltung von sachgerechten Richtlinien fähig ist, Sicherheit zu garantieren und gleichzeitig den wissenschaftlichen Fortschritt zu fordern.

Im Gegensatz zur Bundesrepublik Deutschland, in der ordnungspolitische Belange in der Regel durch Gesetze und Verordnungen geregelt werden, wird in den Vereinigten Staaten vieles der Eigenverantwortung von Betreibern von Forschungseinrichtungen und Produktionsanlagen überlassen. Gesetzliche Vorschriften in der Bundesrepublik sind in der Regel mit Bußgeldern oder sogar Strafen belegt, um ihnen Nachdruck im Vollzug zu verleihen. Der entsprechende Nachdruck bei den in Eigenverantwortung umgesetzten, nicht allgemein verbindlichen Richtlinien, Empfehlungen oder "Points to Consider" nach dem Stand von Wissenschaft und Technik in sicherheitsrelevanten Bereichen entsteht in den Vereinigten Staaten durch das *Haftungsrecht*. Der Betreiber muß mit allen Mitteln dafür sorgen, daß Möglichkeiten für Unfälle und Schädigungen Dritter verhindert werden und er Beschuldigungen von Versäumnissen oder gar Fahrlässigkeit abwehren kann, da in solchen Fällen mit hohen haftungsrechtlichen Ansprüchen gerechnet werden muß. Amerikanische Gerichte erkennen bei gerechtfertigten Ansprüchen in der Regel auch sehr hohe Schadensersatzsummen zu. Dazu kommt, daß bei amerikanischen Gerichtsverfahren keine Gerichtskosten anfallen und amerikanische Rechtsanwälte Erfolgshonorare absprechen dürfen, so daß für einen Kläger keinerlei finanzielle Prozeßrisiken auftreten.

Das amerikanische Regulationssystem für die Gentechnik ist hinsichtlich Flexibilität, Berechenbarkeit, kurzer Genehmigungszeiten von Forschungsarbeiten und rascher Anpassung an wissenschaftliche Erkenntnisse pragmatisch, sachgerecht und stärkt damit die Wettbewerbsfähigkeit von Hochschulen und Industrie.

Im Gegensatz dazu spiegeln die europäischen Regulierungen die Ansicht der EG-Kommision wieder, daß für die Anwendung der Gentechnik - ohne Ausnahme - eine für gentechnische Methoden spezifische staatliche Überwachung und Kontrolle erforderlich sei[34]. Es ist schwer vorstellbar, daß das schwerfällige Regulierungssystem der europäischen Union Wettbewerbsfähigkeit für Hochschulen und Industrie gewährleisten oder dem wissenschaftlichen Fortschritt in der kürzest möglichen Zeit angepaßt werden könnte. Es muß daher durch ein Regulierungssystem ersetzt werden, das sich an den Charakteristika und Eigenschaften der gentechnisch veränderten Organismen und ihrer Produkte orientiert und nicht an den Methoden, mit denen sie hergestellt werden.

---

[34]EG-Richtlinien 90/219/EWG und 90/220/EWG

Japan folgt der "amerikanischen Philosophie", daß nämlich die Gentechnik als Verfahren keine inhärenten Risiken und Gefahren berge. Dies hat zur Folge, daß *biotechnische Produkte* einer gesetzlichen Überwachung unterliegen und nicht die Verfahren, mit denen sie hergestellt werden. Forschungsarbeiten an Hochschulen und Industrie werden in *Eigenverantwortung* der betreffenden Institutionen entsprechend der von verschiedenen Ministerien erlassenen Richtlinien genehmigt und kontrolliert. Gesetzliche Vorschriften zur Freisetzung von GVO sind im Jahre 1990 von der Umweltbehörde vorgeschlagen worden. Sie sind jedoch mit der Begründung einer unangemessenen Diskriminierung der japanischen Biotechnologie zurückgewiesen worden, da gesetzliche Grundlagen zur Gewährleistung der Produktsicherheit vorhanden seien.

3.17.3 Änderung der EG-Richtlinien

Zur Realisierung von industriepolitischen Grundsätzen in Anlehnung an die amerikanische Politik, zur Gewährleistung von Wettbewerbsfähigkeit und zur Förderung und Ausbau der Biotechnologie als Zukunftstechnologie ist ein grundsätzlicher Wandel der europäischen Einstellung zur Gentechnik notwendig. Die notwendige Förderungspolitik muß weiterhin durch politische und gesetzliche Maßnahmen abgestützt werden, wobei insbesondere eine grundlegende Änderung der Regulationsstruktur der europäischen Union (EU) zur Gentechnik mit Änderung der relevanten EU-Richtlinien im Vordergrund stehen muß, um die Möglichkeiten zur Nutzung der Biotechnologie in der Bundesrepublik zu verbessern und neue wirtschaftliche Ressourcen für die Zukunft zu erschließen. Im Interesse der freien Entfaltung von Wissenschaft und Wirtschaft erscheinen langfristig auch allgemeine internationale Regelungen erforderlich, die zu einer weltweiten Angleichung der Rahmenbedingungen führen.

Die rechtlichen Rahmenbedingungen zur Nutzung der Gentechnik in Europa basieren auf zwei EG-Richtlinien (Richtlinie 90/219/EWG und 90/220/EWG), die beide gentechnikspezifisch sind. Diese Richtlinien spiegeln die Ansicht der EU-Kommission wieder, daß für die Anwendung der Gentechnik - und zwar ohne Ausnahme - eine für gentechnische Methoden und Verfahren in Forschung und Produktion spezifische staatliche Überwachung und Kontrolle erforderlich sei. Es ist schwer vorstellbar, daß diese methodenspezifischen Regulierungen der europäischen Union Wettbewerbsfähigkeit gewährleisten und dem wissenschaftlichen Fortschritt in der kürzest möglichen Zeit angepaßt werden könnten. Dieses schwerfällige und behindernde Regulierungssystem muß durch ein neues Regelungssystem ersetzt werden, das sich an realen Risiken orientiert, d.h. an den Eigenschaften von GVO und der regulierenden Produkte und nicht an den Methoden, mit denen sie hergestellt werden. Die europäische Union betrachtet Gentechnik immer noch als eine gefährliche Technologie, obwohl in den beiden letzten Dekaden in tausenden von Laboratorien und Produktionsanlagen bei abertausenden von gentechnischen Experimenten kein gentechnikspezifischer Unfall aufgetreten ist (Schlumberger 1993).

3.17 Rechtliche Rahmenbedingungen

Erstaunlicherweise werden die Rahmenbedingungen für Biotechnologie im Bereich der pharmazeutischen Forschung und Entwicklung durch die europäische Umweltbehörde (DG XI) bestimmt - eine Entwicklung, die durch die Dominanz von Nichtfachleuten gefährlich für den wissenschaftlichen Fortschritt und die Wettbewerbsfähigkeit der Pharmaindustrie ist. Es ist schwer verständlich, warum die medizinische Forschung von einer Behörde überwacht werden soll, die den Schutz der Umwelt zum Ziel hat. Darüber hinaus ist es auch nur schwer vorstellbar, daß diese Behörde in der Lage sein soll, den Fortschritt einer Schlüsseltechnologie zu fördern und zu unterstützen, die sie grundsätzlich für kastastrophenträchtig hält.

Um zu verhindern, daß Forschung und Industrie der Europäischen Gemeinschaften gegenüber den USA und Japan weiter ins Hintertreffen geraten, ist es erforderlich, die System- und Freisetzungsrichtlinien hinsichtlich der daraus erwachsenden administrativen Lasten und Beschränkungen entsprechend der Grundsatzerklärung der Kommission (Kommission der EG 1991) von 1991 eine Politik zu betreiben, die die Richtung der Regulierung und ihre Grenzen bestimmt. Die Kommission drückt darin klar ihre Absicht aus, ein *berechenbares* Klima zu schaffen, in dem die Industrie sicher arbeiten und sich entwickeln kann. Die Politik der Europäischen Union sei im Hinblick auf die Biotechnologie eindeutig auf den Binnenmarkt gerichtet: "Das Zustandekommen des Binnenmarktes auch für die Biotechnologie im wesentlichen vor allem von zwei Dingen ab: einem gemeinschaftsweiten Rechtsrahmen und der industriellen Anwendung von Normen".

Die Kommission hat weiter in ihrem kürzlich veröffentlichten Weißbuch (Kommission der EG 1993) zur Biotechnologie erklärt: *"Die Sicherheit der Anwendungen der neuen Biotechnologie erfordert einen ordnungspolitischen Rahmen, um die Harmonisierung, Unbedenklichkeit und öffentliche Akzeptanz zu gewährleisten. Allerdings wird das derzeitige horizontale Konzept von den Wissenschaftlern und der Industrie nicht positiv beurteilt, da es für die Grundlagenforschung und die angewandte Forschung sowie deren Verbreitung Sachzwänge mit sich bringt und sich somit auf die Wettbewerbsfähigkeit der Gemeinschaft ungünstig auswirkt."*

Das zukünftige europäische Konzept zur Regulierung der Biotechnologie muß risikobezogen sein und sich auf die Eigenschaften der biotechnologischen Produkte beziehen anstatt auf das Produktionsverfahren. Die Abkehr von der These, da moderne Biotechnologie gefährlich sei, ermöglicht die Konzentration auf wirkliche Risiken, nämlich die, die von Produkten ausgehen können und die nicht abhängig von der Art ihrer Herstellung sind. Dies würde auch den Weg zu sachlicheren und weniger belastenden Regelungen freimachen und würde vor allem die Wettbewerbsfähigkeit mit den Ländern ermöglichen, in denen eine rationalere Einstellung zur Überwachung der Biotechnologie und ihrer Produkte herrscht.

Das Ziel eines Rechtsrahmens für die Biotechnologie in Europa muß die Förderung des wissenschaftlichen Fortschritts und des wirtschaftlichen Wachstums durch den verantwortungsbewußten Einsatz von neuen Techniken sein. Aus diesem Grunde darf der Rechtsrahmen in seinen Grundzügen nicht belastend sein und muß sich auf bewährte Prinzipien der Zulassungs- und Genehmigungspraxis gründen. Durch die europäischen Regulierungen sind aber noch immer alle Stufen der

Wertschöpfung - Grundlagenforschung, Entwicklungsforschung, Produktion und Vermarktung - von dieser Regulierung betroffen.

Im Rahmen der Novellierung des Gentechnikrechts hat der Bundestag (Deutscher Bundestag (1992) die Bundesregierung aufgefordert mit der Kommission über Änderungen der EU-Richtlinien zur Gentechnik zu verhandeln um die Wettbewerbsfähigkeit der deutschen Industrie wieder herzustellen. In ähnlicher Weise hat sich das britische Oberhaus aufgrund umfangreicher Untersuchungen zu den Wettbewerbsbedingungen der britischen Biotechnologie-Industrie geäußert und insbesondere die rasche Änderung der entsprechenden EU-Richtlinien gefordert (House of Lords 1993).

In einer Stellungnahme hat der Verband der Chemischen Industrie (VCI) die *Änderung der EG-Richtlinien 90/219/EWG und 90/220/EWG* in zwei Stufen vorgeschlagen, die im Folgenden wiedergegeben sind:

Allgemein

Im Zusammenhang mit der Novellierung des deutschen Gentechnikgesetzes hat die chemische Industrie auch gefordert, die EG-Richtlinien zur Gentechnik im Grundsatz zu ändern. Notwendige Anpassungen hierfür sollten deshalb sowohl beim Regelungsinhalt ansetzen, als auch den internationalen Stand in Wissenschaft und Technik berücksichtigen. Zudem sollen mit diesen Änderungen für die Biotechnologie in Europa Rahmenbedingungen geschaffen werden, wie sie derzeit für die beiden anderen Triaderegionen gelten.

Eine *grundlegende Änderung* der entsprechenden EG-Richtlinien impliziert unseres Erachtens

- entsprechend dem "one key - one door" -Prinzip Regelungen zu konzipieren, die die Zulassung der Produkte ausschließlich an den bewährten Kriterien Qualität, Sicherheit und Wirksamkeit ausrichtet und nicht durch das Herstellungsverfahren oder dessen Genehmigung charakterisiert sind und
- ein Regelungskonzept zu etablieren, das nur den Umgang mit pathogenen Organismen (natürlich oder rekombinant) umfaßt.

Wie über zwanzigjährige Erfahrungen in Forschung und Produktion belegen, gibt es keine Grundlage dafür, gentechnische Herstellungsverfahren und klassische biotechnologische Herstellungsverfahren unterschiedlich zu beurteilen.

Hier besteht ein grundlegender Änderungsbedarf. Sowohl die EG-Kommission als auch die Bundesregierung haben sich z.B. im Arzneimittelbereich zur Festlegung eines Gemeinschaftsverfahrens für die Genehmigung und Überwachung von Human- und Tierarzneimitteln und zur Schaffung einer Europäischen Agentur für die Beurteilung von Arzneimitteln auf eine produktorientierte Regelung festgelegt.

Wenn diese grundsätzlichen Änderungen der Regulierungsstruktur aus politischen Gründen nicht möglich sind oder nur langfristig realisiert werden könnten, sollten die folgenden Änderungen zur Erleichterung und Vereinfachung der Verwaltungs-

3.17 Rechtliche Rahmenbedingungen

verfahren zur Wiederherstellung der Wettbewerbsfähigkeit Europas auf dem Gebiet der Biotechnologie forciert werden.

Wesentliche Änderungen

Die deutsche chemische Industrie hält den unter 1. aufgeführten Änderungsvorschlag für den besseren Weg, die Chancengleichheit der Industrieregionen zu sichern. Um kurzfristig aber zumindest praktikable Regelungen anwenden zu können, müssen die geltenden EG-Richtlinien einige maßgebliche Änderungen erfahren. Hierzu gehören:

Richtlinie 90/219/EWG:

1. Streichung von nichtpathogenen Organismen der Gruppe I. Beschränkung des Anwendungsbereiches der Richtlinie auf pathogene Organismen.
2. Unterscheidung zwischen "echten" (Herstellung) und "fiktiven" (Lagerung, Transport, Entsorgung) gentechnischen Arbeiten und Erlaß von vereinfachten Vorschriften für die zweitgenannte Kategorie.

Richtlinie 90/220/EWG:

1. Einführung des Prinzips "Rückholbarkeit" und Etablierung von vereinfachten Verfahren für Organismen, die diesem Prinzip genügen.
2. Einführung von vereinfachten Genehmigungsverfahren für Freilandversuche mit Organismen, bei denen weltweit ausreichende Erfahrungen vorliegen.
3. Klarstellung, daß die experimentelle Erprobung (klinische Entwicklung) von Lebendimpfstoffen an Mensch und Tier nicht als Freisetzung anzusehen ist.
4. Streichung von Teil C der Richtlinie und Regelung, soweit erforderlich, in den horizontalen, produktspezifischen Vorschriften.

Änderungen im Einzelnen

Über die unter 2. aufgeführten maßgeblichen Änderungen hinaus müssen weitere Änderungen an einzelnen Vorschriften, wie nachfolgend aufgeführt, erfolgen.

Richtlinie 90/219/EWG:

1. Artikel 2 d):Die Worte "die in kleinem Maßstab (z.B. 10 Liter Kulturvolumen oder weniger) durchgeführt werden" werden gestrichen.
2. Artikel 4:Unterteilung der Mikroorganismen der Gruppe II in die Stufen 2, 3 und 4 (entsprechend der nunmehr geänderten Arbeitnehmerschutz-Richtlinie 90/679/EWG).

3. Artikel 8 und Artikel 10 Absatz (1): Bei erstmaligen Arbeiten der Sicherheitsstufe 2 zu Forschungszwecken wird die Genehmigungspflicht durch eine Anmeldepflicht ersetzt.
4. Artikel 8 und Artikel 10 Absatz (2): Bei erstmaligen Arbeiten der Sicherheitsstufe 2 zu gewerblichen Zwecken wird die Genehmigungspflicht durch eine Anmeldepflicht ersetzt.
5. Artikel 10 Absatz (1) und Artikel 11 Absatz (5) a): Bei weiteren gentechnischen Arbeiten der Sicherheitsstufe 2 zu Forschungszwecken wird die Anmeldepflicht durch eine Anzeigepflicht ersetzt.
6. Artikel 10 Absatz (2) und Artikel 11 Absatz (5) d): Bei weiteren gentechnischen Arbeiten der Sicherheitsstufe 2 zu gewerblichen Zwecken wird die Anmeldepflicht durch eine Anzeigepflicht ersetzt.
7. Artikel 13: Eine mögliche Beteiligung der Öffentlichkeit bei Anhörungen im Genehmigungsverfahren sollte auf Arbeiten der Sicherheitsstufen 3 und 4 beschränkt werden.
8. Artikel 14: Notfallpläne müssen dem Schutzziel der Richtlinien genügen und insbesondere das Einzelfallrisiko berücksichtigen. Entsprechende Vorschriften sollten deshalb vor allem die Sicherheitsstufen 3 und 4 betreffen. Auch muß klargestellt werden, daß innerbetriebliche Notfallpläne dagegen von der zuständigen Behörde erstellt werden müssen.
9. Artikel 19 Absatz (4): Die in Richtlinien geforderten Angaben sind nicht dafür geeignet, Betriebs- und Geschäftsgeheimnisse angemessen zu wahren. Soweit relevante Sicherheitsaspekte nicht tangiert werden, sollten deshalb Angaben zum GVO bzw. Ort und in der gentechnischen Anlage beschäftigte Verantwortliche auf ein Minimum reduziert werden.
10. Anhang I B Nr. 2: Der Begriff "somatischer tierischer Hybridomazellen" ist durch den Begriff "somatischer tierischer und menschlicher Hybridomazellen" zu ersetzen.
11. Anhang I B Nr. 4: Es werden folgende Worte hinzugefügt: "sowie Selbstklonierung natürlicherweise vorkommender Mikroorganismen".
12. Anhang II B Nr. 3: Es werden folgende Worte hinzugefügt: "sowie Zellfusionen von Mikroorganismen, die natürlicherweise vorkommen".
13. Anhang II B, Kriterien: Die Kriterien für die Klassifizierung der GVO Gruppe I sollten dem Stand der Technik (vgl. OECD 1992) entsprechen.

Richtlinie 90/220/ EWG:

1. Artikel 2 Nr. 5: Es wird folgender Satz hinzugefügt: "Der internationale Probenaustausch zu Forschungszwecken ist genehmigungsfrei und gilt nicht als Inverkehrbringen."
2. Artikel 5 Nr. 3 und 5: Es wird folgender Satz hinzugefügt: "Dies gilt insbesondere für die Freisetzung von Pflanzenpopulationen an verschiedenen Orten und möglicherweise verschiedenen GVO, die dem gleichen Zweck dienen oder Teile des gleichen Forschungsprogramms darstellen."

3.17 Rechtliche Rahmenbedingungen 411

3. Der mit dem Wort "dabei" beginnende Nachsatz ist zu streichen. Begründung: Alle Freisetzungsexperimente sind dem Forschungsbereich zuzuordnen. Hierbei gewonnene Erkenntnisse müssen nicht zwingend zu einer kommerziellen Nutzung führen. Eine möglicherweise vom Anmelder intendierte kommerzielle Anwendung ist Gegenstand eines einzureichenden Antrags für das Inverkehrbringen von Produkten, die GVO enthalten oder aus solchen bestehen.
4. Artikel 9 Absatz (4) (neu): Nach Absatz (3) wird folgender Absatz (4) eingefügt: "Bei Anwendung des vereinfachten Verfahrens entfällt die Mitsprache der Mitgliedstaaten; sie wird durch eine Mitteilungspflicht ersetzt."

3.17.4 Standortentscheidungen

Entscheidungen über Forschungs- und Produktionsstandorte sind außerordentlich komplex. In einem international tätigen Unternehmen sind es in erster Linie *strategische Aspekte,* die für die Entscheidung eines Forschungs- oder Produktionsstandortes ausschlaggebend sind. Es ist für deutsche chemisch-pharmazeutische Unternehmen heute unabdingbar, in den größten Märkten - USA und Japan - auch mit ihrer Forschung präsent zu sein. Sie sind also die konsequente Umsetzung einer weltweit ausgerichteten Unternehmensstrategie. Standortentscheidungen - z.B. die Errichtung einer Produktionsanlage - werden durch Entscheidungskriterien wie Marktnähe, Marktgröße, Qualität der regional verfügbaren Infrastruktur, Verfügbarkeit von qualifiziertem Personal, wissenschaftliches Umfeld, steuerliche Bedingungen und letztlich auch der rechtliche Rahmen und die Praxis des behördlichen Vollzugs, bestimmt.

Es ist aber keineswegs so, daß rechtliche Rahmenbedingungen für Standortenscheidungen *keine* Rolle spielten, wie u.a. auch im sogenannte "Fraunhofer-Gutachten" ((Hohmeyer et al. 1993) behauptet wurde. Diese irreführende Feststellung basiert offensichtlich nur auf den Aussagen befragter amerikanischer Unternehmen - deutsche Firmen sind nach ihrer Auffassung zu diesem Thema nämlich nicht gefragt worden[35]. Daß amerikanische Firmen unter ihren rechtlichen Rahmenbedingungen zur Regelung von Forschung, Entwicklung und Produktion keine größeren Probleme haben, ist möglicherweise einer der Gründe, warum sich deutsche Firmen in den USA angesiedelt haben.

Welche Rolle rechtliche Rahmenbedingungen und eine nicht-kalkulierbare Bürokratie spielen können, soll an der Standortentscheidung der Bayer AG, den Faktor VIII in den USA zu produzieren, erläutert werden: Im Jahre 1987 war das gentechnische Produktionsverfahren für den Blutgerinnungsfaktor VIII soweit entwickelt, daß mit der Planung einer Produktionsanlage begonnen werden konnte. Als Standorte für eine solche Anlage standen in den USA Berkeley und in der

---

[35] siehe Berariu et al (1993) Bewertung des ISI-Gutachtens. In: Materialiensammlung zu diesem Band. Diese kann kostenlos angefordert werden bei: Akademie für Technikfolgenabschätzung, Bereich Biotechnologie/Ökologie/Medizin, Industriestraße 5, 70565 Stuttgart

Bundesrepublik Wuppertal zur Auswahl. Alle Voraussetzungen für eine Produktion waren an beiden Standorten gleich, nur die Dauer des Genehmigungsverfahrens für Bau und Betrieb einer Gentechnikanlage in Deutschland war damals nicht voraussehbar. Die Entscheidung fiel deshalb für die USA. Die Genehmigung zum Bau der Anlage wurde dort nach sorgfältiger Prüfung durch die lokalen Behörden innerhalb von 10 Monaten erteilt. Solche Entscheidungen legen natürlich einen Standort für einen langen Zeitraum fest, da *ein* Produkt allein die für eine Produktionsanlage notwendigen Investitionen von 150 - 200 Millionen US-$ in der Regel nicht erwirtschaften kann. Folgeprodukte mit gleicher oder ähnlicher Herstellungstechnologie sind damit langfristig an diesen Standort gebunden.

Über die moderne Biotechnologie und Gentechnik hinaus sind für die wirtschaftliche Entwicklung in Deutschland *langfristig kalkulierbare Rahmenbedingungen* notwendig. Es darf nicht sein, daß beispielsweise die Kostendämpfung im Gesundheitswesen allein auf Kosten der forschenden Industrie, d.h. der die Innovation tragenden Arzneimittelfirmen, erzwungen wird. Es ist von der Industrie auch nicht zu verkraften, wenn z.B. der Pharmamarkt in Deutschland alle zwei bis drei Jahre durch eine grundlegende Reform des Gesundheitswesens völlig umgewälzt wird. Unter solchen Bedingungen kann Pharmaforschung in Deutschland nicht mehr im bisherigen Umfang aufrechterhalten oder weiter ausgebaut werden (Wenninger 1994).

Ein effektives *Regulierungssystem*, das ein Teil einer neuen Technologie sein muß, muß wirtschaftlich ermutigend sein, darf Forschung und den wissenschaftlichen Fortschritt nicht behindern und sollte sich an bewährten Prinzipien der Regulierungspraxis anlehnen. Gesetzliche Vorschriften zur Kontrolle und Überwachung der Biotechnologie müssen darüber hinaus auf anerkannten wissenschaftlichen Fakten beruhen und vom Vollzug her klar gestaltet werden, d.h. es muß klar sein, was betroffen und - ebenso wichtig - was nicht betroffen ist. Es ist allerdings nicht so sehr die *Komplexität der Vorschriften* oder des Rechtssystems, in das sie eingebettet sind, die Behinderungen verursacht, sondern eine unberechenbarer Vollzug und eine unüberschaubare Bürokratie. Mit anderen Worten: es muß ein hoher Grad von *Kalkulierbarkeit* der Genehmigungs- und Überwachungsverfahren gewährleistet sein, wenn Investitionen in einem Land getätigt werden sollen. In den Vereinigten Staaten ist diese Kalkulierbarkeit durch Deregulierung weiterhin verbessert worden.

Wenn ein beträchtlicher personeller und finanzieller Aufwand in eine Produktentwicklung investiert wird - im Falle der Arzneimittelentwicklung liegt der Investitionsaufwand in der Größenordnung von 250 bis 450 Millionen DM über einen Zeitraum von etwa 8 bis 12 Jahren - müssen klare Vorstellungen über die damit verbundenen Risiken vorliegen und gute Chancen dafür bestehen, daß diese Investitionen auch wieder erwirtschaftet werden können. Bei derart zeitaufwendigen und kapitalintensiven Produktentwicklungen ist natürlich niemand daran interessiert in ein Projekt zu investieren, dessen Endergebnis nicht kalkulierbar ist. Es bleibt dabei noch genügend unternehmerisches Risiko im Markt übrig, das durch unklare und nicht kalkulierbare Rechtsvorschriften und eine unberechenbare Bürokratie nicht noch weiter vergrößert werden muß. Dieses Risiko umfaßt auch den Verlust

3.17 Rechtliche Rahmenbedingungen

von potentiellen Produkten wahrend der klinischen Prüfungsphasen, da in der Regel nur etwa 10 % der in der klinischen Prüfphase I befindlichen Wirksubstanzen den Markt erreichen. Dies gilt auch für biotechnologisch hergestellte Produkte, insbesondere dann, wenn neue Therapieprinzipien[36] entwickelt werden und nicht - wie in der Anfangsphase der Gentechnik - die Produktionsmethode für etablierte Therapieprinzien geändert wird[37].

Für die Genehmigung und den Betrieb von chemischen Anlagen in Deutschland, wo mehr als 2.000 Gesetze, Verordnungen, Erlasse, Technische Anleitungen und andere Vorschriften zu beachten sind, ist eine Kalkulierbarkeit der Genehmigungen nicht mehr gegeben. Der auch weiterhin ungebrochene, fast exponentielle Anstieg der Zahl technologiewirksamer Rechtsvorschriften ist ein sichtbarer Ausdruck der Einengung von innovativen Freiräumen (Büchel 1993a). Erfolgreiche industrielle Forschung manifestiert sich augenfällig in Investitionen für neue Produktionsanlagen. Auch hier betätigt sich staatliche Bürokratie durch überlange Genehmigungsverfahren als wirksame Innovationsbremse; dies gilt in Ähnlicher Weise auch für die Zulassung von neuen Produkten[38].

Ein wichtiges Ziel der chemischen Industrie muß es heute und in der Zukunft sein, vor allem Arbeitsplätze in technologisch innovativen Bereichen wie Pharma, Veterinärmedizin oder Pflanzenschutz zu sichern und neu schaffen. In diesem Industriezweig, der von Strukturproblemen auf den Chemikalien- und Kunststoffmärkten schwer betroffen ist, kommt diesem Ziel eine essentielle Bedeutung zu. Die 'Life Science'-Bereiche der chemischen Industrie hängen in der Zukunft in hohem Maße von den Fortschritten der modernen Biotechnologie - Molekularbiologie, Zellbiologie und Gentechnik - ab (Abb. 1).

Neben ihrer Bedeutung als Produktionsmethode und zur Erzeugung von transgenen Pflanzen und Tieren hat die moderne Biotechnologie im letzten Jahrzehnt in den biomedizinischen Wissenschaften erhebliche Bedeutung als "Forschungswerkzeug" gewonnen. So können beispielsweise mit neuen molekularen und zellbiologischen Methoden Regulationsmechanismen der Zelle und molekulare Pathomechanismen von bislang nicht therapierbaren Krankheiten aufgeklärt werden. Mit neuen Erkenntnissen zu den Krankheitsmechanismen können Testsysteme und Testmodelle entwickelt werden, mit denen neue Wirkstoffe für Arzneimittel aufgefunden und charakterisiert werden. Die mit diesen neuen methodischen Ansätzen gefundenen Wirksubstanzen sind aber keineswegs nur biogene Stoffe, sondern werden

---

[36] z.B. gewebsspezifischer Plasminogenaktivator (TPA), Interleukin 2

[37] z.B. Insulin, Faktor VIII

[38] *Dazu der Umweltminister des Landes Nordrhein-Westfalens (Matthiesen K: Herbst 1992): "Das Ziel, unsere Marktwirtschaft nicht nur sozial auszugestalten, sondern sie auch ökologisch zu orientieren, also eine ökologisch soziale Markwirtschaft zu schaffen, kann nicht realisiert werden, wenn die Marktwirtschaft Tag für Tag dadurch konterkariert wird, in dem man sie mit zunehmender Regelungswut und Regelungdichte überzieht" und darüber hinaus "Wer die ökologisch soziale Marktwirtschaft will, ... bei gleichzeitiger Wahrung von Wettbewerbsfähigkeit ..... der muß auch aufhören über Abgabesysteme zu philosopohieren und sie zu entwickeln, die ausschließlich oder überwiegend der Finanzierung irgendwelcher Ausgaben dienen".*

auch weiterhin klassische organisch-chemische Wirkstoffe sein. Dies liegt u.a. auch daran, daß gentechnisch hergestellte Proteine sich in der Regel nur für die parenterale Anwendung eignen, die in vielen Fällen in der Therapie nur beschränkt einsetzbar ist.

Dieser zunehmend wichtiger gewordene gentechnische Forschungsbereich ist in Europa ebenfalls stark reglementiert. Der bürokratische Eingriff in die Grundlagenforschung hat in allen Disziplinen der Biowissenschaften erhebliche Konsequenzen, die derzeit noch gar nicht abzuschätzen sind. Die allgemeinen und die gesetzlichen Rahmenbedingungen in den USA und in Japan bieten eindeutige Wettbewerbsvorteile gegenüber Unternehmen in Europa, wo Projekte der Grundlagen- und Entwicklungsforschung durch Bürokratie erheblich belastet sind. In den USA und Japan haben Universitäten und die Industrie die Möglichkeit, zumindest ihre Forschungsprojekte mit Mikroorganismen, die keine oder nur geringe Risiken für Menschen und die Umwelt darstellen, in Eigenverantwortung und ohne Zeitverluste durchzufahren.

Ein starker und innovationsfreundlicher Industriestandort Deutschland ist deshalb gerade für die chemische und pharmazeutische Industrie von zentraler Bedeutung. Die Mehrzahl der großen Pharmafirmen betreiben in der Bundesrepublik immer noch ihre größten Forschungseinrichtungen und Produktionsanlagen. Hier werden jährlich noch ein erheblicher Teil der weltweiten Aufwendungen für die Forschung ausgegeben. Hier wird immer noch ein erheblicher Teil der weltweit vertriebenen Produkte erfunden, entwickelt und produziert.

Die erste Investitionsrunde der Gentechnik ist zweifellos an Deutschland vorübergegangen. Das bedeutet aber nicht, daß Deutschland als gentechnischer Produktionsstandort ein für alle mal aus dem Rennen ist. Es muß aber jetzt alles getan werden, daß Bedingungen geschaffen werden, um in der zweiten Runde mit dabei sein zu können. Aufgabe der Bildungspolitik ist es, zur Sicherung des Standorts Deutschland das gesellschaftliche Klima wieder innovations- und technikfreundlicher auszubauen und den Technologiedialog zwischen Staat, Industrie und Wissenschaft neu zu gestalten. Dazu stellt Bundeswirtschaftsminister Rexrodt (Süddeutsche Zeitung 8.6.1993) fest, daß Steuersenkung und weniger staatliche Regelungen notwendig seien, um die Investitionsbedingungen zu verbessern.

Zur Verbesserung der Bedingungen für die moderne Biotechnologie und ihrer Wettbewerbsfähigkeit gibt es noch erheblichen Handlungsbedarf, der Industrie, Politik und die übrigen industriepolitischen Akteure gleichermaßen herausfordert (Büchel 1993b):

1. Aktives Vorantreiben der *Deregulierung der EG-Richtlinien* zu Gentechnik;
2. es ist eine wirksame *Unternehmenssteuerreform* notwendig, die die für Innovationen nötige Kapitalbildungskraft der Unternehmen stärkt. Innovationen in Schlüsselindustrien sind für uns in Deutschland existentiell wichtig; sie dürfen nicht auch noch bestraft werden;
3. die überzogene, als deutscher Sonderweg betriebene *Umweltpolitik* hat zu erheblichen Wettbewerbsverzerrungen im Standortwettbewerb geführt. Sie muß sich künftig an internationalen Maßstäben ausrichten;

4. Die politisch Verantwortlichen müssen sich gemeinsam mit Wissenschaft und Industrie auch weiterhin um *Vertrauen* und *Akzeptanz* für Zukunftstechnologien, besonders für die moderne Biotechnologie, bemühen und sie unterstützen.

Der bei uns auf dem Gebiet der Bio- und Gentechnik notwendige Strukturwandel wird jedoch nicht kurzfristig erfolgen. Es ist eine längerfristige konzentrierte Initiative erforderlich, um aus dieser Krise herauszukommen. Ziel unserer Bemühungen muß es sein, Deutschland zu einem wettbewerbsfähigen und attraktiven Standort für die Nutzung der Gentechnik in Forschung und Produktion zu machen, mit vergleichbaren rechtlichen Rahmenbedingungen wie in den USA und Japan. Nur wenn dies gelingt, werden wir in der Lage sein, das Innovationspotential der modernen Biotechnologie auch am Standort Deutschland zu nutzen und damit zur Bewältigung des notwendigen Strukturwandels unserer Industrie beitragen. Damit muß die Bundesrepublik auch für ausländische Biotechnologiefirmen wieder so attratktiv werden, daß sie in unserem Lande wieder investieren, was in den letzten zehn Jahren nicht mehr geschehen ist.

Die rechtlichen Rahmenbedingungen für die Überwachung der Biotechnologie müssen deshalb den Wettbewerb in den Triaderegionen in viel stärkerem Ausmaß als bisher berücksichtigen und müssen, um auch einen fairen und gleichen Wettbewerb innerhalb der Europäischen Gemeinschaft sicherzustellen, nationale Gesetzgebung harmonisieren. Es ist allgemein akzeptiert, daß sachgerechte rechtliche Rahmenbedingungen gleiche Chancen bieten, damit dem Wettbewerb dienen und die Entwicklung einer Industrie fördern. Für die Überwachungsbehörden sind Rechtsvorschriften Mittel, durch die sichergestellt wird, daß industrielle Aktivitäten und Produkte sicher sind. Die Bedeutung und die Interpretation solcher Vorschriften und Regeln muß aber klar und eindeutig sein, um faire Chancen, Rechtssicherheit und Rechtsgleichheit zu gewährleisten.

Literatur

Ahl Goy P, Chasseray E, Duesing J (1993) Field trials of transgenic plants: an overview. Revised version of the article published by E. Chasseray and J. Duesing in AGRO Food INDUSTRY hi tech: No 4, July/August 1992. Update with data of trials carried out in 1992 (1993)

Büchel KH (1993a) Innovationsfähigkeit der deutschen Chemischen Industrie im internationalen Standortwettbewerb. Forum der Studiengesellschaft der DWT e.V., 7./8. Juni 1993, Bonn-Bad Godesberg

Büchel KH (1993b) Chancen, die es zu ergreifen gilt - Biotechnologie. 6. Technologiegespräch "Innovationsoffensive - Wege aus der Krise". Bundesverband der Deutschen Industrie e.V., Köln 18. November 1993

Bundestagsdrucksache (1989) 11/5622 v. 9.11., S.19. In: Hasskarl H (Hrsg) (1991) Gentechnikrecht. Textsammlung (Gentechnikgesetz und Rechtverordnungen), ECV Editio Cantor Verlag, Aulendorf, 2. Überarbeitete Auflage, S 15

Deutscher Bundestag, 12. Wahlperiode (1992) Beschlußempfehlung und Bericht des Ausschusses für Forschung, Technologie und Technikfolgenabschätzung (20. Ausschuß). Drucksache 12/3658 v. 6.12.

Erstes Gesetz zur Änderung des Gentechnikgesetzes vom 16. Dezember 1993. Bundesgesetzblatt Teil I (Nr. 67), 2059-2066 und 2067-2083 vom 21. Dezember 1993

Financial Times (1994) EU biotech market may be worth $94bn in 2000, 19.03.

Gesetz zur Regelung von Fragen der Gentechnik vom 20. Juni 1990. Bundesgesetzblatt Teil I S. 1080, (1990). In: Hasskarl H (Hrsg) (1991) Gentechnikrecht. Textsammlung (Gentechnikgesetz und Rechtverordnungen), ECV Editio Cantor Verlag, Aulendorf, 2. Überarbeitete Auflage, S 46ff.

Hasskarl H (Hrsg) (1992) Vereinbarkeit des Gentechnikrechts mit dem EG-Recht. "Mängelkatalog" der EG-Kommission/Stellungnahme der Bundesrepublik Deutschland. Pharm. Ind. 54:996-1001: Kommission der Europäischen Gemeinschaften SG(92) D/10908 - 91/2336: Brief der Kommission an die Bundesregierung vom 6. 8. 1992 und Stellungnahme der Regierung der Bundesrepublik Deutschland zum Schreiben der Kommission der Europäischen Gemeinschaften vom 06. August 1992 Nr. SG(92) D/10908 (07. 10. 1992).

Hasskarl H (Hrsg.(1993) Chancen und Risiken der Gentechnologie. Weitere parlamentarische Beratung Über Chancen und Risiken der Gentechnologie. Pharm. Ind. 55:7

Hohmeyer O, Hüsing B, Maßfeller S, Reiß T (1993) Gesetzliche Regelungen der Gentechnik im Ausland und praktische Erfahrungen mit ihrem Vollzug. Gutachten im Auftrag des Büros für Technikfolgenabschätzung des Deutschen Bundestags (TAB). Fraunhofer-Institut für Systemtechnik und Innovationsforschung, Karlsruhe, April

House of Lords, Select Committee on Science and Technology (1993) Regulation of the United Kingdom Biotechnology Industry and Global Competititveness. 7th Report, Session 1992 - 93, HL Paper 80, London: HMSO, 13 July

Kommission der Europäischen Gemeinschaften (1991) Förderung eines wettbewerbsorientierten Umfeldes für die industrielle Anwendung der Biotechnologie in der Gemeinschaft. Mitteilung der Kommission an den Rat und an das Europäische Parlament vom 15. April 1991 (sog. "Bangemann-Papier")

Kommission der Europäischen Gemeinschaften (1993) Wachstum, Wettbewerbsfähigkeit, Beschäftigung, Herausforderungen der Gegenwart und Wege ins 21. Jahrhundert. Weißbuch. Bulletin der Europäische Gemeinschaft, Beilage 6/93. Amt für amtliche Veröffentlichungen der Europäischen Gemeinschaften, L-2985 Luxemburg

Medley TL (1993) Regulation of Genetically Engineered Plants - Status Report. Vortrag bei der 'Biotechnology Industry Organization' Food and Agriculture Section, Washington, September 23

Meffert R (1992) Erste Erfahrungen mit dem Vollzug des Gentechnikgesetzes in Rheinland-Pfalz. Verw. Arch. III 30:463

Verband der Chemischen Industrie (VCI) Memorandum zur Gentechnik in Deutschland und Materialsammlung zum Memorandum zur Gentechnik in Deutschland.

Mossinghoff GJ (1994) Biotechnology Medicines. 1993 Survey. Presented by the Pharmaceutical Manufacturers Association

3.17 Rechtliche Rahmenbedingungen

Office of Science and Technology Policy (1986) Coordinated Framework for the Regulation of Biotechnology. Fed. Reg. 51: 23.302 , No 123 (June 26)

Rexrodt (1993) Der Standort Deutschland muß wieder "technologiefit" werden. Süddeutsche Zeitung (8.06.1993)

Office of Science and Technology Policy (1992) Exercise of Federal Oversight within the Scope of Statutory Authority: Planned Introductions of Biotechnology Products into the Environment. Fed. Reg. 57:6753, No. 39 (February 27)

Richtlinie des Rates (1993a) vom 23. April über die Anwendung genetisch veränderter Mikroorganismen in geschlossenen Systemem (90/219/EWG) Amtsblatt Nr. L117/1 vom 8. Mai 1990

Richtlinie des Rates (1993b) vom 23. April über die absichtliche Freisetzung genetisch veränderter Organismen in die Umwelt (90/220/EWG) Amtsblatt Nr. L117/15 vom 8. Mai 1990

Schlumberger HD (1993) Gesetzliche Rahmenbedingungen für die Biotechnologie und Wettbewerbsfähigkeit der pharmazeutischen Industrie in Europa. In: Becker FJ, CD Wielowksi (eds): Kangaroo Group Conference on "Health Changes and Needs in Europe in 2010: A Single Market in Medicines" Medical Trends Verlag Wissenschaft und Forschung, Solingen

Schlumberger HD, Brauer D (1994) Das Regulationsystem der USA zur Anwendung der Gentechnik in Forschung, Entwicklung und Produktion. Pharm. Ind. 56:28-45 und 144-148

Seesing H, Catenhusen WM, Schnittler C (Berichterstatter) (1992) Beschlußempfehlung und Bericht des Ausschusses für Forschung, Technologie und Technikfolgenabschätzung (20. Ausschuß) zur Unterrichtung durch die Bundesregierung - Drucksache 11/8520 - Bericht der Bundesregierung über die Umsetzung des Beschlusses des Deutschen Bundestages zum Bericht der Enquete-Kommission "Chancen und Risiken der Gentechnologie". Deutscher Bundestag, 12. Wahlperiode, Drucksache 12/3658 v. 6.11.

Wenninger W (1994) Erfolgreiche Forschung braucht stabilen Rahmen. In: Das Wertpapier (Düsseldorf)

Abbildungen

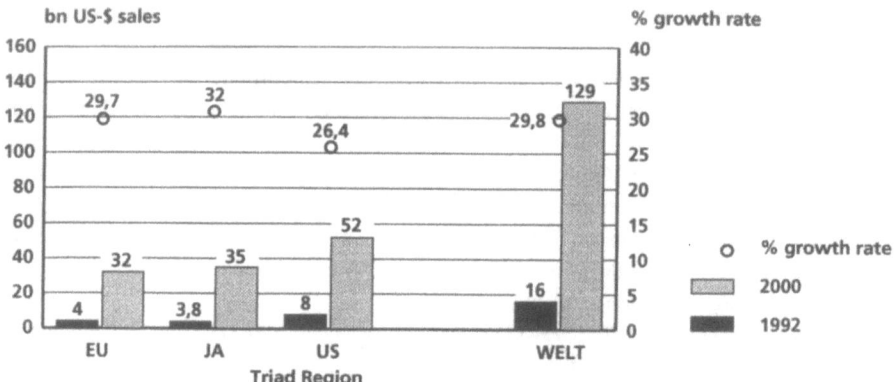

Abb. 1 Umsatzentwicklung 1992 bis 2000 von gentechnischen Produkten und Wachstumsraten in den Triade-Regionen Europa, Japan und USA (Komission der EG 1993)

Die Schätzung der EU-Kommission des Marktes der Europäischen Union im Jahr 2000 von 32 Mrd. $, wird durch die Schätzung der Financial Times (Financial Times 19.3.1994) mit einem Volumen von 94 Mrd $ deutlich übertroffen.

3.17 Rechtliche Rahmenbedingungen

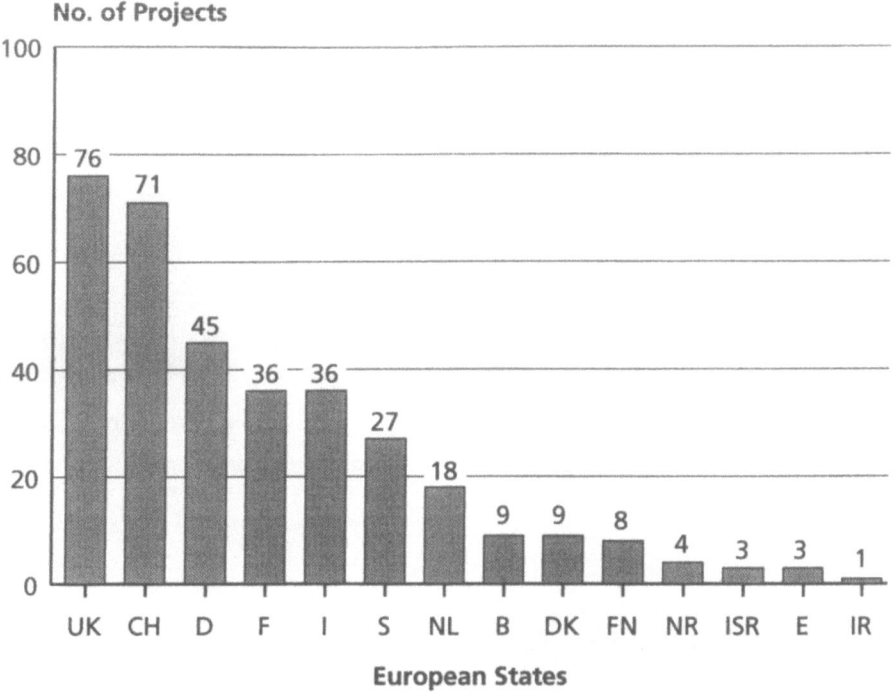

Abb. 2 Anzahl der strategischen Allianzen europäischer mit amerikanischen, vorwiegend kleiner und mittlerer „High-Tech"-Firmen in der Zeit von 1982-1991. Solche strategischen Allianzen umfassen Forschungs-, Entwicklungs- und Vermarktungskooperationen, Lizensnahmen und Firmenübernahmen.

Dibner, Bulluk: BFE 9: 628 (1992)   Prof. Schlumberger, Bayer AG (01/93)

Eine häufig gehörte Kritik ist der Vorwurf, daß die europäische und insbesondere auch die deutsche Industrie die moderne Biotechnologie völlig "verschlafen" habe und vor den Risiken einer neuen Technologie und ihrer Anwendungen zurückgeschreckt sei. Aus der Abbildung geht hervor, daß europäische Firmen zwischen 1982 und 1991 eine Vielzahl von Kooperationen mit amerikanischen Firmen etabliert und erhalten haben. Dahinter steckt eine klare Geschäfts- und Innovationsstrategie. Diese Strategie kann kurz so zusammengefaßt werden, daß jeder der Kooperationspartner sich auf das konzentriert, was er am besten kann und das vorhandene "Know-how" am besten genutzt werden kann. Die klassischen pharmazeutischen Firmen sahen ihre Stärke in der Entwicklung von Produkten und Produktionsmethoden, dem Marketing und dem weltweiten Vertrieb, die "High-Tech"-Firmen nutzten ihre Fähigkeiten mit den neuen Technologien, einem relativ kleinen Teilgebiet beispielsweise bei der modernen Arzneimittelentwicklung. Diese

Kooperationsstrategie wurde bewußt betrieben und ist besonders ausgeprägt in Ländern der Europäischen Union mit einer starken pharmazeutischen Industrie.

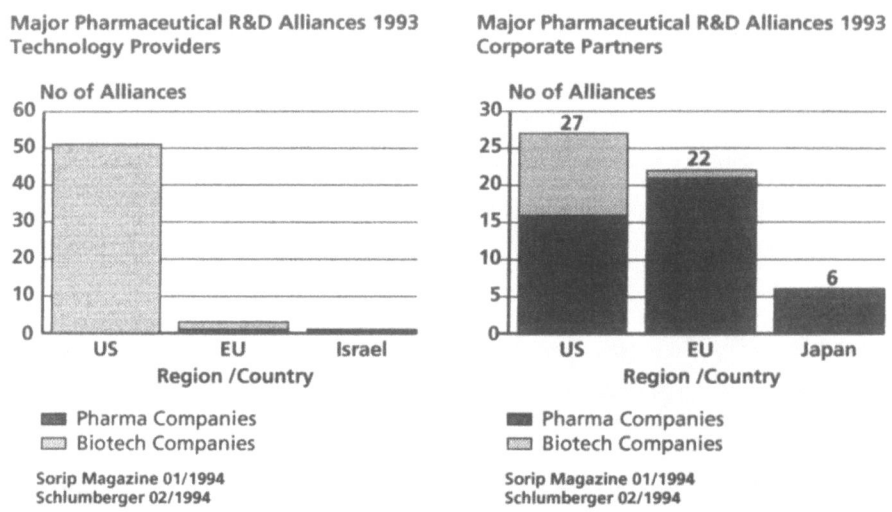

Abb. 3 Die bedeutendsten pharmazeutischen Forschungs- und Entwicklungskooperation 1993

Aus der Darstellung lassen sich die folgenden Schlußfolgerungen ziehen:

1. Technologielieferanten sind nahezu ausschließlich Biotechnologiefirmen;
2. Technologielieferanten sind vorwiegend Biotechnologiefirmen der Vereinigten Staaten;
3. Der Bedarf für neue Technologien und/oder Produkte der modernen Biotechnologie ist bei europäischen und amerikanischen Firmen gleich groß;
4. Große Biotechnologiefirmen der Vereinigten Staaten bauen Forschungs- und Entwicklungskooperationen mit kleinen, neugegründeten "High-Tech"-Firmen auf.

Europäische Pharmafirmen finden also ihren Weg, um neue Technologien zu erwerben und/oder Produkte der modernen Biotechnologie einzulizensieren. Unglücklicherweise müssen sie dies fast ausschließlich von amerikanischen Biotechnologiefirmen holen. Daraus folgt:

- Die amerikanische Biotechnologie-Industrie besitzt einen höheren Reifegrad als europäische Industrie.

3.17 Rechtliche Rahmenbedingungen

- Europäische Firmen konkurrieren mit amerikanischen Firmen um technische Ressourcen in den Vereinigten Staaten.

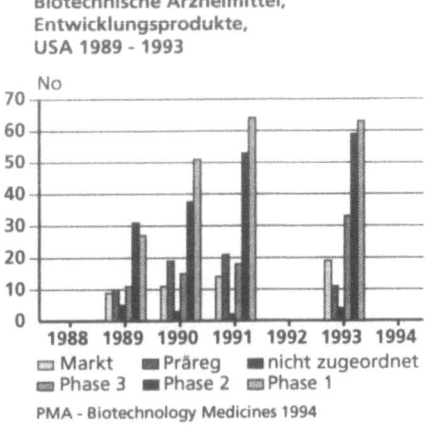
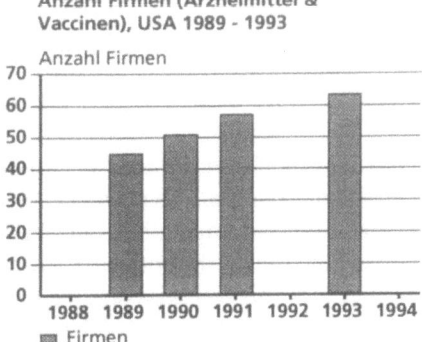

Abb. 4 Pharmazeutische Entwicklungsprodukte in den Vereinigten Staaten (Mossinghoff 1994)

In den USA waren 1993 rund 170 gentechnische Arzneimittel (Mossinghoff 1994) (verschiedene Wirkstoff in unterschiedlichen Indikationen), in Japan waren rund 50 und in Deutschland ca. 20 in Entwicklung. In den USA sind etwa 90.000 - 100.000 Personen in Gentechnik-Firmen beschäftigt (Ahl Goy et al. 1993; Medley 1993) eine Hochrechnung für Deutschland kommt gerade auf Tausend.

Weltweit gibt es bis 1992 rund 675 *Freilandversuche* mit *transgenen Pflanzen* an multiplen Standorten62, - 1993 waren es allein in den Vereinigten Staaten 570 genehmigte Versuche bei 1480 Standorten 63 - in Deutschland waren es 1992 noch nicht einmal zwei, 1993 waren es fünf. 1992 hatte unsere Nachbarn in Frankreich 112, Belgien 54, Großbritannien 42 und die Niederlanden 33 Freilandversuche mit transgenen Pflanzen durchgeführt (Hasskarl 1992).

3.18 Erfahrungen aus der Arbeit der Zentralen Kommission für Biologische Sicherheit

Prof. Dr. Gerd Hobom
Institut für Mikrobiologie, Universität Gießen, Frankfurter Straße 107, 35392 Gießen

Die Zentrale Kommission für Biologische Sicherheit arbeitet im Rahmen des Gentechnikgesetzes. Sie bewertet die einzelnen beantragten Projekte im Sinne einer Risikoanalyse und gibt Empfehlungen für die zu ergreifenden Sicherheitsmaßnahmen ab, entweder durch Einstufung in standardisierte Sicherheitsauflagen (S1 bis S4) oder durch eine analog formulierte spezifische Ausgestaltung der Risikovorsorge in besonderen Fällen. Die ZKBS nimmt auch abgelöst vom Einzelfall Stellung zu allgemeineren Fragen der Biologischen Sicherheit und berät die Bundesregierung und die Behörden in allen Fragen ihres Arbeitsgebietes. Entsprechend diesen Aufgaben ist sie mit Experten verschiedener einschlägiger Fachrichtungen und dazu mit Vertretern gesellschaftlich relevanter Gruppen besetzt (vgl. §4 GenTG). Durch die Bundeseinheitlichkeit ihrer Empfehlungen wirkt sie der oft beobachteten Divergenz der Länderbehörden in ihren Entscheidungen entgegen.

Auch wenn die Kommission damit in ihren Aufgaben durch das Gentechnikgesetz vom 1.7.1990 begründet ist, so hat sie doch in der Form des gleichnamigen Vorgänger-Gremiums die ihr übertragene Arbeit auch schon seit 1978 wahrgenommen (getragen von den Richtlinien zur Gentechnik) und geht letztlich auf die Asilomar-Konferenz von 1975 zurück. Damals empfahl - nach einem vorbereitenden Moratorium - die Gruppe der ersten gentechnisch arbeitenden Molekularbiologen bindende Sicherheitsregeln für die Anwendung der neu entdeckten Methoden der Gen- bzw. DNA-Kombination. Dies geschah aus dem damaligen, sehr begrenzten Wissensstand der molekularbiologischen Forschung heraus und mit Blick auf die tatsächlich erst durch diese Methoden erschlossenen Möglichkeiten eines gezielten Umgangs mit eukaryotischen Genen und deren Einführung in Bakterienzellen. Die Triebfeder der Vorsorge gegenüber möglichen Gefahren bei offenkundig begrenztem Wissen hat damals auch dazu geführt, daß die Sicherheitsauflagen zunächst sehr hoch angesetzt (und einige Experimente vorläufig ganz ausgeklammert) wurden, mit dem erklärten Ziel, diese Vorkehrungen schrittweise mit wachsendem Erkenntnisstand zu reduzieren.

Mit dieser sehr frühzeitigen Initiative unter den Wissenschaftlern wurden neue Standards in der verantwortungsbewußten Vorsorge bei technischen Innovationen gesetzt. Aber die in freiwilliger Bindung innerhalb der Wissenschaft gesetzten Arbeitsregeln konnten auch als Aufforderung an staatliche Stellen aufgefaßt werden, solche Richtlinien in rechtsverbindlicher Form vorzuschreiben, mit den dabei

3.18 Zentrale Kommission für Biologische Sicherheit

unvermeidlich entstehenden Unterschieden und Eigenmächtigkeiten einzelner Länder oder Regierungen, und mit dem dadurch begründeten Zugriff der Verwaltungen auf diesen oder am besten gleich alle neuen Forschungsansätze in der Biologie und Medizin. Diese Folgen - nach einem bekannten Artikel in der Frankfurter Allgemeinen Zeitung der 'Würgegriff auf die Gentechnik' - werden nun meist als schwere Bürde des Asilomar-Prozesses angesehen, auch wenn die damalige Initiative selbst und ebenso das Prinzip einer Regulierung gentechnischer Arbeiten innerhalb der Wissenschaft damals eine breite Zustimmung gefunden haben und auch heute noch finden.

Ausgehend von der Asilomar-Diskussion ist die Gentechnik auch in das Bewußtsein der breiteren Öffentlichkeit gebracht worden, zuerst vermittelt durch die Medien in den USA. Durch zwei für die Diskussion der Gentechnik in Deutschland auffallende Besonderheiten, zuerst ein sieben Jahre andauerndes Nichtwahrnehmen (1975-1982), und dann die Heftigkeit der Auseinandersetzungen seither wird doppelt belegt, daß die Informationspflicht der Medien hierzulande in besonders inkompetenter Weise wahrgenommen worden ist. Das gleiche läßt sich auch anhand einer Vielzahl einzelner Artikel oder Fernsehsendungen feststellen, die oft unzweideutig darauf ausgelegt sind nicht Informationen zu geben, sondern in ihrem Publikum Ängste zu erzeugen. Sie stehen darin im Gegensatz zu der Feststellung der Wissenschaft oder etwa der WHO, die schon 1983 resümierte, daß hier entgegen anfänglichen Überlegungen keine neuartigen oder spezifischen Sicherheitsrisiken existieren, die kausal erst durch die Gentechnik und ihre Methoden entstehen würden. Angst, die wie hier rein hypothetische Gefahren für gewichtiger hält als die realen Leistungen der Gentechnik gerade auch in den Sicherheitsstandards, ist jedoch eine schlechte Basis für eine objektive Meinungsbildung in einer mündigen Gesellschaft (für die sie ihre Bild- und Ton-Angeber offenbar nicht halten), und nur Urteile, die auf sachlichen und objektiven Urteilen gründen, können Schritte zu einer Konsensbildung darstellen.

In einem solchen Umfeld kann auch die Arbeit der ZKBS nicht freibleiben von (gezielten) Mißverständnissen, von Kontroversen mit einzelnen Länderbehörden und von Angriffen durch die Medien wie aus dem Publikum. Schon die nüchterne Darlegung, daß die Gentechnik - wie jeder technologische Prozeß - unstreitig ein gewisses Risiko beinhaltet, das hier aber in seinem Grundcharakter so gut wie ausschließlich von den bei der Genkombination verwendeten Komponenten ausgeht, und eben nicht von dem Vorgang der Neukombination zwischen diesen Komponenten, stößt oft auf Widerspruch. Vor allem wenn daraus gefolgert wird, daß damit für die Gentechnik in vielen Fällen gar keine besonderen Vorkehrungen, in weiteren jedenfalls keine andersartigen Sicherheitsmaßnahmen erforderlich sein werden als die seit langen Jahren vertrauten und bewährten Arbeitsvorschriften für den Umgang mit pathogenen Mikroorganismen oder Viren. Durch den zusätzlichen Einbau von biologischen (oft genetischen) Sicherheitsschranken - beim experimentellen Studium der echten pathogenen Mikroorganismen nicht möglich - kann das Ausmaß der technischen Sicherheitsvorkehrungen meist viel geringer sein als für den Umgang mit den genannten Erregern selbst. So ist die in der Gentechnik übliche Zerlegung eines Virusgenoms in seine einzelnen Genfragmente eine gewichtige Sicherheitsmaßnahme, die früher so nicht zur Verfügung stand und die Gefahren bei der Arbeit z. B. mit dem HIV (humanes Immundefizienz-Virus) entscheidend mindert. Vor diesem Hintergrund hat die ZKBS seit 1990 unter jetzt mehr als 1000 Anträgen in über 80% der Fälle die vorgesehenen Arbeiten in die Stufe S1 eingeordnet, nach der Legaldefinition ohne ein Risiko für Mensch und Umwelt, bei ca. 15% Einstufungen in S2 und 3% in Stufe S3, also mit geringem bzw. mäßigem Risiko, in erster Linie natürlich für den Experimentator selbst.

Auch wenn in der Stufe S1 die vorgeschriebenen Arbeitsbedingungen am Ende nicht sehr weit von denen in einem allgemeinen mikrobiologischen Labor entfernt sind, so übersteigt der Genehmigungsaufwand für diese Forschungslabors doch alles Vergleichbare von früher oder in anderen Gebieten ganz erheblich. Dabei wissen alle Kundigen, daß die experimentelle Arbeit in einem S1-Labor deutlich weniger Gefahren einschließt als das genehmigungsfreie Arbeiten in einem chemischen Labor mit einer Vielzahl von Agentien verschiedener Gefahrenstufen. Der mit der Einrichtung und dem Betrieb eines S1-Labors verbundene bürokratische Aufwand - er ist kaum geringer als bei einem S2-Labor - rührt nur zum Teil von dem Gesetz selbst und den zugehörigen Verordnungen her, sondern die Verwaltungsvorschriften und die Verwaltungspraxis der Länder haben aus dem Anmeldungszeitraum von zwei Monaten vielfach Verfahren von sechs Monaten (in Einzelfällen weit mehr als zwölf Monaten) Dauer werden lassen. Dazu ist der Umfang der nötigen Unterlagen auf mehrere hundert Seiten angeschwollen, wo neben zahlreichen Details zu den verwendeten Komponenten samt Literaturstellen für altbekannte Standardvektoren auch viele bauliche Details bis hin zu den 'meteorologischen Besonderheiten eines Institutsgebäudes' abgefragt werden. Auf diese Weise wird durch die Praxis der Genehmigungsbehörden die im §1.2 des GenTG beschriebene Absicht des Gesetzgebers, die Gentechnik in ihrer Entwicklung zu fördern sehr oft in das Gegenteil verkehrt. Trotzdem läßt die Zahl der Anträge und erst recht die tatsächliche Forschungsarbeit in den Labors den Schluß zu, daß - obzwar behindert und verdächtigt - dieser Arbeitsbereich intakt ist und sich auch der neuen Methoden bedient, in steigendem Maße bis in Nachbargebiete hineinreichend. Die oft an den Universitäten und Max-Planck-Instituten 'ortsfest' angesiedelten Arbeitsgruppen können aber räumlich auch gar nicht ausweichen, es sei denn in Einzelfällen durch eine Entscheidung gegen eine Rückkehr aus den USA nach Deutschland.

Auf zwei Gebieten der Gentechnik mit weniger zahlreichen, dafür um so gewichtigeren Projekten haben bereits die Auflagen des Gesetzes und nicht erst die der Behörden als schwer zu nehmende und kostenaufwendige Hürden gewirkt, zum einen bei der Genehmigung von Produktionsanlagen, bereits auf der Stufe S1, also bei einer risikofreien gentechnischen Erzeugung von gewerblichen Produkten, zum anderen bei den Freilandversuchen vor allem mit gentechnisch veränderten Pflanzen. Beide Bereiche sahen im Antragsverfahren eine öffentliche Anhörung vor, bei der die Ziele und die Verfahrensschritte samt Risikovorsorge technischer wie biologischer Art nicht nur schriftlich dargestellt und offengelegt, sondern auch diskutiert werden sollten, für interessierte, betroffene Anlieger im engeren und weiteren Rahmen. Diese Veranstaltungen wurden jedoch regelmäßig von fundamentalistischen Gegnern der Gentechnik zur Darstellung ihrer Positionen ausgenutzt, denen von den deutschen Medien in ihrer Berichterstattung dann auch einseitig der größte Raum gewidmet wurde. So war bei einem kürzlichen Doppel-Freilandversuch mit virus-resistenten Zuckerrüben gleichzeitig in Süd-Niedersachsen und in Nieder-Bayern sehr viel über die Protestaktionen einer ideologisch-geprägten Studentengruppe aus Witzenhausen zu lesen, nichts dagegen über die bayerischen Bauern und ihr Vorgehen zum Schutz des dortigen Versuchsfeldes. Gleiches gilt für die Berichterstattung über Anhörungen zur Errichtung von Produktionsanlagen, in Frankfurt-Höchst oder anderswo. In der Novellierung des Gesetzes sind diese Anhörungen für die Freisetzung und dem Wortlaut nach auch für die S1-Produktionen entfallen, jedoch droht hier nach wie vor das gleiche Verfahren, nunmehr jedoch im Rahmen des Bundes-Immissions-Schutzgesetzes.

Beides, die hohen Hürden der staatlichen Regelungspraxis selbst, und die voraussehbaren Rückwirkungen einer einseitigen Darstellung durch die Medien (auch wirksam als Anfeindungen der eigenen Mitarbeiter oder deren Angehörige) hatten bewirkt, daß in Deutschland kaum noch neue gentechnische Produktionsanlagen beantragt wurden (1993: kein Antrag, 1992: vier Projekte, davon zwei später zurückgezogen), und ebenso nur eine sehr geringe Zahl von Freilandversuchen angemeldet wurde (drei in der Vegetationsperiode 1993, in 1992 keiner). Nach der Novellierung des Gentechnikgesetzes gibt es 1994 noch immer keinen Antrag auf eine neue Produktionsanlage, jedoch werden fünf neue Freisetzungen vorbereitet. Trotz dieser Verbesserung sieht sich die 'grüne' Gentechnik in einem eindeutigen Rückstand zu der Entwicklung dieser Gentechnik in anderen Ländern, wo sich nicht nur aus der Biotechnologie heraus ein eigenständiger Industriezweig entwickelt hat, sondern auch die Freilandversuche allein in den USA sich der Zahl 1000 nähern (insgesamt ca. 2000). Als gewichtigster Unterschied in den Voraussetzungen sind in den USA wie in vielen anderen Ländern zum einen die Forschungsexperimente, aber auch die Produktionsvorhaben mit *E.coli K12* oder *Saccharomyces cerevisiae* als zellulärer Basis von allen Regelungen freigestellt, damit gegenwärtig die Mehrzahl aller Produktionen. Ebenso bedarf dort der größte Teil der Pflanzenversuche im Freiland nur mehr einer Anzeige, gültig für Standardversuche mit den acht wichtigsten Nutzpflanzen, die in den USA wie auch in Europa ökologisch deshalb abgesichert werden können, weil sie in beiden Gebieten nicht heimisch sind.

Angesichts dieser Divergenz in den Arbeitsbedingungen kann es nicht verwundern, daß international operierende Firmen auf dem Gebiet der Biotechnologie Deutschland seit einer Reihe von Jahren meiden und die USA und auch Japan als Standort bevorzugen. Das gilt sowohl für deutsche Firmen, die seit den achtziger Jahren immer wieder solche Standortentscheidungen für die Errichtung ihrer biotechnologischen Produktionsanlagen und Forschungslabors getroffen haben, als auch besonders für ausländische Firmen, von denen sich zuletzt keine einzige mehr in Deutschland angesiedelt hat, stattdessen jedoch in Antwerpen oder in Straßburg. Selbst nach der Gesetzesänderung, die einige Verbesserungen, jedoch nicht die Herstellung von gleichen Bedingungen gebracht hat, dürfte es schwer fallen, einmal etablierte Trends dieser Art wieder umzukehren. Die Bundesregierung hat zwar die Regelungen und den Vollzug des Gentechnikgesetzes als die

Hauptursache für diese Fehlentwicklungen erkannt - sie ist auch nachhaltig darauf hingewiesen worden -, aber auch die Änderung des Gentechnikgesetzes hat in Zahlen faßbare Änderungen - jedenfalls in dem Bereich der Produktionsanlagen - nicht erbracht. Damit scheint die erklärte Absicht zu scheitern, die Gentechnik nicht nur als Forschungsrichtung und -methode, sondern auch als Zukunftstechnologie im Lande zu halten oder sie dahin zurückzuholen.

Die skizzierten Widerstände (auch die in den Medien) fußen alle in einer fundamentalistischen Opposition, die letztlich gegen jede Art von technischer Entwicklung auftritt, sich aber auf dem Gebiet der Biotechnologie, also des rationalen Umgangs mit lebenden Strukturen (z. B. mit Bakterien) besonders vehement gibt. Das mag damit zusammenhängen, daß die Entstehung und organisatorische Verfestigung dieses Fundamentalismus in Deutschland gerade in die Zeit der Entwicklung dieser Technologie fiel, die wohl auch in ihren Konsequenzen als schwieriger zu durchschauen gilt als andere. Erstaunlich ist der in Deutschland erreichte Einfluß dieser Positionen, vor allem vor deren Bedeutungslosigkeit in vielen Nachbarländern, aber auch weil diese Entwicklung ein eigentlich auf die Förderung und Anwendung von Technologie ausgerichtetes Land betrifft, das in besonderem Maße von seinem Export hochwertiger technischer Güter abhängig ist. Diese können nur in einem andauernden Forschungs-, Entwicklungs- und Erneuerungsprozeß erarbeitet werden, an dem von der Automobilindustrie bis zur Landwirtschaft auch viele Menschen hier beteiligt sind. Alle Versuche von Wissenschaftlern, den hier besonders häufigen Verfälschungen mit objektiven Darstellungen entgegenzutreten, haben nicht bewirkt, auch nur die fadenscheinigsten Darstellungen einer drohenden Apokalypse den Lesern und Fern-Sehern vorzuenthalten.

Häufig wird übersehen, daß das Gentechnikgesetz nur die bisher erwähnten Bereiche, nicht aber die Anwendung der Gentechnik am Menschen regelt, also weder die somatische Gentherapie noch die Fragen der Humangenetik, die unter dem Stichwort der Gendiagnose zusammengefaßt werden können. Diese Bereiche sind vorerst der ärztlichen Verantwortung überlassen geblieben, soweit nicht andere rechtliche Regelungen etwa des Datenschutzes hier greifen. Auch die ZKBS, die im Vorfeld beratend herangezogen wurde, kann hier nur 'treuhänderisch' agieren, in ihren Bereich fallen allerdings die entsprechenden Forschungsvorarbeiten. Nun haben die Entwicklung der Gen- und Allelsequenzierung (etwa im Rahmen des Humangenom-Projektes oder durch die Polymerase-Kettenreaktion) sowie einige erste Erfolge der Gentherapie zu neuer Unruhe geführt, auch ein Moratorium ist hier von Außenstehenden schon gefordert worden. Dazu ist zu bemerken, daß die Entwicklungen hier - anders als 1974/1975 - keineswegs wirklich neue Probleme aufwerfen, tatsächlich ja auch schon lange, und mit erheblichem Vorsprung in den USA verfolgt werden, wo auch erste gentherapierte Kinder zur Schule gehen, während ihnen zuvor als kleinen ADA-Patienten mit schwerwiegendem Immundefekt ein normales Leben unmöglich war.

In Deutschland wird in vielen düsteren Prognosen ein ausufernder, unkontrollierter Mißbrauch mit den Ergebnissen dieser neuen Techniken der Gendiagnostik unterstellt und die Diskriminierung von Versicherten und

3.18 Zentrale Kommission für Biologische Sicherheit

Arbeitnehmern vorausgesagt, was in der Forderung gipfelt, wegen solcher düsteren selbstgefertigten Prognosen die ganze Entwicklung dieser neuen genetischen Wissensbasis bei Menschen (oder auch bei Tieren und Pflanzen) überhaupt zu verbieten, - in Deutschland. Bei der Darstellung einer solchen wahrhaft fundamentalistischen Position wird in der Regel weder ein vernünftiger Gebrauch der individuellen gendiagnostischen Daten noch etwa die Bedeutung des wissenschaftlichen Erkenntnissprunges für die allgemeine Biologie des Menschen in die Erwägung einbezogen - oder gar die Auswirkung des proklamierten Ausscheidens der deutschen Wissenschaft aus einer wichtigen internationalen Entwicklung. (Hierzu hält die Geschichte der Genetik in Rußland das Anschauungsmaterial bereit, von Lysenko bis heute.)

Für eine Abwägung über die Bedeutung der Gendiagnostik ist es nicht notwendig von vagen Projektionen in die Zukunft auszugehen, sie wird ja auch schon heute durchgeführt. So hat die molekularbiologisch fundierte Humangenetik in schnell steigender Zahl viele Erbkrankheiten in ihrer Basis definieren können, darunter auch die lange rätselhafte Zystische Fibrose oder Chorea Huntington, die damit - wie die übrigen - zugleich auch diagnostizierbar wurden. Daß diese Krankheiten wie auch die Sichelzellanämie oder Thalassämie und viele andere familiär auftreten war lange bekannt, jetzt läßt sich (auch schon in utero) mit Einzelanalysen feststellen, ob etwa eine Heterozygotie vorliegt oder auch das gänzliche Fehlen des familiären Erbmerkmals attestiert werden kann - keinesfalls ein seltenes Ergebnis. Auch wenn dieses genetische Wissen sich häufig noch nicht in eine rationale Therapie überführen läßt, so ist der Weg dorthin doch über zunächst nichts anderes als weitere molekularbiologische Studien zu suchen, und später an gendiagnostisch ausgewählten Patienten zu erproben. Aber auch der jetzt erreichte Wissensstand läßt sich oft zumindest in Verhaltensratschläge umsetzen (z. B. in das Vermeiden von Luft- bzw. Sauerstoffmangel bei Sichzellanämie usw.) oder in die diagnostische Überprüfung von unklaren Teilerfolgen bei hergebrachten Therapien einbringen, was beides das Leben von Erbmerkmalsträgern nachhaltig zu verbessern vermag, wenngleich sicherlich nur bei einem Teil aller Einzelfälle. Gewandelt hat sich die Situation für beide, Patient wie Therapeut stehen jetzt auf einer gesicherten Basis anstelle der für die Humangenetik vorher so kennzeichnenden Mendelschen Wahrscheinlichkeitsprozentsätze. Und selbstverständlich ist eine genaue Gendiagnose erste Voraussetzung für eine Gentherapie.

Das im Rahmen einer Gendiagnose erhobene Wissen ist primär das Wissen des Untersuchten, der es mitsamt den ihm gegebenen Ratschlägen in seinem Verhalten oder z. B. bei seiner Berufs- oder Arbeitsplatzplanung berücksichtigen kann, ebenso wie er diese Konsequenzen wie schon die Untersuchung selbst aber auch ablehnen mag. Das letztere wird freilich als bedeutendes Problem von dem Andrang Ratsuchender in den humangenetischen Analysezentren widerlegt. Die Verwendung des Wissens auf der Seite des Therapeuten unterliegt den Regeln der ärztlichen Schweigepflicht, ebenso wie bei anderen Patientendaten auch, eine kategorisch neue Situation ist hier nicht zu erkennen. Das Problem der möglichen Diskriminierung von Versicherten mit besonderen Risiken wird auch nicht erst in der Zukunft diskutiert werden, sondern ist ein ganz aktuelles Thema z. B. für Raucher und für

Drogenabhängige (und nicht nur für bestimmte Autotypen gegenüber anderen in der Diebstahlversicherung). Auch für die gerichtsmedizinische Verwendung stellen gendiagnostische Daten im Verhältnis zu den bisher vorwiegend serologisch erhobenen Befunden schließlich nichts wirklich Neues für die Spuren- und Indizienanalyse dar, sondern bringen 'nur' eine Verbesserung in der Zuverlässigkeit.

Damit ist die hier vorgebrachte Kritik in der Sache nicht begründet, sie bringt eine fundamentalistische Position zum Ausdruck, auf politisch-ideologischer Basis. Sie ist gleichwohl nicht ohne Einfluß und beansprucht breiten Raum in den Diskussionen um eine Weiterführung der Gengesetzgebung in dem Bereich der Humangenetik und Reproduktionsbiologie.

Das am Ausgangspunkt stehende Ereignis der Asilomar-Konferenz mit der Initiative zu wissenschaftsinternen Regelungen der Gentechnik hat den Gesetzgeber stimuliert, solche Regelungen durch Gesetze verbindlich zu machen. Nachdem sich herausgestellt hat, daß die für möglich gehaltenen Gefahren weitgehend hypothetischer Natur sind fällt es offenbar schwer, die einmal geschaffenen Regelungen wirklich wieder zurückzufahren, also z. B. die Vielzahl der risikofreien Experimente der Stufe S1 auch tatsächlich aus dem Geltungsbereich des Gesetzes zu entlassen. In Deutschland scheint dies unter dem Eindruck der von den Medien verfälschten öffentlichen Diskussion besonders schwierig; die Meinung vieler Laien ist im Zirkelschluß offenbar auf die Überzeugung hingelenkt worden, daß eine Technik, die gesetzlich so scharf reguliert worden ist, genau deshalb auch besonders gefährlich sein muß.

Die in die staatlichen Regelungen - wenngleich eher als eine Art Widerlager - eingebaute Zentrale Kommission für Biologische Sicherheit versucht durch ihre Tätigkeit deutlich zu machen, in welchem Maße die ihr vorgelegten Projekte entweder risikolos sind (S1) und damit eigentlich gar keiner Regelungen bedürften, oder doch mit geeigneten Vorsorgemaßnahmen in ihrem geringen Risiko sicher zu beherrschen sind (S2). Ebenso wird zu jedem Freilandexperiment eine technische wie ökologische Expertise erarbeitet - in der Regel zusätzlich abgestützt durch abgeschlossene analoge Experimente in den USA oder anderswo - die ebenfalls ein abgesichertes Vorgehen auch außerhalb des Labors vorzeichnet. In ihrer Beratungspflicht gegenüber dem Bund und den Ländern weist sie auf die bestehenden Überregulierungen hin, versucht Änderungen an dem Gengesetz entsprechend vorzubereiten und ähnlich weit eingreifende Regelungen in den skizzierten Nachbarfeldern durch ihre Argumente zu verhindern. Sie hat weder die verzerrten Darstellungen in den Medien noch deren Wirkung auf die Gesetzgebung aufhalten können.

3.18 Zentrale Kommission für Biologische Sicherheit

Anhang:
Fragen zu gezielten Punkten aus der ZKBS-Arbeit

1. Welche Erfahrungen wurden in der ZKBS in der interdisziplinären bzw. in der verbandlich-orientierten Zusammenarbeit der ZKBS gemacht?
Bei der Zusammenarbeit der ZKBS insgesamt darf die Funktion der wissenschaftlichen Mitarbeiter in der Geschäftsstelle nicht übersehen werden (vgl. auch weiter unten). Sie werten die eingehenden Unterlagen aus, stellen ggf. Rückfragen bei der einreichenden Behörde oder bei dem Antragsteller selbst und bereiten auf diese Weise die Entwürfe für eine Stellungnahme der Kommission vor. Neben den früheren Entscheidungen der Kommission zu vergleichbaren Anträgen als einer Informationsbasis nehmen sie dabei auch den Rat von einzelnen Kommissionsmitgliedern in Anspruch, von denen schließlich (mindestens) zwei die Funktion von Berichterstattern gegenüber dem Plenum erfüllen, - neben einer Einführung durch den wissenschaftlichen Mitarbeiter. Alle Mitwirkenden wechseln sich dabei unter thematischen Gesichtspunkten in ihrem Zusammenwirken ständig ab. Ähnliches gilt für die Unterkommissionsarbeit bei größeren Anträgen (z. B. für Freisetzungen) sowie bei der Vorbereitung allgemeiner Stellungnahmen, die jeweils von einem der Mitarbeiter als Sekretär begleitet und organisiert werden. Bei diesen interdisziplinären Formen der Zusammenarbeit ist die verbandliche Orientierung bzw. Zuordnung der einzelnen Mitglieder in der Regel ohne Bedeutung.

2. Sind Entscheidungsabläufe nach der Novellierung des GenTG handhabbar oder 'ersticken' sie in einer Papierflut?
Nach der Novellierung des GenTG ist die Papierflut - wie angestrebt - geringer geworden. Das liegt zum größten Teil daran, daß die ZKBS in zahlreichen Fällen nicht mehr eingeschaltet werden muß, sondern die Länderbehörden dann selbst entscheiden können, wenn ZKBS-Stellungnahmen zu (zweifelsfrei) vergleichbaren Anträgen bereits vorliegen. Die unmäßige und auch zumeist wenig aussagefähige Papierflut zu den einzelnen Anträgen (von 150 bis 400 Seiten) war vor der Novellierung bereits einmal, aber nur gering, verkleinert worden. Es bleibt zu hoffen, daß nach dem Erlaß der Verordnungen zum novellierten Gentechnikgesetz durch Neufassung der Formulare auch die Papierflut weiter und ganz entschieden eingedämmt werden kann.

3. Kann die ZKBS in ihrer jetzigen Organisationsform den umfassenden Aufgabenstellungen nach dem GenTG gerecht werden?
Durch den Aufbau einer leistungsfähigen Geschäftsstelle und die gewachsene Erfahrung der wissenschaftlichen Mitarbeiter dort konnten die Abläufe erheblich beschleunigt werden. Das System der Vorarbeit in Unterkommissionen mit Sekretariatsbegleitung führt dem Plenum entscheidungsfähige Vorlagen zu, so daß die Arbeit dort in ihrem Umfang begrenzt bleiben kann, und ein recht großer Teil der Zeit der wichtigsten Aufgabe, der Diskussion der Einzelanträge, gewidmet

bleibt. Die Mitarbeiter der ZKBS-Geschäftsstelle arbeiten als Angehörige des Robert-Koch-Instituts auch dem BGA als Genehmigungsbehörde z. B. bei Freisetzungen zu, mit Rückgriff auf die entsprechenden Empfehlungen der ZKBS.

4. Besteht bei der verbandlichen Vertretung der gesellschaftlichen Gruppen in der ZKBS so etwas wie ein "Ressourcengleichgewicht"? (Finanzschwache Verbände verfügen z. B. nicht über genügend Eigenmittel zur Finanzierung aufwendiger eigener Informationsrecherchen.)
Alle Mitglieder der ZKBS verfolgen aus eigenem Interesse die wissenschaftliche Literatur auf dem Gebiet der Gentechnik sowie auch die einschlägige Sekundärliteratur. Dies kann auch als eine Voraussetzung für die Mitarbeit in der Kommission angesehen werden. Zusätzlich gibt auch die Geschäftsstelle Hinweise auf allgemein wichtige bzw. antragsspezifisch relevante Literaturstellen. Ebenso sind in den Anträgen selbst die wichtigsten Zitate genannt und oft als Kopie beigegeben. Besonders in der Vorbereitung von allgemeinen Stellungnahmen führt die Geschäftsstelle auch umfangreiche Literaturrecherchen durch. Das gesamte Material steht jedem Mitglied zur Verfügung. Dennoch aus einem einzelnen Bereich erhobene Klagen im Sinne der Fragestellung sind daher den übrigen Mitgliedern unverständlich geblieben.

5. Wie ist die finanzielle Ausstattung für die Arbeit der Mitglieder geregelt?
Wie alle derartigen Beratungsgremien arbeitet die ZKBS in ehrenamtlicher Weise. Erstattet werden mithin (nur) die Reisekosten. Angesichts des Postumfanges und der kurzen Fristen für die Bearbeitung der Anträge sind den Mitgliedern - leihweise - Fax-Geräte zur Verfügung gestellt worden, dazu werden die FAX-Gebühren (jedoch nicht die Postgebühren) übernommen. Die Leistungen für die ZKBS werden grundsätzlich in zusätzlicher Arbeitszeit erbracht, ggf. in zeitlicher Kompensation, nicht anders als für andere Kommissionen, z. B. in Berufungskommissionen oder bei entsprechenden Gutachten.

6. Wie wird die Qualität der Antragsunterlagen eingeschätzt, ibs. bei Einstufungen in höhere Sicherheitsstufen?
Durch die schon erwähnte vorausgehende Bearbeitung der Anträge in der Geschäftsstelle unter Einschluß von Rückfragen, Literaturrecherchen und dem Heranziehen einschlägiger früherer ZKBS-Empfehlungen werden die Antragsunterlagen in kompetenter Weise vorbereitet, von zwei fachnahen Berichterstattern vor der Sitzung überprüft und u. U. ergänzt. In besonderen Fällen werden externe Gutachter befragt. Spätestens nach diesem Prozeß ist eine klare Unterlage für die Diskussion in der Kommission geschaffen, recht häufig aber bereits durch die Darlegungen des Antragstellers selbst. Hierzu trägt allerdings weit überwiegend die Freitext-Darstellung über das Forschungsvorhaben bei, während das umfangreiche tabellarische Abfragen in den Antragsformularen nach Einzelelementen des jeweiligen Vorgehens nur ganz ausnahmsweise von Bedeutung ist. Angesichts der

3.18 Zentrale Kommission für Biologische Sicherheit

experimentellen Variationen und der Vielfältigkeit der verwendeten Gene, Vektoren usw. lautet die häufigste Antwort in dem starr vorgegebenen Fragenregister ohnehin: 'nicht zutreffend'.

7. Welche Qualität hat die Kooperation mit anderen Bundesinstituten (z. B. UBA, BBA)?
Insbesondere mit der BBA, die auch regelmäßig als Zuhörer bei den ZKBS-Sitzungen anwesend ist, läßt sich ein Einvernehmen z. B. über die Bewertung eines Freisetzungsvorhabens ohne Zeitverlust im organisierten Dialog herstellen. Neben der Dominanz gemeinsamer Bewertungskriterien hat es dabei gelegentlich einander ergänzende Positionen, jedoch bisher noch keine Kontroverse gegeben. Bei etwas weniger Kontakt auf kurzem Wege gilt das gleiche auch für die Zusammenarbeit mit dem Umweltbundesamt.

8. Wie wird aus der Sicht der ZKBS (a) die unterschiedliche Genehmigungspraxis in den Bundesländern und (b) die unterschiedliche Umsetzung des EG-Rechts in einzelnen EG-Staaten beurteilt?
a) Die weit divergierende Genehmigungspraxis der Behörden in den einzelnen Bundesländern, und zwar sowohl nach den Entscheidungen und deren Begründung als auch nach der Verfahrensdauer wird von der ZKBS sehr kritisch gesehen, verstößt sie doch effektiv gegen das Gebot der Rechtseinheitlichkeit im Bundesgebiet und ist daher geeignet, Rechtsunsicherheit zu verbreiten. An dieser divergenten Situation hat sich durch die Novellierung des Gesetzes nichts geändert, eher sind die Unterschiede z. B. in den Bearbeitungszeiträumen noch größer geworden.

b) Die ZKBS bedauert den unterschiedlichen Stand der Gentechnik-Gesetzgebung in den einzelnen EU-Ländern, besonders weil er zu Wettbewerbsverzerrungen führen kann. Daneben fehlt es auf diese Weise an einem breiteren Potential, um mit größerer Aussicht auf Erfolg in Brüssel gegen die verschiedenen unstimmigen oder im Einzelfall auch der Entwicklung der Biotechnologie schädlichen Regelungs-Elemente (z. B. die Zehn-Liter-Grenze) vorgehen zu können.

3.19 Zur Bedeutung der Biotechnologischen Industrie in Deutschland und in der EG[1]

Dr. Dieter Brauer
Hoechst AG. Postfach 800320, 65926 Frankfurt

3.19.1 Einführung

Eine der Hauptaufgaben von Pflanzen- und Tierzüchtung liegt in der Zielsetzung, gewünschte Eigenschaften zu verstärken, in andere Rassen stabil einzukreuzen und die während der Generationsfolgen unvermeidlich entstehenden Individuen mit genetischen Abweichungen auszusondern. Entsprechendes gilt für genetische Arbeiten zur Verbesserung von Produktionsstämmen in der Mikrobiologie. So sind in der Menschheitsgeschichte von über 200.000 Pflanzenarten nur etwa 500 domestiziert worden, und etwa 150 haben eine wirtschaftliche Bedeutung erlangt. In der gleichen Größenordnung dürften die gewerblich genutzten Mikroorganismen liegen. Die ursprünglich nur auf Auslese beruhende Leistungsverbesserung der für die unterschiedlichsten Zwecke benutzten Organismen wurde seit Anfang diesen Jahrhunderts durch Labormethoden erweitert. Diese "klassischen" Methoden zur genetischen Veränderung von Zellen bzw. Vielzellern werden im englischen Sprachgebrauch auch als "whole cell engineering" bezeichnet und umfassen:

- Mutagenese lebender Zellen durch chemische Behandlung oder UV- Bestrahlung gefolgt von Screeningverfahren zur Identifizierung der Zellen (oder Organismen) mit den gewünschten Eigenschaften;
- Zellfusion unterschiedlicher Zellen, beispielsweise von Warmblüterzellen (Hybridomabildung) oder Pflanzenzellen (Nektarine, Tomoffel usw.).

Mit diesen klassischen Verfahren können einzelne Eigenschaften von Organismen weder gezielt übertragen noch verändert werden, da die Zellen nur als ganze Einheiten "bearbeitet" werden können, und die Veränderungen somit statistisch über das gesamte Erbmaterial verteilt vorkommen.

Aus etwa zwanzig verschiedenen technischen und wissenschaftlichen Disziplinen einschließlich der Biochemie, der klassischen Genetik, der Proteinchemie, der Mikrobiologie usw. entwickelten sich weitere von den klassischen biologischen Techniken abgeleitete Methodensammlungen wie die Gentechnologie, die Zellkulturtechnologie und die Hybridomatechnologie, die häufig als die "moderne

---

[1] Im Gutachten werden ausschließlich die Ansichten des Autors dargestellt

Biotechnologie" bezeichnet werden. Heute sind selbst Wissenschaften wie etwa Physik und Computerwissenschaften, die von der biologischen Wissenschaft weit entfernt zu sein scheinen, unerläßlich für Forschung und industrielle Anwendungen.

In den letzten zwei Jahrzehnten erlangte insbesondere die Gentechnik mit den verschiedenen Methoden zur in-vitro-Rekombination von DNA-Fragmenten verschiedener Organismen eine neue Dimension. Der multidisziplinäre Charakter der Gentechnik bietet breitgefächerte Anwendungen, da wünschenswerte Eigenschaften aus vorhandenen biologischen Spezies schneller, präziser und gleichzeitig sicherer auf andere Organismen übertragen werden können, als dies zuvor möglich war. Das Anwendungsspektrum reicht von der Grundlagenforschung über industrielle Produktionsverfahren bis hin zu umweltrelevanten Anwendungen.

Die Gentechnik hat vor allem im medizinischen Bereich zu wesentlichen Erkenntnissen bei der Analyse der Entstehung von Krebs, der Funktionsweise des Immunsystems, vieler Infektionen viraler Art und der Blutgerinnung beigetragen, um nur einige Beispiele zu nennen. Nahezu zwangsläufig wurden diese grundsätzlichen Erkenntnisse in Form der isolierten Gene in produktionstechnische Entwicklungen eingebracht. Inzwischen sind zahlreiche Anwendungen in den unterschiedlichsten Industriebereichen von Pharma- über Papierindustrie sowie in der Pflanzenzucht bis hin zur Lebensmittelherstellung bereits realisiert. Immer häufiger werden chemische oder klassisch-biotechnische Prozesse durch gentechnisch verbesserte Biokatalyseverfahren ersetzt. Dem Verbraucher oder Patient sind solche Verfahren, die als positive Beiträge vor allem unter Umweltschutzgesichtspunkten zu begrüßen sind, überwiegend unbekannt, da die Endprodukte selbst keine "gentechnische Komponente" enthalten.

3.19.2 Grundlagen und Methoden

Die Chromosomen einer Zelle sind der Ort, an dem die Erbinformation in Form von Genen auf DNA-Fäden gespeichert ist. Die eigentlichen Lebensvorgänge wie Stoffwechsel, Wachstum oder Muskelbewegung werden jedoch nicht von der DNA, sondern von Eiweißmolekülen wie Enzymen, Peptidhormonen, Gerinnungsfaktoren, Strukturproteinen usw. bewirkt. Diese Eiweißmoleküle werden von lebenden Zellen nach den in einem bestimmten DNA-Abschnitt (Gen) festgelegten Strukturdaten hergestellt (unterschiedliche Eiweiße haben auch unterschiedliche Gene; der Mensch besitzt ca. 100.000 davon). Die Voraussetzung für gentechnische Arbeiten ist, daß Mikroorganismen, Pflanzen und Warmblüter prinzipiell gleich organisiert sind, d.h. deren genetische Informationen in Form von DNA gespeichert und vererbt werden. Plasmide sind winzige ringförmige DNA-Moleküle (Mini-Chromosomen) und lassen sich aus vielen in der Natur vorkommenden Mikroorganismen isolieren. Da Plasmide von Bakterien zusammen mit dem bakteriellen Chromosom vermehrt werden, sind sie das eigentliche Objekt gentechnischer Arbeiten. Kern dieser Arbeiten sind die Veränderung bzw. Verknüpfung von Plasmiden mit chromosomalen DNA-Bruchstücken; anwendungsnah mit bestimmten Genen. Gelingt es nämlich, das Gen eines beliebigen Eiweißmoleküls in ein solches Plasmid einzusetzen und das somit veränderte Plasmid in ein Bakterium oder eine Hefezelle einzuschleusen, dann wird dieses Gen zusammen mit dem Plasmid in der Wirtszelle vermehrt. Im Idealfall wird dann der Mikroorganismus das dem eingeführten Gen zugehörige Eiweiß ebenso wie "normale" bakterielle Eiweiße herstellen. Dieses "gentechnisch" hergestellte Eiweißmolekül kann dann mit den bekannten Methoden der Proteinreinigung aus der Biomasse (also den Mikroorganismen) ebenso gewonnen werden, wie klassisch aus Blut oder tierischen Organen.

Die Arbeiten werden praktisch mit Hilfe von Enzymen in kleinen Plastikgefäßen durchgeführt. Dabei werden aus Zellen isolierte große DNA-Bruchstücke (nicht intakte Chromosomen) zunächst mit speziellen Enzymen in überschaubare und handhabbare Stücke geschnitten, also verkleinert. Die anfallenden unterschiedlich großen DNA-Bruchstücke werden dann üblicherweise in Elektrophoreseapparaturen entsprechend ihrer Größe aufgetrennt und in reiner Form gewonnen. Die ringförmigen Plasmide werden in einem parallelen Ansatz ebenfalls geschnitten, also in lineare Moleküle umgewandelt. Anschließend wird ein DNA-Bruchstück mit dem nun linearisierten Plasmid im Reagenzglas vermischt. Durch Zugabe eines weiteren Enzyms, der Ligase, werden diese beiden Moleküle zu einem neuen "rekombinanten" ringförmigen Plasmid verknüpft. Dieses wird dann in Bakterien eingeschleust und mit diesen fermentiert, d.h. vermehrt. Die gentechnischen Methoden erlauben somit grundsätzlich die Verknüpfung z.B. bakterieller mit tierischer und/oder pflanzlicher DNA.

In der Öffentlichkeit wird unter dem Begriff "Gentechnologie" eine Vielzahl von Neuerungen subsumiert, die nichts mit Gentechnik, also der gezielten Isolierung und Neukombination von DNA-Molekülen, zu tun haben. Dazu gehören z.B. die schon seit längerem in der Tierzucht zur Anwendung kommenden "konventionellen" Fortpflanzungstechniken wie Embryotransfer und Embryosplitting oder im Bereich der Humanmedizin die in-vitro Befruchtung. Auch die Erzeugung von Chimären ("Schiege"), Hybriden ("Tomoffel") oder Hybridomazellen erfolgt ohne Anwendung gentechnischer Methoden mit zellbiologischen Techniken. Gleichwohl muß diesen zellbiologischen Techniken - auch in Verbindung mit den gentechnischen Methoden - für die Zukunft eine große Bedeutung beigemessen werden.

3.19.3 Anwendungsspektrum von Biotechnik und Gentechnik

Auf die Anwendung gentechnischer Methoden kann bei der Bearbeitung biologischer Fragestellungen grundsätzlich nicht verzichtet werden, da die meisten Fragen und Aufgaben nur mit diesen Methoden beantwortet bzw. gelöst werden können:

- Biologische Grundlagenforschung zur Aufklärung enzymatischer, genetischer und biochemischer Prozesse beispielsweise von Warmblütern, Insekten,

3.19 Die Biotechnologische Industrie in Deutschland und in der EG

Pflanzen und Mikroorganismen oder wichtige Beiträge zur Fortentwicklung und Überprüfung der Evolutionstheorie(n);
- Aufklärung der molekularen Ursachen zahlreicher Krankheiten von Krebs über Immunschwächen bis hin zu Erbkrankheiten. In der Folge kann auf neue Therapieansätze gehofft werden;
- Herstellung neuer Arzneimittel, die weder aus Blut noch aus pflanzlichem oder tierischem Gewebe gewonnen werden können, da die Konzentration der Wirkstoffe dort zu niedrig ist. Ein Beispiel ist Erythropoietin zur Bildung roter Blutzellen bei Dialysepatienten. Bereits bekannte Arzneimittel können mit gentechnischen Verfahren wirtschaftlicher hergestellt werden;
- Entwicklung neuartiger, gentechnikgestützter Screening-Verfahren, Testsysteme und Modelle, die zu neuen chemisch und/oder biochemisch synthetisierten Wirkstoffen führen;
- somatische Gentherapie, also ein Verfahren, bei dem einem Patienten zunächst Körperzellen entnommen werden. Deren Defekte werden dann im "Reagenzglas" behoben, und anschließend werden die behandelten Zellen auf den Patienten retransplantiert. Der Körper kann dann den wichtigen Wirkstoff selber herstellen, weshalb sich die Injektion erübrigt. Diese Behandlungsart kann voraussichtlich nur in Arztpraxen und Krankenhäusern und nicht industriell bzw. durch Selbstmedikation durchgeführt werden;
- Immuntherapie zur Verhinderung von Krebs durch Tumorvakzine, die das Immunsystem aktivieren;
- schnelle, präzise und hochempfindliche diagnostische Methoden zur Anwendung in Krankheitserkennung, Lebensmittel-Qualitätskontrolle, Umweltanalysen, Kriminalistik usw;
- Aas Hilfsmittel für die Pflanzenzüchtung sowohl per "Diagnostik" (RFLP-Analysen) als auch zur Herstellung transgener Nutzpflanzen mit verbesserten Eigenschaften: Kälte/Hitzeverträglichkeit, Insekten/Pilz/Pflanzenschutzmittelresistenz, gezielte Veränderung der Inhaltsstoffe wie Stärke, Fette oder Öle usw.;
- umweltfreundliche Produktionsverfahren: Chemische Prozesse können durch enzymatische Verfahren, z.B. in der Arzneimittelherstellung, Ledergerbung, Papierherstellung usw. ersetzt werden. Vorteile ergeben sich durch geringeren Energieverbrauch (z.B. auch durch neue Waschmittelenzyme), erheblich geringere Chemikalien- und Lösemittelmengen, höhere Produktausbeuten und damit geringeren Rohstoffverbrauch sowie geringere Abfallmengen.

Da die in der modernen Biotechnologie eingesetzten Techniken hauptsächlich biologischer Art sind, werden die Anwendungen fast alle biologischen Produktionsverfahren betreffen und daher mehr oder weniger große Auswirkungen auf zahlreiche Industriebereiche haben:

- Chemische Verfahrenstechnik
- Energieerzeugung
- Landwirtschaftliche Produkte

- Nahrungsmittelerzeugung
- Pflanzenschutz
- Pharmazeutische Produkte-Technische Enzyme
- Umwelttechnologie-Produktion und Weiterverarbeitung von Rohstoffen

Die Auswirkungen der Gentechnik auf diese Industriezweige und zahlreiche andere Anwendungen ergeben sich beispielsweise durch:

- Herstellung bekannter Produkte unter Verwendung effizienterer "rekombinanter" Verfahren;
- Entwicklung neuer Produkt;e
- Entwicklung von Produkten der zweiten Generation, d. h. durch veränderte Struktur optimierte Eigenschaften von Wirkstoffen (z. B. Enzyme und Peptidhormone), effektivere Produktionsverfahren oder empfindlichere Diagnostika;
- Einführung von völlig neuen Verfahren, die in zahlreichen Anwendungsbereichen nützlich sein können;
- neue Produktanwendungen, die sich aus den Ergebnissen der gentechnischen Forschung ableiten.

Da die neuen Verfahren und Produkte ein verbessertes Kosten/Nutzen-Verhältnis aufweisen, ergeben sich für den jeweiligen Hersteller oder Anwender entsprechende Wettbewerbsvorteile am Markt. Für den Verwender traditioneller Verfahren können sich naturgemäß Nachteile bis hin zur Geschäftsaufgabe ergeben. Angesichts der in Deutschland vergleichsweise hohen Produktionskosten in allen Industriezweigen, der geringen Vielfalt gentechnischer Entwicklungsarbeiten in Deutschland (praktisch auf die pharmazeutisch-chemische Industrie beschränkt) und den vielfältigen Entwicklungen im Ausland, ist in der Zukunft ein großer wirtschaftlicher Druck auf deutsche Unternehmen in diversen Branchen zu erwarten, wenn sie nicht die Chancen zur Erneuerung rechtzeitig wahrnehmen.

Diese ökonomischen Zusammenhänge gelten natürlich nicht allein für die Anwendung biotechnisch/gentechnischer Methoden, sondern in völlig vergleichbarer Form auch für die Herstellung von Werkzeugmaschinen, Unterhaltungselektronik, Autos, Computern, optischen Geräten bis hin zu Spielwaren mit sonstigen modernen Herstellungsverfahren.

3.19.4 Die Entwicklung und wirtschaftliche Bedeutung gentechnischer Produkte

Da die Industrie ihre Forschungsergebnisse in Form neuer Medikamente, Impfstoffe, diagnostischer Tests usw. verkauft, sind Forschung und Entwicklung eine permanente Notwendigkeit, sowohl für die Neuentwicklung als auch die Betreuung bereits eingeführter Produkte. Erst durch die Arbeit vieler Spezialisten sehr unterschiedlicher beruflicher Qualifikationen können heute Ideen in der Praxis

3.19 Die Biotechnologische Industrie in Deutschland und in der EG

realisiert werden, um die jetzigen und vor allem in der Zukunft absehbaren wissenschaftlich-technisch sehr komplexen Fragestellungen zu lösen. Als zentrale Bereiche dominieren hier sicherlich die Fragen zur Gesundheit und der medizinischen Versorgung, neue Produktionsverfahren, zum Umweltschutz und zur Ernährung.

Die Techniken der Molekularbiologie haben vor allem im medizinischen Bereich zu wesentlichen Erkenntnissen bei der Analyse der Entstehung und Metastasierung von Krebs, der Funktionsweise des Immunsystems, vieler Infektionen viraler Art und der Blutgerinnung beigetragen, um nur einige Beispiele zu nennen. Inzwischen sind auch zahlreiche Anwendungen in den unterschiedlichsten Industriebereichen von der Pharma über die Papierindustrie bis zur Lebensmittelherstellung realisiert. Immer häufiger werden chemische oder klassisch-biotechnische Prozesse durch gentechnisch verbesserte Biokatalyseverfahren ersetzt oder verbessert, weshalb auch die gentechnischen Methoden ein sehr großes Anwendungspotential besitzen.

Grundsätzlich muß bedacht werden, daß die gentechnische bzw. mit zellbiologischen Methoden kombinierte Herstellung von Medikamenten zu sehr unterschiedlichen Produkten von niedermolekularen Aminosäuren bis zu hochmolekularen Eiweißmolekülen, wie Blutgerinnungsfaktoren und viralen Oberflächenantigenen oder vermehrungsfähigen gentechnisch veränderten Organismen selbst - z.B. Lebendimpfstoffen - führen kann. Jedes Produkt muß natürlich im Rahmen der Arzneimittelentwicklung den selben Prüfungen unterzogen werden, wie dies für klassische Pharmazeutika schon seit langem vorgeschrieben ist. Völlig unabhängig von der Herstellungsmethode (durch Extraktion aus Blut bzw. Organen oder gentechnisch) bestehen grundsätzliche Schwierigkeiten hinsichtlich des Anwendungsspektrums von Eiweißen für therapeutische Zwecke. Diese beruhen darauf, daß Eiweißmoleküle nur schwer von den Körperzellen oder Drüsen aufgenommen und möglicherweise danach schnell abgebaut werden können. Zusätzlich sind Eiweißmoleküle in der Regel leicht verdaubar, weshalb die entsprechenden Präparate injiziert werden müssen und überwiegend wohl nicht oral verabreicht werden können. Aus diesem Grund muß das Eiweißhormon Insulin auch "gespritzt" werden und kann nicht mit der Nahrung oder in Tablettenform eingenommen werden.

Gentechnik als Produktionsmethode zur Herstellung von Wirkstoffen wird möglicherweise - zumindest relativ - an Bedeutung abnehmen, da die chemischen Syntheseverfahren ständig verbessert werden und vor allem im niedermolekularen Bereich eine starke Konkurrenz bedeuten. Gleichzeitig wird die Bedeutung der Gentechnik als grundsätzliche und wesentlichste Voraussetzung für Innovationen erheblich zunehmen (chemisch-enzymatische Herstellungsverfahren mit rekombinanten Enzymen, Testsysteme, Screening-Verfahren usw.).

Aufgrund der oben geschilderten Zusammenhänge sowie zahlreicher weiterer Gründe muß darauf hingewiesen werden, daß mit der Gentechnik eben kein "magic bullit", keine "Wundermethode" zur Lösung der (Gesundheits) Probleme der Menschheit zur Verfügung steht, sondern daß eben "nur" eine neue Methodik entwickelt wurde, die viele Hoffnungen aufkeimen läßt, aber gleichzeitig in ihren Möglichkeiten auch klare Leistungsgrenzen aufweist.

Für ein forschendes Chemie- und Pharmaunternehmen besteht die Notwendigkeit, diverses Fachwissen für die Entwicklung von Arzneimitteln - wie körpereigenen Wirkstoffen (z.B. Eiweiße) - sowie sonstigen biotechnischen Produkten zu koordinieren. Dies betrifft die Grundlagenforschung, vor allem hinsichtlich biotechnisch/medizinischer Bewertungen, Toxikologie, ökologische Studien, Enzymtechnik, Genetik und Gentechnik, klinischen Prüfungen, Proteinkristallographie, Computermodelling, Abfallbeseitigung, Verwertung von Rohstoffen, chemische Synthese, Ingenieurwesen, Galenik usw. Mit Gentechnik allein läßt sich also kaum ein Produkt entwickeln bzw. herstellen. Aus diesem Grund ist die Verlegung (nicht nur) von molekularbiologischen F&E-Kapazitäten an andere Standorte ein sehr komplexes, langwieriges und schwieriges Unterfangen und setzt in der Regel mehrere Negativfaktoren voraus. Wenn eine hinreichende Zahl von Negativfaktoren, also konkret Probleme mit GenTG, BImSchG, Tierversuchsgenehmigungen, zu lange Genehmigungszeiten, Einsprüche und Gerichtsverfahren, kein Sofortvollzug usw. tatsächlich zusammentreffen und es in der Folge zu Verlagerungen kommt, können solche Maßnahmen kaum noch rückgängig gemacht werden. Vielmehr ist es meist nur eine Zeitfrage, bis auch Produktionsstätten an neue Standorte nachfolgen. Solche Verlagerungen bedeuten letztlich Abfluß von Know how, Einstellungsstop für diverse Berufsgruppen, Schaffung von Arbeitsplätzen an anderen Standorten, Auftragsverluste für Zulieferer, Kapitalabfluß, Verlust an Steueraufkommen usw. Diese Folgen bzw. Nebenwirkungen von Verlagerungen betreffen das verlagernde Unternehmen jedoch kaum - vielmehr führt dieser Prozeß zu einer Stärkung und größeren Unabhängigkeit des Unternehmens.

Weltweite Entwicklungen

Die heute weltweit durchgeführten Forschungs- und Entwicklungsarbeiten betreffen die unterschiedlichsten Anwendungsbereiche bzw. Projekte mit dem Schwerpunkt Arzneimittelforschung. Führend sind bei weitem die USA, wobei in dem kurzen Zeitraum von 1988 - 1991 die Zahl der sich in der Entwicklung befindlichen "biotechnischen" Pharmazeutika um 63% auf 155 Produkte angestiegen ist[2]. Bereits zugelassen sind ca. 20 Arzneimitteltypen, unzählige Diagnostika und diverse veterinärmedizinische Produkte. Die Umsätze für gentechnische Produkte von US-Unternehmen (Biotech 1994) lagen 1992 bei ca. 10 Mrd US $, bei jährlichen Steigerungsraten von etwa 20 %, und die für Japan publizierten Umsätze (Lux 1993) belaufen sich auf ca. 6 Mrd DM. Allein die zehn erfolgreichsten rekombinanten Medikamente amerikanischer Firmen führten zu weltweiten Umsätzen von 4,5 Mrd US $. Es ist vorauszusehen, daß die jährliche Zuwachsrate an gentechnischen Produkten auch in Zukunft in der Größenordnung von etwa 20 % liegen wird und nicht "explodieren" kann, da wegen der extrem hohen

---

[2]Persönliche Mitteilung von Prof. J. Drews
Vorstandsmitglied Hoffman-La Roche

3.19 Die Biotechnologische Industrie in Deutschland und in der EG

Entwicklungskosten, z.B. für Arzneimittel (Abb. 1) und Pflanzenschutzmittel (Abb. 2), pro Unternehmen nur eine verhältnismäßig geringe Anzahl parallel durchgeführter Produktentwicklungen (also klinische Prüfungen sowie Anlagenplanung und Genehmigungsverfahren für Produktionsanlagen) finanziert werden kann (die Entwicklungszeiten liegen meist zwischen sieben und zehn Jahren).

Während der letzten zehn Jahre sind ca. 40 neue Wirkstoffe in den Arzneimittelmarkt eingeführten worden, deren Patentschutz noch bis zu 10 Jahre dauert. Da gegenwärtig mehr als 400 rekombinante Proteine in präklinischen Studien untersucht werden, würde die Einführung von nur 10 rekombinanten Arzneimitteln während der nächsten 10 Jahre zu einem Marktanteil von ca. 25 % führen, und den erfolgreichen Unternehmen die Finanzierung von F&E wesentlich erleichtern. In Deutschland ist für rekombinante Produkte die Konkurrenz durch inländische Generikahersteller zu vernachlässigen, die Konkurrenz aus den USA, Japan und verschiedenen Schwellenländern wird jedoch erheblich sein. Es muß jedoch davon ausgegangen werden, daß in den nächsten 10 Jahren, und natürlich darüber hinaus, eine deutlich größere Anzahl rekombinanter Wirkstoffe denn chemisch-synthetischer zugelassen wird und einige "klassische" Arzneimittel verdrängt werden dürften (vor allem auch durch neue Therapieformen, die sich aus den unterschiedlichen Ansätzen somatischer Gentherapie ableiten werden). Realistischerweise sollte zunächst davon ausgegangen werden, daß von den rekombinanten Arzneimitteln ebenfalls etwa 10% aus der Phase 1 den Markt erreichen werden.

Abgesehen von Japan wird in keinem Land auch nur annähernd eine solche Vielfalt von Entwicklungen vorangetrieben, wie in den USA. Dieser Vorsprung kann von den (nur) sieben überwiegend auf dem Arzneimittelsektor forschenden Unternehmen in Deutschland (Venture-Kapital-Firmen wie in den USA sind in Deutschland praktisch nicht existent) nicht eingeholt werden. Dies spiegelt sich in den privaten F&E Ausgaben wider, die sich in den USA für die Biotech-Industrie (Biotech 1994) auf 5,7 Mrd US $ und in Japan (Lux 1993) auf ca. 3 Mrd DM belaufen (Deutschland unter 1 Mrd DM, und Frankreich ca. 0,7 Mrd. DM in 1990/91). Diese Unterschiede beruhen auf der absolut und relativ wesentlich größeren Anzahl überwiegend kleiner Firmen in den USA (1272 im Jahr 1993) gegenüber Europa (386 im Jahr 1993). Abb. 3a, 3b, 4 und 5 zeigen die Vielfalt der industriellen Anwendungen der wichtigsten 134 Unternehmen[3] in Japan. Den niedrigen Investitionen entsprechend ist der Länderanteil an Patentmeldungen (Lux 1993) recht bescheiden, mit Deutschland ca. 12 % gegenüber Japan mit ca. 18 % und USA ca. 42 % (von 1985 bis 1987). Hinsichtlich Deutschland muß jedoch beachtet werden, daß die von deutschen Unternehmen eingereichten Patente nur von den wenigen forschenden (Groß)Unternehmen mit zum Teil weltweiten Forschungskapazitäten stammen, wogegen in Übersee auch viele kleine und mittelgroße Betriebe Patente anmelden. Wie auch in anderen Wirtschaftszweigen dominieren die Patentanmeldungen aus den USA und Japan (Abb. 6) auch in der

---
[3] Japan Bioindustry Association (1994)

Biotechnologie nicht nur quantitativ, sondern vor allem auch qualitativ bei den grundlegenden Patenten. Auch die Tatsache, daß in Europa bis heute eine vergleichsweise geringe Zahl von Patenten eingereicht wird, ist ein Indikator für die relative Schwäche des Standortes Europa.

Die politischen und rechtlichen Rahmenbedingungen

Die oben beschriebenen Zusammenhänge und vor allem die hohen Kosten dürften verständlich machen, weshalb die Entwicklungszeiten (je länger, desto teurer das Produkt, und je früher auf dem Markt, desto größere Marktanteile und Umsätze) für die Wettbewerbsfähigkeit deutscher Unternehmen (bei den bestehenden hohen Standortkosten) von so großer Bedeutung sind, und weshalb die Ablehnung bürokratischer staatlicher Erfassungsmaßnahmen, die ohne Sicherheitsrelevanz sind, gerade bei deutschen Unternehmen so ausgeprägt ist. *Zwangsläufig kommen Dauer und Aufwand von Genehmigungsverfahren eine große standortbestimmende Bedeutung zu.*

Obwohl das Fraunhofer-Gutachten (Hohmeyer et al. 1993) vom April 1993 die Regulierungssituation in den USA, Japan und relevanten EG-Staaten formal richtig beschreibt, kann der Ansicht, daß die "nationale Regulierungspraxis keinen ausschlaggebenden Einfluß auf die Entscheidung über Standorte für gentechnische Produktionsbetriebe hat", aufgrund der in dem Gutachten vorgenommenen fehlerhafter Gewichtungen bzw. Bewertungen und der mangelnden praktischen Relevanz einzelner wichtiger Details, vor allem hinsichtlich den USA und Japan, nicht zugestimmt werden. Insgesamt belegt das Fraunhofer-Gutachten die Richtigkeit der von Prof. Schlumberger und dem Gutachter angefertigten Studie über die USA (Schlumberger et al. 1993) sowie die Ausführungen des Gutachters über die Regulation der Gentechnik in Japan (Brauer 1993) (beide vom Gutachter auf Anfrage erhältlich). *Unsere Untersuchungen haben belegt, daß in den USA und Japan im Rahmen der geltenden Gesetze per Guidelines, also ohne ein spezielles Gentechnikgesetz, ein flexibles, berechenbares, pragmatisches, sachgerechtes und damit wettbewerbsfähiges Regulierungssystem existiert, das sehr kurze Genehmigungszeiten garantiert, zügig dem sich verändernden Wissensstand angepaßt werden kann und dennoch keinen "Rabatt auf Sicherheit" gewährt.*

In völligem Gegensatz zur europäischen Situation muß festgestellt werden, daß auch unter der Regierung von US Präsident Clinton die Biotechnik/Gentechnik einen hohen Stellenwert besitzt, einige bemerkenswerte Entscheidungen getroffen wurden und allgemein eine für Europa beispielhafte Politik verfolgt wird. Diese folgt dem Grundsatz, daß *nur wissenschaftliche Kriterien unter Berücksichtigung "realer Risiken"* (nicht hypothetische) für z.B. Produktzulassungen und die Novellierung von Guidelines anzuwenden sind. Sozioökonomische Kriterien werden auch von dieser Regierung (und vom Kongreß) nicht in den rechtlichen Regelungen etabliert.

Diese Grundsätze der US-Politik sind u.a. durch folgende Entscheidungen in die Praxis umgesetzt worden:

3.19 Die Biotechnologische Industrie in Deutschland und in der EG

1. Die Regierung schaltet sich weiterhin *nicht* in die gentechnikrelevanten Entscheidungen der Food and Drug Administration (FDA) ein und hält die teilweise öffentlichen Sitzungen der FDA-Ausschüsse für völlig ausreichend, um die Öffentlichkeit informiert zu halten;
2. mit Harold Varmus wurde ein hervorragender Molekularbiologe zum Leiter der National Institutes of Health (NIH) benannt;
3. im März 1993 wurde ein vereinfachtes Verfahren für die Durchführung von Freilandversuchen erfolgreich eingeführt, welches bisher in über 300 Fällen angewendet wurde (Abb 7);
4. das Rinderwachstumshormon BST wurde zugelassen (dieses wurde in Europa von dem zuständigen Ausschuß "CVMP" ebenfalls als unbedenklich eingestuft, aus "sonstigen Gründen" dennoch nicht zugelassen);
5. eine rekombinante Baumwollsorte (Insektenresistenz) wurde zugelassen;
6. die "Flavr Savr Tomate" wurde zugelassen (für den Anbau);
7. im April 1994 wurden von dem zuständigen Ausschuß der FDA die für die Herstellung dieser Tomatensorte benötigten Gene als unbedenkliche Lebensmittelzusatzstoffe bewertet. Somit ist auch die letzte Hürde vor der Vermarktung genommen;
8. die FDA lehnt eine generelle Produktkennzeichnung "gentechnisch hergestellt" eindeutig ab, da dies keine relevante Information für den Verbraucher darstellt;
9. die FDA bearbeitet seit Anfang 1994 die Frage, ob die Umstellung des Herstellungsprozesses für ein Antibiotikum auf einen rekombinanten Organismus (30 % Ausbeutesteigerung) einer Neuzulassung des Antibiotikums bedarf, oder ob eine Mitteilung an die FDA als ausreichend angesehen werden kann. Eine positive Entscheidung ist absehbar. Eine vergleichbare systematische Vorgehensweise ist aus Japan bekannt und dokumentiert sich neuerdings auch in der zunehmenden Entwicklung rekombinanter Nutzpflanzen mit der Zielsetzung, diese zwischen 1996 und 1998 auf den Markt zu bringen (Tabelle 1).

Vor allem die konsequente amerikanische Vorgehensweise wird einen Schub von rekombinanten Produkten in den unterschiedlichsten Wirtschaftszweigen auslösen und auf den Weltmärkten zu einem erheblichen Wettbewerbsdruck führen. Nicht zuletzt erklären die amerikanischen Rahmenbedingungen, weshalb der Standort USA von zahlreichen europäischen, und hier besonders deutschen Unternehmen, erhebliches Vertrauen genießt. Selbst bei optimalen europäischen Entwicklungen dürften die wesentlichen Vorteile des Biotechnik-Standortes USA in absehbarer Zeit kaum aufgeholt werden. Dies gilt ebenso für industrielle Entscheidungen in anderen Wirtschaftszweigen und ist am Investitionsverhalten international tätiger Unternehmen ablesbar (Abb. 8 und 9).

3.19.5 Biologische Sicherheit

Aus der industriellen Praxis heraus liegen gesicherte Erfahrungen im Umgang mit den unterschiedlichsten "natürlichen" Organismen vor - von einfachen Fermentationen mit Hefen bis zur Fermentation von über 20 hochpathogenen Mikroorganismen wie Diphtherie-, Typhus- oder Tollwuterregern in Volumina bis zu 4000 Litern.

Das in der Industrie zur Anwendung kommende Sicherheitskonzept erlaubt den sicheren Umgang mit solchen Organismen allein aufgrund technischer und organisatorischer Sicherheitsmaßnahmen. Ziel der Maßnahmen waren primär: Der Schutz der Arbeitnehmer (und Anwohner) sowie die Produktsicherheit bezüglich Patienten bzw. Verbrauchern. Der Arbeitsmedizin kam dabei selbstverständlich eine wichtige Rolle zu. Obwohl nicht explizit ausgeführt, wurde mit diesen Maßnahmen gleichzeitig auch die Umwelt geschützt. Erst mit der Gentechnik konnten biologische Sicherheitsmaßnahmen als zusätzlicher Faktor in die industrielle Praxis eingeführt und klassische Verfahren verbessert werden. Dies bedeutet, daß zur Gewinnung von Eiweißen (z.B. Enzyme oder Antigene zur Impfstoffherstellung) nicht mehr die pathogenen natürlichen Organismen, wie oben erwähnt, in entsprechenden Anlagen gezüchtet werden müssen, sondern daß die entsprechenden Gene, in harmlose Organismen wie Hefe oder E. coli K12 eingebracht, in Sicherheitsstufe 1 problemlos produziert werden können. Grundsätzlich bringt der Umgang mit biologischen Agenzien, die ein (hohes) Gefährdungspotential besitzen, bestimmte Risiken mit sich - unabhängig davon, ob klassisch-mikrobiologisch oder gentechnisch gearbeitet wird. Internationaler Konsens ist, daß gentechnische Arbeiten mit keinen "neuartigen" Gefahren verbunden sind.

Sowohl theoretisch als auch aus praktischer Erfahrung ist ein gentechnisch veränderter Organismus nicht grundsätzlich gefährlich, da nicht die Methode der genetischen Veränderung (Mutagenese, Zellfusion, gentechnische Maßnahmen, Züchtung usw.), sondern die Gesamteigenschaften des betreffenden Endproduktes (also des Produktionsstammes) entscheidend sind. Da Pathogenität und Virulenz, also das krankmachende Potential eines Mikroorganismus von einer sehr großen Zahl von Faktoren abhängig ist, wird durch die Übertragung einzelner Gene, vor allem wenn diese ohne pathogene Relevanz sind, ein harmloser Organismus (z.B. Hefe oder E. coli K12; allgemein solche der Sicherheitsstufe 1 bzw. GILSP=Good Industrial Large Scale Practice nach OECD) nicht in einen pathogenen Organismus umgewandelt. Ein praktisches Beispiel: Die Herstellung von Humaninsulin mit E. coli K12 Bakterien wird seit 1982 industriell in großem Maßstab betrieben. Dabei wurden weder Gefährdungen für Mensch, Tier oder Umwelt erwartet noch festgestellt. Andererseits würde die Herstellung von Insulin mit Yersinia pestis Bakterien (Pesterreger) natürlich Gefahren mit sich bringen - aber nicht wegen des gentechnisch eingebrachten Insulingens, sondern aufgrund der Pathogenität des Erregers!

Ein "neukombinierter Organismus" ist insofern nicht beliebig kombiniert aus zwei Organismen im zellbiologischen Sinn, sondern vielmehr ein Organismus mit definierten und unveränderten Eigenschaften plus einzelner zusätzlicher Gene bzw.

3.19 Die Biotechnologische Industrie in Deutschland und in der EG

Genprodukte - diese sind dann nach Aufreinigung die kommerziell hergestellten Produkte. Aus diesem Grund werden Produktionsverfahren weltweit in der Sicherheitsstufe 1 (üblicherweise bis zu 120.000 Litern) nicht bakteriendicht ausgeführt. Vielmehr dürfen gentechnisch veränderte Organismen in Konzentrationen bis zu 10.000 Zellen pro Kubikmeter Abluft, Abwasser bzw. Gramm fester Abfall, enthalten sein. Technische Maßnahmen gelten hier also vielmehr dem Schutz des in den Fermentern befindlichen Produktionsstammes vor Fremdkeimen als den oben erwähnten Schutzzielen. Die biologische Restmasse solcher Produktionen wird darüberhinaus nach Pasteurisierung häufig als hochwertiger Dünger verwendet (z.B. in Dänemark). In einer Petition der "Foundation on Economic Trends" durch Jeremy Rifkin wurde behauptet, daß mit der Gentechnik spezielle Risiken verbunden wären. In dem Antwortschreiben der FDA vom 11. Oktober 1991 wurde diese Behauptung u. a. mit folgender Begründung zurückgewiesen:

- "Die Behörde hat 14 Therapeutika und Impfstoffe zugelassen, mehr als 400 Diagnostika freigegeben ... und einen Lebensmittelzusatzstoff als 'generell sicher' bewertet. Im Gegensatz zu Ihrer Behauptung 'zunehmender Hinweise der Gefahren gentechnischer Herstellungspraktiken' haben diese Produkte solche Hinweise überhaupt nicht ergeben";
- "es gibt jetzt umfassende klinische Erfahrungen mit gentechnischen Produkten. Zum Beispiel erhalten 3 - 5 Millionen Diabetiker täglich Injektionen mit Humaninsulin, welches aus gentechnisch veränderten Mikroorganismen gewonnen wurde; ein Produkt, welches die FDA erstmals 1982 zuließ. Zehntausende von Patienten mit Herzinfarkt werden jährlich mit einem anderen Produkt, dem Gewebe-Plasminogen-Aktivator, behandelt; zugelassen von der FDA 1987. Mehrere Millionen Menschen mit potentiellem Kontakt mit Hepatitis B Viren wurden mit einem gentechnisch hergestellten Impfstoff geschützt; erste Zulassung durch die FDA 1986. Uns sind keine systematisch wiederkehrende Probleme bekanntgeworden, die mit der Herstellungsmethode dieser in die Patienten injizierten Produkte in Beziehung stehen. (Es muß beachtet werden, daß bei dieser parenteralen Verabreichung keine Möglichkeit zum Abbau und zur Inaktivierung von schädlichen Verunreinigungen im Verdauungstrakt gegeben ist)";
- "wie weiter oben ausgeführt, erkennt die FDA in keinem der in der Petition aufgeführten Punkte das Vorhandensein `spezieller Risiken abweichend von denen anderer Produktionsverfahren'. Im Gegenteil, die Behörde ist der Ansicht, daß viele gentechnische Produkte erhebliche Vorteile mit sich bringen".

Insgesamt gesehen sind aus den oben nur kurz angesprochenen Gründen für "gentechnische" Produktionsstätten keine neuen oder erhöhten Anforderungen nötig, sondern es genügen vielmehr im Einzelfall den klassischen Erwägungen entsprechende Maßnahmen (case by case) entsprechend der weltweiten Praxis. Da eine Technologie "an sich" nicht generell harmlos oder grundsätzlich gefährlich ist, macht es wenig Sinn, diese gesetzlich zu regeln, weshalb in den USA und Japan vernünftigerweise produktorientierte Regelungen eingeführt und weiterentwickelt wurden. Auch wenn in Deutschland die spezielle Regelung der Gentechnik rechtstechnisch notwendig erscheint und Rechtssicherheit zu geben versprach (was nach den Erfahrungen des Gutachters nicht zufriedenstellend gelang), ist dies sachlich, und dabei vor allem aus naturwissenschaftlichen Gründen, nicht zu rechtfertigen (siehe auch Regelungen in den USA und Japan).

Die Bestrebungen einiger politischer Minderheiten, das Schutzniveau des Gentechnikgesetzes durch Novellierung noch erhöhen zu wollen, ist angesichts der vorliegenden nationalen und internationalen Erfahrungen und Entwicklungen geradezu anachronistisch und läßt darauf schließen, daß es bei deren Aktivitäten eben nicht um "Sicherheit" und "Verbraucherschutz", sondern um sonstige fundamentalistische Ziele geht (Stichworte: außerparlamentarische Kontrolle, ökologische Wirtschaftsreform, Technologiedebatte, sozio-ökonomische Kriterien usw.). Dies erklärt auch, weshalb die weltweit positiven Erfahrungen beharrlich ignoriert werden (z.B. hinsichtlich Produkt- und Produktionssicherheit, hunderten von Freilandversuchen und gut untersuchten gentechnisch hergestellten Nahrungsmitteln) und längst widerlegte Behauptungen (Nebenwirkungen, Ausbreitung von rekombinanten Organismen in der Natur, sonstige hypothetische Gefahren usw.) in mediengerechter Form perpetuiert werden.

Ist Gentechnik unethisch?

Gentechnik kann pauschal weder als unethisch noch als ethisch bezeichnet werden, da die durchgeführten Arbeiten so unterschiedlicher Art sind (von der biologischen Grundlagenforschung über die Entwicklung und Anwendung umweltfreundlicher Produktionsverfahren bis hin zur gentechnischen Veränderung von Tieren), daß sie nur fallweise bewertet werden können. Darüberhinaus muß berücksichtigt werden, ob mit Krankheitserregern oder Nicht-Krankheitserregern gearbeitet wird. In vielen Fällen wäre es sogar zutiefst unethisch, auf gentechnische Methoden verzichten zu wollen (z.B. Arzneimittel wie der Hepatitis B Impfstoff, Erythropoietin oder empfindliche Krankheitsdiagnostik, wie bei AIDS).

Der Kern einer gentechnischen Arbeit besteht immer darin, einem Organismus ein "rekombinantes" Molekül hinzuzufügen. Dies ist nicht a priori unethisch und in vielen Fällen, wie bei der Erforschung des Aufbaus einzelner Gene oder der Herstellung von Arzneimitteln mit Bakterien oder Hefen ist ein ethischer Beurteilungsbedarf nicht zu erkennen. Dies mag bei technisch vergleichbaren Arbeiten mit Tieren anders sein.

Die jeweilige Bewertung eines konkreten Falles kann nur individuell erfolgen, d.h. jeder Mensch muß diese ethische Bewertung - sofern er dies für notwendig hält - für sich selbst vornehmen. Weder Regierung, Staat, Verwaltung, Philosophen, Kirchen noch Industrie können eine ethische Bewertung für oder anstelle des Individuums vornehmen. Da der Staat durch seine demokratisch gewählten Volksvertreter die existierenden EG-Richtlinien und das Gentechnikgesetz beschlossen hat und gentechnische Arbeiten erlaubt, stellt sich die "ethische" Frage, ob überhaupt gentechnisch gearbeitet werden darf, nicht mehr und ist deshalb

3.19 Die Biotechnologische Industrie in Deutschland und in der EG

im Rahmen des Gentechnikgesetzes und bei Genehmigungsverfahrens nicht relevant.

Sind Langzeitfolgen der Gentechnik nicht abschätzbar?

Diese Frage kann auf wenigstens zwei Ebenen bewertet werden, nämlich einerseits als biologische Wirkung oder als wirtschaftliche Folge veränderter industrieller bzw. technischer Zusammenhänge. Letztere können bei praktisch allen Neuerungen vorhanden sein (sind es häufig) und können positiv oder negativ sein.
    Die Folgen menschlicher Tätigkeit bzw. die Zukunft an sich sind nicht vorhersehbar, und 100-prozentige Sicherheit ist grundsätzlich nicht zu gewährleisten. Deshalb muß auf Verfahren zurückgegriffen werden, die zuverlässige Abschätzungen erlauben. Da rekombinante DNA eben auch "nur" DNA ist, unterliegen Organismen, die gentechnisch veränderte DNA-Sequenzen beherbergen, den gleichen biologischen Gesetzmäßigkeiten wie klassisch veränderte. Sowohl theoretisch als auch aus der empirischen Erfahrung mit den klassischen Methoden zur Veränderung von Organismen (Mutagenese gefolgt von Selektion) läßt sich abschätzen, daß Langzeitfolgen nur dann entstehen können, wenn die Gesamteigenschaften eines Organismus ein langfristiges Überleben ermöglichen *und* damit negative Wirkungen verbunden sind. Diese essentiellen Eigenschaften, nämlich Überlebensfähigkeit und negatives Folgenpotential, verändern sich jedoch nachweislich nicht bei der Einführung des Gens für Humaninsulin in beispielsweise E. coli K12. Insbesondere werden keine der typischen Eigenschaften (nicht-pathogen und kein Umweltkeim) und Abhängigkeiten (z.B. von Nährstoffen und Temperatur) verändert, und es werden keine Überlebensvorteile erlangt. Dies könnte im Einzelfall anders sein bei der Übertragung von z.B. Toxingenen, zahlreichen Enzymen oder ganzer Enzymketten, weshalb die in Japan praktizierte Unterscheidung zwischen "Standard-Experimenten" und "Nicht-Standard-Experimenten" (siehe dort) sinnvoll erscheint.
    Langzeitfolgen setzen voraus, daß ein zuvor harmloser (Mikro)Organismus durch Mutagenese in einen pathogenen Stamm umgewandelt wird. Durch Mutagenese des rekombinanten Humaninsulingens (oder anderer Gene bei anderen Produktionsverfahren) allein, ist eine solche Veränderung jedoch nicht möglich, da Pathogenität auf der Wirkung nicht eines einzelnen, sondern zahlreicher Gene und den davon abgeleiteten Pathogenitätsfaktoren beruht.

3.19.6 Die Standortfrage

Angesichts der Probleme mit dem europäischen Gentechnikrecht und dessen Vollzug für die universitäre und die industrielle Forschung wie auch hinsichtlich der Entwicklung von Produktionsverfahren muß festgestellt werden, daß Deutschland auf dem besten Weg ist, eine weitere wichtige Schlüsseltechnologie zu verlieren. Dies zeigt sich auch daran, daß immer weniger Forscher und keine

Industrieunternehmen aus dem Ausland bereit sind, gentechnische Arbeiten in Deutschland durchzuführen. Die Novellierung des Gentechnikgesetzes hat erfreulicherweise gezeigt, daß der deutsche Gesetzgeber, also Bund und Länder, in der Lage sind, eine falsche bzw. überzogene Gesetzgebung zu korrigieren. Es wird sich jedoch zeigen müssen, ob die Novellierung des Gentechnikgesetzes auch zu einem Umdenken bei den Vollzugsbehörden führen wird und ob darüberhinaus auch andere gesetzliche Regelungen, wie z.B. das Bundesimmissionsschutzgesetz und das Chemikaliengesetz, in angemessener Weise vereinfacht werden. Anzumerken ist noch, daß es naiv wäre zu glauben, daß die in der Vergangenheit und verstärkt in der Gegenwart von der deutschen Industrie weltweit errichteten (gen)technischen Anlagen und Kapazitäten dort geschlossen und nach Deutschland zurückverlegt würden, nur weil hier oder dort einzelne Regelungen auf ein vernünftiges Maß reduziert werden. Dies liegt u. a. daran, daß sich neben dem internationalen Wettbewerb um Kunden und Märkte auch innerhalb der weltweit operierenden Unternehmen der Wettbewerb der Standorte um Produkte, Verfahren und Arbeitsplätze verstärkt.

Über die gentechnikrelevanten Fragen hinaus besteht also besonders in Deutschland ein dringender Bedarf, wettbewerbsfähige industrielle Rahmenbedingungen zu schaffen. Dies wird umso dringlicher, je weiter sich traditionelle nationale Unternehmensstrukturen zugunsten internationaler Organisationsformen verändern. Deshalb ist es langfristig sicher nicht ausreichend, weiterhin die bequemsten politischen Wege zu gehen, d.h. jede Außenseitermeinung und Berichterstattung als Volkes Stimme zu begreifen. Der Verbraucher und Bürger, und nicht die selbsternannten Wächter in den unterschiedlichsten Gruppierungen, müssen zum Maßstab der politischen Entscheidungen werden. Es ist dringend nötig, Science von Fiction zu trennen und schriftstellerndes Expertenunwesen von nachgewiesenen Erfahrungen und Fakten zu unterscheiden.

Literatur

Biotech 94 (1994) Long-Term Value, Short-Term Hurdles. The Industry Annual Report, 1993 Ernst & Young U.S., San Francisco, Ca 94104

Brauer D (1993) Das Regulationssystem in Japan zur Anwendung der Gentechnik in Forschung, Entwicklung und Produktion. Juli, Hoechst AG, Frankfurt

Hohmeyer O, Hüsing B, Maßfeller S, Reiß T (1993) Gesetzliche Regelungen der Gentechnik im Ausland und praktische Erfahrungen mit ihrem Vollzug. Fraunhofer-Institut für Systemtechnik und Innovationsforschung, Karlsruhe, April

Lux A (1993) Die Wettbewerbsposition Deutschlands in der Neuen Biotechnologie. Witschaftsdienst VII

Schlumberger HD, Brauer D (1993) Das Regulationssystem der USA zur Anwendung der Gentechnik in Forschung, Entwicklung und Produktion. Hoechst AG, Frankfurt, Mai

3.19 Die Biotechnologische Industrie in Deutschland und in der EG

Abbildungen

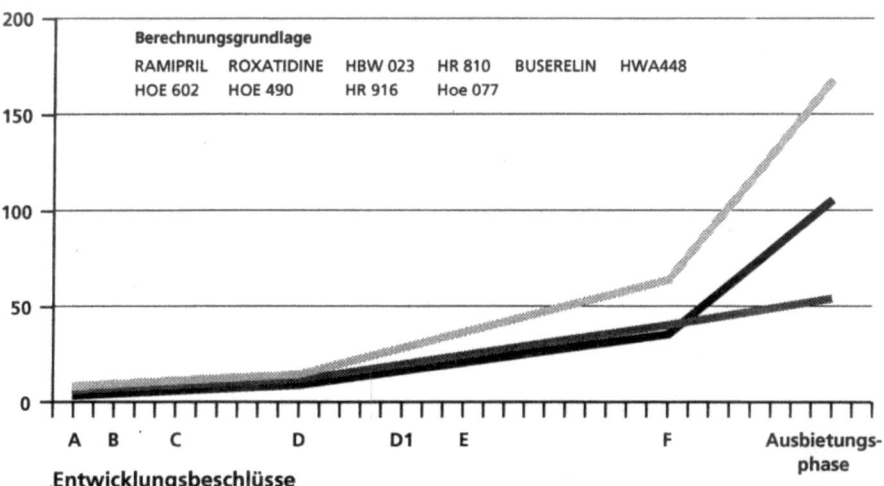

Abb. 1 Kostenaufwand bei der Arzneimittelentwicklung

Abb. 2 Kostenaufwand für die Entwicklung von Pflanzenschutzmitteln

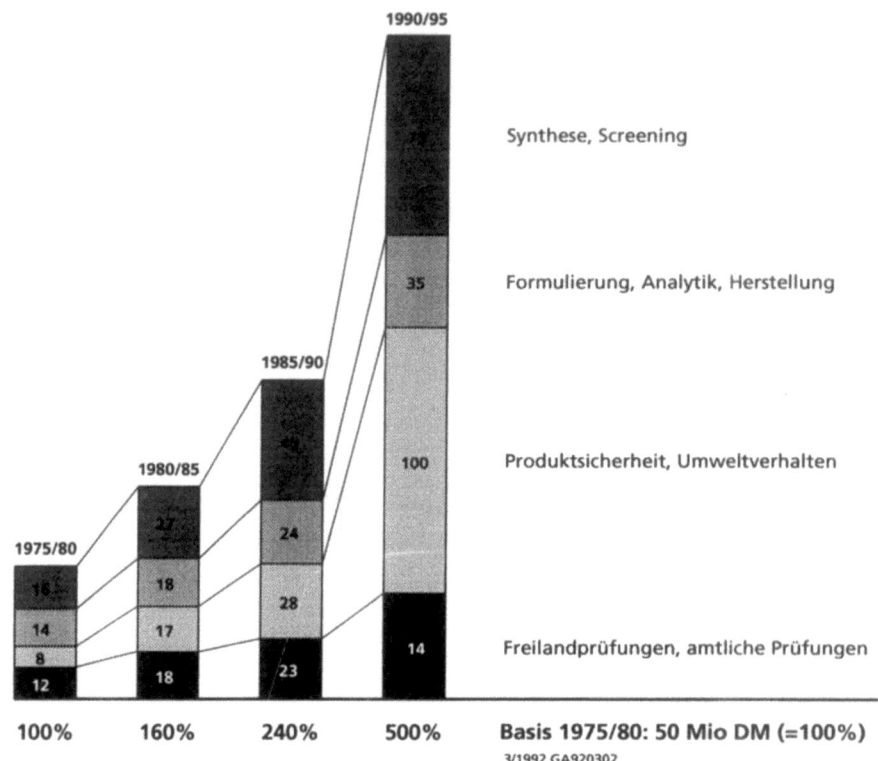

3.19 Die Biotechnologische Industrie in Deutschland und in der EG

Abb. 3a Recombinant Products in Japan Industrial Application

Ministry	Produkt	Cases
Ministry of International Trade an Industry (Total 190)	Chemical agents	110
	Enzymes	62
	Amino acids	15
	Others	3
Ministry of Health and Welfare (Total 80)	Diagnosis, Observation	25
	Medical treatment	47
	Vaccine	8
Ministry of Agriculture, Forestry and Fishery (Total 5)	Amino acids	3
	Medical treatment	1
	Application in the simulated model environment	1
Total		275

(as of September 1991)

Abb. 3b Recombinant Products in Japan Experimental Application

Ministry and Agency		Cases
Science and Technology Agency	outside the standard[x]	1.442 (as of March 1990)
	within the standard[xx]	10.526 (as of March 1990)
Ministry of Education	outside the standard[x]	about 2.000 (as of March 1989)
	within the standard[xx]	21.061 (as of March 1989)

Note: [x] cases for which individual examination is necessary.
[xx] cases for which the standard is stipulated in the quideline.

Abb. 4 Japanese Biotechnology Market by Industry Category

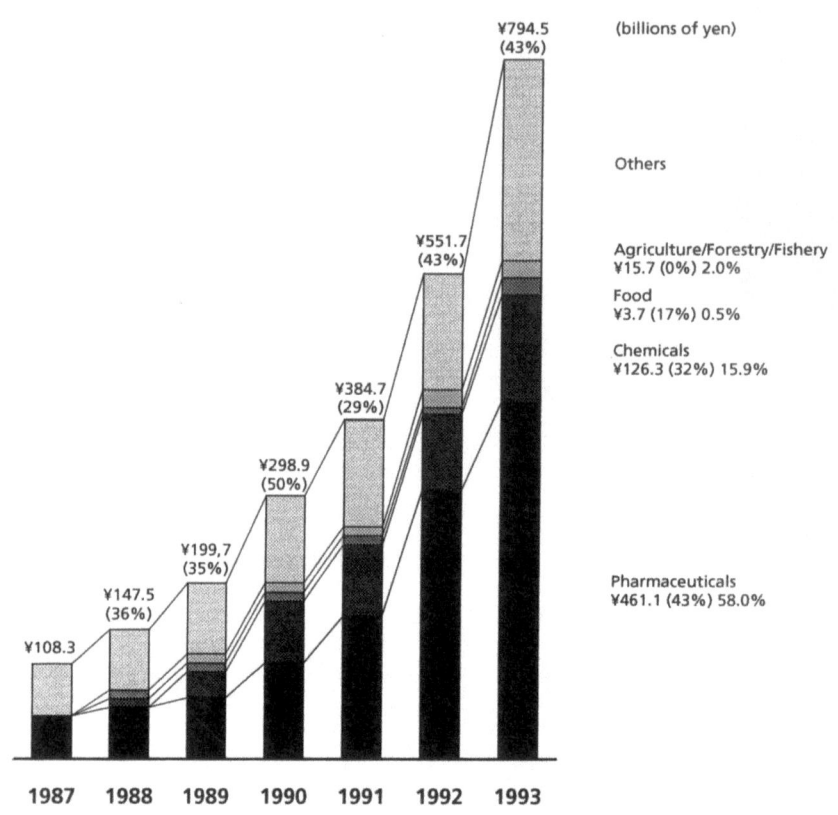

Note: Percentages in parentheses are growth rates over the previous year.
Percentages to right of parentheses are the industry shares of the total biotechnology market.

Source: Nikkei Biotech

3.19 Die Biotechnologische Industrie in Deutschland und in der EG

Abb. 5 Japanese Biotechnology Market by Technology

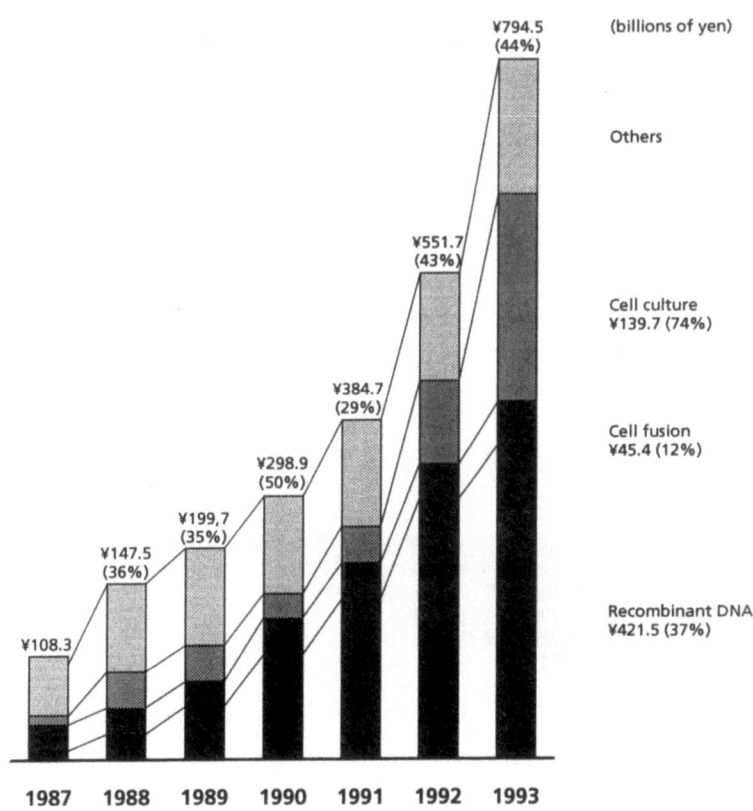

Note: Percentages in parentheses are growth rates over the previous year.

Source: Nikkei Biotech

Abb. 6

Entwicklung gentechnischer
Verfahren/Produkte
(Anzahl der Unternehmen 1990)

Patentanmeldungen gentechnischer
Verfahren/Produkte
(Anzahl in 1990)

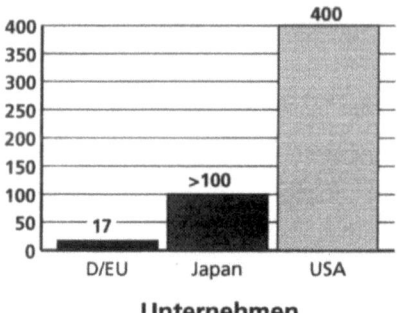
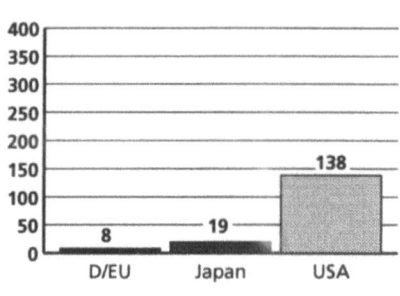

Unternehmen — Patente

P:GHREICH:F9

Abb. 7 GMO release permits and notifications in the US Source: APHIS 2/1994Abb.

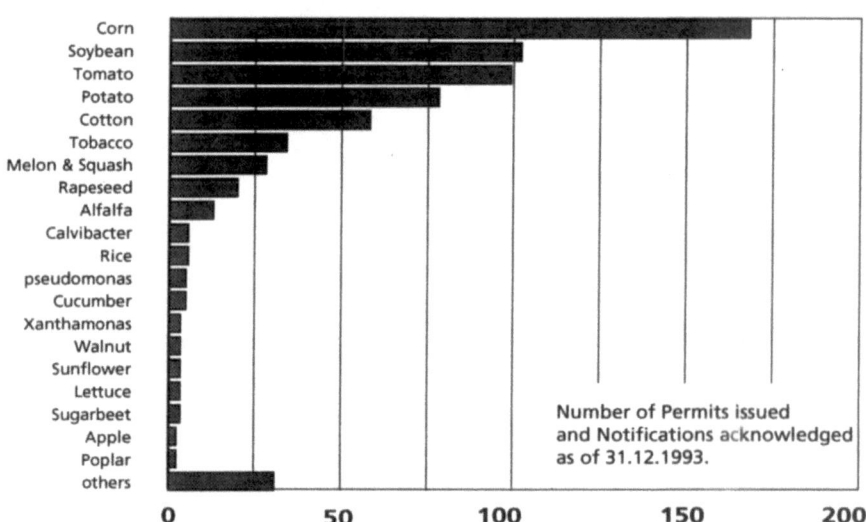

Number of Permits issued and Notifications acknowledged as of 31.12.1993.

674 releases were conducted at 1739 sites located in 42 of the 50 states
ursel/Dr. Brauer/1994

3.19 Die Biotechnologische Industrie in Deutschland und in der EG

Abb. 8 To which regions is Biotechnology-Related Investment currently Migrating?

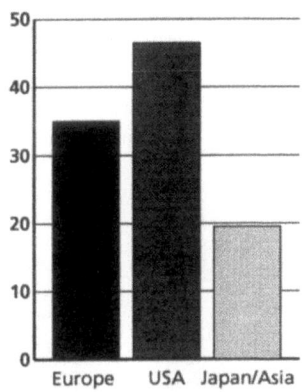

Regions for Next Investment
(% of Companies)

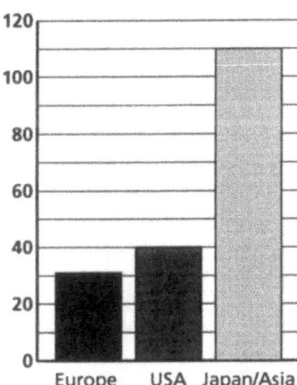

Regional Invest Focus
(% Increase, Next 2 Years)

Source: SAGB Member Poll. 1993

Abb. 9 Investitionen in Deutschland und im Ausland Quelle: DIHT, BMWi (1994)

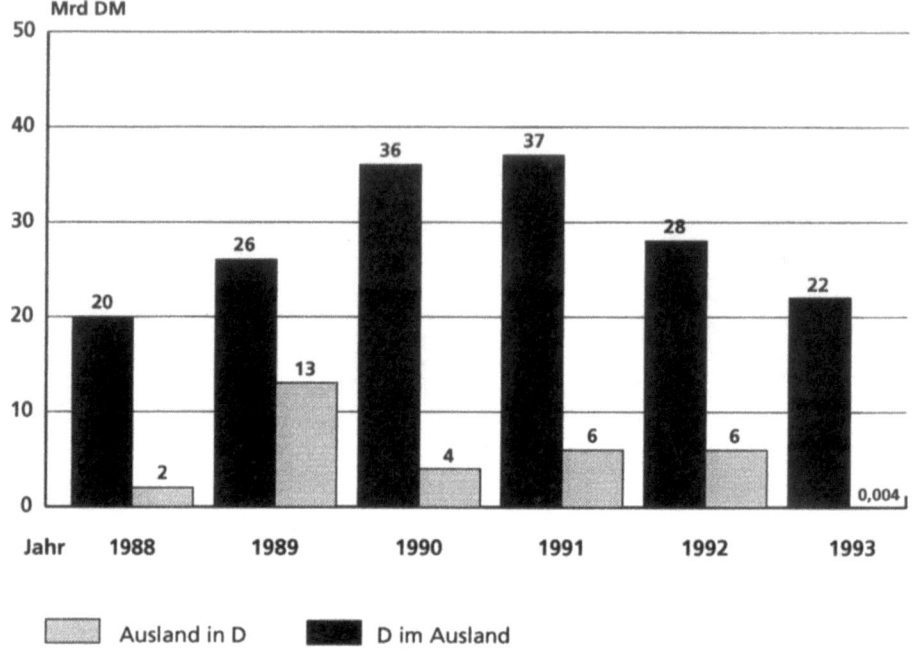

3.19 Die Biotechnologische Industrie in Deutschland und in der EG

Tabelle 1 The Progress in Safety Evaluation of Recombinant Plants in Japan (JBA April 13, 1994)

Transgenic Crop Plant	Producer	Step 1 Greenhouse Closed	Step 2 Semi-Closed	Step 3 Field Isolated	Step 4 Ordinary
1. TMV Resistant Tomato	MAFF	1988	1989	1991	1992
2. CMV Resistant Petunia	Private Sect.	1990	1991	1993	1994
3. RSV Resistant Rice	MAFF	1990	1992	1993	1994
4. RSV Resistant Rice	MAFF & Private Sect.	1990	1992	1993	1994
5. Dwarf Eustoma	Private Sect.	1991	1992	(1994)	
6. CMV Resistant Melon	MAFF	1990	1992	1993	(1995)
7. CMV Resistant Tobacco	Private Sect.	1989	1992	1994	
8. Low Allergen Rice	Private Sect.	1991	1993	1994	
9. Low Amylose Rice	Private Sect.	1991	1993	(1995)	
10. Low Protein Rice	Private Sect.	1991	1993	1994	
11. PLRV Resistant Rice	Private Sect.	1992	1993	(1994)	
12. CMV Resistant Tomato	Private Sect.	1990	1994	(1995)	
13. Glyphosate Tolerante Soybean	Private Sect.	#1	1994		
14. CMV Resistant Tomato	MAFF	1992	1994		
15. CMV Resistant Tomato	MAFF	1993	(1994)		

#1: The 1st stage has been skipped because a recombinat soybean has been on the 3rd stage in the U.S.
Source: Biotechnology Division, Ministry of Agriculture, Forestry and Fisheries

3.20 Nachholende Modernisierung und internationales Innovationsmanagement

Strategien der deutschen Chemie- und Pharmakonzerne in der neuen Biotechnologie

Dr. Ulrich Dolata
Donaustraße 102/104, 28199 Bremen

Die neue Biotechnologie (Gentechnik/Zellfusion) befindet sich nach wie vor am Beginn ihres technologischen und ökonomischen Lebenszyklus. Im *Pharma-sektor* als ihrem wohl auch mittelfristig bedeutendsten wirtschaftlichen Anwen-dungsfeld hat sie bislang nur die Bedeutung einer Nischentechnologie mit kleinen und randständigen Märkten für wenige, zumeist überdurchschnittlich teure und substitutive Produkte. In anderen Anwendungsbereichen sind selbst erste kommerzielle Durchbrüche bislang ausgeblieben: Der Forschungsstand im Bereich der *Landwirtschaft* und der *Nahrungsmittelproduktion* läßt erst mittel- bis längerfristig wirtschaftlich verwertbare Ergebnisse in größerem Umfang erwarten; im Bereich der *Großchemie*, der *Energiegewinnung* oder der *Umwelttechnologie* sind entscheidende ökonomische Durchbrüche überhaupt noch nicht in Sicht. Die neue Biotechnologie ist derzeit noch kaum mehr als ein mit beachtlichen Möglichkeiten ausgestattetes, enormen Erwartungen befrachtetes und großen Un-sicherheiten behaftetes Forschungs- und Innovationsfeld, das seine eigentlichen Bewährungsproben noch zu bestehen hat[1].

Gleichwohl hat bereits in diesem frühen, von Grundlagenforschung und Methodenentwicklung geprägten Entwicklungsstadium in den drei zentralen Wirtschaftsregionen Nordamerika, Japan und Westeuropa der politische und industrielle Zugriff auf diese Technologie begonnen[2]. Die entscheidenen Impulsgeber dieser Entwicklung waren seit Mitte der siebziger Jahre zunächst die neugegründeten Biotechnologiefirmen der Vereinigten Staaten, die als erste auf die kommerzielle Verwertung von Forschungsergebnissen setzten (vgl. etwa OTA 1988; Kenney 1986; Ono 1989; Teitelman 1989). In Japan (vgl. Yuan u. Dibner 1990; Matsuo 1991) und Westeuropa (vgl. Sharp1985; Shackley u. Hodgson 1991; Kädler u. Hertle 1992) dagegen wurden entsprechende Entwicklungen erst zu Anfang der achtziger Jahre und vornehmlich durch Initiativen der Regierungen angestoßen. Die etablierten Großunternehmen stiegen demgegenüber in allen drei Regionen vergleichsweise spät und zögerlich in dieses neue Technologiefeld ein,

---
[1] vgl. zur Einschätzung der ökonomischen Perspektiven der neuen Biotechnologie ausführlich Dolata 1993 und 1994b
[2] vgl. dazu die nach wie vor sehr lesenswerte Studie des OTA 1984

3.20 Internationales Innovationsmanagement

waren jedoch aufgrund ihrer Forschungs-, Produktions- und Marktmacht in der Lage, diesen Rückstand schnell aufzuholen und innerhalb weniger Jahre die industrielle Führungsrolle im kommerziellen Aneignungsprozeß der neuen Biotechnologie zu übernehmen.

Dieser Aufsatz handelt nun davon, über welche unternehmensstrategischen Orientierungen und Schwerpunktsetzungen die großen deutschen Chemie- und Pharmakonzerne auf diesem für sie vergleichsweise neuen Gebiet Fuß zu fassen versuchen[3]. Hierzu wird - anschließend an (1.) kurze Portraits der wichtigsten biotechnisch engagierten Großunternehmen - zunächst (2.) nach den Ursachen ihres z.T. späten Einstiegs in die neue Biotechnologie gefragt und (3.) eine Systematisierung ihrer Strategien im industriellen Aufhol- und Formierungsprozeß versucht. Darauf aufbauend wird dann (4.) die die öffentliche Debatte bestimmende Frage diskutiert, ob die zahlreichen internationalen Engagements 'unserer' Großunternehmen tatsächlich einer relativen Schwäche des deutschen Forschungs- und Industriestandortes geschuldet sind, oder ob sie nicht in erster Linie als Ausdruck eines ohnehin zunehmend global ausgerichteten Innovationsmanagements weltweit operierender Konzerne begriffen werden müssen. Den Aufsatz beschließen (5.) knappe Schlußfolgerungen zum öffentlichen Umgang mit der neuen Biotechnologie, in denen allen (vermeintlichen) Weltmarktzwängen zum Trotz für einen behutsamen, diskursiven und gesellschaftlich verantwortlichen Umgang mit dieser neuen Risikotechnologie plädiert wird.

3.20.1 Kooperationen, Akquisitionen, Ausbau eigener Forschungskapazitäten: Der Einstieg der deutschen Großunternehmen in die neue Biotechnologie

Einer neueren Untersuchung des Fraunhofer-Instituts für Systemtechnik und Innovationsforschung (ISI) zufolge gibt es in der Bundesrepublik insgesamt etwa 400 kleine und mittlere Unternehmen sowie ca. 30 Großunternehmen mit Aktivitäten in der Biotechnologie. Dem liegt allerdings eine breite Definition der Biotechnologie zugrunde, die zahlreiche Unternehmen des Maschinen- und Anlagenbaus ebenso wie eine große Zahl von Vertriebs- und Dienstleistungsfirmen einschließt[4]. Die Spitzengruppe der im Bereich der neuen Biotechnologie (Gentechnik/Zellfusion) selbst forschenden und/oder Produkte entwickelnden Unternehmen ist dagegen erheblich kleiner. Sie umfaßt neben einer kleinen Zahl von (ökonomisch allerdings kaum ins Gewicht fallenden) neuen Biotechnologiefirmen eine Reihe traditionsreicher mittelständischer Unternehmen, die zumeist auf Marktnischen spezialisiert sind, sowie ein gutes Dutzend international tätiger Konzerne - vornehmlich aus der chemisch-pharmazeutischen Industrie - die

---

[3] Die folgenden Ausführungen fassen die Ergebnisse einer umfangreichen Studie des Autors zusammen; vgl. Dolata 1994a und die Vorarbeiten in Dolata 1991a.
[4] vgl. Fraunhofer-Institut für Systemtechnik und Innovationsforschung (ISI) 1991, sowie die Zusammenfassung der Ergebnisse des Endberichts durch Reiß 1992

zumeist auf Marktnischen spezialisiert sind, sowie ein gutes Dutzend international tätiger Konzerne - vornehmlich aus der chemisch-pharmazeutischen Industrie - die auf der industriellen Seite im Laufe der achtziger Jahre zu den entscheidenden Trägern des Innovationsprozesses geworden sind und im Zentrum der folgenden Betrachtung stehen[5].

Am Beispiel der drei breit diversifizierten Branchenführer Bayer, Hoechst (mit den Töchtern Behringwerke und Roussel-Uclaf) und BASF sowie den drei Pharmakonzernen Schering, Boehringer Ingelheim und Boehringer Mannheim, die über die ambitioniertesten Forschungs- und Produktionsprogramme in der neuen Biotechnologie verfügen[6], läßt sich die variantenreiche Suche der deutschen Großunternehmen nach strategischem Profil in diesem neuen Technologiefeld skizzieren (vgl. Übersicht 1):

- *Fortgeschrittene Triadisierung*: Der *Bayer-Konzern* verfügt heute über das wohl ausgeprägteste internationale Netzwerk aus konzerneigenen Forschungszentren und Kooperationsbeziehungen in der Gentechnik - mit Schwerpunkten in Deutschland (Pharmaforschungszentrum in Wuppertal und Pflanzenschutzzentrum in Monheim), den USA (Pharmaforschungszentren in West Haven und Berkeley) und in Japan (in Bau befindliches Pharmaforschungszentrum in Kyoto und landwirtschaftliches Forschungszentrum in Yuki City) -, verfolgt eine ganze Reihe gentechnischer Forschungsprojekte in den Bereichen Pharma und Pflanzenschutz und ist seit 1993 mit einem ersten, vornehmlich in den Vereinigten Staaten entwickelten und in Berkeley produzierten gentechnischen Produkt (Faktor VIII) auf dem Markt;
- *nachholende Triadisierung*: Der *Hoechst-Konzern* ist ebenfalls sowohl im Pharma- als auch im Pflanzenschutzbereich mit zahlreichen gentechnischen Projekten engagiert und seit Ende der achtziger Jahre darum bemüht, neben den traditionellen (Forschungs-)Standorten Deutschland (Hoechst, Frankfurt/M.; Behringwerke, Marburg) und Frankreich (Roussel-Uclaf), wo nach wie vor die größten gentechnischen Forschungs- und Produktionsvorhaben (Insulin, EPO, Hirudin) betrieben werden sowie zahlreichen Kooperationen mit US-Forschungsinstituten und Biotechnologiefirmen ergänzende konzerneigene Kapazitäten in Japan (neues Pharmaforschungszentrum in Kawagoe), Australien

---

[5] In einer ifo-Untersuchung zur Wettbewerbsfähigkeit der deutschen Industrie heißt es: "Der Mangel an Breite in der industriellen bio- und gentechnischen Forschung und Entwicklung wird dadurch belegt, daß die Relation der Zahl der Erfindungen von deutschen Unternehmen zur Zahl der Erfindungen amerikanischer Unternehmen rasant absinkt, wenn mehr kleinere Unternehmen einbezogen werden. Über die etablierten deutschen Pharma- und Chemieunternehmen hinaus sind nur wenige deutsche Unternehmen im Bereich der Bio- und Gentechnik aktiv." (vgl. Gerstenberger 1992)

[6] Daneben sind auch E. Merck, die Degussa (v.a. über ihre Pharma-Tochter ASTA-Medica), der Waschmittelkonzern Henkel und Hüls (mit ihren Töchtern Röhm und Deutsche Hefewerke) in diesem Bereich tätig. (vgl. Ammon u.Kuhn 1989; Mietsch 1993)

3.20 Internationales Innovationsmanagement   459

(Kauf des Unternehmens Biotech Australia) und den USA (Institut für Molekularbiologie in Somerville) aufzubauen;
- *Achsenbildung durch Aufbau konzerneigener Forschungskapazitäten in den USA*: Die erst in der zweiten Hälfte der achtziger Jahre ausgeweiteten gentechnischen Aktivitäten der *BASF* konzentrieren sich demgegenüber auf wenige Projekte (bis zur Einstellung der Entwicklungsarbeiten 1993 v.a. auf TNF) der vergleichsweise kleinen Pharmasparte des Konzerns und die Achse Deutschland (mit dem traditionellen Standort Ludwigshafen) - USA, wo ein neues Pharmaforschungszentrum der BASF Bioresearch Corp. in Worcester bei Boston mit dem Ziel errichtet wurde, das gentechnische Know-how des Konzerns zu qualifizieren und auf dem wichtigen US-Markt mit eigenen Kapazitäten präsent zu sein;
- *Achsenbildung mit Hilfe von US-Akquisitionen*: Der ebenfalls spät in die Gentechnik eingestiegene *Schering-Konzern* hat - ähnlich wie die BASF - sein Engagement erst seit Ende der achtziger, Anfang der neunziger Jahre signifikant erweitert: in diesem Fall vor allem über den Aufkauf von zwei US-Biotechnologiefirmen (Codon und Triton Biosciences, heute Berlex Biosciences), um die herum ein neues, den Berliner Standort ergänzendes pharmazeutisches Forschungszentrum in Richmond/Kalifornien errichtet wurde - auch hier mit dem Ziel, über externen Know-how-Erwerb Rückstände in der neuen Biotechnologie wettzumachen und auf dem amerikanischen Markt Fuß zu fassen;
- *Forschung in Österreich - Produktion in Deutschland*: Boehringer Ingelheim konzentriert seine gentechnische Forschung und Produktion demgegenüber bislang auf die Standorte Deutschland (bei der Tochter Dr. Karl Thomae; t-PA-Produktion) und Österreich (Forschungsinstitut für Molekulare Pathologie; Tochter Bender & Co.), ergänzt um wenige Kooperationen mit US-amerikanischen Biotechnologiefirmen (v.a. Genentech);
- *Konzentration auf den Standort Deutschland*: Boehringer Mannheim schließlich ist als kleinstes der hier betrachteten Unternehmen sehr früh, bereits gegen Mitte der siebziger Jahre in die gentechnische Forschung eingestiegen, verfügt mittlerweile über ein beträchtliches know-how und einen ersten Umsatzrenner (EPO) auf diesem Gebiet - und dies bei bislang weitgehender Konzentration der Forschung und Produktion auf den Standort Deutschland (im bayerischen Werk Penzberg), die erst 1993 durch (konzernintern umstrittene) Minderheitsbeteiligungen an zwei US-amerikanischen Biofirmen (Protein Design Labs und CellPro) abgeschwächt wurde.

Übersicht 1 Gentechnik bei Bayer, Hoechst, BASF, Schering, Boehringer Ingelheim und Boehringer Mannheim

Konzern	A. Allgemeine Daten				B. Gentechnik (in Mrd. DM)		
	Umsatz (Konzern) 1993 (Mrd. DM)	davon: Pharma/ Gesundht. (Mrd. DM)	F&E-Aufwand 1993 (Mrd. DM)	davon: Pharma/ Gesundht. (in %)	F&E 1993 Forschungs- und Produktionsvorhaben	Forschungs- und Produktstandorte	Forschungs- und Wichtige Kooperationspartner
Bayer	41,0	9,6	3,2	über 44%	0,1 — Faktor VIII Kogenate, TNF, Prolastin, Gentherapie zur Behandlung der Hämophilie A, Diagnostika, Pflanzenschutz	**a. in Deutschland:** - Leverkusen: wiss. Zentrallabor - Wuppertal: Pharmaforschungszentrum - Monheim: Pflanzenschutzzentr. **b. in den USA:** - West Haven: Pharmaforschungszentrum / BT-Töchter Molecular Diagnostics / Therapeutics - Berkeley: Pharmaforschung u. -produktion (Faktor VIII) **c. in Japan:** - Yuki City: landwirtschaftl. Forschungszentrum - Kyoto: Pharmaforschungszentrum (in Bau)	**a. in Deutschland:** - Institut für Genetik, Uni. Köln - Max-Planck Institut für Züchtungsforschung, Köln - Genzentrum Köln - Hoechst (AIDS-Forschung) versch. Saatgutfirmen **b. in Europa:** - Pharmaceutical Proteins, Schottland **c. in den USA:** - Yale University, West Haven - Massachusetts Institute of Technology, Cambridge - Rochester University, New York - Genentech - Chiron - Celltech - Genetic Systems - Viagene
Hoechst	46,0	11,3	3,0	52%	keine Angaben — Humaninsulin, EPO, Hirudin, GM-CSF, Pflanzenschutz, Tierimpfstoffe	**a. in Deutschland:** - Frankfurt/M.: Zentralforschung, Insulin-Produktion - Behringwerke, Marburg: EPO-Produktion **b. in Frankreich:** - Roussel-Uclaf, Paris: Hirudin-Entwicklung **d. in Australien:** - Biotech Australia: Tierimpfstoffe **e. in den USA:** - Sommerville: Institut für Molekularbiologie	**a. in Deutschland:** - Gemeinschaftsunternehmen mit Schering: Pflanzenschutz - Bayer (AIDS-Forschung) **b. in den USA:** - Massachusetts General Hospital - Biogen - Chiron - Genentech - Genex - Immunex - Syntro - Integrated Genetics

3.20 Internationales Innovationsmanagement

Übersicht 1 (Fortsetzung)

Konzern	A. Allgemeine Daten					B. Gentechnik (in Mrd. DM)		
	Umsatz Konzern 1993 (Mrd. DM)	davon: Pharma/ Gesundht. 1993 (Mrd. DM)	F&E-Aufwand 1993 (Mrd. DM)	davon: Pharma/ Gesundht. (in %)	F&E 1993	Forschungs- und Produktionsvorhaben	Forschungs- und Produktstandorte	Forschungs- und Wichtige Kooperationspartner
BASF	40,6	2,0	1,9	16%	keine Angaben	TNF (Entwicklungs-arbeiten 1993 eingestellt) Thrombose-Prävention	a. in Deutschland: - Ludwigshafen: Hauptlaboratorium BASF / Pharmaforschung Knoll, TNF-Produktion b. in den USA: - BASF Bioresearch Corp., Boston: Pharmaforschungszentrum	a. in Deutschland: - Zentrum für Molekulare Biologie, Universität Heidelberg - Max-Planck-Institut für Medizinische Forschung, Heidelberg
Schering	5,4	4,1	1,0	81%	0,07	beta-Interferon (Betaseron)	a. in Deutschland: - Berlin: Institut für Zell- und Molekularbiologie b. in den USA: - Berlex Biosience, Richmond: Pharmaforschungszentrum	a. in Deutschland: - Gemeinschaftsunternehmen mit Hoechst: Pflanzenschutz - Institut für Genbiologische Forschung, Berlin (bis 1996) b. in den USA: - Zonagen
Boehringer Ingelheim	5,7	4,6	1,0	90%	keine Angaben	t-PA (Actilyse)	a. in Deutschland: - Dr. Karl Thomae, Biberach: t-PA-Produktion b. in Österreich: - Forschungsinstitut für Molekulare Pathologie, Wien - Bender & Co., Wien	a. in den USA: - Genentech b. in Österreich: - Universität Wien
Boehringer Mannheim (Gruppe Deutschland)	2,3	2,0	0,5	–	0,1	Diagnostica, EPO (Recormon), r-PA	a. in Deutschland: - Penzberg: bio- und gentechnisches Forschungszentrum, Produktion von EPO	a. in Deutschland: - Max-Planck-Institut für Biochemie, Martinsried - Genzentrum München - Universität München - Universität Regensburg b. in den USA: - Genetics Institute - Protein Design Labs - CellPro

Quellen: Geschäftsberichte, Presseauswertung, eigene Recherchen

© Dolata '94

3.20.2 Anatomie des Einstiegs: Spätes Engagement

Insgesamt fällt nach dieser ersten Durchsicht bereits auf, daß die deutschen Großunternehmen (mit der Ausnahme Boehringer Mannheim) in der neuen Biotechnologie nicht zu den frühen Pionieren zählen. Sie sind teils in der ersten Hälfte der achtziger Jahre (Bayer und Hoechst), teilweise auch erst seit Mitte des Jahrzehnts (BASF und Schering) in stärkerem Maße in dieses neue Technologiefeld eingestiegen. Warum?

Die Ursachen hierfür liegen aus meiner Sicht im Zusammenspiel von drei entwicklungshemmenden Faktoren, die in der Bundesrepublik bis in die achtziger Jahre hinein wirkten: Zum einen setzte (trotz früher forschungspolitischer Förderversuche bereits in den siebziger Jahren) eine durch die staatliche Politik angestoßene systematischere Verklammerung der z.T. qualifizierten Grundlagenforschung mit industriellen Forschungs- und Verwertungsinteressen erst in der ersten Hälfte der achtziger Jahre ein (und schlug sich zunächst v.a. in der Etablierung der Genzentren und weiterer Schwerpunktprojekte nieder)(vgl. Dolata 1991b). Zum anderen ließen sowohl das Forschungs(finanzierungs)system als auch das vorherrschende Selbstverständnis des akademischen Wissenschaftsbetriebs in der Bundesrepublik wenig Raum für die Herausbildung kleiner Technologiefirmen, die damit als wichtige Innovationsträger und technologische 'Frühwarnsysteme' weitgehend ausfielen (vgl. Motor Columbus et al. 1989, S. 4-29). Vor allem anderen aber war drittens die Haltung weiter Teile der deutschen Chemie- und Pharmaindustrie selbst bis in die achtziger Jahre hinein von einem bemerkenswerten Desinteresse und einer z.T. aufreizenden Ignoranz gegenüber den potentiellen Möglichkeiten der Gentechnik geprägt.

Diese Zurückhaltung der deutschen Chemie- und Pharmaindustrie in der biotechnologischen Forschung und Entwicklung hat eine lange Geschichte, ohne die auch ihr später Einstieg in die Gentechnik nicht zu erklären ist. Seit der Herausbildung der Biotechnologie zu einer wissenschaftlichen Disziplin mit dem Durchbruch der Fermentationstechnik und der großtechnischen Erzeugung von Penicillin gegen Ende des Zweiten Weltkrieges (vgl. Wolf 1993) ging die Innovationsdynamik dieses neuen Zweiges vornehmlich von den Vereinigten Staaten, die auch in den folgenden Jahrzehnten auf diesem Gebiet führend blieben, aus (vgl. im folgenden Buchholz 1979, S.64ff). In die Bundesrepublik wurde die neue Technologie bereits zu dieser Zeit vornehmlich über US-Lizenzen eingeführt; insgesamt verhielt sich die deutsche Chemieindustrie traditionell auf diesem Gebiet zurückhaltend und reaktiv: "Produkte und Verfahren mit großem Markt werden aus dem Ausland schnell übernommen, aber eigene systematische Innovationsstrategien werden kaum verfolgt." (Ebd., S. 69). *Buchholz* erklärt diese Zurückhaltung vor allem aus einer spezifischen Ausrichtung der Forschung und Produktion in der deutschen Pharmaindustrie, die eine stärkere Hinwendung der Unternehmenspolitik zur biotechnologischen Forschung systematisch blockierte: "Der Wiederaufstieg der deutschen Pharmaindustrie beruhte (...) im wesentlichen auf Entwicklungsstrategien der synthetischen organischen Chemie. (...) Die Spitzenpositionen in Produktion und Forschung waren von organischen Chemikern besetzt. Bis Ende der

3.20 Internationales Innovationsmanagement

sechziger Jahre herrschte daher eine molekulare, chemische Denkweise vor, die eine rechtzeitige Wahrnehmung der Perspektiven der neuen biologischen Technologien erschwerte" (ebd., S. 70).

Diese traditionsreiche Konzentration in Management und Forschung der deutschen Chemie- und Pharmakonzerne auf Methoden und Verfahren der chemischen Synthese (bei weitgehender Ausblendung biotechnischer Innovationen und Alternativen), an der auch in den siebziger Jahren weithin festgehalten wurde, hat zunächst auch ihren Umgang mit der Gentechnik bestimmt und einen früheren Einstieg blockiert. Daß die Gentechnik etwa bei der Medikamentenentwicklung eine wichtige Rolle spielen und zu einem auch ökonomisch interessanten neuen Innovationsfeld werden könnte, wurde in den meisten Unternehmen lange Zeit schlicht ignoriert - obgleich es sowohl von staatlicher Seite als auch aus den Reihen der deutschen Wissenschaftler bereits in den siebziger Jahren Hinweise auf die wachsende Bedeutung der neuen Biotechnologie und entsprechende Kooperationsangebote gab. Diese industrielle Borniertheit behinderte nicht nur den Aufbau konzerneigener gentechnischer Forschungsbereiche und Arbeitsgruppen; auch an der Einrichtung öffentlicher Forschungsprogramme und -zentren bestand bis zu Beginn der achtziger Jahre von Seiten der Unternehmen nur wenig Interesse (vgl. Motor Columbus et al. 1989, S. 4-28ff; Stucke 1993, S.128f; manager magazin 10/1992, S.168ff)[7].

Der oft zögerliche, bisweilen gar aufgezwungen wirkende Einstieg der deutschen Unternehmen in die neue Biotechnologie ist somit, so die hier vertretene *These*, in erster Linie weder den (vermeintlichen) Schwächen des Forschungsstandorts Deutschland zuzuschreiben noch Ausdruck einer bewußt kalkulierten Zurückhaltung früher, riskanter Investitionen in dies neue, noch unsichere Technologiefeld gewesen, sondern vor allem anderen das Ergebnis über die Jahrzehnte gewachsener unternehmensstrategischer Verengungen: Die neue Biotechnologie blieb lange Zeit schlicht außerhalb des Blickfeldes der zumeist von Chemikern dominierten und geführten Konzerne. Vor allem ihre international starke Position in der organischen Chemie, gekoppelt mit einer tiefen Skepsis der in den Unternehmen dominierenden Chemiker gegenüber der Denk- und Arbeitsweise der Biologen scheint dabei den Blick für die Dynamik der neuen Biotechnologie getrübt zu haben. "Gerade weil diese Unternehmen, die bei etwas niedrigerem Dollar-Kurs als die weltgrößten Unternehmen ihrer Branche gelten, auf dem Gebiet der hergebrachten Chemie so

---

[7] *v.Eichborn* konstatierte noch Mitte der achtziger Jahre: "Vor diesem Hintergrund überrascht es dann nicht, daß etwa die bundeseigene Gesellschaft für biotechnologische Forschung (GBF) in Braunschweig - immerhin nach Einschätzung des US-Kongresses eine der potentesten Biotechnologieeinheiten außerhalb der USA - seit vielen Jahren vor sich hinforscht, ohne von der Großindustrie mit einem Arbeitsdialog behelligt zu werden. Ferner ist es nur konsequent, daß alle wesentlichen Impulse für biotechnologische Anstrengungen der Industrie in der Vergangenheit vom Forschungsministerium (BMFT) ausgingen und obendrein, als Investitionslenkung kritisiert, vom Steuerzahler subventioniert werden mußten." (vgl. Eichborn 1985a, S.161, 1985b, S.19ff)

großen Erfolg haben, sahen sie wenig Anlaß, sich mit großem Einsatz auf die Biotechnologie zu stürzen. (...) Es scheint somit gerade ihr Vorsprung gegenüber anderen Unternehmen auf dem Gebiet der Chemie generell zu sein, der für den Rückstand der Bundesrepublik auf dem Gebiet der Biotechnologie verantwortlich ist" (Junne 1985, S.16, S.20).

Das unternehmensstrategische Verhalten der chemischen und pharmazeutischen Industrie war daher nicht geprägt von einem selbstinitiierten, antizipativen Aufbruch in ein neues Technologiefeld, sondern vornehmlich reaktiv: Erst als sich in den Vereinigten Staaten bereits eine weiträumige Forschungsinfrastruktur mit einem dichten Netz neugegründeter Biofirmen herausgebildet hatte und erste kommerzielle Durchbrüche absehbar waren, kam es seit Anfang der achtziger Jahre zu z.T. hektischen, z.T. zögerlichen strategischen Umorientierungen - zunächst vor allem getragen von der Befürchtung, im Zweifelsfall womöglich doch den Anschluß an eine Zukunftstechnologie zu verlieren.

3.20.3 Strategien des Aufholens: Nachholende Modernisierung als variantenreicher Suchprozeß

Diese Bemühungen der deutschen Chemie- und Pharmakonzerne, über eine hier als *nachholende Modernisierung* bezeichnete Politik der Umorientierung auf den lange vernachlässigten Technologiebereich Anschluß an die internationale Entwicklung in der neuen Biotechnologie zu halten, erweisen sich bei genauerer Betrachtung als eine an Varianten reiche, von Unternehmen zu Unternehmen spezifische *Suche nach geeigneten strategischen Ansatzpunkten und organisatorischen Rahmenbedingungen zur Aufwertung des neuentdeckten Forschungs- und Produktionsfeldes*.

Diese Suche weist allerdings zwei unternehmensübergreifende *Gemeinsamkeiten* auf: den unumgänglichen *Rückgriff auf Forschungsressourcen und Know-how aus den Vereinigten Staaten*, der sich in einer Fülle von US-Engagements und einer großen Abhängigkeit von US-Patenten konkretisiert[8], sowie die davon nicht loszulösende Konzentration aller Strategieansätze zunächst auf eine *Erweiterung und Ausdifferenzierung der eigenen Forschungs- und Entwicklungsanstrengungen* auf diesem Gebiet. An die Seite der biotechnologischen F&E-Kapazitäten in den (inländischen) Stammwerken der Unternehmen tritt bei den meisten Großunternehmen der Aufbau eines komplexen Netzwerkes aus internationalen F&E-Strukturen und -Beziehungen - in Gestalt zahlloser Kooperationen, gezielter Akquisitionen und neuer konzerneigener Forschungszentren im Ausland (vgl. Übersicht 1).

---

[8] Der Großteil der von den deutschen Unternehmen produzierten bzw. in Vorbereitung befindlichen gentechnischen Produkte basiert bislang auf von US-Unternehmen erworbenen Lizenzen (vgl. Simm 1993, S.14)

3.20 Internationales Innovationsmanagement

Know-how-Transfer über internationale Kooperationen

Erstens greifen alle führenden deutschen Unternehmen zur Qualifizierung ihrer biotechnologischen Forschung und Entwicklung extensiv auf Möglichkeiten des *Know-how-Transfers über internationale Kooperationen* zurück.

Zu diesem Zweck unterhalten die Großunternehmen *zum einen* zahlreiche *Kooperationsbeziehungen zu in- bzw. ausländischen Forschungseinrichtungen und Wissenschaftlern.* Hierzu zählen etwa das seit 1981 bestehende Hoechster Engagement am Massachusetts General Hospital oder die enge Zusammenarbeit des Bayer-Konzerns mit Wissenschaftlern der Yale University und des Massachusetts Institute of Technology, aber auch Kontakte zu zahlreichen Universitätsinstituten und Forschungseinrichtungen in der Bundesrepublik (z.B. den Genzentren und Schwerpunktprojekten, Max-Planck-Instituten oder der Gesellschaft für Biotechnologische Forschung in Braunschweig). Teilweise ist die Zusammenarbeit projektgebunden und punktuell. Häufig bestehen allerdings langfristige Kontrakte zwischen den Unternehmen und den Forschungseinrichtungen, in denen die industrielle Seite vornehmlich die Rolle des Geldgebers, der dafür Zugang zum dort vorhandenen Wissen erhält, einnimmt - in der Regel ohne darüber den geförderten Einrichtungen ihre Forschungsinhalte vorzuschreiben.

Obgleich derartige Kooperationen zumeist nicht direkt auf die Entwicklung etwa eines neuen Produktes ausgerichtet sind, können sie doch für die involvierten Unternehmen eine Reihe von Vorteilen mit sich bringen: Sie verschaffen ihnen nicht nur die Möglichkeit, ihre Kontakte zur molekularbiologischen Grundlagenforschung auszubauen und so am internationalen wissenschaftlichen Diskussionsprozeß teilzuhaben; sie ermöglichen ihnen in der Regel überdies den prioritären Zugriff auf die dortigen Forschungsergebnisse und dienen nicht selten auch der Qualifikation der eigenen Wissenschaftler (vgl. Forrest u. Martin 1992, S. 41ff; Kenney 1986, S.203ff; Culliton 1982; Schmidt-Klingenberg 1987).

Zum anderen verfügen mittlerweile alle großen deutschen Unternehmen über ein Netz von *Kooperationen mit und Beteiligungen an kleinen Biotechnologiefirmen* v.a. aus den Vereinigten Staaten. Derartige Kooperationen sind in der Regel erheblich ergebnisbezogener angelegt. Ihre Spannbreite reicht von Formen punktueller, projektbezogener Zusammenarbeit, bei der die Großen v.a. die Rolle des Finanziers von ihnen interessant erscheinenden Entwicklungen der Biotechnologiefirmen einnehmen, über Lizenzvereinbarungen, mit denen sie sich den (frühen) Zugriff auf dort entwickelte Innovationen sichern, bis hin zur gemeinsamen Entwicklung und Vermarktung neuer Produkte im Rahmen stabilerer, längerfristig ausgelegter Kontrakte[9]. Bisweilen werden die Beziehungen abgesichert durch Kapitalbeteiligungen der Großunternehmen bei den kleinen Firmen, vereinzelt sind sie auch die Vorstufe einer mehrheitlichen Übernahme des kleinen Kooperationspartners durch das Großunternehmen.

---

[9] Die Kooperationen konzentrieren sich auf kleine Biotechnologiefirmen; strategische Allianzen mit anderen Großunternehmen spielen in der Biotechnologie dagegen (noch) keine größere Rolle. Vgl. zum Begriff der strategischen Allianz Albach 1992, S.663ff.

Die zahlreichen Kooperationen mit Biofirmen dienten den Großen zunächst vor allem als externe Einstiegshilfen in die neue Biotechnologie und als erste Ansatzpunkte, um in die Forschungs-, Verwertungs- und Marktstrukturen der Vereinigten Staaten hineinzuwachsen - nicht selten eine Art Nachhilfeunterricht. Mittlerweile hat sich das Interesse der deutschen Großunternehmen an derartigen Kooperationen allerdings deutlich erweitert und emanzipiert: Neben der gemeinsamen Durchführung fortgeschrittener Entwicklungs- und Produktionsvorhaben mit den wichtigeren Kooperationspartnern konzentriert es sich heute vor allem darauf, dem Unternehmen über ein ergänzendes Geflecht eher punktueller, projektbezogener Kooperationen mit vergleichsweise geringem Aufwand frühzeitig und gezielt exklusiven Zugang zu neuen, erfolgversprechenden Entwicklungen zu sichern - Entwicklungen, die bei Bedarf später in die eigene Regie überführt bzw. bei einem Mißerfolg ohne größere Verluste für das Unternehmen wieder fallengelassen werden können (vgl. Forrest und Martin 1992,S.41ff; Hagedoorn/Schatzenraad 1990,S.5ff). Unsichere, risikoträchtige Pionierarbeiten werden so häufig nicht von Anfang an in den Forschungsabteilungen des Konzerns selbst durchgeführt, sondern zunächst bei den kleinen Kooperationspartnern gefördert und belassen[10].

Mit dem vorrangigen Ziel verfolgt, so *zum einen* Anschluß an die neuesten Trends des wissenschaftlichen Diskurses zu halten und *zum anderen* gezielt Nutzungs- und Verwertungsrechte auf dort vorhandenes Wissen und erfolgversprechende Innovationen zu erwerben, haben sich die vielen Kooperationsabkommen mit Forschungseinrichtungen und Biotechnologiefirmen für die Großunternehmen zu einem ersten wichtigen strategischen Glied beim Auf- bzw. Ausbau internationaler Forschungs- und Entwicklungsnetzwerke gemausert. Die Unternehmen reichern damit ihre internen Forschungs- und Entwicklungskapazitäten um selbständig und autonom arbeitende externe Ressourcen, die sie je nach Bedarf schnell und unkompliziert abschöpfen oder wieder fallenlassen können, an. Diese Strategie einer über Kooperationen betriebenen internationalen Forschungsaus- und -verwertung ersetzt natürlich nicht die Notwendigkeit konzerneigener Forschungs- und

---

[10] Ein durchaus verallgemeinerbares Beispiel hierfür ist die Kooperation des Bayer-Konzerns mit der Biotechnologiefirma Pharmaceutical Proteins Ltd. Die schottische Firma hatte Vorarbeiten zur Entwicklung gentechnischer Produktionsmethoden für die Erzeugung von Prolastin zur Behandlung des angeborenen Alpha-1-Antitrypsinmangels AAT (der zu einer krankhaften Veränderung des Lungengewebes führt) vorgelegt, die den Bayer-Konzern interessieren, deren Kommerzialisierbarkeit heute allerdings noch in weiter Ferne liegt. Bayer hat daraufhin mit der Firma 1992 einen Forschungs- und Entwicklungsvertrag über 30 Mio. DM abgeschlossen, fördert so den Fortgang des Projektes und sichert sich im Erfolgsfall zugleich den Zugriff auf seine Ergebnisse. Scheitert das Unternehmen, dann hat Bayer einen vergleichsweise geringen Betrag in den Sand gesetzt, ist das Projekt erfolgreich, dann verfügt der Konzern über die Vermarktungsrechte. Für Bayer kommt diese Variante erheblich billiger, als wenn der Konzern selbst, mit eigenen Forschungskapazitäten in diesem frühen Entwicklungsstadium in das Projekt eingestiegen wäre (vgl. Idel (1992a,S.48, 1992b,S.25f; Wirtschaftswoche 39/1992, S.98ff).

Entwicklungsanstrengungen. Als flexibel handhabbare Ergänzung hierzu ermöglicht sie es den Unternehmen allerdings, neue Entwicklungen aufmerksam zu beobachten und sich frühzeitig Zugriffsmöglichkeiten auf interessant erscheinende Projekte zu sichern, ohne dazu in jedem Fall gleich den eigenen Forschungsapparat in Bewegung setzen zu müssen[11].

Know-how-Erwerb über internationale Akquisitionen

In direkter Verlängerung der Kooperationsstrategien haben sich einige der deutschen Großunternehmen in den vergangenen Jahren zweitens verstärkt auch um den direkten *Erwerb biotechnologischen Know-hows sowie entsprechender Forschungs- und Produktionspotentiale über den Aufkauf innovativer Firmen* bemüht und sie in ihre konzerneigenen Strukturen integriert. Die Motive für derartige Akquisitionen liegen in der Nähe derjenigen, auf denen auch die Kooperationen basieren:

- *Zugang zu neuen Märkten und fortgeschrittenem Know-how.* Der Erwerb von Biotech Australia durch Hoechst zielte nicht nur auf die Angliederung von Know-how im Bereich gentechnisch hergestellter Tierimpfstoffe, sondern fügt sich überdies ein in das Bemühen, neben Japan auch auf dem australischen Markt Fuß zu fassen und dort ausbaufähige Forschungs- und Produktionsstützpunkte zu errichten;
- *Nutzung des kreativen Potentials kleiner Forschungseinheiten.* Die Integration spezialisierter Biofirmen in den konzerneigenen Forschungsverbund, wie sie der Bayer-Konzern mit der Übernahme bzw. Gründung der F&E-Tochterfirmen Molecular Diagnostics und Molecular Therapeutics betrieben hat, wird vor al-

---

[11] *Hack/Hack* charakterisieren dies Modell des externen know-how-sourcing, daß sie dann allerdings - aus meiner Sicht unverständlich - als überholt in Frage stellen, ganz treffend: "Diese Forschungsverwertungs-'Strategie' erfolgreicher Industriekonzerne geht also davon aus, daß sich die risikoreiche und zeitlich schwer kalkulierbare Grundlagenforschung entweder staatlich finanziert an Universitäten und Großforschungseinrichtungen oder in 'risikofreudigen' (zunächst) kleinen Erfinderunternehmen in aller Ruhe entwickelt und daß dann - wenn sich einzelne grundlegende wissenschaftliche Erkenntnisse 'durchgesetzt' haben und 'reif' geworden sind - geerntet werden könne, entweder weil die Wissenschaftler eine eigene Verwertung gar nicht betreiben könnten oder aber weil die kleinen Erfinderunternehmen, gerade wenn sie erfolgreich sind, einen enormen Kapitalbedarf haben, der den Einstieg eines 'Großen' geradezu zwingend erforderlich macht. Notwendig für diese (ohnehin nicht gerade einfallsreiche) 'Strategie' war nur eins: die Großkonzerne mußten hinreichend gut informiert sein, was sich in den Laboratorien und an den Schreibtischen auf dem für sie jeweils interessanten Forschungsgebiet an 'erfolgversprechenden' Entwicklungen tat; man mußte sorgfältig und breit 'Kontakte' pflegen." (Hack u. Hack 1985,S.173ff). Auch wenn dies Modell für andere Bereiche der Technologieentwicklung fragwürdig geworden sein sollte - in der neuen Biotechnologie wird es nach wie vor extensiv angewandt.

lem von dem Gedanken getragen, deren innovatives Potential innerhalb des Konzerns zu simulieren und es durch Ausgliederung grundlagen- und projektorientierter Teilaufgaben an diese auch weiterhin vergleichsweise autonom arbeitenden Firmen als flexibel handhabbares Pendant zur auch hier nach wie vor dominierenden Arbeit in den großen Forschungszentren des Unternehmens zu nutzen;
- *Ausgangspunkte neuer konzerneigener Forschungszentren.* Der Schering-Konzern schließlich hat mit der Übernahme der beiden US-amerikanischen Biotechnologiefirmen Codon und Triton Biosciences nicht nur die Rechte an einem ersten gentechnisch hergestellten Medikament (Betaseron) erworben, sondern damit zugleich den Grundstock zum Aufbau eines zweiten biotechnologischen Forschungszentrums des Unternehmens in Richmond/Kalifornien, das zunächst ganz wesentlich vom Know-how der übernommenen Firmen getragen wird, gelegt.

Solche direkten Aufkäufe von kleinen Pionierfirmen sind nichts Ungewöhnliches: Unterhalb besonders spektakulärer Einkäufe wie der 1990er Mehrheitsbeteiligung des schweizer Chemiekonzerns Hoffmann LaRoche an Genentech befindet sich mittlerweile eine stattliche Zahl vornehmlich US-amerikanischer Biotechnologiefirmen im Besitz nordamerikanischer, europäischer und japanischer Konzerne[12]. Während viele Kooperationsprojekte mit Biofirmen projektbezogen und punktuell bleiben und von den Großunternehmen als flexibel handhabbare Form externen Know-how-sourcings eingesetzt werden, zielen Mehrheitsbeteiligungen bzw. Aufkäufe auf eine engere, längerfristige Einbindung von dem Käufer besonders interessant erscheinenden Firmen in das konzerneigene F&E-Netzwerk[13]. Die aufgekauften Firmen verlieren damit zwar in jedem Fall ihre finanzielle und konzeptionelle Unabhängigkeit, allerdings nicht automatisch auch ihr spezifisches (Forschungs-)Profil und alle Autonomie: Zum Teil legen sie, wie im Fall der Schering-Akquisitionen, mit *ihrem* Know-how, *ihren* Forschungsthemen und *ihren* Patenten Grundsteine für die Errichtung neuer Forschungszentren und drücken so der biotechnologischen Forschung der Muttergesellschaft ihren Stempel auf. Teilweise behalten sie auch, wie die erwähnten Bayer-Tochterfirmen, den Status relativ unabhängig und selbständig arbeitender Technologieschmieden, die -

---
[12] vgl. aus der amerikanischen Literatur etwa Hall u. Strimpel 1991,S.273ff; Dibner, Stock u. Greis 1992,S.1535ff; Barinaga 1990,S.906ff.

[13] Dem Fußballfreund drängt sich sogleich die Analogie zum Spielbetrieb etwa der deutschen Bundesliga auf: Finanzkräftige Vereine der ersten Liga schicken ihre Späher in die Provinz, um junge Talente ausfindig zu machen. Der Erstligaverein erwirbt Optionen auf interessante Spieler, die zunächst allerdings bei ihrem Verein weiterspielen. Wer die in ihn gesetzten Erwartungen nicht erfüllt, kann so leicht wieder abgestoßen werden. Die wenigen Fußballer mit konstant guten Leistungen dagegen können vom Verein ein, zwei Jahre später exklusiv erworben und mit einem Profivertrag beglückt werden.

querstehend zur Forschung in den großen Zentrallabors - als unkonventionelle Impulsgeber des konzerninternen Innovationsprozesses fungieren sollen.

Ausbau und Qualifizierung der konzerneigenen F&E-Kapazitäten im Ausland

Die internationale Ausdifferenzierung der großindustriellen Forschung und Entwicklung über Kooperationen und Akquisitionen wird ergänzt und verfestigt durch den dritten und wohl wichtigsten Trend: den sukzessiven *Auf- bzw. Ausbau der konzerneigenen Forschungs- und Entwicklungskapazitäten im Ausland.* Neben die inländischen Forschungs- und Entwicklungszentralen der Großunternehmen, in denen auch weiterhin biotechnologische Forschung betrieben wird, tritt zunehmend die Errichtung bzw. Erweiterung eigener ausländischer F&E-Zentren in Europa, den USA und zunehmend auch in Japan.

Auch dieser Trend setzt sich über unterschiedliche Ansatzpunkte durch: Über den Ausbau bereits vorhandener konzerneigener F&E-Kapazitäten im entsprechenden Land (Bayer in den USA, Hoechst bei der Tochter Roussel-Uclaf in Frankreich), über die komplette Neuerrichtung ausländischer F&E-Zentren (BASF in den USA, Hoechst und Bayer in Japan) oder über den beschriebenen Zukauf von kleinen Biotechnologiefirmen, die den Nukleus eines neuen F&E-Zentrums bilden sollen (Schering in den USA). Charakteristisch für alle Großunternehmen ist dagegen die mit der Internationalisierung einhergehende *inhaltliche Neuorganisation und Entzentralisierung des Forschungs- und Entwicklungsprogramms*: Die einzelnen Zentren befassen sich mit voneinander abgegrenzten Forschungsschwerpunkten; jedes Zentrum bekommt im Rahmen der konzerninternen Arbeitsteilung ein spezifisches Profil zugewiesen und wird in die jeweilige Forschungskultur und Marktstruktur des Gastlandes integriert.

Die neuerrichteten bzw. ausgebauten ausländischen F&E-Zentren verlängern damit nicht einfach die Forschungs- und Entwicklungsarbeiten der inländischen Zentren, sondern werden den Forschungszentralen im Stammland tendenziell gleichgestellt: "centers of excellence" mit eigenen Arbeitsschwerpunkten, Forschungsprofilen und Entscheidungskompetenzen. Diese regionale Entzentralisierung der F&E-Kapazitäten führt natürlich dazu, daß Kompetenzen und Arbeitsbereiche aus den bis dahin dominierenden Forschungszentralen in der Bundesrepublik abgezogen werden - allerdings weniger aufgrund immer wieder beklagter schlechter Rahmenbedingungen als im Ergebnis notwendiger internationaler Restrukturierungen der konzerneigenen Schwerpunkte, die mit dem Aufbau neuer F&E-Zentren im Ausland zwangsläufig einhergehen.

In der Tendenz schält sich so bei den Großunternehmen die Errichtung mehrerer internationaler Forschungs- und Entwicklungszentren mit einer aufeinander abgestimmten Arbeitsteilung heraus, die die bestehenden Kapazitäten im Inland allerdings eher ergänzen als ersetzen. Dies ist ein verallgemeinerbarer Trend, mit dem sich nach dem Aufbau ausländischer Vertriebsniederlassungen und der Errichtung ausländischer Produktionsbasen nun auch die schrittweise *Transnationalisierung und internationale Ausdifferenzierung der Forschung und Entwicklung der Großunternehmen*, die bis in die achtziger Jahre noch stark auf die Heimatstandorte konzentriert war (und dies vielerorts nach wie vor ist), Bahn bricht (vgl. Dörrenbächer u. Wortmann 1991a, 1991b; Hack 1990; Grande u. Häusler 1992; Dolata 1992).

Dieser Prozeß - bei aller Dynamik im einzelnen insgesamt noch am Beginn seiner Entfaltung - ist auch bei den hier betrachteten biotechnisch engagierten Großunternehmen der chemisch-pharmazeutischen Industrie, die zu den am stärksten internationalisierten Unternehmen der Bundesrepublik gehören, unterschiedlich weit fortgeschritten: Während das vergleichsweise kleine Unternehmen Boehringer Mannheim seine eigene Forschung und Entwicklung nach wie vor auf Deutschland konzentriert und Boehringer Ingelheim die Achse Deutschland-Österreich ausgebaut hat, haben Schering und BASF in den vergangenen Jahren den Sprung in die USA gewagt und dort neue Forschungszentren errichtet. Lediglich die beiden Branchenführer Hoechst und Bayer verfügen demgegenüber mittlerweile über Ansätze eines triadischen konzerneigenen Forschungs- und Entwicklungsnetzes mit zusätzlichen großen Zentren in Frankreich (Hoechst), den USA und Japan (Bayer und Hoechst). Auch bei ihnen befindet sich der größte Teil ihrer F&E-Ressourcen allerdings nach wie vor in der Bundesrepublik!

3.20.4 Flucht in die USA oder globales Innovationsmanagement multinationaler Konzerne?

Das starke biotechnologische Engagement der deutschen Großunternehmen in den Vereinigten Staaten (und z.T. bereits auch in Japan) ist eine Tatsache, die nicht zu übersehen und noch zu erklären ist. Aus welchen Gründen, so ist nun zu fragen, erweitern die deutschen Großunternehmen ihre biotechnologischen Forschungs-, Entwicklungs- und Produktionskapazitäten im Ausland? Resultat deutscher Standortschwäche oder Elemente einer internationalen Arbeitsteilung? Flucht in die USA oder globales Innovationsmanagement multinationaler Konzerne?

In der öffentlichen Diskussion, in Memoranden, Anzeigenserien und politischen Kampagnen werden die Auslandsengagements der deutschen Großunternehmen immer wieder und fast ausschließlich auf die vermeintlich restriktive Gesetzgebung, schleppende Genehmigungspraxis und geringe Akzeptanz der neuen Biotechnologie, die "den Standort Deutschland für die gentechnische Forschung unattraktiv werden" lassen, zurückgeführt. "Die notwendige Folge ist nach unserer Kenntnis eine weitgehende Verlagerung der industriellen gentechnischen Forschung und Produktion aus der Bundesrepublik Deutschland ins Ausland, wozu die Industrie - auch entgegen gelegentlichen anderslautenden Erklärungen - schon aus Gründen der internationalen Wettbewerbsfähigkeit gezwungen ist", hieß es etwa in einer Stellungnahme der Max-Planck-Gesellschaft zum Gentechnikrecht vom April 1992[14]. Oder, plaka-

---

[14] Max-Planck-Gesellschaft 1992, S.4. In wichtigen Auszügen wurde die Stellungnahme, die sich bisweilen wie eine Industrieverlautbarung ließt ("unattraktiver Standort",

3.20 Internationales Innovationsmanagement

tiv vereinfacht in einer großen Anzeigenkampagne der von der Industrie gesponserten Initiative Pro Gentechnik zur Jahreswende 1992/93: "Durch Gesetze und Verordnungen wird die Gentechnik bei uns zu Tode verwaltet. Die Folgen: Unsere besten Forscher wandern in Länder wie die USA, Frankreich und Japan ab, deutsche Unternehmen müssen im Ausland forschen und produzieren." Dieser Exodus kann, so die gängige Schlußfolgerung, nur gestoppt werden durch eine konsequente Deregulierungspolitik: größtmögliche Lockerung der rechtlichen und politischen Rahmenbedingungen für Forschung und Produktion sowie strikte Zurückdrängung der akzeptanzuntergrabenden Risikodiskussionen[15].

Diese zuletzt im Vorfeld der Novellierung des Gentechnikgesetzes vehement vorgetragene Standardargumentation durchzieht die politische Debatte um die Gentechnik in der Bundesrepublik seit ihren Anfängen[16]. Sie basiert auf zwei einander aufbauenden Kernsätzen: *Erstens* sind die hiesigen Standortbedingungen für biotechnische Forschung und Produktion mit Blick auf die wichtigsten Konkurrenzländer unannehmbar, so daß *zweitens* in direkter Folge dieser unhaltbaren Situation Forschung und Industrie aus Deutschland ins Ausland abwandern. Beide Sätze sind für die großen deutschen Chemie- und Pharmaunternehmen trotz ihrer zahlreichen Auslandsengagements in der Sache nicht haltbar.

Allen Klagen zum Trotz hat der *Gentechnikstandort Bundesrepublik* für die hier ansässigen Großunternehmen nach wie vor eine nicht zu unterschätzende Bedeutung. Ihr in Jahrzehnten gewachsenes Forschungspotential und Produktions-Know-how konzentriert sich immer noch im Umfeld ihrer Stammwerke, und auch im Bereich der neuen Biotechnologie werden bei allen untersuchten Unternehmen, auch den am stärksten internationalisierten Branchenführern Bayer und Hoechst,

---

"schlechte Rahmenbedingungen", "internationale Wettbewerbsfähigkeit", "Verlagerung der industriellen Produktion" usw.), abgedruckt in: BioEngineering 4/1992, S. 6ff
[15] Von der eindringlichen Warnung zur unverhüllten Drohung ist es da nicht mehr weit: "Falls es der chemischen Industrie trotz aller Anstrengungen in Forschung, Entwicklung und Umweltschutz in der Bundesrepublik nicht ermöglicht wird, sich auch auf dem zukunftsträchtigen Gebiet der Bio- und Gentechnologie weiterzuentwickeln, werden Produktionsanlagen und als Folge auch Forschungs- und Entwicklungseinrichtungen an Standorte in unseren europäischen Nachbarländern oder in den USA gelegt werden müssen," meinte der Bayer-Forschungssprecher *Büchel* bereits 1988 in einem Beitrag für die Zeitschrift BioEngineering 2/1988, S. 9
[16] So klagte etwa Prof. Dr. H.-G. Schweiger, seinerzeit Vorsitzender der ständigen Kommission der Max-Planck-Gesellschaft für Sicherheitsfragen genetischer Forschung, bereits 1979 bei einer BMFT-Anhörung über "bürokratische Erschwernisse", die damit rechnen ließen, "daß ein Teil dieser Forschungseinrichtungen sich aus dem Gebiet der Bundesrepublik Deutschland zurückzieht und in das benachbarte oder weiter entfernte Ausland abwandert." Wie so häufig, wurden handfeste Gründe (oder nur nachvollziehbare Indizien) für diese pessimistische Prognose nicht mitgeliefert; vgl.Herwig u. Hübner 1980,S.25; vgl. aus der Vielzahl so argumentierender Presseartikel im Vorfeld der Novellierung des Gentechnikgesetzes z.B. Eglau 1992.

wichtige Forschungs-, Entwicklungs- und Produktionsprojekte nach wie vor in der Bundesrepublik bearbeitet. Die früher fast ausschließliche Konzentration der Forschungs- und Entwicklungsarbeiten in den inländischen Zentren hat sich im Laufe der achtziger Jahre allerdings deutlich abgeschwächt - zugunsten der beschriebenen internationalen Auffächerung der F&E-Aktivitäten über Kooperationen, Akquisitionen und neue ausländische Forschungszentren. Diese unbestreitbare Internationalisierung der Biotechnologieaktivitäten bei den Großunternehmen läßt sich allerdings weder als Abwanderung oder Flucht interpretieren noch ursächlich auf die schlechten politisch-rechtlichen Rahmenbedingungen in Deutschland zurückführen:

- Zum *einen* läßt sich die immer wieder vorgebrachte Behauptung, die vielen Kooperationen, Beteiligungen, Aufkäufe und Investitionen vor allem in den USA wären von einem signifikanten Abzug der Genforschung und -produktion aus Deutschland begleitet, bislang nicht erhärten. In aller Regel gehen die Auslandsengagements, insbesondere die Neuerrichtung bzw. Erweiterung konzerneigener F&E-Zentren nicht mit einem Abbau der hiesigen Kapazitäten einher.[17] Über entsprechende Auslandsinvesitionen wird eher eine internationale Erweiterung und Auffächerung des Gentechnikengagements angestrebt als eine großangelegte Abwanderung aus Deutschland in Gang gesetzt: Die nationalen Kapazitäten werden nicht zugunsten ausländischer abgebaut; ausländische Erweiterungen treten zu den heimischen hinzu. Dabei kommt es natürlich zu internationalen Neuverteilungen der Forschungsschwerpunkte und Kompetenzen, die die Bedeutung der inländischen Zentren zwangsläufig relativieren. Dies sind jedoch notwendige Restrukturierungen im Rahmen der konzerninternen Arbeitsteilung, die nicht als Voten gegen den Standort Deutschland begriffen werden dürfen. Insgesamt sollten die Auslandsengagements daher statt als Schwäche des Standorts Deutschland eher als Stärke der hier beheimateten Chemie- und Pharmakonzerne, die über das notwendige ökonomische Potential verfügen, diesen Internationalisierungsschritt (ähnlich übrigens wie viele ihrer ausländischen Konkurrenten) zu gehen, interpretiert werden[18].
- Zum *anderen* haben vergleichende Untersuchungen gezeigt, daß - bei deutlichen nationalen Unterschieden in den rechtlichen und politischen Rahmenbedingungen im einzelnen - von einer außergewöhnlich restriktiven und bürokratischen Regulierungspraxis in der Bundesrepublik schon vor der

---

[17] Eine Reihe internationaler Engagements - Kooperationen mit Biofirmen, Finanzierung von Instituten oder Zusammenarbeit mit ausländischen Wissenschaftlern - diente in der Vergangenheit u.a. gar dem know-how-Transfer in die Bundesrepublik.
[18] Vgl. dazu allg. Oppenländer u. Gerstenberger 1992,S.3ff; Gerstenberger 1992,S.14ff; einen kritischen Blick auf die ja nicht nur für die Gentechnik geführte Standortdebatte wirft Huffschmid 1994,S.281ff.

3.20 Internationales Innovationsmanagement

Novellierung des Gentechnikgesetzes nicht die Rede sein konnte[19]. Die zentralen Abwanderungsargumente der hiesigen Diskussion - langwierige Genehmigungsverfahren, hoher bürokratischer Aufwand, ausufernde Öffentlichkeitsbeteiligung - ließen sich im internationalen Vergleich nicht erhärten und als entscheidender Grund für die ausländischen Investitionen der deutschen Großunternehmen identifizieren, im Gegenteil: z.T. wurden insbesondere bei Ansiedlungen in den USA ein beträchtlicher Genehmigungsaufwand, strengere kommunale Auflagen und eine rege Öffentlichkeitsbeteiligung in Kauf genommen, um dort im Umfeld führender Forschungszentren arbeiten zu können.[20] Die Auslandsengagements 'unserer' Konzerne sollten daher auch nicht als unmittelbare Reaktion auf überbordende Bürokratien hierzulande und Standortverlagerungen aufgrund (vermeintlich) unkomplizierterer Regulierungsbedingungen andernorts fehlinterpretiert werden.

Die populäre Abwanderungsrhetorik ist allerdings nicht nur sachlich unhaltbar. Sie vermag überdies die Komplexität der hinter den *Auslandsengagements der Konzerne* stehenden Entscheidungsmuster nicht annähernd zu erfassen. Die ihnen zugrundeliegenden *Motive* sind erheblich differenzierter als dies die Rede vom standortbedingten Exodus nahelegt[21]:

---

[19] Vgl. Hohmeyer et al. 1993 (ISI-Gutachten); Biotechnology Coordination Committee (BCC) 1992. Vgl. zur Komplexität des US-amerikanischen Regulierungssystems im Bereich der Biotechnologie auch Krimsky 1991,S.181ff.
[20] Vgl. dazu das Fazit des erwähnten ISI-Gutachtens: "Soweit es sich nicht um technisch und intellektuell wenig aufwendige Produktionen handelt, tendieren die Unternehmen zunächst dazu, sich im direkten Umfeld der international führenden Forschungszentren für den für sie relevanten Teilbereich der Gentechnik anzusiedeln. Es ist zu beobachten, daß sich Unternehmen auch erheblich strengeren kommunalen Auflagen und Verfahren unterwerfen, um an solchen Standorten zu forschen und zu produzieren. (...) Ansiedlungen von Forschungs- oder Produktionsstätten deutscher Firmen im Umfeld der führenden internationalen gentechnischen Forschungszentren an der amerikanischen West- und Ostküste sollten daher nicht als Auswanderung wegen vermeindlich leichterer Genehmigungsbedingungen mißverstanden werden." (S. 157) Und: "Die gesammelten Erfahrungen stehen in krassem Gegensatz zur von Teilen der deutschen Industrie in der Diskussion um die Novellierung des Gentechnikgesetzes vertretenen Argumentation, daß strikte Auflagen zu einer Abwanderung der industriellen Produktion führen müssen. Vor dem Hintergrund des beschriebenen Falles (Faktor VIII-Produktion von Bayer in Berkeley / California; UD) stellt sich die Frage, ob in wichtigen Fällen eine solche Abwanderung nicht aus anderen Gründen, *praktisch unabhängig von der Regulierungssituation*, erwogen wird bzw. erfolgt."(S. 54)
[21] vgl. dazu allg. Gerpott 1990,S.226ff; Kümmerle 1992,S.99ff; Wagner 1992, S.529ff; Dörrenbacher u. Wortmann 1991a. Ähnlich argumentiert für die Biotechnologie unter der Fragestellung "Internationale Arbeitsteilung oder standortbedingter Exodus?" Rau 1991,S.36; vgl. Spangenberg 1989,S.12ff).

- *Erstens* stehen hinter der internationalen Ausdifferenzierung der Biotechnologieaktivitäten zweifellos *forschungsstrategische Überlegungen*. Den Konzernen geht es darum, über Kooperationsbeziehungen, zunehmend aber auch mit eigenen Forschungs- und Entwicklungszentren dort präsent zu sein, wo für das Unternehmen relevante wissenschaftlich-technische Spitzenleistungen erbracht werden. Da dies nicht immer im Heimatland der Fall ist (und weder sein kann noch sollte), wird die internationale Ergänzung und Erweiterung ihres Forschungspotentials und -umfelds immer zwingender: Das frühzeitige Erkennen neuer, kommerziell interessanter Entwicklungen, ein schneller Wissenstransfer in das Unternehmen oder der gezielte Erwerb von Know-how lassen sich am ehesten über ein weitausgelegtes Netz von Forschungskooperationen und (wenn möglich) eigene Labors in der Nähe der jeweils führenden Entwicklungszentren neuer Technologien bewerkstelligen. Von daher ist es nicht verwunderlich, daß sich sowohl Kooperationen als auch die Errichtung neuer Forschungszentren auf Orte mit einer starken räumlichen Konzentration anderer Forschungseinrichtungen, die im jeweiligen Arbeitsgebiet führend sind (in den USA etwa Kalifornien und der Raum um Boston), bündeln.
- *Zweitens* dient die frühzeitige Forschungspräsenz im Ausland - v.a. in den USA, zunehmend auch in Japan - der Vorbereitung und Festigung eines größeren *Einstiegs in als zukunftsträchtig erachtete Märkte*. Über die Errichtung ausländischer Forschungs- und Entwicklungsbastionen fädeln sich die Unternehmen nicht nur in die dortige Forschungsinfrastruktur ein, sondern schaffen damit überdies die Voraussetzungen für künftige Produktionsstätten und ihre Präsenz auf den wichtigen Märkten der Welt: Die Unternehmen können vor Ort die (für sie ausgesprochen wichtigen) Kontakte zu den jeweiligen Genehmigungsbehörden ausbauen, die spezifische Marktsituation besser beurteilen und ihre Produktentwicklungen direkt auf die Verhältnisse des jeweiligen Landes zuschneiden. Kooperationen, Akquisitionen und neue Forschungszentren fungieren so auch als Seismograph und Speerspitze künftiger Marktstrategien und unterstützen systematisch die allgemeinen Internationalisierungsstrategien der Großunternehmen.
- *Drittens* sind gentechnologische Forschungs-, Entwicklungs- und Produktionsprojekte, die schwerpunktmäßig an ausländischen Standorten durchgeführt werden, z.T. auch *Ausdruck des bereits vorhandenen Internationalisierungsgrades der Großunternehmen*. Die Branchenführer, vor allem Bayer und Hoechst, verfügen bereits seit längerem über eigene (Pharma-)Forschungszentren und Produktionsstätten im Ausland. Gentechnische Projekte, die dort bearbeitet werden, lassen sich mit dem Abwanderungsargument kaum erfassen: sie sind in aller Regel nicht aus Deutschland dorthin verlagert worden, sondern entspringen zumeist den dortigen Spezialisierungen, Kompetenzen und Erfahrungen. Bayer etwa verfügt seit den siebziger Jahren in den USA über durch Unternehmenskäufe erworbene und dann ausgebaute pharmazeutische Forschungs- und Produktionsstätten, die sehr lange Erfahrungen mit Blutplasmaprodukten haben. Von daher war es völlig unstrittig und konsequent, den

3.20 Internationales Innovationsmanagement

gentechnisch hergestellten Faktor VIII dort (in Kooperation mit Genentech) zu entwickeln und auch zu produzieren; ein zwingender Grund, das Projekt in Deutschland durchzuführen, hätte erfunden werden müssen.
- *Viertens* schließlich ist insbesondere der Drang in die USA ein (kleineres) Stück weit wohl auch von rational kaum zu fassenden *Eigendynamiken der nachholenden Modernisierung* gespeist worden: von Ängsten, Hoffnungen, Symbolen. Die Befürchtung, beim Gerangel um die besten Startplätze zu spät zu kommen, führte ebenso wie die Hoffnung, so am ehesten Anschluß an die neue Technologie zu finden, z.T. sicher auch zu überhöhten Erwartungen an Kooperationen und andere Aktivitäten in den Vereinigten Staaten, die bisweilen dem (genauso denk- und machbaren) Ausbau deutscher Kooperationsprojekte vorgezogen wurden. Zudem symbolisieren prestigeträchtige US-Engagements - viel stärker als dies die unspektakulären heimischen Aktivitäten könnten - nach innen wie nach außen, daß das Unternehmen auch im internationalen Gentechnikgeschäft mitzumischen in der Lage ist. Durch so motivierte, sachlich kaum begründete US-Investitionen wurden in der Tat Spielräume zum Ausbau inländischer Forschungsnetzwerke nicht genutzt und Möglichkeiten vergeben, die molekularbiologische, medizinische und pharmazeutische Forschung in der Bundesrepublik, der allenthalben ein hohes Niveau bescheinigt wird,[22] stärker kooperativ einzubinden[23].

Diese letzte Überlegung sollte den Kernprozeß, der hinter den zahlreichen Auslandsengagements der deutschen Großunternehmen steckt, allerdings nicht verdecken: Internationale Kooperationen, Akquisitionen und die Errichtung neuer ausländischer F&E-Zentren sind vor allem anderen die tragenden Säulen eines über den nationalen Rahmen längst hinausgewachsenen Innovationsmanagements. Mit ihnen beginnt sich die klassische Struktur einer im Stammland konzentrierten Forschung und Entwicklung, deren Ergebnisse dann zu den ausländischen Tochtergesellschaften transferiert werden, auch in der Biotechnologie zugunsten einer *Ausdifferenzierung komplexer F&E-Netzwerke mit mehreren internationalen Zentren und einer flexibel handhabbaren Peripherie aus internationalen Kooperationen und Beteiligungen* aufzulösen. Zusammen mit dem Aufbau ausländischer Produktionsstätten und der Nutzung ihrer globalen Vertriebssysteme zielt dieser Internationalisierungsschritt der Großunternehmen darauf, im Umfeld der führenden Entwicklungszentren der neuen Technologie Fuß zu fassen, weltweit Knowhow aufzuspüren bzw. zu akquirieren sowie auch auf den Hauptmärkten der Konkurrenz möglichst mit der gesamten Kette von Forschung, Entwicklung, Produktion und Vertrieb präsent zu sein.

---

[22] Einrichtungen wie die Gesellschaft für Biotechnologische Forschung (GBF) in Braunschweig, aber auch eine Reihe universitärer Forschungsinistitute zählen immerhin zu den weltweit führenden molekularbiologischen Forschungszentren; vgl. Kircher 1993,S.16; Eichhorn 1985a,S.161;BMFT-Journal 6/1992, S.3.

[23] Wenn daraus ein Standortproblem entstanden sein sollte, dann hat es die Industrie, die es am lautesten beklagt, in beträchtlichem Maße mitzuverantworten.

Mit alldem relativiert sich natürlich die Bedeutung des Standorts Bundesrepublik (obgleich er Basis und Ausgangspunkt der Aktivitäten 'unserer' Konzerne bleibt) - allerdings nicht als Folge unzumutbarer Forschungs- und Produktionsvoraussetzungen, sondern als Konsequenz international ausgerichteter Konzernstrategien, die verhältnismäßig unabhängig von den konkreten bundesdeutschen Verhältnissen exekutiert werden.

3.20.5 Industriestandort versus Demokratiestandort? Politikempfehlungen

Was folgt daraus für den politischen Umgang mit der neuen Biotechnologie in der Bundesrepublik? In aller Kürze zwei Plädoyers (vgl. Dolata 1992,S.349ff):

Erstens möchte ich für eine *Entkoppelung des unterstellten Zusammenhangs zwischen industriellen Auslandsaktivitäten und politisch-rechtlichen Rahmenbedingungen in der Bundesrepublik* plädieren. Der Großteil der Auslandsengagements der deutschen Konzerne ist, so meine These, Resultat strategischer Entscheidungen, die auch durch eine weitreichende Deregulierungspolitik weder zu verhindern noch rückgängig zu machen sind. Sie sind zu allererst Ausdruck eines großindustriellen Internationalisierungsprozesses, der sich so oder so Bahn bricht und sollten also nicht als Voten gegen den Standort Deutschland fehlinterpretiert werden.

Vor diesem Hintergrund und angesichts der Tatsache, daß die Risiken und Gefahren der neuen Biotechnologie nach wie vor nicht geklärt sind und eine sensibilisierte Öffentlichkeit ihre Entwicklung eher skeptisch beäugt als euphorisch begrüßt, setzt eine Standortpolitik, die die industriellen Auslandsaktivitäten als Abwanderung interpretiert und zum Anlaß einer Deregulierungsoffensive nimmt, m.E. eklatant falsche Akzente. Indem die Politik (ganz ähnlich übrigens wie in der Kernenergie- und Umweltdebatte) Möglichkeiten der Öffentlichkeitsbeteiligung beschneidet und kritische Stimmen als unverantwortliche Querulanten, die den Standort gefährden, zu marginalisieren versucht, fällt sie nicht nur hinter den erreichten Stand des Technikdiskurses und Demokratieverständnisses zurück - neue, risikoträchtige Technologien lassen sich heute nicht mehr unter weiträumigem Ausschluß der Öffentlichkeit durchsetzen (vgl. Kliment et al. 1994; v. Weizsäcker 1993). Sie übersieht auch, daß die Technikentwicklung begleitende Bedarfs- und Risikodebatten, gesellschaftliche Partizipationsbedürfnisse sowie eine hohe Sensibilität der Bevölkerung in Umwelt- und Sicherheitsfragen mittlerweile zu den Aktivposten auch des Wirtschaftsstandorts Deutschland zählen. Anders wäre "green leadership", der hohe Umweltstandard deutscher Produkte und die international führende deutsche Umweltindustrie, mit denen heute allenthalben gewuchert wird, auch nicht zustande gekommen (vgl. Porter 1993). Aus all diesen Gründen plädiere ich schließlich zweitens für einen *behutsamen, diskursiven und gesellschaftlich legitimierten Umgang mit dieser neuen Technologie*, der die heute vorherrschende Unterordnung aller Politik unter (vermeintliche) Welt-marktzwänge und Technologiewettläufe deutlich relativiert.

Literatur

Albach H (1992) Strategische Allianzen, strategische Gruppen und strategische Familien. In: Zeitschrift für Betriebswirtschaft 6

Ammon U, Kuhn T (1989) Chancen und Probleme der industriellen Nutzung der neuen Biotechnologie (einschließlich Gentechnik). Eine Vorstudie zur Abeitsfolgenabschätzung, Dortmund

Barinaga M (1990) Biotechnology on the Auction Block. In: Science, Vol. 247 v. 23.2., S 906ff

Biotechnology Coordination Committee (BCC) (1992) Regulatory Framework and Research Policy Effort on Biotechnology in the EC and the US. Interim Report, Brüssel, 16. November

Buchholz K (1979) Die gezielte Förderung und Entwicklung der Biotechnologie. In: van den Daele W, Krohn W, Weingart P (Hrsg) Geplante Forschung. Vergleichende Studien über den Einfluß politischer Programme auf die Wissenschaftsentwicklung, Frankfurt

Culliton BJ (1982) The Hoechst Department at Mass General. In: Science, Vol 216, 11.6., S 1200ff

Dibner MD, Stock GN, Greis NP (1992) Away from Home: U.S. Sites of European and Japanese Biotech R&D. In: Bio/Technology 12:1535ff

Dolata U (1991a) Bio- und Gentechnik in der Bundesrepublik. Konzernstrategien, Forschungsstrukturen, Steuerungsmechanismen, Hamburg (Hamburger Institut für Sozialforschung, Diskussionspapier 1-91)

Dolata U (1991b) Forschungsprogramme, Genzentren, Verbundforschung. Vernetzungsstrukturen und Steuerungsmechanismen der bio- und gentechnischen Forschung in der Bundesrepublik. In: WSI-Mitteilungen 10, S 628ff

Dolata U (1992) Weltmarktorientierte Modernisierung. Die ökonomische Regulierung des wissenschaftlich-technischen Umbruchs in der Bundesrepublik, Frankfurt/New York

Dolata U (1993) Nischen- oder Schlüsseltechnologie? Technologische Entwicklungstrends und ökonomische Perspektiven der neuen Biotechnologie. In: WSI-Mitteilungen 11, S 736ff

Dolata U (1994a) Internationales Innovationsmanagement. Die deutsche Pharmaindustrie und die Gentechnik, Hamburg (Hamburger Institut für Sozialforschung, Diskussionspapier 3/94)

Dolata U (1994b) Das Geschäft mit der Gentechnik. In: Blätter für deutsche und internationale Politik 9.

Dörrenbächer C, Wortmann M (1991a) Die Internationalisierung von Forschung und Entwicklung. Stand, Perspektiven, Folgen. In: Deutscher Gewerkschaftsbund (Hrsg) Informationen zur Technologiepolitik und zur Humanisierung der Arbeit 16, Düsseldorf

Dörrenbächer C, Wortmann M (1991b) The Internationalization of Corporate Research and Development. In: Intereconomics 5-6, S 139ff

Eglau EO (1992) Die Zukunft wandert aus. In: Die Zeit 41, S 33

Eichborn v. JF (1985a) Perspektiven industrieller Nutzung der Gentechnologie. In: Steger U (Hrsg) Die Herstellung der Natur. Chancen und Risiken der Gentechnologie, Bonn

Eichborn v. JF (1985b) Der wirtschaftliche Nutzen der Biotechnologie: In: Hans-Böckler-Stiftung (Hrsg) Biotechnologie. Herrschaft oder Beherschbarkeit einer Schlüsseltechnologie? Dokumentation einer Fachkonferenz vom 23./24.11.1984, München

Forrest JE, Martin MJC (1992) Strategic alliances between large and small research intensive organizations: experiences in the biotechnology industry. In: R&D-Management 1

Fraunhofer-Institut für Systemtechnik und Innovationsforschung (ISI) (Hrsg) (1991) Potentialanalyse für Auftragsforschung in der Biotechnologie. Zwischenbericht zu den Ergebnissen der ersten Projektphase, Karlsruhe

Gerpott TJ (1990) Globales F&E-Management. Bausteine eines Gesamtkonzeptes zur Gestaltung einer weltweiten F&E-Organisation. In: Die Unternehmung 4, S 226ff

Gerstenberger W (1992) Zur Wettbewerbsfähigkeit der deutschen Industrie im High-Tech-Bereich. In: ifo-schnelldienst 13

Grande E, Häusler J (1992) Forschung in der Industrie. Möglichkeiten und Grenzen staatlicher Steuerbarkeit. In: Grimmer K, Häusler J, Kuhlmann S, Simonis G (Hrsg) Politische Techniksteuerung, Opladen

Hack L (1990) Industrieforschung. Vernetzung von globalen und lokalen Formen der Forschungs- und Technologiepolitik. In: WSI-Mitteilungen 10

Hack L, Hack I (1985) Die Wirklichkeit, die Wissen schafft, Frankfurt New York

Hagedoorn J, Schakenraad J (1990) Inter-firm partnerships and co-operative strategies in core technologies. In: Freeman C, Soete L (Hrsg) New Explorations in the Economics of Technical Change, London New York, S 5ff

Hall CV, Strimpel HM (1991) Mergers and acquisitions within the biotechnology industry. In: R.D. Ono (Hrsg) The Business of Biotechnology. From the Bench to the Street, Boston

Herwig E, Hübner S (Red.) (1980) Chancen und Gefahren der Genforschung. Protokolle und Materialien zur Anhörung des Bundesministers für Forschung und Technologie in Bonn, 19. bis 21. September 1979, München/Wien

Hohmeyer O, Hüsing B, Maßfeller S, Reiß T (1993) Gesetzliche Regelungen der Gentechnik im Ausland und praktische Erfahrungen mit ihrem Vollzug. Gutachten im Auftrag des Büros für Technikfolgenabschätzung des Deutschen Bundestages (TAB). Fraunhofer-Institut für Systemtechnik und Innovationsforschung, Karlsruhe, April

Huffschmid J (1994) Krise und Krisenrhetorik. Die wahren Schwächen und Stärken des Wirtschaftsstandorts Deutschland. In: Blätter für deutsche und internationale Politik 3

Idel A (1992a) Arzneimittel aus dem Schaf. Umstrittene Experimente mit gentechnisch manipulierten Tieren. In: Süddeutsche Zeitung v. 16./17.4.92

Idel A (1992b) Teure Tracy. Das erste Schaf als Bioreaktor beim Pharmakonzern Bayer. In: Gen-ethischer Informationsdienst 78

Junne G (1985) Multinationale Konzerne in 'High-Technology'-Sektoren. Oder: Wie gut ist die Strategie vom guten Zweiten? In: Mettler PH (Hrsg) Wohin expandieren Multinationale Konzerne? Frankfurt

Kädler J, Hertle H-H (1992) Europäische Integration und gewerkschaftlicher Einfluß. Aussichten einer Chemiepartnerschaft unter den Bedingungen transnationaler Industriepolitik in der Europäischen Gemeinschaft (Berliner Arbeitshefte und Berichte zur sozialwissenschaftlichen Forschung Nr. 67), Berlin

Kenney M (1986) Biotechnology: The University-Industrial Complex, New Haven London

Kircher M (1993) Zur Situation allgemeiner und angewandter Gentechnik in Deutschland. In: BioEngineering 2, S 16

Kliment T, Renn O, Hampel J (1994) Die Chancen und Risiken der Gentechnologie aus der Sicht der Bevölkerung. Gutachten im Auftrag der Akademie für Technikfolgenabschätzung in Baden-Württemberg. In diesem Band

Krimsky S (1991) Biotechnics & Society. The Rise of Industrial Genetics, New York

Kümmerle W (1992) The Global Strategy of Leading Japanese Pharmaceutical Enterprises. In: Zeitschrift für Betriebswirtschaftslehre, Ergänzungsheft 2, 'Globalisierung und Wettbewerb', S 99ff

Matsuo T (1991) Japanese R&D Policy for Techno-Industrial Innovation. In: Hilpert U (Hrsg) State policies and techno-industrial innovation, London New York

Max-Planck-Gesellschaft (Hrsg) (1992) Stellungnahme zu den Erfahrungen mit dem Gentechnikrecht und seiner administrativen Umsetzung, o.O.

Mietsch A (Hrsg) (1993) BioTechnologie. Das Jahr- und Adreßbuch 93/94, Berlin

Motor Columbus Ingenieurunternehmung AG, Booz. Allen & Hamilton, IFO Institut für Wirtschaftsforschung (1989) Biotechnologie. Abbau von Innovationshemmnissen im staatlichen Einflußbereich, Köln

Office of Technology Assessment (OTA) (Hrsg) (1984) Commercial Biotechnology. An International Analysis, New York

Office of Technology Assessment (OTA) (Hrsg) (1988) New Developments in Biotechnology: U.S. Investment in Biotechnology - Special Report, Washington D.C.

Ono RD (Hrsg) (1989) The Business of Biotechnology, Cambridge

Oppenländer KH, Gerstenberger W (1992) Direktinvestitionen als Ausdruck zunehmender Internationalisierung der Märkte. In: ifo-schnelldienst 10, S 3ff

Porter ME (1993) Nationale Wettbewerbsvorteile. Erfolgreich konkurrieren auf dem Weltmarkt, Wien

Rau N (1991) Biopharmazeutika: Lektionen, die uns die Gentechnik gelehrt hat. In: A. Mietsch (Hrsg) BioTechnologie. Das Jahr- und Adreßbuch 91/92, Braunschweig

Reiß T (1992) Forschung. Fraunhofer-Institut untersuchte deutsche F&E-Aktivitäten für Biotechnik. Das finanzielle Engagement der Industrie spiegelt die hohen Erwartungen wider. In: Handelsblatt v. 9.9.92

Schmidt-Klingenberg M (1987) Weltfirma Deutschland. Teil II: Der Chemiekonzern Bayer in den USA: In: Der Spiegel 30, S 116ff

Shackley S, Hodgson J (1991) Biotechnology Regulation in Europe. In: Bio/Technology 11, S 1056ff

Sharp M (1985) Biotechnology: watching and waiting. In: Dies (Hrsg) Europe and the New Technologies. Six Case Studies in Innovation and Adjustment, London

Simm M (1993) Gentech-Medikamente spielen in Deutschland erst eine kleine Rolle. In: VDI-Nachrichten 24, S 14
Spangenberg J (1989) Wandert die Zukunft aus? Gentechnik als strukturprägende Zukunftstechnik im Gesundheitsbereich und die Abwanderungsdrohungen der Pharmaproduzenten. In: Forum Wissenschaft 3, S 12ff
Stucke A (1993) Institutionalisierung der Forschungspolitik. Entstehung, Entwicklung und Steuerungsprobleme des Bundesforschungsministeriums, Frankfurt/New York
Teitelman R (1989) Gene Dreams. Wall Street, Academia and the Rise of Biotechnology, New York
Vorholz F (1994) Was grün ist, wächst. In: Die Zeit 14, S 21
Wagner CK (1992) International R&D is the Rule. In: Bio/Technology 5, S 529ff
Weizsäcker, v. C (1993) Gentechnik als Herausforderung für den Demokratiestandort Deutschland. In: Frankfurter Rundschau v. 18.9., S 6
Wolf J (1993) Strukturen in der Entstehung einer wissenschaftlich-technischen Revolution - Über die Diskontinuität zwischen Entdeckung und Revolution beim Auftauchen des Penicillins und der Antibiotika, Berlin (WZB: discussion paper p 93-202)
Yuan RT, Dibner MD (1990) Japanese Biotechnology. A Comprehensive Study of Government Policy, R&D and Industry, London

3.21 Arbeits- und industriepolitische Entwicklungsperspektiven der Biotechnologie

Dipl.-Volkswirtin Ursula Ammon
Landesinstitut Sozialforschungsstelle Dortmund, Deutsche Straße 11, 44339 Dortmund

3.21.1 Einleitung

Im ersten Teil des Gutachtens werden wir zunächst auf die derzeitige Marktsituation bei neuen biotechnischen Produkten eingehen und Entwicklungsperspektiven in einer mittleren Frist diskutieren. Ausgehend von der Kennzeichnung der neuen Biotechnologie als Schlüsseltechnologie wird insbesondere die Diskrepanz zwischen realer Bedeutung und Expertenerwartungen thematisiert. Daran schließen sich Schlußfolgerungen im Hinblick auf eine industriepolitische Neuorientierung der Förderung der neuen Biotechnologie an. Unsere Bewertungen beruhen auf der Befragung von einigen 100 Experten aus unterschiedlichen Bereichen der Forschung und Industrie in der Bundesrepublik Deutschland, die wir im Rahmen von mehreren, öffentlich geförderten Projekten seit 1986 am Landesinstitut Sozialforschungsstelle Dortmund durchgeführt haben.

3.21.2 Schlüsseltechnologie Biotechnologie

Die neue Biotechnologie und hierbei insbesondere die Gentechnik, aber auch die Zellkulturtechnik und -biologie ist eine Schlüsseltechnologie für Syntheseprozesse. Die Gentechnik ist inzwischen ein etabliertes und unverzichtbares Instrumentarium für die biowissenschaftliche Forschung und Entwicklung geworden. Die Dynamik in diesem Technologiefeld wird derzeit noch maßgeblich von Erkenntnisfortschritten in der Forschung selbst bestimmt.

Ob die neue Biotechnologie auch eine industrielle Schlüsseltechnologie - d.h. ein Einsatz von (gentechnisch) veränderten Mikroorganismen und Zellkulturen (einschließlich Enzymtechnologie) zur Produktion im industriellen Maßstab - werden wird, ist unseres Erachtens derzeit durchaus noch eine offene Frage, die zumindest in größeren Zeiträumen als bisher betrachtet werden muß. Die Organisation für wirtschaftliche Zusammenarbeit und Entwicklung (OECD) hat von Studie zu Studie den Erwartungshorizont verlängert und erwartet die neue Biotechnologie erst nach dem Jahre 2000 als eine dominierende industrielle Technologie, die größere gesamtwirtschaftliche Wirkungen nach dem Jahre 2010 entfalten wird (vgl. OECD 1989). Auch eine jüngst vorgelegte Expertenstudie des

Fraunhofer-Instituts für Systemtechnik und Innovationsforschung kommt zum Schluß, daß die Biotechnologie ihr großes Zukunftspotential noch nicht zu Beginn des 21. Jahrhunderts entfalten wird (vgl. ISI 1993). Hierbei sollten aber auch - im Vergleich zur OECD-Studie - realistische Vergleichsmaßstäbe für die neue Biotechnologie herangezogen werden, ist sie doch gegenüber der beherrschenden Stellung der chemischen Synthese derzeit noch eine Nischentechnologie (Ausnahme: Antibiotikaherstellung).

Die neue Biotechnologie ist für ein breites Spektrum von Anwendungsfeldern nutzbar, das von der Medizin, Industrie (Pharma-, Chemie-, Nahrungsmittelindustrie, bis hin zur Landwirtschaft und Umwelttechnik reicht. Mit der gentechnischen Programmierung potentiell beliebiger Organismen eröffnen sich neue Produktbereiche bzw. Marktsegmente vor allem bei der biologischen Produktsynthese, der Züchtung von Pflanzen und Tieren, der Gendiagnostik und der Gentherapie. Ihre Realisierung ist allerdings anforderungsreich, wobei hier insbesondere eine interdisziplinäre Forschung und Entwicklung, eine effektive Prozeß- und Sicherheitstechnik, eine hohe Produktqualität, umfangreiche Investitionsmittel und ein hohes Qualifikationsniveau der Beschäftigten zu nennen sind. Hinzu kommt in Teilbereichen dieses Technologiefeldes eine kontroverse Diskussion über Nutzen und Risiken sowie weitreichende ethische Implikationen, die derzeit die gesamte Diskussion in diesem Technologiefeld überformt.

Die erstgenannten Faktoren werden bis heute systematisch unterschätzt, mit Ausnahme der vielfach beklagten mangelnden Akzeptanz in der Öffentlichkeit, so daß wir nach wie vor eine erhebliche Diskrepanz zwischen den Projektionen und Expertenerwartungen einerseits und der bislang erreichten Marktbedeutung neuer biotechnischer Produkte andererseits beobachten können.

3.21.3 Marktsituation

Derzeit sind erst ein gutes Dutzend Produkte auf dem Markt, die mit Hilfe gentechnisch veränderter Organismen oder Zellkulturen hergestellt werden (vgl. Tabelle 5, Werner, in diesem Band). Es sind dies ganz überwiegend pharmazeutische Produkte. In den ersten Monaten dieses Jahres sind weitere gentechnische Arzneimittel zugelassen worden, z.B. Faktor VIII in den USA und Europa und der erste Lebendimpfstoff mit gentechnisch veränderten Organismen für die Veterinärmedizin gegen die Aujeszkysche Krankheit in der Bundesrepublik Deutschland. Nach einer Mitteilung des Verbandes der Arzneimittelhersteller der USA haben inzwischen 17 biotechnische Medikamente und Impfstoffe die Zulassung durch die Food and Drug Administration (FDA) (vgl. BFE, 1992). Es wird geschätzt, daß derzeit gentechnisch hergestellte Arzneimittel im Wert von 2 - 2,5 Milliarden US-Dollar weltweit umgesetzt werden. Der Anteil am Weltmarkt für (verschreibungspflichtige) Arzneimittel wird mit ca. 1,5 % angegeben (ebenda). Es werden aber auch weit höhere Angaben zu den Umsätzen mit der Gentechnik

3.21 Arbeits- und Industriepolitik in der Biotechnologie

genannt, die bis zu ca. 10 Mrd. DM (für 1990 bzw. 1992) reichen (Brauer 1993, in diesem Band)[1].

Darüber hinaus werden einige gentechnisch hergestellte Aminosäuren, technische Enzyme (z.b. Waschmittelenzyme) und Enzyme für die Nahrungsmittelherstellung (z.B. Chymosin) gehandelt, über deren Marktbedeutung derzeit nur spekuliert werden kann. Das gentechnische Pilotprodukt für die Landwirtschaft, das Rinderwachstumshormon (BST), ist 1993 in den USA zugelassen worden.

Fast alle der genannten pharmazeutischen Produkte sind auch bis 1992 in der Bundesrepublik zugelassen worden (ab 1993 erfolgt die Zulassung gentechnischer Arzneimittel auf der EG-Ebene). Interessant ist hier das Ergebnis einer US-Studie, daß mehr neue biotechnische Produkte in Europa, besonders auch in Deutschland, arzneimittelrechtlich zugelassen sind und schneller ihre Zulassung erhalten haben als in den USA, obwohl sie überwiegend amerikanischen Ursprungs sind (vgl. Bienz-Tadmor 1993).

Ab 1993 wird mit der Zulassung einer "Flut von gentechnischen Produkten", insbesondere in den USA, bei Arzneimitteln gerechnet. Über 100 biotechnische Produkte sollen im fortgeschrittenen Stadium der klinischen Prüfung sein. 2000 pharmazeutische Wirkstoffe sollen reif für die klinische Prüfung sein.

Die derzeitige Marktsituation für neue biotechnische Produkte ist weltweit dadurch gekennzeichnet, daß es vor allem an marktreifen umsatzstarken, marktöffnenden Produkten in der Gentechnik fehlt. Gemessen an den Erwartungen und den getätigten Investitionen gibt es ein *Realisierungsdefizit und -dilemma*. Mit Ausnahme von Insulin, EPO und Hepatitis-B sind die zugelassenen Produkte solche für kleine Indikationsgebiete mit nicht kostendeckenden Umsatzerwartungen bei mehreren Anbietern. Die bisher zugelassenen gentechnischen Arzneimittel sind durchweg solche, die am Markt vorhandene substituieren, die traditionell biotechnisch, chemisch oder extraktiv hergestellt werden. Angesichts der Infektionsgefahr bei Blutkonserven sind die biologisch-synthetisch hergestellten Blutfaktoren inzwischen unverzichtbar und lassen weiter stabil-steigende Umsätze in der Zukunft erwarten. Die Produkte mit neuen, grundlegend verbesserten pharmazeutischen Wirkmechanismen sind derzeit noch nicht auf dem Markt. Die großen Indikationsgebiete, die zweifellos einen Bedarf an besser geeigneten Therapien aufweisen und bei denen gerade durch die Gentechnik entscheidende Fortschritte erwartet werden, sind ebenfalls bisher in der Liste der zugelassenen Produkte kaum vertreten. Hier sind insbesondere die Krebsdiagnose und vor allem -therapie, die Prävention und Therapie von viralen Infektionskrankheiten, Herz- und Kreislauferkrankungen sowie die Immunologie und Neurologie zu nennen.

---

[1] Bei allen diesen Angaben ist die Definition der einbezogenen Produkte (nur Therapeutika oder auch Diagnostika und andere nicht pharmazeutische Produkte, gentechnische oder auch weitere biotechnische Produkte) und Märkte (nur US-Markt oder auch Europa und Japan) allerdings meist unpräzise, so daß sie nicht miteinander vergleichbar sind.

Kleine biotechnische Unternehmen waren innovativer als der Großteil der renommierten, forschungsorientierten großen Pharmaunternehmen. Die Großunternehmen können dagegen bei der großmaßstäblichen Herstellung und der Vermarktung von Arzneimitteln ihre Vorteile ausspielen. Das eigentliche Problem ist also, daß viele der großen Pharmaunternehmen offensichtlich erhebliche Defizite in der Organisation und Effizienz ihrer Forschung und Entwicklung aufweisen.

3.21.4 Markterwartungen

In vielen Veröffentlichungen wird eine Prognose des Weltmarktes für neue biotechnische Produkte für das Jahr 2000 der Seniory Advisory Group Biotechnology (SAGB) des Europäischen Chemieverbandes zitiert (s. Tabelle 1). Bezogen auf das Ausgangsjahr 1990 ist anzumerken, daß mit Ausnahme des Bereichs der Pharmazie hier keine gentechnisch hergestellten Produkte involviert sind. Auffallend ist der hohe Umsatzwert der Landwirtschaft, einschließlich der Nahrungsmittelindustrie.

Tabelle 1 Weltmarkt für neue Biotechnik-Produkte (in Mrd. DM)

	1990	2000	Veränderung in % pro Jahr
Pharmazie	2,4	47,8	34,9
Chemie	0,2	29,2	64,6
Umwelt	0,8	4,0	17,5
Landwirtschaft	4,8	80,0	32,5
Technische Ausrüstung	2,0	5,6	10,9
Insgesamt	10,2	166,6	32,2

Quelle: SAGB, zit. nach IW, 1992

In diesem Jahrzehnt wird vom europäischen Chemieverband angenommen, daß die weltweiten Biotechnikumsätze sich um das 16-fache steigern werden. Getragen werden soll dieses außerordentliche Wachstum durch die *pharmazeutische Industrie*. Wenn dies eintreten soll, müssen tatsächlich eine ganze Reihe von umsatzstarken Produkten zulassungsreif sein und auch zugelassen werden. Daß in diesem Bereich durchaus erhebliche Umsatzzuwächse realistisch sind, begründet sich daher, daß sich der größte Teil der Forschungs- und Entwicklungsaktivitäten auch in Zukunft auf diesen Bereich konzentrieren wird. Die hohen Qualitätsanforderungen an Arzneimittel bedingen allerdings inzwischen lange Vorlaufzeiten für den

3.21 Arbeits- und Industriepolitik in der Biotechnologie

Markteintritt, der durch formelle Zulassungsverfahren restringiert ist. Ein Teil der neuen gentechnischen Arzneimittel substituieren direkt bisher angebotene Arzneimittel (z.B. Insulin, Blutfaktoren), so daß der Biotechnikanteil an den Arzneimittelumsätzen zunimmt. Mit Hilfe der Gentechnik erzeugte Arzneimittel versprechen gleichermaßen eine hohe Wertschöpfung und genießen eine hohe Wertschätzung bei den Nutzern wie in keinem der anderen Biotechnologierelevanten Anwendungsbereiche.

Ob die *Landwirtschaft* sich in diesem Jahrzehnt als Wachstumsträger für die Biotechnologie erweisen wird, ist im Vergleich zur pharmazeutischen Industrie sehr viel skeptischer zu beurteilen. Wegen der anhaltenden Überproduktion in der EG stagnieren seit Jahren die Umsätze in einigen wichtigen, die Landwirtschaft beliefernden Zweigen (Pflanzenschutzmittel, Saatgut, Landmaschinen etc.). Neue biotechnische Produkte und Züchtungsverfahren werden in starkem Maße substitutiv wirken. Das Pilotprojekt, das Rinderwachstumshormon, ist sowohl unter Risikoaspekten als auch Bedarfsgesichtspunkten umstritten. Der Embryotransfer in der Tierzucht gewinnt zunehmend an Bedeutung. Da die Anwendung überdurchschnittliche Anforderungen in betrieblicher, technischer und qualifikatorischer Hinsicht stellt, dürfte der Embryotransfer nur für den Spitzenbereich der Hochleistungszüchtung in Frage kommen. Trotz einiger hundert Freilandversuche mit gentechnisch veränderten Pflanzen weltweit sind marktfähige Sorten erst in einigen Jahren zu erwarten. Die Pilotvorhaben in der Pflanzengentechnik, die Herbizidresistenzzüchtungen, sind zwar in der Öffentlichkeit wenig akzeptiert, könnten aber für die beteiligten Unternehmen Konkurrenzvorteile und Umsatzzuwächse erbringen, wenn das Kosten-Nutzen-Verhältnis für den Anwender akzeptabel ist. Ob die vielfach damit erwarteten positiven Umwelteffekte, z. B. eine Verminderung des Herbizideinsatzes, ebenfalls eintreten könnten, ist dagegen eine weniger gesicherte Erwartung, da der Herbizideinsatz erheblich von den Anwendungsbedingungen beeinflußt wird (vgl. Neubert 1991).

Im Vergleich dazu ist die gentechnische Herstellung von Enzymen für den Einsatz in der *Nahrungsmittelproduktion* vielversprechend. Ein marktfähiges Produkt kann bei Enzymen von Unternehmen mit Entwicklungs- und Produktionskapazitäten sowie Know-how im Standard der modernen Biotechnologie in viel kürzeren Zeiträumen als bei der Züchtung entwickelt werden. Bei den Anwenderbetrieben birgt der Einsatz von Enzymen teilweise große Produktivitätsfortschritte bei begrenztem Investitionsaufwand, betrieblichen Umstrukturierungen und Qualifikationsveränderungen. Die Frage, ob diese Produkte für die Nahrungsmittelindustrie ein Anzeige- oder Genehmigungsverfahren auf der EG-Ebene durchlaufen müssen und ob sie gekennzeichnet werden müssen, ist derzeit noch offen.

In der Landwirtschaft und damit zusammenhängend in der Nahrungsmittelherstellung werden beim Einsatz der Gentechnik auch von einem großen Teil der Experten negative Verbraucherreaktionen erwartet (vgl. Neubert 1991) und durch repräsentative Meinungsbefragungen auch erhärtet (vgl. Hennen u.a. 1992), weshalb dieser Anwendungsbereich sich bei konkreten Informationen über neue

Produkte zurückhaltend darstellt. In diesem Sektor ist eine starke Ausdifferenzierung neuer Produkte nach mittel- und unmittelbarem Einsatz der Gentechnik im Endprodukt (z.B. Enzyme vs. gentechnisch veränderte Tomaten) und nach Nutzenerwartungen der Hersteller (Enzymproduzenten, Züchter u.a.), Anwender (Betriebe in der Nahrungsmittelindustrie) und Verbraucher zu erwarten. Wenig Akzeptanz bei Verbrauchern ist für solche gentechnischen Projekte vorauszusehen, die eine enge Nutzenperspektive allein für den Hersteller (z.B. Rationalisierung der Verarbeitung, des Transports etc.), aber kaum einen erkennbaren Nutzen für Verbraucher aufweisen. Qualitätssteigerung und tatsächliche Reduktion der chemischen Rückstände in Nahrungsmitteln, unterstützt durch flankierende Umweltvorschriften für die Landwirtschaft, sprechen dagegen für gute Marktchancen.

Im Vergleich zur pharmazeutischen Wirkstoffentwicklung und zu medizinischen Therapien, die für die Betriebe profitabel sind und bei welchen eine vergleichsweise hohe Preiselastizität der Nachfrage von einer relevanten Verbrauchergruppe akzeptiert und honoriert wird, ist das Potential für Qualitätssteigerungen in der Nahrungsmittelherstellung durch die Gentechnik eher begrenzt. Ein größeres Potential für Qualitätssteigerungen liegt demgegenüber in der Qualität der landwirtschaftlichen Rohstoffe. Höhere Qualitätsansprüche müßten hier von Verbrauchern und verarbeitenden Betrieben geäußert und an die Vorlieferanten weitergegeben werden. Dies ist u.E. derzeit aber in erster Linie eine Frage der Qualitätssteigerung im Pflanzenanbau und in der Tierhaltung - weniger der Züchtung. Im zweiten Schritt dürften sich hieraus dann auch Modifikationen in den Zielkriterien der Züchtung ergeben.

Äußerst zweifelhaft ist der Biotechnik-Optimismus, den die SAGB-Prognose anzeigt, in der *Chemischen Industrie*. Gerade hier spielt die Biotechnik bisher das kümmerlichste Nischendasein von allen genannten Anwendungsfeldern. Ohne drastische Verteuerung von Energie und Erdöl ist hier eine auch nur annähernd die Prognose treffende Wachstumssteigerung unrealistisch.

Weiterhin fällt die außerordentlich geringe Wachstumserwartung im Bereich der *technischen Ausrüstung* auf. Wenn wir dies als realistisch unterstellen, so bedeutet dies nichts anderes, als daß im Bereich der neuen Biotechnologie erhebliche Überkapazitäten im Bereich von Laboren, Biotechnika und Produktionsanlagen bestehen.

Im Bereich der *Umwelt-Biotechnologie* fallen die Wachstumserwartungen ebenfalls angesichts des Bedarfs außerordentlich bescheiden aus. Dies ist wahrscheinlich sogar eine einigermaßen realistische Erwartung, wird die Nachfrage bei Umweltsanierungstechniken doch im wesentlichen vom Staat und den Gebietskörperschaften und deren finanziellen Spielräumen bestimmt. Außerdem sind hier erhebliche Probleme der Risikoabschätzung und der Akzeptanz bei der Bevölkerung vorauszusehen, geht es doch um die Freisetzung von großen Mengen von Mikroorganismen. Gentechnisch veränderte Mikroorganismen dürften in diesem Bereich u.E. allerdings keine Rolle spielen, jedenfalls nicht für tatsächliche Freilandeinsätze, da sie hierfür ungeeignet und zu teuer sind.

3.21 Arbeits- und Industriepolitik in der Biotechnologie   487

Ein Bereich, in dem die neue Biotechnologie in den letzten Jahren zunehmend an Bedeutung gewonnen hat, ist in der Prognose überhaupt nicht erwähnt: *Diagnostika*. Dies ist sicherlich ein Anwendungsfeld mit günstigen Wachstumsvoraussetzungen. Bei der Anwendung des gentechnischen Instrumentariums zur Identifizierung von Genen ist es naheliegend, als nächsten Schritt ein darauf aufbauendes diagnostisches Instrument zu entwickeln. Sie sind interessant nicht nur für den medizinischen Anwendungsbereich, sondern auch für Umweltmessungen, die Pflanzen- und Tierzüchtung, Qualitätsprüfung bis hin zur Gendiagnostik am Menschen.

Labor-Diagnostika haben darüber hinaus für Unternehmen den Vorteil, daß sie kein aufwendiges Zulassungsverfahren wie die Therapeutika durchlaufen müssen und damit ein unmittelbarer Marktzugang möglich ist. Gute Marktchancen liegen hier allerdings vorwiegend bei Systemanbietern. Der Bedarf an Diagnostika wird im wesentlichen durch professionelle Nutzer (z.B. Ärzte, Umweltbehörden, weiterverarbeitende Betriebe) bestimmt und ist damit nur mittelbar auch von der Akzeptanz des Endverbrauchers bzw. -nutzers abhängig.

In der Medizin entwickeln sich die diagnostischen Möglichkeiten allerdings deutlich schneller und in größerem Umfang als die Möglichkeiten der Therapie, woraus spezifische Akzeptanzprobleme und gesetzliche Regulationserfordernisse erwachsen könnten. Bei der medizinischen Gendiagnostik können die zukünftigen Marktchancen nicht unabhängig von einer restriktiven gesetzlichen Regelung der Anwendung gesehen werden, die die Entscheidungsfreiheit des potentiellen Nutzers und den Schutz humangenetischen Wissens sicherstellt (vgl. Rothenberg 1994; Hennen u.a. 1993; Ammon 1994).

3.21.5 Industriepolitische Schlußfolgerungen

Die Betrachtung der wichtigsten potentiellen Anwendungsfelder der Biotechnologie - Medizin, Industrie, Landwirtschaft und Umwelt - offenbart, daß es sich hierbei in Bezug auf Forschungs- und Entwicklungspotentiale, Unternehmen, Markt- und Wertschätzungspotentiale, Marktbeziehungen, Nutzergruppen, institutionelle Strukturen, Interessen, Normsetzungen etc. um sehr unterschiedliche Bereiche handelt. Die Marktchancen der neuen Biotechnologie differenzieren sich zunehmend nach den jeweiligen Anwendungsfeldern aus. Es bilden sich inzwischen "günstige" Innovationskonstellationen mit Aktivitäten und Fortschritten in der Forschung und Entwicklung, privatwirtschaftlichen Promotoren und breit akzeptierten Innovationsbedarfen heraus, die sich allerdings nicht einfach in anderen Anwendungsbereichen mit weniger günstigen oder defizitären Bedingungen herstellen lassen. Die neue Biotechnologie wird sich in den verschiedenen Anwendungsfeldern in unterschiedlichem Umfang und mit verschiedenen Diffusionsgeschwindigkeiten durchsetzen. Unter den gegebenen politischen und strukturellen Rahmenbedingungen (z.B. insbesondere Energiepreisniveau und Umweltschutzgesetzgebung und deren trendmäßiger Fortschreibung) sind in den industriellen und landwirtschaftlichen Anwendungsbereichen biotechnische

Innovationssprünge unrealistisch. Solche sind eher im Bereich der medizinischen Therapie und Diagnostik mit sowohl mittel- als auch unmittelbarer Nutzung der Gentechnik abzusehen. Der vielfach erwartete paradigmatische Wechsel hin zur biologischen Synthese ist bei weitem komplexer und von sich widersprechenden Entwicklungstendenzen gekennzeichnet als die Fokussierung der politischen Diskussion in Deutschland auf die Novellierung des Gentechnikgesetzes und die Frage der generellen öffentlichen Akzeptanz widerspiegelt.

Die unterschiedlichen Innovationsbedingungen werden bei der seit über einem Jahrzehnt praktizierten Förderpolitik der Bio- und Gentechnologie vernachlässigt. Sie ist eine Förderung der Forschung, wobei sowohl von Seiten der Wissenschaft als auch der Politik in Deutschland der besondere Stellenwert der Grundlagenforschung immer wieder hervorgehoben wird. Ihr primäres Ziel ist der wissenschaftliche Erkenntnisfortschritt. Daneben werden auf Bundes- wie auch auf Länderebene kleinere Unternehmen und technologieorientierte Unternehmensgründungen über spezielle Wirtschafts- und Technologieförderungsprogramme unterstützt. Die verschiedenen Förderaktivitäten sind zwar, zumindest teilweise, auf der Ebene der politischen Programmatik auf das gemeinsame globale Ziel der Innovationsförderung (zur Sicherung der internationalen Wettbewerbsfähigkeit) ausgerichtet, auf der Ebene der administrativen Umsetzung sind es dagegen in der Regel partiale, unverbunden nebeneinander betriebene Programme. Bei zunehmend knapper werdenden Haushaltsmitteln verliert diese angebotsorientierte Innovationsförderung ihr wesentliches Steuerungsinstrument, die Bereitstellung von höhervolumigen und wachsenden Programmbudgets.

Die bisherige Förderpolitik ist nur in eingeschränktem Maße eine Innovationsförderpolitik, da eine strategische Innovationsorientierung weitgehend fehlt sowie der Anwendungsbezug nur rudimentär vorhanden ist und damit zusammenhängend auch die unterschiedlichen Innovationsbedingungen in den potentiellen Anwendungsfeldern und die immer deutlicher zutage tretende institutionelle Innovationsdefizite vernachlässigt werden. Im Vergleich zu dem vorherrschenden isolierten, teilweise auch gegeneinander gerichteten ressortbezogenen Vorgehen ist eine größere Reichweite der Politik dadurch zu erzielen, daß die Innovationsziele und Instrumente für die verschiedenen Handlungsfelder konkretisiert und aufeinander abgestimmt werden. Innovationsförderung, die die Potentiale der Biotechnologie entwickeln und nutzbar machen will, muß über Forschungsförderprogramme sowie Risikoabwehr und -vorsorge (Gentechnikgesetz) hinausgehen und sie in einen übergeordneten innovationsförderlichen Rahmen einfügen. Regierung und Gesetzgeber haben eine aktiv gestaltende Funktion bei der Zusammenführung verschiedener Politikbereiche und der Formulierung von längerfristigen Entwicklungszielen von Wirtschaft, Arbeit und Umwelt. Die Biotechnologie stellt hier eine technologische Option bereit, die ihre Stärken im Hinblick auf die formulierten Ziele entwickeln kann und versuchen muß, sich in Konkurrenz mit anderen technischen Optionen durchzusetzen.

Eine Innovationspolitik, die das innovatorische Potential der neuen Biotechnologie erschließen will, ist darauf angewiesen, daß Innovationsrahmen und technische Optionen der Biotechnologie von Akteuren aus der Wirtschaft aufgegriffen werden. Bemerkenswert ist, daß die deutsche Wirtschaft bisher nur ein geringes Interesse an einer privatwirtschaftlichen Entwicklung und Anwendung zeigt. Die großen Unternehmen mit eigenen Forschungs- und Entwicklungskapazitäten der Chemie- und Pharmaindustrie verhalten sich eher abwartend. Die Forschungs- und Entwicklungsaktivitäten, werden auf die aussichtsreichen Anwendungsfelder und die Kernbereiche der Unternehmen konzentriert. Einige sichern sich durch Forschungszentren in den USA den Zugang zur dortigen Forschungsinfrastruktur und zum größten nationalen Pharmamarkt. In dem potentiellen Anwendungsfeld der Nahrungsmittelindustrie sind bei den deutschen Unternehmen Entwicklungskapazitäten nur unterdurchschnittlich vorhanden. Bio- und Gentechnologie werden bisher nicht offensiv als Innovationsstrategie verfolgt. Die Nachfrage nach externen Forschungs- und Entwicklungsdienstleistungen ist im Bereich der Bio- und Gentechnologie bei der deutschen Industrie insgesamt ebenfalls begrenzt (geschätzt ca. 60 Mio. DM pro Jahr, vgl. ISI 1991). Dies sind, einzelwirtschaftlich betrachtet, legitime und rationale Strategien. In gesamtwirtschaftlicher Hinsicht sind sie aber unzureichend, insbesondere vor dem Hintergrund, daß es um die Entwicklung einer Schlüsseltechnologie des nächsten Jahrhunderts geht.

Es stellt sich folglich die Frage nach neuen privatwirtschaftlichen Innovatoren und Promotoren der Biotechnologie, die Produktentwicklungen weitertreiben, neue Arbeitsplätze außerhalb des öffentlich finanzierten Forschungssektors schaffen und Diversifizierungsprozesse in Bezug auf Produkte, Unternehmens- und Branchenstrukturen, Produktionstechniken und Regionen einleiten können. Hier zeigt sich, vor allem im Vergleich zu den USA, daß kleine Unternehmen und technologieorientierte Unternehmensgründer in der Bundesrepublik Deutschland vor großen Problem stehen, eine ausreichende Vorfinanzierung ihrer Aktivitäten zu finden. Zwischen den herkömmlichen Instrumenten der Forschungsförderung und denen der Wirtschaftsförderung für Klein- und Mittelbetriebe besteht eine beträchtliche Lücke bei der Umsetzungsförderung, die kaum durch privates Kapital (Venture Capital) geschlossen wird. Hierdurch werden Diversifizierungschancen in den kleinen Marktsegmenten zu wenig ausgeschöpft, die derzeit kennzeichnend für den "Biotechnik-Markt" sind, die für große, weltweit orientierte, Pharmaunternehmen aber eher von geringem Interesse sind. Auch wenn der Staat nur begrenzt auf die Global-Sourcing-Strategien der Großunternehmen Einfluß nehmen kann, muß doch kritisch nach der Effizienz der Forschung und Entwicklung der großen Unternehmen, vor allem der Pharmaunternehmen, gefragt werden. Sie spielen wegen ihrer Vorteile bei der Produktionsentwicklung (einschließlich arzneimittelrechtlicher Zulassung), Herstellung und Vermarktung von Arzneimitteln für die Entwicklung und Diffusion der neuen Biotechnologie eine unverzichtbare Rolle.

Von der Förderung der Biotechnologie dürfen keine kurzfristigen Lösungen für die aktuellen Wirtschafts- und Arbeitsmarktprobleme erwartet werden. Es geht vielmehr auch bei diesem Feld neuer Technologien um die "Herausbildung von angemessenen Konzepten einer neuen Industriepolitik" (vgl. Peter 1993). Ebenso wie die Akzeptanz der Gentechnologie in der Öffentlichkeit und bei wichtigen potentiellen Nutzergruppen nur im Dialog unter Einbeziehung divergierender Standpunkte gefördert werden kann, ist auch hinsichtlich der Entwicklung neuer industriepolitischer Konzepte ein innovationspolitischer Dialog zu initiieren, bei dem Wirtschaft, Wissenschaft, Politik und die relevanten gesellschaftlichen Organisationen von Arbeit und Umwelt einbezogen werden sollten. Innovationen können nicht allein auf ihre technische und einzelwirtschaftliche Dimensionen reduziert betrachtet und isoliert gefördert werden. Eine neue Technologie kann eine nachhaltige Entwicklung einleiten und eine dauerhafte breite Akzeptanz in der Bevölkerung erreichen, wenn sie in ein Innovationskonzept eingebunden wird, das die Dimensionen Gesamtwirtschaft (z.B. Diversifizierung und Strukturwandel, Vermeidung großer regionaler Diskrepanzen), Gesellschaft und Arbeit, einschließlich der in Bezug auf die Gentechnik wichtigen Ethik, und Umwelt gleichrangig umfaßt. Ziel sollte dabei sein, einen verbindlichen Konsens über längerfristige Entwicklungsrichtungen im Bereich der neuen Biotechnologie zu erreichen, der den Hintergrund für wirtschaftliche Entscheidungen der Unternehmen bilden soll. Die Formulierung von Innovationsstrategien auf der Ebene des Bundes und der EG sollte auf der Ebene der Bundesländer bzw. Regionen ergänzt werden. Hier gilt es, die spezifischen Stärken der jeweiligen Region zu ermitteln und dezentrale Netzwerke für die Umsetzung einer die Potentiale der Biotechnologie einbeziehenden Innovationspolitik zu konstituieren.

Literatur

Ammon U, Kuhn T (1989) Chancen und Probleme der industriellen Nutzung der neuen Biotechnologie (einschließlich Gentechnik). Eine Vorstudie zur Arbeitsfolgenabschätzung im Auftrag des BMFT, sfs-Forschungsbericht, Dortmund, Februar

Ammon U, Rautenberg T (1990) Biotechnologie als politisches Handlungsfeld für Nordrhein-Westfalen, Chancen und Risiken der neuen Biotechnologie in der industriellen Anwendung und ihrer sozialverträglichen Gestaltung auf der Landesebene. Studie im Auftrag der Kommission "Mensch und Technik" des Landtags Nordrhein-Westfalen, Dortmund

Ammon U (1994) Genomanalyse in der Arbeitswelt - Dokumentation und Auswertung einer Expertentagung. sfs-Schriftenreihe Materialien aus der Forschung, Bd. 22, Dortmund

BFE (1992) Getting biotechnology products to the market. In: Biotech Forum Europe 10:624-627

Bienz-Tadmor B (1993) Biopharmaceutical go to Market: Patterns of Worldwide Development. In: Bio/Tech Vol. 11, H. 2:168-172

Brauer D (1993) Zur Situation der biotechnologischen Industrie in Deutschland und in der EG. Gutachten i.A. der Akademie für Technikfolgenabschätzung in Baden-Württemberg, Sept. (siehe auch Beitrag in diesem Band)

Hennen L, Petermann T, Schmitt JJ (1993) TA-Projekt "Genomanalyse" - Chancen und Risiken genetischer Diagnostik, Endbericht, Arbeitsbericht Nr. 18 des Büros für Technikfolgenabschätzung beim Deutschen Bundestag, Bonn

Hennen L, Stöckle T (1992) Gentechnologie und Genomanalyse aus der Sicht der Bevölkerung. Ergebnisse einer Bevölkerungsumfrage des TAB, TAB-Diskussionspapier Nr. 3, Bonn

ISI - Fraunhofer-Institut für Systemtechnik und Innovationsforschung (1993) Technologie am Beginn des 21. Jahrhunderts, Kurzfassung, Karlsruhe

IW (1992) Innovations- und Wachstumsfeld Biotechnologie, Institut der deutschen Wirtschaft, Köln

Neubert S (1991) Neue Bio- und Gentechnologie in der Landwirtschaft. Technische Trends, Anwendungsprognosen und mögliche Auswirkungen bio- und gentechnischer Neuerungen in der Agrarwirtschaft - Ergebnisse einer Delphi-Expertenbefragung. Schriftenreihe Angewandte Wissenschaft des Bundesministeriums für Ernährung, Landwirtschaft und Forsten, Bd. 394, Münster-Hiltrup

OECD (1989) Biotechnology. Economic and Wider Impacts, Paris

Peter G (1993) Keine Zeit für Innovationen? Für eine neue Industriepolitik in den Regionen. Vortrag bei der Tagung "Biotechnologie als regionale Option für das Land Brandenburg" von sfs/IRI am 18.05.1993

Reiß T et al. (1991) Potentialanalyse für Auftragsforschung in der Biotechnologie. Zwischenbericht des Fraunhofer-Instituts für Systemtechnik und Innovationsforschung (ISI), Karlsruhe

Rothenberg LS (1994) Genetic testing assessed in three reports. In: Bio/Technology Vol. 12 Nr.4:354-355

3.22 Qualifikationsentwicklung in der pharmazeutisch-chemischen Industrie

Aktuelle Tendenzen und ihre Bedeutung für die neue Biotechnologie

Dipl.-Soz.-Wiss. Irene Pawellek, Dipl.-Soz.-Wiss. Eberhard Zimmermann
Institut Arbeit, Innovation, Qualifikation, Deutsche Straße 11, 44339 Dortmund

3.22.1 Einleitung

Im Bereich der neueren Biotechnologie bzw. Gentechnik liegen eine Fülle von insbesondere technischen und naturwissenschaftlichen Arbeiten vor, aber so gut wie keine, oder nur sehr wenige, aus dem Bereich der Arbeitswissenschaften, die sich mit der Situation der Beschäftigten auseinandersetzen. Beschränkt man diese Sicht allein auf den Bereich der *Gentechnik*, so liegt die Absenz der Arbeitswissenschaftler in der gentechnischen Produktion fast in der Natur der Sache, da bisher nur wenige mögliche Untersuchungseinheiten in der Bundesrepublik vorliegen. Jedoch zeigt die geringe Beforschung von gentechnischer Laborarbeit in den über 1000 bisher genehmigten FuE-Laboratorien eindeutig die Vernach-lässigung dieses Themas in der Arbeitsforschung.

Demnach beziehen sich die folgenden Ausführungen zur *gentechnischen Produktion* auf Fallstudien, die in der 2. Hälfte der 80er Jahre durchgeführt wurden, namentlich auf die Studie von Ammon/Witzgall/Peter zur gentechnischen Produktion und die von Witzgall zur Automatisierung in der Prozeßindustrie.

Die Ausführungen zur *gentechnischen Laborarbeit* basieren auf Untersuchungen, die sich nicht speziell mit dem Thema Gentechnik auseinandergesetzt haben, sondern die sich in dem Anfang der 90er Jahre durchgeführten Projekt "Die Zukunft der naturwissenschaftlichen Laborarbeit in der Chemieregion Köln" mit Laborarbeit allgemein beschäftigten. Gentechnische Laborarbeit fiel dabei als *ein* Segment in die Untersuchungsplanung. Die nachfolgende Darstellung konzentriert sich im wesentlichen auf die in der Forschung vernachlässigten Punkte von Beschäftigung, Organisation und Qualifikation in Produktion und Labor.

3.22.2 Gentechnische Produktion

Die an dieser Stelle abgeleiteten Aussagen zur Arbeitssituation in der gentechnischen Produktion basieren auf *Fallstudien der Pharmaproduktion*. Diese Fälle sind untereinander schon so verschieden, daß keine verallgemeinerbaren Aussagen für alle Produktionssysteme ableitbar sind. Sie zeigen jedoch

3.22 Qualifikationsentwicklung

gemeinsame Tendenzen, die auch im Vergleich zur konventionellen bzw. substituierten Produktion deutliche Hinweise auf Spezifika von gentechnischer Produktion aufweisen.

Besondere Rahmenbedingungen der gentechnischen Produktionsarbeit

Trotz der Konzentration dieses Beitrages auf die Arbeitssituation können die technologischen Rahmenbedingungen nicht ganz außer acht gelassen werden, da diese sowohl das Umfeld, als auch die jeweiligen Arbeitsinhalte und damit auch die Qualifikation des Personals mit beeinflussen. Wichtig sind hierbei die angewandten *Verfahrenstechniken*, die *Automatisierungstechniken* und die *Sicherheitstechniken*.

Für die Verfahrens- und Automatisierungstechnik im Vergleich von konventioneller zu gentechnischer Produktion können schon durch den Zeitverlauf höhere Technisierungsstufen angenommen werden. Trotz dessen verstärkt sich der Einsatz komplexer Systeme in der gentechnischen Produktion schon durch die hochgradige Fremdbestimmung beim Einsatz von Sicherheitssystemen für Mensch und Umwelt. Berücksichtigt man diese Zusammenhänge, zeigen sich für die drei Technologiebereiche folgende Entwicklungstendenzen:

- Im Bereich der *Verfahrenstechnik* steigt die Vielfältigkeit und Kompliziertheit der Verfahrensschritte mit der gentechnischen Produktion. Nicht nur die Kombination des Fermentationsprozesses mit spezifischen Aufarbeitungs- und Aufreinigungsstufen läßt die Komplexität steigen, sondern durch das hohe technologische Niveau und die Verschiedenartigkeit der Teilsysteme wächst auch die Kompliziertheit des Gesamtsystems. Dies zeigt sich insbesondere darin, daß für die zumeist dreistufigen Produktionsprozesse im Bereich der Fermentation die Biotechnik maßgebend ist, im Bereich der Aufarbeitung die Biochemie bzw. die Chemie Techniken zur Verfügung stellt und im Bereich der Aufreinigung spezielle Trenn- und Konzentrationstechniken erforderlich sind. Der kontinuierlichen wie der automatisierungstechnischen Verknüpfung dieser drei Teilbereiche sind derzeit noch Grenzen gesetzt.
- Im Bereich der *Automatisierungstechnik* werden deutlich höhere Maßstäbe an die Produktion angelegt. Allein aus sicherheitstechnischen Gründen werden manuelle Tätigkeiten im Produktionsbereich deutlich zu Gunsten teil- oder vollautomatischer Abläufe zurückgedrängt. Die Hinwendung zur automatischen Regelung, Steuerung und Überwachung basiert dabei natürlich auch auf der Verfügbarkeit entsprechender Prozeßleittechniken, die über Sicherheitsaspekte hinaus auch im Rahmen von Datenerfassung und -verarbeitung deutliche Vorzüge aufweisen. Die Grenzen der Automatisierbarkeit des Produktionsprozesses verschieben sich dabei mit der Verfügbarkeit und Anpassungsfähigkeit von bestimmten Automatisierungskonzepten an die spezifischen Produktionsbedingungen.

- Im Bereich der *Sicherheitstechnik* wird die Situation vor allem durch Normungsvorgaben aus GMP (Good Manufactoring Practice) und Arbeitssicherheitsregelungen sowie durch technische Sicherheitsmaßnahmen stärker geprägt als in der pharmazeutischen Produktion ohnehin. Im sicherheitstechnischen Bereich sind insbesondere die sich gegenüber dem Ende der 80er Jahre aus dem Gentechnikrecht ergebenden Anforderungen zu berücksichtigen. Für die sicherheitstechnische Organisation kann gegenüber der konventionellen Produktion insgesamt durchaus von einer organisatorischen Straffung und einer weiteren festgeschriebenen Detaillierung von Arbeitsweisen gesprochen werden. Aus diesen Trends leiten sich wichtige Impulse auf die Qualifizierung, auf Handlungsspielräume und auf Organisationsformen im Arbeitssystem ab.

Die Bedeutung dieser Entwicklungen für die Mensch-Maschine-Funktionsteilung lassen sich generell durch die Reduktion der menschlichen Eingriffe in den Prozeß und eine Aufgabenverlagerung von Regeln/ Steuern auf Kontrolle und Problemlösung beschreiben. Die Auswirkungen der Techniken auf die qualitativen Arbeits- und Organisationsstrukturen sollen im folgenden näher umrissen werden.

Beschäftigungs- und Qualifikationsstrukturen

Eine Veränderung des *betrieblichen Aufbaus* und der *betrieblichen Arbeitsteilung* ist *eine* Folge der Aufnahme gentechnischer Produktion. In der frühen Phase der Innovation ist insbesondere die hierachische und funktionelle Doppelstruktur in der Produktion auffällig, die den besonderen Sicherheits- und Überwachungsanforderungen geschuldet ist. Auffälligstes Merkmal dieser Struktur ist, daß entweder zusätzliche wissenschaftliche Kompetenz in der Produktion positioniert wird oder die vorhandenen Positionen qualifikatorisch höher ausgestattet werden. Insgesamt zeigt sich dabei eine zunehmende *Verwissenschaftlichung der Produktionsstrukturen* mit einem steigenden Anteil von Verfahrens- und Automatisierungsingenieuren in der Betriebsführung und steigenden Anteilen von Ingenieuren und Technikern in der Produktion. Gefragt sind insbesondere in der Einführungsphase nicht mehr die Produktionspraktiker, sondern die technischen Spezialisten. Facharbeits- bzw. Angestelltenqualifikation können wegen der steigenden Arbeitsanforderungen als Mindestvoraussetzung in der Produktion gelten.

Für die personelle Besetzung und Beschäftigung insgesamt bedeutet dies in der Eingangsphase des Innovationsprozesses einen steigenden Beschäftigungsstand, der auch in der zumeist sehr lang anhaltenden Phase der Optimierung des Produktionsprozesses aufrechterhalten wird. Falls jedoch keine Entscheidung zur Vertiefung oder Verbreiterung des Produktionsprogramms fällt, kann langfristig im Normalbetrieb wiederum von einem leicht sinkenden Beschäftigungs- und Qualifikaionsstand ausgegangen werden. Dies ist auch eine Folge der Tatsache, daß beispielsweise viele FuE-Aufgaben, die im Rahmen der Optimierungsphase

3.22 Qualifikationsentwicklung

anfallen, nicht mehr von Nöten sind.

Vor dem skizzierten technologischen Hintergrund im Produktionsbereich ist eine drastische Reduzierung der Bedien- und Steuerungsoperationen an der Anlage die Folge. Demgegenüber erwachsen aus dem Bereich der Aufarbeitung und Aufreinigung neue, anspruchsvolle Bedien- und Steuerungsaufgaben, die nur durch qualifizierte Kräfte abgedeckt werden können. Unmittelbare Folgen für den Arbeitskräftekörper zeigen sich vor allem bei den Un- und Angelerntenpositionen, die weder im komplexen Produktionsbereich, noch in den wichtiger werdenden Bereichen der FuE, der Automatisierungstechnik oder der Instandhaltung eine adäquate Aufgabe finden. Diese Gruppe ist im Gegensatz zu den wissenschaftlichen Fachkräften und den naturwissenschaftlich-technischen Facharbeitern und Angestellten die eigentliche Verlierergruppe bei der Aufnahme der gentechnischen Produktion. Damit zeigt sich neben der eindeutigen Tendenz zur qualifikatorischen Höherbesetzung der Führungsebene auch ein Trend zur höheren Qualifikation der Schichtmannschaften.

Diese Neugestaltung der personellen Besetzung wirft zugleich ein Licht auf die sich verändernden *Aufgabenstellungen*, die *Aufgabeninhalte* sowie die erwachsenden *Arbeitsanforderungen* in der Produktion. Sowohl bei der Anlagen- wie bei der Prozeßüberwachung und -führung reduzieren sich die manuellen Eingriffserfordernisse sowie der Umfang von direkten Führungsaufgaben. Während auf der Anlagenebene dieses Spektrum vermehrt von der PLT-Sensorik übernommen wird, verschiebt sich auf der Prozeßebene die Aufgabenstellung zu verstärkter Konzentration auf Überwachung und Kontrolle des Gesamtprozesses, wobei die Beseitigung akuter Störungen in den Vordergrund tritt. Gleichzeitig kommt es zu einem Bedeutungszuwachs planender und vorbereitender Funktionen. Die qualifikatorische Höherbesetzung der meisten Positionen ermöglicht und verlangt eine Verbreiterung der Arbeitsanforderungen, einen komplexeren Zugang zu Störsituationen im System und eine Flexibilisierung der Fachkräfte bei der Aufgabenerledigung.

Insofern sind auch solche Fachkräfte für die Arbeit in der Produktion gesucht, die spezifische Qualifikationen mitbringen. So ist die Qualifikation des Biologielaboranten sowie der verstärkte Einsatz von Nicht-Chemikern auf der akademischen Ebene (z.B. Biologen, Biochemikern, Verfahrenstechnikern usw.) ein Kennzeichen bei der Besetzung der Arbeitssysteme. Unterhalb der akademischen Ebene werden die höheren Erwartungen an die Flexibilität der Mitarbeiter, an deren Lernvermögen und an die erhöhten Leistungsvoraussetzungen durch Facharbeiter und Fachangestellte realisiert, obwohl nicht alle formalen Qualifikationen des eingesetzten Personals abgefordert werden.

Konsequenzen

Die Aufnahme der gentechnischen Produktion zeigt im Rahmen der Produkt- und Verfahrensinnovation große *Optimierungsspielräume*, die durch den Einsatz flexiblen und qualifizierten Personals ausgefüllt werden soll. Um das Aufgabenspektrum abzudecken, müssen in Ergänzung reiner naturwissenschaftlicher Kompetenz verfahrens- und automatisierungstechnische *Kompetenzen* zusammengeführt werden.

Das Spektrum der Anforderungen muß schon auf der untersten betrieblichen Ebene durch Facharbeiter und Fachangestellte abgedeckt werden. Obwohl nicht immer eine volle Ausschöpfung der Qualifikationen auf dieser Ebene festgestellt werden konnte, wird auf mittlere Sicht eine zunehmende Mobilisierung und Nutzung der Kompetenzen und Lernvermögen erfolgen, da prozeßübergreifende Qualifikationen den *höheren Tätigkeitsanforderungen* am besten entsprechen. Dies gilt auch für die Ebene der mittleren betrieblichen Führungskräfte und technischen Spezialisten.

Für die Entwicklung des *Gesamtvolumens der Beschäftigung* in der gentechnischen Produktion in *einzelnen Betrieben* sind verschiedene Kriterien maßgebend: Sowohl der Erfolg der betrieblichen Umsetzung, die Marktrelevanz der Produkte als auch innerbetriebliche Substitutionseffekte anderer, konventioneller Produktionen spielen hier eine Rolle.

Diese Kriterien gelten auch überbetrieblich für die *Gesamtzahl aller Unternehmen*, obwohl hier weitere Kriterien, wie etwa Rechtslage und Akzeptanz für die Verbreitung gentechnischer Produktion und damit weiterer Beschäftigungswirkungen, hinzutreten. Obwohl es schwer abschätzbar ist wie die Entwicklung der Beschäftigung weiter verläuft, deutet alles darauf hin, daß das Beschäftigungsvolumen in der Produktion mittelfristig durch weniger, aber qualifizierteres Personal bestimmt wird.

3.22.3 Gentechnisches Labor

Die nachfolgenden Ausführungen zur Arbeit in gentechnischen Laboratorien basieren auf *Fallstudien* in unterschiedlichen Laboreinrichtungen. Die Unterschiede zwischen den einzelnen Laborarbeitssystemen ergeben sich vor allem aus den jeweiligen Aufgabenstellungen, ihrem Dienstleistungsprofil. Grundlage der Untersuchung war ein *Szenario-Arbeitskreis* zur zukünftigen Entwicklung der gentechnischen Laborarbeit, in dem zwischen gentechnischen Laboratorien im Bereich der öffentlichen Forschung und denen in der Industrie unterschieden wurde.

Besondere Rahmenbedingungen der gentechnischen Laborarbeit

Die Arbeit im gentechnischen Labor unterscheidet sich nicht nur aufgrund der technischen *Rahmenbedingungen* von der Mehrzahl chemischer Laboratorien. Denn neben der technischen Ausstattung sind auch die zu bearbeitenden Substanzen und Materialien sowie die angewandten Methoden und Verfahren im Kern von herkömmlichen Laboratorien zu unterscheiden. In gentechnischen Laboratorien wird überwiegend mit Zellkulturen, DNA-Sequenzen, Mikroorganismen sowie Pflanzen gearbeitet.

3.22 Qualifikationsentwicklung

In den meisten Fällen sind gentechnische Laboratorien derzeit *FuE*-Laboratorien. Im Gegensatz zu vielen chemischen, dabei auch FuE-Laboratorien, ist das Produkt des gentechnischen Labors jedoch nicht nur die *Information* (z. B. Analyseergebnisse), sondern auch die hergestellte (Basis-) *Substanz*. Insofern ist das Dienstleistungsprofil gentechnischer Laboratorien ein aus analytischer Sicht besonderes Unterscheidungsmerkmal zu anderen Laboratorien.

Zwar werden auch im gentechnischen Labor moderne, rechnergesteuerte Geräte wie etwa HPLC eingesetzt, sie gehören aber nicht ins Zentrum der eigentlichen Forschungs- und Entwicklungsarbeiten. Kennzeichnend für die gentechnische Arbeit sind *Technologien* wie Sequenzierer, Elektrophoresen und (Rasterelektronen-) Mikroskope sowie Brutschränke, Klimakammern und Labor-Fermenter.

Technische Innovationen in den Gen-Laboratorien haben eine starke *Dynamik*, neuere Gerätegenerationen folgen schneller aufeinander als etwa in den chemischen Laboratorien. Dies liegt sicher auch darin begründet, daß die Gentechnik eine noch relativ junge Wissenschaft ist und auf technische Entwicklungen aus anderen naturwissenschaftlichen Disziplinen zurückgreifen kann. Nicht unerheblich dabei ist aber auch, daß sich die Anzahl der gentechnischen Laboratorien innerhalb und außerhalb der Industrie in den letzten Jahren stark erhöht hat und damit der Bedarf an Labortechnologien entsprechend gestiegen ist. Der Herstellermarkt hat auf diesen Bedarf mit technischen Innovationen reagiert. Auch Sicherheitsfragen werden trotz der höheren Ansprüche an die Sicherheitsmaßnahmen zumeist über technische Sicherheitsvorkehrungen abgedeckt.

Die *Implementation* neuer *Technologien* in das Labor verläuft derzeit ebenso punktuell wie in chemischen Laboratorien. Es werden außer bei vollkommenen Neueinrichtungen keine umfassenden technischen Innovationen vorgenommen. Die Innovationen orientieren sich zur Zeit an der Optimierung technischer Einzellösungen. Es zeichnet sich der Trend ab verstärkt Automatisierungstechniken einzusetzen. In den Laboratorien nimmt auch die Tendenz zu Analyse- und Synthesegeräte miteinander zu vernetzen, um die Datenerfassung, -dokumentation und -archivierung zu verbessern. Laborinformations- und -managementsysteme, die sich langsam in den chemischen Laboratorien etablieren, finden in der Gentechnik bisher keinen Einsatz.

Beschäftigungs- und Qualifikationsstrukturen

Die Beschäftigungs- und Qualifikationsstrukturen in den Laboratorien orientieren sich an den *Aufgabenstellungen* bzw. den zu erbringenden Dienstleistungen der einzelnen Laboratorien. Die Bandbreite der Labordienstleistungsprofile reicht von der reinen Grundlagenforschung bis hin zu stark anwendungsbezogener Forschung und Entwicklung. Die Produkt- bzw. Anwendungsorientierung ist ein bedeutendes Unterscheidungskriterium von industriellen zu öffentlichen FuE-Laboreinheiten. In Industrielaboratorien läßt sich in der Forschung fast immer ein Produkt- bzw. Anwendungsbezug nachweisen.

Entsprechend der Aufgabenstellung und der betrieblichen Einbindung unterscheiden sich auch die *Personalstrukturen*, die an dieser Stelle nur idealtypisch und nicht repräsentativ dargestellt werden können. Auffallend an den gentechnischen Laboratorien ist die relativ große Zahl an Akademikern; ihr Anteil liegt weit über dem Durchschnitt der chemischen FuE-Laboratorien. Biologen, Mikrobiologen und (Bio-) Chemiker mit Zusatzausbildung in Mikrobiologie in Leitungsfunktionen werden zumeist ergänzt durch befristet beschäftigte Projektmitarbeiter wie etwa Postdoktoranden, Doktoranden und Diplomanden. Dies ist auch ein Hinweis auf die in der Regel sehr junge Altersstruktur der Mitarbeiter unterhalb der Leitungsebene. Die Weiterqualifizierung des wissenschaftlichen Nachwuchses nimmt dabei in den öffentlichen FuE-Laboratorien einen besonderen Stellenwert ein.

Die übrige Personalstruktur teilt sich auf nach Biologie- und Chemielaboranten sowie Biologisch-technischen Assistenten (BTA). Bei diesen Berufsgruppen muß allerdings nach dem Einsatzort unterschieden werden. Die auf Forschung bezogenen öffentlichen FuE-Einrichtungen beschäftigen in der Mehrheit BTA`s. In industriell, anwendungsbezogenen Laboratorien arbeiten kaum BTA´s, dafür neben den häufig auf der ausführenden Ebene angesiedelten Biologielaboranten auch "angelernte" Chemielaboranten. Hilfskräfte für unterstützende Assistenztätigkeiten werden sowohl in den industriellen als auch in öffentlichen Laboratorien nur selten und begrenzt eingesetzt.

Die Abbildung "Arbeitsbereiche und -prozesse im gentechnischen Labor" zeigt die im gentechnischen Labor typischerweise vorhandenen *Arbeitsbereiche bzw. Arbeitsprozesse*. Die Aufwendungen in den einzelnen Arbeitsbereichen ist, entgegen der recht gleichartigen Gestalt der einzelnen Bereiche in der Darstellung, unterschiedlich komplex und zeitintensiv. Die Struktur der Arbeitsprozesse ist sowohl in der öffentlichen Forschung als auch im industriellen Bereich weitgehend vergleichbar - lediglich die Größe der Arbeitsbereiche und deren Ausstattung unterscheiden sich. Teilweise wird im industriellen Rahmen im Labor auch der Einsatz von Fermentern notwendig sein. Die Grund- und Sicherheitsausstattung beider Typen ist jedoch wiederum ähnlich.

Zwischen den einzelnen Berufsgruppen sind die *Arbeitsfunktionen* in diesen Arbeitsbereichen genau definiert und festgesetzt. Dem Laborleiter kommen neben der Verantwortung der wissenschaftlichen Ergebnisse nach außen auch moderierende, einweisende und einführende Funktionen gegenüber dem gesamten Laborpersonal zu. Ebenso ist er verantwortlich für die Einhaltung und Anwendung der entsprechenden gesetzlichen Regelungen (z. B. Gentechnikgesetz, Chemikalienrecht, Seuchengesetz sowie die Arbeit nach der Guten Laborpraxis - GLP). Hinzu kommen Aufgabenstellungen außerhalb des Labors, die sich in seiner Projektleitungsfunktion durch häufige Verbindungen zur betrieblichen Geschäftsführung und außerbetrieblichen, wissenschaftlichen Kontakten ausdrücken. Im industriellen Bereich sind die Projektleiteraufgaben stärker anwendungsbezogen als in der öffentlichen FuE, da im Geschäftsführungsbereich stärker Akzeptanz für die eigenen Aktivitäten und die dazu notwendigen Mittel beschafft werden müssen.

Im Rahmen der wissenschaftlichen Qualifizierung in *öffentlichen* FuE-Einrichtungen bearbeiten die Postdoktoranden, Doktoranden und Diplomanden mit abgestuften Kompetenzen speziell ihnen übertragene Aufgaben, indem sie die

3.22 Qualifikationsentwicklung

gesamten Arbeitsprozesse im Labor durchlaufen. Dazu zählen auch Tätigkeiten der Datenerfassung und -dokumentation, der gesamte Bereich der Datenbankabfragung

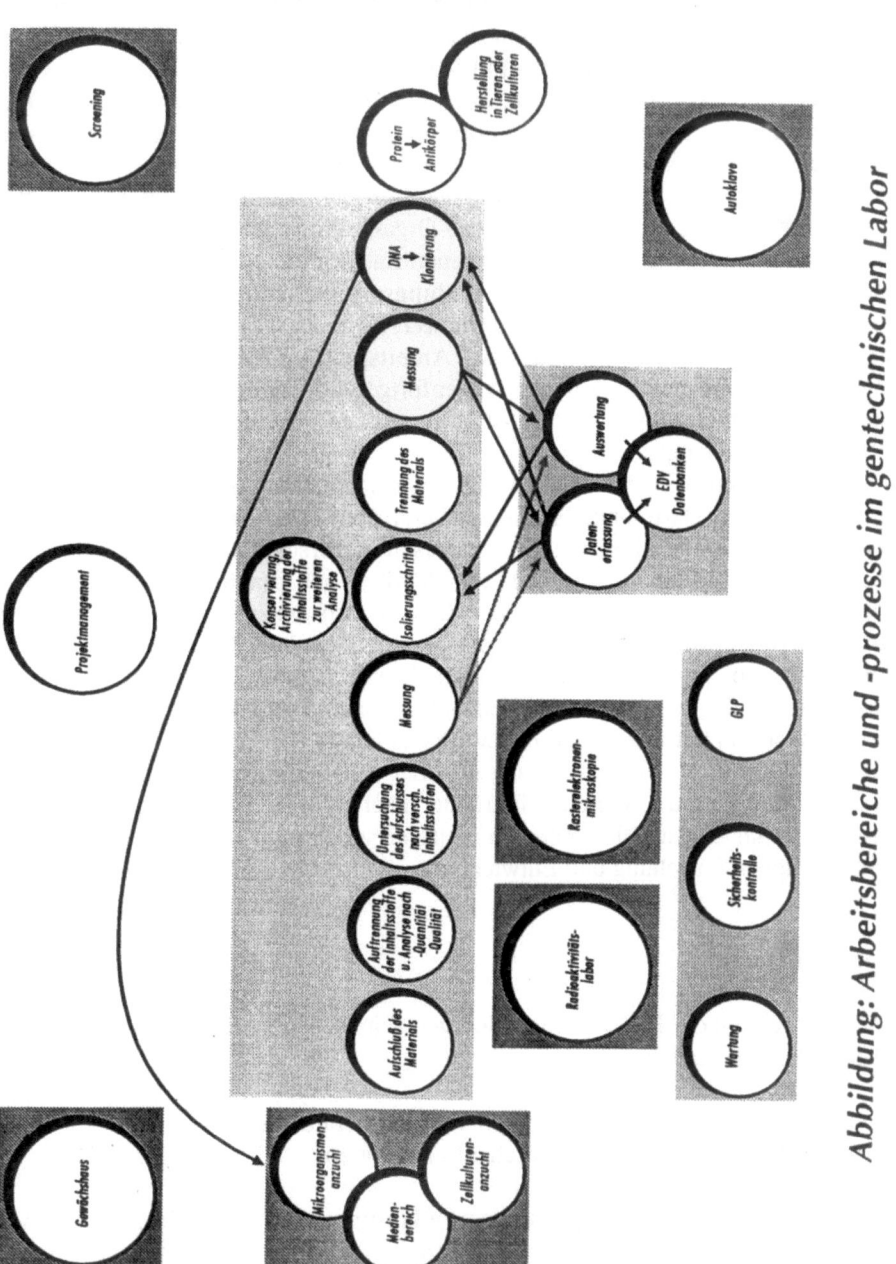

Abb. 1 Arbeitsbereiche und -prozesse im gentechnischen Labor

und weitreichende Literaturrecherchen. Je nach akademischem Grad und dem individuellem Qualifizierungsstand sinkt der Anteil an manuellen und Routinetätigkeiten. In *Industrielaboratorien* wird auf der Ebene der Akademiker zumeist nur noch in spezialisierten Bereichen wie etwa der Informationserfassung und -verarbeitung gearbeitet.

Die *Arbeits-* und *Aufgabenfelder* der Laboranten und BTA`s unterscheiden sich kaum voneinander und konzentrieren sich überwiegend auf Routinetätigkeiten, wie beispielsweise das Auftrennen von Inhaltsstoffen, die Klonierung und Herstellung von Gensequenzen sowie die sachgerechte Bedienung der Laborgeräte. Ihre Einbeziehung in den inhaltlichen Forschungsprozeß erfolgt in der Regel nur punktuell. Dies gilt auch für die Informationsverarbeitung und -recherche. Damit herrscht zumindest in den öffentlichen FuE-Einrichtungen eine sehr starke Trennung von Forschungs-, Routine- und Organisationsarbeitsplätzen. Laboranten in den industriellen, anwendungsbezogenen Laboratorien haben innerhalb dieses Aufgabenspektrums größere Entwicklungsmöglichkeiten im Hinblick auf Spezialisierung und Qualifizierung als die BTA`s in der öffentlichen Forschung. In industriellen Laboratorien ist die auf Arbeitsplätze bezogene Spezialisierung unterhalb der Akademikerebene viel weiter fortgeschritten. Dies hat auch den Grund darin, daß der Durchsatz an Substanzen größer ausfällt als in Grundlagenforschungseinrichtungen.

Insgesamt kennzeichnet sich die *Arbeitsorganisation* und Arbeitsteilung im Labor durch eine relativ starre und festgelegte Hierarchie auf der formalen Ebene aus. Es existiert eine eindeutige Trennung zwischen forscherisch-informatorischen Tätigkeiten repräsentiert durch die Akademiker und praktisch-durchführenden Tätigkeiten durch die Laboranten und BTA`s. Auf der konkreten Arbeitsebene lassen sich eher *flexiblere Strukturen* ausmachen. Gerade in den zeitlich befristeten Forschungsprojekten verschwimmen die Hierarchien und Arbeitsteilungen in einzelnen Bereichen, allerdings gilt dies hauptsächlich für die Berufsgruppe der Akademiker und nur in seltenen Fällen für das übrige Laborpersonal. Projektarbeit mit flexiblerer Arbeitsstrukturierung gewinnt jedoch zunehmend an Stellenwert. Auch bei der Auswahl neu einzuführender Technologien ist die Beteiligung von Laboranten im industriellen Rahmen häufiger anzutreffen als in der öffentlichen gentechnischen Forschung und Entwicklung.

Konsequenzen

Als Konsequenz der Fallstudien in den gentechnischen Laboratorien sollen zwei Akzente kurz thematisiert werden:

1. die entwicklungsförderliche Gestaltung der Laborarbeit und
2. die weitere Diffusion gentechnischer Laboratorien.

zu 1)   Die skizzierten Forschungsprojektgruppen mit flexibleren *Arbeitsstrukturen* werden sich aus Effektivitätsüberlegungen voraussichtlich stärker durch-

3.22 Qualifikationsentwicklung

setzen, was zu insgesamt flacheren Hierarchien vor allem in den industriellen Laboratorien führen wird. Eine starke formale Hierarchie gepaart mit flacher arbeitsorganisatorischer Strukturierung ist derzeit durchaus schon feststellbar. Für die öffentlichen Forschungslaboratorien gilt, daß die dort vorfindbare sehr starke Hierarchisierung sowohl auf der formalen als auch auf der arbeitsorganisatorischen Ebene zukünftig nur noch unter Verlust der Ergebniseffizienz aufrechterhalten werden kann. Auch hier erscheint eine Hinwendung zu flexibleren Arbeitsstrukturen notwendig. Auch *generell*, d.h. in klassisch-chemischen (FuE-) Laboratorien, zeichnet sich bei der Entwicklung der Arbeitsstrukturen im Labor eine Verstärkung der projektorganisierten Arbeit unter weitgehender Beibehaltung der formalen Aufbauorganisation ab. Die Aufrechterhaltung von Einzelarbeitsplätzen und monostrukturierten Aufgabenfeldern verringert sich auch dadurch, daß das Qualifikationsniveau im Labor über die letzten Jahre mit der technischen Entwicklung und mit sonstigen vermehrten und höheren Anforderungen an das Laborpersonal stetig gestiegen ist.

Die Beibehaltung eines eingeschränkten *Tätigkeitsspektrums* von Laboranten und BTA`s in gentechnischen Laboratorien ist für eine flexiblere Arbeitsorganisation kontraproduktiv. Vielmehr ist es sinnvoll durch betriebliche Weiterbildungs- maßnahmen ihre Arbeitspotentiale und Kompetenzen auszubauen, um sie besser in den Forschungsprozeß zu integrieren. Der Weiterbildungsbedarf liegt vor allem in den Bereichen Datenverarbeitung und Literaturarbeit sowie in fachspezifischen Themenkreisen wie etwa Mikrobiologie. Nicht nur in gentechnischen Laboratorien, sondern auch *generell* sind die Arbeitsanforderungen auf der Ebene der Laboranten/ naturwissenschaftlichen Assistenten gestiegen. Gefragt sind in den letzten Jahren und in Zukunft nicht mehr nur fachspezifische, sondern darüber hinaus auch je nach Arbeitssystem informatorische, rechtliche, betriebswirtschaftliche und soziale Kompetenzen - systemische Gesichtspunkte bei der Weiterbildung nehmen einen immer größeren Stellenwert auch auf dieser Laborarbeitsebene ein.

zu 2) Für die *Entwicklung* der *Beschäftigung* und die *Diffusion* gentechnischer Laboratorien müssen folgende Überlegungen berücksichtigt werden: Eine Implementation von Laboratorien an Hochschulen und Forschungseinrichtungen ist derzeit als unkritisch zu betrachten. Akzeptanzprobleme sind hier nicht zu erwarten, da dieser Organisationsbereich nicht im Blickpunkt der öffentlichen Diskussion steht. Aufschwung und Fall der Gentechnik in der öffentlichen FuE hängt derzeit vielmehr mit den Finanzierungspraktiken von Forschungsprogrammen zusammen.

Eine Diffusion der Forschungslaboratorien in der Industrie dagegen steht jeweils in engem Zusammenhang mit der Produktion und der Marktfähigkeit der einzelnen Produkte. Eine Ausweitung der Laboratorien ist somit abhängig von dem Erfolg und der Akzeptanz der Produktion. Da insbesondere im *Pharma-* und *Landwirtschaftsbereich* steigende Umsätze erwartet werden, kann davon ausge- gangen werden, daß eine Ausweitung der Forschungs- und Entwicklungs- schwerpunkte durch die Einrichtung von Laborkapazitäten hauptsächlich in diesem Segment stattfindet. Von dem Bedeutungsgewinn und der Diffusion von gentechnischer Laborarbeit gehen unmittelbare Beschäftigungsimpulse auf andere

Laboratorien aus, die im Umfeld der Gentchnologie arbeiten. Zu nennen wären hier etwa Screening-Bereiche, Toxikologie und Laboratorien in Anwendungsbereichen.

3.22.4 Die Bedeutung der neuen Biotechnologie für den Arbeitsmarkt

Von breitem gesellschaftlichen und politischen Interesse ist, ob und welche (positiven) Beschäftigungseffekte sich durch die Biotechnologie gezeigt haben bzw. mittelfristig zu erwarten sind. In den vorangegangenen Kapiteln sind Qualifikationsentwicklungen und Arbeitsanforderungen in der gentechnischen Produktions- und Laborarbeit dargestellt und dabei Tendenzen und mögliche Konsequenzen aufgezeigt worden. Im folgenden soll die neue Biotechnologie nicht auf der betrieblichen Ebene, sondern in ihrer aggregierten Form in der Bedeutung für den Arbeitsmarkt betrachtet werden. Die Trennung in Labor und Produktion wird dabei nicht mehr berücksichtigt. Außerdem haben sich die bisherigen Ausführungen hauptsächlich auf das Segment Gentechnologie als einen Teil der neuen Biotechnologie beschränkt. Diese Trennung läßt sich für die Fragestellung Beschäftigungswirksamkeit nicht mehr aufrecht erhalten, da sowohl in der Literatur als auch in den wenigen, existierenden Statistiken zu diesem Komplex eine Unterscheidung so gut wie nicht mehr vorgenommen wird.

Zu den allgemeinen Beschäftigungswirkungen der neuen Biotechnologie herrscht leider nur eine sehr dünne Datenlage. Zur Zeit existieren fast nur qualitative Aussagen über die Entwicklung der Biotechnologie. Repräsentative beziehungsweise analytisch-statistische Daten liegen aktuell nicht vor. Die vorhandenen Untersuchungsergebnisse wiederum haben eine so große Varianz in den Untersuchungsfeldern und in den daraus abgeleiteten Aussagen, daß die Herausarbeitung eines eindeutigen Trends in der Gesamtentwicklung der Biotechnologie auf der Basis der bestehenden Aussagen nahezu nicht möglich ist.

Die Unsicherheiten und Schwankungen bei den Schätzungen zur *Beschäftigungsentwicklung* in der neuen Biotechnologie lassen sich an zwei Beispielen belegen:

- 1987 ging das Office of Technology Assessment (OTA) bereits von einem Beschäftigungsstand von 25.000 Personen in biotechnologischen Unternehmen in den USA aus; der Anteil der Wissenschaftler und Ingenieure wurde dabei auf circa 50% der Beschäftigten geschätzt. Für das Jahr 2000 schwanken die Berechnungen zwischen 30.000 und 80.000 Beschäftigten.
- Erste Schätzungen des Instituts für Arbeitsmarkt- und Berufsforschung (IAB) ergaben in den 80er Jahren für die alten Bundesländer eine Spannbreite von 30.000 bis 60.000 Beschäftigten in Unternehmen zur Erzeugung biotechnologischer Produkte. Hier muß allerdings berücksichtigt werden, daß in diese Berechnungen auch Produktionsstätten für Zwischenprodukte wie Fettsäuren, Hefen, Aromastoffe usw. miteinbezogen wurden. Eine Differenzierung nach Beschäftigten in der klassischen gegenüber Beschäftigten

3.22 Qualifikationsentwicklung

in der neuen Biotechnologie wurde nicht vorgenommen. Damit relativieren sich die gemachten Aussagen.

Der Europäische Chemieverband wiederum rechnet gemäß einer Studie (1992) mit einer Verzehnfachung der biotechnologisch hergestellten Produkte bis zum Jahr 2000. Damit einhergehend soll die Zahl der Arbeitsplätze in der Biotechnologie innerhalb der Union im gleichen Zeitraum auf zwei Millionen anwachsen. Trifft diese Prognose in dieser Form zu, so wird nicht nur für das Tätigkeitsspektrum der Biotechnologen, sondern auch für Labor-, Fertigungs-, Planungs-, Vertriebs-, Beratungs- und Überwachungsberufe mit nennenswerten Wirkungen auf dem Arbeitsmarkt gerechnet werden können. Ebenso könnten sekundäre Effekte, wie etwa positive Beschäftigungswirkungen für Tätigkeiten in den Bereichen Schulung, Verwaltung usw. erwartet werden.

Auch auf der Ebene der einzelnen, in der neuen Biotechnologie beschäftigten *Berufsgruppen* lassen sich nur schwer Trendaussagen über die Beschäftigungseffekte machen. Dies liegt zum einen an den fehlenden bzw. nicht vergleichbaren Statistiken, zum anderen an den zu kurz greifenden vorhandenen Analysen. Es existieren so gut wie keine operationalisierbaren Definitionen und Klassifikationen, die statistisch sinnvoll auswertbar sind, wie etwa Klassifizierungen nach Berufen in Zusammenhang mit der Zuordnung nach den entsprechenden Tätigkeiten, Wirtschaftszweigen und eventuell auch nach Produktlinien.

So liegen für die Prüfung der Beschäftigungswirksamkeit der Biotechnologie hauptsächlich Daten für die Berufsgruppe der Biologen vor, wie etwa die Zahl der Hochschulabsolventen (ohne Lehramtskandidaten) gegenüber den arbeitslosen Biologen in einem Zehnjahresvergleich: Betrachtet man die Erhebungen des Statistischen Bundesamtes, so hat sich die Zahl der Absolventen dieser Fachrichtung zwischen 1981 und 1989 annähernd verdreifacht; im gleichen Zeitraum hat sich aber auch die Anzahl der beim Arbeitsamt als erwerbslos gemeldeten Biologen um das Dreifache erhöht. Wenn auch verläßliche Zahlen über Absolventen in Teilen der naturwissenschaftlichen Studiengängen vorliegen, so geben sie doch wenig Aufschluß über den Verbleib der beschäftigten Biologen in den einzelnen Wirtschaftssegmenten. Den Statistiken läßt sich nicht entnehmen, ob der überwiegende Teil der Jungbiologen eine Arbeit im Bereich der Biotechnologie aufgenommen hat oder ob sie eher in den traditionellen Segmenten, wie chemische und pharmazeutische Industrie u. a. eine Beschäftigung finden. An dieser Stelle muß auch erwähnt werden, daß die neue Biotechnologie keine alleinige Domäne der Biologen ist. Auch wenn sie in leicht zunehmenden Maße in der Forschung und Entwicklung eingesetzt werden, konkurrieren sie hier vor allem mit Chemikern und weiteren naturwissenschaftlich ausgebildeten akademischen Berufsgruppen. Über die Beschäftigungsanteile von naturwissenschaftlichen Assistenzberufen, etwa im Labor, ist damit wiederum noch nichts gesagt. Beschäftigungseffekte allgemein sind, wie die ausgewählten Beispiele zeigen, sowohl für die Vergangenheit als auch für die mittelbare Zukunft nur schwer abschätzbar.

Das Problem der mangelnden Quantifizierung der Beschäftigungseffekte der Biotechnologie (wie auch der Forschung allgemein) ist jedoch mittlerweile erkannt worden und wird in verschiedenen Studien, die allerdings erst kürzlich aufgelegt wurden, aufgearbeitet.

Literatur

Ammon U, Witzgall E, Peter G (1986) Auswirkungen gentechnischer Verfahren und Produkte auf Produktionsstruktur, Arbeitsplätze und Qualifizierungserfordernisse, Dortmund

Lawerino R, Pawellek l, Witzgall E, Zimmermann E (1993) Die Zukunft der Arbeit im naturwissenschaftlichen Labor in den Chemieregion Köln, Werkstattbericht 112, Düsseldorf

Materialien aus der Arbeitsmarkt- und Berufsforschung, Nr. 6, Nürnberg

Neuner R, Ulrich E (1992) Biotechnologie - Eine neue Technik vor dem Durchbruch?

Witzgall E (1988) Stand und Perspektive der Automatisierung in der Prozeßindustrie unter besonderer Berücksichtigung biotechnischer Verfahren, Dortmund

3.23 Ethische Evaluierung der Biotechnologie

Prof. Dr. Dietmar Mieth
Zentrum für Ethik in den Wissenschaften, Universität Tübingen, Liebermeisterstraße 20
72076 Tübingen

3.23.1 Einleitung

Was ist Ethik?

Ethik ist die Ermittlung des guten und richtigen Handelns unter gegebenen Bedingungen und Handlungsmöglichkeiten, bezogen auf Situationen ("Fälle"), auf die Haltungen von Personen und auf Institutionen[1].
 Wir unterscheiden Ethik von Moral. Moral meint entweder den faktischen Zustand (sozial auferlegte Sittlichkeit) oder eine bekenntnishafte Einstellung (Morallehre der Kirche) oder eine Vorstellung vom sittlichen Optimum. Ethik ist eine philosophische Reflexion des Guten und Richtigen, die auch theologischen Anstrengungen offen steht. Als wissenschaftliche Bemühung ist sie:
 autonom, d.h. unabhängig von Bevormundungen, rational und kritisch, zugleich auf die Selbstverpflichtung in Freiheit und auf die institutionelle Richtigkeit (z.B. des Rechts, der Wissenschaft) ausgerichtet;
 interdisziplinär: da jede Ethik von Wissen und Erfahrung ausgehen muß, für das sie nicht allein zuständig ist, bedarf sie der interdisziplinären Verankerung;
 integrierend: Ethik versucht, verschiedene Erkenntnisse zusammenzuführen und eine konvergente Urteilsbildung zu erreichen.

Technikfolgenabschätzung und Ethik

Ethik und Technikfolgenabschätzung sind zwar unterscheidbar, aber nicht trennbar. Ethik hat weder Technikangst noch Technikeuphorie zu befördern. Wer unter Ethik nur eine persönliche Haltung versteht, verlangt von ihr zu wenig; wer Ethik mit der Präfigurierung (politischer) Entscheidungspraxis verwechselt, verlangt von ihr zu viel. Ethik schließt freilich rationale Politikberatung ein. Ethik und Technikfolgenabschätzung sind aufeinander bezogen. Ohne (empiriegestützte oder theoretisches Wissen kombinierende) Technikfolgenabschätzung ist eine Ethik von

---
[1]Vgl. D. Mieth (1991). Von der ebenfalls plausiblen Einteilung: individuell, interpersonal und institutionell geht C. Kissling (1993) aus. Vgl. auch allgemein: K. Hartmann (1986)

Wissenschaft und Technik nicht möglich. Umgekehrt wirkt Ethik in der Technikfolgenabschätzung mit: Ethik sorgt dafür (als integrierende Wissenschaft), daß die Fragen nicht isoliert werden, indem sie verschiedene Arten von Prognosen, Fakten und Theorien, Kosten-Nutzen-Rechnungen miteinander kritisch vergleicht. Wo vergleichende Technikbewertung stattfindet, bedarf es ethisch begründeter Kriterien. Wo Kriterien als ungeprüfte Vorausurteile eingebracht werden, bedarf es ethischer Erfahrung im Umgang mit Vorurteilen. Wo richtige Urteile (für wissenschaftsinterne, rechtliche und institutionelle Verfahren) gesucht werden, bedarf es überprüfter methodischer Sequenzen (Analyse der Sachverhalte, der Alternativen, wechselseitige Korrektur der Teilperspektiven, Erhebung von Prioritäten als Faustregeln, Prüfung von Ausnahmen...). In diesen Punkten können fachwissenschaftliche, philosophische und theologische Ethiker und Ethikerinnen zusammenarbeiten. Technikfolgenabschätzung ist vor allem wichtig, um im Vorfeld der Einführung einer Technologie (oder im Vorfeld je bestimmter Anwendung) durch Zusammenführen und Diskussion von Expertenwissen, Möglichkeiten, Folgen und Nebenfolgen einer Technologie zu ermitteln.

Zu dieser Diskussion gehört notwendig eine jeweils zu gestaltende Bürgerbeteiligung (die nicht damit zu verwechseln ist, daß Bürger informiert werden), und es gehört zu einer solchen frühzeitig wirksamen Einrichtung eine Beurteilung des Problembestandes im Rahmen der gesellschaftlichen Wünschbarkeit der Ziele, der Ziel-Mittel-Relationen und alternativer Problemlösungspfade.

Daß hier auch ethische Kompetenz einfließen sollte und Entscheidungen aus der Sicht ethischer Kriteriologie überprüft werden müssen, steht für mich außer Frage.

Soweit ich sehen kann, wird ein guter Teil der Technikfolgenabschätzung im Sinne der Integrierung bereits vorhandener Daten, Fakten, Theorien und Prognosen innerhalb ethischer Schwerpunktbildungen geleistet. Das ist ein vorbereitender Schritt. Es geht um Einzelfälle und spezifische Bereiche (wie z.B. Biotechnik), in denen zu prüfen ist, was man fördern, was man tolerieren und was man verbieten sollte. Ob Verbote rechtlicher Art sein sollen oder ob Selbstverpflichtungen von Personen und von wissenschaftlichen, technischen und wirtschaftlichen Kommunitäten ausreichen, ist abzuwägen. Darüber hinaus muß die ethische Verantwortung auch institutionelle Fragen der Organisation, der Lehre, der öffentlichen Transparenz und der sozialen Maßnahmen zu beantworten versuchen und insofern auch die Beratung mit öffentlichen Institutionen (Wissenschaft, Ausbildung, Wirtschaft, Gewerkschaft, Politik, Kirchen, Medien) suchen.

Akzeptanz und ethische Richtigkeit

Das faktische Verhalten der Menschen ist kein ethisches Kriterium. Auch abfragbare Bewußtseinszustände und spontane Urteile sind noch einmal auf ethische Richtigkeit hin hinterfragbar. Daher können Akzeptanzen in der Gesellschaft, bezogen auf gesellschaftlich signifikante und verhaltensprägende Gruppen zwar Hinweise auf Moralfragen geben, aber sie können solche Fragen nicht entscheiden. Ansonsten würde sich normatives Denken in Moralsoziologie auflösen und

3.23 Ethische Evaluierung der Biotechnologie

politische Pragmatik reduzierte sich auf Akzeptanzstrategien (wie sind Akzeptanz bzw. Nicht-Akzeptanz zu berücksichtigen, wie sind sie zu stabilisieren bzw. zu destabilisieren, zu erhalten, zu verändern usw.).

Wer nach dem ethisch Richtigen fragt, akzeptiert eine Bindung seiner Handlungen an Prinzipien, Werte, Güter und Normen, d.h. an präskriptive Urteile, die dem anthropologischen Grunddatum der Unterscheidungsfähigkeit von Gut und Böse, richtig und falsch entsprechen.

Das ethische Urteil ist in bereichsspezifischen Zusammenhängen immer ein gemischtes Urteil. Es enthält nämlich auch beschreibende Elemente oder Sachurteile, die über die Einschlägigkeit und die Gültigkeit der Norm mit entscheiden. (Die Geltung einer Norm in abstracto oder unter standardisierten Umständen bleibt davon unberührt.) Durch Veränderung z.B. Weiterentwicklung der Sachurteile wird daher auch die konkrete Norm berührt und u.U. verändert.

Ethische Richtigkeit steht zudem unter den Bedingungen des gesellschaftlichen Diskurses, in welchem sie sich nicht nur nach den Regeln freier und fairer Verständigung ausweisen muß, sondern auch mit Aneignungsprozessen zu tun hat, die u.U. nur eine graduelle Verwirklichung zulassen. Die ethische Bewertung kann in diesem Sinne als fortlaufender Prozeß angesehen werden, der, so paradox dies klingen mag, um seiner Flexibilität willen stabiler Institutionen bedarf, die begleitend reagieren können.

Kombinatorische Begründung im Ausgang von der Erfahrung[2]

Jedes operationalisierbar ethische Begründungsverfahren verlangt eine plausible methodische Sequenz. Mit dieser Sequenz der begründenden Erkenntnisschritte ist eine pragmatische Reduktion verbunden: Auch wer eine Reihe weiterer Perspektiven einsieht, wird zu einem "operationalisierbaren" Verfahren gelangen wollen, das der Kombination einzelner Begründungselemente möglichst nahe kommt. Wie aus den bisherigen Überlegungen erhellt, empfiehlt sich für die Ethik ein eher induktives Vorgehen. Ein induktives Vorgehen prüft den Stellenwert normativer Urteile in der Ethik, indem es von der Sachproblematik selber zu ethischen Überlegungen vorstößt und nicht umgekehrt. Die methodische Sequenz eines ethischen Verfahrens lautet dann:

- Erhellung der Sachverhalte oder Rezeption der Fachdiskussion; es ist sogleich deutlich, daß hier dem Ethiker geholfen werden muß, einen zureichenden Einblick in wissenschaftliche Kontroversen zu gewinnen. Ebenso sind vertrauensbildende Maßnahmen beiderseits erforderlich. Diese können nur durch ständigen Kontakt geschaffen werden;
- Ermittlung der einschlägigen Sinngebungen oder Sinnpostulate, die bereits in der fachlichen Diskussion eine Rolle spielen. Das Sicherheitskriterium gehört

---
[2] Vgl. D. Mieth (1989). Die neoaristotelischen Hintergründe der Position erläutert: U. Christoffer (1989)

hier ebenso dazu wie die Effizienz des Wirtschaftens oder der Sinn ökologischer Entsorgung;
- die Rationalisierung der Alternativen. Verschiedene Argumentationsketten, die einander egänzen können oder die einander entgegenstehen, werden auf ihre Schlüssigkeit bzw. auf ihre Fähigkeit geprüft, jeweils die stärksten Gegenargumente in sich aufnehmen zu können. Es geht also in der Diskussion nicht nur um die Alternative im Sinne des Ausschlusses anderer, weniger beweiskräftiger Argumentationsketten, sondern es geht um jene Alternative, in welcher möglichst viele von anderen Argumentationsketten zum Zuge kommen können. Deswegen muß in der Diskussion auch darauf geachtet werden, daß Gegenargumente in ihrer stärksten und nicht in ihrer schwächsten Form aufgenommen werden. Dies gehört zur praktischen Diskursethik, zu einem ethischen Standard, der in das wissenschaftliche Ethos aufgenommen werden müßte;
- Abwägung von Prioritäten. Es ist nicht damit zu rechnen, daß der Gesamtvorgang von Folgenforschung, Folgenabschätzung und Folgenbewertung zu mehr gelangt, als zu einem Überhang von Plausibilitäten. Es gibt in der Ethik keine mathematische Beweisführung, wenn es auch mathematische Möglichkeiten zur Widerlegung falscher logischer Schlußfolgerungen gibt. (Die Möglichkeiten von Fehlschlüssen sind in der Ethik jedoch bekannt: der motivationale Fehlschluß, der naturalistische Fehlschluß vom "Ist" auf das "Soll", der genetische Fehlschluß von der Entstehung einer Anwendung auf ihre Richtigkeit).

Die Beschreibung einer solchen Sequenz kombinatorischer Begründung kann sich überall dort bewähren, wo die richtige Praxis unter kommunikativen Voraussetzungen gesucht wird. Wo Menschen in ihrem Handlungsbereich ethische Urteile und Entscheidungen nicht an Spezialisten normativen Denkens und nicht an Autoritäten (z.B. Religionen) delegieren können, brauchen sie ein Verfahren, in das sie gemeinsam ihr Wissen, ihre Erfahrung und ihre Reflexion einbringen.

3.23.2 Befürwortung und Beförderung der Gentechnik aus ethischen Gründen

Die Gentechnik eröffnet viele Chancen. Davon wird in anderen Beiträgen mit Recht intensiv die Rede sein. Solche Möglichkeiten gründlich und effektiv zu sichten und auszuloten, gehört zu unserer Verantwortung, nicht nur für die eigene Zukunft. Wenn im folgenden im einzelnen eher Grenzen herausgearbeitet werden, so liegt das daran, daß die ethische Evaluierung von Chancen klarer, einfacher und kürzer zu formulieren ist. Vor allem auf den Gebieten pharmazeutischer und immunbiologischer bzw. immunmedizinischer Forschung und Nutzung bestehen begründete Hoffnungen, die ethisch nicht nur dazu berechtigen, sondern sogar dazu verpflichten, den Fortschritt im einzelnen unter Wahrung aller Umsicht und

3.23 Ethische Evaluierung der Biotechnologie

Sorgfaltspflicht zu suchen. Nicht nur das Tun, auch das Unterlassen kann sittlich falsch sein.

Wenn Medikamente kostengünstiger, einfacher und wirksamer hergestellt werden können, wenn neue gentechnisch erzeugte Wirkstoffe die Bekämpfung von Krankheiten ermöglichen (Immunschwächen, Gefäßkrankheiten, Krebs u.a.), wenn ökologische Engpässe durch neue Entsorgungsmöglichkeiten, Wiederverwendungserleichterungen, Reduktion von belastenden Stoffen usw. wieder geöffnet werden können, dann steht für alle diese Möglichkeiten zunächst ein unproblematisches PRO vor einer Klammer, in der freilich von Fall zu Fall Vorteile und Nachteile noch einmal im einzelnen abgewogen werden müssen.

Für und gegen die Gentechnik oder im weiteren Sinn die Biotechnologie sollte niemals global abgefragt oder alternativ behauptet werden. Jeder Fall ist zu prüfen. Diese Bereitschaft zur Prüfung, das Eintreten in die Debatte ist freilich bereits eine Absage an Fundamentalverweigerungen. Seit dem ersten Symposion der Projektarbeit "Ethik in den Wissenschaften" sind die Einzelerkenntnisse in der Formel zusammenzufassen: langsam voran. Nicht nur Fachwissen, sondern auch Orientierungswissen braucht Reflexionszeit.

Hier geht es auch um wirtschaftsethische Grundsätze (vgl. dazu: Wirz 1993; Wörz 1990): Das wirtschaftlich Richtige, bezogen auf die Kriterien Effektivität, Stabilität, Arbeit und Umwelt, ist auch das ethisch Richtige, wenn es sich in die gesellschaftlichen Kontexte erhaltend, gestaltend und entfaltend einpaßt ("soziale Marktwirtschaft"). Es mag sein, daß der sozialethische Kontext nicht immer die wirtschaftlichen Gebote (Konkurrenzfähigkeit, Gewinne machen, Arbeitsplatz erhalten und schaffen um des Wirtschaftskreislaufes willen) nur befördern kann, aber er kann sie auch nicht außer Kraft setzen und die ethisch gebotene Eigenständigkeit des Wirtschaftens auflösen.

Unter diesem Vorzeichen sind die folgenden allgemeinen und speziellen Überlegungen zu Grenzkriterien zu lesen.

3.23.3 Ethische Grenzen der Gentechnik im allgemeinen

Ob man sich im Sinne von Hans Jonas für den Vorrang der *schlechteren Prognose* vor der besseren entscheidet (immer mit Rücksicht darauf, daß das Nicht-Handeln auch zu unerwünschten Folgen und Risiken führen kann) oder mit Ropohl übereinstimmt, daß eine Moralisierung von Eintrittswahrscheinlichkeiten nicht zulässig ist, wenn Verursacher und Betroffene verschiedene Personen(-kreise) sind und deshalb *Konsens* zu fordern ist, Konsequenz ist ein großer Bedarf an sorgfältiger Prüfung und öffentlicher Diskussion. Normen bzw. Entscheidungen, die im Diskurs, auch unter Konsensbedingungen entwickelt werden, sind freilich deswegen noch nicht notwendig ethisch richtig. Ethische Leitgedanken und Kriterien bleiben für Entscheidungen notwendig.

Die ethisch relevante Sicherheitsdiskussion muß öffentlich nachvollziehbar und kritisierbar sein. Hier gilt: soviel Transparenz und Partizipation wie möglich, soviel Vertrauen in Kompetenzen und stellvertretende Entscheidung wie funktional nötig. Die Gentechnikdebatte darf freilich nicht auf eine Sicherheitsdebatte reduziert werden. Auch die *Zwecke*, nicht nur die Mittel der gentechnischen Vorhaben müssen im Hinblick auf Zielrichtigkeit, Angemessenheit und Erreichbarkeit thematisiert werden.

1. Ethische Grenzen der Gentechnik gibt es im Hinblick auf Ziele/Folgen und im Hinblick auf Mittel der Gentechnik.
2. Es gibt im wesentlichen medizinische, landwirtschaftliche, ökologische, ökonomische und militärische Zielsetzungen der Gentechnik. Davon ist eine militärische Zielsetzung ethisch nicht zu verantworten. Sogenannte "wissenschaftliche" Waffen, die in ihrer Entwicklung, Haltung und in ihrem Einsatz nicht zureichend kontrollierbar und begrenzbar sind, sind weltweit zu verbieten.
3. Über die ethische Begrenzung anderer Ziele ist im Zusammenhang mit ihren jeweiligen Kontexten und Mitteln zu sprechen. So sind die Ziele einer gentechnischen Agrarökonomie (Pflanzen, Tiere, Mikroorganismen) fragwürdig, sofern sie in den Kontext problematischer agrarökonomischer Voraussetzungen gestellt werden: Überproduktion; Umwandlung von Nutzpflanzenertrag in Tierproduktion unter Verlust von 6/7 des Ertrags; Monokulturen und Monopolisierung des Saatgutes; ökologisch nicht angepaßte Produktivität; Monopolisierung des technischen "Know-how" und Verstärkung der Abhängigkeit der Entwicklungsländer. Vor allem die ökologisch-ethische und die wirtschaftsethische Seite der gentechnischen Agrarökonomie der Zukunft müßte gründlich untersucht werden.
4. Andere Grenzziehungen liegen weniger auf der Ebene der Zielsetzungen als auf der Ebene der Mittelanwendung und der Folgenbewertung. Dazu bedarf es ethischer Kriterien, die von der Folgenabschätzung nicht allein erstellt werden können, weil die Mittelanwendung, die Folgen und die Risiken ja *bewertet* werden müssen. Solche Kriterien sind etwa im Hinblick auf medizinische Zielsetzungen:

- "Entwicklungsformen menschlicher Subjekte stehen ebenso wie diese Subjekte selbst nicht als Material für Forschungszwecke frei zur Verfügung. Grundsätzlich sollen menschliche Lebensformen nur zum Zweck des Lebens selbst instrumentalisiert werden" (Böckle 1985);
- für die genetische Veränderung von Keimbahnzellen fehlt bisher eine zureichende ethische Legitimation. Noch vor einigen Jahren galt diese Veränderung als verboten, weil der Nachweis eines kontrollierbaren Effektes fehle und weil keine zureichenden Indikationen vorlägen. (K. Sperling: "Keiner will es, keiner kann es, keiner braucht es.")[3]

Es gibt mittlerweile Verfahrensansätze, die möglicherweise einmal eine exakte Substitution defekter Gene erlauben könnten. Obwohl das nicht gesichert ist, kann

---
[3] Aus einem Positionspapier 1986

3.23 Ethische Evaluierung der Biotechnologie 511

das Verbot der Änderung von Keimbahnzellen heute nur solange strikt behauptet werden, als nicht-kontrollierbare Effekte nicht ausgeschlossen werden können.

Freilich kann nach Auskunft der Fachwissenschaftler bei allen somatischen Versuchen, die mit Retroviren durchgeführt werden, die Keimbahn mitbetroffen sein, so daß die Grenze sehr früh greift. Wenn man die Keimbahntherapie für therapeutische Zwecke legitimieren könnte (von den hochrangigen Zwecken her), bleibt die Frage, ob sich die Keimbahntherapie ohne unverantwortbare Versuche installieren ("lernen") läßt (vgl. Wimmer 1991; vgl. zum folgenden auch Mieth 1990a; ferner Haker u.a. 1993)

- Es darf weder medizinischer noch sozialer Druck auf den beteiligten Menschen liegen, die sich genetischer Beratung, genetischen Untersuchungen, genetischen Experimenten oder genetischen Eingriffen unterziehen bzw. solche Anwendungen stellvertretend für Kinder oder Entwicklungsformen menschlicher Subjekte zu verantworten haben.

5. Für medizinisch sinnvolle wie für ökologisch sinnvolle Zielsetzungen gilt auch die "Problemlösungsregel": Kein wissenschaftlicher und technischer Fortschritt sollte so realisiert werden, daß die Probleme, die er mit einer Problemlösung erzeugt, größer sind als die Probleme, die er löst. Dieses Kriterium verlangt vor allem die scharfe Beobachtung multifaktorieller Wirkungen, etwa im Zusammenhang mit der Freisetzung von Mikroorganismen.[4]
6. Das Anwachsen des technischen Sicherheitsbedarfes muß daraufhin kontrolliert werden, ob es nicht problematische Auswirkungen auf die soziale Sicherheit und auf die bürgerliche Freiheit hat.
7. Wie die Verantwortung für die Umwelt und Mitwelt, so muß auch die Verantwortung für die Nachwelt positiv wie negativ als Kriterium einbezogen werden.
8. Der Mensch hat mit dem Eintreten in neue technologische Dimensionen mit hohem Risiko bisher immer wieder zwei Erfahrungen gemacht:

- allzu euphorische Erwartungen sind trügerisch;
- alle Resultate sind zweideutig.

Die Frage stellt sich immer wieder, wie lange der Mensch noch den Entwicklungen, die er selber setzt, als Mensch in ihren Folgen gewachsen ist. Ohne Frage nimmt die Anforderung an die menschliche Verantwortung in einem Ausmaße zu, daß wir die menschliche Kontingenz beachten müssen:

---

[4] Die hier genannte "Problemlösungsregel" kann nur als Orientierungspunkt angesehen werden, dem man sich im konkreten Fall so weit wie möglich anzunähern versuchen sollte. Der Komparativ ("größer") kann ohnehin nur annähernd bestimmt werden. Alle Folgen für alle Zeiten lassen sich angesichts der Erkenntnis- und Zeitgrenzen nicht erfassen, aber in kritischen Fällen muß versucht werden, so viel wie möglich zu eruieren und alternative Wege ebenfalls daraufhin zu untersuchen.

während die Produkte des Menschen immer "besser", d.h. komplexer und effizienter werden, wird der Mensch nicht besser.

9. Selbst wo das Nachdenken über ethische Grenzen frühzeitig einsetzt, entstehen für die Ethik in der derzeitigen Weltlage doch drei schwierige Probleme:

a) das Problem des Überblicks angesichts der Komplexität der Zusammenhänge und der Spezialisierung bzw. Ausdifferenzierungen der Wissenschaft und Technik;

b) das Problem des Konsensmangels in ethischen Kriterien; ein Beispiel dafür ist die Diskussion über den Schutz des Lebens und seiner Integrität bei Entwicklungsformen menschlicher Subjekte; auch ökologisch-ethische und wirtschaftsethische Voraussetzungen sind weltweit noch unterschiedlicher als in unseren Breitengraden;

c) das Problem der Durchsetzbarkeit der ethischen Verantwortung gegenüber anders orientierten Interessensgruppen, vor allem gegenüber scheinbar selbsttätigen Entwicklungen: was man weiß, das kann man bald, und was man kann, das macht man bald, und wenn es so weit ist, kommt die Ethik zu spät, d.h. sie kann bestenfalls kompensatorisch eingreifen. Das Argument mit der normativen Kraft des Faktischen bzw. der Tendenzbewegung wird gern als Machtmittel benutzt.

10. Als Maßnahme empfiehlt sich die Institutionalisierung der Ethik in den Bereichen von Naturwissenschaft/Medizin und Technik/Ökonomie. Dabei bedarf es einer interdisziplinären ethischen Diskussion über die Grenzen von Anwendungen gentechnischer Methoden in verschiedenen Bereichen, die die folgenden zehn Fragen zu beantworten versucht:

- Sind die Zielvorstellungen und Entwicklungsmöglichkeiten zu euphorisch in der einzelwissenschaftlichen Bewertung?
- Wie kann die Isolation spezialisierter angewandter Forschung verringert werden?
- Wie ist die Verantwortung für vormenschliche Umwelt, menschliche Mitwelt und Nachwelt einzubringen?
- Wie können einzelne Probleme (der Ernährung, der Umwelt) so gelöst werden, daß die Probleme, die durch die Problemlösung entstehen, nicht größer sind als die Probleme, die gelöst werden?
- Welche Risiken können in Kauf genommen werden, welche Sicherheitsvorkehrungen sind nötig?
- Verringert nicht der größere technische Sicherheitsbedarf die soziale Sicherheit und Freiheit?
- Verlängert oder verschärft die Gentechnologie ein Fortschritts- und Wachstumsproblem, das uns bisher schon erkennbar ist (z.B. Grenzen der "grünen" Revolution)?
- Greifen alternative Techniken nicht besser und verursachen weniger Probleme?

- Inwiefern treten wir in eine neue Dimension des Menschen als verantwortlichen Gestalter der Welt ein, und wieweit taugen wir als Menschen dafür? (Die Frage nach der Endlichkeit des Menschen.)
- Welche Chancen hat die Ethik in einer scheinbar selbsttätigen Entwicklung?

Eine der konventionellen Formeln in der Debatte um die Gentechnik ist "die Abwägung von Chancen und Risiken". Diese Rede von Chancen und Risiken ist jedoch oft nicht zutreffend. Sie gilt nicht, wo Schadensgröße und Eintrittswahrscheinlichkeit nicht bekannt und nicht quantifizierbar sind. In der spieltheoretischen Terminologie handelt es sich also um *Entscheidungen unter Ungewißheit*. Qualitative Unterschiede sind aber durchaus formulierbar, Szenarien unerwünschter Folgen sind beschreibbar.

Auf diesem Hintergrund sind folgende Voraussetzungen für Bewertungsverfahren und Entscheidungen notwendig:

- *Ungewißheitsmomente* sind an den Anfang von Überlegungen zu stellen, um soweit wie möglich Unsicherheiten zu verringern;
- eine *Einzelfallbetrachtung* ist beizubehalten;
- *Schadensqualitäten* müssen politisch-ethisch vertretbar sein, d.h. Entscheidungen müssen durch ein politisches und rechtliches Verfahren hindurch, das sich an moralischen Grundsätzen und z.B. an den vorgestellten Leitfragen orientiert;
- ein Verfahren muß eine *Ziel-, Folgen- und Alternativenbewertung* umfassen. Empirische Technikfolgenabschätzung als Verträglichkeitsprüfung bedarf der normativen ethischen Orientierung als Teil einer Ethik der Technik;
- im Rahmen diskursiver Verfahren besteht im Sinne einer *Beweislastverteilung* eine Begründungspflicht von Argumenten;
- aufgrund der Verflochtenheit von Wissenschaft mit Technologie und Ökonomie stellt sich die Frage nach der Verantwortung bereits am Entstehungsort der wissenschaftlichen Erkenntnis. Es geht um die *Vorverlegung der Folgenerkenntnisse*, für die bestimmte institutionelle Formen der (Selbst-)verantwortung notwendig sind. Diese Vorverlegung ist jedoch nicht nur der alleinigen Verantwortung einzelner Wissenschaftler anzulasten. Gesellschaft und Wissenschaft sind hier wechselseitig in der Übernahmne der Verantwortung gefordert. Dazu bedarf es der Brücken des Austausches zwischen Wissenschaft, Technik, Ökonomie und Gesellschaft. Solche Brücken sind im Fachjournalismus und der Publizistik ebenso zu sehen wie in Institutionen und Programmen zwischen Wissenschaft und Gesellschaft.

3.23.4 Gentechnik in der Landwirtschaft (vgl. Stanger 1992)

Man wird einzelne Fortschritte im Produktivitätszuwachs weder leugnen noch mißbilligen wollen, doch die Bilanz der "grünen Revolution" in den Entwicklungsländern, aber auch die Bilanz der Fortschritte der Mechanisierung,

Rationalisierung und Chemisierung in unserer Landwirtschaft weist auch erschreckende Negativa aus: die Vernichtung bäuerlicher Kleinbetriebe und die Landflucht; die Umweltschäden und die mangelnde Verteilungsgerechtigkeit; die Monokulturen und die Überproduktion. Wenn zudem sechs Siebtel der Nutzpflanzen, statt direkt der menschlichen Ernährung zuzukommen, auf dem Wege über die Fütterung der Fleischproduktion verlorengehen, wenn Produktivitätszuwachs nicht nur Gemüsehalden und Butterberge erzeugt, sondern auch schwerwiegende Gefahren für Böden und Grundwasser, wenn falsch angelegte Entwicklungsprojekte zu Erosion und Armut führen, wenn immer weniger Firmen immer mehr Produkte kontrollieren, wenn die Artenvielfalt abnimmt und die Abhängigkeit der Abhängigen immer mehr zunimmt - wer wird da nicht skeptisch auf alle euphorischen Pläne schauen, mittels Produktivitätszuwachs Ernährungsprobleme zu lösen, ohne zu fragen, was wo mit welchen Mitteln für wen und zu wessen Vorteil in der Landwirtschaft produziert werde?

Das neue Schlüsselwort nach Mechanisierung, Monokulturen und Chemisierung heißt "Biotechnik", und ein Teil davon ist die Gentechnik. In der Tierzucht sind große Veränderungen erreicht worden. Durch Embryotransfer läßt sich der Zuchtfortschritt weiter beschleunigen und mittels der Gentransfermethoden lassen sich Tiere mit ganz neuen Eigenschaften erzeugen. Im Vordergrund der Bestrebungen standen Produktionszuwachs (mehr Milch, mehr Fleisch), Qualitätsveränderungen (weniger Fett), die Erzeugung krankheitsresistenter Tiere und die Produktion von Pharmaka im tierischen Euter (Gene Farming), Nutzpflanzen, die weniger unter Unkrautvertilgungsmitteln leiden (Herbizidresistenz), bessere Schädlingsbekämpfung durch gentechnisch veränderte Viren - von Makro- bis Mikroorganismen kann und soll vieles in den Dienst der neuen gentechnischen Methoden gestellt werden, deren fortschreitende Anwendung von einer neuen Euphorie angetrieben wird: neue Produkte, neue Qualitäten, neues qualitativ hochstehendes, umweltgerechteres Wachstum, Arbeitsbeschaffung. Zur Differenzierung solcher Erwartungen, die als Absichten verständlich und als Gesinnungen ehrenwert sind, sollten *in neuen Institutionen* die richtigen bioethischen, umweltethischen, sozial- und wirtschaftsethischen Fragen gestellt werden.

Die Gentechnik ist grundsätzlich nicht "gefährlicher" als z.B. Informationstechniken. Aber die Frage, ob wir uns immer schnellere Fortschritte in immer schnellerer Zeit leisten können, während die Zeit für die Reflexion der verantwortlichen Anwendung dadurch schwindet, drängt sich auf. Das Beispiel der Kerntechnik bildet hier einen Reibungspunkt der Reflexion. Die Isolierung von Zielvorstellungen in technischen Fragen muß aufgehoben werden, damit die Wissenschaftler und Techniker über den Rand ihres Reagenzglases und über die Wände ihres Labors hinausschauen. Es handelt sich immerhin um eine neue Dimension, insofern die Möglichkeiten des Menschen als verantwortlichem Schöpfer enorm ausgeweitet werden. Wir müssen uns auch danach fragen, ob wir Menschen nicht auf Dauer zum Opfer eines neuen Sicherheitsbedarfs, gesteigerter Umweltprobleme und Strukturveränderungen werden.

Bioethisch ist zu fragen: sind gentechnisch veränderte Pflanzen und Tiere nicht auch biologisch fragwürdig; frißt der hohe technische Aufwand zu ihrer Erzeugung,

3.23 Ethische Evaluierung der Biotechnologie 515

zu ihrer Unterhaltung nicht den Einzelvorteil, dessentwegen sie geschaffen werden, mehr als auf? Andererseits gehen die Erkenntnisse der Gentechnik zunehmend dahin, daß die veränderten Organismen nicht beeinträchtigt sind. Hier gibt es sowohl für Tiere wie für Pflanzen beachtliche Erfolge.

Dennoch ist zu klären, ob sich die transgenen Pflanzen und Tiere nicht nur unter sehr speziellen Rahmenbedingungen bewähren. Unter langfristiger Perspektive und sich ändernden Produktionsanforderungen könnte sich dann eine vordergründig positive Nutzen/Schadensbilanz in ihr Gegenteil verkehren. Im Zusammenhang mit der Freisetzung von gentechnisch veränderten Pflanzen stellen sich Fragen, deren Beantwortung schwierig und umstritten ist: Sind die transgenen Pflanzen aufgrund der zusätzlichen metabolischen Belastung weniger konkurrenzfähig oder nicht? Lassen sich daraus für ihre biologische Intaktheit Folgerungen ziehen oder nicht? Immerhin werden die Fachwissenschaftler diesen Fragen nachgehen, oder sie sollten es tun.

Umweltethisch ist davon auszugehen, daß ein bestimmter Bestand an Chemiebedarf strukturell (auf niedrigerem Niveau) befestigt wird. Die Frage lautet hier:

1. Gibt es Alternativen (Ökolandbau), die für eine Grundversorgung ausreichen?
2. Wieviel Chemie ist tatsächlich notwendig?
3. Verstärkt die Gentechnik den Abhängigkeitsgrad der Pflanzen von der Chemie oder kann sie zur Reduktion dieser Abhängigkeit beitragen?

Weiter ist zu fragen, welche ökologischen Folgewirkungen sich aus spezifischen Eingriffen ergeben können bzw. welche potentiellen Folgen sich aus den Eingriffen ableiten lassen, insbesondere wenn die neuen Pflanzen mit entsprechenden selektiven Vorteilen ausgestattet werden? Wöhrmann fragt z.B. nach der Möglichkeit der Übertragung der neuen Eigenschaften von der Nutzpflanze auf Wildkräuter[5].

Sozialethisch ist zu fragen: welche Risiken können in Kauf genommen werden, welche Sicherheitsvorkehrungen sind nötig? Könnte nicht der größere technische Sicherheitsbedarf zur Gefahr für soziale Sicherheit und Freiheit werden? Sind Problemlösungen in der Ernährung ohne Bekämpfung der Hauptursachen der Mangellage zu akzeptieren, z.B. in der Fleischproduktion auf Kosten der vegetarischen Nahrung oder der schlechten Verteilung der Überschüsse? Gentechniker propagieren beides: Die bessere Produktion und die Bekämpfung des Mangels. Aber wie ist das Verhältnis zu bestimmen?

Wirtschaftsethisch ist zu fragen: verlängert und vergrößert nicht die Gentechnologie ein Fortschritts-, Wachstums- und Abhängigkeitsproblem, das bisher schon erkennbar ist: angesichts der im ganzen nicht widerlegten "Grenzen des Wachstums" immer noch dem Wachstum den Vorrang vor der Verteilung, der Arbeitsintensität und der Bekämpfung der Droge "Konsumismus" zu geben? Ferner:

---
[5] Ich zitiere einen Vortrag im Gesprächskreis "Ethik in den Wissenschaften", Tübingen 1991.

greifen *Alternativen* (biologischer Landbau, ökologisch orientierte Projekte zu angepaßter Selbstversorgung) nicht besser und verursachen weniger Probleme? Diese sind nur wenige von vielen Fragen, die sich aus ethischer Verantwortung stellen. Was bisher schon falsch war, wird durch eine Fortsetzung mit anderen Mitteln nicht richtiger. Was neue Probleme schafft, ist nicht nur am isolierten Erfolg, sondern auch am Gewicht der neuen Probleme zu messen (vgl. dazu die Alternativen: Stanger 1992, S. 328f, 333).

Darüber hinaus stellt sich das Problem der Beschleunigung, der Ausdifferenzierung und der Vervielfältigung von Einzellösungen und Folgeproblemen. Ohne eine angemessene Institutionalisierung der ethischen, politischen und rechtlichen Verantwortung sowie einer vielseitigen statt bloß linearen Folgenabschätzung läßt sich keine Basis für vernünftige Entscheidungen gewinnen. Der sozialethischen Begleitung und Kontrolle der Marktwirtschaft muß eine sozialethische Begleitung und Kontrolle der Technologieentwicklung entsprechen. In der katholischen Soziallehre haben sich zuletzt Tendenzen angemeldet, das technische Know-how und seine Verteilung als neues Problem sozialer Gerechtigkeit anzuvisieren (Centesimus Annus, 1991).

Für gentechnisch erzeugte Lebensmittel gelten

- die Überprüfung gentechnischer Herstellungsprozesse und Freisetzungsexperimente (siehe unten) wie in anderen biotechnischen Verfahren;
- die Kennzeichnung für den Verbraucher um der Konsumentensouveränität willen. Zweifel an einer faktisch unzureichenden Konsumentensouveränität dürfen nicht zur Bevormundung durch Transparenzverweigerung führen. Eine mögliche Diskriminierung von Produkten ist kein Argument, das zur Diskriminierung der Entscheidungsrechte freier Konsumenten führen darf. Die Bezeichnung gentechnischer Herstellung allein dient persönlichen Vorzugsurteilen. Die Bezeichnung der Art gentechnischer Veränderung hilft zur Reflexion über das eigene Urteil. Die Kennzeichnung sollte dabei "neutral" erfolgen, d.h. das Verfahren oder das Material benennen.

3.23.5 Transgene Nutztiere[6]

Die Erzeugung und die Haltung transgener Tiere sind in gleicher Weise wie die konventionelle Tierhaltung und Tierversuche zu beurteilen. Eine ethisch relevante Grenze, die eine grundsätzlich verschiedene Beurteilung der gentechnischen Verfahren bei Tieren erlaubt bzw. erfordert, ist nicht erkennbar. Die "neue Dimension", von der die Rede war, verschärft zwar die ethische Problemstellung, ändert jedoch die Kriterien nicht. Auch bei den gentechnischen Methoden in der Tierzucht sind Leiden bei Tieren gegen den erwarteten Nutzen abzuwägen. Hierbei

---

[6]Die folgenden Überlegungen verdanken sich dem vor dem Abschluß befindlichen Projekt R. Wimmers und dessen Bearbeitung durch A. Müller. Das Projekt beschäftigt sich mit Ethischen Kriterien in der Erzeugung transgener Nutztiere.

3.23 Ethische Evaluierung der Biotechnologie

darf nicht, wie dies allzu häufig geschieht, der Nutzen lediglich postuliert werden. Vielmehr ist darzulegen, daß der behauptete Nutzen zumindest mit einer gewissen Wahrscheinlichkeit eintreten wird. Kann der Nutzen eines Tierversuchs nachgewiesen werden, so reicht dies für die Rechtfertigung noch nicht aus. Zusätzlich ist zu zeigen, daß das intendierte Vorgehen wesentliche Vorzüge gegenüber den alternativen Handlungsoptionen aufweist. Als Handlungsalternativen kommen nicht nur technische Verfahren, sondern auch Problemvermeidungsstrategien wie Verzicht auf nicht notwendige Güter in Betracht. Mehr noch als in der konventionellen Tierzucht und -haltung sind hier Fragen nach dem Sinn von Produktionssteigerungen angesichts einer europäischen Überproduktion, dem Import von Kraftfutter und dem Hunger in den armen Ländern zu stellen.

Die Beurteilung des menschlichen Nutzungsinteresses ist zwar wichtig, aber nicht das allein entscheidende Merkmal zur Beurteilung des Umgangs mit Tieren. Entscheidend sind die den Tieren zugefügten Schmerzen und Leiden im Vergleich zum Nutzen für den Menschen. Eine durch die menschlichen Nutzungsinteressen bestimmte Tierzucht muß nicht notwendig zu Schmerzen und Leiden führen. Große Schmerzen und Leiden von Tieren können nur durch einen sehr wahrscheinlichen, hohen Nutzen für die Menschen gerechtfertigt werden, wenn keine alternativen Handlungsoptionen zur Verfügung stehen. Unter Gerechtigkeitsaspekten ist darauf zu achten, daß der Nutzen nicht lediglich einer Minderheit zugute kommt.

Solche Überlegungen sind auf verschiedene Nutzungsinteressen und die Prozesse ihrer technisch-ökonomischen Realisierung anzuwenden, sie gelten für pharmazeutische Nutzung ebenso wie für Produktqualitäten im Nahrungsangebot.

3.23.6 Gentechnisch veränderte Organismen und Mikroorganismen[7]

Nach der sachlichen Erörterung scheint festzustehen, daß ein genetisch veränderter Organismus eine neue technische Stufe darstellt. Das Neue, von dem hier die Rede ist, zeigt sich in folgenden Punkten:

- in der Schnelligkeit der Veränderung (Akzeleration) gegenüber konventionellen Züchtungsmethoden;
- in der Variabilität der Veränderung;
- in der Zielgenauigkeit der Veränderung;
- im Überspringen evolutionär entstandener genetischer Schranken;
- in der Überholbarkeit durch immer neue gentechnisch veränderte Mikroorganismen, die eine wünschenswerte Funktion mehr haben;

---

[7] Vgl. von Schell (1992). Wichtige Hinweise verdanke ich, nicht nur in diesem Punkt, sondern auch in dem Vorhergehenden B. Skorupinski, deren Projekt Ethische Kriterien in der Biologischen Schädlingsbekämpfung vor dem Abschluß steht. Die daraus resultierenden Überlegungen habe ich erstmals zusammengefaßt: Mieth (1993b).

- in der Multiprogrammierbarkeit, d.h. in der Möglichkeit, mehrere Schaltungsfunktionen einzubauen, die einander korrigieren können, so daß die Wirkung auf das Erwünschte beschränkt bleibt.

Ferner lassen sich folgende Risiko-Ressourcen ausmachen:

- die Veränderung der Physiologie des Organismus (sie kann z.B. seine Schwächung bedeuten);
- der vertikale und horizontale Austausch mit anderen Organismen (Luft, Boden usw.);
- die Aufnahme von "freier" DNA, die nicht zellgebunden vorliegt;
- die Vermehrung oder Veränderung der gentechnisch veränderten Mikroorganismen in Reaktion auf Wirkfaktoren in der Umwelt;
- die Mehrfachwirkung der freigesetzten gentechnisch veränderten Mikroorganismen (außerhalb der gezielten Wirkung);
- die Tatsache, daß eine etwaige programmierte Abschaltung eine mögliche Einschaltung später nicht ausschließt; es besteht keine Totalkontrolle über das Schaltsystem; ein Beispiel dafür wäre die Resistenzentwicklung gegenüber sogenannten "Killer"-Funktionen oder "Selbstmord"-Genen.

Diese Risikofelder ließen sich (nach Backhaus) auch folgendermaßen beschreiben (vgl. Backhaus 1989):

1. die unkontrollierte Ausbreitung, sei es des Organismus, sei es der genetischen Veränderung;
2. die nicht vorhersehbaren Effekte der genetischen Veränderung auf die physiologischen Eigenschaften des Organismus;
3. unerwartete bzw. unerwünschte Effekte auf Lebewesen und/oder Naturhaushalt, z.B. Pathogenität, toxische Produkte, Beeinflussung von Organismenbeständen und Stoffkreisläufen.

Wie immer man diese Risiken einteilt, die einzelnen Risikofaktoren werden sich gegenseitig ein Stück weit überschneiden. Im allgemeinen gilt es bei diesen Punkten zu beachten: Ungewißheitsmomente sind in Untersuchungen von ökosystemaren Prozessen bzw. einer Bewertung dazu immer enthalten. Das bedeutet: Ein- bzw. Auswirkungen auf der genetischen Ebene mit ihren direkten/indirekten oder zeitlich verschobenen Effekten auf der Ebene des Stoffwechsels (organismische Ebene usw.) können bei Freisetzungen nur im Zusammenhang einer ökosystemischen Wechselwirkung betrachtet und begutachtet werden. Das Eintreten eines bestimmten Ereignisses aufgrund von Einwirkungen ist abhängig von spezifischen Umständen, die sich in Zeit und Raum sowie in variablen auslösenden Wirkfaktoren nur schwer vorhersagen lassen ("to expect the unexpected", Holling 1980; vgl dazu auch von Schell 1992, S.337ff). Man wird dazu zunächst sagen, daß der ethischen Verantwortung nur die überschaubaren Folgen zugeordnet sind. Aber die Frage der Überschaubarkeit bzw. der

3.23 Ethische Evaluierung der Biotechnologie

Unüberschaubarkeit schlechthin ist ihrerseits wieder Gegenstand der ethischen Verantwortung. Dabei ist vor allen Dingen auf das ethische Subjekt Mensch zu achten, denn der Mensch ist ein endliches, begrenztes und fehlerfähiges Wesen, das deswegen nicht von vornherein, wie es im Fortschrittsmythos der Fall ist, damit rechnen kann, unvorhersehbare Folgen auch immer beherrschen zu können. Gegenüber einer technologischen Mentalität, die nach der futurologischen Durchbrecherthese immer damit rechnet, daß der Mensch die Folgen seiner Handlungen überwinden kann, ist darauf aufmerksam zu machen, daß ihm dies in der Geschichte oft nicht und teilweise nur unter großen Opfern gelungen ist. Mit der Kontingenz des Menschen zu rechnen gehört zum anthropologischen Standard der ethischen Reflexion.

Es besteht ein Konsens über die Kontrolle der Freisetzung von Organismen und Mikroorganismen. Dabei wird ein spezifisches Sicherheitskriterium angelegt. Insbesondere geht es um die Sicherheit für Menschen, für Leben überhaupt, für die Umwelt. Beim Sicherheitskriterium geht es nicht um eine totale Sicherheit, sondern ein unter strengen Wahrscheinlichkeitskriterien zu vernachlässigendes Restrisiko wird in Kauf genommen. Dabei spielt der Analogieschluß zu anderen in Kauf genommenen Restrisiken eine große Rolle. In den Untersuchungen zum Thema "Bioscience and society" wurde die allgemein bestehende Restrisikoakzeptanz wieder als Argument angeführt. Freilich ist es ein Unterschied, ob man bei einem bereits eingeführten und schlecht zu ersetzenden System wie beispielsweise bei unserem Verkehrssystem ein Restrisiko akzeptiert oder ob man dieses Restrisiko in Vorausschau auf ein noch zu installierendes System akzeptieren will. Hier ist eine entschieden größere präventive Sensibilität aufgetreten. Diese Sensibilität drückt sich auch sonst in der Einführung von Technikfolgenabschätzung aus.

Die unter dem Sicherheitskriterium angestrebte Kontrolle soll in *Stufen* der Freisetzung wirksam sein. Die Stufen gehen vom geschlossenen, zum Teil offenen bis zum offenen System. Die Versuche, die Freisetzung stufenweise zu experimentieren, werden von entsprechenden gesetzlichen Rahmenbedingungen getragen. Diese gibt es inzwischen auch auf der Ebene der Europäischen Gemeinschaft. Das Problem der Versuche ebenso wie später der wirklichen Anwendung besteht darin, daß einzelne Größen relativ willkürlich festgelegt werden müssen: Dies gilt für die *Zeit* - wie lange werden bestimmte Versuche durchgeführt? Es gilt ferner für die Populationsgrößen, mit denen und an denen solche Versuche durchgeführt werden. Es gilt auch für den Raum: welche Raumgrößen werden vertikal oder horizontal festgelegt, um eine etwaige Wirkung zu überprüfen. Schließlich gilt es auch für die Verträglichkeitsgrößen, wobei wir schon aus Erfahrung wissen, daß diese mit einem Rest von Ungewißheit festgelegt werden müssen, was freilich oft dazu führt, Verträglichkeit möglichst gering anzusetzen.

Ein weiteres Problem ist die Gleichbehandlung im Sinne von Homologieschlüssen. Kann man vom Verhalten des einen Organismus auf das Verhalten des anderen schließen? Es scheint sinnvoller, auf *Einzelbehandlung* (case by case) zu drängen. Dabei ist auch darauf zu achten, daß man nicht wegen der besonderen

Signifikanz und der exponierten Diskussionen der Freisetzung von Pflanzen, Tieren, Mikroorganismen und Viren, die ähnlich strenge Prüfung anderer molekularbiologischer Techniken vernachlässigt.

3.23.7 Zielvorstellungen und Verträglichkeitskriterien

In der gesamten Entwicklung der neueren Biotechnologie, insbesondere auch in der Frage der gentechnischen Veränderung von Pflanzen, Tieren und Mikroorganismen, gibt es berechtigte Interessen und plausible Ziele. Diese Interessen und diese Ziele können als Motive nicht in Frage gestellt werden. Aber es wäre ein sogenannten motivationaler Fehlschluß, wenn man aus berechtigten und guten Motiven auf die Richtigkeit der angestrebten Sache schließen würde. Das wäre das gleiche, wie wenn man im Namen von Gesinnungen sich Verantwortung ersparen würde.

Die meistgenannten Ziele sind:

- ökologische Ziele; z.B. geht es um die Entsorgung von Schadstoffen oder um die Nachsorge von Betriebsunfällen (z.B. das bekannte Einwirken auf Ölteppiche auf dem Meer);
- ökonomische Ziele (z.B. in der Gentechnik in der Landwirtschaft, bei der es ja vor allem auf Produktivitätszuwachs, Produktivität in nichtproduktiven Regionen und auf eine bessere Kontrolle der chemischen Mittel ankommt);
- experimentelle Ziele, d.h. es geht darum, die Grundlagenkenntnis zu erweitern und möglicherweise zu prüfen, ob Berechnungen, die man für bestimmte Nutzanwendungen braucht, in einer einfachen Anwendung, die noch unabhängig von jedem Nutzen ist, als richtig erwiesen werden können.

Eine verantwortungsethische Prüfung von Interessen und Zielen entfaltet sich in zwei Fragerichtungen: in der Zielkritik und in der Ziel-Mittel-Relation. Insbesondere sind folgende Fragen zu beachten (siehe oben II):

- Sind die Ziele erreichbar (Realistik der Ziele)?
- Sind die Ziele *nur* auf diesem Wege erreichbar?
- Kann man die zur Lösung anstehenden Probleme präventiv statt konsekutiv lösen? Dabei ist vor allem daran zu denken, wie schon die Entstehung von ökologischen Problemen zu vermeiden ist, und daran, wie etwa in der Ökonomie größere Produktivität durch bessere Verteilung erreicht werden könnte;
- schaffen die gentechnisch veränderten Organismen und Mikroorganismen nicht mögliche Folgeprobleme, die größer sind als die Primärprobleme, die gelöst werden sollen?

Dem induktiven Vorgehen der ethischen Verantwortung (siehe oben, Einleitung) sind applikative Elemente an die Seite zu stellen. Applikativ oder angewandt ist die Ethik dann (applied ethics), wenn sie bestimmte, im Diskurs konsensfähige

3.23 Ethische Evaluierung der Biotechnologie

Kriterien einsetzt und ihre Geltungen im konkreten Fall illustriert. Ich spreche von bestimmten, im Diskurs konsensfähigen Kriterien, weil es sich nicht um alleroberste Prinzipien handelt. Die Begründung von Kriterien in Prinzipien (s.u.) wird im allgemeinen nicht in der angewandten Ethik, sondern in der Fundamentalethik geleistet. Die im Diskurs konsensfähigen Kriterien können daher auch als sogenannte "mittlere Axiome" betrachtet werden. Im Falle der Freisetzung gentechnisch veränderter Organismen wären solche Kriterien (siehe oben I):

- gesundheitliche Verträglichkeit;
- ökologische Verträglichkeit;
- ökonomische Verträglichkeit ("Nachhaltigkeit"). Nachhaltigkeit kann auch als langfristig positive Wirkung im Sinne von Produktivitätszuwachs und konstruktivem Verteilungseffekt verstanden werden. Bezogen auf Drittweltländer ist es auch ökonomisch signifikant zu fragen, ob eine dermaßen finanziell aufwendige Technologie für deren Belange wirtschaftlich "sinnvoll" und/oder finanzierbar ist. (Zu denken ist dabei an aufwendige Technologien wie z.B. die biologische Stickstoff-Fixierung; vgl von Schell 1992, S. 198-244)
- Soziale Verträglichkeit (Verteilungsaspekt, Vereinbarkeit von Sicherheit und Freiheit, Schutz von Sozialsystemen, etwa Kleinbauern usw.). Bei der Sozialverträglichkeit stellt sich auch die Frage nach dem gesellschaftlichen Umgang mit technologisch-ökologischen Risiken: Partizipationsfragen, Demokratisierung von Entscheidungsprozessen angesichts der Einführung einer neuen Technologie, bei der die Gesellschaft als "Labor" fungiert (vgl. Krohn u. Weyer 1990).
- Verträglichkeit mit Sicherheitssystemen gegenüber Krieg, Gewalt, Aggression.

Vielleicht muß man in diesem Zusammenhang besonders die Frage der Vereinbarkeit von Sicherheit und Freiheit klären. Je mehr Sicherheitssysteme wir ökologisch und ökonomisch brauchen, die auf den ersten Blick die Freiheit der Betreiber, nicht der Bevölkerung, einschränken, um so mehr werden Mobilität und Selbstverfügungsrechte von Bürgerinnen und Bürgern tangiert (Beispiel Kerntechnik). Die demokratische Freiheit kann nicht jedes Ausmaß von Sicherheitssystemen verkraften. Um die Freiheitsrechte der Bürger geht es in folgenden Zusammenhängen:

1. im Zusammenhang mit der Genomanalyse, mit der Gentherapie, mit der Frage nach dem Verständnis der Krankheitsursachen;
2. im Zusammenhang mit der Partizipation bei der Einführung neuer Techniken bzw. bei der Vermarktung neuer Produkte;
3. im Zusammenhang mit der Verbrauchersouveränität ("Kennzeichnung der Produkte").

In einer konkreten Verantwortungsethik schließen sich induktives und applikatives Vorgehen nicht gegenseitig aus, sondern sie ergänzen sich. Induktives Vorgehen ist deswegen erforderlich, weil sonst die Applikation von Kriterien rein illustrativ bleiben könnte. Um Kriterien an die richtigen Stellen zu führen, ist es erforderlich, die Probleme von der Sache selbst her zu entfalten. Auf der anderen Seite aber bliebe jede sachliche Problementfaltung blind, wenn sie sich nicht von ethischen Kriterien her erhellen ließe. Kriterien ohne Induktion sind leer, Induktion ohne Kriterien ist blind. Die Kriterien oder mittleren Axiome bedürfen der Begründung. Diese Begründung läßt sich durch Rückführung auf integrative Prinzipien vornehmen. Integrative Prinzipien können im Hinblick auf die genannten Kriterien der ökologischen, ökonomischen, sozialen und sicherheitsbezogenen Verträglichkeit benannt werden. Dazu möchte ich im folgenden normative Grundregeln benennen, deren Diskussion ich freilich hier nicht ausführen kann.

a) Die Kriterien der gesundheitlichen und ökologischen Verträglichkeit beruhen auf einem ökologischen Imperativ, der in verschiedenen Fassungen, je nach Rücksichten, formuliert werden kann:

- Eine allgemeine Vorzugsregel oder *Goldene Regel* für das Weltverhältnis des Menschen oder für den Prozeß der Assimilierung von Umwelt und Leiblichkeit könnte folgendermaßen formuliert werden: "Handle so, daß die menschlichen Institutionen der Entfaltung und Erhaltung der eigenen Leiblichkeit des Menschen in einer Weise dienen, daß auf der einen Seite der *Eigenwert* der vormenschlichen Welt soweit wie möglich erhalten bleibt, rekonstituiert und gefördert wird, und daß auf der anderen Seite das spezifisch menschliche Leben in schöpferischer *Autonomie* ermöglicht ist"[8].
- Geht es darum, insbesondere die Auswirkungen auf die menschliche Leiblichkeit und auf die Lebensfähigkeit der nichtmenschlichen Natur zu beziehen, so ergibt sich die Doppelregel: "Handle so, daß die Kontingenz, Vorläufigkeit und Anfälligkeit des Menschen als menschliche Wirklichkeiten und menschliche Werte bei allen Maßnahmen und Institutionen berücksichtigt bleiben und nicht übersprungen werden".
- "Handle so, daß die Lebensbedürfnisse der nichtmenschlichen Natur als Erfahrungsort kontingenter Leiblichkeit des Menschen erhalten und entfaltet werden." Oder: "Handle so, daß die Instrumente einer befriedigenden und schöpferischen Selbstverwirklichung des Menschen (technische und soziale Institutionen) ihre physischen und biologischen Ressourcen nicht gefährden, sondern gemäß deren Eigensinn auf den Menschen zu beziehen versuchen".
- Solche allgemeinen ökologischen Imperative können auf verschiedene Weise formuliert werden, weil sie ein größtmöglichstes Ausmaß der Integrierung von Teilperspektiven zu erreichen versuchen.

b) Die ökonomische, die soziale und die Sicherheits-Verträglichkeit beruhen auch auf dem Prinzip der konstitutiven Konsistenz, wie es Alan Gewirth (Reason and Morality, 1978) entfaltet hat und wie es in der jüngsten Untersuchung von Klaus Steigleder (1992) vertieft worden ist: "Handle stets in Übereinstimmung

---

[8] Vgl. Mieth 1990b; daraus auch die folgenden Formulierungsvarianten.

3.23 Ethische Evaluierung der Biotechnologie 523

mit den konstitutiven Rechten und Pflichten sowohl deiner selbst als auch der Empfänger deiner Handlungen." Dieses Prinzip wird dadurch bewiesen, daß zu den Voraussetzungen, daß der Mensch überhaupt handeln kann, stets hinzugehört, daß in irgend einer Weise kommunikative Verpflichtungen eingegangen werden. Das Mitgesetztsein von ursprünglichen Freiheiten und Pflichten in einem gefüllten Handlungsbegriff nachzuweisen, gehört zu den fundamentalen Aufgaben einer rationalen Ethik. An dieser Stelle sei angemerkt, daß auch die theologische Ethik auf eine solche Rationalität verpflichtet ist, das heißt, sie muß als autonome Ethik konzipiert werden. Theologische Kriterien, wie z.B. Geschöpflichkeit oder Gottebenbildlichkeit des Menschen, können nur dann einen Sinn machen, wenn ihre rationale Geltung erwiesen ist, bevor sie überhaupt theologisch interpretiert werden.

c) Alle Verträglichkeitskriterien sind formal noch einmal auf die Problemlösungsregel zurückzuführen und in ihr zu begründen: "Handle so, daß die Probleme, die durch eine Problemlösung entstehen, nicht größer sind als die Probleme, die gelöst werden." Der Beweis für diese Regel liegt darin, daß wir sie immer schon in unserem Alltagshandeln akzeptieren, auch wenn wir uns nicht immer daran halten. In der Ethik gilt jedoch nicht die normative Kraft des Faktischen, sondern die normative Kraft der lebbaren Überzeugungen. Wenn wir eine Regel nicht einhalten, aber sie für richtig halten, dann ist ihre Geltung dadurch nicht eingeschränkt. Nun scheint es offensichtlich zu sein, und viele Wissenschaftler haben mir gegenüber schon darauf hingewiesen, daß wir im Bereich Wissenschaft-Technik-Ökonomie nicht nach der Problemlösungsregel handeln. Dies liegt nicht zuletzt an der Isolation der Problemstellungen in der Wissenschaft. Diese Isolation kann durch Erforschung der Kontexte, durch Technikfolgenabschätzung und durch interdisziplinäre Ethik aufgehoben werden. Dafür bedarf es entsprechender Institutionen und Strukturen in Forschung und Ausbildung. Wir brauchen neben einem Wahrheitsethos und einem Redlichkeitsethos im Ethos der Wissenschaften auch ein entsprechendes Folgenethos, ja darüberhinaus ein soziales Brückenethos, in welchem wir bereit sind, den sozialen und persönlichen Standard unserer ethischen Verantwortung auch im Wissenschaftsbereich zu verfolgen. Es wäre ja seltsam, wenn unser alltägliches Verständnis von Ethik nicht mehr in den Bereich des wissenschaftlichen, technischen und ökonomischen Fortschritts übertragbar bliebe. Möglicherweise ist es gerade die Emanzipation des wissenschaftlichen, technischen und ökonomischen Handelns aus einer integrativen Ethik, die dazu führt, daß die Glaubwürdigkeit solcher Institutionen erschüttert ist. Dabei ist nicht die Glaubwürdigkeit der Erkenntnis bzw. des Erkenntnisfortschrittes erschüttert, auch nicht die Glaubwürdigkeit in präzise Effizienz, denn die Systeme von Wissenschaft und Technik sind, was den Vertrauensvorschuß der Bürgerinnen und Bürger betrifft, mehr akzeptiert als jedes andere System. Die Glaubwürdigkeit bezieht sich jedoch auf die Effizienz, nicht auf die ethische Verantwortung. Und da wir in unserer Gesellschaft neben einer gewaltigen Zunahme des instrumentellen Wissens eine ständige Abnahme eines allgemeingültigen Orientierungswissens zu verzeichnen haben, nimmt die

Unsicherheit zu, und sie muß entsprechend ernst genommen werden. Die Reduktion dieser Unsicherheit kann nur durch Förderung von Orientierungswissen erreicht werden. In dem Zusammenhang bedarf es eines neuen Vertrages zwischen Wissenschaft und Gesellschaft (vgl. Roy et al. 1991). Nicht nur die bereichsspezifische Freiheit muß gesichert werden, obwohl dies weiterhin eine große Aufgabe ist, auch Brückenstationen müssen gebildet werden.

3.23.8 Biotechnik, Ethik und Recht

In der Ethik geht es um das gute und richtige Handeln des Menschen. Dabei kann sich dieses Handeln auf den Vollzug einzelner Entscheidungen, auf die richtige Entfaltung sittlicher Grundhaltungen sowie auf die Erhaltung, Entfaltung und Veränderung von Institutionen beziehen. Die institutionelle Ethik kann zugleich auch als Rechtsethik begriffen werden, d.h. als die ethische Begründung bzw. Überprüfung von Rechtsnormen. Ethische Normen und Rechtsnormen sind freilich dahingehend zu unterscheiden, daß ethische Normen vom Gewissen sanktioniert werden, während rechtliche Normen eine äußere Sanktion verlangen.

Trotz dieser klaren Unterscheidung gibt es im konkreten Fall der Biotechnik Klärungsbedarf. Zum einen im Hinblick auf Reichweite und Grenzen von ethischen Forderungen im Blick auf das Recht: rechtlicher Handlungsbedarf entsteht erst aus der Erheblichkeit, dem Allgemeinheitsgrad von Sozialschädlichkeit sowie aus ihrer Definierbarkeit, Feststellbarkeit und Sanktionierbarkeit (Strafwürdigkeit, Strafbedürftigkeit, Straffähigkeit, Strafpragmatik usw.). Zum anderen gibt es auch Grenzen der Reichweite des Rechts im Hinblick auf die Ethik bzw. die ethische Diskussion. Dies möchte ich kurz am Beispiel verdeutlichen.

Der rechtliche Standard ist ja nun am neuen Gentechnikgesetz ablesbar. Ich beziehe mich hier auf eine neuere Interpretation dieses Gesetzes durch Wolfgang Graf Vitzthum ("Das Gentechnikgesetz auf dem Prüfstand", 1992)[9]. Das Gentechnikgesetz ist dementsprechend zugleich als Umwelt- und als Forschungsgesetz zu betrachten. Eingangs wird eine sogenannte "Förderzweckaussage" getroffen. Für den Juristen ist damit deutlich: "Die Legislative sieht die mit der Gentechnik verbundenen hypothetischen Risiken im Interesse der Gemeinwohlchancen als hinnehmbar an. Wenn selbst auf Grund bloß theoretischer Überlegungen in Betracht zu ziehende Schäden nach dem gegenwärtigen Stand von Wissenschaft und Technik 'praktisch ausgeschlossen' sind, dann ist die noch verbleibende, theoretisch nie ganz auszuschließende bzw. aufzuklärende Restunsicherheit als *sozialadäquat* zu bewerten" (S.246). Ein solches Urteil scheint mir angesichts der hier vorgelegten ethischen Betrachtungsweise, die auch unseren bisherigen Untersuchungen in entsprechenden Projekten entspricht, als entschieden zu global. Da im Umwelt- und im Technikrecht das erlaubt ist, was nicht verboten wird, muß darauf aufmerksam

---

[9] In: Zeitschrift für Gesetzgebung, München 1992, 243-267, im folgenden Text mit Seitenzahlen in Klammern zitiert. Zum Verhältnis von Ethik und Recht allgemein vgl. Gründel 1982.

gemacht werden, daß die ethische Verantwortung im Umraum des Rechts erheblich weiter greift. Daher sind nicht nur Risikoanalysen gemäß der Sicherheitseinstufung des Gentechnikgesetzes vorzunehmen. Auch die anderen Verträglichkeitskriterien sind zumindest ethisch relevant. Daher ergeben sich zwischen Ethik und Recht gerade bezogen auf die exponierte grüne gentechnische Problematik zwei Diskussionspunkte: erstens, das Verhältnis von juristischer Kompetenzordnung und Bürgerpartizipation; zweitens, das Verhältnis von juridischem Gesetz und "freiwilliger Selbstverpflichtung" auf ethischer Basis. Diese Fragen scheinen mir noch nicht genügend ausdiskutiert zu sein. Jedenfalls scheint es mir falsch, juridisch geordnete Handlungsbereiche der ethischen Diskussion entziehen zu wollen. Dies hieße doch, die Ethik dem positiven Recht einfach zu unterstellen. Graf Vitzthum formuliert: *"Das Gentechnikgesetz legitimiert. Es entzieht das 'fundamentale' Konfliktpotential der Auseinandersetzung um die Anwendung der Gentechnik als einer nüchtern-beherrschbaren Technik"* (S.246). Eine solche Legitimation kann das Gentechnikgesetz, ethisch gesehen, gar nicht geben. Die Kompetenzverteilung mag, rechtlich gesehen, insbesondere das Forschungsprivileg und die Sicherheitszuständigkeit von Behörden stützen. Daraus ergeben sich rechtliche Festlegungen für entsprechende Verfahren. Aber gesellschaftliche Konflikte werden damit keineswegs gelöst. Schon gar nicht wird damit eine ethische Auseinandersetzung beendet. Das Datum, "das der Gesetzgeber z.B. für sämtliche gentechnische Forschungsarbeiten auf sämtlichen Sicherheitsstufen die öffentliche Anhörung hat entfallen lassen, ist ein von allen Gesetzesunterworfenen zu achtendes, durchdachtes Datum" (Graf Vitzthum, S.249) dehnt das Prinzip der Gesetzesunterwerfung zumindest rhetorisch auf Fragen aus, die über die gesetzliche Regelung weit hinausgehen. Rechtliche Regelungen haben selbstverständlich für die ethische Debatte auch eine steuernde Wirkung. Das bedeutet jedoch nicht, daß sich die ethische Debatte in ihnen erschöpft. Dieser Punkt muß gegen Rechtspositivismus mit größter Entschiedenheit festgehalten werden.

3.23.9 Zentrale Ethik-Kommissionen?

Die Zentrale Kommission für biologische Sicherheit trifft bereits jetzt ethische Abwägungen. Beispielsweise wird von der ZKBS bei Freisetzungsanträgen entschieden, ob "nach dem Stand der Wissenschaft im Verhältnis zum Zweck der Freisetzung unvertretbare schädliche Einwirkungen auf die in 1 Nr. 1 bezeichneten Rechtsgüter (= Leben und Gesundheit von Menschen, Tieren, Pflanzen sowie die sonstige Umwelt in ihrem Wirkungsgefüge und Sachgüter) nicht zu erwarten sind" (16 Abs. 2 Gentechnikgesetz). Die Übertragung von ethischen Abwägungen an eine Kommission, die vorrangig mit biologischen Sachverständigen aus Wissenschaft und Industrie besetzt ist, kann nicht für gut befunden werden.

Die Aufgabe von *Ethikkommissionen* ihrem eigentlichen Sinn nach bestünde in der Beurteilung konkreter Probleme (Einzelfallprüfungen). Denkbar wäre ein unabhängiges Gremium, das z.B. anhand der von der ZKBS ermittelten Datenlage hinsichtlich möglicher Risiken mit Hilfe ethischer Kriterien eine Beurteilung der Risiko-Nutzen-Abwägung vornimmt.

Solche Kommissionen, gleich, wo sie angesiedelt werden, sollten (mindestens) folgende Bedingungen erfüllen:

1. Nachvollziehbare Entscheidungsleitlinien; zu fordern wäre eine begründete und nachvollziehbare Kriteriologie für Entscheidungen. Diese sollte der Öffentlichkeit zugänglich sein. Zusätzlich (und vor allem für Fälle, für die eine Kriteriologie noch nicht oder nur unzureichend entwickelt ist) wäre ein Katalog der Ziele bzw. der Ansprüche, die die Kommission sich stellt, zu formulieren.

    Getroffene Entscheidungen können dann anhand der Kriteriologie oder ihrer Kompatibilität mit den formulierten Leitgedanken überprüft werden und sind als schriftlich festgehaltene Grundlage für spätere Entscheidungen verfügbar;

2. Öffentlichkeit/Transparenz der Entscheidungen; damit ist nicht gemeint, daß jede Sitzung von Journalisten besucht und jede Äußerung in öffentlich zugänglichen Gesprächsprotokollen festgehalten wird.

Aber im Sinne einer Nachvollziehbarkeit von Entscheidungsprozessen (auch intern kann ja eine Weiterentwicklung der Entscheidungsfindung nur durch eine Diskussion über gute Gründe zustande kommen, die rational und somit auch schriftlich faßbar sind) sollten nicht nur die Entscheidungen, sondern auch deren Begründungen öffentlich zugänglich sein. Dies würde dann auch für die Entscheidungen der ZKBS und deren Begründungen gelten.

Der nach wie vor unzureichende Kenntnisstand über die möglichen Folgen einzelner Anwendungen der Gentechnik, vor allem bei Freisetzungsfragen, macht es nicht zulässig, die Beteiligung der betroffenen Bevölkerung in Anhörungsverfahren in dem Maße zu beschneiden, wie es die Novelle zum GenTG (in ihrer Fassung vom 15.2.1993) vorsieht. Im Gegenteil: Partizipation muß durch entsprechende Aufklärung vorbereitet werden.

Das bekannte Argument der Offenlegung wirtschaftlich brisanter Firmengeheimnisse kann hier insoweit mit Vorsicht gehandhabt werden, als das die Erfahrung zeigt, daß Firmen eine Vielzahl von (auch sicherheitsrelevanten) Daten zurückhalten, was dann durch geduldiges Nachfragen der Behörde auf ein Minimum reduzierbar ist. (Quelle: Dr. Backhaus, Biologische Bundesanstalt)

3.23.10 Ethische Verantwortung zwischen Technikangst und Technikeuphorie

Was im allgemeinen im wissenschaftlichen Ethos gilt, ist auch für die systematische Klärung von Verantwortungsfragen wichtig: Objektivität und Neutralität. Nun gibt es diese Voraussetzungen nirgends in Reinkultur, bei möglicherweise interessendurchmischten Erkenntnissen schon gar nicht. Teilweise wird ja eine interessengeleitete Forschung ohne weiteres bejaht (z.B. seitens des

3.23 Ethische Evaluierung der Biotechnologie

Ökoinstituts in Freiburg/Br.); sie wird dann durch die Balancierung gegenläufiger Interessen legitimiert.

Wer Beiträge über Biotechnik aus der Wirtschaft liest - die Beiträge bzw. Gutachten dieses Projektes machen da keine Ausnahme - stößt oft ebenfalls auf eine Argumentation "ex negativo" oder "e contrario", d.h. die eigene Argumentation wird aus der Argumentationsschwäche des vorgestellten Gegners verstärkt. Dies ist als Insinuation, als Rhetorik oder als Verstärkung des Konsenses unter Gleichgesinnten sinnvoll, bringt aber in der Sache nicht weiter (vgl. Punkt 11, Gutachten Brauer).

Wenn gesetzliche Regelungen als "unpraktikabel" charakterisiert werden, muß dies im einzelnen begründet werden. Beim Workshop erschien dieser pauschale Vorwurf nicht als zwingend. Wenn das Akzeptanzproblem für gentechnische Innovationen angesprochen wird, dann sollte die Diskussion nicht in ihren rhetorischen Entgleisungen, sondern auf ihrem besten Niveau abgeholt und geführt werden. Sonst gelangt man leicht zur Diskriminierung *jeder* Diskussion (so Seitzer, S.12, letzter Satz, Abschn.3), auch wenn dies keineswegs die Absicht ist (wie aus anderen Stellen hervorgeht).

Fakten und Methoden der Gentechnik sind zwar *in sich selbst* nichts anderes als Anreicherungen von Wissen und Techniken; werden sie aber *angewandt*, dann ist Verantwortung nicht nur eine Frage der Benutzer, sondern auch der *Anwender*. Verantwortung kann nicht auf die Nachfragenden begrenzt bleiben; sie betrifft auch die *Anbietenden* (zu Gutachten Werner, S.3,3.u.4.Absatz).

Bei der Abwägung zwischen therapeutischem Einsatz und "unbestimmten" Risiken ist zu klären, wieweit im Vergleich der *Erfolg* des Eingriffes bestimmt werden kann. Bleibt er ungewiß, erhalten Ungewißheiten in Bezug auf potentielle Risiken einen hohen Rang; ist er gewiß, haben sie eine keine aufhebende aber zumindest eine begleitende weiter zu klärende Bedeutung. (In diesem Sinne müßte Gutachten Werner, S.9, Abs.1 überprüft werden.)

Der Satz "Sicherheitsprobleme werfen generell keine grundsätzlichen ethischen Fragen auf" (Werner S.13, 3.Abschn.) bekämpft die eine Generalisierung (grundsätzlich) mit der anderen (generell). Ist gemeint: Sicherheitsprobleme treten fallweise auf und müssen fallweise, u.a. nach Kriterien ethischer Verantwortung, geklärt werden? Dann müßte auch so formuliert werden.

Man muß zwischen Handeln unter Risiko, wobei das Risiko in einer bestimmten Bandbreite benennbar ist, und Handeln unter Ungewißheit unterscheiden. Das Problem der Freisetzung gentechnisch veränderter Mikroorganismen ist nicht ein "gentechnik-spezifisches Risiko", *sofern* es sich um *bestimmte* pathogene Eigenschaften handelt, wohl aber ein u.U. risikoträchtiges Handeln unter Ungewißheit, *sofern* die Folgen unter Rücksicht auf Austauschmöglichkeiten etc. nicht zureichend bestimmt werden können (zu Werner S.22, letzter Abschn.).

Ich sehe ferner ein Problem darin, daß die Industrie über Anreiznachteile der BRD (gesetzliche Rahmenbedingungen, Arbeitsmarkt) klagt, aber mit dieser Klage den Nachteil zugleich mit herbeiführt. Damit kommt man leicht in die Nähe der self-fullfilling prophecy. Wird der Gesichtspunkt, daß die Produktion aus

Kostengründen in die Nähe der wichtigsten Märkte rückt, genügend berücksichtigt? Werden etwa nur die Gründe genannt, die anderen angelastet werden können?

Objektivität und Neutralität sind nicht selbstverständlich gegeben, sondern sie sind Ziele, die nach Annäherung rufen. Diese Annäherung schließt nicht nur die stets zu erneuernde Prüfung der eigenen Voraussetzungen mit ein, sondern auch den Versuch, aus Gegenargumenten das Beste zu machen, d.h. Gegenpositionen nicht an ihrer schwächsten Stelle anzugreifen (das ist Strategie), sondern an ihrer stärksten Stelle aufzunehmen (das ist Ethik). Wegen dieses Versuchs stetiger Annäherung an Objektivität bleiben Verantwortungsdiskurse nach vorne offen und produzieren weitere Nachdenklichkeit.

Schlußüberlegungen

Brauchen wir angesichts dynamischer Technikentwicklungen eine neue Ethik?

1. Neu ist, daß wir die Rechte der zukünftigen Generationen in besonderem Maße beachten müssen: was müssen wir ihnen ersparen, was können wir ihnen überlassen, wo handeln wir zu ihrem Vorteil?
2. Die Frage, dürfen wir alles, was wir können, genügt nicht, sondern, in Abwägung mit den Grundfreiheiten, z.B. der Forschungsfreiheit, ist die Frage zu stellen: was sollen wir können?
3. Ein neues Wissenschaftsethos umfaßt nicht nur die Verpflichtung auf Rationalität und Redlichkeit, sondern auch auf Folgenverantwortung und gesellschaftliche Mitverantwortung.
4. Wir müssen Rücksicht auf die Endlichkeit des Menschen nehmen und können nicht die Hoffnung auf moralische Verbesserung in der Zukunft an die Stelle der heutigen Verantwortung setzen.
5. Wir brauchen Realistik gegen Mythenbildung. Die Realistik der Ziele im wissenschaftlich-technischen Fortschritt ist oft ebenso wenig gefragt wie die Realistik der Ängste.
6. Präventionskriterium: Man soll Probleme nicht so lösen, daß die Probleme, die durch die Problemlösung entstehen, größer sind als die Probleme, die gelöst werden. (Manchmal werden auch Probleme durch Problemlösung bloß verdeckt.)
7. Verträglichkeitskriterien: mit Frieden, Erhaltung der Umwelt, Gesundheit, menschengerechten sozialen Institutionen.
8. Nachhaltigkeitskriterium für die wirtschaftliche Entwicklung.
9. Risikokriterien: es ist nicht richtig, aus bisheriger Akzeptanz von Risiken Analogien zu bilden, vielmehr ist nach Verträglichkeit, Prävention und Nachhaltigkeit zu entscheiden.
10. Anwendungen neuer Techniken am Menschen müssen mit Personenrechten vereinbar bleiben.

11. Unsere Grundgüter (Leben, Gesundheit, psychisches Glück, Beziehungen, adäquate Umwelt, Information, Bildung usw.) dürfen nicht in ein kommerzielles System von Angebot und Nachfrage verwandelt werden.
12. Besteht zwischen den Fällen Analogie, d.h. ist zwar Ähnlichkeit vorhanden, zugleich aber größere Unähnlichkeit möglich, dann sind Einzelfälle als Einzelfälle zu behandeln (case by case).

Allgemein gilt:

Man soll die vorhandenen formalen ethischen Prinzipien (Verallgemeinerbarkeit, Öffentlichkeit aller Gründe und Motive, primum-nil-nocere-Prinzip, informed-consent-Modell, tutioristische Ansätze, Heuristik der Furcht, Gebotenheit des Erhalts einer humanen Lebenswelt usw.) auf die neuartigen Problemfelder der Gentechnik anwenden und dabei auch ökologische Ungewißheiten mitberücksichtigen, aber keine neue Ethik erfinden wollen, die erwartbar nur eine schlechte alte Ethik wäre.

Literatur

Backhaus H (1989) Ökologische Aspekte und Sicherheitsfragen bei der Freilandanwendung von genetisch modifizierten Organismen in der Landwirtschaft. In: Berichte über Landwirtschaft, 201. Sonderheft, S 463-475

Böckle F (1985) Gentechnologie und Verantwortung. In: Flöhl R (Hrsg), Genforschung - Fluch oder Segen? (Gentechnologie - Chancen und Risiken, Bd 3) München, S 86-96, hier: 92

Christoffer U (1989) Erfahrung und Induktion, Zur Methodenlehre philosophischer und theologischer Ethik, Freiburg i.Ue/Freiburg i.Br.

Gründel J (Hrsg)(1982) Recht und Sittlichkeit, Freiburg i.Ue.-Freiburg i.Br.

Haker H u.a. (1993) Ethics of Human Genome Analysis, European Perspektives (Ethik in den Wissenschaften, Bd 5) Tübingen. S 199-324

Hartmann K (1986) Was ist und was will Ethik? In: Phil. Jahrbuch 93 1-18, auch in: Concilium 25 (1989), S 199-210

Holling CS (Hrsg) (1980) Adoptive Environmental Assessment and Management, Chichester New York

Kissling C (1993) Gemeinwohl und Gerechtigkeit, ein Vergleich von traditioneller Naturrechtsethik und kritischer Gesellschaftstheorie (Studien zur Theologischen Ethik, Bd. 48), Freiburg i.Ue/Freiburg i.Br.

Krohn W, Weyer J (1990) Die Gesellschaft als Labor, Risikotransformation und Risikokonstitution durch moderne Forschung. In: Halfmann J, Japp KP (Hrsg), Riskante Entscheidungen und Katastrophenpotentiale, Opladen, S 89-122

Mieth D (1989) Moral und Erfahrung. Freiburg i.Ue/Freiburg i.Br.

Mieth D (1990a) Genetische Testmöglichkeiten - allgemeine und grundsätzliche ethische Aspekte. In: Baumann-Hölzle R u.a. (Hrsg) Genetische Testmöglichkeiten,

Ethische und rechtliche Fragen (Gentechnologie-Chancen und Risiken, Bd 20) Frankfurt New York, S 75-86

Mieth D (1990b) Die ethische Dimension der Umwelterziehung. In: Karlsruher pädagogische Beiträge 22, S 47-72

Mieth D (1991) Begründungsversuche von Ethik. In: Demmer K, Ducke KH (Hrsg) Moraltheologie im Dienst der Kirche (Erfurter Theologische Studien, Bd 64) Leipzig, S 37-51

Mieth D (1993a) Norm und Erfahrung. In: ZEE 37 S 33-45

Mieth D (1993b) The release of microorganisms - ethical criteria. In: Wöhrmann, Tomiuk K (Hrsg) Transgenic Organisms, Risk Assessment of Deliberate Release, Basel Boston Berlin, S 245-256

Roy DJ, Wynne BE, Old RW (ed) (1991) Schering Foundation Workshop 1 Bioscience Society, Chichester. Besonders die Empfehlungen S 380-390

Stanger A (1992) Zur ethischen Beurteilung der Möglichkeiten und Auswirkungen der Gentechnologie in der Landwirtschaft am Beispiel der Herbizidresistenz in der Pflanzenproduktion, Biol. Dissertation, Tübingen, S 328 f., S 333

Steigleder K (1992) Die Begründung moralischen Sollens, Studien zur Möglichkeit einer normativen Ethik (Ethik in den Wissenschaften, Bd. 3) Tübingen

Schell T von (1992) Die Diskussion um die Freisetzung gentechnisch veränderter Mikroorganismen als Beispiel einer interdisziplinären Urteilsbildung, Biol. Dissertation, Tübingen, ersch. in der Reihe "Ethik in den Wissenschaften", Tübingen

Schell von T, a.a.O. S 198-244

Schell von T, a.a.O. S 337 ff.

Wimmer R (1991) Kategorische Argumente gegen die Keimbahntherapie? Eine Prüfung der Stellungnahme der Enquête-Kommission des Deutschen Bundestages. In: Wils JP/Mieth D (Hrsg) Ethik ohne Chance? Erkundungen im technologischen Zeitalter (Ethik in den Wissenschaften, Bd 2) Tübingen, S 182-209.

Wirz S (1993) Vom Mangel zum Überfluß, die bedürfnisethische Frage in der Industriegesellschaft, Münster

Wörz M u.a. (Hrsg) (1990) Moral als Kapital, Perspektiven des Dialogs zwischen Wirtschaft und Ethik, Stuttgart-Hohenheim

3.24 Probleme der Entscheidung über Sozialverträglichkeit

Dr. Hans-Joachim Braczyk
Akademie für Technikfolgenabschätzung, Industriestraße 5, 70565 Stuttgart

3.24.1 Vorbemerkung

Das Interesse an der Sozialverträglichkeit einer Technologie beruht vielfach auf der Annahme der Chance, daß ein unabhängiger Beobachter über die Akzeptabilität einer bestimmten Technologie anhand von allgemein anerkannten Maßstäben urteilen und auch entscheiden kann. Das trifft jedoch nicht zu. Im folgenden wird es im Kern darum gehen, die wesentlichen Ursachen und Begründungen für diesen Umstand aus sozialwissenschaftlicher Sicht zusammenzustellen.

Im *ersten Teil* sollen zunächst einige Gesichtspunkte von Sozialverträglichkeit isoliert werden. Sodann werden die in der Wissenschaft vertretenen Konzepte in aller Kürze referiert, soweit sie für die Thematik wichtig erscheinen. Im Anschluß daran präsentiere ich meine Auffassung. Es kommt mir darauf an, Sozialverträglichkeit nicht im Sinne eines Zustandes, sondern wesentlich als Moment sozialer Prozesse zu begreifen.

Im *zweiten Teil* gehe ich auf das Thema der gentechnisch gestützten Biotechnologie und ihrer Akzeptabilität ein. Das geschieht höchst selektiv, schon deshalb, weil ich in dieser Thematik kein Experte bin. Wichtig sind einige wenige Aspekte, die im Zusammenhang mit der Problematik der Sozialverträglichkeit beispielhaft angeführt werden können.

Im *dritten Teil* werde ich auf die Pilotstudie "Biotechnologie/Gentechnologie als Grundlage neuer Industrien in Baden-Württemberg?" eingehen und meine Überlegungen exemplarisch konkretisieren.

3.24.2 Sozialverträglichkeit

Der Anspruch auf Prüfung der Sozialverträglichkeit legt den Gedanken nahe, daß ergänzend zu den gesellschaftlich bereits etablierten Verfahren der Prüfung und Regulation von Technik zusätzliche Maßnahmen erforderlich oder zumindest wünschenswert seien, wenn neuen, vor allem umstrittenen Technologien weitgehender Zuspruch in der Gesellschaft gesichert werden solle. Sozialverträglichkeit ist kein wissenschaftlicher Begriff. Daß damit nicht auf Erkenntnis gezielt werden kann, ist bereits überzeugend dargelegt worden (Wiesenthal, van den Daehle). Im

Zusammenhang mit Fragen nach der Akzeptanz von Technik kann gesagt werden, daß es darauf ankommt, was als kompatibel mit *sozial geltenden* Maßstäben angesehen werden kann. Diese variieren (situativ) raum-zeitlich.

Während noch vor Jahren Meyer-Abich mit der Formulierung eines durchaus legitimen normativen Begriffs von Sozialverträglichkeit zu einer Perspektivenklärung in energiepolitischen Entscheidungen beizutragen suchte, ist die Anwendung des Begriffs längst verallgemeinert worden. Es handelt sich um eine verheißungsvolle Formel in der technologiepolitischen Diskussion. Diese Formel wird auf Problemstellungen in vielen sozialen Praxisfeldern angewendet. Allerdings bestehen in Bezug auf Inhalte und Maßstäbe von Sozialverträglichkeit sehr unterschiedliche Auffassungen.

Der Begriff Sozialverträglichkeit scheint zunächst einmal nur Sinn zu machen, wenn man gedanklich vom Gegenteil ausgeht. Was ist mit dem Sozialen nicht verträglich ist? Das Soziale kann hier nur die Gesellschaft sein. Sehen wir von besonderen Randbedingungen ab, kennen Gesellschaften nach Luhmann das klar geschnittene Problem des Todes nicht. Wenn etwas mit Gesellschaften nicht verträglich ist und "gesellschaftlicher Tod" als Wirkungsmöglichkeit auszuschließen ist, bleibt nur eine Möglichkeit: Gesellschaften sondern selbst ab, was mit ihnen unverträglich ist. Damit hätten wir's. Aber lassen wir noch etwas zu. Das Unverträgliche verursacht in der Gesellschaft Störungen. Das ist die unangenehme Mittellage: Es reicht nicht zum Sterben, aber es werden doch Leiden verursacht.

Wenn die Gesellschaft zur Absonderung von Unverträglichem fähig ist, dann brauchen wir uns für diese Fälle nicht sonderlich um Sozialverträglichkeit zu bekümmern. Hierfür gibt es ja dann bereits eine Lösung. Bleiben die gesellschaftlichen Störungen. Sozialverträglichkeit in Bezug auf eine bestimmte Erscheinung wäre dann gegeben, wenn gesellschaftliche Störungen, verursacht durch diese Erscheinung, vermieden werden können. Da Absonderung nicht stattfindet, können zwei Wirkungen von störungsvermeidenden Operationen auftreten. Entweder die Gesellschaft paßt sich an die störende Erscheinung auf eine Weise an, daß keine Störung mehr vorkommt, oder die Erscheinung wird so verändert, daß eine Kompatibilität mit den Funktionsansprüchen der Gesellschaft hergestellt wird.

Was sind überhaupt Störungen? Es kommt auf die Betrachtung an. Systemtheoretisch könnte man von Dysfunktionen sprechen, handlungstheoretisch von Konflikten. Evolutionstheoretisch können Störungen als Beharrung (Wandelsblockaden) merklich werden.

Es müßte - um konsistent zu bleiben - jede in Frage kommende Erscheinung treffsicher danach unterschieden werden können, ob sie mit der Gesellschaft absolut unverträglich ist und von dieser ohnehin abgesondert wird und somit kein besonderer Handlungsbedarf besteht oder ob sie relativ wenig verträglich ist und somit Störungen hervorrufen wird. Außer daß dies treffsicher erkannt werden muß, gehört auch ausreichender Einfluß dazu, um in der Gesellschaft störungsvermeidende Operationen in Gang zu setzen.

3.24 Probleme der Entscheidung über Sozialverträglichkeit

Sozialverträglichkeit hat nach diesen Überlegungen zwei *prozedurale Aspekte*: Es werden Prüfverfahren zur Ermittlung von möglichen Störungen benötigt, und man braucht Steuerungsverfahren zur Behebung bzw. Vermeidung von Störungen. Auf Technik bezogen bedeutet dies: Es muß geprüft werden, ob eine Technik (bzw. Anwendungen, Nutzungen und deren Folgen) gesellschaftliche Störungen hervorruft oder hervorrufen kann. Und Verfahren der Techniksteuerung sollen dann die aufgetretenen Störungen beseitigen oder die erwarteten vermeiden. Damit sind unlösbare Schwierigkeiten verknüpft. Prüfverfahren zur Ermittlung von - zumeist auch nur möglichen - gesellschaftlichen Störungen sind ziemlich voraussetzungsreich. Wie werden Störungen definiert? Wie zuverlässig können sie gemessen oder indikatorisch bestimmt werden? Nehmen wir an, die mit der Prüfung von gesellschaftlichen Störungen zusammenhängenden Schwierigkeiten können als behoben angesehen werden. Dann muß beachtet werden, daß der Übergang zu effektiven Steuerungsverfahren zur Behebung bzw. Vermeidung von Störungen keineswegs gesichert ist. Wie können die Ergebnisse der Prüfung kommuniziert und in Steuerungsverfahren übermittelt werden? Wie effektiv sind die Steuerungsverfahren? Und als Soziologe muß man immer fragen: Welche Folgen haben die Steuerungsverfahren?

Bei den Prüfverfahren geht es nicht um absolute Aussagen im Binärschema Ja - Nein. Vielmehr scheinen die Forscher zur Sozialverträglichkeit ein komparatives oder skalares Modell vor Augen zu haben. Sie streben Aussagen darüber an, ob eine bestimmte Technik und die mit dieser vermutlich zusammenhängenden Auswirkungen als geeignet angesehenen Maßstäben sozialer Zumutbarkeit, Erwünschtheit oder Akzeptanz mehr oder minder entsprechen oder zuwiderlaufen. Über die Natur und den Ort dieser Maßstäbe besteht wenig Einvernehmen. Man kann sie den empirisch ermittelbaren Erwartungen und Ansprüchen von individuellen und kollektiven Akteuren entlehnen. Abgesehen von dem Problem, ob aus empirisch feststellbaren Präferenzen und Einstellungen stabile und instruktive Richtungsangaben für technologiepolitische Entscheidungen gewonnen werden können und sollten, bleibt dann hier noch zu klären, auf welche Grundgesamtheit eine solche Erhebung zu stützen wäre. Ein anderer Ansatz ist die Bezugnahme auf normative Standards. Hierbei entsteht das Problem der Gültigkeit solcher Standards.

Nach einem Systematisierungsvorschlag von Eichener und Mai werden fünf begriffliche Konzepte der Sozialverträglichkeit unterschieden. Ich füge ein sechstes Konzept hinzu, das institutionell orientiert ist und die Überlegungen von Wiesenthal aufnimmt.

Übersicht 1 Differenzierung von Konzepten zur Sozialverträglichkeit (nach Eichener und Mai)

Prinzip	Merkmale	Probleme	Literatur
normativ	Ableitung von Anforderungen aus Werthierarchien	Wertkonflikte; Interessen- und Legitimationsproblem ungelöst	Meyer-Abich/Shefold 1981, 1986;
empirisch	Präferenzermittlung durch empirische Sozialforschung; Orientierung an Mehrheitsmeinung; mehrstufiges Interviewverfahren; Planungszellen	Operationalisierung; mangelnde Informiertheit Betroffener; Minderheitenschutz	Münch/Renn 1981, Renn et.al. 1985
distributiv	gerechte Verteilung von Nutzen und Kosten; Ableitung von Präventions- und Kompensationsmaßnahmen	Operationalisierung von Nutzen, Kosten und Verteilungsgerechtigkeit	v. Alemann/Schatz 1987, S. 34
prozedural	angemessene Beteiligung Betroffener	Voraussetzungsreich (Kompetenz der Teilnehmer, Änderung der Entscheidungsstrukturen); starke Legitimationsbindung; Mitverantwortung für Konsequenzen	v. Alemann/Schatz 1987
konsensual	breiter Konsens; geringer Widerstand; Beispiel: korporatistische Techniksteuerung	innovationsfeindliche Totalisierung von Konsens (van den Daele 1991:7); nur lokale Maxima	SoTech-Programm NW
institutional	multiple Präferenzen; Deutungsmuster; institutionelle Innovationen; Metapräferenzen; Deutungsinnovationen	Herstellung von adaptiver Präferenzbildung; geringere Prognostizierbarkeit	Wiesenthal 1990

Mit jedem dieser Konzepte sind Schwierigkeiten verbunden. Im *normativen* Ansatz bestehen nicht nur ungelöste Interessen- und Legitimationsprobleme, wie Eichener und Mai hervorheben. Der normative Ansatz erfüllt allenfalls die Anforderungen an Prüfverfahren. Problematisch ist die Verknüpfung mit Steuerungsverfahren. Denn für die Steuerung bleibt normativen Ansätzen

3.24 Probleme der Entscheidung über Sozialverträglichkeit

typischerweise nur die normative Regulierung. Vorzugsweise sind das Gesetze und Verordnungen[1]. Es ist fraglich, ob alle relevanten Störungen rechtlicher Regulierung zugänglich sind.

Der *empirische* Ansatz stellt die mit Hilfe der empirischen Sozialforschung ermittelbaren Präferenzen von Betroffenen und Beteiligten in den Mittelpunkt von Prüf- und Steuerungsverfahren. Eichener und Mai nennen die Operationalisierung, die unterschiedliche Informiertheit der Betroffenen und ungelöste Fragen des Minderheitenschutzes als Probleme dieses Ansatzes. Außerdem gilt der kritische Einwand von Wiesenthal. Er sagt: "Präferenzen sind vergangenheitsbedingt, situationsgebunden und kontextspezifisch..." und "... kein verläßlicher Wegweiser zu Innovationen", mit denen die von ihnen ausgedrückten Bedürfnisse befriedigt werden könnten (Wiesenthal 1990: 39f.).

Der *distributive* Ansatz beruht auf dem Anspruch einer gerechten Verteilung von Kosten und Nutzen und bezieht von vornherein die Einleitung von Maßnahmen zur Verhinderung bzw. zum Ausgleich ungerechter Verteilungen ein. Zu den im Schema genannten Operationalisierungsproblemen kommen die Schwierigkeiten einer Übersetzung in effektive Steuerungsverfahren hinzu. Auch hierbei scheint eine implizite Priorisierung von normativer Regulierung zu den Prämissen des Ansatzes zu gehören.

Im *prozeduralen* Ansatz ist die angemessene Beteiligung der Betroffenen das Hauptkriterium. Hier versucht man aus der Not eine Tugend zu machen. Die Schwächen der zuvor genannten Vorgehensweisen sollen hier gleichsam aufgehoben werden durch Betroffenenpartizipation. Dennoch treten auch hier Probleme auf. Die von Eichener und Mai genannten (siehe Schema) sind noch nicht einmal die wichtigsten. Mit Wiesenthal muß kritisch festgehalten werden, daß die Ansprüche im Konzept der Betroffenenpartizipation material leer bleiben. Die Implikation ist, daß alle diejenigen Folgen als sozialverträglich gelten müssen, "die den Filter partizipatorischer Entscheidungen passiert haben" (Wiesenthal 1990: 33). Hier siegt das Verfahren über den Inhalt.

Vergleichbare Probleme treten im Lichte *konsensualen* Vorgehens auf. Hier sind Mindestübereinstimmungen in essentiellen Fragen zwischen unterschiedlichen Akteuren konstitutiv. Der kritische Einwand besagt, daß Konsens sich auch innovationsfeindlich auswirken kann (siehe Schema). Tatsächlich gibt es hierfür auch empirische Belege.

Im Ansatz einer *institutionalen* Orientierung, wie Wiesenthal ihn konzipiert hat, wird versucht, die Schwächen der zuvor genannten Konzepte zu überwinden. Um diesen Ansatz zu verstehen, muß man wissen, daß er selbst "nur" eine Perspektive dafür bietet, den Fallstricken eines emphatischen Sozialverträglichkeitsbegriffs zu entgehen. Seine Erprobung steht noch aus. Gleichwohl scheint mir hier die weitreichendste Fundierung vorzuliegen. In den Grundzügen sehe ich Übereinstimmungen mit meiner eigenen Konzipierung von Techniksteuerung, die allerdings ohne das Konzept der Sozialverträglichkeit auskommt. Nach Wiesenthal soll durch institutionelle Innovationen "ein günstigeres Verhältnis von 'constraints'

---

[1] Freilich kommen auch freiwillige Vereinbarungen zwischen Kontrahenten in Betracht.

und 'choices'" erreicht werden. Es geht um Steigerung der Kontextsensibilität, der Wertberücksichtigungs- und Lernpotentiale, um Erweiterung der Zeithorizonte des Entscheidens. Institutionelle Innovationen sollen danach zur Schaffung eines größeren Wirkungsraumes für "Metapräferenzen" oder "dritte Rationalitäten" beitragen. Die zunehmende Berücksichtigung von Anforderungen an eine nachhaltige wirtschaftliche Entwicklung in einzelwirtschaftlichen Entscheidungen wäre ein Beispiel hierfür. Eine Orientierung der Techniksteuerung auf diese Perspektive würde über die Betroffenenpartizipation hinausweisen, und eine Praxis der Partizipation, die leicht zum Selbstzweck werden kann, erschiene dann eher vermeidbar. Deshalb auch sagt Wiesenthal: "Rationalitätsgewinne entstammen dann eher einer Äquidistanz zu lokalen Rationalitäten als dem Sachverhalt ihrer bloßen Repräsentanz."

Institutionelle Innovationen kommen nur zustande, wenn es Ideen dafür gibt. Deshalb bleiben sie an neue Deutungen gebunden. Deutungen in komplexen und dynamischen Handlungsfeldern, "über die 'sicheres' Wissen nicht verfügbar ist", können zu neuen Handlungsoptionen führen und dazu beitragen, daß starre Handlungskonstellationen gelockert werden. Wiesenthal kommt es auf die Steigerung der kognitiven Komplexität an. Allerdings nimmt mit dem gewonnenen heuristischen Potential die Prognostizierbarkeit des Erreichens von ursprünglichen (partikularen) Präferenzen ab. Konsequenterweise liegt die "Logik einer solchen Innovation ... in ihrer Bezugnahme auf mehrere gesellschaftliche Teilrationalitäten" (Wiesenthal 1990:42). In der Frage der Sozialverträglichkeit von Technik geht es dann beispielsweise konkret um die Chance der Internalisierung von gesellschaftlichen Nebenzwecken (Willke) in die Ökonomie. Dieses Kriterium wird beispielsweise nur erfüllt, wenn Prüfung der Sozialverträglichkeit und Steuerung der Technik (hinsichtlich Entwicklung, Anwendung, Nutzung usw.) miteinander verknüpfbar sind.

Die hier vorgestellten Konzepte für Sozialverträglichkeit sind teilweise miteinander kombinierbar bzw. aufeinander beziehbar. Sie sind allerdings für die Ebenen Gesellschaft, Organisation und Individuum unterschiedlich geeignet.

Bei der *Prüfung* der Sozialverträglichkeit muß man herausfinden, ob die Wirkungen einer neuen Technologie von einer *gesellschaftlichen* Warte aus in den Blick genommen werden sollen[2]. Das müßte dann sogar genauer heißen: von *der* gesellschaftlichen Warte aus. Über ein entsprechendes Observatorium verfügen wir nicht. Wir müssen also schon einschränkend sagen, daß uns einstweilen nur der Blick aus einer von möglichen anderen gesellschaftlichen Warten aus bleibt. Damit schleicht sich das Problem der *Polyperspektivität* in die Aufgabenstellung ein, deren Lösung dadurch nicht leichter wird.

Wenn wir uns aber statt dessen die Wirkungen einer neuen Technologie vom Standpunkt eines *gesellschaftlichen Teilsystems* aus ansehen, verengt sich unser Blick zwangsläufig, und mögliche Auswirkungen einer Technologie auf andere

---

[2] Für manche Beobachtungen werden extraterrestrische Perspektiven vorgeschlagen. Man kann dann von einer übergesellschaftlichen Warte aus beobachten (Eckmiller 1993).

3.24 Probleme der Entscheidung über Sozialverträglichkeit

gesellschaftliche Teilsysteme können dann gar nicht hinreichend genau erkannt werden. Es ist die verrückte Konstellation denkbar, daß die Wirkungen einer neuen Technik in dem Teilsystem, das ich betrachte, verheerend sind, in einem oder mehreren anderen Teilsystemen aber überwältigend positiv. Das kann nur von einer übergeordneten gesellschaftlichen Warte aus erkannt werden. Es bliebe dann noch das Problem der Bewertung und der gegenseitigen Abwägung von Vor- und Nachteilen. Immerhin wird deutlich: Von allen Schwierigkeiten der Operationalisierung einmal abgesehen, erfordern Konzepte der Sozialverträglichkeit eine gesamtgesellschaftliche Perspektive. Die Konsequenzen sind einigermaßen ernüchternd. Derartige Prüfungen können notgedrungen sachlich, sozial und zeitlich immer nur unvollständig sein.

Aber selbst dann: Wie soll ein Nutzenkalkül konstruiert werden, in dessen Rahmen letztendlich über die Sozialverträglichkeit einer Technologie befunden werden könnte? Geht es nur um den gesamtgesellschaftlichen Ertrag? Was, wenn die Partialwirkungen einer neuen Technologie die Funktionsfähigkeit eines gesellschaftlichen Teilsystems stark beeinträchtigen? Muß daher nicht schon die Sozialverträglichkeit einer neuen Technologie im Hinblick auf die Funktionsfähigkeit jedes ausdifferenzierten gesellschaftlichen Teilsystems überprüft werden? Diese Frage könnte analog für Subsysteme von Teilsystemen gestellt werden. Wir müssen demnach zunächst festhalten: Die Prüfung der Sozialverträglichkeit einer Technologie hätte von einer gesellschaftlichen Warte aus zu erfolgen und müßte alle gesellschaftlichen Teilsysteme und deren Subsysteme einbeziehen.

Sehen wir einmal von dem vermutlich hoffnungslos hohen Aufwand ab, den man betreiben müßte, um dieser Aufforderung nachzukommen. Es müßten sehr genaue Anforderungen gestellt werden. Ein geeignetes Prüfungsverfahren dürfte alte Techniken nicht begünstigen und neue nicht benachteiligen. Das ist deshalb nicht einfach einzulösen, weil sich häufig erst im Laufe der Zeit nicht geplante und erahnte Anwendungsmöglichkeiten einer Technik herausstellen. Insofern ergibt sich eine Schieflage: Die Anwendungen von alten, eingeführten Techniken sind in der Regel bekannt. Die Anwendungen von neuen Techniken sind nur teilweise bekannt. Und nur auf diese wird man Beurteilungen und Bewertungen beziehen können.

Allgemein: Die Berechenbarkeit der Auswirkungen einer neuen Technologie ist sozial, sachlich und zeitlich prinzipiell begrenzt[3].

Es wird auch die Auffassung vertreten, daß Störungen im gemeinten Sinn überhaupt nicht zureichend ermittelt werden können. So erscheint die Position van den Daeles plausibel: "Man kann immer nur prüfen, ob ein Vorhaben Zielen entspricht, die man erreichen will oder Fehlentwicklungen befördert, die man vermeiden will. Aber dabei steht dann nicht zur Diskussion, ob die Gesellschaft lebensfähig bleibt, sondern wie sie lebenswert wird; nicht ob wir zusammenleben können, sondern wie wir zusammenleben wollen" (1990:19). Jedoch wird der Anspruch auf Prüfung - und meinetwegen der Glaube an die Möglichkeit der Prüfung - von gesellschaftlichen Störungen wohl immer erhalten bleiben, und sei

---

[3] Dieser Punkt wird in meinen weiteren Ausführungen systematisch wichtig.

es aus dem Grund, daß das Prinzip der rationalen Aufklärung durch Wissenschaft nicht dispensiert werden kann. Und immerhin ist der Grenzfall denkbar, daß geprüft werden muß, ob die Art, wie wir zusammenleben wollen, überhaupt mit den uns zur Verfügung stehenden Bedingungen vereinbar ist[4].

Im folgenden soll beispielhaft auf Probleme der Sozialverträglichkeitsprüfung eingegangen werden:

Bei der Einführung von neuen Technologien wird es vermutlich immer Gewinner und Verlierer geben. Jedenfalls war das bisher so. In ökonomischer Hinsicht ist dies ordnungspolitisch gewollt. Der Innovator, so heißt es, soll belohnt werden. Gewinner und Verlierer gibt es aber auch auf der sozialen und kulturellen Ebene. Die Industrialisierung ist beispielsweise begleitet von beruflichem Wandel. Ist das sozialverträglich? Einige Berufsgruppen sind gänzlich verschwunden, andere sind zahlenmäßig bedeutungslos geworden, wieder andere sind erhalten geblieben aber mit weitgehend neuen Inhalten und Leistungen. Während dies früher als ein unabwendbares Schicksal aufgefaßt worden war, wird der berufliche Wandel heute zunehmend mit der Frage der existentiellen Sicherung verbunden. Auch dieser Umstand führt weiter: Die Ansprüche an Sozialverträglichkeit unterliegen selbst dem Wandel. Das sollte bei der Formulierung normativer Standards für die Beurteilung von Sozialverträglichkeit sorgfältig beachtet werden.

Festzuhalten ist: Die Einführung neuer Technologien dürfte vermutlich auf die eine oder andere Weise Besitzstandsinteressen verletzen und Kompensationsansprüche hervorrufen. Sozialverträglichkeit könnte in diesem Zusammenhang dann auch heißen: relative Befriedigung solcher Kompensationsansprüche (siehe Schema: distributiver Ansatz). Sehen wir einmal von den Kompatibilitätsproblemen zwischen ökonomischen, sozialen und kulturellen Dimensionen ab. Die Befriedigung von Kompensationsansprüchen kann für technologischen Wandel auch kontraproduktiv sein. Die Dauersubventionierung der Kohle und der berühmte Heizer auf der E-Lok sind hierfür treffende Beispiele.

Die Erörterung von Sozialverträglichkeit hat sich demnach auch mit den Folgen der Folgenbewältigung herumzuschlagen. Die Aufgabe wird eher komplexer denn einfacher.

In modernen Gesellschaften wird nicht nur Technik erdacht, produziert und angewendet. In modernen Gesellschaften (USA, den Ländern Westeuropas) erwächst aus der anfänglich von grass roots movements getragenen Kritik an der Moderne eine inzwischen öffentlich ertragene, bisweilen geduldete und gewollte Mo-

---

[4] So ist die These von der Inkompatibilität von der auf Extension orientierten Lebensform moderner Gesellschaften (in Hinsicht auf Ressourcennutzung) und ökologisch prinzipiell begrenzter Tragekapazität (Mohr) ein gutes Beispiel für die Notwendigkeit eines solchen Prüfungsanspruchs.
An dieser Stelle wird die Implikation eines derartigen Konzepts von Sozialverträglichkeit evident: Sozialverträglichkeit müßte dann die Prüfung der Umweltverträglichkeit einbeziehen. Insofern lägen die beiden Begriffe nicht auf einer Ebene. Der übergeordnete Begriff wäre Sozialverträglichkeit. Allerdings werde ich auf die Konsequenzen dieser Zuordnung hier nicht eingehen.

3.24 Probleme der Entscheidung über Sozialverträglichkeit

dernitätskritik. Sie hat in Deutschland einen beachtlichen Institutionalisierungsgrad erreicht[5]. Diese Modernisierungskritik schließt Skepsis gegenüber dem für moderne Gesellschaften konstitutiven Anspruch auf prinzipielle Berechenbarkeit und Beherrschbarkeit des sozialen Handelns ein.

Wissenschaft und Technik sind für moderne Gesellschaften konstitutiv. In ihnen ist die Vorstellung institutionalisiert, daß im Grunde alles auf berechnende Weise aufgeklärt werden könne, was im Zusammenhang mit der Nutzung von Technik auftritt. Die Perspektive auf fortschreitende Rationalisierung der Welt, in der frühen Reifephase der bürgerlichen Gesellschaft von Max Weber noch als Entzauberung der Welt ausgewiesen, wird seit Jahren zunehmend von einer intellektuellen Umsetzung von Grenzen der Rationalisierung ergänzt. Denn die Rationalisierung der Welt wird als immer nur eingeschränkte Berechenbarkeit und Beherrschbarkeit empirisch erfahrbar. Wir müssen davon ausgehen, daß diese Grenzerfahrungen im intellektuellen Horizont der Gesellschaft gleichsam paradigmatisch verankert sind. Berechenbarkeit und Beherrschbarkeit durch Technik und Wissenschaft sind zwangsläufig eingeschränkt. Die nicht intendierten und nicht beherrschbaren Folgen sind untrennbare Begleiterscheinungen von Technik und Wissenschaft.

Die Rede ist von der Entzauberung der Entzauberung (G. Schmidt), von der reflexiven Modernisierung (U. Beck). Die Koexistenz einer fest verankerten Gewißheit auf zunehmende Rationalisierung der Welt mit Hilfe der modernen Naturwissenschaften und eines gegen diese Gewißheit gerichteten Mißtrauens kennzeichnen die Bedingungen für die Einführung von neuen Technologien in modernen Gesellschaften. Spiralförmig fordert dies zu vermehrten Anstrengungen heraus, weiterreichende Möglichkeiten einer zunehmenden Beherrschung und Berechenbarkeit auszuloten. Und dennoch werden immer wieder erneut die Grenzen dieses Anspruchs auf Beherrschbarkeit und Berechenbarkeit auf vielfältige Weise vor Augen geführt. Die Niveaus (auch im Hinblick auf Komplexität) von Berechenbarkeit und Modernitätskritik werden gehoben; das Problem selbst dürfte unlösbar bleiben, solange davon ausgegangen werden muß, daß jede Lösung Folgen nach sich zieht, deren Auswirkungen nicht hinreichend antizipativ erfaßt werden können[6]. Angesichts der prinzipiellen Grenzen der Berechenbarkeit kann man

---

[5] Im TAB-Brief Nr. 7 heißt es bezüglich Öffentlichkeit und Gentechnik: In der Öffentlichkeit würde zwischen Risiken und Nutzen differenziert. "Demzufolge wäre die häufig geäußerte Ansicht, eine gesellschaftliche Überbewertung von Risiken der Gentechnik sei prinzipiell verantwortlich für das schlechte Image der Gentechnik, zu relativieren. Parallel zu anderen Querschnitts- und Großtechnologien zeigt sich auch bei der Gentechnik, daß der Öffentlichkeit neben staatlichen und etablierten Institutionen zunehmend sogenannte kritische Institutionen und Organisationen als Informationsquelle dienen. Zusätzlich scheint, wie in anderen europäischen Ländern auch, in Deutschland das Vertrauen der Öffentlichkeit in etablierte Institutionen zu sinken" (15).

[6] "Problemlösungen sind immer auch Problemursachen. Erfolgreiche Differenzierung bedeutet Leistungssteigerung innerhalb eines Problemfeldes auf Kosten von externen Effekten von außerhalb. ... Alle Versuche, unbeabsichtigte Folgen zu vermeiden, haben

ironischerweise auf die moderne Modernitätskritik rechnen! Sozialverträglichkeit der Einführung von neuen Technologien ist deshalb sogar essentiell unter dem Aspekt einer institutionalisierten Modernitätskritik zu betrachten. Somit kommt es darauf an, gescheit mit ihr umzugehen.

Erneut kommt eine prozedurale Seite von Sozialverträglichkeit zum Vorschein. Im Sinne der Konzeption Wiesenthals läge in der gezielten Nutzung von Modernitätskritik eine Chance. Es könnten intellektuelle und emotionale Ressourcen mobilisiert werden. Ein gesteigertes Reflexionsniveau zur Beurteilung der Sozialverträglichkeit einer Technik kann Ergebnis der Auseinandersetzung mit pluralistischen Werten und kontroversen Auffassungen sein. Dies kann hinführen zu dem, was Wiesenthal "Metarationalität" nennt. Eine gesteigerte Wertberücksichtigungsfähigkeit, effektive Lernprozesse, effiziente Verhandlungen und eine größere Offenheit für Optionen könnten die Gewinne sein.

Orientiert man sich an der schematischen Darstellung von Arten der Techniksteuerung nach Eichener und Mai, dann läßt sich der hier gemeinte Typus recht gut darin verorten.

Übersicht 2 Arten und Verfahren der Techniksteuerung (nach Eichener und Mai)

Art der Techniksteuerung	Akteure	Verfahren und Modi
politisch	Parlament, Regierung	Gesetze, Verordnungen, Verwaltungshandeln, Programmsteuerung, F&E-Förderung, Anreizsteuerung
gesellschaftlich	intermediäre Organisationen	Tarifverträge, technische Regeln, Normen und Vorschriften; Empfehlung, Beratung, Information, Transfer, Vermittlung von Wertvorstellungen
betrieblich	Unternehmensleitung, Management, technische und kaufmännische Abteilungen, Interessenvertretung	rechtliche und faktische Mitbestimmung

Der Akteur Netzwerke und das Verfahren Diskurs kämen hinzu.

Das institutionelle Arrangement hierfür hieße dann Technikfolgenabschätzung, allerdings eine Technikfolgenabschätzung, die weniger belehrt denn aufklärt und

---

ebenfalls unbeabsichtigte Folgen. Und die Korrektur unerwünschter Externalitäten schafft neue" (van den Daele 1990:17).

gewissermaßen diskursiv prozessiert[7]. Immerhin besteht dann die Chance, daß diskursive TA-Prozesse auf gesellschaftliche Teilrationalitäten Bezug nehmen und die entsprechenden Funktionsbereiche in Schwingung versetzen können. Sie können dadurch zu einer erweiterten Wahrnehmung von constraints und options angeregt werden (so etwa die Wirtschaft zum Einbau von Nebenzwecken, wie Willke es ausdrückt). Diese Variante von Techniksteuerung ist "weicher" und unverbindlicher als normative Regulierung. Und sie geht über den Horizont des politischen Entscheiders weit hinaus. Deutlicher als dies in der Vergangenheit sozial eingefordert worden ist, werden in den technologiepolitischen Diskursen die Konturen derjenigen Lebensformen gezeichnet, in denen die Nutzung einer in Frage stehenden Technik sich als besonders wünschenswert oder sogar als notwendig erweist. Aber auch umgekehrt: Durch Explikation von Ansprüchen an unterschiedliche Lebensformen können neue Möglichkeiten der Orientierung von Technikentwicklungen entstehen.

3.24.3 Gentechnisch gestützte Biotechnologie

Für eine Verständigung über die Sozialverträglichkeit der Gentechnologie können die Überlegungen von Woodhouse (1990) herangezogen werden. Zunächst reklamiert er die essentielle sozialwissenschaftliche Einsicht in die Unvermeidbarkeit von unbeabsichtigten Folgen sozialen Handelns[8]. Somit knüpft er an den zuvor schon gesicherten Befund der begrenzten Berechenbarkeit und Beherrschbarkeit an. Ein zweiter wichtiger Gesichtspunkt wird aus der Organisationsforschung gewonnen. Ist eine bestimmte technologische Praxis erst einmal halbwegs etabliert, sind kaum noch Zwischenkorrekturen und Weichenstellungen möglich. Es kommt nahezu regelmäßig zu sogenannten Verriegelungen (lock ins). Aus beiden gut belegten Beobachtungen kann schlußgefolgert werden, daß die Möglichkeiten einer wie immer verstandenen politischen und gesellschaftlichen Beeinflussung einer neuen Technologie in der frühesten Phase relativ am größten sind und mit der allmählichen Etablierung der Technologie immer stärker abnehmen. Woodhouse leitet hieraus vier Ziele ab:

1. Frühzeitige und leidenschaftliche, kontroverse Debatte über Implikationen, Strategien etc.;

---

[7] Die Verführung ist erheblich, im Interesse einer rationalen Vorgehensweise hierfür auch eine weitreichende Sozialverträglichkeitsprüfung vorzunehmen. Und wahrscheinlich ist sie dann auch unverzichtbar. Erneut wird man an die Grenzen der Berechenbarkeit stoßen.

[8] Es versteht sich, daß Woodhouse Technik als sozial konstruiert konzeptualisiert, "...cultural assumptions and power relations are intentionally or unintentionally designed into the innovation" (Woodhouse 1992:40).

2. eingebaute Flexibilität zur Verzögerung von akkumulierenden Verfestigungen und Anwendungsrichtungen; Ermöglichung von Richtungsänderungen aufgrund von Erfahrungen;
3. parallele Vorsichtsmaßnahmen gegenüber schwerwiegenden Fehlern unter Bedingungen höchster Unsicherheit und dem größten Potential an ungewollten Schädigungen;
4. bewußte Steuerung von Rückkopplungen und andere Wege des beschleunigten Lernens von Experimenten.

Daraus leitet Woodhouse eine Strategie des low-cost learning ab, basierend auf absichtlichem "Mißbrauch" und auf nicht vorhersehbaren Schwierigkeiten (Woodhouse 1988).

Rückwirkend könne man feststellen, daß die Entwicklung der Gentechnologie in den USA anfangs diesen Zielen weitgehend entsprochen habe. Verglichen mit anderen Technologieentwicklungen seien zunächst einmal interessante und wirkungsvolle Ansätze zu einer Strategie des low-cost learning entwickelt worden: Eine frühe Debatte, flexible Strukturierung, unmittelbare Vorsichtsmaßnahmen, und beschleunigtes Lernen kennzeichneten die Phase bis in die Mitte der 70er Jahre[9].

Hiervon trennt Woodhouse die aktuelle Phase der wirtschaftlichen Nutzung der Gentechnologie ab. Er behauptet, daß die gegenwärtigen Maßnahmen in Bezug auf die kommerzielle Nutzung der Biotechnologie den Anforderungen an low cost learning nicht entsprechen. Die gegenwärtige Praxis sei sogar gegen die Nutzung von low-cost learning gerichtet. Es gibt keine breite politische Diskussion vergleichbar zur frühen rDNA-Debatte und den Kontroversen über die Kernenergie. Auch die Regulierung sei problematisch: Wirtschaft und Wissenschaft würden ein "patchwork of conflicting regulatory policies" (zit. nach Pendorff 1985, p. 921) beklagen, aber sie scheinen sich daran gewöhnt zu haben (siehe hierzu auch Krimsky 1991).

Unbeabsichtigte Folgen und Verriegelungen innerhalb von technological trajectories scheinen mir die wesentlichen Gesichtspunkte einer mit dem Problem der Sozialverträglichkeit befaßten TA zu sein. Hiermit sind zwei Problemkomplexe bezeichnet, die typischerweise nur ex-post empirisch gehaltvoll aufgeklärt werden können. Man muß sich darüber im klaren sein, daß alle prospektiven Ansätze zur Verringerung von unbeabsichtigten und unerwünschten Folgen und zur "Auflockerung" von erstarrenden Strukturen wesentlich prozeduraler Natur nur sein können (wie zum Beispiel Regelungsvorbehalte in Abhängigkeit von regelmäßigen benchmarkings, technologiepolitische Diskurse). Das soll nicht ausschließen, daß

---

[9] Befristetes Moratorium "on many types of rDNA experiments" und das assessment meeting 1975 in Asilomar, Cal. Siehe hierzu auch Krimsky 1991. Low cost learning wurde möglich: "The units - bacteria and viruses - obviously were small ones; because of their quick replication, feed back accumulated very rapidly to narrow uncertainties. Altogether, then, the decisions were relatively inexpensive and reversible during the early period while uncertainty was highest" (Woodhouse 1992:45).

3.24 Probleme der Entscheidung über Sozialverträglichkeit 543

unterhalb dieser Ebene oder gleichsam im Hintergrund, so weit es irgend geht, Prüfungen der Vor- und Nachteile einer Technologie oder bestimmter Produkte stattfinden und hierfür mehr oder minder geeignet erscheinende Maßstäbe herangezogen werden. Sie bleiben immer unvollständig, und sie bleiben auch immer fragwürdig.

Woodhouse besteht darauf, daß noch zwei weitere Auswirkungsdimensionen berücksichtigt werden:

- Sozialökonomische und politisch-organisationale Konsequenzen des Technikeinsatzes und
- die soziale und kulturelle Natur von technologischen Risiken (nicht nur Umwelt, Sicherheit, Gesundheit)[10].

Man könnte diese als Konkretisierungen von unbeabsichtigten Folgen und Beharrungstendenzen interpretieren. Auf die Risikodimension soll hier nicht eingegangen werden. Für die sozio-ökonomische und politisch-organisationale Dimension wird nachfolgend ein Beispiel angeführt.

Zunächst ist es einleuchtend, die Suche nach den Auswirkungen einer neuen Technologie auch in den bezeichneten Richtungen vorzunehmen. Allerdings muß hierbei beachtet werden, ob diesbezügliche Untersuchungen auf die Technologie (und freilich das relevante Umfeld) als solche abzustellen hätten oder *produktbezogen* anzusetzen wären. Diesem Gedanken trägt Sheldon Krimsky Rechnung. Er erörtert einerseits allgemeine Probleme der gegenwärtigen Situation in der gentechnisch gestützten Biotechnologie, und er schlägt andererseits ein produktbezogenes Prüfungsverfahren im Hinblick auf Kriterien vor, die wir wohl hierzulande als solche der Sozialverträglichkeit interpretieren würden.

Unter dem Aspekt der eher allgemein benennbaren Auswirkungen stellt Krimsky eine in seinen Augen problematische Veränderung der Beziehungen zwischen Wirtschaft und Wissenschaft in den USA heraus. Da die Entwicklungen in Deutschland auf dem Gebiet der gentechnisch gestützten Biotechnologie längst noch nicht den amerikanischen Stand erreicht haben, ist eine Auseinandersetzung mit den Beobachtungen der Situation in den USA für uns sicher lehrreich. Ähnlich wie Woodhouse unterscheidet Krimsky die Phasen der Entwicklung in den USA bis zum Moratorium der wissenschaftlichen Elite in bezug auf einige rekombinierte DNA und die Phase der Kommerzialisierung.

Seiner Beobachtung zufolge habe die Wissenschaft mit der zunehmenden wirtschaftlichen Verwertung der Gentechnik eine fundamentale Wandlung durchlaufen. Aufgrund von wechselseitigen finanziellen Verflechtungen zwischen einzelnen Forschern, Instituten, Fakultäten und Wirtschaftsunternehmen habe ein shift von der Grundlagenforschung hin zur stark anwendungs- und verwertungsbezogenen Forschung stattgefunden. Als Problem wird zum einen eine

---

[10] Auf das von Woodhouse genannte Problem der sozialen und kulturellen Natur von technologischen Risiken (nicht-technisch bedingte Risiken, Perrow 1984) will ich hier nicht eingehen. Hierzu müßten konkrete Fallanalysen durchgeführt werden können.

als zu weitgehend empfundene Einflußnahme von wirtschaftlichen Interessen auf die Definition von Forschungsgebieten benannt. Damit sei eine Vernachlässigung der weiteren Grundlagenforschung verbunden, die weit weniger einer wirtschaftlichen Verwertung zugänglich sei. Zum anderen gehe mit dieser strukturellen Wandlung in den Beziehungen Wissenschaft - Wirtschaft Krimsky zufolge eine kritische Ressource verloren, die anfänglich für die Phase der innerwissenschaftlichen Selbststeuerung der Gentechnologie von ausschlaggebender Bedeutung gewesen sei: das kritische und unabhängige Urteil der Experten selbst[11].

Im Kern besagt diese Aussage, daß mit der Kommerzialisierung eine Absenkung des wissenschaftseigenen Kontrollniveaus stattgefunden habe. Mit Blick auf die immer wieder in die öffentliche Diskussion eingebrachten Bedenken gegen die Gentechnologie wäre hiermit eine entscheidende Quelle für Vertrauensverlust identifiziert.

Nun zu den Vorschlägen Krimsky's über die *produktbezogene Sozial-erträglichkeitsprüfung*.

Hierfür differenziert er sieben Variablen:

1. ecological impacts, direct and indirect effects on natural systems, sustainable utilization of resources, species and habitat diversity;
2. health effects, on humans, physical and psychological effects and their distribution in the population;
3. ethical soundness, impact on ethical norms, moral beliefs or general quality of life principles;
4. economic productivity, contributions to efficiency of production, new wealth, international markets or new jobs;
5. distributive justice, contributions to the distribution of existing resources or the concentration of new or old wealth;
6. social needs, contributions to essential needs related to health, well being, education, social order or environmental quality;
7. market demand fulfillment of an existing or potential market demand sufficient to justify commercial development whether or not it meets social need.

Einerseits differenzieren die Variablen relativ gut zwischen Risikofaktoren im engeren Sinne und den sozio-ökonomischen und sozio-kulturellen Dimensionen. Andererseits wird die Problematik einer solchen Bewertung gut anschaulich. Die Variablen lassen sich zunächst einmal unterschiedlich genau operationalisieren. Die ökologischen Auswirkungen sind offenkundig weniger treffsicher bestimmbar als beispielsweise diejenigen auf der ökonomischen Dimension. Grundsätzlich gilt

---

[11] But the greatest loss to society is the disappearance of a critical mass of elite, independent, and commercially unaffiliated scientists to whom we turn for vision and guidance when we are confounded by technological choices. Once the erosion of an independant university sector is accomplished, the stage is set for what University of Washington Professor Philip Bereano aptly described as 'the loss of capacity for social criticism'"(Krimsky 1991:79).

3.24 Probleme der Entscheidung über Sozialverträglichkeit

jedoch für alle Variablen, daß sie wiederum aus einer Reihe von Subvariablen zusammengesetzt sind, die bei einer einzelnen Produktart sowohl gleichsinnige wie gegenläufige Merkmalausprägungen annehmen können. Somit muß schon konzeptionell mit einerseits verstärkenden, andererseits mit neutralisierenden Einzeleffekten gerechnet werden. Man kommt also um die Bildung von umstrittenen Indikatoren und deren Bewertung im Rahmen eines Gesamtindexes pro Variable nicht herum.

Eine weitere Schwierigkeit liegt in der Operationalisierung von Konstrukten, die den Variablen zugrunde liegen. Das kann am Beispiel der Variable "social needs" erläutert werden. Bei einer sehr eng gefaßten Definition, etwa der Konzentration auf Grundbedürfnisse wie Nahrung, Gesundheit und Wohnen, werden die Meßprobleme handhabbar. Ein solches Konzept von sozialen Bedürfnissen ist aber kaum mit den vielfältigen Ansprüchen der Bevölkerung an moderne Lebensbedingungen vereinbar. Soziale Bedürfnisse in modernen Gesellschaften umfassen auch Bildung, kulturelle Teilhabe und demokratische Partizipation. Die gesellschaftlich geltenden Standards hierfür unterliegen dem Wandel, und sie werden selten einheitlich bewertet. Deshalb wird das Problem nicht zu umgehen sein, angreifbare Annahmen und normativen Setzungen vorzunehmen.

Im Zusammenhang damit stehen Probleme der Definition von Referenzpunkten von Bewertungen. Es sei an die Überlegungen zu Beginn erinnert. Wie wird der Gegenstand abgegrenzt, für den die (möglichen) Auswirkungen einer Produktart bestimmt und bewertet werden sollen? Soll nur ein Ausschnitt eines gesellschaftlichen Teilsystems oder ein Teilsystem mit allen seinen Verästelungen betrachtet werden? Ist es angezeigt die gesamte Gesellschaft (eine nationale Volkswirtschaft etwa) oder gar einen globalen Maßstab heranzuziehen? Jedesmal wird man zu unterschiedlichen Ergebnissen kommen.

Wie sollen die Merkmalausprägungen auf den sieben Variablen behandelt werden, gewichtet oder gleichrangig? Können hohe Produktivität und geringe Verteilungsgerechtigkeit, um nur ein Beispiel zu nehmen, dennoch Sinn machen? Und weiter: Nehmen wir an, eine Bewertung kommt mit Ausnahme für die Variable Ecological Impacts auf allen anderen Variablen zu eindeutig positiven Ergebnissen. Die ökologischen Auswirkungen aber ließen sich unzweideutig nur negativ bewerten. Wie muß dann gewichtet und entschieden werden?

Kommen wir zur Anwendung des Schemas durch Krimsky selbst zurück. Für jede Variable sind die Bewertungsmerkmale positiv, neutral/unentscheidbar und negativ (+ , 0 , -) vorgesehen. Bei sieben Variablen sind dann $3^7 = 2.187$ Fälle unterschiedlicher Bewertung möglich. Es lassen sich spezifische Bewertungsprofile ableiten, wenn Einteilungen wie folgt vorgenommen werden:

Übersicht 3 Bewertungsschema für biotechnische Produkte
(Quelle: S. Krimsky 1991)

Index Variable		Best Case	Favored	Mixed	Worst Case
EI	Ecological Impacts	+	0	–	–
HE	Health effects on humans	+	+	0	–
ES	Ethical Soundness	+	+	0	–
EP	Economic Productivity	+	0	+	–
DJ	Distributive Justice	+	+	–	–
SN	Social Needs	+	+	–	–
MD	Market Demand	+	+	+	–

Mit diesem Schema bewertet Krimsky die (möglichen) Folgen von

- Rinderwachstumshormon (*Bovine Growth Hormone*),
- Herbizidresistenten Pflanzen (*Herbicide-Resistant Plants*)

Die Ergebnisse sind in der nachfolgenden Übersicht dargestellt.

Übersicht 4 Bewertungen von BGH und HRP
(Quelle: S. Krimsky 1991)

Index Variable		BGH	HRP
EI	Ecological Impacts	0 or –	0
HE	Health effects on humans	0	–
ES	Ethical Soundness	0	0
EP	Economic Productivity	+	+
DJ	Distributive Justice	–	–
SN	Social Needs	–	+ 0 –
MD	Market Demand	0 or –	+

3.24 Probleme der Entscheidung über Sozialverträglichkeit 547

Nach den Bewertungsmaßstäben, die Krimsky selbst anlegt, müßte man das Produkt Rinderwachstumshormon diskriminieren, und das Produkt herbizidresistente Pflanze wäre als tolerabel einzustufen[12].

Über die Kriterien, die Variablen, deren Operationalisierung und die Maßstäbe der Bewertung müßte nicht nur innerhalb der Wissenschaft Einigkeit bestehen[13]. Unter solchen Voraussetzungen könnte man Experten die Durchführung von Sozialverträglichkeitsprüfungen überlassen. Diese Voraussetzungen sind aber nicht erfüllt. Und selbst wenn: Wie sähe dann ein wirksames Arrangement von *Techniksteuerung* aus, das die Ergebnisse von Sozialverträglichkeitsprüfungen in geeigneter Weise umsetzt? Krimsky plädiert für die Stärkung sogenannter "social guidance systems". Dahinter verbirgt sich etwas ähnliches wie die von mir bevorzugte Variante einer TA, die darauf baut, bei den relevanten gesellschaftlichen Akteuren eine gesteigerte Aufmerksamkeit (Anhebung des Beurteilungs- und Reflexionsniveaus) für die vermeintlichen Vor- und Nachteile einer Technologie oder einer Produktart zu erzeugen. Gesteigerte "awareness" ist eine wesentliche Voraussetzung dafür, daß in die Ökonomie sogenannte Nebenzwecke eingebaut werden (etwa ökologische Kriterien oder veränderte Ansprüche an die Qualität von Arbeitsplätzen, die dann freilich zu Hauptzwecken werden). Das gelingt natürlich nur, wenn Nebenzwecke von relevanten Akteuren in der Wirtschaft auch als ökonomische Chancen interpretiert werden.

Diese Auffassung bedingt wesentlich eine Prozeßorientierung von TA. Zugleich werden dadurch Prüfungen, wie sie unter der Überschrift Sozialverträglichkeit gehandelt werden können, erforderlich, weil Informationen - wie unvollständig auch immer - diesen Prozeß entscheidend fundieren. Dennoch bleibt ein solches Unterfangen prinzipiell fragwürdig. Das Dilemma kann allenfalls abgemildert werden, das aus dem institutionalisierten Anspruch auf Beherrschbarkeit und Berechenbarkeit und der prinzipiellen Begrenzung von Beherrschbarkeit und Berechenbarkeit resultiert. Somit ist es trügerisch anzunehmen, daß eine noch so gediegene Sozialverträglichkeitsprüfung die Auseinandersetzung mit der Modernitätskritik ersetzen kann, die ihre Legitimation aus diesem Dilemma bezieht. Diese Auseinandersetzung kann lediglich so weit wie möglich rational beeinflußt werden.

---

[12] Auch Woodhouse legt sehr viel Wert auf die sozio-ökonomischen Risiken. Diese würden seiner Ansicht nach hauptsächlich den Gruppen aus der Dritten Welt aufgeladen. Sie seien Opfer des Anachronismus einer *globalen* Ökonomie mit *nationalstaatlichen* Politiksystemen.

[13] Aus den Erfahrungen mit dem Diskurs-Projekt zur Herbizidresistenz von Pflanzen am WZB kann immerhin geschlußfolgert werden, daß eine Eingrenzung der Verträglichkeitsprüfung auf Risiken im engeren Sinne nicht angemessen ist. Dies führt nur dazu, daß die Umweltgruppen ihre Bedenken als Sicherheitsbedenken ausgeben, wenn für ihre wesentlichen Anliegen (alternative Lebensformen) keine Dimensionen in einem Diskurs anerkannt verfügbar sind. Siehe hierzu Gill 1993 und Woodhouse 1992, der auf das Hauptanliegen von Umweltgruppen abhebt: neue Lebensstile und soziale Gerechtigkeit.

Eine Zusammenfassung bis hierher ergibt folgendes:

1. Konzepte zur Sozialverträglichkeit führen nicht über die Möglichkeiten hinaus, die auch der Technikfolgenforschung und Technikfolgenbewertung ohnehin offenstehen. Anerkannte Maßstäbe von Sozialverträglichkeit existieren nicht.
2. Es kann nicht ex cathedra über eine wie immer verstandene Sozialverträglichkeit entschieden werden. Wenn Sozialverträglichkeit tatsächlich wissenschaftlich geprüft werden soll, muß dies von einer gesellschaftlichen Warte der Beobachtung aus erfolgen. Da jeder gesellschaftliche Wandel irgendwie mit Interessenverletzungen verbunden ist, könnte eine Prüfung der *gesamtgesellschaftlichen*[14]) Sozialverträglichkeit festzustellen versuchen, ob eine *überwiegende* Sozialverträglichkeit vorliegt. Allerdings muß man sich von vornherein über die praktische Undurchführbarkeit derartiger Prüfungen im klaren sein. Es können immer nur ausgewählte Aspekte in Bezug auf ausgewählte Kriterien untersucht und bewertet werden. Derartige Verfahren bleiben mit unlösbaren Problemen der Begründung und Rechtfertigung behaftet.
3. Es kann im übertragenen Sinn von unbeabsichtigten Folgen der Sozialverträglichkeitsprüfung gesprochen werden. Versuche der Sozialverträglichkeitsprüfung tragen zwangsläufig zur Identifizierung und Kommunizierung von *Optionen* bei. Insofern leisten sie einen Beitrag dazu, daß der gesellschaftliche Horizont im Hinblick auf vorhandene Möglichkeiten schärfer konturiert wird. Es hängt sodann entscheidend von Inhalt und Verlauf *sozialer Prozesse* ab, ob und in welcher Weise gesellschaftliche Akteure der sichtbar gemachten Optionen gewahr werden und diese auch nutzen.
4. Es sind die prozeduralen Seiten von Sozialverträglichkeit wichtig. Immer wird es auf irgend eine Weise darauf ankommen, die Einführung einer neuen Technik den sozial geltenden Maßstäben gemäß zu steuern. Steuern ist hier umfassend gemeint. Alle Formen, von der selbstreferentiellen Steuerung bis zur normativen Regulierung sind hierin eingeschlossen. Sicher wird es vom Ausgang diagnostischer Bemühungen abhängen, welche Formen gesellschaftlicher Techniksteuerung adäquat sind. Freilich darf nicht übersehen werden, daß

---

14 Gerade am Beispiel der Gentechnik wird die Problematik der Eingrenzung eines Wirkungszusammenhangs auf nationalstaatliche Volkswirtschaften immer wieder hervorgehoben. Die Effekte können innerhalb dieser Grenzen für eine Gesellschaft überwiegend positiv und erwünscht sein, für andere Gesellschaften indessen verheerend. So wird oft nachdrücklich die Gefahr der Destruktion von ruralen Lebensformen in Ländern der Dritten Welt für den Fall der weiteren kommerziellen Nutzung der Gentechnik in der Landwirtschaft benannt.

Auch eine internationale Ausrichtung einer "Sozialverträglichkeitsprüfung" muß nicht unbedingt zum Kern des Problems vorstoßen. Schon konkurriert die "extraterrestrische" Perspektive mit der globalen. In beiden Fällen aber bleibt die Schwierigkeit, daß Beobachtung und Steuerung aufgrund von Beobachtung strikt voneinander getrennt sind. "Es gibt keine Instanz, keine Lobby für den Planeten Terra als komplexes Gesamtsystem" (Eckmiller 1993: 93).

die Prüfung der Sozialverträglichkeit immer nur eine zusätzliche Anstrengung darstellt, die das ohnehin schon etablierte Repertoire von Prüfungen und Regulationen ergänzen kann.
5. Im Verlauf derartiger Prozesse stellt sich heraus, ob eine Technik oder ein bestimmtes Produkt als sozialverträglich gilt. Genau in dieser Hinsicht, der *sozialen Geltung* von Sozialverträglichkeit, bestehen für wissenschaftliche Prüfungen der Sozialverträglichkeit Möglichkeiten der rationalen Prozeßbeeinflussung, etwa mit wissenschaftlichen und gesellschaftlichen Diskursen. Aber die Prozesse selbst können dadurch nicht ersetzt werden. Man kann entschieden sagen: Die Wissenschaft kann den Raum der sozialen Geltung zwar nie exklusiv besetzen, aber sie kann und muß an seiner Ausfüllung teilnehmen.
6. Bemühungen der Prüfung und Herstellung von Sozialverträglichkeit bleiben selbst im Dilemma der Moderne gefangen. Alle Anstrengungen um Aufklärung von Wirkungszusammenhängen einer neuen Technik erfordern den Einsatz der anerkannten Methoden zur Berechenbarkeit, und alle Anstrengungen zur Kontrolle von unerwünschten Nebenwirkungen setzen den Einsatz von verfügbaren Verfahren zur Herstellung von Beherrschbarkeit voraus. An deren jeweiligen Grenzen baut sich gleichsam die Modernitätskritik immer wieder neu auf. Es kann somit immer nur das Niveau von Aufklärung und Gegenaufklärung (von Entzauberung und Entzauberung der Entzauberung) angehoben werden.

3.24.4 Biotechnologische Industrien für Baden-Württemberg?

Kommen wir nun zur Frage der Pilotstudie von Schell/Hohl/Mohr, ob die gentechnisch gestützte Biotechnologie eine Chance für neue Industrien in Baden-Württemberg ist. Die Studie wird nicht von der Frage nach der Sozialverträglichkeit her motiviert, sondern von einer genuin industriepolitischen Fragestellung. Nehmen wir an, daß bei der Formulierung von industriepolitischen Strategien die Berücksichtigung von Aspekten Sinn macht, die häufig und zunehmend unter dem Wort Sozialverträglichkeit behandelt werden.

Im konventionellen Verständnis von Sozialverträglichkeit müßte jetzt zunächst einmal ein aufwendiges Prüfverfahren eingeleitet werden. Zu bedenken wäre von vornherein, daß aufgrund der Ausgangsfragestellung entscheidende Dimensionen einer umfassenden Sozialverträglichkeitsprüfung abgeschnitten wären. Zumindest müßte Konsens darüber erzielt werden, die Prüfung der möglichen Auswirkungen einer Technik auf eine politisch nur abgrenzbare Region zu beschränken. Sehen wir hiervon einmal ab.

Krimsky behauptet für die USA eine Absenkung des Kontrollniveaus im Blick auf unerwünschte Folgen der Gentechnik seit der Phase der verstärkten wirtschaftlichen Verwertung. Wie sehen die diesbezüglichen Verhältnisse in Deutschland und in Baden-Württemberg aus?

Die gegenwärtigen Austauschbeziehungen, Vernetzungen und Verflechtungen zwischen gentechnischen Experten aus der Wissenschaft und der Wirtschaft in Deutschland wären unter dem Gesichtspunkt des Kontrollniveaus anhand von verfügbaren Erkenntnissen oder neuen Untersuchungen zu bestimmen. Die oft anzutreffenden und auch von mir geteilten Präferenzen für das flexible und effiziente Modell der Selbststeuerung müßten dann auf dem Hintergrund dieser Befunde gegebenenfalls neu überdacht werden. Allerdings schiene mir eine Fragestellung zu kurz angesetzt zu sein, in der lediglich die Veränderung der Austauschbeziehungen zwischen Wissenschaft und Wirtschaft aufgeklärt werden sollen. Vielmehr wäre dann eine *erweiterte* und eine *komparative* Perspektive wichtig.

In einer *erweiterten* Perspektive müßten auch Funktions- und Rollenveränderungen in den Blick genommen werden. Sind vielleicht wichtige Aufgaben der Risiko- und Folgenkontrolle der unmittelbaren Selbststeuerung entwachsen und von anderen Agenturen (privaten, öffentlich-rechtlichen, gemeinnützigen) appropriiert worden? Angesichts der zunehmenden Hinwendung zur wirtschaftlichen Verwertung und industriellen Basierung eines neuen Wissensgebietes wäre das eigentlich zu erwarten. In diesem Zusammenhang kann dann die nahezu institutionalisierte Modernitätskritik (Umweltgruppen, Öko-Institute, Untergruppen in politischen Parteien, grüne Parteien) auch funktional verortet werden. Aus der Konfrontation zwischen gegensätzlichen Ansichten über Risikokontrolle und -vorsorge beispielsweise entstehen u. U. Sekundärprozesse, die zuvor nicht intendierte Formen von Techniksteuerung hervorbringen können.

In der *komparativen* Untersuchungsanlage könnte an die industriegeschichtlich gut aufgeklärten und dokumentierten Vorgänge der institutionellen und professionellen Differenzierung von Chemie und Physik im Zuge der Industrialisierung und an den damit verbundenen Prozeß der Hervorbringung der Ingenieurwissenschaften angeknüpft werden. Auch damals kam es zu Funktionsverschiebungen zwischen Wissenschaft, Wirtschaft und Staat. Eine Reihe von professionellen Regulierungsinstanzen (etwa die verschiedenen Berufsverbände, der VDI als Dachverband), von staatlichen Agenturen (Gewerbeschutz, die berühmten Kesselschutzgesetze, Maschinenschutzgesetze, Genehmigungsbehörden) und von intermediären Organisationen (TÜV, Berufsgenossenschaften usw.) sind im Grunde Begleiterscheinungen der verschiedenen Phasen der Industrialisierung. Heute ist beispielsweise die enge Verzahnung zwischen Wirtschaft und Ingenieurwissenschaften an den Universitäten und Forschungseinrichtungen im Hinblick auf die Innovationsfähigkeit der Wirtschaft unbestrittener Standard. Man könnte nun eine analoge Entwicklung in der Gentechnik vermuten. Freilich müßten hierbei die Eigenarten des Faches und die Bedingungen der Umsetzung von Wissen in Produkt beachtet werden. So könnte es fraglich bleiben, daß es zu vergleichbar klaren Spezialisierungen zwischen Grundlagenwissenschaften und angewandten Wissenschaften kommt, weil eine weitgehende funktionale Differenzierung in der Gentechnik zwischen Forschung, Entwicklung und Produktion offenbar zumindest gegenwärtig kaum möglich scheint.

Die Befürchtungen über eine vermeintliche Absenkung des Kontrollniveaus in der gentechnisch gestützten Biotechnologie für die Phase der wirtschaftlichen Ver-

3.24 Probleme der Entscheidung über Sozialverträglichkeit   551

wertung können somit m. E. ernsthaft nur im Lichte einer erweiterten und komparativen Untersuchungsanlage angemessen aufgeklärt werden. Um die Vorschläge von Woodhouse aufzugreifen: Welche Verfahren des low cost learning sind in Baden-Württemberg bereits institutionalisiert, und welche können bzw. könnten noch hinzukommen? Die Beantwortung dieser Fragen hellt zugleich das relevante Netz von Techniksteuerung auf, das gegenwärtig wirksam ist. Unzweifelhaft muß dabei auch Art und Umfang der Teilhabe von Umweltgruppen (als Repräsentanten von Modernitätskritik) daran erkennbar werden.

Man könnte die Krimsky'schen Variablen an die Fragestellung anpassen. Es entstünden mindestens drei Möglichkeiten der Aggregierung: Es kann nach der Sozialverträglichkeit der Gentechnik in Baden-Württemberg gefragt werden, es kann danach gefragt werden, ob die Verwendung dieser Technik in den Wirtschaftszweigen Landwirtschaft, Lebensmittelindustrie und Pharmazie/Chemie auf Sozialverträglichkeit geprüft werden soll, und es kann schließlich die Sozialverträglichkeit jeder einzelnen Produktart zur Debatte gestellt werden.

Nehmen wir an, Experten verständigen sich mehrheitlich darauf, daß eine Aggregierung auf der Ebene von Wirtschaftszweigen angemessen ist. Das Variablen-Set von Krimsky hätte dann folgenden Zuschnitt. Pharma- und Lebensmittelindustrie sowie Landwirtschaft und Umwelttechnik böten dann die Referenzen zur Ermittlung und Bewertung von Chancen und Auswirkungen der Gentechnik.

Übersicht 5   Variablen-Schema zu den Auswirkungen der Gentechnik in Baden-Württemberg

Index Variable	Pharma	Food	Agrar	Umwelt
EI Ecological Impacts				
HE Health effects on humans				
ES Ethical Soundness				
EP Economic Productivity				
DJ Distributive Justice				
SN Social Needs				
MD Market Demand				

Die ökologischen Auswirkungen: In der Pilotstudie bleiben verständlicherweise einige Fragen ungeklärt. Zwar wird der ordnungsrechtliche Rahmen für die Ansiedlung bzw. Ausweitung gentechnischer Industrien in Baden-

Württemberg nicht diskutiert. Aber auch außerhalb der Rechtsbestimmungen bleibt die Frage der ökologischen Folgen offen. Die Antworten hierzu differieren lediglich nach dem jeweiligen Standort. Während die einen sagen, daß gentechnisch-spezifische Risiken nicht vorlägen oder daß über Folge- und Spätwirkungen derzeit keine gesicherten Aussagen möglich seien, insistieren die anderen darauf, daß nennenswerte und gentechnisch-spezifische Risiken nicht auszuschließen seien. Die Risikodebatte scheint aber abgeflaut. Soweit mit dem verfügbaren Wissen Aussagen möglich sind, wird wohl immer produktspezifisch differenziert werden müssen. Darauf kann ich deshalb in einer notwendig allgemeinen Betrachtung nicht eingehen.

Die Auswirkungen auf die Gesundheit: Die Pilotstudie enthält eine Fülle von Hinweisen auf einen positiven impact der Gentechnik auf Gesundheit. Ich gehe davon aus, daß die heute möglichen und bereits realisierten Beiträge der Gentechnik zur Verbesserung der Gesundheit in den vier Industriezweigen vorkommen, wenn auch unterschiedlich verteilt. Diese müßten systematisiert und auf die vier Industriezweige aggregiert werden können. Freilich müßte man sich über eine brauchbare Definition von Gesundheit verständigen.

Im engeren Sinne sind auch Fragen des Arbeits- und Gesundheitsschutzes berührt. Zu klären wäre in diesem Zusammenhang, ob die bereits geltenden Normen und Vereinbarungen hierfür ausreichen. Aus der Erfahrung weiß man, daß bei neuen Technologien oft ein spezifischer Regulierungsbedarf entsteht. Nötigenfalls müßten Fallstudien hierüber die erforderliche Klarheit erbringen.

In diesem Zusammenhang werden auch neue Anwendungsmöglichkeiten der Gentechnik erörtert. Hierbei wird an die tradierte Problemstellung der Selektion nach Eignung und der institutionalisierten Prävention angeknüpft. Die Möglichkeiten der Genomanalyse in der Arbeitswelt (Ammon 1993) können zu neuen Problemen der Erzielung von Einverständnis mit Arbeitnehmern, Interessenvertretern und Gewerkschaften führen. Insofern wäre aufzuklären, ob und mit welchen Erfahrungen derartige Anwendungen in den vier Industriezweigen Baden-Württembergs vorkommen.

Ethische Fragestellungen: Es gibt ein Bedenken, das genereller Art ist und hier notiert werden muß: Es stammt von E. U. Weizsäcker. Er sieht mögliche Gefahren für die weitere Evolution, die dadurch entstehen können, daß der Optionenhaushalt verengt wird[15]. Deshalb sagt er: "Aus ökologisch-evolutionstheoretischer Sicht liegt die Gefahr der Gentechnologie also weniger in ihren

---

[15] Eine Monokultur von Übertüchtigen ist nach dem Wortverständnis einer durch Tüchtigkeit und Fehlerfreundlichkeit charakterisierten Evolution der Fälle eine Sackgasse, aus der man mangels offengehaltener Optionen nicht mehr herauskommt. Die technische Lösung für die Vorratshaltung von Optionen, die Genbank, ist quantitativ der natürlichen Population mit ihrem großen und fluktuierenden Genpool um Größenordnungen unterlegen. Die Genbank ist insofern weniger fehlerfreundlich als die natürliche Population" (Weizsäcker 1993: 283f.).

3.24 Probleme der Entscheidung über Sozialverträglichkeit

Unfällen und Mißerfolgen als in ihrem flächendeckenden Erfolg" (Weizsäcker 1993: 284). Dieses Argument wird den Experten der Gentechnik sicher sehr vertraut sein. Und möglicherweise kann es mit guten Gründen entkräftet, zumindest für Produkte und Industriezweige stark differenziert werden. Unter dem Aspekt der Debatte in der Öffentlichkeit über die Erwünschtheit von Gentechnik wird der Einwand Weizsäckers vermutlich wirksam bleiben. Es käme somit darauf an, die konkreten Antworten zusammenzustellen, die hierzu vorliegen.

Wirtschaftliche Produktivität: Auf den Dimensionen dieser Variablen hat die Pilotstudie ihren Schwerpunkt. Über den möglichen Verlauf der Ausbreitung wirtschaftlicher Anwendungen der gentechnisch gestützten Biotechnologie wird lediglich auf die Szenarien von Ammon und Rautenberg verwiesen. Erstens müßte geklärt werden, ob die dort genannten vier Szenarien überzeugend konstruiert sind (welche Kriterien müssen herangezogen werden?), und zweitens ist herauszufinden, welches der - dann möglicherweise modifizierten - Szenarien die höchste Plausibilität beanspruchen kann. Dies erfordert u.a. eine solide Auseinandersetzung mit zwei Konzepten, die prima facie offenbar nichts miteinander zu tun haben: dem Konzept der Triadenökonomie (siehe hierzu die strategischen Optionen von Hoechst, Pilotstudie: 6f.) und dem Konzept des Mittelstandes.

Die Überlegungen in der Pilotstudie zur Ansiedlung und Ausbreitung wirtschaftlicher Anwendungen der gentechnisch gestützten Biotechnologie in Baden-Württemberg müßten an den Implikationen einer Globalisierung der Wirtschaft (die sich gegenwärtig als Triadenökonomie konkretisiert) und an den spezifischen Merkmalen mittelständischen Wirtschaftens geschärft werden.

Die eindrucksvolle globale Ausrichtung von Hoechst kann als allgemeines Phänomen für die Orientierung der meisten großen Unternehmen angesehen werden. Die industrielle Branche bzw. der Wirtschaftszweig scheinen hierfür nicht den Ausschlag zu geben. Das bedeutet aber, daß die Chancen für eine gentechnische Industrie in Baden-Württemberg an den Grenzen konkretisiert werden müssen, die dann schon durch die globale Ausrichtung gezogen sind. So müßte gefragt werden: Was ist das jeweilige Marktpotential für den europäischen Teil der Triade, und welchen Anteil kann Baden-Württemberg daran erlangen?

Das Mittelstandskonzept müßte auf seine weitere Tragfähigkeit überprüft werden. In der Pilotstudie werden die oft zitierten Vorzüge (Flexibilität, Innovationsfähigkeit) mittelständischer Unternehmen gleichsam "fortgeschrieben". Es müßte aber geprüft werden, ob und in welcher Hinsicht das noch berechtigt ist. Die Zahlen zu den Forschungsbudgets der Unternehmen (nach Größenklassen aufgeschlüsselt) und die Aussagen zur Forschungsintensität der (konventionellen) Pharmaindustrie sowie die Angaben über die Forschungsintensität in der Biotechnologie geben Anlaß für Zweifel, ob die mittelständischen Unternehmen hinsichtlich Kapitalausstattung, Finanzierung und innovativem F&E-Personal überhaupt Mindestvoraussetzungen für entsprechende Engagements in den neuen Industrien erfüllen. Die erwähnten erfolgreichen Einzelbeispiele dürfen den Blick auf die tatsächliche Situation nicht trüben. An anderer Stelle wird in der Pilotstudie auf die funktional nicht dispensierbar enge Verzahnung von Forschung, Entwicklung und Produktion hingewiesen. Die Triftigkeit dieser These unterstellt: Die mittelständischen Unternehmen müßten danach in ihrer gegenwärtigen Struktur in den neuen gentechnisch gestützten Biotechnologien eher abnehmende Chancen haben. So müßte auch geklärt werden, ob die vermuteten Chancen für Nischenproduzenten realistisch sind.

Grundsätzlich deutet sich hier ein Dilemma an: Wie kann hoher Kapitalbedarf für F&E und gegebenenfalls für Markterschließung kompatibel gemacht werden mit der Ausrichtung auf Marktnischen? Sind nicht gerade in der neuen Biotechnologie Skalenerträge eine conditio sine qua non?

In diesem Zusammenhang kann auf Thesen von amerikanischen Beobachtern aufmerksam gemacht werden. Woodhouse und Krimsky gehen beispielsweise davon aus, daß die wirtschaftlichen Chancen der Biotechnologie in erster Linie von den kapitalstarken Konzernunternehmen genutzt werden dürften. Sie haben Zugang zu den Innovationen durch eigene F&E-Kapazitäten, Patente und nötigenfalls Lizenzen. Sie kontrollieren wichtige Vertriebswege und verfügen über ungleich günstigere Finanzierungsmöglichkeiten für kostenintensive Produktinnovationen. Es ist somit plausibel, im Zusammenhang mit der weiteren wirtschaftlichen Nutzung der Biotechnologie eine überproportional hohe Beteiligung von multinationalen Konzernen zu erwarten. In Verbindung damit wäre eine Umstrukturierung der mittelständischen Unternehmen wahrscheinlich: Sie könnten in verstärkte Abhängigkeit vom Zugang zu relevantem Know-how bzw. zu monopolartig bewirtschafteten Vorprodukten (Lizenzen, Kontigentierungen, Marktabgrenzungen) geraten. Es könnte sich somit als kontraproduktiv erweisen, wenn Innovationsstrategien und eventuell öffentliche Förderungen zu stark auf einen Mittelstand setzen, der möglicherweise die Erwartungen strukturell gar nicht erfüllen kann[16].

Entsprechend vage müssen die Abschätzungen von Arbeitsplatzgewinnen bleiben. Hinzu kommt: Da Biotechnologie auch zur Substitution konventioneller Produkte beiträgt, müssen die dadurch u. U. entstehenden Arbeitsplatzverluste beachtet werden. Freilich dürfen die Substitutionseffekte den neuen Industrien nicht angelastet werden. Sie entstünden auch, wenn die Produkte importiert würden.

Besonders diskrepant erscheinen mir die gegenwärtigen Unternehmensstrukturen in der baden-württembergischen Lebensmittelindustrie und die Anforderungen an F&E in biotechnologischen Lebensmittelindustrien.

Generell: Aus der These der notwendigen Verzahnung von Forschung, Entwicklung und Produktion kann m. E. die Vermutung abgeleitet werden, daß für Arbeitsteilungen und qualifikatorische Differenzierungen und Spezialisierungen vergleichsweise enge Grenzen gezogen sind. Das würde bedeuten, daß der anfänglich beobachtbar hohe Akademikeranteil an den Beschäftigten in biotechnologischen Anlagen auch mittelfristig stabil bliebe. Die Implikationen für Studium, Aus- und

---

[16] Es sei auf das Beispiel des Unternehmens hingewiesen, das bei DM 80 Mio. Umsatz DM 13 Mio investierte. Dies gelang nur unter Beteiligung von Fördermitteln! - Sind Kooperationen, Fusionen, Konzentrationen effizienter?

3.24 Probleme der Entscheidung über Sozialverträglichkeit

Weiterbildung liegen auf der Hand. Deshalb sollte noch einige Sorgfalt auf die Überprüfung dieser These gelegt werden.

Verteilungsgerechtigkeit: Im Krimsky'schen Variablen-Schema wird Verteilungsgerechtigkeit global verstanden. Für die Fragestellung des Projektes müßte ein Einverständnis bezüglich einer vertretbaren Abgrenzung gefunden werden. In bezug auf welche Gruppen und in bezug auf welche Region(en) soll die Frage nach der Verteilungsgerechtigkeit beantwortet werden? Fraglos werden wirtschaftliche Konzentrationseffekte zu untersuchen sein. In diesen Zusammenhang gehört auch ein evaluativer Aufschluß von möglichen Zusammenhängen zwischen öffentlicher Förderung und wirtschaftlichem Ertrag. Dies betrifft auch den Ressourceneinsatz sowie die wirtschaftsstrukturellen und Arbeitsmarkteffekte.

Soziale Bedürfnisse: Soweit es sich um Produkte handelt, können soziale Bedürfnisse insoweit befriedigt werden, als ihnen eine zahlungsfähige Nachfrage entspricht. Angesichts einer unbestrittenen Dominanz marktwirtschaftlicher Bedürfnisregulierung ist die weitergehende Frage nach Bedürfnissen für Produkte, für die es keine ausreichende zahlungsfähige Nachfrage gibt, kaum konstruktiv. Im übrigen sei hier allgemein auf das unlösbare Problem der verläßlichen Ermittlung von sozialen Bedürfnissen verwiesen.

Marktnachfrage: Es sollte möglich sein, die Nachfrage nach biotechnologischen Produkten in den vier Industriezweigen einigermaßen solide abzuschätzen. In der Pilotstudie ist an manchen Stellen auf die Bedeutung des Preises zu Recht aufmerksam gemacht worden. Besonders wenn es auf die Erschließung von Marktvolumina ankommt, werden Untersuchungen einzelner Faktoren der Preisbildung wichtig. Auch in diesem Zusammenhang kann die Frage der Skalenerträge relevant werden (siehe oben).

3.24.5 Schluß

Ich habe einige Kritiken und eigene Überlegungen zur Sozialverträglichkeit zusammengestellt. Wir werden uns mit den Ansprüchen, die der Begriff vermittelt, auseinanderzusetzen haben. Damit geraten wir unweigerlich in die Schwierigkeiten, die mit den Grenzen der Berechenbarkeit und Beherrschbarkeit verbunden sind.

Umfassende und vollständige Prüfungen der Sozialverträglichkeit sind undurchführbar. In meiner Sicht sind weniger die möglichen Kriterien und Indikatoren einer wie immer verstandenen Sozialverträglichkeit wichtig, als die sozialen Prozesse, die in modernen Gesellschaften mit Versuchen der Einführung und wirtschaftlichen Nutzung von spektakulär erscheinenden neuen Technologien entstehen. Sie fordern regelmäßig zu weitgehender rationaler Aufklärung von beabsichtigten und unbeabsichtigten Wirkungen und Folgen auf, und diese Aufklärung wird ebenso regelmäßig von einer inzwischen institutionalisierten Modernitätskritik in Zweifel gezogen. Beide haben gleichermaßen Berechtigung und unterliegen Grenzen. In diesen Prozessen stellt sich m. E. immer erst heraus, was sozial als verträglich zu gelten habe. Insofern ginge eine Standardisierung und Normierung von Sozialverträglichkeit an der Sache vorbei.

Aus diesen Gründen ist die prozedurale Seite von Sozialverträglichkeit wichtig. Die ohnehin oft unvermeidbare Konfrontation von neuer Technik (bzw. bestimmten Anwendungen und Nutzungen) mit Modernitätskritik bietet Chancen. Mit wissenschaftlichen und gesellschaftlichen Diskursen können diese Konfrontationen rational beeinflußt werden. Außerdem können in derartigen Auseinandersetzungen Gesichtspunkte freigesetzt werden, die vorher nicht beachtet wurden. Insofern es dazu kommt, daß die Wirtschaft über die unmittelbar verfolgten Ziele hinaus weitere Präferenzen gleichsam als Nebenzwecke in ökonomische Kalküle einbaut, sind Rationaliätsgewinne möglich. Darin und in der Chance, in der Auseinandersetzung das Beurteilungs- und Reflexionsniveau in bezug auf die Nutzung einer neuen Technik anzuheben, könnten die Vorteile der emphatischen Bemühungen um Sozialverträglichkeit liegen.

Um diese Auseinandersetzungen führen zu können, sind Informationen erforderlich. Es werden Verständigungen darüber gebraucht, über welchen Gegenstand gestritten werden soll. Das setzt weitgehend Konsens über die Abgrenzung des Gegenstandes, die leitenden Variablen und die Bewertungskriterien voraus. Eine mögliche Orientierung hierfür bietet das Variablen-Schema von Krimsky.

Von einer Anwendung des Schemas auf die Fragestellung des Projekts "Biotechnologie/Gentechnologie als Grundlage neuer Industrien in Baden-Württemberg?" könnte man sich ein Stück mehr Aufklärung versprechen. Dazu habe ich beispielhaft einige Anregungen unter Bezugnahme auf die Pilotstudie gegeben.

Literatur

Ammon U (1993) "Genomanalyse" in der Arbeitswelt - Entwicklungsperspektiven und arbeitspolitische Regelungsbedarfe. In: Arbeit, Heft 2, Jg. 2, S 9-113

Beck U (Hrsg) (1982) Soziologie und Praxis. Erfahrungen, Konflikte, Perspektiven, Soziale Welt, Sonderband 1, Göttingen

Beck U (1986) Risikogesellschaft. Auf dem Weg in eine andere Moderne, Frankfurt (Main)

Bergstermann J, Brandherm-Böhmker R (Hrsg) (1990) Systemische Rationalisierung als sozialer Prozeß. Zu Rahmenbedingungen und Verlauf eines neuen betriebsübergreifenden Rationalisierungstyps, Bonn

Braczyk H-J (1992) Die Qual der Wahl. Optionen der Gestaltung von Arbeit und Technik als Organisationsproblem, Berlin

Daele van den W (1993) Sozialverträglickeit und Umweltverträglichkeit. Inhaltliche Mindeststandards und Verfahren bei der Beurteilung neuer Technik, Veröffentlichung der Abteilung Normbildung und Umwelt des Forschungsschwerpunktes Technik, Arbeit, Umwelt des Wissenschaftszentrums Berlin für Sozialforschung, FS II 93-303, Berlin, April

3.24 Probleme der Entscheidung über Sozialverträglichkeit

Eckmiller R (1993) Neuronale Netze - eine extraterrestrische Perspektive. In: Kaiser G, Matejovski D, Fedrowitz J (Hrsg): Kultur und Technik im 21. Jahrhundert, Frankfurt New York, S 91 - 101

Eichener V, Mai M (1993) Sozialverträgliche Technik - Gestaltung und Bewertung. In: dies. (Hrsg) Sozialverträgliche Technik - Gestatung und Bewertung, Wiesbaden, S 12 - 34

Flavell RB et al. (1986) Plants and Agriculture. In: Silver S (ed) Biotechnology, Potentials and Limitations. Springer, New York, pp199 - 221

Fuchs G, Rucht D (1988) Sozial- und Umweltverträglichkeit von technischen Systemen als Regelungsproblem: Möglichkeiten und Grenzen des Rechts. In: Entwicklungsperspektiven von Arbeit, Arbeitspapier 11, Sonderforschungsbereich 333 der Universität München

Gill B (1991) Gentechnik ohne Politik: wie die Brisanz der Synthetischen Biologie von wissenschaftlichen Institutionen, Ethik- und anderen Kommissionen systematisch verdrängt wird, Frankfurt Main New York

Gill B (1993) Partizipative TA aus der Sicht von Umweltgruppen - Probleme, Ressourcen, Perspektiven. Eine Erhebung der Einschätzungen der beteiligten Umweltgruppen über das vom Wissenschaftszentrum Berlin organisierte TA-Verfahren zur Herbizidresistenz, Ms., Berlin

Krimsky S (1991) Biotechnics and Society. The Rise of Industrial Genetics, New York.

Luhmann N (1984) Soziale Systeme. Grundriß einer allgemeinen Theorie, Frankfurt am Main

Martens B (1990) Biotechnologien aus sozialwissenschaftlicher Sicht: Beispiele und Aspekte von Technikfolgen-Abschätzung und -Bewertung. In: Arbeitskreis Berufsbild und Selbstverständnis in der Biologie (AK BUSIB) e.V. (Hrsg) Gentechnologie, Göttingen, Sept., S 255-267

Perrow C (1988) Normale Katastrophen. Die unvermeidlichen Risiken der Großtechnik, Frankfurt New York

Schmidt G (1993) Die Entzauberung der Entzauberung. Ms. der Antrittsvorlesung Universität Erlangen-Nürnberg

Schmitt M (1993) Für ein ganzheitliches Evolutionsverständnis. In: Kaiser G/Matejovski D, Fedrowitz J (Hrsg) Kultur und Technik im 21. Jahrhundert, Frankfurt New York, S 285-287

Spangenberg JH (1993) Evolution und Trägheit. In: Kaiser G, Matejovski D, Fedrowitz J (Hrsg) Kultur und Technik im 21. Jahrhundert, Frankfurt New York, S 288 - 305

Wehling P (1992) Die Moderne als Sozialmythos. Frankfurt New York

Weingart P (Hrsg) (1989) Technik als sozialer Prozeß, Frankfurt (Main)

Weizsäcker von EU (1993) Bewertungskriterien für die Biotechnologie. In: Kaiser G, Matejovski D, Fedrowitz J (Hrsg) Kultur und Technik im 21. Jahrhundert, Frankfurt New York, S 281-284

Wiesenthal H (1990) Ist Sozialverträglichkeit gleich Betroffenenpartizipation? In: SozialeWelt, Jg. 41, Heft1, S 28-46

Woodhouse EJ (1992) Biotechnology and the political sociology of risk. In: Industrial Crisis Quarterly 6, pp 39-53

3.25 Die Chancen und Risiken der Gentechnologie aus der Sicht der Bevölkerung

Dr. Tibor Kliment, Prof. Dr. Ortwin Renn, Dr. Jürgen Hampel
Akademie für Technikfolgenabschätzung in Baden-Württemberg, Industriestraße 5
70565 Stuttgart

3.25.1 Einleitung

Wissenschaftlich-technische Innovationen und ihre Anwendungen in Produktion und Konsum sind ein Kernelement in der Entwicklung moderner Industriegesellschaften. Die Formen der Entwicklung und des Einsatzes von Technik beeinflussen nicht nur das Ausmaß ökonomischer Prosperität, sondern die Lebensbedingungen unserer modernen Zivilisation überhaupt. Dabei ist die in den letzten beiden Jahrzehnten drastisch angewachsene Kritik an den Produkten des wissenschaftlich-technischen Fortschritts in Verbindung mit den wachsenden politischen Mitsprache- und Beteiligungsansprüchen der Bevölkerung zu einem zentralen Thema der gesellschaftlichen Zukunftsgestaltung geworden. Welche sozialen und politischen Effekte der Kampf um verstärkte politische Mitspracherechte und die mangelnde Sensibilität des Staates angesichts der Akzeptanzverweigerung großer Teile der Bevölkerung gegenüber bestimmten Techniken zeitigt, führen in eindringlicher Form die Konflikte vor Augen, die sich an großtechnologischen Projekten in der jüngeren bundesrepublikanischen Vergangenheit entzündeten. Die Kernenergie ist dafür nur ein, wenngleich das spektakulärste Beispiel. Andere, öffentlich als problematisch wahrgenommene Technologien wie beispielsweise die Gentechnologie treten heute an ihre Seite.

Das Wissen um die Wahrnehmungsmuster und Einstellungen der Bevölkerung zu neuen Techniken und ihren möglichen Anwendungsfeldern erhält damit für die Beurteilung der Voraussetzungen und Folgen neuer Technologien einen zentralen Stellenwert. Technikfolgenabschätzung kann in diesem Sinne "...dazu beitragen, die Chancen der Technik zu nutzen und mögliche Nachteile in einem geordneten Prozeß der Risikoabklärung, der politischen Meinungsbildung und der Entscheidung auf ein möglichst geringes und jedenfalls vertretbares Maß einzugrenzen" (Goppel 1990, S. 14). Zweifellos reicht für eine umfassende Technikfolgenabschätzung die reine Akzeptanzforschung nicht aus. Ohne eine explizite Technikakzeptanzforschung ist eine Technikfolgenabschätzung, vor allem aber eine Technikbewertung unvollständig und führt schnell zu falschen Ergebnissen (Jaufmann et al. 1989, S. 41). Zwar kann man aus der Tatsache mangelnder Akzeptanz keine Rückschlüsse auf die Akzeptabilität einer Technik ziehen (Gefahr eines naturalistischen Fehlschlusses), aber mangelnde faktische Akzeptanz kann zu

3.25 Gentechnologie aus der Sicht der Bevölkerung   559

ökonomischen, sozialen und politischen Verlusten führen, die in die Bilanz der
Folgenbewertung eingehen müssen. Die Einbeziehung der Folgen von
Akzeptanzverhalten ist dabei eine der Voraussetzungen für eine möglichst
vollständige Erfassung der Technikfolgen, und zwar unabhängig von der Frage, ob
aus normativen Gesichtspunkten heraus die Zustimmung der betroffenen
Bevölkerung zu einer Technik gewünscht wird oder nicht.

Vor diesem Hintergrund werden seit rund zwei Jahrzehnten heftige Kontroversen
darüber geführt, ob und in welcher Form in der Bevölkerung der westlichen
Industrienationen ein Wandel hin zu technikfeindlichen Einstellungen stattgefunden
hat und ob die Bürger der Bundesrepublik Deutschland in besonderer Weise von dem
Bazillus der Technikfeindlichkeit angesteckt seien. In dieser Frage mangelt es nicht
an Meinungen, Vorurteilen und wohlmeinenden Appellen; die empirische
Forschung dazu zeigt jedoch auf, daß von einer generellen Technikfeindlichkeit
weder in Europa noch in Deutschland die Rede sein kann. Allerdings gibt es
spezielle Technikbereiche und Anwendungsfelder, in denen sich eine hohe
Sensibilität der Bevölkerung ausdrückt und in denen eine politisch wirksame
Mobilisierung stattgefunden hat.

Der vorliegende Beitrag umfaßt eine Synopse der Forschungsergebnisse zur
Technikakzeptanz im allgemeinen und zur Bio- und Gentechnologie im besonderen.
Ziel des Beitrages ist es, die vorliegenden Umfragen zur Technikakzeptanz in der
bundesdeutschen und der westeuropäischen Bevölkerung darzustellen und die
Ergebnisse im Lichte sozialwissenschaftlicher Theorien und Konzepte zu
interpretieren. Vor allem geht es um die Bestimmungsgründe der Einstellungsbildung zur Bio- und Gentechnologie.[1]

3.25.2 Abgrenzung und Bestimmung des Begriffs der "Technikakzeptanz"

"Akzeptanz" wird in zahlreichen Untersuchungen verstanden als "...eine zu einem
bestimmten Zeitpunkt festzustellende und sich in bestimmten Meinungs- und
Verhaltensformen äußernde Einstellung meist größerer gesellschaftlicher Gruppen
gegenüber einzelnen Technologien"[2] Dabei ist das, was bündig unter Technik und
Technikakzeptanz verstanden werden soll, konkret nur schwer zu fassen. "Die
Technik" ist als abstrakter Begriff den meisten Menschen nicht verfügbar und in
dieser Form auch kein Thema. Hier handelt es sich um ein vielfältiges und
facettenreiches Phänomen, das der Differenzierung bedarf und der Gefahr
methodischer Artefakte in besonderer Weise unterliegt. Zu Recht weisen

---

[1] Aus Platzgründen wurde hier auf eine ausführliche Präsentation von Einzelergebnissen
verzichtet. Diese finden sich in einem unter dem gleichen Titel erschienen Arbeitspapier
der Akademie für Technikfolgenabschätzung.

[2] Dierkes, Meinolf und Volker von Thienen 1982: Akzeptanz und Akzeptabilität von
Großtechnologien. Wissenschaftszentrum Berlin Diskussionspapier; S.1. Zitiert nach
Jaufmann/Kistler/Jänsch 1989, S. 37.

Jaufmann/Kistler/Jänsch (1989, S. 45) jedoch auch darauf hin, daß es sich bei allgemeinen Technikeinstellungen nicht um ein reines Konstrukt oder erratisches Forschungsartefakt handelt. Bilanzurteile, wie sie in Fragen nach "der Technik" enthalten sind, geben ein bestimmtes, nicht zu ignorierendes öffentliches Meinungsklima wieder, sie bezeichnen relativ stabile Einstellungsbündel und sind nicht zuletzt auch in dieser Form ein Gegenstand der politischen Auseinandersetzung.

Für unsere Überlegungen zum Thema "Technikakzeptanz" ist eine Dreiteilung des Begriffsfeldes Akzeptanz zweckmäßig. Akzeptanz im Konsumbereich bedeutet die aktive Übernahme einer Technik im Rahmen eines wirtschaftlichen Austauschs. Mangelnde Akzeptanz drückt sich dann in mangelnder Kaufbereitschaft oder Übernahmebereitschaft aus. Im Rahmen der Gentechnologie wären etwa die Weigerung von Patienten, durch Gentechnologie erzeugtes Humaninsulin anstelle von tierischem Insulin zu verwenden, oder die Weigerung des Lebensmitteleinkäufers, gentechnisch verändertes Gemüse einzukaufen, Beispiele für Akzeptanzverweigerung auf der Konsumebene. Interessanterweise zeigt sich meist, daß kontroverse Techniken auf der Konsumebene wesentlich häufiger akzeptiert werden (trotz der Notwendigkeit einer aktiven Aneignung) als auf der Produktionsebene. Damit kommen wir zum zweiten und dritten Akzeptanzbegriff. Akzeptanz auf der Produktionsebene hat nämlich zwei Ausprägungen: zum einen die Akzeptanz von Technik am Arbeitsplatz, zum anderen Akzeptanz von Technik als Nachbar. Im ersten Falle geht es um die Bereitschaft, eine neue am Arbeitsplatz eingerichtete Technik bestimmungsgemäß zu nutzen, im zweiten Falle um die Bereitschaft, die Errichtung, den Betrieb oder die Nutzung von Techniken in der eigenen Umgebung (wobei dies je nach persönlichem sozialen Aktionsfeld vom Heimatort bis zur Welt reichen kann) passiv zu dulden.

Akzeptanz von Technik als Nachbar bedeutet also nicht, daß sich die jeweiligen Anwohner aktiv für die Technik einsetzen müssen, sondern nur, daß sie eine solche Technik hinnehmen. Diese Toleranz gegenüber einer Technik in der Umgebung kann sich aufgrund positiver Einstellungen, aber auch aufgrund politischer Apathie oder peripheren Interesses an der Thematik einstellen. Akzeptanz ist daher nicht mit einer positiven Einstellung identisch. Wie wir aus der Akzeptanzforschung im Energiebereich wissen, sind einige Energieträger wie das Erdöl mit sehr negativen Einstellungen verbunden, ohne daß sich dies in einer politisch wirksamen Akzeptanzverweigerung niederschlägt (Renn 1984). Akzeptanz bedeutet also Hinnahme einer Technik, Akzeptanzverweigerung dagegen die Bereitschaft, sich aktiv gegen eine Technik einzusetzen. Ob diese Bereitschaft politisch wirksam werden kann, ist allein aus der Zahl der Personen, die Akzeptanz verweigern, nicht abzulesen. Zur politischen Mobilisierung von Protestpotential sind weitere situative und motivationale Faktoren notwendig, die zur Transformation von individueller Bereitschaft in aktives Handeln und von Handlungsbereitschaft in organisierte Formen des Protestes beitragen. Öffentlich wirksamer Protest gegen

3.25 Gentechnologie aus der Sicht der Bevölkerung

eine Technik ist daher in der Regel an drei Voraussetzungen gebunden[3]: zunächst an eine negative Einstellung gegenüber dem Objekt, dann an eine Bereitschaft, sich analog zur negativen Einstellung gegen das Objekt zu engagieren und drittens an die strukturellen und motivationalen Bedingungen, diese Bereitschaft auch in öffentlich wirksamer Form in konkrete Handlungen zu übersetzen.

Obgleich die Akzeptanz im Konsum- und Arbeitsbereich für die Beurteilung der Gentechnologie durch die Bevölkerung nicht unwichtig ist, wollen wir uns im folgenden auf die Erforschung der Akzeptanz von Technik als Nachbar beschränken. Denn die öffentliche Opposition gegen Gentechnik und ihre Anwendungen steht ja im Brennpunkt der gegenwärtigen Diskussion. Erst gegen Ende werden wir das Thema Gentechnik im Konsumbereich noch einmal thematisieren. Bevor wir aber speziell auf die Gentechnologie eingehen, erscheint uns eine kurze Erörterung der generellen Technikakzeptanz in Deutschland und Europa notwendig.

3.25.3 Technikakzeptanz in der Bundesrepublik Deutschland und im internationalen Vergleich

Haltungen zur Technik in der deutschen Bevölkerung

Nahezu alle großen Meinungsforschungsinstitute in der Bundesrepublik Deutschland haben zur Messung von Technikeinstellungen eine Reihe von Globalindikatoren entwickelt. Dabei war es das Ziel, bilanzierende Einstellungen zur Technik oder zu verschiedenen Technikbereichen pauschal zu erheben. Wenngleich die Ergebnisse aufgrund unterschiedlicher Erhebungs- und Befragungsmethoden nicht völlig identisch sind, so sind sie in der Richtung zumindest konsistent.

Der in der Öffentlichkeit bekannteste Indikator ist die sogenannte "Segen-Fluch-Frage" des Instituts für Demoskopie Allensbach. Die Verwendung dieser, durch seine Pauschalisierung methodisch problematischen Frage erbrachte für die

---

[3]In der neueren Einstellungsforschung wird auch von einem umgekehrten Kausalpfad gesprochen. Menschen schließen sich neueren sozialen Protestbewegungen an, weil sie mit den Menschen in diesen Bewegungen sympathisieren oder sie eine positive Einstellung zu den Ausdrucksformen der Bewegung (etwa Besetzungen, Demonstrationen usw.) entwickeln. Die Inhalte des Protests werden dagegen erst im Laufe des eigenen Engagements gelernt. Soziale Bewegungen sind dabei Anbieter von Identifikation und weniger Plattformen organisierten Protestes gegen eine unerwünschte Anlage oder Maßnahme. Inwieweit diese Umkehrung der traditionellen Kausalkette (Einstellung, Handlungsbereitschaft, Mobilisierung) bei Akzeptanzverweigerung gegenüber Technik vorhanden, oder sogar dominant ist, läßt sich empirisch schwer beurteilen, da in Befragungen immer die handlungsentsprechenden Einstellungen reproduziert werden; sodaß es kaum möglich ist, die Priorität von Handlungsorientierung versus Einstellungsorientierung zu messen. Aufgrund unserer eigenen Erfahrungen neigen wir aber dazu, bei der Frage der Technikakzeptanz die Handlungsorientierung als Sonderfall und die Einstellungsorientierung als Normalfall anzusehen.

Bundesrepublik einen langfristig abnehmenden Trend in der allgemeinen Zustimmung zur Technik. Während im Jahr 1966 noch etwa drei Viertel der Befragten auf die Frage, ob die Technik insgesamt eher ein Segen oder ein Fluch für die Menschheit sei, der "Segen"-Alternative zustimmten, waren dieses im Jahr 1987 nur noch 46 Prozent. In einer später eingeführten Umformulierung der Frage (statt der Mittelkategorie "weder-noch" die Verwendung von "teils-teils") hielten gar nur 34 Prozent der Befragten die Technik für segensreich. Die eindeutige Mehrheit der Bundesdeutschen zeigte im Jahr 1987 und in den folgenden Jahren ein ambivalentes Einstellungsmuster zur Technik (vgl. Jaufmann 1990, S. 200f), indem 54 Prozent der Befragten der Mittelkategorie "teils-teils" den Vorzug gaben.

Ab Anfang der 80er Jahre war ein Trendumschwung in der allgemeinen Technikeinstellung zu verzeichnen. Nachdem zunächst die Gruppe der Technikbefürworter zurückgegangen war, nahm in den Folgejahren dieser Anteil wieder leicht zu (dieses galt jedoch nur für die Frage mit der neuen Mittelkategorie). Auch andere Meinungsforschungsinstitute (Sample, Infratest und Basis Research) kommen auf der Basis der von ihnen entwickelten Globalindikatoren zu ähnlichen Befunden. Auch hier zeigten die unterschiedlichen Messungen, daß die Technikeinstellung der Deutschen mehrheitlich nicht technikfeindlich, sondern eher ambivalent bis technikfreundlich ist (Kistler u. Pfaff 1990, S. 46)[4]. Die Zahl der Befragten mit einer positiven Einstellung zur Technik und zur Wissenschaft ist weit höher als die Zahl der Skeptiker, wobei diese Mehrheit zwar über die Jahre geschrumpft ist, aber zu keinem Zeitpunkt in ihrer Mehrheitsposition gefährdet war. Die Konsistenz der Befunde ist zugleich ein Beleg dafür, daß trotz der methodischen und interpretativen Probleme beim Abfragen von Globalurteilen relativ dauerhafte Einstellungsmuster zutage getreten sind, die in etwa das allgemeine Meinungsklima zum Thema Technik widerspiegeln. Diese Stabilität des Meinungsklimas ist auch daran abzulesen, daß technikinduzierte Katastrophen, wie etwa die von Tschernobyl, Harrisburg, Bophal u.ä. trotz ihrer intensiven öffentlichen Beachtung keine nachhaltigen und dauerhaften Änderungen in den allgemeinen Technikeinstellungen der Bevölkerung auslösten.

Wenn heute von Veränderungen in den Technikeinstellungen die Rede ist, dann allenfalls in der Form, daß die ausgeprägte Technikeuphorie der 60er Jahre heute so nicht mehr anzutreffen ist, sondern einer ambivalenten Haltung gewichen ist

---

[4] In die gleiche Richtung weisen auch die über viele Jahre durchgeführten Befragungen des Emnid-Instituts zum technischen Fortschritt. Auf die Frage, ob der technische Fortschritt eher zum Vorteil oder eher zum Nachteil der Menschen sei, wobei explizit auf Computertechnologien verwiesen wurde, waren in den Jahren 1980 bis 1987 zwischen 63 Prozent und 76 Prozent der Befragten der Ansicht, der technische Fortschritt diene eher dem Vorteil der Menschen. Nur für eine kleine Gruppe überwogen die Nachteile. Auch in der Emnid-Umfrage wird, wenngleich etwas später als bei den Befragungen des Instituts für Demoskopie in Allensbach, eine Trendumkehr in der Einstellung der Bevölkerung zur Technik sichtbar. Sahen im Jahr 1983 nur 63 Prozent der Befragten die Technik als vorteilhaft an, so entwickelte sich der Trend in den folgenden Jahren wieder stärker auf die 70 Prozentmarke zu (vgl. Jaufmann/Kistler/Jänsch 1989, S 61).

3.25 Gentechnologie aus der Sicht der Bevölkerung

(Jaufmann Kistler u. Jänsch 1989, S, 64; Kistler 1991, S. 56). Bei den Untersuchungen, in denen die Antwortkategorien "es kommt darauf an" oder "positive und negative Folgen" aufgenommen wurden, entscheiden sich bis zu 70 % der Befragten für eine solche Drittkategorie. Die Zahl der Personen mit einer ambivalenten Haltung zur Technik hat sich von etwa 15% in den 60er Jahren kontinuierlich bis heute auf rund 60% erhöht. Somit sieht die Bevölkerung in der Technik nicht mehr den 'Deus ex machina', der quasi automatisch die Weltprobleme lösen hilft, sondern entdeckt in der Technik das Janusgesicht der Ambivalenz (Renn 1993, S.76).

Die Haltung zur Technik im internationalen Vergleich

Wie sieht nun die Verteilung von globalen Technikeinstellungen im internationalen Vergleich aus? In der öffentlichen Diskussion ist die Meinung weit verbreitet, daß die bundesdeutsche Bevölkerung nicht nur durch besondere Technikskepsis geprägt sei, sondern daß es sich hierbei auch um ein typisch deutsches Phänomen handeln würde, wohingegen sich die europäischen und überseeischen Industriestataten durch weitaus technikfreundlichere Einstellungen auszeichnen würden. Unter Hinweis auf das angeblich technik- und fortschrittsfreundlichere Meinungsklima im Ausland folgen dann auch recht schnell Warnungen über die innovationsfeindliche Stimmung und eine schwindende Attraktivität des Wirtschafts- und Industriestandorts Bundesrepublik. Abgesehen davon, daß die Deutschen allenfalls "technikskeptisch", aber sicher nicht "technikfeindlich" eingestellt sind, ist "... die Technikakzeptanzdebatte ein in allen Industrieländern offenbar omnipräsentes Phänomen" (Kistler 1991, S. 53).

Aus den zahlreichen Studien, die vor diesem Hintergrund angeregt wurden, können im folgenden nur einige exemplarisch herangezogen werden. So wurde etwa in einer internationalen Vergleichsstudie (INIFES, eigene Darstellung auf der Basis der Internationalen Wertestudie, japanischer Sieben-Länder-Bericht, Tokyo 1985, Tabellen 32 (j)) .die Frage gestellt, ob der wissenschaftliche Fortschritt auf lange Sicht dem Menschen eher helfen oder eher schaden würde, was in etwa der oben vorgestellten Frage des EMNID-Instituts entspricht. In dieser zu Beginn der 80er Jahre durchgeführten Studie lagen die Populationen der meisten Länder in ihren Einschätzungen recht nahe beieinander. Die Befragten in Westeuropa und Nordamerika äußerten sich überwiegend positiv zu dieser Frage. Zwischen 33 und 54 Prozent waren der Ansicht, daß der Fortschritt dem Menschen eher dienlich wäre.

Insbesondere für die drei Länder innerhalb der Europäischen Union, die Bundesrepublik Deutschland, Großbritannien und Frankreich, ist die Annahme gravierender länderspezifischer Unterschiede nicht aufrecht zu erhalten. Für die Bevölkerung der USA konnte dagegen ein ausgeprägter Technikoptimismus konstatiert werden. Im Gegensatz zur landläufigen Meinung über die Technikfreundlichkeit der Japaner belegt die Umfrage ein anderes Bild. Mit nur 23 Prozent

Zustimmung zum technischen Fortschritt liegt die Japanische Bevölkerung noch unterhalb des Europäischen Durchschnitts.

Eine Aufschlüsselung der Ergebnisse nach Alter und Geschlecht der Befragten erbrachte keine generellen, für alle Länder gleich geltenden Rückschlüsse. Allenfalls läßt sich in der Tendenz aussagen, daß der Technikoptimismus bei Männern etwas ausgeprägter zu sein scheint als bei den weiblichen Befragten. Hinsichtlich altersspezifischer Einstellungen scheinen über die verschiedenen Gruppen hinweg keine einheitlichen Einstellungstrends zu existieren. Ähnlich wie in den nationalen Studien in Deutschland ist aber auch in Europa nichts von einer generellen Technikskepsis der Jugend zu spüren. Dagegen zeigt sich ein wesentlicher Unterschied zwischen Deutschland und den meisten anderen Ländern in der Frage nach dem Einfluß von Bildung und Einkommen auf Technikskepsis. Während in den meisten Vergleichsländern das Vertrauen in den technischen Fortschritt positiv mit Bildung und Einkommen verbunden ist, trifft für Deutschland das Gegenteil zu. Diese Ausnahme ist nicht trivial. Gerade von höheren Bildungs- und Einkommensschichten gehen oft neue soziale Impulse aus. Der Eindruck einer größeren Technikskepsis in Deutschland mag möglicherweise darin begründet sein, daß die technikskeptischere Minderheit aufgrund ihrer besseren Ausbildung und Finanzkraft sich erheblich leichter Gehör in der Öffentlichkeit verschaffen kann als die im sozialen Status niedriger angesiedelten technikskeptischen Minderheiten in anderen Ländern.

Ähnliche Ergebnisse finden sich in den verschiedenen Eurobarometer-Studien, die alle zwei Jahre von der EG-Kommission in Auftrag gegeben werden. Das Antwortverhalten auf zahlreiche bilanzierende Fragen zu Technik und technischem Fortschritt ist auch dort mehrheitlich nicht technikfeindlich, allerdings auch nicht unbedingt technikfreundlich. Vielmehr muß hier analog zur Situation in Deutschland von der Dominanz ambivalenter Einstellungen ausgegangen werden. So werden die Vorzüge von Technik und Wissenschaft für die Verbesserung der eigenen Lebensbedingungen von der Bevölkerung deutlich anerkannt, zugleich aber existiert in allen Ländern der Gemeinschaft eine Mehrheit, die der Aussage zustimmt (50 bis 62 Prozent), daß wissenschaftliche Erkenntnisse in Anwendung gebracht würden, ohne daß deren Folgewirkungen hinreichend untersucht worden wären (vgl. Jaufmann Kistler u. Jänsch 1989, S. 232ff). Eine besondere Sensibilität für negative Technikfolgen ist also nicht auszumachen. Ähnlich wie in der internationalen Vergleichsstudie, über die als erstes hier berichtet wurde, sind es nicht die Deutschen, die überdurchschnittlich technikkritisch sind, sondern die Benelux-Länder. Die Bundesrepublik Deutschland liegt dagegen im EG-Vergleich im Mittelfeld.

Die Vorstellung einer generell technikfeindlichen oder technikskeptischen Haltung der Bevölkerung findet auch keine Bestätigung, wenn man die Einstellungen zu bestimmten Technikfeldern vergleicht. Gäbe es eine verbreitete allgemeine Technikfeindlichkeit, müßten unterschiedliche Technikfelder durchgängig negativ bewertet werden. Differenziert man jedoch Technikeinstellungen in allgemeine Technikeinstellungen, Einstellungen zu Großtechnik, zur Technik in der Arbeitswelt und zu Konsumtechnik, so finden sich innerhalb dieser

Einstellungskomplexe nur wenig Übereinstimmungen. Die überwältigende Mehrheit (70 Prozent) weist ein differenziertes Antwortverhalten auf (Jaufmann Kistler u. Jänsch 1989, S. 102). In sich geschlossene Technikbilder, wie dies in der Behauptung von einer allgemeinen Technikfeindlichkeit nahegelegt wird, sind nur für eine Minderheit charakteristisch. Im allgemeinen muß vielmehr von differenzierten und pluralen Einstellungsmustern ausgegangen werden. Aus diesem Grunde ist es auch unabdingbar, zu jedem Technikfeld eigene empirische Untersuchungen durchzuführen und nicht im Analogieschluß von den Ergebnissen der Studien zu einem Technikfeld auf das nächste zu schließen.

Welches Fazit können wir aus den Studien zur allgemeinen Technikakzeptanz ziehen? Die Bilanz von Technikeinschätzungen in Europa und Deutschland ist weder besonders positiv noch negativ. Nur Minderheiten gelingt es, hier eindeutig Stellung zu nehmen. Daß Technik notwendige Bedingung einer modernen Gesellschaft ist und die Wettbewerbsfähigkeit eines Landes maßgeblich beeinflußt, ist ebensowenig umstritten wie die Befürchtung, daß Techniken zum Einsatz kommen, bevor ihre negativen Auswirkungen wirklich untersucht worden seien. Die Anerkennung der Ambivalenz der Technik spiegelt die Ambivalenz der Menschen in ihrem gesellschaftlichen Selbstverständnis wider. Globalurteile über Technik fungieren als Bezugsrahmen für die Bewertung der allgemeinen sozialen Erfahrungen im Umgang mit gesellschaftlichen Institutionen und Strukturen. Zunehmende Ambivalenz ist nämlich auch wesentliches Kennzeichen der Bewertung von Institutionen, wie Wissenschaft, Politik, Presse und Bildung (Renn und Levine 1991). Die Technikeinschätzung reiht sich also in einen generellen modernisierungsbedingten Trend des Legitimationsverlusts von Institutionen ein.

Als Folge dieser Entwicklung wächst der Druck auf einzelne Techniken, quasi stellvertretend für die Negativseiten der Entwicklung zur Moderne die Funktion des Sündenbocks zu übernehmen. Sündenböcke sind selten Engel, die aus heiterem Himmel beschuldigt werden. Sie stehen vielmehr paradigmatisch für viele der Probleme, für die sie verantwortlich gemacht werden. Sie werden aber mit mehr Problemen beladen, als sie objektiv aufzuweisen haben. Ihnen obliegt es, die oft unerträgliche Komplexität der Ambivalenz zu reduzieren und zum Kumulationspunkt aller erlebten Frustrationen und Enttäuschungen zu werden (Renn 1993, S. 76).

Im Verlauf der historischen Entwicklung hat es genügend Sündenböcke gegeben, deren Opferung als Mittel zum kollektiven Reinigungsprozeß und als Hoffnungsträger für eine Welt ohne Ambivalenz verstanden wurde. Die Liste der kulturell definierten Sündenböcke reicht von "unreinen" Tieren, über das Fremde (leider wieder ganz aktuell) bis hin zu tatsächlich oder angeblich "menschenverachtenden" Techniken. Solche Sündenböcke sind vor allem da zu erwarten, wo der mögliche Nutzen nicht individualisierbar ist. Im Bereich der biologisch-chemischen Industrie ist es vor allem die Gentechnik.

3.25.4 Gen- und Biotechnologie als spezifisches Problemfeld von Technikakzeptanz

Gentechnik als Symbol der Funktionalisierung von Leben

Die Gen- und Biotechnologie hat heute in vielerlei Hinsicht die Nachfolge der Kernenergie in der Technikakzeptanzdebatte angetreten. Ähnlich wie die Kerntechnik handelt es sich um eine neuartige technische Innovation, deren Chancen und Risiken in der öffentlichen Diskussion umstritten und deren Rechtfertigung über die Frage der instrumentellen Vor- und Nachteile hinausreicht. Sie gibt Anlaß für vehemente Ethik- und Sicherheitsdebatten wie auch für öffentliche Proteste (Hennen u. Stöckle 1992, S. 2). Interessant ist dabei die Tatsache, daß die Einschätzungen zur Gentechnik kaum mit allgemeiner Technikakzeptanz, aber hoch mit Einstellungen zu anderen Großtechniken, etwa der Kernenergie (Pearson's r=.34) korreliert (vgl. Jaufmann Kistler u. Jensch 1989, S. 96ff). So ist auch nicht verwunderlich, daß Personen mit einer eher negativen Einstellung zur Kernenergie auch eher dazu neigen, entsprechend negative Haltungen zur Gentechnik zu entwickeln.

Allerdings gibt es auch spezifische Merkmale der Gentechnik, die als neue Formen der Bedrohung angesehen werden. Insbesondere die Möglichkeiten der Reproduktionsmedizin führen zu Befürchtungen über Menschenzüchtung und Eugenik. Die Angst vor einer unkontrollierten Ausbreitung von gentechnisch veränderten Pflanzen sowie die Sorge um mögliche gesundheitliche Risiken beim Konsum gentechnisch veränderter Lebensmittel sind weitere Brennpunkte der öffentlichen Wahrnehmung. Nicht zuletzt ist es die Infragestellung der grundsätzlichen Notwendigkeit, die genetisch kodierten Informationen gezielt zu verändern, die wie kaum ein anderes Thema positive und negative Emotionen weckt und die jede Debatte um Gentechnik zu einer Auseinandersetzung um moralische Vorstellungen über Gesellschaft und Moderne transformiert. Somit ist es kein Wunder, daß die Gentechnik ähnlich wie die Kernenergie zum Stellvertreter für das Unbehagen an der Entwicklung zur Modernisierung avanciert ist. War es bei der Kernenergie die Spaltung der kleinsten zusammenhängenden Einheit, die Assoziationen zur Hybris des Menschen, sich über die Natur zu erheben, hervorgerufen hat, so ist es bei der Gentechnik der bewußte Eingriff in die Baupläne des Lebens, der Assoziatonen an den Homunculus und an eine reine Zweckorientierung des Lebens für menschliche Bedürfnisse weckt.

Funktionalisierung aller Lebensbereiche ist häufig als besonderes Kennzeichen des Modernisierungsprozeßes hervorgehoben worden (Koslowski 1989; Henderson 1991). Die damit verbundenen Probleme lassen sich im Rahmen techniksoziologischer Weiterentwicklungen der Habermas'schen Kommunikationstheorie analysieren (vgl. Biervert u. Monse 1988:100). Unter dieser Perspektive folgt die gesellschaftliche Modernisierung einem Muster, "demzufolge die kognitiv-instrumentelle Rationalität über die Bereiche von Ökonomie und Staat hinaus in andere, kommunikativ strukturierte Lebensbereiche eindringt und dort auf Kosten moralisch-praktischer und ästhetisch-praktischer Rationalität Vorrang erhält"

3.25 Gentechnologie aus der Sicht der Bevölkerung

(Habermas 1981, Bd. 2, S. 451). Gegen diese "Kolonisierung der Lebenswelt" setzen die modernen Protestbewegungen die Notwendigkeit des Spielerischen und des Kontemplativen. Die Angst, über die Effizienz von Zweckerfüllung den Sinn des Lebens aus den Augen zu verlieren, äußert sich in der bewußten Abkehr von industriellen Fertigungsweisen und rationalem Verwaltungshandeln. Innerhalb dieses Kräfteverhältnisses von Modernisierung und ihren Gegenbewegungen gewinnt die Gentechnologie besonderes Gewicht als Symbol. Die Debatte um Risiken und Probleme der Gentechnik verschleiert häufig, daß die Einstellungen zur Gentechnik weniger durch die befürchteten Risiken oder die erhofften Chancen beeinflußt werden als durch die grundlegende Fragestellung, ob eine weitere Funktionalisierung von Pflanzen und Tiere für menschliche Zwecke wünschenswert sei[5]. Diese Fragestellung gewinnt auch noch dadurch an Schärfe, daß der Einsatz von Gentechnik prinzipiell auch nicht vor dem Menschen Halt macht. Im Prinzip kann auch dort eine Funktionalisierung, also ein Eingriff zur besseren Zweckerfüllung vorgenommen werden, obgleich die Rechtsordnung solche Eingriffe untersagt. Legale Bestimmungen ändern aber nichts an der subjektiv empfundenen Dringlichkeit, die Züchtung von "besser funktionierenden" Menschen durch gentechnische Manipulation von vornherein unmöglich zu machen.

Gleichzeitig aber ist der größte Teil der Bevölkerung objektiv wie subjektiv auf funktionale Erfüllung ihrer Bedürfnisse angewiesen. Die schon mehrfach angeklungene Ambivalenz drückt sich auch in dem Wunsch aus, die Gentechnik für medizinische Zwecke, vor allem zur genetischen Heilung von Krankheiten einzusetzen, obwohl gerade dort die höchste Gefahr des Mißbrauchs besteht. Die Tatsache, daß die meisten Menschen viel skeptischer auf die Anwendung der Gentechnik bei Lebensmittel oder Nutzpflanzen reagieren als für medizinische Zwecke, löst bei vielen Experten der Gentechnik großes Unverständnis aus, ist doch ihrer Ansicht nach das Risiko in der Medizin ungleich höher als in den anderen Anwendungsfeldern. Die Logik der Ablehnung ist jedoch nicht allein auf der Dimension von Nutzen und Risiko abbildbar. Die Ablehnung der Gentechnik bei relativ harmlosen Anwendungsfeldern ist vielmehr dadurch gekennzeichnet, daß der zu erwartende Nutzen als geringer empfunden wird als der empfundene Nachteil einer weiteren Funktionalisierung des Lebens durch den Einsatz der Gentechnik allgemein. Bei der Medizin steht dagegen der Nutzen (Erhalt der Gesundheit) so hoch im Ansehen der Bevölkerung, daß die Funktionalisierung in Kauf genommen wird.

Im folgenden werden Ergebnisse aus sozialwissenschaftlichen Untersuchungen zur Presseberichterstattung über die Bio- und Gentechnologie sowie verschiedene Bevölkerungsumfragen zu dem Thema wiedergegeben. Dabei ist darauf hinzuweisen, daß eine Rekonstruktion des individuellen Wahrnehmungs- und

---

[5]Dies war sicherlich auch eines der Gründe dafür, daß die Skeptiker der Gentechnik das Mediationsexperiment am Wissenschaftszentrum Berlin abgebrochen haben. Da sie sich zunehmend in der Frage der Risiken in die Enge gedrängt fühlten, sie aber nicht glaubten, die grundsätzliche Problematik in den Diskurs einbringen zu können, haben sie es vorgezogen, sich aus dem Diskurs zurückzuziehen.

Bewertungsprozesses von Gentechnik, wie er in diesem Unterkapitel angedeutet wurde, sowie der Nachvollzug des öffentlichen Diskurses über die Gentechnik damit nur begrenzt möglich sind.

Das Meinungsbild in der Bundesrepublik Deutschland und im internationalen Vergleich

Aufgrund der theoretischen Vorüberlegungen wundert es nicht, daß die Gentechnologie national und international neben der Kernenergie auf so viel Widerstand stößt wie keine andere zivile Technologie (Jaufmann Kistler u. Jänsch 1989, S. 282). Gleichzeitig handelt es sich bei den Einstellungen zur Gentechnik um ein facettenreiches und dynamisches Phänomen, das sehr differenzierte Einstellungsmuster gegenüber unterschiedlichen Anwendungen und Kontexten erzeugt. Ähnlich wie bei der Frage der generellen Technikeinstellung geht aber auch hier die Annahme einer ausgesprochenen Gentechnikfeindlichkeit an der gesellschaftlichen Realität vorbei.

Im Unterschied zur Kerntechnik handelt es sich bei der Gen- und Biotechnologie um eine Querschnittstechnologie, die eine Vielzahl von Anwendungsmöglichkeiten und Forschungslinien beinhaltet, mit denen jeweils unterschiedliche Nutzen- und Risikokalküle einhergehen: Zu den Anwendungsformen gehören etwa Genmanipulationen an Mikroorganismen zur Abfallbeseitigung, Einsatz der Gentechnik in der Tier- und Pflanzenzüchtung, gentechnologisch hergestellte Arzneimittel, therapeutische Maßnahmen am Menschen durch Eingriffe in die Genstruktur von Körperzellen oder der Keimbahn, Diagnosen von erblich bedingten Krankheiten bis hin zur Reproduktionsmedizin am Menschen (vgl. Hennen u. Stöckle 1992, S. 2). Die Vielfalt der möglichen Anwendungen bedingt, daß im Zusammenhang mit dem unterschiedlichen Wissensstand der Befragten kaum zu kontrollieren ist, an was der Befragte bei einer allgemeinen Frage nach "der" Bio- oder Gentechnologie denkt. Zwar sind Fragen nach allgemeinen Einstellungen auch hier sinnvoll und erforderlich, entheben jedoch nicht von der Notwendigkeit, Einstellungsmuster und Präferenzen hinsichtlich spezifischer Anwendungsformen zu erfassen. Die Unterschiedlichkeit der jeweils abgefragten Anwendungsformen erschweren dabei die Vergleichbarkeit der zu diesem Thema durchgeführten Studien. Selbst zwischen den Begriffen "Bio-" und "Gentechnologie" bestehen unterschiedliche Assoziierungen, wobei die "Biotechnologie" noch etwas positiver wahrgenommen wird als die Gentechnologie, was möglicherweise auf die positiven Assoziationen von "Bio-" zurückzuführen ist (Kistler u. Pfaff 1990, S. 58).

Betrachtet man zunächst die allgemeine Einstellung zur Gentechnologie, so wird in einer frühen Phase der öffentlichen Diskussion ein erhebliches Potential an Akzeptanzverweigerung in der Bundesrepublik deutlich. In einer 1978 europaweit durchgeführten Befragung (Eurobarometer 10A) waren 45 Prozent der Bundesdeutschen der Meinung, daß die Gentechnologie Gefahren in sich berge, die nicht zu akzeptieren seien. Umgekehrt hielten nur 22 Prozent den Einsatz dieser

3.25 Gentechnologie aus der Sicht der Bevölkerung

Forschung für wertvoll[6]. Abgesehen von den Dänen, die mit 61 Prozent Ablehnung die Gentechnologie für besonders inakzeptabel hielten, reichte die Akzeptanzverweigerung in keinem Land der Gemeinschaft an die bundesdeutschen Verhältnisse heran (Jaufmann Kistler u. Jänsch 1989, S. 282).

Auch neuere Umfragen belegen die mangelnde Akzeptanz von Gentechnik in Deutschland. In einer 1991 vom BMFT durchgeführten Studie wurde die Förderungswürdigkeit verschiedener Technologien bzw. Technikbereiche abgefragt. Die Gentechnologie wurde nur von 33 Prozent der Befragten als förderungswürdig eingeschätzt und rangierte damit am unteren Ende des Skala, weit hinter der Sonnenenergie (92 Prozent), dem öffentlichen Personennahverkehr (92 Prozent) oder dem Computer (53 Prozent). Lediglich Kernenergie und Rüstung wurden als noch weniger förderungswürdig eingeschätzt (23 Prozent bzw. 5 Prozent).

Das hohe Potential an Akzeptanzverweigerung wird aber dadurch modifiziert, daß neuere Studien einen langsamen Aufschwung im bundesdeutschen Meinungsklima diagnostizieren. Sprachen sich 1985 noch 52 Prozent der Befragten gegen eine staatliche Förderung aus, so sank dieser Anteil im Jahr 1992 auf 42 Prozent (alte Länder). Dabei nahmen jedoch weniger die ausdrücklichen Befürworter der Gentechnik zu als vielmehr der Anteil der Unentschiedenen, was im Einklang mit der generellen Zunahme ambivalenter Technikeinstellungen steht. In den neuen Bundesländern liegt die Gentechnikakzeptanz ("für Förderung") weitaus höher als im Westen. Mit 45 Proent der Befragten sprach sich dort die Mehrheit für eine Förderung der Gentechnik aus. Auch bei anderen Technikbereichen mit Ausnahme der Kernenergie läßt sich eine Abnahme negativer Bewertungen erkennen. Die Einstellungen zur Gentechnologie liegen damit im allgemeinen Trend (Hennen u. Stöckle 1992, S. 12f).

Eine weitere Bestätigung für eine auch im internationalen Maßstab gestiegene Akzeptanz der Gentechnik liefern die Angaben des Eurobarometers aus dem Jahr 1991. So waren in der Bundesrepublik Deutschland (alte und neue Bundesländer) 44 Prozent der Befragten der Ansicht, daß die Gen- und Biotechnologie unser Leben in den nächsten 20 Jahren verbessern werde. Deutlich größere Hoffnungen setzte die Bevölkerung Spaniens, Frankreichs, Italiens und Großbritanniens in die Gentechnik (51 bis 58 Prozent). Dänemark und Griechenland gehörten dagegen mit nur 44 Prozent bzw. 39 Prozent Zustimmung ähnlich wie die Bundesrepublik zu den eher skeptischen Ländern. Der relativ geringe Optimismus der Deutschen - insbesondere der Westdeutschen - bei der Gentechnik wird aber durch zwei weitere Befragungsergebnisse aus dem Eurobarometer modifiziert: Zum einen knüpfte eine

---
[6] Vgl. dazu die fehlerhafte Übernahme der Ergebnisse aus der Studie von Jaufmann/Kistler/Jänsch (1989, S. 284) im TAB-Bericht von Hennen/Stöckle (1992), wo fälschlicherweise genau diesen beiden Werte vertauscht werden. Dementsprechend kommen die Verfasser fälschlicherweise auf eine Akzeptanz dieser Forschung von 45 Prozent und eine Ablehnung durch nur 22 Prozent der Bevölkerung. Folglich ist auch ihre Schlußfolgerung, die Einstellung zur Gentechnologie habe sich angesichts der positiveren Werte im Eurobarometer von 1991 möglicherweise kaum geändert, zu korrigieren.

deutliche Mehrheit positive Nutzenerwartungen an die Gentechnik, wohingegen der Anteil derjenigen, die mit der Gentechnik ausdrücklich Risiken verknüpften, bei lediglich 12 Prozent liegt. In gleicher Weise war auch eine besondere Risikoaversion der Deutschen gegen die Gentechnik im Vergleich zu den übrigen Ländern der Gemeinschaft nicht festzustellen. Hier zeigten sich insbesondere die Bewohner der Niederlande und Dänemarks wesentlich skeptischer als die Deutschen. Dort waren zwischen 20 - 24 Prozent der Bevölkerung der Meinung, die Gentechnologie werde die zukünftigen Lebensbedingungen verschlechtern

Der Vergleich der Einstellungen der bundesrepublikanischen Bevölkerung mit den übrigen Ländern der Gemeinschaft macht zudem deutlich, daß die auftretenden Akzeptanzprobleme keineswegs eine deutsche Spezialität sind. So wurde im Jahr 1991 die Frage nach der Risikohaftigkeit der Eingriffe für Mensch und Umwelt von 69% der deutschen Bevölkerung bejaht. Aber auch in den Benelux-Staaten, Dänemark, Frankreich und Großbritannien wurde eine ähnlich geringe Akzeptanz festgestellt, wohingegen sich die mediterranen EG-Ländern Spanien, Griechenland, Italien und Portugal wesentlich weniger besorgt zeigen (Eurobarometer 35.1, Spring 1991, S.34).

Weltweit genießt die Gentechnik ebenfalls eine geringe Akzeptanz. Die generell technikfreundlichere Haltung der Bevölkerung der USA wird zwar auch auf die Einschätzung der positiven Möglichkeiten der Biotechnologie übertragen, aber auch in den USA stellt die Gentechnik neben der Kernenergie und Rüstungstechnologie die am ehesten mit unannehmbaren Risiken assoziierte Technik dar. Die Erwartungen an die Gentechnik sind hoch und positiv, aber ebenso die Befürchtungen zu den Risiken. Größere Vorbehalte scheinen im Kern auch bei den Japanern vorzuherrschen (Kistler u. Pfaff 1990, S. 61ff).

Wenngleich die Deutschen also keine Spitzenstellung im internationalen Vergleich bei der Ablehnung der Gentechnik einnehmen, so liegen sie doch bei fast allen Indikatoren im oberen Drittel. Auffällig ist vor allem die Spitzenposition der Deutschen in der Gruppe der indifferent bzw. ambivalent eingestellten Personen (bei 19 Prozent). Diese Gruppe dürfte sich besonders sensibel für die Veränderungen im öffentlichen Meinungsklima erweisen.

Es ist zu vermuten, daß die Veränderung der Meinungsklimas in Zukunft vor allem von den Einschätzungen bei einzelnen Anwendungsformen der Bio- und Gentechnik anhängen wird. Gerade bei einer Querschnittstechnologie wie der Gentechnologie lassen pauschale, bilanzierende Urteile kaum differenzierte Schlüsse über Einstellungen zu einzelnen Anwendungsformen zu. Indifferente Personen (im Gegensatz zu denjenigen, die keine Antwortkategorie oder die Kategorie "weiß nicht" ankreuzen) bilden ihre Urteile meist durch differenziertes Abwägen von Argumenten. Eine in ihren Augen gelungene bez. besorgniserregende Anwendung der Biotechnologie kann die Waagschale der Indifferenz zu der einen wie der anderen Seite ausschlagen lassen.

3.25 Gentechnologie aus der Sicht der Bevölkerung 571

Meinungsspektrum zu speziellen Anwendungen der Gentechnologie

In einer kürzlich durchgeführten deutschen Repräsentativerhebung (vgl. Hennen u. Stöckle 1992, S. 14) wurden die Assoziationen zur Gentechnik differenziert erhoben. Danach verbanden die Befragten mit dem Begriff "Gentechnik" primär Eingriffe in die und Veränderungen der genetischen Erbanlagen (Veränderungen der menschlichen Erbanlagen 19 Prozent, Veränderung der nicht-menschlichen Erbanlagen 15 Prozent), wohingegen Veränderungen in der Pflanzen- und Tierzüchtung kaum genannt wurden (7 bis 8 Prozent). Die Freisetzung gentechnisch veränderter Pflanzen und Tieren wurde trotz der Bedeutsamkeit dieser Thematik im Streit um die Verabschiedung und Novellierung des Gentechnikgesetzes von nahezu keinem Befragten (0,5 Prozent) mit Gentechnik frei assoziiert.

In eine ähnliche Richtung weisen neuere Ergebnisse des Eurobarometers (35.1) aus dem Jahr 1991, wenn auch die Vergleichbarkeit der Daten aufgrund der andersartigen Frageformulierungen nur bedingt gegeben ist. Auf die Frage, welche der angegebenen Entwicklungen nach Meinung des Befragten mit der Gen- und Biotechnologie verbunden sei, erreichten die Anwendungen im Zusammenhang mit der Manipulation der menschlichen Erbsubstanz die höchsten Werte (62 bis 64 Prozent). Die Anwendungen zugunsten neuer Möglichkeiten der Pflanzen- und Tierproduktion wurden von den Befragten seltener mit der Gen- und Biotechnologie assoziiert (44 bis 57 Prozent). Im Gegensatz zur deutschen Befragung waren hier die Antwortkategorien vorgegeben. Insofern sind die insgesamt hohen Werte nicht verwunderlich. Dennoch wird auch in dieser Befragung deutlich, daß primär Eingriffe in die menschliche Erbsubstanz mit Gentechnik assoziiert werden.

Bemerkenswert scheint in diesem Zusammenhang die Variation der Assoziationen zwischen den Ländern der Gemeinschaft, die größer sind als die Unterschiede zwischen den einzelnen Anwendungsformen. Dieses läßt sich anhand der gentechnischen Behandlung von Krankheiten exemplarisch verdeutlichen. Während in den Benelux-Staaten, Frankreich, Großbritannien und der Bundesrepublik Deutschland diese Anwendung überwiegend mit dem Begriff der Gentechnik assoziiert wurde (64 bis 74 Prozent), reagierte die Bevölkerung Griechenlands, Spaniens und Portugals unsicherer. Nur 39 bis 53 Prozent ordneten die gentechnische Behandlung von Krankheiten der Begriff "Gentechnik" zu. Ähnlich unsicher waren die südlichen Staaten auch bei den übrigen Anwendungen (Eurobarometer 35.1). Nimmt man die Fähigkeit der Befragten, diese gentechnisch relevanten Anwendungen als solche zu erkennen, als einen Indikator für den Wissensstand der Bevölkerung, so klafft innerhalb der Gemeinschaft ein Nord-Süd-Informationsgefälle. Danach ist der Wissensstand in den hochindustrialisierten Ländern des Nordens besser als im Süden. Irland und Italien bilden die Mitte. Interessanterweise sind zwischen den beiden Teilen Deutschlands keine wesentlichen Wissensunterschiede zu verzeichnen.

Die ausdifferenzierten Assoziationen korrespondieren mit ebenso differenzierten Bewertungen der in der Befragung vorgegebenen Anwendungsformen. Auf die Frage, inwieweit die Entwicklung der entsprechenden Anwendung aufgrund des hohen Nutzens gefördert werden sollte, die Förderung aufgrund der hohen Risiken abzulehnen sei oder die Anwendung einen unzulässigen Eingriff in die Natur darstelle, reagierte die bundesdeutschen Bevölkerung mit einem außerordentlichen Differenzierungsvermögen. So wurde die gentechnische Herstellung von Medikamenten überwiegend mit Nutzenerwartungen (75 Prozent der Befragten) und selten mit Risiken verbunden (26 Prozent). Auch gentechnische Formen der somatischen Therapie und die Keimbahntherapie wurden mehrheitlich mit Nutzenvorstellungen (52 Prozent), und nur zu einem geringen Teil mit Risiken assoziiert (Hennen u. Stöckle 1992, S. 15). Generell läßt sich feststellen, daß mit zunehmendem Detaillierungsgrad der Fragen nach der Bewertung bestimmter Anwendungsformen die Akzeptanz gentechnischer Methoden generell steigt.

In die Richtung einer zunehmenden Akzeptanz der medizinischen Anwendung der Gentechnik deuten weitere Ergebnisse in der Eurobarometer-Studie von 1991 hin. Immerhin hielten 67 Prozent der Deutschen weitere Forschungen zu gentechnischen Anwendungen an der menschlichen Erbsubstanz für wertvoll und förderungswürdig. Damit liegen die Deutschen im europäischen Durchschnitt. Generell zeigen die Daten des Eurobarometers, daß in den hochindustrialisierten Ländern im Norden der Gemeinschaft zwar die Anwendungsformen der Gentechnologie auf weitaus größere Akzeptanzprobleme stoßen als im Süden, mit zunehmender Differenzierung der Anwendungsbeschreibungen diese Unterschiede sich jedoch verwischen. Insbesondere ist die Bewertung der medizinischen Anwendung der Gentechnologie in Europa, aber auch in Deutschland, wesentlich positiver, als dies aufgrund der veröffentlichten Meinung zu erwarten gewesen wäre.

Die in den oben wiedergegebenen Befragungen erzielten hohen Akzeptanzraten für die Gentechnologie im Zusammenhang mit menschlichen Anwendungen kontrastieren mit älteren Untersuchungen, die gerade in diesem Anwendungsfeld eine weitgehende Ablehnung der bundesdeutschen Bevölkerung ermittelt haben. So ergab eine Trendstudie des Emnid-Instituts für die Jahre zwischen 1980-1987, daß Eingriffsmöglichkeiten in die Erbsubstanz von der weit überwiegenden Mehrheit der Bundesdeutschen abgelehnt wurden. Der Anteil der Befragten, die diese Eingriffsmöglichkeiten für wünschbar ansahen, sank von 20 Prozent im Jahre 1980 auf 12 Prozent im Jahre 1985 (Jaufmann Kistler u. Jensch S. 1989, S. 287).

Wie ist diese Diskrepanz zu erklären? Die hohe Akzeptanz gentechnischer Eingriffe in der TAB-Studie und im Eurobarometer könnte darauf zurückgeführt werden, daß die gentechnische Anwendung im Zusammenhang mit therapeutischen Zwecken steht, also eine positive Zielgröße (Gesundheit) angesprochen wurde. Im Hinblick auf die gentechnischen Möglichkeiten der Gesundheitserhaltung herrschen außerordentlich hohe Nutzenerwartungen der Befragten vor. Gleichzeitig ist das positive Urteil über den Eingriff in die Erbsubstanz auch damit zu erklären, daß mit zunehmender Konkretisierung der gentherapeutischen Möglichkeiten ethische Erwägungen stärker in den Hintergrund treten. Dieses deutet sich auch in dem schon thematisierten Befund an, daß ethische Bedenken bei den in der Bevölkerung noch weitgehend unbekannten Möglichkeiten der Freisetzung von Organismen und der gentechnischen Manipulation von Lebensmittel weitaus häufiger vorgetragen wurden als bei der medizinischen Anwendung. Gleichzeitig wurde ein Nutzen dieser Anwendungen sehr viel seltener erkannt (40 Prozent bzw. 45 Prozent). Die

3.25 Gentechnologie aus der Sicht der Bevölkerung

Bereitschaft der Bevölkerung zur Nutzung gentechnischer Methoden scheint zumindest in den Fällen gegeben, wo der angenommene Nutzen hinreichend genau präzisiert werden kann und zur Lösung drängender Probleme beiträgt (vgl. Hennen u. Stöckle 1992, S. 15; Hennen et al. 1993, S. 197). Dabei scheinen die grundsätzlichen Bedenken gegen die 'Gentechnik im allgemeinen' bei den Anwendungen, in denen der Nutzen nicht mental verfügbar erscheint, stärker zu greifen und quasi stellvertretend für alle Anwendungen thematisiert zu werden.

Diese Fokussierung des Unbehagens auf die Anwendungen, auf die man glaubt, am ehesten verzichten zu können, ist auch mit der aus der sozialpsychologischen Forschung bekannten Auflösung kognitiver Dissonanz zu erklären. Bei einer Dissonanz zwischen verschiedenen Einstellungselementen (hier Bedenken gegen Gentechnik, dort Erfüllung eines wichtigen Zieles wie Gesundheit gerade durch die Anwendung der Gentechnik) kann der Konflikt kognitiv dadurch aufgelöst werden, daß die Bedenken auf die Anwendungen kanalisiert werden, die auf periphere Zielgrößen bezogen sind, bei denen also der Verzicht nicht weh tut. Umgekehrt werden die Anwendungen, auf die man nicht gerne verzichten möchte, durch die Projektion aller Bedenken auf die anderen Anwendungen symbolisch "gereinigt" und dadurch akzeptabel gemacht. Die sozialpsychologische Deutung steht im Einklang mit der eingangs in diesem Kapitel vorgestellten These, daß sich das Unbehagen an der Funktionalisierung der Gesellschaft an den Anwendungen der Gentechnik entzündet, bei denen ein Verzicht aus subjektiver Sicht am ehesten tragbar erscheint.

Die Zuordnung von Nutzen und Bedenken zu einzelnen Anwendungen der Gentechnik ist zum heutigen Zeitpunkt noch variabel und kann sich je nach Informationsstand und Verlauf der öffentlichen Debatte verändern. Zweifellos wird die grundsätzliche Sensibilität für die durch die Gentechnik ermöglichte Funktionalisierung des Lebens anhalten, gleichzeitig zeigen aber die Untersuchungen, daß bei Wahrnehmung eines hinreichend großen Nutzens diese Bedenken zwar nicht ausgeräumt werden, sie aber auf andere Anwendungen bezogen bez. übertragen werden, selbst wenn sie dort weniger greifen. Folgt man dieser Vorstellung, so bestünde mit einer in Zukunft verstärkt betriebenen öffentlichen Aufklärung, die auf die Nutzenvorteile bestimmter gentechnischen Anwendungsformen bezogen ist, die Möglichkeit, die Bedenken der Bevölkerung auf andere Anwendungen zu lenken. Dadurch sind die Bedenken nicht aus dem Weg geschafft, sondern nur verlagert. Es kann dann leicht zu einer überraschenden Manifestation des latent vorhandenen und frei vagabundierenden Unbehagens kommen, vor allem dann, wenn echte oder angebliche Mißbräuche der Gentechnik öffentlich thematisiert werden. Die Erfahrung zeigt dazu, daß kleine, aber politisch aktive Oppositionsgruppen erfolgreich in der Lage sein können, die öffentliche Meinung zu ihren Gunsten zu beeinflussen. Die vorfindliche Ambivalenz und damit Instabilität der Einstellungen der Bevölkerung gegenüber der Gentechnik begünstigen öffentliche Meinungsumschwünge. Jenseits der mit den vorliegenden Umfragedaten erhobenen Einstellungen, welche eher die Oberflächenstruktur des Meinungsbildes verdeutlichen, wäre zudem die Annahme plausibel, daß bei der Gentechnik in den Tiefenschichten des Kollektivbewußtseins sedimentierte, z.T. in historischer Erfahrung gewachsene Bilder und Ängste in der Bevölkerung existieren. So sind in Tiefeninterviews beispielsweise Assoziationen vom "Homunkulus", "Auschwitz", "Menschenzüchtung" oder die Vorstellung "Gott zu spielen" anzutreffen. Diese Latenzen laufen bei der Debatte um die Gen- und Biotechnologie wahrscheinlich auch in der näheren Zukunft mit. Dabei kann dieser Frame durch vergleichsweise geringfügige Anlässe aktualisiert werden, und das Meinungsbild nachhaltig zuungunsten der Biotechnologie beeinflussen. Die dann betroffenen Anwendungen können im Sog der öffentlichen Empörung in eine ernste Akzeptanzkrise geraten, obwohl sie möglicherweise nur zufällig in die Schlagzeilen geraten sind.

Die Verlagerung des Unbehagens von einer Anwendung zu einer anderen ist also nicht mit einer generellen Tendenz zu einer positiveren Bewertung der Gentechnik gleichzusetzen. Sie wird sich nach unserer Ansicht auch nicht durch mehr Aufklärung und Information wesentlich verändern. Allerdings zeigen die Umfragen, daß auch die Schwere der Bedenken leicht abgenommen hat, ohne sie jedoch bedeutungslos zu machen. Dies gilt insbesondere für die Bevölkerungsgruppen, die besonders kritisch gegenüber den Modernisierungsprozessen eingestellt sind und die sich leicht für Protestbewegungen mobilisieren lassen. Ob es gelingen wird, diese Bedenken ganz auszuräumen oder durch gezielte Maßnahmen bei der Einführung und Nutzung von Gentechnik positiv zu überwinden, entzieht sich unserer Kenntnis. Um diese Frage zu beantworten, wären neue mediative Formen der Konfliktaustragung angebracht, in denen die unterschiedlichen Parteien in einem offenen Diskurs klären müßten, ob und wie die grundsätzlichen Bedenken durch Technik- oder Politikgestaltung konstruktiv überwunden werden könnten.

3.25.5 Die Gen- und Biotechnologie in der veröffentlichten Meinung der Massenmedien

Die Darstellung der Gentechnologie allgemein

Von den vergleichsweise wenigen Studien zur Technikberichterstattung der Massenmedien im deutschen und europäischen Raum ragt die aufwendige Untersuchung vom Publizistischen Institut der Universität Mainz besonders hervor. Sie analysiert die Technikberichterstattung der westdeutschen überregionalen Presse für den Zeitraum zwischen 1965 bis 1985 (Kepplinger 1989). Zwar wird mit der überregionalen Presse nur ein Teil der gesamten Berichterstattung erfaßt, da sie aber als publizistischer Meinungsführer im gesamtem Mediensystem fungiert, ist sie ein Indikator für die Berichterstattung der übrigen Medien, einschließlich des Fernsehens. Obgleich die Studie aus methodischen Gründen kritisiert worden ist (Peters und Lichtenberg 1989), repräsentiert sie dennoch die für die Bundesrepublik Deutschland wichtigste Studie über die Technikberichterstattung der Medien. Sie soll daher hier ausführlicher behandelt werden.

Ein wichtiges Ergebnis dieser Studie ist, daß die Berichterstattung über Technik im allgemeinen sowie über Alltags- und Großtechnologien seit den 60er Jahren

3.25 Gentechnologie aus der Sicht der Bevölkerung

sprunghaft zugenommen hat. Dieser Aufschwung ging mit einer seit den 60er Jahren zunehmend negativeren Darstellung der Technik einher. Die zunehmende Technikskepsis in der bundesdeutschen Bevölkerung wurde damit von einer ebenfalls kritischeren Medienberichterstattung begleitet, was jedoch nicht notwendigerweise bedeutet, daß sie von den Medien auch kausal verursacht wurde. Inwieweit die Medien diesen Meinungsumschwung herbeigeführt haben oder diesen nur widerspiegeln, bedarf weiterer sorgfältiger Analysen. Fest steht, daß einfache Ursache-Wirkungsannahmen über das Verhältnis von Medien zur Einstellungsbildung der Komplexität öffentlicher Meinungsbildungsprozesse nicht gerecht werden.

Bemerkenswert ist auch der Befund, daß Technik im Zuge ihrer Karriere als Medienthema aus den spezialisierten Ressorts der Wissenschaft- und Wirtschaftsberichterstattung herauswanderte und zum beliebten Thema der allgemeinen bzw. der politischen Berichterstattung wurde. Diese Veränderung der redaktionellen Zuordnung von Berichten zur Gen-Technik ist nach Kepplinger (1993) vor allem deshalb bedeutsam, weil dann nicht mehr fachwissenschaftlich - wie in den Wissenschafts- und Wirtschaftsredaktionen - sondern geistes- und sozialwissenschaftlich ausgebildete Redakteure - die Kepplinger zufolge in den politischen Redaktionen tonangebend sind - für die Berichterstattung über Gentechnik zuständig sind. Diese Veränderung wäre an sich für die Berichterstattung zur Gentechnik irrelevant, wenn nicht, wie Kepplinger, auf C.P. Snows 2-Kulturen-Theorie aufbauend, unterstellen würde, daß Geistes- und Sozialwissenschafter grundsätzlich kritischer gegenüber der Technik eingestellt seien als Wirtschafts- und Naturwissenschaftler. Somit führe die Veränderung der redaktionellen Zuständigkeit dazu, daß Technik ihren Status vom funktionalen Zweckobjekt zum politischen Streitobjekt verändere. Technik reihte sich wie andere politische Themen in das Feld von Kontroversen und polarisierenden Konflikten ein. Diese Strukturänderungen in der Mediendarstellung können den öffentlichen Diskurs umso nachhaltiger prägen, als die Politikberichterstattung gewöhnlich eine weitaus größere Reichweite in der Bevölkerung besitzt als die generell technikfreundlichere Wirtschafts- und Wissenschaftsberichterstattung, die nur von interessierten Minderheiten rezipiert wird.

Wenn oben gezeigt wurde, daß Einstellungen zur Biotechnologie in den Kontext allgemeiner Technikeinstellungen eingebettet sind, so gilt diese Verbindung auch für die massenmediale Darstellung des Themas. Die allgemeine Technikberichterstattung und die spezielle Berichterstattung über Gentechnik zeigen in der überregionalen Presse parallele Trends. In Analogie zur wachsenden Skepsis gegenüber der Technik im allgemeinen erfuhr auch die Gentechnik eine immer kritischere Einschätzung in den Medien. Für die Gentechnik gilt allerdings, daß ihre Bewertung in den Medien stets positiver als die Bewertung der Technik im allgemeinen war (Kepplinger et al. 1991, S. 117). Hinzu kommt nach dem Tiefpunkt im Jahr 1987 eine Trendwende hin zu einer deutlich positiveren Einschätzung der Gentechnik, wohingegen die Technikberichterstattung in einer eher negativen Grundhaltung verhaftet blieb.

Die Ergebnisse zeigen aber auch, daß bei aller Zunahme der Skepsis gegenüber der Gentechnik zu Beginn der 80iger Jahre die Berichterstattung über Gentechnik nie wirklich negativ war. Die Klagen der Gentechnik-Befürworter über eine gentechnikkritische Stimmung in den deutschen Medien lassen sich auf Basis dieser Daten nicht bestätigen.

Bei der hier aufgezeigten Tendenz ist allerdings ein deutliches Meinungsgefälle zwischen den einzelnen Medien in Rechnung zu stellen. So ist bei den untersuchten Tageszeitungen und Publikumszeitschriften die Einschätzung der Gentechnik weitgehend eine Funktion der Position der jeweiligen Zeitung im publizistischen Meinungsspektrum (Kepplinger et al. 1991, S. 118f).

Für die Medienberichterstattung im allgemeinen wie auch für den überwiegenden Teil der Technikberichterstattung ist kennzeichnend, daß die Medien ihre Themen in aller Regel nicht freischwebend erfinden, sondern diese über die Beobachtung des gesellschaftlichen und politischen Geschehens aufgreifen und weitervermitteln. Demzufolge entstehen die Beiträge im Kontext von bestimmten Ereignissen. Sie sind in erster Linie durch Berichte über das Agieren, Reagieren oder Zitieren relevanter Akteure geprägt. Dieses ist auch bei dem Thema Gentechnik der Fall, wo 62 Prozent aller wertenden Aussagen in der Presse von nichtjournalistischen Quellen stammten. Insgesamt gingen die in den untersuchten Medien vorgenommenen Bewertungen auf drei große Gruppen von Aussageurhebern zurück (vgl. Kepplinger et al. 1991). Die größte dieser Gruppen stellten die Journalisten selbst. Sie produzierten mehr als ein Drittel der Aussagen (38 Prozent) und äußerten sich überwiegend positiv zur Gentechnik. Eine Ausnahme bildeten die Journalisten von FR, TAZ, Spiegel und Natur, die sehr kritisch zur Gentechnologie Stellung bezogen. Die zweite große Gruppe der Aussagenurheber waren Wissenschaftler und Experten (24 Prozent). Wenn auch diese Gruppe im Aggregat die Gentechnik insgesamt neutral bewertet, darf daraus nicht geschlossen werden, daß die Wissenschaftler selbst indifferente Haltungen einnehmen würden. Die scheinbare Ausgewogenheit der Bewertungen war vielmehr auf die gegensätzlichen Einschätzungen von Naturwissenschaftlern auf der einen und Geistes- bzw. Sozialwissenschaftler auf der anderen Seite zurückzuführen. Erstere befürworteten die Gentechnik deutlich, wohingegen die in nahezu gleicher Häufigkeit zu Wort kommenden Geisteswissenschaftler sich wesentlich skeptischer äußerten. Kepplinger (1993) vermutet, daß Journalisten in Wissenschafts und Wirtschaftsredaktionen - die überwiegend fachwissenschaftlich ausgebildet seien - eher Experten aus technischen Diziplinen heranziehen, während Journalisten in politischen Redaktionen vor allem alternative Wissenschaftler zu Wort kommen lassen. Interessant scheint im diesem Zusammenhang die Beobachtung, daß die Tendenz der Expertenaussagen mit den geäußerten Meinungen der sie zitierenden Journalisten hoch korrelierte (Kepplinger et al. 1991, S. 133). Ob die Journalisten die Experten zur Abstützung ihrer eigenen Position bewußt auswählten oder ob sie aufgrund der von ihnen zitierten Wissenschaftler zu der von ihnen ausgedrückten Meinung kamen, ist ungeklärt. Deutlich ist jedoch, wie groß der journalistische Spielraum beim Rückgriff auf Expertenwissen ist. Fest steht ferner, daß diese als "Instrumentelle Aktualisierung" bezeichnete Übereinstimmung zwischen

3.25 Gentechnologie aus der Sicht der Bevölkerung

journalistischen Aussagen und den Aussagen von Wissenschaftlern und Experten in den Medien ein über den vorliegenden Fall hinaus typisches Phänomen der Technikberichterstattung zu sein scheint (Kepplinger 1984). Die dritte große Gruppe von Aussageurhebern stellten schließlich die Politiker, die vorwiegend mit negativen Stellungnahmen zu Wort kamen. Der Rest verteilte sich auf eine Vielzahl von Akteuren, die in unterschiedlicher Weise Position bezogen.

Geht man von der in verschiedenen kommunikationswissenschaftlichen Studien erhärteten Annahme aus, daß eine konsonante Mediendarstellung eine wichtige Bedingung für eine entsprechende Wirkungskraft der Botschaften im Publikum ist, so läßt sich folgern, daß diese heterogene Medienberichterstattung kaum einen prägenden Einfluß auf die Bevölkerungsmeinung ausgeübt haben kann. Allenfalls die ausschließlichen Leser besonders konsistenter Medien (etwa Handelsblatt auf der einen und Stern auf der anderen Seite) könnten aufgrund der Berichterstattung in diesen Medien zu einer positiven bez. negativen Einstellung gekommen sein.

Ein ähnliches Bild der veröffentlichten Meinung wurde in einer Studie von Georg Ruhrmann (1992) ermittelt, der die regionale und überregionale Presseberichterstattung für die Jahre zwischen 1988 und 1990 analysierte. Er beobachte ähnlich wie Kepplinger eine Zunahme der Berichterstattung über Gentechnik im Jahr 1988/89, wobei er die Debatte um das Gentechnik-Gesetz als Ursache der intensivierten Medienaufmerksamkeit ansah. Auch Ruhrmann kommt zu der Schlußfolgerung, daß sich innerhalb des Untersuchungszeitraumes der Medientenor gegenüber der Gentechnik verbesserte (Ruhrmann 1992, S. 188). Zwar betreiben die Medien zuweilen eine sensationsbezogene oder auch dramatisierende Berichterstattung über gentechnische Neuerungen (vgl. Seitzer, in diesem Band), nichtsdestoweniger aber wich die Anfang der 80er Jahre vorherrschende Skepsis einem insgesamt positiveren Bild zu Beginn der 90er Jahre.

Deutliche Veränderungen sind allerdings bei den beitragsauslösenden Ereignissen der Berichterstattung zu beobachten. Während zwischen 1988 und 1990 politische und gesetzgeberische Maßnahmen das Gros der Beitragsanlässe stellten, gingen diese nach der Verabschiedung des Gentechnikgesetzes im Juli 1990 deutlich zurück. Im Aufwärtstrend liegen dagegen die immer stärker beachteten gentechnischen Neuerungen und Erfindungen. Zu Beginn des Jahres 1990 stellte dann erstmals diese Gruppe die Mehrzahl der Beitragsanlässe. Der Entstehungsanlaß der Beiträge ist insofern von Bedeutung, als er gewöhnlich Rückwirkungen auf den Charakter der Darstellungen besitzt. Berichte über politische Kontroversen um die Gentechnik, insbesondere über die Vorlage des Abschlußberichts der Enquete-Kommission "Chancen und Risiken der Gentechnologie" und über den Streit um die Verabschiedung des Gentechnikgesetzes sind eher dazu angetan, das öffentliche Meinungsklima nachhaltig zuungunsten der Biotechnologie zu beeinflussen. Diese Anlässe besaßen in den späten 80iger Jahren eine zentrale Bedeutung für den öffentlichen Diskurs über die Gentechnik und boten den Kritikern eine Plattform, auf der sie sich öffentlich zu Wort zu melden konnten (vgl. Kepplinger et al. 1991, S. 203f; Gloede et al. 1993, S. 120). In diesen Zeiten kamen in den politischen Ressorts der Presse bevorzugt Grüne, Initiativen, Gegenexperten sowie die sich ebenfalls ablehnend äußernden Kirchen zu Wort. In den Folgephasen der

Berichterstattung über technische Neuerungen und innovative Anwendungen konnten sich die politischen Entscheidungsträger sowie "etablierte" Experten stärker in den Vordergrund rücken. Dieser Phase folgte dann eine erneute Welle der Berichterstattung über Aktivitäten der Gentechnik-Gegner, vor allem über zahlreiche Protestaktionen und gerichtliche Klagen, so daß im Jahr 1989 der Konflikt weder zugunsten der Befürworter noch der Gegner publizistisch entschieden war (Kepplinger et al. 1991, S. 204).

Trotz der zeitweise breiten Berichterstattung über Proteste und Opposition gegen Gentechnik blieb der überwiegende Trend der Berichte über alle Zeitungen und Zeitschriften gemittelt eher positiv. Dieser positive Trend verstärkte sich noch mit der stärkeren Hinwendung der Medien zu gentechnischen Innovationen. Diese Innovationen wurden in der Berichterstattung überwiegend mit den positiv kommentierten medizinischen Anwendungen assoziiert. Im Kontext dieser Ereignisse kann daher angenommen werden, daß hier der Nutzenaspekt der Gen- und Biotechnologie im Vordergrund stand (vgl. Gloede et al. 1993, S. 122).

Die Berichterstattung der Medien über gentechnische Anwendungsfelder

Betrachtet man die Mediendarstellungen hinsichtlich der verschiedenen gentechnischen Anwendungsfelder, so zeigt sich eine Mischung von allgemeinen und speziellen Darstellungen in der Berichterstattung. In der Studie von Kepplinger et al. (1991, S. 157) berichtete die Presse am häufigsten über die Gentechnik im allgemeinen (41 Prozent der Aussagen), an zweiter Stelle folgten Aussagen zur Anwendung gentechnischer Methoden am Menschen, wobei überraschenderweise weniger medizinische Anwendungen (12 Prozent), sondern die Humangenetik im Vordergrund stand (22 Prozent). Dicht auf folgt die Thematisierung gentechnischer Methoden in der Tier- und Pflanzenproduktion, während die Medien den übrigen Anwendungen kaum noch Bedeutung schenkten. Damit wurde die Vielzahl der Forschungsgebiete und Anwendungsformen sehr vereinfacht in den Medien abgebildet und auf einige wenige Bereiche reduziert.

Der Art und Weise, wie die Medien Themenselektion vornehmen, kommt eine umso größere Bedeutung zu, als die unterschiedlichen Anwendungsfelder der Gentechnologie spezifische Assoziationsmuster bilden. Durch eine selektive Hervorhebung befürworteter oder abgelehnter Anwendungen kann das Gesamtbild der Gentechnik in der Öffentlichkeit entscheidend geprägt werden. So wurden in der überregionalen Presse die Gentechnik allgemein, Eingriffe in das menschliche Genom sowie der Einsatz gentechnischer Methoden in der Tierzüchtung überwiegend negativ kommentiert, wohingegen sich medizinische Anwendungen einer außerordentlich positiven Darstellungsweise erfreuten. Dieses galt überraschenderweise auch für die Pflanzenproduktion, obwohl die demoskopische Forschung gerade in diesem Fall eine besonders negative Einschätzung in der Bevölkerung feststellen konnte. Offensichtlich war die Auseinandersetzung um das Für und Wider biotechnischer Methoden in der Pflanzenproduktion (Herbizid-

3.25 Gentechnologie aus der Sicht der Bevölkerung

resistenz, Freisetzungsproblematik etc.) eher eine innerwissenschaftliche denn eine öffentliche Kontroverse. Die Bewertungen der übrigen Anwendungsbereiche spielten angesichts der wenigen Nennungen in den Medien praktisch keine Rolle mehr.

Bezüglich der Differenzierung der Forschungs- und Anwendungsgebiete zeigten sich innerhalb von kurzen Zeiträumen gravierende Verschiebungen in den Bewertungen der jeweiligen Anwendungsfelder. Die meisten Anwendungsformen der Gentechnik erfuhren im Zuge der generell positiveren Berichterstattung spätestens ab dem Jahr 1988 eine deutlich günstigere Darstellung in der Presse. Ausnahmen bildeten die konstant als wertvoll bewertete Anwendung zum Erhalt der menschlichen Gesundheit sowie die biotechnische Pflanzenproduktion, die allerdings als einzige Anwendung eine über die Zeit nachlassende Wertschätzung erfuhr. Insgesamt läßt sich zum Ende des Untersuchungszeitraumes feststellen, daß sämtliche Anwendungen im Mittel positiv bewertet wurden (vgl. Kepplinger et al. 1991, S. 196ff). Diese Aussage läßt sich mit der erwähnten, von Ruhrmann u.a. durchgeführten Studie (1992) auch für den Beginn der 90er Jahre bestätigen. Die besonders kritischen Themen in der Gentechnik-Debatte, wie etwa das Problem der biotechnischen Sicherheit oder die Eugenik-Diskussion, verlieren im beobachteten Zeitraum an Bedeutung, auch Zulassungsfragen wurden in den Medien kaum noch diskutiert (Ruhrmann et al. 1992). Diese Veränderung weist auf ein generelles Merkmal des jüngeren gentechnischen Diskurses. Zwischen den Jahren 1988-90 wurde die Gentechnik allgemein weniger im Kontext von Risiken thematisiert, als im Zusammenhang mit dem möglichen Nutzen dieser Verfahren (38 Prozent bzgl. Risiken versus 68 Prozent bzgl. Nutzen bei den Artikel). Von den Befürwortern wird in erster Linie der Nutzenaspekt hervorgehoben, insbesondere im Zusammenhang mit medizinischen Anwendungen, wohingegen die Kritiker diesen Nutzen bestreiten und auf die potentiellen Risiken verweisen, die vor allem mit der Wahrnehmung der Gentechnik als Großtechnik ähnlich wie die Kernenergie verbunden sind (vgl. Gloede et al. 1993, S. 122).

Versucht man die wichtigsten Ergebnisse beider Studien zu vergleichen, so drängt sich zunächst der Eindruck auf, daß sich die Berichterstattung über die Gentechnik im Schnitt als positiver herausstellte, als nach dem Meinungsspektrum in der Bevölkerung zu erwarten gewesen wäre. Zudem ist eine Tendenz zur positiveren Sichtweise seit Ende der 80iger Jahren zu beobachten. Es fällt allerdings auf, daß in der Medienberichterstattung insbesondere die Anwendungsformen herausgestellt werden, die kontrovers sind (73 Prozent), wohingegen die weitgehend auf Konsens beruhenden Anwendungen eher stiefmütterlich behandelt werden. Wegen der besonderen Bedeutung von Gesundheit im öffentlichen Wertespektrum bildete die Berichterstattung über die Vorzüge der Gentechnik für die Gesundheit eine wichtige Ausnahme. Insgesamt aber konzentriert sich die Berichterstattung auf die Anwendungsfelder, in denen kontroverse Meinungen vorliegen und ethische Bedenken besonderes Gewicht erhalten, während die eher routinemäßigen Anwendungen kaum Beachtung finden. Insofern nimmt es nicht Wunder, daß die Bevölkerung die Gentechnik als eine äußerst kontroverse Technik einstuft und davon ausgeht, daß die Konflikte zu Nutzen und Risiken der Gentechnik innerhalb der Wissenschaft wesentlich stärker ausgeprägt seien als es die Wissenschaftler (vor allem die Naturwissenschaftler) selber sehen. Zahlreiche Wissenschaftler haben deshalb diese falsche Gewichtung von Themen kritisiert und sehen in der Betonung des Konfliktcharakters der Gentechnik-Diskussion einen der auffälligsten Fehler der Medienberichterstattung (Kepplinger et al. 1991, S. 156).

Die in Befragungen ermittelten Einschätzungen der Gentechnik decken sich weitgehend mit den Trends in der Medienberichterstattung. Die kontroversen Themen wie der Eingriff in das menschliche Genom oder die frühzeitige Diagnose von nicht heilbaren genetischen Krankheiten sind in den Medien wie in den Meinungen der Bevölkerung weitgehend präsent. Ebenso ist das Anwendungsfeld Medizin Vorreiter in den Medien wie in der Wahrnehmung der Bevölkerung. Auch der generelle Trend einer vorsichtig positiveren Grundhaltung gegenüber biotechnologischen Anwendungen scheint sich in den Medien und der öffentlichen Meinung parallel abzuzeichnen. Allerdings weist die Medienanalyse eine weitgehend positive Berichterstattung über gentechnische Veränderungen bei Pflanzen aus, während hier in der Bevölkerung starke Skepsis vorherrscht. Diese Skepsis wurde als Kanalisation des generellen Unbehagens auf weniger zentral angesehene Anwendungsfelder gedeutet. Eine solcher Mechanismus der Übertragung läßt sich allerdings in den Medien nicht nachweisen.

3.25.6 Schlußfolgerungen und Ausblick für die Studie "Chancen der Gentechnologie für Baden-Württemberg"

Welche Aussagekraft haben diese Ergebnisse für die Studie der Akademie zur Identifikation der Chancen einer gentechnisch orientierten Industrie in Baden-Württemberg? Zunächst einmal sollte deutlich geworden sein, daß die Meinung der überwiegenden Bevölkerung zur Gentechnik durch eine ambivalente Grundhaltung gekennzeichnet ist. Da erwartete Marktchancen wichtige Randbedingungen für Innovationen sind (Gold 1981), ist zu erwarten, daß sich Akzeptanzprobleme nachteilig auf die Bereitschaft von Unternehmen auswirken, in derartige Produktionsweisen und Produkte zu investieren. Eine verstärkte Einbindung der Gentechnik in die Industriestruktur des Landes setzt also voraus, daß die verantwortlichen Gruppen (vor allem Industrieverbände, Gewerkschaften und staatliche Kontrollorgane) Überzeugungsarbeit leisten und die potentiellen Nutzanwendungen der Gentechnik in den Vordergrund ihrer Informationsarbeit rücken. Dabei reicht es nicht aus, die indirekten Vorteile, wie Erhalt von Arbeitsplätzen, hohe Wertschöpfung und Erhalt der internationalen Wettbewerbsfähigkeit, herauszustreichen; vielmehr muß zweifelsfrei nachgewiesen werden, daß die gentechnisch erzeugten Produkte selbst einen Nutzen stiften, der gesellschaftlich unumstritten ist und auf konventionellem Weg nicht zu erzielen wäre. Das allgemeine Unbehagen an der Gentechnik wird sich dadurch nicht aus der Welt schaffen lassen, aber der Nachweis eines produktbezogenen Nutzens scheint zumindest eine Verlagerung des Unbehagens auf andere gentechnische Anwendungen auszulösen.

3.25 Gentechnologie aus der Sicht der Bevölkerung

Zum zweiten geht es darum, die Affluenzfalle (Akzeptanz der Produkte, aber Ablehnung der dazu notwendigen Produktionsverfahren) dadurch zu überwinden, daß der Zusammenhang zwischen Produktion und Konsum stärker als bisher in den Vordergrund gerückt wird. Wenn die Bürger beispielsweise gentechnisch erzeugte Pharmazeutika als sinnvoll und notwendig ansehen (und dies wird durch den Markt offenkundig bestätigt), dann muß logischerweise auch die Produktion solcher erwünschter Produkte erlaubt sein, sofern die produktionsspezifischen Risiken tragbar sind. Dies setzt auf der einen Seite einen offenen Dialog mit den Anwohnern über diese produktionsspezifischen Risiken voraus, bedingt aber auf der anderen Seite eine stärkere Öffentlichkeitsarbeit über die Nutzeffekte solcher Produkte und ihre Bedeutung für hochgeschätzte Werte wie Gesundheit, Lebenserhaltung und Umweltschutz.

Zum dritten sollte, wenn möglich, die immer fragwürdige Akzeptanz als Nachbar auf die Konsumakzeptanz übertragen werden. Dies ist bei gentechnisch erzeugten Produkten, die im Handel zugänglich sind, dann kein Problem, wenn eine entsprechende Kennzeichnung erfolgt. Kennzeichnungspflicht bedeutet aber nicht, fragwürdige Symbole mit Gentechnik in Verbindung zu bringen, sondern dem Verbraucher die Chance zu geben, zwischen konventionell und gentechnisch erzeugten Produkten auszuwählen. Die Wahl dem Endverbraucher zu überlassen, hat hohe normative Kraft in einer auf Marktwirtschaft und Konsumentensouveränität beruhenden Wirtschaftsordnung.

Zum vierten wird es immer notwendig sein, kollektiv verbindliche Regeln des Umgangs mit Gentechnik festzulegen und durchzusetzen. Mit der Novellierung des Gentechnikgesetzes in Deutschland ist es gelungen, dafür den entsprechenden Rahmen zu setzen. Bei der Auslegung dieser Bestimmungen und der Durchführung der Kontrollen wäre es sinnvoll, eine Diskurs-Plattform mit Vertretern wichtiger gesellschaftlicher Gruppen zu schaffen, die an der Gestaltung und Modifikation dieser Regeln mitwirken und damit konstruktiv ihr Unbehagen und ihre Sorgen in eine vorausschauende Technikgestaltung einbringen könnten. Eine solche Plattform darf natürlich nicht zu einer reinen Beruhigungsinstanz für Kritiker der Gentechnik werden (die würden sich dafür auch nicht einspannen lassen), sondern sollte die Möglichkeit besitzen, Vorschläge für die politische Umsetzung kollektiver Normen im Umgang mit der Gentechnik zu entwerfen und den verantwortlichen Entscheidungsgremien vorzuschlagen.

Inwieweit die baden-württembergische Industrie mit der gentechnisch unterstützten Biotechnologie eine neue Zukunftsbranche im Lande zum Siegeszug verhelfen kann, ist natürlich nur zu einem kleinen Teil von der Akzeptanz im Lande abhängig. Unserer Einschätzung nach stellt das in Deutschland nicht unerhebliche Potential an Akzeptanzverweigerung aber kein unüberwindbares Hindernis dar, das eine solche Entwicklung von vornherein zum Scheitern verurteilen würde. Allerdings ist es notwendig, daß die politischen Rahmenbedingungen die Etablierung einer neuartigen Technikanwendung nicht behindern und daß die beteiligten Gruppe ihren Auftrag, aktiv die Bedingungen für eine positive Akzeptanz zu schaffen, ernst nehmen und nach besten Kräften ausfüllen.

Literatur

Akademie der Wissenschaften zu Berlin (1992) Umweltstandards. Fakten und Bewertungsprobleme am Beispiel des Strahlenrisikos. De Gruyter, Berlin

Bechmann G (Hrsg) (1993) Risiko und Gesellschaft. Westdeutscher Verlag, Opladen

Biervert B, Monse K (1988) Technik und Alltag als Interferenzproblem. In: Joerges B (Hrsg) Technik im Alltag. Suhrkamp Frankfurt, S 95-119

Biotechnology in Public (1992) A Review of recent Research. Edited by John Durant. Science Museum for the European Federation of Biotechnology, London.

Friedrichs J (1987) Neue Technologien und Raumentwicklung. Eine Theorie der Technologie als Problemlösung. In: Lutz B. (Hrsg) Technik und sozialer Wandel. Campus. Frankfurt New York, S 332-256.

Fuchs D (1991) Die Einstellung zur Kernenergie im Vergleich zu anderen Energiesystemen. Arbeiten zur Risikokommunikation, Band 19, Forschungszentrum Jülich

Gloede F u.a. (1993) Biologische Sicherheit bei der Nutzung der Gentechnik. Endbericht. TA-Büro, Bonn

Gold B (1981) Technological Diffusion in Industry: Research Needs and Shortcomings. In: The Journal offf Industrial Economics. Vol. XXIX,3, S 247-269

Goppel T (1990) Bevölkerung und Technik. In: Kistler u. Jaufmann, S 13-18

Habermas J (1981) Theorie des kommunikativen Handelns. 2.Band. Suhrkamp, Frankfurt

Henderson H (1990) Der Einfluß gewandelter Paradigmen auf eine postindustrielle Welt. In: Schüz M. (Hrsg) Risiko und Wagnis - Die Herausforderung der modernen Welt. Band 1 Gerling Akademie, Neske, Pfullingen, S 276-294

Hennen L und Stöckle T (1992) Gentechnologie und Genomanalyse aus der Sicht der Bevölkerung. Ergebnisse einer systematischen Bevölkerungsumfrage des TAB, Bonn

Hennen L, Peters H-P (1990) "Tschernobyl" in der öffentlichen Meinung der Bundesrepublik Deutschland - Risikowahrnehmung, politische Einstellung und Informtionsbewertung, Forschungszentrum Jülich

Hennen L, Petermann T, Schmitt JJ (1993) Chancen und Risiken genetischer Diagnostik. Endbericht. Büro für Technikfolgenabschätzung beim Deutschen Bundestag, Bonn

Inglehart R (1984) The Changing Structure of Political Cleavages in Western Society. In: Dalton RJ, Flanagan SC, Beck PA (Hrsg) Electoral Change in Advanced Industrial Democracies. Princeton University Press, Princeton, S 243-273

Jaufmann D u.a. (1988) Technikakzeptanz bei Jugendlichen im intergenerationalen, internationalen und intertemporalen Vergleich. In: Jaufmann u. Kistler, S 23-76

Jaufmann D, Kistler E (Hrsg) (1988) Sind die Deutschen technikfeindlich? Westdeutscher Verlag, Opladen

Jaufmann D, Kistler E (Hrsg) (1991) Einstellungen zum technischen Fortschritt. Campus, Frankfurt New York

Jaufmann D, Kistler E, Jänsch G (1989) Jugend und Technik. Campus, Frankfurt New York

3.25 Gentechnologie aus der Sicht der Bevölkerung

Jungermann H, Slovic P (1983) Die Psychologie der Kognition und Evaluation von Risiko. In: Bechmann, S 167-208
Jungermann H, Kasperson RE, Wiedemann PM (Hrsg) (1988) Risk Communication, Jülich
Kaase M, Schulz W (Hrsg) (1989) Massenkommunikation. Westdeutscher Verlag, Opladen
Kepplinger HM (1989) Künstliche Horizonte. Camous, Frankfurt New York
Kepplinger HM (1989) Instrumentelle Aktualisierung. In: Kaase/Schulz, S 199-220
Kepplinger HM, Ehmig SC, Ahlheim C (1991) Gentechnik im Widerstreit. Campus, Frankfurt New York
Kepplinger HM (1993) Paradigmenwechsel durch Ökologie: Umweltbotschaften in den Medien und Publikumsreaktionen. In: Schweizerische Gesellschaft für Kommunikations- und Medienwissenschaft 1, S -10
Klages H (1984) Wertorientierungen im Wandel - Rückblick, Gegenwartsanalyse, Prognosen. 2. Auflage. Campus, Frankfurt/M
Kistler E (1991) Eurosklerose, Germanosklerose? Einstellungen zur Technik im internationalen Vergleich. In: Jaufmann u. Kistler, S 53-70
Kistler E, Jaufmann D (Hrsg) (1990) Mensch, Technik, Gesellschaft. Westdeutscher Verlag, Opladen
Kistler E, Pfaff M (1990) Technikakzeptanz im internationalen Vergleich. In: Kistler u. Jaufmann, S 41-70
Koslowski P (1989): Risikogesellschaft als Grenzerfahrung der Moderne - Für eine postmoderne Kultur. In: Aus Politik und Zeitgeschichte, B/36 89, S 14-30
Renn O (1984) Risikowahrnehmung der Kernenergie. Campus, Frankfurt New York
Renn O (1993) Technik und gesellschaftliche Akzeptanz: Herausforderungen der Technikfolgenabschätzung. In: GAIA Ecological Perspectives in Science, Humanities, and Economics, Heft 2, Nr. 2, S 69-83
Renn O, Levine D (1991) Trust and Credibility in Risk Communication. In: R. E. Kasperson und P.J. Stallen (Hrsg) Communicating Risks to the Public: International Perspectives. Kluwer, Amsterdam New York, S 175-218
Ruhrmann G (1992) Genetic Engineering in the Press: A Review of Research and Results of a Content Analysis. In: Biotechnology in Public, S 169-201
Ruhrmann G u.a. (1992) Das Bild der "Biotechnologischen Sicherheit" und der "Genomanalyse" in der deutschen Tagespresse (1988-1990). TAB-Diskussionspapier Nr. 2. Bonn
Sandmann PM (1988) Hazard versus Outrage. A Conceptual Frame for Describing Public Perception of Risk. In: Jungermann H, Kasperson R E, Wiedemann PM (Hrsg): Risk Communication, Jülich, S 163-168

4 Baden-württembergische Unternehmens-Strukturen und Potentiale in der Biotechnologie

Thomas Reiß und Gerhard Jaeckel
Fraunhofer-Institut für Systemtechnik und Innovationsforschung (ISI),
Breslauer Straße 48, 76139 Karlsruhe

Voraussetzung für eine Bewertung der Perspektiven der Biotechnologie in Baden-Württemberg ist die Kenntnis der aktuell im Lande vorhandenen biotechnischen Strukturen und Potentiale in der Wirtschaft und in außerindustriellen Forschungseinrichtungen. Da die Biotechnologie keine Wirtschaftsbranche ist, zu der entsprechende Basisstatistiken vorliegen, können die erforderlichen Informationen nicht aus Sekundärdaten gewonnen werden. Daher hat die Akademie für Technikfolgenabschätzung in Baden-Württemberg das Fraunhofer-Institut für Systemtechnik und Innovationsforschung (ISI), Karlsruhe, beauftragt, die entsprechenden Daten zu erheben. Hierzu wurde im Zeitraum September 1993 bis März 1994 eine schriftliche Umfrage in Form einer Basiserhebung bei Biotechnologieunternehmen und Forschungsinstitutionen in Baden-Württemberg durchgeführt. Im Rahmen dieser Umfrage wurden insgesamt 728 Einrichtungen angeschrieben. Die schriftliche Umfrage wurde durch eine mündliche Befragung ausgewählter Unternehmen ergänzt.

4.1 Überblick zur Struktur der baden-württembergischen Biotechnologieunternehmen

In Baden-Württemberg existiert eine breite industrielle Basis biotechnologischer Aktivitäten. Die Gesamtzahl der Biotechnologieunternehmen wird auf ca. 100 geschätzt. Die Struktur der Unternehmen ist überwiegend mittelständisch. Im wesentlichen ist zwischen zwei nahezu gleichhäufigen Unternehmenstypen zu unterscheiden: Existenzgründern und jungen Unternehmen, die vor allem in den 80er Jahren entstanden, sowie älteren, gestandenen Unternehmen, die in das Gebiet der Biotechnologie hinein diversifizierten. Biotechnologie ist überwiegend eine Teilaktivität. Nur rund 25 % aller Unternehmen betreiben ausschließlich Biotechnologie.

Gemessen an den Umsatz- und Beschäftigungszahlen spielt Biotechnologie als Wirtschaftsfaktor in Baden-Württemberg bisher nur eine sehr untergeordnete Rolle. So sind in den 46 Unternehmen, die Angaben hierzu machten, insgesamt nur rund 1300 Mitarbeiter in der Biotechnologie beschäftigt.

Die Neugründungswelle von Biotechnologieunternehmen hatte ihren Höhepunkt im Zeitraum 1985 bis 1987. Zu Beginn der 90er Jahre nahm die Anzahl der Neuanfänge ab. Ein ähnlicher Zeitverlauf wird auch europaweit beobachtet und weist insgesamt auf den Beginn einer Konsolidierungsphase bei den Neugründungen hin.
Der Schwerpunkt der Unternehmenstätigkeiten liegt im Dienstleistungsbereich. Die Herstellung biotechnologischer Produkte spielt bisher nur eine geringe Rolle.

4.2 Forschung und Entwicklung der Biotechnologieunternehmen

Forschung und Entwicklung (FuE) sind von zentraler Bedeutung für die baden-württembergischen Biotechnologieunternehmen. Entsprechend hoch ist die Forschungsintensität: Fast ein Drittel des Personals ist im FuE-Bereich beschäftigt. Schwerpunkte der FuE-Ar beiten liegen in den Anwendungsfeldern Medizin und Umwelt, auf die jeweils fast 30 % der gesamten FuE-Aktivitäten fallen. Deutlich weniger ausgeprägt sind die Aktivitäten in den Anwendungsbereichen Chemie (16 %), Nahrungsmittelproduktion (11 %) und Landwirtschaft (8 %). Gentechnische Forschungsarbeiten werden in jedem achten Biotechnologieunternehmen durchgeführt.
Eine wichtige Rolle bei den industriellen Forschungsaktivitäten in der Biotechnologie spielen Kooperationen. Rund 80 % aller Projekte werden in Zusammenarbeit mit externen Partnern durchgeführt. Die mit Abstand wichtigsten Kooperationspartner sind Universitäten. An zweiter Stelle liegen andere Unternehmen, dicht gefolgt von den Fachhochschulen. FuE-Kooperationen werden weitgehend informell abgewickelt. Nahezu zwei Drittel aller FuE-treibenden Unternehmen pflegen diesen Informationsfluß insbesondere mit den Universitäten.
Die Forschungsbasis in Deutschland und vor allem auch in Baden-Württemberg wird als sehr gut eingeschätzt. Das erforderliche wissenschaftlich-technische Knowhow ist hier vorhanden, eine entsprechende Auslandsabhängigkeit ist nicht zu erkennen.
Bei der Bewertung der räumlichen Nähe der Unternehmen zu Know-how-Trägern in Forschungseinrichtungen ist zu berücksichtigen, daß in der Biotechnologie wie auch in anderen High-Tech-Bereichen das grundlegende Wissen überregional bzw. international gewonnen und weiterentwickelt wird. Bundes- oder Ländergrenzen sind hierbei unerheblich. Entsprechend orientieren sich auch viele Unternehmen international, wenn es um den Zugang zur Wissensbasis geht. Andererseits werden die wichtigen informellen Kontakte zwischen Unternehmen und Forschungseinrichtungen insbesondere bei laufenden Projekten erleichtert, wenn sich beide am gleichen Standort befinden. Insgesamt stellt sich somit das Thema "räumliche Nähe zu Know-how-Trägern" auf zwei Komplexitätsebenen dar: Die grundsätzlichen Linien des Know-how-Transfers vollziehen sich gemäß der internationalen Arbeitsteilung in Forschung und Entwicklung unabhängig von regionalen

Aspekten. Für die praktische Umsetzung des Know-hows in die Unternehmensarbeit ist dagegen durch aus die räumliche Nähe zur Forschungsinfrastruktur ein wichtiger Faktor.

Trotz der generell sehr positiven Einschätzung der baden-württembergischen biotechnologischen Forschungsbasis werden auch grundsätzliche Probleme bei FuE-Kooperationen gesehen, die vor allem die Universitäten betreffen. Die wichtigsten Kritikpunkte sind die Kontaktanbahnung und Vermittlung von Kooperationen sowie die Abwicklung gemeinsamer Projekte. Bei der Anbahnung von Kooperationen geht in der Regel die Initiative von den Unternehmen aus. Die universitären Bemühungen werden von Unternehmen und Forschungsgruppen gleichermaßen als verbesserungswürdig eingeschätzt. Bei der Abwicklung von Kooperationsprojekten können Managementdefizite zur Unzufriedenheit bei den Unternehmen führen.

4.3 Die Personalsituation in der Biotechnologie

Die Biotechnologieunternehmen Baden-Württembergs haben derzeit nur einen geringen Bedarf für technisches und wissenschaftliches Personal. Deutlich größer ist dagegen der Personalbedarf in den Bereichen Vertrieb und Marketing. Dieses Bedarfsmuster deutet zusammen mit den optimistischen Erwartungen zur Umsatzentwicklung darauf hin, daß sich die Unternehmen zumindest mittelfristig verstärkt dem Vertrieb und Marketing (insbesondere unternehmensfremder Produkte) zuwenden wollen. Ein Vergleich von Personalangebot und Personalbedarf ergibt, daß außer im Bereich Vertrieb/Marketing für alle Tätigkeitsfelder das Personalangebot größer als die Nachfrage eingeschätzt wird. Am deutlichsten ist diese Diskrepanz beim wissenschaftlichen Personal. Insgesamt legt dieser Vergleich die Vermutung nahe, daß die Ausbildung in der Biotechnologie vor allem im wissenschaftlichen Bereich zumindest in quantitativer Hinsicht bisher am inländischen Markt vorbeiging.

Eine wichtige Rolle spielt für die Biotechnologieunternehmen die Weiterqualifikation ihrer Mitarbeiter. Sowohl externen als auch internen Weiterbildungsmöglichkeiten wird große Bedeutung zugemessen.

4.4 Einschätzung der künftigen Firmenentwicklung

Insgesamt erwarten die Biotechnologieunternehmen Baden-Württembergs einen deutlichen Aufschwung ihrer Geschäftsentwicklung in den kommenden Jahren. Insbesondere sehen die Firmen ihre FuE-Aktivitäten in einem starken Aufwärtstrend.

Bei den mehrheitlich zweistelligen Umsatzzuwachserwartungen ist allerdings zu beachten, daß das Ausgangsniveau für diese Schätzungen, d. h. die aktuellen

Umsätze, generell relativ niedrig sind. Die Absolutzuwächse sind deshalb eher gering.
Mittelfristig werden nach Einschätzung der Unternehmen vor allem Anwendungen der modernen Biotechnologie in den Bereichen Medizin/Pharma und Umwelttechnik bedeutsam sein. Nur langfristig werden Potentiale in der Landwirtschaft und im Ernährungssektor ausgeschöpft werden können.
Die Entwicklung im Bereich Pharma/Medizin wird wesentlich von der künftigen Gestaltung wichtiger Rahmenbedingungen abhängen. Eine entscheidende Rolle spielt hierbei die patentrechtliche Situation. Die überwiegend günstigen Prognosen gelten nur unter der Voraussetzung, daß laufende Patentierungsverfahren bzw. Lizenzverhandlungen positiv aus gehen. Ein weiterer wichtiger Aspekt für die pharmazeutisch/medizinisch orientierten kleinen und mittleren Unternehmen ist die Konzentrierung auf Nischenbereiche. Im Vergleich zu großen Unternehmen können sich kleinere Firmen flexibler auf Spezialfälle einstellen und sich dadurch Wettbewerbsvorteile erarbeiten.
Im Umweltbereich ist ein Trend zur Komplettlösung zu erkennen. Dies bedeutet beispielsweise, daß Bauunternehmen nicht nur die Bauleistung selbst anbieten, sondern auch als Vorleistung Sanierungsarbeiten für die Baugelände. Hierbei wiederum werden biotechnische Ansätze mit anderen physikalischen und chemischen Verfahren kombiniert. Die Umweltbiotechnik wird somit zunehmend in technische Gesamtkonzeptionen integriert. Insbesondere für diese Strategien wird ein positiver Entwicklungstrend erwartet.
Trotz der generell positiven Einschätzung der künftigen Firmentwicklung ist kurzfristig nicht damit zu rechnen, daß hieraus auch ein entsprechender Personalbedarf erwächst.

4.5 Biotechnologie an den Universitäten

Auch in den Universitätsinstituten ist die Biotechnologie wie in den Unternehmen überwiegend eine Teilaktivität. Nur rund 10 % der erfaßten Institute befassen sich ausschließlich mit der modernen Biotechnologie. Die überwiegende Anzahl der Einrichtungen integriert die Biotechnologie in die Medizin, die Umweltforschung, die Chemie, den Ernährungsbereich und die Landwirtschaft.
Die FuE-Aktivitäten zur Biotechnologie werden an den Universitäten zu ca. 70 % aus Drittmitteln finanziert, wobei ca. 80 % dieses Budgets aus öffentlichen und ca. 20 % aus privaten Quellen kommen. Nur ein knappes Drittel der biotechnischen FuE-Haushalte finanziert sich aus Grundmitteln der Universitäten. Der durchschnittliche Anteil der Drittmittel an der Forschungsfinanzierung an Universitäten der Bundesrepublik liegt ca. bei 30 %. Vor diesem Hintergrund kann der Drittmittelanteil in der Biotechnologie als sehr hoch bezeichnet werden. Zusammen mit der starken Drittmittelfinanzierung unterstreicht auch die hohe Kooperationsquote - in 70 % der Institute werden Forschungsprojekte zusammen

mit Dritten durchgeführt - eine relativ hohe Praxis- bzw. Anwendungsorientierung der universitären biotechnologischen Forschung.

Im Vergleich zu den Unternehmen ist die biotechnologische FuE an den Universitäten mehr auf medizinische und landwirtschaftliche, deutlich weniger dagegen auf umweltrelevante Anwendungen ausgerichtet. Die Gentechnik spielt an den Universitäten eine wesentlich größere Rolle als in der Industrie. In jedem fünften der erfaßten Institute wird Gentechnik eingesetzt. Die Gentechnik gehört somit zusammen mit der Analytik zu den wichtigsten Methoden bei der universitären biotechnologischen Forschung.

Auch die Universitäten beurteilen den Entwicklungstrend ihrer FuE-Aktivitäten in der Biotechnologie durchweg positiv. Nahezu zwei Drittel der Projektleiter in den FuE-Schwerpunkten attestieren ihrem Arbeitsgebiet eine steigende Entwicklungstendenz.

Das Spektrum der Kooperationspartner zeigt im Vergleich zu den Unternehmen markante Unterschiede. Insbesondere spielen die Fachhochschulen und Bundesforschungsanstalten für die Universitäten kaum eine Rolle bei der Zusammenarbeit, während die Unternehmen mit diesen Einrichtungen enger kooperieren. Für die Universitäten haben dagegen andere Hochschulinstitute und Institute der Max-Planck-Gesellschaft einen höheren Stellenwert als für die befragten Unternehmen. Die Zusammenarbeit mit den Firmen wird als "relativ wichtig" eingeschätzt.

4.6 Baden-Württemberg als Standort für Biotechnologie

Die Standortentscheidung in der Biotechnologie wird nach Einschätzung der befragten Unternehmen vor allem durch folgende Faktoren bestimmt:

- *Markt und Wettbewerb*: Hierbei spielen vor allem Möglichkeiten zur Sicherung eines Wettbewerbsvorsprungs sowie die Marktattraktivität die wichtigsten Rollen.
- *Akzeptanz*: Hierzu zählt nicht nur die Akzeptanz der Biotechnologie in der Bevölkerung, sondern auch die generelle Einstellung der Menschen zur Technik und Industrie.
- *Staatliche Regulierungen*: Neben den generellen gesetzlichen Rahmenbedingungen sind vor allem die Genehmigungspraxis und der Umweltschutz wichtig. Weiterhin nehmen Steuern, Gebühren und Abgaben einen großen Stellenwert ein.
- *Wissenschaftliche Infrastruktur*: Innerhalb dieses Themenkomplexes wird vor allem der Nähe zu Know-how-Trägern große Bedeutung zugemessen.

Der Kapitalbeschaffung wird als Standortfaktor insgesamt eher ein geringer Stellenwert zugebilligt. Bei dieser Gesamteinschätzung ist zu berücksichtigen, daß sich unter den befragten Unternehmen sowohl Neugründungen als auch diversifizierende etablierte Unternehmen befinden. Die Finanzierungsproblematik stellt sich für diese Typen grundsätzlich unterschiedlich dar. Während Neugründungen viel stärker auf externe Finanzierungsquellen angewiesen sind, können die diversifizierenden Unternehmen eher auf Kapital ihrer Mutterfirmen zurückgreifen, was insgesamt zu einer geringeren Abhängigkeit vom freien Kapitalmarkt führt. Dieses differenzierte Firmenspektrum dürfte dazu führen, daß der Stellenwert der Kapitalbeschaffung pauschal niedriger eingeschätzt wird.

Drei Aspekte behindern die Ansiedlung von Biotechnologieunternehmen bzw. die Aufnahme von biotechnologischen Arbeiten in Baden-Württemberg in besonderer Weise: staatliche Regulierungen, die Akzeptanz in der Bevölkerung und die Befriedigung des Kapitalbedarfs. Im Falle der staatlichen Regulierungen werden nicht so sehr einzelne Gesetze oder Richtlinien als problematisch eingeschätzt, sondern die Vielzahl der verschiedenen Regulierungen, was ingesamt als Überregulierung empfunden wird. Viele Probleme der Unternehmen mit der Regulierungssituation sind nicht gentechnikspezifisch. Vielmehr wird das Gentechnikgesetz und seine Umsetzung in Baden-Württemberg von den direkt betroffenen Unternehmen als eines der wenigen Positivbeispiele für eine effiziente Regulierungspraxis eingeschätzt. Die als nicht ausreichend empfundene Akzeptanz der Biotechnologie in der Bevölkerung schlägt sich bei den befragten Unternehmen nicht in konkret benennbaren Ereignissen nieder. Vielmehr wirkt sich die Negativeinschätzung der Biotechnologie in bestimmten Bevölkerungsgruppen eher auf der mentalen Ebene aus. Dies bedeutet beispielsweise, daß Motivation und Zufriedenheit der Mitarbeiter durch häufige Negativmeldungen in Medien beeinträchtigt werden.

Obwohl die Kapitalbeschaffung generell als Standortfaktor nicht zu hoch eingeschätzt wird, wirken sich unzureichende Finanzierungsmöglichkeiten vor allem bei neugegründeten und jungen Unternehmen negativ auf. Diese Unternehmen schätzen den privaten Kapitalmarkt generell als ungünstig ein. Dies gilt insbesondere für Risikokapital und Bankkredite. Potentielle Geldgeber gelten als sehr zurückhaltend bei der Finanzierung biotechnischer Vorhaben, die in der Regel langfristig und entsprechend unsicher sind. Für alle befragten Unternehmen spielt die Finanzierung durch öffentliche Fördermittel im derzeitigen Entwicklungsstadium der Biotechnologie nach wie vor eine wichtige Rolle.

Trotz dieser Probleme wird Baden-Württemberg insgesamt als Standort für Biotechnologieunternehmen als gut eingeschätzt. Dies gilt vor allem für die gute FuE-Infrastruktur, das hohe Ausbildungsniveau sowie die kompetente Handhabung des Gentechnikgesetzes. Allerdings befindet sich die Biotechnologie auch in Baden-Württemberg noch in einem frühen Entwicklungsstadium, das vor allem durch ingesamt hohe FuE-Aufwendungen bei relativ geringen Umsätzen und vielfach auch unsicheren Marktperspektiven charakterisiert ist. Daher müssen geeignete Rahmenbedingungen und Voraussetzungen vorliegen, die eine mittelfristige Weiterentwicklung der Biotechnologie im Lande ermöglichen. Viele der Rahmenbedingungen werden auf der Ebene des Bundes oder der Europäischen Union fest gelegt. Dennoch ist deren Ausgestaltung und Handhabung für biotechnologische Aktivitäten keinesfalls ausreichend oder optimal, es verbleiben genügend

Handlungsspielräume auch auf Länderebene. Für die Weiterentwicklung der Biotechnologie in Baden-Württemberg dürften hierbei weniger bestimmte Einzelmaßnahmen entscheidend sein, sondern deren Einbettung in ein Gesamtkonzept, das von klaren politischen Aussagen zur Bedeutung der Biotechnologie über eine aktive Öffentlichkeitsarbeit, die schon im Bildungssystem an setzen muß, bis zu integrierten Förderkonzepten reicht.

5 Workshop und Diskussion

Dr. Thomas von Schell, Dr. Barbara Kochte-Clemens und Dipl. Biol. Beate Beisel

Dieses Kapitel basiert auf einer Zusammenfassung der Diskussion auf dem Workshop (siehe Kapitel 1) und bezieht sich bei einzelnen Punkten auf die Gutachten (Kapitel 3), auf die Pilotstudie und auf die Stellungnahmen (Kapitel 2) sowie auf die Befragung der baden-württembergischen Biotechnikfirmen und der Forschungsinstitute (Kapitel 4). Darüber hinaus wurden die Ergebnisse durch eigene Literaturrecherchen ergänzt. Workshop-Äußerungen sind entweder explizit als solche gekennzeichnet oder dadurch erkennbar, daß Hinweise auf Gutachten oder ein Literaturzitat fehlen oder die indirekte Rede verwendet wird.

Das Kapitel gliedert sich nach den einzelnen Themen, die auf dem Workshop diskutiert wurden. Die Überschriften in den Themenblöcken als Frageform orientieren sich an den Leitfragen des Fragenkatalogs zum Workshop (siehe Dokumentationsmappe*). Unseren Entwurf der jeweiligen Zusammenfassungen hatten wir für eine kritische Prüfung den Gutachtern themenspezifisch zugesandt. Die vielfältigen Kommentare und konstruktiven Kritiken haben wir größtenteils berücksichtigt. Unser Dank gilt an dieser Stelle den Mühen der Gutachter für dieses doch recht aufwendige Prozedere. Es diente letztendlich der Präzisierung der Aussagen und Argumente in diesem interdisziplinären Projekt.

---

* Die Akademie hat zusätzlich zu der vorliegenden Studie eine Dokumentationsmappe erstellt, die von der Akademie auf Wunsch angefordert werden kann (Anschrift siehe Autorenverzeichnis).

5.1 Der Bereich Pharma und Medizin

5.1.1 Welche Krankheiten sind das Ziel von Biopharmazeutika?

Nach der Studie "Biotechnology Medicines in Development" [1] befinden sich in den USA 143 Biopharmazeutika in der Entwicklung, der größte Teil, nämlich 59, gegen Krebs oder gegen im Zusammenhang mit Krebs stehende Krankheiten. 23 Biopharmazeutika werden gegen HIV-Infektionen entwickelt, 11 gegen Sepsis, 8 gegen rheumatoide Arthritis. Bislang sind 19 Grundsubstanzen zugelassen (siehe Dokumentationsmappe[7]).

5.1.2 Wie ist hierbei der exakte Entwicklungsstand, welche Wirkstoffe befinden sich in welcher Phase?

Im Jahr 1988 (1. Jahr der Studie "Biotechnolgy Medicines in Development") befanden sich in den USA 81 Biotechnologieprodukte in der Entwicklung, 1991 waren es bereits 132. Das entspricht einer Zunahme von 68% [2]. Allerdings gab es auch eine Reihe von Produkten, die 1993 auf eine weitere bzw. andere als die ursprüngliche Indikation hin untersucht wurden als 1991, oder die ganz aus den Tests ausgeschieden waren. Insgesamt ist von 1989 bis 1991 die Zahl der genehmigten Grundsubstanzen für Biopharmazeutika von 9 auf 19 angestiegen. Die Anzahl der Produkte in Phase III (klinische Phase) hat sich von 11 auf 33 verdreifacht[1] (siehe Dokumentationsmappe[7]). In Deutschland sind bis jetzt 93 Biopharmazeutika genehmigt, die auf 19 Grundsubstanzen basieren. Diese sind gegen Krankheiten wie beispielsweise Krebs, Hepatitis, Bluterkrankheit oder Diabetes gerichtet.

5.1.3 Wie groß ist der Anteil von Medikamenten mit gleichen Wirkstoffen aber anderen Handelsnamen?

Nach den Zahlen aus "Biotechnology in Development" macht der Anteil von Medikamenten mit gleichen Wirkstoffen bei den bereits genehmigten BioTech-Medikamenten rund ein Drittel aus. Bei den sich in der Entwicklung befindlichen BioTech-Pharmaka beträgt der Anteil etwas mehr als 10 Prozent. Nach einer Studie von Drews [3] sind "von den etwa 150 neuen Proteinen, die in der Entwicklung sind, aufgrund einer gewissen Redundanz etwa 100 wirklich neue Produkte, die keine Vorläufer in der medizinischen Therapie haben". Diese Proteine sind z.T. vollkommen neuartige Kombinationspräparate aus verschiedenen Proteinen.

5.1 Workshop und Diskussion: Bereich Pharma/Medizin 593

5.1.4 Wie sind die (Markt-, Umsatz-)Prognosen?

Bei den *konventionell* entwickelten synthetischen Verbindungen erreichen von anfänglich 20 000 im günstigsten Fall eine den Markt, so Schätzungen von *Schlumberger* auf dem Workshop. Bäumler [4] schätzt, daß aus 6000 bis 10 000 neuen Verbindungen ein neues Medikament entsteht. Im Jahre 1990 gab es weltweit 43 solcher Novitäten. Derzeit sind etwa 250 Substanzen in der klinischen Untersuchung (d.h. ab Phase I). Auf dem Workshop ging man davon aus, daß nur etwa 10 % der mit Hilfe von *Gentechnik* entwickelten und hergestellten Substanzen der Phase I den Markt erreichen. In 10-15 Jahren würden mengenmäßig weiterhin herkömmlich entwickelte und produzierte Substanzen mit ca. 80% an der Spitze der Produktion stehen. Rekombinante Produkte, produziert mit Hilfe biologischer Systeme, würden etwa 20% ausmachen (siehe auch Frage 7).

Drews [3] schätzt, daß in den nächsten 15 Jahren mindestens 10-15% der Einkünfte aus neuen Medikamenten von rekombinanten Proteinen stammen. Die Entwicklung eines neuen Medikaments kostet etwa 200 Mio. US-$ [5].

Ein Fazit auf dem Workshop lautete anhand der hier vorgestellten Prognosen: Sehr euphorische Erwartungen an gentechnikgestützte Verfahren müssen für die mittelbare Zukunft relativiert werden. Für eine weiterführende Diskussion siehe in Kapitel 5.7.

5.1.5 Welchen Stellenwert nehmen Biopharmaka im Vergleich zu konventionellen Medikamenten ein?

Im Jahr 1989 war jedes dritte klinisch getestete Medikament in den USA ein Biopharmazeutika. Zehn Jahre zuvor traf dies nur für jedes zehnte getestete Produkt zu. Biotechnologische Humantherapeutika, die zwischen 1980 und 1989 in der klinischen Prüfung waren, hatten höhere klinische Erfolgsraten als herkömmliche hergestellte Medikamente, die von 1963-1985 die klinische Testphase durchliefen und für die bis Ende 1989 durch die FDA eine Genehmigung vorlag. Die Erfolgsquote betrug für konventionelle Pharmaka: 25-32%, für rekombinante Proteine: 63-68%, für monoklonale Antikörper: 73-80% [6].

5.1.6 Sind die Entwicklungszeiten in der gentechnikgestützen Biotechnologie kürzer als in der bisherigen Pharmakologie?

Auf dem Workshop wurde darauf verwiesen, daß sich kürzere Entwicklungszeiten nur ergäben, wenn keine volle Entwicklung unter Einschluß der Entschlüsselung des Therapieprinzips (Aufdeckung der physiologischen Phänomene und deren genetischer Grundlagen) durchgeführt werden müsse. Die Entwicklungszeiten für Insulin und Faktor VIII seien nur deshalb etwas kürzer gewesen, weil das Therapieprinzip bekannt, und lediglich eine Umstellung auf andere Produktionsmethoden notwendig gewesen sei.

In den Fällen, in denen entsprechende Vorkenntnisse fehlten, müsse von mindestens 10 Jahren Entwicklungszeiten ausgegangen werden (*Schlumberger, Hobom*): mindestens drei Jahre für Forschung und Entwicklung sowie Toxikologieprüfung in Tierversuchen; weitere sechs Jahre [7] für die klinische Prüfung und die Zulassung. Allerdings würden die Zeiten zwischen Basisentdeckung, Patentierung und Vermarktung immer kürzer (*Schlumberger, Hobom*). Nach Drews [3] ist die kürzere Entwicklungszeit durch das seltenere Auftreten von toxikologischen Problemen zu erklären.

Nach einer Studie von Bienz-Tadmor [8] werden in Europa gentechnisch hergestellte Medikamente in Europa wesentlich schneller genehmigt und auf den Markt gebracht als in den USA oder Japan: In den USA dauert die klinische Prüfung biopharmazeutischer Produkte 3,1 Jahre, in Japan 2,9 Jahre und in Europa 2,0 Jahre. Die Zeit zwischen der Einreichung der Zulassungsgenehmigung bei der verantwortlichen Behörde und der Markteinführung dauert in den USA 1,7 Jahre, in Japan 1,8 Jahre und in Europa ein Jahr. Dadurch erfolgt die Zulassung der meisten von amerikanischen Firmen produzierten Gen-Medikamente in Europa durchschnittlich zwei Jahre früher als in den USA oder in Japan.

5.1.7 Geht der Trend wieder mehr in Richtung einer chemischen Synthese therapeutischer Substanzen und weniger in Richtung einer biotechnologischen Produktion?

Nach Einschätzungen auf dem Workshop werden Biotechnologie und Gentechnik als *Produktionsmethode* in der Zukunft wohl eher an Bedeutung abnehmen. Ihre Bedeutung würde in Zukunft mehr im Bereich der Erstellung von neuartigen *Screening*-Verfahren und Modellen liegen, die in den nächsten 10-15 Jahren entwickelt und eingesetzt würden (siehe Kapitel 3.1). Beispielsweise könne durch "molecular modeling"[2] die äußerst aufwendige Suche nach organisch-chemischen Stoffen abgekürzt werden. Auf dem Workshop ging man davon aus, daß die so entwickelten Substanzen wohl größtenteils in der Produktion chemisch synthetisiert werden.

5.1.8 Welches sind derzeit die wichtigsten biotechnologischen Verfahren in der Pharmaindustrie?

In der Pharmaindustrie gibt es drei verschiedene Anwendungsfelder für die Biotechnologie:

- Produktion von Medikamenten mit Hilfe von Gentechnik und Zellkulturen
- Durchführung von "intelligenten Screening-Verfahren" nach neuen Verbindungen

5.1 Workshop und Diskussion: Bereich Pharma/Medizin   595

- Anwendung von Techniken zum "rational drug design" (siehe Kapitel 3.1) aufgrund von Kenntnissen über molekulare Strukturen und Abläufe. Die wichtigste Technik dabei ist das "protein engineering" [9].

5.1.9 Wie ist der Stand der Entwicklungen von BioTech-Impfstoffen und wo liegen die Schwerpunkte?

Ein gentechnisch hergestellter Impfstoffe für Hepatitis B ist bereits erhältlich (*Haller*). Ein neuartiges Hepatitis A-Vakzin soll im Sommer 1994 auf den Markt kommen [10]. Noch nicht auf dem Markt, aber in der Enwicklung befinden sich rekombinante Vakzine gegen AIDS, Malaria und Krebs.

5.1.10 Auf welchem Stand ist die gentechnikgestützte Entwicklung und Produktion von den Zellbestandteilen des Blutes als Beitrag zu künstlichem Blut oder Blutprodukten?

Erythrozytenkonzentrate kann man durch herkömmliche Verfahren nicht virusfrei[3] machen, ohne diese Zellen in ihrer Funktion zu schädigen. Daher werden z.B. blutbildende Hormone (Erythropoietin, Zytokine) gentechnisch hergestellt (*Haller*). Problematisch sind auch Fraktionen wie Gerinnungsfaktoren, weil man diese nur mit hohem Wirkungsverlust erhitzen kann, und Empfänger solcher Fraktionen möglicherweise mit inertem Protein belastet werden. Hier sind gentechnische Produkte auf dem Markt: Faktor VIII und IX (*Werner*). Gentechnisch hergestelltes Hirudin, ein Antikoagulanz, befindet sich zur Zeit in Phase III der Entwicklung, und soll z.B. vorbeugend nach Operationen eingesetzt werden [4].

In Schottland wird der a-1-Antitrypsininhibitor (Indikation: erbliches Lungenemphysem) in transgenen Schafen hergestellt (STZ 4.12.93). Gillis [11] berichtet von der Produktion von Lactoferrin, tPA, und Hämoglobin ebenfalls mit Hilfe transgener Tiere. Die Produktion entsprechender Wirkstoffe befinden sich aber noch in der Entwicklung und hat größtenteils noch keine Marktreife erreicht (siehe auch Kapitel 5.3).

Die Diskussionsteilnehmer auf dem Workshop waren sich darüber einig, daß der Erkenntnisstand dem Bedarf nach biotechnisch gewonnenen Blutprodukten hinterherhinke und daß insbesondere die Entwicklung von effizienteren Expressionssystemen dringend vorangetrieben werden müßte.

5.1.11 Welche Rolle spielt die moderne Biotechnologie bei der Therapie von "zivilisatorisch" bedingten Krankheiten?

Moderne Biotechnologie spielt z.Zt. bei der Therapie von sogenannten Zvilisationserkrankungen kaum eine Rolle. Beispielsweise gibt es für die Behandlung von Bluthochdruck, der u.a. ein Risikofaktor für Arteriosklerose, Nieren- und

Herzversagen sowie Herzinfarkt und Schlaganfall darstellt, bereits eine Reihe von herkömmlichen Präparaten [4].

Methoden und Verfahren der modernen Biotechnologie sind aber notwendige Voraussetzungen zur Aufdeckung der physiologischen Zusammenhänge bei der Krankheitsentstehung und der Abläufe der Krankheiten auf der molekularen Ebene. Zusätzlich leisten sie einen Beitrag zur Aufklärung der Frage, welche Rolle genetische Dispositionen spielen können[4].

Thema: Gentherapie

5.1.12 Auf welchen Prinzipien beruht die Gentherapie?

Bei der Gentherapie soll ein defektes Gen "repariert" werden, indem die betroffene DNA-Sequenz durch die Einführung eines funktionsfähigen Gens ersetzt oder ergänzt wird. Solche therapeutischen Gene können durch physikalische (Injektion), chemische (*Lipofectin, Cytofectin, Liposome*) oder biologische Methoden (*virale Vektoren*) in Zielzellen geschleust werden. Dabei ist allerdings nicht auszuschließen, daß eine Insertion neuer Gene ins zelluläre Genom zu neuen Krankheiten führen kann, beispielsweise durch Aktivierung von Onkogenen (2nd Symposium on Gene Therapy, Berlin 1994). Auch besteht die Möglichkeit einer Reversion des Virus zu seiner infektiösen Wildform durch homologe oder nicht homologe Rekombination mit Teilen des Wirtsgenoms [12, 13, 14].

5.1.13 Für welche Indikationen befinden sich gentherapeutische Methoden in der Entwicklung?

- Genetisch bedingte oder zumindest beeinflußte Krankheiten: ADA-Immunodefizienz, Zystische Fibrose, Emphysem, Gauchersche Krankheit, familiäre Hypercholesterolemie, Hämophilie, Sichelzellanämie, Thalassämie, Diabetis, Osteoporose, Alzheimersche Krankheit, Wachstumshormondefizienz.
- Erworbene Krankheiten: Melanom, Hirntumor, nicht kleinzelliges Lungenkarzinom, Neuroblastomie, Nierenzellkarzinom, Darm- und Brustkrebs, AIDS, Herz-Kreislauf-Erkrankungen, Erkrankungen des Zentralen Nervensystems, Hepatitis B, Leberkrebs, hoher Cholesterinspiegel.

Davon sind bereits 40 Anträge vom NIH bzw. FDA genehmigt [14]. Über Erfolg oder Mißerfolg derartiger Ansätze ist zur Zeit kaum eine Aussage möglich. Ein in den USA -zumindest teilweise- erfolgreich durchgeführtes Beispiel ist die Therapie der *ADA-Defizienz*, einer seltenen Immunschwächekrankheit (VDI 30.7.93). Allerdings ist noch offen, ob dieser Erfolg langfristig stabil bleibt.

5.1 Workshop und Diskussion: Bereich Pharma/Medizin

Thema: Krebstherapie

5.1.14 Molekulare Techniken erlauben zunehmend Einblicke in die molekularen Abläufe von Krebsentstehung und eröffnen Perspektiven für neuartige Therapieansätze. Ist diese optimistische Sicht gerechtfertigt?

Insgesamt sahen die Experten auf dem Workshop die Chancen für die Krebsforschung optimistisch, weil inzwischen mehr Erfahrung auf diesem Gebiet vorhanden sei. Beispielsweise stiegen die Kenntnisse über molekulare Zusammenhänge des Immunsystems, welche Faktoren welche zellulären Systeme aktivieren, die wiederum zur Bekämpfung von Tumoren notwendig sind. Eine Aufklärung dieser immunologischen Zusammenhänge bietet möglicherweise neue therapeutische Ansätze. Entsprechendes gilt für die Identifizierung von sogenannten *Onkogenen*, die die Entstehung von Krebs fördern, wenn sie defekt oder fehlgesteuert sind. Die Sequenzen einiger Onkogene sind bekannt und die Blockierung der Synthese von Onkogenen durch *Antisense-Blocker* befindet sich bereits in der präklinischen Phase (*Werner*).

Inzwischen weiß man auch, daß einige Krebsarten (Brustkrebs, Darmkrebs) mit bestimmten Genen in Zusammenhang stehen. Auch hier sind aus diesen Einblicken im Moment noch keine *direkten* Therapieansätze abzulesen, sie ermöglichen jedoch eine gezieltere und daher effizientere Vorbeugung bei Familien, die für solche "erblich bedingten" Krankheiten disponiert sind [15][5].

5.1.15 Sind die derzeitig laufenden Versuche an Krebspatienten verfrüht?

Nach Aussagen von *zur Hausen* (Kapitel 3.3) sind die bisherigen Therapieversuche mit Interleukinen, Interferonen und auch dem Tumornekrosefaktor (TNF), bis auf bemerkenswerte Einzelfälle, enttäuschend verlaufen. Dieser These wurde auf dem Workshop nur bedingt zugestimmt. Insbesondere wurden Versuche in den USA kritisiert, bei denen mit tumorinfiltrierenden Lymphozyten und zytotoxischer Abwehr experimentiert wurde. Allerdings müßte hier die Verhältnismäßigkeit einer zwar verfrühten, aber medizinisch überwachten Therapie am Menschen und der Verzweiflung von Krebspatienten, die u.U. zu anderen, sehr zweifelhaften Therapien bereit sind, berücksichtigt werden.

5.1.16 Welche Beispiele gibt es für (erfolgreich) durchgeführte gentherapeutische Versuche? Wie sind die Prognosen?

In den USA hat die Anwendung der Gentherapie im Bereich Hautkrebs und Metastasen in den Lungen in nur etwa 4% der Fälle zu einem Verschwinden der

Tumore geführt (FR 27.3.93). Allerdings ist noch offen, wie stabil dieser Erfolg auf längere Sicht ist[6].

Nach *zur Hausen* (siehe Kapitel 3.3 und Interview in: FR 5.3.94) sind von der Gentherapie kurzfristig keine großen Erfolge zu erwarten: Es handle sich beim Krebs um ein sehr komplexes Geschehen, bei dem nicht nur ein Gen defekt sei, sondern in der Regel mehrere Gene betroffen seien; oder bei dem Virusgene in Zellen eingedrungen seien, deren Funktion blockiert werden müßten.

5.1.17 Welchen anderen Therapiekonzepten werden im Moment die meisten Chancen eingeräumt?

Die Workshopteilnehmer waren der Meinung, daß die herkömmlichen Therapiekonzepte (Chemotherapie, Strahlentherapie, Chirurgie) zwar die zuverlässigsten seien, jedoch in ihren Entwicklungsmöglichkeiten erschöpft seien. Dennoch könne man ihren Erfolg durch Kombinationsstrategien mit Hilfe von gentechnischer Manipulation verbessern:

- Ausrüsten von Tumorzellen mit einem "*Suizidmechanismus* " mit Hilfe des Thymidinkinasegens aus *Herpes simplex* (*Haller,*);
- Optimierung herkömmlicher Therapien mit Hilfe von *neuronalen Wachstumsfaktoren* (NGF, BDNF);
- Einsatz von *Monoklonalen Antikörpern*, die gezielt Oberflächenstrukturen als Krebszellen erkennen, und an welche Chemotheraupeutika angeknüpft werden (Kapitel 3.1);
- Tumortherapie mit Hilfe von *Colony Stimulating Factors* (CSF), welche die die Produktion von Granulocyten (G-CSF), Makrophagen und Monocyten (GM-CSF) anregen [4].

5.1   Workshop und Diskussion: Bereich Pharma/Medizin   599

Anmerkungen

[1] Testphasen der Biopharmazeutika

Jahre	1993	1991	1990	1989
genehmigte Medikamente	19	14	11	9
Medikamente in der Entwicklungsphase	143	132	104	80
Phase I	41	48	38	26
Phase I/II	22	16	13	12
Phase II	53	46	32	23
Phase II/III	6	7	6	8
Phase III	33	18	15	11
unspez. Phase	4	2	3	5
Genehmigungsantrag eingereicht	11	21	19	10
Forschungsprojekte insgesamt	170	158	126	95

Quelle: [1]

[2] Siehe Glossar.

[3] Im Blut können bei infizierten Personen zum Beispiel AIDS- oder Hepatitis-Viren vorkommen, die bei der Aufarbeitung der Blutprodukte nicht oder nur schwer entfernt werden können. Die Viren können bei Behandlung mit diesen Blutprodukten auf die Patienten übertragen werden und zu Neuinfektionen und Krankheit führen.

[4] Vorerst unberührt von der hier gestellten Frage nach der Rolle moderner Biotechnologie bleibt aber der gesamte Komplex der Vorbeugung und die Notwendigkeit epidemiologischer Untersuchungen, um die Risikofaktoren, die an der Entstehung der sogenannten Zivilisationserkrankungen beteiligt sind, zu identifizieren. Diese Art von Krankheiten zeichnet sich durch die Vielzahl der krankheitsauslösenden Faktoren aus, die meist über einen langen Lebensabschnitt hinweg wirken und in verschiedene Krankheitsbilder münden können. Eine Fokusierung der Aufmerksamkeit auf einen einzigen Risikofaktor, auch bei vorbeugenden Maßnahmen, ist von daher wenig angebracht. Borgers [16] zeigt dies exemplarisch in seiner Studie über Cholesterin: Das Chlosterinbeispiel (als Risikofaktor für eine Vielzahl von Erkrankungen diskutiert: Arteriosklerose, Herzinfarkt usw.) zeigt auch deutlich die Begrenztheit von Aussagen über genetische Dispositionen im Zusammenhang mit Zivilisationserkrankungen. Der Cholesterinstoffwechsel beruht auf einer Vielzahl von Genen. Nur in sehr seltenen Fällen (1:500000) kann es aufgrund von genetischen Defekten zu gravierenden Störungen im Stoffwechsel des Cholesterins kommen. Allerdings lassen sich mit Hilfe molekularbiologischer Methoden zahlreiche Varianten von an dem Stoffwechsel beteiligten Substanzen (z.B. Lipoproteine) feststellen, die zu einer Verschlechterung von Stoffwechselleistungen führen könnten. Doch sagen diese Variationen im Einzelfall erst einmal nichts darüber aus, ob für das betroffene Individuum ein höheres Risiko für z.B. einen Herzinfarkt besteht oder nicht. Zur Krankheitsausprägung bedarf es einer Vielzahl weiterer Faktoren. Borgers kommentiert dies mit folgenden Worten (S.

98): " Diese Argumentation läuft auf die Aussage hinaus, daß der Mensch als Spezies genetisch nicht gut ausgestattet ist und bei Ernährung mit signifikantem Fleischanteil einem Herzinfarkt- und Arteriosklerose-Risiko unterliegt. Dies ist nur insofern richtig, als ein milder Vegetarismus für Bevölkerungen mit hoher Lebenserwartung und sitzender Lebensweise das Arterioskloserisiko senkt."

[5] Bei der hier behandelten Frage werden Themen über die Ursachen von Krebsentstehungen nicht weiter vertieft. Es sei darauf verwiesen, daß bestimmte erbliche Veranlagungen eine Krebsentstehung begünstigen können. Eine Identifizierung dieser spezifischen Dispositionen, die nicht zwangsläufig den Ausbruch einer Krebserkrankung bedeuten, kann aber vorbeugende Maßnahmen erleichtern. Darüber hinaus ist in der Regel über die Krebsentstehung im Zusammenwirken mit externen Faktoren wie Umweltbelastungen, Ernährungsgewohnheiten etc. wenig bekannt. Molekularbiologische Methoden können hier dazu beitragen, potentielle Wirkmechanismen zu identifizieren. Beispielsweise ist bereits der Nachweis der Beteiligung von Viren an spezifischen Krebserkrankungen gelungen.

[6] Kürzlich wurden in Deutschland zum ersten Mal Krebspatienten gentherapeutisch behandelt: Bindegewebszellen wurde das Gen für die Produktion von Interleukin-2 (dient wie alle Zytokine der Zellkommunikation innerhalb und zwischen dem Immun- und dem Nervensystem) eingeschleust. Die so behandelten Zellen wurden mit Tumorzellen gemischt, bestrahlt und dem Patienten unter die Haut gespritzt. Die Bindegewebszellen sollen durch ihren Interleukin-2 Ausstoß Immunzellen anlocken, die sich, angeregt durch den Kontakt mit den Tumorzellen, stark vermehren und Tumorzellen im ganzen Körper aufspüren und abtöten sollen. Die eingespritzten Bindegewebszellen und Tumorzellen sollen aufgrund der vorhergegangenen Bestrahlung nach etwa 10 Tagen absterben. Der für diese Gentherapieversuche verantwortliche R. Mertelsmann vermeidet allerdings jeden Anschein von Euphorie und gibt sich betont zurückhaltend (ZEIT, 11.3.94).

[7] Die Akademie hat zusätzlich zu der vorliegenden Studie eine Dokumentationsmappe erstellt, die von der Akademie auf Wunsch angefordert werden kann (Anschrift siehe Autorenverzeichnis).

5.2 Biotechnologische Verfahren in der Pflanzenzüchtung

5.2.1 Was sind die Ziele des Einsatzes moderner biotechnologischer Methoden in der Pflanzenzüchtung?

Vergleicht man die Zahlen der weltweit vorgenommenen Freisetzungen gentechnisch veränderter Pflanzen bis 1992 mit denen des Jahres 1993 fallen verschiedene Trends auf: Vorherrschend sind nach wie vor Prüfungen von Herbizidresistenzen, ihre Zahl ist aber rückläufig. Während die Markerexpression bis 1992 eine ähnlich starke Stellung einnahmen wie Herbizidresistenzen, sank ihre Zahl bis 1993 stark ab. In diesem Vergleichszeitraum stieg der Anteil von Versuchen mit dem Ziel einer Resistenz gegen Krankheiten oder Schädlinge sowie von Qualitätsverbesserungen[1] (siehe Kapitel 3.10).

Die hier zusammengefaßten Zahlen aus Freilandversuchen spiegeln den gegenwärtigen Stand der Entwicklung wieder. Der relativ große Anteil der Herbizidresistenzen kann auch ein Ausdruck der hier beteiligten Herbizidhersteller sein, die sich gerade in diesem Bereich der Pflanzenzüchtung engagieren (*Wobus*). Aus der Sicht der Pflanzenzüchter stehen aber folgende Ziele im Mittelpunkt des züchterischen Interesses (die Reihenfolge gibt die Prioritäten wieder, wie sie von den Experten auf dem Workshop benannt wurden):

- Krankheitsresistenzen (gegen pilzliche, bakterielle und virale Erreger),
- Qualitätseigenschaften der Produkte,
- Herbizidresistenzen,
- quantitative Ertragsleistungen.

Für einige der hier genannten Ziele stehen aber geeignete Gene für Transformationen nicht immer zur Verfügung (*Seitzer*). Die Ziele im einzelnen.

Resistenzen gegen Schadorganismen und Krankheiten: Bereits die klassische Züchtung hat mit beachtlichem Erfolg Pflanzensorten hervorgebracht, die entweder gegen Schadorganismen nahezu resistent sind oder zumindest eine höhere Toleranz bzw. eine bessere Widerstandskraft ausprägen. Spezifische, oft einfach vererbte Resistenzeigenschaften gegen einen bestimmten Schadorganismus bergen den Nachteil, daß der Schädling die Dauerhaftigkeit der Resistenzwirkung durch eigene genetische Adaptionen unterläuft (Kapitel 3.8). Aufgrund der einfachen Vererbung dieser Merkmale lassen sich die entsprechenden Eigenschaften bei spaltenden Kreuzungsgenerationen relativ schnell identifizieren. Von daher haben derartige Ansätze eine weite Verbreitung in der Züchtung gefunden.

Erfolgsversprechender sind hypersensitive, unspezifische Abwehrreaktionen seitens der Pflanze. Diese Reaktionen beruhen auf einer Vielzahl von Genorten, von denen erst einige identifiziert wurden. Mit Hilfe molekulare Marker kann jetzt die Kartierung systematisch vorgenommen werden. Ziel ist, qualitative Unterschiede in den Hypersensitivitätsreaktionen zwischen verschiedenen Sorten zu identifizieren und sie so der züchterischen Nutzung zugänglich zu machen. Entsprechende Entwicklungen stehen aber erst am Anfang.

Insektenresistenz: Einfach vererbte Resistenzen kommen zur Zeit in der Pflanzenzüchtung auch mit Hilfe moderner Methodik (Gentechnik und zellbiologische Techniken) bereits zum Einsatz (Kapitel 3.8). Auch diese Ansätze unterliegen dem Vorbehalt einer möglichen Aufhebung der Resistenzwirkung durch eine entsprechende genetische Anpassung seitens der Schadorganismen. Dies gilt auch für die Anwendung der Toxin-vermittelten Resistenz von *Bacillus thuringiensis*, die entsprechend gentechnisch veränderte Pflanzen gegen den Befall spezifischer Schadinsekten schützt (Kapitel 3.8; [17]; [18] S. 162ff.). In diesem Fall werden Toxingene aus *B.t.* in das pflanzliche Genom eingeschleust und dort zur Expression gebracht. Entsprechende Resistenzentwicklungen seitens der Insekten gegen das *B.t.*-Toxin wurden beschrieben ([17, 18]). Es wird versucht, diese Entwicklungen durch Maßnahmen eines geeigneten Resistenzmanagements einzudämmen[2].

Virusresistenz: Gegen Viruserkrankungen bei Pflanzen stehen keine chemischen Bekämpfungsmittel zur Verfügung. Die konventionelle Züchtung hat bei einer Vielzahl der wichtigsten Kulturpflanzen Resistenz- bzw. Toleranzeigenschaften gegen verschiedene Viren in die Pflanzen einkreuzen oder bestehende Eigenschaften verstärken können. Trotz allem sind Ertragsverluste aufgrund von Viruserkrankungen nach wie vor ein großes Problem. Mit Hilfe gentechnischer Methoden verspricht man sich hier einige Verbesserungen. Im Sinne von Präimmunisierungsstrategien werden Gene für virale Hüllproteine in das pflanzliche Genom eingeschleust und dort zur Expression gebracht. Die Anwesenheit viraler Hüllproteine soll eine Ausbreitung der spezifischen Viren verhindern[3]. Ein andere Ansatz verfolgt die Strategie, über antisense RNA eine Vermehrung der Viren zu unterbinden[4].

Wie bei der Insektenresistenz besteht auch bei der Virusresistenz die Frage, in welchem Umfang die Resistenz dauerhaft sein wird, wie schnell sich Viren adaptieren können. Von traditionell erzielten Virusresistenzen ist bekannt, daß in 28 von 63 Fällen die pflanzliche Resistenz durch die Bildung neuer Virus-Pathotypen unterlaufen wurde ([18] S. 161). Nach Angaben der OTA-Studie wurde bisher (Stand dort: 1992) nur eine Studie veröffentlicht, in der untersucht wurde, inwieweit auch bei gentechnischen Ansätzen Viren, in diesem Fall ein Tabakmosaikvirus, sich an pflanzliche Resistenzen anpassen können.

Qualitätsverbesserungen: Nach der herkömmlichen Methodik werden spontane oder induzierte Mutanten, die entsprechende Qualitätsverbesserungen zeigen, durch geeignete Screeningmethoden aus den Populationen herausgefiltert. Die Entwicklung entsprechender Nachweisverfahren ist von großer Bedeutung für die

5.2 Workshop und Diskussion: Pflanzenzüchtung

Züchtung. Neuartige Markertechniken können hier wesentliche Neuentwicklungen erbringen (Kapitel 3.7).
Verbesserungen von Qualitätsmerkmalen bei Pflanzen können züchterisch so gestaltet werden, daß keine Ertragseinbußen entstehen. Allerdings ist hiermit ein erheblicher züchterischer Aufwand verbunden. Oftmals gilt es, die gewünschte Mutation in einen für den Ertrag und die Qualität optimalen genetischen 'Hintergrund' einzubetten (Kapitel 3.9). Die hierfür in Frage kommenden Qualitätsmerkmale umfassen ernährungsphysiologische Veränderungen und Anforderungen an spezielle Verwendungszwecke sowie als zukünftige Option die Synthese gänzlich neuer Inhaltsstoffe in Pflanzen, z.B. Pharmaka oder Grundstoffe für die Kunststoffchemie (Kapitel 3.7 und 3.9).

Ertragssteigerungen: Ob eine weitere Steigerung der Ertragsleistungen mit modernen biotechnologischen Verfahren möglich ist oder nicht, ist z.Z. eine offene Frage. Für weitere quantitative Steigerungen ist die Identifikation und Lokalisation von QTLs (Quantitative Trait Loci) notwendig. Dieses Ziel kann mit geeigneten (noch zu entwickelnden) DNA-Sonden erreicht werden. Die QTLs können dann sowohl durch klassische als auch durch moderne Methoden genutzt werden. Bei projektierten gentechnischen Eingriffen an den QTLs ist zu berücksichtigen, daß man heute wenig Kenntnisse darüber hat, welche Effekte durch einen solchen Eingriff an diesen Schaltstellen für komplexe Reaktionswege ausgelöst werden können.
Die modernen Methoden können zudem zur Umsetzung neuer Züchtungsziele in den Feldern Nachwachsende Rohstoffe (für eine Übersicht siehe z.B. [19]) und Biomasse für die energetische Nutzung [20] beitragen (siehe auch Kapitel 6).

Herbizidresistenz: Vor- und Nachteile des Herbizideinsatzes in Verbindung mit entsprechend (gentechnisch veränderten) resistenten Pflanzen werden kontrovers diskutiert und bedürfen einiger Differenzierungen. Es ist zu unterscheiden in selektiv-wirkende, sorten- oder artenspezifisch wirksame Herbizide und in breit wirksame Herbizide ("Breitbandherbizide"). Gentechnisch erzeugte Herbizidresistenzen beziehen sich heute i.d.R. auf breit wirksame Herbizide, die bislang im Vorlauf z.B. vor der Saat eingesetzt werden. Als ein Vorteil der Kombination von Breitbandherbiziden mit entsprechend resistenten Pflanzen wird u.a. genannt: die Möglichkeit erst bei akutem Unkrautvorkommen - also im Nachlauf - das Herbizid gezielt einsetzen zu können[5]. Auf der anderen Seite wäre es auch möglich, daß es zu einer Erhöhung von Herbizideinsätzen kommt, da die herbizidresistente Pflanze höhere Konzentrationen des Herbizids verträgt und genaue Spritzzeitpunkte bzw. Mengen nicht eingehalten werden müssen [21]. Es sollte aber festgehalten werden, daß in den letzten 10 bis 15 Jahren der Einsatz von Herbiziden mengenmäßig zurückging [22]. Dies ist in erster Linie auf neue Wirkstoffe zurückzuführen (z.B. Glyphosat), die gegenüber älteren Wirkstoffen eine bessere Effizienz im Verhältnis zur Einsatzmenge besitzen.
Mit der Entwicklung selektiv-wirkender Herbizide kann ein vorsorgender Einsatz entfallen, da diese Herbizide dann eingesetzt werden können, wenn eine Verun-

krautung erkennbar ist (siehe Anmerkung 5). Eine offene Frage ist, ob die Märkte für solche spezifisch-wirkenden Herbizide groß genug sind, um das Interesse der Herbizidhersteller für ihre Entwicklung und Produktion zu wecken.

5.2.2 Welchen Stellenwert nimmt die Gentechnik im Vergleich zu anderen Züchtungsmethoden ein?

Biotechnische Verfahren aus der pflanzlichen Zell- und Gewebekultur oder der Molekularbiologie und Gentechnik können nur im Verbund mit klassischen Züchtungsprogrammen sinnvoll eingesetzt werden. Nach Schätzungen, die auf dem Workshop genannt wurden (*Röbbelen*), tragen gentechnische Ansätze z.Z. mit einem Anteil von ca. 10% zur Entwicklung neuer Sorten bei, der sich in Zukunft erhöhen wird. Der prozentuale Anteil ist aber nur von bedingter Aussagekraft: gentechnische und andere molekularbiologische Verfahren sind qualitativ unerläßlich für Erkenntnisfortschritte in der Grundlagenforschung. Gentechnische Ansätze für Transformationen sind abhängig von der Entwicklung und dem Stand zellbiologischer Verfahren (z.B. Zellkulturtechniken, Regeneration von Protoplasten u.ä.) (Kapitel 3.7 und 3.8). Nicht für alle Pflanzen existieren die dafür notwendigen Systeme. Der jeweilige Stand der Verfahren hat somit einen signifikanten Einfluß auf den Zeitumfang zur Entwicklung neuer Sorten. Moderne Techniken können in Ergänzung zu traditionellen Techniken potentiell Zeiträume verkürzen.

Übereinstimmend kommen alle Fachgutachter (Kapitel 3.7 - 3.10) zum Schluß, daß zur Zeit aus dem Arsenal der molekularbiologischen Verfahren *Markertechniken*[6] die größte Bedeutung haben. Markertechniken eröffnen neue Perspektiven, um die genetischen Grundlagen von Leistungsparametern zu verstehen und um die gewonnenen Kenntnisse praktisch zu nutzen. Die Kartierung einzelner Gene erlaubt eine Identifizierung enger Kopplungen zwischen phänotypischen Merkmalen und Markern. Dies ermöglicht auch eine schnellere Selektion im Züchtungsprozess und auch die Isolierung einzelner Gene. Wie oben am Beispiel der Hypersensitivitätsreaktion angedeutet wurde, können Markertechniken zur Charakterisierung und Identifizierung komplexer Merkmale beitragen. Molekulare Marker, zu denen über DNA-Kriterien hinaus auch Isoenzyme gehören können, können in besonderer Weise auch zum Sichten genetischer Ressourcen in Genbanken beitragen, in denen natürliche Diversität von Kulturpflanzen sowie auch von ihren verwandten Wildformen bewahrt wird (Kapitel 3.7).

Die gentechnischen Verfahren für *Transformationen* sind z.Z. noch anspruchsvoll, zeitaufwendig und kostspielig. Allerdings werden im Rahmen des Human Genom Projekts wesentliche Verbesserungen und Vereinfachungen z.B. bei der Automation der Verfahren und der Computer-gestützen Informationsverarbeitung und Speicherung erwartet (Kapitel 3.7). Der Einsatz von Gentechnik für Transformationen steht noch am Anfang:

- der Integrationsort für das Transgen ist noch unspezifisch,
- die Höhe der Expression ist bis auf Ausnahmen nicht exakt bestimmbar,

5.2 Workshop und Diskussion: Pflanzenzüchtung

- es ist noch wenig über Umwelteinflüsse auf die Expression bekannt[7].

Hierbei handelt es sich aber nicht um prinzipielle Schwierigkeiten, sondern weitere Erkenntnisfortschritte und Methodenentwicklungen lassen Lösungen als möglich erscheinen. Erste Ansätze werden in der Literatur beschrieben. Allerdings erfordern auch Prinziplösungen aufgrund der biologischen Vielfalt und der komplexen Wechselbeziehungen mit der Umwelt im Einzelfall umfangreiche Anpassungsarbeiten (Kapitel 3.7). Auch auf dem Workshop wurde mehrfach auf den hier angesprochenen Sachverhalt hingewiesen. Hervorgehoben wurde die Standortverträglichkeit. Wenn ein neues Leistungsmerkmal, z.B. eine spezifische Resistenz, erfolgreich in eine Sorte integriert wurde, bedeutet dies nicht, daß diese neue Sorte auch gleich weltweit vertrieben werden könnte. Im Gegenteil: es bedarf i.d.R. einer regionalorientierten Entwicklung von Sorten mit dem neuen Leistungsmerkmal[8]. Die Sorte muß dem jeweiligen Standort angepaßt sein. Dazu bedarf es entsprechender Züchter. Diese Regionalorientierung gilt ibs. für Weizen und Triticale, weniger für Mais und Zuckerrüben.

Nach Einschätzungen von *Seitzer* (Kapitel 3.10) werden aber gentechnische Methoden im Rahmen von Transformationen Problemlösungen für Einzelfälle bleiben.

5.2.3 Werden Entwicklungszeiten beschleunigt?

Bei der konventionellen Züchtung wird von Entwicklungszeiten für neue Sorten zwischen 10 und s15 Jahren ausgegangen. Mit neuen Ausleseverfahren mittels molekularer Marker und schnellen Vermehrungsmethoden in pflanzlichen Zell- und Gewebekulturen können einige zeit- und arbeitsintensive Schritte im Rahmen konventioneller Züchtung verkürzt oder sogar erübrigt werden. Damit können moderne Methoden die Effizienz der Selektion erhöhen oder die Variabilität derart erweitern, daß der Zuchtfortschritt pro Zeiteinheit deutlich erhöht wird. Eine Verkürzung der Entwicklungszeit neuer Sorten ist für den Saatzüchter auch ein realer Faktor zur Reduktion der Kosten.

5.2.4 Wie ist der Stand von Forschung und Entwicklung in Deutschland im internationalen Vergleich?

Allgemein wurde auf dem Workshop die Grundlagenforschung im Bereich Pflanzenzüchtung in Deutschland im internationalen Vergleich als sehr gut angesehen. Teilweise mangele es aber an einer erfolgreichen Umsetzung von Basiswissen in die züchterische Praxis. Die private Forschung hätte zudem einige Nachteile, weil bestimmte grundlegende Techniken und Methoden durch ausländische Patente belegt seien. Obwohl die privaten Pflanzenzüchter erst im Jahr 1988 konkret mit gentechnischen Forschungs- und Entwicklungsvorhaben begonnen hätten, wären insgesamt aber keine zu großen Versäumnisse zu verzeichnen[9]. Nach Aussagen der Experten auf dem Workshop ist man in der Pflanzenzüchtung methodisch soweit und verfügt in Teilbereichen über genügend Basiswissen, um z.B. mit der Pharmabranche zusammen Ansätze des Gene-farming in Pflanzen zu entwickeln. Bislang mangele es aber in diesem Bereich noch an konkreten Kooperationen.

Als ein weiterer wesentlicher Mangelbereich wurde auf dem Workshop das Fehlen geeigneter Datenbanken (zu Methoden, Ergebnissen, Gensonden etc.) in Deutschland identifiziert. Eine der Lücken kann sicherlich durch den Ausbau der Genbank am Institut für Pflanzengenetik und Kulturpflanzenforschung Gatersleben geschlossen werden (vgl. [23] S. 31). Derzeit wird auch an einem zentralen Dokumentationssystem für Deutschland gearbeitet.

Der relativ späte Einstieg in die Gentechnik seitens der Züchtungspraxis hat seine Ursachen auch in einer anfänglichen Skepsis gegenüber den Erfolgsaussichten der neuen Ansätze (vgl. auch [24]). Die Zurückhaltung beruht auch auf negativen Erfahrungen der Praxis, die teilweise mit anderen neuartigen Züchtungstechniken der Vergangenheit (Polyploidie-, Mutationszüchtung u.ä.) gemacht wurden, auf denen ebenfalls große Erwartungen lagen, die sich aber nicht erfüllten (Kapitel 3.9). Es gilt, so Röbbelen, abzuwarten, welchen Stellenwert gentechnische Ansätze - neben ihrer wichtigen Rolle in der Forschung - in Zukunft haben werden: "Euphorie aus 'newcomer-Kreisen' chemischer Großunternehmen dürfte langfristigen Erfolgsabschätzungen ebenso wenig hilfreich sein wie ablehnende Skepsis traditioneller Pflanzenzüchter". Allerdings hätten sich beide Positionen in jüngster Zeit aneinander angenähert.

Nach einer Patentanalyse, die den Anmeldezeitraum von 1980 bis 1989 umfaßt, liegen die USA im internationalen Vergleich bei der Zahl der Patentanmeldungen im Bereich Pflanzenzüchtung eindeutig vorne. An zweiter Stelle folgen deutsche Anmelder, die aber nur ca. 20% der US-Anmeldungen erreichen [25]. Gemessen an den unterschiedlichen Kapazitäten und finanziellen Aufwendungen im Vergleich zwischen den USA und Deutschland wäre dies ein guter Stand (*Wobus*). Führend bei den deutschen Anmeldern sind die Hoechst AG und die Max-Planck-Gesellschaft. Bei den Anmeldungen beim Europäischen Patentamt liegen deutsche, britische, französische und japanische Anmeldungen bezogen auf die große Zahl aus den USA alle nicht weit auseinander. Die relativ geringen japanischen Anmeldungen zeugen aber nicht unbedingt von geringen Aktivitäten im Pflanzenbereich. Wenn andere Daten der japanischen Inlandsanmeldungen hinzugezogen werden, ergeben sich, auch bei angemessener Korrektur der unterschiedlichen Erfindungshöhen aufgrund des andersartigen Patentsystems, weit höhere Aktivitäten [25]. Bei der Zahl der Freisetzungen ist die Situation in Japan und Deutschland ähnlich (siehe Kapitel 3.19). Beide Länder weisen im internationalen Vergleich eine sehr geringe Anzahl aus[10].

5.2 Workshop und Diskussion: Pflanzenzüchtung

5.2.5 Wie sieht die Kooperation und Koordination von F&E mit der Praxis aus?

Die deutsche Saatzucht ist mittelständisch organisiert. Unter den einzelnen Unternehmen haben sich vielfältige Kooperationsformen entwickelt. Es besteht eine eigene Forschungsgemeinschaft (GFP: Gemeinschaft zur Förderung der privaten deutschen Pflanzenzüchtung). Zur Zeit hat die GFP ca. 60 Mitglieder [23] und fördert eine Vielzahl von Verbund- und Einzelprojekten (insgesamt 71 Einzelbeiträge). Das Gesamtvolumen betrug im Jahr 1993 ungefähr DM 5 Mio. und wurde aus Mitteln des BMFT (23.7%), des BMWi(rtschaft) (10%) und des BMELF (66.3%) unterstützt. Förderschwerpunkte liegen bei Resistenzforschung (56.3%), Nachwachsenden Rohstoffe (26.8%) und Qualitätsforschung (16.9%). Von den 71 Einzelvorhaben wurden 62 Projekte an öffentlichen Einrichtungen und 9 in Mitgliedsfirmen der GFP durchgeführt.

Die Arbeit und der Standard der deutschen Saatzüchter wird bislang als sehr leistungsstark eingeschätzt. Allerdings sei diese starke Position durch zunehmenden internationalen Wettbewerbsdruck und sich verschlechternde Rahmenbedingungen gefährdet (Einzelheiten siehe Kapitel 3.10). Die Leistungsstärke der deutschen Saatzüchter beruht zum einen auf der relativ großen Zahl der Unternehmen mit einer Vielzahl von Fruchtarten und vielfältigem Ausgangsmaterial (genetische Ressourcen), zum anderen auf der engen Verbindung zwischen Produkt und Dienstleistungen (Sorte und Beratung) und darauf aufbauend auf guten Beziehungen zwischen Unternehmen und Kunden [26].

Auf dem Workshop wurde zwar die gute Kooperation zwischen Landwirt und Züchter bestätigt, gleichzeitig wurden aber in einigen Bereichen Defizite ausgemacht. Fehlende Kooperationen wurden z.B. zwischen der Pflanzenzüchtung, der Landwirtschaft und der verarbeitenden Lebensmittelindustrie festgestellt. Defizite bestünden auch in der Umsetzung neuer Nutzungsmöglichkeiten von Pflanzen, beispielsweise dem Gene-farming für den Pharmabereich oder der Biomasseerzeugung zur Energiegewinnung.

5.2.6 Welche Auswirkungen auf die Strukturen der Landwirtschaft werden diskutiert?

Eine zentrale Frage in den öffentlichen Diskussionen dreht sich um den Komplex, in welchem Maße moderne Biotechnologie bestehende Strukturen in der Landwirtschaft beeinflußt. Unter der Voraussetzung der Anerkennung der Prämisse, daß die Erhaltung der bestehenden Kulturlandschaft und der Struktur einer bäuerlichen Landwirtschaft in Baden-Württemberg wünschenswert ist, bedarf es einer eingehenden Prüfung der angesprochenen Frage. In unserer Stellungnahme (Kapitel 2.4) haben wir darauf verwiesen, daß dies in einem eigenständigen Projekt behandelt werden muß, da es den Rahmen des Biotechnologieprojekts sprengen würde.

Auf dem Workshop sprach man sich allgemein für den Erhalt der momentanen landwirtschaftlichen Strukturen aus. Skepsis wurde aber in breiter Front formuliert, ob dieses Ziel angesichts des internationalen Wettbewerbsdruckes auch eingehalten werden kann[11]. Eine Regionalisierung der Märkte sowie verschiedene Diversifizierungsstrategien könnten einen Beitrag zur Erhaltung der Strukturen liefern. Dazu müßten aber, so der Tenor auf dem Workshop, klare Züchtungsziele formuliert werden und staatlicherseits geeignete Rahmenbedingungen geschaffen werden.

Als ein Beispiel wurde die Erzeugung von Biomasse zur Energiegewinnung diskutiert: die Landessaatzuchtanstalt in Hohenheim könnte eine koordinierende Funktion in Zusammenarbeit mit privaten Züchtern in Baden-Württemberg übernehmen. Ein derartiges Modell hätte nicht nur eine Signifikanz für die Region Baden-Württemberg, es könnte eventuell auch grundlegende neue Erkenntnisse und Methoden/Techniken für die Züchtung allgemein erbringen. Bei der Formulierung und ibs. für die Umsetzung neuer Züchtungsziele, die auf eine Diversifizierung zielen, bedürfen die Züchter klarer Vorgaben. Grundlage für eine erfolgreiche Umsetzung ist eine umfassende Koordination zwischen den Züchtern, Landwirten, verarbeitendem Gewerbe/Abnehmern usw. Die Landwirte müssen z.B. sicher sein, daß sie ihre neuen Produkte auch zu einem angemessenen Preis verkaufen können; die Züchter wiederum müssen sicher sein, daß ihnen ihre neuartigen Sorten auch abgenommen werden. Wenn diese Rahmenbedingungen nicht gewährleistet sind, wird sich am Istzustand wenig ändern. Bislang funktioniert eine derartige Kooperation kaum.

5.2.7 In welchem Verhältnis steht das Patentrecht zum Sortenschutzrecht?

Der Schutz von Pflanzenzüchtungen wird durch das *Sortenschutzrecht* geregelt, das zwei Besonderheiten enthält: Der 'Züchtervorbehalt' erlaubt, geschützte Sorten anderer Züchter als Ausgangsmaterial für eigene Neuzüchtungen zu verwenden und daraus entwickelte neue Sorten ohne Zustimmung des anderen Züchters zu vertreiben. Die Nachbauregelung (oder das 'Landwirteprivileg') erlaubt derzeit noch dem Landwirt, Erntegut einer geschützten Sorte aus eigenem Aufwuchs erneut als Saatgut zu verwenden. Saatzüchter sehen durch das Landwirteprivileg ihre Existenz bedroht, da ihre Einnahmen rückläufig seien und somit weniger Gelder zur Entwicklung neuer Sorten zur Verfügung stünden (Kapitel 3.10)[12].

Im Gegensatz zu Pflanzensorten können isolierte Gene bzw. Genkonstrukte patentiert werden. Die Vermarktung einer Sorte, die ein patentiertes Gen oder Genkonstrukt enthält, bedarf in diesem Fall der Zustimmung des Patentinhabers. Nach dem neuen Konzept der 'sortenschutzrechtlichen Abhängigkeit' von 'im wesentlichen abgeleiteten Sorten' [27] kann der Züchter zwar Sortenschutz für derartig 'abgeleitete' Sorten erhalten, ist aber beim Vertrieb von der Zustimmung des Züchters der Ausgangssorte abhängig[13].

5.2 Workshop und Diskussion: Pflanzenzüchtung

Anmerkungen

1 Nach den bis 1992 erfolgten weltweiten Freisetzungen gentechnisch veränderter Pflanzen ergibt sich folgende Verteilung der vorherrschenden gentechnischen Modifikationen: Herbizidresistenz: 39%; Markerexpression: 30%; Virusresistenz: 9%; Insektenresistenz: 7%; Änderungen von Qualitätsmerkmalen: 6%; männliche Sterilität: 3%. Interessant ist die Fortschreibung der Zahlen: Weltweit wurden bis 1993 1008 Freisetzungen von gentechnisch veränderten Pflanzen vorgenommen. Als wichtigste Merkmale wurden dabei Herbizidresistenz (34%), Qualitätsmerkmale (18%), Virusresistenz (16%), Insektenresistenz (13%), Markerexpression (9%) und Pilz- und Bakterienresistenz (4%) geprüft.

2 Im Bericht des Office of Technology Assessment ([18] S. 164ff.) werden Ansätze vorgestellt, mit deren Hilfe ein dauerhafter Schutz der Pflanzen, die in der Lage sind, ein *B.t.*-Toxin zu exprimieren, vor Insektenfraß zu gewährleisten.
Welcher der dort genannten Ansätze mit Erfolg zum Einsatz kommen kann, hängt von der jeweiligen Pflanzenart und 'ihrem' Schädling ab. Ob eine *B.t.*-Toxin vermittelte Resistenz in Pflanzen einen dauerhaften Schutz gegen Insektenbefall in Zukunft tatsächlich gewährleisten kann, muß z.Z. als offene Frage angesehen werden. Ansätze des Resistenzmanagements müssen aber in jedem Fall flexibel für den Einzelfall konzipiert werden (vgl. hierzu einige Vorschläge in [18] S. 164-166). Zweifelhaft erscheint es aber, wenn auf der einen Seite die hohe Selektivität der B.t.-Toxine und damit ihre Umweltfreundlichkeit betont wird, gleichzeitig aber versucht wird, das Wirkspektrum der Toxine gentechnisch zu erweitern [17]. Dies würde gerade dem herausgestellten Vorteil der Selektivität entgegenlaufen. Eine Erweiterung des Wirkspektrums der Toxine ist Voraussetzung für einen wesentlich umfangreicheren Einsatz als Insektenbekämpfungsmittel. In der heutigen Form wirken die Toxine nur gegen ganz bestimmte Schadinsekten. Es sind eine große Anzahl von Toxinen mit unterschiedlichen Spezifitäten bekannt (mit steigender Tendenz). Die Identifizierung, die Züchtung und der Einsatz entsprechender B.t.-Stämme ist aufwendig. Da sich für sie aufgrund ihrer Selektivität nur Teilmärkte öffnen, sind einer industriellen Verwertung Grenzen gesetzt.

3 Die Hüllproteine 'täuschen' eine bestehende Infektion vor, womit im günstigen Fall eine Ausbreitung des Virus in der Pflanze verhindert wird.

4 Bei der Präimmunisierung werden Pflanzen mit schwach pathogenen Viren infiziert, was im günstigen Fall eine Vermehrung der pathogenen Viren verhindern kann. Es wurden aber Fälle beschrieben, in denen durch die Immunisierung auf eine Steigerung der Pathogenität entsprechender Virenvarianten selektiert wurde ([28] S. 242). Ob eine derartige Selektion auch durch die Expression viraler Hüllproteine in Pflanzen verstärkt werden kann oder ob durch die auf derartige Weise vermittelte Resistenz andere virale Pathotypen sich vermehren und zu signifikanten Ertragseinbußen führen können, ist zur Zeit in der Diskussion [29] und Gegenstand ökologischer Begleitforschung zum Freisetzungsprojekt der Firma Planta mit Rizomania-resistenten Zuckerrüben (Kapitel 3.10). Neuere Arbeiten belegen zumindest die Möglichkeit, daß Rekombinationen zwischen den viralen Genen der Hüllproteine in den Pflanzen und nativ vorkommenden Pflanzenviren vorkommen können [30] und so zu neuen Virusvarianten führen können.

5 Der Einsatz von Herbiziden im Nachlauf, die zudem rasch im Boden und in Gewässern abgebaut werden (und somit eine kurze Wirkungsdauer besitzen), bedarf eines durchdachten Unkrautmangements, bei dem im Feld die Unkrautentwicklung genau

beobachtet wird. Die Entscheidung, ob gespritzt werden muß oder nicht, mit welchem Mittel, wieviel davon und zu welchem Zeitpunkt setzt einige Kenntnisse voraus. Derartige Vorgehensweisen sind charakteristisch für Ansätze des integrierten Pflanzenschutzes [31]. In diesem Rahmen könnten herbizidresistente Kulturpflanzen hilfreich sein.

[6] Siehe Glossar.

[7] Für die Faktoren Licht und Nitrat liegen bereits grundlegende Erkenntnisse vor [32].

[8] Im Normalfall werden Gene, beispielsweise für eine neue Resistenz, zunächst in solche Genotypen übertragen, für die funktionierende Transformations- und Regenerationsprotokolle bestehen. In einem zweiten Schritt kann der transgene 'Prototyp' dann als Kreuzungselter für die Entwicklung leistungsstarker und angepaßter Sorten verwendet werden.

[9] Differenziert man den internationalen Vergleich nach verschiedenen Methoden und Techniken der Pflanzenzüchtung ergibt sich folgende Einschätzung (*Fischbeck*): bei zellbiologischen Verfahren (Antherenkultur, Zellfusion u.ä.) ist keinerlei Rückstand im Hinblick auf die Forschung und die Anwendung in der Züchtungspraxis zu verzeichnen. Bei markergestützter Selektion und genetischer Transformation ist stark nach Kulturart zu unterscheiden: z.B. sind bei Gerste, Kartoffel und Tomate praktisch nutzbare Ansätze für markergestützte Selektion in Deutschland sehr weit fortgeschritten.

[10] Weltweit wurden bis 1993 insgesamt 1008 Freilandversuche mit trangenen Pflanzen durchgeführt, davon in den einzelnen Ländern: USA 38%, Frankreich 14%, Kanada, 12%, Belgien 7%, Großbritannien und Niederlande jeweils 5% (Kapitel 3.10).

[11] In diesem Zusammenhang ist eine Studie für die US-amerikanische Landwirtschaft vom Office of Technology Assessment [18] von Bedeutung. Auch wenn grundlegende strukturelle Unterschiede zwischen der amerikanischen und der deutschen Landwirtschaft bestehen, bieten die Ergebnisse dieser Studie einige Aspekte, die als Grundlage für weiterführende Untersuchungen zur deutschen Situation hilfreich sind. Hier die wichtigsten Aussagen:
* Die Produktivität wird generell ansteigen. Moderne Biotechnologie wird hierbei eine zentrale Rolle spielen (S. 9; S. 133ff.). Produktivitätssteigerungen bei Nahrungspflanzen werden nur geringfügig sein und sich ungefähr im Rahmen bisheriger Raten bewegen.
* Zur Zeit ist im Nahrungsmittelbereich eine Umorientierung zu verzeichnen. Hersteller und Handel versuchen verstärkt, ihre Produkte nach Wünschen der Konsumenten auszurichten. Eine verstärkte Konsumentenorientierung bedarf eines intensiveren Einsatzes von Informationssystemen, um beteiligte Sektoren (Produktion, Handel, Marketing usw.) schneller und besser aufeinander abzustimmen (S. 10; S. 144ff.).
* Erhöhte Koordinationsleistungen zwischen den oben angesprochenen Sektoren schlagen sich auch in Konzentrierungsprozessen der beteiligten Industrien wieder. Die meisten Saatzuchtfirmen sind heute im Besitz großer Chemie- oder Pharmakonzerne (S. 10; S. 144ff.). Es besteht ein Trend zur vertikalen Integration bisher rein agrarorientierter Bereiche mit Bereichen der Lebensmittelverarbeitung u.a. (Für die Saatzüchter besteht hier ein wesentlicher Unterschied zur deutschen Situation; siehe Frage (5)).
* Weiterentwicklungen der Biotechnologie und der Informationstechnologie werden den Trend zu einer Technisierung der Arbeit in dem landwirtschaftlichen Betrieb verstärken bei gleichzeitigem Anstieg der Ansprüche an entsprechende

5.2 Workshop und Diskussion: Pflanzenzüchtung

Ausrüstungen und Informationssysteme. Dies bedeutet auch erhöhte Anforderungen an die Qualifikation des Landwirts (S. 10).
* Diese Entwicklungen werden das sogenannte 'Höfesterben' kleiner und mittlerer Betriebe beschleunigen (S. 10; S. 144ff.).
* Auch in den Bereichen des Handels und des Vertriebs für notwendige Ausrüstungen der landwirtschaftlichen Betriebe (Maschinen, Informations- und Steuerungstechnik, Dünger, Chemikalien etc.) werden Konzentrationsprozesse stattfinden. Dies wird auch Auswirkungen auf die Struktur landwirtschaftlich geprägter Kommunen haben. Die dort ansässigen Unternehmen müssen sich verstärkt nach außer-agrarischen Tätigkeitsfeldern umsehen (S. 10; S. 147f.).
* Nach Einschätzung der OTA wird die nächste Dekade den computerisierten Bauernhof bringen. Computer-gestützte Expertensysteme werden dem Bauern helfen zu entscheiden, welche Pflanzen er anbauen sollte, welche Maßnahmen zur Kontrolle von Schadorganismen geeignet und notwendig sind, CD-ROM-Systeme werden ihn anhand von Literaturdatenbanken über die neuesten Entwicklungen der Forschung und Produktentwicklung informieren, Computer-gesteuerte Sensoren werden Wetterdaten und Daten über die Feldbeschaffenheit messen und sammeln, diverse Tätigkeiten werden automatisiert werden (vollautomatische Erntemaschinen, Pflanzmaschinen, Melkanlagen etc.) (S. 6ff.; S. 99-127).
* Der Einfluß moderner Biotechnologie auf Strukturen des Pflanzenanbaus wird sektoral unterschiedlich ausfallen. Der großflächige Anbau von Nahrungs- und Futtermittelpflanzen (Mais, Getreide, Soja) wird sich nach Einschätzung der OTA strukturell nicht wesentlich ändern. Allerdings werden neue Sorten mit Ertragssteigerungen eher Preissenkungseffekte auslösen und damit den Zwang zu weiteren Rationalisierungen verstärken. Wahrscheinlich geht das hauptsächlich auf Kosten kleinerer und mittlerer Betriebe. Im Sektor der Pflanzen, die in kleinerem Maßstab angebaut werden (Tomaten, Kartoffeln, Gemüse, Salat) können sich unter dem Einfluß der modernen Biotechnologie gravierendere Verschiebungen ergeben. Neue Züchtungsmethoden erlauben, spezialisierte Pflanzen zu kreieren, die auf ganz bestimmte Anwendungszwecke ausgerichtet sind, oder die z.B für eine Weiterverarbeitung über spezifische Eigenschaften verfügen müssen. Hierzu könnten auch Lebensmittel mit z.B. ganz bestimmten Geschmackseigenschaften gehören, wie sie von Konsumenten verlangt werden. Hier könnten im größeren Umfang Diversifizierungen stattfinden, mit kleinen, spezialisierten Märkten, die auch von kleineren Betrieben beliefert werden können. Als ein dritter Sektor wird von der OTA die Möglichkeit angesprochen, Sorten für neue Anwendungsfelder zu züchten: Nachwachsende Rohstoffe, Herstellung von Pharmazeutika in Pflanzen u.ä. Bei diesen hochspezialisierten Anbausektoren und Anwendungsfeldern wird es zu einer starken vertikalen Integration zwischen den Produzenten (Landwirten), Züchtern und Abnehmern kommen (S. 139-140).

[12] Nach den Entwürfen zur Neuregelung des Sortenrechts aber auch des Patentrechts auf europäischer Ebene (es existieren Vorschläge, auch in das Europäische Patentrecht Landwirteprivilege einzubauen) müssen Landwirte zukünftig Schutzgebühren an die Züchter für die Eigenvermehrung zahlen. Von dieser Regelung sollen nur kleine Bauernhöfe ausgenommen werden (Produktion unter 92 Tonnen Getreide pro Jahr; Höfe mit einer Nutzfläche unter 20 Hektar) (alle Angaben [33]). Grundlage der beabsichtigten Neuregelung bildet die Revision des "Internationalen Übereinkommens zum Schutz von Pflanzenzüchtungen" [27]. In Artikel 15 (2) wird dort das Landwirteprivileg zwar explizit eingeräumt, aber nur "unter Wahrung der berechtigten Interessen des Züchters". Ein berechtigtes Anliegen der Züchter ist eine angemessene Entlohnung für deren Entwicklungsarbeiten.

[13] Allerdings besteht nach der Revision des "Internationalen Übereinkommens zum Schutz von Pflanzenzüchtungen" in der Fassung vom 19.3.1991 [27] kein striktes Doppelschutzverbot im Sinne der alten Fassung (dort Artikel 2). Danach durften nur nach dem Sortenschutz Schutzrechte für Züchter erteilt werden. Die revidierte Fassung sieht auch eine Gleichbehandlung im internationalen Maßstab von Schutzrechten nach dem Patentrecht und nach dem Sortenrecht vor (Artikel 11). Somit ist es nicht mehr möglich, Patentanmeldungen für Sorten (z.B. aus den USA), den Status einer ordnungsgemäßen Anmeldung zu verweigern ([34] S. 508). Dadurch ist auch in Ländern mit Schutzregelungen, die dem Sortenschutz die Priorität vor dem Patentschutz einräumen (wie in Deutschland), sichergestellt, daß Patentanmeldungen ausländischer Anmelder gleichberechtigt behandelt werden müssen wie andere Anmeldungen nach dem Sortenschutzrecht. Allerdings sind solche Sorten, die im Artenverzeichnis der Sortenschutzgesetzgebung verzeichnet sind, von der Patentierung ausgenommen (*Seitzer*).

5.3 Biotechnologische Verfahren in der Tierzucht und Nutztierhaltung

5.3.1 Möglichkeiten und Ziele biotechnologischer Verfahren

Wo liegen die Anwendungsgebiete der modernen biotechnologischen Verfahren in der Tierzucht bzw. in der Tierhaltung?

Es gibt vier verschiedene Anwendungsgebiete:

- die zell- und fortpflanzungsbiologischen Techniken, wie z.B. die schon weit verbreitete künstliche Besamung,
- die molekulare Gendiagnostik,
- der Gentransfer in Eukaryontenzellen, wozu der Bereich der transgenen Tiere gehört
- und schließlich der Einsatz von biotechnologisch hergestellten Substanzen.

Welche Züchtungsziele gibt es in der Tierzucht?

Aus Sicht der Landwirte und Tierzüchter hat eine ökonomisch sinnvolle Entwicklung in der Tierzucht entweder eine Kostenreduktion z.B. durch höhere Mastleistung, geringeren Stoffeinsatz, Ertragssteigerung oder die Erzeugung neuer Produkte zum Ziel. Aus ökonomischen Gründen wird z.B. in Verbindung mit der Fleischleistung zur Zeit vor allem die Erhöhung der Fleischmenge und des -anteils angestrebt, was allerdings den tierischen Organismus belastet. Zur Verbesserung der Fleischbeschaffenheit sind gesunde, vitale Tiere notwendig, die gleichzeitig über eine hohe Streßresistenz verfügen. Beim Schwein ist für die Streßresistenz vor allem ein Gen verantwortlich für dessen Nachweis auch DNA-Tests vorhanden sind *(Geldermann)*.

Die Züchtungsziele beim Milchrind lauten: hoher Ertrag mit möglichst geringem Aufwand, eutergesunde Kühe; denkbar ist auch die Beeinflussung der Zusammensetzung von Milch.

Auf dem Workshop betonte *Hammes*, daß aus der Sicht der Lebensmittelverarbeiter hauptsächlich im Bereich der Hygiene Handlungsbedarf bestände, z.B. in der Senkung der Belastung mit Pathogenen und Kontaminationen. Auch die Verarbeitungsqualität der Lebensmittel könnte aus Sicht der Verarbeiter besser sein. Die Forderungen der Lebensmittelverarbeiter sind den Züchtern bekannt. Da aber die Lebensmittelpreise so niedrig und die Gewinnspannen für die Verarbeiter klein seien, bestände nur ein geringer Spielraum, um durch Züchtung qualitativ verbesserte Lebensmittelgrundstoffe höher zu bezahlen. Damit bestände auch kein

Anreiz für die Züchter auf die Forderungen der Lebensmittelverarbeiter einzugehen, sondern deren Aktivitäten beschränken sich auf Ziele, die z.Z. sicheren Erfolg versprechen.

5.3.2 Fortpflanzungsbiologische Techniken

Welchem Ziel dienen die fortpflanzungsbiologischen Techniken?

Geldermann/Momm gehen in Kapitel 3.12 ausführlich auf die verschiedenen fortpflanzungsbiologischen Methoden in der Tierzucht ein. Sie betonen deren Bedeutung, wobei im allgemeinen eine Kombination verschiedener Methoden angewandt wird. U.a. werden folgende Anwendungsziele angestrebt:

- eine Optimierung der Effizienz der züchterischen Selektion, beispielsweise durch direkte Erfassung geeigneter Erbanlagen ('Kandidatengene'),
- eine Erweiterung der Genmigration, wie z.B. den Gentransfer über Speziesgrenzen hinweg,
- eine Beeinflussung der genotypischen Varianz und des Generationsintervalls,
- die umfassende Nutzung genotypisch günstiger Individuen (zeitlich unabhängig und überbetrieblich),
- die Kontrolle der genetischen Struktur von Populationen.

Wie ist der Entwicklungsstand der fortpflanzungsbiologischen Methoden?

Die künstliche Besamung ist weit verbreitet und wird in Deutschland beim Rind in 89% der Fälle angewandt, beim Schwein liegt der Einsatz bei 38%. Die Technik wird noch weiter entwickelt. Doch schon heute hat die künstliche Besamung einen größeren Beitrag zur Produktivität beim Rind erbracht, als die übrigen Verbesserungen von Ernährung, Gesundheit und Haltung zusammen (siehe Kapitel 3.12).

Die Effizienz von Embryotransfer und In-vitro-Fertilisation ist noch verbesserungsbedürftig. Die Geschlechtsdiagnose ist zwar praxisreif aber aufwendig. Das Embryosplitting ist vor allem beim Rind ausgearbeitet. Die Embryoklonierung ist noch im Forschungsstadium.

Welches sind die Nachteile dieser Methoden?

Da immer weniger Tiere an der Erzeugung der Nachkommen beteiligt sind, ist eine Abnahme der genetischen Vielfalt zu erwarten. Diese Entwicklung wird durch hierarchisch strukturierte Tierzuchtprogramme (Züchtung - Vermehrung - Produktion) und durch die Vereinheitlichung von Fütterungs- und Haltungsbedingungen unterstützt. Für die Erhaltung der Diversität werden mehrere Ansätze diskutiert (siehe Kapitel 3.12).

5.3.3 Gendiagnostik

Ziel der Gendiagnostik ist zum einen der Nachweis und damit eine Eindämmung der Ausbreitung von Erbfehlern und zum anderen die Identifikation besonders vorteilhafter Genvarianten. Sie wird z.Z. noch relativ wenig eingesetzt, weil bisher nur für wenige Merkmale Tests vorhanden sind. Mit einer zunehmenden Verbesserung des Wissensstandes über genetische Varianten ist ein sehr starker Einsatz der Gendiagnostik zu erwarten. In Kapitel 3.12 gehen *Geldermann/Momm* ausführlich auf die Potentiale dieser wichtigen Methode ein.

5.3.4 Transgene Nutztiere

Welches ist der Anwendungsbereich transgener Nutztiere?

Prinzipiell lassen sich zwei Anwendungsgebiete unterscheiden. Zum einen das Gene-Farming, bei dem ein tierischer Organismus zur Produktion eines Fremdproteins benutzt wird und das Genom des Tieres bezüglich der wirtschaftlichen Bedeutung hinter dem Transgen zurücktritt. Ziel ist vor allem die Produktion von Proteinen für die pharmazeutische Anwendung, die bisher nicht oder nur in geringen Mengen erzeugt werden können (z.B. Blutgerinnungsfaktoren), in großen Mengen und hohen Konzentrationen.

Die andere Anwendung dient dazu, neue Merkmale (z.B. schnelleres Wachstum, bessere Futterverwertung, Krankheitsresistenz, neue Stoffwechselwege) in ein Tier einzuführen.

Wie ist der Stand der Entwicklung und wo liegen Probleme bei der Erzeugung transgener Nutztiere?

Folgende Stoffe konnten schon mit Hilfe transgener Tiere erzeugt werden: α-1-Antitrypsininhibitor (in transgenen Schafen, Glykosilierung evtl. anders als beim Menschen), Lactoferrin, tPA, Protein C, Hämoglobin (in transgenen Schweinen). Die Erzeugung derartiger transgener Tiere ist z.Z. noch mit einem hohem Aufwand verbunden.

Probleme bereitet bisher, daß weder die Zahl der integrierten Transgene noch der Ort der Integration festgelegt werden kann. Somit kann es zu Positionseffekten kommen, die Fehlentwicklungen des Tieres und somit eine starke gesundheitliche Belastung verursachen können. Auch die Expression von Vektor-DNA kann zu Problemen führen. Spiegel und Dauer der Expression des Transgens sind bisher nicht genau festzulegen. Die Expression schwankt von Tier zu Tier und läßt sich nur in begrenztem Umfang beeinflussen. (Kapitel 3.12; [35])

Die Tierzüchter wären, so die Diskussion auf dem Workshop, allerdings aus einem weiteren Grund nicht an der Entwicklung transgener, z.B. gripperesistenter, Tiere interessiert. Sie wollten aus einer hochentwickelten Zuchtlinie keine Tiere entnehmen, um sie gentechnisch zu verändern, weil damit zwar beispielsweise ein resistentes Tier entstehen würde, dieses aber im Vergleich zu dem inzwischen weiterentwickelten Zuchtkern im Rückstand wäre.

Auch die Abnahme der genetischen Varianz bei transgenen Tieren erscheint problematisch. Innerhalb einer Zuchtlinie ist Heterogenität durch Fremdbefruchtung notwendig, um einen Zuchtfortschritt zu erreichen. Bei einer transgenen Zuchtlinie ist aber ein hohes Maß an Inzucht notwendig, sofern nicht mehrere transgene Tiere mit dem gleichen Gen am gleichen Ort erzeugt werden, was bisher noch nicht möglich ist. Das führt zu einer geringen genotypischen Varianz, was eine Weiterzucht erschwert.

Auf folgenden Gebieten kann ein deutlicher Forschungsbedarf festgestellt werden:

- Zellbiologie und Reproduktionsbiologie,
- embryonale Stammzellkultur (zur Selektion der Zellen, die das Transgen an der gewünschten Stelle integriert haben),
- Auffindung geeigneter Promotoren für die Expression,
- Wissen über physiologische Konsequenzen der Expression spezieller Gene,
- Wissen bzgl. der Funktion von Genen (z.B. sind häufig mehrere Gene zusammen für eine Eigenschaft verantwortlich, aber umgekehrt kann ein Gen auch verschiedene Wirkungen haben).

Wie ist der Stand der Entwicklung transgener Nutztiere mit neuen Eigenschaften?

Versuche mit zusätzlichen *Wachstumshormonen* in transgenen Tieren hatten zwar Erfolg bezüglich der Zuchtziele (Wachstumsgeschwindigkeit, Futterverwertung, Fettanteil), aber dieser war nur unter Beeinträchtigung des Gesundheitszustands der Tiere möglich. Somit ist die bisherige Anwendung kritisch zu bewerten.

Eine weitere Idee zum Einsatz transgener Tiere ist die *Produktion von Milch* mit veränderten Eigenschaften. Zum einen sollen die Verarbeitungseigenschaften der Milch verändert werden (z.B. Steigerung des Käseertrags, kürzere Reifungszeiten, höhere Hitzestabilität von Milch), zum anderen wird an laktosefreie Milch zur besseren Versorgung laktoseintoleranter Menschen[1] bzw. für eine geringere Umweltbelastung durch Molke gedacht. Schließlich ist die Veränderung der Kuhmilch dahingehend zu nennen, daß sich ihre Eignung als Muttermilchersatz erhöht. Die Produktion von Milch mit veränderten Eigenschaften findet bereits in Forschungsexperimenten statt. Die Umsetzung in die praktische Tierzucht macht nach *Geldermann* weitere Überlegungen notwendig.[2]

3.12 Workshop und Diskussion: Tierzucht 617

Die Realisierung von transgenen Nutztieren mit *Krankheits- und Streßresistenz* sowie einer veränderten Produktqualität wird innerhalb der nächsten 10 Jahre nicht möglich sein [36][3].

5.3.5 Welche Einsatzmöglichkeiten von biotechnologisch hergestellten Produkten bzw. von gentechnisch veränderten Mikroorganismen (GMOs) gibt es?

Somatotropine erhöhen die Wachstumsrate junger Tiere und deren Futterverwertung. Außerdem sinkt der Fettanteil im Tierkörper. In der Milchwirtschaft kann die Milchausbeute durch den Einsatz von Somatotropinen in einem Jahr um so viel gesteigert werden, wie durch konventionelle züchterische Methoden in 10-20 Jahren ([18] S.65 + 139). Der Einsatz von bST (bovine Somatotropin) wurde vom FDA gutgeheißen. In den USA wird keine Kennzeichnung verlangt und das Produkt ist bereits auf dem Markt. Der Einsatz von bST wird - unabhängig vom Sinn einer Erhöhung der ohnehin schon zu hohen Milchproduktion - unterschiedlich beurteilt. Einerseits kann die Milch von mit bST-behandelten Kühen nicht von der unbehandelter Kühe unterschieden werden. Andererseits wurde z.T. festgestellt, daß bST-behandelte Kühe häufiger an Mastitis erkranken, was auf die Leistungssteigerung zurückzuführen ist. Dies hätte vermutlich einen höheren Einsatz von Antibiotika und somit eventuell entsprechende Rückstände in der Milch zur Folge [37].

Die schlechte Proteinverwertung in der Tierhaltung kann durch Zugabe von biotechnologisch hergestellten Aminosäuren und Leistungsvermittlern und durch gleichzeitige Reduktion des Proteingehalts im Futter um ca. 20% verbessert werden. Allerdings bietet dieses Verfahren bisher keine ökonomischen Vorteile, und es müssen noch einige Fragen geklärt werden, bis das Verfahren wirklich praxisreif ist. Durch den Einsatz bestimmter Leistungsvermittler bei Wiederkäuern könnte die Methanproduktion, für die normalerweise ca. 6% der Futterenergie verbraucht wird, um 25% gesenkt werden ([38] S.303 ff)[4].

5.3.6 Welche Auswirkungen haben die modernen Zuchtverfahren auf die landwirtschaftliche Struktur und die Umwelt (v.a. das Stickstoffproblem)?

Unter der Voraussetzung, daß sich die Ziele und Rahmenbedingungen in der Landwirtschaft nicht ändern, werden die neuen *fortpflanzungsbiologischen Methoden* vermutlich eine erhebliche volkswirtschaftliche Bedeutung haben und ihre Anwendung wird zum Erhalt der internationalen Wettbewerbsfähigkeit notwendig sein, da der Zuchtfortschritt auf diese Weise erheblich beschleunigt werden kann. Allerdings weisen *Geldermann/Momm* in Kapitel 3.12 darauf hin, daß es in Deutschland bisher noch keine Untersuchungen bzgl. dem wirtschaftlichen Nutzen der neuen Biotechniken in der Tierzucht pro Betrieb, über ihre

Wirkung auf die Struktur der landwirtschaftlichen Sektoren sowie der vor- und nachgelagerten Stufen und über die sozialen und ökologischen Folgen der einzelnen Verfahren gibt. Die Workshop-Teilnehmer waren zwar der Ansicht, daß es wünschenswert ist, die bäuerliche Struktur zu erhalten, aber sie sahen keine Möglichkeit dies zu realisieren. Gründe hierfür sind, daß große automatisierte Betriebe kostengünstiger produzieren können und daß auch der Einsatz biotechnischer Methoden diese Entwicklung fördert. Ein Anstieg der Lebensmittelpreise könne nur durch den Einsatz moderner Methoden in der Züchtung verhindert werden[5].

Die *Stickstoffeffizienz*, die in der Tierzucht nur 14% beträgt, kann durch den Einsatz von Futteradditiven erhöht werden (vgl. Punkt 5). Das Einbringen von Genen für ganze Biosynthesewege ist z.Z. nicht realistisch. *Trösch* vertritt die Ansicht, daß das Stickstoffproblem durch den Import von Kraftfutter und die lokale Entsorgung der Abfallprodukte aus der Tierhaltung verursacht wird. Neben Stickstoff werden mit dem Futter auch Salze (Na, K) importiert, was letztendlich zu einer Versalzung der Böden führt, wie Beispiele aus Holland zeigen[6].

Das *Gene-Farming* hat nur dann einen deutlichen Einfluß auf die Landwirtschaft, wenn Produkte in großen Mengen produziert werden. Allerdings ist heute noch nicht abzuschätzen, ob nicht auch eine Vielzahl von Spezialprodukten mit jeweiligen Nischenmärkten zusammengenommen doch neue signifikante Anwendungsfelder in der Landwirtschaft eröffnen.

5.3.7 Grenzen der biotechnologischen Verfahren

Die Merkmale eines Organismus stehen in komplexer Wechselwirkung. Diese Wechselwirkungen können kombinierte Züchtungsziele begrenzen. Beispielsweise erhöht sich häufig die Krankheitsanfälligkeit von Rindern mit zunehmender Milchleistung, wobei gleichzeitig auch die Fruchtbarkeit abnimmt. Diese biologischen Zusammenhänge können auch durch die neuen Verfahren nicht umgangen werden.

Ein weiterer begrenzender Faktor ist die durch moderne biotechnische Methoden verursachte Abnahme der genetischen Vielfalt der Nutztiere, die als nicht wünschenswert eingestuft werden muß, da z.B. für eine Weiterzüchtung die genetische Variabilität notwendig ist. Außerdem können sich bisher unerkannte Erbkrankheiten sehr schnell ausbreiten.

5.3.8 Welche Faktoren hemmen die Ausbreitung biotechnologischer Methoden in der Tierzucht; wie kann sie positiv beeinflußt werden?

Geldermann vertritt die Ansicht, daß in Deutschland vor allem die geringe öffentliche Akzeptanz, die z.Z. gültigen rechtlichen Rahmenbedingungen sowie die mangelnde Forschungsförderung der Biotechnologie in der Tierzucht hemmend wirken. Er betont jedoch auch, daß sich die biotechnologischen Methoden im Gegensatz zu anderen Methoden in der Tierzucht aus folgenden Gründen schneller verbreiten: erstens die Möglichkeit Patente zu erwerben (wobei er den Patent- und gewerblichen Rechtsschutz z.Z. als nicht ausreichend ansieht), zweitens den intensiven Informationsaustausch durch Publikationen mit qualitativen Forschungsergebnissen und drittens die Datenbanken mit DNA-Daten.

5.3.9 Schlüsseltechnologie oder Nischentechnologie?

Die Experten vertraten die Ansicht, daß die neuen Methoden für den Erhalt der Wettbewerbsfähigkeit notwendig sind. Allerdings muß hier bezüglich der verschiedenen Verfahren differenziert werden. Die Reproduktionstechniken und die Gendiagnostik haben bereits heute signifikante Auswirkungen. Dagegen können mit dem Gene-Farming vermutlich nur Marktnischen besetzt werden und der Erfolg des Gentransfers zur Erzeugung von Tieren mit neuen Eigenschaften ist noch fraglich.

Anmerkungen

[1] 90% der adulten Weltbevölkerung, vorwiegend in armen Ländern, sind laktoseintolerant (Brem 1991, zitiert bei [35]). Trotzdem ist der Sinn einer Produktion laktosefreier Milch für diese Bevölkerungsgruppe fraglich, da der Verzehr von Milch in den armen Ländern durch andere Faktoren als die Laktoseintoleranz, die meist erst bei größeren Mengen (>250 ml) relevant wird, begrenzt ist. Oft ist die Ressource Boden so knapp, daß keine Milchwirtschaft möglich ist, sondern statt dessen sinnvollerweise Getreide und Gemüse angebaut wird.

[2] Ein Nachteil dieser Veränderungen wäre, daß die Milch getrennt gesammelt, transportiert, pasteurisiert und homogenisiert werden müßte. Durch die spezielle Anpassung der Milch an den jeweiligen Verwendungszweck ist die Flexibilität sehr gering. D.h. bei mangelndem Bedarf eines Produkts kann die dafür produzierte Milch nicht problemlos anderweitig eingesetzt werden.

[3] In Anbetracht dessen, daß bei der Entwicklung der Methoden zur Erzeugung transgener Tiere Leiden verursacht werden können (z.B. Entwicklungsstörungen aufgrund von Positionseffekten), ist im Einzelfall zu prüfen, ob der erwartete Nutzen diese Leiden rechtfertigt. Da Krankheitsanfälligkeit und Streß auch sehr stark durch falsche Haltungsbedingungen - wie z.B. zu dichten Besatz, keine Klimatisierung - gefördert werden, führt eine Verbesserung der Haltungsbedingungen wahrscheinlich schneller zu einer Abnahme der Erkrankungen [35].

[4] Eine andere Möglichkeit zur Erhöhung der Futterverwertung ist die Zugabe von Enzymen zum Futter. Beispielsweise erhöhen Phytasen die Verfügbarkeit von Phytat-Phosphor aus Pflanzen für Monogastrier deutlich. Phytasen sind jetzt EU-weit zugelassen [39]. Durch Proteasen könnte die Proteinverwertung verbessert werden. Durch das Einbringen von GMOs in den Pansen könnte die Verdauung von Cellulose vereinfacht, die Methanproduktion und der Proteinabbau im Pansen vermindert und die

Stickstoffverwertung gesteigert werden. Außerdem könnten die GMOs der Produktion von Polypeptiden mit einer günstigen Aminosäure-Zusammensetzung dienen [40].

5 Im folgenden werden einige wichtige Auswirkungen, die erwartet werden, genannt (Kap. 3.12; [18, 41]):

- Sowohl bei den Zuchtbetrieben als auch in der landwirtschaftlichen Produktion wird eine weitere Konzentrationswirkung zu beobachten sein. Der Trend zu vertikal integrierten Firmen wird sich fortsetzen. Dazu gehört auch die Forschung an transgenen Tieren zur Erzeugung von Pharmaka in Firmen mit Forschung im Pharmabereich. Kleine Firmen können wahrscheinlich nur durch Nutzung von Forschungsergebnissen aus öffentlicher Forschung und sonstigen frei zugänglichen Informationen überleben.
- In der Landwirtschaft wird die Zahl der Arbeitsplätze abnehmen, wobei die Qualifikationsanforderungen steigen werden. Dies trifft v.a. auf die Produktion mit großen Viehbeständen zu, da die Modernisierung hier am meisten Arbeitsplätze kostet. Die Chancen für ungelernte Arbeitskräfte sinken somit drastisch, was die Arbeitslosigkeit in ländlichen Regionen erhöhen wird. Auch die Anforderungen an die Fähigkeiten der Landwirte steigen, denn der Erfolg einer neuen Methode hängt stark von deren richtigem Einsatz ab.
- Durch die höhere Produktivität der Einzeltiere ist bei gleichbleibender Produktion eine Abnahme der Menge an Abfallstoffen (Gülle, Methan) zu erwarten. Diese Entwicklung wird auch dadurch gefördert, daß in den letzten Jahren der Verbrauch an tierischen Produkten stagnierte, was wahrscheinlich darauf zurückzuführen ist, daß in den meisten Ländern der EU die Sättigungsschwelle bzgl. des Verbrauchs an tierischen Nahrungsmitteln erreicht ist. Ein zunehmender Absatz erscheint höchstens noch in den Mittelmeerländern bzw. aufgrund des Bevölkerungszuwachses möglich (vgl. [38] S.90). Es werden landwirtschaftliche Nutzflächen frei, die dann anderweitig genutzt werden könnten, z.B. für den Anbau von Kraftfutter, was zu einer weiteren Verminderung der Futtermittelimporte führen würde. Die Methanproduktion durch Rinder läßt sich durch Leistungsvermittler um 25% verringern (beachte: der jährliche Methanausstoß durch Rinder ist doppelt so hoch, wie der mit der Erdgas- bzw. Erdölförderung gekoppelte).

6 Diese Probleme lassen sich nur auf 2 Wegen lösen: zum einen mit der Massentierhaltung um die Abfälle einfach sammeln und zentral und somit ökonomisch behandeln zu können (mit Hilfe von Biotechnologie) und zum anderen durch den lokalen Anbau von Futtermitteln statt deren Import. Umgerechnet in Getreideeinheiten importiert die EG jährlich ca. 5 Mio t an Futtermitteln. Dies entspricht einer landwirtschaftlichen Nutzfläche von 10 Mio ha (vergl. BRD: ges. Nutzfläche = 12 Mio ha). Die Futtermittelimporte werden zum einen durch Subventionen der Produktion in den Erzeugerländern und zum anderen dadurch unterstützt, daß bei Importen in die EG keine Einfuhrabgaben verlangt werden. Der Selbstversorgungsgrad bei tierischen Erzeugnissen lag 1987/88 in der damaligen Bundesrepublik Deutschland bei 88%. Berücksichtigt man die Futtermittelimporte kommt man auf 75% [38].

5.4 Lebensmitteltechnologie

5.4.1 Welches sind die Möglichkeiten und Ziele der Gentechnik in der Lebensmittelproduktion?

- Mittels DNA-Sonden und Biosensoren kann man sowohl schwer kultivierbare, pathogene Keime, als auch Lebensmittelverfälschungen nachweisen. Antikörper können ähnliche Aufgaben wie DNA-Sonden erfüllen und zusätzlich den Nachweis von Inhaltsstoffen und Kontaminanten ermöglichen. Enzyme können in der komplexen Matrix Lebensmittel auch ohne sonst übliche zeitaufwendige Probenvorbereitungen die Analytik erleichtern [25]. Damit bieten moderne Techniken Ansätze, einen hohen Hygienestandard zu gewährleisten und zu optimieren (Kapitel 3.5).
- Durch den steigenden Bedarf an Enzymen in den Branchen Stärke-, Frucht- und Zuckeraufbereitung, gewinnt auch die Gentechnik an Bedeutung. Gentechnische Veränderungen am Produktionsorganismus können höhere Ausbeuten bei der Produktion von Enzymen, die Möglichkeit zum Transfer einer Enzymbildungsfähigkeit und reinere Enzympräparate (z.B. Chymosin) ermöglichen [25].
- Mittels Protein Engineering können durch gezielte Eingriffe im Strukturgen (z.B. Austausch von Basenpaaren) Produktionseigenschaften, wie z.B. Substratspezifität, Aktivität, Stabilität, Temperatur- und pH-Optima beeinflußt werden. Damit könnten in vielen Fällen die Umsatzgeschwindigkeiten erhöht und die Prozeßkosten gesenkt werden. Auch Hammes wies auf dem Workshop darauf hin, daß durch Prozeßgestaltung, Rohstoffauswahl, Reststoffverwertung und Reduktion der Energiekosten eine ökonomisch günstigere Produktion erreicht werden könne.
- Die meisten physiologisch wichtigen Leistungen der Milchsäurestreptokokken sind plasmidcodiert. Diese Plasmide, und damit auch die technologisch wichtigen Eigenschaften, können verloren gehen. Durch eine gezielte Genübertragung in das Chromosom des Empfängerorganismus könnten die gewünschten Eigenschaften stabilisiert werden [25].
- Durch Resistenzzüchtungen (z.B. Phagenresistenz) kann die Produktsicherheit erhöht werden.
- Gentechnische Methoden können auch zur verbesserten Identifizierungs-bzw. Charakterisierung von mikrobiell gesteuerten Fermentationsprozessen (mikrobielle Systematik) beitragen.
- Für den Diätetikamarkt im Verbund mit anderen Lebensmitteln mit definierten Inhaltsstoffen (Sportler- und Babynahrung u.ä.) wird der Einsatz moderner Biotechnologie als vielversprechend eingeschätzt (Kapitel 3.5 und 2.1).

5.4.2 Werden gentechnische Ansätzen in der Lebensmitteltechnologie eher als eine Nischentechnologie oder mehr als eine Schlüsseltechnologie angesehen?

Die gentechnischen Ansätze in der Lebensmittelindustrie werden vor allem aus der Sicht vieler mittelständischer Unternehmen eher als eine *Nischentechnologie* angesehen. Die Nachfrage nach gentechnischen Methoden und der Einsatz gentechnisch hergestellter Enzyme oder modifizierter Mikroorganismen ist bisher gering. Die Ursachen liegen in mehreren Bereichen:

- geringe Gewinnspannen, preislich überlegene traditionelle Verfahren,
- keine Möglichkeiten für genetische Veränderungen komplexer Eigenschaften von Starter- und Schutzkulturen,
- geringe Akzeptanz beim Verbraucher mit der Folge: Firmen verzichten auf gentechnisch hergestellte Zusatzstoffe,
- unklare rechtliche Situation.

Dem steht aber die Einschätzung einiger Lebensmittelkonzerne gegenüber, die bewußt auf die Gentechnik setzen. Vor allem bei der Herstellung neuer Produkte und beim Einsatz von Prozeßhilfsmitteln wird der Gentechnik von der Wissenschaft und den Forschungsabteilungen großer Unternehmen ein *Schlüsselcharakter* in der Herstellung von Lebensmitteln zugesprochen (Kapitel 3.6). Nach den Diskussionen auf dem Workshop können in einzelnen Bereichen der Branche zögerliche F&E-Aktivitäten langfristig zu Wettbewerbsnachteilen führen, wenn Innovationen der Konkurrenz z.B. zu Kostensenkungen im Produktionsprozeß führen[1]. Ob der laufende Strukturwandel in der Lebensmittelbranche durch Entwicklungen von neuartigen Lebensmitteln signifikant beeinflußt wird oder nicht, läßt sich aber, so der Tenor der Diskussionen, z.Z. nicht entscheiden.

5.4.3 Auf welche Gründe lassen sich die geringen F&E-Leistungen der Ernährungsbranche zurückführen? Welche Rolle spielt hier die von klein- und mittelständischen Unternehmen geprägte Struktur der Branche?

Die Ernährungsindustrie ist eine traditionelle Branche mit nur unterdurchschnittlichem Forschungs- und Entwicklungspotential. F&E wird derzeit nur zu einem kleinen Teil von der Ernährungsindustrie, im wesentlichen aber von den Firmen der Großchemie und Pharmazie durchgeführt, die in der Lage sind, diese langfristig zu finanzierenden Arbeiten in Angriff zu nehmen ([25] und Kapitel 3.5). Dagegen können mittelständische Betriebe den enormen Aufwand für die Grundlagenforschung nicht aufbringen. Die Förderung durch die öffentliche Hand steht nach Ansicht von *Hammes* in keiner entsprechenden Relation zur Bedeutung der Branche.
    Die Forschung wird häufig im Rahmen von Verbundforschung sowohl in

5.4 Workshop und Diskussion: Lebensmitteltechnologie

gemeinschaftlichen Einrichtungen, (z.B. Verbände der Brauereien), als auch im Forschungskreis der Ernährungsindustrie durchgeführt. Darüber hinaus ist die Branche nicht zuletzt aus Gründen der Verbraucherakzeptanz und der unklaren rechtlichen Situation eher zurückhaltend. Weiterhin ist im Gegensatz zum Pharmabereich, die Gewinnspanne bei der Lebensmittelproduktion gering. Internationale Konzerne haben ihre zentralen F&E-Einrichtungen auf einzelne Länder konzentriert. In Deutschland sind keine dieser F&E-Stätten angesiedelt.

5.4.4 Werden Erfordernisse von Verarbeitungsprozessen bei der Produktion der pflanzlichen oder tierischen Rohstoffe genügend berücksichtigt?

Auf dem Workshop wurde diskutiert, ob die neue Beziehung zwischen Lebensmittelverarbeitung und Landwirtschaft die Erfordernisse des Verarbeitungsprozesses berücksichtigt und die Produktion neuer Sorten nach Maßgabe lebensmitteltechnischer und verstärkt auch ernährungsphysiologischer Gesichtspunkten erfolgen kann. Gentechnische Veränderungen der Eigenschaften und/oder der Zusammensetzung von z.B. Pflanzen ermöglichen die gezielte Ausrichtung auf die Bedürfnisse der verarbeitenden Industrie oder des Handels. Beispiele hierfür sind Veränderungen der Enzymausstattung, die die Textur beeinflußt und Veränderungen der Produkte, die zu weniger Rohstoffanfall führen oder im Produkt auch ohne Zusatzstoffanwendung geringere Anfälligkeiten für einen Verderb bewirken [42][2].

Auf dem Workshop wurde betont, daß z.Z. die Ansprüche der verarbeitenden Industrie an die Qualität der Rohstoffe nur teilweise berücksichtigt werden. Im Moment muß die Verarbeitung in der Regel an den vorgefundenen Eigenschaften der Rohstoffe ausgerichtet werden. Die Landwirtschaft ordne sich noch nicht in das Gesamtkonzept der notwendigen Qualitätssicherung ein. Es gäbe nur einige wenige Beispiele dafür, daß die Pflanzenzucht Bedürfnisse der verarbeitenden Industrie bzw. des Marktes aufgegriffen und in ihre Forschungsziele integriert hätte. Die verarbeitende Industrie müßte aber verstärkt ihre Qualitätsansprüche an die Rohstoffe in Richtung Landwirtschaft und Züchtung formulieren. Daraus sollten dann in gemeinsamer Abstimmung F&E-Programme konzipiert und durchgeführt werden (siehe auch im Kapitel 5.2).

5.4.5 Wie wird der derzeitige Stand der rechtlichen Rahmenbedingungen in Deutschland und in der EU hinsichtlich der Diskussionen über eine Etikettierung bzw. der "Novel Food"- Verordnung eingeschätzt?

Beim Entwurf der Novel Food-Verordnung handelt es sich um einen vertikalen, produkorientierten Ansatz, der in seiner Philosophie den US-amerikanischen Regelungen nahesteht, während beispielsweise die anderen gentechnischen Regelwerke der EU (z.B. Freisetzungsrichtlinie) horizontale, technikspezifische

Ansätze darstellen. Ziel der Verordnung ist es, Regelungen für das Inverkehrbringen von Lebensmitteln oder Lebensmittelzutaten europaweit zu vereinheitlichen. Danach hat die EU-Kommission das Recht, Vorgaben für die Zusammensetzung oder Kennzeichnung neuer Lebensmittel zu machen und gleichzeitig die Bedingungen für die Marktzulassung festzulegen. Bei positivem Bescheid der Kommission werden die Lebensmittel in allen Mitgliedsstaaten zugelassen sein, es sei denn, daß stichhaltige Gründe für die Gefährdung der Verbrauchergesundheit bestehen. Tritt die Novel-Food-Verordnung in Kraft, ist sie geltendes Recht in allen EU-Mitgliedsstaaten und betrifft auch Produkte aus den EFTA-Ländern, die auf dem europäischen Markt vertrieben werden sollen. Durch die kontroversen Diskussionen und die immer wieder überarbeiteten Entwurfstexte der Kommission existieren derzeit gesetzlich verankerte Regelungen für neuartige Lebensmittel weder in Deutschland noch auf EU-Ebene. Daher besteht bei der Beurteilung neuartiger Lebensmittel eine große Rechtsunsicherheit.

Auf der einen Seite wollen Kritiker der Verordnung nicht nur die Lebensmittel, die gentechnisch hergestellt sind, oder gentechnisch hergestellte lebende Mikroorganismen enthalten (Jogurt), sondern auch jene, die wie der Chymosin-Käse mit einem gentechnisch hergestellten Hilfsstoff produziert werden, grundsätzlich einem Genehmigungsverfahren unterziehen. Auf der anderen Seite fordert der Bund für Lebensmittelrecht und Lebensmittelkunde (BLL), den Anwendungsbereich der Verordnung möglichst klein zu halten. Nach dem gegenwärtigen Verordnungsentwurf ist für die Anmeldung ein unabhängiges Gutachten erforderlich, das gesundheitliche Unbedenklichkeit bescheinigen und ernährungsphysiologische Nachteile sowie die Irreführung des Verbrauchers ausschließen soll. Bestehen dennoch Bedenken, soll ein Genehmigungsverfahren mit weiterer wissenschaftlicher Prüfung eingeleitet werden. Kritiker der Verordnung bestehen in allen Fällen darauf, daß in einem obligatorischen Genehmigungsverfahren aus Gründen der Transparenz die Öffentlichkeit (Umwelt- und Verbraucherverbände) beteiligt wird. Solange die Novel-Food-Verordnung, in welcher Fassung auch immer, noch nicht in Kraft gesetzt ist, übernimmt das Bundesgesundheitsamt nach dem Gentechnikgesetz neben der Zulassung für gentechnisch hergestellte Arzneimittel auch diejenige für Lebensmittel. Anträge gibt es im Moment jedoch keine [43].

5.4.6 Wie wird eine Kennzeichnungspflicht diskutiert?

Auf dem Workshop gingen teilweise die Meinungen hierzu weit auseinander:

- Nur das Merkmal "gentechnisch hergestellt" rechtfertige alleine noch keine generelle Kennzeichnung, da von dieser Technik keine neuartigen Risiken ausgingen. In diesem Zusammenhang wurde auf die Regelungen in den USA verwiesen, die keine generelle Kennzeichnungspflicht vorsehen. Eine obligatorische Kennzeichnungspflicht bedeute darüber hinaus eine nicht zulässige Diskriminierung entsprechender Produkte.

5.4 Workshop und Diskussion: Lebensmitteltechnologie

- Da es sich bei der Gentechnik um einen relativ neuen Ansatz handele, orientiere sich die bisherige europäische Rechtsetzung der EU noch am Herstellungsverfahren und nicht ausschließlich an der Qualität des Produkts. Dies könnte auch Auswirkungen auf eine Kennzeichnungspflicht nachsichziehen. Bei Produkten mit einem entsprechend langen Erfahrungshintergrund rücke das Kriterium "Herstellungsverfahren" in den Hintergrund. Dies gälte auch für gentechnische Ansätze mit entsprechenden Auswirkungen im Regulierungsbereich.
- Eine Kennzeichnungspflicht gentechnischer Verfahren würde einen Präzedenzfall schaffen, der auf viele Verfahren und Methoden der Lebensmitteltechnik anwendbar wäre und somit gravierende Auswirkungen nachsichziehen könnte.
- Eine Kennzeichnung führe zu einer größeren Transparenz und könne so einen Beitrag zur Lösung der Akzeptanzproblematik leisten. Die Kennzeichnung sei ein symbolischer Ausdruck dafür, daß man als Hersteller zu dem neuartigen Produkt stehe. Ein Unterlassen könne zu Boykotten führen. Diese Argumentation wurde noch durch einen darüber hinaus gehenden Hinweis verstärkt: neben der Freiheit der Wirtschaft und der Wissenschaft stehe gleichrangig die Freiheit der Verbraucher, sich für ein Produkt seiner Wahl zu entscheiden.
- Allgemeiner Konsens auf dem Workshop bestand darin, daß bei einer entsprechenden Kennzeichnung auf jeden Fall zu klären sei, bis zu welcher Verarbeitungstiefe eine Kennzeichnung sinnvoll wäre. Allgemein abgelehnt wurden in diesem Zusammenhang Forderungen, die eine Kennzeichnung von Produkten verlangen, die aus Rohstoffen gentechnisch veränderter Pflanzen oder Tiere bestehen aber keine (rekombinante) Erbsubstanz oder daraus resultierende Proteine enthalten, z.B. reiner Zucker aus gentechnisch veränderten Zuckerrüben.
- Weiterhin war man sich dahingehend einig, daß im Fall einer Kennzeichnungspflicht weder das entsprechende Symbol noch der entsprechende Text diskriminierend sein dürften. Beides müßte in einer neutralen Form vorgenommen werden.

Anmerkungen

1 Als Beispiel wurde auf die Möglichkeit verwiesen, bei Starterkulturen eine gentechnisch vermittelte Phagenresistenz zu erzielen, die Produktionsausfälle aufgrund von Phagenbefall vermindern kann. In einer 10 Jahresbilanz würde sich dies für einen Großproduzenten rechnerisch signifikant niederschlagen.

2 Eine Änderung der Fettsäurezusammensetzung von Ölsorten, Erhöhung des Anteils an essentiellen Aminosäuren sowie Erhöhung der Gehalte an verfügbaren Mineralien und Vitaminen entsprechend den ernährungsphysiologischen Anforderungen werden als weitere Ziele von gentechnischen Veränderungen genannt. Die Erzeugung von pilzresistenten Lebensmittelrohwaren dient sowohl der Ertragserhöhung der Landwirtschaft, als auch der Minderung des Auftretens von Mykotoxikosen und dem Verderb von Rohwaren und Endprodukten.

5.5 Umweltbioverfahrenstechnik und Biosensoren

5.5.1 Welche Anwendungsmöglichkeiten biotechnologischer Verfahren im nachsorgenden Umweltschutz gibt es bzw. sind in Entwicklung?

Abwasserbehandlung: In den alten Bundesländern waren 1990 ca. 87% der Bevölkerung an Kläranlagen angeschlossen. In den neuen Bundesländern sind diese Zahlen wesentlich niedriger. Als Beispiel sei hier Mecklenburg-Vorpommern genannt. Dort sind zwar 71% der Bevölkerung an zentrale Abwasserbehandlungsanlagen angeschlossen, aber weniger als 10% der Anlagen genügen den Anforderungen. Nur 40% der Abwässer werden hier mechanisch und biologisch gereinigt [44].

Zusätzlich zu den notwendigen Investitionen für die Abwasserbehandlung in den neuen Bundesländern rechnet das Bundesumweltministerium damit, daß zur Einhaltung der strengeren EG-Vorschriften bzgl. der Stickstoff- und Phosphorelimination aus Abwässern in den nächsten Jahren Investitionen in Höhe von 100 Mrd. DM notwendig sind. Der Gesamtmarkt der Trinkwassergewinnung, Abwasser- und Schlammbehandlung wird auf 160 Mrd. DM pro Jahr geschätzt ([45] S.80). Inwieweit diese Investitionen erfolgen, hängt von den Rahmenbedingungen ab[1]. Gerade zur Entfernung von Stickstoff und Phospor wird an biologischen Verfahren gearbeitet (Kapitel 3.14).

Trotz langjähriger Erfahrungen mit der biologischen Abwasserreinigung und ihrem Erfolg, gibt es viele Mängel (Kapitel 3.13). Es sollten vor allem drei Faktoren berücksichtigt werden: Erstens die Nähe zum Abwasserproduzenten, zweitens der Bau geschlossener Belebungsanlagen mit regelbarer Sauerstoffzufuhr und schließlich den Einsatz kleinerer Faultürme, die bezüglich der Energiebilanz besser abschneiden als die z.Z. üblichen. Aus technologischer Sicht könnten beim Neubau kommunaler Anlagen moderne Technologien eingesetzt werden. Bei Anlageerweiterungen könnten durch innovative biotechnische Verfahren Kosten eingespart werden. Die Umsetzung dieser Vorschläge wird durch verschiedene Faktoren gehemmt. Nach Ansicht von *Trösch* hemmen z.B. die bestehende Gesetzgebung und die Praxis ihrer Umsetzung notwendige Innovationen, da eine Technologie erst eingesetzt werden kann, nachdem ihr die Bezeichnung "entspricht dem Stand der Technik" zuerkannt wurde[2].

Bei Abwässern mit hoher organischer Belastung (Landwirtschaft, Lebensmittelindustrie) wird versucht, den Abfallstoff mit Hilfe biologischer Prozesse in einen Wertstoff zu überführen. Beispiele hierzu sind die anaerobe Umsetzung organischer Abfälle zur Gewinnung von Biogas, die Gewinnung von Laktat aus Molkereiabwässern (Kapitel 3.13) und die anaerobe Gülleaufbereitung [46].

5.5 Workshop und Diskussion: Umwelttechnik

Altlastensanierung: Die Altlastensanierung ist ein weiteres Anwendungsgebiet für biotechnologische Verfahren. Genaue Angaben über die Entwicklung des Marktes der Altlastensanierung sind aber aus verschiedenen Gründen nicht möglich. Zum einen kann die Zahl der altlastenverdächtigen Flächen nur geschätzt werden (ca. 150000 in Gesamtdeutschland). Zum anderen hängt die Zahl der Sanierungsfälle von verschiedenen Faktoren ab[3]:

- dem Gefährdungspotential der Flächen,
- dem wirtschaftlichen Interesse am Standort,
- den gesetzlichen Rahmenbedingungen,
- der Haushaltslage (die Sanierung wird häufig aus Steuermitteln finanziert).

Nach Schätzungen des ifo-Instituts von 1989, die auf den Baubedarf basieren, müssen in Westdeutschland bis zum Jahr 2000 ca. 35000 Standorte saniert werden, wozu nach Preisen von 1980 17 Mrd. DM notwendig sind. Für die neuen Bundesländer werden für die Sanierung von Altablagerungen und Betriebsgeländen 15 Mrd. DM veranschlagt und zusätzlich 17 Mrd. DM zur Sanierung von Aue, Greifswald und den Braunkohletagebauanlagen. Der Anteil der biologischen Sanierungsverfahren steigt nach Schätzungen von 9% (1987) auf 32% im Jahr 2000 (alle Angaben: [47]). Die Möglichkeiten mikrobiologischer Verfahren sind allerdings z.Zt. noch begrenzt (siehe auch Punkt 5.5.3.). Einige biologische Aktivitäten zur Entfernung von Schadstoffen sind zwar für einzelne Stoffklassen gut beschrieben, aber es mangelt in vielen Fällen an Grundlagenkenntnissen der Physiologie, der Genetik und der mikrobiellen Ökologie (vgl. [48]). Der Ist-Zustand spiegelt sich auch in den Themenkreisen internationaler Tagungen wieder [49].

Weitere Anwendungsgebiete:

- Behandlung von Klärschlamm [50]
- Abfallbehandlung durch Kompostierung oder durch eine Kombination von anaerober und aerober Behandlungsschritte [51, 52]
- Abgasreinigung (Kapitel 3.14)

5.5.2 Wie ist der Entwicklungsstand biotechnologischer Verfahren im Rahmen integrierter Prozesse?

Bei integrierten Prozessen spielen bisher vor allem Einzelfallösungen eine Rolle. Es existiert bereits ein Anbietermarkt, auf dem vorwiegend kleine und mittlere Firmen tätig sind, die die zur Lösung der vielfältigen Einzelprobleme notwendige Flexibilität mitbringen. Nach den Erfahrungen von *Kunz* entsteht langsam auch ein Anwendermarkt. Integrierte Prozesse werden voraussichtlich erst in 10-15 Jahren eine größere Rolle spielen, wobei es sich auch dann noch eher um Speziallösungen als um Verfahren mit einem breiten Anwendungsspektrum, wie z.B. die biologische Abwasserreinigung, handeln wird (siehe Kapitel 3.14).

5.5.3 Welche Rolle spielt die Gentechnik in den verschiedenen Bereichen?

Im Bereich der Analytik kann die Gentechnik z.B. in Form von DNA-Sonden eine Rolle spielen (vergl. Teil 2: Biosensoren). Weitere Einsatzmöglichkeiten werden in der Behandlung gut spezifizierter Abwässer konstanter Zusammensetzung, in der Umwandlung von Abfallstoffen zu Wertstoffen und in der parallelen Umsetzung verschiedener Substrate unter definierten Bedingungen gesehen. Allgemein läßt sich sagen, daß Spezialisten vor allem dann eingesetzt werden können, wenn es sich um eine klar definierte (Schad)stoffumsetzung unter wenig komplexen Bedingungen (z.B. konstante Zusammensetzung) handelt. Bioreaktoren eignen sich besonders gut zur Durchführung solcher Prozesse, da hier die Prozeßbedingungen gut steuerbar sind.

Ansonsten ist der Einsatz von Gentechnik sehr stark begrenzt, da man es in den meisten Anwendungsfällen mit offenen Systemen zu tun hat, die sich durch eine schwankende Zusammensetzung, variierende Konzentrationen und meist auch durch komplexe Stoffgemische auszeichnen. Auf dem Workshop wurde die Ansicht vertreten, daß unter diesen Bedingungen Mischkulturen den Spezialisten bzw. gentechnisch veränderten Mikroorganismen (GMOs) überlegen sind. Für den erfolgreichen Einsatz von GMOs in Mischkulturen wird von *Trösch* eine Entwicklungszeit von mindestens 10 Jahren veranschlagt. Ein Grund hierfür ist darin zu suchen, daß die Fähigkeit eines Organismus, sich in einem bestimmten Ökosystem etablieren zu können, von vielen Faktoren abhängt, wie z.B. von der Konkurrenzfähigkeit, dem Vorhandensein von Protozoen, dem Nährstoffangebot, von der Beweglichkeit des Organismus sowie von physikalisch-chemischen Faktoren wie Temperatur, pH-Wert und Sauerstoffgehalt [48]. Auch externe Bedingungen wie z.B. die Strömungsverhältnisse in Klärbecken müssen berücksichtigt werden, da sie zu einer unvorhersehbaren Selektion führen können (*Kunz*). Die Vielfalt der Einflußfaktoren macht eine Aussage bezüglich der Wahrscheinlichkeit einer Etablierung des Organismus in einem komplexen System kaum möglich. Neben diesen technischen Problemen ist auch die Problematik der Freisetzung von GMOs zu berücksichtigen [48].

5.5.4 Durch welche Maßnahmen kann die Anwendung der Umweltbioverfahrenstechnik gefördert werden?

Mit Umweltschutzmaßnahmen läßt sich z.Z. kaum ein betriebswirtschaftlicher, sondern höchstens ein volkswirtschaftlicher Gewinn erwirtschaften (*Trösch*). Durch geeignete politische Rahmenbedingungen könnte man es eventuell erreichen, daß integrierte Prozesse auch betriebswirtschaftlich rentabel werden. *Trösch* nennt zum

5.5 Workshop und Diskussion: Umwelttechnik 629

einen die Voraussetzung, daß die Kreislaufwirtschaft zur Basis jeder industriellen Produktion wird und zum anderen eine weltweite Erhöhung der Energiepreise erfolgen müßte.
Hemmend für die Entwicklung sind die z.Z. gültigen gesetzlichen Rahmenbedingungen wie z.b. die "Anerkannten Regeln der Technik", die nach Ansicht von *Trösch* und *Kunz* veraltet sind und häufig den Übergang von F&E zur Großtechnik blockieren[4]. Ein weiterer negativer Einflußfaktor ist darin zu sehen, daß gerade die Abwasser- und Abfallbehandlung häufig von Baufirmen bzw. Ingenieurbüros durchgeführt wird. Sie liegt somit im Kompetenzbereich von (Bau-)Ingenieuren, die z.b. auf dem Gebiet des Siedlungswasserbaus ausgebildet sind und nicht immer auch die notwendigen biologischen Kenntnisse besitzen. Dies kann im Extremfall soweit führen, daß nicht biologiefähige Abfälle biologisch behandelt werden sollen. Solche Versuche sind von vornherein zum Scheitern verurteilt und hemmen die Ausbreitung biotechnologischer Verfahren auf diesem Sektor. Durch die Zusammenarbeit von Naturwissenschaftlern und Ingenieuren könnten solche Probleme aber gelöst werden. Derartige Ansätze werden z.Z. verstärkt in Verbundprojekten und integrierten Forschungsvorhaben ibs. auch bei der Sanierung von Modellstandorten sowie bei der Verfahrensentwicklung realisiert. Die hier angeschnittenen Fragen werden detailliert in dem Kooperationsprojekt mit der Universität Tübingen behandelt (Projekt "Mikrobieller Schadstoffabbau"; siehe Anmerkung 3).

5.5.5 Wie sind die Firmen auf dem Gebiet der Umweltbioverfahrenstechnik strukturiert? Welche Probleme sind damit verbunden und welche Lösungsansätze gibt es?

Auf dem Workshop wurde hervorgehoben, daß in der Umweltbioverfahrenstechnik viele kleine und mittlere Firmen tätig sind, die sich durch innovatives Verhalten und Flexibilität auszeichnen. Sie eignen sich hervorragend dafür, Spezialprobleme zu lösen und Marktnischen zu besetzen. Ihren Entwicklungen wird eine gute Qualität bescheinigt, wobei es aber aufgrund mangelnder Produktionskapazitäten und Kapitalausstattungen oftmals nicht gelingt, die Produkte tatsächlich auch zu vermarkten. Durch strategische Partnerschaften, beispielsweise Kooperationen mit führenden Anbietern z.B. aus der Pharmazie oder dem Anlagenbau, könnte dieses Problem gelöst werden.

5.5.6 Wie sind die Prognosen für die Bedeutung des Umweltschutzes in Deutschland?

Die Auswertung von Patentstatistiken ergab, daß deutsche Anbieter auf dem Gebiet des nachsorgenden Umweltschutzes wie z.B. der Trinkwasseraufbereitung und der Abwasserbehandlung führend sind ([45] S.106). In einem Vergleich mit den USA

[49] kann im Bereich der Bodensanierung dort von größeren Erfahrungen mit Entwicklungs- und Anwendungsvorhaben als in Deutschland ausgegangen werden.

Eine Analyse von Tagungen ergab [49], daß es in Deutschland vor allem die Hochschulen sind, von denen der maßgebliche Wissenstransfer ausgeht, während Behörden und Firmen eher die Erkenntnisse universitärer Forschung rezipieren. Firmen mit eigenen Foschungsabteilungen sind demnach selten. Allerdings kooperieren Firmen und Forschungsinstitute bei Modellprojekten intensiv und erfolgreich miteinander (siehe Anmerkung 3).

Die bei der Vorstellung der nachsorgenden Maßnahmen aufgeführten notwendigen Investitionen in Deutschland, zeigen, daß es sich bei der Umweltbiotechnologie um einen wachsenden Markt handelt, dessen Entwicklung aber sehr stark von äußeren Bedingungen abhängt. Nach Maier [53] haben vor allem Firmen, die technische Lösungen entwickeln und anbieten sowie Dienstleistungsfirmen z.B. für Beratung und Service gute Chancen. Der Markt für solche Dienste betrug in Westdeutschland 1989 ca. 6,5 Mrd. DM ([45] S.81). Nach der Befragung zur Situation in Baden-Württemberg [54] haben im Umweltbereich ibs. diejenigen Firmen gute Chancen, die Komplettlösungen anbieten. Für Baden-Württemberg konnten mit den Standorten Stuttgart und Karlsruhe [49] zwei Zentren umweltbiotechnologischer Forschung und Entwicklung ausgemacht werden. Stuttgart zeichnet sich im bundesdeutschen Vergleich auch durch eine relativ dichte Ansammlung entsprechender Firmen aus. Tagungsanalysen zeigen aber [49], daß bisherige baden-württembergische Beteiligungen an der Umweltbiotechnologie eher forschungsorientiert waren. Hier hat das Land einen guten Stand, der aber im betrieblichen, anwendungsorientierten Bereich auszubauen ist.

Bei eine Untersuchung über die Bedeutung des Umweltschutzes für die Beschäftigung in Deutschland wurde für den Zeitraum von 1990 bis 2000 unter günstigen Bedingungen ein Netto-Zuwachs von 400000 Arbeitsplätzen prognostiziert [57]. Dabei wurden sowohl unmittelbar mit dem Umweltschutz verknüpfte Bereiche (Abwasserbeseitigung, Straßenreinigung, verschiedene Behörden, produzierendes Gewerbe...) als auch mittelbar betroffene Bereiche (Beschäftigungseffekte durch umweltschutzinduzierte Investitionen, Dienstleistungen...) berücksichtigt.

Thema: Biosensoren

5.5.7 Welches sind die Einsatzgebiete von Biosensoren?

Biosensoren eignen sich zum einen zur Bestimmung der biologischen oder toxischen Wirkung von Substanzen bzw. Substanzgemischen auf biologische Systeme und zum anderen zur Analyse komplexer Substanzen wie z.B. Proteinen und Antibiotika. Die genannten Aufgaben lassen sich mit Chemosensoren nicht bzw. nur mit großem Aufwand lösen, so daß die Chancen für den Einsatz von Biosensoren gut sind.

5.5.8 Wie ist der Stand der Entwicklung?

Zur Analyse von Körperflüssigkeiten im *medizinischen* Bereich sind 20-25 Einparameter-Analysatoren auf dem Markt (z.B. für Glukose, Laktose). Auf dem *Lebensmittelsektor* ist innerhalb der nächsten fünf Jahre noch kein relevanter Einsatz von Biosensoren zu erwarten. Die möglichen Einsatzgebiete sind Prozeßüberwachung bzw. -steuerung auf der einen Seite und Qualitätskontrolle (Kontaminationen, Glukosegehalt) auf der anderen. Hier ist zu berücksichtigen, daß bisher nur flüssige Proben untersucht werden können.

Für den Bereich *Umwelt* sind schon einige Sensoren auf dem Markt, andere befinden sich noch im Vorstadium. Sie eignen sich vor allem für Wasseranalysen z.B. zur Bestimmung von Pestiziden, Herbiziden, Toxinen und mikrobiellen Kontaminationen. Auch ein auf Zellen bzw. Zellextrakt basierender Biosensor, der gegenüber sehr vielen Schadstoffen empfindlich ist und somit als Frühwarnsystem eingesetzt werden kann, ist denkbar [55]. Auch für bestimmte Einsatzgebiete in der *Landwirtschaft* eignen sich Biosensoren. Hier ist neben der Erkennung viraler, bakterieller oder durch Pilze verursachter Krankheiten von Pflanzen und Tieren auch die Bestimmung vorhandener Nährstoffe zu nennen. Bei den Anwendungen in der Umweltanalytik und in der Landwirtschaft handelt es sich allerdings häufig um sehr spezielle Aufgaben, d.h. der Absatz an solchen Sensoren wäre relativ gering. Dementsprechend ist die Entwicklung in Anbetracht der zu erwartenden Gewinne weniger attraktiv. Bei der Entwicklung von Biosensoren muß das zukünftige Meßumfeld berücksichtigt werden. Das heißt auch, daß für die Bestimmung des gleichen Analyten in verschiedenen Meßumgebungen im allgemeinen verschiedene Sensoren notwendig sind.

Biosensoren werden bisher als Einmalartikel für Messungen, die anders nicht möglich sind und wo kurze Standzeiten ausreichen, eingesetzt. Eventuell ist auch eine sehr hohe Zahl von Proben ein Faktor, der den Einsatz von Biosensoren fördert. Bezüglich der Standzeit und den Kosten von Biosensoren sind aber derzeit keine allgemein gültigen Aussagen möglich, da diese Parameter von der jeweiligen Problemstellung abhängen. Beispielsweise ist für einen Einwegtest in der Lebensmittelkontrolle keine hohe Standzeit erforderlich, und der Preis muß für den Test sehr niedrig sein, da es sich um einen Massentest handelt. Dagegen ist an einer Meßstation zum Gewässerschutz, die nur einmal wöchentlich kontrolliert wird, eine Standzeit von mindestens einer Woche erforderlich, wobei die Anlagenkosten hier im Verhältnis gesehen von eher untergeordneter Bedeutung sind (*Krahn*).

5.5.9 Welche Rolle spielt die Gentechnik bei der Entwicklung von Biosensoren?

Zu dieser Frage wurden auf dem Workshop verschiedene Ansichten vertreten. *Krahn* betonte, daß z.Z. Forschungsbedarf zur Klärung grundsätzlicher Fragen, wie der Membranoptimierung, der Verbesserung der Linearität, Langzeitstabilität und der

Lagerungsfähigkeit bestände. Darüber hinaus müßten verstärkt geeignete Enzymsysteme identifiziert und charakterisiert werden. Hier können gentechnische Methoden als Identifikationshilfsmittel dienen. Der Einsatz von Gentechnik für gezielte Eingriffe in die biologischen Systeme für Biosensoren erscheint nach Ansicht von *Krahn* erst in 10 Jahren interessant zu werden. *Reiß* und *Kunz* vertreten dagegen die Ansicht, daß der Einsatz von Gentechnik schon früher relevant wird. RNA-Sensoren sind demnach schon in der Entwicklung.

5.5.10 Wo liegen Probleme einer Ausweitung des Einsatzes von Biosensoren?

Biosensoren werden häufig in kleinen Firmen entwickelt. Problematisch für diese Firmen ist, daß sie keine Produktion in großem Maßstab übernehmen können, und daß sie meist nur eine geringe bzw. lokale Marktstärke haben. Zwei Lösungsansätze für dieses Problem wurden diskutiert: Zum einen könnten die Firmen ihre Produktpalette vergrößern und zum anderen wären Kooperationen mit führenden Anbietern möglich. Dies würde auch die Möglichkeit bieten, neue Bauteile direkt in bestehende Produktlinien integrieren zu können.

Bei der großtechnischen Produktion von Biosensoren können verschiedene Probleme auftreten. Teile der Arbeitsschritte zur Herstellung eines Sensor-Prototypen müssen oftmals von Hand durchgeführt werden. Ohne eine Automatisierung dieser Schritte, die in Einzelfällen nicht technisch umsetzbar sein kann, ist eine Großproduktion kaum möglich. Bei der Verarbeitung muß auch die Empfindlichkeit der biologischen Komponenten bezüglich Temperatur und Feuchtigkeit berücksichtigt werden [55]. Schließlich müssen alle Komponenten und Bauteile in ausreichender Menge verfügbar sein und eine entsprechende Fertigungskapazität muß bestehen. Dieses Umfeld entsteht nur bei einer positiven mittelfristigen Marktbeurteilung und bei ausreichender Investitionskraft.

Folgende Punkte wirken z.Z. hemmend auf Innovationen in diesem Bereich:

- technologische Engpässe,
- der Markt für Biosensoren mit relativ speziellen Funktionen ist klein,
- mangelnde Umsetzung von Wissen in marktfähige Produkte,
- geringer Anreiz für Großunternehmen wegen fehlender Perspektive für kurzfristige hohe Umsätze.

Wichtig für die erfolgreiche Entwicklung eines Produktes ist ein effektives Forschungsmanagment. Dazu gehört die zielorientierte Umsetzung von Marktwünschen bzw. vom Wissenstand her möglichen Entwicklungen unter Berücksichtigung der voraussichtlichen Kosten und der notwendigen Entwicklungszeit (durchschnittlich 4-7 Jahre)[5]. Ein weiterer wichtiger Punkt bei der Entwicklung von Biosensoren ist die interdisziplinäre Zusammenarbeit, da zum einen das sensitive Bioelement und zum anderen die Technik zur Umwandlung des Erkennungssignals in ein elektrisch verwertbares Signal entwickelt und optimiert

5.5 Workshop und Diskussion: Umwelttechnik

werden muß. Diese Zusammenarbeit kann z.B. durch Kooperationen zwischen Industrieunternehmen und externen Forschergruppen erfolgen. *Krahn* beschreibt im Kapitel 3.15 erste Ergebnisse einer regionalen Technologie-Marketing-Initiative für Chemo- und Biosensoren in Nordrhein-Westfalen.

5.5.11 Welche Perspektiven gibt es auf dem Gebiet der Biosensoren?

Der Markt der Meß-, Regel- und Analysetechnik wächst seit Jahren. Im Jahr 1991 setzten deutsche Hersteller auf diesem Sektor weltweit 7,5 Mrd. DM um, wobei rund ein Viertel auf den deutschen Markt entfiel. Die Wachstumsrate auf dem gesamten Sensormarkt beträgt 10-20% jährlich. Prognos schätzt den Sensormarkt insgesamt in Deutschland im Jahr 2000 auf 8 Mrd. DM, wobei Biosensoren das Marktsegment mit der größten Wachstumsdynamik sind ([45] S.80).

Anmerkungen

[1] Beispielsweise besagt die erwähnte EG-Richtlinie, daß bis Ende 1998 eine 3. Reinigungsstufe für die N/P-Elimination vorhanden sein muß. Allerdings versucht Deutschland aus Kostengründen diese Frist für Anlagen mit weniger als 100000 Einwohnergleichwerten (EGW: Kennzahl zur Charakterisierung der Belastung von Abwasser mit biologisch abbaubaren und absetzbaren Stoffen sowie des Volumenstroms) um 5 Jahre zu verlängern. In Baden-Württemberg wären dann nur 46 der 1272 bestehenden Kläranlagen schon 1998 von der neuen Regelung betroffen [56].

[2] Auch die Abrechnung beim Bau von Abwasserreinigungsanlagen nach der Verdingungsordnung für Bauleistungen (VOB) wirkt sich negativ aus, da sich die Abrechnungssumme von Honoraren nach VOB an der Höhe der Gesamtkosten orientiert. *Trösch* schlägt vor, daß sich das Honorar nach den Investitions- und Betriebskosten bezogen auf die Abbauleistung und die Betriebssicherheit richten soll. Ein weiteres Hemmnis bei der Durchsetzung innovativer Verfahren sei die verbreitete Orientierung von Ingenieurbüros an etablierten Konzepten, da dies mit weniger Aufwand und Kosten verbunden sei als die Entwicklung neuer Pläne (Kapitel 3.13).

[3] Eine eigenständige Untersuchung über die Grenzen und Möglichkeiten biologischer Verfahren bei der Altlastensanierung wird z.Z. von uns im Rahmen eines Kooperationsprojektes mit der Universität Tübingen abgeschlossen und zur Publikation vorbereitet {Projekt "Mikrobieller Schadstoffabbau"; C.Knorr, T.v.Schell (Hrsg.), erscheint im Winter 94/95 beim Vieweg-Verlag}.

[4] Beispielsweise wird bei der Entwicklung von Reaktorsystemen als eine "anerkannte Regel der Technik" noch zu wenig die Kinetik enzymatischer Reaktionen und die Beschreibung des Wärme- und Stofftransports (sehr wichtig ist hier die ausreichende Versorgung aerober Organismen mit Sauerstoff in flüssigen Medien) berücksichtigt. Diese Größen sind notwendig, um den geeigneten Reaktortyp und die geeignete Betriebsform (absatzweise oder kontinuierlich) für einen bestimmten Prozeß herauszufinden und um den Prozeß zu optimieren und zu regeln.

5 In diesem Zusammenhang hebt *Krahn* die japanische Vorgehensweise bei der Entwicklung neuer Produkte hervor. Dort erfolgt die Entwicklung möglichst exakt nach den Anforderungen des Anwenders. Dieser kann schon das noch nicht ausgereifte Produkt testen, so daß auftretende Probleme früh gelöst werden können. Im Gegensatz dazu orientieren sich die Entwicklungen in Deutschland eher an der technischen Machbarkeit, als an den Verbraucherwünschen. Dies führt häufig zu Produkten, die mehr Anwendungsmöglichkeiten bieten als vom Anwender benötigt werden, damit aber auch teurer sind als erwünscht.

5.6 Rechtliche Rahmenbedingungen

5.6.1 Wie wird der Vollzug des Gentechnikgesetzes eingeschätzt?

Nach der Verabschiedung des Gentechnikgesetzes (GenTG) im Jahr 1990 gab es anfänglich einige Probleme im Vollzug des Gesetzes. Die Dauer der Genehmigungsverfahren wurde allgemein als wesentlich zu lang empfunden. Alleine der bürokratische Aufwand anhand einer Vielzahl von Formblättern war sehr groß. Fraglich erscheint auch, ob hiermit ein adäquates Erfassen von Risikopotentialen verbunden werden konnte. Von Seiten der Wissenschaft und der Industrie wurden laute Bedenken gegenüber der Sinnhaftigkeit der Verfahrenspraxis und deren Inhalten angemeldet. Die Genehmigungsbehörden bemängelten demgegenüber die oft lückenhaften Antragsunterlagen, die im wesentlichen zu den Verzögerungen der Genehmigungen beigetragen hätten. Die neuen Grundlagen für Genehmigungen nach der Verabschiedung des GenTG sorgten anfangs für einige Irritationen in der Forschung, aber auch bei den Genehmigungsbehörden im Umgang mit der neuen Materie. Auf dem Workshop war man sich weitgehend einig, daß sich diese anfänglichen Schwierigkeiten und Kommunikationsprobleme in der Zwischenzeit um einiges verbessert hätten. Allerdings beständen immer noch große Unterschiede in der Vollzugspraxis zwischen den einzelnen Bundesländern. Allgemein gelobt wurde die Praxis in Baden-Württemberg. Hier hätten sich die zentrale Struktur und die gute fachliche und personelle Ausstattung der genehmigenden Behörde, dem Regierungspräsidium Tübingen, als große Vorteile erwiesen. Günstig würden sich auch die enge Koordination mit Antragstellern bzw. den Beauftragten für Biologische Sicherheit auszahlen. Art und Dauer der baden-württembergischen Praxis stellten ein Stück Rechtssicherheit dar, wie es in anderen Bundesländern teilweise nicht erreicht würde.

Nach Kapitel 3.16 werden die im GenTG vorgesehenen Genehmigungsfristen von 3 Monaten, bzw. zuzüglich der vor der Novellierung statthaften einmaligen Verlängerung um 3 Monate, in der Regel eingehalten. Diesen Angaben stehen Meldungen gegenüber, die von einer Verfahrensdauer von 12 oder mehr Monaten berichten. Die unterschiedlichen Angaben erklären sich aus der strittigen Frage, ab welchem Zeitpunkt ein Genehmigungsverfahren offiziell läuft: ab der Ersteinreichung der Unterlagen durch den Antragsteller, oder ab dem Zeitpunkt, ab dem die Behörde die Antragsunterlagen als *vollständig* anerkennt. Nach Auskunft der baden-württembergischen Behörde ist dies auch nach der Novellierung nicht geklärt und wird in einzelnen Bundesländern unterschiedlich gehandhabt[1].

5.6.2 Wie wird die Situation nach der Novellierung des Gentechnikgesetzes eingeschätzt?

Nach der Novellierung wurden die Fristen in der Sicherheitsstufe 1 (S1) flexibilisiert[2] und die obligatorische Beteiligung der ZKBS aufgehoben. Gleichzeitig muß für S1 kein Antrag mehr gestellt werden, eine formale Anmeldung reicht aus. Das bedeutet, der Anmelder kann ohne einen negativen Bescheid der Behörde nach Ablauf der Frist mit den Arbeiten beginnen. Weiterhin wurde auf dem Workshop darauf verwiesen, daß zumindest im gewerblichen Bereich ein Genehmigungsantrag für höhere Sicherheitsstufen als S1 so in eine Projektplanung einbezogen werden könnte, daß keine zeitlichen Verzögerungen auftreten müßten. Derartige Planungen sind in der Regel mit einem größeren und längerfristigen Aufwand verbunden, wobei die Anlagengenehmigung durch die Behörden in den Planungsablauf integriert werden könnte (Kapitel 3.16). In diesem Zusammenhang wurde auch festgehalten, daß Genehmigungsverfahren für z.B. chemische Anlagen oder auch Verbrennungsöfen (Verfahren nach dem Bundesimmissionsschutzgesetz) ähnlich aufwendig seien, teilweise sogar länger dauern würden[3].

Eine obligatorische Beteiligung der ZKBS kann bei Anlagengenehmigungen der Stufe S2 entfallen, wenn ein Antrag einer bereits von der ZKBS begutachteten Arbeit "vergleichbar" ist [58]. Damit erhalten die Landesbehörden einen breiteren Handlungs- und Interpretationsspielraum. Um diese Vergleichbarkeit aber auch zu gewährleisten und nicht einer gewissen Willkür einzelner Behörden auszuliefern, müssen (1) klare Kriterien der Vergleichbarkeit erarbeitet werden, und (2) muß der Informationsfluß sowie die Qualität der Informationen über vergleichbare Fälle wesentlich verbessert werden. Es bedarf dazu geeigneter Datenbanken. Hier bestehen teilweise noch große Defizite [58], an deren Beseitigung in der ZKBS gearbeitet wird. Eine Reihe bereits vorliegender "allgemeiner Stellungnahmen" der ZKBS deckt Teilbereiche schon jetzt ab (*Hobom*).

Die Novellierung des GenTG hatte vor allem zum Ziel, das Verfahren in den unteren Sicherheitsstufen zu vereinfachen und zu beschleunigen[4]. In der Diskussion auf dem Workshop gingen die Einschätzungen über die Novellierung auseinander. Einerseits wurde betont, daß durch die Änderungen tatsächlich eine Beschleunigung der Verfahren und eine Reduzierung des Aufwands zu verzeichnen sei (immerhin betreffen 83% der Anträge eine Einstufung in S1). Auf der anderen Seite wurde Skepsis geäußert, inwieweit tatsächlich signifikante Beschleunigungseffekte zu erwarten seien (siehe auch oben zu den unterschiedlichen Interpretationen, ab wann die Fristenbeschränkung greift). Mehrfach wurde darüber hinaus Unverständnis über die Frage artikuliert, warum die Einstufung S1 über ein Gesetz zu regeln sei, da per Definition hiervon keinerlei Gefahren ausgehen.

5.6.3 Wie viele Anlagen bzw. Freisetzungen wurden genehmigt?

Genehmigte *Anlagen* bis 8.9.93 (Kapitel 3.16):

5.6 Workshop und Diskussion: Rechtliche Rahmenbedingungen

Insgesamt	Art	Sicherheitsstufe
691	privat: 107 öffentlich: 584	S1: 610, davon 5 gewerblich S2: 69 S3: 7

Bis Ende 1993 wurden nach dem GenTG insgesamt über 1000 Verfahren beantragt (*Hobom*). Zwei Punkte sind bei diesen Daten besonders auffällig: (1) 88% der Anlagengenehmigungen entfielen auf die Sicherheitsstufe S1; (2) es wurden nur 5 Anträge auf gewerbliche Anlagen (alle nur in S1) gestellt.

Freisetzungen: Von Juli 1990 bis September 1993 wurden 5 Freisetzungen durch das Bundesgesundheitsamt genehmigt (Kapitel 3.16). Bei den durchgeführten Freisetzungsverfahren wurden die vorgegebenen Fristen eingehalten, obwohl durch die öffentlichen Beteiligungen massiv Einwendungen erhoben worden waren, die Änderungen der Anträge nach sich zogen. Teilweise werden Freisetzungsversuche aus dem Jahr 1993 im Jahr 1994 wiederholt. Zusätzlich hierzu sind weitere 13 Versuche beantragt bzw. bereits genehmigt (eine Übersicht kann der Dokumentationsmappe[5] entnommen werden).

5.6.4 Wie sieht der Vergleich mit anderen EU-Staaten aus?

In einigen EU-Staaten sind die Systemrichtlinien der EU bislang noch nicht in konkretes nationales Recht umgesetzt worden. Die Genehmigungspraxis wird im Vergleich sehr heterogen gehandhabt, obwohl die EU-Richtlinien im Prinzip klare Vorgaben erteilen. In der Praxis wird in Frankreich, Dänemark, England und Holland bei Anlagengenehmigungen augenscheinlich sehr pragmatisch verfahren und in der Regel zügig entschieden (für Einzelheiten siehe Kapitel 3.16).

Die Durchführung der Verfahren für Anlagen- und Betriebsgenehmigungen werden z.B. für England allgemein als recht schnell beschrieben. Auch auf dem Workshop wurde mehrfach die gute Genehmigungspraxis und im Verbund damit das gute Innovationsklima in Großbritannien hervorgehoben. Trotz dieser positiven Einschätzungen aus der Sicht des deutschen Nachbars, kommen britische Gremien zu anderen Schlußfolgerungen. Eine Studie eines Ausschusses des House of Lords kommt zu dem Schluß, daß die bestehenden Regelungen in Großbritannien "übervorsichtig, veraltet und wissenschaftlich nicht haltbar" seien [59]. Der damit verbundene bürokratische Aufwand und die Kosten würden eine nicht zu vertretene Belastung und Behinderung der Forschung und der Industrie darstellen. Die Hauptstoßrichtung der Forderungen nach Veränderungen durch den britischen Ausschuß geht in Richtung einer Novellierung der EU-Richtlinien. Damit verbunden werden Forderungen, die rechtliche Basis in der EU der amerikanischen Rechtsetzung anzugleichen.

Wie man anhand dieser internen britischen Debatte entnehmen kann, ähnelt sie sehr den deutschen Diskussionen, bei denen zum einen der restriktive Vollzug des GenTG bemängelt wird (siehe oben), zum anderen aber auch insbesondere seitens der Industrie auf eine Novellierung der EU-Richtlinien gedrängt wird (vgl. Kapitel 3.17).

5.6.5 Wie sieht der Vergleich mit den USA aus?

Eine detaillierte Darstellung der Struktur der rechtlichen Bestimmungen zur Gentechnik in den USA findet sich in den Kapiteln 3.16 und 3.17. Das amerikanische System ist komplex strukturiert und nicht wie in Deutschland in einem einheitlichen Gesetz geregelt. Für einzelne Anwendungsbereiche sind eine Reihe von unterschiedlichen Behörden zuständig unter den Vorgaben einer Vielzahl von Gesetzen, Richtlinien und Empfehlungen.

Auf der einen Seite wird dieses System als sehr kompliziert angesehen und hat auch in den USA zu einigen Diskussionen geführt. Teilweise führe es zu Uneindeutigkeiten der Zuständigkeitsbereiche sowie zu konfligierenden Vorschriften (vgl. [59] S. 44). Auf der anderen Seite zeichne sich dieses System durch eine hohe Flexibilität aus und könne sehr rasch neuen Entwicklungen und Erfordernissen angepaßt werden. Dies gälte ibs. für F&E-Phasen neuer Entwicklungen. Einer Untersuchung der EU-Kommission zufolge sind aber die Anforderungen für Risikountersuchungen und -bewertungen in einem Vergleich zwischen der EU und den USA auf ähnlich hohem Niveau. Auch der administrative Aufwand sei vergleichbar [60]. Dieser Punkt kann für Anlagengenehmigungen und Produktzulassungen zutreffend sein, auch wenn länderspezifische Unterschiede innerhalb der EU eine gewichtige Rolle spielen. Vor allem dem deutschen System wird allgemein eine restriktive Handhabung vorgeworfen. Allerdings muß hier berücksichtigt werden, daß für gewerbliche Anlagen sehr wenige Erfahrungen für Verfahren nach dem deutschen GenTG vorliegen (s.o.). Bei der Zulassung neuer rekombinanter Produkte sind europäische, speziell deutsche Stellen sogar schneller als amerikanische Behörden [8].

Die Vorteile des amerikanischen Systems für die Dauer von Genehmigungsverfahren liegen in der Zuständigkeit von lokalen, institutionseigenen Ausschüssen für Biologische Sicherheit (IBC = Institutional Biosafety Committee) bei der Zulassung und Überwachung gentechnischer Arbeiten in geschlossenen Systemen. Diese Ausschüsse können sehr schnell entscheiden und können sogar vor einer eingehenden Prüfung von Anträgen eine Vorabgenehmigung erteilen, was den sofortigen Beginn der Arbeiten erlaubt [61]. In diesen Verfahrensansätzen zeigen sich grundsätzliche Unterschiede im US- und im deutschen Recht. In einer deutschen Diskussion würde an dieser Stelle die Frage nach der Unabhängigkeit eines solchen Gremiums auftauchen bei gleichzeitiger Infragestellung, ob eine gewissenhafte Prüfung in den üblicherweise sehr kurzen Fristen bei IBC-Entscheidungen[6] tatsächlich möglich sei. In Deutschland werden diese Entscheidungen an (vermeintlich?) neutrale Behörden delegiert. Nach der

5.6 Workshop und Diskussion: Rechtliche Rahmenbedingungen 639

Novellierung liegen die vorgesehenen Fristen zwischen 1 bis 2 Monaten und somit in dem Zeitrahmen, der in der Hohmeyer-Studie (siehe Fußnote 5) für Entscheidungen der IBCs genannt wurde. Hier stellt sich die Frage, ob eine Behörde besser in der Lage ist, quasi am Schreibtisch anhand der eingereichten Unterlagen, ohne intimere Kenntnisse der Vorortsituationen in den Laboren, eine adäquate Prüfung vorzunehmen[7].

Zu Fragen der Anlagengenehmigungen in den USA: So wie sich das gesamte System der USA zur Regulierung gentechnischer Arbeiten und Produkte im wesentlichen nicht an dem Prozeß der Entstehung, sondern an den Spezifika des Produkts orientiert[8], existieren auch für Anlagengenehmigungen keine gentechnikspezifischen Vorschriften. Maßgeblich für eine Genehmigung sind bau- und umweltrechtliche Belange. Die Genehmigung wird von lokalen Behörden erteilt (für Einzelheiten siehe [62] S. 11). Die Angaben über die Dauer der Genehmigungsverfahren schwanken zwischen wenigen Wochen und mehreren Monaten, im Einzelfall auch mehrere Jahre ([62] und Kapitel 3.16). Nach Simon beträgt die durchschnittliche Dauer 6 bis 10 Monate. Bundesstaatliche Stellen der USA kommen in der Regel erst bei Produktzulassungen ins Spiel. Die Zulassung von Arzneimitteln fällt z.B. unter die Hoheit der bundesstaatlichen FDA (Food and Drug Administration). Im Zuge einer Produktzulassung werden die Produktionsanlagen auch von Inspektoren der FDA begutachtet. Diese Verfahren finden meist unter Beteiligung der Öffentlichkeit statt.

5.6.6 Welche Rolle spielen rechtliche Rahmenbedingungen im Zusammenhang mit Standortfragen?

Die in der Standortdiskussion zentrale Frage, inwieweit rechtlichen Rahmenbedingungen eine große standortbestimmende Bedeutung zukommt, und in welchem Verhältnis diese zu anderen Entscheidungskriterien stehen, kann nach unserem bisherigen Kenntnisstand nur mit Einschränkungen beantwortet werden: Rechtliche Rahmenbedingungen haben einen wesentlichen Einfluß auf Standortentscheidungen. Sie stehen aber (mindestens) gleichberechtigt neben einer Vielzahl weiterer Einflußfaktoren (Kostenfragen: Steuern, Löhne u.ä.; Fragen der Qualifikation und Ausbildung der Beschäftigten; Nähe zu anerkannten Forschungsstätten; Fragen des Patentrechts, Akzeptanz in der Öffentlichkeit und mehr). Die oben zitierte Studie des House of Lords [59] z.B. kommt zu dem Schluß, daß dem Patentschutz eine größere Bedeutung zuwächst als Fragen von Genehmigungsverfahren. Für eine ausführliche Darstellung unterschiedlicher Einschätzungen siehe in den Kapiteln 3.16 und 3.17.

Anmerkungen

[1] Von Seiten der Behördenvertreter wurde auf dem Workshop in diesem Zusammenhang betont, daß der in der Öffentlichkeit viel zitierte Fall der Insulinanlage der Hoechst AG nicht repräsentativ sei. Dem wurde entgegen gehalten, daß dieses Verfahren zwar tatsächlich ein gewisser Sonderfall sei, aber durchaus als ein, wenn auch extremes Beispiel für den Interpretationsspielraum der Behörden in der Auslegung der Bestimmungen des GenTG anzusehen sei. Für die insgesamt lange Dauer des Verfahrens seien, so die Behördenvertreter, weniger lange Bearbeitungszeiten beim Genehmigungsverfahren der zuständigen Behörden verantwortlich, sondern die langen gerichtlichen Auseinandersetzungen. Darüber hinaus sei es ein Beispiel dafür, wie auf Druck einer "emotionalisierten" Öffentlichkeit Genehmigungsverfahren politisiert würden, um die Anwendung der Gentechnik in Deutschland zu verhindern (für Details dieser gegensätzlichen Positionen siehe in den Kapiteln 3.16 und 3.19).

[2] Die Behörde muß innerhalb 1 Monats entscheiden. Die Frist kann sich auf 3 Monate verlängern, wenn außergentechnikrechtliche Genehmigungen erforderlich sind.

[3] Die Befragung der baden-württembergischen Biotechnikfirmen [54] ergab, daß eher das komplexe, kaum durchschaubare Gesamtpaket staatlicher Regulierungen als Hauptbelastung angesehen wird. Gentechnische Regulierungen und ihr Vollzug in Baden-Württemberg wurden gerade als Positivbeispiel in dem Gesamtpaket herausgestellt.

[4] (1) Wegfall der Genehmigungspflicht bei S1: es ist nur noch eine Anmeldung ohne Beteiligung der ZKBS notwendig; (2) in S2 für Forschungszwecke bleibt zwar die Genehmigungspflicht bestehen, aber für diejenigen Anträge, die einer von der ZKBS eingestuften Arbeit vergleichbar sind, muß die Behörde spätestens nach einem Monat entschieden haben; (3) die einmalige Fristverlängerung um drei Monate entfällt; (4) bei Anlagengenehmigungen in S2 für gewerbliche Zwecke entfällt das öffentliche Anhörungsverfahren (außer es berührt Punkte, die nach § 10 BImSchG geregelt werden); (5) bei Freisetzungen mit Organismen, die in ihrer Verbreitung begrenzbar sind, soll es ein vereinfachtes Verfahren geben; öffentliche Anhörungsverfahren entfallen.

[5] Die Akademie hat zusätzlich zu der vorliegenden Studie eine Dokumentationsmappe erstellt, die von der Akademie auf Wunsch angefordert werden kann (Anschrift siehe Autorenverzeichnis).

[6] Brauer [61] nennt als Fristen ein paar Tage bis höchstens 4 Wochen. Er widerspricht damit Angaben, die in einem Gutachten des Instituts für Systemtechnik und Innovationsforschung/Karlsruhe [63] gemacht werden. Dort ist die Rede von 1 bis 2 Monaten.

[7] Hier muß ergänzt werden, daß unter bestimmten Umständen auch in den IBCs Vertreter öffentlicher Einrichtungen sitzen müssen: bei Institutionen, die den NIH-Richtlinien unterworfen sind, müssen 2 Personen von außerhalb der entsprechenden Institution als Vertreter der Gemeinde in dem Gremium Mitglied sein; in der Regel Vertreter der Kommunen im Rahmen des Umwelt- und Gesundheitsschutzes ([62] S. 6).

[8] Zumindest für Freisetzungen von gentechnisch veränderten Mikroorganismen ist dieser Ansatz nicht immer ganz widerspruchsfrei (vgl. Office of Science and Technology

Policy 1992: Federal Register Vol. 57, No. 39; S. 6753ff.; Zusammenfassung dieser Diskussionen in: [48]).

5.7 Industriepolitik

5.7.1 Wie sind die Potentiale moderner Biotechnologie einzuschätzen?

Vorbemerkung: Im Mittelpunkt der Diskussionen stehen immer wieder Fragen der Prognosen über zukünftige Entwicklungen und deren Aussagekraft, Fragen über Marktpotentiale und Arbeitsplatzentwicklungen sowie Fragen nach der internationalen Wettbewerbsfähigkeit der deutschen biotechnologischen Industrie und Forschung. Dabei gilt es zu beachten, daß generalisierende Aussagen nur selten gelingen. Zum einen sind viele Entwicklungen noch in der Startphase von Anwendungen oder sogar noch im Stadium der Grundlagenforschung, zum anderen sind alle Aussagen mit der inhärenten Prognoseunsicherheit behaftet, die in jeder Vorhersage enthalten ist, die sich wie in der Biotechnologie über einen Zeitraum von 10, 15 und mehr Jahren erstreckt.

Auf dem Workshop wurde intensiv darüber diskutiert, ob die moderne Biotechnologie eher als Schlüssel- oder als Nischentechnologie einzustufen sei. Wesentliche Grundlage zur Charakterisierung als Schlüsseltechnologie sei die Frage, ob eine Technologie die Voraussetzung zur Erschließung breiter Technik- und neuer Anwendungsfelder gewährleiste, wie es die Biotechnologie tatsächlich erbringen könne. Zusätzlich spiele Biotechnologie eine zentrale Rolle bei der Vernetzung zwischen einzelnen Technikbereichen. Biotechnologie sei somit auch eine Querschnittstechnologie.

Unsere Auswertungen zeigen, daß sich viele Entwicklungen noch in der Startphase befinden. Signifikante Marktanteile entsprechender Produkte werden in einzelnen Bereichen frühestens zu Beginn des Jahres 2000[1]. Größere gesamtwirtschaftliche Effekte werden wahrscheinlich erst in den nachfolgenden Jahrzehnten des neuen Jahrtausends zu verzeichnen sein. Allerdings sind die Methoden und Verfahren der modernen Biotechnologie bereits heute schon essentielle Grundlage für Forschung und Entwicklung, die wiederum die Voraussetzung zur Realisierung von Produkten und Verfahren der neuen Generation bilden.

Nach Angaben von Gassen/König [7] ist der US-amerikanische Markt der wichtigste Absatzmarkt für biotechnische Produkte. Demnach wurden bezogen auf 1991 ein Umsatz von 4 Mrd. $ erzielt, Deutschland folgt mit einem Umsatz von 2 Mrd. $, Frankreich mit 1.5 Mrd. $, Japan mit 850 Mio. $ und GB mit 640 Mio. $[2].

5.7.2 Wie sehen die Potentiale im Bereich Pharma aus?

Da die Entwicklungen im Pharmabereich am weitesten fortgeschritten sind, kann dieser Sektor als Modell für eine kurze Situationsbeschreibung dienen. Wie auf dem Workshop deutlich gemacht wurde, ist in den kommenden Jahren mit keinen

5.7 Workshop und Diskussion: Industriepolitik

signifikanten Durchbrüchen und Marktanteilen von sogenannten Biotech-Produkten zu rechnen. Auch wird keine sprunghafte Entwicklung zu verzeichnen sein. Von den sich z.Zt. auf dem Markt befindlichen Produkten haben die überwiegende Zahl nur kleine Märkte. Im Jahr 1992 hatten die zehn am besten verkäuflichen biotechnischen Pharmazeutika einen weltweiten Absatz von ca. 4.5 Mrd.$. Die fünf umsatzstärksten machen immerhin 75% des gesamten Umsatzes aus [64, 65]. Davon hatte alleine das Mittel Erythropoietin (EPO) einen Umsatz von 1.1 Mrd.$, einem Bereich mit durchaus lukrativen Erlösen. Allerdings wird der Markt für EPO durch mehrere Hersteller geteilt. Gemessen am Gesamtumsatz von Pharmaka von knapp 195 Mrd.$ weltweit (im Jahr 1991) betrug der Anteil biotechnischer Pharmaka ca. 2%. Schätzungen zufolge soll dieser Anteil bis zum Jahr 2000 auf 10% ansteigen [3]. Signifkante Marktanteile (ab ca. 25%) werden, so der Diskussionsstand, erst in 10 bis 15 Jahren erwartet. Allerdings entstehen auch neue, schnellwachsende Teilmärkte wie für Diagnostika. Bereits heute ist aber festzustellen, daß Methoden der modernen Biotechnologie unerläßlich für Forschung und Entwicklung sind. Moderne Techniken besitzen mit steigender Tendenz eine große Bedeutung als Grundlagendisziplin, als Methode zur Krankheitserforschung und als Hilfsmittel zur Entwicklung neuartiger Pharmaka.

5.7.3 Wie ist der Stand im internationalen Vergleich?

Bei allen inhärenten Unsicherheiten von Patentanalysen bieten diese doch eine gute Näherung, um Tendenzen und Faktoren innerhalb von Innovationsdynamiken aufdecken zu können ([47] S. 5/6; [66]). Ergebnisse aus derartigen Analysen können aber nur als erste Annäherungen verstanden werden. Aufgrund verschiedener methodischer Ansätze können einige Unsicherheiten dieser Prognosemethodik verbessert werden, um z.B. Unterschiede zwischen nationalen Patentrechtsverfahren ("Erfindungshöhe") in etwa auszugleichen.

Im Bereich Gen- und Biotechnologie spielen im internationalen Vergleich der Erfinderaktivitäten die USA eine herausragende Rolle. Sie stellen in einer Analyse der Jahre 1982-1990 ca. 42% aller Patentanmeldungen, in einzelnen Sektoren sogar über 60%. Deutschland liegt in der ifo-Analyse bei ca. 12% und damit an 3. Stelle hinter Japan. In einer zeitlichen Reihung wird deutlich, daß die USA ihren Vorsprung seit Beginn der 80iger Jahre kontinuierlich ausbauen: im Jahr 1981 betrug der deutsche Anteil an den weltweiten Patenten 16%, der der USA 32%; im Jahr 1990 lag der deutsche Anteil bei 12%, der amerikanische aber bereits bei 48% [47].

* Besondere *Stärken* deutscher Erfinder[3]: Umweltbiotechnologie, Verfahrenstechnik, Herstellung von Naturstoffen.
* Besondere *Schwächen*: Transgene Pflanzen und Tiere, genetische Verfahrenstechnik, Arzneimittel.

Auf eine weitere Besonderheit wird in der ifo-Studie hingewiesen: Japan's Vorsprung vor der EG ist in einigen Bereichen nicht besonders deutlich, der Anteil aber von wichtigen Basisinnovationen ist relativ hoch, so daß sich daraus einige nationale technologische Abhängigkeiten für andere Länder ergeben. Allerdings ergab die von uns beauftragte Studie zu F&E-Potentialen im Bereich moderner Biotechnologie in Baden-Württemberg [54], daß nach Einschätzung der badenwürttembergischen Biotechnunternehmen keine Abhängigkeit vom ausländischen Know-how besteht.

5.7.4 Welche Marktstrategien werden verfolgt?

Große, weltweit operierende Unternehmen orientieren sich an den globalen Absatzmärkten. Dort wird in Produktion und in Forschung und Entwicklung investiert (siehe Kapitel 3.20, 3.19 und 3.17). Auf dem Workshop wurde darauf verwiesen, daß, zumindest für den Pharmabereich, für große Unternehmen kaum noch Erweiterungschancen im Ausbau von Forschungskapazitäten im Hinblick auf die Größe des deutschen Marktes gesehen werden. Für die Bayer AG z.B. bedeutet dies, daß in deren deutschen Forschungszentren mit ca. 1600 Beschäftigten gemessen am deutschen Pharmamarkt eine optimale Größe erreicht sei (*Schlumberger*). In den Diskussionen wurde explizit auf die Notwendigkeit hingewiesen, in den großen Märkten der Triadenregionen (Europa, USA, Japan) mit eigenständigen Forschungszentren präsent zu sein.

Die Globalisierung der Weltmärkte (zumindest im Pharmabereich) führt zu einer Verschärfung im internationalen Wettbewerb. Große Firmen haben aufgrund ihrer Struktur (z.B. durch entsprechend große Verwaltungsapparate) einige Schwierigkeiten, innovative Dynamiken rechtzeitig aufzugreifen. Kleineren Firmen wurde in dieser Hinsicht eine wesentlich höhere Flexibilität bescheinigt. Von daher seien sie als Kooperationspartner für die großen Konzerne unersetzlich. Das entscheidende Manko der kleinen Firmen ist deren mangelnde Kapitalausstattung. Eine Möglichkeit, diese Schwierigkeit in etwa ausgleichen zu können, liegt in der Verkürzung von Entwicklungszeiten von neuen Produkten. Dazu bedarf es aber der Bildung von Allianzen, Kooperationen und Arbeitsgemeinschaften (siehe auch Kapitel 5.9). Für Deutschland wurde zu diesen Aspekten ein großes Defizit ausgemacht. Gemessen an der Zahl der Biotechnik-Firmen in den USA ist hier tatsächlich eine relativ große Lücke festzustellen. Die Gründe hierfür seien vielfältig: fehlendes Risikokapital, fehlende Risikobereitschaft seitens potentieller Firmengründer und Geldgeber, mangelnde Professionalität[4], allgemein hemmende Innovationsbedingungen (rechtliche Bestimmungen, mangelnder Technologie- und Informationstransfer etc.). Im Kapitel 3.21 wird in diesem Zusammenhang auf konzeptionelle Mängel bei staatlichen Technologieförderprogrammen und ihrer administrativen Umsetzung hingewiesen (siehe auch Kapitel 5.9). Eine exakte Analyse der deutschen Situation und Spezifika steht aber noch aus.

5.7 Workshop und Diskussion: Industriepolitik 645

5.7.5 Welche Rolle spielen die kleinen und mittleren Biotechnikfirmen in den USA?

Entsprechend hohe Erwartungen aus der Gründerzeit kleiner Biotechnikfirmen in den USA auf schnelle Wachstumsschübe und Durchbrüche haben sich nur im Einzelfall realisiert. Die meisten dieser Firmen schreiben rote Zahlen[5]. Nach einer Studie des US Office of Industries [68] verschwinden 20 bis 25% der kleinen Firmen jährlich. Viele fusionieren oder werden aufgekauft. Engpaß ist eine genügend hohe Kapitalausstattung in der Gründungsphase, in der noch nicht mit notwendigen Verkaufserlösen gerechnet werden kann. Das vorhandene Kapital reicht oft nur für 3 bis 4 Jahre (Produktentwicklungen dauern oft 6 und mehr Jahre). Eine Möglichkeit, diese Schwierigkeit in etwa ausgleichen zu können, liegt in der Verkürzung von Entwicklungszeiten von neuen Produkten. Dazu bedarf es aber der Bildung von Allianzen, Kooperationen und Arbeitsgemeinschaften.

Nach einer Studie der Firma Ernst & Young (San Francisco) spielen sowohl für die kleinen Biotechnik-Firmen als auch für die großen Konzerne *strategische Allianzen* eine zunehmende Rolle [67]. Für erstere bedeuten diese Allianzen gesicherten Kapitalfluß und Zugang zu den Märkten, Erfahrungs- und Informationsfluß in Marketing-, Rechts und Zulassungsfragen sowie Produktions-Know how; für letztere bedeuten sie Partizipation an der Innovationsdynamik[6].

Im Einklang mit einer etwas älteren Studie des Office of Industries [68] kommen Ernst & Young zu dem Schluß, daß im Bereich der Biotechnik-Firmen im steigenden Maße *partielle* Übernahmen bzw. auch Fusionen in den kommenden Jahren stattfinden werden. Eine *vollständige* Übernahme der kleinen Firmen und ihre Einbindung in große Firmenstrukturen würde deren eigentliche Vorteile der unternehmerischen Flexibilität und Innovationsdynamik aufheben. Es gälte deren 'Freiräume' zu garantieren.

Obwohl der US-amerikanische Markt für die US-Firmen nachwievor dominiert, orientieren sich die Unternehmen zunehmend auch an den Weltmärkten [69, 70]. Auch hier werden teilweise Allianzen mit im entsprechenden Land ansässigen Firmen eingegangen. Bereits in der Pilostudie hatten wir (Kapitel 2.1) auf einige spezielle Beispiele hingewiesen.

Zur Rolle und Struktur der US-Biotechnikfirmen: Viele der kleinen Firmen bleiben reine Forschungs- und Entwicklungsunternehmen. Nach der oben zitierten Studie des Office of Industries verlegen immerhin 47% der größeren Firmen und 75% der kleineren die Produktion ihrer Entwicklungsarbeit außer Haus. Diese strukturellen Besonderheiten kommen auch im Vergleich mit großen Pharmafirmen zum Ausdruck [67]: bei einem Absatz von Produkten im Jahr 1992/93 von 7 Mrd. $ wurden 5,7 Mrd. $ für F&E aufgewendet. Die großen Pharmafirmen setzen im gleichen Zeitraum für 114 Mrd. $ Produkte ab und wendeten nur 11,7 Mrd. $ für F&E auf[7].

Zusammenfassend läßt sich festhalten, daß die US-Biotechnikfirmen folgende Rolle spielen bzw. Bedeutung besitzen (siehe Kapitel 3.17):

* Sie sind meist reine F&E-Firmen und bieten Dienstleistungen an.
* Die Firmen bilden ein Scharnier zwischen anwendungsorientierter (Grundlagen)Forschung und Umsetzung in die Praxis.
* Sie sind Träger der Innovationsdynamik.
* Sie besitzen einen hohen Spezialisierungsgrad.

5.7.6 Wie wird die Situation in Europa eingeschätzt?

Folgende wesentliche Punkte können als kurzes Fazit aus unseren Diskussionen zur Situation in Europa in einem Vergleich mit den USA gezogen werden (siehe Kapitel 3.17 und 3.20):

* Technologie-Lieferanten sind neben nicht-industriellen F&E-Einrichtungen nahezu ausschließlich kleinere und mittlere Biotechnikfirmen; im weltweiten Vergleich vorwiegend US-Firmen.
* Der Bedarf für neue Technologien der modernen Biotechnologie ist bei europäischen und amerikanischen Firmen gleich groß.
* Große Unternehmen in den USA bauen F&E-Kooperationen mit kleinen "High-Tech"- Unternehmen auf.
* Europäische Pharmaunternehmen sind, um neue Technologien zu erwerben, fast ausschließlich auf amerikanische Biotechnikfirmen angewiesen.
* Die amerikanische Biotechnikindustrie besitzt einen höheren Reifegrad als die europäische Industrie.

Gerade die beiden letzten Punkte sind von entscheidender Bedeutung. Das, was Dolata als "Nachholende Modernisierung" bezeichnet (siehe Kapitel 3.20), wird auch von Gassen/König [7] angemerkt: Während in den USA frühzeitig die Möglichkeiten einer industriellen Nutzung der modernen Biotechnologie erkannt wurde, "wurde die Bedeutung der neuen Technologie von den Chemikern in der Führungsspitze deutscher Unternehmen unterschätzt" ([7] S. 9; entsprechend auch Kapitel 3.21). Neben einer restriktiven Gesetzgebung führte diese Unterschätzung, so Gassen und König, zu einem Mangel an marktreifen Produkten, die in Deutschland (Europa) entwickelt wurden, und als Folge davon auch zu der geringen Zahl von Produktionsanlagen. Der technologische Vorsprung der USA gegenüber Europa führte u.a. zu einem massiven Einkauf von biotechnischem Know-how in den USA durch die europäische chemisch-pharmazeutische Großindustrie. Die mangelhafte Umsetzung der Ergebnisse einer an sich als sehr gut eingestuften europäischen Grundlagenforschung in eine industrielle Praxis, die u.a. in der geringen Zahl der kleinen und mittleren Biotechnikfirmen zum Ausdruck kommt, aber auch die fehlende Orientierung an einer anwendungsbezogenen Forschung schlägt sich in dem höheren Reifegrad der US-amerikanischen Biotechnikindustrie nieder. Eine Studie über die Situation der Biotechnikfirmen in Großbritanien kommt z.B. zu dem Schluß, daß die britischen Firmen ungefähr 6 Jahre hinter dem US-Standard zurückliegen [71].

5.7 Workshop und Diskussion: Industriepolitik 647

Allerdings wird die Situation in jüngster Zeit wesentlich positiver eingeschätzt. Allgemein wird von stetig steigenden Umsätzen biotechnischer Produkte und signifkanten Neuansiedlungen und -gründungen entsprechender Firmen ausgegangen [70, 71]. Diese Einschätzungen decken sich mit den Ergebnissen der Befragung baden-württembergischer Biotechnikfirmen und deren Erwartungen an die Entwicklungen in der unmittelbaren Zukunft ([54]; siehe auch im Kapitel 4), die im Rahmen unseres Projekts durchgeführt wurde.

Anmerkungen

1 Die Prognosen schwanken zwischen den beiden folgenden Szenarien:
Szenarium 1: Bedeutungszuwachs für die Biotechnologie: Es wird ein signifikanter Bedeutungszuwachs in wichtigen Branchen der Prozeßindustrie angenommen. Für den Bereich Pharmazie bedeutet dies z.B. Marktanteile über 25%. In einigen Sektoren (auch in der Landwirtschaft, teilweise auch in der Ernährungsindustrie) verliert die Biotechnologie den Charakter einer Nischentechnologie.
Szenarium 2: Neue Biotechnologie bleibt Nischentechnologie: Außerhalb der Pharmazie gelingt es der Biotechnologie nicht, nennenswerte Marktanteile zu bekommen. Im Pharmabereich wird allerdings eine breite Diffusion neuer Produkte in den nächsten 20 Jahren stattfinden.

2 Bereits in der Pilotstudie (Kapitel 2.1) haben wir auf die Schwierigkeiten verwiesen, Veröffentlichungen über Absatzzahlen biotechnischer Produkte sowie darauf aufbauender Prognosen für zukünftige Entwicklungen werten zu können. Das Zahlenmaterial zeichnet sich je nach Studie durch eine relativ breite Schwankung aus. Wesentliche Gründe hierfür liegen in der ungenügenden Definition von Biotechnologie sowie in fehlenden Angaben, welche Sektoren biotechnischer Produktionen den Studien zugrunde gelegt wurden. Auf diesem Hintergrund können die Angaben auch nur als ein relativer Maßstab angesehen werden, wobei die Höhe der Absolutzahlen von geringerer Bedeutung ist.

3 Als "Stärke" wird hier ein deutlich über dem deutschen Durchschnittsanteil des jeweiligen Sektors liegend definiert.
Als "Schwachpunkt" wird seitens des ifo-Institutes ein Anteil unter 10% der weltweiten Erfindungen angesehen.

4 So wurde z.B. betont, daß bei einer erfolgreichen Firmengründung und Vermarktung der Produkte neben dem technisch-naturwissenschaftlichen Sachverstand auch eine ökonomische Sachkompetenz in der Firma vertreten sein sollte. Die kleinen Firmen würden z.B. viel zu wenig für einen Lizenzverkauf ihrer Entwicklungen sorgen.

5 Aus der Tabelle können die sogenannten "burnout rates" abgelesen werden als die Zeiträume, in denen Firmen unterschiedlicher Branchen aufgrund ihrer Kapitalausstattung ohne weitere Erlöse überleben können.

	Anteil der Firmen, die schwarze Zahlen schreiben (%)	Zeit, die mit vorh. Kapital überbrückt werden kann (Monate)
"public" biotech-Firmen	18	44
Chemie, Umwelt, Service	50	36
Ausrüstungsfirmen	40	49
Diagnostika	34	36
agbiotech-Firmen	14	28
Therapeutika	12	46

Quelle: [67]

6 In den Jahren 1992/93 sind der zitierten Studie nach 196 amerikanische Biotechnik-Firmen strategische Allianzen eingegangen. Diese Allianzen sind aber nicht nur zwischen 'großen' und 'kleinen' von Bedeutung, sondern auch zwischen den 'kleinen'. Immerhin wurden 27% der Allianzen zwischen Biotechnik-Firmen geschlossen, bei 51% zwischen Biotechnik-Firmen und großen Pharmaunternehmen. In einem internationalen Vergleich nach Herkunft dieser Allianzpartner ergeben sich folgende Zahlen: 63% der Allianzen wurde mit Partnern aus Nordamerika geschlossen, 24% mit Firmen aus Europa und 11 % mit Firmen aus Japan. Wie wichtig diese Kooperationen als Kapitalquelle sind, verdeutlichen folgende Zahlen: alle US-amerikanischen Biotechnik-Firmen brachten zusammen insgesamt im Untersuchungszeitraum (Juni 1992 bis Juni 1993) eine Kapitalmenge von 5.2 Mrd $ auf. Davon über die Hälfte (2.9 Mrd $) durch strategische Allianzen.

Die gesamte Kapitalstruktur im Überblick:

Strategische Allianzen	2.9 Mrd $
Venture Kapital	459 Mio. $
Öffentliche Angebote	676 Mio. $
Öffentliches Startkapital	414 Mio. $
"Creative Financings"	385 Mio. $
Andere priv. Finanzierung	356 Mio. $

Quelle: [67]

7 Vergleich zwischen den 15 größten Pharmafirmen und 1272 Biotechnikfirmen

	Pharmafirmen	biotech-Firmen
Absatz	114 Mrd	7 Mrd
Nettoeinkommen	+ 16 Mrd	- 3,6 Mrd
Marktkapitalisierung	261 Mrd	45 Mrd
F&E Ausgaben	11,7 Mrd	5,7 Mrd
Beschäftigte	618000	97000

Quelle: [67]

5.8 Qualifikation und Arbeitsplätze

Auf dem Workshop war man sich einig, daß mittelfristig keine signifikanten Auswirkungen durch moderne Biotechnologie auf Beschäftigtenzahlen zu erwarten seien (ähnlich die Befragung zur Situation in Baden-Württemberg: [54]). Umstritten war, ob die sich in der Pilotstudie skizzierten organisatorischen und qualifikatorischen Umstrukturierungsprozesse, wie sie beispielsweise in der chemischen Industrie zu verzeichnen sind, auch in ähnlicher Weise in der biotechnologischen Produktion zeigen werden (siehe Kapitel 3.22). Umstritten war auch, ob tatsächlich im *Produktionsbereich* durch die komplexer werdenden Produktionssysteme die Zahl der höher qualifizierten Arbeitsplätze steigen wird. In der Regel werden aber durch neue biotechnologische Produktionen bestehende Arbeitsplätze vermutlich eher verlagert als neue geschaffen. Im Bereich der *Forschung* und *Entwicklung* ist mit einem Anstieg der höher und hoch qualifizierten Arbeitsplätze zu rechnen. Inwieweit allerdings insbesondere im Pharmabereich signifkant neue Arbeitsplätze entstehen oder in welchem Umfang bestehende Arbeitsplätze gerade für Chemiker durch andere Bereiche der Naturwissenschaften substituiert werden, läßt sich zur Zeit nicht quantifizieren. Nach der Befragung zur Situation der Biotechnologie in Baden-Württemberg [54] besteht zur Zeit ein geringer Bedarf an technischem und wissenschaftlichem Personal, ein größerer Bedarf allerdings im Bereich Vertrieb/Marketing. Es besteht ein relativ hoher Weiter- und Qualifizierungsbedarf (siehe auch Kapitel 3.22).

Unabhängig von Fragen der direkten Beschäftigungswirkungen spielen andere Aspekte des Arbeitsmarktes eine signifikante Rolle. Bei einer zu erwartenden hohen Wertschöpfung biotechnologischer Produkte, so eine These auf dem Workshop (*Renn*), im Verbund mit Einkommenseffekten durch hochqualifizierte Arbeitsplätze, sowie durch entsprechende Investitions- und Betriebsanforderungen seien indirekt signifikante positive Beschäftigungswirkungen zu erwarten. Eine Quantifizierung dieser Effekte sei aber kaum möglich.

Aus den USA liegen uns nur wenige Daten und Prognosen vor. In einer Studie des US Office of Industries aus dem Jahr 1990 [68] werden folgende Zahlen genannt: Zum damaligen Zeitpunkt gab es im Bereich der modernen Biotechnologie in den USA ca. 50000 Beschäftigte, davon waren 21% promoviert, 77% hatten einen akademischen Abschluß. Die Prognosen aus dieser Studie für den Zeitraum 1990-1995 sagen aus, daß sich die Zahl der Beschäftigten in der Produktion und im Marketing verdreifachen würde, die Zahl des F&E-Personals um 50% steigen würde. Unklar bleibt in dieser Studie, auf welche Basis sich diese Berechnungen stützen und welche Segmente der biotechnologischen Wirtschaft bzw. der F&E zugrundegelegt wurden. Um die labormäßigen small scale-Techniken im Großmaßstab umsetzen zu können, stiege der Bedarf an Ingenieuren und Biochemikern in der Produktion (siehe auch Kapitel 3.22). In einer aktuelleren Studie (Zusammenfassung in: [67]) werden Zahlen für insgesamt 1272 Biotechnik-Firmen (ohne die großen Pharmaunternehmen) von Beschäftigten in Höhe von 97000 genannt. Davon beschäftigen die sechs größten Firmen[1] zwischen 1000 und 2500 Angestellte [7]. Nach einer aktuellen britischen Studie beschäftigten 166 Biotechnikfirmen (ohne große Pharmafirma) im Jahr 1993 im Durchschnitt 50 Personen [71] (weitere Beispiele in Kapitel 3.22). Die Befragung zur Situation der Biotechnologie in Baden-Württemberg ergab eine durchschnittliche Beschäftigtenzahl von ca. 30 Mitarbeitern in den biotechnischen Abteilungen bzw. bei den "reinen" Biotechnikfirmen[2]. Ungefähr 29% des in der Biotechnologie beschäftigten Personals ist in der F&E tätig.

So schwer die vorliegenden Daten im Verbund mit den Studien, die in der Pilotstudie genannt werden, auch zu interpretieren sind, lassen sie doch zwei grobe Folgerungen zu:

(1) der Anteil an höher und hochqualifizierten Arbeitsplätzen ist groß;
(2) ob sich Prognosen bestätigen, die von einer Schaffung von 2 Mio. neuer Arbeitsplätze in der EU bis zum Jahr 2000 ausgehen (diese Zahlen wurden z.B. in der Sitzung des baden-württembergischen Landtags vom 3.2.1993 genannt), muß als offene Frage angesehen werden.

Anmerkungen

[1] Amgen, Chiron, Genentech, Genzyme, Life Technologies, Mycogen

[2] In der Befragung hatten sich 46 Unternehmen beteiligt (die Gesamtzahl der Firmen mit biotechnischen Aktivitäten wird auf 100 geschätzt). Davon waren 26% sogenannte "reine" Biotechnikfirmen. Bei dem überwiegenden Teil der Unternehmen bildet die Biotechnologie nur eine Teilaktivität mit einem geringen Anteil (3,7%) an der Gesamtbeschäftigtenzahl.

5.9 Fragen der Umsetzung und der Technologieförderpolitik

5.9.1 Wie wird allgemein die Situation in Deutschland eingeschätzt?

Im allgemeinen wurde auf dem Workshop der deutschen Grundlagenforschung im internationalen Vergleich eine Spitzenstellung attestiert (analog zu der Befragung zur Situation in Baden-Württemberg: [54]). Gravierende Mängel wurden allerdings bei der Umsetzung von Forschungsergebnissen in die Praxis ausgemacht. Zum Teil führe dies dazu, daß Ergebnisse deutscher Grundlagenforschung im Ausland in die Praxis umgesetzt würden und zur Anwendung kämen. Uns liegen aber keine Erkenntnisse darüber vor, in welchem Umfang dies tatsächlich passiert. Zusätzlich wurde diskutiert, inwieweit Forschung real auch Produktion entsprechender Güter und Produkte impliziert und inwieweit sich die Förderung z.B. der klinisch-molekularbiologischen Grundlagenforschung auf der Stufe der Innovationen auswirkt. Versuche einer realistischen Abschätzung hierzu sind mit großen Unsicherheiten behaftet. In welchem Maße und zu welchem Zeitpunkt sich Dinge, die sich heute noch im Stadium der Grundlagenforschung befinden, in konkrete Innovationen und Produkte niederschlagen werden, bleibt eine offene Frage. Trotz dieser inhärenten Prognoseunsicherheiten wurde in den Diskussionen auf dem Workshop die Notwendigkeit für verstärkte molekularbiologische Grundlagenforschungen hervorgehoben, um zukünftige Anwendungsfelder und Absatzmärkte rechtzeitig vorzubereiten.

5.9.2 Wie viele Mittel werden im internationalen Vergleich für die Forschungsförderung bereitgestellt?

In der Pilotstudie (Kapitel 2.1) haben wir einige grundsätzliche Aspekte und Grenzen des Vergleichs der Art und des Umfangs der Forschungsförderung zwischen verschiedenen Ländern diskutiert, wobei bereits auf die spezifischen Unterschiede der Förderpolitik, ibs. der Rolle des Staates und der Wirtschaft, im Vergleich zwischen den USA, Japan und Deutschland verwiesen wurde (für detailliertere Angaben siehe auch Dokumentationsmappe[8]). In einer Studie des BMFT [72] werden einige interessante Strukturmerkmale von F&E-Aktivitäten[1] im internationalen Vergleich diskutiert. Hier ein paar Daten in Kürze (dort S. 15ff.):

* Die Bruttoinlandsausgaben für F&E lagen 1991 bei 2.6% des Bruttoinlandsprodukts (BIP). Deutschland lag damit an 3. Stelle hinter den USA (2.8%) und Japan (3.07%). Die Studie verweist darauf, daß dies für Deutschland zwar einen Rückgang bedeuten würde, der aber hauptsächlich auf eine

Stagnation der F&E-Aufwendungen der Wirtschaft zurückzuführen sei. Trotz allem bleibt die deutsche Wirtschaft der wichtigste F&E-Akteur mit fast 61% aller F&E-Ausgaben.
* Im Durchschnitt finanziert die deutsche Wirtschaft die F&E-Ausgaben zu 85% selbst. Japan erreicht hier eine Eigenfinanzierungsrate von 98.5%. Interessant ist hier auch die Verteilung der Finanzierung zwischen öffentlichen und privaten Quellen: Japan hat mit 17% (bezogen auf das Jahr 1989) die niedrigste staatliche Finanzierungsquote für die F&E-Ausgaben innerhalb der OECD-Länder (der Anteil der Industrie liegt bei 74%). Im Vergleich dazu wird der gewichtige strukturelle Unterschied zu den USA für den Bereich der Biotechnologieförderung sichtbar: bezogen auf 1992 betrug der Anteil der US-Wirtschaft nur 38%, den Löwenanteil steuert die US-Bundesregierung mit 59% bei, die restlichen 3% stammen von einzelnen Bundesstaaten (siehe Kapitel 2.1).
Der Anteil der deutschen Wirtschaft an F&E-Ausgaben ist seit 1989 stetig zurückgegangen (Stand der Studie des BMFT). Demgegenüber steigerten japanische Unternehmen ihre F&E-Ausgaben auch in Zeiten mit Konjunkturrückgängen.
* Bei den Zahlen für die absoluten Ausgaben für F&E stand Deutschland im Jahr 1991 im internationalen Vergleich an dritter Stelle. Aufgrund der erheblichen Größenunterschiede der Volkswirtschaften kam Japan jedoch auf etwa doppelt so hohe Ausgaben und die USA auf fast den fünffachen Wert [72].

5.9.3 Welche Rolle spielen kleine und mittlere Biotechnikfirmen in Deutschland?

Im Kapitel 5.7 wurde auf die Rolle von kleinen und mittleren Biotechnik-Firmen als Innovationsträger, als Scharnier zwischen Forschung und Anwendung hingewiesen. Gleichzeitig wurde für Deutschland im Vergleich zu den USA ein Mangel an Gründungen dieser Firmen ausgemacht. Die Befragung der baden-württembergischen biotechnologischen Industrie [54] ergab einen Anteil von 26% sogenannter "reiner" Biotechnikfirmen, die in ihrer Struktur mit denen der USA vergleichbar sind, innerhalb von 46 Unternehmen, die sich an der Befragung beteiligten. Die Gesamtzahl der Firmen mit Biotechnikaktivitäten wird für Baden-Württemberg auf ca. 100 geschätzt. Ob der Anteil von 26% hochgerechnet werden kann, muß aufgrund der Datenbasis offen bleiben. Ein großer Teil derartiger Firmen ist im Sektor Pharma/Medizin tätig. Der Pharmabereich insgesamt zeichnet sich gemessen am Umsatz durch eine relativ hohe Rate an F&E-Leistungen der Unternehmen selber aus (durchschnittlich 13.9% vom Umsatz; im Vergleich dazu beträgt diese Rate im Lebensmittelbereich nur ca. 0.8%), die aber hauptsächlich von den großen, weltweit operierenden Unternehmen getragen wird. Der F&E-Anteil steigt mit der Höhe der Umsätze der Unternehmen (siehe Kapitel 2.1). Die amerikanischen Biotechnik-Firmen sind auf diesem Hintergrund als eine Besonderheit anzusehen: in einem Vergleich zwischen den 15 größten Pharmafirmen und

5.9 Workshop und Diskussion: Umsetzung/Förderpolitik 653

1272 Biotechikfirmen ist zu entnehmen, daß diese Firmen mit knapp 59000 $ pro Beschäftigten einen überdurchschnittlichen F&E-Anteil besitzen[2] (siehe Anmerkung 7 im Kapitel 5.7).

In der Regel können sich kleinere und mittlere Unternehmen demgegenüber keine eigene Forschung leisten. Hauptträger firmeneigener, privatfinanzierter F&E sind von daher die großen Unternehmen. Kleinere und mittlere Unternehmen schließen sich zum Teil zu Forschungsgemeinschaften zusammen[3]. Der direkte Zugang zu eigenen Forschungsarbeiten ist für kleine und mittlere Unternehmen nicht immer der wichtigste Schritt in Richtung Innovationen, sondern auch die Aktivierung externer Informationen für Innovationsprojekte kann von herausragender Bedeutung sein ([73]; entsprechend auch die Befragung baden-württembergischer Biotechnikfirmen: [54]). Belzer [73] weist darauf hin, daß F&E, ergänzt durch andere Aktivitäten der Firmen (z.B. verkaufsbegleitende Maßnahmen wie Service oder Kundenschulung), in entscheidendem Maße zum wirtschaftlichen Erfolg beitragen.

Die Aktivierung externer Informationen ist aber nicht nur durch Einrichtung von Transferstellen an den Hochschulen beizukommen. Die zentrale Frage lautet, ob das, was an den Hochschulen erforscht und entwickelt wird, tatsächlich auch den Bedürfnissen der Unternehmen entspricht. Das bedeutet auch, daß nicht nur die Zahl der gegründeten Transferstellen entscheidend ist, sondern daß gleichzeitig Strukturen aufgebaut und sichergestellt werden, die wechselseitig die verschiedenen Ressourcen und Bedürfnisse aufeinander abstimmt.

5.9.4 Welche Möglichkeiten werden für eine Verbesserung der Umsetzungsbedingungen genannt?

Neben der Verbesserung der allgemeinen Rahmenbedingungen durch entsprechende finanz- und steuerpolitische, durch industrie- und technologiepolitische sowie durch rechtspolitische Entscheidungen wurden auf dem Workshop Grundzüge staatlicher Förderstrategien diskutiert. Einige Eckpunkte unterschiedlicher Strategien haben wir bereits in der Pilotstudie vorgestellt (Kapitel 2.1). Im Vordergrund unseres Projektes steht die Frage, welche Rolle staatliche Stellen spielen können. Neben den 'klassischen' Fördersektoren in Wissenschaft, Forschung und Entwicklung durch öffentliche Mittel treten zunehmend weitere staatliche Aufgaben in Form einer Koordination und Bündelung von F&E-Maßnahmen, der Einrichtung von Beratungs- und Tansferstellen und anderer infrastruktureller Maßnahmen. Staatlichen Stellen wächst die Rolle von 'Mediatoren' zwischen den verschiedenen Beteiligten im Rahmen der Forschung- und Technologiepolitik zu. In diesem Sinne wurde auch auf dem Workshop argumentiert (*Braczyk*): Es gälte nicht vollständig neue Strukturen der Förderpraxis aufzubauen, sondern die Selbststeuerungskräfte von Wissenschaft/Forschung und der Industrie sollten aktiviert und gestärkt werden. Allerdings sei es fraglich, ob die ohnehin auf Koordination ausgerichteten Akteure (Organisationen, Verbände aber auch Instanzen wie Industrie- und Handelskammern) zur Zeit genügend Flexibilität aufbringen würden, um neue innovative Felder wie die Biotechnologie in ihre Aktivitäten zu integrieren. Zur Verbesserung der

Situation müßte die (horizontale) Kommunikation verbessert werden. Dabei müßten aber Eigeninteresse und Eigeninitiative der Akteure vorausgesetzt werden, die die Basis für die Entfaltung geeigneter Förderstrategien bildeten. Dazu bedarf es auch einer, vom Staat zumindest initiierten, unbürokratischen und flexiblen Moderation. Aufgrund der hohen Wissenschaftsbindung der Biotechnologie bedürfe es einer hervorragenden Grundlagenforschung. Um Reibungsverluste bei der Umsetzung von Forschungsergebnissen in die Praxis bzw. bei Aufgabenanforderungen von konkreten Bedürfnissen und Problemstellungen der Praxis an die Forschung zu vermeiden, bedarf es einer *aktiven* Moderation (*Reiß*).

Die bislang in Deutschland praktizierte Förderpolitik wird von Ammon kritisiert (Kapitel 3.21): Die verschiedenen Förderaktivitäten seien zwar auf das Gesamtziel der Innovationsförderung ausgerichtet, "auf der Ebene der administrativen Umsetzung sind es dagegen in der Regel partiale, unverbunden nebeneinander betriebene Programme". Es gälte, so Ammon, von der zur Zeit vorherrschenden isolierten, teilweise auch gegeneinander gerichteten ressortbezogenen Vorgehen weg zu kommen. Ähnlich wie oben zu den Transferstellen ausgeführt bedarf es auch bei der Konzipierung von Förderprogrammen einer wesentlich verbesserten Abstimmung und Koordination (ähnlich [54]). Folgende konkrete Vorschläge wurden auf dem Workshop vorgestellt:

* Forschungsverbände, die in einer Art Gemeinschaftsforschung geeignete Forschungsprojekte organisieren und durchführen[4], sollten mit öffentlichen Mitteln oder mit Hilfe von Stiftungsgeldern gefördert werden.
* Kleinere und mittlere Firmen sollten, wie oben beschrieben, Allianzen, Kooperationen und Arbeitsgemeinschaften eingehen. Zusätzlich sollte eine fundierte Beratung verstärkt ausgebaut werden, wobei die Initiative von staatlichen Stellen ausgehen kann. Beratungsthemen wären z.B.: Welche Produkte oder Dienstleistungen versprechen zukünftig lukrative Märkte? Wo sind geeignete Kooperationspartner? Was sind die relevanten Fragen beim Marketing, beim Vertrieb, von Schutzrechten etc.?[5]
* Im Verbund mit Banken sollte verstärkt Risikokapital für Existenzgründungen zur Verfügung gestellt werden. Möglicherweise kann dies bei öffentlichen Geldern auch in Form von 'verlorenen Zuschüssen' geschehen, die bei Gewinnausschüttungen nach erfolgreicher Vermarktung zurückgezahlt werden müssen. In den USA und in Großbritannien wird in jüngster Zeit erfolgreich versucht, weitere Kapitalquellen über sogenannte "Gründeraktien" durch deren Ausgabe an den Börsen zu erschließen [74, 75, 70].
* An Forschungseinrichtungen sollten verstärkt Transferstellen eingerichtet werden, wobei die oben genannten Voraussetzungen beachtet werden müssen, indem die Ressourcen und Bedürfnisse der potentiellen Partner aufeinander abgestimmt werden[6].
* Als ein allgemeines Defizit in Deutschland wurde der Mangel an Informations- und Datenbankdiensten ausgemacht. Die Zukunft der einzigen allgemeinen Datenbank zur Biotechnologie, AUBIT in Berlin, ist ungewiß. Es gälte entsprechende Informationsnetze auf- und auszubauen. In einer aktuellen

5.9 Workshop und Diskussion: Umsetzung/Förderpolitik

Untersuchung des Wissenschaftszentrum Berlins [76] wird am Beispiel Japans die Bedeutung der informellen Vernetzung für die Nutzung und den Ausbau regionaler Wirtschaftspotentiale aufgezeigt. Auf EU-Ebene werden zur Zeit von der EU-Kommission verschiedene neue Informations- und Datenbanksysteme aufgebaut [77 bzw. 78].

* An den Universitäten, eventuell im Rahmen der Transferstellen, sollten Marketingabteilungen aufgebaut werden, die ibs. auch auf rechtzeitige Anmeldung von Schutzrechten bzw. Achtung der Wahrung von Schutzrechten, Vermarktung von Lizenzen u.ä. achten sollten (*Schlumberger*). Es gälte aber zu beachten, daß eine verstärkte Kommerzialisierung ibs. der universitären Forschung zu Störungen im offenen Austausch der wissenschaftlichen Informationen und der Kommunikation führen kann. Lösungen dieses Problems wurden nicht diskutiert. Man könne aber sowohl von Positiv- als auch Negativerfahrungen der Chemie und der Ingenieurswissenschaften zu Fragen der Kommerzialisierung lernen. Allgemein wurde aber der Patentbereich als ein Schwachpunkt deutscher Industrie- und F&E-Politik ausgemacht. Das deutsche Patentamt hat hierzu kürzlich in einer Presseerklärung verschiedene Verbesserungsvorschläge unterbreitet[7]. Das Land Baden-Württemberg beabsichtigt, mit einem Zuschuß von knapp DM 1 Mio. den Aufbau einer zentralen Patent- und Lizenzberatung im Land zu unterstützen [79].

Anmerkungen

[1] In der Studie wird nicht nach unterschiedlichen Bereichen aufgeschlüsselt, d.h. die spezifischen Daten für die Biotechnologie können von diesen Zahlen abweichen. Vergleiche dazu in der Pilotstudie.

[2] Im Vergleich dazu ist aus der Tabelle (Anmerkung 7 im Kapitel 5.7) zu entnehmen, daß die großen Pharmaunternehmen im Schnitt 19000 $ pro Beschäftigten ausgeben. Die kleinen Biotechnik-Firmen beschäftigen im Durchschnitt 76 Mitarbeiter und setzen pro Jahr für 5.5 Mio. $ Güter ab.
Belzer [73] nennt in seiner Studie einen durchschnittlichen F&E-Aufwand für deutsche Unternehmen mit einer Beschäftigtenzahl unter 100 von ca. DM 10000 pro Beschäftigten (aufgrund der unterschiedlichen Untersuchungsbasis und der verschiedenen Zeiträume, die US-Daten beziehen sich auf 1992/93, die deutschen Angaben auf 1990, ist ein Vergleich allerdings nur bedingt möglich). Die in Baden-Württemberg aktiven Biotechnikfirmen geben durchschnittlich 22% vom Umsatz für F&E aus [54].

[3] Im Kapitel 5.2 wird z.B. auf die entsprechende Gemeinschaftsforschung verwiesen. Im Lebensmittelbereich existiert z.B. eine Gemeinschaftsforschung im Brauereiwesen (siehe auch Kapitel 2.1).

[4] Vgl. hierzu entsprechende Hinweise auf Züchergemeinschaften im Bereich Tierzucht: Kapitel 3.12; Forschungsgemeinschaft der Pflanzenzüchter: Kapitel 3.9 und 5.2; entsprechende Ansätze im Lebensmittelbereich: Kapitel 3.6 und [25]).

5 Im Rahmen des Technologieförderprogrammes von Nordrhein Westfalen (*Krahn*) wurden bislang durch die beratende Institution, die Firma Zenit, gute Erfahrungen gemacht, während der Laufzeit des Projektes eine ständige Beratung durchzuführen; also nicht nur eine Begutachtung bei Antragstellung auf Fördermittel, sondern eine fortlaufende Projektbetreuung durch Zenit.

6 Das Land Baden-Württemberg stellt zur Einrichtung mehrerer neuer Transferstellen an den Landesuniversitäten, die von der Steinbeis-Stiftung getragen werden sollen, mehrere Mio. DM zur Verfügung. Die Landesregierung folgt darin den Vorschlägen der Kommission "Wirtschaft 2000". Im Rahmen dieses Paketes werden weitere Maßnahmen vorgesehen: Zur Erleichterung des Zugangs zu den an den Hochschulen vorhandenen Informationen sollen Informationsbörsen in Form von Info-Messen oder eines Info-Zentrums geschaffen werden (z.B. sollen für den Bereich "Softwaresicherheit" 1.5 Mio. DM bereit gestellt werden); mit 4.4 Mio. DM sollen verteilt auf drei Jahre hochqualifizierte (Nachwuchs)Wissenschaftler gefördert werden, die in bestimmten Hochtechnologiebereichen mit konkreten Anwendungsbezügen forschen wollen; weiterhin sollen mit insgesamt 6 Mio. DM Starthilfen für Existenzgründungen geleisten werden, indem als Überbrückung zwischen einer Produktidee und Produktvermarktung Stipendien mit einer Befristung auf zwei Jahre an die Wissenschaftler vergeben werden sollen. (Siehe entsprechende Pressemeldungen in: [79, 80]; bereits im Jahr 1988 hat das Institut für Südwestdeutsche Wirtschaftsforschung für Baden-Württemberg gerade für die Verbesserung der Anwendungsbedingungen neuer Biotechnologie eine Vielzahl ähnlicher Vorschläge erarbeitet: [81]).

7 In der Presseerklärung vom 22.2.94 heißt es u.a.: (1) Keine Erhöhung der patentamtlichen Gebühren, sondern Halbierung derselben für selbständige Erfinder, mittelständische Unternehmen und gemeinnützige Organisationen nach bewährtem amerikanischen Vorbild. (2) Bereitstellung von Fördermitteln und Risikokapital für den Erwerb von Patentschutz im Inland und Ausland. (3) Bildung eines Fonds von Bund und Ländern zur großzügigen Finanzierung von Patentanmeldungen aus Großforschung und Hochschulbereich, bei entsprechender Beteiligung des Fonds an den Einnahmen aus der Verwertung dieser Erfindungen. (4) Zügiger Ausbau der bereits aufbereiteten und der dafür bereitstehenden Informationsbestände zu einem leicht zugänglichen technisch-naturwissenschaftlichen deutschen Informationssystem. (5) Sofortige Wiedergewährung der steuerlichen Vergünstigungen für Einkünfte aus der Verwertung geschützter Erfindungen für selbständige und angestellte Erfinder und Wissenschaftler.

8 Die Akademie hat zusätzlich zu der vorliegenden Studie eine Dokumentationsmappe erstellt, die von der Akademie auf Wunsch angefordert werden kann (Anschrift siehe Autorenverzeichnis).

5.10 Literatur

[1] The Pharmaceutical Manufacturers Association (Hrsg) (1993) Biotechnology Medicines in Development, Washington D.C.
[2] The Pharmaceutical Manufacturers Association (Hrsg) (1991) Biotechnology Medicines in Development, Washington D.C.
[3] Drews J (1993) Into the 21st century. Biotechnology 11, März
[4] Bäumler E (1993) Pharmaforschung. In: Spektrum der Wissenschaften, Februar
[5] Hamers MN (1993) Multiuse biopharmazeutical manufactoring. Bio/Technol. 11:561-570
[6] Bienz-Tadmor B, Dicerbo PA, Tadmor G, Lasagna L (1992) Biopharmaceuticals and conventional drugs: clinical success rates. Bio/Technol. 10: 521-525
[7] Gassen HG, König B (1994) Perspektiven einer biologisch orientierten Industrie in Deutschland. Die Entwicklung in den USA als Leitbild. In: Merk E (Hrsg) Kontakte (1), Darmstadt, S 3-12
[8] Bienz-Tadmor B (1993) Biopharmaceuticals go to Market: Patterns of Wordlwide Development. Biotechnology 11, Februar
[9] Thomas SM (1993) Global Perspective 2010. Tasks for Science and Technology: The case of Biotechnology. Studie des FAST-Programms, Brüssel
[10] Chemische Rundschau vom 4.3.94
[11] Gillis AM (1992) Research update. Bioscience 42:11
[12] Heil M (1993) Gene Therapy Conference Highlights Rapid Develpment of Delivery Systems/Vehicles. In: Gen. Eng. News Vol. 13 Nr. 14
[13] Kollek R, Tappeser B, Altner G (1986) Die ungeklärten Gefahrenpotentiale der Gentechnologie. Dokumentation eines öffentlichen Fachsymposions vom 7-9-März 1986 in Heidelberg. In: Gentechnologie - Chancen und Risiken. J. Schweitzer Verlag, München
[14] Fradd RB, Lenstra R (1993) Overview of the Gene Transfer Technologies and Methods for Gene Therapy. In: Genetic Engineering News Vol 27 Nr.10
[15] Beardsley T (1994) Krebs - eine ernüchternde Bilanz. In: Spektrum der Wissenschaften, März
[16] Borgers D (1993) Cholesterin: Das Scheitern eines Dogmas. Die mangelnde Effizienz einer individualmedizinischen Präventionsstrategie. Edition Sigma, Berlin
[17] Skorupinski B (1994) Zur ethischen Bewertung der Verwendung gentechnisch veränderter Mikroorganismen und Viren in der biologischen Schädlingsbekämpfung. Abschlußbericht des gleichnamigen DFG-Projekts am Zentrum für Ethik in den Wissenschaften, Universität Tübingen
[18] Office of Technology Assessment (1992) A new technological era for american agriculture. US Congress, Office of Technology Assessment (OTA), US Government Printing Office, Washington D.C.

[19]   Spektrum der Wissenschaft (1994) Nachwachsende Rohstoffe. Spektrum der Wissenschaft (Juni), 96-114
[20]   Flaig H, Mohr H (1993) Energie aus Biomasse - eine Chance für die Landwirtschaft. Springer Verlag, Heidelberg
[21]   Krimsky S, Wrubel R (1993) Agricultural biotechnology: An environmental outlook. Studie für US Environmental Protection Agency (CR813481), Department of Urban and Environmental Policy, Tufts University, Medford MA
[22]   Mills JL (1992) Lower levels of fertilisers and pesticides in agricultural crop production. Strategic Analysis in Science and Technology (SAST): Innovation in agro-biotechnology. EU-Kommission, Direktorat Informationstechnologien und -industrien, Telekommunikation (Katalog Nr.: CD-NA-14716-EN-C), Luxemburg
[23]   Gemeinschaft zur Förderung der privaten deutschen Pflanzenzüchtung eV (GFP) (1993) Geschäftsbericht 1993. Bonn
[24]   Hasse R, Hohlfeld R, Nevers P (1992) Forschungstypen in der Pflanzengenetik. Ergebnisse einer empirischen Untersuchung über die Organisierung, Praxis und Semantik universitärer Forschung. Zwischenbericht des BMFT-Projekts "Die Technologisierung der Biologie - Zur Durchsetzung eines neuen Wissentyps in der Forschung". Institut für Gesellschaft und Wissenschaft, Universität Erlangen
[25]   Koschatzky K, Maßfeller S (1994) Gentechnik für Lebensmittel. Verlag TÜV, Rheinland, Köln
[26]   Kley G (1990) Situation der Züchtungsunternehmen in der Bundesrepublik Deutschland. In: Dachverband Agrarforschung (Hrsg.) Beiträge der Biotechnologie zur Pflanzenzüchtung. Schriftenreihe Agrarspectrum Band 17, Verlagsunion Agrar, Frankfurt u.a.
[27]   UPOV (1991) Internationales Übereinkommen zum Schutz von Pflanzenzüchtungen (revidierte Fassung vom 19.3.91). Plant Variety Protection (No. 63), 51-71
[28]   Heß D (1992) Biotechnologie der Pflanzen. Verlag Eugen Ulmer, Stuttgart
[29]   Plän T (1993) Krank durch Gentechnik? Resistenzbehandlung könnte Zuckerrüben erst recht anfällig machen. Süddeutsche Zeitung (25.2.1993)
[30]   Greene AE, Allison RF (1994) Recombination between viral RNA and transgenic plant transcripts. Science 263, 1423-1425
[31]   Diercks R, Heitefuss R (1994) Integrierter Landbau. Systeme umweltbewußter Pflanzenproduktion. BLV-Verlagsgesellschaft, München
[32]   Neininger A, Back E, Bichler, J, Schneiderbauer A, Mohr H (1994) Deletion analysis of a nitrite-reductase promotor from spinach in transgenic tobacco. Planta 194, 186-192
[33]   van Wijk J (1993) Farm seed saving in Europe under pressure. Biotechnology and Development Monitor Nr. 17 (Dez.)
[34]   von Pechmann E, Straus J (1991) Die diplomatische Konferenz zur Revision des Internationalen Übereinkommens zum Schutz von Pflanzenzüchtungen. GRUR Int. (7), 507-511

5.10 Workshop und Diskussion: Literatur 659

[35] Müller A (1994) Ethische Aspekte der Erzeugung und Haltung transgener Nutztiere. Abschlußbericht DFG-Forschungsprojekt, Zentrum für Ethik in den Wissenschaften, Universität Tübingen
[36] Neubert S (1991) Neue Bio- und Gentechnologie in der Landwirtschaft. Schriftenreihe des Bundesministers für Ernährung, Landwirtschaft und Forsten, Heft 394. Landwirtschaftsverlag GmbH, Münster-Hiltrup
[37] Sterling J (1993) FDA Approves Use of Bovine Somatotropin To Increase Milk Production in Dairy Cows. GEN (Genetic Engineering News), Vol.13, No.20
[38] Akademie für Tiergesundheit (1990) Notwendigkeiten und Grenzen der Produktion von Lebensmitteln tierischen Ursprungs. Schriftenreihe der Akademie für Tiergesundheit, Band 1, Verlag der Ferber'schen Universitätsbuchhandlung
[39] Phytase in Futtermitteln EU-einheitlich zugelassen. Agra-Europe (unabhängiger europäischer Presse- und Informationsdienst für Agrarpolitik und Agrarwirtschaft) 35 (15), 11.4.94
[40] OECD (Organisation For Economic Co-operation And Development) (Hrsg) (1992) Biotechnology, Agriculture and Food. Paris
[41] Geldermann H (1993) Biotechnologische Methoden in der Tierzüchtung-Möglichkeiten und Folgen. Landinfo, 3/93, Ministerium für Ländlichen Raum, Ernährung, Landwirtschaft und Forsten, Stuttgart
[42] Moshy R (1986) Biotechnology: its potential impact on traditional food processing. In: Harlander SK, Labuza TP (eds): Biotechnology in food processing. Noyes Publications, Park Ridge, New Jersey, USA, pp 1-14
[43] Ernährungswirtschaft Nr. 5 Sept. 1993
[44] Birkner KF (1993) Abfall- und Abwasserbehandlung in den deutschen Ostseeländern. Umwelt, Band 23, Nr.7/8, S.414 ff
[45] Blazejczak J et al. (1993) Umweltschutz und Industriestandort. Forschungsbericht Nr. 10103162 des RWI/DIW (Rheinisch-Westfälisches Institut für Wirtschaftsforschung und Deutsches Institut für Wirtschaftsforschung) im Auftrag des Umweltbundesamtes, Manuskript; Veröffentlichung: Bericht 1/93 des Umweltbundesamtes
[46] Asche W (1993) Gülle in Energie und nutzbare Stoffe umwandeln. Umwelt, Band 23, Nr.7/8, S.426-427
[47] Streck WR (1994) Forschungstätigkeit und Marktpotential in der Biotechnologie. ifo studie zur industriewirtschaft 48
[48] von Schell T (1992) Die Diskussion um die Freisetzung gentechnisch veränderter Mikroorganismen als Beispiel einer interdisziplinären Urteilsbildung. Dissertation, Universität Tübingen; veröffentlicht unter (1994): Die Freisetzung gentechnisch veränderter Mikroorganismen. Ein Versuch interdisziplinärer Urteilsbildung. Attempto, Tübingen (Reihe Ethik in den Wissenschaften Bd 6)
[49] Knorr C, Martens B (1994) Tagungsanalysen im Bereich der Umweltbiotechnologie. Studie im Auftrag der Akademie für Technikfolgenabschätzung in Baden-Württemberg, Endbericht. Zentrum für Ethik in den Wissenschaften und Soziologisches Seminar der Universität Tübingen

[50] Biotechnische Behandlung von Klärschlamm (1993). Tagung am 20.11.1992, Johannes Kepler Universität Linz, Kurzfassung der Vorträge, BioEngineering (1), S.35ff
[51] Franssen A (1994) Bio- und Grünabfälle zentral kompostieren. Umwelt, Band 24, Nr.3, S. 70-71
[52] Kübler H (1994) Ist die aerobe Bioabfallkompostierung ökologisch zweite Wahl? Müll und Abfall 2/94, S.70-73
[53] Maier B (1993) Umwelttechnik - eine Wachstumsbranche. Umwelt, Band 23, Nr.11/12, S.641-643
[54] Jaeckel G, Hüsing B, Strauß E, Reiß T (1994) Analyse der baden-württembergischen FuE-Strukturen und Potentiale in der Biotechnologie. Studie im Auftrag der Akademie für Technikfolgenabschätzung in Baden-Württemberg, Endbericht. Fraunhofer Institut für Systemtechnik und Innovationsforschung, Karlsruhe
[55] Griffiths D, Hall G (1993) Biosensors - what real progres is being made? TIBTECH, April 1993, Vol.11, 122-130
[56] Kläranlagen müssen nicht sofort ausgebaut werden. Stuttgarter Zeitung, 19.3.1994
[57] Deutsches Institut für Wirtschaftsforschung (1993) Bedeutung des Umweltschutzes für die Beschäftigung in Deutschland. Wochenbericht 48/93
[58] Simon J, Weyer A (1994) Die Novellierung des Gentechnikgesetzes. NJW: 759
[59] House of Lords (1993) Regulation of the United Kingdom biotechnology industry and global competitiveness. House of Lords, Selected Committee on Science and Technology, session 1992-93 (7th report). London
[60] EU-Kommission (1992) Regulatory framework and research policy effort on biotechnology in the EC and the US. Interim Report of the Biotechnology Coordination Committee, Brüssel
[61] Brauer D (1993) Bewertung des Gutachtens: Gesetzliche Regelungen der Gentechnik im Ausland und praktische Erfahrungen mit ihrem Vollzug (Hohmeyer et al.), erstellt vom Fraunhofer Institut für Systemtechnik und Innovationsforschung, Karlsruhe (April 1993). Hoechst AG, Frankfurt a.M.
[62] Schlumberger HD, Brauer D (1993) Das Regulationssystem der USA zur Anwendung der Gentechnik in Forschung, Entwicklung und Produktion. Bayer AG, Leverkusen; Hoechst AG, Frankfurt a.M.
[63] Hohmeyer O, Hüsing B, Maßfeller S, Reiß T (1993) Gesetzliche Regelungen der Gentechnik im Ausland und praktische Erfahrungen mit ihrem Vollzug. Gutachten im Auftrag des Büros für Technikfolgenabschätzung des Deutschen Bundestages. Fraunhofer Institut für Systemtechnik und Innovationsforschung, Karlsruhe
[64] Dolata U (1993) Nischen- oder Schlüsseltechnologie? Technologische Entwicklungstrends und ökonomische Perspektiven der neuen Biotechnologie.
[65] Klausner A (1993) Back to the future: Biotech product sales 1983-1993. BioTechnology 11: 237
[66] Schmoch U, Strauss E, Reiß T (1992) Patent law and patent analysis in biotechnology. BFE 9 (6): 379-384

5.10 Workshop und Diskussion: Literatur

[67] Spalding BJ (1993) U.S. biotech firms embrace "virtual integration". BioTechnology 11: 1216-1217
[68] Office of Industries , U.S. International Trade Commission (1990) An overview of commercial biotechnology in the United States. Staff Research Study 17, Washington, D.C.
[69] Dibner MD (1993) Blood brothers. Alliances between biotechnology and pharmaceutical companies in the U.S. BioTechnology 11: 1120-1123
[70] Schropp C (1994) Amsterdam conference shows eurobiotech closing U.S. gap. Genetic Engineering News (4). Mary Ann Liebert, Inc., New York, p12-14
[71] Ward M (1994) U.K. biotech will boom over next few years. BioTechnology 12: 230
[72] BMFT (1993) Zur technologischen Wettbewerbsfähigkeit der deutschen Industrie. Bundesministerium für Forschung und Technologie (Hrsg), Referat Öffentlichkeitsarbeit, aktualisierte Fassung April 1993. Bonn
[73] Belzer V (1991) Forschung und Entwicklung in kleinen und mittleren Unternehmen. Veröffentlichung des Instituts Arbeit und Technik (IAT Z05), Gelsenkirchen
[74] FAZ: Frankfurter Allgemeine Zeitung (24.5.1994) Gründungsboom in der Biotechnik ist vorbei.
[75] Spalding BJ (1994) Biotech fades in 1993 venture-backed IPO market. BioTechnology 12: 232
[76] Kolatek C (1993) Informationelle Vernetzung in Japan. Forschungsschwerpunkt Marktprozeß und Unternehmensentwicklung. WZB Mitteilungen (Wissenschaftszentrum Berlin) 62: 32-34
[77] SPRINT (1994) Better data for better policies. Innovation & Technology Transfer 15/1: 16
[78] VALUE (1994) Getting better VALUE from R&D. Innovation & Technology Transfer 15/1: 6-10 u.13
[79] Stuttgarter Zeitung (2.3.1994) Technologietransfer an Unis wird ausgebaut.
[80] Schwäbisches Tagblatt (2.3.1994) Land fördert Kooperation von Unis und Wirtschaft.
[81] Volkert B (1988) Neuere Biotechnologie: Chancen und Ansatzpunkte aus baden-württembergischer Sicht. Veröffentlichung des Instituts für Südwestdeutsche Wirtschaftsforschung, Stuttgart

6 Synopse

Dr. Thomas von Schell, Prof. Dr. Hans Mohr

6.1 Einleitung

Die Ausgangsfrage unseres Projekts lautete: "Welche Potentiale bietet die moderne Biotechnologie zur Ansiedlung neuer Industrien in Baden-Württemberg?"

Im vorhergehenden wurde der Istzustand nach verschiedenen Anwendungsfeldern aufgefächert und beschrieben. Diese Auffächerung war notwendig, da sich einzelne Entwicklungsstände und die Voraussetzungen praktischer Nutzungen biotechnologischer Ansätze je nach Anwendungsfeld von einander unterscheiden. Aus den Aufarbeitungen wird auch der Charakter einer Querschnittstechnologie deutlich, die in ein Netzwerk technischer, wissenschaftlicher, sozialer und rechtlicher Voraussetzungen und Rahmenbedingungen eingebunden ist. Gentechnische Methoden sind für viele Anwendungen zentral. Aber der jeweilige Stellenwert und die jeweilige Rolle sind vom Stand der Entwicklung einer Reihe weiterer Techniken, Methoden und Verfahren sowie der spezifischen Zielsetzungen abhängig. Dies ist keineswegs trivial angesichts einer öffentlichen Diskussion quer durch und zwischen allen gesellschaftlichen Gruppen, die die Gentechnik zum zentralen Mittelpunkt hat und ihr Eingebundensein in die Dynamik anderer technischer und auch sozialer Entwicklungen vernachlässigt.

Unsere Auswertungen zeigen, daß sich viele Entwicklungen noch in der Startphase befinden. Größere gesamtwirtschaftliche Effekte werden wahrscheinlich erst ab 2010 und in den nachfolgenden Jahrzehnten des neuen Jahrtausends zu verzeichnen sein. Allerdings sind die Methoden und Verfahren der modernen Biotechnologie bereits heute schon essentielle Grundlage für Forschung und Entwicklung, die wiederum die Voraussetzung zur Realisierung von Verfahren und Produkten einer neuen Generation bilden.

Die Konzentration unserer Fragestellung auf die Region Baden-Württemberg mußte berücksichtigen, daß Forschung und Entwicklung sowie Innovationen der modernen Biotechnologie stark in die internationalen Entwicklungen eingebunden sind. Entsprechend wurden unsere Aufarbeitungen und ibs. die Gutachten weniger auf die spezifische Situation in Baden-Württemberg konzentriert, sondern am Stand der weltweiten Entwicklungen orientiert. Wo immer möglich wurde diese Analyse auf die nationale Ebene abgebildet. Die spezifische Situation der Biotechnologie in Baden-Württemberg wurde in einer eigenen Studie durch das Fraunhofer Institut für

Systemtechnik und Innovationsforschung, Karlsruhe (ISI) untersucht (siehe Kapitel 4).

6.2 Wie wird die Situation in Baden-Württemberg und Deutschland eingeschätzt?

Zu Baden-Württemberg: An dieser Stelle soll nur eine Kurzbeschreibung und -bewertung erfolgen. Die Ergebnisse der Studie des ISI werden ausführlicher im Kapitel 4 zusammengefaßt, der auf den umfassenden Abschlußbericht aufbaut [1].

In Übereinstimmung mit den Aussagen der Pilotstudie (Kapitel 2.1), die auf Datenbankanalysen, einer Patentanalyse des ISI [2] und eigenen Recherchen beruhen, nimmt Baden-Württemberg auch nach der jetzt vorliegenden Studie des ISI im bundesdeutschen Vergleich auf dem Gebiet der modernen Biotechnologie einen Spitzenplatz ein. Dies gilt sowohl für die Zahl der hier angesiedelten Firmen, die sich in der industriellen Biotechnologie engagieren, als auch für Forschung und Entwicklung. Insbesondere wird der Forschung eine hohe Qualität bescheinigt. Das wissenschaftlich-technische Know-how ist somit vorhanden, um eine industrielle Anwendung zu ermöglichen. Bei F&E-Vorhaben bestehen Kontakte seitens der baden-württembergischen Biotechnikunternehmen mit Universitätsinstituten. Doch obwohl hier bereits einige erfolgreiche Kooperationen praktiziert werden, gestaltet sich die Zusammenarbeit zwischen Industrie und Wissenschaft nach wie vor schwierig [1].

Ein weiterer auffälliger Punkt der Studie ist die hohe Praxisorientierung der universitären Forschung. Im Sinne der Diskussionen auf dem Workshop (siehe Kapitel 5.9) gilt es, diese Tendenz zu stärken, um eine effektive Umsetzung von F&E-Ergebnissen in die Praxis zu gewährleisten. Ein Vergleich zwischen den F&E-Aktivitäten der Universitäten und der Industrieunternehmen macht deutlich, daß sich an der 'klassischen' Rollenverteilung wenig geändert hat: die Universitäten betreiben hauptsächlich Grundlagenforschung und Entwicklungen im Labormaßstab, während die Industrie im Bereich des Technikummaßstabs bis zur Markteinführung dominiert. Öffentlichen Stellen wächst gerade in der Forschungsförderung eine bedeutende Rolle zu. Insbesondere an den Universitäten wird dies an der Herkunft der Forschungsgelder deutlich, die zu 87% aus öffentlichen Mitteln stammen (31% Grundmittel, 56% öffentliche Drittmittel). Hieran ist die Bedeutung von Konzepten, Inhalten und Vernetzungen unterschiedlicher Förderprogramme und -töpfe zu messen (siehe Kapitel 3.21).

Allgemein müssen Förderkonzeptionen den hohen Heterogenitätsgrad der in der modernen Biotechnologie zum Tragen kommenden Methoden und Verfahren berücksichtigen. Gentechnik ist hier nur eine von mehreren Methoden. Deren Anteil beträgt am gesamten Repertoire biotechnologischer F&E-Vorhaben bei den Unternehmen 14%, an den Universitäten 20% ([1], S. 21 bzw. S. 48). Selbstverständlich sagen diese Zahlen nichts über den Stellenwert bei bestimmten Forschungsprojekten aus, dokumentieren aber noch einmal den breiten Querschnitt biotechnologischer Ansätze. Dies wird auch anhand der Ausrichtung baden-württembergischer Biotechnikfirmen und ihrer Produkte deutlich. Immerhin orientieren rund ein Drittel der Firmen ihre F&E-Vorhaben an den rein Ingenieurtechnischen Segmenten der Biotechnologie: die Entwicklung von Geräten, Apparaten, Reaktoren und kompletten Anlagen. Dabei kommt das Synergiepotential der Biotechnologie mit entsprechenden Industriezweigen, die in Baden-Württemberg eine traditionell starke Stellung haben, zum Ausdruck.

Erst in den letzten 20 Jahren haben entweder bestehende Firmen biotechnologische Aktivitäten entwickelt oder entsprechende Firmen wurden neu gegründet. Der (vorläufige?) Höhepunkt lag in dem Zeitraum zwischen Mitte der 80er Jahre und Anfang der 90er Jahre. Seither sinkt die Zahl von *Neu*gründungen bzw. -aktivitäten. Diese Entwicklung beobachtet man europaweit. Auf der anderen Seite erwarten die befragten baden-württembergischen Biotechnikunternehmen für die unmittelbare Zukunft signifikante Steigerungen der Aktivitäten. Auch diese Einschätzung deckt sich mit entsprechenden Tendenzen und Prognosen in anderen EU-Staaten. Das relativ frühe Innovationsstadium der baden-württembergischen Biotechnologie kommt auch darin zum Ausdruck, daß ca. 60% der *industriellen* Entwicklungen sich noch im Bereich der Grundlagenforschung, des Labormaßstabs oder des Technikummaßstabs befinden ([1], S. 22). Nur 21% steht vor der Markteinführung. Ein entsprechendes Bild bietet das Leistungsspektrum der Firmen: nur 19% stehen konkret in der Produktion; Dienstleistungen machen mit 70% den überwiegenden Teil aus (hier sind es ibs. Auftragsforschung, Verfahrensentwicklungen, Analytik und Beratung); die restlichen 11% fallen auf Handel und Vertrieb.

Betrachtet man die einzelnen Tätigkeitsfelder der baden-württembergischen Biotechnikfirmen gegliedert nach Anwendungen liegt der eindeutige Schwerpunkt bei der Chemie/Pharmazie, während die Bereiche Umwelt und Ernährung eher im Mittelfeld angesiedelt sind. Der Bereich Landwirtschaft ist vergleichsweise schwach vertreten. Der branchenübergreifende Charakter im Unternehmensspektrum wird an der recht häufigen Zuordnung zu Feinmechanik und Elektrotechnik deutlich, die von den befragten Unternehmen angegeben wurden.

Von besonderem Interesse für die Frage nach der spezifischen Situation in Baden-Württemberg ist die Struktur der Unternehmen. Eine große Zahl der Firmen mit biotechnologischen Aktivitäten rekrutiert sich aus mittelständischen, bereits existierenden Unternehmen, die erst später eigene Biotechnologieabteilungen aufbauten. Diese Abteilungen sind sowohl vom Umsatz her als auch nach der Zahl ihrer Beschäftigten nur ein, oft kleiner, Teilausschnitt der Gesamtaktivitäten des Unternehmens. Der Anteil der sogenannten "reinen" Biotechnikfirmen wird für Baden-Württemberg auf rund ein Viertel aller Unternehmen geschätzt (das ISI geht von insgesamt 100 Unternehmen mit Biotechnologieaktivitäten aus). Die Gesamtzahl der "reinen" Biotechnikfirmen ist somit vergleichsweise gering. In den USA sind aber gerade diese Firmen die wichtigsten Know-how-Lieferanten. In Baden-Württemberg laufen zwar die meisten F&E-Vorhaben der Industrie als Kooperationsprojekte (über 80%), der Anteil der Know-how liefernden Firmen ist aber gegenüber den nutzenden Firmen gering. Hierin liegt eines der größten Defizite in Baden-Württemberg. Die wichtigsten Know-how-Lieferanten sind im Land

6 Synopse

Universitäten und Hochschulen. Aber wie bereits oben angesprochen wurde, mangelt es auch hier an effektiven Kooperationsformen (näheres siehe unten zu Fragen des Standortes).

Zu Deutschland: Spezifische Aspekte zu dieser Frage werden unten bei der Diskussion um Standortfragen aufgegriffen. An dieser Stelle sollen nur ein paar allgemeinere Punkte vorgestellt werden.

Die Situationsbeschreibung für Baden-Württemberg kann im großen und ganzen auf Deutschland übertragen werden. Der deutschen molekularbiologischen Forschung und anverwandten Gebieten werden allgemein gute bis sehr gute Noten ausgestellt. Parallel zu dieser positiven Stellungnahme wird aber betont, daß eine der Hauptschwierigkeiten bei der Umsetzung bzw. in der Anbindung der Forschung und ihrer Ergebnisse an die praktische (industrielle) Nutzung liegt. Japan und vor allem die USA werden in diesem Zusammenhang als Beispiele für eine effektive Umsetzungspraxis genannt. Unbestritten ließe sich aus den dortigen Erfahrungen lernen. Trotz allem kann eine Lösung der deutschen Defizite auf diesem Gebiet sich nicht in einem bloßen Kopieren der auswärtigen Systeme erschöpfen. Wie noch im Abschnitt zur Standortdiskussion näher erläutert wird, gilt es vielmehr deutsche bzw. europäische Spezifika zu berücksichtigen. Die deutsche biotechnologische Industrie und Forschung hat im internationalen Vergleich ihre Stärken und Schwächen (siehe als Beispiel die Ergebnisse von Patentanalysen, wie sie im Kapitel 5.7 dargestellt werden). Es gilt bei vielen Schwachpunkten die Anstrengungen und Aufwendungen zu erhöhen, um nicht den Anschluß an den internationalen Standard zu verlieren. Gleichzeitig muß aber die Frage gestellt werden [3], ob man sich auf seine eigenen (traditionellen) Stärken konzentrieren sollte oder ob man versuchen sollte, in allen Bereichen mit an der Spitze vertreten zu sein. Dies würde u.a. bedeuten, genau analysieren zu müssen, worin diese Stärken bestehen und zu erkunden, welche Schwachpunkte abgebaut werden müßten, um Negativauswirkungen auf die Stärken zu vermeiden. Eine derartige Plattform, wenn man sich darauf einließe, würde auch bedeuten, eine Förderpolitik zu betreiben, die nicht mehr das Gießkannenprinzip bevorzugt, sondern die gezielt (vernetzte) Schwerpunkte setzt.

Die internationale Führerschaft der USA bei der modernen Biotechnologie ist unstrittig. Die USA haben ihre Positionen seit dem Beginn der 80er Jahre kontinuierlich ausgebaut (siehe in den Kapiteln 3.17, 3.20 und 2.1 sowie Kapitel 5.7). In internationalen Vergleichsanalysen liegt Deutschland bei verschiedenen Gesichtspunkten hinter den USA und Japan an dritter Stelle, sei es bei Patentanalysen oder bei F&E-Leistungen. Die absoluten Abstände ibs. zu den USA sind teilweise hoch bei gleichzeitig geringen Abständen z.B. zu Großbritannien oder Frankreich. Weniger sind hier die Absolutzahlen von Interesse als die Tendenzen der sich in diesen Zahlen wiederspiegelnden Entwicklungen: die USA bauen kontinuierlich ihre Vorsprünge aus. Schätzungen besagen, daß die europäische Biotechnikindustrie in ihrem Reifegrad ca. 6 Jahre hinter den Entwicklungen der USA zurückliege (Diskussion hierzu im Kapitel 5.7). Ein Grund liegt in der von den USA praktizierten frühzeitigen und gezielten

Förderpolitik. Staatliche und private Förderung wurden kontinuierlich ausgebaut *und* koordiniert (siehe Kapitel 2.1 und 5.9).

Für Deutschland wird sowohl staatlicherseits als auch seitens der Industrie ein zögerlicher und verspäteter Einstieg diagnostiziert (Kapitel 3.20 und 3.21). Hierin ist ein wichtiger Grund für den Rückstand gegenüber den USA zu sehen (neben einer Reihe weiterer wichtiger Faktoren wie rechtliche Rahmenbedingungen und öffentliche Akzeptanz: siehe unten zur Standortdebatte). Diese eher zögerliche Haltung setzt sich auch in jüngster Zeit fort. Während in den USA und in Japan F&E-Ausgaben insgesamt gesteigert wurden, stagnieren sie in Deutschland (vgl. [4] und Kapitel 5.9). Obwohl mit durchschnittlich 61% aller F&E-Ausgaben die deutsche Wirtschaft immer noch der wichtigste F&E-Akteur ist, geht der Anteil seit Jahren zurück. Demgegenüber steigerten z.B. japanische Unternehmen auch in Zeiten mit Konjunkturrückgang ihre F&E-Ausgaben. Die wichtige Rolle staatlicher Förderung wird an dem Beispiel der USA deutlich: dort stammen über 60% der F&E-Mittel im Bereich Biotechnologie aus staatlichen Stellen, nur 38% stammen aus Mitteln der Wirtschaft (die Zahlen beziehen sich auf das Jahr 1992, siehe Kapitel 2.1).

Trotz dieser bundesdeutschen Negativtendenzen sollte festgehalten werden, daß Deutschland und die EU aufgrund guter F&E-Strukturen und Leistungen eine reale Chance besitzen, eine erfolgreiche biotechnische Industrie aufzubauen (siehe Kapitel 3.19 und 3.17). Dazu tragen auch Diversifizierungs- und Modernisierungsstrategien der großen deutschen (Pharma)Unternehmen in ihrer internationalen Ausrichtung bei, die ein Aktivposten im internationalen Wettbewerb sind (siehe Kapitel 3.20). Die Internationalisierung von F&E-Kapazitäten durch die großen Konzerne mit eigenen Forschungs- und Produktionszentren in allen wichtigen Wirtschaftsstandorten (vornehmlich EU-Staaten, USA und Japan) sind eher als Ergänzung zu den nationalen Kapazitäten zu sehen und weniger im Sinne einer Verlagerung (Kapitel 3.20). Die Umstrukturierungen bei den weltweit operierenden Unternehmen sind notwendig, um auf die zunehmende Globalisierung der internationalen Märkte reagieren zu können. Diese Modernisierungspolitik stärkt durch einen wechselseitigen Know-how Transfer zwischen firmeneigenen F&E-Zentren letztendlich auch den nationalen Standort.

Eine eher positive Sicht wurde auch auf einer Tagung der europäischen Biotechnikindustrie im Frühjahr 1994 in Amsterdam vertreten [5]. Dort wurden als ein wichtiger Beitrag zum erwarteten Ausbau der europäischen Biotechnikindustrie die vielfältigen Verflechtungen in Form von (F&E) Kooperationen aber auch der Austausch von wissenschaftlichem Personal genannt, das in den USA Erfahrungen sammeln kann, um in Europa erfolgreich Biotechnikfirmen aufzubauen. Als weitere Gründe für den auf der Tagung verbreiteten Optimismus wurden Änderungen im universitären Umfeld mit wesentlichen Verbesserungen bei der Vermarktung von F&E-Ergebnissen, bessere Finanzierungsmöglichkeiten und Anstrengungen bei der Harmonisierung von rechtlichen Rahmenbedingungen angegeben. Der Optimismus geht sogar so weit, daß in unmittelbarer Zukunft mit einem verstärkten Rückfluß europäischer Investitionen aus den USA nach Europa zu rechnen sei.

6.3 Biotechnologie in den einzelnen Anwendungsbereichen

An dieser Stelle werden nur die Bereiche Pharma/Medizin, Landwirtschaft (Pflanzenzucht) und Lebensmittel diskutiert. Diese Bereiche wurden ausgewählt, weil an ihnen über Einzelaspekte hinaus grundsätzlichere Fragen behandelt werden können. Eine Übersicht zu den Bereichen Umwelt und Tierzucht kann aus den Kapiteln 5.5 und 5.3 entnommen werden.

6.3.1 Moderne Biotechnologie als Grundlage für eine neue Pharmazie -- eine Chance für neuartige Kausaltherapien in der Medizin?

Bis auf wenige Ausnahmen sind die heute auf den Markt befindlichen Therapeutika, die mit Hilfe moderner, Gentechnik-gestützter Biotechnologie entwickelt und produziert werden, alles Substitutionen für bereits auf dem Markt befindliche Medikamente. Allerdings bietet die überwiegende Zahl dieser sogenannten Biotherapeutika einige Vorteile gegenüber herkömmlichen Präparaten, was bei Blutprodukten besonders deutlich wird. Bei einer herkömmlichen Isolierung aus Spenderblut besteht immer die Gefahr einer Virusinfektion (z.B. AIDS- oder Hepatitis-Viren). Ein weiterer Vorteil der Produktion menschlicher Proteine in Zell- oder Bakterienkulturen liegt auch in der Bereitstellung ausreichender Mengen dieser Proteine (z.B. die Produktion von menschlichem Wachstumhormon).

Auf dem Workshop wurde deutlich gemacht, daß in unmittelbarer Zukunft mit keinen spektakulären Neuentwicklungen zu rechnen sei (siehe Kapitel 5.1). Die meisten der heute auf den Markt befindlichen sogenannten Biotherapeutika bauen auf ca. 20 Grundsubstanzen auf, deren Anzahl in absehbarer Zeit kaum noch steigen dürfte. Allerdings zeichnen sich Teilmärkte wie für Diagnostika nach wie vor durch ein schnelles Wachstum aus. Nach Einschätzungen auf dem Workshop werden Biotechnologie und Gentechnik als *Produktionsmethode* in der Zukunft wohl eher an Bedeutung abnehmen. Ihre Bedeutung wird in Zukunft vermutlich mehr im Bereich der Erstellung von neuartigen *Screening*-Verfahren und Modellen liegen, die in den nächsten 10-15 Jahren entwickelt und eingesetzt werden könnten (siehe Kapitel 3.1). Beispielsweise könnte durch "molecular modeling" die äußerst aufwendige Suche nach organisch-chemischen Stoffen abgekürzt werden. Auf dem Workshop ging man davon aus, daß die so entwickelten Substanzen wohl größtenteils in der Produktion chemisch synthetisiert werden (siehe Kapitel 5.1).

Moderne molekularbiologische Techniken und Methoden tragen dazu bei, das Krankheitsgeschehen auf molekularer Ebene analysieren und darstellen zu können. Die erwähnten Modellentwicklungen sollen dazu dienen, Krankheitsabläufe und

Defekte auf der molekularen Ebene verstehen zu lernen. Die genannten Screening-Verfahren sollen helfen, gezielt Substanzen zu isolieren, die entweder Defekte aufheben können oder spezifische molekulare Krankheitsmerkmale blockieren und somit den weiteren Krankheitsverlauf stoppen können. Eine wichtige Zielgruppe derartiger Substanzen sind kleine Peptide, die Rezeptoren an den Zelloberflächen blockieren können, die wiederum (bei Nicht-Blockade) am Krankheitsverlauf beteiligt sind (für weitere Beispiele siehe Kapitel 3.1 und 5.1). Im Fall einer erfolgreichen Behandlung mit Substanzen, die Defekte aufheben können, darf zurecht von einer kausalen Therapie gesprochen werden. Es bleibt aber die Frage nach der Verursachung der Krankheit (des Defekts) bestehen, es sei denn, es handelt sich um Infektionen oder eindeutige erbliche Defekte. Bei vielen der heute vorherrschenden Erkrankungen in den Industriestaaten geht es aber um Krankheiten, deren Verursachung multifaktoriell bedingt ist und deren Entstehungsgeschichte sich oftmals über Jahre hinziehen kann (vgl. hierzu Anmerkung 4 im Kapitel 5.1 zur Rolle des Cholesterins bei der Entstehung von Herz-, Kreislauferkrankungen). Eine Fokusierung der Forschung auf die molekulare Ebene des Krankheitsgeschehens (inclusive der genetischen Dispositionen) darf nicht zu einer Einengung des Sichtfeldes über ein Verständnis von Krankheit und in Folge dessen zu einer Vernachlässigung weiterer wichtiger Bereiche wie Prävention sowie notwendiger Forschungen im Rahmen von Epidemiologie, Sozialmedizin und Psychologie führen.

6.3.2 Moderne Biotechnologie als Grundlage für nachhaltigere Wirtschaftsweisen in der Landwirtschaft (das Beispiel Pflanzenzucht)?

Bereits in unserer einleitenden Stellungnahme (Kapitel 2.4) haben wir darauf verwiesen, daß die Akademie in mehreren Projekten der Frage nachgeht, welche Chancen für eine nachhaltige Form des Wirtschaftens in Baden-Württemberg bestehen. Der Begriff "Nachhaltigkeit" ist mehrdeutig. Eine grobe Definition haben wir in der Stellungnahme gegeben, eine umfassende Sicht der Akademie ist in dem Arbeitsbericht "Ein regionales Konzept qualitativen Wachstums" [6] enthalten.
  Um zu einer umweltgerechten, nachhaltigen Wirtschaftsweise im Landbau zu kommen, erscheint es notwendig, die züchterischen Ziele und die aktuelle Produktion mit Ansätzen des integrierten Pflanzenbaus und -schutzes zu kombinieren [7]. Eine Kombination mit dem kontrolliert biologischen Anbau schließt sich (zur Zeit) aus, da sich die jeweiligen Verbände auf einen Verzicht gentechnischer Methoden verpflichtet haben.
  In den einzelnen Fachgutachten (Kapitel 3.7 bis 3.10) wird auf Potentiale verwiesen, mit Hilfe moderner Züchtungstechniken zu einer umweltgerechteren Form Landwirtschaft zu finden. Molekular- und zellbiologische Verfahren sind in die klassischen Methoden der Züchtung eingebunden. Zur Zeit haben, was die Gentechnik angeht, Markertechniken die größte Bedeutung. Gentechnische Methoden unterstützen demgemäß die traditionellen Züchtungsverfahren, werden sie aber

6 Synopse

nicht ersetzen können. An folgenden Züchtungszielen wird derzeit mit der Hilfe der Gentechnik vorrangig gearbeitet:

- verstärkte Widerstandsfähigkeit gegenüber Schadorganismen und Viren, z.B. bei der Zuckerrübe gegenüber der Viruskrankheit *Rhizomania* oder beim Mais gegenüber dem Maiszünsler;
- erhöhte Resistenz gegenüber Pilzerkrankungen, vor allem bei Getreide;
- Verbesserung von Pflanzeninhaltsstoffen wie Stärke, Öle, Fette zur Ausnutzung als nachwachsende Rohstoffe;
- Herstellung herbizidtoleranter Kulturpflanzen mit dem Ziel der Verringerung des Einsatzes an Unkrautbekämpfungsmitteln;
- darüber hinaus erprobt man den Einsatz der Gentechnik im diagnostischen Bereich, z.B. um Viruskrankheiten frühzeitig zu erkennen.

Als ein Züchtungsziel, das unmittelbar der Umweltschonung dient, kann die Verbesserung der Düngeraufnahme oder -verwertung gelten, zum Beispiel beim Stickstoffdünger. Der natürliche Stickstoff-Kreislauf ist durch Eingriffe des Menschen massiv gestört [8]. Ein Problem ist die Überdüngung landwirtschaftlicher Flächen, die eine Reihe von Folgeproblemen nach sich zieht (z.B. Nitrat in Quell- und Grundwasser). Vor diesem Hintergrund gewinnt das Züchtungsziel einer verbesserten Stickstoffaufnahme und -verwertung durch die Pflanzen an Bedeutung, da dies zur einer Reduktion an Düngemitteln beitragen kann. Um die genannten Züchtungsziele zu erreichen, ist ein umfassendes Verständnis der Stickstoffaufnahme und -verwertung sowie die Aufklärung der Verteilung der stickstoffhaltigen Moleküle in der Pflanze notwendig. Gentechnische Verfahren waren maßgeblich an der Aufdeckung der genetischen Grundlagen der Stickstoffaufnahme und -verwertung beteiligt [9]. Die Ergebnisse dieser Studien erlauben es jetzt, konkrete Züchtungsziele, wie z.B. eine hohe Nitrat-Speicherkapazität bei Zwischenfrüchten oder tiergerechte Aminosäurezusammensetzungen bei Futterpflanzen zu formulieren [9].

Weitere Optionen liegen in dem Feld 'Biomasse für die energetische Nutzung' [10]. Beim Energiegetreide geht es darum, eine optimale Biomasseverteilung zwischen Kornerträgen und anderen Pflanzenteilen (Halm, Blätter) zu erreichen. Bei der Verbrennung von Ganzpflanzen stehen nicht mehr gesteigerte Kornerträge im Vordergrund des Interesses, sondern eher eine günstige Biomasseproduktion der Gesamtpflanze bei gleichzeitig günstigen C/N- und C/S-Verhältnissen (zur weitgehenden Vermeidung der Entstehung von Schadgasen bei der Verbrennung).

Die Pflanze als Nachwachsender Rohstoff oder als Energieträger muß andere Voraussetzungen erfüllen als eine Nahrungs- oder Futtermittelpflanze. Hier öffnet sich ein weites Betätigungsfeld für die moderne Züchtung. Aber nicht nur die Züchter sind angesprochen: neue Einsatzfelder bedürfen auch entsprechender Märkte und Abnehmer. Die Formulierung neuer Züchtungsziele und die Entwicklung der dafür geeigneten Pflanzen muß in enger Koordination mit allen am Prozeß beteiligten Akteuren erfolgen (im Fall der Biomasse für Energiezwecke muß die Energiewirtschaft mitziehen; im Fall der Nachwachsenden Rohstoffe die chemische

Industrie). Die Politik müßte die passenden Rahmenbedingungen schaffen und für entsprechende agrar-, energie- und umweltpolitische Voraussetzungen sorgen, damit die neuen Produkte wettbewerbsfähig werden. Die Wünschbarkeit derartiger Produkte wird hier vorausgesetzt. Als Begründung soll der Hinweis auf das CO_2-Problem genügen, wobei die exakte Umweltverträglichkeit in jedem Einzelfall zu prüfen ist.

Auswirkungen auf Strukturen der Landwirtschaft und der Züchter: Setzt man voraus, daß die momentanen landwirtschaftlichen Strukturen in Baden-Württemberg in ihrer immer noch vorherrschend bäuerlichen Form und damit einhergehend die von ihr maßgeblich geprägte Kulturlandschaft weitmöglichst erhalten werden sollten, gewinnt die Frage nach möglichen Auswirkungen moderner Züchtung an Bedeutung. Gibt es für die bestehende Landwirtschaft in Baden-Württemberg eine reelle Chance, durch Umsetzung neuer Züchtungsziele konkurrenzfähig zu bleiben?

Eine Voraussetzung wäre die Züchtung standortgerechter Pflanzen, die mit den spezifischen Bedingungen z.B. der Schwäbischen Alb zurechtkommen. Diese Pflanzen müßten nicht nur über die für das neue Anwendungsziel geeigneten Eigenschaften verfügen, sondern müßten auch den jeweiligen Standorten angepaßt sein. Dies impliziert ein umfangreiches Forschungs- und Züchtungsprogramm. Potentiell können hier moderne Züchtungsmethoden sehr hilfreich sein, da sie es dem Züchter erlauben, bereits vor dem Sichtbarwerden eines Merkmals das gewünschte Gen oder den Genkomplex zu erkennen und daraufhin zu selektieren. An erster Stelle wäre die anwendungsorientierte (Grundlagen)Forschung zu nennen, die überwiegend in öffentlichen Einrichtungen angesiedelt ist. Des weiteren bedarf es regionalorientierter Züchter, die sich mit den Standorten und den dafür geeigneten Pflanzen auskennen. Darüber hinaus bedarf es einer engen Kooperation zwischen den Akteuren, die aber unter den heutigen Organisationsstrukturen in der Züchtungsforschung in Deutschland als gegeben vorausgesetzt werden kann. Alle die hier genannten Bedingungen erscheinen als erfüllbar: der deutschen Grundlagenforschung wird eine Spitzenstellung attestiert, die Arbeit und der Standard der deutschen Saatzüchter wird als sehr leistungsstark eingeschätzt und es existieren vielfältige Kooperationsbeziehungen. Die andere Frage ist, ob die Züchtungspotentiale zur Entwicklung eines breiten Sortiments im Sinne eines standortspezifischen Pflanzenanbaus unter den gegebenen Marktbedingungen tatsächlich umsetzbar sind. Derartige mannigfaltige Sortenentwicklungen kosten viel Geld, so daß sich kleine und mittlere Saatzüchter diese Vorhaben kaum leisten können. Zudem sind die potentiellen Absatzmärkte für derartig zugeschnittene Sorten relativ klein, d.h. die Erlöse für die Züchter gering. Hier wird deutlich, daß eine Umsetzung der Potentiale sehr stark von den dafür geeigneten agrar- und förderpolitischen Bedingungen abhängt. Auch wären Änderungen beim deutschen Zulassungsrecht neuer Sorten notwendig (Kapitel 3.10).

Ein weiteres Fragezeichen hinsichtlich des Fortbestandes der momentanen landwirtschaftlichen Strukturen in Baden-Württemberg resultiert aus der zunehmenden Technisierung der Landwirtschaft. Im Einklang mit der im Kapitel

6   Synopse

5.2 zitierten Studie des Office of Technology Assessment (OTA) zur Situation in den USA kommt auch eine für die EU angelegte Studie [7] zu dem Schluß, daß durch Weiterentwicklungen der Biotechnologie und der Informationstechnologien die Technisierung der Arbeit in landwirtschaftlichen Betrieben ansteigt. Dies bedeutet auch erhöhte Anforderungen an die Qualifikation des Landwirts und an die Ausstattung der Betriebe. Die OTA sieht den computerisierten Bauernhof für die nächste Dekade heraufziehen. Im Zuge dieser prognostizierten Entwicklungen postuliert die OTA ein beschleunigtes 'Höfesterben' kleiner und mittlerer Betriebe.

Auch für den Saatzuchtbereich postuliert die OTA eine Verschärfung der Konzentrationsprozesse, wie sie sich beispielsweise in Großbritannien und in den USA bereits andeutet [11, 12, 13]. Die Situation in Deutschland zeichnet sich demgegenüber durch eine überwiegend mittelständisch organisierte Saatzucht aus. Die Leistungsstärke der deutschen Saatzüchter beruht zum einen auf der relativ großen Zahl der Unternehmen mit einer Vielzahl von Fruchtarten und vielfältigem Ausgangsmaterial (genetische Ressourcen), zum anderen auf der engen Verbindung zwischen Produkt und Service (Sorte und Beratung) und darauf aufbauend auf guten Beziehungen zwischen Unternehmen und Kunden [12]. Ob diese auch international starke Wettbewerbsposition gehalten werden kann, wird entscheidend von geeigneten Agrarkonzepten auf nationaler und EU-Ebene abhängen. Diese Konzepte sollten, wie bereits mehrfach angesprochen wurde, die Regionalisierung begünstigen.

6.3.3 Moderne Biotechnologie bei der Lebensmittelherstellung - eine Chance für die Lebensmittelindustrie und für die Verbraucher?

Die Einsatzmöglichkeiten der neuen Biotechnologie liegen auf 3 Ebenen: (a) bei der Produktion der pflanzlichen und tierischen Rohstoffe, (b) bei der Verarbeitung und Herstellung der Lebensmittel, (c) beim Endprodukt selber. Für die Industrie sind ibs. die Punkte a und b von Bedeutung, während Punkt c eher die Belange der Verbraucher berührt. Allerdings ist aus Verbrauchersicht auch von Interesse, ob der pflanzliche oder tierische Rohstoff aus rekombinanten Organismen stammt und ob bei der Verarbeitung gentechnische Methoden oder entsprechend veränderte mikrobielle Fermentations- oder Schutzkulturen eingesetzt wurden, die oder deren Substanzen im Endprodukt enthalten sind. Diese Punkte spielen eine zentrale Rolle bei Fragen einer möglichen Kennzeichnungspflicht (siehe unten).

Die Chancen für die Industrie: Die Einstellung der Lebensmittelindustrie im Verhältnis moderner Biotechnologie und den damit notwendigerweise verbundenen F&E-Anstrengungen steht in einem direkten Zusammenhang mit den existierenden Strukturen dieser Industrie in Deutschland und in Baden-Württemberg (siehe Kapitel 3.6 und 2.1). Zwei grundlegende Unterscheidungen sind offensichtlich: die Einschätzung nach dem Bedarf für neue Biotechnologie seitens der mittelständischen, regionalorientierten Industrie und seitens der Großindustrie.

Für erstere spielt die neue Biotechnologie nach eigenen Einschätzungen eher eine Nischenrolle, während für letztere die Einschätzung einer Schlüsseltechnologie überwiegt. Entsprechend verteilt sind auch die, in Deutschland ohnehin niedrigen, F&E-Anstrengungen. Ob der laufende Strukturwandel in der Branche durch die Entwicklung von neuartigen Lebensmitteln oder Produktionsverfahren signifikant beeinflußt wird oder nicht, läßt sich, so die Diskussionen auf dem Workshop, zur Zeit nicht entscheiden. Die direkten Einsatzmöglichkeiten von gentechnischen Verfahren oder entsprechend veränderter Organismen werden zwar eher mit Zurückhaltung betrachtet. Es werden aber gute Möglichkeiten z.B. bei der Enzymproduktion gesehen (Beispiel: Chymosinproduktion für die Käseherstellung[1]). Indirekt gewinnen moderne Methoden inclusive Gentechnik im Vorfeld der Produktion - im Bereich der Forschung und bei Identifizierungs- und Charakterisierungstechniken - immer mehr an Einfluß. Auch kleinere und mittlere Unterneh-men profitieren hier von den modernen Techniken (vgl. hierzu das Beispiel eines mittelständischen Herstellers für Starterkulturen; in: [14]).

Die Entwicklung diätetischer Lebensmittel (inclusive Sportler- und Säuglingsnahrung) mit genau definierten Inhaltsstoffen gründet sich auf eine wissenschaftlich ausgerichtete Basis, für die biotechnologische Ansätze von großer Bedeutung sind (siehe Kapitel 3.5, 3.6 und 2.1). Die Zunahme der ernährungsbedingten Erkrankungen mit ihren immensen Folgekosten[2] dokumentiert die Wichtigkeit der Diätetika. Hier gilt es, F&E im Bereich der Qualitätssicherung diätetischer Lebensmittel mit Maßnahmen der Vorbeugung zu koppeln. Diätetische Lebensmittel tragen dazu bei, die Folgen und damit die Kosten für (ernährungsbedingte) Erkrankungen zu dämpfen.

Analog zu den Diskussionen im landwirtschaftlichen Bereich über die Möglichkeiten und Voraussetzungen zur Erhaltung der mittelständischen, regionalorientierten Struktur stellt sich auch in der Lebensmittelbranche die Frage (die Wünschbarkeit der Erhaltung wird vorausgesetzt!), inwieweit Faktoren wie der Ausbau der Regionalorientierung, verschiedene Diversifizierungsstrategien und der Aufbau neuer Kooperationsformen zwischen Landwirtschaft, Lebensmittelindustrie und Handel zum Erhalt beitragen könnten. An dieser Stelle müssen Hinweise genügen (siehe Kapitel 3.6). Im Kapitel 5.2 (dort Anmerkung 11) wurde auf eine Studie der US-amerikanischen OTA verwiesen. In dieser Studie werden Möglichkeiten einer wesentlich engeren Verzahnung zwischen Pflanzenzucht, -produktion und Bedürfnissen/Wünschen der Verbraucher, der Lebensmittelverarbeiter und des Handels angesprochen. Entsprechende Produkte finden dieser Studie nach Spezialmärkte, was wiederum gerade für kleine und mittlere Produzenten von Interesse sein kann. Allerdings bedarf es zur Realisierung derartiger Möglichkeiten enger Kooperationen und direkter Informationswege zwischen den verschiedenen Akteuren. Ob diese Kooperationen letztendlich in einer vertikalen Integration der einzelnen Segmente innerhalb eines großen Konzerns resultieren, wie es zumindest ansatzweise von OTA beschrieben wird, oder ob einzelne, unabhängige Unternehmen miteinander kooperieren (auch Zwischenformen sind denkbar) läßt sich heute und im Rahmen unseres Projektes nicht beantworten.

6 Synopse

Die Chancen für den Verbraucher: Im Prinzip bietet der heutige Markt dem Verbraucher die Freiheit, sich für das Produkt zu entscheiden, das seinen Bedürfnissen entspricht und seinen Qualitätsansprüchen genügt. Fermentierte Lebensmittel oder solche mit definierter Zusammensetzung entsprechen beispielsweise den Ansprüchen spezifischer Verbraucherwünsche nach guter Haltbarkeit, einfacher Zubereitung und vielem mehr. Der soziale Strukturwandel mit einer Verschiebung in Richtung von sogenannten Single-Haushalten ging auch einher mit Änderungen der Ernährungsgewohnheiten und Zubereitungstechniken. Dies hat gravierende Auswirkungen auf die Lebensmittelproduktion. Ansätze der neuen Biotechnologie können hier maßgeblich zu einer Befriedigung der Bedürfnisse der Verbraucher und der Ansprüche der Hersteller beitragen (siehe Kapitel 3.5).

Der Kaufentscheid für naturbelassene Lebensmittel wird maßgeblich von den Kriterien Aussehen, Frische, Herkunft und Nahrhaftigkeit beeinflußt. Das Kriterium "Frische" unterliegt heute einer Revision. Als Kriterien für "frisch" galt bislang neben einem entsprechenden Aussehen auch die Zeit zwischen Ernte und Verkauf. Dies wird jetzt aufgrund gentechnischer Eingriffe bei Tomaten in Frage gestellt. Die mittlerweile zu einer gewissen Berühmtheit gelangte Flavr Savr Tomate aus den USA wurde genetisch so verändert, daß Enzyme, die in den klassischen Kulturformen den Zellwandabbau einleiten und damit zum Weichwerden der Tomate beitragen, in ihrem Gehalt sehr stark vermindert sind. Damit verbunden ist eine verlängerte Haltbarkeit (10 Tage länger als normal; [15]) bei gleichzeitiger Möglichkeit der Ernte im ausgereiften Stadium.

Profitiert der Verbraucher davon? Dies zu entscheiden, hängt letztendlich vom Verbraucher selber ab. Bereits heute ist es eigentlich keine Schwierigkeit zur Haupterntezeit, reife und haltbare Tomaten aus regionalem Anbau erntefrisch zu liefern (reife Tomaten lassen sich durchaus unter kühlen, dunklen Lagerbedingungen einige Tage bis Wochen auf Vorrat halten, ohne matschig zu werden). Auf jeden Fall bringt Flavr Savr Vorteile für Produzenten, Transporteure und Händler, insbesondere für die verarbeitende Industrie. Aufgrund der Enzymblockade kann die Tomate am Stock ausreifen und dann erst z.B. zu Ketchup weiterverarbeitet werden. Der Vorteil liegt hier ibs. in der aromatischen Qualität des Nahrungs-mittels. Das notwendige Aroma muß so nicht (oder nur im geringen Umfang) künstlich beigemengt werden.

Der Verbraucher hat heute die Wahl, sich für ein Produkt seinen Ansprüchen (und auch Geldbeutel) gemäß zu entscheiden. Voraussetzung für diese Kauffreiheit ist Informiertheit (siehe Kapitel 3.23). Auf dem Workshop (Kapitel 5.4) war man sich zumindest darüber einig, daß im Falle einer Kennzeichnungspflicht für neuartige Lebensmittel weder ein Symbol noch der Text diskriminierend sein dürften. Beides müßte in einer neutralen Form vorgenommen werden. Darüber hinaus sei zu klären, bis zu welcher Verarbeitungstiefe eine Kennzeichnung sinnvoll sei. Allgemein abgelehnt wurden in diesem Zusammenhang Forderungen, die eine Kennzeichnung von Produkten verlangen, die aus Rohstoffen gentechnisch veränderter Pflanzen oder Tiere bestehen, aber keine (rekombinante) Erbsubstanz oder daraus resultierende Proteine enthalten (z.B. Zucker aus gentechnisch veränderten Zuckerrüben).

6.4 Zur Risikodiskussion

Unser Projekt geht von den zur Zeit geltenden ordnungspolitischen Rahmenbedingungen zur Regelung des Einsatzes Gentechnik-gestützter Biotechnologie aus. Ziel des hierfür maßgeblichen Gentechnikgesetz (GenTG) ist es, den Schutz von Mensch und Umwelt sowie die Förderung der wissenschaftlichen und technischen Möglichkeiten der Gentechnik zu gewährleisten.

Innerhalb der Gesellschaft ist das Schutzziel des GenTG nicht umstritten. Ein Dissens besteht vielmehr darüber, was geeignete Schutzmaßnahmen beinhalten sollten und welche spezifischen Risiken und Gefahren von gentechnischen Eingriffen ausgehen oder ob überhaupt spezifische Risiken bestehen. Erklärte Rahmenbedingung unseres Projekts war es, *nicht* die wissenschaftliche und gesellschaftliche Risikodiskussion nochmals aufzurollen. Dies ist anderenorts mit großem Aufwand geschehen (vgl. z.B. [16,17,18,19,20,21]; in den hier genannten Arbeiten handelt es sich um aktuelle Zusammenschauen, in denen die einschlägigen divergierenden Argumentationslinien und Sichtweisen zum Tragen kommen).

Auch wenn wir diese Diskussionen aus unserem Projekt explizit ausgeklammert haben, besitzen wir selbstverständlich eine eigene Position, die wir aus Transparenzgründen offenlegen wollen.

Aus unserer Sicht sind folgende Differenzierungen notwendig (die Ausführungen beziehen sich wie im GenTG auf das Schutzziel Mensch und Umwelt und nicht auf unerwünschte sozio-ökonomische Folgen):

- Mit Gentechnik, aber auch mit anderen biologischen Verfahren, lassen sich Beschränkungen für genetische Neukombinationen weitgehend aufheben.
- Daraus resultiert nicht *per se* ein Risiko. Die Eingriffe sind aber dann durch ein höheres Maß an Ungewißheit gekennzeichnet, wenn es an entsprechendem Erfahrungswissen mangelt (Beispiel: die Freisetzung gentechnisch veränderter Mikroorganismen).
- Daraus leitet sich - je nach herbeigeführter genetischer Konstitution und daraus resultierender neuer Eigenschaft - ein abgestuftes Verfahren der Risikoermittlung ab.
- Deshalb empfiehlt sich eine Produkt- oder Produktlinien-spezifische Risikountersuchung.

Diese Differenzierungen lassen sich an folgenden Beispielen konkretisieren.

Insulinproduktion durch Bakterien: Bei der Produktion von Humaninsulin durch Bakterien kann aufgrund der langjährigen Erfahrungen, die bis heute gewonnen wurden, von einem minimalen Risikopotential ausgegangen werden. Es bestehen ausreichende Möglichkeiten für biologische und anlagenspezifische Sicherheitsmaßnahmen. Das Endprodukt läßt sich im Hinblick auf Rückstandsverunreinigungen bzw. deren toxikologischer und allergologischer Potentiale hinreichend charakterisieren.

Allerdings zeigt der sogenannte Trypthophan-Fall, daß Änderungen im Produktionsprozeß (die durchaus nicht Gentechnik-spezifisch sein müssen) zu gravierenden Auswirkungen führen können[3]. Dieser Fall dokumentiert die Notwendigkeit für eingehende Untersuchungen und Risikoanalysen dann, wenn es an entsprechendem Erfahrungswissen mangelt. Dies gilt für alle biotechnischen Produktionsverfahren.

Auf der anderen Seite bestehen in geschlossenen Systemen wie Fermentationsanlagen sehr gute Kontroll- und Steuerungsmöglichkeiten und einzelne Komponenten lassen sich in der Regel gut definieren.

Herbizidresistente Pflanzen: Im Gegensatz zum ersten Beispiel handelt es sich hier um einen Fall von Freisetzungen und damit um Risikofragen in offenen Systemen. Damit sind Kontroll- und Steuerungsmöglichkeiten eingeschränkt.

Neben humantoxikologischen Auswirkungen sind es ibs. ökologische Risiken, die in der Diskussion sind. Ein potentielles Risiko besteht in der Übertragung der Resistenzgene von der transformierten Kulturpflanze auf verwandte Wildkräuter. Dies könnte wiederum für die Wildkräuter mit selektiven Vorteilen verbunden sein bzw. mit einer nicht erwünschten Verbreitung in Agrarflächen. Diese potentiellen Risiken lassen sich dann umgehen, wenn entweder sterile Kulturpflanzen angebaut werden oder wenn geeignete Kreuzungspartner im Anbauareal fehlen. Bei fertilen Pflanzen muß letzterer Punkt bei Voruntersuchungen im Rahmen von biologischen Sicherheitstests besonders beachtet werden. Eine Analyse entsprechender Feldversuche aus den USA zeigt, daß dieser Punkt anscheinend nicht in allen Fällen genügend beachtet wird [22]. Als weitere Möglichkeit für unerwünschte ökologische Folgen gilt das Potential der Kulturpflanzen zur Verwilderung und damit zu unkontrollierter Verbreitung [23]. Allerdings wurden in Mitteleuropa für folgende ökonomisch wichtigen Kulturpflanzen keine Verwilderungen festgestellt: Gerste, Weizen, Tomate, Gurke, Kartoffeln und Sonnenblume [23]. Besonderes Augenmerk bedürfen aber hier die verschiedenen Rübenarten.

Die häufige Nutzung der Gene für Antibiotika-Resistenzen als Marker (siehe Glossar) bei gentechnisch veränderten Organismen wird von einigen Experten als problematisch angesehen. Befürchtet wird, daß hiermit eine Verbreitung von Antibiotika-Resistenzen unter Krankheitserregern von Menschen und Nutztieren verstärkt werden könnte (die Erreger könnten dann nicht mehr mit den entsprechenden Antibiotika behandelt werden) [24]. Obwohl die Realistik eines solchen Szenarios strittig ist, werden alternative Markersysteme intensiv erforscht und entwickelt. Einige sind bereits im Einsatz.

Mikrobieller Schadstoffabbau: Hochpersistente, toxische Stoffe in der Umwelt (ibs. in Böden und Gewässern) können unter günstigen Umständen von spezifischen Mikroorganismen abgebaut und dadurch entgiftet werden. Natürlich vorkommende Abbauleistungen können durch gentechnische Eingriffe optimiert werden. Diese gentechnisch veränderten mikrobiellen Spezialisten könnten in die belasteten Gewässer oder Böden als Maßnahme einer gezielten Freisetzung eingebracht werden. Auch hier handelt es sich um einen Fall eines offenen Systems.

Zu den potentiellen Risiken, die an derartigen Beispielen diskutiert werden, gehören u.a.: (1) die unkontrollierte Verbreitung der gentechnisch veränderten Mikroorganismen (GVM) und/oder der neukonstruierten genetischen Information mit unbekannten, unerwünschten Folgen; (2) die Bildung von Stoffwechselprodukten beim Abbau der Schadstoffe mit unerwünschten Nebenwirkungen.

Im Gegensatz zu Pflanzen können Mikroorganismen - auch wenn entsprechende biologische 'Sicherungssysteme' eingebaut werden - in ihrer Verbreitung im Freiland nicht vollständig kontrolliert bzw. nachgewiesen werden. Zusätzlich kommt im Fall der gezielten Freisetzung von GVMs hinzu, daß ibs. für die mikrobielle Ökologie, aber auch bei Physiologie und Genetik unter Freilandbedingungen trotz aller Erkenntnisfortschritte noch große Wissenslücken bestehen.

Das Fazit zu diesem Fallbeispiel lautet: die einzelnen Komponenten des Gesamtsystems (GVM + jeweilige Freilandbedingungen) sind wenig definiert; Kontroll- und Steuerungsmöglichkeiten sind nur mit Einschränkungen anwendbar. Dies macht eine stringente Einzelfallprüfung notwendig[4].

Alle drei Beispiele sollten verdeutlichen, daß eine Risikodiskussion nicht pauschal geführt werden kann. Es gilt den Einzelfall zu betrachten. Maßgebend für die Festlegung von Sicherheitsmaßnahmen in Art und Umfang und/oder von notwendigen Begleituntersuchungen im Rahmen der Biologischen Sicherheit sollte der jeweilige Erkenntnisstand und das vorhandene Erfahrungswissen sein.

6.5 Biotechnologie in der Standortdebatte

Der sich zur Zeit vollziehende Strukturwandel in der deutschen und europäischen Wirtschaft hat eine heftige Debatte um Ursachen der Krise und um Lösungsansätze ausgelöst. Biotechnologie wird immer wieder als Hoffnungsträger genannt, die für den Aufbau neuer Industrien und Arbeitsplätze sorgen soll. Vor diesem Hintergrund hat sich unser Projekt mit der Frage nach den Chancen für biotechnische Industrien in Baden-Württemberg beschäftigt. Im folgenden sollen thesenartig wichtige Ergebnisse unseres Projekts in den Zusammenhang mit der Standortdebatte gebracht werden.

Da sich in den Diskussionen auf dem Workshop die Punkte "Rechtliche Rahmenbedingungen", "Öffentliche Akzeptanz" und "Fragen der Umsetzung und der Förderung" als zentrale Fragestellungen herauskristallisiert haben, werden wir abschließend diese Aspekte ausführlicher diskutieren.

6.5.1 Standortfaktoren und ihre Gewichtung

Die Situation in Deutschland und in Baden-Württemberg kann kurz gefaßt wie folgt beschrieben werden:

6 Synopse

- Aus Sicht der Forschung und der großen Unternehmen kommt den rechtlichen Rahmenbedingungen und der fehlenden öffentlichen Akzeptanz die wichtigste Bedeutung als Standortfaktoren zu.
- Unseren Erfahrungen zufolge sind Markt und Wettbewerb, staatliche Regulierungen, die wissenschaftliche Infrastruktur und die Akzeptanz tatsächlich die herausragenden Standortfaktoren, die für eine Ansiedlung von Biotechnologieunternehmen in Baden-Württemberg entscheidend sind.
- Die Genehmigungspraxis innerhalb der Mitgliedsstaaten der EU und die Praxis innerhalb der Bundesländer ist sehr heterogen und ist mit einer hohen Rechtsunsicherheit behaftet. Für Baden-Württemberg wird allgemein eine gute Praxis hervorgehoben.
- Es besteht eine gute bis sehr gute (Grundlagen)Forschung.
- Es mangelt an einer effektiven Umsetzung von Forschungsergebnissen in die Praxis, wobei sich die Situation für große, weltweit operierende Unternehmen anders ausnimmt als für kleine und mittlere Unternehmen.
- Es besteht (aus diversen Gründen) ein Mangel an kleinen, innovativen Biotechnikfirmen.
- Notwendige informelle Netzwerke müssen stark ausgebaut werden.
- Einige maßgebende Firmen haben die Verlagerung ihres Bereiches Biotechnologie oder Teile davon ins Ausland mit schlechten Rahmenbedingungen in Deutschland begründet. Momentan kann aber nicht mehr von einer massiven Abwanderung großer Unternehmen gesprochen werden. Bereits erfolgte Neugründungen im Ausland, namentlich in den USA, müssen vorrangig als Ausdruck einer weltmarktorientierten Strategie und als Ausdruck einer nachholenden Modernisierung aufgrund des großen technologischen Vorsprungs der USA angesehen werden. Bestehende F&E-Kapazitäten der großen Firmen im Inland sind am hiesigen Markt orientiert und werden von den Unternehmen als ausreichend angesehen. Teilweise werden die Kapazitäten nunmehr ausgebaut (Fa. Thomae/Biberach).

Bei der Standortdebatte und den damit verbundenen Einschätzungen der Einflußfaktoren für Standortentscheidungen sind die Unterschiede zwischen den folgenden drei Bereichen zu beachten:

- Forschungseinrichtungen,
- kleinere und mittlere Biotechnikfirmen,
- große (Pharma)Unternehmen.

Vertreter aller drei Bereiche bemängeln als wichtigste Faktoren für negative Standortentscheidungen die rechtlichen Rahmenbedingungen (wobei sich die Kritik nicht ausschließlich auf das Gentechnikgesetz konzentriert) und die fehlende öffentliche Akzeptanz, wobei letztere für Forschungsstätten oftmals nur bei Freisetzungen relevant wird (siehe Kapitel 5.6).
Bei den *kleinen und mittleren Firmen* treten folgende Besonderheiten hinzu (vgl. Kapitel 5.7):

- fehlendes Risikokapital,
- fehlende Risikobereitschaft seitens potentieller Firmengründer und Geldgeber,
- mangelnde Professionalität,
- Schwierigkeiten bei der Umsetzung von F&E-Ergebnissen sowie beim Vertrieb und Marketing.

Der Faktor "Kapitalbedarf/Risikokapital" bedarf nach der Analyse der Befragung der Biotechnikfirmen in Baden-Württemberg einiger Differenzierungen: Für viele Biotechnikfirmen in Baden-Württemberg bedeutet die Biotechnologie nur eine Teilaktivität. Diese ist in der Regel in etablierte und finanzkräftige Firmen eingelagert, die im allgemeinen auch die Finanzierung der Aktivitäten in der Biotechnologie übernehmen. Anders stellt sich die Situation für die sogenannten "reinen" Biotechnikfirmen dar. Hier existiert ibs. in der Gründungsphase ein hoher Bedarf an Fremdfinanzierung. Vertreter der beiden Typen von Biotechnikfirmen in Baden-Württemberg betonen aber gleichermaßen den Bedarf an öffentlichen Fördermitteln im derzeitigen Entwicklungsstadium der Biotechnologie, bei dem bisher nur wenige Produkte das Stadium der Marktreife erlangt haben ([1], S. 73).

Die Situation der *großen Unternehmen* stellt sich dagegen etwas anders dar. Neben den genannten Faktoren, Gentechnikgesetz, Genehmigungspraxis und Akzeptanz, treten folgende Punkte bei Standortentscheidungen hinzu:

- Internationalisierung von Marktstrategien;
- für den deutschen Markt bestehen ausreichende eigene F&E-Kapazitäten mit entsprechend hohen F&E-Ausgaben;
- Anbindungen an bestehende externe Forschungsstätten. Teilweise existieren gute Kontakte, allerdings wird neben dem Fehlen von kleinen und mittleren Biotechnikfirmen bemängelt, daß sich Kooperationen mit universitären Einrichtungen teilweise schwierig gestalten;
- nachholende Modernisierung (Stichworte: großer technologischer Vorsprung der USA: Einkauf von Know-how);
- Kostenfragen: Löhne, Steuern u.ä.;
- Nachteile im Patentrecht im internationalen Vergleich.

Grundsätzliche Unterschiede zwischen den großen Unternehmen und den kleinen und mittleren Unternehmen liegen ibs. in der jeweiligen Marktorientierung. Die großen Firmen orientieren ihre Strategien an den großen Weltmärkten der Triaderegionen (Europa, USA, Japan), zunehmend auch am südostasiatischen Raum. Die kleinen und mittleren Firmen orientieren sich eher an regionalen Märkten. Diese unterschiedlichen Ausrichtungen haben auch schwerwiegende Auswirkungen auf den Stellenwert einzelner Standortfaktoren. Große Unternehmen stufen z.B. die bestehenden rechtlichen Bestimmungen des Gentechnikgesetzes als wesentlich gravierender ein als die kleinen und mittleren Unternehmen (vgl. Kapitel 3.19 und 3.17 sowie [1]). Die großen Firmen betonen zwar, daß das Gentechnikgesetz ein Faktor neben weiteren hinderlichen Rechtsvorschriften sei, streichen aber die besondere Rolle des Gentechnikgesetzes und seines Vollzugs als Faktor für

6 Synopse

Standortentscheidungen heraus. Große Firmen verfügen aufgrund ihrer internationalen Struktur über die Möglichkeit, F&E-Einrichtungen und Produktionsstätten im Ausland aufzubauen (wenn auch in gewissen Begrenzungen, siehe Kapitel 3.20). Hinzu kommt, daß die heute auf den Markt kommenden Produkte auf der Grundlage neuer Biotechnologie vornehmlich im Pharmabereich anzusiedeln sind. Es handelt sich um sogenannte "low volume/high value"-Produkte, deren Produktion nicht an einen bestimmten Standort gebunden ist. Allerdings werden sie aufgrund der hohen Wissensbindung meist in der Nähe von F&E-Stätten angesiedelt. Das Beispiel Ely Lilly mit seiner Entscheidung, die Insulinproduktionsanlage im französischen Elsaß und nicht im deutschen Baden zu errichten, dürfte ihren Grund auch in der sehr pragmatischen Vollzugspraxis des dortigen Gentechnikrechtes haben.

Eine regionale Orientierung an heimischen Märkten, wie sie von den baden-württembergischen Firmen größtenteils praktiziert wird, trifft durchaus auch für die kleineren und mittleren Biotechnikfirmen in den USA zu. Diese investieren wenig in der EU. Nach wie vor orientieren sich diese Firmen vornehmlich am US-Markt. Erst allmählich ist eine Öffnung in Richtung der lukrativen Märkte in Europa und Asien zu verzeichnen. US-Firmen investieren in der EU bevorzugt in den Niederlanden. Als Gründe hierfür werden die dort günstige Genehmigungspraxis sowie steuerliche Vorteile genannt, im Gegensatz z.B. zur Situation in Deutschland oder auch in Großbritannien [25].

6.5.2 Fragen der Umsetzung und der Förderung

Mit dem Titel "Auf dem Weg zu Biochip und Mechatronik..." überschreibt Thomas Malsch[5] seinen Aufsatz zur Forschungspolitik in Deutschland [3]. Der Titel weist auf ein zunehmend wichtiges Phänomen der Grenzüberschreitung einiger wissenschaftlicher Fachdisziplinen und ihrer technologischen Anwendungen hin. Begriffe wie "Biochip" oder "Optoelektronik" sind Synonyme für diese Entwicklungen [26]. Aber auch die in den vorherigen Kapiteln und Beiträgen dargelegten Sachstände zu einzelnen Anwendungsfeldern der Biotechnologie verdeutlichen diesen Trend. Diese Entwicklungen bedürfen auch einer neuen Grundlage der Technologie- und Forschungsföderungspolitik (siehe Kapitel 3.21 und 5.9). Malsch betont die Notwendigkeit, die Zusammenarbeit verschiedener Fachdisziplinen in Wissenschaft und Wirtschaft "ernsthaft zu organisieren" und nicht nur darüber zu reden. In Übereinstimmung mit unseren Analysen sieht Malsch insbesondere staatliche Einrichtungen in der Aufgabenstellung, die für diese Organisationsarbeit notwendigen Institutionen aufzubauen. Dieses Postulat einer strategischen Technologiepolitik muß noch mit Inhalt versehen werden (vgl. z.B. [38]). Erste Grundzüge sind erarbeitet (vgl. z.B. [27] sowie unsere Hinweise in den Kapiteln 5.7 und 5.9). Malsch beschreibt die Situation sehr treffend:

"Zwar kündigt sich seit geraumer Zeit ein Orientierungswechsel an, aber der ist noch allzu diffus, zu sehr eingetrübt mit selbstmitleidiger Larmoyanz über mangelnden 'Technikoptimismus' und durchmischt mit verschlissenen Formeln wie

'Deregulierung' oder mit kurzlebigen Rezepten wie 'schlanke Produktion' (lean production)."

Erste Neuorientierungen sind in Baden-Württemberg vollzogen worden (siehe Kapitel 5.9). Damit diese Maßnahmen erfolgreich werden, bedarf es sicherlich weiterer Anstrengungen. So ist z.B. nicht ersichtlich, wer strategische Technologiepolitik im Lande organisieren und koordinieren soll. Wer soll die Abstimmung der Einzelmaßnahmen und Förderprogramme vornehmen? Keineswegs ist die Frage geklärt, welche inhaltlichen Schwerpunkte gesetzt werden sollen[6]. Ein Innovationsmanagement kann Planziele nicht zentralistisch festlegen und steuern [3]. In diesen Feldern operieren verschiedenartige Akteursgruppen mit z.T. konkurrierenden, auch international orientierten Interessen Vor diesem Hintergrund bedarf es auch einer, vom Staat zumindest initiierten, unbürokratischen und flexiblen Moderation.

Einige Schlußfolgerungen und Grundzüge strategischer Technologiepolitik hatten wir bereits im Kapitel 2.1 beschrieben (dort unter dem Stichwort "Vorläufiges Fazit"). Weitere wesentliche Einzelheiten und Einschätzungen finden sich im Abschlußbericht der Studie über die Situation der Biotechnologie in Baden-Württemberg [1]. Hier repetieren wir nur ein paar wesentliche Erkenntnisse. Bei den in Baden-Württemberg vorherrschenden Kooperationen zwischen Biotechnikfirmen und Universitäten stehen informelle Kontakte und Austausch im Vordergrund. Eher nachgeordnet sind Beteiligungen an Diplom- und Doktorarbeiten, gemeinsame F&E-Vorhaben und geförderte Verbundprojekte. Hier ergeben sich einige Handlungsmöglichkeiten, die mit Unterstützung und aufgrund staatlicher Initiativen auf den Weg gebracht werden könnten (einiges ist bereits vom Land aufgegriffen worden; siehe Kapitel 5.9). Da in Baden-Württemberg bereits erfolgreiche Kooperationen zwischen der Industrie und den Hochschulen als verbreiteste Form praktiziert werden, bietet es sich an, diese Tendenzen zu verstärken, gleichzeitig aber nach wie vor bestehende Schwächen zu analysieren und nach Verbesserungen zu suchen. Gleichrangig sollte auch die Situation für die Existenz bzw. Neugründung "reiner" Biotechnikfirmen durch Strukturmaßnahmen (Kapitel 5.9) und finanzpolitischen Maßnahmen verbessert werden. In der Pilotstudie (Kapitel 2.1) hatten wir als ein Beispiel die Biotechnikparks in den USA genannt. Die Befragung der baden-württembergischen Firmen ergab eher einen Bedarf an allgemeinen Technologiezentren als an reinen Biotechnikparks. Dieser Trend erscheint auf dem Hintergrund der Biotechnologie als Querschnittstechnologie sowie ihrer vielfältigen Verflechtungen mit anderen Technologien als vernünftig. Entsprechende Strukturen derartiger Technikzentren könnten auch für Synergieeffekte hilfreich sein. Zu überlegen wäre auch, ob der sich aus der Befragung abzeichnende hohe Qualifizierungs- und Weiterbildungsbedarf der Mitarbeiterschaft der Biotechnikfirmen in Baden-Württemberg sinnvollerweise mit derartigen Zentren gekoppelt werden sollte und in welchem Ausmaß Universitäten und Fachhochschulen in diesem Bereich neue Aufgabenfelder zuwachsen. Auch in den USA werden erfolgreich z.B. in dem bekannten Triangle Park in North Carolina neben Technologietransfer und Aufbau von Forschungskapazitäten weitere Aufgaben wahrgenommen: Koordination und Kooperation mit lokalen und bundesstaatlichen Behörden, eigene Öffentlichkeits- und Informationsabteilungen, die auch Unterrichtsmaterialien oder Info-Broschüren für Medien erstellen, eigene Abteilungen, die an der Ausbildung der Studenten beteiligt sind, eigene Datenbanken für Veröffentlichungen, Marktanalysen (incl. Patent- und Lizenzrecht), eigene Abteilungen für Qualifizierungs- und Weiterbildungsangebote [28].

6.5.3 Rechtliche Rahmenbedingungen

Die Diskussionen um die rechtlichen Rahmenbedingungen der Gentechnik als Standortfaktor wurden und werden zwischen einzelnen Kontrahenten z.T. heftig geführt. Im Vorfeld der Novellierung des Gentechnikgesetzes starteten Industrieverbände eine mehrmonatige Kampagne durch großformatige Anzeigen in allen überregionalen Tageszeitungen, bei der das Gentechnikgesetz und sein Vollzug in den Mittelpunkt der Kritik gestellt wurden, begleitet von konkreten Warnungen über Abwanderungen der deutschen Industrie. Während dieser Kampagne wurden Teile einer Studie des Fraunhofer-Instituts für Systemtechnik und Innovationsforschung/Karlsruhe (ISI) [29] in den Medien publiziert, die offensichtlich einigen Aussagen der Kampagne widersprach. Die Form der Auseinandersetzungen über die Medien und durch die Medien enthielt auch viel Psychologie, die in ihrer Wirkung auf das Meinungsbild der breiten Öffentlichkeit zielte (dazu siehe unten). Einer der Hauptstreitpunkte um diese Studie entzündete sich in der dort getroffenen Schlußfolgerung, "daß die nationale Regelungspraxis keinen ausschlaggebenden Einfluß auf die Entscheidung über Standorte für gentechnische Produktionsbetriebe hat" ([29], S. 162). Dieser Aussage (neben einer Reihe weiterer Kritikpunkte) wurde seitens von Industrievertretern, namentlich Vertretern großer Firmen und des Verbandes der Chemischen Industrie (VCI), widersprochen[7].

Diese Debatte dokumentiert sich auch mehrfach in unserem Projekt (siehe Kapitel 3.16, 3.17, 3.18 und 3.20). Die widersprüchlichen Argumente boten auch intensiven Diskussionsstoff auf dem Workshop. Das Bild, das sich aus einer Zusammenschau hierzu ergibt, bleibt heterogen: Die in der Standortdiskussion zentrale Frage, inwieweit den rechtlichen Rahmenbedingungen eine große standortbestimmende Bedeutung zukommt und in welchem Verhältnis sie zu anderen Entscheidungskriterien stehen, kann nach unserem bisherigen Kenntnisstand nur mit Einschränkungen beantwortet werden: Rechtliche Rahmenbedingungen haben einen wesentlichen Einfluß auf Standortentscheidungen. Sie stehen aber (mindestens) gleichrangig neben einer Vielzahl weiterer Einflußfaktoren (Kostenfragen: Steuern, Löhne u.ä.; Fragen der Qualifikation und Ausbildung der Beschäftigten; Nähe zu anerkannten Forschungsstätten; Fragen des Patentrechts, Akzeptanz in der Öffentlichkeit)[8].

Das Gesamtbild aus unseren Projektergebnissen weist auf eine notwendige Differenzierung auf mehreren Ebenen hin:

(1) Rechtliche Rahmenbedingungen sind bei Standortentscheidungen nationaler, weltweit operierender Unternehmen sowie umgekehrt für ausländische Firmen bei Investitionen im Inland ein besonders wichtiger Faktor.

(2) Die in Baden-Württemberg ausgeprägt mittelständische Biotechnikindustrie sieht eher in der Vielzahl der verschiedenen Regulierungen und ihrer Handhabung Probleme; diese Hemmnisse sind nicht gentechnikspezifisch. Gerade die Praxis des Vollzugs des Gentechnikgesetzes in Baden-Württemberg wird eher als ein Positivbeispiel für die gesamte Regulierungssituation eingeschätzt.

(3) Im Einklang mit der Einschätzung seitens der baden-württembergischen Unternehmen über einen in der Regel guten Vollzug des Gentechnikgesetzes stehen Aussagen und Einschätzungen von Vertretern der Genehmigungsbehörden und von Beauftragten für Biologische Sicherheit an baden-württembergischen Universitäten. Diese Aussagen beziehen sich aber vornehmlich auf F&E-Vorhaben und hier überwiegend auf universitäre Einrichtungen und Arbeiten. In unseren Gesprächen sowohl mit Behördenvertretern als auch mit universitären Biologischen Sicherheitsbeauf-tragten wurde auf anfängliche Schwierigkeiten im Vollzug nach Inkrafttreten des Gentechnikgesetzes hingewiesen. Von beiden Seiten wurde aber betont, daß jetzt, auch schon vor der Novellierung, in Baden-Württemberg ein in der Regel reibungsloser Vollzug stattfinde. Die vorgesehenen Fristen würden größtenteils eingehalten, gelegentlich sogar unterschritten. Die zentrale Struktur und die gute fachliche Ausstattung der Behörde seien hierfür maßgeblich. Auch scheint es für große Forschungseinrichtungen mit mehreren gentechnisch arbeitenden Abteilungen und Instituten vorteilhaft zu sein, über eine zentrale Einrichtung der Biologischen Sicherheitsbeauftragten zu verfügen. Hier können Informationen gut aufgearbeitet und im Bedarfsfall abgerufen werden. Zusätzlich kann eine zentrale Anlaufstelle eine bessere Koordination bei laufenden Genehmigungsverfahren oder bei deren Vorbereitung gewährleisten.

Der Vergleich mit den USA: Ein zentraler Punkt in Diskussionen über die rechtlichen Rahmenbedingungen ist auch der Vergleich mit den USA (für Details siehe Kapitel 3.16 und 3.17). Inwieweit tatsächlich bestimmte Teile dieser verschiedenartigen, auch historisch unter anderen Umständen gewachsenen Systeme vergleichbar oder sogar miteinander kombinierbar sind, bedarf eigenständiger Analysen. Vielleicht sollten aber die grundsätzlichen Unterschiede der Rechtssysteme betont werden. Möglicherweise wäre ein pragmatischer Umgang mit dem deutschen System geeigneter als der Versuch der Übertragung des US-Systems auf deutsche Verhältnisse. Bestehende Vorschriften und Fristen nach dem GenTG könnten schon im Rahmen der Projektplanungen berücksichtigt werden.

Die im Kapitel 5.6 skizzierten Aspekte machen die Komplexität, aber auch die Flexibilität des amerikanischen Rechtssystems deutlich. Unter anderem ist festzuhalten, daß bei Produktionsanlagen keine besonderen Auflagen erteilt werden, wenn es sich um gentechnische Produktionsverfahren der unteren Sicherheitsstufen handelt. Unter der Perspektive der Standortdiskussion war auf dem Workshop nicht

6 Synopse

eindeutig zu klären, ob die Konzeption des deutschen GenTG in seiner Konzentrationswirkung durch die Bündelung der Genehmigungsvoraussetzungen in *einem* Verfahren vom Prinzip her nicht dem amerikanischen System überlegen ist. Offen blieb auch die Frage, ob die Kritik am deutschen Recht ihre Ursachen mehr im Inhalt des GenTG zu suchen hat oder ob nicht vielmehr die Mängel im Vollzug liegen (und hier aus mehreren Gründen: zu hoher bürokratischer Aufwand, mangelnde Ausstattung der Behörden, zu geringer Pragmatismus in Fällen mit gutem Erfahrungshintergrund u.ä.).

Ein weiterer wichtiger Unterschied zwischen dem deutschen und dem amerikanischen System ist das weitgehende *Haftungsrecht* in den USA. Dieses Haftungsrecht flankiert maßgeblich entscheidende Prinzipien des amerikanischen (Gentechnik-)Rechts, die auf Flexibilität und zu einem großen Teil auch auf Freiwilligkeit aufbauen (viele Bereiche im industriellen Gentechnik-Sektor unterliegen nur einer freiwilligen Selbstkontrolle, die sich an der NIH-Richtlinie zum Umgang mit gentechnischen Arbeiten und Produkten orientiert). Das deutsche System basiert hingegen auf verbindlichen rechtlichen Vorschriften und staatlichen Kontroll- und Sanktionsmechanismen.

Öffentlichkeitsbeteiligung: In den Diskussionen auf dem Workshop blieb es umstritten, ob eine öffentliche Beteiligung an Genehmigungsverfahren (Anlagen und Freisetzungen) in der praktizierten Form von Anhörungen einen Beitrag zur Erhöhung der öffentlichen Akzeptanz leisten kann. Die bisherigen Erfahrungen werden überwiegend negativ beurteilt (vgl. Kapitel 3.10 und 3.19). In der Tat ist zu fragen, ob die Form eines Anhörungsverfahrens geeignet ist, den unterschiedlichen Bedürfnissen und Interessen der an den Verfahren beteiligten Personen und Gruppierungen gerecht zu werden. Gegenstand dieser Verfahren sollten der Vorschrift nach nur Themen sein, die unmittelbar im Zusammenhang mit dem beantragten Projekt stehen und die Regulierungsgegenstand des GenTG sind (Schutz der menschlichen Gesundheit und der Umwelt). Beurteilungen nach sozio-ökonomischen Kriterien können nach dem Wortlaut der Bestimmungen nicht in das Verfahren eingebracht werden[9]. Gerade dies sind aber oftmals die Ansatzpunkte für öffentliche Kritik. Ein großer Teil der negativen Erfahrungen *aller* Beteiligten an diesen Verfahren dürfte auf diese prinzipielle Unvereinbarkeit zurückzuführen sein. Diese Fragestellung ist aber nicht Gegenstand unseres Projekts in seiner 1. Phase (Potentialanalyse). Es bedarf einer detaillierten Aufarbeitung und Analyse der bisherigen Erfahrungen, um den unterschiedlichen Anliegen der Kontrahenten besser gerecht zu werden. Dies ist eine der Aufgabenstellungen der 2. Phase unseres Projekts (Diskurs).

Ein weiterer wichtiger Aspekt in einem internationalen Vergleich ist die Frage, durch welche Spezifika die deutsche Diskussion geprägt ist. Der deutschen Öffentlichkeit wird oftmals eine ausgeprägte Technikkritik bis hin zur Technikfeindlichkeit vorgehalten. Internationale Vergleiche bestätigen diese Vermutungen nur bedingt. Im Kapitel 3.25 wird aufgezeigt, daß sich 'die' Deutschen in ihrer Einstellung zur Technik nicht signifikant von anderen Nationalitäten unterscheiden. Allerdings ist die Skepsis gegen neuen Technologien unter Personen mit einem höheren Einkommen und Bildungsgrad überdurchschnittlich ausgeprägt. Offen bleibt aber zunächst die Frage, ob diese gesellschaftliche Gruppierung bezogen auf die Gesamtgesellschaft so etwas wie eine Meinungsführerschaft innehat.

Während in Deutschland oftmals fundamentalistische Positionen unversöhnlich einander gegenüber stehen, wird in anderen Ländern pragmatisch damit umgegangen. Das Beispiel Dänemark sollte dazu ermutigen, auch bei uns zu einem anderen Stil zu finden. Obwohl Dänemark ein ähnliches Genetechnikgesetz besitzt wie Deutschland, ist die gesellschaftliche Diskussion wesentlich entkrampfter [30]. Zum einen gibt es in Dänemark öffentliche Anhörungen, zum anderen können gegen behördliche Entscheidungen (wie in Deutschland auch) Widersprüche eingelegt werden. Unter bestimmten Voraussetzungen werden diese Einsprüche in einem gesonderten Verfahren durch eine Schiedskommission, die sich aus Vertretern der Industrie, des Handels und der Verbraucherverbände zusammensetzt, beraten und entschieden.

Zu diskutieren wäre auch, ob nicht in Deutschland, so wie es ansatzweise in den USA praktiziert wird, in lokalen, institutionellen Ausschüssen für Biologische Sicherheit Vertreter der Kommunen sitzen sollten[10].

Analog zu dem Recht der amerikanischen Bevölkerung, Einsicht in die Aktenlage z.B. bei Genehmigungsverfahren zu bekommen[11], existiert auf europäischer Ebene die auch in Deutschland verbindliche "Umweltinformations-Richtlinie". Nach dieser Richtlinie besteht ein Recht des Bürgers auf (partielle) Akteneinsicht, unabhängig von dem Nachweis eines besonderen Interesses an dem Vorgang. Das Recht wird entsprechend dem amerikanischen Gesetz durch Wahrung von Betriebs- und Geschäftsgeheimnissen sowie personenbezogenem Datenschutz eingeschränkt. Hier gälte es zu überprüfen, welche Konsequenzen und Möglichkeiten für neue Formen einer öffentlichen Beteiligung an Genehmigungsverfahren sich aus der europäischen Rechtslage ergeben können. Vielleicht empfiehlt es sich, bestehende Rechte der Bürger positiv aufzugreifen und in einer *aktiven* Form in Genehmigungsverfahren bereits in deren Vorfeld zu integrieren.

6.5.4 Öffentliche Akzeptanz

Neben den rechtlichen Rahmenbedingungen wird seitens der Forschung und der biotechnologischen Industrie die mangelnde öffentliche Akzeptanz der Gentechnik als ein gravierender Hemmschuh für Investitionsentscheidungen genannt. Einhellig wird der als besonders negativ empfundene Einfluß wichtiger Medien hervorgehoben. Ohne Zweifel kommt den Medien eine gewichtige Rolle bei der Meinungsbildung zu. Doch welchen Einfluß Medien tatsächlich haben, ist immer noch eine offene Frage (vgl. Kapitel 3.25 und [31]). Pauschalisierungen in Form von Schuldzuweisungen an *die* Medien erscheinen jedenfalls nicht angebracht. Sehr wohl sind Einzelbeiträge in Fernsehsendungen oder Print-Medien zu kritisieren, ibs. dann, wenn sie einer pauschalen Pro- oder Kontra-Strategie folgen. Keine von beiden ist mehr zeitgemäß: bis in Kreise der sogenannten 'Kritikerbewegung' hinein hat sich eine zunehmend differenzierende Sichtweise etabliert, die beispielsweise mögliche Chancen im medizinischen und auch landwirtschaftlichen Bereich nicht mehr leugnet. Gleichzeitig setzt sich auch bei den überzeugten Protagonisten mehr Realitätssinn durch, was gentechnische Anwendungen und die Zeiträume ihrer Realisierung betrifft.

Die Chance zu differenzieren ist in den letzten 10 bis 15 Jahren von allen an der Debatte beteiligten Gruppierungen und ihren Akteuren zu wenig genutzt worden. Die Notwendigkeit zur Differenzierung ist ein Ergebnis unseres Projektes. Der Zwang zur Einzelfallbetrachtung und zur Produktorientierung einer Beurteilung gilt für alle Akteure.

Unser Projekt war in seiner ersten Stufe ('Potentialanalyse') auf Sachrationalität, Lernbereitschaft, Offenheit, Verständigungswillen und Konsens ausgerichtet. Es kam uns darauf an, den Vertretern der angesprochenen wissenschaftlichen Disziplinen ein Forum für das Expertengespräch zu bieten.

Die auf Konvergenz zielende "strukturierte" Diskussion der Fachleute wird nunmehr ergänzt durch das Gespräch mit den Repräsentanten gesellschaftlicher Gruppen und der Entwicklung geeigneter Verfahren für den öffentlichen Diskurs. Auf dieser zweiten Stufe sind folgende Fragen zentral:

- Wie läßt sich die von uns gewollte Partizipation von Nicht-Fachleuten an TA-Projekten konstruktiv gestalten?
- Wie kann verstärkt sicheres Wissen über Biotechnologie in den öffentlichen Diskurs eingebracht werden? Wieviel kann Kommunikation leisten? Wie könnte das Forum für einen *wechselseitigen* Lernprozeß aussehen?
- Wie kann vermittelt werden, daß sich eine Industriegesellschaft weltweit wirksamen technologischen Innovationen nicht entziehen kann? Daß es vielmehr auf die Antizipation und die soziale und technische Kontrolle des Innovationsschubs ankommt?

Wir können uns leicht darauf einigen, daß die Technik menschengerecht und sozial verträglich sein soll. Der Streit beginnt jedoch bei der Frage, was menschengerecht und sozial verträglich ist (siehe Kapitel 3.24). Trotzdem, im Endeffekt teilen wir die Meinung von Wolfgang van den Daele [32]: "Man muß damit rechnen, daß Konflikte, und nicht problemlose Akzeptanz und Harmonie, der gesellschaftliche Normalzustand innovativer Technik sein wird [...] Die Formen der Partizipation und der öffentlichen Thematisierung wissenschaftlich-technischer Innovationen müssen überdacht und verbessert, nicht abgeschafft werden.".

Unsere Absichten in der Projektphase 2 werden auch in den Leitfragen, die Thomas Malsch kürzlich formuliert hat, angemessen umschrieben [3]: "Und die Öffentlichkeit? Was können die Medien tun, um zu verhindern, daß wir uns zu einer Gesellschaft mit beschränkter Innovationshaftung zurückentwickeln? Wir brauchen eine große öffentliche Debatte über unsere Technologiepolitik, die unter die Haut geht. Dort liegt die demokratische Verantwortung der Medien. Das wird nicht ganz einfach sein, weil es sich um einen eher spröden Stoff handelt, der für dramatische Gesten wenig geeignet ist, und das umso weniger, je sachkundiger er behandelt wird. Wie kann man Leidenschaft und Sachkunde miteinander verbinden?

Sicherlich nicht, indem man die brüchige Vision einer 'Informationsgesellschaft' erneut an die Wolken projiziert, auch nicht, indem man berechtigte Fragen nach dem Risikopotential technischer Entwicklungen als unbegründete Technikfeindlichkeit abtut. Was wir brauchen, ist eine Debatte über die enormen Anstrengungen, die nötig sind, um Ideen in Produkte zu verwandeln."

6.6 Zusammenfassung und Fazit

6.6.1 Wo liegen die Potentiale der modernen Biotechnologie?

Die sich abzeichnenden Chancen der industriellen Anwendung der modernen Biotechnologie weisen auf das Potential einer Schlüsseltechnologie hin. Sie bietet die Voraussetzung zur Erschließung breiter Technik- und neuer Anwendungsfelder. Die Biotechnologie, in der eine Vielzahl verschiedenartiger Techniken und Methoden zum Tragen kommen, spielt aber auch eine zentrale Rolle bei der Verbindung zwischen einzelnen Technikbereichen. Sie ist somit auch eine Querschnittstechnologie.

Neben dem Potential als Produktions- und Verfahrenstechnik wird die moderne Biotechnologie eine zunehmende Bedeutung bei der Vernetzung der Technologien des 21. Jahrhunderts erlangen.

6.6.2 Wie ist der Stand der Entwicklungen? Wie lauten die Prognosen?

Der Stand der Entwicklungen kann nur für einzelne Anwendungsfelder separat beschrieben werden, wobei sich viele Entwicklungen noch in der Startphase befinden. Größere gesamtwirtschaftliche Effekte werden wahrscheinlich erst im 21. Jahrhunderts sichtbar.

Am weitesten fortgeschritten ist der Einsatz von Verfahren der modernen Biotechnologie im *Pharmabereich*. Hier haben bereits einige Produkte signifikante Marktanteile erreicht. Es wird in Zukunft mit einer breiten Diffusion entsprechender Produkte gerechnet. Das Marktsegment "Diagnostika" weist heute schon eine hohe Dynamik auf.

Im *landwirtschaftlichen Bereich* erlangen ibs. für die Pflanzenzüchtung biotechnologische Ansätze im Verbund mit herkömmlichen Züchtungsmethoden eine große Bedeutung. Die biotechnologischen Ansätze umfassen zellbiologische, gentechnische und andere molekularbiologische Verfahren. Erste gentechnisch veränderte Produkte haben international die Marktreife erlangt. In den USA sind erste Zulassungen erfolgt. In den nächsten 10 bis 15 Jahren wird eine breitere Diffusion erwartet. Die Potentiale der modernen Biotechnologie für den tierzüchterischen Bereich werden insgesamt zurückhaltender beurteilt. Es muß nach verschiedenen Verfahren differenziert werden. Fortpflanzungsbiologische Methoden und Methoden der Diagnostik (zum Nachweis von Erbdefekten und zur Identi-

6 Synopse

fikation vorteilhafter Genvarianten) werden eine signifikante Bedeutung erlangen oder besitzen wie die künstliche Besamung bereits erheblichen Einfluß. Dagegen können mit dem Gene-farming vermutlich nur Marktnischen besetzt werden; der Erfolg des Gentransfers zur Erzeugung von Tieren mit neuen Eigenschaften ist fraglich.

Der *Lebensmittelbereich* gibt es bei der Beurteilung ibs. gentechnischer Ansätze unterschiedliche Auffassungen: Aus der Sicht der mittelständischen Industrie werden gentechnische Ansätze eher als eine Nischentechnologie angesehen. Aus mehreren Gründen (geringe Gewinnspannen, preislich überlegene traditionelle Verfahren, keine Möglichkeiten für genetische Veränderungen komplexer Eigenschaften von Starter- und Schutzkulturen, geringe Akzeptanz beim Verbraucher, unklare rechtliche Situation) ist die Nachfrage nach diesen Methoden und nach dem Einsatz gentechnisch hergestellter Enzyme oder modifizierter Mikroorganismen bisher gering. Dem steht aber die Einschätzung einiger großer Konzerne gegenüber, die auf die Gentechnik setzen. Vor allem bei der Herstellung neuer Produkte und beim Einsatz von Prozeßhilfsmitteln wird der Gentechnik von der Wissenschaft und den Forschungsabteilungen großer Unternehmen eine Schlüsselfunktion bei der Herstellung von Lebensmitteln zugesprochen.

Für den *nachsorgenden Umweltschutz* besteht für den Einsatz biotechnologischer Verfahren einer großer Bedarf und Markt. Der Gentechnik wird nur bei der Anwendung unter genau definierten und unter wenig komplexen Bedingungen eine reelle Chance eingeräumt. In vielen Anwendungsfällen handelt es sich aber um offene Systeme hoher Komplexitätsgrade und mit variierenden Rahmenbedingungen. Im *vorsorgenden* Umweltschutz spielen bei integrierten Prozessen vor allem Einzelfallösungen eine Rolle. Es existiert bereits ein Anbietermarkt kleiner und mittlerer Firmen, die die zur Lösung vielfältiger Einzelprobleme notwendige Flexibilität mitbringen. Langsam entsteht auch ein Anwendermarkt. Integrierte Prozesse werden schätzungsweise in 10 bis 15 Jahren eine größere Rolle spielen. Aber auch dann wird es sich eher um Speziallösungen als um Verfahren mit einem breiten Anwendungsspektrum handeln.

6.6.3 Welche Rolle spielt die Gentechnik wirklich?

Gentechnische Methoden haben, allgemein betrachtet, ihre Bedeutung weniger als Produktions- und Verfahrenstechnik, sondern eher im Bereich von Forschung und Entwicklung. Hier sind sie oft zentral und bilden die Voraussetzung zur Realisierung von Verfahren und Produkten der neuen Generation. Aber der jeweilige Stellenwert und die jeweilige Rolle ist vom Stand der Entwicklung einer Reihe weiterer Techniken, Methoden und Verfahren sowie der spezifischen Zielsetzungen abhängig. Gentechnische Methoden im Verbund mit anderen molekularbiologischen Techniken dienen oftmals im Rahmen von Forschung und Entwicklung der Aufdeckung der genetischen Grundlagen von Leistungsparametern. Die so gewonnenen Kenntnisse können dann praktisch genutzt werden. In der Pflanzenzüchtung zum Beispiel ermöglicht diese Information eine schnellere

Selektion geeigneter Varietäten, aber auch die Isolierung einzelner Gene, die dann für Transformationen zur Verfügung stehen (falls das notwendige Transformationssystem für die jeweilige Pflanze vorliegt). Die Gentechnik stellt somit eine wirkungsvolle Ergänzung der klassischen Züchtungsverfahren dar. Für den Pharmabereich wird geschätzt, daß gentechnische Verfahren als *Produktionsmethode* in absehbarer Zukunft kaum an Bedeutung gewinnen werden. Ihre Bedeutung wird vielmehr im Bereich der Erstellung von neuartigen Screening-Verfahren und Modellen liegen. Dies dürfte zu neuen Wirkstoffen und Wirkprinzpien von Arzneimitteln führen. Darüber hinaus wird die Gentechnik maßgeblich an der Aufdeckung molekularer Grundlagen von Krankheitsbildern beteiligt sein.

6.6.4 Wie wird die Situation in Baden-Württemberg eingeschätzt?

Aus der Sicht der baden-württembergischen Biotechnikindustrie gilt das Land als guter Standort. Maßgeblich für diese positive Einschätzung sind die gute F&E-Infrastruktur, die hohe Qualifikation des wissenschaftlichen Personals sowie die Kompetenz und der Pragmatismus der zuständigen Genehmigungsbehörde für gentechnische Arbeiten und Anlagen. Baden-Württemberg nimmt im deutschen Vergleich auf dem Gebiet der modernen Biotechnologie einen Spitzenplatz ein. Dies gilt sowohl für die Zahl der hier angesiedelten Firmen, die sich in der industriellen Biotechnologie engagieren, als auch für Forschung und Entwicklung. Das wissenschaftlich-technische Know-how ist vorhanden, um eine industrielle Anwendung zu ermöglichen. Die universitäre Forschung zeichnet sich durch eine relativ hohe Praxisorientierung aus.

Von besonderem Interesse für die Frage nach der spezifischen Situation in Baden-Württemberg ist die Struktur der Unternehmen. Eine große Zahl der Firmen mit biotechnologischen Aktivitäten rekrutiert sich aus mittelständischen, bereits existierenden Unternehmen, die erst später eigene Biotechnologieabteilungen aufbauten. Diese Abteilungen sind sowohl vom Umsatz her als auch nach der Zahl ihrer Beschäftigten oft nur ein kleiner Ausschnitt der Gesamtaktivitäten des Unternehmens. Die Zahl sogenannter "reiner" Biotechnikfirmen ist mit rund einem Viertel vergleichsweise gering. In Baden-Württemberg laufen zwar die meisten F&E-Vorhaben der Industrie als Kooperationsprojekte (über 80%), der Anteil der Know-how liefernden Firmen ist aber gegenüber den nutzenden Firmen gering. Hierin liegt eines der größten Defizite in Baden-Württemberg. Die wichtigsten Know-how-Lieferanten sind im Land Universitäten und Hochschulen. Bei diesen Kooperationen geht der Kontakt oftmals von den Unternehmen aus. Nach Einschätzung der Unternehmen ist das Interesse an einer wirtschaftlichen Umsetzung von Forschungsergebnissen an den Universitäten im allgemeinen gering.

6. Synopse

6.6.5 Der Biotechnologie-Standort Deutschland im internationalen Vergleich: Ist die Situation wirklich so schlecht?

Die internationale Führerschaft der USA in der modernen Biotechnologie ist unstrittig. Die USA haben ihre Position seit Beginn der 80er Jahre kontinuierlich ausgebaut. Im internationalen Vergleich liegt Deutschland bei verschiedenen Gesichtspunkten hinter den USA und Japan an dritter Stelle. Die absoluten Abstände ibs. zu den USA sind teilweise hoch bei gleichzeitig geringen Abständen z.B. zu Großbritannien oder Frankreich. Weniger sind hier die Absolutzahlen von Interesse als die Tendenzen der sich in diesen Zahlen wiederspiegelnden Entwicklungen: die USA bauen kontinuierlich ihren Vorsprung aus. Schätzungen besagen, daß die europäische Biotechnikindustrie in ihrem Reifegrad ca. 6 Jahre hinter den Entwicklungen der USA zurückliegt. Allerdings erwartet die europäische Biotechnikindustrie (im Einklang mit der biotechnologischen Industrie in Baden-Württemberg) in unmittelbarer Zukunft eine signifikante Steigerung ihrer Umsätze.

Kurz gefaßt kann die Situation in Deutschland wie folgt beschrieben werden:

- Es besteht eine gute bis sehr gute (Grundlagen)Forschung.
- Es mangelt an einer effektiven Umsetzung von Forschungsergebnissen in die Praxis, wobei die Situation für große, weltweit operierende Unternehmen anders zu betrachten ist als für kleine und mittlere Unternehmen.
- Es besteht (aus diversen Gründen) ein Mangel an kleinen, innovativen Biotechnikfirmen.
- Notwendige informelle Netzwerke müssen stark ausgebaut werden.
- Aus der Sicht der Forschung (ibs. von großen Unternehmen) wirken sich ungünstige rechtliche Rahmenbedingungen und fehlende öffentliche Akzeptanz maßgeblich auf die Standortentscheidung aus. Bei der Wahl des Standortes kommen aber weitere Faktoren ins Spiel (siehe unten).
- Einige maßgebende Firmen haben die Verlagerung ihres Bereiches Biotechnologie oder Teile davon ins Ausland mit schlechten Rahmenbedingungen in Deutschland begründet. Momentan kann aber nicht mehr von einer massiven Abwanderung großer Unternehmen gesprochen werden. Bereits erfolgte Neugründungen im Ausland, namentlich in den USA, müssen vorrangig als Ausdruck einer weltmarktorientierten Strategie und als Ausdruck einer nachholenden Modernisierung aufgrund des großen technologischen Vorsprungs der USA angesehen werden. Bestehende F&E-Kapazitäten der großen Firmen im Inland sind am hiesigen Markt orientiert und werden von den Unternehmen als ausreichend angesehen. Teilweise werden die Kapazitäten nunmehr ausgebaut (Fa. Thomae/Biberach).

Für *kleine und mittlere Betriebe* treten folgende Besonderheiten hinzu:

- fehlendes Risikokapital (ein wichtiger Faktor für "reine" Biotechnikfirmen),
- fehlende Risikobereitschaft seitens potentieller Firmengründer und Geldgeber,
- mangelnde Professionalität,

- Schwierigkeiten bei der Umsetzung von F&E-Ergebnissen sowie bei Vertrieb und Marketing.

Die Situation der *großen Unternehmen* stellt sich dagegen erheblich anders dar. Neben den genannten Faktoren, rechtliche Rahmenbedingungen und Akzeptanz, treten folgende Punkte bei Standortentscheidungen hinzu:

- Internationalisierung von Marktstrategien,
- Anbindungen an bestehende externe Forschungsstätten. Teilweise existieren gute Kontakte, allerdings wird neben dem Fehlen von kleinen und mittleren Biotechnikfirmen bemängelt, daß sich Kooperationen mit universitären Einrichtungen teilweise schwierig gestalten,
- nachholende Modernisierung (Stichworte: großer technologischer Vorsprung der USA: Einkauf von Know-how),
- Kostenfragen: Löhne, Steuern u.ä.,
- Nachteile beim Patentrecht im internationalen Vergleich.

Grundsätzliche Unterschiede zwischen den großen und den kleinen/mittleren Unternehmen liegen ibs. in der jeweiligen Marktorientierung. Die großen Firmen orientieren ihre Strategien an den großen Märkten der Triaderegionen (Europa, USA, Japan), zunehmend auch am südostasiatischen Raum. Die kleinen und mittleren Firmen hingegen orientieren sich eher an regionalen Märkten. Diese unterschiedlichen Ausrichtungen haben auch schwerwiegende Auswirkungen auf den Stellenwert einzelner Standortfaktoren. Große Unternehmen stufen z.B. die bestehenden rechtlichen Bestimmungen des Gentechnikgesetzes als wesentlich gravierender ein als die kleinen und mittleren Unternehmen, da sie aufgrund ihrer weltweiten Ausrichtung über potentielle Ausweichmöglichkeiten ins Ausland verfügen.

Eine Orientierung an heimischen Märkten, wie sie von den baden-württembergischen Firmen größtenteils praktiziert wird, trifft durchaus auch für die kleineren und mittleren Biotechnikfirmen in den USA zu. Diese investieren wenig in der gesamten EU. Nach wie vor orientieren sich diese Firmen vornehmlich am US-Markt. Erst allmählich ist eine Öffnung in Richtung der lukrativen Märkte in Europa und Asien zu verzeichnen. Wenn US-Firmen in der EU investieren, dann bevorzugt in den Niederlanden. Als Gründe hierfür werden die dort günstige Genehmigungspraxis sowie steuerliche Vorteile genannt, im Gegensatz etwa zur Situation in Deutschland oder auch in Großbritannien.

6.6.6 Die Zukunft der Biotechnologie: Wie kann eine strategische Innovationspolitik gestaltet werden?

Neben den 'klassischen' Fördersektoren in Wissenschaft, Forschung und Entwicklung durch öffentliche Mittel treten zunehmend weitere staatliche Aufgaben in Form einer Koordination und Bündelung von F&E-Maßnahmen, der Einrichtung von Beratungs- und Tansferstellen und anderer infrastruktureller Maßnahmen. Staatlichen Stellen wächst die Rolle von 'Mediatoren' zwischen den verschiedenen Beteiligten im Rahmen der Forschung- und Technologiepolitik zu. Kooperation, Information und Beratung sind Schlüsselelemente zur Sicherung der Wettbewerbsfähigkeit, insbesondere für die mittelständisch geprägte Industrie in Baden-Württemberg. Das Land Baden-Württemberg kann auf Landesebene folgende Schwerpunkte setzen: (1) Mittelstandsförderprogramme; (2) regionale Wirtschafts- und Technologieförderung; (3) Förderung von Existenzgründungen; (4) Konzipierung und Finanzierung geeigneter Maßnahmen in den Bereichen der Aus- und Weiterbildung sowie der Umschulung.

Auf dem Hintergrund des hohen Bedarfs an Weiterbildung und Qualifizierung der Beschäftigten in der baden-württembergischen Biotechnikindustrie bedarf der letzte Punkt besonderer Beachtung. Darüber hinaus müssen bei der Formulierung von Förderkonzepten die spezifischen Strukturen und Unterschiede in der baden-württembergischen Biotechnikindustrie berücksichtigt werden. Dies betrifft sowohl Fragen der F&E-Kooperationen als auch Fragen der Finanzierung. Desweiteren kann Biotechnologie nur als ein Komplex verschiedener Disziplinen, Techniken und Verfahren angesehen werden. Unter der Anwendungsperspektive müssen von daher Praktiker und Grundlagenforscher eng zusammenarbeiten. Vordringlich wird es darauf ankommen, für eine kontinuierliche Umsetzung der Ergebnisse der Grundlagenforschung zu sorgen. Hierzu bedarf es

- einer Vernetzung von Grundlagen- und Industrieforschung unter Einbeziehung komplexer industrieller Problemstellungen in die Grundlagen- und angewandte Forschung; die Systeme müssen untereinander rückgekoppelt sein,
- des Ausbaus interdisziplinärer Forschungsverbünde, die ein spezielles Management und besonderer Strukturen brauchen,
- der Einrichtung geeigneter Datenbanken und Informations- und Beratungsstellen.

Isolierte Einzelmaßnahmen sollten vermieden werden. Entscheidend ist die Einbindung in ein durchdachtes Gesamtkonzept. Hierzu gehören neben den genannten Punkten auch eindeutige politische Aussagen zur Bedeutung der Biotechnologie in ihren *realistischen* Perspektiven. Innerhalb eines Gesamtkonzeptes ist auf der politischen Ebene sehr viel Koordination zwischen den zuständigen Ressorts und ihren Verwaltungen sowie den parlamentarischen Gremien notwendig. Sinnvoll ist zudem, eine frühzeitige Einbindung der relevanten gesellschaftlichen Gruppen (Wirtschaft, Wissenschaft, Gewerkschaften, Umweltverbände u.ä.) zu betreiben.

Unsere hiermit vorliegende Studie im Verbund mit der Analyse der baden-württembergischen F&E-Strukturen und Potentiale in der Biotechnologie (ISI Karlsruhe) enthält die grundlegende Datenbasis zur Formulierung landesspezifischer Förderkonzepte. Allerdings müssen im Detail einige Punkte noch exakter erfaßt werden, die wir in unserem Untersuchungsrahmen nicht bewältigen konnten. So gälte es beispielsweise, die Gründe für Umsetzungsschwierigkeiten im Wechselspiel zwischen (universitärer) Forschung und biotechnologischer Industrie genauer zu überprüfen. Stimmt es z.B., daß - so die Einschätzung von Biotechnikunternehmern - die Eigeninitiative von universitären Gruppen zur Anbahnung von Kooperationen mit der Industrie unzureichend ist? Und wenn ja, woran liegt es?

Am Schluß wollen wir kurz den Blick über Baden-Württemberg hinaus lenken: Im Hinblick auf den Ausbau des EU-Binnenmarktes und der Angleichung der ökonomischen und rechtlichen Rahmenbedingungen wäre bei der Verabschiedung landesspezifischer Förderkonzepte zu überlegen, inwieweit die Regionen des benachbarten Auslands mit einbezogen werden könnten. Ein bereits praktiziertes Beispiel ist das gemeinsame Studienprogramm der Universitäten Basel, Freiburg, Karlsruhe und Straßburg (siehe [33]).

Anmerkungen

[1] Das herkömmliche Chymosin stammt aus Kälbern, die geschlachtet wurden. Die Versorgungssicherheit für die Käseindustrie ist direkt mit einem hohen Verzehr von Kalbfleisch gekoppelt. Die Gentechnik-gestützte Produktion von Chymosin mit Hilfe von Mikroorganismen durchbricht diese Abhängigkeit.

[2] Schätzungsweise jährlich 60 bis 80 Mrd. DM in Deutschland (siehe Kapitel 2.1 und [34]).

[3] Bei dem genannten Fall kam es bei Patienten nach Einnahme von einem biotechnisch hergestellten Trypthophanpräparat zu Todesfällen, nachdem der Produktions- und Reinigungsprozeß verändert worden war. Das Endprodukt wies eine Reinheit von 99.6% auf. Die restlichen 0.4% bestanden aus ca. 40 Stoffen. Bis heute ist nicht zufriedenstellend geklärt, welcher Stoff oder welcher Mechanismus die tödlichen Erkrankungen verursachte [35].

[4] Anders sieht es aus, wenn die gentechnisch veränderten Spezialisten in dem geschlossenen System eines Bioreaktors eingesetzt werden. Hier existieren sehr gute Kontroll- und Steuerungsbedingungen. Darüber hinaus ist es in der Regel für eine erfolgreiche Eliminierung von (hochpersistenten) Schadstoffen notwendig, daß der Prozeß zu jeder Zeit kontrolliert abläuft und mögliche Störfaktoren ausgeschlossen werden können.

[5] Leiter des IUK-Instituts für sozialwissenschaftliche Technikforschung, Dortmund.

[6] In den Zusammenfassungen der Workshop-Diskussionen (siehe Kapitel 5) wird für jedes einzelne Anwendungsgebiet moderner Biotechnologie herausgearbeitet, welche Zielsetzungen und Potentiale jeweils im Vordergrund stehen, wie der Stand der Entwicklung ist und wo Stärken oder Schwachpunkte liegen. Für eine Neuorientierung staatlicher Förderung oder aktiver Moderation bedarf es aber noch weitergehender Analysen, ibs. zu den jeweiligen Ursachen der Schwachpunkte, um geeignete Maßnahmen vorzubereiten und durchzuführen.

[7] Die breite Öffentlichkeit konnte sich leider kein eigenes Bild machen, da die Studie erst im Frühjahr 1994, der Abschluß war bereits im April 1993, vom Auftraggeber freigegeben wurde. Die Studie kann vom ISI bezogen werden. Ebenso kann eine

Stellungnahme zu dieser Studie vom Verband Chemischer Industrie/Frankfurt a.M. (dort Frau Dr. Berariu-Frische) erhalten werden.

[8] Die hier von uns eher zurückhaltend formulierte Einschätzung deckt sich aber auch in ihrem Kern mit denen von Schlumberger/Brauer (siehe Kapitel 3.17), die betonen, daß Standortentscheidungen international operierender Unternehmen in erster Linie strategischen Gesichtspunkten folgen, so den Kriterien Markt, Wettbewerb, (wissenschaftliche) Infrastruktur, steuerliche Bedingungen, rechtliche Regelungen und ihr Vollzug. Wenn bei der Wahl zwischen zwei gleichwertigen Standorten gerade die rechtlichen Rahmenbedingungen als einzige Abweichung für einen der beiden sprechen, kann das für die Entscheidung maßgeblich sein.

[9] Allerdings könnten bei Freisetzungen entsprechende Fragen durchaus diskutabel sein, da nach § 16 (Regelung von Freisetzungen) mögliche schädliche Auswirkungen einer Freisetzung im Verhältnis zum Zweck der Freisetzung abgewogen werden müssen (zur Diskussion dieses Punktes siehe [36]).

[10] In den USA müssen entsprechende Vertreter in diesen Gremien sitzen, wenn die Institution der NIH-Richtlinie unterworfen ist. Oftmals wird dies aber auch auf freiwilliger Basis von Firmen praktiziert ([37] S. 6).
In Deutschland gibt es einen vergleichbaren Fall: In Tübingen sitzt ein Vertreter der Stadt in einem entsprechenden Gremium der dort ansässigen Universität. In der Praxis sind unseren Erkenntnissen nach bislang aus dieser Konstruktion keine negativen Auswirkungen der universitären Forschung erwachsen. Die Vertraulichkeit bestimmter Informationen und Daten muß selbstverständlich bei Beratungen in derartigen Gremien gewährleistet sein. Zur Dokumentation dieses Falles siehe: Maier-Spohler, G.: Gentechnik und Ethik - Praxistest in Tübingen. Wechselwirkung 56, S. 46-48, 1992; Schwäbisches Tagblatt: Die Risiken sind nicht bekannt. Sonderseite, 26.9.1991 und: Für eine dynamische Forschung. Sonderseite, 7.2.1991.

[11] Das "Freedom of Information Act" erlaubt Einblicke in Vorgänge, die aus öffentlichen Mitteln gefördert werden. Auch hier muß gewährleistet sein, daß ein Teil der Unterlagen z.B. aus Wettbewerbsgründen der Geheimhaltung unterliegt.

Literatur

[1] Jaeckel G, Hüsing B, Strauß E, Reiß T (1994) Analyse der baden-württembergischen FuE-Strukturen und Potentiale in der Biotechnologie. Studie im Auftrag der Akademie für Technikfolgenabschätzung in Baden-Württemberg, Endbericht. Fraunhofer Institut für Systemtechnik und Innovationsforschung, Karlsruhe

[2] Reiß T, Koschatzky K, Schmoch U, Strauß E (1993) Patentanalyse zu Innovationsaktivitäten in der Biotechnologie in Baden-Württemberg. Studie im Auftrag der Akademie für Technikfolgenabschätzung in Baden Württemberg, Endbericht. Fraunhofer-Institut für Systemtechnik und Innovationsforschung, Karlsruhe

[3]   Malsch T (1993) Auf dem Weg zu Biochip und Mechatronik: Reißt die Gartenzäune nieder! Frankfurter Rundschau Nr. 157 (10. Juli), S 6
[4]   BMFT (1993) Zur technologischen Wettbewerbsfähigkeit der deutschen Industrie. Bundesministerium für Forschung und Technologie (Hrsg), Referat Öffentlichkeitsarbeit, aktualisierte Fassung April 1993. Bonn
[5]   Schropp C (1994) Amsterdam conference shows eurobiotech closing U.S gap. Genetic Engineering News (4). Mary Ann Liebert, Inc., New York, 12-14
[6]   Renn O (1994) Ein regionales Konzept qualitativen Wachstums. Arbeitsbericht der Akademie für Technikfolgenabschätzung in Baden-Württemberg Nr. 3, Stuttgart
[7]   Mills JL (1992) Lower levels of fertilisers and pesticides in agricultural crop production. Strategic Analysis in Science and Technology (SAST): Innovation in agro-biotechnology. EU-Kommission, Direktorat Informationstechnologien und -industrien, Telekommunikation (Katalog Nr.: CD-NA-14716-EN-C), Luxemburg
[8]   Flaig H, Lehn H, Mohr H (1994) Zuviel Stickstoff - ein Kreislauf in der Krise. Nova Leopoldina. Barth Verlagsgesellschaft, Leipzig (erscheint voraussichtlich im Herbst 1994)
[9]   Mohr H, Neininger A (1994) Schwachstellen der Nitrat- und Ammoniumassimilation - eine Chance für die Gentechnik? Sitzungsberichte der Heidelberger Akademie der Wissenschaften, Mathematisch-naturwissenschaftliche Klasse. Springer Verlag, Heidelberg (erscheint voraussichtlich im Herbst 1994)
[10] Flaig H, Mohr H (1993) Energie aus Biomasse - eine Chance für die Landwirtschaft. Springer Verlag, Heidelberg
[11] Office of Technology Assessment (1992) A new technological era for american agriculture. US Congress, Office of Technology Assessment (OTA), US Government Printing Office, Washington D.C.
[12] Kley G (1990) Situation der Züchtungsunternehmen in der Bundesrepublik Deutschland. In: Dachverband Agrarforschung (Hrsg) Beiträge der Biotechnologie zur Pflanzenzüchtung. Schriftenreihe Agrarspectrum Band 17, Verlagsunion Agrar, Frankfurt u.a.
[13] Neubert S (1991) Neue Bio- und Gentechnologie in der Landwirtschaft. Schriftenreihe des Bundesministeriums für Ernährung, Landwirtschaft und Forsten (Reihe A, Heft 394), Landwirtschaftsverlag, Münster-Hiltrup
[14] Metz M, Buckenhüskes H (1993) Fermentation von Lebensmitteln. Interview in: Lebensmitteltechnik 25 (3), 18-22
[15] Pfeiffer N (1994) FDA oks Calgene's flavr savr tomato for marketing in supermarkets in the US. Genetic Engineering News 14 (11), 1/31
[16] Enquete-Kommission des Deutschen Bundestages (1987) Chancen und Risiken der Gentechnologie. J. Schweitzer Verlag, München
[17] Ethik und Sozialwissenschaften (1991) Probleme der Gentechnologie. Ethik und Sozialwissenschaften 2 (4), 11. Diskussionseinheit

[18] Projektträger BEO Forschungszentrum Jülich (Hrsg) (1988) Biologische Sicherheit. Bundesministerium für Forschung und Technologie, Bonn
[19] Projektträger BEO Forschungszentrum Jülich (Hrsg) (1990) Biologische Sicherheit, Band 2. Bundesministerium für Forschung und Technologie, Bonn
[20] Projektträger BEO Forschungszentrum Jülich (Hrsg) (1993) Biologische Sicherheit, Band 3. Bundesministerium für Forschung und Technologie, Bonn
[21] Gloede F, Bechmann G, Hennen L, Schmitt JJ (1993) Biologische Sicherheit bei der Nutzung der Gentechnik. Büro für Technikfolgen-Abschätzung beim Deutschen Bundestag, Arbeitsbericht Nr. 20
[22] Wrubel R, Krimsky S, Wetzler RE (1992) Field testing transgenic plants. BioScience 42 (4), 280-289
[23] Sukopp U, Sukopp H (1993) Das Modell der Einführung und Einbürgerung nicht einheimischer Arten. Gaia 2 (5), 267-288
[24] Levy SB (1992) The antibiotic paradox - how miracle drugs are destroying the miracle. Plenum Press, New York und London
[25] House of Lords (1993) Regulation of the United Kingdom biotechnology industry and global competitiveness. House of Lords, Selected Committee on Science and Technology, session 1992-93 (7th report). London
[26] Grupp H (1993) Technologie am Beginn des 21. Jahrhunderts. Schriftenreihe des Fraunhofer Instituts für Systemtechnik und Innovationsforschung, Karlsruhe. Physica Verlag, Heidelberg
[27] Fraunhofer Institut für Systemtechnik und Innovationsforschung (ISI) (1992) Anforderungen an das Innovationssystem der 90er Jahre in Deutschland. Dokumentation der Fachtagung des BMFT in Bonn am 3. und 4. Dezember 1992; Karlsruhe
[28] Burrill GS, Roberts WJ (1992) Biotechnology and economic development: The winning formula. BioTechnology 10 (6), 647-653
[29] Hohmeyer O, Hüsing B, Maßfeller S, Reiß T (1993) Gesetzliche Regelungen der Gentechnik im Ausland und praktische Erfahrungen mit ihrem Vollzug. Gutachten im Auftrag des Büros für Technikfolgenabschätzung des Deutschen Bundestages. Fraunhofer Institut für Systemtechnik und Innovationsforschung, Karlsruhe
[30] Hatzopoulos I (1993) Bio- und Gentechnologie. Nachrichten Chem.Tech.Lab. 41 (12), 1375-1378
[31] Kepplinger HM (1994) Rationalität und Irrationalität in der Berichterstattung über Gentechnik. In: Konrad Adenauer Stiftung (Hrsg) Rationalität und Irrationalität in der Gentechnologie-Diskussion. Aktuelle Fragen der Politik (Heft 6)
[32] van den Daele W (1993) Gentechnik als eine Herausforderung in Deutschland. In: Winnacker EL (Hrsg) Gentechnik als eine Herausforderung in Deutschland. Nova Acta Leopoldina, Neue Folge, Nr. 286 (Bd 70)
[33] te Kaat K, Bischoff F, Jermutus L (1994) Europäischer Studiengang Biotechnologie. Nachr.Chem.Tech.Lab. 42 (2), 204-205

[34] Guzek G (1993) Der gläserne Esser. Frankfurter Rundschau Nr. 253 (30. Oktober), S 6
[35] Swinebanks D., Anderson C (1992) Search for contaminant in EMS outbreak goes slowly. Nature 358, 96
[36] von Schell T (1992) Die Diskussion um die Freisetzung gentechnisch veränderter Mikroorganismen als Beispiel einer interdisziplinären Urteilsbildung. Dissertation, Universität Tübingen; veröffentlicht unter (1994): Die Freisetzung gentechnisch veränderter Mikroorganismen. Ein Versuch interdisziplinärer Urteilsbildung. Attempto, Tübingen (Reihe Ethik in den Wissenschaften Bd 6)
[37] Schlumberger HD, Brauer D (1993) Das Regulationssystem der USA zur Anwendung der Gentechnik in Forschung, Entwicklung und Produktion. Bayer AG, Leverkusen; Hoechst AG, Frankfurt a.M.
[38] Grande E (1994) Institutionelle Grenzen staatlicher Innovationspolitik. Der Bürger im Staat 44 (2), 172-177

Glossar

Abzyme
katalytisch wirkende → Antikörper

aerob
nennt man Lebewesen, die für ihre Energiegewinnung auf Sauerstoff angewiesen sind

Agrobacterium tumefaciens
Bakterium, das nach Befall höherer Pflanzen im Stammbereich Tumore erzeugt. Gentechnisch veränderte A. tumefaciens Bakterien werden zur Übertragung von bestimmten →Genen (z. B. Resistenzgenen) verwendet

AIDS (=Acquired Immune Deficiency Syndrome)
durch das HIV-(Human Immunodeficiency-) →Virus übertragbare Krankheit, die bei Ausbruch zur Schwächung bis zur völligen Lahmlegung des Immunsystems und damit zum Tod führt

Allel
eines von zwei oder mehreren möglichen Formen eines →Gens an einem Genort (Locus) auf homologen Chromosomen

Aminosäure
Bausteine der Eiweiße (=Proteine); in den natürlich vorkommenden Eiweißen kommen 20 verschiedene Aminosäuren vor

anaerob
nennt man Lebewesen, die ihre biochemische Energie ohne Sauerstoff gewinnen

Antibiotika
Substanzen (z.B. Pernicillin), die von Bakterien oder Pilzen produziert werden und andere Organismen, meist Bakterien, in ihrem Wachstum behindern oder abtöten

Antigene
alle körperfremden Substanzen, die mit → Antikörpern reagieren und deren Produktion anregen

Antikörper
eine Gruppe von Eiweißen im Blutserum (Immunglobuline), die als Abwehrmoleküle des Immunsystems →Antigene binden und inaktivieren können

Anti-Sense-Technik
Blockierung der →Expression eines bestimmten →Gens durch Einschleusen einer - meist synthetisch hergestellten - Gensequenz, die diesem Gen entspricht. Durch die Anlagerung der künstlichen Gensequenz wird das Gen sozusagen neutralisiert

attenuiert
abgeschwächt; mit herabgesetzter →Virulenz

Autosom
jedes →Chromosom, das kein Geschlechtschromosom ist

Bacillus thuringiensis
Bakterium, das Toxine gegen Insekten bilden kann. Die →Gene für diese Fähigkeit können zum Schutz vor Fraßinsekten gentechnisch auf Pflanzen übertragen werden

Bakteriophage
ein →Virus, das Bakterien infiziert; meist nennt man es kurz Phage

Basen
die vier Basen Adenin, Cytosin, Guanin und Thymin (Uracil) sind die vier informativen Bausteine der →DNA (→RNA)

Biokatalysator
katalytisch wirksame Biomoleküle (z.B. →Enzyme) oder ganze, aktive oder auch desaktivierte Zellen (z.B. →Mikroorganismen) für biotechnische Umwandlungen

Biomasse
die Gesamtheit allen organischen Materials, das durch Wachstum oder Stoffwechsel von Tieren, Pflanzen oder →Mikroorganismen gebildet wird

BSE = Bovine Spongiforme Enzephalopatie
schwere Schädigungen des zentralen Nervensystems, z.B. der "Rinderwahnsinn" bei Rindern; ähnlich beim Menschen: die Creutzfeldt-Jakob-Erkrankung

BST (=bovines Somatotropin)
Wachstumshormon der Rinder, welches gentechnisch hergestellt werden kann

Chimären
Bezeichnung für Individuen mit Körperzellen, die aus zwei oder mehreren →Zygoten hervorgegangen sind

Chymosin
gentechnisch oder aus Kälbermägen gewonnenes →Enzym (Labferment), das die Gerinnung der Milcheiweiße bewirkt und zur Käseproduktion verwendet wird

Detergenzien
Verbindungen, die den Arbeitsbedarf bei einem Reinigungsprozeß verringern

DNA (=deoxyriubonucleic acid, Desoxyribonukleinsäure)
(meist) doppelsträngige →Nukleinsäure, die das genetische Material enthält

cDNA
doppelsträngige →DNA-Kopie von einer →mRNA

drug design
Bezeichnung für die zielgerichtete "Konstruktion" neuer Medikamente am Computer

Elektroporation
Methode zur Erzeugung von Löchern in biologische Membranen durch kurzzeitiges Anlegen eines elektrischen Feldes; dadurch kann z.B. →DNA in Zellen eingeschleust werden

Embryotransfer
Bezeichnung für die Übertragung von befruchteten Eizellen eines Spendertieres auf ein Empfängertier

Enzyme
Bezeichnung für eine umfangreiche Gruppe von (nahezu ausschließlich) Eiweißen, die als biologische Katalysatoren Stoffwechselumsetzungen im Körper steuern

Erytrhropoietin, EPO
körpereigener Wachstumsfaktor für rote Blutzellen, der auch gentechnisch hergestellt werden kann; er wird bei Blutarmut oder Blutverlust eingesetzt

Escherichia coli
natürliches Bakterium des Darms der meisten Säugetiere und des Menschen; *E.coli* ist der bestuntersuchte →Mikroorganismus;

Expression
Synthese eines funktionsfähigen Produktes (Eiweißes) eines oder mehrerer →Gene; die Expression umfaßt vor allem →Transkription und →Translation

extrazelluläre Enzyme
→Enzyme, die von Zellen oder →Mikroorgansimen nach außen abgegeben werden und dort ihre Aktivität entfalten

Eukaryonten
im Unterschied zu →Prokaryonten: Lebewesen, deren Zellen das genetische Material in einem Zellkern enthalten

Faktor VIII
essentieller Faktor der Blutgerinnung, der auch gentechnisch hergestellt wird, und der in der Behandlung von Bluterkranken (siehe → Hämophilie) eingesetzt wird

Fermenter
10-10000 l große temperatur-, pH- und druckregulierbare Behälter mit Zu- und Abläufen, in denen (z.B. Insulin herstellende) →Mikroorganismen in Nährmedien vermehrt werden

Fingerprinting
das charakteristische Muster, das nach Auftrennung von → Genen oder Eiweißen entsteht und eine eindeutige Zuordnung zu einem Organismus erlaubt (vergleichbar mit dem Fingerabdruck bei der Personenidentifizierung)

forensisch
gerichtsmedizinisch

Gameten
= Keimzellen; der geschlechtlichen Fortpflanzung dienende Zellen

G-CSF (= granulocyte colony stimulating factor)
→koloniestimulierender Faktor

Gen
Abschnitt auf der →DNA, welcher die Information zur Synthese eines Eiweißes oder →RNA enthält

Gene-farming
die Verwendung →transgener Nutztiere zur Gewinnung von zusätzlichen Substanzen, z.B. menschliche Eiweiße, vor allem für die pharmazeutische Industrie

genetischer Marker
genetisches Merkmal, das in Zellen, Individuen und Populationen nachweisbar ist; ein genetischer Marker dient der chromosomalen Lokalisierung oder der Analyse des Erbgangs in Familien;

Genkartierung
Bestimmung der Lage von Erkennungsstellen für →Restriktionsenzyme in einem →DNA-Molekül; dient der Aufklärung der Lage von →Genen auf spezifischen Chromosomenabschnitten

Genom
die Gesamtheit aller →Gene in einer Zelle

Genotyp
die für ein Lebewesen charakteristischen Erbanlagen, die aber nicht unbedingt im Erscheinungsbild (→Phänotyp) sichtbar sein müssen

Gentherapie
das "Beheben" einer Erbkrankheit, indem eine defektes →Gen durch ein funktonsfähiges komplementiert wird

GM-CSF (=graulocyte-macrophage colony stimulating factor)
→koloniestiumulierender Faktor

HIV-Virus
→AIDS

Hämophilie
Bluterkrankheit verursacht durch einen Mangel an Gerinnungsfaktoren, z.B. →Faktor VIII

Hepatitis
Leberentzündung

Herbizide
Unkrautvernichtungsmittel

heterozygot
mischerbig; die →Allele eines →Gens liegen in zwei (oder mehr) verschiedenen Zustandsformen vor

Hirudin
gerinnungshemmende Substanz; gentechnisch hergestelltes Hirudin befindet sich zur Zeit in der Entwicklung, und soll z.B. vorbeugend nach Operationen eingesetzt werden

homozygot
Zellen sind für ein →Gen homozygot, wenn sie zwei identische →Allele für dieses Gen besitzen

HUGO (=Human Genom Organisation)
Projekt mit dem Ziel der Aufklärung des gesamten menschlichen →Genoms

Hybride
Pflanze, die aus der Kreuzung zweier weitläufig verwandten Linien entsteht, und die nicht zur Weiterzucht verwendet werden kann

Hybridisierung
die Ausbildung eines stabilen Doppelstranges zwischen komplementären, d.h einander entsprechenden →DNA-Teilabschnitten über Basenpaarungen; in der klassischen Genetik versteht man darunter die Bildung eines neuen Organismus entweder infolge sexueller Vorgänge oder als Resultat einer Protoplastenfusion

Hybridomazelle
Fusion aus einer weißen Blutzelle (B-Lymphozyt) mit einer Knochenmarkstumorzelle zur Gewinnung von →monoklonalen Antikörpern

hydrophil
wasseraufsaugend

hydrophob
wasserabstoßend

Immunglobuline
→Antikörper

Immunsuppression
Maßnahmen zur Unterdrückung der Immunreaktion

integrierter Pflanzenbau
Bezeichnung für die pflanzliche Erzeugung unter ausgewogener Betrachtung ökologischer und ökonomischer Erfordernisse; dabei sind alle geeigneten Verfahren des Acker- und Pflanzenbaus standortgerecht aufeinaner abzustimmen

Interferone
Bezeichnung für eine bei allen Wirbeltiern vorkommende, zu den →Zytokinen gehörigen Gruppe von Eiweißen, die den Körper vor Infektionskrankheiten schützt; einige Interferone können gentechnisch hergestellt werden

Interleukine
zu den →Zytokinen gehörige Gruppe von Eiweißen, die bei der Regulation des Immunsystems von entscheidender Bedeutung sind; einige Interleukine lassen sich gentechnisch herstellen

Invertase
→Enzym, das Zucker in Traubenzucker und Fruchtzucker zerlegt

in-vitro
im Reagenzglas, außerhalb der Zelle oder des Körpers

in vivo
im Körper oder in Zellen

joint venture
Gemeinschaftsprojekte von (Entwicklungs-)Ländern und ausländischen Unternehmen oder zwischen Unternehmen aus verschiedenen Ländern

Kallus
ein undifferenzierter →Klon aus Pflanzenzellen

Klon
Kolonie genetisch einheitlicher Zellen, die sich von einer einzigen Zelle ableiten

klonieren
ein → Gen, eine DNA-Sequenz oder auch einen kompletten Organismus identisch vermehren

koloniestimulierende Faktoren (CSFs)
Sammelbezeichnung für körpereigene Wachstumsfaktoren der verschiedenen weißen Blutzellen (G-CFS: Granolocyt-CSF; GM-CSF: Granulocyt-Makrophage-CSF). Einige CSFs lassen sich gentechnisch herstellen

Konjugation
gerichteter Transfer von → DNA von einer Bakterienzelle zur anderen über Verbindungskanäle

Kultur
Gewebe oder Zellen, die sich → *in vitro* durch Teilung vermehren und für experimentelle Zwecke gezüchtet werden

Ligase
→Enzym, das die Verknüpfung zueinander passender DNA-Fragmente katalysiert

Liposom
wässrige Kompartimente, die von einer völlig geschlossenen Fettdoppelschicht umgeben sind

Lymphom
heterogene Gruppe bösartiger Lymphknotengeschwulste

Lymphozyten
weiße Blutzellen, die den komplexen Ablauf der Immunreaktion ermöglichen

Makrophagen
amöboid bewegliche Zellen des Gewebes, die fremde Partikel, z.B. Bakterien durch →Phagozytose zerstören

Markergen
siehe→ Reportergen

Methylierung
Modifizierung von →DNA, so daß diese vor dem Abbau durch →Restriktionsenzyme geschützt ist

Mikroorganismen
Bezeichnung für Bakterien, →Viren und einzellige Hefepilze

Meristem
Bezeichnung für die undifferenzierten, noch teilungsfähigen Bildungsgewebe bei höheren Pflanzen

moderne Biotechnologie
Bezeichnung für die von den klassischen Disziplinen abgleiteten Methoden der Gentechnologie, Zellkulturtechnik und → Hybridomatechnologie

molecular farming
= →gene-farming

molecular modeling
Bezeichnung für eine Form der Medikamentenentwicklung, bei der bestimmte "Zielmoleküle" gezielt hergestellt und getestet werden, anstatt sie aufwendig aus einer Vielzahl herkömmlicher Substanzen herauszusuchen

monoklonale Antikörper
genetisch einheitliche → Antikörper, die nur ein einziges → Antigen erkennen; monoklonale Antikörper sind wichtige Substanzen in der medizinischen Diagnostik

mRNA (=messenger-RNA)
RNA, die eine Kopie des → DNA-Stranges darstellt; ihre Information wird in die Aminosäureabfolge eines Proteins umgesetzt

Mutagen
ein Agenz, das die Mutationsrate erhöhen kann

Mutagenese
gezielte Erzeugung von → Mutationen; Methode zur Isolierung von Mutanten als Vorraussetzung der Aufklärung von Genfuktionen

Mutation
Veränderung im Erbgut, die als Basenaustausch, Verlust oder Addition von Basensequenzen oder Chromosomenstücken erfolgen kann

Mykorrhizapilze
Pilze, die als Wurzelsymbionten von Pflanzen leben

nachwachsende Rohstoffe
Bezeichnung für organische Stoffe pflanzlichen oder tierischen Ursprungs, die als Industrierohstoffe im Nichtnahrungsmittelsektor verwendet werden

Nitrifikation
die Umsetzung von Ammonium über Nitrit zu Nitrat

Nukleinsäure
einzel-oder doppelsträngige lankettige (→ DNA- und → RNA-)Moleküle, die hauptsächliche aus wiederkehrenden Einheiten von 4 verschiedenen → Basen, Ribose und Phophorsäure bestehen

Onkogene
bestimmte → Gene, die, wenn sie defekt oder fehlgesteuert sind, in der Lage sind, Wachstum von Tumoren auszulösen

Operon
strukturelle Einheit eines → Gens aus Regulations- und → Strukturgen(en)

OTA (=Office of Technology Assessment)
Institution des US-Parlaments, die für den Kongreß Untersuchungen zur Technikfolgenabschätzung und -bewertung durchführt

Papillomaviren
Erreger von Warzen und bösartigen Tumoren

pathogen (Pathogenität)
krankheitserregend(e Eigenschaft)

PCR = polymerase chain reaction
Methode zum Auffinden bestimmter →DNA-Abschnitte durch deren Vervielfältigung

Peptide
Moleküle aus 10-100 kettenförmig verknüpften →Aminosäuren

Phage
→Bakteriophage

Phagozytose
Eliminierung körpereigener (z.b. roter Blutzellen) oder körperfremder (z.B. Bakterien) Zellen durch spezialisierte Zellen des Immunsystems (z.B. →Makrophagen) durch Einverleibung

Phänotyp
Ausprägung der Erbanlagen (Erscheinungsbild)

Photosynthese
die Bildung von Zuckern aus Kohlendioxid und Wasser in grünen Pflanzen mit Hilfe von Lichtenergie

Plasmid
kleines, meist ringförmiges nichtchromosomales →DNA-Molekül das sich in seiner Wirtszelle autonom vermehren kann (siehe →Vektor)

Ploidie
die für einen mehrzelligen Organismus typische Chromosomenzahl

Polymorphismus
das gleichzeitige Vorkommen verschiedener genetisch bedingter Formen innerhalb einer Population

polyploid
ist eine Zelle mit drei oder mehreren Chromosomensätzen oder einem Organismus aus solchen Zellen

pränatale Diagnostik
vorgeburtliche Untersuchungsmethoden; es stehen die Ultraschalldiagnostik und die Chromosomenuntersuchung, die proteinchemische Analyse sowie seit neuestem auch die DNA-Diagnostik zur Verfügung

Prokaryonten
Zellen mit Kernäquivalent ohne echten Zellkern, z.B. Bakterien

Promoter
Bindungsstelle auf der →DNA, wo das →Enzym zur → Transkription ansetzt

Protease
eiweißabbauende →Enzyme

Proteine
Eiweiße, die aus mehr als 100→Aminosäuren aufgebaut sind

Protein Engineering
gezielte Konstruktion von → Proteinen entweder auf der Ebene der →DNA, die dann zur →Expression gebracht wird, oder direkte chemische Synthese von → Aminosäuren zu Polypeptiden

Protein-Targeting
Umbau von intrazellulären Enzymen in → extrazelluläre Enzyme durch Neukombination auf Genebene

Protoplast
zellwandlose Zelle

QTL(= Quantitative Trait Loci)
Gene, die für die Ausprägung quantitativer Merkmale, z.B. wesentliche Anteile des Kornertrags, verantwortlich sind

QTL (= Quantitative Trait Loci)-Analyse
eine von der → RFLP-Analyse abgeleitete Technik, die es erlaubt, →Chromosomenabschnitte auf denen bestimmte →Gene, z.B. → Resistenzgene lokalisiert sind, zu identifizieren und zu markieren,

rDNA
→rekombinante →DNA

rekombinant, Rekombinant
a) ein Rekombinant oder ein rekombinanter Organismus enthält → Allele seiner Eltern in einer neuen Kombination.
b) rekombinante DNA bezeichnet ein → Genom oder →Plasmid, das über → in-vitro Methoden gentechnisch verändert wurde

Rekombination
Neuorientierung von genetischem Material, bei der sich →DNA-Abschnitte innerhalb eines →Chromosoms oder von einem Chromosom zum anderen bewegen können

homologe Rekombination
Rekombination, bei der die DNA-Abschnitte möglichst ähnlich sein müssen

Replikation
identische Verdopplung (der DNA)

Reporter-Gen
→Gene oder Genfragmente, die mit anderen Gensequenzen gekoppelt werden, um die Aktivität dieser Sequenzen nachweisbar zu machen. Die Genprodukte der Reportergene müssen leicht nachweisbar und dürfen nicht toxisch sein

Resistenzgene
Widerstandsfähigkeit vermittelnde Erbinformation (z.B. gegen → Antibiotika oder Schadinsekten)

Restriktionsenzyme, Restriktionsendonukleasen
bakterielle → Enzyme, die eine spezifische Nukleotidfolge auf doppelsträngiger →DNA erkennen und diese zerschneiden; sie sind wichtige Instrumente in der Gentechnik, da sie die Isolierung von spezifischen DNA-Fragmenten ermöglichen

Retroviren
einzelsträngige RNA-Viren, die über DNA-Doppelstrang-Stadien vermehrt werden.

Rezeptor
Proteine auf der Zelloberfläche, die hochspezifisch → Antikörper, →Enzyme o.ä. binden

rezessiv
Eigenschaft eines Merkmals, gegenüber alternativen Merkmalen (→ Allelen) des gleichen → Gens unterlegen zu sein (Gegenteil: dominant)

RFLP (=Restriktionsfragmentlängenpolymorphismus)-Technik
Methode, um in bestimmten Genbereichen Arten, Sorten oder Individuen von Pflanzen voneinander zu unterscheiden.

Rhizobien
die zur Stickstofffixierung fähigen Knöllchenbakterien, die in Symbiose mit Hülsenfrüchten leben

Rhizomanie
Zuckerrübenkrankheit, die durch einen → Virus ausgelöst wird; die Pflanzen können gentechnisch mit einer entsprechenden Resistenz ausgerüstet werden

Ribozyme
enzmatisch aktive → Nukleinsäure

RNA (ribonucleic-acid=Ribonukleinsäure)
einsträngige Nukleinsäure; in der Zelle gibt es → messenger-RNA (mRNA), transfer-RNA (tRNA) und ribosomale-RNA (rRNA)

Screening
a) systematisches Durchtesten von bestimmten → Mikroorganismen-Stämmen oder Zellen nach neuen Substanzen; b) Methode zum Auffinden von bestimmten DNA-Abschnitten

Sekundärstoffwechsel
Nebenwege des allgemeinen Stoffwechsels, wobei vor allem von → Mikrooganismen und Pflanzen zum Teil sehr kompliziert aufgebaute Substanzen (z.B. → Antibiotika) gebildet werden

Sequenzierung von DNA
Bestimmung der Basenabfolge eines DNA-Moleküls

somatische Gentherapie
→Gentherapie an Körperzellen

Stickstoffassimilation
Einbau von Stickstoff aus Nitrat, Nitrit, Ammoniak oder Luftstickstoff in organische Verbindungen

Sonde
spezifische DNA- oder RNA-Sequenz, die (radioaktiv) markiert ist; Sonden werden bei →Hybridisierungstechniken verwendet, wobei sich komplementäre, d.h. einander entsprechende Sequenzen detektieren lassen

Starterkultur
gezielt vermehrte und entsprechend konditionierte Rein- oder Mischkulturen, die zur Herstellung oder Bearbeitung von Lebens-, Genuß- oder Futtermitteln verwendet werden

Strukturgen
ein → Gen, das die Aminosäuresequenz eines strukturellen →Proteins (kein → Enzym!) kodiert

Totalherbizide
Giftstoffe, die jeglichen Pflanzenwuchs zerstören

Toxine
Gifte, die normalerweise durch lebende Organismen produziert werden; Toxine sind entweder Substanzen mit niedrigem Molekulargewicht oder →Proteine

Transduktion
Übertragung der →DNA eines Wirtsbakteriums auf ein anderes Bakterium durch einen →Bakteriophagen

Transfektion
Einführung von →DNA in Tierzellen durch Inkubation der Zellen mit isolierter DNA

Transformation
Genübertragung, bei der zellfreie, lösliche →DNA aufgenommen wird

transgene Organismen
Lebewesen, in die künstlich fremde →DNA eingeführt wurde, wobei der transgene Zustand vererbbar ist

Transkription
"Umschreibung" der →DNA in →RNA

Translation
Übersetzung der Information der mRNA in die Aminosäureabfolge eines Eiweißes

Transposon
Bezeichnung für DNA-Abschnitte, die (im allgemeinen) in viele Stellen eines Genoms integrieren können (sogenannte "springende Gene")

TPA, tPA (=tissue plasminogen activator)
aus dem Blut isolierbarer, auch gentechnisch herstellbarer Faktor, der an der Auflösung von Blutgerinnseln beteiligt ist

Tumornekrosefaktor = TNF
Bezeichnung für ein (auch gentechnisch herstellbares)→Zytokin, das in der Lage ist, Krebszellen zu bekämpfen; allerdings hat sich der TNF in der Krebstherapie als zu toxisch erwiesen

Tumorsuppressorgene
→Gene, die das Wachstum von Zellen in einem Tumor unterdrücken können

Vakzine
Impfstoffe

vegetative Vermehrung
ungeschlechtliche Vermehrung von Pflanzen

Vektor
DNA-Segment, das als Empfänger für fremde →DNA dienen kann; Vektoren sind meist →Plasmide oder Phagen-DNA; sie dienen als Transport- oder Vermehrungsmoleküle für DNA-Fragmente, die in Zellen eingeführt werden sollen

Viren
Kleinstlebewesen, die zur Vermehrung auf die Stoffwechselreaktionen von Wirtszellen angewiesen sind

Virulenz
der Grad der Pathogenität von →Mikroorganismen,

Zygote
befruchtete Eizelle

Zytokine
Wachstumsfaktoren des Abwehrsystems; komplexe Eiweiße, die im Körper als Botenstoffe innerhalb und zwischen dem Immun- und dem Nervensystem fungieren; sie werden z.B. in der Krebstherapie eingesetzt

Sachregister

Abwasserbehandlung 32f, 96, 170, 288ff, 306, 402, 626, 628ff
Allergien 150, 314
Akzeptabilität (siehe auch öffentliche Akzeptanz) 45f, 531
Altlastensanierung 32, 48, 326, 627
Analytik 18, 93, 96, 128, 334ff, 621, 628
Antibiotika 16, 45, 89, 91, 93, 148, 174, 221, 268, 342, 480, 482, 618, 631, 676
Arbeitsplatzentwicklung 9, 15, 492ff, 641
Arzneimittel (siehe auch Medikamente) 12, 26, 59ff, 92, 408, 412f, 419ff, 437ff, 444, 483f, 561, 592ff
Auftragsforschung 38, 491, 664
Biologische Sicherheit (siehe auch Risikodiskussion) 149, 382, 392, 401, 422, 428, 442, 635, 639, 683, 685
Biomasse 5, 16, 21f, 33, 86f, 168, 212f, 218, 289ff, 323f, 603, 607f, 669f
Biopharmazeutika (siehe auch Medikamente) 67ff, 71ff, 75ff, 83, 592f, 598
Bioreaktor 33f, 94, 292f, 316, 319, 327, 331, 342, 478, 628
Biosensoren 9, 44, 334ff, 344f, 350, 420, 458f, 621, 625, 628, 631ff
Biotechnikfirmen (siehe auch mittlere und kleine Unternehmen) 591, 644, 646f, 650, 652, 664f, 667, 677ff, 682, 693ff
Biotechnikparks siehe Technologieparks
Bioverfahrenstechnik (siehe auch Umweltbioverfahrenstechnik) 16, 19, 33, 37, 80, 84, 303, 308ff
chemische Synthese 67, 74, 438
Diagnostika 10, 14, 25f, 84ff, 438, 443, 487, 642, 667, 691
Diätetika 29, 31, 621, 672
Diskurs 49ff, 78ff, 507ff, 513, 520f, 683ff
Entwicklungskosten 261, 269, 438
Enzymtechnologie 84ff, 482
Ernährungsindustrie (siehe auch Lebensmitteltechnologie) 27ff, 121ff, 144ff
Ertragssteigerung 21, 163, 211, 213, 223, 285
Ethik 50, 61, 104, 490, 505ff
Feldversuch (siehe auch Freisetzung) 204, 206, 230
Fermentation 73, 75, 77, 87, 122, 127, 148, 309, 312, 319, 329, 334, 339f
Fingerprinting 221, 258
Förderung (Förderpolitik) 35ff, 72, 77f, 82f, 123f, 488, 642ff, 651ff, 679ff, 690f
Forschung und Entwicklung (F&E) (siehe auch Umsetzung von F&E) 10ff, 24f, 28f, 35ff, 481ff, 585f, 587f, 651ff, 679ff, 691
Forstpflanzenzüchtung 323ff

Freisetzung 150f, 188, 191, 197, 209, 226f, 230, 277, 318, 359f, 364ff, 374ff, 379, 381ff, 396, 399, 404, 406f, 409f, 417, 425, 429, 431, 486, 511, 515f, 519f, 525ff, 561, 674ff
Gemeinschaftsforschung 154, 202f, 218f, 607
Gene-farming 259f, 286f, 618
Genehmigungsbehörde 370, 372, 380f, 384, 396, 424, 429, 550, 635f, 682
Genehmigungspraxis 381, 398, 407, 431, 470, 635ff, 676ff, 681ff
genetischer Marker 163ff, 186ff, 215ff, 219ff, 224, 254f, 257f, 282f, 601ff, 669, 676
Gentechnikgesetz 8, 36, 75, 151f, 165, 228f, 261, 268, 279f, 358ff, 389ff, 422ff, 432, 440, 444ff, 471, 473, 488, 498, 524ff, 561, 589, 624, 635ff, 660, 674, 678f, 682ff, 694
Gentherapie 9, 59, 62, 65ff, 102ff, 111, 119, 383, 402, 426,f, 435, 439, 482, 521, 596ff
Gentransfer 145ff, 151, 163f, 173f, 206ff, 221, 230, 244, 252ff, 514, 613f, 691,
Herbizide 144f, 181, 194ff, 216, 221, 485, 603, 609, 631
Hormone 483, 495, 546, 595f, 616, 676,
Hybridisierung 59f, 93ff, 165, 171, 190, 225, 230, 238, 254, 257f
Immunmodulation 65, 71
Immunsystem 74, 157, 103, 433, 435, 437, 597
Impfstoffe (siehe auch Vakzine) 11, 16, 25f, 59, 71, 75, 108, 111f, 116f, 120, 144, 147, 209, 268, 409, 435ff, 442ff, 483, 595
Industriepolitik 153ff, 432ff, 456ff, 481ff, 642ff,
integrierter Pflanzenbau 181ff, 218, 515, 610, 658, 668,
Interferone 71, 73, 103, 111, 115ff, 597
Interleukine 65, 71, 103f, 597
Joint venture siehe Kooperation
Kartierung 167ff, 254ff, 601, 604,
Kennzeichnungspflicht 153, 362f, 516, 581, 625, 671, 674
Konzentrationsprozeß 273ff, 607, 611
Kooperation
    zwischen Industrie und Universitäten 12ff, 17ff, 155, 160, 218, 273, 303, 350, 419ff, 432ff, 457ff, 605, 607f, 629, 661
    zwischen Industrieunternehmen 12ff, 17ff, 125ff, 202, 350, 419ff, 432ff, 457ff, 629, 632f, 644f, 646, 654
Koordination bei der F&E-Förderung 34ff, 154, 350, 487ff, 603, 607f, 610
Krankheitsursachen 595f, 667f
Krebs 98ff, 115, 592, 595ff, 600, 657,
Kulturpflanzen 21ff, 163ff, 181ff, 201ff, 215ff, 602ff, 669, 676
Lebensmitteltechnologie 27ff, 121ff, 144ff, 621ff,
Lebensmittelzusatzstoffe 29, 121, 125f, 622
Lizenz 587, 656, 682
Marktanteile 432ff, 456ff, 641f, 691
Marktpotentiale 13ff, 273ff, 432ff, 484ff, 641, 659
Marktstrategien 17f, 349ff, 419ff, 456ff, 643, 679, 694

Medikamente 11, 16, 23ff, 59ff, 438, 462ff, 592ff, 642f, 667
Mikroorganismen 126ff, 288ff, 308ff, 617, 622, 628, 657f, 674, 676, 691
mittlere und kleine Unternehmen 12ff, 419ff, 553ff, 585, 642ff, 651ff, 664, 678f
Modernisierungspolitik 13ff, 456ff, 666
molecular modeling 594, 667
monoklonale Antikörper 59, 68, 71, 74f, 93f, 100f, 102f, 110, 118, 128, 593, 598
Nachhaltigkeit 51ff, 668
nachwachsende Rohstoffe 157, 215, 222, 603, 669
Nischenmarkt siehe Nischentechnologie
Nischentechnologie 14f, 149, 217, 308ff, 456ff, 481ff, 587, 620ff, 641, 672
Novel-food-Verordnung (siehe auch Kennzeichnungspflicht) 230, 624f
öffentliche Akzeptanz 49ff, 157ff, 225, 271f, 374, 385, 393, 506f, 532, 558ff, 640, 676ff, 683ff
Partizipation 476, 509, 521, 526, 535f, 545, 689f
Patente 10, 20, 125, 132, 228, 268, 278, 390, 439f, 464, 554, 587, 594, 606, 608f, 619, 643f
Pflanzenschutz 145, 170, 194, 601ff, 609
Pflanzenzüchtung 4, 21, 22, 144f, 163ff, 181ff, 201ff, 215ff, 513ff, 601ff, 668ff
Pharmazeutika siehe Medikamente
pränatale Diagnostik 60ff, 119
Produktionsanlagen 1, 3, 13, 18, 25, 39, 398ff, 646, 682
Prognosen 2, 4, 13ff, 31, 44, 53, 266, 349ff, 484ff, 593, 597, 629, 642ff, 662, 664
Protein Engineering 172, 595, 621
Qualifikationsentwicklung (Qualifizierung) 16, 17, 39, 481ff, 492ff, 554f, 639, 649f, 671, 681
qualitatives Wachstum 51, 52, 54
Querschnittstechnologie 642, 662, 686f
Regionalorientierung 605, 672
rechtliche Rahmenbedingungen 4, 13, 36, 44, 61, 77, 151ff, 358ff, 389ff, 422ff, 676ff, 681ff
Resistenz 21, 93, 118, 126, 145ff, 183ff, 217ff, 601ff
Reststoffverwertung 33, 130, 288ff, 621
RFLP(=Restriktionsfragmentlängenpolymorphismus) 166f, 186ff, 221f
Rhizomanie 217, 219, 609, 669
Risikodiskussion 43, 54, 75, 131, 150f, 224f, 360, 422ff, 440ff, 505ff, 531ff, 558ff, 674ff
Risikokapital (siehe auch Venture Kapital) 589, 644, 654, 678, 689f
Schlüsseltechnologie 1, 15, 83, 96, 391, 445, 456ff, 481ff, 619, 622, 642, 662
Schutzkulturen 28, 129, 622, 687
Screening 73, 244, 256, 264f, 594, 602, 667, 687f
Sicherheitsstufe 75, 79, 127, 149f, 203, 229, 636f, 676, 682
Sozialverträglichkeit 55, 521, 531ff

Standortdebatte 3, 4, 13, 18, 78f, 411ff, 440ff, 445ff, 456ff, 481ff, 563, 588, 643f, 676ff, 688ff
Substitutionstherapie 59, 67ff, 90
Technikfolgenabschätzung 2, 43, 44, 49ff, 505f, 523f, 541, 558
Technologiepark 25, 37, 682
Tierschutz 255, 260, 271ff, 516ff, 613ff
Tierzucht 244ff, 516ff, 613ff
Transparenz [von (Entscheidungs-)Verfahren] 7, 38, 509, 516, 526, 624f
Tumor (siehe auch Krebs) 59, 65ff, 93, 98ff, 596ff
Umsatz 13, 14, 23, 31, 38, 122, 128, 130, 154, 459ff, 484ff, 584, 593, 642f, 664
Umsetzung von F&E 1, 36, 52, 55, 81, 160, 218, 272, 303, 354f, 487ff, 553f, 644, 645ff, 651ff, 665f, 670f, 679ff, 690ff
Umweltbioverfahrenstechnik 16, 19, 32, 34, 288ff, 308ff, 626ff
Umweltschutz 32ff, 47, 288ff, 308ff, 334ff, 626ff, 687
Umweltverträglichkeit 55, 181ff, 515f, 518f, 545ff, 670
Vakzine 59, 75, 595
Venture Kapital 10, 35, 83, 354, 489
Verbraucher 21, 30, 47, 121, 126, 131, 157ff, 516, 581, 671ff, 687
Viren, Virologie 17, 21, 42, 98ff, 110ff, 183ff, 602, 667, 669
Vitamine 75, 129, 147f
Wachstumsprognosen (siehe auch Prognosen) 13ff, 432ff, 456ff, 481ff, 586f, 642, 662, 664, 686f
Zellkultur 75, 94, 119, 164f, 190, 201, 205, 246ff, 260
Zentrale Kommission für Biologische Sicherheit (ZKBS) 229, 368ff, 422ff
Züchtungsziele 21f, 217, 601ff, 668ff
Zulassungsdauer 358ff, 389ff, 635f, 681ff
Zytokine siehe Interleukine

If you have any concerns about our products,
you can contact us on
ProductSafety@springernature.com

In case Publisher is established outside the EU,
the EU authorized representative is:
**Springer Nature Customer Service Center GmbH
Europaplatz 3, 69115 Heidelberg, Germany**

Printed by Libri Plureos GmbH
in Hamburg, Germany